mały sł
technicz
ANGIELSKO-
POLSKI
i POLSKO-
ANGIELSKI

Shorter
ENGLISH-
POLISH
and POLISH-
ENGLISH
Technological
Dictionary

Shorter ENGLISH-POLISH and POLISH-ENGLISH Technological Dictionary

Fourth edition

edited by
M. Skrzyńska, T. Jaworska, E. Romkowska

Wydawnictwa Naukowo-Techniczne
Warszawa

mały słownik techniczny ANGIELSKO-POLSKI i POLSKO-ANGIELSKI

Wydanie czwarte

redagowały
M. Skrzyńska, T. Jaworska, E. Romkowska

Wydawnictwa Naukowo-Techniczne
Warszawa

Projekt okładki i stron tytułowych
Wojciech Jerzy Steifer

Wydawnictwa Naukowo-Techniczne
00-048 Warszawa, ul. Mazowiecka 2/4
tel. (022) 826 72 71, e-mail: wnt@pol.pl
www.wnt.com.pl

ISBN 83-204-2827-0

OD REDAKCJI

Mały słownik techniczny angielsko-polski i polsko angielski zawiera ok. 20 000 haseł w każdej części, stanowiących wybór terminów z różnych dziedzin techniki i przemysłu. Opracowany w oparciu o materiał dużych słowników naukowo-technicznych WNT, został poprawiony i uzupełniony o terminologię dziedzin szybko rozwijających się, jak elektronika i informatyka. W słowniku zamieszczono również wiele terminów naukowych, zwłaszcza z zakresu nauk przyrodniczych i ochrony środowiska. Podano zwroty i wyrażenia zaczerpnięte z literatury naukowej i technicznej, oraz wybrane terminy wielowyrazowe ilustrujące sposoby tworzenia złożeń. Słownik przeznaczony jest przede wszystkim dla osób posługujących się angielską terminologią specjalistyczną na poziomie średnio zaawansowanym, w tym zwłaszcza uczniów i nauczycieli języka angielskiego.
Wyjściowe terminy angielskie podano w układzie ściśle alfabetycznym. W przypadu, gdy istnieją dwie jednoznaczne formy terminu — pełna i skrócona — człony terminu złożonego, które mogą być pominięte, podano w nawiasach okrągłych bez zmiany kroju pisma, np. „gantry (crane)'', „(linia) łańcuchowa''.
Wyjściowe terminy polskie podano w układzie alfabetycznym według kolejności wyrazów. W następujących kolejno terminach złożonych pierwsze wyrazy zastąpiono znakiem ~. Objaśnienia lub dopowiedzenia przy terminach, jak również kwalifikatory dziedzinowe i gramatyczne, wydrukowane są kursywą. Odpowiedniki hasła wyjściowego wzajemnie równoznaczne oddzielone są od siebie przecinkiem, zaś odpowiedniki bliskoznaczne — średnikiem. Odpowiedniki dotyczące różnych znaczeń terminu wyjściowego oddzielone są cyframi arabskimi. Na końcu słownika zamieszczono tabelki podstawowych i uzupełniających jednostek układu SI, oraz tabelkę potęg o podstawie dziesięć.

INTRODUCTORY NOTE

The Shorter English-Polish and Polish-English Technological Dictionary contains about 20,000 entries in each part selected from various branches of technology and industry. Based on the texts of the great WNT dictionaries of science and technology, it has been revised and updated with terminology from rapidly developing fields, such as electronics and computer science.
The dictionary includes many scientific terms, especially from natural sciences and environment protection. It provides expressions and phrases derived from scientific and technical literature, and incorporates example terms illustrating the method of building compounds.
The dictionary is designed for learners and users of specialized vocabulary at intermediate and upper-intermediate levels, particularly students and teachers of English.
The English terms have been arranged in strict alphabetical order according to the letter-by-letter system. If there exist two forms of a term — full and abridged — the parts of a compound which can be omitted are given in round brackets with no change of type, e.g. "gantry (crane)" or „(linia) łańcuchowa".
The Polish terms have been arranged in alphabetical order according to the word-by-word system. In the successive compounds the recurring first words have been replaced with the sign ~.
Explanations, notes, field and grammatical labels are printed in italics.
Commas separate exact equivalents of a headword and semicolons separate approximate ones.
Equivalents of different meanings are separated with Arabic numerals.
The dictionary is supplemented with the tables of SI base and supplementary units, and a table of powers of ten.

SKRÓTY I ZNAKI UMOWNE ZASTOSOWANE W SŁOWNIKU
ABBREVIATIONS AND SYMBOLS USED IN THE DICTIONARY

a – przymiotnik / adjective
adv – przysłówek / adverb
aero. – aeromechanika / / aeromechnics
akust. – akustyka / acoustics
anat. – anatomia / anatomy
arch. – architektura / architecture
astr. – astronomia / astronomy
aut. – automatyka / automation
bhp – bezpieczeństwo i higiena pracy / industrial safety
biochem. – biochemia / biochemistry
biol. – biologia / biology
biur. – maszyny i urządzenia biurowe / office machines
bot. – botanika / botany
bud. – budownictwo, maszyny budowlane / building and building machinery
ceram. – ceramika / ceramics
chem. – chemia, inżynieria chemiczna / chemistry, chemical engineering
chłodn. – chłodnictwo / refrigeration
cukr. – przemysł cukrowniczy / / sugar industry
cybern. – cybernetyka / cybernetics
drewn. – drewno, obróbka drewna / / wood, woodworking
drog. – drogownictwo / highway engineering
ek. – ekonomia / economics
el. – elektryka, zjawiska elektromagnetyczne, elektrotechnika / electricity, electrical engineering
elakust. – elektroakustyka / / electroacoustics
elchem. – elektrochemia / / electrochemistry
elektron. – elektronika / electronics
f – rodzaj żeński / genus femininum
farb. – barwniki, pigmenty, farbiarstwo / dyes and pigments, dyeing
farm. – przemysł farmaceutyczny / / pharmacy
ferm. – przemysł fermentacyjny / / fermentation industry
fiz. – fizyka / physics
fizchem. – fizykochemia / physical chemistry
fot. – fotografia / photography
GB – termin brytyjski / British usage
genet. – genetyka / genetics
geod. – geodezja / geodetic surveying
geofiz. – geofizyka / geophysics
geogr. – geografia / geography
geol. – geologia / geology
geom. – geometria / geometry
gleb. – gleboznawstwo / soil science
górn. – górnictwo / mining
gum. – przemysł gumowy / rubber industry
hutn. – hutnictwo / metallurgy
hydr. – hydromechanika, hydraulika / hydromechanics, hydraulics
inf. – informatyka / computer science
inż. – inżynieria lądowa i wodna / / civil engineering
jedn. – jednostka miary / unit of measure
kin. – kinematografia / / cinematography

klim. – klimatyzacja / air conditioning
kol. – kolejnictwo / railways
kosm. – kosmonautyka / / astronautics
kosmet. – kosmetyki, przemysł perfumeryjny / cosmetics, perfume industry
kotł. – kotły parowe / steam boilers
kryst. – krystalografia / / crystallography
lab. – laboratorium chemiczne / / chemical laboratory
leśn. – leśnictwo / forestry
lotn. – lotnictwo / aeronautics
m – rodzaj męski / genus masculinum
masz. – części maszyn, maszyny / / machine parts, machines
mat. – matematyka / mathematics
mech. – mechanika ogólna, teoria mechanizmów / mechanics, theory of machines
mech.pł. – mechanika płynów / fluid mechanics
med. – medycyna / medicine
melior. – melioracja /melioration
met. – metaloznawstwo, metalografia / physical metallurgy, metallography
meteo. – meteorologia / meteorology
metrol. – metrologia / metrology
min. – mineralogia / mineralogy
młyn. – przetwórstwo zbożowe / / grist-milling
mot. – motoryzacja, pojazdy mechaniczne / motorization, motor vehicles
n – rodzaj nijaki / genus neutrum
narz. – narzędzia / tools
nawig. – nawigacja / navigation
nukl. – nukleonika / nucleonics
obr.ciepl. – obróbka cieplna / heat treatment
obr.plast. – obróbka plastyczna / plastic working
obr.skraw. – obróbka skrawaniem, obrabiarki, przyrządy i uchwyty / machining and machine tools
ocean. – oceanografia / oceanography
ochr.środ. – ochrona środowiska / / environment protection
odl. – odlewnictwo / foundry practice
okr. – budowa okrętów, przemysł stoczniowy, statek / / shipbuilding, ships
opt. – optyka, przyrządy optyczne / optics, optical instruments
org. – organizacja i zarządzanie / / organization and management
paliw. – paliwa i smary / fuels and lubricants
papiern. – przemysł papierniczy / / papermaking industry
pest. – pestycydy / pesticides
petr. – petrografia / petrography
pl – liczba mnoga / plural
poligr. – przemysł poligraficzny / / printing industry
powł. – powłoki ochronne, zabezpieczenie przed korozją / protective coating, anticorrosives
poż. – pożarnictwo / fire fighting
prawn. – termin prawniczy / law
pszczel. – pszczelarstwo / bee keeping
rad. – radiotechnika, radiolokacja / / radio, radiolocation
radiol. – radiologia / radiology
rak. – technika rakietowa / rocketry
roln. – rolnictwo / agriculture
ryb. – rybołówstwo / fishery
rys. – rysunek techniczny / / engineering drawing
san. – inżynieria sanitarna / / sanitary engineering
siln. – silniki / engines
sing – liczba pojedyncza / singular
skj – statystyczna kontrola jakości / statistical quality control
skór. – przemysł skórzany, garbarstwo / leather industry, tanning
spaw. – spawalnictwo / welding
spoż. – przemysł spożywczy / food industry
statyst. – statystyka / statistics
szkl. – przemysł szklarski / glass industry
tel. – telekomunikacja / / telecommunications
telef. – telefonia / telephony
telegr. – telegrafia / telegraphy
term. – termodynamika / / thermodynamics
transp. – transport (*zagadnienia ogólne*); transport bliski /

/ transport, materials handling

TV – telewizja / television

tw.szt. – przemysł tworzyw sztucznych / plastics industry

US – termin amerykański / / American usage

v – czasownik / verb

wet. – weterynaria / veterinary medicine

wiertn. – wiertnictwo / drilling technology

włók. – włókiennictwo / textiles, textile industry

wojsk. – technika wojskowa, sprzęt zbrojeniowy / military engineering, armaments

wybuch. – materiały wybuchowe / / explosives

wytrz. – wytrzymałość materiałów, badanie własności materiałów / strength of materials, materials testing

wzbog. – wzbogacanie kopalin / / ore enrichment

zeg. – zegarmistrzostwo / horology

zob. – zobacz / see

zool. – zoologia / zoology

zoot. – zootechnika / zootechny

żegl. – żegluga morska i śródlądowa, żeglarstwo, sprzęt żeglarski / maritime shipping, inland navigation, yachting, sailing gear

część

ANGIELSKO-POLSKA

A

abampere *jedn.* biot: 1 Bi = 10 A
abandon *v* opuścić, porzucić
abate *v* **1.** zmniejszać; osłabiać **2.** stępiać (*krawędź*)
abatement 1. zmniejszenie; osłabienie **2.** *drewn.* wióry, strużyny
A-battery *rad.* bateria żarzenia
aberration *fiz.* aberracja, odchylenie
ability zdolność
ablation *geol.* ablacja
ablative *a* ablacyjny
abnormal *a* nienormalny, nieprawidłowy
aboard *adv* na pokładzie; na statku
above crossing *drog.* skrzyżowanie wielopoziomowe
above sea level nad poziomem morza
abradant *zob.* **abrasive**
abrasion ścieranie; zużycie ścierne
abrasive ścierniwo, materiał ścierny
abrasive brick osełka, kamień ścierny
abrasive cleaning oczyszczanie strumieniowo-ścierne
abrasive compound pasta polerska
abrasive disk ściernica, tarcza ścierna
abrasive machining obróbka ścierna
abrasive paper papier ścierny
abrasive saw piła tarciowa, piła bezzębna
abrasive wear zużycie przez ścieranie, ścieranie (się)
abridge *v mat.* skracać, upraszczać
abscissa (*pl* **abscissas** *or* **abscissae**) *mat.* odcięta
absence nieobecność
absolute address *inf.* adres bezwzględny, adres komputera, adres rzeczywisty, adres maszynowy
absolute code *inf.* kod komputera, kod wewnętrzny
absolute error błąd bezwzględny
absolute height wysokość bezwzględna, wzniesienie nad poziomem morza
absolute magnitude 1. *astr.* wielkość absolutna (*gwiazdy*) **2.** *mat.* wartość bezwzględna, moduł (*liczby*)
absolute point *geom.* punkt w nieskończoności
absolute pressure ciśnienie bezwzględne
absolute temperature temperatura termodynamiczna, temperatura bezwzględna
absolute value *mat.* wartość bezwzględna, moduł (*liczby*)
absolute velocity *fiz.* prędkość bezwzględna
absolute viscosity *mech.pł.* lepkość dynamiczna
absolute zero *fiz.* zero bezwzględne (*temperatury*)
absorb *v* absorbować, pochłaniać, wchłaniać
absorbability nasiąkalność
absorbance *fiz.* absorbancja, wartość absorpcji, gęstość optyczna
absorbate absorbat, substancja absorbowana
absorbed dose *radiol.* dawka pochłonięta, dawka absorbowana
absorbed power moc pobierana
absorbency absorpcja, pochłanianie, wchłanianie
absorbent absorbent, substancja absorbująca, pochłaniacz
absorber 1. amortyzator; tłumik (*drgań*) **2.** *chem.* absorber, aparat absorpcyjny
absorbing power zdolność absorpcyjna, absorpcyjność
absorption absorpcja, pochłanianie, wchłanianie

absorption analysis analiza absorpcyjna
absorption band *fiz.* pasmo absorpcyjne
absorption refrigerator chłodziarka absorpcyjna
absorption spectrum *fiz.* widmo absorpcyjne
absorption tower *chem.* kolumna absorpcyjna
absorption unit sabin (*jednostka chłonności akustycznej*)
abstract abstrakt, analiza dokumentacyjna; streszczenie; wyciąg
abstract card *inf.* karta dokumentacyjna
abstraction 1. oddzielanie; usuwanie **2.** *mat.* abstrakcja
abutment oparcie; występ oporowy
a.c. = alternating current *el.* prąd przemienny; prąd zmienny
academic degree stopień naukowy
accelerate *v* przyspieszać; rozpędzać się
accelerated motion *mech.* ruch przyspieszony
accelerated tube *nukl.* rura akceleracyjna, rura przyspieszająca
acceleration 1. *mech.* przyspieszenie **2.** *el.* rozruch
acceleration field *mech.* pole przyspieszeń
acceleration of gravity przyspieszenie ziemskie, przyspieszenie grawitacyjne
accelerator 1. *nukl.* akcelerator, przyspieszacz (*cząstek*) **2.** *chem.* przyspieszacz (*np. wulkanizacji*) **3.** *el.* urządzenie rozruchowe **4.** *TV* elektroda przyspieszająca
accelerator (pedal) *mot.* przyspiesznik, pedał przyspieszenia
accelerator pump *siln.* pompa przyspieszająca (*gaźnika*)
accelerometer przyspieszeniomierz
acceptable level of pollution dopuszczalny stopień zanieczyszczenia
acceptable quality level jakość dopuszczalna
acceptance przyjęcie; odbiór
acceptance inspection kontrola odbiorcza
acceptance sampling odbiór wyrywkowy, wyrywkowe badanie odbioru
acceptor *chem.* akceptor
acceptor (centre) *elektron.* akceptor, centrum akceptorowe
access dostęp
access door właz; drzwiczki kontrolne
accessible *a* dostępny; osiągalny
accessories *pl* przybory; wyposażenie dodatkowe, akcesoria; osprzęt
accessory *a* pomocniczy; dodatkowy
access road droga dojazdowa
access time *inf.* czas dostępu
accident wypadek
accidental error błąd przypadkowy
acclimatization aklimatyzacja
acclivity wzniesienie (*terenu*)
accommodation 1. przystosowanie; dostosowanie **2.** pomieszczenie **3.** *opt.* akomodacja
account 1. *ek.* rachunek, konto **2.** raport, sprawozdanie
accountant księgowy
accumulate *v* akumulować; gromadzić (się)
accumulated dose *radiol.* dawka sumaryczna, dawka nagromadzona
accumulator akumulator, zasobnik
accumulator battery bateria akumulatorowa
accumulator plate *el.* płyta akumulatorowa
accumulator (register) *inf.* akumulator
accuracy dokładność; ścisłość
accurate *a* dokładny; ścisły
acetate 1. *chem.* octan **2.** *tw.szt.* włókno octanowe
acetic acid *chem.* kwas octowy
acetification octowanie
acetone aceton
acetyl acetyl
acetylation acetylowanie
acetylcellulose acetyloceluloza, octan celulozy
acetylene acetylen
acetylene generator *spaw.* wytwornica acetylenowa
acetylene hydrocarbons *pl* węglowodory acetylenowe, alkiny
acetylene lamp lampa acetylenowa, lampa karbidowa
acetylene welding spawanie acetylenowe
acetylenogen *chem.* węglik wapniowy, karbid
a.c. generator *el.* prądnica prądu przemiennego, alternator
achromat *opt.* achromat, obiektyw achromatyczny
achromatic lens *zob.* **achromat**
acid *chem.* kwas
acid *a* kwaśny, kwasowy
acid anhydride bezwodnik kwasowy
acid-base indicator wskaźnik pH, wskaźnik alkacymetryczny
acid Bessemer process proces besemerowski (*wytapiania stali*)
acid brittleness *met.* kruchość wodorowa, choroba wodorowa
acid carbonate *chem.* wodorowęglan, kwaśny węglan
acid-forming *a chem.* kwasotwórczy

acidic *a chem.* **1.** kwasowy **2.** kwasotwórczy
acidic group *chem.* grupa kwasowa, grupa solotwórcza
acidic oxide tlenek kwasowy
acidification 1. *chem.* zakwaszanie **2.** *spoż.* kwaśnienie
acidifier *chem.* pierwiastek kwasotwórczy
acidimeter *chem.* kwasomierz; aerometr akumulatorowy
acidimetry *chem.* acydymetria
acid number *chem.* liczba kwasowa
acidolysis *chem.* acydoliza, hydroliza kwasowa
acid-open-hearth furnace *hutn.* piec martenowski kwaśny
acidproof *a* kwasoodporny
acid radical *chem.* reszta kwasowa
acid reaction *chem.* odczyn kwaśny
acid-resistant *a* kwasoodporny
acid-soluble *a* rozpuszczalny w kwasach
acidulant *spoż.* środek zakwaszający (*konserwujący*)
acidulous *a chem.* kwaskowaty
acid value *chem.* liczba kwasowa
acorn nut *masz.* nakrętka kołpakowa, nakrętka kapturkowa
acoustic(al) *a* akustyczny
acoustic baffle odgroda, ekran akustyczny
acoustic fatigue *wytrz.* zmęczenie akustyczne
acoustic filter filtr akustyczny
acoustic generator generator dźwiękowy
acoustic memory *inf.* pamięć akustyczna
acoustics akustyka
acoustic spectrum widmo akustyczne
acoustic velocity prędkość dźwięku
acoustic wave fala akustyczna
acoustoelectronics akustoelektronika, fononika
acoustooptics akustooptyka
acquisition 1. nabycie **2.** nabytek **3.** (*w radiolokacji – wykrycie obiektu i ustalenie jego współrzędnych*)
acre *jedn.* akr: 1 ac ≈ 4046 m^2
acreage powierzchnia wyrażona w akrach
act dokument; ustawa; akt prawny
act *v* działać
actinic radiation *fiz.* promieniowanie aktyniczne, promieniowanie działające fotochemicznie
actinides *pl chem.* aktynowce (Ac, Th, Pa, U, Np, Pu, Am, Cm, Bk, Cf, Es, Fm, Md, No, Lr)
actinide series *zob.* **actinides**
actinium *chem.* aktyn, Ac
actinium (decay) series szereg promieniotwórczy uranowo-aktynowy
actinium emanation *nukl.* emanacja aktynowa, aktynon, An
actinon *zob.* **actinium emanation**
actinouranium *nukl.* aktynouran, AcU
action 1. działanie, akcja **2.** mechanizm
activated carbon węgiel aktywny
activated molecule cząsteczka aktywowana
activation aktywacja; aktywowanie; pobudzanie
activator aktywator, pobudzacz; środek aktywujący
active *a* aktywny, czynny; *fiz.* promieniotwórczy, radioaktywny
active core *nukl.* strefa czynna, rdzeń (*reaktora*)
active material 1. *nukl.* substancja promieniotwórcza, materiał promieniotwórczy **2.** *el.* masa czynna (*akumulatora*)
active power *el.* moc czynna
active power relay *el.* przekaźnik czynnomocowy
activity 1. aktywność; działalność **2.** *fiz.* aktywność (*promieniotwórcza*) **3.** *chem.* aktywność
activity level *fiz.* poziom aktywności
actual *a* rzeczywisty, faktyczny
actual address *inf.* adres bezwzględny, adres komputera, adres rzeczywisty, adres maszynowy
actual efficiency sprawność ogólna, sprawność całkowita
actual gas gaz rzeczywisty, gaz niedoskonały
actuate *v* uruchamiać, poruszać; *el.* pobudzać
actuator 1. urządzenie uruchamiające **2.** *aut.* serwomotor, siłownik; organ wykonawczy
acute angle *geom.* kąt ostry
acute(-angled) triangle *geom.* trójkąt ostrokątny
acyclic *a* **1.** *mat.* acykliczny **2.** *chem.* acykliczny
acyclic generator *el.* prądnica jednakobiegunowa
acyclic hydrocarbons *pl chem.* węglowodory łańcuchowe, węglowodory alifatyczne
adaptation przystosowanie, adaptacja
adapter 1. łącznik; element pośredniczący **2.** złączka (rurowa) zwężkowa, króciec redukcyjny
add *v* **1.** dodawać **2.** *mat.* dodawać
added metal *spaw.* spoiwo, metal dodatkowy
addend *mat.* składnik sumy

addendum *masz.* wysokość głowy zęba (*koła zębatego*)
adder 1. *biur.* sumator, maszyna sumująca **2.** *inf.* sumator
adder-subtractor *inf.* układ sumująco-odejmujący
addition 1. *mat.* dodawanie **2.** dodatek; domieszka **3.** *chem.* addycja, przyłączenie
additional *a* dodatkowy
additional training dokształcanie
addition reaction *chem.* reakcja przyłączenia
additive dodatek
additive colour process addytywne mieszanie barw
address adres
adequate *a* odpowiedni, adekwatny
adhere *v* przylegać, przywierać
adhesion *fiz.* przyleganie, adhezja
adhesive klej; spoiwo, lepiszcze
adhesive bonding klejenie
adhesive force *fiz.* siła adhezyjna, siła przylegania
adhesive tape 1. taśma podgumowana, taśma lepka; *fot.* lasotaśma **2.** plaster lepki, przylepiec
adhesive weight ciężar przyczepności, ciężar adhezyjny (*pojazdu*)
adiabate *fiz.* adiabata, krzywa adiabatyczna
adiabatic curve *zob.* **adiabate**
adiabatic process przemiana adiabatyczna, proces adiabatyczny (*bez wymiany ciepła*)
adit *górn.* sztolnia
adjacent *a* sąsiedni; przylegający
adjacent angles *pl geom.* kąty przyległe
adjacent rock *geol.* skała towarzysząca, skała otaczająca
adjoined *a mat.* dołączony
adjoint *a mat.* sprzężony
adjugate *zob.* **adjoint**
adjust *v* nastawiać; regulować; uzgadniać
adjustable *a* nastawny
adjustable gauge *metrol.* sprawdzian nastawny
adjustable inductor *el.* zmiennik indukcyjności
adjustable resistor *el.* rezystor nastawny, reostat
adjustable spanner *masz.* klucz nastawny
adjusting knob gałka nastawcza
adjusting magnet magnes kompensacyjny
adjustment 1. nastawienie; dopasowanie; regulacja **2.** regulator
adjustment screw śruba nastawcza, śruba regulacyjna
administration administracja; zarządzanie; zarząd; kierownictwo
admissible error błąd dopuszczalny
admission *siln.* **1.** zasilanie **2.** wlot; dopływ
admission stroke *siln.* suw ssania
admission valve zawór wlotowy
admittance *el.* admitancja, przewodność pozorna, przewodność zespolona
admixture domieszka, przymieszka
ADP = automatic data processing *inf.* automatyczne przetwarzanie danych, APD
adsorb *v* adsorbować
adsorbate adsorbat, adsorptyw, substancja adsorbowana
adsorbent adsorbent, substancja adsorbująca
adsorber adsorber, aparat adsorpcyjny
adsorption adsorpcja, sorpcja powierzchniowa
adsorption analysis analiza adsorpcyjna
adulterate *v* zafałszować, podrabiać (*produkt*)
advance 1. posuwanie się naprzód; postęp **2.** wyprzedzenie **3.** *ek.* zaliczka; zadatek
advance angle *siln.* kąt wyprzedzenia zapłonu
advanced calculus *mat.* rachunek różniczkowy i całkowy
advanced gallery *górn.* chodnik przygotowawczy
advanced ignition *siln.* zapłon przyspieszony
advance sale przedsprzedaż
advancing working *górn.* wybieranie w kierunku od szybu do granic
advantage korzyść; zaleta
advertisement ogłoszenie; reklama
adviser doradca, konsultant
adz(e) topór ciesielski
aerated concrete beton napowietrzony; gazobeton
aeration 1. napowietrzanie **2.** *odl.* spulchnianie (*masy formierskiej*)
aerator 1. aerator, aparat do napowietrzania **2.** *odl.* spulchniarka
aerial *rad.* antena, *zob. też* **antenna**
aerial *a* powietrzny; napowietrzny; podwieszony
aerial cable *el.* kabel nadziemny
aerial cable railway kolej linowa napowietrzna
aerial mast maszt antenowy

aerial photography fotografia lotnicza, aerofotografia
aerial view widok z powietrza, widok z lotu ptaka
aerobatics akrobacja lotnicza
aerobes *pl biol.* tlenowce, aeroby
aerobic fermentation fermentacja tlenowa
aerodrome lotnisko
aeroduster samolot do opylania
aerodynamic(al) *a* aerodynamiczny
aerodynamic centre środek aerodynamiczny
aerodynamic drag opór aerodynamiczny
aerodynamic force siła aerodynamiczna, reakcja aerodynamiczna
aerodynamic lift siła nośna
aerodynamics aerodynamika
aerodyne aerodyna (*statek powietrzny cięższy od powietrza*)
aeroelasticity aeroelastyczność, aerosprężystość
aero-engine silnik lotniczy
aerofoil *aero.* płat
aerofoil profile profil lotniczy, profil płata nośnego
aerofoil ship samoloto-statek
aerogel *chem.* aerożel
aerogenerator prądnica napędzana silnikiem wiatrowym
aerology aerologia
aeromedicine medycyna lotnicza
aeromotor silnik lotniczy
aeronautics lotnictwo, aeronautyka
aerophysics aerodynamika
aeroplane samolot
aerosol **1.** aerozol **2.** preparat aerozolowy **3.** gazozol
aerospace przestrzeń powietrzna
aerospace industry przemysł lotniczy i kosmonautyczny
aerospace vehicle statek latający powietrzno-kosmiczny, kosmopłat
aerostat aerostat (*statek powietrzny lżejszy od powietrza*)
aerostatics aerostatyka
aerostation **1.** *zob.* **aerostatics** **2.** lotnictwo balonowe, baloniarstwo
aerotrain pociąg na poduszce powietrznej
A family *chem.* grupa główna (*układu okresowego pierwiastków*)
affine geometry geometria afiniczna
affinity **1.** *fiz., chem.* powinowactwo; pokrewieństwo **2.** *mat.* powinowactwo
affix *v* zamocować; przymocować
afloat *a* pływający; unoszący się na wodzie
afterbody *okr.* rufowa część kadłuba; *mot.* tylna część pojazdu
afterburning dopalanie
aftercooling dochładzanie
aftercrop *roln.* poplon
aftercure *gum.* dowulkanizacja
after-effect zjawisko wtórne; działanie następcze
afterglow *elektron.* poświata (*ekranu luminescencyjnego*)
after-heat *el., nukl.* ciepło powyłączeniowe
after-hold *okr.* ładownia rufowa
after-machining obróbka wykończająca
after payment *ek.* dopłata
after-run *chem.* pogon
after-sound *akust.* pogłos
after-treatment **1.** obróbka następcza **2.** *spaw.* obróbka (cieplna) po spawaniu **3.** *włók.* utrwalanie wybarwienia
age determination *nukl.* oznaczanie wieku, datowanie (*metodą izotopową*)
ageing **1.** *obr. ciepl.* starzenie **2.** *włók.* utrwalanie wybarwień
ageing of catalyst zmęczenie katalizatora
agency *ek.* agencja; przedstawicielstwo
agent **1.** czynnik; środek **2.** *ek.* agent; przedstawiciel
agglomerate **1.** aglomerat; skupienie **2.** *hutn.* spiek, ruda spieczona
agglomeration **1.** scalanie; zbrylanie **2.** *hutn.* spiekanie, aglomeracja
agglutination **1.** aglutynacja, zlepianie się **2.** zlepek
aggregate **1.** zespół, skupienie **2.** *min.* agregat, skupienie **3.** *inf.* agregat **4.** kruszywo
aggregate scales waga porcjowa
aggregate value łączna wartość
aging *zob.* **ageing**
agitate *v* **1.** mieszać; bełtać **2.** *fiz.* wzbudzać, pobudzać
agitator **1.** mieszadło **2.** mieszalnik
agreement *ek.* umowa, porozumienie
agricultural chemistry agrochemia, chemia rolna
agricultural engineering mechanizacja rolnictwa
agricultural meteorology agrometeorologia
agricultural science agrotechnika
agriculture rolnictwo
agrimotor **1.** ciągnik rolniczy **2.** silnik rolniczy
agronomy agronomia
aid **1.** pomoc **2.** środek pomocniczy, pomoc
aided *a* wspomagany
aileron *lotn.* lotka
aim cel
air powietrz

air *v* wietrzyć
air-arc cutting *spaw.* cięcie łukowo-gazowe, cięcie łukowo-tlenowe
air bearing *masz.* łożysko powietrzne
air blast 1. dmuch (*w piecach*) **2.** podmuch powietrza
air blower dmuchawa powietrzna
airborne *a* (*przystosowany do transportu powietrznego lub znajdujący się na pokładzie lecącego samolotu*)
airborne solids *pl* cząstki stałe unoszące się w powietrzu
air box *hutn., odl.* skrzynia powietrzna, skrzynia dmuchowa
air brake hamulec pneumatyczny
air-brick *bud.* pustak wentylacyjny
air-bridge *transp.* most powietrzny
air-brush *narz.* pistolet natryskowy; *poligr.* aerograf
air bubble pęcherzyk powietrzny
airbus aerobus
air clamp zacisk pneumatyczny
air classifier klasyfikator pneumatyczny, wialnik klasyfikacyjny; *kotł.* separator powietrzny
air cock kurek odpowietrzający
air compressor sprężarka powietrzna
air conditioning klimatyzacja
air conduit przewód powietrzny; *górn.* lutnia wentylacyjna
air conveyor poczta pneumatyczna
air-cooled *a* chłodzony powietrzem
air cooling 1. *siln.* chłodzenie powietrzne **2.** *obr.ciepl.* chłodzenie w powietrzu **3.** chłodzenie powietrza
aircraft statek powietrzny; samolot
aircraft carrier *okr.* lotniskowiec
aircrew załoga statku powietrznego
air cushion 1. poduszka powietrzna, poduszka pneumatyczna (*amortyzująca lub dociskowa*) **2.** *lotn.* poduszka powietrzna
air cushion vehicle poduszkowiec, statek na poduszce powietrznej
air cycle *term.* obieg powietrzny
airdraulic *a* pneumatyczno-hydrauliczny
air-dried *a* wysuszony na powietrzu; powietrzno-suchy
air-drill świder pneumatyczny
airdrome lotnisko
air-dry *zob.* **air-dried**
air duct kanał powietrzny; *górn.* lutnia wentylacyjna
air-escape odpowietrznik
air extractor wyciąg powietrzny; wentylator dachowy (*w pojazdach*)
airfield lotnisko
air filter filtr powietrza
airfoil *aero.* płat
air force lotnictwo, siły powietrzne
airframe *lotn.* płatowiec; kadłub pocisku rakietowego
air-fuel mixture *siln.* mieszanka powietrzno-paliwowa
air furnace 1. *hutn.* piec płomienny, płomieniak **2.** piec o ciągu naturalnym
air gun *masz.* pistolet natryskowy
air hoist dźwignik pneumatyczny
air intake chwyt powietrza; wlot powietrza
airline linia lotnicza
airliner samolot komunikacyjny
air lock 1. korek powietrzny (*w przewodzie*) **2.** śluza powietrzna
air mail poczta lotnicza
air-operated *a* pneumatyczny
airplane samolot
airport port lotniczy
air port wylot kanału powietrznego
air pressure ciśnienie atmosferyczne
airproof *a* nie przepuszczający powietrza; szczelny, hermetyczny
air pump *masz.* pompa próżniowa
air-release 1. odpowietrzenie **2.** odpowietrznik
airscrew śmigło
airscrew blade łopata śmigła, ramię śmigła
airscrew propulsion napęd śmigłowy
air separator oddzielacz powietrzny, wialnia
air shaft 1. *bud.* kanał wentylacyjny pionowy **2.** *górn.* szyb wentylacyjny
airship *lotn.* sterowiec
airspace *lotn.* przestrzeń powietrzna
air speed prędkość lotu
air spring *masz.* element sprężysty pneumatyczny, amortyzator pneumatyczny
air taxi taksówka powietrzna
air terminal dworzec lotniczy (*miejski*)
air thawing rozmrażanie powietrzem
air-tight *a* nie przepuszczający powietrza; szczelny, hermetyczny
air turbine 1. turbina powietrzna **2.** turbina wiatrowa
air valve zawór powietrzny
air washer płuczka powietrza
airway 1. *lotn.* trasa lotnicza **2.** *górn.* chodnik wentylacyjny
airworthy *a lotn.* zdatny do lotu
alarm 1. alarm; sygnał alarmowy **2.** urządzenie alarmowe
alarm clock budzik
albumen białko (*jajka*)
albumin *biochem.* albumina (*białko proste*)

alcohol 1. alkohol **2.** alkohol etylowy, etanol
alcohol burner palnik spirytusowy
alcohol column kolumna rektyfikacyjna (*do alkoholu*)
alcohol(i)meter alkoholomierz
alcoholize *v chem.* **1.** zadawać alkoholem **2.** przeprowadzać w alkohol **3.** rektyfikować
aldehyde *chem.* aldehyd
alert alarm; alert
alga (*pl* **algae**) *bot.* alga, glon
algebra algebra
algebraic(al) *a* algebraiczny
algebraic equation *mat.* równanie algebraiczne
algorism *zob.* **algorithm**
algorithm *mat.* algorytm
algorithmic language *inf.* język algorytmiczny
alicyclic compounds *pl chem.* związki alicykliczne
alidada *metrol.* alidada
align *v* ustawiać w linii; osiować; *opt.* justować; *rad.* zestrajać, regulować
aligning bar *masz.* trzpień ustawczy, pilot
alimentation wyżywienie; odżywianie
aliphatic *a chem.* alifatyczny, łańcuchowy
aliphatic hydrocarbons *pl chem.* węglowodory łańcuchowe, węglowodory alifatyczne
alkalies *pl chem.* alkalia
alkaline reaction *chem.* odczyn alkaliczny
alkalinity *chem.* alkaliczność, zasadowość
alkali-resistant *a* odporny na działanie alkaliów, ługoodporny
alkali-soluble *a* rozpuszczalny w alkaliach
alkaloid *chem.* alkaloid
alkanes *pl chem.* alkany, węglowodory acykliczne nasycone
alligator (*maszyna lub narzędzie o szczękowej konstrukcji organu roboczego*)
alligator clip *el.* zacisk szczękowy; uchwyt szczękowy
all-metal *a* całkowicie metalowy
allocation przydział
allotrope *chem.* odmiana alotropowa (*pierwiastka*)
allotropy *chem.* alotropia
allowable *a* dopuszczalny
allowance 1. naddatek (*materiału*) **2.** poprawka **3.** *masz.* luz **4.** *ek.* przydział **5.** *ek.* zniżka, rabat
alloy *met.* stop
alloy(-forming) element składnik stopowy
alloying power zdolność stopotwórcza
alloy junction *elektron.* złącze stopowe
alloy steel stal stopowa
all-purpose *a* uniwersalny
all rights reserved wszystkie prawa zastrzeżone
alluvial *a geol.* aluwialny, napływowy, naniesiony
all-wave receiver *rad.* odbiornik wielozakresowy
all-welded *a* całkowicie spawany
almucantar *astr.* almukantar, równoleżnik wysokości, koło wysokości
alpha counter *fiz.* licznik cząstek alfa, alfametr
alpha(nu)meric *a* alfanumeryczny, literowo-cyfrowy
alpha particle *fiz.* cząstka alfa
alpha (radio)activity *fiz.* promieniotwórczość alfa, (radio)aktywność alfa
alteration zmiana; przemiana
alternate angles *pl geom.* kąty naprzemianległe
alternate fuel paliwo zastępcze
alternating current *el.* prąd przemienny; prąd zmienny
alternating-current motor *el.* silnik prądu przemiennego
alternation 1. półokres (*zjawiska okresowego*) **2.** alternatywa (*logiczna*)
alternative design wariant projektu
alternator *el.* prądnica prądu przemiennego, alternator
altimeter *lotn.* wysokościomierz
altitude wysokość; wzniesienie
altitude circle *astr.* almukantar, równoleżnik wysokości, koło wysokości
altometer *geod.* teodolit
ALU = arithmetic-logic unit *inf.* arytmometr, jednostka arytmetyczno-logiczna
alum *chem.* ałun
alumina 1. *chem.* tlenek glinowy **2.** *min.* korund
aluminate *chem.* glinian
aluminium 1. *chem.* glin, Al **2.** *met.* aluminium
aluminium coating 1. powłoka aluminiowa **2.** *powł.* aluminiowanie
aluminium foil folia aluminiowa
aluminothermy *met.* aluminotermia
aluminum *zob.* **aluminium**
amalgam *met.* amalgamat, ortęć
amalgamation 1. *met.* amalgamowanie, amalgamacja **2.** *ek.* fuzja; połączenie
amber bursztyn

ambient air powietrze otaczające
ambient insensitive niewrażliwy na czynniki zewnętrzne
ambient temperature temperatura otoczenia
ambulance *mot.* sanitarka, ambulans
americium *chem.* ameryk, Am
amicron *chem.* amikron, cząstka amikroskopowa
amides *pl chem.* **1.** amidy **2.** amidki
amine *chem.* amina
aminoacid aminokwas, kwas aminokarboksylowy
ammeter *el.* amperomierz
ammonia *chem.* amoniak
ammonia carburizing *obr.ciepl.* cyjanowanie gazowe
ammonium *chem.* amon
ammunition amunicja
amorphous *a* bezpostaciowy, amorficzny
amortization *ek.* amortyzacja
amount ilość; suma; kwota
amperage *el.* prąd w amperach
ampere *jedn.* amper, A
ampere-hour *jedn.* amperogodzina: 1 A · h = 3600 C
ampere-second *jedn.* kulomb: 1 C = 1 A · s
ampere-turn *jedn.* amperozwój (*jednostka elektromagnetyczna w systemie CGS*)
amperometric titration *chem.* miareczkowanie amperometryczne, amperometria
amphibian *lotn.* amfibia, samolot wodno-lądowy
amphion *chem.* jon amfoteryczny, jon obojnaczy, jon dwubiegunowy, amfijon
amphiprotic *zob.* **amphoteric**
amphoteric *a chem.* amfoteryczny
amplidyne *el.* amplidyna
amplification zwiększenie; *el.* wzmocnienie
amplification factor *el.*, *aut.* współczynnik wzmocnienia
amplifier *el.* wzmacniacz
amplify *v* zwiększać; *el.* wzmacniać
amplitude *mat.*, *fiz.* amplituda
amp(o)ule ampułka
amyl *chem.* amyl
anachromatic lens *opt.* obiektyw anachromatyczny, anachromat
anaerobes *pl biol.* beztlenowce, anaeroby
anaglyph **1.** *arch.* anaglif **2.** *opt.* anaglif
analog(ue) *aut.* analog
analog computer komputer analogowy
analogous *a* analogiczny
analog-to-digital conversion konwersja analogowo-cyfrowa
analog-to-digital converter *inf.* konwerter analogowo-cyfrowy, przetwornik analogowo-cyfrowy, przetwornik a/c
analogy analogia, podobieństwo
analyse *v* analizować; badać
analyser analizator (*aparat*)
analysis analiza; badanie
analyst **1.** *chem.* analityk **2.** *inf.* analityk
analytic(al) *a* analityczny; obliczeniowy
analytical balance waga analityczna
analytical chemistry chemia analityczna
analytically pure czysty do analizy
analytic geometry geometria analityczna
analyze *zob.* **analyse**
anaphoresis *fiz.* anaforeza
anastigmat (lens) obiektyw anastygmatyczny, anastygmat
anchor **1.** kotwica **2.** *inż.* kotew
anchor *v* **1.** *żegl.* rzucać kotwicę **2.** kotwić; mocować
anchor bolt śruba fundamentowa, śruba kotwowa
anchor cable *okr.* łańcuch kotwiczny
anchor clamp *el.* uchwyt odciągowy
anchor support *inż.* słup odporowy
ancillary *a* pomocniczy
AND *inf.* funktor I
AND operation *inf.* iloczyn logiczny, koniunkcja
anechoic chamber *akust.* komora bezechowa, komora akustyczna pochłaniająca
anemometer anemometr; wiatromierz
aneroid aneroid, barometr aneroidalny
angle **1.** *geom.* kąt **2.** kątownik
angle bar *zob.* **angle 2.**
angle bearing *masz.* łożysko poprzeczno-wzdłużne, łożysko skośne
angle brace *bud.* zastrzał
angle bracket nawias ostry
angled *a* ustawiony pod kątem
angle distance odległość kątowa
angledozer spycharka skośna
angle file pilnik trójkątny
angle gauge **1.** *metrol.* płytka kątowa **2.** *bud.* kątownik murarski
angle gear przekładnia zębata wichrowata
angle iron kątowniki stalowe
angle lever dźwignia kątowa
angle of advance *siln.* kąt wyprzedzenia
angle of approach **1.** *masz.* kąt wejścia łuku przyporu (*w przekładni zębatej*) **2.** *mot.* kąt natarcia, kąt wejścia **3.** *lotn.* kąt podejścia
angle of attack *aero.* kąt natarcia
angle of contact **1.** *masz.* kąt opasania (*w przekładni cięgnowej*) **2.** *obr.plast.* kąt chwytu (*przy walcowaniu*) **3.** *fiz.* kąt przylegania, kąt zetknięcia; kąt brzegowy
angle of incidence **1.** *fiz.* kąt padania (*promieni*) **2.** *zob.* **angle of attack**

angle of intersection kąt przecięcia
angle of reflection *fiz.* kąt odbicia (*promieni*)
angle of refraction *fiz.* kąt załamania (*promieni*)
angle of rotation *mech.* kąt obrotu
angle of slope kąt pochylenia zbocza
angle of thread *masz.* kąt zarysu gwintu
angle of view *opt.* kąt widzenia
angle parking *mot.* parkowanie ukośne
angle post *bud.* słup narożny (*ogrodzenia*)
angle section kątownik
angle steel kątowniki stalowe
angström *jedn.* angstrem: 1 Å = 10^{-10} m
angular *a* **1.** *geom.* kątowy **2.** *geom.* okrężny, kołowy **3.** kanciasty, graniasty
angular acceleration przyspieszenie kątowe
angular distance odległość kątowa
angular frequency częstotliwość kątowa, pulsacja
angular height wysokość kątowa
angular lag opóźnienie kątowe
angular momentum *mech.* kręt, moment pędu, moment ilości ruchu
angular motion *mech.* ruch obrotowy
angular speed *zob.* **angular velocity**
angular thread gwint trójkątny
angular velocity prędkość kątowa, prędkość obrotowa
anhydride *chem.* bezwodnik
anhydrous *a chem.* bezwodny
aniline *chem.* anilina
animal farm gospodarstwo hodowlane, ferma hodowlana
animal husbandry zootechnika
animal production *zoot.* produkcja zwierzęca
animated cartoon film rysunkowy
animation *kin.* animacja
anion *chem.* anion, jon ujemny
anion exchanger wymieniacz anionów, anionit
anisotropic *a* anizotropowy, różnokierunkowy
anisotropy anizotropia (*zróżnicowanie własności zależnie od kierunku*)
annealing *obr.ciepl.* wyżarzanie; *szkl.* odprężanie
annealing furnace *obr.ciepl.* piec do wyżarzania, żarzak; *szkl.* odprężarka
annex(e) **1.** załącznik **2.** *bud.* przybudówka, dobudówka
annihilation *fiz.* anihilacja
annual *a* roczny; doroczny; *bot.* jednoroczny
annual growth *bot.* przyrost roczny
annual set rocznik (*czasopism itp.*)
annular *a* pierścieniowy
annulus (*pl* **annuli**) *geom.* pierścień
anode *el.* anoda, elektroda dodatnia
anode battery *rad.* bateria anodowa, anodówka
anode copper miedź anodowa
anode efficiency **1.** *elektron.* sprawność przetwarzania **2.** *elchem.* wydajność anodowa
anode solution *elchem.* ciecz anodowa, anolit
anode voltage napięcie anodowe
anodic *a* anodowy
anodic oxidation *zob.* **anodizing**
anodizing *elchem.* anod(yz)owanie, eloksalowanie, utlenianie anodowe
anolyte *elchem.* anolit, ciecz anodowa
anomaly anomalia, nieprawidłowość
antechamber **1.** komora wstępna, komora wstępnego spalania (*w silnikach wysokoprężnych*) **2.** *bud.* przedpokój
antenna (*pl* **antennae** *or* **antennas**) *rad.* antena, *zob. też* **aerial**
antenna array układ antenowy
antenna (down)lead odprowadzenie anteny
anthracite *min.* antracyt
anthracosis *med.* węglica, pylica węglowa
antiaircraft *a* przeciwlotniczy
antibiotic *biochem.* antybiotyk
anti-block system *mot.* korektor hamowania, urządzenie przeciwpoślizgowe (*zapobiegające zablokowaniu kół*)
anticatalyst *chem.* antykatalizator, katalizator ujemny
anticipate *v* przewidywać; uprzedzać
anticipating control *aut.* sterowanie wyprzedzające
anti-clockwise *a* przeciwny do kierunku ruchu wskazówek zegara
anticorrosion protection ochrona przeciwkorozyjna
anticorrosive *a* przeciwkorozyjny, zabezpieczający przed korozją
anticyclone *meteo.* wyż (*baryczny*), obszar wysokiego ciśnienia
antidetonant *siln.* antydetonator, środek przeciwstukowy
antidote odtrutka
antielectron *fiz.* elektron dodatni, antyelektron, pozyton
antielectrostatic agent środek anty(elektro)statyczny, antystatyk
antiferromagnetism *fiz.* antyferromagnetyzm
antifreeze (additive) *chem.* antyfryz

antifriction *a* przeciwcierny
antifriction alloy stop łożyskowy
antiknock (agent) *siln.* antydetonator, środek przeciwstukowy
antilogarithm *mat.* antylogarytm, funkcja odwrotna do logarytmicznej
antimatter *fiz.* antymateria
antimers *pl chem.* enancjomery, antymery, antypody optyczne, izomery zwierciadlane
antimony *chem.* antymon, Sb
antineutron *fiz.* antyneutron
antioxidant przeciwutleniacz, antyutleniacz
antiparticle *fiz.* przeciwcząstka
antiproton *fiz.* antyproton, proton ujemny
anti-roll bar *mot.* stabilizator poprzeczny
antirust *a* przeciwrdzewny
antiseptic *a* antyseptyczny, bakteriobójczy
antislip *a* przeciwpoślizgowy
antistat(ic agent) środek anty(elektro)statyczny, antystatyk
antisubmarine weapon broń przeciw okrętom podwodnym
antisymmetric *a mat.* antysymetryczny
antisymmetry antysymetria
antitank *a wojsk.* przeciwpancerny, przeciwczołgowy
antitrigonometric functions *pl mat.* odwrotne funkcje trygonometryczne
antivibration *a* przeciwdrganiowy
antivibrator tłumik drgań
anvil *obr.plast.* kowadło; kowadełko
anvil face *obr.plast.* gładź kowadła
anvil tool *obr.plast.* matryca dolna
apartment apartament; mieszkanie
apartment building blok mieszkalny; dom czynszowy
aperiodic *a* aperiodyczny; nieokresowy
aperture **1.** otwór, szczelina **2.** *opt.* apertura
aperture number *fot.* jasność obiektywu
apex (*pl* **apexes** *or* **apices**) **1.** *geom.* wierzchołek, punkt najwyższy względem pewnej linii lub płaszczyzny **2.** *górn.* wychodnia (*pokładu*)
apex angle *geom.* kąt wierzchołkowy
aphelion *astr.* afelium, punkt odsłoneczny
apiary *roln.* pasieka
apical *a* wierzchołkowy
apiculture pszczelarstwo
aplanat(ic lens) *opt.* aplanat, obiektyw aplanatyczny
apochromat(ic lens) *opt.* apochromat, obiektyw apochromatyczny
apogee *astr.* apogeum, punkt odziemny
apothecary balance waga aptekarska, waga techniczna
apparatus aparat; przyrząd; urządzenie; aparatura
apparent *a* **1.** dostrzegalny; widoczny **2.** pozorny
apparent error błąd pozorny
apparent failure uszkodzenie widoczne
apparent resistance *el.* impedancja, opór pozorny, opór zespolony
appendant drawing rysunek dodatkowy, rysunek pomocniczy
appendix dodatek (*w książce*); załącznik; aneks
appliance przyrząd, urządzenie
applicable *a* odpowiedni; dający się zastosować
application **1.** zastosowanie **2.** podanie; zgłoszenie; wniosek
application software *inf.* oprogramowanie użytkowe
applicator *el.* wzbudnik (*grzejny*)
applied chemistry chemia stosowana
applied force *mech.* siła czynna
applied power moc dostarczona, moc doprowadzona
applied research badania stosowane
applied science nauka stosowana
applied voltage napięcie doprowadzone
apply *v* zastosować
apply a coating nakładać powłokę
apply a force przyłożyć siłę
apply a load obciążyć
appraisal *ek.* ocena; wycena; taksacja
apprentice uczeń (*w rzemiośle*); czeladnik
approach **1.** zbliżanie; zbliżenie **2.** dostęp, podejście
approach *v* zbliżać się
approach contact *masz.* wzębianie
approach to land *lotn.* podchodzić do lądowania
approach zero dążyć do zera
approve *v* zatwierdzać: aprobować
approximate *a* przybliżony
approximation przybliżenie; *mat.* aproksymacja, przybliżenie
apron **1.** fartuch; osłona **2.** *lotn.* płyta lotniskowa **3.** *obr.skraw.* skrzynka suportowa (*tokarki*)
aquaculture *roln.* kultura wodna, hydroponika
aqualung akwalung
aquanaut akwanauta
aquaplane akwaplan
aqua regia *chem.* woda królewska
aqueous *a chem.* wodny
aqueous adhesive klej wodny
aqueous rock *geol.* skała wodonośna
aqueous solution roztwór wodny

aquiculture *roln.* kultura wodna, hydroponika
aquiferous layer *gleb.* warstwa wodonośna
aquo-compounds *pl chem.* akwozwiązki
arabic numerals *pl* cyfry arabskie
arable land ziemia orna, grunty orne
arbitration 1. arbitraż, postępowanie rozjemcze **2.** *inf.* arbitraż, przyznanie dostępu
arbor *obr.skraw.* trzpień; oprawka (*do narzędzi*)
arc 1. *geom.* łuk **2.** *el.* łuk
arc cosecant *mat.* arcus cosecans
arc cosine *mat.* arcus cosinus
arc cotangent *mat.* arcus cotangens
arc cutting cięcie łukowe (*łukiem elektrycznym*)
arc discharge *el.* wyładowanie łukowe
arc furnace *el.* piec łukowy
arch 1. *arch.* łuk, łęk **2.** sklepienie **3.** *mech.* łuk
archetype pierwowzór; prototyp; archetyp
Archimedean principle *fiz.* zasada Archimedesa
Archimedean screw *hydr.* śruba Archimedesa
Archimedean spiral *mat.* spirala Archimedesa
architectural engineering budownictwo; technika budowlana
architecture architektura; *elektron.* architektura
arch pressure ciśnienie sklepieniowe (*w mechanice gruntów*)
arcing *el.* wyładowanie łukowe
arcing distance *el.* droga przeskoku
arc interruption *el.* gaszenie łuku, przerwanie łuku
arc lamp *el.* lampa łukowa
arc machining obróbka łukiem elektrycznym
arc measure miara łukowa
arc of action *masz.* łuk przyporu, łuk zazębienia (*w przekładni zębatej*)
arc of approach *masz.* łuk wejściowy przyporu, łuk nachodzący przyporu (*w przekładni zębatej*)
arc of contact 1. *masz.* łuk przyporu, łuk zazębienia (*w przekładni zębatej*) **2.** *masz.* łuk opasania (*w przekładni cięgnowej*) **3.** *obr.plast.* łuk styku (*przy walcowaniu*)
arc of recess *masz.* łuk zejścia przyporu, łuk schodzący przyporu (*w przekładni zębatej*)
arcogene welding spawanie łukowo-tlenowe
arc radiation furnace *el.* piec łukowy promieniujący, piec łukowy o nagrzewaniu pośrednim
arc resistance furnace *el.* piec łukowo-oporowy, piec łukowy o nagrzewaniu bezpośrednim
arc secant *mat.* arcus secans
arc sine *mat.* arcus sinus
arc spraying metalizacja łukowa
arc tangent *mat.* arcus tangens
arctic *a* arktyczny
arc welding spawanie łukowe
arc welding generator prądnica spawalnicza
are *jedn.* ar: $1 \text{ a} = 10^2 \text{ m}^2$
area 1. obszar **2.** *geom.* pole
area contact *masz.* styk powierzchniowy
area element element powierzchniowy, element pola
area integrator planimetr
areometer *hydr.* areometr, gęstościomierz
argon *chem.* argon, Ar
argument *mat.* **1.** argument (*funkcji*), zmienna niezależna **2.** argument (*liczby zespolonej*)
arid *a* suchy; wyschnięty (*o glebie*)
arithmetic arytmetyka
arithmetic(al) *a* arytmetyczny
arithmetic average średnia arytmetyczna
arithmetic instruction *inf.* rozkaz arytmetyczny
arithmetic(-logic) unit *inf.* arytmometr, jednostka arytmetyczno-logiczna
arithmetic mean średnia arytmetyczna
arithmetic progression postęp arytmetyczny
arithmometer *biur.* arytmometr
arm 1. *anat.* ramię **2.** *el.* gałąź (*sieci*) **3.** *wojsk.* broń
armament uzbrojenie; broń
armature *el.* **1.** twornik (*maszyny elektrycznej*) **2.** zwora (*magnesu*)
arm mixer mieszadło łapowe
arm of a force *fiz.* ramię siły
arm of an angle *geom.* ramię kąta
arm of a river odnoga rzeki
armour 1. pancerz; opancerzenie; płyta pancerna **2.** broń pancerna
armoured car samochód pancerny
armoured concrete żelbet, beton zbrojony
armoured glass szkło zbrojone
armour-piercing *a* przeciwpancerny
armour plate płyta pancerna; blacha pancerna
arm ratio stosunek ramion dźwigni
arms *pl* broń
army wojsko; armia

aromatic *a* aromatyczny
aromatic compound *chem.* związek aromatyczny
aromatization aromatyzacja
arrangement układ; rozmieszczenie, uporządkowanie; ustawienie
array 1. układ; szyk **2.** *mat.* tablica **3.** *inf.* tablica
arrest *v* zatrzymywać; unieruchamiać; wyłączać (*wagę*)
arrival przybycie; przyjazd; przylot
arrow *rys.* strzałka
arrow engine silnik trzyrzędowy (*o układzie cylindrów* W)
arrow-head *rys.* grot strzałki, ostrze strzałki
arsenic *chem.* arsen, As
arsenic trioxide trójtlenek arsenu, bezwodnik arsenawy, arszenik
arsenopyrite *min.* arsenopiryt, piryt arsenowy, mispikiel
art *poligr.* materiał ilustracyjny
arterial road droga główna; ulica przelotowa
artesian well studnia artezyjska
articulate *v masz.* łączyć przegubowo
articulated bus autobus przegubowy
articulated joint *masz.* przegub, połączenie przegubowe
articulated trailer *mot.* naczepa
artificial *a* sztuczny
artificial fibre włókno sztuczne
artificial horn sztuczny róg, galalit
artificial intelligence *cybern.* sztuczna inteligencja
artificial leather sztuczna skóra, dermatoid
artificial limb *med.* proteza (*kończyny*)
artificial marble *bud.* stiuk
artificial person osoba prawna
artificial resins *pl* żywice syntetyczne
artificial satellite sztuczny satelita
artillery artyleria
artisan rzemieślnik
artwork 1. *poligr.* materiał ilustracyjny **2.** *elektron.* (*obraz topografii elementów układu scalonego*)
asbestos azbest
asbestos cement cement azbestowy
asbestos cloth tkanina azbestowa
asbestosis *med.* azbeścica, azbestoza, pylica azbestowa (*choroba zawodowa*)
asbestos wool wełna azbestowa, wata azbestowa
ascend *v* wznosić się
ascending *a mat.* rosnący, wstępujący
aseptic *a* aseptyczny, jałowy
ash popiół
ashlar *bud.* **1.** kamień ciosany, cios **2.** mur z kamienia ciosanego
ash pan popielnik
askew *adv* skośnie
asphalt asfalt
asphaltic concrete beton asfaltowy, asfaltobeton
asphalting asfaltowanie (*jezdni*)
aspheric lens *opt.* soczewka asferyczna
aspiration zasysanie, wsysanie
aspirator *chem.* aspirator, zasysacz, wsysacz
assay *chem.* oznaczanie
assay balance waga probiercza
assemble *v* montować, składać
assembler 1. monter, ślusarz na montażu **2.** *poligr.* wierszownik **3.** *inf.* asembler, translator języka symbolicznego
assembly 1. *masz.* zespół; zestaw **2.** montaż, składanie
assembly *v inf.* tłumaczyć język symboliczny
assembly belt taśma montażowa
assembly language *inf.* język symboliczny, język adresów symbolicznych, język asemblera
assembly line linia montażowa
assembly program *inf.* asembler, translator języka symbolicznego
assembly room montownia, hala montażowa
assembly shop *zob.* **assembly room**
assembly stand stanowisko montażowe
assessment *ek.* ocena; wycena
assets *pl ek.* aktywa
assign *v* przyporządkować; przypisać; przeznaczać (*coś na jakiś cel*)
assignment *inf.* przypisanie
assimilation przyswajanie, asymilacja
assistant pomocnik, asystent
assistant professor docent
association 1. *chem.* asocjacja **2.** towarzystwo; stowarzyszenie; *ek.* zjednoczenie
associative law for multiplication *mat.* prawo łączności mnożenia
associative memory *inf.* pamięć asocjacyjna, pamięć skojarzeniowa
associator *inf.* urządzenie kojarzące (*elementy podobne*)
assortment 1. sortowanie, segregowanie **2.** sortyment
assumption przypuszczenie; założenie
assurance ubezpieczenie
astatic *a* astatyczny
astatine *chem.* astat, At
asterisk gwiazdka (*odsyłacz w tekście*)
astigmatism *opt.* astygmatyzm

astronaut kosmonauta, astronauta
astronautics kosmonautyka, astronautyka
astronavigation astronawigacja
astronomical equator równik niebieski
astronomical observatory obserwatorium astronomiczne
astronomical year rok zwrotnikowy
astronomy astronomia
asymmetric(al) *a* asymetryczny
asymmetry asymetria
asymptote *mat.* asymptota
asymptotic(al) *a mat.* asymptotyczny
asynchronous *a* asynchroniczny
asynchronous machine *el.* maszyna asynchroniczna
at an angle of... pod kątem...
at a rate of... z szybkością...
at a speed of... z prędkością...
at a uniform rate równomiernie, ze stałą szybkością
at constant speed przy stałej prędkości; na stałych obrotach
at elevated temperature w podwyższonej temperaturze
at full speed na pełnych obrotach
at heat w temperaturze odpowiedniej do obróbki
athodyd *lotn.* silnik strumieniowy
atidal *a ocean.* bezpływowy
atmometer atmometr, ewaporometr
atmosphere 1. atmosfera (*np. ziemska*) **2.** *jedn.* atmosfera fizyczna: 1 atm = 101325 Pa
atmospheric *a* atmosferyczny
atmospheric composition skład chemiczny atmosfery
atmospheric discharge wyładowanie atmosferyczne
atmospheric entry *kosm.* wejście w atmosferę
atmospheric moisture wilgotność powietrza
atmospheric pressure ciśnienie atmosferyczne, ciśnienie barometryczne
at normal temperature and pressure w normalnych warunkach (*temperatury i ciśnienia*)
atom *fiz.* atom
atomic *a* atomowy
atomic bomb bomba atomowa
atomic bond *chem.* wiązanie atomowe, wiązanie homeopolarne, wiązanie kowalencyjne
atomic clock zegar atomowy
atomic core rdzeń atomowy, zrąb atomowy
atomic defence obrona przeciwatomowa
atomic (electron) shell powłoka (elektronowa) atomu
atomic energy energia jądrowa
atomic energy reactor reaktor energetyczny, reaktor mocy
atomic frequency standard atomowy wzorzec częstotliwości
atomic fuel paliwo jądrowe
atomic-hydrogen welding spawanie atomowe, spawanie atomowo-wodorowe
atomic mass masa atomowa, ciężar atomowy
atomic mass unit jednostka masy atomowej: 1 amu = $1{,}66032 \cdot 10^{-27}$ kg
atomic nucleus jądro atomowe
atomic number liczba atomowa, liczba porządkowa (*pierwiastka*)
atomic physics fizyka atomowa
atomic power energia jądrowa
atomic power plant elektrownia jądrowa
atomic reactor reaktor jądrowy
atomics atomistyka
atomic spectrum widmo atomowe
atomic waste odpady promieniotwórcze
atomic weapon broń jądrowa
atomic weight *chem.* masa atomowa (*względna*)
atomistics atomistyka
atomize *v* rozpylać
atomizer atomizator, rozpylacz
atom structure budowa atomu; budowa atomowa
at random wyrywkowo
at right angle pod kątem prostym
at sea level na poziomie morza
attach *v* zamocować; przyłączyć
attachment 1. zamocowanie; przyłączenie; nasadka **2.** urządzenie, część składowa wyposażenia maszyny
attendant pracownik nadzorujący; dyżurny
attendant phenomenon zjawisko uboczne
attenuate *v* łagodzić; osłabiać; rozcieńczać; tłumić
attenuation *fiz.* tłumienie; osłabianie; tłumienność
at the intake na wlocie
at the outlet na wylocie
attitude położenie; orientacja (*w przestrzeni*)
atto- atto- (*przedrostek w układzie dziesiętnym, krotność* 10^{-18})
attraction *fiz.* przyciąganie
attribute atrybut, cecha (*jakościowa, niemierzalna*)
attrition zużycie przez ścieranie, ścieranie (się)

auction *ek.* licytacja, aukcja
audible *a* słyszalny
audio-frequency częstotliwość akustyczna, częstotliwość słyszalna; *rad.* mała częstotliwość
audiometry audiometria
audiovisual *a* audiowizualny, słuchowo-wzrokowy
audit 1. *inf.* kontrola danych źródłowych **2.** *nukl.* kontrola rewizyjna **3.** *ek.* kontrola
augend *mat.* składnik sumy
auger 1. *drewn.* wiertło kręte **2.** świder ziemny **3.** *masz.* przenośnik śrubowy
augment *v* zwiększać (się)
aurora polaris *geofiz.* zorza polarna
austempering *obr.ciepl.* hartowanie izotermiczne (*z przemianą izotermiczną*)
austenite *met.* austenit
austenitic steel stal austenityczna
authority 1. prawo; uprawnienie; upoważnienie **2.** moc prawna
authorize *v* upełnomocnić; nadać uprawnienia; autoryzować
authorized agent przedstawiciel pełnomocny
authorized explosive materiał wybuchowy bezpieczny
authorized weight odważnik legalny
auto-abstract *inf.* analiza maszynowa, automatyczna analiza treści
autocar samochód
autoclave *chem.* autoklaw, reaktor ciśnieniowy
autocode *inf.* autokod, język autokodowy, język automatycznego programowania
autodecomposition *chem.* rozpad samorzutny
autoferry prom samochodowy
autogenous *a* samoczynny
autoignition *siln.* samozapłon
automata theory teoria automatów
automate *v* automatyzować
automated machine line automatyczna linia obrabiarek
automated welding spawanie automatyczne
automatic 1. *obr.skraw.* (*automat lub półautomat tokarski*) **2.** *wojsk.* broń automatyczna, broń samoczynna
automatic *a* automatyczny; samoczynny
automatic abstract *inf.* analiza maszynowa, automatyczna analiza treści
automatic character recognition *inf.* automatyczne czytanie pisma
automatic coding *inf.* programowanie automatyczne, kodowanie automatyczne
automatic control sterowanie automatyczne; regulacja automatyczna
automatic cutout wyłącznik samoczynny
automatic data processing *inf.* automatyczne przetwarzanie danych, APD
automatic exchange *tel.* centrala automatyczna
automatic gain control *rad.* automatyczna regulacja wzmocnienia, ARW
automatic lathe *obr.skraw.* automat tokarski, tokarka automatyczna
automatic machine automat; obrabiarka automatyczna
automatic pilot *lotn.* pilot automatyczny, autopilot; *okr.* sternik automatyczny, automat sterujący
automatic programming *inf.* programowanie automatyczne, kodowanie automatyczne
automatics automatyka (*nauka*)
automatic stoker *kotł.* ruszt mechaniczny
automatic translation tłumaczenie maszynowe
automation 1. automatyzacja **2.** działanie automatyczne
automatization *zob.* **automation 1.**
automaton (*pl* **automata**) automat
automobile samochód (*osobowy*)
automotive industry przemysł motoryzacyjny
autopilot *lotn.* pilot automatyczny, autopilot; *okr.* automat sterujący, sternik automatyczny
autoplotter *inf.* pisak x-y, kreślak
autorotation *aero.* autorotacja, samoobrót
autosetting *a* samonastawny
auxiliaries *pl* urządzenia pomocnicze
auxiliary *a* pomocniczy
auxiliary store *inf.* pamięć pomocnicza
available *a* rozporządzalny, będący w dyspozycji
available power moc rozporządzalna
available reserves *pl geol.* zasoby ogólne
avalanche 1. *geol.* lawina; osypisko **2.** *fiz.* lawina
avalanche diode dioda lawinowa
average *mat.* (wartość) średnia
average *v* **1.** *mat.* obliczać przeciętną **2.** wynosić przeciętnie
average life *nukl.* średni czas życia
average velocity prędkość średnia
aviation lotnictwo
Avogadro's number *chem.* liczba Avogadra, stała Avogadra
A-waste *nukl.* odpady promieniotwórcze
awl szydło
ax(e) siekiera; topór
axes *pl mat.* osie
axial *a* osiowy

axial bearing łożysko wzdłużne, łożysko oporowe
axial field *fiz.* pole o symetrii osiowej
axial flow *mech.pł.* przepływ osiowy
axial load obciążenie osiowe, obciążenie wzdłużne
axial pitch *masz.* podziałka osiowa
axial symmetry symetria osiowa
axiom *mat.* aksjomat, pewnik
axis (*pl* **axes**) *mat.* oś
axis of abscissae *mat.* oś odciętych
axis of earth *geod.* oś ziemska
axis of ordinates *mat.* oś rzędnych
axis of revolution *zob.* **axis of rotation**
axis of rotation *geom.* oś obrotu
axis of symmetry *geom.* oś symetrii
axisymmetrical *a* o symetrii osiowej
axle *masz.* oś; półoś; *kol.* wał osiowy
axle base rozstaw osi (*pojazdu*)
axle casing *mot.* pochwa mostu napędowego, obudowa mostu
axle load *kol., mot.* obciążenie na oś
axle set *kol.* zestaw kołowy
axle shaft *mot.* półoś
axle(-turning) lathe kołówka, tokarka do zestawów kołowych
axode *mech.* aksoida
axonometric projection *rys.* rzut aksonometryczny
azeotrope *chem.* azeotrop, mieszanina azeotropowa
azimuth azymut
azo compounds *pl chem.* związki azowe, azozwiązki
azoxy compounds *pl chem.* związki azoksy, azoksyzwiązki

B

babbitt (metal) babbit (*stop łożyskowy*)
babble *telef.* mamrotanie, przesłuch niezrozumiały (*z kilku kanałów*)
baby spot mały reflektor punktowy
back 1. tył; grzbiet **2.** kadź **3.** *włók.* lewa strona tkaniny
back action działanie wsteczne
back axle *mot.* most tylny
back cone *masz.* stożek czołowy, stożek dopełniający (*koła zębatego*)
back current 1. *hydr.* prąd wsteczny, przeciwprąd **2.** *el.* prąd wsteczny
backdigger koparka (jednonaczyniowa) podsiębierna
backfill 1. *inż.* zasypka **2.** *górn.* podsadzka, materiał podsadzkowy
backfilling 1. zasypywanie wykopów **2.** *górn.* podsadzanie (*wyrobisk*)
backfire 1. *siln.* strzał do gaźnika **2.** *spaw.* strzelanie palnika **3.** *el.* zapłon wsteczny (*w lampie prostowniczej*)
backfit(ting) *nukl.* modernizacja, przebudowa (*pracującego układu*)
backflow 1. przepływ wsteczny **2.** *hydr.* cofka
back gear *mot.* bieg tylny, bieg wsteczny
background tło
background count *fiz.* tło licznika, bieg własny licznika (*promieniowania*)
background program *inf.* program drugoplanowy
background radiation 1. promieniowanie naturalne **2.** *fiz.* tło promieniowania
backhanded rope lina lewoskrętna, lina lewozwita
backhand welding spawanie w prawo
backhoe koparka (jednonaczyniowa) podsiębierna
backing 1. podkład, podłoże **2.** *spaw.* podkładka spoiny **3.** *górn.* wypełnianie; podsadzanie **4.** *obr.ciepl.* odgazowywanie (*metalu*)
backing-off *obr.skraw.* zataczanie, zaszlifowywanie (*narzędzi*)
backing-off lathe tokarka-zataczarka, zataczarka
backing store *inf.* pamięć pomocnicza
backing weld *spaw.* spoina graniowa
backlash *masz.* luz
back off 1. odkręcić śrubę; rozłączyć **2.** *obr.skraw.* wycofać narzędzie
back pressure ciśnienie wsteczne, przeciwciśnienie
back-pressure valve zawór zwrotny
back-pull *obr.plast.* przeciwciąg
backsaw *drewn.* (piła) grzbietnica
backscatter(ing) *fiz.* rozpraszanie wsteczne
backspace *v* cofać (*np. taśmę, wózek maszyny do pisania*)
backstay 1. podpora (*tylna*); usztywnienie **2.** odciąg (*linowy*); *okr.* baksztag **3.** *obr.skraw.* podtrzymka (*tokarki*)
back-step sequence *spaw.* ścieg krokowy
back tension *obr.plast.* przeciwciąg
back titration *chem.* odmiareczkowywanie nadmiaru

back-up element element zapasowy, element rezerwowy
back-up memory *inf.* pamięć rezerwowa
backward current 1. *hydr.* prąd wsteczny, przeciwprąd **2.** *el.* prąd wsteczny
backward-wave oscillator *elektron.* karcinotron (*generator mikrofalowy o fali wstecznej*)
backward-wave tube *elektron.* lampa o fali wstecznej
backward welding spawanie w prawo
back-weld *spaw.* spoina graniowa
bacteria *pl* (*sing* **bacterium**) bakterie
bactericidal *a* bakteriobójczy
bacteriological weapon broń bakteriologiczna
badge meter *nukl.* dawkomierz osobisty
bad quality niska jakość
baffle (plate) przegroda; deflektor
bag worek; torba
bag filter filtr workowy, filtr rękawowy (*przeciwpyłowy*)
bagging 1. workowanie, ładowanie w worki **2.** tkanina na worki **3.** filtracja przez filtr workowy
bail 1. pałąk; uchwyt (*np. kubła*) **2.** czerpak
bail *v* czerpać (*czerpakiem*); *wiertn.* łyżkować
bailer czerpak; *wiertn.* łyżka wiertnicza
bake *v* **1.** piec; wypiekać **2.** wypalać **3.** suszyć (*w piecu*)
bakelite bakelit
baking oven 1. piec piekarski **2.** piec do wypalania
baking soda *chem.* soda oczyszczona
baking varnish lakier piecowy
balance 1. waga **2.** wyważenie, kompensacja **3.** *zeg.* balans **4.** *ek.* bilans; saldo
balance *v* **1.** wyważać **2.** utrzymywać w równowadze **3.** *ek.* bilansować
balance beam belka wagi, dźwignia wagowa
balanced detector *aut.* czujnik równowagi
balanced electrical circuits *pl elektron.* elektryczne układy zrównoważone
balanced network *el.* obwód symetryczny
balanced reaction *chem.* reakcja odwracalna
balanced steel stal półuspokojona
balance gear *mot.* mechanizm różnicowy, dyferencjał
balance lever 1. dźwignia wagi **2.** *masz.* wahacz
balance method metoda (pomiarowa) zerowa
balance pan szala wagi
balancer 1. wyważarka **2.** wyrównywacz; stabilizator
balance spring *zeg.* sprężyna włosowa, włos
balance weight 1. przeciwciężar; ciężar wyważający **2.** *metrol.* przesuwnik wagi
balancing capacitor *el.* kondensator wyrównawczy
balcony balkon
bale bela
baler prasa do belowania; *hutn.* paczkarka (*złomu*)
baling prasowanie w bele, belowanie; *hutn.* paczkowanie (*złomu*)
ball 1. kula; kulka **2.** *włók.* kłębek
ball-and-race-type pulverizer młyn kulowy
ball-and-ring method *fiz.* metoda pierścienia i kuli
ball-and-socket joint przegub kulowy, złącze kulowe
ballast 1. balast, obciążenie **2.** kruszywo **3.** *kol.* podsypka
ballast resistor *el.* rezystor regulacyjny
ball bearing *masz.* łożysko kulkowe
ball-bearing pulverizer młyn kulowy
ball bushing *masz.* tuleja kulkowa
balling 1. *met.* sferoidyzacja (*cementytu*) **2.** *hutn.* grudkowanie, zbrylanie
ballistic galvanometer *el.* galwanometr balistyczny
ballistic missile *wojsk.* pocisk balistyczny
ballistics balistyka
ball joint przegub kulowy, złącze kulowe
ball mill młyn kulowy
balloon 1. *lotn.* balon **2.** butla (*szklana*)
ballooning 1. baloniarstwo **2.** wydymanie się; wydęcie **3.** *nukl.* pęcznienie, puchnięcie (*koszulki paliwowej*)
balloon-tyre *mot.* opona balonowa
ball peening *obr.plast.* kulkowanie, kuleczkowanie
ball screw śruba z nakrętką kulkową
ball-shaped *a* kulisty
ball valve *masz.* zawór kulowy
Banach algebra *mat.* algebra Banacha
banana plug *el.* wtyczka bananowa
band 1. taśma **2.** opaska; bandaż **3.** pasmo
bandage 1. obręcz wzmacniająca (*konstrukcję*) **2.** bandaż
band clip opaska zaciskowa, zacisk taśmowy
band conveyor przenośnik taśmowy
banded structure *met.* struktura pasemkowa
band-elimination filter *el.* filtr środkowozaporowy

band group *fiz.* układ pasm (*w widmie*)
banding 1. nakładanie opasek; wiązanie **2.** *met.* pasemkowość (*np. martenzytu*) **3.** *TV* prążkowanie
band-pass filter *el.* filtr środkowoprzepustowy, filtr pasmowy
bandsaw(ing machine) piła taśmowa; *drewn.* taśmówka, pilarka
band selector *rad.* przełącznik zakresu fal
band spectrum *fiz.* widmo pasmowe
band spreading *rad.* rozciąganie pasma
band steel pręty stalowe płaskie, płaskowniki stalowe; taśma stalowa, stal taśmowa
band-stop filter *el.* filtr środkowozaporowy
band switch *rad.* przełącznik zakresu fal
bandwidth *rad.* szerokość pasma (*częstotliwości*)
bank 1. wał; nasyp; skarpa; pochyły brzeg (*rzeki, kanału*) **2.** *geol.* ławica **3.** zespół, bateria (*urządzeń*) **4.** *lotn.* przechylenie (*przy zakręcaniu*) **5.** *ek.* bank
banked transformer *el.* transformator sprzężony (*z innym transformatorem*)
bank of coke-ovens bateria koksownicza
bank-run gravel żwir kopalny; żwir rzeczny
bar 1. *wytrz.* pręt **2.** *obr.plast.* pręt **3.** *jedn.* bar· 1 bar = 10^5 Pa
barb 1. kolec **2.** *obr.skraw.* rąbek, zadzior
barbed stud *masz.* nitowkręt
barbed wire drut kolczasty
barbotage barbotowanie, barbotaż
bar chart wykres kolumnowy, histogram
bar code *inf.* kod kreskowy
bar-code scanner *inf.* pióro świetlne do odczytywania kodu kreskowego
bar drawing *obr.plast.* ciągnienie prętów
bare *a* nieosłonięty; nieizolowany
bare electrode *spaw.* elektroda nieotulona, elektroda goła
bareface fabric *włók.* tkanina gładka
bar folder *obr.plast.* giętarka prętów
bar gauge średnicówka, sprawdzian średnicówkowy, sprawdzian prętowy
barge barka
barge carrier *okr.* barkowiec
barge train pociąg holowniczy (*barki oraz holownik lub pchacz*)
bar iron stal prętowa, pręty stalowe
barite *min.* baryt, szpat ciężki
barium *chem.* bar, Ba
barium concrete *nukl.* beton barytowy, barytobeton
bark 1. kora **2.** *obr.ciepl.* (*odwęglona warstwa pod zgorzeliną*)
barker *drewn.* korowarka
barking 1. *drewn.* korowanie **2.** *skór.* garbowanie roślinne **3.** *żegl.* impregnowanie, garbnikowanie (*żagli, sieci*)
bark liquor *skór.* brzeczka garbarska
bark spud *drewn.* korowarka ręczna
bar linkage mechanizm dźwigniowy, mechanizm przegubowy
bar magnet magnes prętowy
bar mill *obr.plast.* walcownia prętów
barn 1. *roln.* stodoła **2.** *jedn.* barn: 1b = 10^{-28} m^2
barograph *metrol.* barograf
barometer *metrol.* barometr
barometric altimeter wysokościomierz ciśnieniowy, wysokościomierz barometryczny
barometric pressure ciśnienie atmosferyczne, ciśnienie barometryczne
barostat presostat, barostat
barothermograph *metrol.* barotermograf
barotropic fluid *fiz.* płyn barotropowy
barracks *pl wojsk.* koszary
barrage *inż.* zapora wodna
barrate *włók.* barat, bęben do siarczkowania (*celulozy*)
barrel 1. beczka, baryłka **2.** *jedn.* baryłka, beczka (*nazwa jednostek, o różnych wartościach, objętości cieczy i ciał sypkich*) **3.** *masz.* bęben; tuleja **4.** *wojsk.* lufa
barrel finishing *zob.* **barrelling 2.**
barrelling 1. beczkowanie, uzupełnianie beczek **2.** docieranie bębnowe, bębnowanie (*rodzaj obróbki wykańczającej*)
barrel mixer mieszarka bębnowa
barrel saw piła walcowa
barrel-shaped *a* beczkowaty, baryłkowaty
barren *a* **1.** *roln.* jałowy; nieurodzajny **2.** *geol.* płonny, nie zawierający kopalin użytecznych
barretter *el.* bareter
barrier 1. bariera; przegroda **2.** *fiz.* bariera, próg
barrier injection transit-time diode *elektron.* dioda BARITT
barrier layer 1. *elektron.* warstwa zaporowa **2.** warstwa barierowa (*antykorozyjna*)
barrow nosiłki; taczki
bar screen ruszt sortowniczy; przesiewacz rusztowy
bar spring *masz.* drążek skrętny
barstock pręty; pręt przeznaczony do obróbki
bar turning *obr.skraw.* łuszczenie prętów

bar turning machine *obr.skraw.* łuszczarka (do) prętów
barye *jedn.* baria, mikrobar: 1 baria = $= 10^{-1}$ Pa
baryon *fiz.* barion
barysphere *geol.* barysfera, centrosfera, jądro Ziemi
baryta *chem.* tlenek baru
baryte *min.* baryt, szpat ciężki
basal cleavage *kryst.* łupliwość podstawowa
basalt *petr.* bazalt
base 1. podstawa, baza; podłoże **2.** *chem.* zasada **3.** *elektron.* cokół (*lampy*) **4.** *mat.* podstawa (*potęgi, trójkąta*) **5.** *wojsk.* baza
base address *inf.* adres bazowy
base angle *geom.* kąt przy podstawie
baseband *rad.* pasmo podstawowe
base circle *masz.* koło zasadnicze (*koła zębatego*)
base component *chem.* składnik podstawowy (*układu*)
base course 1. *bud.* dolna warstwa muru **2.** *drog.* podkład nawierzchni, podbudowa
base-forming *a chem.* zasadotwórczy
base frequency częstotliwość podstawowa
base line *metrol.* linia odniesienia; linia podstawowa, linia zerowa (*wykresu*)
baseload *el.* obciążenie podstawowe
basement *bud.* podziemie, suterena
base metal 1. metal nieszlachetny, metal pospolity **2.** *spaw.* metal rodzimy; (*w galwanotechnice*) podłoże **3.** *zob.* **base of an alloy**
base of a logarithm *mat.* podstawa logarytmu
base of an alloy *met.* podstawa stopu
base of a number system *mat.* podstawa systemu liczenia
base of a power *mat.* podstawa potęgi, liczba potęgowana
base page *inf.* strona bazowa
base pitch *masz.* podziałka zasadnicza (*koła zębatego*)
base plate *masz.* płyta podstawowa, płyta fundamentowa
base quantity wielkość podstawowa
base register *inf.* rejestr B, rejestr indeksowy, rejestr modyfikacji
basic *a* **1.** podstawowy **2.** *chem.* zasadowy **3.** *mat.* bazowy
basic Bessemer converter *hutn.* konwertor tomasowski
basic (Bessemer) pig iron surówka tomasowska, surówka zasadowa
basic cinder tomasyna, żużel Thomasa
basic commodity artykuł pierwszej potrzeby
basicity *chem.* zasadowość
basic(-lined) converter *hutn.* konwertor o wykładzinie zasadowej
basic lining wykładzina zasadowa, wyprawa zasadowa (*np. pieca*)
basic machine *mech.* maszyna prosta
basic motion-time study *org.* analiza ruchów (*robotnika*)
basic open-hearth process *hutn.* zasadowy proces martenowski
basic oxide *chem.* tlenek zasadowy
basic oxygen furnace *hutn.* zasadowy konwertor tlenowy, konwertor LD
basic rack *masz.* zębatka odniesienia
basic research badania podstawowe
basic size wymiar podstawowy; *masz.* wymiar nominalny
basic slag tomasyna, żużel Thomasa
basic steel stal zasadowa, stal z pieca zasadowego
basic wages *pl ek.* płaca podstawowa
basin 1. basen; miska **2.** *geol.* basen **3.** *geol.* zagłębie; niecka
basis (*pl* **bases**) podstawa, baza; *mat.* baza (*przestrzeni wektorowej*)
basis metal *powł.* podłoże (*powłoki elektrolitycznej*)
basis of calculation podstawa obliczeń
basis weight *papiern.* gramatura
basket kosz; koszyk
basket centrifuge wirówka bębnowa
bas-relief *arch.* płaskorzeźba
bass *akust.* niskie tony
bastard(-cut) file pilnik równiak
bastard screw śruba nieznormalizowana
bastard size wymiar nie objęty normą
batch 1. porcja; partia (*materiału*); seria (*produkcyjna*); wsad **2.** *inf.* wsad
batch (data) processing *inf.* przetwarzanie danych wsadowe
batcher dozownik, dozator, dawkownik
batch furnace piec do pracy okresowej, piec nieprzelotowy
batching 1. dozowanie; odmierzanie porcji **2.** *inf.* grupowanie programów we wsady
batchmeter dozownik, dozator, dawkownik
batch process proces okresowy
batch processing *inf.* przetwarzanie danych wsadowe
batch production produkcja seryjna
batch quantity 1. wielkość serii (*produkcyjnej*) **2.** *zob.* **batch size**

batch size *skj* liczność partii (*wyrobów*)
bath kąpiel
bath cooling *obr.ciepl.* chłodzenie kąpielowe
bath furnace *obr.ciepl.* piec kąpielowy, piec wannowy
bath lubrication smarowanie zanurzeniowe, smarowanie kąpielowe
bathometer *ocean.* batometr, batymetr
bathroom łazienka
bath sample *hutn.* próbka (*stali*) pobrana z pieca
bathtub wanna
bathymeter *ocean.* batometr, batymetr
bathymetrical contour *ocean.* izobata, warstwica głębinowa
bathyscaph(e) *ocean.* batyskaf
bathyvessel głębinowy statek badawczy
bating *skór.* wytrawianie
batten *drewn.* listwa, łata
batter nachylenie, pochylenie; skarpa
battery 1. bateria, zespół (*maszyn, urządzeń*) **2.** *el.* bateria (*akumulatorowa*)
battery cell *el.* ogniwo akumulatora
battery charger *el.* urządzenie do ładowania akumulatorów
battery drive napęd akumulatorowy
battery-electric truck wózek akumulatorowy
battery ignition *siln.* zapłon akumulatorowy, zapłon bateryjny
battery-operated *a el.* zasilany z baterii
battery receiver *rad.* odbiornik bateryjny
battery room akumulatornia
battery tester kwasomierz, areometr akumulatorowy
baud *tel.* bod: 1 bd = 1 bit/s
Baumé degree *fizchem.* stopień Baumégo, °Bé (*jednostka gęstości cieczy*)
bauxite *petr.* boksyt
bay 1. przęsło (*np. belki*) **2.** *arch.* wykusz **3.** *el.* pole (*rozdzielni*) **4.** nawa (*hali fabrycznej*) **5.** *geogr.* zatoka
bayonet cap lampholder *el.* oprawka lampowa bagnetowa
BBD = bucket brigade device *elektron.* układ łańcuchowy
B-box *inf.* rejestr B, rejestr modyfikacji, rejestr indeksowy
b-contact *el.* zestyk rozwierny
beacon 1. *lotn.* latarnia kierunkowa **2.** *żegl.* stawa, znak nabrzeżny
bead 1. *szkl.* kropla szklana; *powł.* łza; zgrubienie powłoki (*na brzegach malowanej powierzchni*) **2.** *spaw.* ścieg
beading 1. *spaw.* układanie ściegów **2.** *obr plast.* zawijanie obrzeża
bead weld spoina jednowarstwowa
beaker *lab.* zlewka
beam 1. belka; dźwigar **2.** *fiz.* wiązka (*promieniowania*)
beam balance waga belkowa, waga dźwigniowa
beam compass *rys.* cyrkiel drążkowy
beam pattern *rad.* charakterystyka kierunkowości (*przetwornika elektroakustycznego*)
beam splitter *opt.* zwierciadło półprzezroczyste
beam tube *rad.* lampa wiązkowa, lampa strumieniowa
beamwidth *fiz.* szerokość wiązki (*promieniowania*)
bear *v* podtrzymywać, podpierać
bearing 1. podpora, podparcie; element nośny, element oporowy **2.** *masz.* łożysko; panew, panewka **3.** *kol.* podpiaście, podpiasta **4.** *nawig.* namiar, peleng
bearing alloy stop łożyskowy
bearing area *masz.* powierzchnia nośna (*łożyska*); powierzchnia oporowa
bearing brass *masz.* półpanew, panew połówkowa
bearing bush(ing) *masz.* panew
bearing cage *masz.* koszyczek łożyska
bearing capacity nośność gruntu, nośność podłoża
bearing cursor *rad.* znacznik kursu
bearing housing *masz.* osłona łożyska, oprawa łożyska
bearing pile *inż.* pal nośny
bearing pressure nacisk przenoszony przez łożysko
bearing race(way) *masz.* bieżnia łożyska
bearing shell *masz.* panew
bearing sleeve *masz.* tuleja łożyskowa
bearing spacer *masz.* koszyczek łożyska
bearing strength nośność (*podpory, łożyska*)
bearing surface powierzchnia nośna, nośnia
bearing track *masz.* bieżnia łożyska
bearing wall *bud.* ściana nośna
beat *fiz.* dudnienie
beater 1. bijak; trzepak; tłuczek; *roln.* cep **2.** *papiern.* holender
beat-frequency oscillator *rad.* oscylator dudnieniowy
beating 1. klepanie (*młotkiem*); pobijanie; rozpłaszczanie **2.** *fiz.* dudnienie **3.** *papiern.* mielenie (*masy papierowej*)
Beaufort wind scale skala Beauforta
Beckmann thermometer termometr Beckmanna, termometr różnicowy

becquerel *jedn.* bekerel, Bq
bed 1. *geol.* pokład; złoże **2.** łożysko (*rzeki*) **3.** *masz.* łoże; stół
bed modulus *mech.* moduł podłoża; współczynnik podatności podłoża
bed-plate *masz.* płyta podstawowa, płyta fundamentowa
beehive oven piec ulowy
beeswax wosk pszczeli
beetle młot drewniany; ubijak drewniany, dobniak
beetling *włók.* gładzenie
beet sugar cukier buraczany
bee yard *roln.* pasieka
beginning of life *nukl.* początek kampanii (*elementu paliwowego*)
be in operation funkcjonować, działać
bel *jedn.* bel, B
bell dzwon; dzwonek
bell-and-spigot pipe rura kielichowa
bell-base furnace *obr.ciepl.* piec dzwonowy, piec kołpakowy
bell caisson keson-dzwon, dzwon nurkowy
bell crank (lever) dźwignia kątowa; dźwignia uchylna (*wagi*)
bell hammer młoteczek dzwonka
bellows *pl* miech; mieszek; harmonijka
bell-type manometer manometr dzwonowy
belly 1. wybrzuszenie **2.** *hutn.* przestron (*wielkiego pieca*)
belly pipe *hutn.* dyszak (*w wielkim piecu*)
below zero poniżej zera
belt pas; taśma
belt conveyor przenośnik taśmowy
belt conveyor flight taśmociąg
belt drive *masz.* napęd pasowy
belted bias-ply tyre *mot.* opona opasana
belt feed *masz.* zasilanie taśmowe
belt grinding szlifowanie taśmowe, szlifowanie taśmami ściernymi
belting 1. pas; pasy **2.** skóra na pasy (*napędowe*)
belt pulley *masz.* koło pasowe
belt slip *masz.* poślizg pasa
belt-system production produkcja taśmowa
belt tightener *masz.* naprężacz pasa, napinacz pasa
belt transmission przekładnia pasowa
bench 1. ława; ławka **2.** stół warsztatowy **3.** *geol.* taras, ława **4.** *górn.* warstwa wybierania
benching 1. *górn.* wybieranie warstwami; wybieranie ustępliwe **2.** *inż.* schodkowanie; tarasowanie
bench lathe *obr.skraw.* tokarka stołowa
bench mark *geod.* punkt niwelacyjny, reper
benchmark experiment *nukl.* eksperyment podstawowy, eksperyment odniesienia
benchmark program *inf.* program wzorcowy
bench plate *metrol.* płyta traserska
bench saw piła (tarczowa) stołowa; *drewn.* tarczówka stołowa
bench test próba laboratoryjna; *siln.* próba hamowniana, hamowanie
bench vice *masz.* imadło stołowe; imadło warsztatowe; imadło ślusarskie
bend 1. zgięcie; zagięcie **2.** *masz.* łuk (*rurowy*); krzywak (*rurowy*) **3.** *drog.* zakręt **4.** węzeł (*wiążący dwie liny*); pętla
bend *v* **1.** zginać; giąć; wyginać **2.** skręcać (*o rzece, drodze*) **3.** związywać (*np. końce lin*)
bender *obr.plast.* **1.** giętarka **2.** zaginak, wykrój gnący (*w matrycy do kucia*)
bending brake *obr.plast.* krawędziarka; prasa krawędziowa
bending machine *obr.plast.* giętarka
bending moment *wytrz.* moment zginający, moment gnący
bending strength 1. wytrzymałość na zginanie **2.** *papiern.* odporność na łamanie
bending stress *wytrz.* naprężenie zginające
bend test próba zginania
beneficiation of ores wzbogacanie rud
benefit *ek.* zasiłek, zapomoga
benign energy sources *pl* łagodne źródła energii
bent bar *wytrz.* pręt zginany
bent pipe *masz.* łuk rurowy (*kształtka*)
bent spanner *narz.* klucz fajkowy
bent-tube boiler kocioł stromorurkowy
benzene *chem.* benzen
benzene ring *chem.* pierścień benzenowy
benzoate *chem.* benzoesan
benzol 1. *chem.* benzen **2.** *paliw.* benzol
berkelium *chem.* berkel, Bk
Bernoulli equation *mech.pł.* równanie Bernoulliego
berth 1. miejsce postoju statku **2.** koja; *kol.* miejsce leżące, kuszetka
bertholides *pl chem.* bertolidy, związki niestechiometryczne
beryllium *chem.* beryl, Be
beryllium copper *met.* brąz berylowy
Bessemer converter *hutn.* konwertor Bessemera, konwertor besemerowski
Bessemer (pig) iron surówka besemerowska
Bessemer process *hutn.* proces besemerowski (*wytapiania stali*)

Bessemer steel stal besemerowska
beta particle *fiz.* cząstka beta
beta (radio)activity *fiz.* promieniotwórczość beta, (radio)aktywność beta
betatron *nukl.* betatron
bevel skos, skośne ścięcie (*krawędzi*)
bevel gear koło zębate stożkowe
bevel gear (pair) przekładnia zębata stożkowa
bevel joint *drewn.* połączenie na ucios
bevelling ukosowanie, fazowanie (*krawędzi*)
bevel protractor kątomierz nastawny (*warsztatowy*)
Beverage antenna *rad.* antena Beverage'a, antena falowa
B family *chem.* grupa poboczna, półgrupa (*układu okresowego pierwiastków*)
bias 1. odchylenie; skos **2.** *elektron.* napięcie wstępne; przedpięcie; polaryzacja **3.** *statyst.* obciążenie (*estymatora*)
bias error *metrol.* błąd poprawności wskazań, niepoprawność wskazań (*przyrządu pomiarowego*)
bias-ply tyre *mot.* opona diagonalna
bias winding *el.* uzwojenie polaryzacyjne; uzwojenie nastawcze
biax *inf.* biaks (*element ferrytowy pamięciowy lub logiczny*)
bib-cock kurek czerpalny
bibliography bibliografia
bicarbonate *chem.* wodorowęglan, kwaśny węglan
biconcave lens *opt.* soczewka dwuwklęsła
biconvex lens *opt.* soczewka dwuwypukła
bicycle rower
bicyclic *a chem.* dwupierścieniowy
bid *ek.* oferta
bidirectional *a* dwukierunkowy
bifilar *a* bifilarny, dwunitkowy
bifocal *a opt.* dwuogniskowy
bifurcating box *el.* mufa rozdzielcza
bifurcation rozgałęzienie, rozwidlenie; *mat.* bifurkacja
big-end *siln.* łeb korbowy (*korbowodu*), stopa korbowodu
big-lot production produkcja wielkoseryjna
biharmonic *a mat.* biharmoniczny
bilateral *a* dwustronny; obustronny
bilateral scanning *TV* wybieranie dwustronne
bilateral tolerancing *rys.* tolerowanie dwugraniczne
bilge *okr.* **1.** zęza **2.** obło
bilinear *a mat.* bilinearny, dwuliniowy
bill 1. *ek.* rachunek; faktura **2.** *US* banknot
billet *hutn.* kęs
billet furnace *hutn.* piec do nagrzewania kęsów
billet mill *hutn.* walcownia kęsów
billion 1. *GB* bilion (10^{12}) **2.** *US* miliard (10^{9})
bimetal bimetal
bimetallic corrosion korozja bimetaliczna, korozja stykowa
bimetallic thermometer termometr bimetaliczny
bimolecular *a chem.* dwucząsteczkowy, bimolekularny
bimorph cell *akust.* dwupłytka piezoelektryczna, bimorf
bin skrzynia; paka
binary *a* **1.** binarny, dwójkowy **2.** podwójny; dwuskładnikowy **3.** *mat.* dwuczłonowy **4.** *mat.* z dwiema zmiennymi; dwuargumentowy
binary alloy stop podwójny, stop dwuskładnikowy
binary arithmetic arytmetyka binarna
binary code *inf.* kod binarny
binary-coded decimal *inf.* liczba dziesiętna kodowana dwójkowo
binary-decimal *a* dwójkowo-dziesiętny
binary digit *inf.* cyfra dwójkowa, bit
binary notation zapis dwójkowy, zapis binarny, notacja dwójkowa
binary number liczba dwójkowa
binary program *inf.* program dwójkowy (*w języku maszyny*)
binary scaler *elektron.* przelicznik dwójkowy
binary search *inf.* przeszukiwanie dwudzielne, przeszukiwanie dychotomiczne
binary-to-decimal conversion *inf.* konwersja dwójkowo-dziesiętna
bind *v* **1.** wiązać; łączyć **2.** zacinać się, zakleszczać się **3.** *poligr.* oprawiać (*książki*)
binder 1. spoiwo, lepiszcze **2.** *roln.* wiązałka, snopowiązałka **3.** *poligr.* maszyna do oprawy książek **4.** segregator (*biurowy*); oprawa **5.** *bud.* ściągacz, sięgacz
binding energy *fiz.* energia wiązania
Bingham plastic *fiz.* ciecz plastyczna, płyn binghamowski
binistor *elektron.* binistor, dynistor
binocular lornetka
binocular *a opt.* dwuoczny; dwuobiektywowy

binodal curve *fizchem.* binoda, krzywa rozwarstwienia
binomial *mat.* dwumian
binomial *a mat.* dwuczłonowy; dwumienny
binomial array *mat.* trójkąt Pascala
bio-aeration *san.* biologiczne oczyszczanie ścieków
biocatalyst *chem.* biokatalizator, katalizator biochemiczny
biochemistry biochemia
bioelectronics bioelektronika
biofilter *san.* złoże biologiczne, filtr biologiczny, biofiltr
biogas biogaz, gaz biologiczny
biological corrosion korozja biologiczna, biokorozja
biological shield *nukl.* osłona biologiczna
biological treatment *san.* biologiczne oczyszczanie ścieków
biological warfare wojna biologiczna
bionics bionika
biopotential biopotencjał, potencjał bioelektryczny
biosatellite (*sztuczny satelita z żywymi organizmami na pokładzie*)
biosphere biosfera
biosynthesis *biochem.* biosynteza, synteza biologiczna
biot *jedn.* biot: 1 Bi = 10A
biplane *lotn.* dwupłat
bipolar *a* dwubiegunowy, bipolarny
bipolar magnetization magnesowanie osiowe, magnesowanie wzdłużne
bipolar transistor *elektron.* tranzystor bipolarny
biprism *opt.* bipryzmat, pryzmat podwójny
biquadratic *a mat.* czwartego stopnia, dwukwadratowy
bird's beak *elektron.* struktura typu „ptasi dziób"
birefringence *opt.* dwójłomność, podwójne załamanie
biscuit 1. *tw.szt.* tabletka (*tłoczywa*) **2.** *obr.plast.* odkuwka wstępna **3.** *ceram.* biskwit
bisect *v* dzielić na połowy, przepoławiać
bisector *geom.* **1.** dwusieczna (*kąta*) **2.** symetralna (*odcinka*)
bismuth *chem.* bizmut, Bi
bistable multivibrator *elektron.* multiwibrator bistabilny
bit 1. wiertło; świder; koronka (*wiertnicza*) **2.** nóż do struga **3.** *mat.* bit, cyfra dwójkowa **4.** *inf.* bit
bit clear *inf.* kasowanie bitu
bit density *inf.* gęstość zapisu dwójkowego
bite of rolls *obr.plast.* chwyt walców
bit-slice microprocessor *elektron.* mikroprocesor segmentowy
bit-stock *narz.* korba do świdrów
bit tool *obr.skraw.* nóż oprawkowy
bitumen bitum
bituminous concrete beton bitumiczny, asfaltobeton
bivalent *a chem.* dwuwartościowy
black 1. czerń **2.** sadza
black-and-white television telewizja czarno-biała, telewizja monochromatyczna
black annealing *obr.ciepl.* wyżarzanie ciemne (*bez atmosfery ochronnej*)
blackboard tablica do pisania, tablica szkolna
blackbody *fiz.* ciało (doskonale) czarne, promiennik zupełny
black bolt *masz.* śruba nieobrobiona
black box *cybern.* czarna skrzynka
black copper miedź czarna, miedź surowa
blackening 1. *powł.* oksydowanie, czernienie **2.** *fot.* zaczernienie (*emulsji*)
blackheart malleable iron żeliwo ciągliwe czarne
black hole *astr.* czarna dziura
black-lead 1. *min.* grafit **2.** *rys.* pręt grafitowy
black level *TV* poziom czerni
black nut *masz.* nakrętka nieobrobiona
black pickling *hutn.* wytrawianie wstępne (*blachy*)
black powder proch dymny, proch czarny
black sheet blacha (stalowa) czarna
blacksmith kowal
blacksmith forging 1. kucie swobodne **2.** odkuwka swobodna
blacktop *inż.* mieszanka bitumiczna (*do nawierzchni*)
blade 1. *narz.* ostrze; brzeszczot **2.** *masz.* łopatka (*wirnika*); łopatka (*śmigła*); *okr.* skrzydło (*śruby*); płetwa (*steru*)
blade profile *masz.* profil łopatki
blade ring *masz.* wieniec łopatkowy
blading *masz.* układ łopatek, ułopatkowanie (*np. turbiny*)
blank 1. formularz; blankiet **2.** półwyrób, półfabrykat; materiał wyjściowy; *obr.plast.* przedkuwka, odkuwka wstępna; *hutn.* walcówka **3.** *wojsk.* nabój ślepy **4.** *tel.* przerwa, odstęp międzyimpulsowy **5.** *inf.* znak pusty
blanket 1. koc **2.** *nukl.* płaszcz (*reaktora*) **3.** *górn.* nadkład
blank hardening *obr.ciepl.* hartowanie ślepe, próba hartowania

blankholder *obr.plast.* dociskacz (*przy ciągnieniu*)
blanking 1. zaślepianie (*otworu*) **2.** *TV* wygaszanie; *inf.* wygaszanie (*elementów obrazu*) **3.** *obr.plast.* wykrawanie; wycinanie (*wykrojnikami*)
blanking die *obr.plast.* wykrojnik, wycinak
blanking level *TV* poziom wygaszania
blanking pulse *TV* impuls wygaszający
blanking scrap *obr.plast.* ażur
blank off zasłonić, przesłonić (*otwór*); zaślepiać (*rurę*)
blank tape *inf.* taśma czysta
blast 1. podmuch (*od wybuchu*) **2.** dmuch (*w piecach*)
blast *v* **1.** dmuchać **2.** wysadzać w powietrze
blast burner *lab.* palnik dmuchawkowy
blast chamber *lotn.* komora spalania (*w silniku odrzutowym*)
blast cleaning oczyszczanie strumieniowo-ścierne
blast furnace *hutn.* wielki piec
blast-furnace bottom trzon wielkiego pieca
blast-furnace coke koks wielkopiecowy
blast-furnace gas gaz wielkopiecowy, gaz gardzielowy
blast-furnace hearth gar wielkiego pieca
blast-furnace practice wielkopiecownictwo, technologia procesu wielkopiecowego
blast furnace tuyère dysza wielkopiecowa
blast hole *górn.* otwór strzałowy
blasting cap *wybuch.* spłonka
blasting fuse lont prochowy; lont wolnopalny
blasting powder proch górniczy, proch skalny
blast roasting *hutn.* prażenie podmuchowe
blast wave fala podmuchowa (*po wybuchu*)
bleaching *włók., papiern.* bielenie; *fot.* odbielanie; *skór.* wybielanie
bleed *v* **1.** przeciekać; wytwarzać zacieki **2.** upuszczać (*parę, ciecz*)
bleeder *masz.* upust, spust; zawór upustowy
bleeder turbine turbina (parowa) upustowa
blend mieszanka; zestaw składników
blind 1. zasłona **2.** niewybuch (*pocisku*)
blind alley ślepa ulica; droga bez przejazdu
blind drift *górn.* ślepy chodnik; ślepe wyrobisko
blind flying *lotn.* lot bez widoczności, ślepy pilotaż
blind hole otwór ślepy, otwór nieprzelotowy
blind nut *masz.* nakrętka kołpakowa, nakrętka kapturkowa
blind pass *obr.plast.* przepust jałowy (*przy walcowaniu*)
blind riser *odl.* nadlew kryty
blind rivet nit jednostronnie zamykany
blind window *bud.* ślepe okno
blink (*jednostka czasu* = 0,864 s)
blinker światło migowe; migacz
blinking 1. miganie; nadawanie sygnałów świetlnych **2.** *inf.* migotanie (*obrazu*)
blistering *powł.* pęcherzenie powłoki, tworzenie się pęcherzy
blob kropelka; kulka
block 1. blok; klocek **2.** zblocze; wielokrążek **3.** *masz.* ślizg; suwak; wodzik; kamień **4.** *inf.* blok (*programu*) **5.** *poligr.* klisza drukarska **6.** *górn.* calizna (*węglowa*)
block brake *masz.* hamulec klockowy
block diagram *inf.* schemat blokowy
blockhouse schron betonowy, bunkier
blocking 1. *masz.* blokowanie; blokada **2.** *obr.plast.* kucie wstępne, podkuwanie **3.** *hutn.* wstępne odtlenianie (*kąpieli stalowej w piecu martenowskim*) **4.** *inf.* tworzenie bloku, łączenie danych w bloki
blocking capacitor *elektron.* kondensator blokujący, kondensator zaporowy
blocking die *obr.plast.* matryca wstępna
blocking layer *elektron.* warstwa zaporowa
blocking oscillator *elektron.* oscylator samodławny, oscylator blokujący
blocking voltage napięcie zwrotne, napięcie zaporowe
block mining *górn.* wybieranie komorami
block of flats *bud.* blok mieszkalny
block of words *inf.* blok słów (*komputerowych*)
block transfer *inf.* przesyłanie (informacji) blokowe
block welding spawanie ściegiem schodkowym
bloom 1. *powł.* wykwit; nalot **2.** *opt.* warstwa przeciwodblaskowa **3.** *hutn.* kęsisko kwadratowe
blooming mill *hutn.* zgniatacz kęsisk kwadratowych
blotting-paper bibuła
blow 1. uderzenie **2.** *hutn.* dmuchanie, przedmuchiwanie, okres dmuchu (*w procesie konwertorowym*) **3.** *hutn.* wytop (*w konwertorze*); spust (*z konwertora*)
blow *v* dmuchać; wydmuchiwać
blowdown wydmuch; wydmuchiwanie; przedmuchiwanie
blowdown system *nukl.* układ zrzutowy
blower dmuchawa

blowhole *odl.* pęcherz (*wada odlewu*)
blowing agent *gum., tw.szt.* środek porotwórczy, porofor
blowing charge ładunek wybuchowy
blowing-in *hutn.* zadmuchanie (*wielkiego pieca*)
blowing-out *hutn.* wydmuchiwanie (*wielkiego pieca*)
blown casting odlew z pęcherzami
blown fuse *el.* bezpiecznik stopiony
blow-off odmulanie, przedmuchiwanie (*kotła, zbiornika*)
blow-off valve 1. zawór wydmuchowy **2.** *kotł.* zawór spustowy
blow-out 1. rozerwanie (*np. opony*); rozsadzenie (*np. zbiornika*); *wiertn.* wytrysk (*ropy, gazu*) **2.** *el.* stopienie bezpiecznika
blowpipe 1. *spaw.* palnik **2.** dmuchawka (*ustna*) **3.** *szkl.* piszczel **4.** *hutn.* dyszak (*w wielkim piecu*)
blowtorch lampa lutownicza, grzejnik lutowniczy
blow up 1. nadmuchać **2.** wysadzać w powietrze **3.** wybuchać, eksplodować
blue annealing *obr.plast.* wyżarzanie z niebieskim nalotem
blue brittleness kruchość na niebiesko (*stali*)
blue gas gaz wodny
blueing 1. *powł.* czernienie, oksydowanie **2.** *włók.* niebieszczenie, farbkowanie **3.** *zob.* **blue annealing**
blue pole biegun ujemny (*magnesu*)
blueprint *rys.* światłokopia
blue vitriol *chem.* siarczan miedziowy pięciowodny, siny kamień
blunt *v* stępiać, przytępiać
blunt *a* tępy
blunt file *narz.* pilnik bez zbieżności
blur *v* zamazać, rozmazać
board 1. deska **2.** tablica; płyta **3.** *telef.* łącznica **4.** *okr.* burta **5.** tektura; karton **6.** komisja
boarding *bud.* deskowanie, szalowanie
boat łódź; łódka; szalupa
boat building szkutnictwo
bob obciążnik, ciężarek
bobbin 1. *włók.* cewka; szpula **2.** *el.* cewka; korpus cewki
body 1. *geom.* bryła **2.** *fiz.* ciało **3.** *masz.* kadłub, korpus **4.** *kol., mot.* nadwozie **5.** lepkość (*np. oleju*); zdolność krycia (*farby*) **6.** trzon (*np. nitu*) **7.** *inf.* ciało, treść (*programu*)
body force *mech.* siła masowa
body of coal *górn.* calizna węglowa
body of revolution *geom.* bryła obrotowa
body panel *mot.* płat poszycia nadwozia
bodywork *mot.* nadwozie
bogie (truck) *kol.* wózek zwrotny
bogie-type furnace *hutn.* piec z wysuwanym trzonem
Bohr atom *fiz.* model planetarny atomu, atom Bohra
Bohr magneton *fiz.* magneton elektronowy, magneton Bohra
boil 1. wrzenie; *hutn.* gotowanie, wrzenie (*stali*) **2.** temperatura wrzenia **3.** substancja wrząca
boil *v* wrzeć; gotować się
boiled oil pokost
boiler 1. kocioł **2.** *chłodn.* parownik
boiler casing poszycie kotła, opancerzenie
boiler feedwater woda zasilająca kocioł
boiler fuel olej opałowy
boiler furnace palenisko kotła
boiler room kotłownia
boiler setting obmurze kotła
boiling point *fiz.* temperatura wrzenia
boiling pot kocioł warzelny
boiling-water reactor *nukl.* reaktor wrzący, reaktor z wrzącą wodą
boil-off 1. strata (*cieczy*) wskutek wyparowania **2.** *nukl.* faza odparowania chłodziwa
boldface *poligr.* pismo grube
bolometer *fiz.* bolometr, miernik promieniowania
bolster 1. oparcie, podparcie; *masz.* podtrzymka **2.** *obr.plast.* płyta stołu prasy; płyta matrycowa, płyta podtłocznikowa **3.** *transp.* paleta kontenerowa
bolt 1. śruba; sworzeń **2.** zasuwa; rygiel
bolt *v* **1.** łączyć śrubami,ześrubowywać **2.** zamykać na zasuwę; ryglować
bolted joint połączenie śrubowe
bolt hole 1. otwór na śrubę (*lub na sworzeń*) **2.** *górn.* przecinka wentylacyjna
bolting 1. przesiewanie, odsiewanie **2.** *masz.* (*śruby i nakrętki*)
bomb bomba
bombardment 1. *wojsk.* bombardowanie **2.** *nukl.* bombardowanie (*cząstkami*)
bomb calorimeter *fiz.* bomba kalorymetryczna
bomber samolot bombowy, bombowiec
bond 1. *chem.* wiązanie **2.** spoiwo, lepiszcze, środek wiążący **3.** *el.* łącznik, złącze
bond energy *chem.* energia wiązania
bonderizing *powł.* bonderyzacja
bonding 1. *chem.* wiązanie **2.** łączenie; spajanie

bonding agent spoiwo, lepiszcze, środek wiążący
bonnet 1. pokrywa, osłona **2.** *mot.* maska silnika **3.** *narz.* nakładka
book książka
bookbinding oprawianie książek, introligatorstwo
bookkeeping operation *inf.* operacje pomocnicze (*przy porządkowaniu danych*)
book mould *hutn.* wlewnica składana
Boolean algebra *mat.* algebra Boole'a
boom maszt, wysięgnik; *okr.* bom ładunkowy
boost 1. zwiększenie; wzmożenie; *el.* kompensacja dodatkowa **2.** *siln.* ciśnienie ładowania
boost charge *el.* podładowanie (*akumulatora*)
booster buster, urządzenie wspomagające (*działanie urządzenia głównego*); *el.* urządzenie dodawcze
booster rocket silnik rakietowy pomocniczy
booster rod *nukl.* pręt rozruchowy
boost pressure *siln.* ciśnienie ładowania
boot 1. bagażnik (*samochodu*) **2.** *el.* koszulka; nasuwka ochronna
bootstrapping *inf.* ładowanie początkowe
borate *chem.* boran
borax *min.* boraks rodzimy, tynkal
border granica; obrzeże; *rys.* obramowanie (*rysunku*); obwódka
bore średnica otworu; kaliber
bore(-hole) otwór wywiercony; *wiertn.* otwór wiertniczy; odwiert
borer 1. *obr.skraw.* wytaczarka **2.** *obr.skraw.* wiertarka **3.** *drewn.* wiertło
boring 1. *obr.skraw.* wytaczanie; rozwiercanie **2.** *wiertn.* wiercenie
boring machine 1. *obr.skraw.* wytaczarka **2.** *obr.skraw.* wiertarka **3.** *wiertn.* maszyna wiertnicza
boring rig wiertnica, urządzenie wiertnicze
borings *pl* **1.** *obr.skraw.* wióry wiertarskie **2.** *wiertn.* zwierciny; łyżkowiny; urobek wiertniczy
boring tower wieża wiertnicza
boron *chem.* bor, B
boron chamber *nukl.* komora (jonizacyjna) borowa
boron family *chem.* borowce (B, Al, Ga, In, Tl)
borrow *inf.* pożyczka (*przy odejmowaniu*)
bosh 1. *hutn.* spadki (*wielkiego pieca*) **2.** *odl.* pędzel formierski **3.** *szkl.* zbiornik do wody
boson *fiz.* bozon, cząstka Bosego
boss *masz.* **1.** zgrubienie; występ **2.** piasta
bott *v hutn.*, *odl.* zatykać otwór spustowy
bottle butelka; balon szklany
bottled gas *paliw.* gaz płynny, gazol
bottle-neck 1. szyjka butelki **2.** wąskie gardło (*np. w produkcji, w ruchu drogowym*)
bottom 1. dno; spód **2.** *górn.* spąg (*pokładu*); spodek (*wyrobiska*)
bottom casting odlewanie syfonowe, odlewanie z dołu
bottom dead centre *siln.* położenie zwrotne kukorbowe, położenie martwe kukorbowe (*tłoka*)
bottom-dump bucket kubeł dennozsypny
bottom gear *mot.* pierwszy bieg, najniższy bieg
bottom of a furnace *hutn.* trzon pieca
boulder głaz narzutowy, otoczak
bounce 1. odskok **2.** *górn.* tąpnięcie
boundary 1. granica; obszar graniczny **2.** *mat.* brzeg; granica
boundary layer *mech.pł.* warstwa przyścienna, warstwa graniczna
boundary-layer separation *mech.pł.* oderwanie się warstwy przyściennej
bounded *a mat.* **1.** ograniczony **2.** odgraniczony
bound electron *fiz.* elektron związany
bound water *chem.* woda związana
Bourdon (pressure) gauge rurka Bourdona, rurka sprężynująca, rurka manometryczna
bow 1. wygięcie **2.** pałąk; kabłąk **3.** *okr.* dziób (*statku*) **4.** *rys.* mały cyrkiel
bowl misa; czasza
bowstring *bud.* ściąg
box 1. skrzynka; skrzynia; pudło; pudełko **2.** boks (*pomieszczenie*)
box annealer *obr.ciepl.* piec do wyżarzania w skrzynkach; piec komorowy do wyżarzania
box car *kol.* wagon (*towarowy*) kryty
box coupling *masz.* sprzęgło tulejowe
box girder *bud.* dźwigar skrzynkowy
boxing 1. *górn.* obudowa drewniana szybu **2.** pakowanie w pudełka
box nut *masz.* nakrętka kołpakowa, nakrętka kapturkowa
box oven piec komorowy
Boyle's law *fiz.* prawo Boyle'a i Mariotte'a
brace 1. *bud.* stężenie, tężnik **2.** *narz.* korba do świdrów **3.** *mat.* nawias klamrowy
brace *v* usztywniać; wzmacniać; *bud.* stężać
bracket 1. wspornik, konsola **2.** *mat.* nawias

braided wire *el.* przewód opleciony
brake 1. hamulec **2.** *obr.plast.* krawędziarka; prasa krawędziowa **3.** *roln.* ciężka brona
brake *v* hamować
brake band taśma hamulcowa
brake fluid płyn hamulcowy
brake gear przekładnia hamulcowa
brake horse-power moc użyteczna, moc efektywna (*w KM*)
brake lever dźwignia hamulca
brake light *mot.* światło hamowania
brake lining okładzina szczęk hamulca
brake shoe klocek hamulcowy; szczęka hamulca
braking distance *mot.* odległość hamowania, droga hamowania
braking system układ hamulcowy
branch 1. odgałęzienie; odnoga **2.** *chem.* łańcuch boczny **3.** *mat.* gałąź **4.** *el.* rozgałęźnik; gałąź (*układu*) **5** *inf.* rozgałęzienie (*w programie*), skok krótki **6.** *ek.* branża
branching box *el.* mufa rozdzielcza
branch instruction *inf.* rozkaz rozgałęzienia
branch joint *el.* rozgałęźnik
branch office *ek.* filia, oddział
branch point 1. miejsce odgałęzienia (*przewodu*), punkt rozgałęzienia **2.** *inf.* zwrotnica, przełącznik; punkt rozgałęzienia **3.** *mat.* punkt rozgałęzienia
brand 1. znak towarowy, znak fabryczny **2.** gatunek
brand-new *a* fabrycznie nowy
brass *met.* mosiądz
braze lutowina twarda
brazen *a* mosiężny
braze welding lutospawanie
brazier piecyk koksowy, koksiak
brazing lutowanie twarde
brazing metal lut twardy, mosiądz lutowniczy
breach przerwanie; wyłom; wyrwa
breadth szerokość
break *v* łamać; rozbijać; rozgrywać; przerywać
breakage 1. złamanie; rozerwanie; przerwanie **2.** stłuczka
breakaway torque *siln.* moment rozruchowy
break-before-make contact *el.* zestyk (przełączny) przerwowy
break-bulk cargo ładunek drobnicowy; ładunek półmasowy
break contact *el.* zestyk rozwierny
breakdown 1. załamanie się **2.** poważne uszkodzenie, awaria **3.** *chem.* rozkład (*związku chemicznego*) **4.** *el.* przebicie (*izolacji*); przeskok; wyładowanie przebijające (*w gazie*) **5.** *hutn.* walcowanie wstępne
breakdown diode *elektron.* dioda Zenera
breakdown mill *hutn.* zgniatacz, walcarka wstępna
breakdown strength *el.* wytrzymałość na przebicie
breakdown voltage *el.* napięcie przebicia
breaker 1. łamacz; kruszarka **2.** *el.* wyłącznik; przerywacz **3.** *włók.* międlarka (*lnu*) **4.** *włók.* targarka (*bel*)
break-in *mot.* docieranie
breaking down 1. *górn.* obrywka, obrywanie **2.** *górn.* zawał, zawalenie się **3.** *hutn.* walcowanie wstępne
breaking-down rolls *pl hutn.* walce wstępne (*walcarki*)
breaking length *włók.* samozryw
breaking load *wytrz.* obciążenie niszczące
breaking strength wytrzymałość na rozerwanie
break signal *inf.* sygnał wstrzymania
breakthrough 1. przebicie **2.** *górn.* przecinka **3.** przełom (*w technice*)
breakwater *inż.* falochron
breast drill wiertarka ręczna piersiowa
breast working *górn.* **1.** wybieranie ubierkami **2.** wybieranie chodnikowe
breathing apparatus aparat oddechowy
breeder reactor *nukl.* reaktor powielający
breeding 1. *zoot.* hodowla **2.** *nukl.* powielanie (*paliwa*)
breeding material *nukl.* materiał paliworodny
breeze 1. *meteo.* bryza **2.** miał koksowy, koksik
B-register *inf.* rejestr modyfikacji, rejestr B, rejestr indeksowy
bremsstrahlung *fiz.* promieniowanie hamowania
brewery browar, piwowarnia
brick cegła
bricklayer murarz
brick trowel kielnia murarska
brick walling *górn.* obudowa murowa (*szybu*)
brickwork 1. murarstwo; roboty murarskie **2.** mur (*z cegły*); *kotł.* obmurze, obmurowanie
brickyard cegielnia
bridge 1. most **2.** *el.* mostek
bridge crane suwnica mostowa
bridged network *el.* czwórnik mostkowy

bridge girder dźwigar mostowy
bridge-head *inż.* przyczółek mostowy
bridge pier *inż.* filar mostowy
bridge trolley wózek suwnicy
bridging 1. *el.* zmostkowanie **2.** *hutn.* zawisanie wsadu **3.** *met.* zawieszanie się proszku (*podczas prasowania*)
bridging atom *chem.* atom mostkowy
Brigg's logarithm *mat.* logarytm dziesiętny, logarytm Briggsa
bright *a* jasny; połyskujący
bright annealing *obr.ciepl.* wyżarzanie jasne, wyżarzanie bez nalotu (*w atmosferze ochronnej*)
brightening agent *włók.* wybielacz optyczny, rozjaśniacz
brightness *opt.* jaskrawość
brightness control *TV* regulacja jaskrawości
bright nut *masz.* nakrętka obrobiona
bright plating powlekanie (*galwaniczne*) połyskowe, powlekanie lustrzane
brilliance *opt.* luminancja
brilliant *a* błyszczący; jaskrawy
brine solanka; woda morska
Brinell hardness (number) *wytrz.* twardość według Brinella
bring (fractions) to a common denominator *mat.* sprowadzać do wspólnego mianownika
briquet(te) brykiet, kostka prasowana; *met.* prasówka
briquetting machine brykieciarka, prasa brykietowa
British thermal unit brytyjska jednostka ciepła: 1 Btu = 1055 J
brittle fracture *met.* przełom kruchy
brittleness kruchość, łamliwość
brittle temperature temperatura kruchości, punkt kruchości
broach 1. *narz.*, *obr.skraw.* przeciągacz; przepychacz **2.** *wiertn.* rozszerzak
broaching 1. *obr.skraw.* przeciąganie (*przeciągaczem lub przepychaczem*) **2.** *obr.plast.* wydłużanie, wyciąganie, odciąganie; przebijanie **3.** *wiertn.* rozszerzanie (*otworu*)
broaching bit *wiertn.* rozszerzak
broaching machine *obr.skraw.* przeciągarka
broadband antenna antena szerokopasmowa
broadcast transmisja radiofoniczna; audycja radiowa
broadcast coverage zasięg radiofoniczny
broadcaster *roln.* siewnik rzutowy
broadcasting 1. radiofonia, rozgłośnictwo radiowe **2.** *roln.* siew rzutowy
broadcast(ing) station stacja radiofoniczna, rozgłośnia radiowa
broadcast receiver odbiornik radiofoniczny
broadcast videotext gazeta telewizyjna, teletekst
broaden *v* rozszerzać (się)
broadside array *rad.* szyk antenowy promieniujący poprzecznie, antena poprzecznokierunkowa
broken line *rys.* **1.** linia łamana **2.** linia kreskowa; linia przerywana
broken stone *drog.* tłuczeń
bromate *chem.* bromian
bromide *chem.* bromek
bromide paper *fot.* papier bromosrebrowy
bromine *chem.* brom, Br
bronze *met.* brąz
bronzing *powł.* brązowanie, pokrywanie brązem
brown coal węgiel brunatny
Brownian movement *fiz.* ruchy Browna
brown sugar cukier nieoczyszczony
brush szczotka; pędzel
brush discharge *el.* snopienie, wyładowanie snopiące
brushing 1. szczotkowanie; czyszczenie szczotką **2.** malowanie pędzlem **3.** *górn.* przybierka
brush scanner *inf.* szczotka odczytu
bubble pęcherzyk
bubble cap *chem.* dzwon, kołpak (*kolumny rektyfikacyjnej*)
bubble chamber *nukl.* komora pęcherzykowa
bubble domains *pl fiz.* pęcherzyki magnetyczne, domeny cylindryczne
bubble memory *inf.* pamięć (magnetyczna) domenowa
bubble point *fiz.* temperatura wrzenia
bubbler *chem.* bełkotka, barboter
bubbling 1. bulgotanie, wydzielanie się pęcherzyków **2.** barbotowanie, barbotaż
bucket 1. kubeł, wiadro **2.** (*w dźwignicach, koparkach itp.*) kubeł, czerpak; chwytak, łyżka **3.** (*w pompach*) tłok zaworowy, tłok wiadrowy
bucket-brigade device *elektron.* układ łańcuchowy
bucket conveyor przenośnik kubełkowy
bucket dredger pogłębiarka czerpakowa, pogłębiarka kubłowa
bucket ladder dredger pogłębiarka wieloczerpakowa
buckle 1. sprzączka; *mot.* zamek (*pasa bezpieczeństwa*) **2.** wybrzuszenie, wypukłość

buckling 1. *wytrz.* wyboczenie (*pręta*) **2.** wykrzywienie, wygięcie (*płyty*)
buckling stress *wytrz.* naprężenie krytyczne, naprężenie wyboczające
buddle *v wzbog.* płukać, przemywać
buffer 1. zderzak, bufor **2.** polerka (*maszyna do polerowania*) **3.** *chem.* roztwór buforowy
buffer (memory) *inf.* bufor, pamięć buforowa
buffeting *lotn.* trzepotanie
buffing polerowanie tarczą polerską
buffing wheel tarcza polerska
bug 1. *inf.* defekt (*w programie*) **2.** wada urządzenia **3.** *elektron.* urządzenie podsłuchowe
bugas *paliw.* gaz płynny, gazol
bug dust *górn.* zwierciny; wrębowiny
buggy wózek (*przemysłowy*), wagonik; *górn.* mały wóz kopalniany
build *v* budować
building 1. budynek **2.** budownictwo
building block 1. *bud.* blok ścienny **2.** *masz.* moduł konstrukcyjny; zespół modularny
building-block machine maszyna zespołowa (*złożona z zespołów znormalizowanych*)
building dock *okr.* dok budowlany (*suchy*)
building engineering technika budowlana; inżynieria budowlana
building ground teren budowy; plac budowy
building materials *pl* materiały budowlane, budulec
building paper papa
building slip *okr.* pochylnia
building structure budowla; konstrukcja budowlana
buildup 1. narastanie; nawarstwianie się **2.** narost; osad **3.** *spaw.* warstwa napawana, warstwa natopiona
built-in check *inf.* kontrola układowa (*wewnętrzna*)
built-in microcomputer mikrokomputer wbudowany
built-up edge *obr.skraw.* narost na ostrzu (*narzędzia*)
built-up gauge sprawdzian składany
bulb bańka (*lampy*); kolba (*laboratoryjna*); zbiornik termometru
bulge wybrzuszenie, wypukłość
bulge forming *obr.plast.* rozpęczanie, roztłaczanie
bulk 1. duża ilość, masa **2.** *poligr.* blok książki
bulk cargo *żegl.* ładunek luzem, ładunek masowy, masówka
bulk carrier *okr.* masowiec
bulk density gęstość nasypowa
bulker *mot.* samochód-silos, samochód zbiornikowy
bulk eraser *elakust.* kasownica (*całości zapisu*)
bulk handling przewóz (*materiałów*) luzem
bulkhead przegroda; *okr.* gródź; *inż.* grodza
bulking pęcznienie (*wskutek wilgoci*)
bulk modulus of elasticity *wytrz.* współczynnik sprężystości objętościowej, moduł Helmholtza, moduł odkształcenia objętościowego
bulk shield *nukl.* osłona biologiczna
bulk storage 1. magazynowanie luzem **2.** *inf.* pamięć masowa
bulk truck *mot.* samochód-silos, samochód zbiornikowy
bulky *a* zajmujący wiele miejsca, objętościowy, przestrzenny
bull block *obr.plast.* ciągarka jednobębnowa do drutu
bulldozer 1. *bud.* spycharka, spychacz, buldożer **2.** *obr.plast.* giętarka kuźnicza (*pozioma*), buldożer
bullet pocisk (*do broni strzeleckiej*)
bullet-proof *a* opancerzony; kuloodporny
bull wheel 1. (*główne koło napędowe w przekładni zębatej*) **2.** bęben wciągarki
bulwark *okr.* nadburcie
bump 1. uderzenie; zderzenie **2.** *górn.* tąpnięcie
bumper zderzak
bumping 1. *obr.plast.* rozciąganie, rozklepywanie (*blachy*) **2.** *fiz.* wrzenie burzliwe (*przegrzanej cieczy*)
bumping post *inż.* odbój; kozioł oporowy
bumpy running *siln.* bieg nierówny
bunch pęczek; wiązka
bund *inż.* obwałowanie (*np. rzeki*)
bundle wiązka; *el.* zwijka; *geom.* wiązka
bung zatyczka, czop (*beczki*)
bunker 1. zasobnik, zbiornik; zasobnia paliwa; *nukl.* przechowalnik (*materiałów radioaktywnych*) **2.** bunkier, schron bojowy betonowy
buoy *żegl.* pława, boja
buoyancy *mech.pł.* wypór hydrostatyczny
buoyant force *mech.pł.* siła wyporu
burble point *mech.pł.* punkt przejścia (*przepływu uwarstwionego w przepływ burzliwy*)
burden 1. obciążenie **2.** *hutn.* wsad; namiar **3.** *geol.* nadkład; skała płonna
burdening *hutn.* namiarowanie, obliczanie namiaru (*proporcji składników wsadu*)
bureau biuro

buret(te) *lab.* biureta
burial ground *nukl.* mogilnik, cmentarzysko (*odpadów radioaktywnych*)
buried cable kabel ziemny
buried layer *elektron.* warstwa zagrzebana, warstwa podkolektorowa
buried outcrop *górn.* wychodnia przykryta (*nadkładem*)
burin *narz.* rylec
burn *v* palić (się); spalać (się); *ceram.* wypalać
burnable poison *nukl.* trucizna (*reaktorowa*) wypalająca się
burner palnik
burn-in *elektron.* wygrzewanie wstępne (*starzenie i stabilizacja parametrów*)
burnisher *narz.* nagniatak, dogniatak
burnish(ing) nagniatanie, dogniatanie (*obróbka wykończająca*)
burnout wypalenie (się), spalenie (się); *el.* wygaśnięcie (*lampy*); przepalenie się (*żarówki*)
burnout poison *nukl.* trucizna (*reaktorowa*) wypalająca się
burnt *a* **1.** palony; spalony **2.** *ceram.* wypalony
burnt lime wapno palone
burnup *nukl.* wypalenie, zużycie paliwa (*w reaktorze*)
burr **1.** rąbek, zadzior **2.** *obr.plast.* wytłoczka **3.** *narz.* pilnik obrotowy do przyrządów ręcznych
burring **1.** usuwanie rąbków; usuwanie zadziorów **2.** *obr.plast.* wywijanie
burrow *górn.* hałda, wysypisko
bursary stypendium szkolne
burst **1.** pęknięcie, rozerwanie się; rozsadzenie **2.** wybuch (*pocisku*) **3.** *górn.* tąpnięcie **4.** *el.* impuls (*np. radiowy*) **5.** *papiern.* przepuklenie
bursting test próba na rozerwanie; próba przepuklenia
burst wave fala podmuchu (*po wybuchu*)
bury *v* zakopać
bus **1.** autobus **2.** *el.* szyna zbiorcza
bus-bars *pl el.* szyny zbiorcze, magistrala
bus depot zajezdnia autobusowa
busduct *el.* przewód szynowy, szynoprzewód
bush **1.** *masz.* tuleja; tulejka; panew **2.** *el.* wlot przewodowy
bushel buszel (*jednostka objętości ciał sypkich*)
bushing *masz.* tulejowanie, wciskanie tulei
bush nut nakrętka tulejowa
business end koniec części roboczej (*np. narzędzia*)
business machine maszyna biurowa
business-oriented language *inf.* język ekonomiczny
buster **1.** *obr.plast.* matryce kuźnicze **2.** *górn.* klin do urabiania węgla
busway *el.* przewód szynowy, szynoprzewód
busy *a telef.* zajęty
busy/ready signal *inf.* sygnał zajętości--gotowości
butadiene *chem.* butadien
butane *chem.* butan
butt *v* łączyć na styk; przylegać na styk
butt contact *el.* zestyk dociskowy
butter finish wykończenie szlifowaniem na matowo
butterfly nut *masz.* nakrętka skrzydełkowa, nakrętka motylkowa
butterfly screw śruba skrzydełkowa
butterfly (valve) *masz.* zawór skrzydełkowy, zawór motylkowy; przepustnica
butt joint połączenie stykowe, połączenie na styk; *spaw.* spoina doczołowa
button guzik; przycisk
button head łeb półkolisty (*nitu, śruby*)
buttress *inż.* przypora
butt riveting nitowanie nakładkowe
butt welding *spaw.* spawanie doczołowe; zgrzewanie doczołowe
buy *v* kupić; nabyć
buzz **1.** *aero.* pulsowanie (*przepływu*) **2.** *el.* brzęczenie
buzzer **1.** syrena parowa **2.** *el.* brzęczyk
by air *transp.* drogą lotniczą
by formula według wzoru
by gravity pod własnym ciężarem
by hand ręcznie
by-pass obejście, bocznik; objazd, droga objazdowa
by-pass *v* obchodzić, omijać
by-pass capacitor *el.* kondensator obejściowy
by-pass road objazd, droga objazdowa
by-pass valve zawór obejściowy
by-product produkt uboczny
byte *inf.* bajt
by volume objętościowo, w stosunku objętościowym
by weight wagowo, w stosunku wagowym
by wire telegraficznie

C

cab 1. kabina (*np. kierowcy, operatora*) **2.** taksówka
cabble *v hutn.* rozbijać na kawałki (*np. surówkę*)
cabin kabina
cabinet szafka
cabinet hardware okucia meblowe
cable 1. lina; linka **2.** *el.* kabel **3.** *jedn.* kabel: 1 kabel = 185,2 m
cable *v* **1.** *el.* okablowywać **2.** telegrafować
cable box *el.* **1.** skrzynka kablowa **2.** mufa kablowa
cable conductor *el.* żyła kablowa
cable core *el.* ośrodek kabla
cable covering *el.* powłoka kablowa, obwój kabla, owój kabla
cable duct *el.* kanał kablowy; osłona kablowa
cable finder *el.* szukacz kabla (*ziemnego*)
cablegram telegram przesyłany kablem morskim
cable head *el.* głowica kablowa
cable joint *el.* złącze kablowe
cable-laid rope lina o splocie kablowym, lina stalowa trójskrętna, lina trójzwita
cable layer *okr.* kablowiec, statek kablowy
cable length 1. *el.* odcinek fabrykacyjny kabla **2.** *jedn.* kabel: 1 kabel = 185,2 m
cableman monter linii kablowych
cable pulley krążek linowy
cable railway kolej linowa
cable reel *el.* bęben kablowy
cable release *fot.* wężyk spustowy
cable run *el.* ciąg kablowy
cable ship *okr.* kablowiec, statek kablowy
cablet linka
cable television telewizja przewodowa
cableway dźwignica linomostowa
cable winch *el.* kołowrót kablowy
cabling 1. *el.* okablowanie, sieć kablowa **2.** *el.* układanie kabli
caboose 1. *kol.* wagon służbowy **2.** *okr.* kuchnia
cabotage *żegl.* kabotaż, żegluga przybrzeżna
cache (memory) *inf.* pamięć podręczna
cadmium *chem.* kadm, Cd
caesium *chem.* cez, Cs
caffeine *chem.* kofeina, teina
cage klatka
cage hoist *górn.* wyciąg klatkowy
cage motor *el.* silnik klatkowy
cage of a bearing *masz.* koszyczek łożyska
cage-tainer *transp.* kontener-klatka
caisson *inż.* keson
cake 1. (*substancja zbita w twardą masę*) **2.** *odl.* placek **3.** *roln.* makuch
cake *v* zbrylać (się), zlepiać (się)
calcareous *a* wapnisty; wapienny
calcifying *petr.* wapnienie
calcination 1. *hutn.* kalcynowanie, prażenie kalcynujące **2.** *ceram.* wypalanie
calcine produkt kalcynowany; *hutn.* ruda prażona
calcining furnace *hutn.* kalcynator, piec do kalcynacji
calcite *min.* kalcyt, szpat wapienny
calcium *chem.* wapń, Ca
calcium carbide *chem.* karbid, węglik wapniowy
calcium chloride *chem.* chlorek wapniowy
calcium hardness twardość wapniowa (*wody*)
calcium-silicate brick cegła wapienno-krzemowa, cegła silikatowa
calcspar *min.* kalcyt, szpat wapienny
calculate *v* liczyć, rachować
calculating machine *zob.* **calculator**
calculator kalkulator; *biur.* arytmometr
calculus (*pl* **calculi or calculuses**) *mat.* rachunek
calculus of finite differences rachunek różniczkowy
calculus of probability rachunek prawdopodobieństwa; probabilistyka
calculus of vectors *mat.* rachunek wektorowy
calendar line linia zmiany daty, (międzynarodowa) granica daty
calendar year rok kalendarzowy
calender *masz.* kalander; gładziarka
calendering kalandrowanie; gładzenie
caliber kaliber
calibrate *v* wzorcować, kalibrować
calibrated measure *lab.* naczynie miarowe, naczynie kalibrowane
calibrating tank zbiornik pomiarowy
calibration wzorcowanie, kalibrowanie
calibre kaliber
californium *chem.* kaliforn, Cf
caliper gauge *metrol.* sprawdzian szczękowy
calipers *pl metrol.* macki

calking 1. kalkowanie **2.** doszczelnianie (*szwów nitowych*); uszczelnianie (*złącz rurowych*)
call *telef.* wywołanie; połączenie
call at... *żegl.* zawinąć do... (*portu*)
call box budka telefoniczna
called subscriber *telef.* abonent żądany, abonent wywoływany
caller *telef.* abonent wywołujący
call frequency *rad.* częstotliwość wywoławcza
call(ing) indicator *telef.* wskaźnik zgłoszeniowy
calling sequence *inf.* sekwencja wywołująca
callipers *pl metrol.* macki
call number numer wywoławczy
call office rozmównica telefoniczna
calm *meteo.* cisza
calomel *chem.* kalomel, chlorek rtęciowy
calorie *jedn.* kaloria (*międzynarodowa*): 1 cal = 0,41868 · 10 J
calorific *a* cieplny, kaloryczny
calorific value 1. *paliw.* ciepło spalania; wartość opałowa **2.** *spoż.* kaloryczność (*pokarmowa*)
calorifier podgrzewacz (*wody w zbiorniku*)
calorimeter *metrol.* kalorymetr
calorimetric bomb *fiz.* bomba kalorymetryczna
calorimetry *fiz.* kalorymetria
calorizing *powł.* kaloryzowanie, naglinowywanie dyfuzyjne
cam *masz.* krzywka
cam-actuated *a* napędzany krzywką
cam and lever mechanism mechanizm dźwigniowo-krzywkowy
camber wypukłość; wygięcie
camber angle *mot.* kąt pochylenia kół
cam cutter tokarka automatyczna do krzywek
camera aparat fotograficzny; kamera fotograficzna; kamera zdjęciowa
camera lucida *opt.* widnia optyczna
cameraman *kin.*, *TV* operator kamery, kamerzysta
camera obscura *opt.* ciemnia optyczna
camera-ready *a kin.* gotowy do zdjęć; *poligr.* gotowy do reprodukcji (*materiał*)
camera tube *TV* lampa analizująca
cam follower *masz.* popychacz (*człon mechanizmu krzywkowego*)
cam heel *masz.* część zerowa krzywki
cam lobe *masz.* garb krzywki
cam mechanism mechanizm krzywkowy
camouflage *wojsk.* maskowanie
cam pond *masz.* zapadka cierna krzywkowa
camphor *chem.* kamfora
cam profile *masz.* profil krzywki
cam-relieved *a* zataczany; zaszlifowany (*o narzędziu*)
camshaft *masz.* wał krzywkowy; wał rozrządczy
can 1. puszka; bańka; blaszanka **2.** *nukl.* koszulka; szczelna osłona
canal kanał (*droga wodna*)
canalization 1. system kanałów **2.** *inż.* kanalizacja (*rzek*)
canal lock *inż.* śluza
cancel *v* **1.** unieważnić; anulować; odwołać (*np. pociąg*) **2.** *mat.* skracać **3.** *mat.* redukować (*wyrazy podobne*)
candela *jedn.* kandela, cd
candescence *met.* biały żar
candid camera aparat fotograficzny małoobrazkowy
candle 1. świeca **2.** *jedn.* kandela, cd
candlepower *opt.* światłość (*wyrażona w kandelach*)
cane sugar cukier trzcinowy
canister kanister
canned goods *pl* towary w puszkach
canning 1. puszkowanie **2.** *nukl.* koszulkowanie (*paliwa*)
cannon *wojsk.* armata; działo
canoe kajak
canonical form *mat.* postać kanoniczna
canonical state *chem.* stan kanoniczny (*cząsteczki*)
can-opener otwieracz puszek
canopy 1. *bud.* daszek **2.** *lotn.* czasza (*spadochronu*) **3.** *lotn.* osłona kabiny pilota
cant 1. skos, skośne ścięcie (*krawędzi*) **2.** przechylenie; skrzywienie się
cantilever wspornik
cantilever bridge most wspornikowy
cantilever monoplane *lotn.* jednopłat wolnonośny
cantilever spring *masz.* resor wspornikowy, resor ćwierćeliptyczny
canvas brezent
caoutchouc kauczuk
cap 1. kołpak; nakrywka; nasadka; zaślepka (*rury*); kapsla **2.** *arch.* głowica kolumny, kapitel **3.** *bud.* oczep **4.** *el.* trzonek (*lampy*) **5.** *el.* kapka (*końcówka elektrody*)
capability 1. zdolność **2.** *inf.* uprawnienie
capacious *a* pojemny; przestronny
capacitance *el.* kapacytancja, reaktancja pojemnościowa
capacitance meter *el.* faradomierz, pojemnościomierz
capacitive *a el.* pojemnościowy

capacitor *el.* kondensator
capacity 1. pojemność 2. wydajność; przepustowość (*np. drogi, kanału*) 3. zdolność
capacity coupling *el.* sprzężenie pojemnościowe
capacity current *el.* prąd pojemnościowy
capacity factor *nukl.* współczynnik wykorzystania mocy brutto (*elektrowni jądrowej*)
capacity of a balance nośność wagi, udźwig wagi
cape chisel wycinak ślusarski prostokątny
capillarity *fiz.* włoskowatość, kapilarność
capillarity constant *fiz.* stała napięcia powierzchniowego, stała kapilarna
capillary rise *fiz.* wzniesienie włoskowate, wzniesienie kapilarne
capillary (tube) rurka włoskowata, kapilara
capillary viscometer lepkościomierz włoskowaty
capillary water *geol.* woda kapilarna
capillary wave *hydr.* fala kapilarna
capital 1. *arch.* głowica kolumny, kapitel 2. *ek.* kapitał
capital equipment wyposażenie zasadnicze (*fabryki*)
capital expenditure *ek.* wydatki inwestycyjne, nakłady inwestycyjne
capital letters *pl poligr.* wersaliki
capitals *zob.* **capital letters**
cap lamp *górn.* lampa nahełmna
cap nut *masz.* nakrętka kołpakowa, nakrętka kapturkowa
capped ingot *hutn.* wlewek nakrywany (*mechanicznie lub chemicznie*)
cap piece *górn.* stropnica
capping 1. *górn.* nadkład 2. kapslowanie 3. *el.* kapturkowanie (*bezpieczników, oporników*) 4. *el.* trzonkowanie (*lamp*)
capstan 1. *transp.* przyciągarka, kabestan 2. *el.* wałek przesuwu, wałek napędowy (*w magnetofonach*)
capsule kapsułka
captive balloon *lotn.* balon na uwięzi
captive test próba na uwięzi (*układu napędowego, śmigłowca*)
capture 1. *nukl.* wychwyt 2. *geol.* kaptaż, przeciągnięcie (*rzeki*) 3. (*uchwycenie lecącego pocisku przez system kierowania*)
car wóz; wózek (*natorowy*); samochód (*osobowy*); *US kol.* wagon
carat *jedn.* karat
caravan *mot.* przyczepa turystyczna mieszkalna
carbamide *chem.* karbamid, mocznik
carbide *chem.* 1. węglik 2. karbid, węglik wapniowy
carbinol *chem.* 1. alkohol metylowy, metanol 2. karbinol
carbocyclic compounds *pl chem.* związki karbocykliczne
car body *kol.* nadwozie wagonu, pudło wagonu; *mot.* nadwozie
carbohydrates *pl chem.* węglowodany, cukry, sacharydy
carbon *chem.* węgiel, C
carbon-14 *chem.* węgiel-14, radiowęgiel, ^{14}C
carbonaceous *a* zawierający węgiel; węglowy
carbon arc *el.* łuk węglowy
carbon arc lamp lampa łukowa
carbon arc welding spawanie (łukowe) elektrodą węglową, spawanie łukiem węglowym
carbonate *chem.* węglan
carbonation *spoż.* nasycanie dwutlenkiem węgla; *cukr.* saturacja
carbon black sadza
carbon bronze *met.* brąz grafitowy
carbon brush *el.* szczotka węglowa
carbon dating datowanie węglem (*promieniotwórczym*), radiochronologia
carbon deposit 1. *siln.* osad węglowy, nagar 2. *geol.* złoże węglowe
carbon dioxide *chem.* dwutlenek węgla, bezwodnik węglowy
carbon-dioxide extinguisher gaśnica śniegowa
carbon-dioxide snow suchy lód, stały dwutlenek węgla
carbon electrode elektroda węglowa
carbon family *chem.* węglowce (C, Si, Ge, Sn, Pb)
carbon fibre włókno węglowe
carbon formation *siln.* 1. tworzenie się osadu węglowego 2. osad węglowy, nagar
carbonic *a chem.* węglowy
carbonitriding *obr.ciepl.* cyjanowanie gazowe, nitronawęglanie
carbonization 1. *chem.* zwęglanie; koksowanie 2. *obr.ciepl.* nawęglanie 3. tworzenie się osadu węglowego
carbon microphone mikrofon węglowy
carbon monoxide tlenek węgla, czad
carbon-nitrogen cycle *nukl.* cykl węglowo-azotowy (*reakcji termojądrowej*)
carbon paper kalka (*maszynowa*)
carbon refractories *pl* wyroby ogniotrwałe węglowe

carbon steel stal węglowa
carbon tetrachloride *chem.* czterochlorek węgla, tetra
carbon-tetrachloride extinguisher gaśnica tetrowa
carbonyl process *hutn.* proces karbonylkowy
carborundum karborund, węglik krzemu
carburation 1. *siln.* wytwarzanie mieszanki palnej **2.** *chem.* karburyzacja, nawęglanie (*gazu*)
carburettor 1. *siln.* gaźnik, karburator **2.** *chem.* aparat do nawęglania
carburettor engine silnik gaźnikowy
carburettor fuel paliwo do silników gaźnikowych
carburization *obr.ciepl.* nawęglanie
carburized case *obr.ciepl.* warstwa nawęglona
car carrier statek do przewozu samochodów, samochodowiec
carcass 1. szkielet (*konstrukcji*) **2.** tusza zwierzęca
carcinotron *elektron.* karcinotron (*oscylator mikrofalowy o fali wstecznej*)
card karta
cardage *inf.* kaseta
Cardan joint *masz.* przegub uniwersalny, przegub Cardana
Cardan suspension zawieszenie kardanowe, zawieszenie przegubowe
cardboard karton, tektura
card cage *inf.* kaseta
card face *inf.* przednia strona karty (*dziurkowanej*)
card feed *inf.* podajnik kart
card file kartoteka
card hopper *inf.* zasobnik kart (*dziurkowanych*)
cardinal number *mat.* liczba kardynalna
cardinal points *pl opt.* punkty główne, punkty kardynalne
cardinal points of the compass strony świata
carding machine *włók.* zgrzeblarka, gręplarka
cardioid *geom.* kardioida
card loader *inf.* (*program wprowadzający do pamięci dane zawarte w pliku kart*)
card machine *inf.* maszyna licząco-analityczna
card reader/punch *inf.* czytnik-dziurkarka kart
card reproducer *inf.* reproduktor kart, powielacz kart dziurkowanych
card-to-card transceiving *inf.* teledacyjne powielanie kart (*dziurkowanych*)
card-to-tape conversion *inf.* przenoszenie zapisu z kart dziurkowanych na taśmę magnetyczną
careful *a* staranny
careless handling nieostrożne obchodzenie się
car ferry prom samochodowy
cargo *transp.* ładunek, towar
cargo bay ładownia (*np. samolotu*)
cargo deadweight *okr.* nośność ładunkowa, ładowność netto
cargo handling przeładunek towarów, prace przeładunkowe
cargo ship *okr.* towarowiec, statek towarowy
car lift dźwig samochodowy stały
carmaker producent samochodów
Carnot cycle *term.* obieg Carnota, cykl Carnota
car park parking samochodowy
carpenter cieśla
car phone telefon samochodowy
carriage 1. pojazd; wóz, wózek **2.** sanie wzdłużne; suport wzdłużny (*tokarki*) **3.** *masz.* karetka **4.** przewóz, transport
carriage return *inf.* powrót karetki
carriageway jezdnia
carrier 1. *fiz.*, *chem.* nośnik; *el.* przebieg nośny, fala nośna **2.** *transp.* nośnik; środek transportowy **3.** *okr.* transportowiec; lotniskowiec **4.** przewoźnik
carrier current *tel.* prąd nośny
carrier density *elektron.* gęstość nośników ładunku
carrier frequency *tel.* częstotliwość nośna
carrier rocket rakieta nośna
carrier wave *el.* przebieg nośny, fala nośna
carry *inf.* przeniesienie
carry *v* **1.** nieść; przewozić **2.** podtrzymywać
carry digit *inf.* cyfra przeniesienia
carrying capacity nośność; ładowność
carrying rope lina nośna
carry lookahead *inf.* układ przeniesienia na bardziej znaczące pozycje
carry off odprowadzać (*ciecz, gaz, ciepło*)
carry out wykonywać (*czynność, zadanie*)
carry over 1. przenosić **2.** *mat.* przenosić na drugą stronę równania
cart wóz; wózek (*zwykle dwukołowy*)
cartesian coordinates *pl mat.* współrzędne ortokartezjańskie
cartesian geometry geometria analityczna
cartography kartografia
carton pudełko kartonowe
cartoon (film) *kin.* film rysunkowy

cartridge 1. *wojsk.* nabój; ładunek **2.** *inf.*, *elakust.* kaseta z taśmą o obiegu zamkniętym **3.** *elakust.* wkładka adapterowa **4.** *nukl.* koszulka; osłona szczelna
cartridge fuse *el.* wkładka topikowa zamknięta
cascade 1. *el.* kaskada; układ kaskadowy **2.** *geol.* kaskada
cascade amplifier *elektron.* wzmacniacz kaskadowy
cascade connection *el.* połączenie posobne
cascaded carry *inf.* przeniesienie pozycyjne, przeniesienie kaskadowe
cascode amplifier *elektron.* wzmacniacz kaskadowy
case 1. pudełko; kaseta; futerał **2.** *poligr.* kaszta **3.** *obr.ciepl.* utwardzona powierzchniowa warstwa stali, warstwa dyfuzyjna
cased *a* obudowany, w osłonie
cased glass szkło powlekane
case hardening *obr.ciepl.* **1.** nawęglanie **2.** utwardzanie powierzchniowe metodami obróbki cieplno-chemicznej
casein kazeina, sernik
casement window *bud.* okno skrzynkowe
cash *ek.* gotówka
cash register kasa rejestrująca (*np. sklepowa*)
casing 1. *masz.* obudowa; osłona; *wiertn.* rurowanie, orurowanie; rura okładzinowa **2.** *bud.* ościeżnica
casinghead *wiertn.* głowica rurowa; głowica gazowa; głowica pompowa; głowica rozdzielcza
cask 1. beczka; baryłka **2.** *zob.* **casket**
casket *nukl.* pojemnik transportowy (*do materiałów radioaktywnych*), trumna
cassette kaseta
cassette recorder magnetofon kasetowy; *inf.* pamięć kasetowa
cast *hutn.* **1.** odlewanie **2.** odlew **3.** spust (*surówki*) **4.** wytop (*stali*)
cast *v* **1.** rzucać **2.** odlewać
cast *a odl.* lany
castability *odl.* lejność
castable refractories *pl* wyroby ogniotrwałe odlewane, ogniotrwałe masy lejne
castellated nut *narz.* nakrętka koronowa
castellated shaft *masz.* wałek wielowypustowy
caster 1. *poligr.* odlewarka, aparat odlewniczy **2.** *masz.* kółko samonastawne (*np. w wózkach jezdniowych*) **3.** *hutn.* urządzenie do odlewania
casting 1. *hutn.* odlewanie **2.** odlew **3.** *szkl.* wylewanie (*szkła*)
casting alloy stop odlewniczy
casting die *odl.* kokila
casting ladle kadź odlewnicza
casting mould 1. forma odlewnicza **2.** *hutn.* wlewnica
cast ingot *hutn.* wlewek
casting-out nines *mat.* próba dziewiątkowa
casting shrinkage skurcz odlewniczy
casting slip *ceram.* masa ciekła, masa lejna, gęstwa odlewnicza
cast iron żeliwo
castor *masz.* kółko samonastawne (*np. w wózkach jezdniowych*)
cast rock *odl.* skaliwo, leizna kamienna
cast steel 1. staliwo, stal lana **2.** stal zlewna
cast welding spawanie odlewnicze
catalogue katalog
catalysis *chem.* kataliza
catalyst *chem.* katalizator
catalyst carrier *chem.* nośnik katalizatora
catalytic *a chem.* katalityczny
catamaran katamaran, statek (wodny) dwukadłubowy
cataphoresis *fiz.* kataforeza
catapult *lotn.* katapulta
catch *masz.* zaczep; zapadka; zatrzask
catch *v* chwytać
catch basin *drog.* ściek uliczny
catcher 1. *masz.* chwytacz, łapacz **2.** *elektron.* rezonator wyjściowy **3.** *nukl.* łapacz, pułapka **4.** *okr.* statek połowowo-dostawczy
catchment area *geol.* zlewnia, powierzchnia spływu
cat-cracking *paliw.* krakowanie katalityczne
category kategoria
catenary 1. *mat.* (linia) łańcuchowa **2.** *el.* zawieszenie łańcuchowe; lina nośna (*w sieci trakcyjnej*)
catenation 1. *chem.* katenacja **2.** *inf.* sklejanie
caterpillar tractor ciągnik gąsienicowy
cathode *el.* katoda, elektroda ujemna
cathode copper miedź katodowa, miedź elektrolityczna
cathode follower wtórnik katodowy
cathode-ray tube lampa elektronopromieniowa
cathode sputtering rozpylanie katodowe; napylanie katodowe
cathodic protection ochrona katodowa (*przeciwkorozyjna*)
cathodoluminescence *el.* katodoluminescencja
catholyte *elchem.* katolit, ciecz katodowa

cation *chem.* kation, jon dodatni
cation exchange *chem.* wymiana kationowa
cat's eye 1. *opt.* soczewka o dużej wypukłości **2.** szkło odblaskowe
catwalk pomost roboczy; pomost komunikacyjny
caulking doszczelnianie (*szwów nitowych*); uszczelnianie (*złącz rurowych*)
cause przyczyna
cause *v* powodować; wywoływać
caustic 1. *chem.* substancja żrąca **2.** *mat., opt.* kaustyka
caustic (soda) *chem.* soda żrąca, soda kaustyczna
caution sign znak ostrzegawczy
cave 1. *geol.* pieczara; jaskinia; grota **2.** *górn.* zapadlisko; zawał **3.** *nukl.* komora gorąca
cavitation *hydr.* kawitacja
cavity wgłębienie; wnęka, jama
cavity resonator *rad.* rezonator wnękowy
cavity wall *bud.* mur szczelinowy, mur podwójny
CCD = charge-coupled device *elektron.* przyrząd o sprzężeniu ładunkowym
ceiling 1. sufit, strop; podsufitka **2.** *lotn.* pułap **3.** *meteo.* pułap (*chmur*)
celestial body *astr.* ciało niebieskie
celestial pole *astr.* biegun świata, biegun nieba
cell 1. *el.* ogniwo **2.** *el.* celka (*rozdzielni*) **3.** *kryst.* komórka elementarna (*sieci przestrzennej*) **4.** *nukl.* komórka elementarna (*reaktora niejednorodnego*) **5.** *mat.* podklasa **6.** *biol.* komórka
cellar 1. piwnica **2.** *wiertn.* szybik wiertniczy **3.** *inf.* stos (*w pamięci*)
cellar treatment *spoż.* leżakowanie, dojrzewanie
cell connector *el.* łącznik międzyogniwowy (*w akumulatorze*)
cellophane *tw.szt.* celofan; tomofan
cellular *a* **1.** komórkowy **2.** *bud.* klatkowy, komorowy
cellular brick cegła dziurawka
cellular glass szkło piankowe
cellular radiator chłodnica ulowa, chłodnica powietrzno-rurkowa
celluloid *tw.szt.* celuloid
cellulose *biochem.* celuloza, błonnik
cellulose acetate *chem.* octan celulozy, acetyloceluloza
cellulose nitrate *chem.* azotan celulozy, nitroceluloza
Celsius (temperature) scale skala Celsjusza
cement 1. cement **2.** klej; kit; spoiwo
cement *v* **1.** cementować **2.** kleić; spajać
cement gun *bud.* torkretnica, działko cementowe
cement injection *inż.* zastrzyk cementowy
cementite *met.* cementyt, węglik żelaza
cement mortar zaprawa cementowa
cement paste zaczyn cementowy
cement setting wiązanie cementu
census spis (*ludności*); pomiar (*ruchu drogowego*); oszacowanie (*np. stanu zwierzyny*)
cent 1. *nukl.* cent (*jednostka reaktywności reaktora*) **2.** *akust.* cent (*jednostka interwału częstotliwości*)
center *zob.* **centre**
centi- centy- (*przedrostek w układzie dziesiętnym, krotność* 10^{-2})
centigrade (temperature) scale skala Celsjusza
centimetre *jedn.* centymetr: 1 cm = 10^{-2} m
centner *US jedn.* cetnar (≈ 45,359 kg)
central *a* środkowy, centralny
central angle *geom.* kąt środkowy (*w kole*)
central clock zegar (elektryczny) główny
central European time czas środkowoeuropejski
central force *mech.* siła środkowa, siła centralna
central gear *masz.* koło centralne, koło słoneczne (*przekładni obiegowej*)
central heating centralne ogrzewanie
centralize *v* **1.** środkować, centrować **2.** centralizować
central office 1. centrala (*przedsiębiorstwa*) **2.** *US* centrala telefoniczna
central processing unit *inf.* jednostka centralna (*komputera*), procesor centralny
central repository *nukl.* składowisko centralne (*odpadów radioaktywnych*)
central symmetry symetria środkowa
centre 1. środek **2.** ośrodek; centrum **3.** *obr.skraw.* kieł **4.** *bud.* krążyna
centre *v* **1.** środkować, centrować **2.** *obr.skraw.* nakiełkować, nawiercać nakiełki
centreboard *żegl.* miecz (*łodzi żaglowej*)
centre hole *obr.skraw.* nakiełek
centre lathe tokarka kłowa
centreless grinder szlifierka bezkłowa
centre line linia środkowa
centre of area *mech.* środek ciężkości pola figury płaskiej
centre of buoyancy *mech.pł.* środek wyporu
centre of curvature *geom.* środek krzywizny

centre of gravity *mech.* środek ciężkości
centre of inertia *zob.* **centre of mass**
centre of mass *mech.* środek masy, środek bezwładności
centre of percussion *mech.* środek uderzenia
centre of similarity *zob.* **centre of similitude**
centre of similitude *geom.* środek jednokładności
centre of symmetry środek symetrii
centre punch *narz.* punktak
centre square *metrol.* kątownik z przekątną, środkownik
centre tap *el.* odczep środkowy; wyprowadzenie środkowe
centre to centre (odległość) od osi do osi
centre-type grinder szlifierka kłowa
centre wheel *zeg.* koło godzinowe
centrifugal *a mech.* odśrodkowy
centrifugal casting 1. odlewanie odśrodkowe **2.** odlew w formach wirujących, odlew lany odśrodkowo
centrifugal filter wirówka filtracyjna
centrifugal force *mech.* siła odśrodkowa
centrifugal moment *mech.* moment odśrodkowy (*ciała materialnego*)
centrifugal pendulum wahadło stożkowe, wahadło odśrodkowe
centrifugal pump pompa odśrodkowa
centrifuge 1. wirówka **2.** *lotn.* wirówka przeciążeniowa
centrifuging wirowanie; odwirowywanie (*na wirówce*)
centring 1. środkowanie, centrowanie **2.** *obr.skraw.* nakiełkowanie, nawiercanie nakiełków **3.** *bud.* krążyna
centripetal *a mech.* dośrodkowy
centripetal acceleration *mech.* przyspieszenie dośrodkowe
centripetal force *mech.* siła dośrodkowa
centrode *mech.* centroida
centroid *geom.* środek masy figury geometrycznej
centrosphere *geol.* centrosfera, barysfera, jądro Ziemi
ceramet cermetal, cermet, spiek ceramiczno-metalowy
ceramic *a* ceramiczny
ceramic (material) materiał ceramiczny
ceramics 1. ceramika **2.** ceramika, wyroby ceramiczne
ceramic transducer *elakust.* przetwornik elektrostrykcyjny
cereal products *pl* produkty zbożowe
Cerenkov radiation *fiz.* promieniowanie Czerenkowa
ceresine cerezyna (*oczyszczony ozokeryt*)
cerium *chem.* cer, Ce
cermet cermetal, cermet, spiek ceramiczno-metalowy
certificate świadectwo; zaświadczenie; atest
certification of process homologacja procesu
cesium *chem.* cez, Cs
cetane *chem.* cetan, heksadekan
cetane number *paliw.* liczba cetanowa
CGS = centimetre-gramme-second (system) *metrol.* (układ) centymetr-gram-sekunda
chads *pl zob.* **chaff 2.**
chaff 1. *roln.* sieczka; plewy **2.** konfetti, wycinki (*kart lub taśm dziurkowanych*)
chafing ścieranie (się)
chain 1. łańcuch **2.** *mat.* łańcuch, zbiór liniowo uporządkowany **3.** *fiz.* łańcuch (*rozpadu promieniotwórczego*) **4.** *chem.* łańcuch (*reakcji*) **5.** *jedn.* sznur, łańcuch: 1 ch = 30,48 m
chain cable *okr.* łańcuch kotwiczny
chain code *inf.* kod łańcuchowy
chain conveyor przenośnik łańcuchowy
chain drive napęd łańcuchowy
chain fission 1. *fiz.* rozszczepienie łańcuchowe **2.** *chem.* przerwanie łańcucha
chain hoist wciągnik łańcuchowy
chaining 1. *geod.* pomiar długości łańcuchem mierniczym **2.** *inf.* tworzenie łańcucha
chain link ogniwo łańcuchowe; płytka łańcuchowa
chain printer *inf.* drukarka łańcuchowa
chain reaction *fiz.*, *chem.* reakcja łańcuchowa
chain saw piła łańcuchowa
chain scission *chem.* rozerwanie łańcucha
chain tongs *pl* klucz łańcuchowy (*do rur*)
chain transmission przekładnia łańcuchowa
chair 1. krzesło **2.** katedra (*na wyższej uczelni*)
chair-lift wyciąg krzesełkowy
chalcogens *pl* **1.** *chem.* tlenowce (O, S, Se, Te, Po) **2.** *min.* pierwiastki rudotwórcze
chalcopyrite *min.* chalkopiryt, piryt miedziowy
chalk *min.* kreda
chalking *powł.* kredowanie; *tw.szt.* wykwitanie
chamber komora
chamber oven piec komorowy

chamfer skos, skośne ścięcie; faza; *narz.* nakrój (*np. gwintownika*)
chamfer *v* ukosować; fazować
chamfer plane *narz.* strug do ukosowania
chamois leather skóra zamszowa, zamsz
chamotte brick cegła szamotowa
chance variation *statyst.* zmienność przypadkowa, zmienność losowa, losowość
change zmiana; wymiana; przemiana
change file *inf.* kartoteka zmian, kartoteka aktualizująca
change-gear train przekładnia zębata
change of state *fiz.* zmiana stanu skupienia
change of tide *ocean.* przesilenie pływu
change over 1. przełączyć **2.** przestawić się (*np. na inną produkcję*)
change-over switch *el.* przełącznik
change record *inf.* rekord zmian
change-speed motor *el.* silnik wielobiegowy
channel 1. *hydr.* kanał; koryto **2.** ceownik, korytko **3.** *nukl.* kanał (*w reaktorze*) **4.** *tel.* kanał; łącze
channel buoy *żeg.* pława torowa
channel capacity *tel.* przepustowość kanału
channelizing 1. *tel.* zwielokrotnianie **2.** *drog.* kierowanie ruchu, kanalizowanie ruchu
channelling 1. żłobkowanie **2.** tworzenie się kanałów
channelling effect *elektron.* efekt kanałowy
channel section 1. przekrój ceowy **2.** ceownik, korytko
channel selector *rad.*, *TV* przełącznik kanałów
channel sensitivity *elakust.* skuteczność toru, czułość toru
chaotic *a* bezładny, chaotyczny
char *v* zwęglać
character 1. znak (*pisma*) **2.** *mat.* charakter
character-at-a-time printer *inf.* drukarka znakowa
character density *inf.* gęstość zapisu znaków
characteristic cecha charakterystyczna, właściwość
characteristic *a* charakterystyczny
characteristic (curve) krzywa charakterystyczna, charakterystyka
characteristic function *mat.* funkcja charakterystyczna
characteristic of a logarithm *mat.* cecha logarytmu
characteristic speed *masz.* wyróżnik szybkobieżności
characteristic temperature *fiz.* temperatura Debye'a, temperatura charakterystyczna
characteristic value *mat.* wartość własna, wartość charakterystyczna
character recognition *inf.* rozpoznawanie znaków
character string *inf.* ciąg znaków
charcoal węgiel drzewny; (*węgiel pochodzenia roślinnego lub zwierzęcego*)
charge 1. *el.* ładunek **2.** *hutn.*, *odl.* wsad; nabój **3.** *nukl.* wsad (*paliwowy*) **4.** *wybuch.* nabój (*materiału wybuchowego*), ładunek wybuchowy **5.** *ek.* opłata; należność
charge *v* ładować; nabijać (*broń*)
charge carrier *fiz.* nośnik ładunku
charge-coupled device *elektron.* przyrząd o sprzężeniu ładunkowym
charge density *el.* gęstość ładunku
charged particle *fiz.* cząstka naładowana
charge-injection device *elektron.* przyrząd ze wstrzykiwaniem ładunku
charge-mass ratio *fiz.* ładunek właściwy (*cząstki*)
charge materials *pl odl.* materiały wsadowe
charge parity *fiz.* parzystość ładunkowa
charger 1. urządzenie załadowcze **2.** *hutn.* wsadzarka **3.** *wojsk.* ładownik, łódka nabojowa **4.** *górn.* (górnik) strzałowy
charge storage diode *elektron.* dioda ładunkowa, dioda z gromadzeniem ładunku
charge table *hutn.* samotok wsadowy (*przy piecu grzewczym*)
charge transfer *fiz.* przenoszenie ładunku
charge-transfer device *elektron.* przyrząd o przenoszeniu ładunku
charging a battery *el.* ładowanie akumulatora
charging area *nukl.* rejon załadowczy
charging current *el.* prąd ładowania
charging hole otwór załadowczy
charging machine maszyna załadowcza; *hutn.* wsadzarka
charging platform *hutn.* pomost wsadowy, pomost załadowczy
charging pump *nukl.* pompa uzupełniania wody
charging room *el.* ładownia akumulatorów
charging voltage *el.* napięcie ładowania (*akumulatora*)
charm *fiz.* powab
charring 1. *masz.* drgania **2.** zwęglanie
chart 1. mapa **2.** tablica, tabela **3.** karta wykresowa
charter *ek.* czarter
chaser diestock *narz.* gwintownica
chaser mill kruszarka-kołogniot, gniotownik krążnikowy

chasing *obr.skraw.* nacinanie rowków; nacinanie gwintu; grawerowanie
chassis **1.** *mot.* podwozie **2.** *elektron.* podstawa montażowa
chatter **1.** *masz.* trzęsienie głośne; drganie **2.** *obr.skraw.* karbowanie (*powierzchni*)
check **1.** *masz.* ogranicznik ruchu; zderzak **2.** sprawdzanie; kontrola **3.** pęknięcie powierzchniowe, rysa **4.** *ek.* czek
check *v* **1.** zatrzymywać, wstrzymywać; hamować **2.** sprawdzać; kontrolować **3.** pękać, zarysowywać się
check bit *inf.* bit kontrolny
check flight *lotn.* lot kontrolny
checking in *masz.* dopasowanie (*współpracujących części*)
checking program *inf.* program sprawdzający
check number numer kontrolny; *inf.* cyfra kontrolna
checkout *inf.* test kontrolny
checkpoint *inf.* punkt kontrolny
check valve zawór zwrotny, zawór jednokierunkowy
chelate (complex) *chem.* kompleks chelatowy, związek chelatowy, związek kleszczowy
chemical *a* chemiczny
chemical adsorption adsorpcja chemiczna, chemisorpcja
chemical affinity powinowactwo chemiczne
chemical analysis analiza chemiczna
chemical balance waga analityczna, waga techniczna, waga aptekarska
chemical bond wiązanie chemiczne
chemical cargo carrier *okr.* chemikaliowiec
chemical cleaning pranie chemiczne, pranie na sucho
chemical composition skład chemiczny
chemical compound związek chemiczny
chemical dating chemochronologia, datowanie chemiczne
chemical decomposition rozkład chemiczny
chemical dosimetry dozymetria chemiczna
chemical durability odporność chemiczna, odporność na działanie czynników chemicznych
chemical element pierwiastek chemiczny
chemical entity cząstka chemiczna
chemical equilibrium równowaga chemiczna, równowaga reakcji
chemical formula wzór chemiczny
chemical hood *nukl.* wyciąg chemiczny
chemical individual substancja chemiczna, indywiduum chemiczne
chemically active chemicznie czynny
chemically inert chemicznie bierny, chemicznie nieczynny
chemically pumped laser *opt.* laser chemiczny
chemically pure chemicznie czysty
chemical machining obróbka chemiczna (metali) trawieniem
chemical metallurgy otrzymywanie metali metodami chemicznymi
chemical physics fizyka chemiczna
chemical plant zakłady chemiczne; przemysłowe urządzenia chemiczne
chemical reagent odczynnik chemiczny
chemicals *pl* chemikalia
chemical sewage treatment oczyszczanie chemiczne ścieków
chemical warfare agents *pl* chemiczne środki bojowe
chemisorption chemisorpcja, adsorpcja chemiczna
chemist **1.** chemik **2.** farmaceuta
chemistry chemia
cheque *ek.* czek
chest skrzynia, skrzynka
chestnut coal orzech (*sortyment węgla*)
chevron gear koło zębate daszkowe, koło zębate strzałkowe
chief process engineer główny technolog
child *mat.* następnik (*wierzchołek grafu*)
chill *odl.* **1.** kokila, forma metalowa **2.** ochładzalnik
chilled iron żeliwo utwardzone, żeliwo zabielone
chilling **1.** *odl.* chłodzenie (*za pomocą ochładzalnika*) **2.** *chłodn.* wychładzanie, studzenie
chimney **1.** komin **2.** kanał dymowy
chimney draught ciąg naturalny kominowy
chimney stack komin żelazny
china porcelana
China clay glinka biała, kaolin
chip **1.** *obr.skraw.* wiór **2.** okruch; odłamek (*np. kamienia*) **3.** *elektron.* struktura półprzewodnikowa, płytka półprzewodnikowa
chip bonding *elektron.* mikromontaż struktury
chip carrier *elektron.* nośnik struktury
chipping **1.** ścinanie (*przecinakiem*); *odl.* dłutowanie; *drewn.* struganie; ciosanie **2.** *ceram.* popękanie; odpryskiwanie (*powłoki*)
chipping hammer dłuto pneumatyczne; przecinak pneumatyczny
chirality *chem.* chiralność
chisel **1.** *obr.skraw.* dłuto **2.** *wiertn.* świder

chlorate *chem.* chloran
chloride *chem.* chlorek
chloride of lime wapno chlorowane, wapno bielące
chloride paper *fot.* papier chlorosrebrowy
chlorinated water woda chlorowana
chlorination *chem.* chlorowanie
chlorine *chem.* chlor, Cl
chloroazotic acid *chem.* woda królewska
chloroform *chem.* chloroform, trójchlorometan
chock podstawka klinowa (*np. pod koła*)
choice *inf.* ewentualność
choice function *mat.* funkcja wyboru
choke 1. gardziel, przewężenie (*przewodu*) **2.** *siln.* zasysacz **3.** *el.* cewka dławikowa, dławik
choked *a* niedrożny (*przewód*)
choker *siln.* przepustnica
choke valve *zob.* **choker**
choking dławienie (się); zatykanie (się)
choose *v* wybierać
chop *v* rąbać; siekać
chopper 1. *drewn.* rębarka, rębak **2.** *el.* przerywacz stykowy **3.** przesłona błyskowa, przerywacz strumienia (*świetlnego*); przesłona wiązki promieniowania **4.** *nukl.* selektor mechaniczny prędkości (*neutronów*)
chopper amplifier *el.* wzmacniacz-przerywacz
chord *geom.* cięciwa
chordal thickness of a tooth *masz.* pomiarowa grubość zęba (*mierzona wzdłuż cięciwy koła podziałowego*)
Christmas tree *wiertn.* głowica wydobywcza, głowica eksploatacyjna
chroma *opt.* nasycenie barwy
chroma control *TV* regulacja chrominancji
chromate *chem.* chromian
chromate coating 1. *powł.* chromianowanie **2.** powłoka chromianowa
chromate treatment *zob.* **chromate coating 1.**
chromaticity *opt.* chromatyczność
chromatography *chem.* chromatografia
chromatron *TV* chromatron
chrome-nickel *met.* nichrom, chromonikielina
chrome plating *powł.* chromowanie
chrome steel stal chromowa
chromic *a chem.* chromowy
chrominance *TV* chrominancja, kolorowość
chroming *powł.* chromowanie
chromium *chem.* chrom, Cr
chromium-nickel steel stal chromowo-niklowa, stal chromoniklowa
chromium steel stal chromowa
chromizing *obr.ciepl.* chromowanie dyfuzyjne
chromometre *chem.* kolorymetr
chromous *a chem.* chromawy
chronograph *zeg.* chronograf
chronometer *zeg.* chronometr
chronoscope *zeg.* chronoskop
chuck *obr.skraw.* uchwyt (*zazwyczaj obrotowy, do zamocowywania obrabianego przedmiotu lub narzędzia*)
chuck *v obr.skraw.* mocować w uchwycie, zaciskać w uchwycie
chuck(ing) lathe tokarka uchwytowa
chunk 1. bryła (*ziemi, rudy*); kawałek **2.** *obr.plast.* odkuwka zgrubna, materiał wyjściowy **3.** *drewn.* polano
churning ugniatanie; gwałtowne mieszanie
chute ślizg, zsuwnia (*przenośnik*); zsyp, rynna zsypowa; *górn.* zsypnia; *drewn.* ryza
cinching nierównomierność nawoju (*taśmy magnetycznej*)
cinder żużel; zgorzelina
cinder notch *hutn.* otwór spustowy żużla, otwór żużlowy (*wielkiego pieca*)
cinders *pl* popiół, wypałki
cinema kino
cinematograph camera kamera filmowa, aparat filmowy
cinematograph film taśma filmowa
cinematograph (projector) projektor kinowy, aparat projekcyjny kinowy
cinematography kinematografia
cinnabar *min.* cynober
cipher 1. *mat.* zero **2.** *mat.* cyfra **3.** szyfr
cipher *v* szyfrować
circle 1. *geom.* koło **2.** okrąg **3.** okrążenie
circle *v* krążyć, zataczać kręgi
circle diagram wykres kołowy
circuit 1. *el.* obwód; układ **2.** *nukl.* obieg **3.** *lotn.* okrążenie, lot po kręgu
circuit breaker *el.* wyłącznik (*automatyczny*)
circuit design *elektron.* projektowanie układów cyfrowych
circuit diagram *el.* schemat zasadniczy (*połączeń*)
circuit interrupter *el.* przerywacz
circuitry *el.* zespół obwodów elektrycznych
circular *a* kołowy, kolisty
circular arc *geom.* łuk kołowy, łuk okręgu
circular cam *mech.* mimośród
circular cone *geom.* stożek kołowy
circular-form tool *obr.skraw.* nóż krążkowy

circular functions *pl* funkcje kołowe, funkcje trygonometryczne
circular measure of angles miara kołowa kątów
circular motion *mech.* ruch kołowy
circular (particle) accelerator *nukl.* akcelerator cykliczny
circular pitch *masz.* podziałka obwodowa koła zębatego (*w calach*)
circular-saw piła tarczowa; *drewn.* tarczówka, pilarka tarczowa
circular segment *geom.* wycinek koła
circular shift *inf.* przesunięcie cykliczne
circular tool *obr.skraw.* nóż krążkowy
circulate *v* krążyć, obiegać
circulating decimal *mat.* ułamek dziesiętny okresowy
circulating fluid płyn obiegowy (*krążący w obiegu*)
circulating pump pompa obiegowa, pompa cyrkulacyjna
circulating reactor *nukl.* reaktor o krążącym paliwie
circulation 1. krążenie, cyrkulacja, obieg **2.** *mat.* całka okrężna (*wektora*), cyrkulacja
circulator 1. cyrkulator (*sprężarka lub pompa w układzie krążenia*) **2.** *el.* cyrkulator (*element mikrofalowy*)
circumcentre *geom.* środek okręgu opisanego
circumcircle *geom.* okrąg opisany
circumearth orbit orbita okołoziemska
circumference *geom.* **1.** okrąg **2.** granica zamkniętej figury krzywoliniowej **3.** obwód
circumferential *a* **1.** obwodowy **2.** okrężny
circumferentor *geod.* busola miernicza, busola geodezyjna
circumlunar orbit orbita okołoksiężycowa
circumradius *geom.* promień okręgu opisanego
circumscribe *v geom.* opisywać
circumscribed circle *geom.* okrąg opisany
cistern zbiornik cieczy, cysterna
citizens' band *rad.* pasmo częstotliwości przeznaczonych do radiokomunikacji prywatnej
city gas gaz miejski
civil aviation lotnictwo cywilne
civil engineering inżynieria lądowa i wodna
civil year rok kalendarzowy
clad *a met.* platerowany
cladding 1. okładanie **2.** *met.* platerowanie **3.** okładzina; *nukl.* koszulka **4.** *nukl.* koszulkowanie
clad leakage *nukl.* nieszczelność koszulki
clamp 1. zacisk; docisk; płyta dociskowa; *lab.* zaciskacz; klamra, łapa laboratoryjna **2.** *roln.* kopiec
clamp(ing) circuit *elektron.* układ poziomujący
clamping device *obr.skraw.* urządzenie mocujące, uchwyt
clamping ring pierścień zaciskowy; obejma
clamp(ing) screw śruba zaciskowa, śruba mocująca
clapsticks *pl kin.* klaps
clarification klarowanie
clarifier 1. odstojnik **2.** klarownica
clasp obejma; klamra; spinacz
clasp lock zatrzask
class klasa; kategoria
classical *a* klasyczny; konwencjonalny
classical mechanics mechanika klasyczna, mechanika newtonowska
classical system *fiz.* układ nieskwantowany, układ klasyczny
classical thermodynamics termodynamika klasyczna, termostatyka
classic logic logika klasyczna, logika dwuwartościowa
classification klasyfikacja; sortowanie
classifier *masz.* klasyfikator, sortownik
classroom sala lekcyjna, klasa szkolna
claw clutch sprzęgło kłowe
claw hammer młotek do gwoździ
clay glina; ił
cleading 1. otulina, izolacja ciepłochronna **2.** otulanie (*pokrywanie otuliną*)
clean *a* czysty
clean conditions area *nukl.* strefa czysta (*nieskażona*)
clean copy czystopis
cleaner 1. środek czyszczący **2.** *masz.* oczyszczarka **3.** *odl.* lancet **4.** oczyszczacz (*pracownik*)
cleaning czyszczenie; oczyszczanie; oprzątanie
cleaning of castings wykończanie odlewów, oczyszczanie odlewów
cleanout *kotł.* otwór wyczystkowy, wyczystka
clean reactor *nukl.* reaktor czysty (*który jeszcze nie pracował*)
clean room pomieszczenie czyste (*o zaostrzonych wymaganiach co do czystości i sterylności powietrza*)
cleanser środek czyszczący
clean ship *okr.* zbiornikowiec na ładunki czyste, zbiornikowiec czysty
clear *a* klarowny; przezroczysty; wyraźny
clearance 1. luz **2.** prześwit **3.** *el.* odstęp izolacyjny **4.** *kol.*, *drog.* skrajnia **5.** *żegl.* klarowanie (*statku*)

clearance fit *masz.* pasowanie luźne
clearance gauge szczelinomierz
clearing 1. klarowanie; oczyszczanie **2.** *inf.* kasowanie **3.** *leśn.* karczowisko; poręba **4.** *ek.* rozrachunek bezgotówkowy, clearing
clear state *inf.* stan kasowania
cleat 1. *masz.* łącznik; zacisk **2.** *drewn.* listwa wzmacniająca **3.** ostroga przeciwślizgowa **4.** *okr.* rożki (*pokładowe*)
cleavage 1. rozszczepienie **2.** *petr.* łupliwość; kliważ
cleave *v* łupać, rozszczepiać
cleft pęknięcie; szczelina; *geol.* rozpadlina
cleft joint *spaw.* połączenie klinowe (*zgrzewane*)
clench zaciśnięcie; zacisk; zagięcie końca gwoździa
clench a rivet zakuwać nit, zamykać nit
clerk pracownik biurowy
clevis *masz.* strzemię; strzemiączko; łącznik kabłąkowy
click zapadka; zatrzask
clicks *pl el.* trzaski
clickspring sprężyna zapadkowa, sprężyna zatrzaskowa
climate klimat
climatic protection ochrona przed wpływami atmosferycznymi
climatic zone strefa klimatyczna
climb *lotn.* wznoszenie
climbers *pl* **1.** słupołazy **2.** raki
climb milling *obr.skraw.* frezowanie współbieżne
clinch zaciśnięcie; zacisk; zagięcie końca gwoździa
clinch bolt nitowkręt
clinker 1. *ceram.* klinkier **2.** żużel (*zastygły*)
clinkering 1. klinkierowanie, powstawanie klinkieru **2.** usuwanie żużla (*z rusztu*) **3.** zażużlanie (*rusztu*)
clinometer *geod.* pochylnik, klinometr; *górn.* upadomierz; *lotn.* chyłomierz; *żegl.* przechyłomierz
clip zacisk; chomątko; spinacz
clip hook karabińczyk
clipper 1. *hutn.* nożyce (*do taśm*) **2.** *elektron.* układ obcinający; ogranicznik (*sygnałów*)
clipping 1. obcinanie; *obr.plast.* okrawanie **2.** *elektron.* obcinanie; ograniczanie (*sygnałów*) **3.** *zoot.* strzyżenie, strzyża
clippings *pl* skrawki, obcinki
clock 1. zegar, czasomierz **2.** licznik **3.** czujnik zegarowy
clock card karta zegarowa
clock frequency *elektron.* częstotliwość zegarowa
clockmaker zegarmistrz
clock rate 1. chód zegara **2.** *elektron.* częstotliwość cyklu zegarowego
clockwise *a* zgodny z kierunkiem ruchu wskazówek zegara
clock-work mechanizm zegarowy
clod bryła (*np. ziemi*); gruda
clogging zatykanie się (*przewodów*); zapychanie się; zabrudzenie (*np. głowicy magnetofonu*)
close *v* zamykać; zaślepiać (*otwór*)
close a circuit *el.* zamknąć obwód
closed *a* **1.** zamknięty **2.** *mat.* domknięty (*w topologii*) **3.** *mat.* zamknięty (*w algebrze, geometrii*)
closed-circuit cooling chłodzenie obiegowe
closed-circuit television telewizja użytkowa; telewizja przemysłowa; sieć telewizyjna zamknięta
closed-circuit voltage napięcie robocze, napięcie przy obwodzie zamkniętym
closed cycle *term.* obieg zamknięty
closed-die forging kucie w matrycach zamkniętych
closed fuel cycle *nukl.* zamknięty cykl paliwowy
closed loop 1. obwód zamknięty; *el.* oczko sieci **2.** *inf.* pętla zamknięta (*rozkazów*)
closed pass *obr.plast.* wykrój zamknięty
closed shell *fiz.* warstwa (elektronowa) zamknięta, warstwa zapełniona
closed shop 1. (*zakład przemysłowy zatrudniający tylko członków związku zawodowego*) **2.** *inf.* ośrodek obliczeniowy niedostępny
closed subroutine *inf.* podprogram zamknięty
closed system *term.* układ zamknięty
close fit *masz.* pasowanie ciasne
close-grained structure *min., met.* struktura drobnoziarnista
close-packed lattice *kryst.* sieć przestrzenna gęsto upakowana (*o zwartym rozmieszczeniu atomów*)
closer urządzenie zamykające; *el.* napęd łącznika
closest point of approach punkt największego zbliżenia
close-up *kin., TV* zbliżenie
closing contact *el.* styk zwierny
closing line *mech.* (linia) zamykająca wielobok sznurowy
closing shutter *fot.* migawka gilotynowa
closure zamknięcie

closure head *nukl.* pokrywa zbiornika reaktora
cloth tkanina; sukno
cloth filter filtr tkaninowy
clothing odzież
clothoid *mat.* spirala Cornu, klotoida
cloud chmura, obłok
cloudburst gwałtowna ulewa, oberwanie chmury
cloudburst treatment *obr.ciepl.* kuleczkowanie, śrutowanie
cloud ceiling *meteo.* pułap chmur
cloud chamber *fiz.* komora mgłowa
cloud dose *nukl.* dawka (promieniowania) od chmury
clouded glass szkło matowe
cloudiness 1. *meteo.* zachmurzenie; stan zachmurzenia **2.** zmętnienie; nieprzezroczystość
cloud point *paliw.* temperatura mętnienia
cluster 1. skupisko; grupa; wiązka; *fiz.* klaster, grono **2.** *el.* rozgałęźnik
cluster *v* grupować; łączyć w grupy
cluster mill *hutn.* walcarka wielowalcowa
cluster of fuel rods *nukl.* wiązka paliwowa
clutch *masz.* sprzęgło (*włączalne w ruchu*)
clutch (centre) plate tarcza sprzęgłowa
clutch release mechanism *mot.* wyprzęgnik sprzęgła
clutter *rad.* zakłócenia bierne
coach-work *mot., kol.* nadwozie
co-acting parts *pl masz.* części współpracujące
coagulant *chem.* koagulator, koagulant, środek koagulujący
coagulation *chem.* koagulacja, ścinanie się
coal *petr.* węgiel
coal basin zagłębie węglowe, niecka węglowa
coal bed pokład węgla
coal-breaker *górn.* kruszarka do węgla
coal bunker zasobnik węgla, zasiek węglowy
coal car *kol.* węglarka (*wagon*)
coal carrier *okr.* węglowiec, statek do przewozu węgla
coal chemicals *pl* produkty węglopochodne
coal cutter *górn.* wrębiarka do węgla
coal deposit złoże węglowe
coal digger *górn.* górnik przodkowy, rębacz
coal dust pył węglowy
coalescence *chem.* koalescencja
coal face *górn.* przodek węglowy
coal-fired *a* opalany węglem
coal gasification zgazowanie węgla
coal getter *górn.* **1.** górnik przodkowy, rębacz **2.** urabiarka do węgla
coal getting *górn.* urabianie węgla; wybieranie węgla
coaling nawęglanie (*parowozu*); bunkrowanie węgla (*np. na statek*)
coal-mine kopalnia węgla
coal-miner górnik węglowy
coal mining górnictwo węglowe
coal oil 1. olej węglowy **2.** *US* nafta
coal-ore carrier *okr.* rudowęglowiec
coal plough *górn.* pług węglowy
coal-ship *okr.* węglowiec, statek do przewozu węgla
coal size sortyment węgla
coal-tar smoła węglowa
coal-tar pitch pak węglowy
coarse *a* **1.** gruby; gruboziarnisty; chropowaty **2.** surowy; nieobrobiony
coarse control of a reactor *nukl.* kompensacja reaktora
coarse-grained *a* gruboziarnisty
coarse thread gwint zwykły; gwint grubozwojny
coast brzeg (morski); wybrzeże
coaster *okr.* kabotażowiec, statek żeglugi przybrzeżnej
coasting 1. *żegl.* kabotaż, żegluga przybrzeżna **2.** bieg z rozpędu
coasting barge *okr.* lichtuga
coast pilot *żegl.* locja (*książka*)
coat powłoka; pokrycie
coated electrode *spaw.* elektroda otulona
coating 1. powłoka; *fot.* oblew **2.** powlekanie, pokrywanie; nakładanie powłok
coax(i)al *a* współosiowy
cobalt *chem.* kobalt, Co
cobalt bomb bomba kobaltowa
cobalt group *chem.* kobaltowce (Co, Rh, Pd)
cobble 1. kamień polny; otoczak; brukowiec **2.** kostka (*sortyment węgla*)
cock 1. *masz.* kurek, zawór kurkowy, zawór czopowy **2.** kurek (*karabinu*)
cockpit 1. *lotn.* kabina pilota **2.** *żegl.* kokpit (*jachtu*)
code 1. kodeks; przepisy **2.** kod
code *v* kodować
code check *inf.* kontrola kodu
code converter *inf.* przetwornik kodu
code generator *inf.* generator kodu
code of practice przepisy techniczne; norma czynnościowa
coder *inf.* **1.** koder, urządzenie kodujące **2.** kodujący (*pracownik*)
code set *inf.* lista kodu
code tree *inf.* drzewo kodowe, schemat kodowy

coefficient współczynnik
coefficient of elasticity *wytrz.* moduł sprężystości, współczynnik sprężystości
coefficient of friction *mech.* współczynnik tarcia
coefficient of performance *chłodn.* współczynnik wydajności chłodniczej
coefficient of reflection *fiz.* współczynnik odbicia
coefficient of thermal expansion *term.* współczynnik rozszerzalności cieplnej
coercivity *el.* koercyjność
coexisting phases *pl term.* fazy współistniejące, fazy termodynamiczne sprzężone
coextrusion *obr.plast.* wyciskanie współbieżne
cofactor *mat.* dopełnienie algebraiczne
cofferdam 1. *inż.* grodza **2.** *okr.* przedział izolacyjny, przedział ochronny, koferdam
coffin *nukl.* pojemnik transportowy (*do materiałów radioaktywnych*), trumna
cofunctions *pl* funkcje trygonometryczne sprzężone
cog 1. występ; wypust **2.** *masz.* ząb
cogbelt *masz.* pas zębaty
cogging mill *hutn.* walcarka wstępna; zgniatacz kęsisk kwadratowych
cog railway kolej zębata
cohere *v* przywierać; przylegać
coherence koherencja; spójność
coherent *a* spoisty; koherentny; spójny
cohesion *fiz.* spójność, kohezja
cohesive soil grunt spoisty
cohesive strength *mech.* wytrzymałość rozdzielcza
coil 1. zwój; krąg (*np. drutu*) **2.** wężownica **3.** *el.* cewka; zezwój
coil ignition zapłon akumulatorowy, zapłon bateryjny, zapłon cewkowy
coiling zwijanie, nawijanie
coil loading *tel.* pupinizacja (*kabla*)
coil pipe wężownica
coil spring sprężyna śrubowa, sprężyna zwojowa
coil winding *el.* **1.** uzwojenie cewkowe **2.** nawijanie cewek
coil winding machine 1. *el.* cewkarka **2.** *hutn.* zwijarka
coin moneta
coinage 1. *obr.plast.* wybijanie monet **2.** stop monetowy
coincidence koincydencja, ścisła odpowiedniość
coincidence factor *el.* współczynnik jednoczesności (*obciążenia*)
coincident-current selection *inf.* wybieranie koincydencyjne
coke koks
coke breeze miał koksowy, koksik
coke oven *hutn.* piec koksowniczy
coke oven battery bateria koksownicza
coking koksowanie
coking coal węgiel koksujący
coking plant koksownia
cold *a* **1.** zimny **2.** *nukl.* zimny, słabo promieniotwórczy, niskoaktywny
cold cathode *el.* katoda zimna
cold chisel *narz.* przecinak ślusarski
cold drawing *obr.plast.* ciągnienie na zimno; *tw.szt.* wyciąganie na zimno, rozciąganie na zimno
cold forging kucie na zimno
cold-hardening 1. *tw.szt.* utwardzanie na zimno **2.** *obr.plast.* utwardzanie przez zgniot
cold light zimne światło (*świecenie luminescencyjne*)
cold neutron *nukl.* neutron zimny
cold reactor *nukl.* reaktor nie eksploatowany, reaktor zimny
cold rolling *obr.plast.* walcowanie na zimno
cold room *chłodn.* komora chłodnicza
cold-short *a met.* kruchy na zimno
cold shut *odl.* niespaw
cold storage vessel *okr.* chłodniowiec, statek-chłodnia
cold store chłodnia składowa
cold treatment *obr. ciepl.* obróbka podzerowa, wymrażanie
cold-type composition *poligr.* skład zimny, fotoskład
cold waste *nukl.* odpady nieradioaktywne
cold welding zgrzewanie na zimno
cold work *obr.plast.* zgniot
cold working przeróbka plastyczna na zimno; obróbka plastyczna na zimno
coleopter *lotn.* pierścieniopłat, koleopter
colidar *opt.* kolidar laserowy, dalmierz laserowy, lokator laserowy
collapsar *astr.* czarna dziura
collapse 1. zawalenie się; opadnięcie **2.** *nukl.* zgniecenie (*koszulki*) **3.** *górn.* zawał **4.** *astr.* kolaps (*grawitacyjny*)
collapsible *a* składany
collar *masz.* kołnierz; pierścień
collar bearing *masz.* łożysko kołnierzowe
collar nut *masz.* nakrętka wieńcowa
collateral series *nukl.* szereg (promieniotwórczy) przynależny (*danemu nuklidowi*)
collator 1. *poligr.* maszyna do zbierania **2.** *inf.* kolator

collect *v* zbierać, gromadzić
collector 1. rura zbiorcza, kolektor **2.** *el.* kolektor; odbierak prądu **3.** *elektron.* kolektor (*tranzystora*) **4.** *radiol.* elektroda zbiorcza, kolektor
collector junction *elektron.* złącze kolektorowe
collector ring *el.* pierścień ślizgowy
collet 1. oprawka pierścieniowa **2.** *obr.skraw.* tuleja zaciskowa
collide *v* zderzyć się
collier 1. górnik węglowy **2.** *okr.* węglowiec, statek do przewozu węgla
colliery kopalnia węgla
collimation *opt.* kolimacja
collinear *a* kolinearny, współliniowy
collision 1. zderzenie, kolizja **2.** *inf.* konflikt
collision ionization *fiz.* jonizacja zderzeniowa, jonizacja kolizyjna
collodion *chem.* kolodium
colloid *chem.* koloid, układ koloidalny
cologarithm *mat.* kologarytm
color *zob.* **colour**
coloration 1. zabarwienie **2.** barwienie; farbowanie
colorimeter *chem., opt.* kolorymetr
colorimetry kolorymetria
colour 1. kolor, barwa; zabarwienie **2.** barwnik; farba; pigment
colour carrier *TV* fala nośna kolorowości
colour development *fot.* wywoływanie zdjęć barwnych
colour film błona (fotograficzna) barwna, film barwny
colour filter *opt.* filtr barwny
colouring 1. barwienie **2.** zabarwienie **3.** polerowanie zwierciadlane
colouring agent środek barwiący
colourless *a* bezbarwny
colour photography fotografia barwna
colour picture tube *TV* kineskop kolorowy
colour scale skala kolorymetryczna, skala barw
colour sensitivity *fot.* barwoczułość, panchromatyczność
colour television telewizja kolorowa
colour temperature *fiz.* temperatura barwowa
columbium *chem.* niob, Nb
column 1. kolumna; stojak **2.** *chem.* kolumna, wieża **3.** słup (*cieczy*); słupek (*rtęci w termometrze, itp.*) **4.** *poligr.* szpalta
column loudspeaker *akust.* kolumna głośnikowa
comb grzebień
combat aircraft samolot bojowy
combed wool *włók.* wełna czesankowa
combination 1. łączenie, wiązanie **2.** *mat.* kombinacja
combination die *odl.* forma wielownękowa
combination lock zamek szyfrowy, zamek wielotarczowy nastawny
combination pliers *pl narz.* szczypce uniwersalne (*płaskie*), kombinerki
combinatorics *mat.* kombinatoryka
combine 1. *masz.* kombajn **2.** kombinat (*przemysłowy*)
combine *v* łączyć (się); wiązać, zespalać
combined carbon *chem.* węgiel związany
combined (read/write) head *inf.* głowica uniwersalna
combine-harvester kombajn zbożowy
combing machine *włók.* czesarka
combining weight *chem.* ciężar równoważnikowy
combustible substancja palna, materiał palny
combustible *a* palny; zapalny
combustion spalanie
combustion chamber komora spalania; *kotł.* komora paleniskowa
combustion gas gazy spalinowe, spaliny
come into contact zetknąć się, wejść w styczność
come into step *masz.el.* wpadać w synchronizm
comet *astr.* kometa
comfortable *a* wygodny
command *aut.* sygnał sterujący; *inf.* polecenie, rozkaz
commensurable *a geom.* współmierny
comment *inf.* komentarz
commentary objaśnienie, komentarz
commerce handel
commercial *a* handlowy
commercial alloy stop techniczny, stop przemysłowy
commercially pure *met.* technicznie czysty
comminute *v* rozdrabniać, proszkować
commission *v* przekazać do eksploatacji
commodity *ek.* towar
common *elektron.* przewód wspólny
common-base connection *elektron.* układ (tranzystorowy) o wspólnej bazie
common-collector connection *elektron.* układ (tranzystorowy) o wspólnym kolektorze
common denominator *mat.* wspólny mianownik
common difference *mat.* różnica postępu arytmetycznego
common divisor *mat.* wspólny dzielnik

common-emitter connection *elektron.* układ (tranzystorowy) o wspólnym emiterze
common fraction *mat.* ułamek zwykły
common logarithm *mat.* logarytm dziesiętny, logarytm zwykły
common memory *inf.* pamięć wspólna
common metal metal pospolity, metal nieszlachetny
common-mode signal *el.* sygnał współbieżny, sygnał wspólny
common multiple *mat.* wspólna wielokrotność
common ratio *mat.* iloraz postępu geometrycznego
communicating vessels *pl hydr.* naczynia połączone
communication łączność; komunikacja
communication network sieć telekomunikacyjna
communications satellite satelita telekomunikacyjny
community antenna antena zbiorowa
commutating pole *el.* biegun zwrotny, biegun komutacyjny
commutation 1. *el.* komutacja 2. *mat.* przemienność, komutacja
commutative law *mat.* prawo przemienności
commutator 1. *el.* komutator 2. *mat.* komutator
commutator motor silnik komutatorowy
commuter traffic ruch dojazdowy (*do pracy*); komunikacja lokalna
compact wypraska (*z proszku metali*)
compact *v* zagęszczać; ubijać
compact *a* zwarty (*o zwartej budowie*); zagęszczony; ubity
compact cassette *elakust.* kaseta z taśmą magnetyczną (3,8 mm) do magnetofonów kasetowych
compact disk *elakust.* płyta kompaktowa, cyfrowa płyta dźwiękowa
compact-disk player dyskofon, gramofon cyfrowy
compaction of scrap *hutn.* paczkowanie złomu
compactor *bud.* ubijak; ubijarka
companding *tel.* kompansja (*sygnału*)
company *ek.* towarzystwo; spółka
comparable *a* porównywalny
comparative *a* porównawczy
comparator 1. *metrol.* komparator 2. komparator (*typ kolorymetru*) 3. *aut.* układ porównujący, komparator
comparison porównanie
compartment pomieszczenie; przedział
compass kompas, busola
compass(es) cyrkiel
compass needle 1. igła busoli 2. igła do cyrkla
compass saw *drewn.* otwornica, lisica
compatibility 1. *mat.* zgodność 2. *inf.* kompatybilność 3. *chem.* zdolność jednorodnego mieszania się
compatibility of colour television system odpowiedniość prosta systemu telewizji kolorowej
compensate *v* kompensować, wyrównywać
compensating gear *mot.* mechanizm różnicowy, dyferencjał
compensating winding *el.* uzwojenie kompensacyjne, uzwojenie wyrównawcze
compensation 1. kompensacja, wyrównanie 2. *ek.* odszkodowanie; rekompensata
compensator 1. kompensator, wyrównywacz 2. *el.* autotransformator kompensujący 3. *siln.* dysza kompensacyjna
competition *ek.* konkurencja; współzawodnictwo
compilation *inf.* kompilacja
compiler *inf.* kompilator
complement uzupełnienie; *mat.* dopełnienie
complementary angle *geom.* kąt dopełniający
complementary colours *pl opt.* barwy dopełniające
complementary transistors *pl elektron.* para komplementarna tranzystorów
complement of a set *mat.* dopełnienie zbioru
complement of B in A *mat.* różnica zbiorów A i B
complete *v* uzupełniać; wypełniać; dopełniać
complete *a* kompletny; zupełny; całkowity
complete induction *mat.* indukcja zupełna, indukcja matematyczna
complete lubrication *masz.* smarowanie w warunkach tarcia płynnego, smarowanie płynne
complete (metric) space *mat.* przestrzeń (metryczna) zupełna
completeness *mat.* zupełność
complex 1. kompleks; zespół 2. *mat.* kompleks
complex *a* 1. złożony; skomplikowany 2. kompleksowy 3. *mat.* zespolony
complex compound *chem.* związek kompleksowy, kompleks

complex fraction *mat.* ułamek piętrowy
complex function *mat.* **1.** para funkcji **2.** funkcja zespolona
complexing *chem.* reakcja kompleksowania, kompleksowanie, tworzenie kompleksów
complex number *mat.* liczba zespolona
compliance *mech.* podatność
complicated *a* skomplikowany, zawiły
component 1. *mat.* składowa **2.** składnik; część składowa; *elektron.* element, podzespół; *chem.* komponent
component of force *mech.* siła składowa, składowa siły
compose *v* składać
composite *a* złożony
composite construction konstrukcja mieszana (*np. metalowo-drewniana*)
composite number *mat.* liczba złożona
composition 1. składanie; złożenie **2.** skład, zestaw składników **3.** *poligr.* skład
composition of forces *mech.* składanie sił, reakcja układu sił
composition surface *kryst.* powierzchnia zrostu
compost *roln.* kompost
compound 1. związek (chemiczny) **2.** mieszanka
compound *a* złożony
compound die *obr.plast.* tłocznik jednoczesny
compound generator *el.* prądnica szeregowo-bocznikowa
compounding 1. łączenie się w zespoły **2.** mieszanie składników; *paliw.* kompaundowanie (*sporządzanie mieszanek*)
compound lens *opt.* zespół soczewek; soczewki zespolone
compound lever dźwignia złożona; układ dźwigni
compound motor *el.* silnik szeregowo-bocznikowy
compound pendulum *mech.* wahadło fizyczne, wahadło złożone
compound semiconductor półprzewodnik złożony, półprzewodnik intermetaliczny
compress *v* ściskać; sprężać
compressed-air engine silnik pneumatyczny
compressed wood drewno prasowane, drewno utwardzone, lignoston
compressible *a* ściśliwy
compression 1. ściskanie; sprężanie **2.** spręż **3.** *elakust.* kompresja (*amplitudy*)
compression chamber 1. *siln.* komora sprężania **2.** *chem.* komora kompresyjna
compression-ignition engine silnik wysokoprężny, silnik z zapłonem samoczynnym, silnik Diesla, diesel
compression mould *tw.szt.* forma tłoczna
compression ratio 1. *siln.* stopień sprężania **2.** spręż **3.** stopień sprasowania (*proszku*)
compression refrigerator chłodziarka sprężarkowa
compression spring sprężyna naciskowa (*pracująca na ściskanie*)
compression stroke *masz.* suw sprężania
compressive strength wytrzymałość na ściskanie
compressive stress naprężenie ściskające
compressor 1. sprężarka **2.** *rad.* kompresor
computable *a* obliczalny
computation 1. liczenie **2.** obliczenie; rachunek
computational *a mat.* rachunkowy, obliczeniowy
compute *v* liczyć, obliczać
computer komputer, maszyna matematyczna; maszyna licząca; przelicznik
computer-aided *a* wspomagany komputerowo
computer analyst analityk-informatyk
computer centre ośrodek obliczeniowy, ośrodek ETO
computer code lista rozkazów komputera
computer control sterowanie komputerowe
computer display ekranopis, monitor ekranowy
computerese język komputera, język wewnętrzny
computer generation generacja komputerów
computer graphics grafika komputerowa
computer hardware sprzęt komputerowy
computer instruction rozkaz komputera
computer instruction code kod komputera
computer-integrated manufacturing produktyka
computerization komputeryzacja
computerized *a* skomputeryzowany
computer language język komputera, język wewnętrzny
computer memory pamięć komputera
computer network sieć komputerowa
computer-oriented language język ukierunkowany maszynowo
computer program program wewnętrzny
computer science informatyka

computer typesetting *poligr.* skład komputerowy
computer word słowo komputerowe
computing centre ośrodek obliczeniowy, ośrodek ETO
computing unit arytmometr komputera
concatenate operator *inf.* operator sklejania, operator spinania
concatenation 1. *mat.* składanie, konkatenacja **2.** *el.* połączenie w kaskadę
concave *a* wklęsły
concavo-concave *a* dwuwklęsły, dwustronnie wklęsły
concavo-convex *a* wklęsło-wypukły
concentrate 1. koncentrat (*roztwór zagęszczony; produkt wzbogacony wysokoprocentowy*) **2.** *hutn.* koncentrat
concentrate *v* **1.** skupiać; koncentrować **2.** *chem.* stężać, zatężać; zagęszczać **3.** wzbogacać (*np. rudę*)
concentrated alloy stop wysokoprocentowy
concentrated load *mech.* obciążenie skupione
concentrating table *górn.* stół koncentracyjny
concentrator 1. *chem.* zatężacz, stężacz; zagęszczacz, koncentrator **2.** *górn.* wzbogacalnik, koncentrator **3.** *tel.* koncentrator
concentric *a* współśrodkowy, koncentryczny
concentricity współśrodkowość, koncentryczność
concertina mieszek, harmonijka
concertina folding składanie w harmonijkę
concise *a* zwięzły
conclusion of a theorem *mat.* teza twierdzenia
concrete beton
concrete *a* betonowy
concrete gun *bud.* torkretnica, działko cementowe
concrete mix masa betonowa, mieszanka betonowa
concrete mixer *masz.* betoniarka
concrete steel *bud.* stal zbrojeniowa
concrete vibrator wibrator do masy betonowej
concurrence *mat.* zbieżność
concurrent *a* **1.** *mat.* zbieżny **2.** równoczesny, zbieżny w czasie
concurrent processing *inf.* przetwarzanie współbieżne
concussion uderzenie, wstrząs
condensate skropliny, kondensat
condensation 1. skraplanie, kondensacja (*pary*) **2.** *chem.* kondensacja, reakcja kondensacji **3.** *chem.* zagęszczanie; zatężanie
condensation trail *lotn.* smuga kondensacyjna
condensed system *fiz.* układ skondensowany
condenser 1. skraplacz, kondensator (*pary*) **2.** *spaw.* odwadniacz (*acetylenu*) **3.** *opt.* kondensor **4.** *el.* kondensator
condenser evaporator skraplacz-odparowywacz
condensing routine *inf.* procedura zagęszczania
condition 1. warunek **2.** stan
conditional *mat.* okres warunkowy
conditional instruction *inf.* rozkaz warunkowy
condition codes *inf.* kody warunków
conditioned air powietrze klimatyzowane
conditioning 1. kondycjonowanie **2.** klimatyzowanie **3.** *tel.* dopasowywanie
conduct *v fiz.* przewodzić; prowadzić (*ciecz, gaz*)
conductance *fiz.* przewodność, przewodnictwo; *el.* konduktancja, przewodność czynna, przewodność rzeczywista
conduction *fiz.* przewodzenie
conduction current *el.* prąd przewodzenia
conduction (energy) band *elektron.* pasmo przewodnictwa
conductive path *elektron.* ścieżka przewodząca
conductivity *el.* konduktywność, przewodność właściwa
conductometer *elchem.* konduktometr
conductor 1. *fiz.* przewodnik (*ciało przewodzące*) **2.** *el.* przewód; żyła przewodząca (*kabla*) **3.** *bud.* rura spustowa
conductor rail *kol.* trzecia szyna, szyna prądowa
conductor track *elektron.* ścieżka przewodząca
conduit przewód; kanał; *el.* kanał kablowy; rura kablowa; rurkowanie
cone *geom.* stożek
cone bearing *masz.* łożysko stożkowe
conehead rivet nit stożkowy ścięty
cone of friction *mech.* stożek tarcia
cone of revolution *geom.* stożek kołowy, stożek obrotowy
conference system urządzenie telekonferencyjne
configuration ukształtowanie; konfiguracja; układ

confined *a* ograniczony; zamknięty
confinement of plasma *fiz.* utrzymanie plazmy (*np. przez pole magnetyczne*)
confocal *a mat., fiz.* współogniskowy
conformal mapping *mat.* odwzorowanie konforemne, odwzorowanie wiernokątne
conformation *fizchem.* konformacja
conformity zgodność, odpowiedniość
confusor *hydr.* konfuzor, zwężka rurowa zbieżna
congeal *v* **1.** zamarzać **2.** zamrażać **3.** krzepnąć
congestion 1. zatłoczenie; zator **2.** *tel.* natłok
conglomerate *petr.* zlepieniec, konglomerat
congruence *mat.* przystawanie; kongruencja
congruent figures *pl geom.* figury przystające
congruent melting point *term.* punkt kongruentny (*na wykresie fazowym*)
conic *geom.* stożkowa
conic(al) *a* stożkowy
conical flask *lab.* kolba Erlenmeyera, kolba stożkowa
conical helix *geom.* spirala stożkowa
conical pendulum *mech.* wahadło stożkowe, wahadło odśrodkowe
conifer roślina iglasta; drzewo iglaste
conjecture *mat.* hipoteza, przypuszczenie
conjugate *a mat.* sprzężony
conjugate angle *geom.* kąt dopełniający (*do pełnego*)
conjugate momentum *mech.* pęd uogólniony
conjugate number *mat.* liczba sprzężona
conjunction 1. *astr.* koniunkcja **2.** koniunkcja, iloczyn logiczny
connect *v* łączyć; połączyć; przyłączyć
connected set *mat.* zbiór spójny
connected vessels *pl hydr.* naczynia połączone
connecting block *el.* łączówka
connecting circuit *tel.* obwód łącznikowy
connecting-rod *masz.* łącznik; korbowód
connection 1. połączenie; złącze **2.** łącznik **3.** *mat.* koneksja
connection cord *el.* sznur połączeniowy
connection diagram *el.* schemat połączeń
connectivity 1. *mat.* spójność **2.** *inf.* dołączalność
connector łącznik; złączka; *inf.* złącze
connexion *zob.* **connection**
consecutive *a* kolejny, następny
consecutive computer *inf.* komputer sekwencyjny
consequent *mat.* następnik
conservation konserwacja, ochrona
conservation of energy *fiz.* zachowanie energii
conservation of nature ochrona przyrody
conservative assumption *nukl.* założenie bezpieczne, założenie pesymistyczne
conservative force field *mech.* pole sił potencjalne, pole sił zachowawcze
conservative forces *pl mech.* siły zachowawcze
consignment przesyłka (*towaru*)
consistency 1. konsystencja **2.** *mat.* niesprzeczność; zgodność
consist of ... składać się z...
console 1. wspornik **2.** pulpit sterowniczy; pulpit operatora, konsola
consolidation zestalanie; umocnienie; scalenie; *inż.* konsolidacja (*gruntu*)
consonance *akust.* konsonans, współbrzmienie harmonijne
constant (wielkość) stała
constant *a* stały
constant-current characteristic *elektron.* charakterystyka izoprądowa
constant-current transformer *el.* transformator o stałej wartości prądu
constant map *mat.* odwzorowanie stałe
constant of gravitation stała grawitacji, stała powszechnego ciążenia
constant of proportionality *mat.* współczynnik proporcjonalności
constant-speed motor *el.* silnik o stałej prędkości obrotowej
constant-voltage regulator *el.* stabilizator napięcia
constellation *astr.* gwiazdozbiór, konstelacja
constituent 1. składnik; część składowa **2.** *mat.* składowa (*zbioru*)
constituent *a* składowy
constitution *chem.* budowa, struktura
constitution(al) diagram *met.* wykres równowagi fazowej
constitutional formula *chem.* wzór strukturalny
constitutional water woda konstytucyjna, woda chemicznie związana
constrained motion *mech.* ruch nieswobodny, ruch wymuszony
constraints *pl mech.* więzy
constraints of control *aut.* ograniczenia sterowania
constriction 1. zwężenie, przewężenie **2.** *hydr.* zwężka
construct *v* konstruować; budować
construction konstrukcja; budowa

constructional *a* konstrukcyjny
construction engineering inżynieria budowlana; technika budowlana
construction equipment maszyny budowlane
construction permit *nukl.* zezwolenie na budowę
construction site plac budowy
consumable electrode *spaw.* elektroda topliwa; *hutn.* elektroda roztapiana (*pieca*)
consume *v* zużywać; pobierać (*energię*); *ek.* konsumować
consumer electronics elektroniczny sprzęt powszechnego użytku
consumption 1. zużycie, rozchód **2.** *ek.* konsumpcja, spożycie
consumption of power *el.* pobór mocy
contact 1. styczność; styk; zetknięcie **2.** *el.* styk (*element stykowy*); styki (*zespół styków*) **3.** *chem.* katalizator stały, katalizator kontaktowy, kontakt
contact *v* stykać (się), kontaktować
contact area powierzchnia styczności, powierzchnia styku
contact-breaker *el.* przerywacz
contact corrosion korozja stykowa
contact flight *lotn.* lot z widocznością ziemi
contact fuse *wybuch.* zapalnik uderzeniowy
contacting *chem.* kontaktowanie, mieszanie
contact lenses *pl opt.* szkła kontaktowe, szkła nagałkowe
contact line 1. *masz.* linia przyporu, linia zazębienia (*w przekładni zębatej*) **2.** *el.* sieć jezdna, sieć trakcyjna
contactor *el.* stycznik
contact point 1. punkt zetknięcia **2.** *masz.* punkt przyporu, punkt zazębienia (*w przekładni zębatej*) **3.** *el.* styczka **4.** *spaw.* elektroda kłowa, elektroda zgrzewarki punktowej
contact potential difference *el.* napięcie stykowe; napięcie kontaktowe
contact printer *fot.* kopiarka stykowa, kopiarka kontaktowa
contact rail *kol.* trzecia szyna, szyna prądowa
contact ratio *masz.* stopień pokrycia, liczba przyporu (*w przekładni zębatej*)
contact resin *tw.szt.* żywica kontaktowa
contact system *el.* **1.** sieć trakcyjna, sieć jezdna **2.** zestyk
contact tip 1. *metrol.* końcówka pomiarowa **2.** *el.* nakładka stykowa
contain *v* zawierać; obejmować
container pojemnik; kontener
container barge carrier *okr.* kontenerowiec-barkowiec
container car *kol.* wagon kontenerowy
containerization *transp.* konteneryzacja
container ship *okr.* kontenerowiec, pojemnikowiec
containment *nukl.* obudowa bezpieczeństwa (*reaktora*)
containment shell *nukl.* powłoka obudowy bezpieczeństwa
contaminant substancja zanieczyszczająca; substancja skażająca
contaminated area *nukl.* obszar skażony
contamination zanieczyszczenie; *nukl.* skażenie promieniotwórcze
contamination monitor *nukl.* monitor skażenia promieniotwórczego
contemporary *a* współczesny
content addressable memory *inf.* pamięć skojarzeniowa, pamięć asocjacyjna
contents *pl* zawartość
context-sensitive language *inf.* język kontekstowy
contiguity *mat.* sąsiedztwo
contiguous *a* przylegający, sąsiedni
continental shelf *geol.* szelf kontynentalny
contingence *geom.* styczność
continuation przedłużenie; dalszy ciąg
continuity ciągłość
continuous *a* ciągły; nieprzerwany
continuous casting *hutn.* **1.** odlewanie ciągłe **2.** wlewek ciągły
continuous control *aut.* sterowanie ciągłe; regulacja ciągła
continuous footing *bud.* fundament ciągły, ława fundamentowa
continuous function *mat.* funkcja ciągła
continuous furnace piec do pracy ciągłej, piec przelotowy
continuous loading *tel.* krarupizacja toru (*przewodowego*)
continuous medium *fiz.* ośrodek ciągły; continuum materialne
continuous mill *hutn.* walcownia ciągła
continuous power *siln.* moc trwała, moc ciągła
continuous wave fala ciągła
continuum 1. *mat.* continuum **2.** *fiz.* ośrodek ciągły, continuum materialne
contour obrys, kontur
contour grinding *obr.skraw.* szlifowanie kształtowe
contour integral *mat.* całka krzywoliniowa
contour line 1. *geod.* poziomica, izohipsa, warstwica **2.** *rys.* linia zarysu, linia obrysu

contour master wzorzec kształtu, wzornik
contour turning *obr.skraw.* toczenie kształtowe
contract umowa; kontrakt
contract *v* **1.** kurczyć się **2.** *mat.* zwężać (*przy odwzorowaniu*) **3.** *mat.* skracać **4.** *ek.* zawierać umowę
contraction 1. skurcz; skurczenie; zwężenie **2.** *mat.* kontrakcja **3.** *mat.* ściągnięcie
contraction cavity *odl.* jama skurczowa, jama usadowa
contractor *ek.* przedsiębiorca (*budowlany lub transportowy*), wykonawca robót
contradictory *a* sprzeczny; kontradyktoryczny
contradirectional *a* o kierunku przeciwnym
contraflexure *wytrz.* przegięcie
contrarotation *masz.* obracanie się w przeciwnym kierunku
contrarotation gear przekładnia przeciwbieżna
contrary *a* przeciwny; odwrotny
contrast kontrast; kontrastowość (*obrazu*)
contrast range *TV* zakres kontrastu
contrivance 1. urządzenie mechaniczne **2.** pomysł; wynalazek
control 1. sterowanie; regulacja **2.** kontrola, sprawdzanie **3.** regulator
control *v* **1.** sterować; regulować **2.** kontrolować, sprawdzać
control and protection system *nukl.* układ sterowania i zabezpieczeń (*reaktora*)
control block *aut.* blok kontrolny
control bus *inf.* szyna sterująca
control card *inf.* karta (dziurkowana) sterująca
control chart karta kontrolna
control circuit *el.* obwód sterowniczy
control desk pulpit sterowniczy
control electrode *elektron.* elektroda sterująca
control gear mechanizm sterowania; urządzenie sterujące; *el.* aparatura sterownicza
control grid *elektron.* siatka sterująca
controllable *a* **1.** regulowany; sterowany **2.** *lotn.* sterowany
controlled atmosphere atmosfera regulowana
controlled leakage *nukl.* przeciek kontrolowany
controlled thermonuclear reaction kontrolowana reakcja termojądrowa
controlled variable *aut.* wielkość regulowana, parametr regulowany
controller 1. *aut.* regulator; urządzenie sterujące; nastawnik; sterownik **2.** kontroler (*pracownik*)
control mode *inf.* tryb sterowania
control panel *inf.* pulpit operatora (*komputera*)
control point punkt kontrolny
control quantity *aut.* wielkość sterująca
control record *inf.* rekord kontrolny
control rod 1. drążek sterujący **2.** *nukl.* pręt sterowniczy, pręt regulacyjny **3.** *mot.* drążek reakcyjny
control room *rad.* pokój kontrolny, reżysernia
control statement *inf.* instrukcja sterująca
control station *kol.* nastawnia
control switchboard *el.* tablica sterownicza
control system układ sterowania, układ regulacji
control total *inf.* suma kontrolna
control tower 1. *lotn.* wieża kontroli lotniska **2.** *okr.* centrala (*okrętu podwodnego*)
control unit *aut.* jednostka sterująca, blok sterujący
control valve zawór rozrządczy; zawór regulacyjny; zawór sterujący
control zone *lotn.* strefa kontroli; obszar kontrolowany
conurbation zespół miejski, konurbacja
convection *fiz.* konwekcja, unoszenie
convective discharge *el.* efluwacja, wiatr elektryczny
convector 1. konwektor (*powierzchnia wymieniająca ciepło z otoczeniem*) **2.** *el.* ogrzewacz przewiewowy
convenient *a* wygodny; dogodny
conventional *a* **1.** umowny (*np. symbol*); konwencjonalny **2.** tradycyjny (*np. o konstrukcji*)
converge *v* zbiegać się
convergence zbieżność; *mat.* konwergencja
convergent *a* zbieżny
convergent sequence *mat.* ciąg zbieżny
converging lens *opt.* soczewka skupiająca, soczewka zbierająca, soczewka dodatnia
conversational circuit *telef.* obwód rozmówny
conversational mode *inf.* tryb konwersacyjny (*współpracy z komputerem*)
conversational processing *inf.* konwersacja, dialog użytkownik-komputer
converse *mat.* odwrotność
converse *a mat.* odwrotny
conversion *mat.* przekształcenie; *fiz.* przemiana, konwersja; przetwarzanie

conversion coefficient *nukl.* współczynnik konwersji, współczynnik przemiany, współczynnik przetwarzania
conversion electron *fiz.* elektron konwersji
conversion factor mnożnik przeliczeniowy, przelicznik, współczynnik zamiany (*jednostek*)
conversion table tablica przeliczeniowa
conversion time *inf.* czas konwersji
convert *v* **1.** *mat.* przekształcać **2.** *el.* przetwarzać **3.** przeliczać (*na inne jednostki*)
converter 1. przemiennik; *el.* przetwornica; przetwornik; przekształtnik; konwertor **2.** *tel.* aparat przetwórczy **3.** *inf.* konwerter, przetwornik **4.** *hutn.* konwertor, gruszka **5.** *chem.* konwertor, aparat kontaktowy **6.** *nukl.* reaktor-konwertor, reaktor przetwórczy
converter steel stal konwertorowa
convertible *mot.* samochód z dachem składanym
convertible *a* przekształcalny, przemienny
convertiplane *lotn.* zmiennopłat, konwertoplan
convertor *zob.* **converter**
convex *a* wypukły
convexo-concave *a* wypukło-wklęsły
convexo-convex *a* dwuwypukły, dwustronnie wypukły
convey *v* przenosić; przewozić; doprowadzać (*ciecz, gaz, prąd*)
conveyance 1. przenoszenie, przewóz **2.** środek transportu
conveyor przenośnik
convolution 1. zwój; zwitek **2.** *mat.* splot (*funkcji*)
cooker 1. parnik; podgrzewacz **2.** kuchenka
cool *v* **1.** chłodzić; studzić **2.** stygnąć
coolant chłodziwo, czynnik chłodzący; *obr.skraw.* ciecz chłodząco-smarująca
coolant channel *nukl.* kanał przepływu chłodziwa (*przez rdzeń*)
coolant flow rate *nukl.* wydatek chłodziwa
coolant makeup system *nukl.* układ uzupełniania chłodziwa
cooler chłodnica; ochładzacz, element chłodzący
cooling agent *zob.* **coolant**
cooling (down) 1. chłodzenie; studzenie; oziębianie **2.** *nukl.* schładzanie, dezaktywowanie
cooling jacket *masz.* płaszcz chłodzący
cooling pond staw chłodzący; *nukl.* basen studzenia paliwa
cooling system układ chłodzenia
cooling tower chłodnia kominowa
co-operation współdziałanie; kooperacja
coordinate *mat.* współrzędna
coordinate axis *mat.* oś współrzędnych
coordinate bond *chem.* wiązanie koordynacyjne, wiązanie półbiegunowe, wiązanie semipolarne
coordinate indexing *inf.* indeksowanie koordynacyjne
coordinate origin *mat.* początek układu współrzędnych
coordinate plotter *inf.* pisak x-y, kreślak
coordinates *pl mat.* współrzędne
coordinate system *mat.* układ współrzędnych
coordinate valence *chem.* wartościowość koordynacyjna, wartościowość poboczna, wartościowość drugorzędowa
coordination koordynacja
cophasal *a fiz.* współfazowy, synfazowy, będący w jednej fazie
copier powielacz
coping *bud.* **1.** rozłupywanie, łupanie (*kamienia*) **2.** przykrycie muru, korona muru
coplanar *a mat.* koplanarny, współpłaszczyznowy
copolymer *chem.* kopolimer
copper *chem.* miedź, Cu
copper bit lutownica, kolba lutownicza
copper-brazed *a* lutowany miedzią
copper family *chem.* miedziowce (Cu, Ag, Au)
coppering *powł.* miedziowanie, powlekanie miedzią
copper plating *zob.* **coppering**
copper pyrite *min.* chalkopiryt, piryt miedziowy
coprocessor *inf.* koprocesor
copy 1. odbitka; kopia **2.** egzemplarz
copying kopiowanie
copying frame *rys.* kopiarka, kopiorama
copying lathe tokarka-kopiarka
copying paper papier przebitkowy, przebitka
Corbino disk *elektron.* magnetorezystor tarczowy, dysk Corbino
cord 1. sznur; szpagat; linka **2.** *el.* przewód przyłączowy **3.** *włók.* kord; nić kordu
core 1. rdzeń **2.** *el.* rdzeń magnetyczny, magnetowód **3.** *nukl.* rdzeń (*reaktora*)
core barrel 1. *nukl.* gródź reaktora **2.** *wiertn.* rdzeniówka **3.** *wiertn.* rura rdzeniowa

core binder *odl.* spoiwo rdzeniowe
core blower *odl.* nadmuchiwarka rdzeni
core box *odl.* rdzennica
core compound *odl.* masa rdzeniowa
cored electrode *spaw.* elektroda rdzeniowa
core drill *wiertn.* świder rdzeniowy
core flooding *nukl.* zalewanie rdzenia
coreless *a* bezrdzeniowy
core logging *wiertn.* rdzeniowanie otworu wiertniczego, wiercenie rdzeniowe
coremaking machine *odl.* rdzeniarka
core melt-down *nukl.* stopienie rdzenia
core memory *inf.* pamięć rdzeniowa, pamięć magnetyczna ferrytowa
core moulding *odl.* formowanie w rdzeniach
core print *odl.* rdzennik
core quench *nukl.* zwilżanie rdzenia
core sample *wiertn.* próbka rdzeniowa
core sand *odl.* masa rdzeniowa
core shooter *odl.* rdzeniarka strzelarka
core store *zob.* **core memory**
Coriolis acceleration *mech.* przyspieszenie Coriolisa
Coriolis force *mech.* siła Coriolisa, siła odśrodkowa złożona
cork korek; zatyczka
corkscrew korkociąg
corkscrew rule *el.* reguła korkociągu
corn zboże; *US* kukurydza
corner narożnik; naroże; róg; *obr.skraw.* wierzchołek noża tokarskiego
cornering tool *obr.skraw.* nóż do zaokrągleń
corner joint *spaw.* złącze narożne; *drewn.* połączenie narożnikowe
corner post *bud.* słup narożny
cornice *bud.* gzyms
cornice brake *obr.plast.* krawędziarka: prasa krawędziowa
corn mill młyn zbożowy
corona 1. *el.* wyładowanie koronowe, ulot **2.** *astr.* korona (*słoneczna*)
corona brush *el.* wyładowanie snopiące, snopienie
corona discharge *zob.* **corona 1.**
coroutine *inf.* współprogram
corpuscle *fiz.* korpuskuła, cząstka (*materialna*)
corpuscular radiation promieniowanie korpuskularne
correct *v* poprawiać, korygować
correct *a* prawidłowy; poprawny
correcting filter *fot.* filtr korekcyjny
correction 1. poprawianie, korygowanie **2.** poprawka
correction-glass *opt.* szkło korekcyjne; soczewka korekcyjna
correct mixture *paliw.* mieszanka stechiometryczna, mieszanka teoretyczna, mieszanka doskonała
correctness *inf.* poprawność (*oprogramowania*)
corrector korektor, urządzenie korygujące
correlation korelacja, współzależność; *geom.* wzajemność
correlator *elektron.* korelator
correspondence 1. *mat.* odpowiedniość **2.** korespondencja
correspondence principle *fiz.* zasada odpowiedniości, zasada korespondencji (*Bohra*)
corresponding angles *pl geom.* kąty odpowiadające
corresponding profiles *pl masz.* zarysy zgodne, zarysy pokrywające się (*zębów*)
corresponding states *pl fiz.* stany odpowiadające sobie
corrode *v* korodować
corroding medium środowisko korozyjne
corrosion korozja
corrosion fatigue zmęczenie korozyjne
corrosion preventing grease smar antykorozyjny
corrosion-proof *a* odporny na korozję
corrosion protection ochrona przed korozją
corrosion resistance odporność na korozję, odporność korozyjna
corrosive czynnik korozyjny
corrosive *a* korozyjny (*powodujący korozję*)
corrugate *v* fałdować (się)
corrugated sheet blacha falista
corundum *min.* korund
cosecant *mat.* cosecans
cosine *mat.* cosinus
cosine curve *mat.* cosinusoida
cosine function *mat.* funkcja cosinus
cosmic expansion *astr.* rozszerzanie się wszechświata
cosmic noise *rad.* zakłócenia kosmiczne, szum kosmiczny
cosmic probe sonda kosmiczna, próbnik kosmiczny
cosmic radiation promieniowanie kosmiczne
cosmology kosmologia
cosmonaut kosmonauta, astronauta
cosmonautics kosmonautyka, astronautyka
cosmos wszechświat, kosmos
cost koszt
cotangent *mat.* cotangens
cotangent curve *mat.* cotangensoida
cotter *masz.* klin poprzeczny; przetyczka
cotter pin *masz.* zawleczka

cotton bawełna
cotton-wool wata
coulomb *jedn.* kulomb, C
Coulomb attraction *el.* przyciąganie elektrostatyczne
Coulomb field *el.* pole kulombowskie
Coulomb force *el.* siła kulombowska
Coulomb friction *mech.* tarcie suche
Coulomb potential *el.* potencjał kulombowski
Coulomb repulsion *el.* odpychanie kulombowskie, odpychanie elektrostatyczne
Coulomb's law prawo Coulomba (*odpychania elektrostatycznego*)
coulometer *el.* kulometr, woltametr
coulometry *chem.* kulometria
coulter *roln.* krój (*pługa*); redlica (*siewnika*)
count 1. liczenie, zliczanie; rachowanie **2.** *włók.* numer przędzy **3.** numer sita
count *v* liczyć, zliczać, rachować
countable *a* przeliczalny
countdown *rak.* odliczanie wsteczne
countdown counter *inf.* licznik poprzednikowy (*zliczający „w tył"*)
counter 1. licznik **2.** liczydło, mechanizm zliczający **3.** *poligr.* patryca **4.** lada (*sklepowa*)
counteraction przeciwdziałanie; reakcja
counterbalance 1. odciążenie **2.** przeciwciężar, przeciwwaga
counterbalance *v* równoważyć
counterblow hammer *obr.plast.* młot przeciwbieżny
counterbore *obr.skraw.* pogłębiacz czołowy, pogłębiacz walcowy
counterbracing 1. krzyżulec (*kratownicy*) **2.** usztywnianie krzyżulcami
counter circuit *el.* układ liczący
counterclockwise *adv* przeciwnie do kierunku ruchu wskazówek zegara
countercurrent przeciwprąd
counter dead time *nukl.* czas martwy licznika
counter decade *elektron.* licznik dekadowy
counterelectromotive cell *el.* ogniwo przeciwnapięciowe, przeciwogniwo
counterflow przepływ przeciwprądowy (*np. w wymienniku ciepła*)
counterforce siła przeciwdziałająca
countermeasures *pl* środki przeciwdziałające, środki zaradcze
counterpart 1. duplikat **2.** część odpowiadająca (*pasująca do danej części*)
counterpoise 1. przeciwciężar, przeciwwaga; przesuwnik wagi **2.** *el.* przeciwwaga
counterpoise *v* równoważyć
counter register *inf.* rejestr liczący, rejestr zliczający
countershaft 1. *masz.* wał pośredni (*przekładni zębatej*); przystawka (*napędu*) **2.** *górn.* szyb pomocniczy; przebitka
countersink 1. *narz.* pogłębiacz stożkowy **2.** zagłębienie (*np. na łeb śruby*)
countersunk rivet nit wpuszczany, nit zagłębiony
counter tube 1. *el.* lampa (elektronowa) licząca **2.** *nukl.* licznik (*promieniowania*)
counterweight przeciwciężar, przeciwwaga; przesuwnik wagi
counting liczenie, zliczanie
counting circuit *el.* układ liczący
counting tube *zob.* **counter tube**
country beam *mot.* światła drogowe, światła długie
count-up counter *inf.* licznik następnikowy (*zliczający „w przód"*)
couple *mech.* para
couple *v* sprzęgać; łączyć
coupled reactions *pl chem.* reakcje sprzężone
couple of forces *mech.* para sił
coupler 1. złączka (rurowa) nakrętna **2.** *mech.* łącznik, cięgło **3.** *kol.* hak cięgłowy **4.** sprzęg; sprzęgacz
coupling 1. sprzęganie; *górn.* spinanie (*wozów*) **2.** sprzężenie; połączenie **3.** sprzęgło (*stałe*); nasuwka spinająca
coupling constant *fiz.* stała sprzężenia
coupling link 1. *mech.* łącznik, cięgło **2.** ogniwo spinające, ogniwo łącznikowe (*łańcucha*)
coupling loop *rad.* pętla sprzęgająca
coupling rod *kol.* wiązar (*lokomotywy*)
coupon 1. *nukl.* próbka świadek **2.** *met.* próbka wycięta
course 1. *nawig.* kurs **2.** bieg; przebieg **3.** koryto; kanał
course-line computer *nawig.* przelicznik kursu
course of bricks *bud.* warstwa cegieł (*w murze*)
course recorder *nawig.* rejestrator kursu, kursograf
covalence *chem.* wartościowość kowalencyjna, kowalencyjność
covalent bond *chem.* wiązanie kowalencyjne, wiązanie atomowe, wiązanie homeopolarne
cover 1. pokrywa; przykrycie; pokrowiec **2.** *geol.* nadkład **3.** *poligr.* okładka (*książki*)
cover *v* pokrywać; przykrywać

coverage pokrycie; obszar pokrycia (*np. stacji radiowej*)
covered electrode *spaw.* elektroda otulona
covering power *powł.* zdolność krycia
cowl 1. osłona; *lotn.* okapotowanie; maska (*silnika*) **2.** *bud.* nasada kominowa, deflektor, strażak
cowl *v* osłaniać
CPU = central processing unit *inf.* jednostka centralna (*komputera*), procesor centralny
crack pęknięcie; *geol.* rozpadlina
cracking 1. pękanie, powstawanie rys **2.** *chem.* krakowanie, kraking
cradle 1. *masz.* kołyska; łoże **2.** *mot.* leżanka monterska **3.** *bud.* pomost rusztowania wiszącego **4.** *telef.* widełki (*w aparacie telefonicznym*)
cradle car *kol.* koleba, wywrotka kolebowa
craft 1. statek (*wodny lub powietrzny*) **2.** rzemiosło; umiejętność
craftsman rzemieślnik
cramp 1. *narz.* zwornica, zacisk śrubowy **2.** *bud.* klamra, zwora **3.** *górn.* filar oporowy; filar ochronny
cramp *v* zaciskać; mocować w zwornicy
crampon kleszcze do podnoszenia ciężarów, chwytak nożycowy
crane dźwignia, dźwig; żuraw
crane hook hak dźwigowy
crane magnet uchwyt elektromagnetyczny dźwignicy
crane radius wysięg żurawia
crane truck żuraw samochodowy
crank korba; wykorbienie
crank *v* obracać korbą, pokręcać korbą
crank arm ramię korby
crank bearing *masz.* łożysko korbowe
crankcase *siln.* skrzynia korbowa, karter
cranked *a* wykorbiony
crank end *masz.* łeb korbowy korbowodu
crank handle korba ręczna; rękojeść korby
crankpin *masz.* czop korbowy
crankpin press prasa korbowa
crankshaft *masz.* wał korbowy, wał wykorbiony
crank throw 1. wykorbienie (*wału*) **2.** promień wykorbienia; promień korby
crank web ramię wykorbienia; ramię korby
crash 1. wypadek (*samochodowy, lotniczy, kolejowy*), katastrofa **2.** *inf.* załamanie (*systemu operacyjnego*) **3.** *włók.* gruba tkanina
crash recorder *lotn.* rejestrator awaryjny, czarna skrzynka
crate 1. skrzynia kratowa; klatka (*opakowanie*) **2.** *inf.* kaseta
crater krater
crawler pojazd na podwoziu gąsienicowym
crawler tractor ciągnik gąsienicowy
crayon kredka (*do rysowania*)
crazing (*siatka drobnych pęknięć na powierzchni przedmiotu*)
crease zmarszczka, fałda
creaseproof *a włók.* niemnący, niegniotliwy
create *v* tworzyć; powodować; wywoływać
credible conditions *pl nukl.* warunki wiarygodne
creep *wytrz.* pełzanie (*materiału*)
creepers *pl* raki, słupołazy
creep limit *wytrz.* granica pełzania
creep-resistance 1. *wytrz.* odporność na pełzanie **2.** żarowytrzymałość
creep-rupture strength *wytrz.* (czasowa) wytrzymałość na pełzanie
Cremona's polygon of forces *mech.* plan sił Cremony
creosote *chem.* kreozot
crepe 1. *włók.* krepa **2.** *gum.* krepa
cresol *chem.* krezol
crest (*of screw-thread*) *masz.* grzbiet występu, wierzchołek występu (*gwintu*)
crest clearance *masz.* luz wierzchołkowy (*gwintu*)
crest voltage *el.* napięcie szczytowe
crevice szczelina, pęknięcie
crew załoga; ekipa
crib 1. *roln.* żłób **2.** *inż.* kaszyca **3.** *górn.* stos, kaszt
crimper *narz.* szczypce do obciskania
crimping 1. fałdowanie; karbowanie **2.** *włók.* karbikowanie
cripping load *wytrz.* obciążenie niszczące
crisis *ek.* kryzys
crit *nukl.* masa krytyczna
criterion (*pl* **criteria**) kryterium; *mat.* test statystyczny
criterion of similarity *mech.* liczba znamienna, liczba podobieństwa, kryterium podobieństwa
critical compression stress *wytrz.* naprężenie krytyczne, naprężenie wyboczające
critical flow *mech.pł.* przepływ krytyczny
critical frequency *el.* częstotliwość krytyczna, częstotliwość rezonansowa
criticality *nukl.* stan krytyczny, krytyczność (*reaktora*)
critical mass *nukl.* masa krytyczna
critical path method metoda ścieżki krytycznej, metoda analizy drogi krytycznej
critical temperature *fiz.* temperatura przemiany, punkt krytyczny

crocodile clip *el.* zacisk szczękowy; uchwyt szczękowy
crocus róż polerski
Crookes dark space *el.* ciemnia katodowa, ciemnia Crookesa
crop 1. *roln.* zbiór **2.** *obr.ciepl.* obcięty koniec (*wlewka, kęsa*) **3.** *geol.* wychodnia (*pokładu*)
crop *v* obcinać
crop rotation *roln.* płodozmian
crops *pl roln.* ziemiopłody, płody rolne; zbiory
cross 1. krzyż **2.** *masz.* czwórnik, krzyżak (*łącznik rurowy*) **3.** *masz.* krzyżak; jarzmo krzyżowe (*przegubu*)
cross *v* krzyżować się; przecinać
crossassembler *inf.* asembler skrośny
cross-bar 1. poprzeczka; poprzecznica; belka poprzeczna **2.** *górn.* stropnica
cross-brace *bud.* krzyżulec (*kratownicy*)
cross compiler *inf.* kompilator skrośny
cross-country vehicle pojazd terenowy
cross-cut 1. przecięcie **2.** *geom.* linia rozcięcia **3.** *górn.* przecznica; przekop; przecinka
cross-cut saw *drewn.* piła poprzeczna, poprzecznica
cross-cutting 1. *drewn.* cięcie poprzeczne **2.** *górn.* drążenie przekopu; łączenie przecinkami
crossed-belt drive *masz.* przekładnia pasowa skrzyżowana
cross feed *obr.skraw.* posuw poprzeczny
cross flow *mech.pł.* przepływ krzyżowy
cross-hairs *pl opt.* krzyż nitek, siatka nite
crosshead *masz.* **1.** wodzik, krzyżulec **2.** poprzeczka; poprzecznica
crossing 1. skrzyżowanie **2.** przecinanie; przechodzenie w poprzek **3.** *genet.* krzyżowanie
crossing gate *drog.* rogatka, szlaban
cross-linking *chem.* sieciowanie
crossover 1. kształtka rurowa obejściowa **2.** *kol.* rozjazd **3.** *el.* skrzyżowanie (*linii, przewodów*)
cross-peen hammer młotek ślusarski zwykły; poprzecznik (*młot kowalski*)
crosspiece *masz.* poprzeczka
cross-ply tyre *mot.* opona diagonalna
cross product *mat.* iloczyn wektorowy
cross-road(s) skrzyżowanie dróg
cross rolling *obr.plast.* walcowanie poprzeczne
cross-section 1. przekrój poprzeczny **2.** *nukl.* przekrój czynny
cross slide *obr.skraw.* sanie poprzeczne; suport poprzeczny
crosstalk *tel.* przenik; *telef.* przesłuch
cross-tie 1. poprzecznica; trawersa **2.** *kol.* podkład kolejowy
cross-wind boczny wiatr
crosswise *a* poprzeczny
crotch 1. rozwidlenie **2.** *masz.* element rozwidlony; łącznik rurowy w kształcie litery Y
crowbar łom stalowy
crowbar (circuit) *elektron.* układ zabezpieczenia nadnapięciowego
crown 1. *masz.* wypukłość (*np. wałka*) **2.** *wiertn.* koronka; raczek **3.** szkło kronowe, kron
crowned *a* wypukły; baryłkowaty
crown gear *masz.* zębatka pierścieniowa, koło zębate tarczowe
crown saw piła walcowa (*do otworów*)
CRT = cathode-ray tube lampa elektronopromieniowa
CRT display (unit) *inf.* monitor ekranowy; ekranopis
crucible tygiel
crucible of a blast furnace gar wielkiego pieca
cruciform *a* krzyżowy (*w kształcie krzyża*)
crude *a* surowy; nie przerobiony
crude oil 1. olej surowy **2.** ropa naftowa
cruiser *okr.* krążownik
cruising 1. *lotn.* przelot **2.** *żegl.* pływanie
cruising speed prędkość ekonomiczna; *lotn.* prędkość przelotowa; *mot.* prędkość podróżna
crumble *v* **1.** rozdrabniać; kruszyć **2.** kruszyć się; rozpadać się
crump *górn.* tąpnięcie
crush *v* rozgniatać; kruszyć; miażdżyć
crushed-brick concrete gruzobeton
crushed stone tłuczeń kamienny
crusher *masz.* kruszarka; łamacz; rozdrabniarka; gniotownik
crust skorupa; powłoka twarda
crust of the Earth litosfera, skorupa ziemska
crutch *masz.* element rozwidlony; widełki
cryogenic fluid ciecz kriogeniczna
cryogenic memory *inf.* pamięć kriogeniczna, pamięć nadprzewodnikowa
cryogenics kriogenika, technika niskich temperatur
cryometer kriometr
cryostat kriostat, termostat niskotemperaturowy
cryotron *elektron.* kriotron
cryptogram wiadomość zaszyfrowana; wiadomość zakodowana

crystal kryształ
crystal axes *pl* osie krystalograficzne
crystal cartridge *elakust.* wkładka adapterowa
crystal class klasa krystalograficzna, klasa symetrii krystalograficznej
crystal clock zegar kwarcowy
crystal defect defekt sieci krystalicznej, defekt sieciowy
crystal diode *elektron.* dioda krystaliczna
crystal growing wytwarzanie kryształów
crystal growth wzrost kryształów
crystal habit pokrój kryształu, postać kryształu
crystal lattice sieć krystalicza, sieć przestrzenna kryształu
crystalline *a* krystaliczny
crystallite krystalit, ziarno krystaliczne
crystallization krystalizacja, krystalizowanie
crystallizer krystalizator (*aparat*)
crystallographic *a* krystalograficzny
crystallography krystalografia
crystal nucleus zarodek kryształu, zarodek krystalizacji
crystal rectifier *el.* prostownik krystaliczny; dioda półprzewodnikowa
crystal structure struktura krystaliczna, struktura kryształu
crystal transducer *el.* przetwornik piezoelektryczny
crystal twin kryształ bliźniaczy, bliźniak
CTD = charge transfer device *elektron.* przyrząd o przenoszeniu ładunku
cubage kubatura
cubature *zob.* **cubage**
cube 1. *geom.* sześcian (*bryła*) **2.** *mat.* sześcian, trzecia potęga **3.** kostka sześcienna **4.** *kryst.* sieć przestrzenna regularna
cube *v* **1.** *mat.* podnosić do trzeciej potęgi **2.** obliczać objętość **3.** ciąć na kostki
cube root *mat.* pierwiastek sześcienny, pierwiastek trzeciego stopnia
cubic(al) *a* **1.** *mat.* trzeciego stopnia, sześcienny **2.** *kryst.* regularny
cubical expansion rozszerzalność objętościowa
cubicle 1. *bud.* przedział; komórka **2.** *el.* szafa rozdzielcza
cubic measure miara objętościowa
cubic metre *jedn.* metr sześcienny, m^3
cuboid *geom.* prostopadłościan
cul-de-sac droga bez przejazdu; ślepa ulica; *górn.* chodnik ślepy; przodek ślepy
culmination *astr.* kulminacja, górowanie
cultivate *v roln.* uprawiać (*glebę*)
cultivator *roln.* kultywator
culture *biol.* kultura, hodowla
culvert *hydr.* przepust; kanał sklepiony
cumulative *a* kumulacyjny; skumulowany; zbiorczy
cupellation *met.* kupelacja; analiza kupelacyjna
cup grease towot, smar maszynowy
cup greaser *masz.* smarownica kapturowa
cupola 1. *arch.* kopuła **2.** *odl.* żeliwiak
cupping *obr.plast.* miseczkowanie; wytłaczanie (*przy ciągnieniu*)
cupric *a chem.* miedziowy
cuprite *min.* kupryt
cuprous *a chem.* miedziawy
curb *drog.* krawężnik
cure 1. środek konserwujący **2.** *gum.* wulkanizacja **3.** *tw.szt.* utwardzanie
curie *jedn.* kiur: $1\ Ci = 0{,}37 \cdot 10^{11}$ Bq
Curie point *met.* temperatura Curie, punkt Curie
curing 1. *spoż.* konserwowanie; wędzenie; suszenie; solenie **2.** *gum.* wulkanizacja **3.** *tw.szt.* utwardzanie **4.** *odl.* prażenie form skorupowych
curium *chem.* kiur, Cm
curl *mat.* wirowość, rotacja (*pola wektorowego*)
curling 1. *obr.plast.* zawijanie obwodowe **2.** zwijanie **3.** *włók.* kędzierzawienie
curly bracket nawias klamrowy
curoids *pl chem.* kiurowce (Cm, Bk, Cf, Es, Fm, Md, No, Lr)
currency *ek.* **1.** środek płatniczy, pieniądz **2.** okres ważności
current prąd
current amplifier *el.* wzmacniacz prądu
current collector *el.* odbierak prądu
current density *el.* gęstość prądu
current generator *el.* źródło prądu
current input *el.* prąd pobierany
current intensity *el.* natężenie prądu
current-mode logic *elektron.* układ logiczny o sprzężeniu prądowym, klucz prądowy
current node *el.* węzeł prądu
current of holes *elektron.* prąd dziurowy
current ratio *el.* przekładnia prądowa (*transformatora*)
current relay *el.* przekaźnik prądowy
current strength *el.* natężenie prądu
current-time characteristic *el.* charakterystyka prądowo-czasowa
cursor 1. *inf.* kursor, znacznik (*na ekranie monitora*) **2.** przesuwka (*np. suwaka rachunkowego*)
curtain zasłona; kurtyna

curtate *a mat.* skrócony
curvature *geom.* krzywizna
curve *geom.* krzywa
curve *v* zakrzywiać (się); wyginać (się)
curve tracing *geom.* wyznaczanie przebiegu krzywej
curvilinear *a* krzywoliniowy
curvometer krzywomierz
cushion poduszka; podkładka miękka
cushion *v* amortyzować wstrząsy, łagodzić wstrząsy
cushioncraft poduszkowiec, statek na poduszce powietrznej
cushion spring sprężyna amortyzacyjna
cusp 1. wierzchołek **2.** *geom.* ostrze krzywej
customer klient; odbiorca
customize *v* wykonywać na specjalne zamówienie (*zgodnie z wymaganiami klienta*)
custom-made *a* wykonany na specjalne zamówienie
customs (duty) cło, opłata celna
cut 1. przekrój; przecięcie **2.** nacięcie pilnika **3.** *górn.* wrąb; włom; wcios **4.** wykop (*w robotach ziemnych*) **5.** *drewn.* wrąb **6.** *chem.* frakcja **7.** szlif (*drogich kamieni*)
cut *v* przecinać; ciąć, krajać; skrawać
cut-and-fill *górn.* **1.** wybieranie z podsadzką **2.** wybieranie ubierkami
cut back *chem.* rozcieńczać; rozrzedzać (*farby, oleje*)
cut-off odcięcie; przerwanie (*dopływu*); wyłączenie
cut-off saw (piła) obcinarka (*do metali*)
cut-off tool *obr.skraw.* (nóż) przecinak, (nóż) obcinak
cut-off valve zawór zamykający, zawór odcinający
cut-off voltage *el.* napięcie odcięcia
cut-out 1. wycięcie **2.** *el.* wyłącznik; odłącznik
cut stone *bud.* cios, kamień ciosany
cutter 1. *obr.skraw.* frez **2.** *obr.skraw.* nóż **3.** obcinak **4.** *górn.* wrębiarka **5.** krajarka **6.** *spoż.* kuter **7.** *okr.* kuter
cutterhead *drewn.* głowica frezowa, głowica nożowa
cutter holder *obr.skraw.* oprawka nożowa; imak nożowy
cutting 1. cięcie; skrawanie **2.** ciosanie **3.** kopanie (*wykopu, rowu*) **4.** *górn.* wrębienie
cutting angle *narz. obr.skraw.* kąt skrawania
cutting blowpipe *spaw.* palnik do cięcia, przecinak gazowy
cutting edge *narz.* krawędź skrawająca
cutting fluid *obr.skraw.* płyn obróbkowy, chłodziwo
cutting-off lathe tokarka-obcinarka
cutting plane 1. *rys.* płaszczyzna przekroju **2.** *narz.* strug gładzik
cuttings *pl* ścinki; skrawki
cutting speed *obr.skraw.* szybkość skrawania
cutting tool *obr.skraw.* nóż
cutting torch *spaw.* palnik do cięcia, przecinak gazowy
cutwater *inż.* izbica, lodołam
cyanide *chem.* cyjanek
cyanide hardening *obr.ciepl.* cyjanowanie
cyaniding *zob.* **cyanide hardening**
cybernetics cybernetyka
cycle 1. cykl; obieg; proces cykliczny **2.** rower
cycle carry *inf.* przeniesienie cykliczne
cycle per second *jedn.* herc, Hz
cycle time 1. czas jednostkowy (*w technologii mechanicznej*) **2.** *inf.* czas cyklu (*pamięci*)
cyclic *a* **1.** okresowy, cykliczny **2.** *chem.* cykliczny, pierścieniowy
cyclic shift *inf.* przesunięcie cykliczne
cyclization *chem.* cyklizacja, zamykanie pierścienia
cycloid *geom.* cykloida
cycloidal gear *masz.* koło zębate cykloidalne
cyclone 1. *meteo.* cyklon **2.** *masz.* cyklon, odpylacz cyklonowy
cyclotron *nukl.* cyklotron
cyclotron radiation promieniowanie cyklotronowe
cylinder 1. *geom.* walec **2.** *masz.* cylinder **3.** butla (*do gazu*)
cylinder barrel *masz.* tuleja cylindrowa
cylinder block *siln.* blok cylindrów
cylinder bore średnica cylindra
cylinder capacity *siln.* pojemność skokowa cylindra
cylinder head *siln.* głowica cylindra
cylinder liner *siln.* tuleja cylindrowa
cylindrical *a* walcowy, cylindryczny
cylindrical gear 1. koło zębate walcowe **2.** przekładnia zębata walcowa
cypher *zob.* **cipher**

D

dabble *v* zwilżać; spryskiwać
dado plane *narz.* strug do wpustów
daily *a* **1.** dzienny **2.** codzienny
daily dose dawka dzienna
daily inspection przegląd codzienny
daily necessities *pl* przedmioty codziennego użytku
daily paper dziennik (*gazeta*)
daily wages *pl* płaca dniówkowa
dairy mleczarnia
dairy industry przemysł mleczarski, mleczarstwo
dairy products *pl* przetwory mleczne, nabiał
dais podium
daisy chain *inf.* połączenie łańcuchowe
daisy-wheel printer *inf.* drukarka z wirującą głowicą
d'Alembertian *mat.* dalembercjan, operator d'Alemberta
dalton *zob.* **atomic mass unit**
daltonides *pl chem.* daltonidy, związki stechiometryczne
Dalton's law *fiz.* prawo Daltona, prawo (addytywności) ciśnień cząstkowych
dam *inż.* zapora; tama
dam *v* **1.** budować zaporę **2.** tamować
damage szkoda, uszkodzenie; awaria
damage *v* uszkodzić
damageable *a* podatny na uszkodzenie
damage fault *el.* zakłócenie z uszkodzeniem
damages *pl* odszkodowanie
damascene steel stal damasceńska, bułat
damask 1. *zob.* **damascene steel 2.** *włók.* adamaszek
damp 1. wilgotność **2.** *górn.* gazy kopalniane
damp *v* **1.** tłumić (*drgania*); wygaszać (*palenisko*) **2.** zwilżać, nawilżać **3.** butwieć
damp *a* wilgotny
damped vibration drgania tłumione, drgania gasnące
damper 1. tłumik drgań; amortyzator **2.** zasuwa; przepustnica **3.** zwilżacz, nawilżacz
damper spring sprężyna amortyzacyjna
damping valve zawór tłumiący (*drgania przepływającej cieczy*)
damp insulation izolacja przeciwwilgociowa
damp-proof *a* odporny na wilgoć
damp-proof course *bud.* warstwa izolacyjna przeciwwilgociowa
damp-up *v* spiętrzyć (*wodę*)
danaide *metrol.* danaida, naczynie Ponceleta
danger niebezpieczeństwo
danger area strefa zagrożenia
dangerous *a* niebezpieczny
dap *drewn.* zacios; wrąb
daraf *el.* daraf (*jednostka elastancji – odwrotność farada*)
Darcy (impact-pressure) tube *mech.pł.* rurka piętrząca Darcy'ego
dark *a* ciemny
dark chamber ciemnia optyczna
dark current *el.* prąd ciemny
darken *v* zaciemniać; zciemniać
dark-line spectrum *fiz.* widmo odwrócone, widmo absorpcyjne
dark-room ciemnia fotograficzna
dark slide *fot.* kaseta ciemniowa
dark spot *TV* ciemna plamka
dark-trace screen *elektron.* ekran tenebrescencyjny, ekran ciemny
dark-trace tube *elektron.* lampa z ekranem tenebrescencyjnym, skiatron
dash kreska (*np. w alfabecie Morse'a*)
dash *v* **1.** ciskać; rozbijać **2.** *górn.* przewietrzać wyrobisko
dashboard *mot.* tablica rozdzielcza; tablica przyrządów
dashed line *rys.* linia kreskowa
dash-pot tłumik tłokowy, amortyzator tłokowy
data *pl inf.* dane
data acquisition *inf.* gromadzenie danych, zbieranie danych
data bank *inf.* bank danych
data base *inf.* baza danych
data carrier *inf.* nośnik danych
data communications *pl inf.* teleinformatyka
data density *inf.* gęstość zapisu danych
data flowchart *inf.* schemat przetwarzania danych
data hole track *inf.* ścieżka informacyjna (*taśmy dziurkowanej*)
data input *inf.* wprowadzanie danych
data logging *inf.* centralna rejestracja danych, CRD
data output *inf.* wyprowadzanie danych

dataphone *inf.* datafon
data plate tabliczka znamionowa
data processing *inf.* przetwarzanie danych
data processor *inf.* procesor, jednostka centralna komputera
data retrieval *inf.* wyszukiwanie danych
data search *inf.* przeszukiwanie danych
data set **1.** zbiór danych **2.** urządzenie do transmisji danych, modem
data transfer *inf.* przesyłanie danych
data transmission *inf.* teledacja, transmisja danych
data transmission unit *inf.* teledator
date **1.** data **2.** *bot.* daktyl
date *v* **1.** datować, wpisać datę **2.** datować, określać wiek
date line granica (zmiany) daty, linia zmiany daty
dating machine *biur.* datownik
datum **1.** *rys.* podstawa wymiarowa; podstawa odniesienia; *geod.* rzędna niwelacyjna **2.** *inf.* element danych
datum feature *masz.* element odniesienia, baza
datum line linia odniesienia
datum point punkt odniesienia; *geod.* reper
daub *hutn.* wyprawa ubijana (*pieca*)
daughter (product) *nukl.* produkt pochodny, produkt rozpadu promieniotwórczego
davit *okr.* żurawik
Davy's safety lamp *górn.* lampa wskaźnikowa benzynowa, lampa bezpieczeństwa, lampa Davy'ego
day **1.** dzień **2.** *górn.* powierzchnia kopalni
daylight **1.** światło dzienne **2.** *masz.* prześwit prasy; piętro prasy
daylight saving time czas letni
day output produkcja dobowa; wydobycie dobowe
day shift zmiana dzienna
day wage płaca dniówkowa
dc = direct current *el.* prąd stały
dc generator prądnica prądu stałego
deactivation *chem.*, *nukl.* dezaktywacja
dead *a* **1.** *el.* bez napięcia **2.** bez połysku, martwy (*kolor*) **3.** *akust.* głuchy (*ton*) **4.** *biol.* martwy
dead angle *masz.* kąt martwy
dead axle oś stała; *mot.* oś swobodna (*nienapędowa*)
dead-black głęboka czerń
dead-burnt *a* całkowicie wypalony
dead centre **1.** *mech.* martwy punkt; zwrotny punkt **2.** *obr.skraw.* kieł stały, kieł nieruchomy
dead earth *el.* pełne zwarcie doziemne
deaden *v* **1.** asonoryzować; izolować akustycznie **2.** *powł.* pozbawić połysku
dead end *el.* **1.** zwoje bezprądowe (*cewki*) **2.** odcinek bierny (*linii energetycznej*)
deadening mixture *mot.* pasta głusząca, masa dźwiękochłonna
dead groove *obr.plast.* wykrój ślepy (*walcarki*)
dead head **1.** *odl.* nadlew **2.** *obr.skraw.* konik (*obrabiarki*)
dead hole otwór ślepy, otwór nieprzelotowy
deadline **1.** linia krytyczna **2.** termin ostateczny
dead line *tel.* linia nieczynna
dead load **1.** ciężar własny **2.** obciążenie statyczne
dead-load valve zawór ciężarowy
deadlock *inf.* zakleszczenie
deadman blok kotwiący, masyw kotwiący
dead movement *masz.* ruch jałowy
dead oil *paliw.* olej ciężki (*cięższy od wody*)
dead point **1.** *mech.* martwy punkt **2.** *ocean.* punkt bezprądowy (*pływu*)
dead pulley koło pasowe luźne, koło pasowe jałowe
dead roasting *hutn.* prażenie całkowite, prażenie zupełne
dead room *akust.* komora bezechowa; pomieszczenie wytłumione
deads *pl górn.* skała płonna
dead smooth file *narz.* pilnik jedwabnik
dead steam para odlotowa
dead steel stal uspokojona
dead time czas martwy; *aut.* czas zwłoki, czas jałowy; *el.* czas bezprądowy
deadweight **1.** ciężar własny **2.** obciążnik **3.** *okr.* nośność (*statku*)
deadweight pressure gauge manometr obciążeniowy
deadweight valve zawór ciężarowy
dead-well studnia chłonna
dead window *bud.* ślepe okno
deaeration odpowietrzanie
deal **1.** wskaźnik liczbowy tarczowy **2.** *drewn.* bal
death rate śmiertelność
debit *ek.* debet
debris **1.** gruz; rumowisko **2.** *górn.* skała płonna; odpady (*przy wzbogacaniu*) **3.** szczątki (*po katastrofie*)
de Broglie wave *fiz.* fala de Broglie'a, fala materii
debt dług

debugging 1. wykrywanie i usuwanie usterek (*np. sprzętu elektronicznego*) **2.** *inf.* uruchamianie programu **3.** wykrywanie i usuwanie aparatów podsłuchowych
debye *jedn.* debaj: 1 D = $3{,}33 \cdot 10^{-30}$ C·m
Debye unit *zob.* **debye**
deca- deka- (*przedrostek w układzie dziesiętnym, krotność* 10)
decade dekada
decade counter *el.* licznik dekadowy, przelicznik dziesiętny
decade counter tube dekatron, lampa zliczająca dekadowa
decade scaler *zob.* **decade counter**
decagon *geom.* dziesięciokąt
decagram *jedn.* dekagram: 1 dag = 10^{-2} kg
decahedron *geom.* dziesięciościan
decalcification odwapnianie; odwapnienie
decalcomania kalkomania, dekalkomania
decant *v* dekantować; zlewać (*ciecz znad osadu*)
decarbonizing 1. *siln.* usuwanie osadu węglowego **2.** *met.* odwęglanie **3.** *chem.* dekarbonizacja
decarbonization *zob.* **decarbonizing 2.**
decarburization annealing *obr.ciepl.* wyżarzanie odwęglające
decat(iz)ing *włók.* dekatyzowanie
decatron dekatron, lampa zliczająca dekadowa
decay gnicie; rozpad; rozkład; zanik
decay chain *nukl.* szereg promieniotwórczy
decay constant *nukl.* stała rozpadu promieniotwórczego, stała przemiany promieniotwórczej
decay product *nukl.* produkt rozpadu promieniotwórczego
decay series *nukl.* szereg promieniotwórczy
decay time *nukl.* **1.** okres rozpadu promieniotwórczego **2.** czas studzenia paliwa
decelerate *v* zwalniać, zmniejszać prędkość
deceleration *mech.* opóźnienie, przyspieszenie ujemne
decelerometer opóźnieniomierz
deci- decy- (*przedrostek w układzie dziesiętnym, krotność* 10^{-1})
decibel *jedn.* decybel
decidability *mat.* rozstrzygalność
decimal *mat.* liczba dziesiętna; ułamek dziesiętny
decimal *a* dziesiętny
decimal classification klasyfikacja dziesiętna
decimal(-coded) digit *inf.* cyfra dziesiętna
decimal fraction ułamek dziesiętny
decimal number liczba dziesiętna
decimal system *mat.* system dziesiętny, układ dziesiętny
decimal-to-binary conversion *inf.* konwersja dziesiętno-dwójkowa
decimetre *jedn.* decymetr: 1 dm = 10^{-1} m
decinormal *a chem.* jednodziesięcionormalny
decision element *inf.* element decyzyjny
deck pokład; pomost
decking 1. odeskowanie pomostu; *okr.* pokrycie pokładu **2.** *górn.* zapychanie wozów
deck load *żegl.* ładunek pokładowy
deck log *żegl.* dziennik pokładowy
declaration zgłoszenie, deklaracja
declared efficiency *el.* sprawność znamionowa (*podana przez wytwórcę*)
declare insolvency *ek.* ogłosić upadłość
declination 1. *astr.* deklinacja, zboczenie **2.** deklinacja, odchylenie (*magnetyczne*)
decline spadek; *górn.* upad
declivity pochyłość; stok; skarpa
declutch *v* wyłączać sprzęgło, wysprzęgać
decoction odwar, wywar
decode *v inf.* dekodować
decoder *inf.* dekoder
decoiler *hutn.* rozwijarka
decolourize *v* odbarwiać
decomposition rozkład, rozpad
decomposition reaction *chem.* reakcja analizy, reakcja rozkładu
decompression odprężenie, dekompresja (*zmniejszanie ciśnienia*)
decompression chamber komora dekompresyjna (*dla nurków*)
decontamination odkażanie; dekontaminacja
decortication 1. *drewn.* korowanie **2.** *spoż.* łuszczenie (*nasion oleistych*)
decrease zmniejszenie się, obniżenie, spadek
decrease *v* zmniejszać się, obniżać się, spadać
decreasing function *mat.* funkcja malejąca
decrement *mat.* dekrement, ubytek
decrement rate *fiz.* dekrement tłumienia
dedicated computer *inf.* komputer specjalizowany
deduct *v mat.* odejmować; potrącać
deduction *mat.* dedukcja
deduction in price *ek.* bonifikata
deduster odpylacz
deep *a* głęboki

deep drawability *met.* (głęboko)tłoczność
deepen *v* pogłębiać; *górn.* głębić (*szyb*)
deep-freeze treatment *obr.ciepl.* wymrażanie, obróbka podzerowa
deep freezing *chłodn.* głębokie mrożenie
deep level *fiz., elektron.* głęboki poziom (*energetyczny*)
deep-sea cable kabel głębinowy
deep shovel koparka podsiębierna
deep space *astr.* przestrzeń kosmiczna daleka, kosmos głęboki
deep-well pump pompa głębinowa
defect 1. wada; skaza; uszkodzenie, defekt **2.** niedobór; ubytek
defect conduction *elektron.* przewodnictwo niedomiarowe, przewodnictwo dziurowe, przewodnictwo typu *p*
defect electron *fiz.* dziura
defective *skj* sztuka wadliwa, wyrób z wadą
defective *a* wadliwy
defectoscope defektoskop
defect semiconductor półprzewodnik niedomiarowy, półprzewodnik typu *p*
defibering *papiern., włók.* rozwłóknianie
deficiency niedobór; brak; deficyt
define *v* definiować; określać
definite *a* określony
definite integral *mat.* całka oznaczona
definition 1. definicja; określenie **2.** *fot.* rozdzielczość, definicja (*obrazu*)
deflagration *chem.* deflagracja
deflation 1. *geol.* deflacja **2.** *ek.* deflacja
deflecting electrode *elektron.* elektroda odchylająca
deflection 1. odchylenie; wychylenie **2.** ugięcie; strzałka ugięcia
deflectometer deflektometr, ugięciomierz
deflector deflektor; owiewnik kierujący (*w silnikach chłodzonych powietrzem*)
deflexion *zob.* **deflection**
deformable *a* odkształcalny, podatny na odkształcenie
deformation 1. odkształcenie; deformacja; zniekształcenie **2.** *mat.* odwzorowanie homotopowe
deformation resistance *mech.* opór odkształcenia, opór plastyczny
defrost *v* **1.** odszraniać; zapobiegać oszronieniu (*np. szyb*) **2.** *chłodn.* rozmrażać; odmrażać
degasification odgazowywanie
degasser 1. *elektron.* pochłaniacz gazów, geter **2.** *hutn.* urządzenie do próżniowego odgazowania (*stali*)
degeneracy *fiz.* degeneracja, zwyrodnienie
degeneration 1. *biol.* degeneracja, zwyrodnienie **2.** *zob.* **degeneracy 3.** *tel.* sprzężenie zwrotne ujemne
deglomeration deglomeracja
degradation 1. *fiz.* degradacja (*energii*) **2.** *chem.* degradacja, rozkład
degradation failure uszkodzenie wskutek zużycia
degrease *v* odtłuszczać
degree 1. *geom.* stopień (*miara kąta*) **2.** *mat.* stopień (*wielkość wykładnika*) **3.** stopień naukowy
degree Celsius *jedn.* stopień Celsjusza: 1°C = 1K
degree Fahrenheit *jedn.* stopień Fahrenheita: 1°F = $^5/_9$ K
degree of a curve 1. *geod.* miara krzywizny (*drogi, toru*) **2.** *mat.* stopień (równania) krzywej
degree of freedom stopień swobody
degree Rankine *jedn.* stopień Rankine'a : 1°R = $^9/_5$ K
degumming 1. odserycynowanie, odgumowywanie (*jedwabiu*) **2.** *spoż.* odśluzowywanie (*tłuszczu*)
dehumidification osuszanie, odwilżanie
dehydration odwadnianie, dehydratacja; odwilżanie (*powietrza*)
dehydrogenation 1. *chem.* odwodornienie, dehydrogenacja **2.** *obr. ciepl.* odwodorowywanie, wyżarzanie przeciwpłatkowe (*stali*)
deicing odladzanie, usuwanie oblodzenia
deionization dejonizacja
dejamming *rad.* usuwanie zakłóceń
del *mat.* (operator) nabla
delamination rozszczepienie warstw, rozwarstwienie
delay opóźnienie; zwłoka
delayed action działanie zwłoczne, działanie opóźnione
delayed combustion *siln.* spalanie przewlekłe, spalanie powolne
delayed ignition *siln.* zapłon opóźniony
delay line *el.* linia opóźniająca
delay-line store *inf.* pamięć na liniach opóźniających
delay relay *el.* przekaźnik zwłoczny
delay time 1. opóźnienie; zwłoka **2.** *nukl.* czas przetrzymywania
delete *v* skreślić; wymazać (*zapis*); usuwać
delineate *v* przedstawić wykreślnie, nakreślić
deliver *v* dostarczać; doprowadzać
delivered power moc wydawana
delivery dostarczanie; podawanie; *ek.* dostawa

delivery head *hydr.* wysokość pompowania, wysokość podnoszenia
delivery main główny przewód doprowadzający
delivery of a pump wydajność pompy
delivery side strona tłoczna (*pompy, dmuchawy*)
delivery stroke suw tłoczenia (*pompy*)
delivery truck samochód ciężarowy dostawczy
delta 1. delta (△) **2.** *geol.* delta rzeki **3.** *el.* trójkąt (*połączenie*)
delta circuit *el.* obwód trójkątny
delta function *mat.* funkcja delta, delta Diraca
delta wing *lotn.* skrzydło trójkątne, skrzydło delta
deltoid *geom.* deltoid
demagnetize *v* odmagnesowywać
demand zapotrzebowanie, popyt
demand (data) processing *inf.* przetwarzanie danych swobodne
dematerialization *fiz.* dematerializacja, anihilacja
demesh *v* wyzębiać (*koła zębate*)
demist *v* odmgławiać, usuwać zamglenie (*szyb*)
demodulation *el.* demodulacja
demolition burzenie, rozbiórka (*budowli*)
demonstration pokaz
demountable *a* odejmowany, dający się wymontować; rozbieralny
demulsification *chem.* demulgacja, rozdzielanie emulsji, rozbijanie emulsji
demultiplexing *el.* demultipleksowanie
demurrage 1. przestój **2.** przestojowe, postojowe; *kol.* osiowe
denaturant substancja skażająca, denaturant; *nukl.* denaturator
denatured alcohol alkohol (etylowy) skażony, spirytus denaturowany, denaturat
denatured fuel *nukl.* paliwo zubożone
dendrite dendryt, kryształ dendrytyczny
dendritic segregation *met.* mikrosegregacja, segregacja dendrytyczna
denial negacja
denominate number *mat.* liczba mianowana
denominator *mat.* mianownik (*ułamka*)
dense *a* gęsty; zwarty; ścisły
dense concrete beton ciężki
dense deposit osad zwarty
densener *odl.* ochładzalnik
dense set *mat.* zbiór gęsty
densification zagęszczanie
densified wood drewno prasowane, drewno utwardzone, lignoston
densitometer 1. *fot.* dens(yt)ometr **2.** gęstościomierz, densymetr; areometr
density 1. gęstość (*masa właściwa*) **2.** gęstość; zwartość; ścisłość **3.** *fot.* zaczernienie (*błony*)
dent wcięcie; nacięcie; karb; wgniecenie; *wytrz.* odcisk twardości
denticulate *a* ząbkowany
denumerable set *mat.* zbiór przeliczalny
deodorant środek odwaniający, dezodorant
deodorizer 1. *zob.* **deodorant 2.** dezodoryzator (*aparat*)
deoxidation odtlenianie
deoxyribonucleic acid *biochem.* kwas dezoksyrybonukleinowy
department 1. dział, oddział; wydział **2.** ministerstwo
department store dom towarowy; sklep wielobranżowy
departure 1. *metrol.* odchylenie **2.** odjazd (*pociągu, autobusu*); odlot (*samolotu*)
dependability niezawodność, pewność (*działania*)
dependence zależność
dependent variable *mat.* zmienna zależna
dephlegmation *chem.* deflegmacja
depleted fuel *nukl.* paliwo zubożone
depletion wyczerpanie; zubożenie
depletion layer *elektron.* warstwa zubożona
deploy *v* używać; stosować (*sprzęt*)
depolarization *el.* depolaryzacja
depolish *v* matować
depolymerization *chem.* depolimeryzacja, degradacja polimeru
deposit 1. osad **2.** *geol.* złoże **3.** (*w robotach ziemnych*) odkład **4.** *ek.* depozyt
deposited metal *spaw.* stopiwo
deposition 1. osadzanie (się); wytrącanie (się) **2.** *geol.* zaleganie (*pokładu*)
depot 1. składnica, skład **2.** zajezdnia; *el.* elektrowozownia
depot-ship okręt-baza
depreciation obniżenie wartości, deprecjacja
depress *v* obniżać
depressant depresator (*środek powodujący obniżenie, np. temperatury krzepnięcia oleju*)
depression 1. obniżenie **2.** *geofiz.* niż; depresja
depressurize *v* rozhermetyzować; usunąć uszczelnienie
depth 1. głębokość; głębia **2.** *masz.* wysokość (*elementu konstrukcyjnego*)
depth contour *ocean.* izobata, warstwica głębinowa

depth gauge głębokościomierz; sprawdzian głębokości
depth of cover *geol.* miąższość nadkładu
depth of engagement *masz.* głębokość nośna, głębokość skręcenia (*gwintu*)
depth of field *fot.* głębia ostrości przedmiotowa
depth of focus *fot.* głębia ostrości obrazowa
depth of focus indicator *fot.* skala głębi ostrości
depth of fusion *spaw.* przetop
depth rod głębokościomierz drążkowy; trzpień głębokościomierza
derail *v* wykolejać (się)
derivation of a formula wyprowadzenie wzoru
derivative 1. *mat.* pochodna **2.** *chem.* pochodna, związek pochodny
derivative action *aut.* działanie różniczkowe (*regulatora*)
derivative network *aut.* układ różniczkujący
derived curve *geom.* krzywa pochodna
derived set *mat.* pochodna zbioru
derived unit *metrol.* jednostka pochodna
derrick barge żuraw pływający
derrick boom *okr.* bom ładunkowy
derrick (crane) żuraw masztowy, der(r)ik
derusting odrdzewianie
descaling usuwanie zgorzeliny; *kotł.* usuwanie kamienia kotłowego
Descartes' rule of signs *mat.* reguła znaków Descartesa
descending opadanie; opuszczanie się; jazda w dół (*dźwigu*)
descending gallery *górn.* upadowa
descent *lotn.* opadanie; wytracanie wysokości
description 1. opis **2.** *mat.* deskrypt
descriptive analysis analiza opisowa
descriptive geometry geometria wykreślna
descriptor *inf.* deskryptor
desensitization 1. *fot.* desensybilizacja; zmniejszenie czułości **2.** *wybuch.* flegmatyzacja
desiccant środek suszący, osuszacz, desykant
desiccation wysuszanie; wysychanie
desiccator *lab.* eksykator
design 1. konstrukcja; projekt **2.** deseń, wzór
design *v* konstruować; projektować
designation oznaczenie
design data *pl* dane projektowe
design displacement *okr.* wyporność konstrukcyjna
design engineering projektowanie, konstruowanie
designer projektant; konstruktor
design feature cecha konstrukcyjna
design load obciążenie obliczeniowe, obciążenie teoretyczne
design point *masz.* punkt obliczeniowy, znamionowy punkt pracy
desirable *a* pożądany
desired characteristic *skj* cecha pożądana
desk biurko; pulpit
desktop computer *inf.* komputer stołowy
desorption desorpcja
despatch *zob.* **dispatch**
destabilization destabilizacja
destination *transp.* miejsce przeznaczenia
destroy *v* niszczyć
destroyer 1. *okr.* niszczyciel **2.** *lotn.* samolot niszczycielski
destruction zniszczenie; rozpad
destructive *a* niszczący; destrukcyjny
destructive distillation of wood sucha destylacja drewna
destructive hydrogenation *chem.* uwodornianie rozkładowe, hydrogenoliza
destructive read-out store *inf.* pamięć o odczycie niszczącym, pamięć destruktywna
desuperheater *kotł.* schładzacz (*przegrzanej pary*)
detach *v* odejmować; odłączać
detachable *a* odejmowany; odłączalny
detail szczegół
detail file *inf.* plik transakcji
detection 1. wykrywanie; *nukl.* detekcja **2.** *rad.* prostowanie, detekcja
detection diode *rad.* dioda detekcyjna
detection of flaws defektoskopia, badanie wad materiałowych
detector wykrywacz; detektor
detent zapadka; zaczep
detent pawl zapadka ustalająca, przeciwzapadka
detergent detergent; środek myjący
deterioration pogorszenie się jakości, psucie się
determinant *mat.* wyznacznik
determination wyznaczanie, określanie; *chem.* oznaczanie
determine *v* wyznaczać, określać; *chem.* oznaczać
detonate *v* detonować
detonating cap spłonka
detonating gas mieszanina piorunująca
detonation detonacja
detonation knock *siln.* stukanie detonacyjne
detonation meter *siln.* stukomierz
detonation wave fala detonacyjna

detonator 1. pobudzacz, wkrętka pobudzająca; spłonka 2. substancja inicjująca
detoxicant odtrutka
detrimental *a* szkodliwy
detune *v* rozstrajać
deuterium *chem.* deuter, ciężki wodór, D
deuterium exchange *chem.* deuterowanie (*wymiana wodoru na deuter*)
deuterium oxide tlenek deuteru, ciężka woda
deuteron *nukl.* deuteron, jądro deutronu, d
devaluate *v ek.* dewaluować, obniżać wartość
devastation dewastacja, zniszczenie
develop *v* 1. rozwijać; rozbudowywać 2. *fot.* wywoływać
developable surface *mat.* powierzchnia rozwijalna
developed field *górn.* złoże udostępnione
developed view *rys.* rozwinięcie, rzut rozwinięty
developer *fot.* wywoływacz
developing bath *włók., fot.* kąpiel wywołująca
developing box *fot.* puszka do obróbki fotograficznej, koreks
developing dish *fot.* kuweta, wanienka fotograficzna
development 1. rozwój; rozbudowa 2. *mat.* rozwinięcie (*funkcji, powierzchni*) 3. *fot.* wywoływanie 4. *górn.* roboty przygotowawcze
development centre 1. ośrodek badawczo-rozwojowy 2. *fot.* zarodek wywoływania
development level *górn.* poziom wydobywczy
deviation zboczenie; dewiacja; *metrol.* odchylenie, odchyłka; *metrol.* uchyb, błąd
deviator *mech.* dewiator, tensor skośny
device przyrząd; urządzenie
device handler *inf.* (standardowy) program obsługi urządzeń
dew rosa
dewatering odwadnianie
dew-point *fiz.* temperatura rosy, punkt rosy
dextrin dekstryna
dextrorotation *fiz.* prawoskrętność
dextrorotatory *a fiz.* prawoskrętny
dextrose *chem.* dekstroza, D-glikoza, cukier gronowy
diagnosis 1. diagnostyka 2. *med.* diagnoza, rozpoznanie
diagonal 1. *geom.* przekątna 2. zastrzał
diagonal *a geom.* przekątny, diagonalny
diagonal riveting nitowanie przestawne, nitowanie w zakosy
diagonal tyre opona diagonalna
diagram wykres; diagram; schemat
diagrammatic *a* wykreślny; schematyczny
diagram paper papier milimetrowy
dial 1. *metrol.* tarcza z podziałką, podzielnia tarczowa, skala tarczowa 2. tarcza numerowa (*np. w aparatach telefonicznych*) 3. *górn.* kompas (*na trójnogu*)
dial *v* wybierać numer (*tarczą numerową*)
dial face *zob.* **dial 1.**
dial gauge czujnik zegarowy; przyrząd (pomiarowy) czujnikowy
dialyser *chem.* dializator, aparat do dializy
dialysis *chem.* dializa
diamagnetic *a* diamagnetyczny
diamagnetic substance ciało diamagnetyczne, diamagnetyk
diameter *geom.* średnica
diametral *a* średnicowy
diamond 1. *min.* diament 2. *geom.* romb
diamond boring *obr.skraw.* wytaczanie diamentem, diamentowanie
diamond cut szlif brylantowy
diamond pyramid hardness twardość według Vickersa
diamond spar *min.* korund
diaphragm 1. przepona, diafragma; membrana 2. *hydr.* kryza 3. *fot.* przysłona, diafragma
diaphragm pump pompa przeponowa, pompa membranowa
diapositive *fot.* diapozytyw, przezrocze
diathermancy *fiz.* zdolność przepuszczania promieni cieplnych
diatomic *a chem.* dwuatomowy
diatomite *min.* ziemia okrzemkowa, ziemia diatomitowa, diatomit
diazo group *chem.* grupa dwuazowa
dibasic *a chem.* dwuzasadowy
dice *pl elektron.* płytki półprzewodnikowe, struktury półprzewodnikowe
dichotomic *a* dychotomiczny, dwudzielny
dichotomy dychotomia, dwudzielność
dichroism *opt.* dichroizm, dwubarwność
dictaphone dyktafon
dictionary słownik
die 1. *obr.plast.* tłocznik; matryca; ciągadło 2. *obr.skraw.* narzynka 3. *odl.* kokila; forma do odlewania pod ciśnieniem 4. (*pl* **dice**) *elektron.* płytka półprzewodnikowa, struktura półprzewodnikowa

die block *obr.plast.* płyta stołu prasy; płyta matrycowa; matryca kuźnicza
die-casting **1.** odlewanie kokilowe **2.** odlew kokilowy **3.** odlewanie ciśnieniowe
die-cavity *obr.plast.* wykrój matrycy
die forging *obr.plast.* **1.** kucie matrycowe (*wielowykrojowe*) **2.** odkuwka matrycowa
diehead *obr.skraw.* głowica gwinciarska
die holder **1.** *obr.skraw.* oprawka do narzynek **2.** *obr.plast.* obsada matrycy; podstawa tłocznika
die insert *obr.plast.* **1.** wkładka matrycowa **2.** rdzeń ciągadła, oczko ciągadła
dielectric *el.* dielektryk; materiał izolacyjny
dielectric constant *el.* przenikalność elektryczna względna, stała dielektryczna
dielectric generator generator pojemnościowy
dielectric heating nagrzewanie pojemnościowe, nagrzewanie dielektryczne
diemakers' reamer *narz.* rozwiertak ślusarski
dienes *pl chem.* dieny, węglowodory dienowe
die parting *obr.plast.* podział matrycy
diesel silnik wysokoprężny, silnik z zapłonem samoczynnym, silnik Diesla
diesel cycle *siln.* obieg Diesla
diesel-electric locomotive lokomotywa spalinowo-elektryczna
diesel engine *zob.* **diesel**
diesel index *paliw.* indeks dieslowy, wskaźnik zapłonności
diesel locomotive lokomotywa spalinowa
diesel oil olej napędowy, olej pędny, olej gazowy (*do silników wysokoprężnych*)
die shearing *obr.plast.* wykrawanie
diesinker *obr.skraw.* **1.** frezarko-kopiarka do matryc **2.** ślusarz precyzyjny
die stamping *obr.plast.* **1.** tłoczenie **2.** wytłoczka, wypraska
die welding zgrzewanie matrycowe
differ *v* różnić się
difference różnica
difference number *fiz.* liczba izotopowa
different *a* różny; różniący się
differential **1.** *mat.* różniczka **2.** *mot.* mechanizm różnicowy, dyferencjał
differential *a* **1.** *mat.* różniczkowy **2.** różnicowy
differential calculus *mat.* rachunek różniczkowy
differential coefficient *mat.* pochodna
differential equation równanie różniczkowe
differential gear *mot.* mechanizm różnicowy, dyferencjał
differential (pulley) block wielokrążek różnicowy
differential thermometer termometr bimetaliczny
differentiation **1.** *mat.* różniczkowanie **2.** różnicowanie
differentiator *inf.* układ różniczkujący
difficult *a* trudny; ciężki
diffluence *mech.pł.* zmiana kierunku przepływu
diffraction *fiz.* dyfrakcja, ugięcie
diffraction grating *opt.* siatka dyfrakcyjna
diffractometry analiza dyfrakcyjna
diffuse *v* **1.** dyfundować **2.** rozpraszać
diffuse *a* rozproszony; rozmyty (*obraz*)
diffused lighting oświetlenie rozproszone
diffuser **1.** *hydr.* dyfuzor, zwężka rurowa rozbieżna **2.** *fot.* nasadka zmiękczająca, filtr zmiękczający **3.** dyfuzor, aparat dyfuzyjny **4.** *fiz.* rozpraszacz
diffusion **1.** *fiz.* dyfuzja **2.** rozproszenie (*np. światła*)
diffusion coating **1.** powłoka dyfuzyjna **2.** powlekanie dyfuzyjne
dig *v* kopać
digester gas gaz gnilny
digestion **1.** *chem.* roztwarzanie; ekstrahowanie (*na ciepło*) **2.** *san.* gnicie; fermentacja
digger **1.** *masz.* koparka; czerparka; *roln.* kopaczka **2.** kopacz (*robotnik*)
digit *mat.* cyfra
digital *a* cyfrowy; dyskretny (*nieciągły*)
digital adder *inf.* sumator cyfrowy
digital-audio-disk player gramofon cyfrowy, dyskofon
digital-circuit engineering technika cyfrowa, cyfronika
digital computer komputer cyfrowy
digital electronics *zob.* **digital-circuit engineering**
digital filter *elektron.* filtr cyfrowy
digital plotter *inf.* pisak x–y, kreślak
digital-to-analog conversion *inf.* konwersja cyfrowo-analogowa
digital-to-analog converter *inf.* konwerter cyfrowo-analogowy, przetwornik cyfrowo-analogowy, przetwornik c/a
digitize *v* **1.** przekształcać wartość analogową na postać numeryczną **2.** *elektron.* digitalizować
digitizer *zob.* **digital-to-analog converter**

dihedral angle 1. *geom.* dwuścian, kąt dwuścienny **2.** *lotn.* kąt wzniosu płata
dihedron *zob.* **dihedral angle 1.**
dike 1. rów; kanał **2.** grobla, wał ochronny
dilatability rozszerzalność
dilatation rozszerzanie, dylatacja
dilute *v* rozcieńczać
dilute alloy stop niskoprocentowy
diluter *chem.* rozcieńczalnik
dilution rozcieńczanie; rozcieńczenie
dilution limit rozcieńczenie graniczne
dim *v* przyćmiewać
dim *a* przyćmiony
dimension wymiar
dimensional *a* wymiarowy
dimensionality *mat.* **1.** wymiar **2.** rząd; stopień
dimensioning 1. *rys.* wymiarowanie **2.** *drewn.* przycinanie na wymiar
dimensionless *a* bezwymiarowy
dimensionless equation *mat.* równanie bezwymiarowe, równanie kryterialne
dimetric view *rys.* rzut aksonometryczny dwu(wy)miarowy
diminish *v* zmniejszać (się), maleć
diminisher *masz.* łącznik rurowy zwężkowy, zwężka rurowa
diminution zmniejszenie; zmniejszanie się; spadek
dimmer *el.* regulator światła, ściemniacz
dimolecular *a chem.* dwucząsteczkowy
dimorphism *kryst.* dwupostaciowość
dimple wgłębienie (*np. na łeb nitu*)
dinas brick cegła krzemionkowa, cegła dynasowa, dynasówka
dinghy 1. bączek, bąk (*mała łódź*) **2.** łódka ratunkowa nadmuchiwana
diode *elektron.* dioda
diode pack zespół diod (*we wspólnej obudowie*)
diode-transistor logic układ logiczny diodowo-tranzystorowy
diopter *jedn.* dioptria, D
dioptre *zob.* **diopter**
dioxide *chem.* dwutlenek
dip 1. nachylenie **2.** inklinacja magnetyczna **3.** *górn.* upadowa **4.** zanurzenie
dip *v* zanurzać; maczać
dip coating 1. powlekanie przez zanurzenie **2.** powłoka zanurzeniowa
diphase *a el.* dwufazowy
diplet *fiz.* diplet
diplexer *rad.* diplekser
dipolar *a* dwubiegunowy, dipolowy
dipolar ion jon obojnaczy, jon amfoteryczny
dipole 1. *el.* dipol, dwubiegun **2.** *mech.pł.* źródło podwójne, dwubiegun, dipol **3.** *fiz.* dipol, dublet
dipole antenna antena dipolowa
dip painting malowanie zanurzeniowe
dipper 1. łyżka pogłębiarki **2.** zgłębnik
dipper dredger pogłębiarka łyżkowa, pogłębiarka szuflowa, pogłębiarka jednoczerpakowa
dip rod *metrol.* głębokościomierz zwilżeniowy prętowy, prętowy wskaźnik poziomu (*np. oleju w zbiorniku*)
dip stick *zob.* **dip rod**
Dirac delta function *mat.* funkcja delta, delta Diraca
direct *v* skierować
direct *a* bezpośredni
direct-access storage *inf.* pamięć o dostępie bezpośrednim
direct address *inf.* adres bezpośredni
direct code *inf.* kod prosty
direct-contact heating nagrzewanie stykowe
direct-coupled transistor logic układ logiczny tranzystorowy o sprzężeniu bezpośrednim
direct coupling sprzężenie bezpośrednie
direct current *el.* prąd stały
direct-current motor silnik prądu stałego
direct digital control *aut.* sterowanie cyfrowe bezpośrednie, BSC
direct drive napęd bezpośredni
directed *a* skierowany; ukierunkowany, zorientowany (*przestrzennie*)
direct extrusion *obr.plast.* wyciskanie współbieżne
direct gear *mot.* bieg bezpośredni, bieg najwyższy
direct heating nagrzewanie bezpośrednie, nagrzewanie bezprzeponowe
direction kierunek
directional *a* kierunkowy
direction finder *nawig.* namiernik
direction finding *nawig.* namierzanie
direction indicator 1. *lotn.* wskaźnik kursu **2.** *mot.* kierunkowskaz
direction of a vector *mat.* orientacja wektora
directions *pl* wskazówki dla użytkownika; sposób użycia
direct-line production produkcja przepływowa, produkcja potokowa
directly proportional *mat.* wprost proporcjonalny
direct memory access *inf.* bezpośredni dostęp do pamięci

director 1. dyrektor; członek zarządu 2. *kin., TV* reżyser
directory informator; przewodnik; *inf.* skorowidz
direct predecessor *mat.* poprzednik
directrix (*pl* **directrices**) *mat.* kierownica
direct successor *mat.* następnik
direct sum *mat.* suma prosta
direct teeming *hutn.* odlewanie z góry
dirigible *lotn.* sterowiec
dirt brud; zanieczyszczenie
dirt road droga gruntowa
dirty tanker *okr.* zbiornikowiec brudny (*na ładunki brudne*)
disable *v* wyłączyć z działania; unieruchomić
disabling pulse *aut.* impuls blokujący
disassemble *v* demontować, rozbierać
disassembly *masz.* demontaż, rozbiórka
disaster klęska, katastrofa
disc *zob.* **disk**
discard *v* odrzucać; brakować
discharge 1. wyładowanie 2. *hydr.* wypływ; przepływ 3. *hydr.* wydajność 4. *el.* wyładowanie 5. *wojsk.* wystrzał 6. *ek.* zwolnienie (*pracownika*)
discharge air powietrze wylotowe
discharge capacity 1. przepustowość 2. *el.* obciążalność udarowa
discharge jet 1. strumień wypływający 2. *siln.* rozpylacz (*w gaźniku*)
discharge lamp *el.* lampa wyładowcza
discharge pipe rura odprowadzająca
discharging rate *żegl.* norma wyładunkowa
discolouration odbarwienie; zmiana barwy
discone (antenna) *rad.* antena tarczowo--stożkowa
disconnect *v* odłączać; rozłączać
disconnected *a mat.* niespójny
disconnector 1. *masz.* przerywacz 2. *el.* odłącznik
discontinuity nieciągłość; *el.* przerwa, rozłączenie; *kryst.* puste miejsce
discontinuous *a* nieciągły, przerywany
discontinuous lubrication smarowanie półsuche
discrepancy rozbieżność, niezgodność
discrete *a fiz.* dyskretny, nieciągły
discrete channel *inf.* kanał dyskretny, kanał ziarnisty
discriminant *mat.* wyróżnik
discriminator *el.* dyskryminator, rozróżniacz
disembarkation *żegl.* wyokrętowanie (*pasażerów*), zejście na ląd; wyładunek
disengage *v* 1. rozłączać; wysprzęgać; wyzębiać (*koła zębate*) 2. *chem.* wydzielić w stanie wolnym
dish miska; miseczka
dished disk tarcza wklęsła, talerz
disinfectant środek odkażający, środek dezynfekcyjny
disinfection odkażanie, dezynfekcja
disinsectization dezynsekcja
disintegration 1. rozdrabnianie 2. *nukl.* rozpad (*promieniotwórczy*)
disintegration chain *nukl.* szereg promieniotwórczy
disintegration series *zob.* **disintegration chain**
disintegration time *nukl.* okres rozpadu; okres przemiany promieniotwórczej
disintegrator spulchniarka tarczowa, spulchniarka palcowa
disjoint *a* rozłączny
disjunction alternatywa, suma logiczna
disk krążek; tarcza; dysk; płyta gramofonowa
disk brake hamulec tarczowy
disk cam *masz.* krzywka płaska, krzywka tarczowa
disk cartridge *inf.* pakiet dyskowy
disk clutch sprzęgło (cierne) tarczowe
disk drive *inf.* napęd dyskowy
diskette *inf.* dyskietka, dysk elastyczny
disk harrow *roln.* brona talerzowa
disk memory *inf.* pamięć (magnetyczna) dyskowa
disk pack *inf.* pakiet dyskowy
disk pelletizer *hutn.* misa grudkująca
disk scale *metrol.* podzielnia tarczowa okrągła
disk spring sprężyna talerzowa, sprężyna krążkowa
disk wheel 1. koło (jezdne) tarczowe 2. tarcza koła wirnikowego (*turbiny*)
dislocation 1. przemieszczenie 2. *geol.* zaburzenie, dyslokacja 3. *kryst.* dyslokacja, defekt liniowy
dismantle *v* rozbierać, demontować
disordered *a* nieuporządkowany
dispatch *v* wysyłać; ekspediować
dispatcher 1. dyspozytor, kierownik ruchu 2. *inf.* dyspozytor, program przydzielający
dispenser dozownik; zasobnik
disperse *v* rozpraszać
dispersed phase *fiz.* faza rozproszona, składnik rozproszony
dispersion *fiz.* rozproszenie, dyspersja
dispersion of indications *metrol.* rozrzut wskazań (*narzędzia pomiarowego*)
displace *v* 1. przemieszczać, przesuwać 2. wypierać (*płyn*)

displacement 1. *mech.* przemieszczenie, przesunięcie 2. *nukl.* przesunięcie 3. *inf.* przemieszczenie 4. *mech.pł.* wypieranie (*płynu przez zanurzone ciało*) 5. ilość płynu wyparta przez zanurzone w nim ciało 6. *okr.* wyporność (*statku*) 7. *chem.* rugowanie, wypieranie
displacement craft statek wypornościowy
displacement pump pompa wyporowa
displacement reaction *chem.* reakcja podstawienia
displacement volume *masz.* objętość skokowa (*cylindra*)
display 1. pokaz 2. zobrazowanie, przedstawienie 3. *elektron.* wyświetlacz, monitor obrazowy; wskaźnik radarowy
display *v* przedstawiać; obrazować
display file *inf.* plik graficzny
display monitor *inf.* monitor ekranowy
display screen ekran monitora
display unit *elektron.* wyświetlacz, monitor obrazowy; ekranopis
disposable *a* rozporządzalny, dyspozycyjny
disposable syringe *med.* strzykawka do jednorazowego użytku
disposal 1. dysponowanie, rozporządzanie 2. usuwanie; likwidacja
disruption rozerwanie
disruptive *a* rozrywający; kruszący
dissect *v* rozciąć
dissemination of information rozpowszechnianie informacji
dissipation *fiz.* dyssypacja, rozproszenie; rozpraszanie się
dissipation of energy rozproszenie energii
dissipative *a* rozpraszający; *el.* stratny
dissociation *fizchem.* dysocjacja
dissolubility rozpuszczalność
dissoluble *a* rozpuszczalny
dissolution 1. rozpuszczanie (się) 2. *prawn.* rozwiązanie (*np. umowy, spółki*)
dissolve *v* rozpuszczać (się)
dissolvent rozpuszczalnik
dissonance *akust.* dysonans
dissymmetry asymetria
distance odległość
distance piece część odległościowa, element rozstawczy; przekładka
distant *a* odległy, daleki
distant-reading instrument przyrząd (wskazujący) zdalny
distillation destylacja
distillation column kolumna destylacyjna
distilled water woda destylowana
distiller aparat destylacyjny, destylator
distillery 1. destylarnia 2. gorzelnia
distilling apparatus *zob.* **distiller**
distinct *a* wyrazisty; wyraźny
distinction rozróżnienie
distorted *a* zniekształcony
distortion zniekształcenie; odkształcenie; *opt.* dystorsja
distress niebezpieczeństwo; stan zagrożenia
distress signal sygnał wzywania pomocy
distribute *v* rozdzielać
distribution 1. rozkład 2. rozdzielanie; *ek.* dystrybucja, rozprowadzanie
distribution board *el.* tablica rozdzielcza, rozdzielnica tablicowa
distribution box *el.* 1. skrzynka rozdzielcza; skrzynka rozgałęźna 2. puszka rozgałęźna
distribution list rozdzielnik
distribution shaft wał rozrządczy; *siln.* wał stawidłowy
distribution valve zawór rozdzielczy
distributive *a* rozdzielczy
distributor 1. rozdzielacz 2. *hutn.* kadź pośrednia
disturbance zakłócenie, zaburzenie; *aut.* wielkość zakłócająca
ditch rów
ditcher koparka do rowów
diurnal *a* dzienny
diurnal aberration *astr.* aberracja dobowa
divalent *a chem.* dwuwartościowy
dive 1. *lotn.* lot nurkowy, nurkowanie 2. *żegl.* nurkowanie
dive *v* nurkować
diver 1. nurek 2. pływak zanurzeniowy
diverge *v* odchylać się, odbiegać
divergence *mat.* 1. rozbieżność 2. dywergencja
divergent *a* rozbieżny
divergent lens *opt.* soczewka rozpraszająca
diversification zróżnicowanie; urozmaicenie
diversify *v* różnicować; urozmaicać
diversion 1. odchylenie; zmiana kierunku 2. *drog.* objazd
divert *v* odchylać; zmieniać kierunek
divide *v* dzielić (się)
divided piston *siln.* tłok dwudzielny
dividend 1. *mat.* dzielna 2. *ek.* dywidenda
divider 1. *masz.* rozdzielacz 2. *el.* dzielnik 3. przekładka
dividers *pl rys.* przenośnik (*cyrkiel*); cyrkiel warsztatowy, cyrkiel traserski
dividing head *obr.skraw.* podzielnica, głowica podziałowa
diving apparatus aparat do nurkowania

divining rod różdżka poszukiwawcza
divisibility podzielność
division 1. *mat.* dzielenie; podział 2. *metrol.* działka (*podziałki*) 3. oddział
division wall ściana działowa; przegroda
divisor *mat.* dzielnik, podzielnik
dock *okr.* dok
dock *v* 1. *okr.* dokować; wprowadzać statek do basenu portowego 2. *kosm.* połączyć na orbicie (*np. statki kosmiczne*)
docker doker, robotnik portowy
dockman cumownik
dockyard stocznia
dockyard worker stoczniowiec
doctor 1. *papiern.* skrobak, nóż zgarniający, zgarniacz 2. *el.* anoda do miejscowego nakładania metalu 3. doktor
doctor's degree doktorat
doctor's thesis rozprawa doktorska
documentary film film dokumentalny
documentation dokumentacja
document reader-sorter czytnik-sorter dokumentów
dodecagon *geom.* dwunastokąt
dodecahedron *geom.* dwunastościan
dog 1. *masz.* zapadka; zaczep 2. klamra ciesielska
dog clutch sprzęgło kłowe
dog-nail *kol.* hak szynowy, szyniak
dollar *nukl.* dolar (*jednostka reaktywności*)
dolly 1. *narz.* wspornik do nitowania; zakownik 2. miękka tarcza polerska 3. *el.* lalka
dolomite *min.* dolomit
domain 1. dziedzina; obszar 2. *fiz.* domena
dome 1. kopuła 2. *kotł.* kołpak parowy
dome kiln *ceram.* piec kopułowy, kopulak
dome nut nakrętka kołpakowa, nakrętka kapturkowa
domestic *a* domowy; krajowy
domestic refrigerator chłodnia szafkowa domowa, lodówka
domestic telephone set domofon
domestic trade 1. handel wewnętrzny 2. żegluga krajowa
dominant *a* dominujący; *mat.* majoryzujący
donation *ek.* dotacja
donkey engine mały silnik pomocniczy
donor 1. *fiz.* donor 2. *med.* dawca
donor atom *chem.* atom donorowy, atom ligandowy, atom koordynujący
door 1. drzwi; drzwiczki 2. *masz.* klapa (*zaworu klapowego*)
door bolt zasuwa drzwiowa
door frame *bud.* ościeżnica drzwiowa, futryna drzwiowa
door handle klamka
door lock zamek drzwiowy
door panel 1. *mot.* płyta drzwiowa 2. *bud.* płycina drzwiowa
door sill próg
dopant domieszka (*w półprzewodniku*)
dope 1. lakier lotniczy; cellon 2. dodatek; domieszka 3. *powł.* zaprawa
doped semiconductor półprzewodnik domieszkowany
Doppler effect *fiz.* zjawisko Dopplera
dormant volcano wulkan nieczynny
dormer (window) *bud.* okno mansardowe
dosage dawkowanie, dozowanie
dosage valve zawór dozujący
dose dawka, doza
dosimeter *radiol.* dawkomierz, dozymetr
dosimetry *radiol.* dozymetria, kontrola dozymetryczna
dot 1. kropka; punkt (*np. wykonany punktakiem*) 2 *telegr.* impuls jednostkowy 3. *narz.* punktak o cienkim ostrzu
dot-and-dash line *rys.* linia kreskowo--punktowa
dot AND element *inf.* pseudoelement AND
dot diagram wykres punktowy
dot memory *inf.* pamięć punktowa
dot OR element *inf.* pseudoelement OR
dot printer *inf.* drukarka mozaikowa
dotted line *rys.* linia punktowa
double *v* 1. podwajać; dublować 2. *włók.* skręcać (*przędzę*)
double-acting pump pompa obustronnego działania
double-arm lever dźwignia dwuramienna
double bond *chem.* wiązanie podwójne
double-concave lens *opt.* soczewka dwuwklęsła
double-convex lens *opt.* soczewka dwuwypukła
double crank *masz.* wykorbienie
double-cut file pilnik o nacięciu krzyżowym
double-cut saw piła o uzębieniu dwukierunkowym
double-decker *mot.* autobus piętrowy, autobus dwupokładowy
double density *inf.* podwójna gęstość (*zapisu na dyskietce*)
double diode *elektron.* dwudioda
double displacement *chem.* reakcja podwójnej wymiany
double-edge file pilnik mieczowy

double-ended lever dźwignia dwuramienna
double-end gauge *metrol.* sprawdzian dwustronny
double-face hammer młotek dwustronny, młotek dwuobuchowy
double gear koło zębate podwójne, koło zębate dwuwieńcowe
double-helical gear 1. koło zębate daszkowe, koło zębate strzałkowe **2.** przekładnia (walcowa) daszkowa
double-linked list *inf.* lista dwukierunkowa
double motor *el.* silnik bliźniaczy (*trakcyjny*)
double nutted bolt śruba dwustronna
double objective microscope mikroskop dwuobiektywowy
double precision *inf.* podwójna precyzja
double-purpose bearing *masz.* łożysko poprzeczno-wzdłużne, łożysko skośne
double-rate meter *el.* licznik dwutaryfowy
double refraction *opt.* dwójłomność
double resonance *nukl.* podwójny rezonans (*elektronowo-jądrowy*)
double riveting nitowanie dwurzędowe
double-row bearing łożysko dwurzędowe
double-seat valve zawór dwugniazdowy, zawór dwusiedzeniowy
double source *hydr.* źródło podwójne, dwubiegun, dipol
double spiral *el.* dwuwkrętka
doublet 1. *el.* dipol, dwubiegun **2.** *zob.* **double source 3.** *fiz.* dublet (*widmowy*) **4.** *opt.* dublet
double-tee iron dwuteowniki stalowe
doubling 1. zdwajanie; dublowanie **2.** *włók.* skręcanie (*przędzy*)
dovetail *drewn.* **1.** wczep płetwiasty, wczep jaskółczy, jaskółczy ogon **2.** połączenie na wczepy płetwiaste, połączenie wczepinowe
dovetail groove rowek trapezowy
dovetailing machine *drewn.* wczepiarka
dowel kołek ustalający; kołek prowadzący (*formy*); *drewn.* dybel
dowelled joint *drewn.* połączenie na kołki
dowel screw *drewn.* wkręt dwustronny
down-and-up train pociąg wahadłowy
downcast shaft *górn.* szyb wdechowy, szyb wlotowy
downcomer przewód opadowy
downdraught strumień gazu skierowany w dół; ciąg odwrotny (*w kominie*)
downdraught carburettor gaźnik dolnossący
down-gate *odl.* wlew główny
downgrade spadek, pochyłość
down grinding szlifowanie współbieżne
downhand welding spawanie podolne
downhill casting *hutn.* odlewanie z góry
downlead *rad.* odprowadzenie (*anteny*)
downloading *inf.* ładowanie skrośne
downpipe *bud.* rura opadowa
down runner *odl.* wlew główny
downstream *adv* z prądem; w dół rzeki
downstroke *masz.* suw w dół
down-time czas postoju (*maszyny*); okres wyłączenia; czas przestoju
down-up counter *inf.* licznik rewersyjny
downward *a* opadający; skierowany w dół
dowser 1. różdżka poszukiwawcza **2.** różdżkarz
dozer *masz.* spycharka
draft, *zob. też* **draught 1.** ciąg (*np. powietrza*) **2.** *obr.plast.* gniot **3.** *obr. plast.* zbieżność (*odkuwki*) **4.** szkic; projekt; konspekt **5.** *hydr.* zanurzenie, głębokość zanurzenia
drafting 1. ciągnienie; odciąganie **2.** *włók.* przewlekanie (*osnowy*) **3.** szkicowanie; projektowanie **4.** kreślenie
drafting room kreślarnia
drag 1. *mech.pł.* opór **2.** *ryb.* włok **3.** *żegl.* kotwica pływająca, dryfkotwa
drag *v* **1.** wlec, ciągnąć **2.** łowić (ryby) włokiem; trałować
drag-bar *kol.* hak cięgłowy; sprzęg
drag bucket czerpak pogłębiarki
dragline excavator koparka zgarniakowa, koparka zbierakowa
drag-link mechanism mechanizm dwukorbowy
drag-suction dredger pogłębiarka czerpakowo-ssąca
drain 1. dren, sączek **2.** spust, ściek **3.** *elektron.* dren
drainage drenaż, drenowanie; odwadnianie; odprowadzanie cieczy
drainage blanket *inż.* warstwa filtracyjna
drainage pump pompa odwadniająca
drain cock kurek spustowy
drain of the market *ek.* drenaż rynku
drain valve zawór spustowy; zawór ściekowy
draught, *zob. też* **draft 1.** ciąg (*np. powietrza*) **2.** *hydr.* zanurzenie, głębokość zanurzenia **3.** *ryb.* zaciąg (*siecią*) **4.** *cukr.* odciąg
draught gauge 1. ciągomierz **2.** *okr.* wskaźnik zanurzenia
draw 1. *obr.plast.* ciąg (*zabieg ciągnienia*) **2.** *obr.ciepl.* odpuszczanie **3.** *obr.plast.* zbieżność
draw *v* **1.** ciągnąć; wyciągać **2.** rysować; kreślić **3.** *obr.ciepl.* odpuszczać **4.** *górn.* wybierać

drawability *obr.plast.* tłoczność, tłoczliwość
drawbar 1. *kol.* hak cięgłowy; sprzęg; *mot.* dyszel (*przyczepy*) **2.** *roln.* belka zaczepowa
drawbench *obr.plast.* ciągarka
drawbolt śruba ściągająca
draw die *obr.plast.* ciągadło (*do ciągnienia drutu*)
drawer 1. szuflada **2.** *ek.* trasant, wystawca (*np. weksla*)
drawhole *hutn.* jama usadowa, jama skurczowa (*we wlewku*)
drawing 1. ciągnienie; wyciąganie **2.** rysowanie; kreślenie **3.** rysunek **4.** *obr. ciepl.* odpuszczanie **5.** *obr.plast.* ciągnienie; wytłaczanie (*w tłocznictwie*) **6.** *obr.plast.* ciągnienie (*drutu, rur*) **7.** *górn.* wybieranie
drawing board rysownica, deska kreślarska
drawing die *obr.plast.* **1.** ciągownik; matryca ciągowa **2.** ciągadło
drawing ink tusz kreślarski
drawing instruments *pl* przybory rysunkowe
drawing off *górn.* rabowanie obudowy
drawing pen grafion
drawing pin pluskiewka kreślarska
drawing press *obr.plast.* prasa ciągowa
drawing shaft *górn.* szyb wyciągowy; szyb wydobywczy
drawing sheet 1. *obr.plast.* blacha tłoczna **2.** *rys.* arkusz kreślarski
drawing temper *obr.ciepl.* odpuszczanie
drawknife *drewn.* ośnik
drawn glass szkło ciągnione
draw off cock kurek czerpalny
drawpiece *obr.plast.* wytłoczka
draw point *narz.* rysik
draw rod drążek pociągowy
draw-spool bęben wiertniczy
draw spring sprężyna naciągowa
draw to scale rysować w skali
draw vice *el.* żabka
dreadnought file pilnik zdzierak
dredge 1. *ryb.* sieć włóczona, niewód dobrzeżny **2.** pogłębiarka **3.** czerpak do pobierania próbek z dna **4.** czerpak pogłębiarki
dredger cutter refuler (*pogłębiarki*)
dredger excavator koparka wielonaczyniowa
dredging 1. czyszczenie dna (*rzeki*); pogłębianie (*pogłębiarką*) **2.** *górn.* urabianie czerparką
dregs *pl* osad; fusy
dressing 1. wyrównywanie powierzchni; struganie (*drewna*); ciosanie (*kamienia*); wykończanie (*odlewów*) **2.** klepanie, rozpłaszczanie (*blachy*) **3.** *włók.* klejenie, szlichtowanie **4.** *włók.* drapanie, zmechacanie **5.** *poligr.* narządzanie (*formy*) **6.** *roln.* zaprawianie, bejcowanie (*nasion*) **7.** *roln.* nawóz naturalny; kompost
dressing of ore wzbogacanie rudy
dressing-room szatnia, ubieralnia
dribble *v* sączyć się, przeciekać
drier 1. suszarnia; suszarka **2.** *powł.* sykatywa, suszka
drift 1. *nawig.* znoszenie; dryft **2.** *ocean.* prąd dryfowy **3.** *geol.* dryf, przesuwanie się **4.** *geol.* osad (*lodowcowy*), naniesienie **5.** *drog.* zaspa **6.** *górn.* przekop; chodnik
drift *v* **1.** unosić się z prądem **2.** *geol.* nanosić **3.** przesuwać się; powoli zmieniać położenie **4.** *górn.* drążyć przekop; prowadzić roboty chodnikowe
drift bolt wkręt do drewna
drifter *górn.* wiertarka udarowa
drift mandrel *obr.plast.* trzpień kontrolny (*do sprawdzania średnicy rur*)
drift mobility *elektron.* ruchliwość nośników ładunku
drill 1. *obr.skraw.* wiertło; *górn.* świder **2.** wiertarka **3.** *roln.* siewnik rzędowy
drill bit koronka wiertnicza
drill cuttings *pl* zwierciny
drilled well studnia wiercona, studnia rurowa
driller *obr.skraw.* **1.** wiertarka **2.** wiertacz (*robotnik*)
drilling wiercenie
drilling, boring and milling machine wiertarko-frezarka
drilling platform platforma wiertnicza
drill(ing) rig wiertnica, urządzenie wiertnicze
drilling tower wieża wiertnicza
drill lathe wiertarka pozioma, wiertarko--tokarka
drill press *obr.skraw.* wiertarka pionowa
drinking fountain pojnik automatyczny
drip 1. skropliny **2.** *bud.* łzawnik, kapinos
drip *v* kapać; ściekać
drip feed lubrication smarowanie kroplowe
drip pan *masz.* miska olejowa; wanienka ściekowa
drive 1. napęd **2.** *górn.* wyrobisko **3.** droga dojazdowa
drive *v* **1.** napędzać **2.** wciskać; wbijać; wkręcać **3.** prowadzić (*pojazd*)
drive a tunnel drążyć tunel

drive a well wiercić studnię
drive home wbijać do oporu (*gwóźdź*, *pal*)
drive-in cinema kino parkingowe
drive length *masz.* odcinek przyporu (*w przekładni zębatej*)
drive a nail wbijać gwóźdź
driven well studnia wbijana, studnia abisyńska
driven wheel koło napędzane, koło bierne
driver 1. *masz.* człon napędzający, człon czynny; *obr.skraw.* zabierak **2.** *el.* wzbudnica; układ sterujący **3.** *inf.* program obsługi **4.** kierowca; maszynista
drive ratio *masz.* stopień pokrycia, liczba przyporu (*w przekładni zębatej*)
driver circuit *elektron.* obwód sterujący
drivescrew nitowkręt
drive shaft wał napędzający, wał czynny; *mot.* wał pędny, wał napędowy
driving axle oś napędowa; *mot.* oś pędna
driving belt pas napędowy
driving force siła napędowa
driving lights *pl mot.* światła drogowe, światła długie
driving wheel *masz.* koło napędzające, koło czynne
drone *lotn.* cel latający zdalnie kierowany; samolot bezzałogowy
droop zwis; opadnięcie
drop 1. kropla **2.** spadanie; upadek **3.** spadek, zmniejszenie się
drop *v* **1.** kapać **2.** spadać **3.** spadać, zmniejszać się **4.** zrzucać, upuszczać
drop a perpendicular *mat.* spuszczać prostopadłą
drop compasses *pl rys.* zerownik, cyrkiel zerowy
drop door drzwiczki denne; klapa w podłodze
drop forging 1. kucie matrycowe (*wielowykrojowe*) **2.** odkuwka matrycowa
drop gate 1. *odl.* wlew górny **2.** *inż.* zastawka opuszczana (*w śluzie*)
drop hammer *obr.plast.* młot spadowy
drop in *lab.* wkraplać
drop indicator *tel.* sygnalizator klapkowy, klapka
dropout *el.* **1.** zwolnienie (*przekaźnika*) **2.** zanik (*zapisu*), dziura, luka (*na taśmie magnetycznej*); zanik sygnału odczytywanego
dropper 1. *el.* wieszak (*sieci trakcyjnej*) **2.** *lab.* wkraplacz; pipetka wkraplająca; *med.* zakraplacz
drop stamping *obr. plast.* **1.** kucie matrycowe (*jednowykrojowe*) **2.** odkuwka matrycowa (*prosta*)
drop test *wytrz.* **1.** próba spadowa, próba zrzutowa **2.** próba kafarowa
drop weight 1. bijak; baba kafara **2.** obciążnik wagi włącznikowej
drop window okno opuszczane; *mot.* szyba opuszczana
dropwise *adv* po kropli, kroplami
dross 1. *odl.* popioły; szumowiny, kożuch żużlowy (*na powierzchni kąpieli*) **2.** *górn.* odpady przy wzbogacaniu
drought posucha, susza
drove 1. *roln.* stado; trzoda **2.** dłuto kamieniarskie
drown v **1.** zatapiać, zalewać **2.** utonąć
drug 1. lek; środek farmaceutyczny **2.** narkotyk
drugstore *US* drogeria
drum bęben; *kotł.* walczak
drum brake hamulec bębnowy
drum feed *obr.plast.* **1.** podawanie z bębna **2.** podajnik bębnowy
drum memory *inf.* pamięć (*magnetyczna*) bębnowa
drumplotter *inf.* ploter bębnowy, pisak bębnowy
drum printer *inf.* drukarka bębnowa
drum saw *drewn.* piła bębnowa, piła cylindryczna
dry *v* suszyć; schnąć
dry *a* **1.** suchy **2.** *ferm.* wytrawny
dry cell *el.* ogniwo suche
dry-chemical extinguisher gaśnica proszkowa
dry cleaning czyszczenie na sucho; pranie na sucho; *górn.* wzbogacanie na sucho
dry coal węgiel chudy (*o małej zawartości części lotnych*)
dry contact *el.* styczność bezprądowa
dry copper miedź nieodtleniona, miedź tlenowa
dry distillation sucha destylacja
dry dock *okr.* suchy dok
dryer 1. suszarnia; suszarka **2.** *powł.* sykatywa, suszka
dry friction tarcie suche
dry gas gaz suchy, gaz odgazolinowany
dry goods *pl* towary sypkie
dry heat suche gorąco; gorące powietrze
dry hole *wiertn.* odwiert suchy (*nieproduktywny*)
dry ice suchy lód, stały dwutlenek węgla
drying chamber komora suszarnicza, suszarnia komorowa
drying kiln *zob.* **drying stove**
drying room suszarnia
drying stove suszarnia wysokotemperaturowa, piec suszarniczy

dry material susz (*produkt suszenia*)
dry measure miara objętościowa ciał sypkich
dry powder extinguisher gaśnica proszkowa
dry reprocessing *nukl.* suchy przerób paliwa jądrowego
dry residue *chem.* sucha pozostałość; pozostałość po odparowaniu; *nukl.* sucha pozostałość
dry run 1. *inf.* przebieg próbny **2.** *rak.* próba startu rakiety na wyrzutni (*bez paliwa*)
dry steam para sucha
dry wall *bud.* **1.** mur suchy (*bez zaprawy*) **2.** ściana pokryta płytami okładzinowymi
dual *a* podwójny, dwoisty; *mat.* dualny
dual controls *pl lotn.* dwuster
dual cycle reactor *nukl.* reaktor dwuobiegowy
dual-in-line package *inf.* obudowa dwurzędowa (*układu scalonego*)
dual ion jon dwubiegunowy, jon obojnaczy, amfijon
duality dwoistość; dualizm
dubbing 1. *drewn.* struganie, równanie **2.** *bud.* wyrównywanie powierzchni muru pod tynk **3.** *elakust.* montaż zapisu dźwięku; *kin.* dubbing
duck board *bud.* schodnia
duct 1. kanał; przewód **2.** *rad.* dukt **3.** *masz.* osłona pierścieniowa **4.** *poligr.* kałamarz
ducted-fan turbine engine *lotn.* silnik turboodrzutowy dwuprzepływowy
ductile *a* plastyczny, ciągliwy
ductwork przewody (*wentylacyjne*)
dues *pl* opłaty; należności
dug well studnia kopana
dull *a* **1.** tępy **2.** mętny; matowy
dumb dredger pogłębiarka stacjonarna
dumb vessel statek bez napędu
dummy 1. makieta; atrapa **2.** *inf.* element fikcyjny
dummy ammunition amunicja szkolna
dummy coil *el.* martwy zezwój; ślepa cewka
dummy instruction *inf.* rozkaz pusty
dummy load *el.* obciążenie sztuczne, obciążenie zastępcze
dummy man manekin (*do prób*)
dummy pass *obr.plast.* **1.** wykrój ślepy (*walcarki*) **2.** przepust jałowy (*przy walcowaniu*)
dummy plug *el.* wtyczka ślepa
dummy rivet nit montażowy
dump 1. usypisko, hałda, zwał; zwałka, odwał **2.** wywrót (*np. wózka samozsypnego*) **3.** *inf.* zrzut (*zawartości pamięci*)
dump car *kol.* wagon samowyładowczy; wywrotka; wagon samozsypny
dumping 1. wysypywanie; zwałka **2.** *inf.* składowanie (*zawartości pamięci*)
dumping hopper lej zsypowy
dump truck samochód-wywrotka, wywrotka samochodowa
dune *geol.* wydma, diuna
dunnage *żegl.* materiały sztauerskie
duodecimal *a mat.* dwunastkowy
duodiode *elektron.* duodioda, dioda podwójna
duplex *telegr.* dupleks, układ dupleksowy
duplex *a* podwójny
duplexing 1. *aut.* praca dwukierunkowa **2.** *hutn.*, *odl.* proces dupleks, proces podwójny
duplex metal bimetal
duplicate duplikat, wtórnik
duplicating machine *biur.* powielacz
duplicator *zob.* **duplicating machine**
durability trwałość
durable *a* trwały
durable goods *zob.* **durables**
durables *pl* artykuły trwałego użytkowania
durak *met.* znal, cynkal
duralumin *met.* duralumin(ium), dural
duration czas trwania
dust pył, kurz
dust *v* **1.** opylać; pudrować **2.** *odl.* nakurzać, okurzać
dustbin 1. odpylnik **2.** skrzynia na śmieci, śmietnik
dust dry *a powł.* pyłosuchy
duster 1. odpylnik, odpylacz, łapacz pyłu **2.** *roln.* opylacz **3.** *narz.* okurzawiec, pędzel do okurzania
dust filter filtr przeciwpyłowy
dustproof *a* pyłoszczelny
dust removal odpylanie
dusty *a* pylisty; pyłowy
duty 1. obciążenie, warunki pracy; wydajność nominalna (*maszyny, urządzenia*) **2.** *ek.* opłata skarbowa
duty cycle *el.* cykl pracy, cykl roboczy
duty-free *a* wolny od cła
dwarf star *astr.* karzeł
dyad 1. *mat.* diada **2.** *chem.* pierwiastek dwuwartościowy
dyadic *a mat.* podwójny; dwuczłonowy
dye barwnik
dye *v* barwić; farbować
dyebath kąpiel barwiąca, kąpiel farbiarska

dyeing 1. barwienie, farbowanie **2.** wybarwienie, wyfarbowanie **3.** farbiarstwo **4.** *drewn.* bejcowanie
dyestuff barwnik
dyke 1. rów; kanał **2.** grobla, wał ochronny
dynamic(al) *a* dynamiczny
dynamic equilibrium równowaga dynamiczna
dynamic forecasting *meteo.* prognozowanie dynamiczne, prognozowanie deterministyczne
dynamic load obciążenie dynamiczne
dynamic mapping system *inf.* system z odwzorowaniem dynamicznym
dynamic packing *masz.* uszczelnienie ruchowe
dynamic pressure *mech.* ciśnienie dynamiczne, ciśnienie kinetyczne, ciśnienie prędkości
dynamics *mech.* dynamika
dynamics of a perfect liquid hydrodynamika klasyczna, dynamika cieczy doskonałej
dynamic storage *inf.* pamięć dynamiczna
dynamite dynamit
dynamo *el.* prądnica prądu stałego
dynamometer 1. dynamometr, siłomierz **2.** hamulec dynamometryczny
dynamometer scales waga dynamometryczna
dynatron *elektron.* dynatron, generator dynatronowy
dyne *jedn.* dyna : 1 dyn = 10^{-5} N
dynode *elektron.* katoda wtórna, dynoda
dysprosium *chem.* dysproz, Dy

E

ear 1. *anat.* ucho **2.** *masz.* ucho; łapa **3.** *bot.* kłos
early-warning radar radar wczesnego ostrzegania
earning *ek.* zarobek
ear nut *masz.* nakrętka skrzydełkowa
earphone *tel.* słuchawka
earth 1. ziemia; grunt **2.** *el.* uziom; zwarcie doziemne
earth *v el.* uziemiać
earth circuit *el.* obwód uziemiony
earth conductor przewód uziemiający; przewód do masy
earth current 1. prąd doziemny **2.** *geofiz.* prąd telluryczny
earthed *a* uziemiony
earth electrode 1. *el.* uziom **2.** elektroda masowa (*świecy zapłonowej*)
earth fault *el.* zwarcie doziemne
earth flax azbest
earthing *el.* uziemienie
earthing switch *el.* uziemnik
earthing up *roln.* okopywanie, obsypywanie ziemią
earth leakage current *el.* prąd upływowy
earth movements *pl* **1.** *geol.* ruchy górotworu **2.** *astr.* ruchy Ziemi (*wirowy i obiegowy*)
earthometer *el.* miernik oporności uziemienia
earth orbit *astr.* orbita ziemska
earthpressure *bud.* parcie gruntu
earthpull ciężkość; siła ciężkości
earthquake *geofiz.* trzęsienie ziemi
earthquake zone strefa sejsmiczna
earth radiation *geofiz.* promieniowanie (elektromagnetyczne) Ziemi
earth revolution *astr.* obiegowy ruch Ziemi, postępowy ruch Ziemi
earth rotation *astr.* wirowy ruch Ziemi, obrotowy ruch Ziemi
earth's atmosphere atmosfera ziemska
earth screen *rad.* przeciwwaga (elektryczna) anteny
earth's crust skorupa ziemska
earth wax *min.* ozokeryt, wosk ziemny
earth wire *el.* przewód uziomowy; przewód odgromowy (*linii przesyłowej*)
earthwork roboty ziemne
ease *v* zwolnić; rozluźnić, popuścić
easily accessible łatwo dostępny
east *geod.* wschód (*kierunek*)
easterly deviation *mech.* zboczenie wschodnie (*spadającego ciała*)
easy-cutting steel stal automatowa
easy-machining steel *zob.* **easy-cutting steel**
easy-to-change *a* łatwo wymienialny
easy-to-operate *a* łatwy w obsłudze
eaves *pl bud.* okap (*dachu*)
ebb (tide) *ocean.* odpływ
ebonite *gum.* ebonit, twarda guma
ebulliometry *chem.* ebuliometria
ebullition *fiz.* wrzenie
eccentric *masz.* mimośród
eccentric *a* mimośrodowy; niewspółśrodkowy

eccentricity mimośrodowość; niewspółśrodkowość
eccentric rod *masz.* łącznik mimośrodu, drążek mimośrodu
echelon grating *opt.* eszelon, siatka schodkowa (*Michelsona*)
echo echo
echo box *rad.* rezonator echa
echo distortion *akust.* zniekształcenie echowe (*sygnału*)
echo-free *a akust.* bezechowy
echo ranging *nawig.* hydrolokacja
echo room *akust.* komora pogłosowa
echo-sounding technique defektoskopia ultradźwiękowa metodą echa
eclipse *astr.* zaćmienie
ecliptic *astr.* ekliptyka
ecological system ekosystem, system ekologiczny
ecology ekologia
economic *a* gospodarczy, ekonomiczny
economical *a* oszczędnościowy
economical speed prędkość ekonomiczna
economic development rozwój gospodarczy
economic potential potencjał gospodarczy
economic quality jakość optymalna
economics ekonomia (*nauka*); ekonomika
economic unit jednostka gospodarcza
economize *v* oszczędzać
economizer 1. *kotł.* podgrzewacz wody, ekonomizer **2.** *siln.* oszczędzacz (*w gaźniku*)
economy 1. gospodarka **2.** oszczędność
ecosystem ekosystem, system ekologiczny
eddy wir
eddy-current brake *el.* hamulec wiroprądowy
eddy-current clutch *el.* sprzęgło indukcyjne
eddy-current flaw detector defektoskop magnetoindukcyjny
eddy currents *pl* prądy wirowe
eddy diffusion *mech.pł.* dyfuzja burzliwa
eddy flow *mech.pł.* przepływ wirowy
eddy motion *mech.pł.* ruch wirowy
eddy viscosity *mech.pł.* lepkość burzliwa
edge 1. krawędź; ostrze **2.** brzeg (*np. płyty, arkusza*)
edge clamp *obr.skraw.* docisk krawędziowy
edge contact *masz.* przypór jednopunktowy (*w przekładni zębatej*)
edge effect *el.* zjawisko krawędziowe; zjawisko brzegowe
edge of attack *aero.* krawędź natarcia
edger 1. *obr.plast.* klatka (*walcownicza*) osadcza, klatka z walcami pionowymi **2.** *drewn.* tarczówka wzdłużna, obrzynarka **3.** (*w robotach ziemnych*) krawędziarka
edge rolling *obr.plast.* walcowanie osadcze, osadzanie
edge runner kruszarka-kołogniot, gniotownik krążnikowy, gniotownik obiegowy
edge saw *zob.* **edger 2.**
edgewise *adv* wzdłuż krawędzi; na kant
edging 1. obróbka krawędzi; *obr.plast.* krawędziowanie, załamywanie krawędzi; okrawanie obrzeża **2.** *obr.plast.* walcowanie osadcze, osadzanie
edging mill *obr.plast.* walcarka osadcza
edifice gmach, budynek monumentalny
editing 1. redagowanie **2.** *kin.* montaż filmowy **3.** *elakust.* montaż (*taśmy magnetycznej*)
edition wydanie
editor 1. redaktor **2.** wydawca (*gazety, czasopisma*) **3.** *kin.* montażysta
editor (program) *inf.* edytor, program redagujący
educational aids *pl* pomoce naukowe
educational film film oświatowy
educe *v chem.* wywiązywać, wydzielać
eductor pompa strumieniowa parowa
efface *v* wymazywać, ścierać (*z powierzchni*)
effect 1. efekt, wynik; wpływ; skutek **2.** zjawisko
effective *a* skuteczny; użyteczny; efektywny
effective address *inf.* adres efektywny
effective current *el.* wartość skuteczna prądu, prąd skuteczny
effective efficiency *mech.* sprawność ogólna, sprawność całkowita
effective energy *mech.* energia użyteczna
effective force *mech.* siła czynna; *el.* wartość skuteczna siły
effective head *hydr.* wysokość rozporządzalna, wysokość hydrauliczna
effective horsepower moc użyteczna, moc efektywna (*w koniach mechanicznych*)
effectiveness skuteczność
effective nucleus *nukl.* rdzeń atomowy, zrąb atomowy
effective pressure *hydr.* ciśnienie użyteczne, ciśnienie efektywne
effective resistance *el.* rezystancja, opór czynny
effective stress naprężenie rzeczywiste
effective work *mech.* praca użyteczna
effector *inf.* efektor
effervescence burzenie się; musowanie
effervescing steel stal nieuspokojona

efficiency 1. *mech.* sprawność, współczynnik sprawności 2. wydajność; skuteczność, efektywność 3. *mat.* efektywność
efficient *a* sprawny; wydajny; efektywny
efflorescence wykwit, nalot krystaliczny (*na powierzchni*)
effluent 1. wyciek, odciek 2. czynnik wypływający (*z silnika odrzutowego*) 3. *san.* ścieki
effluent plume *nukl.* chmura radioaktywna, smuga radioaktywna (*wydostająca się po awarii*)
effluent treatment plant zakład oczyszczania ścieków
efflux *zob.* **effluent**
effort 1. *mech.* siła czynna 2. *wytrz.* wytężenie (*materiału*)
effusion efuzja (*gazów*)
eggshell gloss *powł.* półmat, połysk niepełny
egg white białko jaja
egg yolk żółtko jaja
eigenfrequency *fiz.* częstotliwość drgań własnych
eigenfunction *mat.* funkcja własna
eight-electrode tube oktoda, lampa elektronowa ośmioelektrodowa
eight-wheel car *kol.* wagon czteroosiowy
einsteinium *chem.* ajnsztajn, einstein, Es
Einstein mass-energy equivalence law *fiz.* prawo Einsteina, prawo równoważności masy i energii
Einstein's principle of relativity *fiz.* zasada względności Einsteina
ejected particle *nukl.* cząstka wypromieniowana, cząstka emitowana
ejection wyrzucanie, wypychanie
ejector 1. wyrzutnik; wypychacz 2. ejektor, strumienica ssąca
eka-elements *pl chem.* ekapierwiastki
elaboration opracowanie, wypracowanie
elastic 1. *gum.*, *tw.szt.* elastomer 2. taśma gumowa
elastic *a* sprężysty
elastic axis *wytrz.* oś sprężystości
elastic body *mech.* ciało (doskonale) sprężyste
elastic constant *wytrz.* stała sprężystości, moduł sprężystości, współczynnik sprężystości
elastic element *masz.* sprężynica
elasticity sprężystość
elastic limit *wytrz.* granica sprężystości
elastic modulus *wytrz.* moduł sprężystości wzdłużnej, współczynnik sprężystości wzdłużnej, moduł Younga
elastic solid *mech.* ciało (doskonale) sprężyste
elastic strain *wytrz.* odkształcenie sprężyste
elastic strain energy *wytrz.* energia sprężysta
elastivity *el.* elastancja właściwa
elastomer *tw.szt.* elastomer
elastoplasticity *wytrz.* elastoplastyczność
elastoplastics *pl tw. szt.* elastoplasty
elaterite *min.* elateryt, kauczuk mineralny
elbow kolanko (*łącznik rurowy*); *el.* kątnik rurkowy
elbow valve zawór kątowy
electret *fiz.* elektret
electric(al) *a* elektryczny
electrical bonding *el.* umasienie
electrical conductivity konduktywność, przewodność (elektryczna) właściwa
electrical contact styczność elektryczna
electrical discharge wyładowanie elektryczne
electrical engineering elektrotechnika
electrical equivalent of heat równoważnik elektryczny ciepła
(electrical) impedance impedancja (elektryczna), opór zespolony, opór pozorny
electrical power engineering elektroenergetyka
electrical resistance alloy stop oporowy
(electrical) resistivity rezystywność, opór właściwy
electrical steel stal elektrotechniczna
electrical tape taśma izolacyjna
electrical valve prostownik
electrical welding spawanie elektryczne; zgrzewanie elektryczne
electric arc łuk elektryczny
electric-arc furnace piec (elektryczny) łukowy
electric charge ładunek elektryczny
electric circuit obwód elektryczny
electric conduction przewodzenie elektryczności
electric current prąd elektryczny
electric drive napęd elektryczny
electric energy energia elektryczna
electric field pole elektryczne
electric force natężenie pola elektrycznego
electric furnace piec elektryczny
electric generator źródło energii elektrycznej
electric hand welder spawadełko
electric heater grzejnik elektryczny; ogrzewacz elektryczny
electrician (technik) elektryk

electric induction indukcja elektryczna
electricity elektryczność
electricity meter licznik elektryczny
electric-light fitting oprawa oświetleniowa
electric locomotive elektrowóz, lokomotywa elektryczna
electric motor silnik elektryczny
electric network sieć elektryczna
electric power station elektrownia
electric resistance opór elektryczny
electric resistance furnace piec elektryczny rezystancyjny, piec oporowy
electric shock porażenie elektryczne
electric spark machining obróbka elektroiskrowa
electric steel works elektrostalownia, stalownia elektryczna
electric tool narzędzie ręczne o napędzie elektrycznym
electric torch latarka elektryczna
electric traction *kol.* trakcja elektryczna
electrification 1. elektryzacja **2.** elektryfikacja
electrified *a* **1.** naelektryzowany **2.** zelektryfikowany
electroacoustics elektroakustyka
electrochemical cleaning *met.* oczyszczanie elektrolityczne
electrochemical equivalent równoważnik elektrochemiczny
electrochemical machining obróbka elektroerozyjna
electrochemical series szereg napięciowy (*metali*)
electrochemistry elektrochemia
electrode elektroda
electrode efficiency *spaw.* uzysk elektrody
electrode furnace piec elektrodowy
electrodeless tube lampa elektronowa bezelektrodowa
electrode negative *spaw.* **1.** biegunowość dodatnia (*elektrody*) **2.** *US* biegunowość ujemna (*elektrody*)
electrodeposit osad elektrolityczny; powłoka galwaniczna
electrode positive *spaw.* **1.** biegunowość ujemna (*elektrody*) **2.** *US* biegunowość dodatnia (*elektrody*)
electrode shield przeciwelektroda (*kotła elektrodowego*)
electrode wheel *spaw.* elektroda krążkowa
electrodiffusion *met.* elektrodyfuzja, elektrotransport
electrodynamics elektrodynamika
electrofilter elektrofiltr, filtr elektrostatyczny, odpylacz elektrostatyczny
electrogas welding spawanie elektrogazowe
electrokinetics elektrokinetyka
electrolimit gauge *metrol.* czujnik elektryczny
electroluminescence elektroluminescencja
electrolysis elektroliza
electrolyte elektrolit
electrolytic cell 1. ogniwo elektrolityczne **2.** elektrolizer, wanna elektrolityczna
electrolytic copper miedź elektrolityczna, miedź katodowa
electrolytic dissociation dysocjacja elektrolityczna
electrolytic furnace termoelektrolizer
electrolytic plating powlekanie elektrolityczne, powlekanie galwaniczne
electrolytic tank elektrolizer, wanna elektrolityczna
electrolyze *v* elektrolizować, poddawać elektrolizie
electrolyzer *zob.* **electrolytic tank**
electromachining obróbka elektroerozyjna; drążenie elektrochemiczne
electromagnet elektromagnes
electromagnetic *a* elektromagnetyczny
electromagnetic chuck *obr.skraw.* uchwyt elektromagnetyczny, stół elektromagnetyczny
electromechanical *a* elektromechaniczny
electromerism *chem.* izomeria elektronowa
electrometallurgy elektrometalurgia
electrometer elektrometr
electromotance siła elektromotoryczna
electromotive force *zob.* **electromotance**
electromotor silnik elektryczny
electron 1. *fiz.* elektron **2.** *met.* elektron
electron acceptor elektronobiorca, akceptor elektronów
electron beam wiązka elektronowa
electron-beam furnace piec elektronowy
electron-beam tube lampa (elektronowa) wiązkowa
electron-beam welding spawanie elektronowe
electron charge ładunek elektronu, ładunek elementarny
electron cloud chmura elektronowa
electron conduction przewodnictwo elektronowe, przewodnictwo nadmiarowe, przewodnictwo typu n
electron-defect semiconductor półprzewodnik typu p, półprzewodnik niedomiarowy, półprzewodnik dziurowy
electron donor elektronodawca, donor elektronów

electronegative *a* elektroujemny, elektrycznie ujemny
electron-excess semiconductor półprzewodnik typu n, półprzewodnik nadmiarowy, półprzewodnik dziurowy
electron gun działo elektronowe, wyrzutnia elektronowa
electronic *a* **1.** elektronowy **2.** elektroniczny
electronic data processing elektroniczne przetwarzanie danych, EPD
electronic engineer elektronik
electronic engineering elektronika
electronic heating ogrzewanie pojemnościowe, ogrzewanie dielektryczne
electronic orbit orbita elektronowa
electronics elektronika
electronic spectrum widmo elektronowe
electronic viewing tube *TV* lampa obrazowa, kineskop
electron jump *fiz.* przeskok elektronu
electron lens soczewka elektronowa
electron microscope mikroskop elektronowy
electron mirror zwierciadło elektronowe
electron mobility *elektron.* ruchliwość elektronów
electron optics optyka elektronowa
electron paramagnetic resonance elektronowy rezonans (para)magnetyczny, elektronowy rezonans spinowy
electron physics fizyka elektronowa
electron shell powłoka elektronowa
electron spin resonance *zob.* **electron paramagnetic resonance**
electron theory of metals elektronowa teoria metali
electron trap *fiz.* pułapka elektronowa
electron tube lampa elektronowa, elektronówka
electron-tube amplifier wzmacniacz lampowy
electron valve *zob.* **electron tube**
electron volt *jedn.* elektronowolt, eV
electrophoresis elektroforeza
electrophotography elektrofotografia
electroplater galwanotechnik
electroplating 1. galwanotechnika **2.** powlekanie galwaniczne, powlekanie elektrolityczne, galwanizacja
electroplating bath kąpiel elektrolityczna, kąpiel galwaniczna
electroplating vat elektrolizer, wanna elektrolityczna
electropositive *a* elektrododatni
electroscope elektroskop
electroslag casting *hutn.* odlewanie elektrożużlowe
electroslag welding spawanie elektrożużlowe
electrostatic *a* elektrostatyczny
electrostatic (dust) precipitator filtr elektrostatyczny, elektrofiltr, odpylacz elektrostatyczny
electrostatic field pole elektrostatyczne
electrostatic generator generator elektrostatyczny, maszyna elektrostatyczna
electrostatics elektrostatyka
electrostriction elektrostrykcja
electrotechnics elektrotechnika
electrothermal *a* elektrotermiczny
electrotype *poligr.* galwanotyp
electrovalence *chem.* elektrowartościowość, wartościowość jonowa, wartościowość elektrochemiczna
element 1. element, składnik; *mech.* człon, ogniwo **2.** *chem.* pierwiastek **3.** *mat.* element; składnik
elemental analysis *chem.* **1.** analiza elementarna **2.** analiza pierwiastkowa
elemental state *chem.* stan wolny (*pierwiastka*)
elementary *a* elementarny; jednostkowy
elementary cell *kryst.* komórka sieciowa
elementary particle *fiz.* cząstka elementarna
elementary quantum *fiz.* kwant działania, stała Plancka
element of a cone *geom.* tworząca stożka
element of a fit element pasowania (*wałek lub otwór*)
element of a set *mat.* element zbioru
element of mass *fiz.* element masy
elevate *v* podnosić
elevated plain *geol.* płaskowyż
elevation 1. podnoszenie; wzniesienie **2.** *geod.* elewacja, wzniesienie, kąt wzniesienia **3.** *rys.* rzut pionowy
elevator 1. podnośnik; przenośnik (*pionowy lub stromopochyły*); wyciąg; dźwig, winda **2.** elewator (*zbożowy*) **3.** *lotn.* ster wysokości, ster poziomy
elevator dredger pogłębiarka wieloczerpakowa
elevator inspection dozór dźwigów
elimination eliminacja; usuwanie
eliminator eliminator
ell kolanko (*łącznik rurowy*); *el.* kątnik rurkowy
ellipse *geom.* elipsa
ellipse of inertia *mech.* elipsa bezwładności (*figury płaskiej*)

ellipsograph elipsograf, cyrkiel eliptyczny
ellipsoid *geom.* elipsoida
elliptic(al) *a* eliptyczny
elliptic trammel *zob.* **ellipsograph**
elongate *v* wydłużać (się)
elongation 1. *wytrz.* wydłużenie **2.** *astr.* elongacja (*ciała niebieskiego)*
elongator *hutn.* walcarka wydłużająca, alongator (*do rur*)
Eloxal process *elchem.* anodyzowanie, eloksalowanie, utlenianie anodowe
eluant *chem.* eluent, płyn wymywający
eluate *chem.* wyciek, odciek; eluat (*w chromatografii*)
elution *chem.* wymywanie, eluowanie
eluvium *geol.* eluwium
emanation *chem.* emanacja
embankment 1. nabrzeże **2.** wał; nasyp
embed *v* osadzać (*w podłożu*)
embedded computer *inf.* komputer wbudowany
embody *v* wbudować; włączyć (*konstrukcyjnie*)
embossing 1. *obr.plast.* wygniatanie **2.** *włók.* wytłaczanie, gofrowanie
embrittlement *met.* wzrost kruchości; kruchość
emerge *v* wynurzać, wyłaniać się
emergency stan zagrożenia; nagła potrzeba
emergency brake hamulec bezpieczeństwa
emergency exit wyjście zapasowe, wyjście awaryjne
emergency governor *siln.* regulator bezpieczeństwa
emergency landing *lotn.* lądowanie przymusowe
emergency pump pompa rezerwowa
emergency repair naprawa doraźna
emergency shaft *górn.* szyb ratunkowy
emergency shut-down *nukl.* wyłączenie awaryjne (*reaktora*)
emergency station stacja pogotowia ratunkowego
emergency stopping *górn.* tama bezpieczeństwa
emergency store *ek.* żelazny zapas
emery *min.* szmergiel (*korund naturalny*)
emission 1. *fiz.* emisja, wypromieniowywanie **2.** emisja (*zanieczyszczeń do atmosfery*) **3.** zanieczyszczenia (*atmosfery*); spaliny
emission spectrum *fiz.* widmo emisyjne
emissivity *fiz.* emisyjność, współczynnik emisji
emit *v fiz.* emitować, wypromieniowywać; wydzielać
emitron *TV* superikonoskop, ikonoskop obrazowy, emitron
emittance *fiz.* emitancja
emitted particle *fiz.* cząstka emitowana, cząstka wypromieniowana
emitter *fiz., elektron.* źródło promieniowania; emiter (*w tranzystorze*)
emitter-coupled transistor logic układ logiczny tranzystorowy o sprzężeniu emiterowym
empirical *a* empiryczny, doświadczalny
employ *v* zatrudniać
employee pracownik
employer pracodawca
employment exchange biuro pośrednictwa pracy
empty *v* opróżniać
empty *a* pusty, próżny
emptying cock kurek spustowy
empty set *mat.* zbiór pusty
emulator *inf.* emulator
emulsification emulgowanie, tworzenie emulsji
emulsifier *chem.* **1.** emulgator, środek emulgujący **2.** emulsyfikator (*aparat*)
emulsion emulsja; *fot.* warstwa światłoczuła
emulsion breaker *chem.* demulgator, środek demulgujący
emulsion paint farba emulsyjna
enable signal *inf.* sygnał zezwalający
enamel emalia; szkliwo; polewa
enantiomers *pl chem.* enancjomery, antymery, izomery zwierciadlane
encapsulation *elektron.* obudowa; hermetyzacja (*mikroelementu*)
encase *v* obudować (*zamknąć w obudowie*); oprawić
encipher *v* szyfrować; kodować
encircle *v* okrążać
enclose *v* obejmować; osłaniać
enclosed arc *el.* łuk zamknięty
enclosure 1. obudowa; osłona **2.** ogrodzenie **3.** miejsce ogrodzone; zagroda **4.** załącznik
encode *v* kodować
encoder *inf.* koder, urządzenie kodujące; szyfrator
encrypt *v* szyfrować; utajniać; kodować
encryption *inf.* utajnianie
end 1. koniec; końcówka; zakończenie **2.** *górn.* przodek
end elevation *rys.* rzut boczny, widok boczny
end face of brick główka cegły
end face of tooth *masz.* czoło zęba (*koła zębatego*)

end gauge *metrol.* wzorzec długości
end hardening *obr.ciepl.* hartowanie od czoła
endless belt pas zamknięty, pas bez końca; taśma bez końca
endless screw *masz.* ślimak
endoergic *a fiz.* endoenergetyczny, endoergiczny
end of life *nukl.* koniec okresu pracy (*paliwa w reaktorze*)
end of transmission *inf.* koniec transmisji
endomorphism 1. *mat.* endomorfizm **2.** *geol.* endomorfizm
endothermic reaction *fiz., chem.* reakcja endotermiczna, przemiana endotermiczna
end play *masz.* luz osiowy, luz wzdłużny
end product produkt końcowy; wyrób gotowy
end sill *kol.* czołownica, belka zderzakowa (*wagonu*)
end stop *masz.* zderzak krańcowy
end thrust *masz.* nacisk wzdłużny, nacisk osiowy
endurance 1. trwałość **2.** *lotn.* długotrwałość (*lotu*) **3.** *żegl.* zasięg pływania
endurance limit *wytrz.* wytrzymałość zmęczeniowa
endurance test 1. *wytrz.* próba zmęczeniowa **2.** próba trwałości (*np. silnika*)
end view *rys.* **1.** widok przedmiotu od czoła **2.** rzut boczny, widok boczny
endwall *bud.* ściana szczytowa
energetic particle *fiz.* cząstka wysokoenergetyczna
energize *v* zasilać energią; pobudzać
energized line *el.* linia pod napięciem
energizer *obr.ciepl.* aktywator
energy energia
energy balance bilans energetyczny; bilans strat energetycznych
energy band *fiz.* pasmo energetyczne
energy-band diagram *fiz.* energetyczny model pasmowy (*ciała stałego*)
energy barrier *chem.* próg energetyczny, próg potencjalny (*reakcji*)
energy conservation law *fiz.* zasada zachowania energii
energy-consuming *a* energochłonny
energy gap *fiz.* pasmo energetyczne wzbronione
energy input energia pobrana
energy level *fiz.* poziom energetyczny
energy of radioactivity energia przemiany promieniotwórczej
energy operator (*w mechanice kwantowej*) operator Hamiltona, hamiltonian
energy release wyzwalanie energii
energy spectrum *fiz.* widmo energetyczne
energy state *fiz.* stan energetyczny, stan kwantowy
engagement 1. zatrudnienie, przyjęcie do pracy **2.** włączenie (*np. sprzęgła*); zaczepienie
engagement factor *masz.* stopień pokrycia, liczba przyporu (*w przekładni zębatej*)
engine 1. silnik **2.** maszyna **3.** *kol.* lokomotywa
engine block *siln.* blok cylindrów
engine (cubic) capacity pojemność skokowa silnika
engine cycle obieg termodynamiczny silnika
engineer inżynier; technik
engineering technika; inżynieria
engineering alloy stop techniczny
engineering casting odlew części maszyn
engineering drawing rysunek techniczny maszynowy
engineering industry przemysł budowy maszyn, przemysł maszynowy
engineering reactor *nukl.* reaktor przemysłowy
engineer's hammer młotek ślusarski
engineer's unit system układ techniczny jednostek miar
engineer's wrench klucz maszynowy
engine frame *siln.* rama silnika, kadłub silnika
engine fuel paliwo silnikowe
engine house 1. maszynownia **2.** *kol.* parowozownia
engine knock *siln.* stukanie (*przy spalaniu detonacyjnym*)
engine lathe tokarka uniwersalna
engine mounting zawieszenie silnika
engine oil olej silnikowy (*smarowy*)
engine operator maszynista
engine roughness nierównomierna praca silnika
engine smoothness równomierna praca silnika
engine speed prędkość obrotowa silnika, liczba obrotów silnika (*na minutę*)
engine spluttering *siln.* dławienie się silnika
engine testing hamowanie silnika; próba silnika
engine timing system rozrząd silnika
engrave *v* grawerować, rytować
engraver's tool rylec
enlarge *v* powiększać

enlargement powiększenie
enlarger *fot.* powiększalnik, aparat do powiększeń
enlarging bit *wiertn.* rozszerzak
enlarging drill *obr.skraw.* rozwiertak
enrich *v* wzbogacać
enriched (fuel) reactor *nukl.* reaktor na paliwo wzbogacone
ensemble 1. *fiz.* zespół cząstek 2. *mat.* zbiór
ensilage *roln.* pasza kiszona, kiszonka
enterprise 1. przedsiębiorstwo 2. przedsięwzięcie
enter the orbit *kosm.* wejść na orbitę
enter the university wstąpić na wyższą uczelnię
enthalpy *fiz.* entalpia, zawartość cieplna
entrance wejście
entrance examination egzamin wstępny
entrance velocity prędkość wlotowa, prędkość na wlocie
entresol *bud.* antresola; półpiętro
entropy 1. *fiz.* entropia 2. *inf.* entropia
entry 1. wejście; wlot; *drog.* wjazd 2. *inf.* wejście (*zadania*) 3. zapis (*np. w księgowości*); pozycja (*np. na liście*) 4. hasło (*w słowniku*)
enumerable *a mat.* przeliczalny
enumeration *mat.* 1. numeracja 2. przeliczalność
envelope 1. koperta; otoczka; powłoka 2. *mat.* obwiednia 3. bańka (*lampy*)
envelope structure *met.* struktura siatkowa
environment otoczenie, środowisko
environmental contamination skażenie środowiska
environmental protection ochrona środowiskowa, ochrona przed wpływem środowiska
environmental science sozologia, nauka o ochronie środowiska
environment protection ochrona środowiska
enzyme *biochem.* enzym
epicentre *geofiz.* epicentrum (*trzęsienia ziemi*)
epicycle *geom.* koło odtaczające
epicyclic gear *masz.* przekładnia obiegowa, przekładnia planetarna
epicycloid *geom.* epicykloida
epidiascope *opt.* epidiaskop
epirogeny *geol.* epejrogeneza, lądotwórczość
episcope *opt.* episkop
epitaxial transistor tranzystor epitaksjalny
epithermal *a* 1. *nukl.* epitermiczny 2. *geol.* epitermalny
epoxidation *chem.* epoksydowanie
epoxy resins *pl* żywice epoksydowe
equal angle kątownik równoramienny
equal-arm balance waga równoramienna
equality *mat.* równość
equality sign *mat.* znak równości
equalization wyrównywanie; *aut., el.* korekcja; *farb.* egalizacja
equalizer 1. wyrównywacz 2. *el.* korektor; obwód wyrównawczy 3. *aut.* człon korekcyjny
equalizing current *el.* prąd wyrównawczy
equalizing fixture *obr.skraw.* uchwyt samonastawny
equalizing tank zbiornik wyrównawczy
equal-sided angle kątownik równoramienny
equal value równowartość
equate *v mat.* przyrównywać
equation *mat.* równanie
equation of momentum and impulse *mech.* zasada pędu i popędu
equation of state *fiz.* równanie stanu
equation solver *inf.* analizator równań matematycznych
equator równik
equatorial projection rzut (kartograficzny) równikowy, rzut w położeniu poprzecznym
equiangular *a geom.* równokątny
equiangular transformation *geom.* odwzorowanie izogonalne
equiaxial *a kryst,* równoosiowy
equidistant *a* równoodległy, jednakowo odległy
equilateral *a geom.* równoboczny
equilibrant of forces *mech.* siła równoważąca (*wypadkową sił danych*)
equilibrate *v* równoważyć
equilibrium równowaga
equilibrium constant *chem.* stała równowagi (*chemicznej*)
equilibrium diagram *fiz.* wykres równowagi (*faz*)
equilibrium system *fiz.* układ równowagi
equimolecular *a chem.* równocząsteczkowy
equinoctial *astr.* równik niebieski
equinox *astr.* 1. punkt równonocy 2. równonoc, ekwinokcjum
equip *v* wyposażać
equipartition law *fiz.* zasada ekwipartycji energii, zasada równomiernego rozkładu energii
equipment wyposażenie; sprzęt
equipotential *a fiz.* ekwipotencjalny, o jednakowym potencjale
equivalence równoważność; równowartość

equivalence principle zasada równoważności (*w ogólnej teorii względności*)
equivalent równoważnik
equivalent *a* równoważny; równoważnikowy; równowartościowy; równorzędny
equivalent diode *elektron.* dioda zastępcza
equivalent dose *radiol.* dawka równoważna, równoważnik dawki
equivalent weight *chem.* ciężar równoważnikowy
erasable storage *inf.* pamięć wymazywalna
erase *v* **1.** wycierać; wymazywać; kasować **2.** *inf.* wymazywać
eraser *rys.* guma do wycierania
erasing head *akust.* głowica (*magnetyczna*) kasująca
erbium *chem.* erb, Er
erect *v* **1.** ustawiać pionowo **2.** wznosić, budować
erect a perpendicular poprowadzić prostopadłą
erecting shop montownia
erection 1. ustawianie w pozycji pionowej **2.** wznoszenie, montaż (*konstrukcji*)
erection bay hala montażowa
erection bolt śruba montażowa
erf = error function *mat.*, *fiz.* erf, funkcja błędu
erg *jedn.* erg: 1 erg = 10^{-7} J
ergonomics ergonomia
Erlenmeyer flask *lab.* kolba stożkowa, kolba Erlenmeyera
erosion erozja, żłobienie
erratic *a* błędny; pomyłkowy
erratic (boulder) *geol.* głaz narzutowy, eratyk
error błąd; uchyb
error check *inf.* kontrola błędów
error correcting code *inf.* kod (samo)korekcyjny
error curve *metrol.* krzywa błędów
error detecting code *inf.* kod detekcyjny
error-free *a* bezbłędny, wolny od błędów
error function *mat.*, *fiz.* erf, funkcja błędu
error protection *inf.* ochrona przed błędami
error routine *inf.* program korekcyjny
eruptive rock *geol.* skała wylewna
Esaki diode *elektron.* dioda tunelowa, dioda Esakiego
escalation wzrost; wzmaganie się; narastanie
escalator schody ruchome
escape 1. uchodzenie; ulatnianie się; *fiz.* ucieczka (*neutronów*) **2.** ujście; wylot
escape *v* uchodzić; ulatniać się
escape velocity *astr.* prędkość ucieczki, druga prędkość kosmiczna
escort vessel *okr.* okręt eskortowy, eskortowiec
escribed *a geom.* dopisany
essence esencja
essential *a* istotny, zasadniczy
essential oil olejek eteryczny, olejek lotny
essential reaction *chem.* reakcja podstawowa
establish *v* ustanowić; założyć (*np. przedsiębiorstwo*)
establishment zakład
estate posiadłość; nieruchomość
estate car samochód osobowo-bagażowy, kombi
estate road droga osiedlowa; dojazd
ester *chem.* ester
esterification *chem.* esteryfikacja
estimate 1. oszacowanie **2.** kosztorys
estimate *v* **1.** szacować **2.** *chem.* oznaczać (*ilościowo*)
etalon *metrol.* etalon
etch *v* trawić; wytrawiać
ethane *chem.* etan
ethanol *chem.* etanol, alkohol etylowy
ethene *chem.* eten, etylen
ethyl 1. *chem.* etyl **2.** *paliw.* płyn etylowy (*dodatek antydetonacyjny*)
ethylation *chem.* etylowanie
ethylene *chem.* **1.** eten, etylen **2.** etylen (*grupa*)
ethylenic hydrocarbons *pl chem.* węglowodory etylenowe, alkeny, olefiny
ethyl ether eter (*etylowy*)
ethyl gasoline benzyna etylizowana, etylina
euclidean geometry geometria euklidesowa
europium *chem.* europ, Eu
eutectic (mixture) *met.* eutektyk(a), mieszanina eutektyczna
eutectoid (mixture) *met.* eutektoid, mieszanina eutektoidalna
evacuated volume *fiz.* obszar próżniowy
evacuation usuwanie (*np. gazu*); opróżnianie
evacuator *masz.* pompa próżniowa
evaluation 1. wyznaczanie wartości, ocena **2.** *mat.* wyliczenie **3.** *mat.* oszacowanie
evaporate *v* **1.** parować **2.** odparowywać **3.** *elektron.* naparowywać
evaporated salt sól warzona, warzonka
evaporating dish *chem.* parownica
evaporation 1. parowanie **2.** odparowanie **3.** *elektron.* naparowywanie
evaporation gauge ewaporometr, atmometr

evaporation losses *pl* straty wskutek parowania
evaporation temperature temperatura parowania
evaporative cooling chłodzenie wyparne
evaporator 1. wyparka, aparat wyparny **2.** *chłodn.* parownik
evaporimeter *zob.* **evaporation gauge**
even *v* równać; wyrównywać
even *a* **1.** parzysty **2.** równy, gładki
evenly distributed równomiernie rozłożony
even parity bit *inf.* bit parzystości
even series *chem.* grupa główna (*układu okresowego pierwiastków*)
event *mat., inf.* zdarzenie
ever-ready case *fot.* futerał pogotowia
evidence dowód; dane eksperymentalne
evident *a* widoczny; oczywisty
evolute *geom.* ewoluta, rozwinięta krzywej
evolution 1. rozwijanie; rozwój; ewolucja **2.** *chem.* wydzielanie się, wywiązywanie się (*gazu*)
evolution theory teoria ewolucji
evolvent *geom.* ewolwenta, rozwijająca krzywej
exact *a* dokładny, ścisły
exact division *mat.* dzielenie bez reszty
exactitude dokładność, ścisłość
exact sciences *pl* nauki ścisłe
examination badanie
examine *v* badać
examine under the microscope badać pod mikroskopem
example przykład
excavate *v* kopać; wykopywać
excavation 1. wykop **2.** *górn.* wyrobisko **3.** wykopywanie; *górn.* urabianie
excavator koparka; czerparka
excavator bucket łyżka koparki
exceed *v* przewyższać
excentre *geom.* środek koła dopisanego
exception 1. wyjątek **2.** *inf.* wyjątek (*w programie*)
excess nadmiar; nadwyżka
excess air nadmiar powietrza (*przy spalaniu*)
excess carrier *elektron.* nośnik nadmiarowy
excess current *el.* nadprąd
excess fuel device *siln.* wzbogacacz (*urządzenie rozruchowe*)
excessive *a* nadmierny
excessive fuel consumption przepał (*nadmierne zużycie paliwa*)
excessive load przeciążenie, obciążenie nadmierne
excess meter *el.* licznik szczytowy
excess power *siln.* nadmiar mocy
excess pressure nadciśnienie
excess-three code *inf.* kod z nadmiarem trzy, kod Stibitza
excess voltage *el.* napięcie nadmierne, przepięcie
exchange 1. wymiana **2.** *ek.* giełda **3.** *telef.* centrala
exchangeable *a* wymienny
exchange code *telef.* numer kierunkowy centrali
exchange line *telef.* łącze abonenckie
exchanger 1. *masz.* wymiennik **2.** *chem.* wymieniacz jonowy, jonit
exchange rate *ek.* kurs walutowy, kurs wymienny
exchange reaction *chem.* reakcja wymiany
exchanger reactor *nukl.* reaktor wymienny, reaktor z wymianą paliwa
exchange system *tel.* system komutacyjny
excircle *geom.* okrąg dopisany
excitation wzbudzanie; pobudzanie
excitation energy *fiz.* energia wzbudzenia
excitation winding *el.* uzwojenie wzbudzające
excited atom *fiz.* atom wzbudzony
exciter *el.* wzbudnica
exciton *fiz.* ekscyton
excitron *elektron.* ekscytron
exclude *v* wykluczać; wyłączać
exclusion area *nukl.* strefa ochronna, strefa wyłączenia
exclusion principle *fiz.* zasada wykluczenia, zasada Pauliego, zakaz Pauliego
EXCLUSIVE OR *inf.* nierównoważność, LUB wykluczające (*funktor*)
EXCLUSIVE OR element *inf.* element XOR, element nierównoważności
executive 1. zarząd **2.** członek zarządu
executive program *inf.* egzekutor
exerciser *inf.* układ (*programu*) uruchomieniowy
exfoliation łuszczenie się, odłupywanie się powierzchni
exhalation wyziewy
exhaust *siln.* wydech, wylot, wydmuch
exhaust *v* **1.** usuwać (*np. gazy*) **2.** wyczerpywać (*np. zapasy*)
exhausted soil gleba wyjałowiona
exhauster 1. ekshaustor, wentylator wyciągowy **2.** *masz.* pompa próżniowa
exhaust gas spaliny, gazy spalinowe; gazy wydechowe
exhaust heat *kotł.* ciepło odpadkowe, ciepło odlotowe
exhaust jet strumień wylotowy

exhaust nozzle dysza wylotowa
exhaust pipe 1. *siln.* rura wydechowa; rura wylotowa **2.** przewód wentylacyjny wyciągowy
exhaust steam para odlotowa
exhaust stroke *siln.* suw wydechu
exhaust system 1. *siln.* układ wydechowy **2.** *nukl.* układ wyciągowy
exhaust trail *lotn.,rak.* smuga kondensacyjna
exhaust valve *siln.* zawór wydechowy; zawór wylotowy
exhibit eksponat
exhibition wystawa
exit wyjście; wylot; *drog.* wyjazd
exit dose *nukl.* dawka wyjściowa (*promieniowania*)
exit roller table *hutn.* samotok odprowadzający
exoergic *a fiz.* egzoergiczny, egzoenergetyczny
exolife *kosm.* życie pozaziemskie
exosphere *geofiz.* egzosfera (*najwyższa warstwa atmosfery*)
exothermic reaction *term.* reakcja egzotermiczna
exotic particles *pl fiz.* cząstki egzotyczne
expand *v* **1.** rozszerzać (się); rozprężać (się) **2.** *obr.plast.* rozpęczać, roztłaczać **3.** *mat.* rozwijać
expanded glass pianoszkło
expanded metal siatka metalowa rozciągana
expanded rubber guma porowata
expanded slug żużel spieniony
expander 1. *obr.skraw.* trzpień rozprężający, rozprężacz **2.** *chłodn.* rozprężarka, silnik ekspansyjny **3.** *telef.* ekspandor (*sygnału*) **4.** *aut.* ekspander
expanding agent *gum., tw.szt.* środek porotwórczy, porofor, czynnik wzrostowy
expanding mill *hutn.* walcarka rozwalcowująca tuleje
expanding ring *masz.* pierścień rozprężny
expansion 1. rozszerzanie (się); rozprężanie (się) **2.** rozszerzalność **3.** *mat.* rozkład; *mat.* rozwinięcie (*w szereg*) **4.** *ek.* ekspansja, rozwój; rozbudowa
expansion brake *masz.* hamulec szczękowy
expansion chamber *fiz.* komora rozprężeniowa, komora (jonizacyjna) Wilsona
expansion coefficient *fiz.* współczynnik rozszerzalności cieplnej
expansion coupling *masz.* sprzęgło wysuwne
expansion engine *chłodn.* rozprężarka, silnik ekspansyjny
expansion gap szczelina dylatacyjna
expansion pipe joint wydłużalnik rurowy, kompensator rurowy
expansion pressure ciśnienie rozprężania, rozprężność
expansion ratio *siln.* stopień rozprężania
expansion stroke *siln.* suw rozprężania, suw pracy, suw roboczy
expansion tank zbiornik wyrównawczy
expansion thermometer termometr rozszerzalnościowy, termometr dylatacyjny
expansion valve *masz.* zawór rozprężny
expansion wave *aero.* fala rozrzedzeniowa
expectation *mat.* wartość oczekiwana
expected life trwałość przewidywana
expected value *zob.* **expectation**
expedition 1. wyprawa **2.** wysyłka
expel *v* **1.** wydalać, usuwać **2.** *chem.* odpędzać
expenditure *ek.* wydatki; rozchód
expenses *pl* wydatki
experience doświadczenie (*nabyte*)
experiment doświadczenie, eksperyment
experiment *v* wykonywać doświadczenie
experimental *a* doświadczalny, eksperymentalny
experimental hole *nukl.* kanał doświadczalny, kanał do napromieniania
experiment tank *okr.* basen doświadczalny, basen modelowy
expert rzeczoznawca, biegły, ekspert
expertise ekspertyza
expiration date termin ważności, data ważności
explanation objaśnienie; wyjaśnienie
explement of an angle *geom.* dopełnienie kąta
explicit tolerance *metrol.* tolerancja ustalona
explode *v* wybuchać, eksplodować
exploitation 1. *ek.* eksploatacja, wyzyskiwanie **2.** *górn.* wybieranie, eksploatacja (*złoża*)
exploration poszukiwanie, badanie
exploration work *geol.* prace poszukiwawcze
explore possibilities badać możliwości
explosion wybuch, eksplozja
explosive materiał wybuchowy
explosive *a* wybuchowy
explosive fission *nukl.* rozszczepienie wybuchowe

explosive forming *obr.plast.* tłoczenie wybuchowe, kształtowanie wybuchowe (*blach*)
explosive mixture mieszanka wybuchowa
explosive power siła materiału wybuchowego
explosive reaction *chem.* reakcja wybuchowa
explosive rivet nit wybuchowy
explosive welding zgrzewanie wybuchowe
exponent *mat.* wykładnik, eksponent
exponential *a mat.* wykładniczy
exponential function *mat.* funkcja wykładnicza
export eksport, wywóz
exposition ekspozycja (*towarów na wystawie*), *zob.też* **exposure**
exposure 1. wystawienie na działanie czynników zewnętrznych **2.** *radiol.* napromienianie **3.** *fot.* naświetlanie
exposure dose *radiol.* dawka ekspozycyjna, dawka naświetleniowa, ekspozycja
exposure meter 1. *fot.* światłomierz **2.** *nukl.* dozymetr
exposure table *fot.* tablica naświetleń
exposure test badanie odporności na działanie czynników atmosferycznych
expression 1. *mat.* wyrażenie **2.** wyciskanie; prasowanie (*np. nasion oleistych*)
express (train) pociąg pospieszny
expulsion wydalanie, usuwanie
exradius *geom.* promień okręgu dopisanego
exsiccate *v* suszyć; osuszać
exsiccator *chem.* eksykator
extend *v* rozciągać; przedłużać; rozszerzać
extended surface powierzchnia rozwinięta
extender 1. *chem.* napełniacz, wypełniacz; obciążacz **2.** rozcieńczalnik **3.** *el.* przedłużacz **4.** *inf.* przedłużacz
extensibility rozciągliwość
extension 1. wydłużenie; przedłużenie **2.** *telef.* telefon wewnętrzny **3.** zakres (*pojęcia*) **4.** *mat.* przedłużenie, rozszerzenie
extension arm *masz.* wysięgnik
extension ladder drabina wysuwana
extension spring sprężyna rozciągana (*pracująca na rozciąganie*)
extensive quantity *fiz.* wielkość ekstensywna
extensometer *wytrz.* tensometr
extent rozciągłość, rozpiętość
exterior angle *geom.* kąt zewnętrzny
exterior-interior angles *pl geom.* kąty odpowiadające
external *a* zewnętrzny
external device *inf.* urządzenie zewnętrzne
externally screwed z gwintem zewnętrznym
externally tangent *geom.* zewnętrznie styczny
external photoelectric effect fotoemisja, zjawisko fotoelektryczne zewnętrzne
external spline *masz.* wałek wielowypustowy, wielowypust
external store *inf.* pamięć zewnętrzna
external thread *masz.* gwint zewnętrzny
extinction 1. wygaszenie **2.** wygaśnięcie **3.** ekstynkcja (*promieniowania*)
extinguish *v* gasić; wygaszać
extinguisher gaśnica
extract 1. *chem.* wyciąg, ekstrakt **2.** wypis (*w dokumentacji*)
extract *v* **1.** wyciągać, uzyskiwać **2.** *chem.* ekstrahować
extract a root *mat.* wyciągać pierwiastek
extraction 1. wyciąganie; wydobywanie **2.** *górn.* wybieranie, eksploatacja **3.** *chem.* ekstrakcja, ługowanie **4.** *inf.* wydzielanie; maskowanie
extraction column *chem.* kolumna ekstrakcyjna
extraction naphtha benzyna ekstrakcyjna
extraction valve *siln.* zawór upustowy
extractive industry przemysł wydobywczy
extractor 1. *masz.* wyciągacz; ściągacz **2.** *chem.* aparat ekstrakcyjny, ekstraktor, ługownik **3.** *inf.* maska, ekstraktor
extra-fine fit *masz.* pasowanie bardzo dokładne
extra-fine steel stal najwyższej jakości
extra-fine thread gwint bardzo drobnozwojny
extra-hard steel stal diamentowa
extra-high voltage *el.* najwyższe napięcie (*w elektroenergetyce*)
extraneous *a* obcy, pochodzący z zewnątrz
extranuclear electron elektron orbitalny, elektron pozajądrowy
extrapolation *mat.* ekstrapolacja
extremal *mat.* ekstremala
extreme *mat.* ekstremum
extreme *a* krańcowy, skrajny; *mat.* ekstremalny
extremely high frequency *rad.* skrajnie wielka częstotliwość (30000–300 000 MHz)
extremely low frequency *rad.* skrajnie mała częstotliwość (*poniżej* 300 Hz)
extremum (*pl* **extrema**) *mat.* ekstremum
extrinsic *a* zewnętrzny; postronny
extrinsic film *elektron.* warstwa domieszkowa

extrinsic conduction *el.* przewodnictwo niesamoistne
extrudate wyrób wyciskany; wyrób wytłaczany
extruder 1. *met.* prasa do wyciskania **2.** *gum., tw.szt.* wytłaczarka
extrusion 1. *met.* wyciskanie, prasowanie wypływowe **2.** *gum., tw.szt.* wytłaczanie, formowanie wytłoczne **3.** *geol.* ekstruzja
extrusive rock *geol.* skała wylewna, skała wulkaniczna
eye 1. *anat.* oko **2.** *masz.* oko; oczko; ucho
eyebar pręt z uchem
eyebolt śruba oczkowa
eyehole 1. otwór na czop **2.** *bud.* judasz
eyelet *masz.* oczko
eye-nut nakrętka z uchem
eye of a needle ucho igły
eyepiece *opt.* okular; wziernik
eye-protection glasses *pl* szkła ochronne
eye-shield *bhp* osłona oczu

F

fabric 1. budowa, struktura **2.** tkanina
fabric filter filtr tkaninowy
façade *bud.* fasada; elewacja
face 1. *anat.* twarz **2.** powierzchnia czołowa, czoło; lico; *górn.* przodek **3.** *geom.* powierzchnia; ściana
face *v* licować; okładać
face brick (cegła) licówka
face cutter *obr.skraw.* **1.** frez czołowy **2.** głowica frezowa
face hammer (młotek) równiak
face lathe *obr.skraw.* tokarka tarczowa
face of weld *spaw.* lico spoiny
face run-out *masz.* bicie wzdłużne, bicie czołowe
facet *kryst.* ścianka kryształu
facility 1. łatwość **2.** urządzenie
facing 1. *bud.* oblicówka, okładzina **2.** licowanie, okładanie **3.** *obr.skraw.* obróbka powierzchni czołowych **4.** *obr.skraw.* toczenie poprzeczne
facing lathe *obr.skraw.* tokarka tarczowa
factor 1. *mat.* czynnik **2.** współczynnik
factorial *mat.* silnia
factorize *v mat.* rozkładać na czynniki
factor out *mat.* wyciągać (*wspólny czynnik*) przed nawias
factory fabryka; wytwórnia
factory (mother) ship statek (baza-) przetwórnia rybacka
factory worker robotnik fabryczny
fade *v* **1.** zanikać **2.** tracić zabarwienie, blaknąć
fade-in *rad.* wzmacnianie sygnału
fade-out *rad.* zanikanie sygnału
Fahrenheit (temperature) scale skala (temperatury) Fahrenheita
fail *v* ulec uszkodzeniu
fail-safe *a* odporny na uszkodzenia
failure uszkodzenie; awaria
failure-free *a* bezusterkowy; bezawaryjny
failure load *wytrz.* obciążenie niszczące
fair *ek.* targi
fall 1. spadek, upadek **2.** spadek, zmniejszenie się **3.** *hydr.* spad
fallaway *kosm.* oddzielenie się (*członu statku kosmicznego*)
falling tide *ocean.* odpływ
falling weight baba (*kafara*)
fall-out *nukl.* opad radioaktywny
fallow *roln.* ugór
false *a* fałszywy
family A *chem.* grupa główna (*układu okresowego pierwiastków*)
family B *chem.* grupa poboczna (*układu okresowego pierwiastków*)
family of elements *chem.* grupa układu okresowego pierwiastków, rodzina pierwiastków
fan wentylator
fan-in *inf.* obciążalność wejściowa (*bramki logicznej*)
fan-out *inf.* obciążalność wyjściowa (*bramki logicznej*)
farad *jedn.* farad, F
faraday *elchem.* stała Faradaya, faraday
farm gospodarstwo rolne
farmer rolnik
far side of the Moon odwrotna strona Księżyca
fashion *v* kształtować; wykończać
fast *a* **1.** szybki **2.** zamocowany **3.** odporny
fast-acting *a* szybkodziałający; szybki
fast colour barwnik trwały
fastener *masz.* łącznik, element złączny
fast-ice *ocean.* lód stały
fastness odporność; trwałość

fast reactor *nukl.* reaktor prędki, reaktor na neutronach prędkich
fast to exposure odporny na wpływy atmosferyczne
fatal dose dawka śmiertelna
fat hardening utwardzanie tłuszczów, uwodornianie tłuszczów
fatigue *wytrz.* zmęczenie (*materiału*)
fatigue test *wytrz.* próba zmęczeniowa
fatty acid *chem.* kwas tłuszczowy
fault skaza; wada; *el.* zakłócenie; uszkodzenie; *inf.* defekt (*w programie*)
faultless *a* bezusterkowy
fault time czas przestoju z powodu uszkodzenia
faying face *masz.* powierzchnia przylgowa; przylgnia; powierzchnia stykowa złącza
feather joint *drewn.* połączenie na pióro i wpust
feed 1. zasilanie; podawanie **2.** *obr.skraw.* posuw
feedback *aut.* sprzężenie zwrotne
feeder 1. *masz.* zasilacz; podajnik **2.** *el.* przewód zasilający
feedhead *odl.* nadlew
feeding screw podajnik śrubowy; podajnik ślimakowy
feed rate 1. szybkość zasilania **2.** *obr.skraw.* szybkość posuwu
felling *leśn.* ścinka drzew
felt filc; wojłok
female *a masz.* obejmujący, zewnętrzny (*o części obejmującej inną część*)
female cone *masz.* stożek wewnętrzny
female connector *el.* gniazdko
femto- femto- (*przedrostek w układzie dziesiętnym, krotność* 10^{-15})
fence 1. ogrodzenie **2.** *masz.* prowadnica; ogranicznik
fender 1. ochraniacz **2.** *mot.* zderzak
ferment *biochem.* ferment, enzym
ferment *v* **1.** fermentować **2.** poddawać fermentacji
fermi *jedn.* fermi: 1 fm = 10^{-15} m
fermion *fiz.* fermion, cząstka Fermiego
fermium *chem.* ferm, fermium, Fm
ferric *a chem.* żelazowy
ferrite *met.* ferryt
ferroalloy *met.* żelazostop
ferroconcrete *bud.* żelbet, beton zbrojony
ferroelectric ferroelektryk, materiał ferroelektryczny
ferromagnetic ferromagnetyk, materiał ferromagnetyczny
ferrous *a chem.* żelazawy
ferrous metallurgy hutnictwo żelaza
ferrule okucie; nasadka metalowa
ferry prom
fertile *a* **1.** *gleb.* urodzajny, żyzny **2.** *nukl.* paliworodny
fertilize *v* **1.** *roln.* nawozić; użyźniać **2.** *nukl.* powielać (*paliwo*)
fibre włókno
fibreboard płyta pilśniowa
fibreglass włókno szklane
fibrescope *opt.* obrazowód (*pęczek światłowodów*)
fibril fibryla, włókienko
fidelity *elakust.* wierność (*odtwarzania*)
field 1. *mat.* pole **2.** *mat.* obszar **3.** *fiz.* pole **4.** dziedzina, zakres (*tematyczny*)
field effect transistor *elektron.* tranzystor polowy
field magnet *el.* magneśnica, magnes wzbudzający
field of force *mech.* pole sił
field of gravitation *fiz.* pole grawitacyjne
field of view *opt.* pole widzenia
field voltage *el.* napięcie wzbudzenia
field weld *spaw.* spoina montażowa
fifteen-degrees calorie *jedn.* kaloria mała, kaloria piętnastostopniowa: 1 cal_{15} = 4,1855 J
fighter *lotn.* samolot myśliwski, myśliwiec
figure 1. *mat.* cyfra **2.** *geom.* figura **3.** rysunek (*np. w książce*)
filament 1. włókno **2.** *el.* żarnik (*żarówki*)
file 1. *narz.* pilnik **2.** *inf.* plik **3.** kartoteka
file *v* pilnikować, piłować pilnikiem
file cut nacięcie pilnika
file dust opiłki
fill *v* napełniać; wypełniać
filler 1. *el.* wypełnienie (*np. kabla*) **2.** *chem.* wypełniacz **3.** kit szpachlowy, szpachlówka **4.** *spaw.* spoiwo
fillet 1. *masz.* zaokrąglenie (*między dwiema powierzchniami*) **2.** *bud.* listwa
fillet weld *spaw.* spoina pachwinowa
filling station *mot.* stacja benzynowa
film 1. warstewka; błonka **2.** *fot.* błona, taśma filmowa, film **3.** *kin.* film **4.** *tw.szt.* folia
film camera kamera filmowa
film slide *fot.* diapozytyw, przezrocze
film speed *fot.* czułość błony
filter filtr; sączek
filt(e)rable *a* przesączalny
filter layer warstwa filtracyjna
filter pack wkład filtru
fin 1. *masz.* żebro, żeberko **2.** *drewn.* pióro, wypust **3.** *obr.plast.* wypływka, rąbek
final *a* końcowy

find odkrycie; znalezisko
fine *a* **1**. drobny; miałki **2**. oczyszczony
fine coal miał węglowy
fine fit *masz.* pasowanie dokładne
fine mechanics mechanika precyzyjna
fineness 1. rozdrobnienie, stopień rozdrobnienia **2**. czystość (*np. metalu*); próba (*metali szlachetnych*)
fines *pl* przesiew, produkt podsitowy; podziarno
fine structure *fiz.* struktura subtelna
fine thread *masz.* gwint drobnozwojny
finger 1. *anat.* palec **2**. *masz.* palec
finish *v* **1**. kończyć **2**. wykończyć
finished nut *masz.* nakrętka obrobiona
finished product wyrób gotowy
finite *a mat.* skończony
finning *masz.* użebrowanie
fire 1. ogień **2**. pożar
fire *v* zapalać; podpalać
fire-arms *pl* broń palna
fire-box *kotł.* skrzynia paleniskowa, skrzynia ogniowa
fire brick cegła ogniotrwała
fire-brigade straż pożarna
fireclay glina ogniotrwała, szamota
firedamp *górn.* gaz kopalniany
fire escape wyjście pożarowe (*zapasowe*)
fire extinguisher gaśnica
fireman 1. *kotł.* palacz **2**. strażak
fireproof *a* ognioodporny
fire-wall przegroda ogniowa; ściana przeciwpożarowa
fire wood drewno opałowe
firing order *siln.* kolejność zapłonu
first aid *bhp* pierwsza pomoc
first floor 1. pierwsze piętro **2**. *US* parter
first gear *mot.* przekładnia pierwszego biegu
first law of motion *mech.* pierwsza zasada dynamiki, pierwsza zasada Newtona, zasada bezwładności
first principle of dynamics *zob.* **first law of motion**
first speed *mot.* najniższy bieg
first triad *chem.* triada żelaza, żelazowce (Fe, Co, Ni)
fishbone antenna *rad.* antena szkieletowa
fisherman 1. statek rybacki **2**. rybak
fishery 1. rybołówstwo **2**. łowisko
fishing 1. rybołówstwo **2**. *wiertn.* roboty ratunkowe, instrumentacja **3**. *el.* wciąganie przewodów w rurkowanie
fishing gear sprzęt rybacki
fissile *a* **1**. łupliwy **2**. *nukl.* rozszczepialny
fission rozszczepienie; rozerwanie
fission reactor *nukl.* reaktor rozszczepieniowy
fissure szczelina, pęknięcie
fit *masz.* pasowanie
fitter monter
fitting 1. montaż; dopasowywanie **2**. *el.* oprawa (*oświetleniowa*)
fittings *pl* osprzęt; armatura; *bud.* wyposażenie
fix *v* **1**. mocować; zamocowywać; ustalać; unieruchamiać **2**. *fot., farb.* utrwalać **3**. *chem.* wiązać
fixative utrwalacz
fixed load obciążenie stałe
fixing bath *fot., farb.* kąpiel utrwalająca
fixing bolt *masz.* śruba ustalająca
fixture osprzęt; armatura
flame płomień
flame cleaning *powł.* oczyszczanie płomieniowe, oczyszczanie ogniowe
flame igniter urządzenie zapłonowe (*w turbinach spalinowych*)
flame-plating *spaw.* natapianie; napawanie
flammable *a* łatwopalny; palny
flange *masz.* kołnierz; kryza
flange coupling 1. sprzęgło kołnierzowe **2**. połączenie (rurowe) kołnierzowe
flange weld *spaw.* spoina brzeżna
flank powierzchnia boczna; bok
flap 1. klapa **2**. zawór klapowy **3**. łopotanie
flare 1. rozbłysk **2**. rozszerzenie (*np. rury u wylotu*)
flash 1. błysk **2**. *obr.plast.* wypływka, rąbek
flashback 1. *spaw.* cofnięcie się płomienia (*w palniku gazowym*) **2**. *el.* zapłon wsteczny (*w lampie prostowniczej*)
flash-lamp *fot.* lampa błyskowa, flesz
flashover *el.* przeskok iskry
flash-point *paliw.* temperatura zapłonu
flash welding *spaw.* zgrzewanie iskrowe
flask 1. *odl.* skrzynka formierska **2**. *lab.* kolba
flat 1. powierzchnia płaska **2**. płaskownik **3**. *powł.* mat
flat angle *geom.* kąt płaski
flat engine silnik bokser
flat head *masz.* łeb stożkowy płaski (*wkrętu*); łeb płaski (*nitu*)
flat iron żelazko (*do prasowania*)
flat oil paint farba olejna matowa
flat spring sprężyna płytkowa, sprężyna płaska
flattener *obr.plast.* prostownica do blach
flattening spłaszczanie; równanie; prostowanie (*blachy*)
flat-top ladder drabina z platformą roboczą

flaw skaza; wada
flaw detection defektoskopia, wykrywanie wad materiałowych
flaw detector defektoskop
fleet *żegl.* flota
flexibility giętkość
flexible cord *el.* przewód giętki, sznur
flexible coupling *masz.* sprzęgło podatne
flexion **1.** zginanie; wyginanie **2.** zgięcie; wygięcie
flexure zgięcie; wygięcie; ugięcie
flight lot
flight of stairs *bud.* bieg schodowy
flip-chip *elektron.* struktura z kontaktem sferycznym
flip-flop *elektron.* przerzutnik bistabilny, flip-flop
float **1.** pływak **2.** *bud.* packa (*tynkarska*); zacieraczka
floatation **1.** *hydr.* pływanie, unoszenie się na powierzchni cieczy **2.** *wzbog.* flotacja
floating dock *okr.* dok pływający
floating ice kra lodowa
flocculation *chem.* flokulacja, kłaczkowanie
flood *v* zalewać; zatapiać
flood control reservoir zbiornik przeciwpowodziowy
flooding the engine zalanie silnika
floor **1.** podłoga **2.** strop **3.** piętro; kondygnacja **4.** *górn.* spąg, spód pokładu
floor moulding *odl.* formowanie w gruncie
floppy disk *inf.* dyskietka, dysk elastyczny
floppy disk store *inf.* pamięć dyskietkowa
flotation **1.** *hydr.* pływanie, unoszenie się na powierzchni cieczy **2.** *wzbog.* flotacja
flow **1.** przepływ; ruch płynu **2.** *obr.plast.* płynięcie (*materiału*)
flow chart **1.** schemat technologiczny (*przebiegu procesu technologicznego*) **2.** *inf.* schemat działania programu
flowing power *odl.* lejność
flowmeter *hydr.* przepływomierz
flow out wypływać
flow over przelewać się
flow rate *hydr.* natężenie przepływu
flow round opływać
flow soldering lutowanie falowe (*za pomocą fali ciekłego lutu*)
flow through przepływać
fluctuation wahanie, fluktuacja
flue gas spaliny, gazy spalinowe
fluent *a* płynny
flue tube *kotł.* płomienica
fluid *fiz.* płyn
fluid coupling sprzęgło hydrauliczne
fluid drive napęd hydrauliczny
fluid extinguisher gaśnica płynowa
fluidics automatyka strumieniowa, strumienika
fluidity płynność; *odl.* lejność
fluid mechanics mechanika płynów
fluid medium *fiz.* ośrodek płynny
fluid spring amortyzator hydrauliczny
flume *hydr.* koryto; sztuczny kanał
fluming spławianie, transport hydrauliczny
fluorescence *fiz.* fluorescencja
fluorescent lamp lampa fluorescencyjna, świetlówka
fluoride *chem.* fluorek
fluorine *chem.* fluor, F
fluoroscopy fluoroskopia, rentgenoskopia, prześwietlanie promieniami X
flush *v* spłukiwać strumieniem cieczy
fluting rowkowanie; żłobkowanie
flutter **1.** trzepotanie **2.** *akust.* drżenie dźwięku
flux **1.** *fiz.* strumień **2.** *hutn.*, *spaw.* topnik
flux-cored electrode *spaw.* elektroda rdzeniowa
fly *v* latać
fly cutter *obr.skraw.* frez jednoostrzowy
fly nut nakrętka skrzydełkowa, nakrętka motylkowa
flyover *drog.* przejazd dwupoziomowy
flywheel **1.** *masz.* koło zamachowe **2.** *zeg.* balans
f-number *opt.* otwór względny obiektywu
foam piana
foamed concrete *bud.* pianobeton
foam extinguisher gaśnica pianowa
focal *a mat.*, *fiz.* ogniskowy
focalize *v opt.* nastawiać na ostrość, ogniskować
focal length *opt.* (odległość) ogniskowa
focus (*pl* **foci** *or* **focuses**) **1.** *mat.* ognisko **2.** *fiz.* ognisko
focuser *opt.* układ ogniskujący
focusing lens *opt.* soczewka skupiająca, soczewka dodatnia, soczewka zbierająca
focusing magnet *elektron.* magnes ogniskujący
focus of an earthquake *geofiz.* hipocentrum, ognisko trzęsienia ziemi
fog **1.** mgła **2.** *fot.* zadymienie
fogging **1.** *powł.* zmatowienie powierzchni **2.** *fot.* zadymienie
foil folia metalowa
fold fałda
folder *obr. plast.* krawędziarka (*do blach*)
folding *a* składany

folding rule przymiar kreskowy składany, miarka składana
foliate *v* rozwarstwiać się
follow die *obr.plast.* tłocznik wielotaktowy
follower 1. *masz.* człon bierny, człon napędzany **2.** *obr.skraw.* podtrzymka ruchoma
follower gear koło zębate napędzane
follow-up system *aut.* układ nadążny
food additives *pl* dodatki do żywności (*np. barwniki*)
food colour barwnik spożywczy
food engineering technologia żywności
foodstuff artykuł spożywczy
foolproof *a* zabezpieczony przed niewłaściwą obsługą
foot (*pl* **feet**) **1.** *anat.* stopa **2.** *jedn.* stopa: 1 ft = 0,3048 m **3.** *geom.* spodek (*prostopadłej*) **4.** *masz.* stopka; nóżka
foot brake hamulec nożny
foot-candle *jedn.* stopoświeca: 1 ftc ≈ ≈ 10,7639 lx
footing *bud.* podstawa fundamentowa
foot lever pedał
foot-operated *a* nożny (*napędzany lub sterowany*)
foot-pace *bud.* spocznik schodowy, podest
foot-pound stopofunt (*jednostka pracy i energii*)
foot-poundal stopopoundal (*jednostka pracy i energii*)
foot-rule przymiar kreskowy 12-calowy
foots *pl* osad; szlam; męty
foot stock *obr.skraw.* konik (*obrabiarki*)
footwall *górn.* spąg, spód pokładu
forbidden term *inf.* askryptor, nondeskryptor, termin zakazany
force *mech.* siła
force *v* **1.** wciskać; wtłaczać **2.** wymuszać
forced draught ciąg sztuczny
forced fit *masz.* pasowanie wtłaczane
forced induction *siln.* doładowanie
forced landing *lotn.* lądowanie przymusowe
forced motion *mech.* ruch wymuszony, ruch nieswobodny
force in wpychać; wtłaczać
force of gravity siła ciężkości
force out wypychać
force polygon *mech.* wielobok sił
force pump pompa tłocząca
force through przepychać; przetłaczać
forebody *okr.* dziobowa część kadłuba
forecasting prognozowanie
forehand welding spawanie w lewo
forehead *górn.* przodek
foreign matter obce ciało
foreign trade handel zagraniczny
foreman mistrz
forerun *ferm.* przedgon (*przy destylacji*)
foresight *wojsk.* muszka
forest cutting *leśn.* rębnia
forestry leśnictwo
forest stand drzewostan
forge *v* kuć
forgeable *a* kowalny
forged *a* kuty
forger kowal maszynowy
forge rolling walcowanie kuźnicze, walcowanie na kuźniarce
forge rolls *pl* walce kuźnicze
forge welding zgrzewanie kuźnicze
forging 1. kucie **2.** odkuwka
forging shop kuźnia
fork 1. widły **2.** *masz.* widełki **3.** rozwidlenie
form 1. kształt **2.** formularz, blankiet
formability *obr. plast.* odkształcalność, zdolność do odkształceń plastycznych
format 1. format (*np. książki*) **2.** *inf.* format
format effector *inf.* formatyzator
formation 1. tworzenie się, powstawanie **2.** *geol.* utwór, formacja **3.** *lotn.* szyk (*samolotów*)
formation line *geod.* niweleta
formation water *geol.* woda złożowa
formatter *inf.* formater
formed cutter *obr.skraw.* frez kształtowy
form feeding *inf.* wysuw formularza, wysuw strony
forming kształtowanie, formowanie, tworzenie (się)
forming pass *hutn.* wykrój kształtujący (*w walcownictwie*)
form of thread *masz.* zarys gwintu
formula (*pl* **formulae** *or* **formulas**) *mat.* wzór; formuła
formwork *bud.* deskowanie; szalowanie
forward current *elektron.* prąd przewodzenia
forward-wave tube *elektron.* lampa o fali postępującej
forward welding spawanie w lewo
fossilization *geol.* fosylizacja
fouling zanieczyszczenie
foundation fundament; podłoże
founding odlewanie
foundry 1. odlewnia **2.** odlewnictwo
foundry furnace piec odlewniczy
foundry iron surówka odlewnicza
foundry mould forma odlewnicza
foundry moulding machine maszyna formierska, formierka

fount *narz.* komplet stempli; *poligr.* garnitur czcionek
four-bar linkage *mech.* czworobok przegubowy
four-stroke engine silnik czterosuwowy, czterosuw
four-terminal network *el.* czwórnik
fourth dimension *fiz.* czwarty wymiar (*czas w teorii względności*)
four-wheel car *kol.* wagon dwuosiowy
four-wheel drive *mot.* napęd na cztery koła
fraction 1. *mat.* ułamek **2.** frakcja
fractional digit *inf.* cyfra po przecinku
fractional distillation *chem.* destylacja frakcyjna, rektyfikacja
fractional power 1. *mat.* potęga ułamkowa **2.** *el.* moc ułamkowa
fractography *met.* fraktografia (*mikroskopowe badanie przełomów*)
fracture 1. pęknięcie; złamanie **2.** *met.* przełom; *min.* przełam
fragile *a* kruchy, łamliwy
fragment 1. odłamek **2.** *nukl.* odłamek (*jądra*), fragment
fragmentation *nukl.* fragmentacja, rozbicie (*jądra atomowego*)
frame 1. rama; ramka **2.** *inf.* ramka **3.** *masz.* kadłub, korpus, **4.** *okr.* wręg; *lotn.* wręga **5.** *kin.* klatka filmowa, kadr
frame of reference *geom.* układ odniesienia
framework *mech.* kratownica; szkielet konstrukcji
framing 1. obramowanie; rama **2.** szkielet konstrukcji **3.** *kin.* kadrowanie
francium *chem.* frans, Fr
free *a* **1.** wolny, swobodny **2.** bezpłatny
free air powietrze atmosferyczne
free axis *mech.* oś swobodna (*obrotu*)
free class *masz.* klasa zgrubna (*gwintów*)
free fit *masz.* pasowanie swobodne
free form coding *inf.* kodowanie nieprecyzyjne
freehand drawing rysunek odręczny
free-machining *a met.* automatowy (*łatwo obrabialny skrawaniem*)
free material system *mech.* układ materialny swobodny
free-piston engine silnik bezkorbowy
free port port wolnocłowy
free-standing *a* wolnostojący
free vibration drganie własne, drganie swobodne
freeze *v* **1.** zamarzać; krzepnąć **2.** zamrażać
freeze drying *chłodn.* liofilizacja, suszenie sublimacyjne
freezer *chłodn.* zamrażalnik; zamrażarka; zamrażalnia
freezing point *fiz.* temperatura krzepnięcia
freight 1. ładunek towaru **2.** opłata za przewóz
French chalk talk
French polish politura
frequency częstość; częstotliwość
frequency band *fiz.* pasmo częstotliwości
frequency keying *elektron.* kluczowanie częstotliwości
frequency range *tel.* zakres częstotliwości
fresh *a* świeży
fresh water woda słodka; woda świeża
Fresnel lens *opt.* soczewka Fresnela, soczewka schodkowa
fretsaw (piła) wyrzynarka
friction tarcie
frictional *a* cierny, tarciowy
frictional resistance opór tarcia
frictionless *a* beztarciowy
friction welding *spaw.* zgrzewanie tarciowe
frigorimeter kriometr (*termometr do niskich temperatur*)
front 1. przód, czoło **2.** *bud.* front, fasada **3.** *meteo.* front
front axle *mot.* most przedni; oś przednia
front elevation *rys.* rzut pionowy główny, widok od przodu
front-wheel drive *mot.* napęd na przednie koła
frost mróz
froth piana
fructose *chem.* fruktoza, cukier owocowy, lewuloza
frustum of cone *geom.* stożek ścięty
fuel paliwo
fuel blend mieszanka paliw
fuel bundle *nukl.* wiązka paliwowa
fuel cycle *nukl.* cykl paliwowy
fuel element *nukl.* element paliwowy
fuel gauge paliwomierz
fuel injection *siln.* wtrysk paliwa
fuel injection engine silnik (spalinowy) wtryskowy
fuelling uzupełnianie paliwa, tankowanie; *nukl.* ładowanie paliwa do rdzenia reaktora
fuel oil paliwo olejowe; olej napędowy (*do silników*); olej opałowy (*do pieców*)
fuel poisoning *nukl.* zatrucie paliwa
fuel pump *siln.* pompa paliwowa
fuel rating oznaczanie liczby oktanowej paliwa
fuel rod *nukl.* pręt paliwowy
fuel ship *okr.* bunkrowiec, transportowiec paliwa

fuel system układ paliwowy
full *a* **1.** pełny; całkowity **2.** *farb.* intensywny, mocny
full balloon tyre *mot.* opona balonowa
full container ship *okr.* pełnokontenerowiec
fullering *obr. plast.* wydłużanie
full gloss wysoki połysk
full line *rys.* linia ciągła
full load pełne obciążenie
full radiator *fiz.* ciało (doskonale) czarne, promiennik zupełny
full-size *a* naturalnej wielkości
full-size scale *rys.* skala 1:1
fume dym; wyziewy; opary
function *mat.* funkcja
function *v* działać, funkcjonować
functor 1. *mat.* funktor **2.** *inf.* funktor, element logiczny
fundamental *a* podstawowy
fungicide środek grzybobójczy, fungicyd
funicular 1. *mech.* wielobok sznurowy **2.** kolej linowa naziemna
funnel 1. lej; lejek **2.** komin metalowy
fur *kotł.* kamień kotłowy
furnace 1. piec **2.** *kotł.* palenisko
furnace bottom 1. *hutn.* trzon pieca **2.** *kotł.* spód paleniska
furnace door 1. *hutn.* okno wsadowe **2.** *kotł.* drzwiczki paleniskowe
fuse *el.* bezpiecznik topikowy
fuselage *lotn.* kadłub
fuse powder proch lontowy, proch zapłonnikowy
fusible *a* niskotopliwy
fusion 1. stopienie **2.** *nukl.* synteza jądrowa, reakcja termojądrowa
fusion energy energia termojądrowa
fusion reactor *nukl.* reaktor termojądrowy

G

gable *bud.* szczyt (*ściany*)
gable roof *bud.* dach dwuspadkowy
gad *górn.* klin do rozłupywania skały
gadget (*małe proste urządzenie lub przyrząd*)
gadolinium *chem.* gadolin, Gd
gage *zob.* **gauge**
gain 1. zysk **2.** *el.* wzmocnienie; wzmocność
gain in volume przyrost objętości
gain in weight przyrost ciężaru
gain speed nabierać prędkości, rozpędzać się
galaxy *astr.* galaktyka
gale *meteo.* wichura
galena *min.* galena, błyszcz ołowiu, galenit
galileo *jedn.* gal: 1 Gal = 10^{-2} m/s^2
Galileo's principle of relativity *mech.* zasada względności Galileusza
gallery 1. *bud.* galeria **2.** *górn.* chodnik **3.** *masz.* magistrala, główny przewód
galling *masz.* zacieranie się; korozja cierna
gallium *chem.* gal, Ga
gallon *jedn.* galon (*GB* = 4,546 dm^3, *US* = 3,785 dm^3)
galvanic cell *el.* ogniwo galwaniczne
galvanic colouring galwanochromia, barwienie elektrolityczne (*metali*)
galvanic current prąd galwaniczny
galvanic series szereg napięciowy metali
galvanized sheet blacha (stalowa) ocynkowana
galvanizer 1. elektrolizer, wanna elektrolityczna **2.** urządzenie do cynkowania ogniowego
galvanizing *powł.* cynkowanie
galvanizing plant zakład galwanizacyjny, galwanizernia
galvanizing sheet blacha (stalowa) do cynkowania
galvannealing *powł.* galwanealing, cynkowanie z przeżarzaniem
galvanometer galwanometr
galvanoplastics galwanoplastyka
galvanoscope galwanoskop
galvanostegy galwanostegia (*cynkowanie elektrolityczne*)
gamboge gumiguta (*gumożywica*)
game theory *mat.* teoria gier
gamma 1. *jedn.* gamma: 1 gamma = 0,00001 Oe (*jednostka natężenia pola magnetycznego Ziemi*) **2.** *TV*, *fot.* współczynnik gamma, współczynnik kontrastowości
gamma decay *nukl.* rozpad gamma, przejście gamma
gammagraphy radiografia gamma, gammagrafia
gamma (radio)active *a fiz.* gamma-aktywny, gamma-promieniotwórczy
gamma (radio)activity *fiz.* (radio)aktywność gamma, promieniotwórczość gamma

gamma rays *pl fiz.* promieniowanie gamma
gammascopy prześwietlanie promieniami gamma
gang 1. *masz.* zespół **2.** brygada (*robotników*)
gang die *obr.plast.* tłocznik wielokrotny
ganger brygadzista
gang mounting *bud.* montaż blokowy
gang plough *roln.* pług wieloskibowy
gang saw piła wielotarczowa
gang seeder *roln.* siewnik wieloskibowy
gang tool 1. *obr.skraw.* imak wielonożowy **2.** *obr. plast.* przyrząd wielokrotny
gangway 1. przejście (*np. w hali fabrycznej*) **2.** *górn.* chodnik **3.** *okr.* schodnia
gantry (crane) suwnica bramowa
gap szczelina; szpara; luka
gap digit *inf.* cyfra techniczna
gap distance *el.* długość przerwy iskrowej
gap gauge szczelinomierz
garage garaż
garbage 1. *inf.* dane bezużyteczne **2.** odpadki (*zwłaszcza żywnościowe*)
garden tractor ciągnik ogrodniczy
gas 1. gaz **2.** *US* benzyna
gas-arc welding spawanie elektrogazowe
gas burner palnik gazowy
gas carbon węgiel retortowy
gas carburizing *obr.ciepl.* nawęglanie gazowe
gas carrier *okr.* gazowiec
gas cleaning oczyszczanie gazu
gas concrete gazobeton
gas constant *fiz.* stała gazowa
gas cutting *spaw.* cięcie gazowe
gas cyaniding *obr.ciepl.* cyjanowanie gazowe, nitronawęglanie
gas cylinder butla do gazu
gas-discharge tube *el.* lampa jarzeniowa, jarzeniówka
gas dynamics dynamika gazów
gas effusion uchodzenie gazu, ulatnianie się gazu
gas emission wydzielanie gazu
gas engineering gazownictwo
gaseous breakdown przebicie (elektryczne) w gazie
gaseous film *fiz.* gaz dwuwymiarowy
gaseous state *fiz.* stan (skupienia) gazowy
gas explosion *górn.* wybuch gazu
gas fire piecyk gazowy
gas flowmeter gazomierz, licznik gazu
gas freeing *wiertn.* odgazowanie (*pola naftowego*)
gas generator gazogenerator, generator gazu
gash nacięcie; rowek
gasholder zbiornik gazu
gasification 1. zgazowywanie **2.** gazyfikacja
gasifier *zob.* **gas generator**
gasket *masz.* uszczelnienie
gas liquor woda amoniakalna, woda pogazowa
gas mechanics mechanika gazów
gas oil olej gazowy, olej napędowy, olej pędny (*do silników wysokoprężnych*)
gasoline *US* benzyna
gasometer zbiornik pomiarowy gazu, gazometr
gas piping rurociąg gazowy, gazociąg
gas pitch smoła gazownicza, smoła pogazowa
gas pocket 1. *spaw.* pęcherz gazowy **2.** martwa przestrzeń gazowa (*instalacji*)
gasproof *a* gazoszczelny
gas-ring *siln.* pierścień tłokowy uszczelniający
gas scrubber płuczka gazu
gas seal uszczelnienie gazowe
gassing 1. gazowanie (*poddawanie działaniu gazu*) **2.** wydzielanie się gazu
gas-solid chromatography chromatografia gaz-ciało stałe
gassy *a* gazowy; zagazowany
gas thread gwint rurowy drobnozwojny
gas warfare agents *pl* gazy bojowe
gas water-heater piec gazowy łazienkowy
gas welding spawanie gazowe
gas well *wiertn.* odwiert gazowy
gas works *pl* gazownia
gate 1. brama **2.** zamknięcie **3.** *odl.* wlew **4.** *elektron.* bramka
gate pulse *elektron.* impuls bramkujący
gate shear nożyce gilotynowe
gate-source capacitance *elektron.* pojemność bramka-źródło
gate valve zawór zasuwowy, zasuwa
gathering *roln.* sprzęt (*zbóż*); zbiór (*np. owoców*)
gathering ground *geol.* zlewnia, powierzchnia spływu
gating circuit *elektron.* układ bramkujący
gating system *odl.* układ wlewowy
gauge 1. *metrol.* sprawdzian; przyrząd pomiarowy **2.** *met.* grubość (*np. blachy, drutu*)
gauge block płytka wzorcowa
gauge cock kurek probierczy
gauge diameter of thread średnica nominalna śruby, średnica zewnętrzna śruby

gauge glass rurka wodowskazowa, szkło wodowskazowe
gauge head głowica pomiarowa
gauge limit *metrol.* granica wymiaru sprawdzianu, wymiar graniczny sprawdzianu
gauge of tolerance limits sprawdzian tolerancyjny
gauge pressure nadciśnienie
gauging point końcówka pomiarowa
gausitron *el.* gausotron
gauss *jedn.* gaus: 1 Gs = 10^{-4} T
gaussmeter *el.* gausomierz
gauze 1. siatka z cienkiego drutu **2.** *włók.* gaza
gear 1. koło zębate **2.** przekładnia zębata **3.** mechanizm; urządzenie (*mechaniczne*)
gear-box skrzynka przekładniowa; skrzynka biegów
gear change zmiana biegu
gear change lever dźwignia zmiany biegów
gear clutch sprzęgło zębate
gear drive napęd za pomocą przekładni zębatej
geared speed prędkość za przekładnią
geared system układ kół zębatych
gear generating *obr.skraw.* obróbka obwiedniowa kół zębatych
gearing 1. przekładnia zębata **2.** zazębienie (*kół zębatych*)
gearing down zmniejszanie prędkości obrotowej za pomocą przekładni; zmiana biegu na wolniejszy
gearing up zwiększanie prędkości obrotowej za pomocą przekładni; zmiana biegu na szybszy
gear lubricant smar przekładniowy
gear-motor motoreduktor, silnik przekładniowy
gear ratio przełożenie przekładni zębatej
gear shaper *obr.skraw.* strugarka do kół zębatych
gear shift zmiana biegu
gear teeth uzębienie koła zębatego
gear transmission przekładnia zębata
gear wheel koło zębate
gegenion *chem.* przeciwjon, jon o znaku przeciwnym
Geiger-Müller counter *fiz.* licznik Geigera-Müllera
gel *chem.* żel
gelatin(e) żelatyna
general cargo *żegl.* drobnica, ładunek drobnicowy
general cargo vessel *okr.* drobnicowiec
generalization uogólnienie
generalized routine *inf.* program ogólny, program uniwersalny
generally accepted powszechnie przyjęty
general overhaul remont kapitalny
general-purpose *a* ogólnego zastosowania, uniwersalny
generated power *el.* moc wytwarzana
generating capacity *el.* moc zainstalowana (*elektrowni*)
generating line *geom.* tworząca (*powierzchni*)
generating plant elektrownia
generating program *inf.* program generujący, generator
generation 1. wytwarzanie **2.** *nukl.* pokolenie, generacja **3.** *obr.skraw.* obróbka obwiedniowa
generator 1. wytwornica; generator **2.** *el.* generator; prądnica **3.** *inf.* program generujący, generator
generator gas gaz generatorowy, gaz czadnicowy
generatrix (*pl* **generatrices**) *geom.* tworząca (*powierzchni*)
genetic code kod genetyczny
genetics genetyka
geochemistry geochemia
geodesy geodezja
geodynamics geologia dynamiczna, geodynamika
geoelectricity geoelektryka
geographic coordinates *pl nawig.* współrzędne geograficzne
geological age wiek geologiczny
geology geologia
geomagnetic field *geofiz.* pole magnetyczne Ziemi, pole geomagnetyczne
geomagnetism *geofiz.* magnetyzm ziemski, geomagnetyzm
geometric(al) *a* geometryczny
geometrical figure figura geometryczna
geometric locus *geom.* miejsce geometryczne (*punktów*)
geometric mean *mat.* średnia geometryczna
geometric progression *mat.* postęp geometryczny
geometry geometria
geometry of flow *hydr.* geometria ruchu, foronomia, kinematyka cieczy
geometry of solids stereometria, geometria przestrzenna
geophysics geofizyka
geosphere geosfera
geostatic pressure *geol.* ciśnienie górotworu

germanium *chem.* german, Ge
get out of plumb odchylić się od pionu
gettability *górn.* urabialność (*skały*)
getter 1. *górn.* urabiarka **2.** *el.* pochłaniacz gazów, getter (*w lampie elektronowej*)
gettering *el.* pochłanianie gazów
getting *górn.* urabianie; wybieranie, wydobywanie
giga- giga- (*przedrostek w układzie dziesiętnym, krotność* 10^9)
gilbert *jedn.* gilbert: 1 Gb ≈ 0,795775 A
gild *v* złocić, pozłacać
gills *pl* żeberka chłodzące (*np. chłodnicy*)
gin kołowrót
girder dźwigar
glacial *a* **1.** lodowy **2.** *geol.* lodowcowy
glacial drift *geol.* osady lodowcowe
glaciation *geol.* zlodowacenie
glacier *geol.* lodowiec
gland *masz.* **1.** dławik **2.** dławnica; uszczelnienie dławieniowe
glare blask oślepiający
glass szkło
glass annealing odprężanie szkła
glass blowing dmuchanie szkła
glass-ceramic tworzywo szklano--ceramiczne, witroceram
glass cutter diament szklarski
glasses *pl* **1.** okulary **2.** lornetka
glass-house 1. huta szkła **2.** szklarnia
glass-paper papier (ścierny) szklany
glassware wyroby szklane
glass wool wata szklana
glassy *a* szklisty
glassy state *fiz.* stan szklisty
glaze *ceram* szkliwo; glazura
glazing 1. *bud.* szklenie (*wstawianie szyb*) **2.** *ceram.* szkliwienie; glazurowanie **3.** *papiern.* satynowanie
glider *lotn.* szybowiec
globe 1. ciało kuliste, kula **2.** kula ziemska **3.** globus
globular *a* kulisty; globularny
gloss połysk
glow *v* żarzyć się; jarzyć się; *el.* świetlić
glow(-discharge) tube *el.* lampa jarzeniowa, jarzeniówka
glucose *chem.* glikoza, glukoza, cukier gronowy
glue klej
go gauge *metrol.* sprawdzian przechodni
gold *chem.* złoto, Au
golden section *geom.* złoty podział
goldsmithing złotnictwo
goniometer *metrol.* goniometr
go-not-go gauge *metrol.* sprawdzian dwugraniczny
goods *pl* towary, artykuły
goods train pociąg towarowy
gooseneck (*przewód lub pręt w kształcie litery S*)
go out of use wychodzić z użycia
gouge *drewn.* żłobak, dłuto wklęsłe
governor *siln.* regulator
gradation stopniowanie; gradacja
grade 1. *jedn.* grad, gon: $1^g = \pi/200$ rad **2.** *mat.* rząd; stopień **3.** klasa, gatunek **4.** nachylenie, pochylenie
grade *v* **1.** sortować; klasyfikować **2.** *bud.* równać (*przy robotach ziemnych*)
graded *a* **1.** stopniowy; stopniowany **2.** sortowany
grader *masz.drog.* równiarka
gradient 1. *mat.fiz.* gradient **2.** nachylenie, pochylenie
grading 1. sortowanie; klasyfikowanie **2.** stopniowanie
gradual *a* stopniowy
graduated cylinder *metrol.* cylinder miarowy, menzura
graduation *metrol.* **1.** podziałka **2.** kreska podziałki **3.** skalowanie
grain 1. ziarno; *met.* krystalit **2.** *drewn.* włókno **3.** *jedn.* gran: 1 gr = 0,0648 g
grain carrier *okr.* zbożowiec, statek do przewozu zboża
grain coarseness ziarnistość, grubość ziarna
grained *a* ziarnisty; uziarniony
grain mill młyn zbożowy
grain number liczba ziarnistości (*dla ciał sypkich*)
grain processing przetwórstwo zbożowe
grain size analysis analiza granulometryczna
gram-atom *chem.* gramoatom
gram-calorie *jedn.* kaloria mała, kaloria piętnastostopniowa 1 cal_{15} = = 4,1855 J
gram-equivalent *chem.* gramorównoważnik, wal
gram-force *jedn.* gram-siła, pond: 1 G = = 1 p = $0{,}980665 \cdot 10^{-2}$N
gram-ion *chem.* gramojon
gram(me) *jedn.* gram: 1 g = 10^{-3} kg
gram-molecule *chem.* gramocząsteczka, mol
granary spichlerz
grandfather *inf.* (*grupa danych starsza o dwa pokolenia od danych rozpatrywanych*)
grand total *mat.* suma całkowita, suma ogólna
granite *petr.* granit
granular *a* ziarnisty

granular fracture *met.* przełom ziarnisty, przełom krystaliczny
granulate *v* granulować
granule granulka, ziarenko
graph diagram; wykres
graphic(al) *a* wykreślny, graficzny
graphical method metoda wykreślna
graphic formula *chem.* wzór strukturalny
graphic schedule harmonogram
graphics programming language *inf.* język graficzny
graphite *min.* grafit
graphite-forming element *met.* grafityzator
graphite(-moderated) reactor *nukl.* reaktor grafitowy, reaktor ze spowalniaczem grafitowym
graphite-uranium reactor *nukl.* reaktor uranowo-grafitowy
graphitizing *obr.ciepl.* wyżarzanie grafityzujące, grafityzowanie
graph paper papier milimetrowy
graph plotter *inf.* kreślak, pisak x-y
graph theory *mat.* teoria grafów
grate ruszt; krata
graticule *opt.* siatka nitek
gravel żwir
graver *narz.* rylec
graveyard *nukl.* mogilnik, cmentarzysko (*odpadów radioaktywnych*)
gravimetric *a* wagowy, grawimetryczny
gravimetry 1. *chem.* analiza grawimetryczna, analiza wagowa, grawimetria **2.** *geofiz.* grawimetria
graving dock *okr.* dok remontowy
gravitation ciążenie, grawitacja
gravitational constant stała grawitacyjna, stała powszechnego ciążenia
gravitational field pole grawitacyjne
gravity ciężkość
gravity casting *odl.* odlewanie grawitacyjne
gravity-feed zasilanie opadowe, zasilanie grawitacyjne
gravity force siła grawitacyjna
gravity-operated *a* grawitacyjny, opadowy (*działający pod wpływem własnego ciężaru*)
gravity separation wzbogacanie grawitacyjne
gravity suit *lotn.* kombinezon przeciwprzeciążeniowy
gravure rotary *poligr.* maszyna rotograwiurowa
gray (*jednostka dawki pochłoniętej*) grej : $1\ Gy = J \cdot kg^{-1}$
grease smar stały
grease cup smarownica kapturowa
grease oil olej smarowy
greaseproof *a* tłuszczoodporny
greasiness smarowność, smarność
great circle *geom.* koło wielkie
greatest common divisor *mat.* największy wspólny dzielnik
greatest lower bound *mat.* infimum, kres dolny
great majority znaczna większość
green *a* **1.** zielony (*kolor*) **2.** zielony, niedojrzały
green brick *bud.* cegła surowa
greenhouse *roln.* szklarnia, cieplarnia
green mortar *bud.* zaprawa świeżo ułożona
green weight ciężar towaru przed suszeniem
Greenwich mean time czas uniwersalny
Greenwich meridian południk zerowy
green wood drewno świeże
grey body *fiz.* ciało szare, promiennik nieselektywny
grey scale *opt.* skala szarości
grid krata; ruszt; siatka
grid of coordinates siatka współrzędnych
grill krata; okratowanie; ruszt
grinder 1. młyn; rozcieracz **2.** *obr.skraw.* szlifierka
grindery *obr.skraw.* szlifiernia
grinding 1. mielenie **2.** *obr.skraw.* szlifowanie
grinding machine *obr.skraw.* szlifierka
grinding wheel *obr.skraw.* ściernica, tarcza ścierna
grindstone toczak, kamień do ostrzenia
grip 1. zacisk **2.** uchwyt, rękojeść
grip chuck *obr.skraw.* uchwyt tokarski szczękowy
grip handle uchwyt, rękojeść
gripper imak; zacisk
gripping ring pierścień zaciskowy
grit żwirek; gryps
grit blasting oczyszczanie strumieniowo--ścierne
grit size wielkość ziarna materiału ściernego
grizzly ruszt sortowniczy, przesiewacz rusztowy
groin *inż.* ostroga
groove rowek; żłobek; *masz.* bruzda (*gwintu*)
grooved roll *hutn.* walec bruzdowy, walec profilowy (*walcarki*)
groove weld *spaw.* spoina czołowa
grooving machine *obr.plast.* żłobkarka
grooving plane *drewn.* strug wpustnik
gross *a* brutto (*ciężar*)
gross calorific value *paliw.* ciepło spalania, wartość opałowa górna

gross income *ek.* dochód brutto
gross ton *jedn.* **1.** *okr.* tona rejestrowa (= 2,8317 m³) **2.** tona brytyjska (= 1016,05 kg)
ground 1. grunt; podłoże; *powł.* podkład, farba gruntowa **2.** *US el.* uziemienie; zwarcie doziemne
ground *v* **1.** *powł.* gruntować **2.** *US el.* uziemiać
ground beam podkład, legar
ground coat *powł.* podkład, farba gruntowa
ground conductor *el.* przewód uziomowy
grounded neutral *el.* punkt zerowy uziemiony
ground-effect machine *lotn.* poduszkowiec
ground floor *bud.* parter
grounding plug *el.* wtyczka uziemiająca
ground return echo (radiolokacyjne) od ziemi
ground state *fiz.* stan podstawowy
ground water *geol.* woda gruntowa
ground ways *pl okr.* tory wodowaniowe, tory spustowe (*pochylni*)
group grupa; zespół; *mat.* grupa
grouped spring sprężyna złożona, zespół sprężyn
grouping of data *inf.* grupowanie danych
grouting *bud.* cementacja; wstrzykiwanie zaprawy
grow *v* rosnąć, wzrastać; rozrastać się
growth 1. wzrost; rozrost **2.** przyrost
growth of sound *akust.* dogłos
growth ring *drewn.* słój roczny
grub screw wkręt bez łba; wkręt dociskowy
grummet pierścień uszczelniający
guarantee 1. gwarancja **2.** poręczyciel **3.** osoba otrzymująca gwarancję
guarantee certificate karta gwarancyjna
guard 1. *masz.* osłona, zabezpieczenie **2.** *inf.* dozór **3.** straż **4.** strażnik
guarded crossing *drog.* przejazd strzeżony
guard rail 1. *kol.* szyna ochronna **2.** bariera ochronna **3.** *okr.* listwa odbojowa **4.** *masz.* ogrodzenie (*np. maszyny*)
gudgeon czop
gudgeon pin *siln.* sworzeń tłokowy
guidance kierowanie, prowadzenie
guide *masz.* prowadnica; prowadnik
guide block *masz.* wodzik
guide book poradnik (*książka*); przewodnik (*książka*); informator
guided missile *wojsk.* pocisk kierowany
guidelines *pl* wytyczne
guide-pin *masz.* kołek prowadzący, pilot
guide-post 1. *obr.plast.* słup prowadzący (*tłocznika*) **2.** drogowskaz
guide wheel kierownica (*maszyny przepływowej*)
guillotine shear nożyce gilotynowe
gum żywica naturalna
gun *wojsk.* **1.** broń palna **2.** działo; armata
gun barrel *wojsk.* lufa działa
gun-camera *lotn.* fotokarabin
gun carriage *wojsk.* łoże działa, podstawa działa
gun cotton bawełna strzelnicza, piroksylina
gunite *bud.* torkret, beton natryskiwany
gunpowder proch dymny, proch czarny
gun reaction *wojsk.* odrzut działa
gun rifling *obr.skraw.* bruzdowanie luf
gunsmith rusznikarz
gun welder *spaw.* pistolet do zgrzewania punktowego
gutter 1. rynna **2.** kanał ściekowy; ściek
guy odciąg
gypsum *min.* gips
gyration wirowanie; ruch obrotowy
gyro *zob.* **gyroscope**
gyromagnetic effect *fiz.* zjawisko żyromagnetyczne
gyropilot *lotn.* pilot automatyczny, autopilot; *okr.* sternik automatyczny, automat sterujący
gyroscope *mech.* żyroskop
gyroscopic compass busola żyroskopowa, żyrokompas
gyroscopic motion ruch oscylująco--obrotowy
gyrostabilizer stabilizator żyroskopowy

H

habit *kryst.* pokrój kryształu, habitus
habitat *biol.* siedlisko naturalne; środowisko
hack 1. *narz.* kilof; oskard **2.** *roln.* motyka **3.** nacięcie
hacker *inf.* pirat, hacker
hacking *inf.* piractwo informatyczne, piractwo komputerowe
hackling machine *włók.* czesarka
hack-saw piłka do metali
h(a)ematite *min.* hematyt, żelaziak czerwony, błyszcz żelaza

hafnium *chem.* hafn, Hf
hahnium *chem.* pierwiastek 105
hair 1. włos **2.** sierść
hair compasses *pl rys.* odmierzacz
hair cracks *pl* pęknięcia włoskowate, ryski
hairdrier suszarka do włosów
hair-spring *zeg.* sprężyna włosowa, włos
halation *el.* halo, aureola (*w lampie elektronopromieniowej*)
half połowa; pół; połówka
half-adder *inf.* sumator jednocyfrowy
half-bearing *masz.* łożysko ślizgowe z półpanwią
half-byte *inf.* półbajt
half-carry *inf.* przeniesienie pomocnicze
half-cell *el.* półogniwo
half die *obr.plast.* matryca otwarta
half-lap joint *drewn.* połączenie na zakładkę
half-life (period) *nukl.* okres połowicznego zaniku, okres półrozpadu, okres półtrwania, półokres trwania
half line *geom.* półprosta
half-measure półśrodek
half plane *geom.* półpłaszczyzna
half-round *hutn.* pręt półokrągły
half-shaft *mot.* półoś napędowa
half-size scale *rys.* skala 1:2
half-sleeve of a bearing *masz.* półpanew
half-subtractor *inf.* układ odejmujący jednocyfrowy
half tone *akust.* półton
half-tone process *poligr.* chemigrafia
half-tone screen *poligr.* raster
half-turn półobrót
half-wave *fiz.* półfala
hall sala; hala
Hall-effect device *zob.* **Hall generator**
Hall generator *elektron.* hallotron, generator Halla, czujnik Halla
hall-mark próba odbita na metalu, cecha
halo 1. *TV* aureola **2.** *meteo.* halo
halogenation *chem.* chlorowcowanie
halogen group *chem.* fluorowce, halogeny (F, Cl, Br, I, At)
halt zatrzymanie się; *inf.* zatrzymanie
halve *v* dzielić na połowy; przepołowić
halving joint połączenie na zakładkę
Hamiltonian function *mech.* funkcja Hamiltona, hamiltonian
hammer 1. *masz.* młot **2.** *narz.* młotek
hammer block *obr.plast.* kowadło górne (*w bijniku młota maszynowego*)
hammer drill *górn.* wiertarka udarowa
hammer drive screw *masz.* nitowkręt
hammered metalwork metaloplastyka
hammer face pięta młotka, obuch młotka, bijak młotka
hammer forge młotownia
hammer forging 1. kucie na młotach **2.** odkuwka z młota
hammer forging machine kowarka
hammer forging press prasomłot
hammer-head młotek (*bez trzonka*)
hammering młotowanie; młotkowanie
hammer scale zgorzelina kuźnicza, młotowina
hand 1. *anat.* ręka **2.** wskazówka (*przyrządu*)
handbook poradnik (*książka*); podręcznik
hand brake hamulec ręczny
hand feed podawanie ręczne; *obr.skraw.* posuw ręczny
hand-forging 1. kucie ręczne; kucie swobodne **2.** odkuwka ręczna; odkuwka swobodna
hand gun pistolet; rewolwer
handicraft rzemiosło; rękodzieło
handicraftsman rzemieślnik
handing *masz.* kierunek zwinięcia sprężyny
hand lathe tokarka z ręcznym posuwem
handle rękojeść, uchwyt, rączka; *narz.* trzonek
handle-bar kierownica (*np. roweru*)
handler *inf.* program obsługi
handling manipulowanie; obsługiwanie; przenoszenie
handling capacity *transp.* zdolność przeładunkowa
handling charges *pl* opłaty manipulacyjne
hand-made *a* ręcznie wykonany, ręcznej roboty
hand of rotation kierunek obrotu
hand-operated *a* ręczny (*napędzany lub sterowany*)
hand-rail poręcz
hands *pl* załoga statku
hand screw *narz.* zwornica, ścisk
hand tight ręcznie dokręcony
handwheel kółko ręczne, pokrętło
handwork praca ręczna
handy *a* poręczny, wygodny przy manipulacji
hangar *lotn.* hangar
hanger *masz.* wieszak
hang-glider lotnia
hanging zawieszenie
hang-up 1. *inf.* zawieszenie (*wykonywania programu*) **2.** *hutn.* zawisanie wsadu (*w wielkim piecu*)
hank 1. *włók.* motek; zwój; pasmo (*przędzy*) **2.** kłębek (*linki*)
harbour port; przystań
hard *a* **1.** twardy **2.** *fiz.* twardy, przenikliwy (*o promieniowaniu*)

hard copy *inf.* wydruk
hard data *pl inf.* (*dane w postaci liczb i wykresów, w odróżnieniu od opisów jakościowych*)
hard-drawn wire drut ciągniony na zimno
harden *v* **1.** utwardzać; hartować **2.** twardnieć
hardenability *obr.ciepl.* hartowność; przehartowalność
hardened oil olej utwardzony, olej uwodorniony
hardener 1. *odl.* zaprawa **2.** *met.* pierwiastek utwardzający (*w stopie*) **3.** *tw.szt.* utwardzacz (*żywic*)
hardening and tempering *obr.ciepl.* ulepszanie cieplne
hardening capacity *obr.ciepl.* hartowność
hardening plastics *pl tw.szt.* duroplasty, tworzywa utwardzalne
hardness 1. twardość **2.** *elektron.* dobroć próżni (*lampy*)
hardness tester *wytrz.* twardościomierz
hard radiation *fiz.* promieniowanie twarde, promieniowanie przenikliwe
hards *pl* pakuły
hardware 1. *inf.* sprzęt komputerowy **2.** drobne wyroby metalowe (*np. okucia, narzędzia ręczne*)
hard-wearing *a* odporny w ciężkich warunkach pracy
hardwood drewno twarde, drewno drzew liściastych
hard work ciężka praca
harmful *a* szkodliwy
harmless *a* nieszkodliwy
harmonic (component) *fiz.* (składowa) harmoniczna
harmonic vibration *fiz.* drganie sinusoidalne, drganie harmoniczne
harrow *roln.* brona
harvest *roln.* żniwa; sprzęt zbóż; zbiór
harvest-thresher *roln.* kombajn zbożowy
hash 1. *inf.* (*dane zbędne, pomyłkowe*) **2.** *el.* szumy; trawa (*na ekranie*)
hash coding *inf.* kodowanie mieszające
hatch(way) luk; właz
haul *v* **1.** ciągnąć; holować; wybierać (*sieć, linę*) **2.** przewozić, transportować
haulage way *górn.* chodnik przewozowy
hawse pipe *okr.* kluza kotwiczna
hawser lina holownicza; *okr.* lina cumownicza, cuma
haymower *roln.* kosiarka
H-bomb bomba wodorowa
head 1. *anat.* głowa **2.** *masz.* łeb (*śruby, nitu*) **3.** *masz.* głowica **4.** *odl.* nadlew **5.** *hydr.* spad **6.** *górn.* czoło wyrobiska
header 1. *masz.* kształtka wielodrogowa **2.** *kotł.* komora, sekcja **3.** *obr.plast.* kuźniarka **4.** *górn.* wrębiarka chodnikowa **5.** *roln.* część żniwna kombajnu
headgear 1. *górn.* wieża szybowa, wieża wyciągowa **2.** *spaw.* przyłbica spawacza
head-light *mot.* reflektor, światło główne
head loss *hydr.* spadek ciśnienia (*w przewodzie*)
head miner *górn.* sztygar
head of tree korona drzewa
head of water ciśnienie słupa wody
headstock *obr.skraw.* wrzeciennik (*obrabiarki*)
head valve zawór tłoczący pompy
health protection ochrona zdrowia
heap zwał; hałda
hearth *hutn.* trzon, topnisko, spód (*pieca*)
hearth bottom *hutn.* trzon wielkiego pieca
hearth furnace *odl.* piec trzonowy, piec topniskowy
heart of a rope rdzeń liny
heart-wood twardziel, drewno twardzieli
heat 1. *fiz.* ciepło **2.** żar **3.** *hutn.* spust, wytop
heat *v* nagrzewać, grzać; ogrzewać
heat and power generating plant elektrociepłownia
heat boiler warnik, kocioł warzelny
heat conductivity *fiz.* przewodność cieplna, przewodnictwo cieplne właściwe, współczynnik przewodzenia ciepła
heat content *fiz.* entalpia, zawartość cieplna
heat distribution network sieć ciepłownicza, sieć cieplna
heat energy energia cieplna
heat engine silnik cieplny
heat engineering ciepłownictwo
heater 1. *kotł.* podgrzewacz **2.** piec grzewczy **3.** *el.* element grzejny; grzejnik; grzałka
heat exchanger wymiennik ciepła
heating flame *spaw.* płomień grzewczy
heating steam para grzejna
heating stove piec grzewczy
heating system 1. system ogrzewania **2.** instalacja ogrzewcza; urządzenie ogrzewnicze
heating through *obr.ciepl.* nagrzewanie na wskroś
heating up rozgrzewanie
heating value *paliw.* ciepło spalania; wartość opałowa
heat insulating *a* ciepłochronny

heat insulation izolacja ciepłochronna, otulina
heat losses *pl* straty cieplne
heat of combustion ciepło spalania
heat of fusion ciepło topnienia
heat pipe przewód cieplny
heat radiation *fiz.* promieniowanie cieplne, promieniowanie termiczne
heat recovery odzyskiwanie ciepła; rekuperacja ciepła
heat refining *obr.ciepl.* wyżarzanie normalizujące, normalizowanie
heat resistance wytrzymałość cieplna; *met.* żaroodporność
heat sealing uszczelnianie na gorąco
heat sensor czujnik temperatury
heat shadow *fiz.* cień cieplny
heat-shrinkable film folia termokurczliwa
heat tint *met.* barwa nalotowa
heat transfer *fiz.* wymiana ciepła, przejmowanie ciepła
heat treatment obróbka cieplna
heavenly body *astr.* ciało niebieskie
heavy *a* ciężki
heavy blow silne uderzenie (*np. młota*)
heavy body *powł.* duża lepkość
heavy crop *roln.* dobry urodzaj
heavy dressing *roln.* intensywne nawożenie
heavy duty job praca przy dużych obciążeniach
heavy-duty oil olej silnikowy ulepszony
heavy-duty tool *obr.skraw.* (nóż tokarski) zdzierak
heavy fluid *mech.pł.* płyn ważki
heavy force fit *masz.* pasowanie mocno wtłaczane
heavy-heavy water *chem.* woda supercięższa, tlenek trytu
heavy hydrogen *chem.* wodór ciężki, deuter, D
heavy industry przemysł ciężki
heavy metals *pl* metale ciężkie
heavy platinum metals *pl* platynowce ciężkie, osmowce, triada osmu
heavy repair remont kapitalny
heavy section casting odlew grubościenny
heavy water *chem.* ciężka woda, tlenek deuteru
heavy water reactor *nukl.* reaktor z ciężką wodą, reaktor ciężkowodny
hectare *jedn.* hektar: 1 ha = 10^4 m^2
hecto- hekto- (*przedrostek w układzie dziesiętnym, krotność* 10^2)
heeling moment *okr.* moment przechylający
heeling tank *okr.* zbiornik przechyłowy
height wysokość
height gauge wysokościomierz; sprawdzian wysokości
height of barometer stan barometru
height of fall *hydr.* wysokość spadu, spad
helical *a mat.* śrubowy; spiralny
helical conveyor przenośnik śrubowy, przenośnik ślimakowy
helical gear koło (zębate) śrubowe, koło (zębate) walcowe skośne
helicoid *geom.* helikoida, powierzchnia śrubowa
helicoidal pitch skok linii śrubowej
helicopter *lotn.* śmigłowiec, helikopter
heliocentric orbit *astr.* orbita okołosłoneczna
helium *chem.* hel, He
helium-group (gases) *pl chem.* helowce, gazy szlachetne
helium-neon laser *opt.* laser helowo-neonowy, laser He-Ne
helium nucleus *fiz.* helion, jądro helu
heliwelding spawanie w atmosferze helu
helix (*pl* **helices** *or* **helixes**) **1.** *geom.* linia śrubowa, helisa **2.** spirala
helm *okr.* **1.** sterownica **2.** urządzenie sterowe
helmet hełm; kask
Helmholtz free energy *term.* energia swobodna, potencjał termodynamiczny przy stałej objętości, funkcja Helmholtza
helmsman *żegl.* sternik
helper pomocnik
helper leaf *mot.* pióro progresywne resoru
help-yourself system samoobsługa
helve *narz.* trzonek, rękojeść
hemicircular *a* półkolisty
hemisphere półkula
hemispherical *a* półkolisty
hemming 1. *obr.plast.* zawijanie obrzeży **2.** *włók.* obrębianie
hemp *bot.* konopie
hendecagon *geom.* jedenastokąt
H-engine silnik (czterorzędowy) o układzie cylindrów H
henry *jedn.* henr, H
heptagon *geom.* siedmiokąt
heptode *elektron.* heptoda, lampa siedmioelektrodowa
herbicidal *a* chwastobójczy, herbicydowy
herbicide herbicyd, środek przeciw chwastom
Hercules rope lina Herkules, lina kombinowana (*włókienno-stalowa*)
herd *zoot.* stado
heredity *genet.* dziedziczność
hermetic *a* szczelny, hermetyczny

herringbone gear koło zębate daszkowe, koło zębate strzałkowe
hertz *jedn.* herc, Hz
heterochromous *a* różnobarwny, różnokolorowy
heterocylic *a chem.* heterocykliczny
heterodyne *rad.* heterodyna
heterogeneity niejednorodność
heterogeneous *a* niejednorodny, różnorodny, heterogeniczny
heterogeneous alloy stop wielofazowy
heterogeneous catalyst *chem.* katalizator kontaktowy, kontakt
heterogeneous system *fiz.* układ niejednorodny, układ wielofazowy
heterojunction *elektron.* heterozłącze
heterolysis *chem.* heteroliza, rozpad heterolityczny
heterolytic dissociation *zob.* **heterolysis**
heteromorphic *a* heteromorficzny, różnopostaciowy
heteropolar *a* różnobiegunowy, heteropolarny
heteropolar bond *chem.* wiązanie heteropolarne, wiązanie jonowe, wiązanie elektrowalencyjne
heteropolar compound *chem.* związek heteropolarny, związek jonowy
heterotrophic *a biol.* cudzożywny, heterotroficzny
heuristic program *inf.* program heurystyczny
hew *v* ciosać; rąbać; ścinać; *górn.* urabiać ręcznie
hexadecimal *a inf.* szesnastkowy
hexagon *geom.* sześciokąt
hexagonal *a geom.* sześciokątny; *kryst.* heksagonalny
hexahedron *geom.* sześcioŝcian
hexavalent *a chem.* sześciowartościowy
hexode *elektron.* heksoda, lampa sześcioelektrodowa
hibernation 1. *zool.* hibernacja **2.** *inf.* uśpienie (*zadania*)
hide *v* **1.** ukryć **2.** *inf.* przesłaniać (*obiekty w programie*)
hiding power *powł.* krycie, siła krycia
hi-fi *elakust.* wysoka wierność (*odtwarzania*)
high *meteo.* wyż (*baryczny*)
high alloy stop wysokoprocentowy
high-ash coal węgiel wysokopopiołowy
high-boiling *a* wysokowrzący
high capacity duża wydajność
high-carbon coke koks niskopopiołowy, koks wysokowęglowy
high-conductivity copper miedź przewodowa, miedź elektrotechniczna
high-current impulse *el.* udar wielkoprądowy
high-definition *TV* duża wyrazistość, ostrość
high-density metals *pl* metale ciężkie
high-density store *inf.* pamięć o dużej gęstości zapisu
high-duty *a* wysokowydajny, wysokosprawny
high-energy physics fizyka wielkich energii
higher mathematics matematyka wyższa
highest common factor *mat.* największy wspólny dzielnik, największy wspólny podzielnik
highest useful compression ratio *siln.* krytyczny stopień sprężania
high explosive materiał wybuchowy kruszący
high fidelity *elakust.* wysoka wierność (*odtwarzania*)
high-field superconductor nadprzewodnik twardy
high-flux reactor *nukl.* reaktor wysokostrumieniowy
high frequency *el.* wielka częstotliwość
high-frequency welding spawanie dielektryczne, spawanie oporowe (*prądami wielkiej częstotliwości*)
high gear przekładnia biegu szybkiego
high grade *nukl.* wysokowzbogacony
high-grade ore ruda bogata, ruda wysokoprocentowa
high-heat value *paliw.* ciepło spalania
high-level logic *elektron.* układ logiczny wysokoprogowy
highlight *inf.* rozjaśnianie, błyszczenie
highly active silnie działający; *nukl.* silnie promieniotwórczy, wysokoaktywny, gorący
highly developed wysokorozwinięty
highly diluted silnie rozcieńczony
highly fluid rzadkopłynny
high-mortality part część szybko zużywalna
high-octane petrol benzyna wysokooktanowa
high-order digit *inf.* cyfra bardziej znacząca
high-order language *inf.* język wysokiego poziomu
high-performance *a* wysokosprawny
high-power engine silnik dużej mocy
high-power reactor *nukl.* reaktor o wielkiej mocy, reaktor wysokoenergetyczny
high-pressure boiler kocioł wysokoprężny
high-proof *a spoż.* o dużej zawartości alkoholu

high-purity oxygen tlen 99,5%
high-quality *a* wysokiej jakości, wysokogatunkowy
high-quality steel stal wyższej jakości
high-rank coal węgiel wysokouwęglony
highroad szosa
high sea 1. pełne morze, otwarte morze **2.** morze wzburzone
high speed 1. *mot.* najwyższy bieg **2.** duża prędkość
high-speed *a* szybkobieżny; wysokoobrotowy; szybkościowy
high-speed emulsion *fot.* emulsja wysokoczuła
high-speed engine silnik szybkobieżny
high-speed gear *mot.* najwyższy bieg
high-speed steel stal szybkotnąca
high-speed store *inf.* pamięć szybka
high-temperature carbonization koksowanie, odgazowanie wysokotemperaturowe
highten *v* podwyższać; zwiększać
high-tensile *a* o dużej wytrzymałości na rozciąganie
high-tension *el.* wysokie napięcie
high-test gasoline *US* benzyna wysokogatunkowa
high-threshold logic *elektron.* układ logiczny wysokoprogowy (*odporny na szumy*)
high tide *ocean.* przypływ
high-vacuum wysoka próżnia
high voltage *el.* wysokie napięcie
highway 1. droga publiczna; droga główna **2.** *inf.* magistrala
highway engineering drogownictwo, budowa dróg
high-Z elements *pl chem.* pierwiastki o dużej liczbie atomowej
hijacking porwanie samolotu, uprowadzenie samolotu
hill wzgórze; pagórek
hill *v roln.* okopywać, obsypywać
hiller *roln.* obsypnik
hinder *v* przeszkadzać
hinge zawiasa; przegub
hinge *v* mocować zawiasowo
hinge joint połączenie zawiasowe
hinge pin sworzeń zawiasy
H-iron dwuteowniki (stalowe) szerokostopowe
Hi-steel stal miedziowo-niklowa
histogram *mat.* wykres kolumnowy, histogram
hit 1. uderzenie; trafienie **2.** *inf.* trafna odpowiedź
hitch 1. węzeł, pętla **2.** *roln.* zaczep
hitch feed *obr.plast.* podawanie chwytakowe lub suwakowe
hitch point *roln.* punkt zawieszenia (*narzędzi ciągników rolniczych*)
hit the target trafić w cel
hob *obr.skraw.* frez ślimakowy, frez obwiedniowy
hobber *zob.* **hobbing machine**
hobbing *obr.skraw.* frezowanie obwiedniowe
hobbing machine *obr.skraw.* frezarka obwiedniowa
hoe *narz.* graca; motyka
hoeing plough pług podorywkowy
hoe shovel koparka podsiębierna
hogging moment *okr.* moment przeginający
hoist podnośnik; wyciąg; dźwignik
hoist *v* dźwigać, podnosić ciężary; *górn.* wyciągać (*szybem*)
hoist engine *górn.* maszyna wyciągowa
hoisting block wciągnik wielokrążkowy
hoisting cable lina nośna dźwigu
hoisting capacity udźwig, nośność (*dźwignicy*)
hoisting crane dźwignica, dźwig
hoisting gear mechanizm podnoszący; urządzenie do podnoszenia
hoisting winch wciągarka; *górn.* maszyna wyciągowa
hoistman dźwigowy (*pracownik*)
holbit *wiertn.* świder płuczkowy
hold 1. ładownia **2.** *inf.* wstrzymanie
hold *v* trzymać; wstrzymywać
hold control *TV* regulacja synchronizacji
hold down przytrzymywać; dociskać
holder oprawka; obsada
hold(er)-on przypór nitowniczy
holdfast urządzenie przytrzymujące
hold in a position utrzymywać w położeniu
hold in equilibrium utrzymywać w równowadze
holding-down bolt śruba mocująca
holding furnace *odl.* piec podgrzewający (*ciekły metal*)
holding time czas utrzymywania (*np. określonej temperatury*)
hole 1. otwór; dziura **2.** *fiz.* dziura **3.** *nukl.* kanał, otwór w reaktorze
hole broaching *obr.skraw.* przeciąganie wewnętrzne, przeciąganie otworów
hole conduction *elektron.* przewodnictwo niedomiarowe, przewodnictwo dziurowe, przewodnictwo typu p
hole in liquid *fiz.* miejsce puste w cieczy (*struktura cieczy*)

hole mobility *elektron.* ruchliwość dziur
hole screw plug wkręt zaślepiający
hole semiconductor *elektron.* półprzewodnik niedomiarowy, półprzewodnik dziurowy, półprzewodnik typu p
holing wykonywanie otworów; *górn.* wrębienie
hollander *papiern.* holender
hollow 1. wgłębienie; wydrążenie **2.** *obr.plast.* tuleja
hollow *v* robić wgłębienie; drążyć
hollow *a* pusty; wydrążony
hollow brick *bud.* cegła pustakowa
hollow cathode *el.* katoda wnękowa
hollow chisel *drewn.* dłuto wklęsłe półokrągłe
hollow conductor *el.* przewód rurowy
hollow drill *wiertn.* świder płuczkowy
hollow forging kucie na trzpieniu
hollow mill *obr.skraw.* frez rurowy, frez czołowy wewnętrzny
hollow mortise chisel *drewn.* dłuto kombinowane
hollow newel *bud.* dusza schodów krętych
hollow plane *narz.* strug żłobnik
hollow rivet nit rurkowy
hollows *pl górn.* zroby
hollow sea *ocean.* fala stroma
hollow tile *bud.* pustak
hollow vortex *hydr.* wir kawitacyjny
holmium *chem.* holm, Ho
hologram hologram
holography holografia
holohedral *a kryst.* holoedryczny
holomorphic *a kryst.* holomorficzny
holonomic system *mech.* układ holonomiczny
home *adv* do oporu
home market *ek.* rynek krajowy
homeomorphic *a mat.* homeomorficzny
homeopolar *a* homeopolarny, niebiegunowy
homeostat *cybern.* homeostat
home port *żegl.* port macierzysty
home record *inf.* rekord odniesienia
home scrap *hutn.* złom obiegowy własny
home spring sprężyna zblokowana, sprężyna zwarta
homespun *włók.* samodział
home terminal *inf.* terminal domowy
home trade 1. kabotaż, żegluga między własnymi portami **2.** *ek.* handel krajowy
homework chałupnictwo
homing 1. *lotn.* lot docelowy **2.** samokierowanie (*w pociskach kierowanych*)
homing guidance kierowanie pocisku na cel, naprowadzanie pocisku na cel
homing missile pocisk samokierowany
homogeneous *a* jednorodny, homogeniczny
homogeneous reactor *nukl.* reaktor jednorodny, reaktor homogeniczny
homogenizer *chem.* homogenizator
homogenizing 1. homogenizacja, ujednorodnianie **2.** *obr.ciepl.* wyżarzanie ujednorodniające
homologation homologacja (*oficjalne zatwierdzenie np. obliczeń*)
homologous *a* homologiczny
homologue homolog
homology *chem.* homologia
homology group *mat.* grupa homologii
homolysis *chem.* homoliza, rozpad homolityczny
homolytic dissociation *zob.* **homolysis**
homomorphic *a mat.* homomorficzny
homopolar *a* homopolarny, jednakobiegunowy
homopolar bond *chem.* wiązanie atomowe, wiązanie homeopolarne, wiązanie kowalencyjne
homothetic *a geom.* podobny, jednokładny
hone osełka
honeycombed *a* (*o powierzchni przypominającej budową plaster miodu*)
honeycombed wall *bud.* ściana ażurowa, ściana prześwitowa
honeycomb radiator *siln.* chłodnica ulowa, chłodnica powietrznorurkowa
honing *obr.skraw.* gładzenie, honowanie, osełkowanie
honing tool gładzak, głowica do gładzenia, obciągacz, hon
hood 1. kołpak, kaptur **2.** *mot. US* maska silnika
hood-type furnace *obr.ciepl.* piec dzwonowy, piec kołpakowy
hook hak
hook *v* zahaczać; wieszać na haku
hook carrier przenośnik hakowy
Hooke's body *mech.* ciało Hooke'a, ciało doskonale sprężyste
Hooke's coupling *masz.* sprzęgło przegubowe, sprzęgło Cardana
hook tool *obr.skraw.* nóż dłutowniczy
hoop obręcz
hoop iron bednarka, stal obręczowa
hoop stress *wytrz.* naprężenie obwodowe, naprężenie równoleżnikowe
hooter buczek (*sygnał dźwiękowy*)
hop *bot.* chmiel

hopper lej samowyładowczy, kosz samowyładowczy
hopper-bottom bucket kubeł dennozsypny lejowy
hopper dredger pogłębiarka nasiębierna
hopping effect *elektron.* efekt hopingowy
horizon 1. horyzont **2.** *gleb.* poziom
horizontal *a* poziomy
horizontal boring machine *obr.skraw.* wiertarko-frezarka
horizontal casting odlewanie poziome, odlewanie na płasko
horizontal microcoding *inf.* mikrokodowanie poziome
horizontal projection *rys.* rzut poziomy
horizontal pump pompa leżąca
horizontal welding spawanie poziome
hormone *biochem.* hormon
horn 1. *zool.* róg **2.** *obr.plast.* róg (*kowadła*) **3.** tuba; głośnik tubowy **4.** *mot.* sygnał dźwiękowy, klakson
horngate *odl.* wlew rożkowy
horning *okr.* pionowanie wręgów
horn loudspeaker głośnik tubowy
horologe zegar, czasomierz
horology zegarmistrzostwo
horse gear *roln.* kierat, napęd konny
horsepower 1. *jedn.* angielski koń parowy: 1 hp = 0,74569 kW **2.** moc (*w* hp *lub* KM) **3.** *roln.* kierat, napęd konny
horsepower capacity *siln.* moc maksymalna
horsepower-hour *jedn.* koniogodzina: 1 KM·h = $2{,}647795 \cdot 10^6$ J
horsepower output moc oddawana
horsepower rating moc znamionowa
horseshoe magnet magnes podkowiasty
horticulture ogrodnictwo
hose wąż, przewód giętki
hose-proof *a masz.el.* strugoszczelny (*w obudowie zabezpieczającej od strumieni wody*)
hose testing próba strumieniem wody (*np. szczelności szwu*)
host *el.* osłona luminoforu
host computer *inf.* komputer główny, komputer macierzysty
host lattice *kryst.* sieć rodzima, sieć macierzysta
hot *a* **1.** gorący **2.** *nukl.* gorący, wysokoaktywny, silnie promieniotwórczy
hot activity *nukl.* aktywność (*promieniotwórcza*) gorąca, aktywność wysoka
hot atom *nukl.* atom gorący, atom odrzutu
hotbed *hutn.* chłodnia, ruszt do chłodzenia
hot-blast cupola *odl.* żeliwiak z podgrzewaniem dmuchu
hot-blast stove *hutn.* nagrzewnica dmuchu
hot blow of the converter *hutn.* gorący bieg konwertora
hot-cathode *el.* katoda żarzona, termokatoda
hot cell *nukl.* komora gorąca
hot-cold working *met.* obróbka cieplno--mechaniczna
hot-dip coating powlekanie ogniowe (*np. cynkowanie*)
hot-dip galvanizing cynkowanie ogniowe, cynkowanie na gorąco
hot filter *nukl.* filtr promieniotwórczy
hot hole *elektron.* dziura szybka (*w półprzewodniku*)
hot-house *roln.* cieplarnia
hot junction of a thermocouple spoina pomiarowa termoelementu, spoina gorąca termoelementu
hot leg *nukl.* gorąca gałąź obiegu
hot line *tel.* gorąca linia
hot metal 1. *odl.* gorący metal **2.** *hutn.* surówka (*wielkopiecowa*)
hot-metal ladle *hutn.* kadź surówkowa
hot-metal process *hutn.* proces wytapiania stali na ciekłym wsadzie
hot mill *hutn.* **1.** walcownia gorąca **2.** walcarka gorąca
hot processing *hutn.* przeróbka plastyczna na gorąco
hot quenching *obr.ciepl.* hartowanie stopniowe
hot reaction *nukl.* reakcja gorąca
hot reserve rezerwa gorąca (*w teorii niezawodności*)
hot rolling *hutn.* walcowanie na gorąco
hot-shortness *met.* kruchość na gorąco
hot-spot 1. *siln.* gorące miejsce (*w cylindrze*) **2.** *odl.* węzeł cieplny (*w odlewie*) **3.** *masz.el.* punkt gorący (*uzwojenia*) **4.** *nukl.* miejsce wysokoaktywne
hot standby *nukl.* gorąca rezerwa
hot strength wytrzymałość w wysokich temperaturach
hot tinting *obr.ciepl.* barwy nalotowe
hot top *hutn.* nadstawka wlewnicy
hot water boiler kocioł grzejny
hot-well *siln.* zbiornik skroplin, zbiornik kondensatu
hot-wire ammeter amperomierz cieplny
hot-working *hutn.* przeróbka plastyczna na gorąco
hour *jedn.* godzina: 1 h = 3600 s
hour angle *astr.* kąt godzinny

hour hand *zeg.* wskazówka godzinowa
hourly *adv* na godzinę
house dom, budynek
house *v* umieścić
house car samochód mieszkalny (*np. turystyczny*)
household chemistry chemia gospodarcza
household refrigerator chłodziarka domowa, lodówka
housekeeping *inf.* operacje porządkowe
housekeeping routine *inf.* program porządkowy
house telephone system urządzenie domofonowe
house trailer *mot.* przyczepa turystyczna mieszkalna, przyczepa kempingowa
housing 1. *bud.* budownictwo mieszkaniowe **2.** *narz.* obudowa; osłona
housing of a mill *hutn.* stojak walcarki
hovercraft *lotn.* poduszkowiec
hovering *lotn.* lot wiszący, zawis (*śmigłowca*)
howl *elakust.* wycie; gwizd
H-pole *el.* słup H-owy, słup bramowy (*linii nadziemnej*)
H-section dwuteownik szerokostopowy
hub 1. piasta (*koła*) **2.** *obr.plast.* patryca **3.** *inf.* gniazdo (*krosownicy*)
hue odcień
hull 1. kadłub (*statku*) **2.** łuska, łupina
hulling *spoż.* obłuskiwanie, łuszczenie, wyłuskiwanie
hulling machine *spoż.* łuszczarka, obłuskiwacz
hum *rad.* przydźwięk sieciowy
human factor czynnik ludzki
human-factors engineering ergonomia
humectant substancja pochłaniająca wilgoć
humid *a* wilgotny
humidification nawilżanie, zwilżanie
humidifier nawilżacz (*aparat*)
humidify *v* zwilżać, nawilżać
humidistat humidostat, higrostat
humidity wilgotność
humification *gleb.* humifikacja, tworzenie się próchnicy
hummer *el.* brzęczyk
humous soil gleba próchnicza
hump garb, wygarbienie
humus *gleb.* humus, próchnica
hundredweight *jedn.* cetnar (*GB* = 50,8 kg; *US* = 45,359 kg)
hungry *a* **1.** *powł.* chłonny **2.** *gleb.* ubogi, jałowy
hunting 1. *masz.* niestateczność regulatora **2.** *TV* niestabilność obrazu **3.** *telef.* szukanie
hunting tooth *masz.* ząb dodatkowy (*w przekładni zębatej*)
hurds *pl* pakuły
hurricane *meteo.* huragan
husk łuska; plewa; łupinka
husk *v* łuszczyć, wyłuskiwać
husker-sheller *roln.* młocarnia do kukurydzy
hutch 1. skrzynia **2.** *roln.* klatka
H-value *obr.ciepl.* intensywność oziębiania (*przy hartowaniu*)
H-wave *rad.* fala poprzeczna elektryczna, fala typu TE
hybrid computer komputer hybrydowy, komputer analogowo-cyfrowy, hybryda
hybrid coupler *rad.* sprzęgacz rozgałęźny
hybrid integrated circuit *elektron.* układ scalony hybrydowy
hybrid ion *fiz.* jon dwubiegunowy, jon amfoteryczny
hybridization *fiz.* hybrydyzacja (*orbitali*)
hybridized orbital *fiz.* orbital zhybrydyzowany, hybryd
hybrid transformer *tel.* transformator różnicowy
hydrant hydrant
hydrate *chem.* wodzian, hydrat, związek uwodniony
hydrated *a chem.* uwodniony; hydratyzowany
hydrated hydrogen ion jon hydronowy
hydrated lime wapno suchogaszone, wapno hydratyzowane
hydration *chem.* uwodnienie, hydratacja
hydraulic *a* hydrauliczny
hydraulic brake hamulec hydrauliczny
hydraulic classification klasyfikacja hydrauliczna, sortowanie hydrauliczne
hydraulic conveyor przenośnik hydrauliczny
hydraulic coupling sprzęgło hydrauliczne
hydraulic drawing *obr.plast.* wytłaczanie cieczą, wytłaczanie hydrauliczne
hydraulic dredger pogłębiarka ssąca
hydraulic engineering budownictwo wodne, hydrotechnika
hydraulic excavation *górn.* urabianie hydrauliczne
hydraulic filling *górn.* **1.** podsadzka płynna **2.** podsadzanie podsadzką płynną
hydraulic fluid ciecz hydrauliczna
hydraulic giant *górn.* hydromonitor, monitor wodny
hydraulic gradient spadek hydrauliczny
hydraulic head wysokość hydrauliczna, wysokość rozporządzalna

hydraulic jet propulsion *okr.* napęd wodno-odrzutowy, napęd strugowodny
hydraulicking *górn.* urabianie hydrauliczne
hydraulic measurements *pl* pomiary wodne, hydrometria
hydraulic monitor *górn.* hydromonitor, monitor wodny
hydraulic pipe przewód wodny wysokociśnieniowy
hydraulic press prasa hydrauliczna
hydraulic pressure relief odciążenie hydrauliczne
hydraulic relay *aut.* przekaźnik hydrauliczny
hydraulic riveter niciarka hydrauliczna, nitownica hydrauliczna
hydraulics hydromechanika techniczna
hydraulic separator *wzbog.* wzbogacalnik hydrauliczny
hydraulic stowage *górn.* podsadzka płynna
hydraulic system układ hydrauliczny; instalacja hydrauliczna
hydraulic transmission skrzynka biegów hydramatic, skrzynka biegów hydrokinetyczno-obiegowa
hydraulic turbine turbina wodna
hydride *chem.* wodorek
hydriding *met.* nawodorowanie
hydrion *chem.* jon wodorowy
hydroacoustics hydroakustyka
hydrobiology hydrobiologia
hydroblast *odl.* oczyszczarka piaskowowodna
hydrocarbons *pl chem.* węglowodory
hydrocellulose hydratoceluloza, celuloza hydratyzowana
hydrochloric acid *chem.* kwas chlorowodorowy, kwas solny
hydrochloride *chem.* chlorowodorek
hydrocracking *paliw.* hydrokrakowanie, uwodornianie destrukcyjne
hydrocyanic acid *chem.* kwas cyjanowodorowy, kwas pruski
hydrodynamic *a* hydrodynamiczny
hydrodynamics hydrodynamika, dynamika cieczy
hydrodynamic thrust napór hydrodynamiczny
hydro-electric generating station elektrownia wodna, hydroelektrownia
hydro-electric power energia hydroelektryczna
hydro-electric set zespół prądotwórczy wodny
hydro-engineering hydrotechnika; budownictwo wodne
hydroextracting 1. *górn.* urabianie hydrauliczne **2.** *włók.* odwirowywanie odwadniające
hydroextractor wirówka odwadniająca
hydrofining *paliw.* hydrorafinacja
hydrofluoride *chem.* fluorowodorek
hydrofoil płat wodny, hydropłat
hydrofoil boat wodolot
hydroformate produkt hydroformowania
hydroforming 1. *chem.* hydroformowanie, aromatyzacja benzyn **2.** *obr.plast.* kształtowanie hydrodynamiczne
hydrogel *chem.* hydrożel
hydrogen *chem.* wodór, H
hydrogenation *chem.* uwodornianie, hydrogenizacja; utwardzanie (*tłuszczów*)
hydrogen bomb bomba wodorowa
hydrogen bond *chem.* wiązanie wodorowe, mostek wodorowy
hydrogen donor donor wodoru
hydrogen embrittlement *met.* kruchość wodorowa, choroba wodorowa
hydro-generator *el.* hydrogenerator, turbogenerator wodny
hydrogen igniter *nukl.* zapłonnik wodoru
hydrogen ion concentration *chem.* stężenie jonów wodorowych
hydrogen ion concentration meter pehametr
hydrogen ion exponent *chem.* wykładnik jonów wodorowych, wykładnik wodorowy, pH
hydrogen-like orbital *fiz.* orbital wodoropodobny
hydrogenolysis *chem.* hydrogenoliza, wodoroliza
hydrogen oxide *chem.* tlenek wodoru, woda
hydrogen peroxide *chem.* nadtlenek wodoru
hydrogen peroxide solution roztwór nadtlenku wodoru, woda utleniona
hydrogen referred valence *chem.* wartościowość względem wodoru
hydrogeology hydrogeologia
hydrograph wykres przepływu, hydrograf
hydrography hydrografia
hydroiodide *chem.* jodowodorek
hydrokinetics hydrokinetyka, kinetyka cieczy
hydrolastic *mot.* zawieszenie hydrauliczne sprzężone stronami
hydrologic cycle cykl hydrologiczny (*obieg wody w przyrodzie*)
hydrology hydrologia
hydrolysis *chem.* hydroliza

hydrolyzate *chem.* produkt hydrolizy, hydrolizat
hydromagnetics hydromagnetyka, magnetohydrodynamika, magnetodynamika cieczy
hydromation automatyka hydrauliczna
hydromechanical *a* hydromechaniczny
hydromechanics hydromechanika, mechanika cieczy
hydrometallurgy *hutn.* hydrometalurgia, metalurgia mokra
hydrometeorology hydrometeorologia
hydrometer *hydr.* areometr, gęstościomierz
hydrometric float pływak hydrometryczny
hydrometric flume kanał pomiarowy zwężkowy, kanał pomiarowy Venturiego
hydrometric liquid ciecz hydrometryczna
hydrometry hydrometria
hydropeat hydrotorf, torf hydrauliczny
hydroperoxide *chem.* wodoronadtlenek
hydrophone *akust.* hydrofon, głośnik podwodny
hydrophore hydrofor
hydroplane 1. *lotn.* samolot wodny, wodnosamolot, hydroplan **2.** ślizgacz, statek ślizgowy **3.** *okr.* ster głębokości (*statku podwodnego*)
hydropneumatic *a* wodno-powietrzny, hydropneumatyczny
hydroponics *roln.* kultura wodna, hydroponika
hydro power energia wodna
hydropress prasa hydrauliczna
hydroscope *opt.* przyrząd do obserwacji pod wodą
hydroski craft nartowiec (*statek wodny na nartach*)
hydrosol *chem.* hydrozol
hydrospinning *obr.plast.* zgniatanie obrotowe
hydrostat humidostat, higrostat
hydrostatic *a* hydrostatyczny
hydrostatic lift wypór hydrostatyczny
hydrostatics hydrostatyka, statyka cieczy
hydrostatic thrust napór hydrostatyczny
hydrosulfide *chem.* wodorosiarczek, hydrosulfid
hydrosulfite *chem.* podsiarczyn
hydrotechnical system hydrowęzeł
hydrotechnics hydrotechnika, budownictwo wodne
hydrous *a chem.* zawierający wodę; wodny
hydroxide *chem.* wodorotlenek
hydroxonium ion *chem.* jon hydronowy, jon oksoniowy
hydroxyl (group) *chem.* grupa wodorotlenowa, hydroksyl
hygrometer higrometr, wilgotnościomierz
hygrometry higrometria
hygroscopic *a* higroskopijny, chłonący wilgoć
hygrostat humidostat, higrostat
hyperbola (*pl* **hyperbolae** *or* **hyperbolas**) *geom.* hiperbola
hyperbolic geometry geometria Łobaczewskiego, geometria hiperboliczna
hyperbolic velocity *kosm.* prędkość hiperboliczna, trzecia prędkość kosmiczna
hyperboloid *geom.* hiperboloida
hypercarb process *obr.ciepl.* nawęglanie gazowe, nawęglanie w gazach
hypercharge *fiz.* hiperładunek
hyperconjugation *fiz.* hiperkoniugacja, hiperkoniunkcja, nadsprzężenie
hypercritical velocity *hydr.* prędkość ponadkrytyczna
hypereutectoid cementite *met.* cementyt drugorzędowy, cementyt przedeutektoidalny
hyperfine interaction *fiz.* oddziaływanie nadsubtelne
hyperfine structure *fiz.* struktura nadsubtelna
hyperfragment *fiz.* hiperfragment
hypergolic bipropellant hipergol (*paliwo rakietowe*)
hyperon *nukl.* hiperon
hyperplane *geom.* hiperpłaszczyzna
hyperquenching *obr.ciepl.* przesycanie
hypersensitization *fot.* hipersensybilizacja, nadczulanie
hypersonic *a aero.* hipersoniczny
hypersonic flow przepływ hipersoniczny
hyperstatic *a mech.* hiperstatyczny
hypersurface *geom.* hiperpowierzchnia
hypo *fot.* tiosiarczan sodowy (*utrwalacz*)
hypochlorite *chem.* podchloryn
hypochromic effect *fiz.* efekt hipochromowy
hypocycloid *geom.* hipocykloida
hypo-eutectoid *a met.* podeutektoidalny
hypoid gear koło zębate hipoidalne
hyposulfite *chem.* **1.** tiosiarczan **2.** podsiarczyn
hypotenuse *geom.* przeciwprostokątna
hypothesis hipoteza
hypothetical *a* hipotetyczny
hypotrochoid *geom.* hipotrochoida
hypsography hipsografia
hypsometer hipsotermometr
hypsometry hipsometria
hysteresis *fiz.* histereza
hysteresiscope *elektron.* ferroskop
hysteresis motor *el.* silnik histerezowy
hytherograph termohigrometr

I

I-bar dwuteownik
I-beam belka dwuteowa
IC = integrated circuit *elektron.* układ scalony, obwód scalony
IC bonding *elektron.* mikromontaż układów scalonych
ice lód
ice accretion oblodzenie
iceberg góra lodowa
ice-boat bojer, ślizg lodowy
icebound *a* uwięziony w lodach (*statek*); skuty lodem (*np. port*)
ice-box *chłodn.* lodówka
ice-breaker 1. *okr.* lodołamacz **2.** *inż.* izbica, lodołam
ice-cold *a* lodowaty
ice-condenser *nukl.* kondensator lodowy
ice cover pokrywa lodowa
ice float kra
ice-free *a żegl.* wolny od lodu
ice generator *chłodn.* lodownik, wytwornica lodu
ice load obciążenie od oblodzenia
IC engine = internal combustion engine silnik spalinowy wewnętrznego spalania
ice point temperatura topnienia czystego lodu, punkt lodu
ice refrigerator *chłodn.* lodówka
ice run ruszenie lodów (*na rzece*)
IC family *elektron.* rodzina układów scalonych
icing 1. oblodzenie **2.** *chłodn.* lodowanie
IC layout *elektron.* topologia układów scalonych
icon *inf.* ikona
iconoscope *elektron.* ikonoskop
icosahedron *geom.* dwudziestościan
icy *a* **1.** oblodzony **2.** lodowaty
ideal *mat.* ideał
ideal *a* doskonały, idealny
ideal cycle *term.* obieg teoretyczny
ideal fluid *mech.pł.* płyn doskonały, płyn idealny
ideal gas law *term.* równanie stanu gazu doskonałego, równanie Clapeyrona
ideal line *geom.* prosta niewłaściwa, prosta w nieskończoności
ideal radiator *fiz.* promiennik zupełny, ciało (doskonale) czarne
ideal solution *chem.* roztwór doskonały, roztwór idealny
identical *a* identyczny
identical figures *pl geom.* figury przystające
identification mark znak tożsamości, znak rozpoznawczy
identification plate tabliczka identyfikacyjna
identifier *inf.* identyfikator
identity tożsamość, identyczność
identity mapping *mat.* odwzorowanie identycznościowe
identity matrix *mat.* macierz jednostkowa
idiomorphic *a kryst.* idiomorficzny, automorficzny
idle *a masz.* jałowy; nieobciążony; nieczynny
idle coil *masz.el.* ślepy zezwój
idle current *el.* prąd bierny
idle gear koło zębate pośredniczące
idle land *roln.* ugór; nieużytek
idle pulley koło pasowe luźne, koło pasowe jałowe
idle roller table *hutn.* samotok bez własnego napędu
idle running *masz.* bieg jałowy, bieg luzem
idle time czas przestoju, czas przerwy
idle wheel koło zębate pośredniczące
idling *masz.* bieg jałowy, bieg luzem
idling shaft wał ruchomy niepracujący
idling speed prędkość na biegu jałowym
igneous rock skała magmowa
ignitability zapalność; *paliw.* zapłonność
ignite *v* zapalać (się)
igniter 1. urządzenie zapłonowe; zapłonnik **2.** *elektron.* zapalnik, ignitor
igniting fuse *wybuch.* lont zapalający
igniting primer *wybuch.* zapłonnik pośredni, ładunek zapłonowy
ignition *siln.* zapłon
ignition advance *siln.* wyprzedzenie zapłonu
ignition anode *elektron.* anoda zapłonowa
ignition coil *siln.* cewka zapłonowa
ignition control *siln.* regulacja wyprzedzenia zapłonu
ignition control additive *paliw.* dodatek do paliw ciężkich
ignition delay *siln.* opóźnienie zapłonu
ignition key *mot.* kluczyk zapłonu
ignition plug *siln.* świeca zapłonowa
ignition point *paliw.* temperatura zapłonu
ignition spark *siln.* iskra zapłonowa

ignition switch *mot.* wyłącznik zapłonu, stacyjka
ignition timing *siln.* ustawianie zapłonu
ignitor *elektron.* anoda zapłonowa ignitronu
ignitron *elektron.* ignitron
I-iron dwuteowniki stalowe
illegal character *inf.* znak niedozwolony
illinium *nukl.* promet-147
illuminance *opt.* natężenie oświetlenia, oświetlenie
illuminating gas gaz świetlny, gaz miejski
illumination 1. oświetlenie **2.** *opt.* natężenie oświetlenia, oświetlenie
illumination meter *opt.* luksomierz
illustrative analysis *chem.* analiza przykładowa
illuvium *gleb.* iluwium
image *opt.* obraz
image *v opt.* odwzorować, zobrazować
image blurring *TV* rozmazanie obrazu, nieostrość obrazu
image camera tube *TV* lampa analizująca obrazowa
image frequency *rad.* częstotliwość lustrzana
image iconoscope *TV* superikonoskop, ikonoskop obrazowy, emitron
image of a point *mat.* obraz punktu
image orthicon *TV* superortikon, ortikon obrazowy
image processing *inf.* przetwarzanie obrazów
image reactor *nukl.* reaktor wirtualny
image sharpness *opt.* ostrość obrazu
image tube *TV* lampa obrazowa, kineskop
imaginary *a mat.* urojony
imaginary number *mat.* liczba urojona
imaging *opt.* odwzorowanie, zobrazowanie
imbed *v* osadzać (*w podłożu*)
imbibe *v* wchłaniać (*ciecz*), nasiąkać
imitation leather sztuczna skóra
immediate-access storage *inf.* pamięć szybka
immediate addressing *inf.* adresowanie proste, adresowanie natychmiastowe
immediate operand *inf.* operand bezpośredni
immersion zanurzenie
immersion heater *el.* element grzejny nurkowy; grzałka nurkowa
immersion heating *obr.ciepl.* nagrzewanie kąpielowe, nagrzewanie w kąpieli
immersion suit ubranie nurkowe, skafander miękki
immersion vibrator *bud.* wibrator zanurzeniowy, perwibrator
immiscible *a* nie mieszający się, niemieszalny
immittance *el.* immitancja
immobile *a* nieruchomy
immobilize *v* unieruchomić
immunity odporność, niewrażliwość
immunology immunologia
impact uderzenie; zderzenie; udar
impact bend test *wytrz.* próba udarowa zginania
impact cleaning oczyszczanie strumieniowo-ścierne
impact cylinder *hydr.* cylinder piętrzący, walec piętrzący
impact excitation *fiz.* wzbudzenie zderzeniowe
impact flow-meter *hydr.* przepływomierz piętrzący
impact fuse *wybuch.* zapalnik uderzeniowy
impact loading obciążenie udarowe
impactor 1. *obr.plast.* młot pneumatyczny przeciwbieżny poziomy **2.** *górn.* kruszarka udarowa, młyn udarowy
impact pad *nukl.* amortyzator (*pręta bezpieczeństwa*)
impact pressure 1. *mech.pł.* ciśnienie spiętrzenia **2.** *obr.plast.* nacisk udarowy
impact pressure tube *mech.pł.* rurka piętrząca
impact printer *inf.* drukarka uderzeniowa
impact radiation *fiz.* promieniowanie zderzeniowe
impact resilience *gum.* odbojność, elastyczność przy odbiciu
impact resistance *wytrz.* udarność, odporność na uderzenia
impact screen przesiewacz wibracyjny udarowy
impact strength *zob.* **impact resistance**
impact stress *wytrz.* naprężenie udarowe
impact test *wytrz.* próba udarności
impact test in bending *wytrz.* udarowa próba na zginanie
impact-test specimen próbka udarnościowa
impact tube *hydr.* rurka piętrząca, rurka spiętrzająca
impair *v* pogarszać, wpływać ujemnie
impedance *el.* impedancja, opór zespolony, opór pozorny
impedance coil *el.* dławik
impeller wirnik napędzany (*pompy, sprężarki*)
impeller pump pompa wirowa, pompa rotodynamiczna, pompa wirnikowa
impenetrable *a* nieprzenikalny; nieprzepuszczalny

imperative language *inf.* język imperatywny
imperfect *a* niedoskonały; niezupełny
imperfect combustion spalanie niecałkowite
imperfect gas gaz rzeczywisty, gaz niedoskonały
imperfect thread *masz.* gwint niepełny, gwint wejściowy
imperial fluid ounce *jedn.* angielska uncja objętości (≈ 28,41 cm^3)
imperial gallon *jedn.* galon angielski (≈ 4,546 l)
imperial hundredweight *jedn.* cetnar angielski (≈ 50,802 kg)
imperial pint angielska jednostka objętości (≈ 0,568 l)
Imperial Standard Yard *jedn.* jard angielski (= 0,914396 m)
Imperial Wire Gauge (*brytyjski znormalizowany szereg średnic drutu oznaczony umownymi liczbami*)
impermeable *a* nieprzepuszczalny
impingement uderzenie (*np. strumienia*)
implant test *spaw.* próba implantacyjna, próba kołkowa
implementation 1. wdrażanie; wprowadzanie w życie **2.** *inf.* implementacja (*programu*)
implements *pl* narzędzia
implied addressing *inf.* adresowanie niejawne
implied-OR *aut.* funkcja logiczna sumy galwanicznej
implosion implozja
imponderable *a fiz.* nieważki
import *ek.* przywóz, import
impoverishment zubożenie
impregnant impregnat, syciwo, środek impregnujący
impregnate *v* impregnować, nasycać
impressed voltage *el.* napięcie doprowadzone, napięcie przyłożone
impression 1. odcisk **2.** *obr.plast.* wykrój matrycy
impression die forging 1. kucie matrycowe **2.** odkuwka matrycowa
imprint odcisk
improper fraction *mat.* ułamek niewłaściwy
improve *v* ulepszać, doskonalić
improved wood drewno ulepszone
improver *paliw.* dodatek uszlachetniający
impulse impuls
impulse contact *el.* zestyk przechodni, zestyk przelotowy
impulse current *el.* prąd udarowy
impulse generator *el.* generator impulsów; generator udarowy
impulse of force *mech.* impuls siły, popęd siły
impulse stage stopień akcyjny (*w turbinach parowych*)
impulse starter *el.* iskrownik rozruchowy
impulse turbine turbina akcyjna
impulse voltage *el.* napięcie udarowe
impulse wave *el.* fala udarowa
impulse wheel wirnik akcyjny (*turbiny*)
impulse withstand level *el.* poziom wytrzymałości udarowej
impulsing *telef.* impulsowanie
impurity 1. zanieczyszczenie **2.** *elektron.* domieszka
impurity concentration profile *elektron.* rozkład koncentracji domieszki (*w przekroju płytki półprzewodnikowej*)
impurity level *elektron.* poziom energetyczny domieszkowy
impurity semiconductor półprzewodnik domieszkowy
inaccessible *a* niedostępny; nieosiągalny
inaccuracy niedokładność
inaccurate *a* niedokładny
inactive *a* nieaktywny, obojętny
inadmissible *a* niedopuszczalny
inadvertent contact *el.* dotknięcie przypadkowe
in bad repair w złym stanie
in blast *hutn.* w ruchu (*o wielkim piecu*)
inbuilt *a* wbudowany
in bulk *transp.* bez opakowania, luzem
incandescent *a* żarzący się, rozżarzony
in case of emergency w nagłym wypadku, w razie niebezpieczeństwa
incentre *geom.* środek okręgu wpisanego
inch *jedn.* cal: 1" ≈ 2,54 cm
in charge pełniący obowiązki
inch-rule *metrol.* calówka
incidence 1. zakres, zasięg **2.** *fiz.* padanie (*np. promieni*)
incidence angle *fiz.* kąt padania (*promieni*)
incidence plane *fiz.* płaszczyzna padania
incidental error błąd przypadkowy
incident particle *fiz.* cząstka padająca, cząstka bombardująca
incinerate *v* spopielać, spalać na popiół
incipient *a* początkowy, znajdujący się w stanie początkowym
incircle *geom.* okrąg wpisany
in-circuit emulator *inf.* emulator układowy
incision nacięcie
inclinable press prasa przechylna
inclination nachylenie, pochylenie
incline 1. pochyłość **2.** *górn.* pochylnia

inclined elevator przenośnik kubełkowy stromopochyły
inclined plane 1. *mech.* równia pochyła **2.** *górn.* pochylnia
inclinometer 1. *lotn.* chyłomierz **2.** *geod.* pochylnik, pochyłomierz, eklimetr; *górn.* upadomierz **3.** inklinometr (*przyrząd do pomiaru inklinacji magnetycznej*)
include *v* włączać; zawierać
included angle 1. *geom.* kąt zawarty (*między bokami*) **2.** *narz.* kąt ostrza (*noża*) **3.** *spaw.* kąt rowka **4.** *masz.* kąt zarysu gwintu
inclusion 1. *kryst.* wrostek, inkluzja, wtrącenie **2.** *petr.* inkluzja **3.** *spaw.* wtrącenie (*wada spoiny*)
inclusion compounds *pl chem.* związki włączeniowe
inclusions of slag *met.* zażużlenie, wtrącenia żużlowe
inclusive OR operation *inf.* suma logiczna, alternatywa
incoherent *a* niekoherentny, niespójny
incoherent cross-section *nukl.* przekrój czynny na rozpraszanie niespójne
incoherent scattering *nukl.* rozpraszanie niespójne
income *ek.* dochód
incoming steam *siln.* para dolotowa
incommensurable *a* niewspółmierny
in common use powszechnie używany
incompatibility niezgodność, niekompatybilność
incomplete *a* niezupełny
incomplete combustion spalanie niezupełne
incomplete fusion *spaw.* brak wtopu, niedostateczne wtopienie
incomplete thread *masz.* gwint niepełny, gwint wejściowy
in-core flux monitor *nukl.* detektor wewnątrzrdzeniowy strumienia neutronów
in-core measurement *nukl.* pomiar wewnątrzrdzeniowy
incorrect *a* niepoprawny; błędny
incorrect flame *spaw.* płomień rozregulowany
increase wzrost; przyrost
increase gear przekładnia przyspieszająca, przekładnia zwiększająca
increase in volume przyrost objętości
increaser złączka zwężkowa (*rurowa*)
increase the speed *siln.* zwiększać obroty, zwiększać szybkość
increasing sequence *mat.* ciąg rosnący
increment *mat.* przyrost, inkrement
incremental computer komputer przyrostowy
incrementer *inf.* rejestr następnikowy
incrementing *inf.* inkrementacja
incrustation *geol.* inkrustacja
incrusted ore ruda przerośnięta
in-cut milling *obr.skraw.* frezowanie współbieżne
in cycles cyklicznie
indecomposable *a* **1.** *mat.* nierozkładalny **2.** *chem.* nierozkładający się
indefinite integral *mat.* całka nieoznaczona
indelible *a* nieścieralny, nieusuwalny
indemnity *ek.* odszkodowanie
indent nacięcie; karb; odcisk
indentation 1. nacinanie; wciskanie **2.** nacięcie; karb **3.** *inf.* wcięcie
indentation hardness *wytrz.* twardość mierzona wgłębnikiem
indenter *wytrz.* wgłębnik twardościomierza
independent *a* niezależny
independent drive napęd niezależny
independent particle *fiz.* cząstka niezależna
independent variable *mat.* zmienna niezależna, argument (*funkcji*)
independent volume *hydr.* objętość samoistna
indestructibility of matter *fiz.* niezniszczalność materii
indeterminable *a* niewyznaczalny
indeterminancy principle *fiz.* zasada nieoznaczoności (*Heisenberga*)
indeterminate *a mat.* nieoznaczony
indeterminate equation *mat.* równanie niedookreślone
indeterminate error błąd nieoznaczony
index (*pl* **indexes** *or* **indices**) **1.** *mat.* wskaźnik; indeks; wykładnik (*potęgi*) **2.** *metrol.* wskaźnik nieruchomy, przeciwwskaźnik **3.** skorowidz, indeks
index card karta kartotekowa
indexed addressing *inf.* adresowanie indeksowe
index entry pozycja w skorowidzu
index-feed press *obr.plast.* prasa z podającym urządzeniem podziałowym
index field *inf.* pole indeksowe
index head *obr.skraw.* podzielnica, głowica podziałowa
indexing 1. *inf.* indeksowanie (*dokumentów*) **2.** indeksowanie (*sporządzanie indeksu*)
indexing feed *obr.plast.* (*podawanie obrotowe o jednakowy kąt przy każdym skoku prasy*)

indexing language *inf.* język informacyjny, język informacyjno-wyszukiwawczy
indexing vocabulary *inf.* tezaurus
index of a radical *mat.* stopień pierwiastka
index of hardenability *obr.ciepl.* wskaźnik hartowności
index of refraction *opt.* współczynnik załamania (*światła*)
index of segregation *met.* stopień segregacji; stopień niejednorodności
index of the power *mat.* wykładnik potęgi
index register *inf.* rejestr modyfikacji, rejestr B, rejestr indeksowy
index word *inf.* słowo indeksowe, modyfikator
indicate *v* wskazywać
indicated efficiency *siln.* sprawność indykowana, sprawność wewnętrzna
indicated horsepower *siln.* moc indykowana
indicating *a* wskazujący; wskazówkowy (*np. przyrząd*)
indicating dial *metrol.* tarcza z podziałką, podzielnia tarczowa
indicating instrument *metrol.* przyrząd wskazujący, wskaźnik
indicating liquid *metrol.* ciecz wskazująca; ciecz manometryczna
indicating micrometer *metrol.* mikrometr czujnikowy
indicating needle *metrol.* wskazówka
indication *metrol.* wskazywanie; wskazanie (*przyrządu pomiarowego*)
indication error błąd wskazania (*przyrządu pomiarowego*)
indication reading odczytywanie wskazań (*przyrządu pomiarowego*)
indication stability niezmienność wskazań (*przyrządu pomiarowego*)
indicator 1. *metrol.* przyrząd wskazujący; wskaźnik; czujnik **2.** *metrol.* wskazówka **3.** *siln.* indykator **4.** *chem.* wskaźnik, indykator
indicator diagram *siln.* wykres indykatorowy
indicator light wskaźnik świetlny
indicator paper *chem.* papierek wskaźnikowy, papierek odczynnikowy
indicatrix 1. *geom.* wskazująca, indykatrysa **2.** *kryst.* indykatrysa (*powierzchnia optyczna*)
indifferent equilibrium *mech.* równowaga obojętna
in-diffusion *elektron.* dyfuzja do wnętrza (*półprzewodnika*)
indirect addressing *inf.* adresowanie pośrednie
indirect energy gap *elektron.* pasmo zabronione o przejściach pośrednich
indirect extrusion *obr.plast.* wyciskanie współbieżne
indirect heating ogrzewanie pośrednie, ogrzewanie przeponowe
indirect-injection engine silnik (wysokoprężny) z komorą wstępną
indirect proof *mat.* dowód „nie wprost”
indium *chem.* ind, In
individual characteristic cecha indywidualna
individual derivative *mech.pł.* pochodna indywidualna, pochodna substancjalna
individual dose *nukl.* dawka indywidualna
indivisible *a* niepodzielny
indoors *adv* wewnątrz budynku, w zamkniętym pomieszczeniu
induce *v* indukować, wzbudzać, wywoływać
induced circulation obieg wymuszony
induced current *el.* prąd indukowany
induced draught ciąg sztuczny, ciąg wymuszony
induced radioactivity *nukl.* promieniotwórczość wzbudzona, promieniotwórczość sztuczna
inducing current *el.* prąd indukujący
inductance *el.* indukcyjność
induction 1. *fiz.* indukcja, wzbudzenie **2.** *mat.* indukcja
induction accelerator *nukl.* akcelerator indukcyjny, betatron
induction coil *el.* cewka indukcyjna; wzbudnik
induction furnace *el.* piec indukcyjny
induction generator *el.* prądnica asynchroniczna
induction heater nagrzewnica indukcyjna
induction motor *el.* silnik indukcyjny
induction stroke *siln.* suw ssania
induction welding spawanie indukcyjne; zgrzewanie indukcyjne
inductive *a* indukcyjny
inductive load *el.* obciążenie impedancyjne
inductive shunt *el.* bocznik indukcyjny
inductometer *el.* miernik indukcyjności
inductor *el.* cewka indukcyjna; wzbudnik
industrial *a* przemysłowy
industrial building budownictwo przemysłowe
industrial centre ośrodek przemysłowy
industrial chemistry chemia przemysłowa
industrial complex kombinat przemysłowy
industrialization uprzemysłowienie, industrializacja
industrial oxygen tlen techniczny

industrial plant zakład przemysłowy
industrial safety bezpieczeństwo i higiena pracy
industrial television telewizja przemysłowa
industrial waste ścieki przemysłowe
industrial water woda przemysłowa (*do celów produkcyjnych*)
industry przemysł
inelastic *a* niesprężysty
inelastic scattering *nukl.* rozpraszanie niesprężyste, rozpraszanie nieelastyczne
inequality *mat.* nierówność
inert *a* bezwładny; *chem.* obojętny, nieczynny
inertance *mech.* inertancja
inert atmosphere atmosfera gazów obojętnych
inert containment *nukl.* obudowa bezpieczeństwa z atmosferą obojętną
inert gas gaz obojętny, gaz szlachetny, helowiec
inertia bezwładność, inercja
inertia ellipsoid *mech.* elipsoida bezwładności (*Poinsota*)
inertia governor regulator bezwładnościowy, regulator rozpędowy
inertial *a* bezwładnościowy, inercyjny
inertialess *a* bezinercyjny, pozbawiony bezwładności
inertial force siła bezwładności
inertial motion ruch bezwładnościowy
intertial system *mech.* układ bezwładnościowy, układ inercyjny
inertia stresses *pl* naprężenia od sił masowych
inertia welding zgrzewanie inercyjne
inexact *a* niedokładny
in excess w nadmiarze
in-feed *obr.skraw.* posuw wgłębny
in-feed grinding szlifowanie bezkłowe wgłębne
inferior quality gorszy gatunek
infiltrate *v* infiltrować, przenikać
infiltration infiltracja, przenikanie
infiltration alloy stop nasycony
infiltration water *san.* woda infiltracyjna
infimum *mat.* infimum, kres dolny
infinite *a mat.* nieskończony
infinite connecting-rod *mech.* łącznik przesuwny
infinite decimal *mat.* ułamek dziesiętny nieskończony
infinite dilution *chem.* rozcieńczenie nieskończenie wielkie
infinite integral *mat.* całka po zbiorze nieograniczonym
infinitely small nieskończenie mały, elementarny
infinite multiplication factor *nukl.* współczynnik mnożenia w ośrodku nieskończonym
infinite point *geom.* punkt w nieskończoności, punkt niewłaściwy
infinite product *mat.* iloczyn nieskończony
infinite sequence *mat.* ciąg nieskończony
infinitesimal *a mat.* nieskończenie mały
infinitesimal calculus *mat.* rachunek różniczkowy
infinitesimal dipole *el.* dipol elementarny
infinitesimal generator *mat.* tworząca półgrupy, generator infinitezymalny
infinity 1. *mat.* nieskończoność **2.** *inf.* liczba poza zakresem, nieskończoność
inflame *v* zapalić, rozpalić
inflammability zapalność, palność; łatwopalność
inflammable *a* zapalny, palny; łatwopalny
inflate *v* nadmuchiwać; napełniać gazem
inflation nadmuchiwanie, napełnianie gazem
inflexion *geom.* przegięcie (*krzywej*)
inflow dopływ
influence wpływ, oddziaływanie
influence line *wytrz.* linia wpływu, linia wpływowa
influencing factor czynnik wpływający
influent strumień wpływający
influx dopływ
inform *v* informować
informant informator (*osoba*)
informatics informatyka
information informacja
information capacity pojemność informacyjna
information centre ośrodek informacji
information channel kanał informacyjny
information content *inf.* zawartość informacji, treść informacji
information decoding dekodowanie informacji
information encoding kodowanie informacji
information flow rate szybkość przesyłania informacji
information hiding *inf.* przesłanianie informacji
information link łącze informacyjne
information processing przetwarzanie informacji
information rate *inf.* entropia
information receiver 1. odbiorca informacji **2.** odbiornik informacji
information retrieval wyszukiwanie informacji

information retrieval language język informacyjny, język informacyjno--wyszukiwawczy
information retrieval system system informacyjny
information science informatyka
information scientist informatyk
information source źródło informacji
information storage zapamiętywanie informacji
information theory teoria informacji
information track ścieżka informacyjna
information unit jednostka (ilości) informacji
infraacoustic *a* podsłyszalny, infraakustyczny
infrablack *TV* podczerń
infralow frequency *tel.* bardzo mała częstotliwość (0,3–3 kHz)
infraoven nagrzewnica promiennikowa
infrared *fiz.* podczerwień
infrared *a fiz.* podczerwony
infrared detector detektor podczerwieni
infrared drier suszarka promiennikowa
infrared flaw detector defektoskop na promienie podczerwone
infrared heating nagrzewanie promiennikowe, nagrzewanie podczerwienią
infrared image converter przetwornik obrazu w podczerwieni, przetwornik noktowizyjny
infrared lamp promiennik lampowy podczerwieni
infrared maser *fiz.* iraser, laser pracujący w podczerwieni
infrared optical material materiał przezroczysty dla promieniowania podczerwonego
infrared photograph zdjęcie w podczerwieni, zdjęcie cieplne, termogram
infrared photography termografia
infrared radiation promieniowanie podczerwone, podczerwień
infrared receiver termowizor
infrared telescope teleskop na podczerwień, noktowizor
infrasonic *a* infradźwiękowy, podsłyszalny
infrasound poddźwięk, infradźwięk
infrastructure infrastruktura
infringement of patent rights naruszenie praw patentowych
infusible *a* trudno topliwy
infusion napar; nastój
in gear *masz.* wzębiony, zazębiony; włączony
in-gear position pozycja włączenia (*np. sprzęgła*)
in good repair w dobrym stanie
ingot *hutn.* wlewek
ingot casting machine maszyna rozlewnicza, rozlewarka
ingot head *hutn.* głowa wlewka
ingot iron żelazo technicznie czyste
ingotism *hutn.* transkrystalizacja (*wada struktury wlewka*)
ingot metal metal we wlewkach
ingot mould *hutn.* wlewnica
ingot stripper suwnica kleszczowa do ściągania wlewnic
in-grain diffusion *nukl.* dyfuzja (*radioizotopów*) wewnątrz ziaren
ingredient składnik (*mieszaniny*)
inhalation dose *nukl.* dawka (*promieniowania*) pochłonięta przy oddychaniu
inherent nuclear stability *nukl.* naturalna stabilność jądrowa
inherent regulation *aut.* samoregulacja, samowyrównywanie
inherent store *inf.* pamięć samoczynna
inherent weakness failure *elektron.* uszkodzenie wskutek wewnętrznych wad obiektu
iherited error *inf.* błąd propagowany
inhibit *v* wstrzymywać, hamować
inhibitor *chem.* inhibitor, czynnik hamujący
inhomogeneity niejednorodność, niehomogeniczność
inhour *nukl.* nagodzina, odwrotność godziny (*jednostka reaktywności reaktora jądrowego*)
in inverse ratio w odwrotnym stosunku
initial *a* początkowy
initial core *nukl.* rdzeń pierwotny
initial creep *met.* pełzanie nieustalone
initial data *pl inf.* dane początkowe, dane źródłowe
initialization *inf.* inicjalizacja, inicjowanie
initial load obciążenie wstępne
initial peak overshoot *aut.* pierwsze przeregulowanie
initial pitting *masz.* plamy zmęczeniowe (*zużywanie się przekładni zębatych*)
initial reactivity *nukl.* reaktywność początkowa
initial slag *hutn.* pierwszy żużel
initial stage stadium początkowe (*procesu*)
initial structure *obr.ciepl.* struktura wyjściowa
initial velocity prędkość początkowa
initiate *v* zapoczątkować

initiating particle *fiz.* cząstka pierwotna
initiating reaction *chem.* reakcja inicjująca
initiator *chem.* inicjator, środek inicjujący
inject *v* wtryskiwać, wstrzykiwać
injection wtryskiwanie; wtrysk
injection advance *siln.* wyprzedzenie wtrysku
injection lag *siln.* opóźnienie wtrysku
injection moulding machine wtryskarka
injection of carriers *elektron.* iniekcja nośników, wstrzykiwanie nośników
injection pump pompa wtryskowa
injector iniektor, smoczek; wtryskiwacz
injector sprayer *siln.* dusza wtryskiwacza, końcówka wtryskiwacza
ink atrament; tusz; farba drukarska
inking *rys.* wyciąganie rysunku w tuszu
ink-jet printer *inf.* drukarka strumieniowa
ink point *rys.* grafion cyrkla
inland navigation żegluga śródlądowa
inleakage *nukl.* przeciek do wnętrza obudowy bezpieczeństwa
inlet 1. wlot **2.** otwór wlotowy
inlet angle kąt wlotowy; kąt wejścia
inlet cross-section *hydr.* przekrój wlotowy
inlet guide vanes *pl* kierownica wstępna (*w turbinie spalinowej*)
inlet plug *el.* wtyczka przyrządowa (*po stronie odbiornika*)
inlet port *siln.* szczelina wlotowa
inlet velocity prędkość wlotowa, prędkość na wlocie
in-line code *inf.* kod wbudowany
in-line coolant clean-up *nukl.* oczyszczanie chłodziwa wewnątrz obiegu
in-line engine silnik rzędowy
in-line (data) processing *inf.* przetwarzanie (danych) swobodne
in mesh *masz.* wzębiony, zazębiony
inner cone *spaw.* jądro płomienia (*gazowego*)
inner dead centre *masz.* położenie zwrotne odkorbowe, położenie martwe odkorbowe
inner product *mat.* iloczyn skalarny
inner race *masz.* pierścień wewnętrzny (*łożyska tocznego*)
inner-shell electron *fiz.* elektron wewnętrzny, elektron warstwy wewnętrznej
inner transition elements *pl* pierwiastki wewnętrznoprzejściowe, metale wewnątrzprzejściowe
inner tube dętka (*ogumienia*)
inoculation 1. *kryst.* zaszczepienie (*krystalizacji*) **2.** *odl.* modyfikowanie (*żeliwa*) **3.** *roln.* szczepienie
in operation w eksploatacji
inoperative *a* nieczynny, nie działający
in opposition *el.* przeciwsobnie
inorganic chemistry chemia nieorganiczna
in parallel równolegle
in phase *el.* w fazie; synfazowo
in-phase component *el.* składowa czynna (*prądu*)
in-pile experiment *nukl.* doświadczenie wewnątrz reaktora
in-plant electric power *nukl.* energia elektryczna na potrzeby własne
in-plant training szkolenie wewnątrzzakładowe
in position we właściwym położeniu, na swoim miejscu
in practice w praktyce
in-process control *obr.skraw.* kontrola automatyczna w czasie obróbki
in-process material *nukl.* produkt pośredni, produkt przejściowy
input wejście
input bias current *elektron.* wejściowy prąd polaryzujący
input block *inf.* blok wejściowy (*danych*)
input data *pl inf.* dane wejściowe
input device *inf.* urządzenie wejściowe
input file *inf.* plik wejściowy
input instruction *inf.* rozkaz wprowadzenia
input language *inf.* język wejściowy, język zewnętrzny
input offset current *elektron.* wejściowy prąd niezrównoważenia
input/output controller *inf.* jednostka sterująca wejścia–wyjścia
input/output unit *inf.* urządzenie wejściowo–wyjściowe
input power moc pobierana
input process *inf.* wprowadzanie danych
input quantity *aut.* wielkość wejściowa
input register *inf.* rejestr wejściowy
input shaft *masz.* wał wejściowy (*przyjmujący moc*)
input speed *inf.* szybkość wprowadzania (*informacji*)
in quadrature *el.* w kwadraturze
inquiry *inf.* żądanie informacji
inquiry unit *inf.* (*urządzenie końcowe, za pośrednictwem którego można żądać informacji od komputera i otrzymać odpowiedź na piśmie*)
inradius *geom.* promień okręgu wpisanego
inrush 1. wdarcie się (*np. wody*) **2.** *el.* udar, uderzenie, nagły wzrost prądu
inscribe *v geom.* wpisać
insect exterminant *zob.* **insecticide**
insecticide insektycyd, środek owadobójczy

insensible *a* **1.** nieczuły **2.** niewyczuwalny
in sequence kolejno, po kolei
in series szeregowo, posobnie
insert *masz.* wkładka
insert *v* wkładać; wstawiać
inserted-tooth cutter frez ze wstawianymi ostrzami
in service w eksploatacji
inside strona wewnętrzna; wnętrze
inside diameter of thread średnica rdzenia śruby, średnica wewnętrzna gwintu śruby
insolation nasłonecznienie, insolacja
insoluble *a* **1.** nierozpuszczalny **2.** *mat.* nierozwiązalny
inspect *v* sprawdzać; kontrolować
inspection kontrola; sprawdzanie; badanie
inspection card karta kontrolna
inspection gauge sprawdzian kontrolny
inspector kontroler
insphere *geom.* kula wpisana
instability niestateczność; niestabilność; chwiejność
instable *a* niestateczny; chwiejny
installation instalacja, urządzenie
instalment *ek.* rata
instant chwila
instant *a spoż.* instant, do natychmiastowego przyrządzania
instantaneous *a* chwilowy; natychmiastowy
instantaneous centre *mech.* środek chwilowy (*obrotu*)
instantaneous fuse *wybuch.* zapalnik natychmiastowy
instantaneous relay *el.* przekaźnik bezzwłoczny
instantation *inf.* konkretyzacja
instroke *siln.* suw odkorbowy
instruction 1. instrukcja **2.** *inf.* rozkaz, instrukcja **3.** szkolenie; instruktaż
instruction address *inf.* adres rozkazu
instruction code *inf.* kod rozkazu
instruction counter *inf.* rejestr L, licznik rozkazów
instruction cycle *inf.* cykl rozkazowy
instruction field *inf.* pole rozkazu
instruction format *inf.* format rozkazu
instruction for use instrukcja użytkowania
instruction prefetch *inf.* wstępne pobranie rozkazu
instruction register *inf.* rejestr R, rejestr rozkazów
instruction repertoire *inf.* repertuar rozkazów
instruction set *inf.* lista rozkazów
instruction trap *inf.* pułapka
instruction word *inf.* słowo rozkazowe
instrument przyrząd
instrument(al) error błąd przyrządu; błąd narzędzia pomiarowego
instrumentation oprzyrządowanie
instrument board tablica przyrządów
instrumented test train *nukl.* oprzyrządowany ciąg doświadczalny
instrument flight *lotn.* lot według przyrządów
instrument reading odczyt wskazań przyrządu
instrument stalk *nukl.* sonda pomiarowa (*w kształcie pręta*)
insulant materiał izolacyjny
insulate *v* izolować
insulated tongs *pl el.* kleszcze izolacyjne
insulated wire drut izolowany
insulating *a* izolacyjny
insulating material materiał izolacyjny
insulation 1. izolacja; izolowanie **2.** materiał izolacyjny
insulator 1. *el.* izolator **2.** *fiz.* nieprzewodnik
insurance *ek.* ubezpieczenie
insure *v ek.* ubezpieczać
intake chwyt; wlot; ujęcie (*wody*)
intake air powietrze wlotowe
intake station ujęcie wody, stacja poboru wody
intake stroke *masz.* suw ssania
integer *mat.* liczba całkowita
integer programming *inf.* programowanie całkowitoliczbowe
integer type *inf.* typ całkowitoliczbowy
integrable *a mat.* całkowalny
integral *mat.* całka
integral *a* **1.** integralny, nierozdzielny **2.** *mat.* całkowy
integral-horsepower motor *el.* silnik o mocy >1 HP
integral key *masz.* wypust
integral network *aut.* obwód całkujący, układ całkujący
integral number *mat.* liczba całkowita
integral operator *mat.* operator całkowy
integral shaft *masz.* wał niedzielony
integral spin *fiz.* spin całkowity
integral-tool cutter *obr.skraw.* frez jednolity
integrand *mat.* funkcja podcałkowa
integrate *v* **1.** łączyć w całość; integrować **2.** *mat.* całkować
integrated circuit *elektron.* układ scalony, obwód scalony
integrated circuit component *elektron.* podukład

integrated computing system *inf.* zintegrowany system przetwarzania danych
integrated data processing *inf.* zintegrowane przetwarzanie danych
integrated drive assembly *mot.* układ pędny zblokowany, blok pędny
integrated electronics elektronika zintegrowana
integrated injection logic *elektron.* układ logiczny ze wstrzykiwaniem nośników prądu, układ logiczny I^2L
integrating circuit *aut.* obwód całkujący, układ całkujący
integration 1. łączenie w całość **2.** *mat.* całkowanie
integrator integrator, przyrząd całkujący
integro-differential *a mat.* różniczkowo-całkowy
intelligent terminal *inf.* terminal inteligentny
intensifier wzmacniacz
intensity intensywność; natężenie
intensity of flow *hydr.* natężenie przepływu
interaction wzajemne oddziaływanie
interactive language *inf.* język konwersacyjny, język bezpośredniego dostępu
interactive mode *inf.* tryb konwersacyjny, tryb interakcyjny
interactive system *inf.* system interakcyjny
interrannealing *obr.ciepl.* wyżarzanie międzyoperacyjne
interatomic forces *pl fiz.* siły międzyatomowe
interbase current *elektron.* prąd w obszarze bazy tranzystora tetrodowego
interblock gap *inf.* przerwa międzyblokowa (*na nośniku informacji*)
intercept *v* **1.** przechwytywać; przecinać drogę **2.** przerywać **3.** *geom.* wyznaczać odcinek na prostej
interchange wymiana wzajemna
interchangeability of parts zamienność części
interchangeable *a* zamienny; wymienny
interchanger wymiennik
intercom *zob.* **intercommunicating system**
intercommunicating system urządzenie telefoniczne głośno mówiące (*biurowe*); telefon komunikacji wewnętrznej
interconnection połączenie wzajemne
intercontinental ballistic missile *wojsk.* międzykontynentalny pocisk balistyczny
interconversion *inf.* przetwarzanie reprezentacji danych
intercooler chłodnica międzystopniowa
intercrystalline *a met.* międzykrystaliczny
interdependence zależność wzajemna, współzależność
interdigital magnetron *elektron.* magnetron palcowy
interdigitated structure *elektron.* struktura grzebieniowa
interest odsetki; procent
interface 1. *fiz.* powierzchnia rozdziału faz, powierzchnia międzyfazowa, granica faz **2.** *masz.* powierzchnia przylegania współpracujących części **3.** *inf.* sprzęg, interfejs
interface *v inf.* sprzęgać; połączyć
interface circuit *inf.* układ sprzęgający
interface-message computer komputer komunikacyjny
interface point *inf.* punkt sprzężenia
interface processor *inf.* procesor wejścia–wyjścia, procesor sprzęgający
interfacial *a* międzyfazowy
interference 1. interferencja (*fal*); *rad.* zakłócenie **2.** *masz.* wcisk, luz ujemny
interference colours *pl opt.* barwy interferencyjne
interference comparator *metrol.* komparator interferencyjny
interference fit *masz.* pasowanie z wciskiem
intergranular *a* międzyziarnowy, międzykrystaliczny
interim storage *nukl.* tymczasowe przechowywanie (*odpadów radioaktywnych*)
interior wnętrze
interior angle *geom.* kąt wewnętrzny (*wielokąta*)
interlayer międzywarstwa, warstwa pośrednia
interleaved memory *inf.* pamięć o dostępie przeplatanym
interleaving *inf.* przeplatanie
interlocking *masz.* blokowanie; ryglowanie
intermating wheel koło (zębate) współpracujące
intermediate *a* pośredni
intermediate language *inf.* język pośredni
intermediate-level recombination *elektron.* rekombinacja pośrednia
intermediate pumping station przepompownia
intermediate (spectrum) reactor *nukl.* reaktor pośredni
intermediate wheel koło (zębate) pośredniczące

intermeshing teeth *pl masz.* zęby współpracujące, zęby w przyporze
intermittent *a* przerywany, nieciągły
intermittent jet *lotn.* silnik (odrzutowy) pulsacyjny
intermolecular *a fizchem.* międzycząsteczkowy
internal *a* wewnętrzny
internal combustion engine silnik spalinowy wewnętrznego spalania
internal dose *nukl.* dawka wewnętrzna
internal exposure *nukl.* napromienianie wewnętrze
internal gear 1. koło zębate wewnętrzne (*o uzębieniu wewnętrznym*) **2.** przekładnia zębata wewnętrzna
internal grinding szlifowanie otworów
internally screwed z gwintem wewnętrznym
internal memory *inf.* pamięć wewnętrzna, pamięć operacyjna
internal number base *inf.* wewnętrzna podstawa systemu liczbowego
internal peaking factor *nukl.* współczynnik nierównomierności rozkładu mocy (*w wiązce paliwowej*)
internals *pl nukl.* konstrukcje wewnętrzne (*reaktora*)
internal stresses *pl.* naprężenia wewnętrzne, naprężenia własne
International Standard thread gwint metryczny (*normalny*)
International System of Units międzynarodowy układ jednostek miar, układ SI
internuclear *a fiz.* międzyjądrowy
internuclear double resonance *nukl.* rezonans podwójny jądrowo-jądrowy
interphone domofon, telefon wewnętrzny
interplanetary space przestrzeń międzyplanetarna
interpolation *mat.* interpolacja
interpolator *inf.* kolator, interpolator
interpreter 1. tłumacz **2.** *inf.* program interpretujący, interpreter
interprocess communication *inf.* komunikacja międzyprocesorowa
interprocessor interference *inf.* interferencja międzyprocesorowa
interpulse period *elektron.* okres międzyimpulsowy
interrecord gap *inf.* przerwa międzyrekordowa
interrun *spaw.* warstwa pośrednia
interrupt *inf.* przerwanie
interrupt acknowledge *inf.* potwierdzenie przerwania
interrput location *inf.* komórka obsługi przerwania
interrupt mask *inf.* maska przerwania
interrupt register *inf.* rejestr przerwań
interrupt request *inf.* zgłoszenie przerwania
interscan *rad.* interskan, wskaźnik kierunku i odległości
intersection 1. przecięcie się **2.** *geom.* przekrój; przecięcie **3.** *drog.* skrzyżowanie
intersection point punkt przecięcia
interspace odstęp, szczelina
interstage *a* międzystopniowy
interstice odstęp, szczelina
interstitial *a kryst.* międzywęzłowy
inter-turn capacitance *el.* pojemność międzyzwojowa
interval przedział, odstęp; *akust.* interwał
in the clear w świetle (*wymiar otworu*)
in the light w świetle, na świetle
intracrystalline *a* wewnątrzkrystaliczny
intramolecular forces *pl fizchem.* siły wewnątrzcząsteczkowe
intrinsic activity *nukl.* aktywność własna (*cieczy bez zanieczyszczeń*)
intrinsic carrier density *elektron.* samoistna gęstość nośników
intrinsic semiconductor *elektron.* półprzewodnik samoistny
invariable system *mech.* układ (materialny) niezmienny, układ sztywny
invariant *mat.* niezmiennik, inwariant
invention wynalazek
inverse *mat.* odwrotność
inverse *a* odwrotny; przeciwstawny
inverse image *mat.* przeciwobraz
inversely proportional *mat.* odwrotnie proporcjonalny
inverse operation *mat.* działanie odwrotne
inverse-sine *mat.* funkcja odwrotna względem sinusa, arcus sinus
inversion 1. inwersja, odwrócenie **2.** *fiz.* inwersja przestrzenna, inwersja P **3.** *geom.* odwzorowanie odwrotne
inversion of charge-carrier population *elektron.* odwrócenie obsadzeń
inversion of semiconductor *elektron* inwersja półprzewodnika
invert *v* odwracać
inverted extrusion *obr.plast.* wyciskanie przeciwbieżne
inverted magnetron *elektron.* magnetron odwrócony
inverted output *inf.* wyjście zanegowane

inverter 1. *el.* przemiennik; przekształtnik; falownik **2.** *elektron.* inwertor, układ zmieniający znak funkcji
inverting input *inf.* wejście odwracające
in-vessel fission product release *nukl.* wydzielanie produktów rozszczepienia w zbiorniku (*reaktora*)
in-vessel heat exchanger *nukl.* zintegrowany wymiennik ciepła
investigation badanie
investment *ek.* inwestycja
investment casting 1. odlewanie metodą traconego wosku **2.** odlew wykonany metodą traconego wosku, odlew z modelu wytapianego
invigilator *inf.* sygnalizator
inviscid *a* nielepki
invocation of program *inf.* (*wezwanie lub wywołanie programu*)
involute *geom.* ewolwenta, rozwijająca krzywej
involute gear koło (zębate) o zębach ewolwentowych
inwall 1. *hutn.* wykładzina wewnętrzna (*wielkiego pieca*) **2.** *górn.* obudowa murowa
i/o ≐ **input/output** *inf.* wejście–wyjście
iodate *chem.* jodan
iodide *chem.* jodek
iodine *chem.* jod, J
iodine partition coefficient *nukl.* współczynnik podziału jodu (*między fazę ciekłą i gazową*)
iodine spiking *nukl.* narost jodu, zatruwanie reaktora jodem
iodine well *nukl.* jama jodowa
ion *fiz.* jon
ion accelerator *nukl.* przyspieszacz jonów
ion atmosphere *elchem.* chmura jonowa, atmosfera jonowa
ion beam milling *elektron.* trawienie jonowe
ion bombardment *elektron.* bombardowanie jonowe
ion chamber *nukl.* komora jonizacyjna
ion cluster *fiz.* rój jonowy, skupisko jonów
ion current *fiz.* prąd jonowy
ion exchange bed złoże jonitowe, złoże jonowymienne
ion exchanger wymieniacz jonów, jonit
ion gun *elektron.* wyrzutnia jonowa
ionic *a* jonowy
ionics elektronika jonowa, jonika
ionic semiconductor *elektron.* półprzewodnik jonowy
ionic wind *fiz.* wiatr jonowy
ionium *chem.* jon, Io, ^{230}Th
ionization jonizacja
ionization chamber *nukl.* komora jonizacyjna
ionization radiation promieniowanie jonizujące
ionogen *chem.* jonogen
ionosphere *geofiz.* jonosfera
ion pump pompa jonowa
ion sputtering *elektron.* rozpylanie jonowe
i/o unit *inf.* urządzenie wejściowo--wyjściowe
iridium *chem.* iryd, Ir
iris diaphragm *opt.* przysłona irysowa, przysłona tęczówkowa
iron 1. *chem.* żelazo, Fe **2.** żelazko (*do prasowania*)
iron-59 *chem.* radiożelazo, żelazo 59
iron accumulator *el.* akumulator żelazowo--niklowy, akumulator Edisona
iron carbide *chem.* węglik żelaza, cementyt
iron-carbon system *met.* układ żelazo--węgiel
iron-group metals *pl chem.* żelazowce (Fe, Ru, Os)
ironmaking *hutn.* **1.** wytapianie surówki **2.** wielkopiecownictwo
iron removal *san.* odżelazianie (*wody*)
ironworks huta stali
irradiate *v fiz.* napromieniać
irradiated region obszar napromieniony
irradiation chamber *nukl.* komora radiacyjna
irradiation channel *nukl.* kanał do napromieniania
irradiation circuit *nukl.* pętla radiacyjna
irradiation death śmierć wskutek napromienienia
irradiation rig *nukl.* sonda reaktorowa
irrational number *mat.* liczba niewymierna
irreducible *a mat.* nieprzywiedlny, nierozkładalny; nie redukujący się
irregular *a* nieregularny; nieprawidłowy
irreversible *a* nieodwracalny
irrotational flow *mech.pł.* ruch niewirowy (*płynu*), ruch potencjalny
I-section 1. przekrój dwuteowy **2.** dwuteownik
isentropic process *term.* przemiana izentropowa, proces izentropowy (*przy stałej entropii*)
island effect *elektron.* zjawisko wysp emisyjnych
isobaric isotopes *pl fiz.* izotopy izobaryczne
isobaric line *fiz.* izobara
isobaric spin *nukl.* spin izobaryczny, izospin, spin izotopowy

isobits *pl inf.* bity równowartościowe
isoclinic line *geofiz.* izoklina
isodiaphere *nukl.* izodiafer
isodose (curve) *nukl.* izodoza
isoelectric *a* izoelektryczny
isoelectronic *a* izoelektroniczny
isogonal *a geom.* równokątny
isohypse *geod.* poziomica, izohipsa
isolate *v* wyodrębniać; izolować, oddzielać
isolated system *fiz.* układ izolowany, układ zamknięty
isolating switch *el.* odłącznik
isolation amplifier *elektron.* wzmacniacz izolacyjny
isolation valve zawór odcinający
isolator *el.* **1.** odłącznik **2.** izolator, tłumik jednokierunkowy
isomer 1. *chem.* izomer **2.** *nukl.* izomer jądrowy
isomeric transition *nukl.* przemiana izomeryczna, przejście izomeryczne
isometric *a kryst.* regularny, sześcienny; *geom.* izometryczny
isometric drawing *rys.* rzut aksonometryczny
isomolecules *pl chem.* izocząsteczki
isomorphism 1. *mat.* izomorfizm **2.** *kryst.* izomorfizm, równopostaciowość
isomultiplet *nukl.* multiplet izospinowy, multiplet ładunkowy
isoploid *nukl.* izoploid
isoprene rubber kauczuk izoprenowy, poliizopren
isosceles *a geom.* równoramienny
isospin *nukl.* izospin, spin izotopowy, spin izobaryczny
isospin multiplet *nukl.* multiplet izospinowy, multiplet ładunkowy
isothermal *a* izotermiczny
isothermal line *term.* izoterma
isothermal process *term.* przemiana izotermiczna, proces izotermiczny (*w stałej temperaturze*)
isotope *nukl.* izotop
isotopic *a* izotopowy
isotopic age determination datowanie izotopowe
isotopic carrier nośnik izotopowy
isotopic element pierwiastek izotopowy
isotopic number liczba izotopowa
istopic spin *nukl.* izospin, spin izotopowy, spin izobaryczny
isotopic tracer wskaźnik izotopowy
isotopic weight masa atomowa izotopu
isotopy izotopia
isotron *nukl.* izotron
isotropic *a fiz.* izotropowy, równokierunkowy
isotropy izotropowość, izotropia, równokierunkowość
issue *v* wydzielać się; wydobywać się
IT calorie *jedn.* kaloria (międzynarodowa): $1\ \text{cal}_{\text{IT}} = 0{,}41868 \cdot 10\ \text{J}$
items important to safety *nukl.* elementy ważne dla bezpieczeństwa
I-type semiconductor *elektron.* półprzewodnik samoistny
Izod test *wytrz.* próba udarnościowa Izoda

J

jack dźwignik; podnośnik
jacket 1. *masz.* płaszcz, koszulka; osłona **2.** *nukl.* koszulka; szczelna osłona
jacket cooling chłodzenie przeponowe
jacket head łeb kulisty zwykły (*wkrętu, nitu*)
jacketting 1. osłanianie płaszczem (*chłodzącym lub grzejnym*) **2.** *nukl.* koszulkowanie (*prętów paliwowych*)
jackhammer *górn.* wiertarka udarowa pneumatyczna
jack-knife nóż składany; scyzoryk
jack plane *narz.* strug zdzierak; strug równiak
jackscrew dźwignik śrubowy, podpórka śrubowa
jackshaft *masz.* wałek napędowy pośredni
jack truss *bud.* półkratownica
jacquard *włók.* maszyna Żakarda, żakard
jalousie żaluzja (*listwowa*)
jam *v* **1.** *masz.* zakleszczać się **2.** *rad.* zakłócać odbiór; zagłuszać
jamming station radiostacja zagłuszająca
jam nut przeciwnakrętka
japan *powł.* lakier asfaltowy
jar *v* wstrząsać; trząść
jar-ramming machine *odl.* formierka wstrząsarka
jaw 1. *anat.* szczęka **2.** *masz.* szczęka **3.** *masz.* kieł
jaw breaker kruszarka szczękowa, łamacz szczękowy
jaw chuck uchwyt szczękowy
jaw coupling sprzęgło kłowe dwukierunkowe

jeep *mot.* łazik, samochód terenowy osobowy
jelly galaretka
Jena glass szkło jenajskie
jenny 1. żuraw kolejowy **2.** wózek suwnicy **3.** *masz.* rowkarka, żłobiarka (*do blach*)
jerk szarpnięcie
jerk pump *siln.* pompa wtryskowa
jet 1. strumień (*swobodny*) **2.** dysza; rozpylacz **3.** samolot odrzutowy, odrzutowiec
jet *v* wtryskać; tryskać strumieniem
jet assisted take-off *lotn.* start wspomagany silnikiem odrzutowym
jet burner palnik strumieniowy
jet condenser skraplacz bezprzeponowy
jet deflector deflektor strumienia, odchylacz strumienia
jet engine silnik odrzutowy przelotowy
jetliner *lotn.* samolot komunikacyjny odrzutowy
jet mining *górn.* urabianie hydrauliczne
jet pipe 1. rura wylotowa silnika odrzutowego **2.** *inż.* rura do wpłukiwania (*pali w grunt*)
jet-propelled *a* o napędzie odrzutowym
jet-propelled aircraft samolot odrzutowy, odrzutowiec
jet-propelled vessel statek z napędem strugowodnym
jet propeller *okr.* pędnik strugowodny
jet propulsion 1. *lotn.* napęd odrzutowy **2.** *okr.* napęd strugowodny
jet turbine engine silnik turboodrzutowy
jetty *inż.* molo, pirs
jewel kamień szlachetny
J-groove weld *spaw.* spoina czołowa na J
jib wysięgnik (*żurawia*)
jib crane żuraw
jigger *wzbog.* osadzarka wstrząsana
jigger saw (piła) wyrzynarka
jigging 1. *obr.skraw.* przyrządy obróbkowe **2.** mocowanie w przyrządach obróbkowych **3.** *górn.* wzbogacanie w osadzarkach
jigging conveyor przenośnik wstrząsowy
J input *inf.* wejście przełączające J (*przerzutnika*)
J-K flip-flop *inf.* przerzutnik J-K
job 1. praca (*zarobkowa*) **2.** *obr.skraw.* przedmiot obrabiany **3.** *inf.* praca
job card karta pracy
jockey pulley koło pasowe napinające
jogging *el.* impulsowanie
join *v* łączyć
joinery 1. stolarstwo **2.** warsztat stolarski, stolarnia
joint 1. połączenie, złącze **2.** *masz.* uszczelka
jointed shaft wał przegubowy
jointing piece *masz.* łącznik, element łączący
jointing plane *drewn.* strug spustnik
joint penetration *spaw.* przetop, przetopienie
joint welding sequence *spaw.* kolejność układania ściegów w spoinie
joist 1. *bud.* belka stropowa; legar podłogowy **2.** dwuteownik
jolt moulding machine *odl.* formierka wstrząsająca, wstrząsarka
joule *jedn.* dżul, J
Joule equivalent *fiz.* mechaniczny równoważnik ciepła
journal *masz.* czop (*wału lub osi*)
journal bearing *masz.* łożysko poprzeczne, łożysko promieniowe
journal box *kol.* maźnica
journal friction *mech.* tarcie czopowe, tarcie obrotowe
journeyman czeladnik
joystick 1. *inf.* drążek, manipulator drążkowy **2.** *lotn.* drążek sterowy
jump 1. skok; przeskok **2.** *inf.* skok **3.** *fiz.* przeskok (*elektronu*)
jumper wire *el.* przewód połączeniowy
jumping-up *obr.plast.* spęczanie
jump instruction *inf.* rozkaz skoku
jump jet *lotn.* samolot odrzutowy pionowego startu i lądowania
junction 1. połączenie; złącze **2.** węzeł (*np. kolejowy*)
junction diode *elektron.* dioda złączowa
junction of a thermocouple spoina termoelementu
junction station *kol.* stacja węzłowa
junction transistor tranzystor złączowy

K

kalium *chem.* potas, K
kaolin *petr.* kaolin, glinka kaolinowa
keel *okr.* stępka
keeper 1. *masz.* przytrzymywacz **2.** *el.* zwora magnesu
kelvin *jedn.* kelwin, K
Kelvin temperature scale termodynamiczna skala temperatury, skala Kelvina
kentledge *okr.* balast stały
kerb krawężnik
kerf 1. *obr.skraw.* przecięcie; nacięcie; *drewn.* rzaz **2.** *górn.* wrąb
kerma = kinetic energy released in material *fiz.* kerma
kernel 1. *mat.* jądro **2.** *inf.* jądro (*systemu operacyjnego*) **3.** *nukl.* rdzeń atomowy, zrąb atomowy
kerosene nafta
kettle kocioł
key 1. klucz **2.** *masz.* klin **3.** *inf.* klawisz **4.** *el.* przełącznik, klucz
keyboard klawiatura; *inf.* pulpit sterujący, sterownik
keying 1. *masz.* połączenie klinowe **2.** *el.* impulsowanie kluczem, kluczowanie
key number *inf.* symbol klucza
key plan *bud.* plan orientacyjny
keyword *inf.* słowo kluczowe
kick skok (*np. wskazówki*); *el.* impuls udarowy
killed steel *hutn.* stal uspokojona
killing 1. *hutn.* uspokajanie (*stali*) **2.** *chem.* zobojętnianie (*kwasu*)
kiln piec (*do wypalania, prażenia*)
kilo- kilo- (*przedrostek w układzie dziesiętnym, krotność* 10^3)
kilocalorie *jedn.* kilokaloria, kaloria duża
kilogram-force *jedn.* kilogram siła, kilopond: 1 kG = 0,980665 · 10 N
kilogram(me) *jedn.* kilogram, kg
kilogram-metre *jedn.* kilogramometr: 1 kG · m (*momentu*) = 9,80665 N · m
kilometre *jedn.* kilometr: 1 km = 1000 m
kiloton *jedn.* kilotona, kt
kilovolt *jedn.* kilowolt, kV
kilowatt *jedn.* kilowat, kW
kilowatt-hour *jedn.* kilowatogodzina: 1 kW · h = $0{,}36 \cdot 10^7$ J
kind rodzaj; gatunek
kinematic(al) *a mech.* kinematyczny
kinematics kinematyka
kinescope *TV* lampa obrazowa, kineskop
kinescope screen ekran telewizyjny
kinetic *a mech.* kinetyczny
kinetic energy energia kinetyczna
kinetics *mech.* kinetyka
kink zapętlenie; supeł
Kirchhoff's law *el.* prawo Kirchhoffa
kit zestaw, komplet (*przyborów, narzędzi*)
klystron *elektron.* klistron
knee 1. *anat.* kolano **2.** *masz.* kolano; kolanko
knife nóż (*ręczny*)
knitting machine *włók.* dziewiarka
knob gałka, pokrętło
knock *siln.* stukanie
knock-down test *obr.plast.* próba spęczania
knockmeter *siln.* stukomierz
knock-out *v* wybijać
knock rating *paliw.* wartość antydetonacyjna, wartość stukowa (*wyrażona liczbą oktanową*)
knot 1. *jedn.* węzeł = 0,51444 m/s (*mila morska/h*) **2.** węzeł **3.** *drewn.* sęk
know-how umiejętność (*opanowanie technologii gwarantujące dokładność i efektywność*)
knuckle *masz.* przegub
knurl *narz.* radełko, molet
knurling radełkowanie, moletowanie
krypton *chem.* krypton, Kr
K-shell *fiz.* warstwa K, warstwa dwuelektronowa
kurchatovium *chem.* pierwiastek 104
kutter kuter rybacki

L

label 1. etykieta; naklejka **2.** *inf.* etykieta
labelled atom *fiz.* atom znaczony
labelling 1. etykietowanie **2.** *inf.* etykietowanie (*programu*) **3.** *nukl.* znakowanie (*izotopem promieniotwórczym*)
laboratory laboratorium; pracownia
labour praca
labour consumption pracochłonność
labourer robotnik (*niewykwalifikowany*)
lacquer lakier
lactation yield *zoot.* mleczność
ladar = laser detecting and ranging *opt.* kolidar, dalmierz laserowy, lokator laserowy
ladder drabina
ladder dredger pogłębiarka wieloczerpakowa
ladder of buckets ciąg łańcuchowy czerpaków (*np. pogłębiarki*)
ladder truck drabina samochodowa
ladle *hutn., odl.* kadź
ladle bay *hutn.* hala spustowa, hala odlewnicza
ladle brick cegła kadziowa, kadziówka
laevorotation *fiz.* lewoskrętność
lag 1. opóźnienie, zwłoka **2.** otulina, izolacja ciepłochronna
lagging current *el.* prąd opóźniający się (*w fazie*)
lag(ging) network *aut.* układ całkujący
lag-lead network *aut.* układ różniczkująco--całkujący
Lagrangian (function) *mech.* funkcja Lagrange'a, lagrangian
lambda hyperon *fiz.* hiperon lambda
lambert *jedn.* lambert: 1 L = 0,3183 sb
lamella *zob.* **lamina**
lamina płytka; warstewka
laminagraphy tomografia, badanie rentgenowskie warstwowe
laminar *a* uwarstwiony, laminarny
laminar flow *mech.pł.* przepływ uwarstwiony, przepływ laminarny
laminate laminat, tworzywo warstwowe
laminated spring sprężyna wielopłytkowa, resor piórowy
laminated structure *met.* struktura płytkowa
lamination 1. uwarstwienie; struktura warstwowa **2.** rozwarstwienie **3.** łączenie warstw
lamp lampa
lamp-holder oprawka lampowa
lamp-holder adapter oprawka do żarówki z gniazdem wtyczkowym
lamp-post słup latarniowy
lance *spaw.* lanca (*do cięcia tlenowego*)
lancing *spaw.* cięcie (tlenowe) lancą
land 1. ląd; teren **2.** *masz.* powierzchnia styku **3.** *elektron.* pole kontaktowe
lander 1. *hutn.* rynna spustowa **2.** *kosm.* lądownik (*człon statku kosmicznego przeznaczony do miękkiego lądowania*) **3.** *górn.* zapychacz wozów
land improvement melioracja
landing 1. *lotn.* lądowanie **2.** *żegl.* wyładunek (*towarów*); *wojsk.* desant **3.** *bud.* pomost; podest
landing gear *lotn.* podwozie samolotu
landing ship okręt desantowy, desantowiec
landing strip *lotn.* pas do lądowania
land locomotive ciężki ciągnik terenowy
landmark granicznik; terenowy znak orientacyjny; punkt charakterystyczny w terenie
land mile *jedn.* mila lądowa (= 1609,344 m)
land reclamation osuszanie terenów podmokłych, rekultywacja terenów przemysłowych
landslip *geol.* **1.** obsunięcie się ziemi **2.** osuwisko
land surveying *geod.* pomiary gruntów, miernictwo
land surveyor mierniczy; geodeta
land transport transport lądowy
land use *roln.* użytkowanie gruntów
lane pas drogi; *żegl.* szlak żeglugowy; tor wodny
language język
language converter *inf.* konwerter
language extension *inf.* rozszerzenie języka
language for automatic information retrieval system *inf.* język informacyjno-wyszukiwawczy
language subset *inf.* podzbiór języka
language translator *inf.* program tłumaczący, translator
lantern latarnia
lantern slide przezrocze, diapozytw
lantern slide projector diaskop, rzutnik do przezroczy

lanthanide elements *pl chem.* lantanowce, pierwiastki ziem rzadkich
lanthanum *chem.* lantan, La
lap 1. zakładka **2.** *obr.plast.* zawalcowanie; zakucie **3.** *narz.* docierak
lap joint połączenie zakładkowe
Laplace operator *mat.* laplasjan, operator Laplace'a
Laplacian *zob.* **Laplace operator**
lapper *masz.* docierarka, szlifierka-docierarka
lapping 1. pokrywanie się; zachodzenie na siebie **2.** *obr.plast.* zwalcowanie; zakucie **3.** docieranie **4.** *el.* obwój (*kabla*)
lap riveting nitowanie zakładkowe, nitowanie na zakładkę
lap weld zgrzeina zakładkowa
large calorie *jedn.* kilokaloria
large-lot production produkcja wielkoseryjna
large-panel construction *bud.* konstrukcja wielkopłytowa
large-scale integration *elektron.* duży stopień scalenia
laser *opt.* laser
laser beam wiązka laserowa
laser printer *inf.* drukarka laserowa
laser radar *opt.* kolidar, dalmierz laserowy, lokator laserowy
laser technology technika laserowa
latch 1. zatrzask; zapadka **2.** *inf.* zatrzask; przerzutnik zatrzaskowy
latching relay *el.* przekaźnik blokujący
latency *inf.* zwłoka
latent *a fiz.* utajony
lateral odgałęzienie ukośne (*przewodu*); trójnik 45° (*kształtka rurowa*)
lateral *a* poprzeczny; boczny
lateral rolling *hutn.* walcowanie osadcze
lateral transistor tranzystor boczny, tranzystor lateralny
lateral whip *masz.* bicie poprzeczne
latex *gum.* lateks, mleczko kauczukowe
lath *drewn.* listwa
lathe *obr.skraw.* tokarka
lathe carrier zabierak tokarski; sercówka
lathe grinder szlifierka suportowa
lathe tool nóż tokarski
latitude szerokość geograficzna
lattice 1. *mat.* sieć **2.** *mat.* krata; struktura **3.** *kryst.* sieć przestrzenna, sieć krystaliczna **4.** kratownica **5.** *nukl.* siatka (*w rdzeniu reaktora*)
lattice defect *kryst.* defekt sieciowy, defekt sieci krystalicznej
lattice girder dźwigar kratowy
lattice image zdolność rozdzielcza liniowa (*mikroskopu elektronowego*)
lattice pitch *nukl.* skok siatki
lattice plane *kryst.* płaszczyzna sieciowa
lattice reactor *nukl.* reaktor o budowie siatkowej (*rdzenia*)
lattice scattering *elektron.* rozpraszanie sieciowe
lattice water *kryst.* woda sieciowa
lattice-work kratownica
launcher wyrzutnia (*rakietowa*)
launching 1. wodowanie (*statku*) **2.** wyrzucenie (*rakiety*)
launching ways *pl okr.* podbudowa do wodowania
law prawo; zasada
law of action and reaction *fiz.* prawo akcji i reakcji, trzecia zasada Newtona
law of combining volumes *chem.* prawo Gay-Lussaca, prawo stosunków objętościowych
law of conservation of angular momentum *mech.* zasada zachowania krętu, zasada niezmienności krętu
law of conservation of energy *fiz.* prawo zachowania energii
law of conservation of mass *fiz.* prawo zachowania masy
law of conservation of matter *fiz.* prawo zachowania materii
law of constant proportions *chem.* prawo stałości składu, prawo stosunków stałych
law of equivalent proportions *chem.* prawo udziałów, prawo stosunków równoważnikowych
law of large numbers *mat.* prawo wielkich liczb
law of multiple proportions *chem.* prawo stosunków wielokrotnych
law of small numbers *mat.* prawo małych liczb
law of supply and demand *ek.* prawo podaży i popytu
law of universal gravitation prawo grawitacji, prawo powszechnego ciążenia
lawrencium *chem.* lorens, Lr
lay *v* **1.** kłaść; układać **2.** skręcać (*linę*)
lay-by 1. *górn.* bocznica **2.** *drog.* zatoka
laydays *pl żegl.* dni postojowe
layer warstwa
laygear *masz.* koło zębate na wale pośrednim
laying-off *masz.* trasowanie
laying-out *zob.* **laying-off**
leaching ługowanie

lead (led) *chem.* ołów, Pb
lead (li:d) **1.** prowadzenie **2.** *bud.* prowadnica **3.** *masz.* skok (*zęba*) **4.** *el.* przewód, doprowadzenie
lead casket *nukl.* zasobnik ołowiany
lead chamber process *chem.* metoda komorowa (*otrzymywanie* H_2SO_4)
leaded petrol benzyna etylizowana, etylina
lead end of strip *hutn.* przedni koniec taśmy
leader 1. *bud.* rura spustowa **2.** *górn.* żyła przewodnia
leader line *rys.* linia odniesieniowa
leader pass *obr.plast.* wykrój przedgotowy
lead hole otwór prowadzący (*np. pod wkręt*)
leading zero *inf.* zero nieznaczące
lead-in wire *el.* doprowadnik prądu; przewód wejściowy
lead-lag network *aut.* układ różniczkująco--całkujący
lead network *aut.* układ różniczkujący
lead of valve *masz.* wyprzedzenie otwarcia zaworu
lead screw *obr.skraw.* śruba pociągowa
leaf 1. *met.* folia **2.** karta (*książki*) **3.** *bot.* liść
leaf spring sprężyna płytkowa; sprężyna wielopłytkowa; resor piórowy
leakage 1. nieszczelność **2.** przeciekanie, przeciek (*płynu*); *el.* upływ (*prądu*); *nukl.* ucieczka, straty (*neutronów*)
leakage conductance *el.* upływność
leak detector wykrywacz nieszczelności
leakoff line *nukl.* linia odprowadzania przecieków
leakproof *a* szczelny
leaky *a* nieszczelny
lean mixture *paliw.* mieszanka uboga
lean moulding sand *odl.* piasek formierski chudy
lean-to roof *bud.* dach jednospadkowy
leapfrog test *inf.* test przeskokowy
least common denominator *mat.* najmniejszy wspólny mianownik
least common multiple *mat.* najmniejsza wspólna wielokrotność
least significant bit *inf.* bit najmniej znaczący
least upper bound *mat.* kres górny, supremum
leather dressing wyprażanie skóry
lee side *żegl.* strona zawietrzna
leeward *a żegl.* zawietrzny (*brzeg, burta*)
left-cut tool *obr.skraw.* nóż prawy
left driving *drog.* ruch lewostronny
left-hand *a* lewy; lewostronny; leworęczny
left-hand drive *mot.* układ kierowniczy lewostronny
left-handed rope lina lewoskrętna, lina lewozwita
left-handed screw *masz.* śruba lewozwojna
left-hand lay lewy spust (*liny*)
left-hand rule *fiz.* reguła lewej ręki
left-hand thread gwint lewy
left-hand zero *inf.* zero nieznaczące
left-sided *a* lewostronny
leg 1. *anat.* noga **2.** odnoga, odgałęzienie **3.** *geom.* przyprostokątna **4.** *górn.* noga; filar
legal *a* prawny; legalny; ustawowy
legal standard *metrol.* wzorzec urzędowy
legend *rys.* legenda (*objaśnienia*)
leg of an angle ramię kątownika
length długość
lengthen *v* wydłużać; przedłużać
length of approach *masz.* odcinek wejściowy przyporu, odcinek wzębienia (*w przekładni zębatej*)
length of recession *masz.* odcinek zejściowy przyporu, odcinek wyzębienia (*w przekładni zębatej*)
length overall długość całkowita
lens *opt.* soczewka; *fot.* obiektyw
lens aperture *fot.* otwór obiektywu
lens scatter *fot.* niezbieżność obiektywu
lens speed *fot.* jasność obiektywu
lens stop *fot.* przysłona, diafragma
lenticular *a* soczewkowaty, dwuwypukły
lepton *nukl.* lepton (*lekka cząstka elementarna*)
letdown system *nukl.* system drenażowy
lethal *a* śmiertelny, śmiercionośny
lethal dose dawka śmiertelna
lethargy *nukl.* letarg
let in wpuszczać; wprowadzać
let out wypuszczać; wyprowadzać
letterpress *poligr.* prasa drukarska, maszyna drukarska
level 1. poziom **2.** *metrol.* poziomnica **3.** *geod.* niwelator
level *v* poziomować, wyrównywać; *geod.* niwelować
level *a* poziomy
lever dźwignia
lever arm ramię dźwigni
lever ratio stosunek ramion dźwigni, przełożenie dźwigni
levorotation *fiz.* lewoskrętność
L-head engine silnik (spalinowy) dolnozaworowy, silnik bocznozaworowy
liberate *v* wyzwalać; wydzielać
library *inf.* biblioteka

library routine *inf.* program biblioteczny
licence licencja; pozwolenie
licence manufacture produkcja na licencji
lid pokrywa; wieko
lidar = laser infrared radar *opt.* lidar
life trwałość, okres trwania
life buoy koło ratunkowe
life expectation trwałość przewidywana
life-period trwałość, okres trwania; *nukl.* przeciętny okres życia (*pierwiastka promieniotwórczego*)
life sciences *pl* nauki biologiczne
life test próba trwałości
lift 1. podniesienie, wznios; wysokość podnoszenia **2.** dźwig; wyciąg pionowy; winda; podnośnik **3.** *hydr.* wypór; *aero.* siła nośna
lifting capacity *transp.* udźwig, nośność
lifting jack dźwignik
lifting sling pętla, zawiesie (*do podnoszenia ciężarów*)
lift of cam wznios krzywki
lift-off *lotn.* oderwanie się od ziemi; start (*rakiety*)
lift on/lift off (system) *transp.* system pionowego przeładunku kontenerów
lift valve zawór wzniosowy
lift well szyb wyciągowy
light 1. światło **2.** źródło światła; lampa
light *a* **1.** jasny **2.** lekki
lighten *v* **1.** oświetlać **2.** odciążać, zmniejszać ciężar
light flux *opt.* strumień świetlny
light-gauge *a* cienki, o małym przekroju (*np. drut*)
lighthouse latarnia morska
light hydrogen *chem.* wodór lekki, prot
light indicator wskazówka świetlna
light industry przemysł lekki
light line *rys.* linia cienka
light lorry samochód półciężarowy
lightly doped semiconductor *elektron.* półprzewodnik słabo domieszkowany
light metals *pl* metale lekkie
light meter *fot.* światłomierz
lightning discharge wyładowanie atmosferyczne
lightning protector *el.* odgromnik; ochronnik przepięciowy
light pen *inf.* pióro świetlne, światłopis
light pipe światłowód
light platinum metals *pl chem.* platynowce lekkie, rutenowce, triada rutenu (Ru, Rh, Pd)
lightproof *a* światłoszczelny, nie przepuszczający światła
light relay *el.* przekaźnik fotoelektryczny
light-resistant *a* światłoodporny, światłotrwały
light running *masz.* bieg jałowy, bieg luzem
light-sensitive *a* światłoczuły
light-sensitive resistor fotorezystor, rezystor światłoczuły
light source *fiz.* źródło światła
light water *nukl.* woda lekka
light-water reactor *nukl.* reaktor wodny, reaktor z wodą zwykłą
lightweight *a* lekki, lekkiej konstrukcji
light-year *jedn.astr.* rok świetlny ($= 9{,}461 \cdot 10^{12}$ km)
lignite *petr.* lignit
lime wapno
lime burning wypalanie wapna
limestone wapień, kamień wapienny
limit 1. *mat.* granica **2.** *ek.* limit
limiter *elektron.* ogranicznik
limit gauge *metrol.* sprawdzian graniczny
limiting factor czynnik ograniczający
limit of a function *mat.* granica funkcji
limit of size wymiar graniczny
line 1. linia; *geom.* (linia) prosta **2.** sznur, linka
linear *a* liniowy, linearny
linear accelerator *nukl.* akcelerator liniowy
linear equation *mat.* równanie liniowe
linearity *mat.* liniowość
linear measure miara długości
linear space *mat.* przestrzeń liniowa, przestrzeń wektorowa
line-at-a-time printer *inf.* drukarka wierszowa
line at infinity *geom.* prosta w nieskończoności
line broadcasting radiofonia przewodowa
line cord *el.* sznur przyłączeniowy
line block *poligr.* klisza kreskowa
line feed *inf.* znak wysuwu wiersza
line interference *el.* zakłócenia sieciowe
line of action *masz.* linia przyporu, linia zazębienia (*w przekładni zębatej*)
line of centres *masz.* linia międzyosiowa, prosta środków (*przekładni zębatej*)
line of contact *zob.* **line of action**
line of force *mech.* linia działania siły
liner 1. wyłożenie; wkładka **2.** *wiertn.* konduktor, rura prowadnikowa **3.** *okr.* liniowiec, statek żeglugi regularnej **4.** *lotn.* samolot pasażerski regularnej linii lotniczej
line shafting *masz.* pędnia
lining wykładzina; wyłożenie; wyprawa (*np. pieca*); *górn.* obudowa

link 1. połączenie 2. *masz.* ogniwo (*łańcucha*); łącznik; człon 3. *masz.* łęk; kulisa 4. *rad.* linia
linkage 1. *chem.* wiązanie 2. *mech.* (*mechanizm złożony z dźwigni i łączników*)
linkage editor *inf.* program łączący
link belt pas (napędowy) członowy
link block *masz.* kamień jarzma
link chain łańcuch zwykły, łańcuch ogniwowy
link circuit *elektron.* obwód wiążący
link mechanism mechanizm przegubowy
link motion mechanizm łękowy, mechanizm kulisowy
link rod *siln.* korbowód boczny
links *pl inf.* wskaźniki więzi
linotype *poligr.* linotyp
liquefaction przeprowadzanie w stan ciekły; skraplanie
liquefier skraplacz
liquid ciecz
liquid *a* ciekły
liquid crystal *fiz.* kryształ ciekły
liquid discharges *pl nukl.* uwolnienia odpadów ciekłych
liquid fuel paliwo ciekłe, paliwo płynne
liquid glass szkło wodne
liquid-level gauge poziomowskaz
liquid particle *fiz.* cząstka elementarna cieczy
liquid quenching *obr.ciepl.* hartowanie w cieczy
liquid spring element hydrauliczny sprężysty
liquid state stan (skupienia) ciekły
liquidus (curve) *fiz.* likwidus, krzywa likwidusu
list 1. spis, lista 2. *inf.* lista
listing *inf.* wydruk, listing
list processing *inf.* przetwarzanie listowe
list structure *inf.* struktura listowa danych
list with one-way pointers *inf.* lista jednokierunkowa
literal *inf.* literał
lithium *chem.* lit, Li
lithography *poligr.* litografia
lithosphere *geol.* litosfera, skorupa ziemska
lithmus paper *chem.* papierek lakmusowy
litre *jedn.* litr: 1 l = 1 dm^3
litre-atmosphere *jedn.* litroatmosfera = 101,325 J
live *a* 1. żywy 2. *masz.* czynny; ruchomy 3. *el.* pod napięciem
live ammunition amunicja bojowa, amunicja ostra
live axle oś ruchoma; *mot.* most napędowy; oś napędowa
live shaft *masz.* wał czynny
live wire *el.* przewód pod napięciem
load obciążenie; ładunek
load-and-go *inf.* wprowadź i wykonaj (*metoda przetwarzania*)
loadbearing wall *bud.* ściana nośna
load capacitance *elektron.* pojemność obciążenia
load capacity nośność; obciążalność; ładowność; udźwig
load centre środek ciężkości obciążenia
load draught *okr.* zanurzenie ładunkowe
loader 1. *inf.* program ładujący, program wprowadzający 2. *masz.* ładowarka
loading 1. obciążenie 2. obciążanie; ładowanie 3. *inf.* ładowanie, wprowadzanie danych (*do pamięci*)
loading program *zob.* **loader 1.**
loading space przestrzeń ładunkowa
load neutral *el.* punkt zerowy odbiornika
load per tyre *mot.* obciążenie na oponę
load running *masz.* praca pod obciążeniem
lobe 1. garb; występ 2. *el.* listek, płat (*charakterystyki anteny*)
lobing przemieszczenie mimośrodowe, niewspółśrodkowość
local *a* miejscowy, lokalny
localized *elektron.* elektron zlokalizowany
localized vector wektor związany
local view *rys.* widok cząstkowy, rzut cząstkowy
locate *v* umieszczać; ustalać położenie; ustawiać
location 1. lokalizacja, umiejscowienie; usytuowanie; ustalenie położenia 2. *obr.skraw.* baza ustalająca 3. *inf.* komórka pamięci, lokacja
location plan plan sytuacyjny
locator 1. *inf.* lokalizator (*elementu obrazu*) 2. *obr.skraw.* element ustalający
lock 1. *masz.* zamek; zamknięcie; rygiel 2. śluza
locking 1. unieruchomienie, blokowanie; zabezpieczenie (*np. nakrętek*) 2. zamykanie na klucz 3. *żegl.* śluzowanie
locking gain *elektron.* wzmocnienie synchronizacji
locking gear mechanizm ustalający
locking pin kołek zabezpieczający; zawleczka
locking signal *inf.* 1. sygnał synchronizujący 2. sygnał blokujący

locknut przeciwnakrętka, nakrętka zabezpieczająca
lockout *el.* odcięcie, zablokowanie wyłącznika
lock spring sprężyna zatrzaskowa
locomotive lokomotywa
locomotive shed parowozownia; elektrowozownia
locus (*pl* **loci**) *geom.* miejsce geometryczne (*punktów*)
lode *górn.* żyła rudna
lofting *lotn., okr.* trasowanie
log 1. *drewn.* kłoda; dłużyca **2.** *żegl.* log (*przyrząd do pomiaru prędkości statku lub przebytej drogi*) **3.** zob. **logarithm**
logarithm *mat.* logarytm
logarithmic tables *pl mat.* tablice logarytmiczne
logging *inf.* rejestracja danych
logic 1. logika **2.** *inf.* układ logiczny, logika
logical gate *inf.* bramka logiczna
logical operation *inf.* operacja logiczna
logical organization *inf.* struktura logiczna
logical product koniunkcja, iloczyn logiczny
logical sum alternatywa, suma logiczna
logic circuit *inf.* obwód logiczny
logic element *inf.* element logiczny
log-log paper papier logarytmiczny
log off *inf.* wyrejestrowanie się z systemu
log on *inf.* zarejestrowanie się w systemie
lonealing *obr.ciepl.* wyżarzanie odprężające, odprężanie
long-distance call rozmowa telefoniczna międzymiastowa
long hundredweight *jedn.* cetnar angielski: 1 cwt = 50,802 kg
longitude długość geograficzna
longitudinal *a* wzdłużny
long-lasting *a* długotrwały
long-lived *a nukl.* długożyciowy, o długim okresie połowicznego zaniku
long radius *geom.* promień okręgu opisanego
long-range missile *wojsk.* pocisk dalekiego zasięgu
long-run production produkcja wielkoseryjna
longshoreman *US* robotnik portowy, doker
long ton *jedn.* tona angielska: 1t = 1016,05 kg
longwall mining *górn.* wybieranie ścianowe
long waves *pl rad.* fale długie
long-word arithmetic *inf.* arytmetyka dużej precyzji
look-ahead carry *inf.* przeniesienie antycypowane
look-ahead carry adder *inf.* sumator równoległy
look-ahead carry generator *inf.* generator przeniesień jednoczesnych
look-up table *inf.* tablica przeglądowa, tablica funkcji
loom *włók.* krosno
loop 1. pętla **2.** *nukl.* pętla, obieg **3.** *inf.* pętla
loop current *el.* prąd obwodowy
looping 1. pętlowanie **2.** *hutn.* pętlowanie (*przy walcowaniu taśm*) **3.** *el.* zamknięcie sieci
loop of a wave *fiz.* brzusiec, strzałka fali stojącej
loop scavenging *siln.* przepłukiwanie zwrotne, przepłukiwanie pętlowe
loop statement *inf.* pętla
loop water seal *nukl., hydr.* zamknięcie cieczowe, korek wodny
loose *a* luźny; nieopakowany; sypki
loosen *v* zluzować; zwolnić; rozluźnić
loose pulley *masz.* koło pasowe luźne, koło pasowe jałowe
loose tongue *drewn.* wkładka, obce pióro
loran loran (*impulsowy system radionawigacji dalekiego zasięgu*)
lorry 1. samochód ciężarowy, ciężarówka **2.** platforma
lorry mobile crane żuraw jezdniowy na samochodzie
lose weight tracić na wadze
loss strata; ubytek
loss in weight ubytek ciężaru; strata na wadze
lossless *a* bezstratny
loss of coolant accident *nukl.* awaria utraty chłodziwa
loss of energy strata energetyczna, ubytek energii
loss of field *el.* zanik wzbudzenia
loss of life zmniejszenie trwałości
loss of power *siln.* strata mocy, utrata mocy
lot seria (*produkcyjna*); partia (*produktu*)
lot production produkcja seryjna
loudness *akust.* głośność
loudspeaker głośnik; megafon
low *meteo.* niż (*baryczny*)
low-carbon steel stal niskowęglowa
low-enriched *a nukl.* niskowzbogacony (*uran*)
lower *v* opuszczać (się), obniżać (się)
lower calorific value *paliw.* wartość opałowa dolna

lower end fitting *nukl.* stopa zestawu paliwowego
lower limit *metrol.* dolna granica; wymiar graniczny dolny
lower plenum *nukl.* komora dolna
lower the undercarriage *lotn.* wypuszczać podwozie
low-flux reactor *nukl.* reaktor niskostrumieniowy, reaktor o małej gęstości strumienia
low frequency *el.* mała częstotliwość
low gear przekładnia biegu wolnego
low-grade *a* niskowartościowy; niskogatunkowy
low gravity oil ciężka ropa
low level waste *nukl.* odpady niskoaktywne
low-melting alloy stop łatwotopliwy, stop niskotopliwy
low-order digit *inf.* cyfra mniej znacząca
low-pass filter *el.* filtr dolnoprzepustowy
low-powered *a* o małej mocy
low pressure niskie ciśnienie
low-pressure steam para niskoprężna
low-pressure tyre opona balonowa
low-purity oxygen tlen 95%
low-rank coal węgiel niskouwęglony
low-speed *a* wolnobieżny, niskoobrotowy
low-temperature coke koks wytlewny, półkoks
low-temperature physics fizyka niskich temperatur
low-temperature treatment *obr.ciepl.* obróbka podzerowa, wymrażanie
low-tension *el.* niskie napięcie
lox ciekły tlen
loxodrome *nawig.* loksodroma
L-shell *fiz.* warstwa ośmioelektronowa
lubricant smar
lubricate *v* smarować
lubricator smarownica
luggage boot *mot.* bagażnik
lumber surowiec drzewny; tarcica
lumen *jedn.* lumen. lm
lumen-hour *jedn.* **lumenogodzina:** 1 lm·h = 0,36·10^4 lm·s
luminance *opt.* luminancja
luminescence luminescencja
luminous *a* świecący; świetlny
luminous intensity *opt.* natężenie światła, światłość
lump bryła; gruda; kawał
lunar *a* księżycowy
lustre połysk
lustre finish wykończenie z połyskiem
lute kit, materiał uszczelniający
lutetium *chem.* lutet, Lu
lux *jedn.* luks, lx
lye *chem.* ług
lyophilization *chłodn.* liofilizacja, suszenie sublimacyjne, kriodesykacja

M

machinability 1. skrawalność, obrabialność skrawaniem **2.** podatność na przetwarzanie automatyczne
machine maszyna
machine *v* obrabiać skrawaniem
machine abstract *inf.* analiza maszynowa, automatyczna analiza treści
machine address *inf.* adres bezwzględny, adres rzeczywisty, adres komputerowy, adres maszynowy
machine arithmetic arytmetyka komputerowa
machine available time *inf.* czas dyspozycyjny komputera, czas maszynowy
machine building budowa maszyn
machine-building industry przemysł maszynowy
machine code *inf.* kod komputera, kod wewnętrzny
machine cutting 1. cięcie maszynowe **2.** *obr.skraw.* skrawanie (*na obrabiarkach*)
machine cycle *inf.* cykl maszynowy
machined from the solid *obr.skraw.* obrobiony z jednego kawałka
machined surface *obr.skraw.* powierzchnia obrobiona
machine elements *pl* elementy maszyn, części maszyn
machine filing obróbka na pilnikarce; pilnikowanie maszynowe
machine forging 1. kucie na kuźniarkach **2.** odkuwka z kuźniarki
machine frame korpus maszyny
machine hand robotnik przyuczony (*do pracy na jednym typie obrabiarki*)
machine-hour maszynogodzina
machine instruction *inf.* rozkaz komputera
machine key *masz.* klin wzdłużny

machine language *inf.* język komputera, język wewnętrzny
machine-made *a* wykonany maszynowo
machine mining *górn.* urabianie mechaniczne
machine-oriented programming system *inf.* system programowania w języku komputera
machine production line linia obrabiarkowa
machine-readable *a inf.* nadający się do przetwarzania automatycznego
machinery 1. maszyny **2.** urządzenie mechaniczne
machinery room maszynownia
machine shop warsztat mechaniczny
machine time 1. *ek.* czas maszynowy **2.** *inf.* czas maszynowy, czas dyspozycyjny komputera
machine tool obrabiarka
machine translation *inf.* tłumaczenie komputerowe
machine word *inf.* słowo komputerowe
machining obróbka skrawaniem, obróbka wiórowa, skrawanie
machining centre obrabiarka skrawająca wielooperacyjna
machining station stanowisko obróbkowe
machinist 1. konstruktor maszyn **2.** maszynista; operator; robotnik na obrabiarkach
machinist miller frezer
Mach number *aero.* liczba Macha
macroanalysis *chem.* makroanaliza, analiza w skali makro
macrodefinition *inf.* makrodefinicja
macroetching *met.* głębokie trawienie
macrogeneration *inf.* (*przetwarzanie makrorozkazów w ciąg rozkazów w języku komputera*)
macroinstruction *inf.* makrorozkaz
macromolecule *chem.* makrocząsteczka
macroparameter *inf.* makroparametr
macroporosity makroporowatość
macroprocessor *inf.* makrogenerator, makroprocesor
macroprogramming *inf.* makroprogramowanie
macroscopic *a* makroskopowy
macroscopic cross-section *nukl.* przekrój czynny makroskopowy
macroscopic state stan makro(skopowy), makrostan, stan termodynamiczny
macroscopy badania makroskopowe, makroskopia
macrostate *zob.* **macroscopic state**
macrostructure makrostruktura, budowa makroskopowa
magamp *el.* wzmacniacz magnetyczny
magic number *nukl.* liczba magiczna
magic(-number) nucleus *nukl.* jądro magiczne, jądro o liczbie magicznej
magic square *mat.* kwadrat magiczny
magnafluxing *met.* badanie magnetyczne proszkowe, defektoskopia magnetyczna proszkowa
magnesia *chem.* tlenek magnezowy, magnezja
magnesium *chem.* magnez, Mg
magnesyn *aut.* magnesyn
magnet magnes
magnetarc welding zgrzewanie łukiem wirującym (*w polu magnetycznym*)
magnetic *a* magnetyczny
magnetic axis oś magnetyczna
magnetic bubbles *pl fiz.* pęcherzyki magnetyczne, domeny cylindryczne
magnetic card *inf.* karta magnetyczna
magnetic card store *inf.* pamięć magnetyczna kartowa
magnetic change *met.* przemiana magnetyczna
magnetic circuit obwód magnetyczny
magnetic core rdzeń magnetyczny; magnetowód
magnetic core store *inf.* pamięć rdzeniowa
magnetic declination *geofiz.* deklinacja magnetyczna
magnetic deflection odchylenie w polu magnetycznym
magnetic dipole *fiz.* dipol magnetyczny
magnetic disk *inf.* dysk magnetyczny
magnetic disk store *inf.* pamięć magnetyczna dyskowa
magnetic drum *inf.* bęben magnetyczny
magnetic drum store *inf.* pamięć magnetyczna bębnowa
magnetic equator *geofiz.* równik magnetyczny, aklina
magnetic field pole magnetyczne
magnetic film cienka warstwa magnetyczna
magnetic film store *inf.* pamięć filmowa
magnetic flux 1. *fiz.* strumień magnetyczny, strumień indukcji magnetycznej **2.** *spaw.* topnik magnetyczny
magnetic flux density indukcja magnetyczna
magnetic focusing *elektron.* ogniskowanie magnetyczne
magnetic holder *obr.skraw.* uchwyt magnetyczny
magnetic inclination *geofiz.* inklinacja magnetyczna, nachylenie magnetyczne
magnetic induction indukcja magnetyczna

magnetic ink *inf.* atrament magnetyczny
magnetic memory *inf.* pamięć magnetyczna
magnetic mirror *fiz.* zwierciadło magnetyczne
magnetic needle igła magnetyczna
magnetic nuclear resonance *fiz.* jądrowy rezonans magnetyczny
magnetic pinch *fiz.* pinch, skurcz magnetyczny (*plazmy*), reostrykcja
magnetic pole biegun magnetyczny
magnetic prospecting magnetometria poszukiwawcza
magnetic quantum number *fiz* magnetyczna liczba kwantowa
magnetic record zapis magnetyczny
magnetic recording medium magnetyczny nośnik informacji
magnetic reluctivity *fiz.* reluktywność (*odwrotność przenikalności magnetycznej*)
magnetic reproduction odtwarzanie magnetyczne, odczyt magnetyczny
magnetic resonance *fiz.* rezonans magnetyczny
magnetic scattering *fiz.* rozpraszanie magnetyczne (*neutronów*)
magnetic screening ekranowanie magnetyczne
magnetic stirrer *hutn.* mieszadło indukcyjne (*do mieszania kąpieli stalowej*)
magnetic storage *inf.* pamięć magnetyczna
magnetic storage plate *inf.* płat pamięci magnetycznej
magnetic tape taśma magnetyczna
magnetic tape storage *inf.* pamięć magnetyczna taśmowa
magnetic track *elakust.* ślad magnetyczny, ścieżka magnetyczna
magnetic transformation point *met.* temperatura przemiany magnetycznej, punkt Curie
magnetic trap *fiz.* pułapka magnetyczna
magnetic wire drut magnetyczny
magnetic wire store *inf.* pamięć magnetyczna drutowa
magnetism *fiz.* magnetyzm
magnetization 1. namagnesowanie, magnetyzacja (*wielkość*) **2.** magnesowanie (*zjawisko*)
magnetizing current prąd magnesujący
magnetizing roasting *wzbog.* prażenie magnetyzujące (*rud*)
magnet keeper zwora magnesu
magneto maszyna magnetoelektryczna; *siln.* iskrownik, magneto
magnetoelectricity magnetoelektryczność
magnetofluid dynamics magnetofluidodynamika
magnetogas dynamics magnetogazodynamika, magnetodynamika gazów
magnetohydrodynamics magnetohydrodynamika, magnetodynamika cieczy
magneto ignition *siln.* zapłon iskrownikowy
magnetomotive force siła magnetomotoryczna
magneton *fiz.* magneton (*jednostka momentu magnetycznego*)
magnetooptics magnetooptyka
magnetophone magnetofon
magnetoresistivity oporność magnetyczna
magnetosphere *geofiz.* magnetosfera
magnetostatics magnetostatyka
magnetron *elektron.* magnetron
magnet wheel *masz. el.* magneśnica wirująca, koło biegunowe
magnification *opt.* powiększenie
magnifier *opt.* lupa, szkło powiększające
magnify *v* powiększać
magnitude 1. wielkość, rozmiar **2.** *mat.* wartość bezwzględna
MAG-welding spawanie metodą MAG (*metal active gas*), spawanie elektrodą topliwą w osłonie gazu czynnego
mail van *kol.* wagon pocztowy
main przewód główny, magistrala
main *a* główny
mainframe *elektron.* podstawka, ramka montażowa
mainframe computer *inf.* duży system komputerowy
main memory *inf.* pamięć główna; pamięć operacyjna
main office centrala
main pipe rura główna; rura zbiorcza
main program *inf.* program główny
mains *pl el.* sieć zasilająca
mains frequency *el.* częstotliwość sieciowa
mains-operated receiver *rad.* odbiornik sieciowy
main steam line *nukl.* kolektor parowy
main table *hutn.* samotok roboczy (*przy walcarce*)
maintain *v* **1.** utrzymywać, zachowywać **2.** konserwować (*urządzenia*)
maintainability łatwość konserwacji; naprawialność
maintain a temperature utrzymywać temperaturę
maintenance utrzymanie, konserwacja (*urządzeń*)

maintenance service obsługa konserwacyjna
maintenance technician konserwator (*urządzeń*)
main valve zawór główny
main view *rys.* widok główny, rzut główny
major clearance *masz.* luz wierzchołkowy (*gwintu*)
major cycle *inf.* cykl główny
major defect wada istotna
major diameter *masz.* średnica zewnętrzna (*gwintu*)
majority większość
majority carrier *elektron.* nośnik większościowy (*w półprzewodniku*)
majority logic *inf.* logika większościowa
major product produkt główny
major repair remont kapitalny
make wyrób; marka
make *v* wytwarzać, wyrabiać
make a circuit *el.* zamknąć obwód
make-and-break contact *el.* zestyk przełączny
make-before-break contact *el.* zestyk przełączny bezprzerwowy
make contact *el.* zestyk zwierny
maker wytwórca
make-up fuel *nukl.* paliwo uzupełniające
make-up pump *nukl.* pompa wody uzupełniającej
make up to mark dopełnić do kreski
maladjustment niewłaściwe nastawienie; rozregulowanie
male *a masz.* obejmowany, wewnętrzny (*o części wchodzącej w inną część*)
male cone *masz.* stożek zewnętrzny
male contact *el.* styk wtykowy
malfunction wadliwe działanie
malleable *a* kowalny, ciągliwy
mallet *narz.* młotek miękki; młotek drewniany; pobijak
mamu *nukl.* milimas (0,001 *jednostki masy atomowej*)
management kierownictwo; zarządzanie
mandrel *masz.* trzpień
mandrel drawing *obr.plast.* ciągnienie rur na trzpieniu
mandrel lathe wyoblarka, tokarka-wyoblarka
manganese *chem.* mangan, Mn
manhole właz, otwór włazowy
man-hour roboczogodzina
manifold przewód rurowy rozgałęziony, rura rozgałęźna
manipulate *v* manipulować
manipulator 1. *hutn.* manipulator **2.** *lab.* manipulator; sztuczne ręce
manned spacecraft statek kosmiczny załogowy
manning obsadzanie załogą; załoga
manoeuvrability *lotn.* sterowność; *mot.* zwrotność
manometer *metrol.* manometr, ciśnieniomierz
man-rem *nukl.* osoborem
manrope lina ochronna
man-shift robotnikodniówka
mantissa *mat.* mantysa (*logarytmu*)
mantle *masz.* płaszcz (*izolacyjny*), osłona
mantle ring *hutn.* pierścień podszybowy wielkiego pieca
manual podręcznik
manual *a* ręczny
manual punched card *inf.* karta selekcyjna
manual trip *nukl.* ręczne awaryjne wyłączenie reaktora
manual work praca ręczna
manufacture *v* wyrabiać, produkować
manufactured goods *pl* artykuły przemysłowe
manufacturing process proces produkcyjny
manure *v roln.* nawozić
mapping 1. nanoszenie na mapę **2.** *mat.* odwzorowanie, przekształcenie
map projection odwzorowanie kartograficzne, rzut kartograficzny
marble marmur
margin obrzeże; margines; brzeg
marginal check *inf.* kontrola marginesowa
margin of safety zapas bezpieczeństwa
marine *a* morski; okrętowy
marine engineering technika okrętowa
marine power plant siłownia okrętowa
mark znak; cecha
marker 1. znakownica, stemplownica **2.** *narz.* znacznik **3.** *inf.* marker, znacznik
market *ek.* rynek
marketing *ek.* wprowadzanie na rynek, marketing
marking znakowanie; cechowanie
marking gauge *narz.* znacznik
marking off trasowanie
marking-off templet wzornik traserski
marking point *narz.* rysik
mark of conformity with standard znak zgodności z normą
mark of verification *metrol.* cecha legalizacyjna
martensite *met.* martenzyt
martensite transformation *met.* przemiana martenzytyczna
maser *fiz.* maser
mash 1. papka; miazga **2.** *ferm.* zacier
mask 1. maska **2.** *inf.* maska

maskable interrupt *inf.* przerwanie maskowane
masking 1. zasłanianie **2.** *inf.* maskowanie **3.** *fot.* maskowanie (*zdjęcia*) **4.** *TV* maskowanie (*obrazu*) **5.** *akust.* maskowanie, zagłuszanie (*dźwięków*) **6.** *chem.* maskowanie (*np. zapachów*)
mask layout *elektron.* topologia fotomaski
mask register *inf.* rejestr maski
masonry 1. murarstwo **2.** mur
mass *fiz.* masa
mass concentration 1. koncentracja masy **2.** *chem.* stężenie masowe
mass concrete beton masywny (*niezbrojony*)
mass conservation law *fiz.* zasada zachowania masy, prawo zachowania masy
mass density *fiz.* gęstość, masa właściwa
mass flow *mech. pł.* masowe natężenie przepływu
mass geometry *mech.* geometria mas
mass-memory unit *inf.* pamięć masowa
mass production produkcja masowa
mass spectrum *fiz.* widmo masowe
mass storage *inf.* pamięć masowa
mass transfer coefficient *chem.* współczynnik przenikania masy
mass unit jednostka masy
mast maszt
master 1. *metrol.* wzorzec **2.** *obr. skraw.* wzornik (*do kopiowania*) **3.** *aut.* urządzenie główne **4.** mistrz, majster
master alloy *odl.* stop przejściowy, zaprawa
master card *inf.* karta przewodnia, karta sterująca
master-clock zegar pierwotny, zegar główny, zegar-matka
master cock zawór czopowy główny
master computer *inf.* komputer nadrzędny
master control *aut.* główny układ sterowania
master file *inf.* plik główny, kartoteka główna, zbiór danych stałych
master gauge *metrol.* przeciwsprawdzian
master gear *masz.* koło zębate wzorcowe
master key klucz uniwersalny
master mask *elektron.* maska wzorcowa
master program *inf.* program główny
master record *inf.* rekord główny
master's degree magisterium
master-slave *a inf.* nadrzędny-podległy
master-slave flip-flop *elektron.* przerzutnik typu „master-slave"
master-slave manipulator *nukl.* manipulator odtwórczy, sztuczne ręce
master's thesis praca magisterska
master-tool *obr. skraw.* narzędzie-wzorzec
match 1. zapałka **2.** lont
match *v* dopasowywać; dobierać
matching circuit *el.* układ dopasowujący
match plane *narz.* strug do profilu złączowego
material materiał, tworzywo
material *a* materialny
material consumption zużycie materiału
material continuity *fiz.* układ materialny ciągły, continuum materialne
material cost koszt materiałowy
material element *fiz.* element materialny, element substancjalny
material particle 1. *fiz.* cząstka materialna **2.** *mech.* punkt materialny
materials science materiałoznawstwo
materials testing badanie materiałów
mathematical *a* matematyczny
mathematical expectation *mat.* nadzieja matematyczna, wartość oczekiwana
mathematical logic logika matematyczna
mathematical pendulum *mech.* wahadło matematyczne
mathematical symbol symbol matematyczny, znak matematyczny
mathematics matematyka
mating *masz.* dopasowanie, współpraca części
mating gear koło zębate współpracujące
matrix (*pl* **matrices** *or* **matrixes**) **1.** *mat.* macierz **2.** *elektron.* matryca **3.** *tw. szt.* matryca, forma wklęsła **4.** *met.* osnowa, podłoże (*stopu*) **5.** *chem.* matryca
matrix mechanics macierzowa mechanika kwantowa
matrix printer *inf.* drukarka mozaikowa
matter materia
mature *v* dojrzewać
maximal *a* maksymalny, największy
maximization *mat.* maksymalizacja
maximum (*pl* **maximums** *or* **maxima**) *mat.* maksimum (*funkcji*)
maximum authorized payload *mot.* ładowność dopuszczalna
maximum credible accident *nukl.* maksymalna awaria projektowa (*reaktora jądrowego*)
maximum demand *el.* szczytowe zapotrzebowanie mocy, szczyt
maximum load obciążenie maksymalne, nośność
maximum manufacturer's payload *mot.* ładowność maksymalna
maximum material size *rys.* wymiar max mat

maximum permissible dose *nukl.* największa dawka dopuszczalna
maxmile speed *mot.* szybkość ekonomiczna
maxwell *jedn.* makswell: 1 Mx = 10^{-8} Wb
Maxwell reciprocal theorem *wytrz.* zasada Maxwella wzajemności przemieszczeń
mean *mat.* (wartość) średnia
mean *a* średni, przeciętny
mean diameter *masz.* średnica podziałowa (*sprężyny śrubowej*)
mean effective pressure *siln.* średnie ciśnienie efektywne
mean life *nukl.* średni czas życia
mean pitch *masz.* podziałka średnia (*koła zębatego*)
means of communication środki łączności
means of production środki produkcji
means of transport środki transportu
mean value wartość średnia
measurable *a* mierzalny, dający się zmierzyć
measure 1. miara **2.** przymiar
measure *v* mierzyć
measured quantity wielkość mierzona
measured range zakres pomiarowy
measurement pomiar
measurement ton *okr.* tona pojemnościowa, tona przestrzenna (*GB* = 1,1893 m^3, *US* = 1,13267 m^3)
measuring apparatus aparatura pomiarowa
measuring cylinder *lab.* menzura, cylinder miarowy
measuring head *obr. skraw.* głowica pomiarowa
measuring probe czujnik
measuring tape przymiar taśmowy, taśma miernicza
measuring vessel *lab.* naczynie miarowe
mechanic mechanik
mechanical *a* mechaniczny
mechanical coal miner *górn.* wręboładowarka, kombajn górniczy
mechanical energy energia mechaniczna
mechanical engineering budowa maszyn
mechanical equivalent of heat *term.* mechaniczny równoważnik ciepła
mechanical properties *pl* własności mechaniczne, własności wytrzymałościowe
mechanical torch *spaw.* palnik maszynowy
mechanical zero *metrol.* zero mechaniczne
mechanics mechanika
mechanism mechanizm
mechanization mechanizacja
mechanized *a* zmechanizowany
media conversion *inf.* przeniesienie danych na inny nośnik
median *geom.* środkowa
median lethal dose *biol.* dawka połowicznej śmiertelności, dawka śmiertelna 50%
medium 1. ośrodek, środowisko **2.** *masz.* czynnik (*pośredniczący*); środek
medium *a* średni
medium duty *masz.* (*przystosowany do pracy przy średnich obciążeniach*)
medium fit pasowanie średnie
medium-force fit pasowanie lekko wtłaczane
medium range średni zasięg
medium scale integration *elektron.* średni stopień scalenia
medium tolerance quality *masz.* klasa średniodokładna
medium waves *pl rad.* fale średnie
mega- mega- (*przedrostek w układzie dziesiętnym, krotność* 10^6)
megaphone megafon
megarad dosimetry dozymetria wysokopoziomowa
megascopic *a* megaskopowy (*widzialny okiem nieuzbrojonym*)
mega-ship *okr.* milionowiec (1000 000 dwt)
megaton *nukl.* megatona
megatron lampa (elektronowa) tarczowa
megavolt *jedn.* megawolt: 1 MW = 10^6 V
megawatt *jedn.* megawat: 1 MW = 10^6 W
megawatt-year *el.* megawatorok
megohm-meter *el.* megaomomierz, megomierz
melt 1. materiał roztopiony; *hutn.* kąpiel metalowa **2.** *hutn.* wytop
melting 1. topienie **2.** topnienie
melting furnace piec do topienia
melt release *nukl.* wydzielenie (produktów rozszczepienia) przy stopieniu paliwa
melt shop *hutn.* stalownia
member 1. człon; element (*konstrukcji*) **2** *mat.* element (*zbioru*)
membrane przepona; membrana
membrane stress *wytrz.* naprężenie błonowe
memistor *el.* memistor
memorize *v* zapamiętywać; *inf.* wprowadzać do pamięci
memory *inf.* pamięć
memory capacity pojemność pamięci
memory cell komórka pamięci
memory chip pamięciowa struktura półprzewodnika, układ pamięciowy
memory cycle cykl pamięci
memory-reference instruction rozkaz z odwołaniem do pamięci

memory register rejestr pamięci
memory unit jednostka pamięci, moduł pamięci
Mendeléev's table *chem.* układ okresowy pierwiastków Mendelejewa
mendelevium *chem.* mendelew, Md
meniscus 1. menisk (*cieczy*) **2.** *opt.* soczewka wklęsło-wypukła
menu *inf.* menu
menu-handler *inf.* program obsługi menu
mercury *chem.* rtęć, Hg
mercury-arc rectifier *el.* prostownik rtęciowy
mercury thread słupek rtęci (*w termometrze*)
merged transistor logic *elektron.* układ logiczny ze wstrzykiwaniem nośników prądu
merge sort *inf.* porządkować zbiór przez łączenie podzbiorów
meridian południk
meridional stress *wytrz.* naprężenie południkowe (*powłoki*)
mesa *elektron.* wysepka (*w elemencie półprzewodnikowym*)
mesa transistor tranzystor mesa
mesh 1. oczko (*sita*) **2.** numer sita **3.** *el.* obwód (*sieci*) **4.** *masz.* zazębienie
mesh analysis analiza sitowa
mesh connection *el.* połączenie wielokątowe
mesh fraction nadziarno, produkt nadsitowy, odsiew
mesh number numer sita
mesic atom *fiz.* atom mezonowy, mezoatom
mesomerism *chem.* mezomeria
meson *fiz.* mezon
mesosphere 1. *geol.* mezosfera **2.** *geofiz.* mezosfera
message 1. informacja **2.** *inf.* komunikat
message queuing *inf.* tworzenie kolejek komunikatów
message wire *telegr.* łącze
metacentre *hydr.* metacentrum, punkt metacentryczny
metafile *inf.* metaplik
metal metal
metal abrasive śrut do oczyszczania
metal ceramic spiek metalowo-ceramiczny
metal coating metalizowanie, metalizacja
metal flow płynięcie metalu, pełzanie
metallic *a* metaliczny; metalowy
metallic drive screw nitowkręt
metallic state *fiz.* stan metaliczny
metallization metalizacja, metalizowanie
metallizing gun pistolet metalizacyjny (*do metalizacji natryskowej*)
metallographic *a* metalograficzny
metallography metalografia
metalloid *chem.* niemetal, metaloid
metallurgical engineering hutnictwo; metalurgia
metallurgical works *pl* zakłady hutnicze, huta
metallurgy metalurgia; hutnictwo
metal mould *odl.* kokila, forma metalowa
metal plate blacha gruba
metal science metaloznawstwo
metal sheet blacha cienka
metal spraying metalizacja natryskowa
metal strip blacha taśmowa
metamorphism *petr.* metamorfizm
meteorite meteoryt
meteorology meteorologia
meter 1. miernik, przyrząd pomiarowy **2.** *jedn.* metr, *zob. też* **metre**
metering dozowanie, odmierzanie
metering needle zawór iglicowy dozujący, iglica dozująca
methane *chem.* metan
methane detector *górn.* wykrywacz metanu, metanometr, metanomierz
methanol *chem.* metanol, alkohol metylowy
method metoda
method of least squares *mat.* metoda najmniejszych kwadratów
method of succesive approximations *mat.* metoda kolejnych przybliżeń
method of trial and error *chem.* metoda prób i błędów
methodology metodologia
methyl *chem.* metyl, grupa metylowa
methylated spirit spirytus skażony (*metanolem*)
methylation *chem.* metylowanie
methylene *chem.* metylen, grupa metylenowa
metre *jedn.* metr, m
metre-candle *jedn.* luks, lx
metre-candle meter luksomierz
metre-kilogram *jedn.* **1.** kilogramometr: 1 kGm (*pracy*) = 9,80665 J **2.** kilogramometr: 1 kGm (*momentu*) = 9,80665 N·m
metre-kilogram-force *zob.* **metre-kilogram 1.**
metre-ohm *jedn.* omometr, Ω·m
metre rule przymiar kreskowy metryczny
metric *a* metryczny
metrication przechodzenie na system metryczny
metric atmosphere *jedn.* atmosfera techniczna: 1 at = 1 kGm/cm^2 = = 0,980665·10^5 Pa

metric centner *jedn.* **1.** cetnar (= 50 kg) **2.** kwintal (= 100 kg)
metric horsepower *jedn.* koń mechaniczny: 1 KM = 735,49875 W
metric system system metryczny
metric-technical unit of mass techniczna metryczna jednostka masy: 1 TME = 9,80665 kg
metric thread gwint metryczny
metric ton *jedn.* tona metryczna: 1t = = 1000 kg
metric unit jednostka metryczna
metrological certification *metrol.* uwierzytelnianie (*narzędzia pomiarowego*)
metrology metrologia, miernictwo
metropolitan railway szybka kolej miejska, metro
mho *jedn.* simens, S
micro- micro- (*przedrostek w układzie dziesiętnym, krotność* 10^{-6})
microalloyed steel *met.* stal mikrostopowa
microammeter *el.* mikroamperomierz
microanalysis *chem.* mikroanaliza, analiza w skali mikro
microbalance mikrowaga
microbes *pl biol.* drobnoustroje, mikroorganizmy, mikroby
microbiology mikrobiologia
microbonding *elektron.* mikropołączenie
microcard *inf.* mikrokarta
microcircuit *elektron.* mikroukład
microclimate mikroklimat
microcomputer *inf.* mikrokomputer
microcontrol store *inf.* pamięć mikroprogramu
microcrack pęknięcie mikroskopowe, mikropęknięcie
microcrystalline *a* mikrokrystaliczny
microelectronics mikroelektronika
microelement 1. *elektron.* miniaturowy element układu elektronicznego **2.** *biochem.* mikroelement, pierwiastek śladowy
micro-examination badanie mikroskopowe
microfiche *inf.* mikrofiszka
microfilm mikrofilm
microfilm card *inf.* mikrokarta
microfilm output *inf.* wyprowadzanie (danych) na mikrofilm; urządzenie wyjściowe mikrofilmowe
microfilm viewer-copier *inf.* czytnik--kopiarka
microfloppy disk *inf.* mikrodyskietka, mikrodysk elastyczny
microfusion *nukl.* mikrosynteza termojądrowa
micrography 1. badania mikroskopowe **2.** fotografia mikroskopowa
microhardness *wytrz.* mikrotwardość
microhoner machine szlifierka--wygładzarka o krótkim skoku
microindenter *wytrz.* wgłębnik mikrotwardościomierza
microinstruction *inf.* mikrorozkaz
micro-machining mikroobróbka
micrometer 1. *metrol.* mikrometr **2.** *jedn.* mikrometr: 1 μm = 10^{-6} m
micrometer gauge *zob.* **micrometer 1.**
micromicro- piko- (*przedrostek w układzie dziesiętnym, krotność* 10^{-12})
microminiaturization *elektron.* mikrominiaturyzacja
micromodule *elektron.* mikromoduł, mikrozespół
micron *jedn.* mikron: 1 μ = 10^{-6} m
microoperation *inf.* mikrooperacja
microphone *elakust.* mikrofon
microphotography mikrofotografia
microporosity mikroporowatość
microprobe mikrosonda elektronowa
microprocessor *inf.* mikroprocesor
microprocessor engineering technika mikroprocesorowa
microprogam *inf.* mikroprogram
microprogramming *inf.* mikroprogramowanie
microradiography *met.* mikrorentgenografia, mikroradiografia
micro-reciprocal degree *fiz.* mired
microscope *opt.* mikroskop
microscope eyepiece okular mikroskopu
microscope slide szkiełko przedmiotowe mikroskopu
microscopic *a* **1.** mikroskopowy **2.** mikroskopijny (*bardzo mały*)
microscopic glass szkiełko przykrywkowe mikroskopu
microscopic section wycinek mikroskopowy, preparat mikroskopowy
microscopic stresses *pl wytrz.* mikronaprężenia, naprężenia mikroskopowe
microscopy badanie mikroskopowe, mikroskopia
microsection *met.* szlif, zgład
microstate *fiz.* mikrostan, stan mikroskopowy (*układu*)
microstrip *elektron.* mikrolinia paskowa
microstructure mikrostruktura, mikrobudowa, budowa mikroskopowa
microtron *nukl.* mikrotron
microwave antenna antena mikrofalowa

microwave electronics elektronika mikrofalowa
microwave heating nagrzewanie mikrofalowe
microwaves *pl rad.* mikrofale
microwave technique technika mikrofalowa
micrurgy (*technika obróbki miniaturowymi narzędziami przy użyciu mikroskopu*)
midcourse correction *kosm.* korektura toru lotu na orbicie
middle część środkowa; *geom.* środek
middle *a* środkowy
middle conductor *el.* przewodnik zerowy
middle-sized *a* średniej wielkości
middleware *inf.* środki programowo--sprzętowe
midnight *astr.* północ
midperpendicular *geom.* symetralna odcinka
midpoint *geom.* punkt środkowy, środek; centrum
midposition położenie środkowe
midship *okr.* śródokręcie
midstroke *masz.* połowa skoku (*np. tłoka*)
migration migracja, wędrówka
MIG-welding spawanie metodą MIG (*metal inert gas*), spawanie elektrodą topliwą w osłonie gazu obojętnego
mile *jedn.* mila (*lądowa*): 1 mila = 1609,344 m
mileage (*droga przebyta w milach*)
military hardware sprzęt wojskowy
milking machine *zoot.* dojarka mechaniczna
milk powder *spoż.* mleko w proszku
milk processing przetwórstwo mleka
Milky Way *astr.* Droga Mleczna
mill 1. młyn **2.** zakład przemysłowy; *hutn.* walcownia **3.** maszyna robocza ciężka; *hutn.* walcarka **4.** *narz.* frez
miller *obr.skraw.* frezarka
milli- mili- (*przedrostek w układzie dziesiętnym, krotność* 10^{-3})
milliard *GB* miliard (10^9)
milligram *jedn.* miligram
milli-mass unit *nukl.* milimas (= 0,001 *jednostki masy atomowej*)
millimetre *jedn.* milimetr
millimetre of mercury *jedn.* milimetr słupa rtęci: 1 mm Hg = 133,322 Pa
millimetre of water *jedn.* milimetr słupa wody: 1 mm H_2O = 9,80665 Pa
millimicron *jedn.* nanometr: 1 $m\mu$ = = 10^{-9} m
milling 1. mielenie **2.** *obr.skraw.* frezowanie
milling gang zespół frezów, frez zespołowy
milling machine *obr.skraw.* frezarka
million milion
mill main table *hutn.* samotok roboczy (*przy walcarce*)
mill saw piła trakowa
mill spring *hutn.* skok walców
mill stand *hutn.* klatka walcownicza; walcarka
mill train *hutn.* zespół walcowniczy
mine 1. *górn.* kopalnia **2.** *wojsk.* mina
mine face *górn.* przodek
mine filling *górn.* **1.** podsadzanie **2.** podsadzka
minehead *górn.* powierzchnia kopalni
miner górnik
mineral minerał
mineral *a* mineralny; nieorganiczny
mineralization mineralizacja
mineralogical composition skład mineralny
mineralogy mineralogia
mineral salts *pl* sole mineralne
mineral spirits *pl* benzyna lakowa (*rozpuszczalnik*)
mineral wax wosk ziemny, ozokeryt
mine surveying miernictwo górnicze, geodezja górnicza
mine timber *górn.* drewno kopalniane, kopalniaki
miniature radiography radiografia małoobrazkowa
miniaturization miniaturyzacja
minibus mikrobus
minicomputer *inf.* minikomputer
minifloppy disk *inf.* minidyskietka, minidysk elastyczny
minimal *a* minimalny, najmniejszy
minimax principle *mat.* zasada minimaks, zasada minimalizacji maksymalnego ryzyka
minimize *v* zmniejszać do minimum, minimalizować
minimum *mat.* minimum (*funkcji*)
minimum *a* minimalny
minimum graduation działka elementarna (*podziałki*)
minimum lethal dose *farm.* najmniejsza dawka śmiertelna
minimum material condition *masz.* (*stan przedmiotu przy wymiarach minmat*)
minimum material size *rys.* wymiar minmat
minimum thermometer termometr minimalny
mining 1. górnictwo, kopalnictwo **2.** wybieranie; urabianie (*kopalin użytecznych*)

mining engineer inżynier górnik
mining engineering górnictwo, kopalnictwo
mining floor *górn.* poziom wydobywczy
mining head człon urabiający (*kombajnu górniczego*)
mining plough *roln.* pogłębiacz
mining subsidence (*osiadanie terenu wskutek wyrobisk górniczych*)
minium *powł.* minia ołowiana
minor *a* mniejszy; o mniejszym znaczeniu
minor axis of an ellipse *geom.* mała oś elipsy
minor clearance *masz.* luz rdzeniowy (*gwintu*)
minor cycle *inf.* cykl podrzędny
minor defect wada nieznaczna
minor diameter średnica wewnętrzna (*śruby*); średnica otworu nakrętki
minor element *biochem.* mikroelement, pierwiastek śladowy
minor failure uszkodzenie drugorzędne
minority carrier *elektron.* nośnik mniejszościowy (*w półprzewodniku*)
minor nutrient *roln.* mikronawóz
minor repair drobna naprawa
minuend *mat.* odjemna
minus *mat.* **1.** znak minus **2.** wielkość ujemna
minus *a mat.* ujemny
minus mesh produkt podsitowy, podziarno
minute *jedn.* **1.** minuta **2.** *geom.* minuta kątowa
minute *a* drobny, bardzo mały
minute hand *zeg.* wskazówka minutowa
mirror zwierciadło, lustro
mirror alloy stop zwierciadłowy
mirror finish wykończenie na połysk lustrzany
mirror image odbicie lustrzane
mirror reflection *opt.* odbicie kierunkowe, odbicie zwierciadlane
mirror-reflection symmetry symetria zwierciadlana
misalignment nieprostoliniowość; niewspółosiowość
misapplication niewłaściwe zastosowanie
miscalculation błędne obliczenie
miscast *hutn.* wytop nietrafiony
miscibility mieszalność, zdolność mieszania się
miscible *a* mieszalny, wzajemnie rozpuszczalny
misconnection niewłaściwe połączenie
misfire **1.** *siln.* przerwy zapłonu **2.** *wybuch.* niewypał
misfit niedopasowanie
mishandling niewłaściwe obchodzenie się
mismatch niedopasowanie
misprint błąd drukarski
misread *metrol.* błąd odczytu
misrun *odl.* niedolew (*wada odlewu*)
miss *v* chybić; brakować
missile *wojsk.* pocisk
missile guidance zdalne kierowanie pociskami
missing *a* brakujący
mistake omyłka; błąd
mist coat powłoka natryskiwana
misuse niewłaściwe zastosowanie
mitre gear przekładnia zębata stożkowa (*o równej liczbie zębów*)
mitre joint *drewn.* połączenie kątowe na ucios
mitre saw *drewn.* (piła) grzbietnica
mitre square *metrol.* kątownik stały 45°
mix mieszanina; mieszanka
mix *v* mieszać
mixed construction konstrukcja mieszana; konstrukcja metalowo-drewniana
mixed decimal *mat.* (*liczba dziesiętna zawierająca część całkowitą i ułamkową*)
mixed element *chem.* pierwiastek mieszany
mixed-flow compressor sprężarka o przepływie osiowo-promieniowym
mixed-flow water turbine turbina wodna diagonalna
mixed-fluid turbine turbina dwuczynnikowa
mixed number *mat.* liczba mieszana
mixed-pressure turbine turbina (parowa) wieloprężna
mixer **1.** mieszarka **2.** mieszadło **3.** mieszalnik **4.** *elakust.* mikser
mixing chamber komora mieszania
mixing condenser skraplacz bezprzeponowy
mixing ladle *hutn.* kadź mieszalnikowa
mixture mieszanina; mieszanka
mixture ratio skład mieszaniny; skład mieszanki
mixture strength *paliw.* stężenie mieszanki
mobile *a* ruchomy; przejezdny; przewoźny
mobile conveyor przenośnik przewoźny
mobile crane żuraw przejezdny
mobility ruchliwość
mobility gap *elektron.* przerwa ruchliwości (*nośników ładunku*)
mobility of liquid ruchliwość płynu (*odwrotność współczynnika lepkości kinematycznej*)
mock-up makieta

modal value *mat.* moda, wartość modalna
mode *zob.* **modal value**
model model
model number *inf.* liczba modelowa
model shop sklep wzorcowy
model statement *inf.* instrukcja modelowa
model test badanie modelowe
modem *tel.* modem
moderate *v nukl.* spowalniać, moderować
moderate *a* umiarkowany
moderated neutron *nukl.* neutron spowolniony
moderated reactor *nukl.* reaktor ze spowalniaczem, reaktor z moderatorem
moderating efficiency *nukl.* skuteczność spowolniania
moderator *nukl.* spowalniacz, moderator
moderator can *nukl.* osłona spowalniacza
moderator-coolant *nukl.* spowalniacz--chłodziwo
moderator dumping *nukl.* zrzut moderatora (*dla szybkiego wyłączenia reaktora*)
moderator-fuel ratio *nukl.* stosunek (objętościowy) moderatora do paliwa
modernization unowocześnianie, modernizacja
modification 1. modyfikacja, zmiana 2. odmiana
modifier *inf.* modyfikator, słowo indeksowe
modifier register *inf.* rejestr modyfikacji, rejestr indeksowy, rejestr B
modify *v* modyfikować, zmieniać
modular *a* modułowy, modularny
modular structure *bud.* konstrukcja modularna
modulation *el.* modulacja
modulator *el.* modulator
module 1. *mat.* moduł (algebraiczny) 2. *inf.* moduł 3. *elektron.* moduł 4. *bud.* moduł
module pitch *masz.* moduł (*koła zębatego*)
modulo N counter *inf.* licznik modulo N
modulus (*pl* **moduli**) 1. *mat.* moduł 2. współczynnik
modulus of a complex number *mat.* moduł liczby zespolonej
modulus of elasticity *wytrz.* współczynnik sprężystości; moduł sprężystości
modulus of section *wytrz.* wskaźnik przekroju
moistener nawilżacz (*aparat*)
moisture wilgoć
moisture content wilgotność, zawartość wilgoci
moisture meter wilgotnościomierz, higrometr
moisture-proof *a* odporny na wilgoć
molal *a chem.* 1. molowy 2. molalny (*o stężeniu*)
molal concentration *chem.* molalność, stężenie molalne
molality *zob.* **molal concentration**
molal volume *chem.* objętość molowa
molar *a chem.* 1. molowy 2. molarny (*o stężeniu*)
molar concentration *chem.* molarność, stężenie molarne, molowość, stężenie molowe
molarity *zob.* **molar concentration**
mole *chem.* 1. mol, gramocząsteczka 2. mol (*jednostka liczności materii*)
molecular *a* cząsteczkowy, molekularny
molecular bond *chem.* wiązanie van der Waalsa
molecular clock *metrol.* zegar molekularny
molecular composition *chem.* skład cząsteczkowy
molecular electronics mikroelektronika molekularna
molecular forces *pl chem.* siły międzycząsteczkowe, siły van der Waalsa
molecular formula *chem.* wzór cząsteczkowy
molecular mass *chem.* masa cząsteczkowa
molecular physics fizyka molekularna
molecular spectrum widmo cząsteczkowe
molecular structure budowa cząsteczki
molecule *chem.* cząsteczka, molekuła, drobina
molelectronics mikroelektronika molekularna
molten *a* roztopiony; stopiony
molybdenum *chem.* molibden, Mo
moment 1. *mech.* moment 2. chwila
moment of a couple of forces *mech.* moment pary sił
moment of force *mech.* moment siły
moment of momentum *mech.* kręt, moment pędu, moment ilości ruchu
momentum *mech.* pęd, ilość ruchu
momentum flux *mech.pł.* strumień pędu
monadic operation *inf.* operacja jednoargumentowa
monitor 1. przyrząd kontrolny; wskaźnik kontrolny; przyrząd ostrzegawczy 2. *inf.* monitor (*ekranowy*) 3. *inf.* program zarządzający, monitor 4. *górn.* (hydro)monitor, wodomiotacz
monitoring kontrola; ostrzeganie; sygnalizacja ostrzegawcza

monitor printer *inf.* drukarka kontrolna
monoacid *a chem.* jednokwasowy
monobasic *a chem.* jednozasadowy
monoblock 1. *siln.* blok cylindrów **2.** *hutn.* walcarka blokowa
monoblock wheel koło jednolite
monobrid circuit *elektron.* (*układ scalony hybrydowy składający się z szeregu układów monolitycznych i cienkowarstwowych*)
monobuilt body *mot.* nadwozie samoniosące, nadwozie samonośne
monochrome television telewizja czarno-biała, telewizja monochromatyczna
monoclinic *a kryst.* jednoskośny
monocrystal monokryształ, kryształ pojedynczy
monocular microscope mikroskop jednookularowy
monohydrate *chem.* jednowodzian, monohydrat
monolithic *a* monolityczny, lity
monometallic *a chem.* jednometaliczny
monomial *mat.* jednomian
monomolecular *a chem.* jednocząsteczkowy, monomolekularny
monorail kolej jednoszynowa
monorail conveyor przenośnik podwieszony
monoscope *TV* monoskop
monostable circuit *elektron.* układ monostabilny
monotron *zob.* **monoscope**
monotype *poligr.* monotypia
monovalent *a chem.* jednowartościowy
monovariant system *fiz.* układ jednozmienny
monoxide *chem.* jednotlenek
mooring *żegl.* cumowanie
Morse code alfabet Morse'a, kod morsowski
Morse taper *obr.skraw.* stożek (narzędziowy) Morse'a
mortar 1. *bud.* zaprawa (*murarska*) **2.** *lab.* moździerz **3.** *wojsk.* moździerz
mortise *drewn.* gniazdo czopa
mortiser *drewn.* dłutownica, dłutarka
MOS = metal-oxide-semiconductor (structure) *elektron.* (struktura) metal-tlenek-półprzewodnik
most significant bit *jedn.* bit najbardziej znaczący
mother liquor 1. *met.* ciecz macierzysta **2.** ług macierzysty
mother plate *elektron.* płyta-wzorzec
mother ship *okr.* statek-baza
motion *mech.* **1.** ruch **2.** mechanizm
motionless *a* nieruchomy
motive *a* poruszający się, napędowy
motor silnik elektryczny; silnik
motor-bicycle motorower
motor-boat motorówka
motor-car samochód osobowy
motor-car body nadwozie samochodu, karoseria
motor-car engine silnik samochodowy
motor-car factory fabryka samochodów
motor-coach 1. *mot.* autokar **2.** *kol.* wagon silnikowy
motorcycle motocykl
motor drive napęd silnikowy elektryczny
motoreducer motoreduktor, silnik przekładniowy (*silnik elektryczny z wbudowanym reduktorem*)
motor gas producer generator gazu napędowego, gazownica
motor-generator (set) *el.* zespół silnikowo-prądnicowy, przetwornica dwumaszynowa
motoring 1. sport samochodowy; turystyka samochodowa **2.** *masz.el.* praca silnikowa
motoring the engine kręcenie silnika (*drugim silnikiem*)
motorization motoryzacja
motor oil olej silnikowy
motor operator *aut.* serwomotor, siłownik
motorship motorowiec, statek motorowy
motor traction *kol.* trakcja spalinowa
motor traffic ruch samochodowy
motor truck samochód ciężarowy, ciężarówka
motor van samochód furgon
motor vehicle pojazd mechaniczny
motorway autostrada
mould 1. *odl.* forma **2.** wzornik, szablon
mouldboard plough *roln.* pług lemieszowy
mould bottom plate *hutn.* płyta podwlewnicowa
mould cavity *odl.* wnęka formy
mould dressing 1. *odl.* czernidło do form; *hutn.* lakier wlewnicowy, smar wlewnicowy **2.** *odl.* czernienie form
moulded draught *okr.* zanurzenie konstrukcyjne
moulder 1. *odl.* formierz **2.** *drewn.* frezarka
moulder's bench *odl.* stół formierski
moulder's rule *odl.* miara skurczowa, skurczówka
moulding 1. *odl.* formowanie **2.** *drewn.* frezowanie profilowe, profilowanie **3.** *obr.plast.* kształtowanie profili (*z taśmy*)
moulding board *odl.* płyta podmodelowa

moulding box *odl.* skrzynka formierska
moulding die *obr.plast.* matryca wstępna
moulding in cores *odl.* formowanie w rdzeniach
moulding in open sand bed *odl.* formowanie otwarte
moulding machine 1. *odl.* formierka, maszyna formierska **2.** *drewn.* frezarka; profilarka
moulding plane *narz.* strug profilowy; strug kształtownik
moulding sand *odl.* **1.** piasek formierski **2.** masa formierska
moulding shop *odl.* formiernia
mould loft *lotn., okr.* trasernia
mould winding *el.* uzwojenie wzornikowe, uzwojenie szablonowe
mount *v* zawieszać; mocować; osadzać
mounting 1. zawieszenie; zamocowanie; obsada **2.** zawieszanie; zamocowywanie; montaż
mouth 1. *anat.* usta **2.** wylot; otwór wylotowy
mouth of a converter *hutn.* gardziel konwertora
mouthpiece 1. ustnik **2.** *hydr.* przystawka
movable *a* ruchomy
move instruction *inf.* rozkaz przesłania
movement 1. *masz.* ruch **2.** mechanizm
mover *masz.* urządzenie poruszające
movie *kin.* film, obraz filmowy
moving contact *el.* styk ruchomy
moving link *masz.* człon napędzający, człon czynny
moving load obciążenie ruchome
moving stairway schody ruchome
mower *roln.* kosiarka
M-shell *fiz.* warstwa M
mud muł, szlam, błoto
mud box osadnik
mud bucket czerpak pogłębiarki
mudguard *mot.* błotnik
mud gun *hutn.*, odl. zatykarka
mud trap łapacz szlamu, odmulacz
muff *masz.* nasuwka tulejowa, tuleja łącząca
muff coupling 1. sprzęgło tulejowe **2.** połączenie (rurowe) nasuwkowe; połączenie (rurowe) tulejowe
muff joint *zob.* **muff coupling 2.**
muffle furnace piec muflowy
muffler tłumik dźwięków
multi-access computer komputer wielodostępny
multiaddress instruction *inf.* rozkaz wieloadresowy
multiangular *a geom.* wielokątny
multi-aperture device *elektron.* transfluksor
multiaxial *a* wieloosiowy
multiband *a rad.* wielozakresowy
multi-chamber furnace *hutn.* piec wielokomorowy
multichannel *a tel.* wielokanałowy
multichip integrated circuit *elektron.* układ scalony wielopłytkowy
multicomputer system *inf.* system wielokomputerowy
multicut drill *narz.* wiertło kształtowe
multicut lathe *obr.skraw.* tokarka wielonożowa, wielonożówka
multi-die drawing machine *hutn.* ciągarka wielostopniowa, wielociąg
multidimensional *a* wielowymiarowy
multi-drop network *inf.* sieć wielogałęziowa
multiform *a* wielopostaciowy
multifunctional *a* wielofunkcyjny
multigrade motor oil olej silnikowy uniwersalny
multilateral *a* **1.** wielostronny **2.** *geom.* wielościenny
multilayer technology *elektron.* technika wielowarstwowa (*elementów półprzewodnikowych*)
multilevel address *inf.* adres pośredni
multilevel interrupt *inf.* przerwanie wielopomiarowe
multilevel programming *inf.* programowanie hierarchiczne
multiloop system *aut.* układ wieloobwodowy
multimeter *el.* miernik uniwersalny, woltoamperomierz, multimetr
multimicroprocessor system *elektron., inf.* system wielomikroprocesorowy
multinomial *mat.* wielomian
multi-operator welding set spawarka wielostanowiskowa
multipactor *elektron.* przełącznik mikrofalowy dużej mocy
multipass printer *inf.* drukarka wieloprzebiegowa
multipass weld *spaw.* spoina wielowarstwowa
multiple *mat.* wielokrotność
multiple-belt drive napęd wielopasowy
multiple collision *fiz.* zderzenie wielokrotne
multiple conductor *el.* przewód wiązkowy
multiple electrode elektroda mieszana
multiple plate spring sprężyna wielopłytkowa
multiple plough *roln.* pług wieloskibowy
multiple precision *inf.* precyzja wielokrotna

multiple production *nukl.* produkcja wielorodna, process wielociałowy
multiple shipyard stocznia montażowa
multiple-speed motor *el.* silnik wielobiegowy
multiple thread *masz.* gwint wielokrotny, gwint wielozwojny
multiplicand *mat.* mnożna
multiplication **1.** *mat.* mnozenie **2.** *nukl.* mnożenie (*neutronów*) **3.** *elektron.* powielanie
multiplier **1.** *mat.* mnożnik **2.** *mat.* współczynnik **3.** *elektron.* krotnik, powielacz
multiply *v mat.* mnożyć
multi-ply *a* wielowarstwowy
multiply connected region *mat.* obszar wielospójny
multiplying gear *masz.* przekładnia przyspieszająca, przekładnia zwiększająca
multiplying medium *nukl.* środowisko mnożące
multi-point network *inf.* sieć wielopunktowa
multi-point plug *el.* wtyczka wielostykowa
multiport element *aut.* wielowrotnik
multiprocessing *inf.* wieloprzetwarzanie
multiprocessor *inf.* system wieloprocesorowy
multiprocessor computer komputer wieloprocesorowy
multiprogramming *inf.* wieloprogramowość, wieloprogramowanie
multipurpose *a* uniwersalny, wielocelowy
multipurpose register *inf.* rejestr uniwersalny
multirange *a* wielozakresowy
multiregion reactor *nukl.* reaktor wielostrefowy
multi-shift work praca wielozmianowa
multi-stage *a* wielostopniowy
multisystem *inf.* system wielokomputerowy
multitasking *inf.* wielozadaniowość
multitooling *obr.skraw.* obróbka wielonarzędziowa
multi-tool lathe *obr.skraw.* tokarka wielonożowa, wielonożówka
multiuser system *inf.* system wieloużytkowy
multivalency *chem.* wielowartościowość
multivibrator *el.* multiwibrator, przerzutnik astabilny
mu-meson *zob.* **muon**
muon *fiz.* mion, lepton
muriatic acid *chem.* kwas chlorowodorowy, kwas solny
mushroom valve *masz.* zawór grzybkowy
mutual conductance *elektron.* transkonduktancja, przewodność czynna wzajemna
mutual exclusion *inf.* wykluczanie wzajemne
mutually perpendicular lines *pl geom.* proste wzajemnie prostopadłe
muzzle *wojsk.* wylot lufy
myria- miria- (*przedrostek w układzie dziesiętnym, krotność* 10^4)

N

nabla *mat.* (operator) nabla
nacelle *lotn.* gondola
nadir *astr.* nadir
nail gwóźdź
nailhead główka gwoździa
nailing **1.** gwoździowanie; wbijanie gwoździ; przybijanie gwoździami **2.** *odl.* szpilkowanie formy **3.** *hutn.* wyżarzanie tygli
nail press gwoździarka
nail puller wyciągacz gwoździ, łapa do wyciągania gwoździ
naked *a* goły, nieosłonięty
naked-lamp mine *górn.* kopalnia niegazowana
name nazwa
name plate tabliczka firmowa, tabliczka znamionowa
nancy receiver odbiornik podczerwieni, termowizor
NAND = NOT-AND funktor NIE-I
NAND operation *inf.* operacja NIE-I, iloczyn (logiczny) zanegowany
nano- nano-, milimikro- (*przedrostek w układzie dziesiętnym*, *krotność* 10^{-9})
Nansen bottle *ocean.* butla Nansena, batometr seryjny
nap *włók.* włos (*tkaniny*), kutner
napalm napalm (*mieszanina soli glinowych kwasów organicznych*)
naphtha ciężka benzyna
naphthalene *chem.* naftalen

naphthenes *pl chem.* nafteny, węglowodory naftenowe
napier *zob.* **neper**
Napierian logarithm *mat.* logarytm naturalny
nappe 1. *geol.* płaszczowina, pokrywa tektoniczna **2.** *hydr.* strumień przelewowy
napping *włók.* drapanie (*tkaniny*)
narrow-band filter *el.* filtr wąskopasmowy
narrow-gauge railway kolej wąskotorowa
narrowing 1. zwężenie; przewężenie **2.** *geol.* wyklinienie (*pokładu*)
nascent *a* powstający, in statu nascendi
national economy gospodarka narodowa
nationalization *ek.* upaństwowienie
native alloy stop naturalny (*występujący w przyrodzie*)
native metal metal rodzimy
native paraffin wosk ziemny
natrium *chem.* sód, Na
natron *min.* soda naturalna, natron
natural draught ciąg naturalny
natural frequency częstotliwość własna, częstotliwość drgań własnych
natural gas gaz ziemny
natural ground *bud.* grunt macierzysty
natural liquid *mech.pł.* ciecz rzeczywista
natural logarithm *mat.* logarytm naturalny
naturally occurring pochodzenia naturalnego, występujący w przyrodzie
natural number *mat.* liczba naturalna
natural resources *pl* bogactwa naturalne
natural retardation *masz.* samohamowność
natural science nauki przyrodnicze
natural selection *biol.* dobór naturalny
natural vibration drgania własne, drgania swobodne
nature 1. przyroda; natura **2.** własności fizyczne
naught *mat.* zero
nautical *a* morski; dotyczący żeglugi morskiej
nautical mile *jedn.* mila morska (= 1852 m)
naval *a* **1.** morski; okrętowy **2.** dotyczący marynarki wojennej
naval architecture architektura okrętu; budowa okrętu
naval pipe *okr.* rura łańcuchowa, kluza kotwiczna
nave 1 *arch.* nawa główna **2.** piasta (*koła*)
navigable *a* **1.** żeglowny; spławny **2.** nadający się do żeglugi (*o statku*)
navigation 1. nawigacja **2.** żegluga
navigation lights *pl lotn.,żegl.* światła pozycyjne
navy marynarka wojenna, flota wojenna
nearest approach najmniejsza odległość zbliżenia (*dwóch obiektów poruszających się w przestrzeni*)
nearsonic *a aero.* przydźwiękowy
nebula *astr.* mgławica
neck 1. *anat.* szyja **2.** *masz.* szyjka; *obr.skraw.* podtoczenie **3.** *górn.* wcinka
neck bolt *masz.* śruba z szyjką, śruba podsadzona
necking 1. przewężenie **2.** *obr.skraw.* wytaczanie szyjki **3.** *obr.plast.* obciskanie; szyjkowanie
neck of a converter *hutn.* gardziel konwertora
needle 1. igła; iglica **2.** *metrol.* wskazówka **3.** *bud.* belka-igła
needle bearing *masz.* łożysko igiełkowe
needle-cuts *pl* igliwie techniczne, cetyna
needled cloth *włók.* włóknina
needle point ostrze igły
needle valve zawór iglicowy
negation *mat.* negacja
negative *fot.* negatyw
negative *a mat.* ujemny; negatywny
negative acceleration *mech.* opóźnienie, przyspieszenie ujemne
negative allowance *masz.* wcisk, luz ujemny
negative catalyst *chem.* katalizator ujemny, inhibitor
negative charge *el.* ładunek ujemny
negative film *fot.* film negatywowy
negative glow poświata katodowa
negative lens soczewka rozpraszająca, soczewka ujemna
negative number liczba ujemna
negative pressure podciśnienie
negative proton *fiz.* proton ujemny, antyproton
negative sign *mat.* minus, znak ujemny
negative stress *wytrz.* naprężenie rozciągające, rozciąganie
negatron 1. *fiz.* negaton, negatron **2.** *elektron.* generator dynatronowy, dynatron
negentropia *tel.* zawartość informacji, treść informacji
neodymium *chem.* neodym, Nd
neon *chem.* neon, Ne
neon lamp lampa (*jarzeniowa*) neonowa
neoprene *chem.* kauczuk chloroprenowy, kauczuk neoprenowy
neper *jedn.* neper, Np
neptunium *chem.* neptun, Np
Nernst heat theorem *term.* trzecia zasada termodynamiki, twierdzenie Nernsta (-Plancka)

nest 1. grupa, komplet 2. *obr.plast.* ramka ustawcza, ramka ustalająca
nest spring sprężyna złożona, zespół sprężyn
net siatka; sieć
net *a* netto
net calorific value *paliw.* wartość opałowa (*dolna*)
net income *ek.* dochód netto
net pressure nadciśnienie
netter statek rybacki
net tonnage *okr.* pojemność netto
net torque *masz.* moment obrotowy na wale
net weight ciężar netto
network 1. sieć (*np. przewodów*) 2. *mat.* sieć 3. *chem.* usieciowanie
network structure *met.* struktura komórkowa; *kryst.* budowa usieciowana
neuristor *elektron.* neuristor
neutral *el.* 1. punkt zerowy 2. przewód zerowy
neutral *a* obojętny
neutral atmosphere atmosfera obojętna
neutral conductor *el.* przewód zerowy
neutral equilibrium równowaga obojętna
neutral filter *opt.* filtr obojętny, filtr szary
neutralization 1. *chem.* zobojętnianie, neutralizacja 2. *el.* zerowanie
neutral particle *fiz.* cząstka obojętna
neutral solution *chem.* roztwór obojętny
neutrino *fiz.* neutrino
neutron *fiz.* neutron
neutron excess (number) *fiz.* liczba izotopowa
new alloy *met.* stop pierwotny
new candle *jedn.* kandela, cd
newsprint papier gazetowy
newton *jedn.* niuton, N
Newtonian mechanics mechanika klasyczna, mechanika newtonowska
Newton's first law *mech.* pierwsza zasada dynamiki, pierwsza zasada Newtona, zasada bezwładności
Newton's second law *mech.* druga zasada dynamiki, druga zasada Newtona
Newton's third law *mech.* trzecia zasada dynamiki, trzecia zasada Newtona, prawo akcji i reakcji
nib ostrze; występ, nosek
nibble *inf.* półbajt
nibbler nożyce wibracyjne (*do blachy*)
nicarbing *obr.ciepl.* cyjanowanie gazowe, nitronawęglanie
nick 1. nacięcie; karb; wrąb 2. szczerba, wyszczerbienie 3. *górn.* wcięcie, wcios
nickel *chem.* nikiel, Ni
nickel group *chem.* niklowce (Ni, Pd, Pt)
nickel plating niklowanie elektrolityczne, niklowanie galwaniczne
nickel steel stal niklowa
nine's complement *inf.* uzupełnienie dziewiątkowe
niobium *chem.* niob, Nb
nip zacisk; chwyt
nipple 1. *masz.* złączka wkrętna 2. *wiertn.* zwornik
nit *jedn.* 1. nit: 1 nt = 1 cd/m^2 2. *inf.* nit
niton *chem.* radon, emanacja radu, Rn
nitrarding *obr.ciepl.* azotowanie
nitrate *chem.* azotan
nitration 1. *chem.* nitrowanie, nitracja 2. *zob.* **nitrarding**
nitre *min.* saletra indyjska, saletra potasowa
nitric acid *chem.* kwas azotowy
nitrification *roln.* nitryfikacja
nitriles *pl chem.* nitryle, cyjanki
nitrite *chem.* azotyn
nitrocarburizing *obr.ciepl.* cyjanowanie gazowe
nitrocellulose *chem.* nitroceluloza, azotan celulozy
nitrogen *chem.* azot, N
nitrogen (case) hardening *obr.ciepl.* azotowanie
nitrogen cycle obieg azotu (*w przyrodzie*)
nitrogen group *chem.* azotowce (N, P, As, Sb, Bi)
nitroglycerine *chem.* nitrogliceryna, trójazotan gliceryny
nitrohydrochloric acid *chem.* woda królewska
nob *odl.* nadlew
nobelium *chem.* nobel, No
noble gas gaz szlachetny, helowiec
noble metal metal szlachetny
noctovision noktowizja, widzenie w ciemności
noctovisor noktowizor
nodal point *zob.* **node 1.**
node 1. *fiz.* punkt węzłowy, węzeł 2. *mat.* węzeł 3. *mat.* wierzchołek (*sieci*) 4. *inf.* węzeł (*sieci komputerowej*)
nodular cast iron żeliwo sferoidalne
nodule bryłka; kulka
no-go gauge *metrol.* sprawdzian nieprzechodni
noise hałas; szum; *elakust.* zakłócenia
noiseless *a* bezszumowy; bezszmerowy; cichy
noise spectrum *fiz.* widmo akustyczne
noise suppressor tłumik hałasu; *elakust.* tłumik zakłóceń

no-load current *el.* prąd jałowy
no-load running *masz.* bieg jałowy, bieg luzem
no-load test próba bez obciążenia
nominal *a* znamionowy, nominalny
nominal pitch *masz.* podziałka nominalna
nominal rating *masz.* znamionowe warunki pracy
non-conductor *fiz.* nieprzewodnik
non-descriptor *inf.* askryptor, nondeskryptor, termin zakazany
non-destructive test próba nieniszcząca
non-dimensional *a mat.* bezwymiarowy
non-directional *a* niezależny od kierunku; bezkierunkowy
non-durables *pl* artykuły jednorazowego użytku
non-euclidean geometry geometria nieeuklidesowa
non-ferrous metals *pl* metale nieżelazne, metale kolorowe
non-fissionable *a nukl.* nierozszczepialny
nonfuel materials *pl nukl.* materiały konstrukcyjne w reaktorze jądrowym
non-fusion welding lutospawanie (*bez stopienia metalu podłoża*)
nonius *metrol.* noniusz
nonlinear *a* nieliniowy
non-metal *chem.* niemetal, pierwiastek niemetaliczny
non-Newtonian fluid *mech.pł.* ciecz nienewtonowska
non-polar bond *chem.* wiązanie homeopolarne, wiązanie atomowe, wiązanie kowalencyjne
non-pressure casting *odl.* odlewanie grawitacyjne
non-reflecting glass szkło przeciwodblaskowe
non-return-to-reference *inf.* bez powrotu do poziomu odniesienia (*zapis, odczyt*)
non-return-to-zero *inf.* bez powrotu do zera (*zapis, odczyt*)
non-return valve zawór zwrotny, zawór jednokierunkowy
non-shattering glass szkło bezpieczne
non-skid chain *mot.* łańcuch przeciwpoślizgowy
nonterminating decimal *mat.* ułamek dziesiętny nieskończony
nonthermal radiation promieniowanie zimne
non-variant *a* niezmienny
noon *astr.* południe
NOR = NOT-OR funktor NOR
Nordhausen process *chem.* metoda nordhauzeńska (*otrzymywania* H_2SO_4)
NOR element *inf.* element NIE-LUB
normal *geom.* normalna
normal *a* **1.** normalny; prawidłowy **2.** *mat.* normalny **3.** *chem.* jednonormalny (*roztwór*)
normal atmosphere *jedn.* atmosfera fizyczna, atmosfera normalna: 1 atm = $1{,}01325 \cdot 10^5$ Pa
normal band *fiz.* pasmo podstawowe
normal chain *chem.* łańcuch normalny, łańcuch prosty
normal clock zegar wzorcowy
normal concentration *chem.* stężenie równoważnikowe, normalność (*roztworu*)
normal cone *masz.* stożek czołowy, stożek dopełniający (*koła zębatego*)
normalization 1. *mat.* normalizacja; unormowanie **2.** *obr.ciepl.* normalizowanie, wyżarzanie normalizujące
normalizing furnace *obr.ciepl.* piec do normalizowania
normal-load conditions *pl* warunki pracy przy normalnym obciążeniu
normally closed contactor *el.* stycznik rozwierny
normal pressure *fiz.* ciśnienie normalne (p = 1 atm)
normal running fit *masz.* pasowanie obrotowe luźne
normal salt *chem.* sól obojętna
normal set *mat.* zbiór normalny
normal solution *chem.* roztwór jednonormalny
normal valence *chem.* wartościowość główna
normed space *mat.* przestrzeń unormowana
norm of a complex number *mat.* moduł liczby zespolonej
norm of a matrix *mat.* norma macierzy
north *geod.* północ (*kierunek*)
north geomagnetic pole biegun północny magnetyczny Ziemi
North Pole biegun północny geograficzny
nose angle *narz.* kąt wierzchołkowy (*noża*)
nose of a converter *hutn.* gardziel konwertora
nose radius *narz.* promień zaokrąglenia ostrza
no-slip angle *obr.plast.* kąt płaszczyzny podziałowej (*przy walcowaniu*)
NOT-AND element *inf.* element NIE-I
not-a-number *inf.* nie-liczba
notch 1. wycięcie; karb; wrąb **2.** *hydr.* przelew, otwór przelewowy

notch brittleness *met.* kruchość udarowa
notched bend test *wytrz.* próba zginania z karbem
notch effect *wytrz.* działanie karbu
notch gun *hutn.* zatykarka otworu spustowego (*wielkiego pieca*)
notch impact strength *wytrz.* udarność
notch impact test *wytrz.* próba udarności z karbem
notching *obr.plast.* przycinanie, nacinanie karbów
notch tensile test *wytrz.* próba rozciągania z karbem
NOT element *inf.* element NIE, negator
NOT function *inf.* funkcja negacji, negacja
not-go gauge *metrol.* sprawdzian nieprzechodni
NOT-OR element *inf.* element NIE-LUB
nought *mat.* zero
novolaks *pl* nowolaki (*termoplastyczne żywice fenolowo-formaldehydowe*)
nowel *odl.* spód formy
noxious space przestrzeń szkodliwa
nozzle dysza; końcówka wylotowa
nozzle mouth wylot dyszy
nozzle of a ladle *odl.,hutn.* wylew kadziowy
N-shell *fiz.* warstwa N
n-type conduction przewodnictwo nadmiarowe, przewodnictwo typu n, przewodnictwo elektronowe
n-type semiconductor *elektron.* półprzewodnik nadmiarowy, półprzewodnik typu n, półprzewodnik elektronowy
nucleant *kryst.* substancja zarodkotwórcza, katalizator zarodkowania
nuclear *a fiz.* jądrowy, nuklearny
nuclear age determination datowanie radiometryczne, radiochronologia
nuclear atom *chem.* atom centralny
nuclear bomb bomba jądrowa, bomba nuklearna
nuclear chain reaction jądrowa reakcja łańcuchowa
nuclear charge ładunek jądra atomowego
nuclear disintegration rozpad jądra atomowego
nuclear disintegration energy wartość Q, ciepło reakcji jądrowej
nuclear electronics elektronika jądrowa
nuclear energy energia jądrowa
nuclear engineering technika jądrowa
nuclear explosion wybuch jądrowy
nuclear fission rozszczepienie jądra atomowego
nuclear fuel paliwo jądrowe
nuclear fusion synteza jądrowa, fuzja
nuclear fusion bomb bomba termojądrowa, bomba termonuklearna
nuclear magnetic resonance jądrowy rezonans magnetyczny
nuclear particle nukleon, cząstka jądrowa
nuclear physics fizyka jądrowa
nuclear power energia jądrowa
nuclear-powered *a* o napędzie jądrowym
nuclear power plant elektrownia jądrowa
nuclear propulsion napęd jądrowy
nuclear radiation promieniowanie jądrowe
nuclear reaction reakcja jądrowa
nuclear reactor reaktor jądrowy
nuclear research centre ośrodek badań jądrowych
nuclear ship statek o napędzie jądrowym
nucleation *kryst.* zarodkowanie, nukleacja, powstawanie zarodków krystalizacji
nucleide *fiz.* nuklid
nucleon *fiz.* nukleon
nucleonics nukleonika
nucleus (*pl* **nuclei**) **1.** *fiz.* jądro (*atomowe*) **2.** *biol.* jądro (*komórkowe*) **3.** *kryst.* zarodek krystalizacji **4.** *chem.* pierścień (*w związkach organicznych*) **5.** *inf.* jądro systemu (*operacyjnego*)
nuclide *fiz.* nuklid
nugget 1. *min.* samorodek, ziarno czystego metalu rodzimego **2.** *spaw.* jądro zgrzeiny
null zero; wartość zerowa
nulling sprowadzanie do zera; *el.* zerowanie
null method metoda (pomiarowa) zerowa
null potential *el.* potencjał ładunku zerowego, punkt zerowy elektrody
null statement *inf.* instrukcja pusta
number 1. liczba **2.** numer
number *v* numerować
number nail cechownik (*gwóźdź do znaczenia*)
number of revolutions *masz.* liczba obrotów
number plate *mot.* tablica rejestracyjna
number theory *mat.* teoria liczb
numerable *a* przeliczalny
numeral cyfra
numerator *mat.* licznik (*ułamka*)
numeric *inf.* numeryczny
numerical *a* liczbowy, numeryczny
numerical capacity of a computer zakres komputera
numerical code kod numeryczny, kod liczbowy
numerical control *aut.* sterowanie numeryczne, sterowanie liczbowe

numerical quantity wielkość liczbowa
numerical read-out wskaźnik cyfrowy
numerical signal sygnał cyfrowy
nursery *roln.* szkółka (*drzewek*)
nursery bed *roln.* rozsadnik
nursery pond *ryb.* staw narybkowy
nurse tree *leśn.* drzewo ochronne
nut 1. *bot.* orzech **2.** *masz.* nakrętka
nutation *mech.* nutacja, ruch nutacyjny
nut coal orzech (*sortyment węgla*)
nut end koniec współpracujący z nakrętką (*śruby dwustronnej*)
nutrient składnik pokarmowy
nutrition żywienie
nutritional requirements *pl zoot.* zapotrzebowanie pokarmowe
nutrition engineering technologia żywienia
nutritive fodder *zoot.* pasza treściwa
nut runner *masz.* wkrętak mechaniczny do nakrętek
nut tap gwintownik do nakrętek
nybble *inf.* półbajt

O

object przedmiot
object code *inf.* kod wynikowy
object computer komputer wynikowy
object file *inf.* plik wynikowy
objective *opt.* obiektyw
object language *inf.* język wynikowy
object lens *zob.* **objective**
object program *inf.* program wynikowy
oblique *a* skośny, ukośny
oblong *a* podłużny
observable *a* dostrzegalny
observational *a* obserwacyjny
observatory obserwatorium
obstacle przeszkoda
obtuse *a geom.* rozwarty (*kąt*); tępy
occupational exposure *nukl.* napromieniowanie zawodowe
ocean-going ship statek pełnomorski, statek oceaniczny
oceanography oceanografia
ochre ochra (*pigment naturalny*)
octagonal *a geom.* ośmiokątny
octahedral *a geom.* ośmiościenny
octal notation *inf.* zapis ósemkowy
octane *chem.* oktan
octane number *paliw.* liczba oktanowa
octet *fiz.* oktet
octode *el.* oktoda (*lampa elektronowa ośmioelektrodowa*)
ocular *opt.* okular
odd *a* **1.** *mat.* nieparzysty **2.** nadliczbowy, dodatkowy
odd even check *inf.* kontrola parzystości
odd even nucleus *fiz.* jądro nieparzysto-parzyste
odd number *mat.* liczba nieparzysta
odd-odd nucleus *fiz.* jądro nieparzysto-nieparzyste
odd parity *inf.* nieparzystość
odd parity bit *inf.* bit nieparzystości
odd series *chem.* grupa poboczna, podgrupa (*układu okresowego pierwiastków*)
odontometer sprawdzian do kół zębatych
oersted *jedn.* ersted: 1 Oe $\approx 0{,}795775 \times 10^2$ A/m
offals *pl* odpadki
off-centre *a* mimośrodowy
off-design conditions *pl* (*warunki pracy urządzenia niezgodne z zaprojektowanymi*)
offer *ek.* oferta
off-grade *a* złej jakości
off-heat ciepło odpadkowe, ciepło odlotowe
office urząd; biuro
off-line data processing *inf.* przetwarzanie danych autonomiczne, przetwarzanie danych rozłączne
off-line store *inf.* pamięć autonomiczna
off-load voltage *el.* napięcie jałowe, napięcie przy obwodzie otwartym
off-position *el.* położenie spoczynkowe, położenie wyłączenia (*łącznika*)
off-punch *inf.* dziurkowanie przesunięte
offset press *poligr.* maszyna offsetowa, offset
offsetting *obr.plast.* odsadzanie (*operacja kuźnicza*)
offshore *a ocean.* przybrzeżny
off-size *a metrol.* niezgodny wymiarowo
offtake odprowadzenie; przewód odprowadzający
ohm *jedn.* om,
ohmic loss *el.* straty oporowe
ohmmeter *el.* omomierz
Ohm's law *el.* prawo Ohma
oil 1. olej **2.** ropa naftowa
oil bath kąpiel olejowa
oil-bearing *a geol.* roponośny

oil body lepkość oleju
oil-bulk carrier *okr.* ropomasowiec
oil-bulk-ore carrier *okr.* roporudomasowiec
oil control ring *siln.* pierścień tłokowy zgarniający
oil field *wiertn.* pole naftowe
oil gallery *siln.* przewód główny olejowy
oiling *masz.* smarowanie, oliwienie
oil-in-water emulsion emulsja typu olej w wodzie
oil meal *spoż.* śruta poekstrakcyjna
oil measures *pl geol.* warstwy roponośne
oil milling olejarstwo
oil mining górnictwo naftowe
oil paint farba olejna
oil pipeline rurociąg naftowy, ropociąg
oil pump pompa olejowa
oil-sand core *odl.* rdzeń olejowy
oil sump *siln.* miska olejowa
oil tanker *okr.* zbiornikowiec (*do ropy*)
oil thrower *masz.* odrzutnik oleju
oil-tight *a* olejoszczelny
oil well **1.** *wiertn.* odwiert naftowy **2.** wiertnia, szyb naftowy **3.** *masz.* studzienka olejowa
oil well derrick wiertnica, żuraw wiertniczy
olive oil olej oliwkowy, oliwa
ombrometer *meteo.* deszczomierz, pluwiometr, ombrometr
omegatron *elektron.* omegatron
omnidirectional antenna antena bezkierunkowa, antena dookólna
omnidirectional microphone mikrofon wszechkierunkowy
on-chip memory *inf.* pamięć na strukturze półprzewodnikowej
one address instruction *inf.* rozkaz jednoadresowy
one-ahead addressing *inf.* adresowanie wyprzedzające o 1
one-coloured *a* jednobarwny
one-digit adder *inf.* sumator jednocyfrowy
one-dimensional element *mat.* element liniowy
one's complement *inf.* uzupełnienie jedynkowe
ont-to-one *mat.* wzajemnie jednoznaczne
one-to-one mapping *mat.* odwzorowanie 1-1
one-way *a* jednokierunkowy
on-line computer *inf.* komputer w trybie bezpośrednim
one-line data processing *inf.* przetwarzanie danych bezpośrednie
on-line storage *inf.* pamięć integralna
on-load voltage *el.* napięcie robocze, napięcie przy obwodzie zamkniętym
on-off control *aut.* regulacja dwupołożeniowa, regulacja dwustawna
on-state stan włączenia (*układu*)
opacity nieprzezroczystość; *fot.* zaczernienie
opalescence opalescencja, opalizacja
opaque *a* nieprzezroczysty
opcode *inf.* kod operacji
open *a* otwarty
open addressing *inf.* adresowanie otwarte
open angle *geom.* kąt rozwarty
opencast *górn.* kopalnia odkrywkowa, odkrywka
open circuit *el.* obwód otwarty
open cycle obieg otwarty
open-end wrench klucz (maszynowy) płaski
open fuse *el.* bezpiecznik nieosłonięty
open-hearth furnace *hutn.* piec martenowski
open-hearth furnace bottom trzon pieca martenowskiego
open-hearth process proces martenowski
open-hearth steelmaking plant *hutn.* stalownia martenowska
opening **1.** otwór **2.** otwarcie
open length of a spring długość swobodna sprężyny
open sea *żegl.* pełne morze, otwarte morze
open-sea fishery rybołówstwo dalekomorskie
open shop *inf.* ośrodek obliczeniowy z maszyną dostępną
open steel stal nieuspokojona
open wire *tel.* przewód napowietrzny
operand *inf.* argument operacji
operate *v* **1.** działać, pracować (*o urządzeniu*) **2.** sterować; uruchamiać **3.** *mat.* działać
operating conditions *pl* warunki pracy (*urządzenia*)
operating data *pl* dane eksploatacyjne
operating mode (*of a computer system*) *inf.* tryb współpracy (*między komputerem i użytkownikiem*)
operating pressure ciśnienie robocze
opęrating store *inf.* pamięć operacyjna, pamięć centralna
operation **1.** działanie, praca (*urządzenia*) **2.** operacja (*technologiczna*) **3.** sterowanie (*pracą urządzenia*); uruchamianie **4.** *mat.* działanie **5.** *inf.* operacja
operational amplifier *inf.* wzmacniacz operacyjny

operational calculus *mat.* rachunek operatorowy
operation card karta pracy
operation code *inf.* kod operacji
operation part *inf.* część operacyjna (*rozkazu*)
operator 1. operator (*pracownik*) **2.** *mat.* operator
opposed-cylinder engine silnik dwurzędowy o cylindrach przeciwległych, bokser
opposite *a mat.* **1.** przeciwny **2.** przeciwległy
opposite poles *pl el.* bieguny różnoimienne
optical *a* optyczny
optical coupler *elektron.* transoptor, optoizolator
optical density *opt.* gęstość optyczna
optical disk *inf.* dysk optyczny
optical electron *fiz.* elektron świetlny, elektron optyczny
optical isolator *elektron.* transoptor, optoizolator
optical reader *inf.* czytnik optyczny
optical system układ optyczny
optic axis oś optyczna (*np. kryształu*)
optics optyka
optimality optymalność
optimal value wartość optymalna
optimization optymalizacja, optymizacja
optimum decision *inf.* decyzja optymalna
optoelectronics optoelektronika
optoisolator *elektron.* transoptor, optoizolator
OR *inf.* funktor LUB
orange peel *powł.* skórka pomarańczowa (*chropowatość*)
orbit 1. *mat.* orbita **2.** orbita
orbital *fiz.* orbital
orbital electron *fiz.* elektron atomowy, elektron orbitalny
orbital velocity *kosm.* prędkość orbitalna
orbiting station *kosm.* stacja orbitalna
order 1. *mat.* rząd (*wielkości*) **2.** *mat.* porządek; kolejność, następstwo **3.** *ek.* zamówienie; zlecenie
ordered *a mat.* uporządkowany
ordered lattice *kryst.* sieć przestrzenna o uporządkowanym rozmieszczeniu atomów, nadstruktura
ordered scattering *fiz.* rozpraszanie Bragga
ordered set *mat.* zbiór uporządkowany
ordering *mat.* uporządkowanie
ordering term *inf.* symbol porządkowy
order of magnitude *mat.* rząd wielkości
ordinal (number) *mat.* liczba porządkowa
ordinary *a* zwykły, zwyczajny
ordinate *mat.* rzędna
ore *min.* ruda; kruszec
ore-and-coal carrier *okr.* rudowęglowiec
ore-bearing *a geol.* rudonośny
ore-bulk-oil carrier *okr.* roporudomasowiec
ore deposit *geol.* złoże rudy
ore-forming fluid *nukl.* płyn mineralizujący
OR element *inf.* element LUB
OR function *inf.* funkcja sumy logicznej
organic chemistry chemia organiczna
organic matter substancja organiczna, części organiczne
OR gate *inf.* bramka LUB
orientable *a geom.* orientowalny
orientation orientacja; kierunkowość; orientowanie
oriented *a* skierowany; ukierunkowany; zorientowany
orifice otwór; kryza
original fission *nukl.* rozszczepienie wyjściowe, rozszczepienie pierwsze
original particle *nukl.* cząstka macierzysta
origin of a vector *mat.* początek wektora, punkt zaczepienia wektora
OR operation *inf.* suma logiczna, alternatywa
orthogonal projection *mat.* rzut ortogonalny, rzut prostopadły
oscillate *v* **1.** wahać się, oscylować **2.** *el.* drgać
oscillating circuit *el.* obwód oscylacyjny, obwód drgań elektrycznych
oscillating motion ruch drgający
oscillating screen przesiewacz wahliwy, przesiewacz wibracyjny
oscillation 1. wahanie, oscylacja **2.** *el.* drganie
oscillator oscylator, generator drgań
oscillogram oscylogram, zapis drgań
osculation *geom.* ścisła styczność; przystawanie, przyleganie
osculatory *a geom.* ściśle styczny
osmium *chem.* osm, Os
osmosis *fiz.* osmoza
osmotic pressure *fiz.* ciśnienie osmotyczne
ounce apothecary *jedn.* uncja aptekarska, uncja troy: 1 oz apoth = 1 oz tr = 31,1035 g
ounce avoirdupois *jedn.* uncja handlowa; 1 oz = 28,35 g
ounce troy *zob.* **ounce apothecary**
outburst wybuch (*np. wulkanu, gazu*)
outcrop *górn.* wychodnia
outdoor aerial antena zewnętrzna
outdoors *adv* na wolnym powietrzu

outer dead centre *masz.* położenie zwrotne kukorbowe, położenie martwe kukorbowe
outer electron elektron walencyjny, elektron wartościowości, elektron zewnętrznej powłoki
outer race *masz.* pierścień zewnętrzny (*łożyska tocznego*)
outer shell *fiz.* powłoka (elektronowa) zewnętrzna
outer space przestrzeń kosmiczna
outfit wyposażenie; zestaw narzędzi
outflow wypływ
out-gate 1. *odl.* nadlew **2.** *inf.* bramka wyjściowa
outlet 1. wylot, otwór wylotowy; ujście **2.** *el.* wypust
outlet pipe rura odprowadzająca, rura wylotowa
outlet plug *el.* wtyczka sieciowa
outline obrys; zarys; kontur
out of action nieczynny; wyłączony
out of gear *masz.* wyzębiony; wyłączony (*np. bieg*)
out of order niesprawny; uszkodzony; zepsuty
out of phase *el.* przesunięty w fazie
out-of-pile experiment *nukl.* doświadczenie pozareaktorowe
output 1. uzysk; wydajność **2.** moc wyjściowa, moc oddawana **3.** *inf.* wyjście.
output block *inf.* blok wyjściowy
output file *inf.* plik wyjściowy
output instruction *inf.* rozkaz wyjścia
output process *inf.* wyprowadzanie danych
output torque *masz.* moment obrotowy na wale
output unit *inf.* urządzenie wyjściowe
outside strona zewnętrzna
outside scrap *hutn.* złom obcy
outstroke *siln.* suw kukorbowy
oval *a* owalny
oval-square sequence *hutn.* owal-kwadrat (*kalibrowanie walców*)
oven piec
oven-type furnace piec komorowy
overall *a* ogólny, całkowity
overburden *górn.* nadkład
overcharge 1. nadmierny ładunek **2.** *ek.* nadpłata
overcooling nadmierne chłodzenie, przechłodzenie
overcurrent protection *el.* zabezpieczenie nadmiarowo-prądowe, zabezpieczenie nadprądowe
overdrive przekładnia przyspieszająca; *mot.* nadbieg
overexposure *fot.* prześwietlenie
overfeeding 1. nadmierne zasilanie **2.** *obr.skraw.* praca przy zbyt dużych posuwach
overflow 1. *hydr.* przelew **2.** *inf.* nadmiar, przepełnienie
overflow number *inf.* liczba poza zakresem
overhaul remont; przegląd
overhauling period okres międzynaprawczy, cykl remontowy
overhead *inf.* narzut
overhead *a* napowietrzny (*np. przewód*)
overhead conveyor przenośnik podwieszony
overhead travelling crane suwnica
overhead-valve engine silnik górnozaworowy
overheating przegrzanie; *ceram.* przepalenie
overlap 1. zakładka **2.** zachodzenie na siebie
overlay 1. warstwa nałożona; *spaw.* warstwa naspawana **2.** *inf.* nakładka (*programu*)
overlay weld *spaw.* naspoina
overload *v* przeciążać; przeładowywać
overload capacity przeciążalność, odporność na przeciążenia
overloading *inf.* przeciążanie (*nazw. operatorów*)
overload-release coupling sprzęgło przeciążeniowe
overmoderated reactor *nukl.* reaktor przemoderowany
overpressure nadciśnienie
overpriming *siln.* zalanie silnika (*przy rozruchu*)
overproduction *ek.* nadprodukcja
overshoot in the reactor power *nukl.* nadmierny wzrost mocy reaktora
oversize *a* nadwymiarowy
overspeed nadmierna prędkość obrotowa, nadobroty
overspeeding *siln.* rozbieganie się (*silnika*); praca z nadmierną szybkością obrotową
oversteering *mot.* nadsterowność (*samochodu*)
overstraining *wytrz.* przeciążenie (*konstrukcji*)
overtension *el.* przepięcie
overvoltage *zob.* **overtension**
overwriting *inf.* zapisywanie wymazujące
oxidant *chem.* utleniacz, środek utleniający
oxidation *chem.* utlenianie
oxide *chem.* tlenek

oxide masking *elektron.* maskowanie warstwą tlenku
oxidizer 1. *chem.* utleniacz, środek utleniający **2.** utleniacz (*aparat*)
oxy-acid *chem.* kwas tlenowy
oxycutting *spaw.* cięcie tlenowe
oxygen *chem.* tlen, O
oxygen-18 *chem.* tlen ciężki, ^{18}O
oxygenate *v chem.* natleniać, nasycać tlenem
oxygen blowing process *hutn.* proces (stalowniczy) tlenowy
oxygen cylinder butla tlenowa
oxygen family *chem.* tlenowce (O, S, Se, Te, Po)
oxygen lance lanca tlenowa
ozone *chem.* ozon, O_3

P

pack *v* **1.** pakować **2.** uszczelniać **3.** zagęszczać **4.** *górn.* podsadzać
package 1. paczka **2.** *masz.* zespół **3.** zestaw, komplet
package freight *transp.* drobnica
package reactor *nukl.* reaktor przewoźny
packaging 1. pakowanie **2.** *elektron.* upakowywanie
packet *inf.* pakiet
packet switching *inf.* komutacja pakietów
packet switching network *inf.* sieć z przełączeniem pakietów
pack-hardening *obr.ciepl.* nawęglanie w proszkach, nawęglanie w karburyzatorze stałym
packing 1. pakowanie **2.** opakowanie **3.** *elektron.* upakowanie **4.** szczeliwo; uszczelka **5.** *kryst.* ułożenie, upakowanie **6.** *chem.* wypełnienie (*kolumny*) **7.** *górn.* podsadzanie **8.** *górn.* podsadzka
packing box *masz.* **1.** dławnica **2.** komora dławikowa, komora dławnicy
packing data *inf.* pakowanie danych, zagęszczanie danych
packing density 1. *inf.* gęstość zapisu **2.** *elektron.* gęstość upakowania
packing gland *masz.* dławik
padding 1. wyściełanie; wyściółka **2.** *spaw.* natapianie; napawanie **3.** *włók.* zaprawianie; impregnowanie **4.** *inf.* wypełnianie (*bloku danych*)
paddle wheel koło łopatkowe
page 1. stronica **2.** *inf.* stronica (*pamięci*)
page composer *inf.* twornik strony (*pamięci holograficznej*)
paged memory *inf.* pamięć stronicowa
page printer *inf.* (*drukarka komponująca całą stronę tekstu przed wydrukowaniem*)
paging *inf.* stronicowanie (*pamięci*)
paint farba
paint spraying malowanie natryskowe
pair 1. para (*dwie sztuki*) **2.** *el.* wiązka parowa (*przewodów*), para
pair creation *fiz.* tworzenie pary, kreacja pary (*cząstka-antycząstka*)
paired cable *el.* kabel parowy (*o wiązkach parowych*)
paired electrons *pl fiz.* elektrony sparowane
pair of contacts *el.* zestyk
palladium *chem.* pallad, Pd
pallet *transp.* paleta
pan miska, panew
pan crusher gniotownik krążnikowy, kruszarka-kołogniot
panel 1. płyta; tafla; tablica **2.** *inf.* pulpit operatora (*komputera*) **3.** *mot.* płat poszycia
panel board *el.* tablica rozdzielcza
panel heating ogrzewanie płytowe
panel saw *drewn.* rozpłatnica
panmixis *nukl.* panmiksja
panning technique *inf.* panoramowanie
panoramic *a* panoramiczny
paper 1. papier **2.** referat
paperboard karton
papermaking papiernictwo
paper-mill fabryka papieru, papiernia
paper-pulp masa papiernicza
paper weight gramatura papieru
parabola *mat.* parabola
parabolic velocity *kosm.* prędkość paraboliczna
paraboloid *mat.* paraboloida
parachor *fiz.* parachora
parachute *lotn.* spadochron
paracompact *a mat.* parazwarty
paraffin 1. *GB* nafta **2.** parafina
paraffin hydrocarbons *pl chem.* węglowodory parafinowe, parafiny, alkany
paraglider *lotn.* lotnia

parallax *fiz., metrol.* paralaksa
parallel 1. równoleżnik **2.** *geom.* (linia) równoległa
parallel access *inf.* dostęp równoległy
parallel carry *inf.* przeniesienie równoległe (*jednoczesne*)
parallel circuit *el.* obwód równoległy
parallel computer *inf.* komputer równoległy
parallelepiped *geom.* równoległościan
parallel file *narz.* pilnik bez zbieżności
parallel flow *hydr.* przepływ współprądowy, współprąd (*np. w wymienniku ciepła*)
paralleling *el.* włączanie do pracy równoległej (*maszyn synchronicznych*)
parallel-in, parallel-out *inf.* rejestr równoległo-równoległy
parallel-in, serial-out *inf.* rejestr równoległo-szeregowy
parallel I/O interface *inf.* sprzęg równoległy wejście-wyjście
parallelism *mat.* równoległość; prostoliniowość
parallel mechanism mechanizm równoległowodowy, równoległowód
parallelogram 1. *geom.* równoległobok **2.** *zob.* **parallel mechanism**
parallelogram of forces *mech.* równoległobok sił
parallelogram of velocities *mech.* równoległobok prędkości
parallel processing *inf.* przetwarzanie równoległe
parallel transmission *inf.* transmisja (danych) równoległa
paramagnetic material paramagnetyk, ciało paramagnetyczne
paramagnetic resonance *fiz.* rezonans paramagnetyczny
parameter passing *inf.* przekazywanie parametrów
parametric diode *elektron.* dioda parametryczna
parametron *el.* parametron
parametron computer komputer na parametrach
parasite pasożyt
parasitic capacitance *elektron.* pojemność pasożytnicza
parasitic capture *nukl.* wychwyt pasożytniczy, wychwyt nierozszczepieniowy (*neutronów*)
parasitic echo *rad.* echo (radiolokacyjne) fałszywe
parasiticide środek pasożytobójczy
parasitic radiation *nukl.* promieniowanie pasożytnicze
parasitic transistor tranzystor pasożytniczy
parental age *nukl.* wiek izotopu macierzystego
parent atom *nukl.* atom macierzysty
parent element *nukl.* pierwiastek wyjściowy
parent fraction *nukl.* frakcja macierzysta
parenthesis (*pl* **parentheses**) nawias okrągły, nawias zwykły
parent metal *spaw.* metal rodzimy
parent nucleus *nukl.* jądro macierzyste
parent process *inf.* proces macierzysty
parity 1. parzystość **2.** *fiz.* parzystość (*wielkość kwantowa*)
parity bit *inf.* bit parzystości
parity check *inf.* kontrola parzystości
parity error *inf.* błąd parzystości
parity error flag *inf.* znacznik błędu parzystości
parking *mot.* **1.** parking, miejsce postoju pojazdów **2.** parkowanie, postój (*pojazdów*)
parking ban zakaz parkowania
parking brake *mot.* hamulec postojowy
parking light *mot.* światło postojowe
parking meter parkometr, licznik parkingowy
parsec *jedn.* parsek (≈ 3,26 *lat świetlnych*)
parser *inf.* analizator składni, parser
part część, udział
part by volume część objętościowa
part by weight część wagowa
partial *a* częściowy; cząstkowy, parcjalny
partial fraction *mat.* ułamek prosty
partial lubrication smarowanie półsuche
particle 1. *fiz.* cząstka (*elementarna*) **2.** *mech.* punkt materialny
particle multiplet *nukl.* multiplet izospinowy, multiplet ładunkowy
particle physics fizyka cząstek elementarnych
particulates *pl fiz.* cząstki stałe zawieszone w gazie
parting 1. rozdzielanie; oddzielanie **2.** *obr.skraw.* przecinanie (*na tokarce*) **3.** *obr.plast.* rozcinanie
parting off 1. *obr.plast.* odcinanie **2.** *zob.* **parting 2.**
parting plane płaszczyzna podziału
parting tool (nóż) przecinak
partition 1. podział na części **2.** przegroda; ściana działowa
parts book katalog części zamiennych
party-line bus *inf.* linia przesyłowa w transmisji przez magistralę
pascal *jedn.* paskal: 1 Pa = $1 N/m^2$
Pascal triangle *mat.* trójkąt Pascala

pass 1. *obr.skraw.* przejście (*narzędzia*) **2.** *obr.plast.* przepust (*przy walcowaniu lub ciągnieniu*) **3.** *obr.plast.* wykrój (*walca*) **4.** *inf.* przebieg
pass *v* **1.** przechodzić **2.** przepuszczać **3.** mijać (*na drodze*)
pass-by *drog.* mijanka
passing lights *pl mot.* światła mijania
passive *a* bierny
passive network *el.* sieć o elementach biernych, sieć pasywna
pass-key klucz uniwersalny
pass over *chem.* **1.** przepuszczać **2.** odpędzać, odparowywać
password *inf.* hasło, słowo zabezpieczające
paste pasta
paste *v* pastować, smarować pastą
patch 1. łata **2.** *inf.* wstawka do programu; podprogram korekcyjny **3.** *el.* połączenie sznurem
patch card *inf.* karta aktualizująca, karta zmian (*programu*)
patch cord *el.* sznur połączeniowy
patch panel 1. *inf.* pulpit operatora (*komputera*) **2.** *el.* tablica połączeń
patent patent
patent claim zastrzeżenie patentowe
patentee właściciel patentu
patenting *obr.ciepl.* patentowanie (*drutu*)
patent levelling *obr.plast.* prostowanie przez rozciąganie, wyprężanie
paternoster dźwig okrężny, paternoster
path 1. ścieżka **2.** *geom.* trajektoria, droga
path of contact *masz.* linia czynna przyporu, odcinek przyporu (*w przekładni zębatej*)
path of recess *masz.* odcinek zejściowy przyporu, odcinek wyzębienia (*w przekładni zębatej*)
path of shear *obr.skraw.* linia poślizgu, linia ścinania
patina patyna, śniedź
pattern 1. wzór **2.** wzornik, szablon **3.** *odl.* model
pattern board *odl.* płyta podmodelowa
patternmaker *odl.* modelarz
patternmaking *odl.* modelarstwo
pattern matching *inf.* dopasowywanie wzorca
pattern of field *fiz.* układ linii sił pola
pattern recognition *inf.* rozpoznawanie obrazów
pavement *drog.* nawierzchnia; bruk
pawl *masz.* zapadka
pay *ek.* płaca; wynagrodzenie
payable *a ek.* płatny
payload *lotn.* ciężar użyteczny, ciężar ładunku
payroll *ek.* lista płacy
peak szczyt; wartość szczytowa; *fiz.* pik
peak current *el.* wartość szczytowa prądu
peaking factor *nukl.* współczynnik nierównomierności
peak line *metrol.* linia wierzchołkowa (*przebiegająca przez wierzchołki nierówności powierzchni*)
peak load *el.* obciążenie szczytowe, szczyt obciążenia
pearlite *met.* perlit (*składnik strukturalny stopów żelazo-węgiel*)
peat torf
pebble drobny otoczak, gruby żwir
pebble bed reactor *nukl.* reaktor ze złożem usypanym
pedal pedał
pedestal 1. *bud.* cokół **2.** *masz.* podstawa; stojak
pedestrian crossing *drog.* przejście dla pieszych
peekaboo card *inf.* karta przezierna
peel skórka; łupina
peelable coating powłoka zdzieralna
peen *narz.* nosek młotka, rąb młotka
peep hole wziernik
peep-hole card *inf.* karta przezierna
peg kołek; palik
pellet grudka; granulka
pelletizer *hutn.* urządzenie grudkujące
Pelton turbine turbina (wodna) Peltona
pen 1. pióro **2.** pisak; końcówka pisząca; *rys.* grafion
pancil 1. ołówek; *rys.* ołównik **2.** *geom.* pęk (*prostych, płaszczyzn*) **3.** *opt.* zbieżny pęk promieni, wiązka promieni
pencil core *odl.* rdzeń atmosferyczny, rdzeń ołówkowy
pencil gate *odl.* wlew palcowy
pendulous *a* wahadłowy; zwisający
pendulum wahadło
pendulum recoil test *wytrz.* próba duroskopowa
pendulum saw *drewn.* tarczówka wychylna, wahadłówka, piła (tarczowa) wahadłowa
penetrable *a* przenikalny
penetrating *a* przenikliwy; *fiz.* twardy, przenikliwy (*o promieniowaniu*)
penetrating projectile *wojsk.* pocisk przeciwpancerny
penetration 1. przenikanie **2.** *wytrz.* wgniatanie wgłębnika (*przy próbie twardości*) **3.** *obr.plast.* głębokość tłoczenia (*przy próbie tłoczności*)
penetration factor *elektron.* przechwyt (*elektrody*)

penetration hardness *wytrz.* twardość mierzona wgłębnikiem
penetrator *wytrz.* wgłębnik twardościomierza
penetrometer 1. *fiz.* penetrometr, miernik przenikliwości promieniowania **2.** penetrometr, twardościomierz iglicowy
pentadecagon *geom.* piętnastokąt
pentagon *geom.* pięciokąt
pentagrid *elektron.* heptoda (*lampa siedmioelektrodowa*)
pentahedron *geom.* pięciościan
pentode *elektron.* pentoda (*lampa pięcioelektrodowa*)
per cent procent
percentage procentowość, procent
percentage by volume procent objętościowy
percentage by weight procent wagowy
percentage value wartość procentowa
perceptron *inf.* perceptron
percussion uderzenie
percussion drill *górn.* wiertarka udarowa
percussion welding zgrzewanie (oporowe) udarowe
perfect *a* doskonały, idealny
perfect body *fiz.* ciało doskonałe, ciało idealne
perfect combustion spalanie całkowite, spalanie zupełne
perfection doskonalenie
perfect mixture *paliw.* mieszanka stechiometryczna, mieszanka teoretyczna, mieszanka doskonała
perfect number *mat.* liczba doskonała
perfect radiator *fiz.* promiennik zupełny, ciało (doskonale) czarne
perfect square *mat.* pełny kwadrat
perfect thread *masz.* gwint pełny
perforated card *inf.* karta dziurkowana
perforated card machine *inf.* maszyna (licząco-) analityczna (*do systemu kart dziurkowanych*)
perforated fuel element *nukl.* rozszczelniony element paliwowy
perforation 1. dziurkowanie, perforowanie **2.** otwór (wykrawany); perforacja
perforator 1. dziurkarka, perforator **2.** *górn.* wiertarka udarowa
performability zdolność prawidłowego działania
performance *masz.* osiągi
performance evaluation *inf.* ocena działania systemu
performance number *paliw.* współczynnik wyczynowy; wyczynowość
performance requirements *pl* wymagania eksploatacyjne
performance test próba eksploatacyjna
per hour na godzinę
perigee *astr.* perigeum, punkt przyziemny
perigon *geom.* kąt pełny (360°)
perihelion *astr.* perihelium, punkt przysłoneczny
perimeter *geom.* obwód
period okres; period
periodic *a* okresowy; periodyczny
periodic(al) fraction *mat.* ułamek okresowy
periodic group grupa układu okresowego
periodicity okresowość, powtarzalność okresowa
periodic motion *mech.* ruch okresowy, ruch periodyczny
periodic table *chem.* układ okresowy pierwiastków
periodic vibration drgania okresowe, drgania periodyczne
period of a function *mat.* okres funkcji
period of a satellite *astr.* okres obiegu satelity
period of half-change *fiz.* okres połowicznej przemiany; *chem.* okres połówkowy, półokres reakcji
period of warranty okres gwarancyjny
period range *nukl.* zakres stałej czasowej reaktora
peripheral electrons *pl fiz.* elektrony optyczne, elektrony świetlne
peripheral equipment *inf.* urządzenie peryferyjne, urządzenie zewnętrzne
peripheral speed prędkość obwodowa
periphery 1. obrzeże **2.** *siln.* powierzchnia robocza, bieżnia (*pierścienia tłokowego*)
periscope *opt.* peryskop
perishable *a* psujący się, nietrwały
peritectic transformation *met.* przemiana perytektyczna, reakcja perytektyczna
permanent *a* trwały, stały
permanent axis *mech.* oś stała, oś stateczna (*obrotu*)
permanent deformation odkształcenie trwałe, odkształcenie plastyczne
permanent fastener *masz.* łącznik spoczynkowy
permanent file *inf.* plik permanentny
permanent hardness twardość niewęglanowa, twardość stała (*wody*)
permanent magnet magnes trwały, magnes stały
permanent-magnet machine maszyna magneto-elektryczna
permanent mould *odl.* kokila, forma metalowa

permanent-mould casting *odl.* odlewanie kokilowe
permanent set odkształcenie trwałe, odkształcenie plastyczne
permanent storage 1. *inf.* pamięć trwała **2.** *nukl.* składowanie wieczyste (*odpadów promieniotwórczych*)
permatron *elektron.* permatron
permeability przenikalność; przepuszczalność
permeable to air przewiewny, przepuszczający powietrze
permeameter *el.* permeametr, miernik przenikalności magnetycznej
permeance *el.* permeancja, przewodność magnetyczna
per mille promil
permissible *a* dopuszczalny
permissible body burden *nukl.* dopuszczalna zawartość radioizotopów w całym ciele
permissible dose *nukl.* dawka dopuszczalna
permissible stress *wytrz.* naprężenie dopuszczalne, naprężenie bezpieczne
permutational index *inf.* indeks permutacyjny
peroxide *chem.* nadtlenek
perpendicular *geom.* (linia) prostopadła
perpendicular *a* prostopadły
perpetual *a* nieprzerwany, ciągły
perpetual motion (machine) perpetuum mobile
perpetual screw *masz.* ślimak
persistent lines *pl chem.* linie ostatnie (*pierwiastka w widmie*)
persistor *elektron.* persistor
persistron *elektron.* persistron
personal computer komputer osobisty
personal dose *nukl.* dawka indywidualna
personal dosimeter *nukl.* dawkomierz osobisty, dawkomierz indywidualny
personal error *metrol.* błąd osobisty, błąd subiektywny
personnel personel; obsada osobowa
perspecitve *rys.* perspektywa
pertinency factor *inf.* współczynnik odpowiedniości
per unit mass na jednostkę masy
per unit value wartość jednostkowa
pesticide pestycyd, środek przeciw szkodnikom
petrochemistry petrochemia, chemia ropy naftowej
petrography petrografia
petroil *paliw.* mieszanka benzynowo--olejowa (*do silników dwusuwowych*)
petrol benzyna
petrol engine silnik benzynowy
petroleum ropa naftowa
petroleum spirits *pl* benzyna lakiernicza
petrol pump *siln.* pompa benzynowa (*zasilająca*)
petrol station stacja benzynowa
phanotron *elektron.* gazotron, fanotron
phantastron *elektron.* fantastron
pharmacology farmakologia
phase faza
phase angle *el.* kąt fazowy
phase boundary *fiz.* granica faz, powierzchnia rozdziału faz, powierzchnia międzyfazowa
phase diagram *fiz.* wykres równowagi faz, wykres fazowy
phase inverter *el.* inwertor fazy, odwracacz fazy
phase lag *el.* opóźnienie fazowe
phase lead *el.* wyprzedzenie fazowe
phase rule *fiz.* reguła faz
phase shifter *el.* przesuwnik fazowy
phase space *fiz.* przestrzeń fazowa
phase-to-phase voltage *el.* napięcie międzyfazowe
phase transition *fiz.* przemiana fazowa, przejście fazowe
phase winding *el.* faza (*maszyny wielofazowej*)
phasitron *elektron.* fazytron
phasmajector *TV* monoskop
phasor *el.* fazor
phenol-aldehyde resin żywica fenolowo--aldehydowa
phenol-formaldehyde resin żywica fenolowo-formaldehydowa
phenomenon zjawisko
pH-metry *chem.* pehametria, pH-metria, oznaczanie pH
phon *jedn.* fon
phonon *fiz.* fonon
phonon-electron interaction *fiz.* oddziaływanie fonon-elektron
phosphate *chem.* fosforan
phosphor *el.* luminofor; fosforowa masa świecąca
phosphorescence *fiz.* fosforescencja; poświata
phosphorus *chem.* fosfor, P
phosphorus-32 *chem.* fosfor-32, radiofosfor
phot *jedn.* fot: 1 ph = 10^{14} lx
photoactivation fotoaktywacja, wzbudzenie przez naświetlanie
photoactive *a* światłoczuły
photocathode *elektron.* fotokatoda, katoda fotoelektronowa

photocell komórka fotoelektryczna, fotokomórka
photochemical *a* fotochemiczny
photoconduction fotoprzewodnictwo, zjawisko fotoelektryczne wewnętrzne
photoconductive cell *elektron.* rezystor fotoelektryczny, fotorezystor
photocopy fotokopia
photocoupler *elektron.* transoptor, optoizolator
photodiode *elektron.* fotodioda, dioda fotoelektryczna
photodissociation *chem.* dysocjacja fotochemiczna, fotorozkład
photoelectric cell komórka fotoelektryczna, fotokomórka
photoelectricity *fiz.* fotoelektryczność
photoelectron *fiz.* fotoelektron
photoemission fotoemisja, zjawisko fotoelektryczne zewnętrzne
photo-etch resist *elektron.* maska fotolitograficzna, fotomaska
photofet *elektron.* fototranzystor polowy
photofission *nukl.* fotorozszczepianie
photoflash lamp *fot.* lampa błyskowa, flesz
photograph zdjęcie fotograficzne, fotografia
photographic density *fot.* gęstość zaczernienia
photographic film błona fotograficzna
photoisolator *elektron.* transoptor, optoizolator
photomask *elektron.* fotomaska, maska fotolitograficzna
photometer *opt.* fotometr
photomicrography fotomikrografia
photo-montage fotomontaż
photon *fiz.* foton, kwant promieniowania elektromagnetycznego
photonuclear reaction reakcja fotojądrowa, fotorozpad jądrowy
photoreaction reakcja fotochemiczna
photoresistor *elektron.* rezystor fotoelektryczny, fotorezystor
photosensitive *a* światłoczuły
photosensor czujnik fotoelektryczny
photostable *a* światłoodporny, światłotrwały
photosynthesis fotosynteza, synteza fotochemiczna
photothyristor *elektron.* fototyrystor
phototransistor *elektron.* fototranzystor
phototube *elektron.* lampa fotoelektronowa
phototype *poligr.* światłodruk
photo(type) setting *poligr.* fotoskład, skład fotograficzny
phrase indexing *inf.* indeksowanie za pomocą grup wyrazowych
pH value *chem.* wartość pH, wykładnik stężenia jonów wodorowych
physical chemistry chemia fizyczna, fizykochemia
physical layer *inf.* warstwa fizyczna (*modelu referencyjnego ISO*)
physical metallurgy metaloznawstwo
physical pendulum *mech.* wahadło fizyczne, wahadło złożone
physical phenomenon zjawisko fizyczne
physical properties *pl* własności fizyczne
physical quantity wielkość fizyczna
physicist fizyk
physics fizyka
pickaxe *narz.* kilof; oskard
pick device *inf.* czujnik graficznego urządzenia wejściowego
picking 1. kopanie kilofem **2.** wybieranie; przebieranie
pickle *met.* kąpiel trawiąca
pickle brittleness *met.* kruchość wodorowa, choroba wodorowa
pickling 1. *met.* trawienie, wytrawianie **2.** *roln.* zaprawianie nasion, bejcowanie **3.** *spoż.* marynowanie
pickling plant *hutn.* wytrawialnia
pickup 1. *elakust.* adapter **2.** *aut.* przetwornik; czujnik **3.** *mot.* mały samochód osobowo-ciężarowy, pikap **4.** *nukl.* reakcja porywania, reakcja wychwytu, pickup
pick-up cartridge *elakust.* wkładka adapterowa
pick-up tube *TV* lampa analizująca
pico- piko- (*przedrostek w układzie dziesiętnym*, *krotność* 10^{-12})
pictorial representation *inf.* reprezentacja graficzna
picture 1. obraz **2.** *TV* wizja
picture definition *opt.* rozdzielczość, definicja obrazu
picture monitor *TV* monitor wizyjny
picturephone wideofon
picture tube *TV* lampa obrazowa, kineskop
piece 1. część; kawałek **2.** sztuka, egzemplarz (*wyrobu*)
piece by piece sztuka po sztuce
piecework *ek.* praca akordowa
pier 1. *inż.* pirs; molo **2.** *bud.* filar
piercer *obr. plast.* walcarka dziurująca, walcarka przebijająca **2.** stempel dziurujący
piercing *obr. plast.* **1.** dziurkowanie, wycinanie otworów **2.** przebijanie (*w kuźnictwie*)
piercing die *obr. plast.* dziurkownik, wykrojnik otworów

piercing mandrel *obr. plast.* przebijak; trzpień dziurujący
pieze *jedn.* pieza: 1 pz = 10^3 Pa
piezoelectricity *fiz.* piezoelektryczność
piezometric pressure *hydr.* ciśnienie piezometryczne
pig *hutn.* gęś surówki; surówka
pig boiling *hutn.* proces pudlarski
pig casting machine *hutn.* maszyna rozlewnicza
pig iron *hutn.* surówka; surówka w gąskach
pigment dye barwnik pigmentowy, barwnik nierozpuszczalny w wodzie
pile 1. pal **2.** stos; sterta **3.** *nukl.* reaktor
pile assembly *nukl.* zestaw reaktorowy
pile-driver *inż.* kafar do wbijania pali
pile hammer *inż.* młot kafarowy, baba kafara
pile neutron *nukl.* neutron reaktorowy
pilger process *obr. plast.* pielgrzymowanie, walcowanie pielgrzymowe
pilger rolling mill *obr. plast.* walcarka pielgrzymowa
pillar słup; filar; stojak; kolumna
pillar drill *obr. skraw.* wiertarka stojakowa, wiertarka słupowa
pillar press *obr. plast.* prasa kolumnowa
pillar working *górn.* wybieranie filarowe
pilot 1. pilot **2.** *masz.* prowadnik, część prowadząca; *obr. plast.* pilot, kołek prowadzący
pilot burner palnik oszczędnościowy
pilot cell *el.* ogniwo kontrolne (*baterii akumulatorowej*)
pilot lot seria informacyjna (*wyrobu*)
pilot plant zakład (produkcyjny) doświadczalny
pilot project projekt wstępny (*dokumentu*)
pilot study badanie pilotażowe, pilotaż
pilot wire *el.* przewód sterowniczy; żyła kontrolna (*w kablu*)
pilot-wire protection *el.* zabezpieczenie przewodowo-łączowe
pi-meson *fiz.* mezon π , pion
pin 1. *masz.* kołek; przetyczka **2.** *masz.* sworzeń; czop **3.** *el.* wtyk **4.** szpilka
pincers *pl narz.* obcęgi; obcążki
pinch 1. ściśnięcie; zaciśnięcie **2.** *fiz.* pinch, skurcz magnetyczny (*plazmy*), reostrykcja
pin-diode *elektron.* dioda *p-i-n*
pinion *masz.* mniejsze koło w przekładni zębatej; wałek zębaty
pinion stand *hutn.* klatka walców zębatych
pin joint *masz.* połączenie sworzniowe
pin punch *narz.* wybijak
pint (*jednostka objętości GB i US*)
pion *fiz.* mezon π , pion
pipage rurociąg
pipe 1. rura **2.** *inf.* potok **3.** *odl.* jama skurczowa; *hutn.* jama usadowa
pipe bend łuk rurowy; krzywak rurowy
pipe coil wężownica
pipe connection 1. połączenie rurowe **2.** łącznik rurowy
pipefitter hydraulik, instalator
pipe flange kołnierz rurowy
pipeline rurociąg
pipeline processing *inf.* **1.** przetwarzanie potokowe (*procesów*) **2.** przetwarzanie zakładkowe (*sygnałów*)
pipe thread gwint rurowy
pipe union dwuzłączka rurowa
piping rurociąg; instalacja rurowa
piston *masz.* tłok
piston crown *siln.* denko tłoka
piston engine silnik tłokowy
piston pump pompa tłokowa
piston ring *siln.* pierścień tłokowy
piston rod trzon tłokowy, drąg tłokowy
piston stroke skok tłoka
pit 1. dół; jama; *górn.* wyrobisko **2.** *górn.* kopalnia **3.** *met.* wżer, nadżerka
pit bank *górn.* nadszybie
pit bottom *górn.* podszybie
pit cage *górn.* klatka szybowa
pit casting *odl.* odlewanie w dołach
pitch 1. *masz., narz.* podziałka **2.** skok (*linii śrubowej, śmigła*); *el.* poskok (*uzwojenia*) **3.** smoła
pitch cone *masz.* stożek toczny (*koła zębatego stożkowego*)
pitch diameter *masz.* średnica toczna (*koła zębatego*)
pitch diameter of thread średnica podziałowa gwintu
pitch error *metrol.* błąd podziałki
pitch of a spring podziałka sprężyny, skok sprężyny
pitch of thread podziałka gwintu
Pitot (impact-pressure) tube *mech. pł.* rurka (piętrząca) Pitota
pitting 1. *masz.* pitting (*wyrwy na boku zębów koła zębatego*) **2.** wżery (*korozyjne*) **3.** *roln.* dołowanie
pivot *masz.* czop czołowy; oś przegubu
pivotal joint połączenie przegubowe
pixel *TV* element obrazu, pixel
place miejsce
place *v* umieścić; rozmieścić
plain *a* zwykły; prosty; nieozdobny
plain bearing *masz.* łożysko ślizgowe
plain concrete beton niezbrojony

plain girder blachownica
plain-laid rope lina prawoskrętna, lina prawozwita
plan 1. plan **2.** *rys.* widok z góry, rzut główny poziomy
planar *a geom.* płaski, planarny, leżący w płaszczyźnie
planar transistor *el.* tranzystor planarny
Planck's constant *fiz.* stała Plancka
plane 1. *geom.* płaszczyzna **2.** *inf.* płat (*pamięci ferrytowej*) **3.** *lotn.* samolot **4.** *lotn.* płat **5.** *narz.* strug
plane angle *geom.* kąt płaski
plane figure *geom.* figura płaska
plane geometry planimetria, geometria płaska
plane iron *narz.* nóż do struga, żelazko do struga
plane of contact płaszczyzna styku
plane of projection *rys.* płaszczyzna rzutowania, rzutnia
plane of symmetry *geom.* płaszczyzna symetrii
planer *obr. skraw.* strugarka wzdłużna
planet 1. *astr.* planeta **2.** *masz.* koło obiegowe, satelita (*w przekładni obiegowej*)
planetary electron *fiz.* elektron orbitalny
planetary gear *masz.* **1.** przekładnia obiegowa, przekładnia planetarna **2.** koło obiegowe, satelita (*w przekładni obiegowej*)
planetary system *astr.* układ planetarny
planet wheel *masz.* koło obiegowe, satelita (*w przekładni obiegowej*)
planimeter *metrol.* planimetr
planimetry planimetria, geometria płaska
planing *obr. skraw.* struganie wzdłużne
planing machine *obr. skraw.* strugarka wzdłużna
planisher *narz.* (młotek) gładzik
planishing *obr. plast.* wygładzanie
planning planowanie; projektowanie
planoconcave lens *opt.* soczewka płasko-wklęsła
planoconvex lens *opt.* soczewka płasko-wypukła
plant 1. zakład przemysłowy; fabryka **2.** urządzenie (*przemysłowe*) **3.** roślina
plant *v roln.* sadzić
plant annunciator *nukl.* tablica wskaźnikowa (*elektrowni jądrowej*), sygnalizator optyczno-akustyczny
plant production *roln.* produkcja roślinna
plasma *fiz.* plazma
plasma-arc welding spawanie plazmowe, spawanie łukiem plazmowym
plasma torch palnik plazmowy
plaster *bud.* tynk
plastic tworzywo sztuczne, masa plastyczna
plastic *a* **1.** wykonany z tworzywa sztucznego **2.** plastyczny
plastic deformation odkształcenie plastyczne, odkształcenie trwałe
plastic fluidity płynność plastyczna
plastic working obróbka plastyczna
plastify *v* uplastyczniać, plastyfikować; zmiękczać
plate 1. płyta; płytka **2.** blacha gruba **3.** *el.* elektroda; *elektron.* anoda
plate *v* **1.** pokrywać płytami **2.** *elchem.* powlekać galwanicznie **3.** *met.* platerować
plate current *el.* prąd anodowy
plate mill *hutn.* **1.** walcownia blach grubych **2.** walcarka blach grubych
platen *masz.* **1.** płyta dociskowa **2.** stół roboczy (*prasy, strugarki*)
platform 1. pomost; platforma **2.** *kol.* peron
platforming platformowanie (*benzyn*)
platinum *chem.* platyna, Pt
platinum metals *pl chem.* platynowce
play *masz.* luz
playback odtwarzanie nagranego dźwięku; odczytywanie zapisu sygnału
pliers *pl narz.* szczypce; kleszcze
plot *v geod.* nanosić na mapę; sporządzać wykres
plotter pisak; wykreślacz krzywych; *inf.* pisak *x-y*, kreślak
plotting paper papier milimetrowy
plough 1. *roln.* pług **2.** zgarniacz
plough *v roln.* orać
ploughed-and-tongued joint *drewn.* połączenie na pióro i wpust
plug 1. *masz.* korek; zaślepka; zatyczka **2.** *el.* wtyczka
plug adapter *el.* wtyczka rozgałęźna
plug-and-socket connector 1. *el.* łącznik wtykowy **2.** łącznik (rurowy) kielichowy
plugboard *el.* tablica połączeń; *inf.* tablica programowa
plugging 1. zatykanie (*zatyczką*); zaślepianie (*otworu*) **2.** *el.* hamowanie przeciwprądowe
plug-in connector *el.* łącznik wtykowy
plug-in socket *el.* gniazdko wtyczkowe
plug valve *masz.* zawór czopowy, zawór kurkowy
plumb bob ciężarek pionu, ołowianka
plumber instalator, hydraulik

plumbing 1. instalacja wodociągowa **2.** roboty instalacyjne
plumb-line pion, linia pionowa
plume *nukl.* smuga, chmura (*produktów radioaktywnych po wydzieleniu z elektrowni jądrowej*)
plunger 1. *masz.* nurnik; trzpień ruchomy **2.** *metrol.* trzpień pomiarowy
plunger pump pompa nurnikowa
plus *mat.* **1.** znak plus **2.** wielkość dodatnia
plus *a mat.* dodatni
plus mesh nadziarno, produkt nadsitowy, odsiew
plutonium *chem.* pluton, Pu
plutonium-producing reactor *nukl.* reaktor do produkcji plutonu
plutonium reactor *nukl.* reaktor plutonowy, reaktor na paliwo plutonowe
pluviometer *meteo.* deszczomierz, pluwiometr, ombrometr
ply warstwa (*materiału warstwowego*)
plymetal bimetal
ply rating *mot.* liczba PR (*międzynarodowe oznaczenie umownej liczby warstw osnowy opony*)
plywood sklejka
pneumatic *mot.* ogumienie pneumatyczne
pneumatic *a* pneumatyczny
pneumatic hammer *narz.* młotek pneumatyczny
pneumatic process *hutn.* proces besemerowski (*wytapiania stali*)
pneumatic spring element sprężysty pneumatyczny, amortyzator pneumatyczny
pn-junction *elektron.* złącze *p-n*, złącze elektronowo-dziurowe
pocket 1. kieszeń; torba **2.** pusta przestrzeń, zagłębienie
pocket dosimeter *nukl.* dawkomierz kieszonkowy, dozymetr kieszonkowy
point 1. punkt **2.** *mat.* przecinek **3.** ostrze
point *v* **1.** zaostrzać **2.** wskazywać; celować
point angle *narz.* kąt wierzchołkowy
point at infinity *geom.* punkt w nieskończoności
pointed *a* ostro zakończony, zaostrzony, spiczasty
pointer 1. *metrol.* wskazówka **2.** *inf.* wskaźnik, pointer
point of application of force *mech.* punkt przyłożenia siły
point of reference punkt odniesienia
point of tangency *geom.* punkt styczności
poise *jedn.* puaz: $1 \text{ P} = 10^{-1} \text{ Pa} \cdot \text{s}$
poisoning zatrucie
polar *a* biegunowy
Polar Circle *geogr.* koło podbiegunowe
polarity *mat., fiz.* biegunowość
polarization *fiz.* polaryzacja
polar line *geom.* biegunowa
pole 1. *mat., fiz.* biegun **2.** słup; żerdź
Pole Star *astr.* gwiazda polarna
polish 1. połysk **2.** środek do nadawania połysku
polishing polerowanie
polishing machine polerka
polling *inf.* zapytywanie, polling
poll mode *inf.* tryb zapytywania
pollutants *pl* polutanty (*substancje zanieczyszczające środowisko*)
pollution zanieczyszczenie (*środowiska*)
polonium *chem.* polon, Po
poly- *chem.* poli- (*przedrostek oznaczający, że w budowie związku występuje wielokrotnie ten sam atom lub grupa atomów*)
polyacid *chem.* polikwas, wielokwas
polyamide resin żywica poliamidowa, poliamid
polyatomic *a* wieloatomowy
polychromic *a* wielobarwny
polycore cable *el.* kabel wielożyłowy
polyelectrode *elchem.* elektroda złożona, elektroda mieszana
polyester resin żywica poliestrowa, poliester
polyfunctional *a* wielofunkcyjny
polygon *geom.* wielokąt
polygonal *a geom.* wielokątny
polygon of forces *mech.* wielobok sił
polyhedral *a geom.* wielościenny
polyhedron (*pl* **polyhedra** *or* **polyhedrons**) *geom.* wielościan
polymerization *chem.* polimeryzacja
polymorph *kryst.* polimorf, odmiana polimorficzna
polymorphism *kryst.* polimorfizm, wielopostaciowość
polynomial *mat.* wielomian
polyoses *zob.* **polysaccharides**
polyphase motor *el.* silnik wielofazowy
polysaccharides *pl chem.* wielocukry, polisacharydy, poliozy
polystyrene *chem.* polistyren
polytechnic szkoła techniczna (*wielowydziałowa*)
polyvalent *a chem.* wielowartościowy
pond 1. *jedn.* gram-siła, pond: $1 \text{ G} = 1 \text{ p} = 0{,}980665 \cdot 10^{-2} \text{ N}$ **2.** staw; basen
pondage pojemność zbiornika wodnego
ponderability *fiz.* ważkość

pontoon dock *okr.* dok pływający
pool zbiornik (*otwarty*); basen
pool reactor *nukl.* reaktor basenowy
poor mixture *siln.* mieszanka uboga
poor quality zła jakość, niska jakość
poppet head *obr.skraw.* konik tokarki
popping 1. *siln.* strzał do gaźnika *2. inf.* usuwanie (*elementów stosu*)
population 1. *biol.* populacja **2.** ludność; zaludnienie **3.** *mat.* populacja generalna, zbiorowość generalna
porosity porowatość
porous *a* porowaty
port 1. port **2.** otwór przelotowy; *siln.* szczelina, okno **3.** *el.* wrota **4.** *inf.* port
portable *a* przenośny; przewoźny
portal crane *transp.* żuraw bramowy
portion udział, część
port light *okr.* **1.** światło portowe (*wejściowe*) **2.** iluminator burtowy
port of registry *okr.* port macierzysty
port side *okr.* lewa burta
position położenie; pozycja
positional notation *inf.* zapis pozycyjny
positional weld *spaw.* spoina sczepna, punkt sczepny, sczepina
position head *hydr.* wysokość położenia, wysokość niwelacyjna
positioning 1. ustawianie; ustalanie położenia **2.** *inf.* pozycjonowanie
positioning control *aut.* sterowanie położenia; sterowanie ustawienia
positive *fot.* pozytyw
positive *a* **1.** *mat.* dodatni **2.** *masz.* przymusowy (*np. napęd*)
positive acknowledgement *inf.* potwierdzenie pozytywne
positive allowance *masz.* luz
positive charge *el.* ładunek dodatni
positive drive *masz.* napęd przymusowy
positive electrode *el.* elektroda dodatnia, anoda
positive electron *fiz.* elektron dodatni, antyelektron, pozyton
positive film *fot.* film pozytywowy
positive gauge pressure nadciśnienie
positive ion *fiz.* jon dodatni, kation
positive lens soczewka skupiająca, soczewka dodatnia, soczewka zbierająca
positive-motion cam krzywka zamknięta, krzywka dwustronna
positive number *mat.* liczba dodatnia
positron *fiz.* elektron dodatni, antyelektron, pozyton
post słup; stojak
postdivision *mat.* dzielenie prawostronne
postediting *inf.* redagowanie następcze
postfactor *mat.* czynnik prawostronny
post-graduate training szkolenie podyplomowe
postmortem dump *inf.* wydruk zawartości pamięci (*po kontroli*)
postmortem program *inf.* program post--mortem
postprocessor *inf.* postprocesor
potash *chem.* potaż, techniczny węglan potasowy
potassium *chem.* potas, K
potential 1. *fiz.* potencjał **2.** *mat.* potencjał
potential barrier *fiz.* bariera potencjału
potential difference *el.* różnica potencjałów
potentiometer *el.* potencjometr
potentiometry *el.* potencjometria
pound *jedn.* **1.** funt masy, funt handlowy: 1 lb = 0,453592 kg **2.** funt-siła: 1 lb = 4,44822 N **3.** funt (*jednostka monetarna*)
poundal *jedn.* poundal (= 0,138254 N)
pound avoirdupois *jedn.* funt masy, funt handlowy: 1 lb = 0,453592 kg
pound-force *jedn.* funt-siła: 1 lb = 4,44822 N
pouring *odl.* zalewanie (*form*); *hutn.* odlewanie (*stali do wlewnic*)
pouring-gate *odl.* wlew główny
pouring ladle *odl.* kadź odlewnicza
powder 1. proszek; puder **2.** proch strzelniczy
powder *v* proszkować, rozdrabniać na proszek
powder density pozorny ciężar właściwy (*proszków*), ciężar nasypowy
powder metallurgy metalurgia proszków; ceramika metali
power 1. *mat.* potęga; wykładnik potęgi **2.** *mat.* moc (*np. zbioru*) **3.** *mech.* moc **4.** *fiz.* zdolność
power amplifier *el.* wzmacniacz mocy
power brake *mot.* hamulec ze wspomaganiem, serwohamulec
power breeder *nukl.* energetyczny reaktor powielający
power car *kol.* wagon silnikowy
power chain *masz.* łańcuch napędowy
power component *el.* składowa czynna
power consumption *el.* pobór mocy
power curve *siln.* krzywa mocy, charakterystyka mocy
power diode *elektron.* dioda mocy
power drive napęd mechaniczny
power drop *nukl.* zrzut mocy, zrzut obciążenia
power engineering energetyka

power excursion *nukl.* nagły wzrost mocy (*reaktora*), skok mocy
power factor *el.* współczynnik mocy
power feed 1. doprowadzenie mocy **2.** *obr.skraw.* posuw mechaniczny, posuw automatyczny
power frequency *el.* częstotliwość sieciowa, częstotliwość przemysłowa
powerful *a* o dużej mocy; silny
power generation wytwarzanie mocy
power grid *el.* sieć energetyczna
power hydrogen *chem.* wykładnik jonów wodorowych, pH
power hydroxyl ions *chem.* wykładnik jonów wodorotlenowych, pOH
power industry energetyka
power input moc pobierana; moc wejściowa
power lead *el.* przewód zasilający
power line *el.* linia elektroenergetyczna
power-operated *a* o napędzie silnikowym; z napędem mechanicznym
power output moc oddawana; moc wyjściowa; moc użyteczna
power plant siłownia; elektrownia
power rating *siln.* moc znamionowa
power reactor *nukl.* reaktor energetyczny, reaktor mocy
power screw śruba napędowa
power station siłownia; elektrownia
power stroke *siln.* suw rozprężania, suw pracy, suw roboczy
power take-off pobór mocy, odbiór mocy
power tight *a* dokręcony mechanicznie
power transistor *elektron.* tranzystor mocy
power transmission przenoszenie mocy
power transmission line *el.* linia przesyłowa elektroenergetyczna
power transmission system *mot.* układ napędowy
pp-junction *elektron.* złącze *p-p*
praseodymium *chem.* prazeodym, Pr
precast concrete *bud.* elementy betonowe prefabrykowane
precautions *pl* środki ostrożności
precession *mech.* precesja, ruch precesyjny
precious metal metal szlachetny
precipitation 1. *chem.* strącanie (się), wytrącanie (się) **2.** *met.* wydzielenie (*składnika strukturalnego*) **3.** *meteo.* opad atmosferyczny
precise *a* dokładny, precyzyjny
precision engineering mechanika precyzyjna
precooling chłodzenie wstępne; *chłodn.* schładzanie, wychładzanie
predivision *mat.* dzielenie lewostronne
preedit *v inf.* redagować wstępnie (*dane*)
prefabrication prefabrykacja
prefactor *mat.* czynnik lewostronny
preferred value wartość zalecana
preforming *obr.plast.* kształtowanie wstępne
pregnant solution *nukl.* roztwór-matka
preharvest *roln.* przednówek
preheater podgrzewacz
pre-ignition *siln.* zapłon przedwczesny
preliminary *a* wstępny
preparation przygotowanie; preparowanie
preparatory input *inf.* wejście przygotowujące (*przerzutnika*)
preselection wybieranie wstępne, preselekcja
presentation przedstawienie, zobrazowanie
preservation konserwacja; zabezpieczenie; utrwalenie (*żywności*)
preservative *spoż.* środek konserwujący
preserves *pl spoż.* konserwy
presetting 1. *aut.* nastawianie wartości **2.** *obr.skraw.* ustawienie obrabiarki na wymiar obrabianej części
press prasa; tłocznia
press fit *metrol.* pasowanie wtłaczane
press forging *obr.plast.* **1.** kucie na prasie **2.** odkuwka prasowana
press home wciskać do oporu
pressing 1. prasowanie; *obr.plast.* tłoczenie; kucie na prasie **2.** *obr.plast.* wytłoczka, wyrób tłoczony
pressure ciśnienie; napór, nacisk
pressure above atmospheric nadciśnienie
pressure angle *masz.* kąt przyporu (*w przekładni zębatej*)
pressure below atmospheric podciśnienie
pressure casting 1. odlewanie pod ciśnieniem **2.** odlew ciśnieniowy
pressure chamber komora ciśnieniowa
pressure charging *siln.* doładowanie
pressure drop spadek ciśnienia
pressure feed zasilanie pod ciśnieniem
pressure gauge manometr, ciśnieniomierz
pressure head *mech.pł.* wysokość ciśnienia
pressure jump *meteo.* skok ciśnienia
pressure lubrication *masz.* smarowanie ciśnieniowe
pressure reactor *chem.* reaktor ciśnieniowy, autoklaw
pressure relief dekompresja
pressure suit *lotn.* skafander ciśnieniowy
pressure surge nagły wzrost ciśnienia
pressure-tight *a* mocno-szczelny
pressure ventilation wentylacja nawiewna
pressure vessel reactor *nukl.* reaktor zbiornikowy

pressure weld *spaw.* zgrzeina
pressure welding *spaw.* zgrzewanie
pressurized cabin *lotn.* kabina ciśnieniowa
prestressed concrete *bud.* beton sprężony
presumptive address *inf.* adres podstawowy
pretensioned prestressed concrete *bud.* beton strunowy, strunobeton
pretreatment obróbka wstępna
prevention zapobieganie, profilaktyka
price *ek.* cena
price list cennik
price per unit *ek.* cena jednostkowa
primaries *pl* barwy podstawowe
primary *a* pierwotny; podstawowy, główny
primary circuit *el.* obwód pierwotny
primary control program *inf.* program organizacyjny, program sterujący
primary data *inf.* dane źródłowe, dane pierwotne
primary gear *masz.* przekładnia czynna, przekładnia wejściowa
primary metal *hutn.* metal nowy, metal pierwotny, metal nieprzetapiany
primary motion *obr.skraw.* ruch główny
primary production produkcja podstawowa
primary storage *inf.* pamięć pierwszego stopnia, pamięć operacyjna
primary tar prasmoła, smoła wytlewna
primary winding *el.* uzwojenie pierwotne (*transformatora*)
prime *mat.* liczba pierwsza
prime *a mat.* pierwotny; prosty
prime coat *powł.* podkład, powłoka gruntowa
prime meridian południk zerowy
prime number *mat.* liczba pierwsza
primer 1. *powł.* podkład, powłoka gruntowa **2.** *siln.* pompka zastrzykowa **3.** *wybuch.* zapłonnik; spłonka
prime state *inf.* stan gotowości
priming 1. zalewanie (*pompy*) **2.** *siln.* zastrzykiwanie paliwa (*przy rozruchu*) **3.** *powł.* podkład, powłoka gruntowa **4.** *powł.* gruntowanie
principal *a* główny, zasadniczy
principal ordinal *mat.* liczba (porządkowa) główna
principal view *rys.* rzut główny, widok główny
principle zasada
principle of conservation of energy *mech.* zasada zachowania energii
principle of operation zasada działania (*urządzenia*)
print 1. druk **2.** *fot.* odbitka
printed circuit *el.* obwód drukowany
printed readout *inf.* wydruk
printer 1. *poligr.* maszyna drukarska **2.** *inf.* drukarka
printing 1. drukowanie **2.** *fot.* wykonywanie odbitek
printing industry przemysł poligraficzny, poligrafia
printing ink farba drukarska
printing paper papier drukowy
printout *inf.* wydruk
priority pierwszeństwo, priorytet
prism 1. *geom.* graniastosłup **2.** *opt.* pryzmat
prismatic sulfur siarka jednoskośna, siarka beta
private memory *inf.* pamięć własna
probability *mat.* prawdopodobieństwo
probability matnematics teoria prawdopodobieństwa, rachunek prawdopodobieństwa
probable error błąd prawdopodobny
probe sonda; próbnik
probing sondowanie
problem board *inf.* tablica programowania
problem definition *inf.* definicja problemu
problem-oriented language *inf.* język problemowy
procedure call *inf.* wywołanie procedury
procedure oriented language *inf.* język proceduralny
process *v* przerabiać; przetwarzać
processability zdatność (*materiału*) do przetwarzania, przetwarzalność
processed water *nukl.* woda zużyta
process engineering technologia
processing przetwarzanie; przerób; obróbka; proces technologiczny (*ciągły*)
processing element *inf.* element przetwarzania
processing industry przemysł przetwórczy
processing line linia technologiczna
processing plant zakład przetwórczy
processing program *inf.* program użytkowy
processor *inf.* procesor (*komputera*)
processor capacity *inf.* moc obliczeniowa procesora
processor status *inf.* stan procesora
processor unit *inf.* jednostka procesorowa
process scrap *hutn.* złom własny
process water woda przemysłowa
produce *v* produkować; wytwarzać
produced power *el.* moc wytwarzana
producer 1. *masz.* generator (*gazu*), wytwornica **2.** *ek.* producent
producer gas gaz generatorowy, gaz czadnicowy
producibility technologiczność (*konstrukcji*)

product 1. produkt; wyrób **2.** *mat.* iloczyn
production produkcja; wytwarzanie
production capacity *ek.* zdolność wytwórcza, zdolność produkcyjna
production cycle cykl produkcyjny
production engineering technologia
production jig przyrząd obróbkowy
production line linia produkcyjna
production plant zakład produkcyjny, wytwórnia
production reactor *nukl.* reaktor wytwórczy, reaktor produkcyjny
professional literature literatura fachowa
profile 1. zarys, profil **2.** *hutn.* kształtownik; profil
profile cutter *obr. skraw.* frez kształtowy
profiler *obr. skraw.* frezarko-kopiarka
profiling obróbka kształtowa; kształtowanie według wzornika
profit *ek.* zysk
program program; plan
program card *inf.* karta programu (*dziurkowana*)
program generator *inf.* generator programów, program generujący
program interface *inf.* sprzężenie programowe
program language *inf.* język programowania
program loader *inf.* program ładujący
programmable memory *inf.* pamięć programowalna
programmed check *inf.* kontrola programowa, kontrola programowana
programming programowanie; wprowadzanie programu (*do komputera*)
programming aid *inf.* procedura wspomagania programu
program relocatibility *inf.* przesuwność programu
program statement *inf.* instrukcja programu
program storage *inf.* pamięć programu
program testing *inf.* sterowanie programu
progress postęp (*np. techniczny*)
progression *mat.* postęp
project projekt; plan
project *v* **1.** projektować **2.** *geom., rys.* rzutować **3.** wystawać; sterczeć
projectile *wojsk.* pocisk
projecting ray *geom.* promień rzutujący
projection 1. *geom., rys.* rzut **2.** rzutowanie **3.** *kin.* projekcja **4.** występ, garb
projection line *rys.* linia rzutowania
projection plane *geom.* rzutnia
projection printer *inf.* drukarka bezkontaktowa
projection welding *spaw.* zgrzewanie garbowe
projector *opt.* **1.** projektor, aparat projekcyjny, rzutnik **2.** reflektor
prolongation przedłużenie
promethium *chem.* promet, Pm
prompt character *inf.* znak gotowości
prompt critical *nukl.* natychmiastowo--krytyczny, krytyczny na neutronach natychmiastowych
prompt reactivity *nukl.* reaktywność natychmiastowa
proof 1. dowód **2.** *mat.* dowód **3.** *mat.* sprawdzenie
proof *a* odporny
proof load obciążenie próbne; obciążenie odbiorcze
proof stress *wytrz.* umowna granica plastyczności
proof total *inf.* suma kontrolna
prop podpora; stojak
prop *v* podpierać; *bud.* podstemplować; *górn.* obudowywać stojakami
propagation rozprzestrzenianie się, rozchodzenie się
propagation of waves *fiz.* rozchodzenie się fal, rozprzestrzenianie się fal
propel *v* napędzać, wprawiać w ruch (*pojazd, statek*)
propellant *rak.* materiał napędowy, paliwo rakietowe, propergol
propeller 1. *lotn.* śmigło **2.** *okr.* śruba napędowa
propeller blade 1. *lotn.* łopata śmigła **2.** *okr.* skrzydło śruby napędowej
propeller shaft 1. *lotn.* wał śmigła **2.** *okr.* wał napędowy śruby **3.** *mot.* wał napędowy, wał pędny
proper fraction *mat.* ułamek właściwy
property 1. własność; właściwość **2.** *ek.* własność
proper vibration drgania własne
proportion *mat.* proporcja
proportional *a* proporcjonalny
proportioner dozownik
proportioning dozowanie; proporcjonowanie
propping *górn.* obudowa stojakami
propulsion napęd (*pojazdu*)
propulsion nozzle *lotn.* dysza napędowa, dysza wylotowa (*silnika odrzutowego*)
propulsion reactor *nukl.* reaktor napędowy
propulsive effort siła napędowa; *rak.* ciąg, siła ciągu
prospecting *górn.* poszukiwania, roboty poszukiwawcze

protactinium *chem.* protaktyn, Pa
protect *v* ochraniać; zabezpieczać
protected location *inf.* chroniona komórka pamięci
protecting glass szkło ochronne
protection 1. ochrona; zabezpieczenie **2.** urządzenie zabezpieczeniowe
protection area strefa bezpieczeństwa
protection hole *wiertn.* przedwiert, otwór wyprzedzający
protection key *inf.* klucz zabezpieczenia pamięci
protective *a* ochronny, zabezpieczający
protective action zabezpieczanie, działanie ochronne
protective coatıng powłoka ochronna; pokrycie ochronne
protective system *nukl.* system zabezpieczający
protector ochraniacz; *el.* ochronnik
protein plastics *pl* tworzywa białkowe
proteins *pl biochem.* proteiny, białka proste
protium *chem.* prot, wodór lekki
protoactinum *chem.* protaktyn, Pa
protolysis *chem.* protoliza, reakcja protolizy
proton *fiz.* proton
proton acceptor *fiz.* akceptor protonów, protonobiorca
proton donor *fiz.* donor protonów, protonodawca
protophile *zob.* **proton acceptor**
protophobe *zob.* **proton donor**
protoplasm *biol.* protoplazma
prototype prototyp, pierwowzór
protractor *metrol.* kątomierz (*łukowy*)
protrusion występ, wypukłość
prove *v mat.* **1.** dowodzić, przeprowadzać dowód **2.** sprawdzać
proved reserves *pl geol.* zasoby stwierdzone
provisional *a* prowizoryczny, tymczasowy
proximity *mat.* bliskość
proximity fuse *wojsk.* zapalnik zbliżeniowy
pseudoalloy *met.* pseudostop
pseudobinary alloy *met.* stop pseudopodwójny
pseudocode *inf.* kod zewnętrzny, pseudokod
pseudoinstruction *inf.* pseudorozkaz
pseudosymmetry *kryst.* pseudosymetria, symetria fałszywa, mimezja
pseudovector *fiz.* pseudowektor, wektor osiowy
psychrometer psychrometr (*typ wilgotnościomierza*)
p-type semiconductor *elektron.* półprzewodnik typu p, półprzewodnik niedomiarowy, półprzewodnik dziurowy
public works *pl* roboty publiczne
publishing house wydawnictwo (*instytucja*)
puddled steel stal pudlarska, stal zgrzewna
puddling (process) *hutn.* proces pudlarski
pugging 1. wyrabianie gliny, wygniatanie gliny **2.** wylepianie gliną **3.** polepa
pull 1. ciągnienie; rozciąganie; naciąg **2.** uchwyt do wyciągania
pull broach *narz.* przeciągacz
puller 1. *narz.* ściągacz **2.** *górn.* ciągarka rabunkowa
pulley koło pasowe; krążek (*linowy*)
pulley block zblocze; wielokrążek
pulling power *kol., mot.* siła pociągowa
pull off odciągać
pull out wyciągać; wyrywać
pull over naciągać
pull rod cięgło
pull shovel koparka podsiębierną
pull spring sprężyna naciągowa
pull the (hand) brake *mot.* zaciągnąć hamulec (*ręczny*)
pull up podciągać
pulp miazga; papka; pulpa
pulp grinder *papiern.* ścierak
pulpit pulpit (*np. sterowniczy*)
pulsating current *el.* prąd tętniący
pulsation *fiz.* tętnienie, pulsacja
pulsator jig *górn.* osadzarka pulsacyjna
pulsatory *a* pulsujący, pulsacyjny
pulsatron *elektron.* pulsatron
pulse *fiz.* impuls
pulse doublet *elektron.* impuls podwójny, para impulsów
pulsed reactor *nukl.* reaktor impulsowy
pulse-duty factor *elektron.* współczynnik impulsowania
pulse electronics technika impulsowa
pulse-forming diode *elektron.* dioda formująca
pulse generator *el.* impulsator (*generator impulsów elektrycznych*)
pulse jet *lotn.* silnik odrzutowy pulsacyjny
pulse number *el.* liczba tętnieniowa
pulse overshoot *el.* ostrze impulsu
pulse pile-up *elektron.* spiętrzenie impulsów
pulser 1. *el.* impulsator (*generator impulsów elektrycznych*) **2.** *elektron.* pulsator
pulse rise time *el.* czas narastania impulsu
pulse strobing *el.* bramkowanie impulsów
pulse train *el.* ciąg impulsów

pulse unit *tel.* bod: 1 bd = 1 bit/s
pulsing circuit *el.* obwód impulsowy
pulverization proszkowanie; rozpylanie
pumice *min.* pumeks
pump pompa
pump dredger pogłębiarka ssąca
pumped tube *elektron.* lampa o podtrzymywanej próżni
pump house pompownia, stacja pomp
pumping 1. pompowanie **2.** pompowanie (*niestateczność pracy sprężarki*) **3.** *elektron.* pompowanie
pumping engine agregat pompowy, zespół silnik-pompa
pumping out wypompowywanie
pumping over przepompowywanie
pump priming zalewanie pompy
punch 1. *obr. plast.* stempel **2.** *narz.* przebijak; punktak **3.** dziurkarka
punched card *inf.* karta dziurkowana
puncher *górn.* wiertarka udarowa
punching 1. dziurkowanie; *obr. plast.* wykrawanie **2.** *obr. plast.* wykrojka **3.** *górn.* wiercenie udarowe
punching die *obr. plast.* wykrojnik, wycinak
punching test *met.* próba na przebicie
punch press *obr. plast.* dziurkarka
punch-through *elektron.* przebicie skrośne
puncture przebicie; przekłucie
puncture voltage *el.* napięcie przebicia (*izolacji*)
pupil 1. uczeń **2.** *opt.* źrenica (*soczewki*)
pupinized cable *el.* kabel pupinizowany
purchase *żegl.* talia, wielokrążek
pure mathematics matematyka teoretyczna, matematyka czysta
pure sound *akust.* dźwięk prosty, ton
purge *nukl.* oczyszczanie
purification oczyszczanie
purfier oczyszczalnik, oczyszczacz
purity czystość (*np. chemiczna*)
push *el.* przycisk
push-boat *okr.* pchacz
push-broach *obr. skraw.* przepychacz
push-button przycisk
push conveyor przenośnik zgarniakowy
push-down list *inf.* stos (*w pamięci operacyjnej*)
pusher 1. *masz.* popychacz **2.** *okr.* pchacz
pusher furnace *hutn.* piec przepychowy
push fit *masz.* pasowanie przylgowe
push-on nut nakrętka wciskana
push out wypychać
push-pull *a el.* przeciwsobny; w układzie przeciwsobnym
push-pull test *wytrz.* złożona próba rozciągania i ściskania
push rod *masz.* popychacz
push spring sprężyna naciskowa
put in motion wprawiać w ruch
putrefaction gnicie
putty kit; szpachlówka
pyramid *geom.* ostrosłup
pyramid hardness *wytrz.* twardość według Vickersa
pyrite *min.* piryt
pyrometallurgy pirometalurgia, metalurgia ogniowa
pyrometer pirometr
pyrometric cone stożek pirometryczny; stożek Segera
pyrotechnics pirotechnika
Pythagorean theorem *geom.* twierdzenie Pitagorasa

Q

Q-band *rad.* pasmo częstotliwości 36-46 GHz
Q-factor *el.* dobroć, współczynnik dobroci
quad *el.* wiązka czwórkowa (*przewodów*), czwórka (*w kablu*)
quadded cable *el.* kabel czwórkowy
quadrangle *geom.* czworokąt
quadrangular *a geom.* czworokątny
quadrant 1. *geom.* ćwiartka (*np. koła, płaszczyzny*) **2.** *metrol., masz.* kwadrant
quadratic *a mat.* kwadratowy
quadrature 1. *geom.* kwadratura **2.** *el.* kwadratura (*faz*)
quadrature current *el.* prąd bierny
quadric (surface) *geom.* kwadryka
quadrilateral *geom.* czworobok
quadrilateral *a geom.* czworoboczny
quadruple *a* czwórkowy; czterokrotny· poczwórny
quadrupole *fiz.* kwadrupol
qualifications *pl* kwalifikacje
qualification test badanie na zgodność z wymaganiami (*np. normy*)

qualitative *a* jakościowy
quality **1.** jakość **2.** własność; cecha
quality control sterowanie jakością
quality factor *el.* dobroć, współczynnik dobroci
quality inspection kontrola jakości
quality steel stal wyższej jakości, stal jakościowa
quality symbol znak jakości, cecha jakości
quantification kwantyfikacja
quantifier kwantyfikator
quantitative *a* ilościowy
quantity **1.** ilość **2.** wielkość
quantity inspection kontrola ilościowa
quantity meter *hydr.* przepływomierz
quantity of flow *hydr.* natężenie przepływu
quantity production produkcja wielkoseryjna
quantity survey *bud.* obmiar (*robót*)
quantization *fiz.* kwantowanie, kwantyzacja
quantized system układ skwantowany
quantum *fiz.* kwant
quantum mechanics mechanika kwantowa, mechanika falowa
quantum number *fiz.* liczba kwantowa
quantum theory teoria kwantów
quark *fiz.* kwark
quarry kamieniołom
quart kwarta (*jednostka objętości ciał stałych i cieczy*)
quarter **1.** dzielnica (*miasta*) **2.** *astr.* kwadra (*księżyca*) **3.** *mat.* ćwiartka
quarter *v* ćwiartkować, dzielić na cztery części
quartic *a mat.* czwartego stopnia
quartz *min.* kwarc
quartz clock zegar kwarcowy; kwarcowy wzorzec częstotliwości
quartzite *min.* kwarcyt
quartz lamp lampa kwarcowa
quasar *astr.* kwazar, nibygwiazda
quasi-particle *fiz.* quasi-cząstka
quasi-stellar object *zob.* **quasar**
quaternary *a* poczwórny, czteroskładnikowy
quay *inż.* nabrzeże
quenchant *obr.ciepl.* ośrodek hartowniczy, ośrodek chłodzący
quenched steel stal hartowana
quenching **1.** *obr.ciepl.* oziębianie, szybkie chłodzenie; hartowanie **2.** gaszenie
quenching and tempering ulepszanie cieplne
quenching tank wanna hartownicza, kadź hartownicza
query *inf.* kwerenda, zapytanie
quetch *włók.* kadź farbiarska
queuing *inf.* kolejkowanie
queuing theory teoria masowej obsługi, teoria kolejek
quick access *inf.* szybki dostęp (*do pamięci*)
quick-break switch *el.* wyłącznik migowy
quick-change chuck *obr.skraw.* uchwyt szybko mocujący
quick-drier *powł.* sykatywa, suszka
quick ground *geol.* kurzawka
quicklime wapno palone, wapno niegaszone
quick-make switch *el.* wyłącznik migowy
quick-release fastener łącznik szybko zwalniający
quick-return motion *masz.* **1.** szybki ruch powrotny **2.** mechanizm szybkiego ruchu powrotnego
quick-running *a* szybkobieżny
quicksand *geol.* kurzawka
quick-setting cement cement szybkowiążący
quick-setting resin żywica szybkoutwardzalna
quicksilver *chem.* rtęć, Hg
quiet running *siln.* bieg spokojny, praca spokojna
quill *masz.* tuleja; tuleja odciążająca wału
quinary alloy stop pięcioskładnikowy
quintal **1.** cetnar amerykański (= 45,359 kg) **2.** kwintal: 1 q = 100 kg
quintic *a mat.* piątego stopnia
quoin *bud.* naroże; węgieł; narożnik, kamień narożny
quotient *mat.* iloraz, stosunek
Q-value *nukl.* wartość Q, ciepło reakcji jądrowej

R

rabbet profil złączowy; wręg
rabbet plane *narz.* strug wręgownik; strug kątnik
rabbling *odl.*, *hutn.* mieszanie (*kąpieli metalowej*); przegarnianie (*np. rudy przy prażeniu*)
race 1. *biol.* rasa **2.** *masz.* bieżnia; pierścień nośny (*łożyska*) **3.** *hydr.* kanał (*dopływowy lub odpływowy*)
racemate *chem.* odmiana racemiczna; związek racemiczny, racemat
raceway 1. *masz.* bieżnia **2.** *el.* torowisko przewodów **3.** *hutn.* strefa wirowania w wielkim piecu
racing *masz.* rozbieganie się (*np. silnika*)
rack 1. *masz.* zębatka **2.** wieszak; stojak; regały
rack-and-pinion mechanizm zębatkowy
rack-railway kolej zębata (*górska*)
rad = radium absorbed dose *jedn.* rad
radar = radio detection and ranging 1. radiolokacja **2.** radiolokator, radar
radar countermeasures *pl* środki przeciwdziałające radarowi, przeciwradiolokacja
radar echo echo radiolokacyjne
radar homing radiolokacyjne naprowadzanie na cel
radar image obraz na wskaźniku radiolokacyjnym, obraz radarowy
radar indicator wskaźnik radiolokacyjny
radar return echo radiolokacyjne
radar scan(ning) przeszukiwanie radiolokacyjne
radarscope lampa radaroskopowa
radar set radiolokator, radar
radar station stacja radiolokacyjna, stacja radarowa
radar tracking śledzenie radiolokacyjne (*ruchomych obiektów*)
radial *a* radialny, promieniowy
radial bearing *masz.* łożysko poprzeczne, łożysko promieniowe
radial engine silnik (tłokowy) gwiazdowy
radial network *el.* sieć promieniowa, sieć jednostronnie zasilana
radial(-ply) tyre opona radialna
radian *jedn.* radian, rad
radiance *fiz.* luminancja energetyczna gęstość powierzchniowa natężenia promieniowania
radiant energy *fiz.* energia promienista
radiant flux *fiz.* strumień promieniowania
radiant heating ogrzewanie promiennikowe, ogrzewanie podczerwienią
radiate *v* **1.** promieniować **2.** rozchodzić się promieniowo
radiation *fiz.* promieniowanie
radiation accident *nukl.* awaria radiologiczna, awaria radiacyjna
radiational *a* radiacyjny; popromienny
radiation chemistry chemia radiacyjna
radiation counter *nukl.* licznik promieniowania
radiation dose *nukl.* dawka promieniowania
radiation hardness twardość promieniowania, przenikliwość promieniowania
radiation hazard zagrożenie przez promieniowanie, niebezpieczeństwo radiacyjne
radiation intensity natężenie promieniowania
radiation monitoring *nukl.* kontrola (poziomu) promieniowania
radiation pattern *rad.* charakterystyka promieniowania (*anteny*)
radiation protection ochrona przed promieniowaniem, ochrona radiologiczna
radiation shield *bhp* ekran radiacyjny, osłona przed promieniowaniem
radiation sickness choroba popromienna
radiation source źródło promieniowania
radiation therapy *med.* radioterapia, leczenie promieniowaniem
radiative heat transfer wymiana ciepła przez promieniowanie
radiator 1. promiennik; element promieniujący **2.** *rad.* radiator, antena **3.** grzejnik, kaloryfer **4** *mot., lotn.* chłodnica
radical 1. *mat.* pierwiastek **2.** *mat.* symbol pierwiastkowania **3.** *chem.* rodnik
radicand *mat.* wyrażenie podpierwiastkowe
radicidation *spoż.* radiacyjne niszczenie bakterii
radio radio; odbiornik radiowy
radioactive *a* promieniotwórczy, radioaktywny

radioactive cemetery mogilnik, składowisko odpadów promieniotwórczych
radioactive cloud chmura radioaktywna
radioactive contamination skażenie promieniotwórcze
radioactive dating radiochronologia, radiodatowanie, datowanie promieniotwórcze
radioactive decay rozpad promieniotwórczy
radioactive element pierwiastek promieniotwórczy, radiopierwiastek
radioactive fall-out opad promieniotwórczy, opad radioaktywny
radioactive half-life okres połowicznego zaniku, okres półrozpadu, okres półtrwania, półokres trwania
radioactive release from... przecieki radioaktywne z...
radioactive series szereg promieniotwórczy, rodzina promieniotwórcza (*nuklidów*)
radioactive standard *nukl.* wzorcowe źródło promieniowania
radioactive tracer wskaźnik promieniotwórczy
radioactive waste odpady promieniotwórcze
radioactive waste disposal usuwanie odpadów promieniotwórczych
radioactivity *nukl.* promieniotwórczość, radioaktywność, aktywność promieniotwórcza
radio aids to navigation radiowe pomoce nawigacyjne, sprzęt radionawigacyjny
radio beacon *nawig.* radiolatarnia
radio bearing *nawig.* namiar radiowy, radionamiar
radiocarbon *chem.* węgiel promieniotwórczy, radiowęgiel, węgiel-14
radio cassette recorder radiomagnetofon
radiochemistry radiochemia, chemia pierwiastków promieniotwórczych
radio communication 1. radiokomunikacja **2.** połączenie radiowe
radio compass *nawig.* radiokompas
radiocontrol sterowanie radiowe
radio direction-finder *nawig.* radionamiernik
radioelement pierwiastek promieniotwórczy, radiopierwiastek
radio engineering radiotechnika, radioelektryka
radio fadeout zanikanie sygnału radiowego
radio frequency *el.* częstotliwość radioelektryczna, częstotliwość radiowa
radio-frequency welding *tw.szt.* spawanie dielektryczne, spawanie oporowe (*prądami wielkiej częstotliwości*)
radiogenic *a* radiogeniczny (*pochodzący z rozpadu promieniotwórczego*)
radiogoniometry radiogoniometria; radionamierzanie
radiograph *radiol.* radiogram; rentgenogram, zdjęcie rentgenowskie
radiographic film błona radiograficzna
radiography radiografia; rentgenografia; defektoskopia radiologiczna
radioisotope *nukl.* izotop promieniotwórczy, radioizotop
radiolocation radiolokacja, radar
radiological survey *nukl.* inspekcja radiologiczna
radiology radiologia; rentgenologia
radiolysis *fizchem.* radioliza (*rozkład pod wpływem promieniowania*)
radiometeorograph *meteo.* radiosonda, sonda radiowa
radiometer radiometr, miernik promieniowania
radiometric dating radiochronologia, radiodatowanie, datowanie promieniotwórcze
radio navigation nawigacja radiowa, radionawigacja
radio operator radiooperator
radiopaque *a* nieprzepuszczający promieniowania
radiophare *nawig.* radiolatarnia
radioprospecting *geol.* poszukiwania radiologiczne
radio receiver radioodbiornik, odbiornik radiowy
radio-relay satellite satelita telekomunikacyjny przekaźnikowy
radiosonde *meteo.* radiosonda, sonda radiowa
radio source *astr.* radioźródło
radio station radiostacja, stacja radiowa
radio-telegraphy radiotelegrafia
radio-telephony radiotelefonia
radio-telescope radioteleskop
radiotherapy *med.* radioterapia, leczenie promieniowaniem
radiotracer *nukl.* wskaźnik promieniotwórczy
radiotransmitter nadajnik radiowy, radionadajnik
radio waves *pl* fale radiowe
radium *chem.* rad, Ra
radius (*pl* **radii**) *geom.* promień
radius of gyration *mech.* promień bezwładności; ramię bezwładności

radius tool *obr.skraw.* nóż do zaokrągleń
radius vector (*pl* **radii vectores** *or* **radius vectors**) *geom.* promień wodzący
radix (*pl* **radices**) *mat.* **1.** podstawa systemu liczenia **2.** podstawa logarytmu **3.** pierwiastek
radix notation *inf.* zapis pozycyjny z podstawą
radon *chem.* radon, Rn
raffinate *paliw.* rafinat
rafter *bud.* krokiew
raft foundation *bud.* fundament płytowy
rafting spławianie tratwą
rag paper *papiern.* papier szmaciany
rail 1. szyna **2.** *bud.* ramiak poziomy **3.** *okr.* poręcz nadburcia, reling
rail-car *kol.* wagon; wagon silnikowy (*spalinowy*)
rail gauge *kol.* **1.** szerokość toru, prześwit toru **2.** toromierz
rail guard *kol.* szyna ochronna, odbojnica
railing poręcz; balustrada; ogrodzenie
rail joint *kol.* złącze szynowe, styk szynowy
railroad kolej, *zob. też* **railway**
railroad engineering kolejnictwo
rail(road) spike hak szynowy, szyniak
rail steel stal na szyny, stal szynowa
railway kolej
railway carriage wagon kolejowy osobowy
railway crossing przejazd kolejowy
railway engine parowóz
railway junction węzeł kolejowy
railway siding łącznica kolejowa; bocznica kolejowa
railway switch zwrotnica kolejowa
railway track tor kolejowy
railway truck wagon kolejowy towarowy
railway wagon wagon kolejowy
rainfall opad deszczu
rain gauge deszczomierz, pluwiometr, ombrometr
raise *v* **1.** podnosić; podwyższać **2.** *górn.* wydobywać; ciągnąć szybem **3.** *włók.* drapać; zmechacać
raise to a power *mat.* podnieść do potęgi
rake 1. pochylenie; kąt pochylenia; *narz.* kąt natarcia **2.** *roln.* grabie; zgrabiarka
raking shore *bud.* podpora ukośna
RAM = random access memory *inf.* pamięć o dostępie swobodnym
ram 1. suwak (*prasy, strugarki*); bijak (*młota mechanicznego*); baba kafara **2.** taran **3.** nurnik (*np. pompy*) **4.** *okr.* wzmocnienie dziobowe lodołamacza
ram *v* **1.** ubijać **2.** *wojsk.* dosyłać nabój do komory nabojowej **3.** *wojsk.* taranować
Raman effect *fiz.* rozpraszanie ramanowskie
ram effect *aero.* napór, spiętrzenie (*napływającego powietrza*)
ramification rozgałęzienie
ramjet *lotn.* silnik (odrzutowy) strumieniowy
rammer 1. ubijak **2.** *wojsk.* dosyłacz pocisku
ramp pochylnia; rampa
ram pump pompa nurnikowa
rancid *a* zjełczały
random *a* przypadkowy; losowy; stochastyczny
random access *inf.* dostęp swobodny
random access memory *inf.* pamięć o dostępie swobodnym
random numbers *pl* liczby losowe
random sample *statyst.* próbka losowa
random variable *statyst.* zmienna losowa
random winding *el.* uzwojenie bezładne
range 1. zakres; obszar; przedział **2.** *mat.* przeciwdziedzina, zbiór wartości **3.** zasięg; donośność **4.** *wojsk.* poligon; strzelnica **5.** *bud.* palenisko kuchenne, trzon kuchenny
range *v* **1.** sięgać; mieć zasięg **2.** *geod.* tyczyć, wytyczać
range finder *opt.* dalmierz, odległościomierz
rank of coal *geol.* typ węgla; klasa węgla
rape oil olej rzepakowy
rapid *a* szybki; bystry (*nurt*)
rapid access *inf.* dostęp natychmiastowy
rapid film *fot.* błona o wysokiej czułości
rapid (tool) steel *obr.skraw.* stal szybkotnąca
rapping the pattern *odl.* odbijanie modelu
rare-earth elements *pl chem.* pierwiastki ziem rzadkich, lantanowce
rarefaction rozrzedzenie
rarefied gas gaz rozrzedzony
rare gases *pl* gazy szlachetne, helowce
rasp 1. *narz.* tarnik **2.** tarka
rasp *v* obrabiać tarnikiem; szorstkować
raster *TV* raster, osnowa (*obrazu*)
raster scan display *inf.* rastrowe urządzenie graficzne, monitor rastrowy
ratchet 1. zapadka **2.** mechanizm zapadkowy
ratchet drill 1. wiertło do grzechotek **2.** grzechotka (*wiertarka ręczna*)
ratchet spanner klucz z grzechotką
ratchet (wheel) koło zapadkowe
rate 1. wielkość (*miara względna*); stopień **2.** szybkość; tempo **3.** *zeg.* chód zegara **4.** *ek.* stawka; kurs

rate *v* **1.** ustalać wartość **2.** *metrol.* wzorcować (*przyrząd*)
rated *a* znamionowy, nominalny
rated horsepower moc znamionowa (*w HP*)
rated load obciążenie znamionowe
rate-of-climb indicator *lotn.* wariometr
rate of exchange *ek.* kurs przeliczeniowy
rate of feed *obr.skraw.* posuw, szybkość ruchu posuwowego
rate of flow *mech.pł.* natężenie przepływu
rating 1. wartość znamionowa; dane znamionowe, znamiona **2.** *metrol.* wzorcowanie
rating plate *masz.* tabliczka znamionowa
ratio *mat.* stosunek; proporcja
ratio meter *el.* logometr, przyrząd ilorazowy, miernik ilorazowy
ration *v* (*food etc.*) racjonować (*żywność*); dawkować (*paszę*)
rational number *mat.* liczba wymierna
ratio of transformation *el.* przekładnia napięciowa transformatora
ratio of transformer *el.* przekładnia zwojowa transformatora
rattle barrel oczyszczarka bębnowa (*np. drobnych odlewów*)
rattling bębnowanie, oczyszczanie w bębnie
raw *a* surowy; nieprzerobiony
raw data *pl inf.* dane pierwotne
rawinsonde *meteo.* balon-sonda (*radiowa lub radarowa*)
raw material surowiec
raw water woda surowa, woda nieoczyszczona
ray 1. *fiz.* promień **2.** *geom.* promień, półprosta
ray centre *geom.* środek jednokładności
rayon włókno z celulozy regenerowanej; sztuczny jedwab
rays *pl fiz.* promienie; promieniowanie
reach 1. zasięg **2.** *geol.* prosty odcinek rzeki; *ocean.* odnoga morska
reach *v* sięgać; osiągnąć
react *v* reagować, oddziaływać
reactance *el.* reaktancja, opór bierny
reactant *chem.* substrat reakcji
reacting substance *chem.* reagent, substancja reagująca
reaction 1. *mech.* reakcja, oddziaływanie **2.** *fiz., chem.* reakcja, przemiana **3.** *chem.* odczyn (*roztworu*)
reaction engine *zob.* **reaction motor 1.**
reaction motor 1. silnik odrzutowy **2.** *el.* silnik reluktancyjny
reaction product *chem.* produkt reakcji
reaction propulsion napęd odrzutowy
reaction turbine turbina reaktancyjna
reactive current *el.* prąd bierny
reactivity 1. *chem.* reaktywność, reakcyjność **2.** *nukl.* reaktywność (*reaktora*)
reactor 1. *chem.* reaktor, aparat reakcyjny **2.** *nukl.* reaktor (*jądrowy*) **3.** *el.* dławik
reactor blanket *nukl.* płaszcz reaktora
reactor cell *nukl.* komórka reaktora
reactor control elements *pl nukl.* elementy regulacyjne reaktora
reactor cooling medium *nukl.* chłodziwo reaktorowe
reactor core *nukl.* strefa czynna reaktora, rdzeń reaktora
reactor fuel cycle *nukl.* cykl paliwowy reaktora
reactor instrumentation *nukl.* oprzyrządowanie reaktora, przyrządy kontrolno-pomiarowe reaktora
reactor meltdown accident *nukl.* awaria stopienia reaktora
reactor poison *nukl.* trucizna reaktorowa
reactor power *nukl.* moc reaktora
reactor protection system *nukl.* system zabezpieczeń reaktora
reactor runaway *nukl.* nagły wzrost mocy reaktora
reactor trip *nukl.* wyłączenie reaktora
reactor unit *nukl.* blok reaktora
reactor vessel *nukl.* zbiornik reaktora
reactor waste *nukl.* odpady reaktorowe
read *v* czytać; odczytywać
reader 1. korektor **2.** czytnik; *metrol.* (*urządzenie do odczytywania wskazań przyrządów*)
readily soluble łatwo rozpuszczalny
readiness gotowość; pogotowie
reading 1. *metrol.* odczyt (*wskazań przyrządu*) **2.** *inf.* czytanie (*danych*)
reading error *metrol.* błąd odczytu
reading face *metrol.* podzielnia
read(ing) head głowica (*magnetyczna*) odczytująca
readjust *v* ponownie nastawiać; przeregulować; dostosować
read-only memory *inf.* pamięć stała
readout 1. *inf.* odczyt informacji **2.** *metrol.* odczyt (*wskazań przyrządu*)
read-write head *inf.* głowica odczytu-zapisu
ready *a* gotowy; przygotowany
ready-for-use chemicals *pl* chemikalia dozowane
ready signal *inf.* sygnał gotowości
reagent *chem.* odczynnik

real axis *mat.* oś (liczb) rzeczywistych, oś rzeczywista
real gas gaz rzeczywisty
real image *opt.* obraz rzeczywisty
real number *mat.* liczba rzeczywista
real power *el.* moc czynna
real-time processing *inf.* przetwarzanie w czasie rzeczywistym
ream ryza (*papieru*)
reamer 1. *obr.skraw.* rozwiertak **2.** *wiertn.* rozszerzak
reaming 1. *obr.skraw.* rozwiercanie **2.** *wiertn.* rozszerzanie otworu
reaper *roln.* żniwiarka
reaper-thresher *roln.* kombajn zbożowy
rear *v roln.* hodować
rear *a* tylny
rear axle *mot.* most tylny; oś tylna
rear drive *mot.* napęd na tylne koła
rearrangement zmiana układu; przegrupowanie
rear sight *wojsk.* celownik (*w karabinie*)
rear view *rys.* widok od tyłu, rzut pomocniczy pionowy
rear-view mirror *mot., lotn.* lusterko wsteczne
reassembly ponowny montaż
rebate 1. *drewn.* profil złączowy; wręg **2.** *ek.* rabat, opust
rebate plane *narz.* strug wręgownik; strug kątnik
reboring 1. *obr.skraw.* ponowne wytaczanie, przetaczanie (*np. cylindrów*) **2.** *wiertn.* przewiercanie, wiercenie powtórne
rebound odbój; odbicie; odskok
rebroadcast *v rad., TV* odtwarzać program
rebuilding 1. odbudowa; przebudowa; modernizacja **2.** *spaw.* natapianie (*starych powierzchni*), napawanie regeneracyjne
recapping bieżnikowanie (*opon*)
receipt *ek.* **1.** odbiór **2.** kwit, pokwitowanie
receiver 1. odbiornik **2.** *el.* słuchawka **3.** odbieralnik (*zbiornik*)
receiver of a cupola *odl.* zbiornik żeliwiaka
receiving antenna *rad.* antena odbiorcza
receiving inspection kontrola odbiorcza
receiving set *rad.* odbiornik
receptacle 1. zbiornik; odbieralnik **2.** *el.* gniazdo; oprawka
reception *rad.* odbiór
recess wnęka; wykrój; wgłębienie; wybranie
recessing machine *drewn.* frezarka uniwersalna
recharge *v* ładować ponownie; dopełniać
rechargeable cell *el.* ogniwo doładowywane, akumulator elektryczny
reciprocal *mat.* odwrotność, wielkość odwrotna
reciprocal ohm *jedn.* simens, S
reciprocate *v mech.* poruszać się ruchem postępowo-zwrotnym
reciprocating engine silnik tłokowy (*suwowy*)
reciprocating pump pompa tłokowa
reciprocity principle *fiz.* zasada wzajemności
recirculation recyrkulacja, ponowne włączenie do obiegu
reckon *v* liczyć; obliczać; zliczać
reclaim *v* regenerować; odzyskiwać
reclaimed oil *masz.* olej regenerowany
reclamation 1. regeneracja **2.** *roln.* melioracja; rekultywacja
recoil 1. *wojsk.* odrzut (*broni palnej*); odskok (*działa*) **2.** *fiz.* odrzut
recoil atom *fiz.* atom odrzutu, atom gorący
recoiler *hutn.* przewijarka (*taśmy*)
recombination *fiz., chem.* rekombinacja, ponowne łączenie
recommended standard norma zalecana
recompression chamber komora dekompresyjna (*dla nurków*)
recondition *v* odnawiać; przywracać do stanu użytkowego
reconfiguration *inf.* rekonfiguracja, zmiana organizacji systemu
reconnaissance rozpoznanie; *geol.* wstępne poszukiwania
reconstruction odbudowa; rekonstrukcja
record 1. rejestr; zapis **2.** *inf.* rekord **3.** płyta gramofonowa
record *v* rejestrować; zapisywać
record density *inf.* gęstość zapisu (*danych na nośniku*)
recorder 1. przyrząd rejestrujący, rejestrator; samopis **2.** *elakust.* zapisywacz (*dźwięku*); głowica zapisująca
recording zapis; nagranie
recording head *inf., elakust.* głowica zapisująca
recording instrument przyrząd rejestrujący, rejestrator
recording thermometer termograf, termometr piszący
recording track *inf., elakust.* ścieżka zapisu
recovered oil olej regenerowany

recovery 1. odzyskiwanie; regeneracja **2.** powrót do normalnego stanu **3.** *met.* zdrowienie, nawrót **4.** *gum.* powrót elastyczny (*do pierwotnych rozmiarów lub kształtu*), odprężenie elastyczne **5.** *górn.* wydobywanie (*kopalin*) **6.** *med.* wyzdrowienie, powrót do zdrowia
recovery ship (*statek przystosowany do wydobywania z morza wodujących kabin kosmicznych*)
recrystallization rekrystalizacja, przekrystalizowanie
rectangle *geom.* prostokąt
rectangular coordinates *pl* współrzędne prostokątne
rectangular prism *geom.* prostopadłościan
rectification 1. *chem.* rektyfikacja, destylacja frakcyjna **2.** *el.* prostowanie (*prądu*)
rectified spirit rektyfikat, spirytus rektyfikowany
rectified value *el.* wartość wyprostowana (*wielkości okresowej*)
rectifier *el.* prostownik
rectify *v* **1.** *chem.* rektyfikować, destylować frakcyjnie **2.** *el.* prostować (*prąd*) **3.** usunąć usterkę; naprawić uszkodzenie
rectifying column *chem.* kolumna rektyfikacyjna
rectifying tube *elektron.* lampa prostownicza
rectilinear *a* prostoliniowy
recto stronica nieparzysta (*książki*)
recuperation odzyskiwanie, rekuperacja (*ciepła*)
recuperator 1. rekuperator, odzysknica (*ciepła*) **2.** *wojsk.* powrotnik
recurrence nawrót, powtarzanie się
recurrent *a mat.* rekurencyjny; powtarzający się; okresowy
recurring decimal *mat.* ułamek okresowy
recycle stock *chem.* surowiec obiegowy (*wprowadzany ponownie do urządzenia przetwórczego*)
recycling zawracanie do obiegu, ponowne wprowadzanie do obiegu; *nukl.* recyklizacja (*paliwa jądrowego*)
red brass *met.* tombak
redesign *v* zmieniać konstrukcję, przekonstruować
red haematite *min.* hematyt, żelaziak czerwony
red heat czerwony żar; temperatura czerwonego żaru
red-hot *a* nagrzany do czerwonego żaru
redirection *inf.* przeadresowanie
read lead (oxide) *powł.* czerwony tlenek ołowiu, minia ołowiana
redox reaction *chem.* reakcja redoks, reakcja utleniania – redukcji
red pole biegun dodatni (*magnesu*)
redrawing 1. przerysowywanie **2.** *obr. plast.* przetłaczanie
red-tape operations *pl inf.* operacje porządkowe
reduce *v* **1.** zmniejszać, redukować **2.** *obr.plast.* obciskać **3.** *chem.* redukować, odtleniać **4.** *mat.* redukować; skracać
reduced mass *mech.* masa odniesiona, masa sprowadzona, masa zredukowana
reduced temperature *fiz.* temperatura zredukowana
reduce ingot to slab *hutn.* przewalcować wlewek na kęsisko
reducer 1. *masz.* reduktor (*obrotów*), przekładnia zmniejszająca, przekładnia redukcyjna **2.** złączka (rurowa) zwężkowa, zwężka rurowa **3.** *chem.* reduktor, środek redukujący **4.** *fot.* osłabiacz
reduce to a common denominator *mat.* sprowadzać do wspólnego mianownika
reducing agent *chem.* środek redukujący, reduktor
reducing atmosphere *chem.* atmosfera redukująca
reducing die *obr.plast.* ciągadło
reducing pipe zwężka rurowa, złączka (rurowa) zwężkowa
reducing valve zawór redukcyjny
reduction 1. zmniejszenie **2.** *mat.* redukcja; uproszczenie **3.** redukcja, sprowadzanie (*np. do warunków normalnych*) **4.** *chem.* redukcja, odtlenianie **5.** *fot.* osłabienie (*negatywu*) **6.** *ek.* obniżka (*cen*)
reduction furnace *hutn.* piec redukcyjny
reduction gear przekładnia redukcyjna, reduktor prędkości; *mot.* zwolnica
reduction of a fraction *mat.* skrócenie ułamka, uproszczenie ułamka
reduction ratio *masz.* przełożenie przekładni redukcyjnej, stosunek zmniejszenia prędkości
reductometric titration *chem.* miareczkowanie reduktometryczne, reduktometria
redundancy 1. *inf.* nadmiarowość, redundancja **2.** *mat.* zależność **3.** rezerwowanie, nadmierność (*jako środek zwiększania niezawodności systemu*) **4.** *wytrz.* przesztywnienie **5.** etat zlikwidowany (*w związku z kompresją etatów*)

redundancy check *inf.* kontrola nadmiarowa, kontrola redundancyjna
redundant *a* nadliczbowy, rezerwowy
reed 1. *bot.* trzcina **2.** *włók.* płocha **3.** *górn.* lont górniczy **4.** stroik (*instrumentu muzycznego*) **5.** *el.* styk kontaktronu
re-edition wydanie ponowne (*książki*)
reed relay *el.* kontaktron, przekaźnik hermetyczny
reef 1. *geol.* rafa **2.** żyła kruszcowa
reefer 1. pojemnik chłodniczy **2.** statek chłodniczy, chłodniowiec **3.** samochód-chłodnia
reel 1. bęben do zwijania, zwijak; szpula; motowidło **2.** zwój, rolka **3.** *włók.* motarka **4.** *hutn.* zwijarka, nawijarka
reeling 1. zwijanie, nawijanie (*na bęben*) **2.** *obr.plast.* obtaczanie (*na walcarce skośnej*)
reentrancy *inf.* współużywalność, wielobieżność
reentry *kosm.* powrót do atmosfery, wejście w atmosferę
reequip *v* zmieniać wyposażenie; wymieniać sprzęt
refacing *obr.skraw.* **1.** planowanie po obcięciu, planowanie wykończające **2.** przeszlifowywanie gniazd zaworów
reference address *inf.* adres odniesienia
reference cylinder *masz.* walec podziałowy (*koła zębatego walcowego*)
reference diameter *masz.* średnica podziałowa (*koła zębatego*)
reference electrode *fizchem.* elektroda porównawcza, elektroda odniesienia
reference fuel paliwo wzorcowe (*do badania własności antydetonacyjnych*)
reference gauge *metrol.* przeciwsprawdzian
reference level 1. *elakust.* poziom odniesienia, poziom wzorcowy **2.** *geod.* poziom odniesienia
reference list wykaz bibliograficzny, bibliografia
reference record *inf.* skorowidz
reference system układ odniesienia
refill *v* ponownie napełniać
refine *v* **1.** rafinować, oczyszczać **2.** *obr.ciepl.* rozdrabniać (*strukturę, ziarno*)
refined oil olej rafinowany
refinery rafineria
reflect *v fiz.* odbijać (*fale, promieniowanie*)
reflectance *fiz.* współczynnik odbicia
reflected wave *fiz.* fala odbita
reflecting surface powierzchnia odbicia; powierzchnia odbłyskowa
reflecting telescope teleskop zwierciadlany, reflektor
reflection *fiz.* odbicie (*fal lub cząstek*)
reflection plane *geom., kryst.* płaszczyzna symetrii
reflective *a* odblaskowy
reflectivity *fiz.* współczynnik odbicia
reflectometer 1. *opt.* reflektometr **2.** *rad.* reflektometr (*miernik współczynnika odbicia fali*)
reflector 1. odbłyśnik **2.** reflektor **3.** *nukl.* reflektor (*neutronów*)
reflex angle *geom.* kąt wklęsły
reflex camera *fot.* aparat lustrzany, lustrzanka
reflexion *zob.* **reflection**
reflux *chem.* orosienie, flegma, powrót (*w procesach destylacji*)
reformate *chem.* produkt reformowania
reforming (process) *paliw.* reformowanie, (proces) reforming
refract *v fiz.* załamywać (*fale*)
refracted wave *fiz.* fala załamana
refracting medium *fiz.* środowisko załamujące, ośrodek załamujący
refraction *fiz.* załamanie, refrakcja (*fal*)
refractive index *fiz.* współczynnik załamania
refractometer refraktometr
refractories *pl* materiały ogniotrwałe; wyroby ogniotrwałe
refractory *a* ogniotrwały
refresh *v* odświeżać; *inf.* odświeżać (*obraz na ekranie*)
refrigerant czynnik chłodniczy
refrigerate *v* chłodzić
refrigerated truck samochód-chłodnia
refrigerated vessel statek chłodniczy, chłodniowiec
refrigeration 1. chłodzenie **2.** chłodnictwo
refrigerator pojemnik chłodniczy; szafa chłodnicza, chłodziarka, lodówka
refuelling uzupełnianie paliwa, tankowanie; *nukl.* wymiana paliwa (*jądrowego*)
refurbish *v* odnawiać; przygotowywać (*urządzenie*) do ponownego użycia
refusal 1. odmowa **2.** opór (*np. wkręcanej śruby*); odbój (*pala*)
refuse odpadki
regeneration regeneracja; odzyskiwanie
regenerative heat exchanger regeneracyjny wymiennik ciepła
regenerator 1. regenerator (*ciepła*) **2.** *el.* regenerator (*impulsów*)
regime warunki pracy (*urządzenia*)
region 1. obszar **2.** *inf.* rejon

region of escape *geofiz.* egzosfera
register 1. rejestr **2.** urządzenie rejestrujące **3.** zasuwa kominowa
register *v* rejestrować
registered trade mark znak towarowy
register ton *okr.* tona rejestrowa (≈ 2,83 m^3)
registration number numer rejestracyjny
regress *v* cofać się
regrouping przegrupowanie
regular *a* regularny; prawidłowy
regular polygon *geom.* wielokąt (*foremny*)
regulate *v* regulować
regulating rod 1. *masz.* pręt regulacyjny, drążek regulacyjny **2.** *nukl.* pręt regulacyjny, pręt sterowniczy
regulation 1. regulacja **2.** przepis; zarządzenie
regulator regulator; stabilizator
reheat 1. *obr.ciepl.* ponowne nagrzewanie **2.** (*w turbinach parowych*) przegrzew międzystopniowy
reinforce *v* wzmacniać (*konstrukcję*); zbroić (*np. beton*)
reinforced concrete beton zbrojony; żelbet
reinforcement wzmocnienie (*konstrukcji*); zbrojenie (*np. betonu*); bandaż (*kabla*)
reinforcing cage *bud.* zbrojenie szkieletowe, szkielet zbrojeniowy
reject brak, wyrób wybrakowany
rejected heat ciepło odpadkowe, ciepło odlotowe
rejection 1. brakowanie, odrzucanie (*jako brak*) **2.** *rad.* tłumienie (*sygnałów*)
relation związek, zależność; *mat.* relacja
relative *a* względny
relative address *inf.* adres względny
relative motion *mech.* ruch względny
relative permittivity *el.* przenikalność elektryczna względna, stała dielektryczna
relativistic *a* relatywistyczny (*odnoszący się do teorii względności*)
relativity theory *fiz.* teoria względności
relaxation 1. *fiz.* relaksacja **2.** *wytrz.* zluźnienie, relaksacja
relay *aut., tel.* przekaźnik
relay *v* przekazywać
relay (radio) station radiostacja przekazowa, stacja retransmisyjna
release 1. zwolnienie; wyzwolenie **2.** zwalniacz; wyzwalacz
release *v* **1.** zwolnić (*sprężynę, hamulec*) **2.** wydzielać, wyzwalać (*np. ciepło*)
release agent *gum., tw.szt.* abherent, środek antyadhezyjny, środek zapobiegający przywieraniu
relevant *a inf.* relewantny (*mający związek z daną sprawą*)
reliability niezawodność, pewność (*działania*); rzetelność (*np. wyników badań*)
reliable *a* niezawodny, pewny; rzetelny
relief 1. *arch.* płaskorzeźba, relief **2.** *geol.* relief, rzeźba terenu **3.** *masz.* wybranie, podcięcie **4.** *narz. obr.skraw.* kąt przyłożenia (*ostrza*) **5.** odciążenie, zwolnienie
relief valve zawór nadmiarowy
relieving *obr.skraw.* zataczanie
relieving lathe *obr.skraw.* tokarka-zataczarka, zataczarka
relining 1. wymiana okładziny (*np. hamulca*) **2.** *górn.* obudowa wtórna; poprawianie obudowy, przebudowa
reload *v* ponownie ładować; przeładowywać
relocatable program *inf.* program relokowalny, program przemieszczalny
relocate *v* przemieszczać; przenosić (*np. pracownika na nowe stanowisko*); *inf.* relokować
reluctance *el.* reluktancja, opór magnetyczny
reluctance motor *el.* silnik reluktancyjny
reluctivity reluktywność (*odwrotność przenikalności magnetycznej*)
rem = röntgen-equivalent-man *radiol.* biologiczny równoważnik rentgena, rem
remainder *mat.* reszta; pozostałość
remanence *el.* indukcja magnetyczna szczątkowa, remanencja magnetyczna, pozostałość magnetyczna, magnetyzm szczątkowy
remelt *v* przetapiać, topić powtórnie
remote *a* **1.** odległy, oddalony **2.** zdalny, odległościowy, zdalaczynny
remote-access-computing system *inf.* system komputerowy zdalnie dostępny
remote control sterowanie zdalne
remote-control engineering telemechanika
remote station *inf.* stacja końcowa abonencka
removable *a* usuwalny; odejmowany
remove *v* usuwać; zdejmować; wyjmować
rend *v* rozdzierać; rozszczepiać (*np. drewno*)
rendering coat *bud.* obrzutka (*pierwsza warstwa tynku*)
rendezvous *lotn., kosm.* spotkanie zamierzone (*w powietrzu, na orbicie*)
renew *v* odnawiać; wymieniać (*np. zużyte części*)

renewable *a* odnawialny; wymienny
renovate *v* odnawiać
reorganize *v* reorganizować
rep = röntgen-equivalent-physical *radiol.* fizyczny równoważnik rentgena, rep
repair naprawa, remont; reperacja
repair gang brygada naprawcza, brygada remontowa
repair yard *okr.* stocznia remontowa
repeatability powtarzalność
repeater *tel.* wzmacniak
repeating decimal *mat.* ułamek okresowy
repel *v* odpychać; odpędzać
reperforator *telegr.* reperforator, odbiornik dziurkujący
repetend *mat.* okres ułamka
repetition powtarzanie; *geod.* repetycja, pomiar wtórny (*kontrolny*)
replace *v* **1.** wymieniać (*części*); *chem.* podstawiać **2.** wkładać na miejsce
replaceability of parts *masz.* wymienność części
replacement reaction *chem.* reakcja wymiany
replenish *v* uzupełniać; ponownie napełniać
replication powtarzanie; odtwarzanie
reply odpowiedź
report 1. raport; relacja **2.** *inf.* lista, tabulogram **3.** (*dźwięk wystrzału lub wybuchu*)
report (program) generator *inf.* generator programów wydawniczych
representation *mat.* **1.** reprezentacja; przedstawienie **2.** odwzorowanie
representative elements *pl chem.* pierwiastki główne, pierwiastki reprezentatywne
reprint *v* **1.** przedrukować **2.** *kin.* przekopiować (*optycznie obraz*)
reproduce *v* odtwarzać, reprodukować
reproducer 1. *akust.* odtwarzacz (*dźwięku*) **2.** *inf.* reproduktor, powielacz (*kart lub taśm dziurkowanych*)
reproduction 1. odtwarzanie, reprodukcja **2.** kopia; reprodukcja **3.** *biol.* reprodukcja, rozmnażanie
reprogrammable memory *inf.* pamięć reprogramowalna
repulsion *fiz.* odpychanie
request żądanie
requirement zapotrzebowanie; wymaganie
rerun *inf.* przebieg ponowny
rescue *v* ratować, nieść pomoc
rescue equipment sprzęt ratowniczy
research badanie (*naukowe*)
research laboratory laboratorium naukowo-badawcze
research reactor *nukl.* reaktor badawczy, reaktor doświadczalny
research worker pracownik naukowo--badawczy
reserve 1. rezerwa, zapas **2.** rezerwat (*przyrody*)
reserved word *inf.* słowo zastrzeżone
reservoir zbiornik
reset *v* **1.** ponownie nastawiać (*przyrząd*); przestawiać **2.** *inf.* zerować
residential quarter dzielnica mieszkaniowa
resident routine *inf.* program rezydujący (*w pamięci*)
residual *a* szczątkowy, resztkowy
residual flux density *el.* indukcja magnetyczna szczątkowa, remanencja magnetyczna, pozostałość magnetyczna, magnetyzm szczątkowy
residue reszta, pozostałość; *geol.* residuum
resilient *a* **1.** sprężynujący **2.** (*o dużej energii odkształcenia*)
resin żywica
resist *powł.* warstwa ochronna, maska (*np. przy powlekaniu galwanicznym lub przy malowaniu*)
resist *v* opierać się, stawiać opór, przeciwstawiać się
resistance 1. opór **2.** *el.* rezystancja, opór czynny **3.** *el.* rezystor, opornik **4.** odporność (*np. na czynniki atmosferyczne*); wytrzymałość
resistance alloy *met.* stop oporowy (*o dużej rezystywności*)
resistance furnace piec (*elektryczny*) oporowy
resistance welding zgrzewanie oporowe
resistant *a* odporny; wytrzymały
resistivity *el.* rezystywność, opór właściwy
resistor *el.* rezystor, opornik
resistor-transistor logic *inf.* układ logiczny rezystorowo-tranzystorowy, układ logiczny RTL
resnatron *elektron.* rezonatron
resolution 1. rozkład, rozkładanie (*na składowe*) **2.** *opt.* rozdzielczość; (*w radiolokacji*) rozróżnialność
resolve *v fiz.* rozkładać; rozszczepiać
resolving power *opt.* zdolność rozdzielcza, rozdzielczość; zdolność rozpraszająca (*pryzmatu*)
resonance *fiz.* rezonans
resonance frequency częstotliwość rezonansowa; częstotliwość krytyczna
resonant circuit *el.* obwód rezonansowy
resonant vibration drgania rezonansowe
resonant window *elektron.* okno falowodowe

resonate *v* rezonować
resonator rezonator
resorption resorpcja
resource protection *inf.* ochrona zasobów
resources *pl ek.* zasoby; środki
respirator *bhp* respirator, maska oddechowa
response 1. *fiz.,biol.* reakcja, reagowanie **2.** *aut.* odpowiedź **3.** *el.* skuteczność (*przetwornika*)
response time *metrol.* czas reagowania, czas zadziałania (*przyrządu*); *aut.* czas odpowiedzi
rest 1. spoczynek **2.** reszta; pozostałość **3.** oparcie; *obr.skraw.* podtrzymka, okular, luneta
restart uruchomienie ponowne; *inf.* wznowienie przebiegu (*powrót do jakiegoś miejsca w programie*)
rest energy *fiz.* energia spoczynkowa
restore *v* przywracać; odnawiać; regenerować
restrain *v* ograniczać (*ruch*); *mech.* utwierdzać; *transp.* unieruchomić, umocować (*ładunek*)
restrict *v* ograniczać
restriction ograniczenie; *ek.* restrykcja
restrictor 1. przewężenie (*przewodu*) **2.** przepustnica
restyle *v* zmieniać styl; przestylizować
re-styling *a* znacznie unowocześniony
result wynik, rezultat
resultant *a* wypadkowy
resultant force *mech.* siła wypadkowa, wypadkowa sił
resurfacing ponowna obróbka powierzchni; *drog.* odnowa nawierzchni
resuscitation *med.* reanimacja, resuscytacja
retail handel detaliczny, detal
retainer *masz.* element ustalający, ustalacz
retaining ring pierścień ustalający
retaining wall ściana oporowa; mur oporowy
retard *v* opóźniać; zwalniać
retardation *mech.* opóźnienie, przyspieszenie ujemne
retarder *chem.* opóźniacz, zwalniacz
retention zatrzymywanie, zachowanie, retencja
reticular *a* siatkowy
reticulation siatka (*np. pęknięć na powierzchni*); *fot.* retykulacja (*emulsji*)
retire *v* przejść na emeryturę
retort *chem.* retorta
retort furnace piec retortowy
retouching *fot.* retusz
retrace *v* cofać (się); wracać po śladzie
retract *v* cofać; wciągać; chować
retractable undercarriage *lotn.* podwozie wciągane
retransmission *rad.* retransmisja
retreading bieżnikowanie (*opon*)
retrieval of information wyszukiwanie informacji
retrofit (*modernizacja poprzez wprowadzenie nowych elementów wyposażenia*)
retrogradation *chem.* retrogradacja, pogarszanie się własności
retrogression 1. cofanie się, ruch wsteczny **2.** *obr.ciepl.* nawrót
retrorocket silnik rakietowy hamujący
retting roszenie (*lnu, konopi*)
retune *v rad.* przestrajać
return 1. powrót **2.** urządzenie powrotne; *el.* przewód powrotny **3.** *ek.* dochód
return spring sprężyna powrotna
return-to-zero recording *inf.* zapis z powrotem do zera
return trace *elektron.* powrót, ruch powrotny (*wiązki elektronowej, plamki na ekranie*)
re-tyre *v* wymieniać opony; wymieniać obręcze (*na kołach*)
reusability przydatność do wielokrotnego użycia; *inf.* wieloużywalność (*programów*)
reusable *a* nadający się do wielokrotnego użycia
rev *zob.* **revolution**
reverberation *akust.* pogłos, rewerberacja
reverberation chamber komora pogłosowa
reverberatory furnace *hutn.* piec płomienny, płomieniak
reversal odwrócenie; nawrót, zmiana kierunku
reversal film *fot.* błona odwracalna
reversal of sign *mat.* zmiana znaku
reverse 1. nawrót, zmiana kierunku **2.** odwrotność **3.** rewers (*odwrotna strona medalu lub monety*)
reverse *a* odwrotny, przeciwny; wsteczny
reverse bias *elektron.* polaryzacja (*złącza p-n*)
reverse current *el.* prąd wsteczny
reverse drawing *obr.plast.* ciągnienie z przewijaniem
reverse gear przekładnia biegu wstecznego; bieg wsteczny
reverser *el.* nawrotnik
reverse speed *mot.* bieg wsteczny
reversible motor silnik nawrotny; silnik odwracalny
reversible process proces odwracalny; *term.* przemiana odwracalna

reversible ratchet *masz.* zapadka dwustronnego działania, zapadka dwukierunkowa
reversible transducer *elektron.* przetwornik odwracalny
reversing mill *hutn.* **1.** walcownia nawrotna **2.** walcarka nawrotna
reversing switch *el.* nawrotnik
reversion 1. powrót (*do poprzedniego stanu*), cofanie się **2.** *obr.ciepl.* nawrót
revetment *inż.* pokrycie skarpy, umocnienie skarpy
review przegląd; omówienie; recenzja
revision weryfikacja; nowelizacja (*przepisów*)
revolution obrót
revolution counter tachometr, obrotomierz, licznik obrotów
revolutions per minute *jedn.* obroty na minutę, obr/min
revolve *v* obracać (się)
revolved section *rys.* kład miejscowy
revolving-block engine silnik rotacyjny
revolving door drzwi obrotowe; turnikiet
revs = revolutions *pl masz.* obroty; prędkość obrotowa
rev up *siln.* próbować silnik na dużych obrotach
rewind *v* **1.** przewijać; *el.* przezwajać **2.** *zeg.* naciągać
rewinder *masz.* przewijarka; *papiern.* odwijarka
rewire *v el.* wymieniać przewody
Reynolds number *mech.pł.* liczba Reynoldsa
RF, rf = radio frequency *el.* częstotliwość radioelektryczna, częstotliwość radiowa
RF current *el.* prąd wielkiej częstotliwości
rhenium *chem.* ren, Re
rheology *mech.* reologia
rheostat *el.* rezystor nastawny, reostat
rheostriction *fiz.* skurcz magnetyczny (*plazmy*), reostrykcja; *el.* reostrykcja, przewężenie (*ciekłego przewodnika*)
rheotaxial growth *elektron.* osadzanie reotaksjalne, reotaksja (*w technologii półprzewodników*)
rheotron *nukl.* betatron
rhodium *chem.* rod, Rh
rhomb 1. *geom.* romb **2.** *kryst.* romboedr
rhombohedron 1. *geom.* romboedr **2.** *kryst.* romboedr
rhomboid *geom.* równoległobok
rhombus (*pl* **rhombi** *or* **rhombuses**) *geom.* romb
rhumbatron *elektron.* rumbatron, rezonator wnękowy
rhumb line *nawig.* loksodroma
rib *masz.* żebro, żeberko (*usztywniające*)
ribbon taśma; wstęga
ribbon building zabudowa szeregowa, zabudowa pasmowa
rib of coal *górn.* filar węglowy; noga węglowa; płot węglowy
ribonucleic acid *biochem.* kwas rybonukleinowy
rich *a farb.* mocny, pełny, intensywny
rich mixture *paliw.* mieszanka bogata
rich soil gleba żyzna
ricinus oil olej rącznikowy, olej rycynowy
rick *roln.* stóg; sterta
ricochet *wojsk.* strzał odbitkowy; rykoszet
riddle sito (*grube*); rzeszoto
rider (weight) *metrol.* konik wagi
ridge 1. grzbiet (*wypukłość*); występ podłużny; *bud.* kalenica, grzbiet dachu **2.** *obr.skraw.* mikronierówność poprzeczna (*ślad obróbki*) **3.** *górn.* strop wyrobiska **4.** *roln.* redlina
ridge roof *bud.* dach dwuspadkowy
ridging 1. *masz.* bruzdowanie (*powstawanie bruzd, np. wskutek zużywania się współpracujących części*) **2.** *roln.* obsypywanie, obredlanie
ridging plough *roln.* obsypnik
riffler (file) *narz.* pilnik wygięty
rifle *wojsk.* **1.** karabin **2.** gwint (*w lufie*)
rift rozerwanie; szczelina; pęknięcie; *geol.* rozpadlina; rów tektoniczny
rig 1. *okr.* rodzaj ożaglowania **2.** urządzenie wiertnicze
rigging 1. *okr.* olinowanie (*statku*), takielunek **2.** montaż konstrukcji
right *a* **1.** prawy **2.** *geom.* prosty; prostokątny **3.** prawidłowy
right-and-left nut nakrętka rzymska, nakrętka napinająca, ściągacz
right angle *geom.* kąt prosty
right-angled triangle *geom.* trójkąt prostokątny
right ascension *astr.* rektascencja, wznoszenie proste
right circular cone stożek kołowy prosty
right-cut tool *obr.skraw.* nóż lewy
right driving *drog.* ruch prawostronny
right-hand *a* prawy; prawostronny; prawoskrętny
right-hand drive *mot.* układ kierowniczy prawostronny
right-handed rope lina prawozwita, lina prawoskrętna
right-handed screw śruba prawozwojna
right-hand lay prawy spust, prawy skręt (*liny*)

right-hand rule *el.* reguła prawej ręki
right-hand thread gwint prawy
right-of-way *drog.* **1.** prawo pierwszeństwa przejazdu **2.** prawo swobodnego przejazdu **3.** (*teren, na którym obowiązuje prawo swobodnego przejazdu*) **4.** teren przeznaczony do użytku publicznego (*na budowę drogi, rurociągu*) **5.** US pas drogowy
right turn zakręt w prawo; zwrot w prawo; obrót w prawo
rigid *a* sztywny
rigid body *mech.* ciało (doskonale) sztywne
rigidity *mech.* sztywność
rigidity modulus *wytrz.* moduł sprężystości poprzecznej, moduł sprężystości postaciowej
rigid pavement *drog.* nawierzchnia sztywna
rim obrzeże; wieniec (*koła*); obręcz (*koła*)
rim angle 1. *hydr.* kąt przylegania, kąt zetknięcia, kąt brzegowy **2.** *masz.* kąt wieńca, kąt opasania poprzecznego, kąt przylegania (*w kole zębatym*)
rime *meteo.* sadź, szadź; szron
rimer *narz.* rozwiertak, *zob.* też **reamer**
rimmed steel *hutn.* stal nieuspokojona
rimming steel *zob.* **rimmed steel**
rind skórka; łupina; kora
ring pierścień
ring circuit *el.* tor pętlowy, tor dwustronnie zasilany
ring cleavage *chem.* decyklizacja, rozerwanie pierścienia
ringer *telef.* zewnik, dzwonek
ring formation *chem.* cyklizacja, zamknięcie pierścienia
ring gauge sprawdzian pierścieniowy, sprawdzian tulejowy
ring gear koło (zębate) koronowe (*przekładni obiegowej*)
ring hydrocarbons *pl chem.* węglowodory cykliczne, węglowodory pierścieniowe
ring road *drog.* obwodnica
ring roller 1. *roln.* wał pierścieniowy **2.** *hutn.* walcarka do pierścieni
ring shift *inf.* przesunięcie cykliczne
ring valve zawór pierścieniowy
rinse *v* płukać; przemywać
ripening dojrzewanie
ripper 1. *drewn.* piła wzdłużna **2.** *inż.* zrywarka (*maszyna do robót ziemnych*) **3.** *roln.* spulchniacz **4.** *górn.* młotek mechaniczny do urabiania skał **5.** *górn.* obrywkarz; przebierkarz **6.** *hutn.* strzępiarka (*maszyna do złomowania*)
ripping 1. *drewn.* cięcie wzdłużne, piłowanie wzdłużne (*wzdłuż włókien*) **2.** *górn.* obrywka; przybierka; urobiona skała płonna
ripple 1. *hydr.* zmarszczki na wodzie **2.** *el.* drobna pulsacja prądu, tętnienie
ripple-carry adder *inf.* sumator kaskadowy
rippled quantity *el.* wielkość tętniąca
ripple finish powłoka (*malarska*) marszczona
riprap *inż.* narzut kamienny
rip-saw *drewn.* piła wzdłużna
rip up the road *inż.* zrywać nawierzchnię
rise 1. wzrost; podniesienie (się); *ek.* zwyżka, podwyżka **2.** *astr.* wschód (*ciała niebieskiego*)
riser 1. pion, przewód pionowy; rura pionowa; *kotł.* rura wznośna; *el.* pionowa linia zasilająca **2.** *górn.* nadsięwłom **3.** *bud.* przednóżek, podstopnica (*w schodach*)
riser (head) *odl.* nadlew
rise time *aut.* czas narastania
rising tide *ocean.* przypływ
rive *v* łupać; rozszczepiać (*drewno*)
river rzeka
river basin dorzecze, zlewnia rzeki
river bed koryto rzeki
river engineering regulacja rzeki
river stage poziom wód w rzece
rivet nit
riveted joint połączenie nitowe; szew nitowy
riveter 1. niciarka, nitownica; prasa nitownicza; młotek nitowniczy (*z napędem mechanicznym*) **2.** niciarz
rivet head łeb nitu
rivet header *narz.* nagłówniak, zakuwnik
riveting nitowanie
rivet pin nitokołek
rivet shank trzon nitu, szyjka nitu
rivet weld spoina kołkowa (*przechodząca przez łączone części*)
rms current *el.* prąd skuteczny, wartość skuteczną prądu
road 1. droga **2.** *górn.* chodnik przewozowy **3.** *żegl.* reda
road adhesion przyczepność nawierzchni
roadbed koryto drogi; *kol.* podtorze
road capacity przelotność drogi, przepustowość drogi
road grade pochylenie drogi
road guard pachołek drogowy
roadholding *mot.* trzymanie się drogi
road lights *pl mot.* światła długie, światła drogowe
roadmaking budowa dróg

roadman robotnik drogowy
road pencil *rys.* ołównik podwójny
road roller walec drogowy
roads *pl żegl.* reda
road safety bezpieczeństwo ruchu drogowego
roadside pas przydrożny
roadstead *żegl.* reda
roadster 1. *żegl.* statek kotwiczący na redzie **2.** *mot.* samochód otwarty dwuosobowy
road surface nawierzchnia drogi
road test *mot.* próba drogowa
road vehicle pojazd drogowy
roadway 1. jezdnia; pas drogowy **2.** *górn.* chodnik przewozowy
road wheel *mot.* koło jezdne, koło biegowe
roaster *hutn.* prażak, piec prażalniczy
roasting *hutn.* prażenie (*rud*)
robbing *górn.* **1.** wybieranie; ubieranie **2.** rabowanie (*obudowy*)
robot robot
robotics *aut.* robotyka
robust *a* mocny, solidny
rock skała
rock *v* wahać się; kołysać
rock burst *górn.* tąpnięcie górotworu
rock casting leizna kamienna, skaliwo
rock drill wiertarka do kamienia
rocker (arm) *masz.* wahacz; ramię (*w mechanizmie dźwigniowym*)
rocker dump car *górn.* wywrotka kołyskowa, koleba
rockers *pl* bieguny (*urządzenia przechylnego*)
rocket rakieta
rocket (engine) silnik rakietowy
rocket fuel paliwo rakietowe (*właściwe*), składnik palny propergolu
rocket launcher wyrzutnia rakietowa
rocket missile pocisk rakietowy, rakieta
rocket propellant propergol, materiał napędowy (*do rakiet*), paliwo rakietowe
rocket propulsion napęd rakietowy
rocket range poligon rakietowy
rocketry technika rakietowa
rock-fill dam *inż.* zapora narzutowa (*z narzutu skalnego*)
rock gas gaz ziemny
rocking lever dźwignia wahliwa, wahacz
rock oil ropa naftowa
rock salt *min.* sól kamienna, halit
rod 1. pręt; drąg **2.** *hutn.* walcówka **3.** *jedn.* pręt: 1 pręt = 5,029 m
rodding 1. *bud.* rydlowanie, sztychowanie (*betonu*) **2.** przetykanie rury, oczyszczanie przewodu rurowego (*prętem*) **3.** *wiertn.* wiercenie za pomocą żerdzi wiertniczych
rodenticide środek gryzoniobójczy, rodentycyd
rod gap *el.* iskiernik prętowy
rod gauge sprawdzian prętowy; sprawdzian średnicówkowy; średnicówka
rod iron *hutn.* pręty stalowe
rod mill *hutn.* **1.** młyn prętowy **2.** walcownia walcówki
roentgen *zob.* **röntgen**
Rogallo wing *lotn.* płat Rogallo, skrzydło Rogallo
roll 1. walec (*np. walcarki*) **2.** krążek, rolka; zwój (*np. papieru*) **3.** wałeczek (*łożyska*) **4.** *spaw.* rozlew spoiny; nawis spoiny **5.** *lotn.* beczka (*figura akrobacji*) **6.** kołysanie boczne (*statku*) **7.** *włók.* skręcona przędza
roll *v* **1.** toczyć (się) **2.** *obr.plast.* walcować **3.** przechylać się (*o statku lub pojeździe*) **4.** zwijać (*zwój*)
rollback *inf.* przebieg ponowny
roll barrel beczka walca (*walcarki*)
roll call odczytywanie listy obecności; odprawa; apel
roll compacting zagęszczanie (*proszku*) przez walcowanie
roll crusher kruszarka walcowa; gniotownik walcowy
roll (down) ingot into bloom *hutn.* przewalcować wlewek na kęsisko
rolled sheet metal blacha walcowana
roller 1. *masz.* wałek; wałeczek (*łożyska*); krążek; rolka; koło odtaczające **2.** *zeg.* przerzutnik **3.** *roln.* wał (*do wałowania*); *drog.* walec **4.** *szkl.* cholewa **5.** *hutn.* pierwszy walcownik **6.** *ocean.* wał wodny (*fala*)
roller bearing łożysko wałeczkowe
roller blind zasłona zwijana, roleta
roller burnishing nagniatanie rolkami; rolkowanie, krążkowanie (*obróbka wykończająca*)
roller chain łańcuch sworzniowy tulejkowy, łańcuch Galla
roller conveyor przenośnik wałkowy
roller-hearth furnace *hutn.* piec z trzonem samotokowym
roller levelling prostowanie (*blach*) rolkami
roller mill młyn walcowy; *roln.* śrutownik walcowy; gniotownik walcowy
roller painting malowanie za pomocą walców; malowanie (*ręczne*) wałkiem

roller straightener *hutn.* prostownica rolkowa (*do prętów, kształtowników, rur*)
roller table *hutn.* samotok
roll film *fot.* film zwijany
roll flattener *hutn.* prostownica rolkowa do blach
roll force *hutn.* nacisk walców
roll forging 1. walcowanie na walcach kuźniczych **2.** odkuwka matrycowa na walcach kuźniczych
roll forging machine walce kuźnicze
roll forming 1. profilowanie rolkowe **2.** zgniatanie obrotowe
roll-in *inf.* wstawianie programu
rolling 1. toczenie (się) **2.** *obr.plast.* walcowanie **3.** *drog.* walcowanie **4.** przechylanie; kołysanie poprzeczne (*pojazdu*), chwiejba, kołysanie boczne (*statku*)
rolling angle *obr.plast.* kąt chwytu (*przy walcowaniu*)
rolling(-contact) bearing łożysko toczne
rolling cylinder *masz.* walec toczny, walec odtaczający (*w przekładni zębatej*)
rolling defect wada walcownicza
rolling elements *pl masz.* części toczne
rolling friction opór toczenia się, tarcie toczne
rolling industry *obr.plast.* walcownictwo
rolling mill *hutn.* **1.** walcownia **2.** walcarka
rolling(-mill) practice technologia walcowania
rolling(-mill) stand *hutn.* walcarka; klatka walcownicza
rolling motion ruch toczny, toczenie się
rolling reduction *hutn.* gniot (*przy walcowaniu*)
rolling scale *hutn.* walcowina, zgorzelina walcowniana
roll(ing) stand *hutn.* klatka walcownicza; walcarka
rolling stock 1. materiał walcowany **2.** tabor (*kolejowy, samochodowy*)
rolling table *hutn.* samotok
rolling (window) shutter *bud.* żaluzja zwijana
roll line *hutn.* zespół walcowniczy; linia walcarek
roll-off *el.* spadek wzmocnienia
roll-on/roll-off cargo *transp.* ładunek toczny
roll on/roll off (system) ship statek ro-ro (*do ładunków tocznych*), pojazdowiec
roll-out *inf.* usuwanie programu
roll over przetaczać; przewracać (się); przekoziołkować
roll pass *hutn.* **1.** przepust przy walcowaniu **2.** wykrój (*walca*)
roll pass design kalibrowanie walców
roll press prasa walcowa
rolls *pl masz.* walce; walcarka
roll stand *hutn.* klatka walcownicza; walcarka
roll table *hutn.* samotok
roll welding zgrzewanie walcowaniem
ro-lo ship (ro-ro/lo-lo) *okr.* kontenerowiec-pojazdowiec
ROM = read-only memory *inf.* pamięć stała
roman balance waga przesuwnikowa prosta, bezmian
roman numerals *pl* cyfry rzymskie
roman type *poligr.* antykwa
röntgen rentgen (*jednostka dawki ekspozycyjnej promieni X lub* γ) : 1 R = $0{,}258 \cdot 10^{-3}$ C/kg
röntgen apparatus aparat rentgenowski
röntgen meter rentgenometr, dawkomierz rentgenowski
röntgenogram rentgenogram, zdjęcie rentgenowskie
röntgenography rentgenografia
röntgenology rentgenologia
röntgenoscopy rentgenoskopia, prześwietlanie promieniami X, fluoroskopia
Röntgen rays *pl* promienie rentgenowskie, promienie X
rood (*jednostka powierzchni* = 1011,71 m^2)
roof 1. dach; przekrycie dachowe **2.** *górn.* strop (*pokładu*)
roof bar *górn.* stropnica
roof beam *bud.* ściąg dachowy
roofed *a bud.* pokryty dachem, kryty
roofing materiał do krycia dachów; pokrycie dachu
roofing paper papa dachowa
roof(ing) tile dachówka
roof luggage rack *mot.* bagażnik dachowy
roof of a furnace *hutn.* sklepienie pieca
roof slope *bud.* połać dachu
roof truss *bud.* wiązar dachowy
roofwork roboty dekarskie, krycie dachów
room 1. izba; pokój; pomieszczenie **2.** *górn.* komora; zabierka
room-and-pillar stoping *górn.* wybieranie komorowo-filarowe
room temperature temperatura pokojowa
roomy *a* przestronny, obszerny
root 1. *mat.* pierwiastek **2.** *inż.* nasada budowli (*np. pirsu, tamy*) **3.** *masz.* dno bruzdv gwintu; *spaw.* gardziel rowka

root bead *spaw.* warstwa graniowa (*spoiny*)
root circle *masz.* okrąg podstaw, koło stóp, koło podstaw (*koła zębatego*)
root crops *pl* rośliny okopowe
rooter 1. *aut.* układ pierwiastkujący **2.** *masz.* ciężki zrywak; karczownik
root-mean-square current *el.* prąd skuteczny, wartość skuteczna prądu
root-mean-square error błąd średni kwadratowy
root-mean-square value *statyst.* wartość średnia kwadratowa; *el.* wartość skuteczna (*wielkości okresowej*)
root of an equation *mat.* pierwiastek równania
root of weld *spaw.* grań spoiny
root pass *spaw.* warstwa graniowa (*spoiny*)
root penetration *spaw.* przetop w grani
root reinforcement *spaw.* nadlew grani
root run *spaw.* ścieg graniowy
roots *pl GB roln.* rośliny okopowe
rootwood *drewn.* karpina
rope lina; powróz
rope clamp zacisk linowy
rope drive napęd linowy
rope-ladder drabinka sznurowa; *żegl.* sztormtrap
rope lay splot liny, konstrukcja liny
ropemaking powroźnictwo
rope pulley koło linowe; krążek linowy
rope socket zacisk linowy tulejowy, tuleja zaciskowa do liny
ropeway lina nośna kolei linowej
ro-ro = roll on/roll off (system) *transp.* poziomy system przeładunku (*ładunków tocznych*)
rosette *arch.* rozeta; różyca
rosin kalafonia
rosin oil olej żywiczny
rot *drewn.* zgnilizna, mursz
rotameter 1. *hydr.* rotametr, przepływomierz pływakowy swobodny **2.** krzywomierz
rotaplane *lotn.* wiatrakowiec, autożyro
rotary *poligr.* maszyna rotacyjna, rotacja
rotary *a* obrotowy, rotacyjny
rotary compressor sprężarka wyporowa obrotowa, sprężarka rotacyjna
rotary converter 1. *el.* przetwornica jednotwornikowa **2.** *hutn.* konwertor obrotowy, konwertor rotorowy, rotor
rotary cultivator *roln.* kultywator rotacyjny
rotary cutter *hutn.* nożyce krążkowe
rotary drilling *górn.* wiercenie obrotowe
rotary engine silnik (tłokowy) obrotowy
rotary excavator koparka (wielonaczyniowa) kołowa
rotary extrusion *obr.plast.* zgniatanie obrotowe, obciąganie obrotowe
rotary feeder zasilacz talerzowy
rotary harrow brona rotacyjna; brona kolczatka
rotary joint *el.* złącze obrotowe
rotary kiln *hutn.* piec obrotowy
rotary motion ruch obrotowy
rotary phase converter *el.* przetwornica fazowa wirująca
rotary press 1. prasa obrotowa, prasa rotacyjna **2.** *poligr.* maszyna rotacyjna, rotacja
rotary pump pompa rotacyjna
rotary shear *hutn.* nożyce bębnowe
rotary (spark) gap *el.* iskiernik obrotowy
rotary swager *obr.plast.* kowarka obrotowa
rotary switch *el.* łącznik pokrętny; *telef.* wybierak obrotowy
rotary valve zawór obrotowy (*z zawieradłem obrotowym*)
rotary-vane meter przepływomierz rotacyjny
rotate *v* obracać (się); wirować
rotate about an axis obracać się wokół osi
rotating compasses *pl rys.* zerownik, cyrkiel zerowy, nulka
rotating crystal method *radiol.* metoda obracanego kryształu
rotating field *el.* pole wirujące
rotating flashing lamp *mot.* światło uprzywilejowania (*z obracającym się odbłyśnikiem*)
rotating joint *el.* złącze obrotowe
rotating machinery maszyny przepływowe (*turbiny, sprężarki itp*)
rotating parts *pl masz.* części wirujące
rotation 1. *mech.* ruch obrotowy, obrót **2.** *mat.* rotacja, wirowość (*wektora*)
rotational *a* **1.** obrotowy **2.** *mat.* rotacyjny, wirowy
rotational energy *fiz.* energia rotacyjna
rotational inertia bezwładność w ruchu obrotowym
rotational speed prędkość obrotowa
rotation of crops *roln.* płodozmian
rotator 1. *elektron.* rotator (*w falowodzie*) **2.** *fiz.* rotator **3.** *mech.* element obrotowy, element wirujący
rotatory polarization skręcenie płaszczyzny polaryzacji światła
rotodynamic pump pompa wirowa, pompa rotodynamiczna, pompa krętna, pompa wirnikowa
rotodyne *lotn.* wirolot
rotoflector *rad.* reflektor obrotowy
rotogravure *poligr.* rotograwiura

rotor 1. wirnik **2.** *siln.* tłok obrotowy **3.** *masz.* walec (*kruszarki jednowalcowej*)
rotor blade łopatka wirnika (*np. sprężarki*); łopata wirnika (*śmigłowca*)
rotorcraft *lotn.* wiropłat
rotor disk tarcza wirnika, koło wirnikowe (*turbiny*)
rotor furnace *hutn.* konwertor rotorowy, konwertor obrotowy, rotor
rotor (steelmaking) process *hutn.* proces rotorowy (*wytapiania stali*)
rotten *a* zgniły; zmurszały
rottenstone łupek polerski; trypla
rouge róż polerski (*tlenek żelazowy*)
rough *a* **1.** chropowaty, szorstki; nieobrobiony **2.** zgrubny, wstępny
roughcast *bud.* tynk kamyczkowy
rough casting odlew surowy
rough copy brulion (*listu, dokumentu*)
rough file pilnik zdzierak
roughing 1. *obr.skraw.* obróbka zgrubna; zdzieranie; skórowanie **2.** *obr.plast.* wstępne walcowanie; wstępne kucie **3.** szorstokowanie (*np. gumy*)
roughing lathe tokarka do obróbki zgrubnej, tokarka-zdzierarka
roughing stand *obr.plast.* klatka (*walcownicza*) wstępna, klatka zgniatająca
roughing tool *obr.skraw.* (nóż) zdzierak, nóż od odbróbki zgrubnej
roughness chropowatość, szorstkość (*powierzchni*)
roughness with cut-off odcinek odniesienia (*przy pomiarze chropowatości powierzchni*)
rough turning *obr.skraw.* skórowanie
roulette 1. *mat.* ruleta **2.** *narz.* radełko
round 1. *hutn.* pręt (*walcowany*) okrągły **2.** *wojsk.* nabój; pocisk kierowany **3.** *hutn.* wsad (*wielkopiecowy*) **4.** *narz.* strug wałkownik **5.** *arch.* nosek; wałek **6.** szczebel (*drabiny*) **7.** *drewn.* okrąglak **8.** obchód (*kontrolny*)
round *a* okrągły
roundabout *drog.* rondo, skrzyżowanie o ruchu okrężnym
round angle *geom.* kąt pełny
round bracket nawias okrągły
rounded *a* zaokrąglony, obły
rounded end *masz.* koniec soczewkowy (*śruby, wkrętu*)
roundhouse *kol.* parowozownia
rounding 1. zaokrąglenie **2.** *mat.* zaokrąglenie (*liczby*) **3.** *skór.* kruponowanie
rounding error *mat.* błąd zaokrąglenia
round-off number liczba zaokrąglona
round of holes *górn.* obwiert
round robin technique *inf.* metoda okrężna
rounds *pl górn.* węgiel gruby, kęsy
round seam szew na okrętkę
round-the-clock (*service*) całodobowy, całodzienny
round timber *drewn.* okrąglak
route trasa, marszruta; szlak żeglugowy
router plane *narz.* strug wyżłabiak
route survey *geod.* trasowanie
routine *inf.* program standardowy
routine repair remont okresowy
routing (ru:tin) **1.** *żegl.* wyznaczanie tras; regulacja ruchu statków **2.** *org.* ustalanie kolejności operacji (*np. procesu produkcyjnego*) **3.** *telef.* kierowanie ruchu, marszrutowanie **4.** *kol.* odprawianie w drogę (*pociągów*)
routing (rautin) *drewn.* **1.** frezowanie z ręcznym posuwem narzędzia **2.** żłobienie (*strugiem*)
routing machine 1. *drewn.* frezarka pionowa z ręcznym posuwem **2.** *poligr.* routing (*uniwersalna maszyna do obróbki klisz*)
rove podkładka pod nit
roving *włók.* niedoprzęd
row szereg, rząd
rowboat łódź wiosłowa
RTL = resistor-transistor logic *inf.* układ logiczny rezystorowo-tranzystorowy, układ RTL
rub *v* trzeć (się); wycierać; pocierać
rubber 1. kauczuk **2.** guma **3.** klocek do szlifowania (*np. kamienia*)
rubber accelerator przyspieszacz wulkanizacji
rubber coating 1. gumowanie, powlekanie gumą **2.** powłoka gumowa
rubber-insulated *a* w izolacji gumowej
rubberize *v* gumować, powlekać gumą
rubber latex lateks kauczuku naturalnego, lateks naturalny
rubber pad podkładka gumowa; *obr.plast.* poduszka gumowa (*przy tłoczeniu*)
rubber plating powlekanie metalu gumą
rubber solution klej kauczukowy
rubbish chute *bud.* zsyp do śmieci
rubble 1. *geol.* rumowisko skalne, rumosz; kamień łamany; kamień polny **2.** gruz
rubble bed *inż.* narzut kamienny, podsypka kamienna
rubidium *chem.* rubid, Rb
ruby *min.* rubin
rudder *okr.* ster; *lotn.* ster kierunku; ster pionowy

rudder bar *lotn.* orczyk
rudder crosshead *okr.* sterownica, rumpel
rudimentary *a* **1.** podstawowy; elementarny **2.** szczątkowy
rugged *a* odporny (*mechanicznie*); niewrażliwy (*na wstrząsy*)
rugged conditions (*of operation*) trudne warunki (*eksploatacji*)
rule 1. reguła, prawidło **2.** *metrol.* przymiar kreskowy, miarka
rule *v rys.* liniować
ruled line *rys.* linia prosta
rule of three *mat.* reguła trzech
ruler *rys.* linia do rysowania
ruling pen *rys.* grafion
rumbling bębnowanie; obróbka w bębnach
run 1. bieg; przebieg **2.** seria (*produkcyjna*) **3.** *spaw.* ścieg spoiny **4.** *okr.* zaostrzenie rufowe (*kadłuba*) **5.** *poligr.* nakład (*książki*)
run *v* biec; pracować (*o maszynie*); być w ruchu
run aground *żegl.* wejść na mieliznę
run a program *inf.* uruchomić program, wykonywać program
runaway effect zjawisko niekontrolowane
run diagram *inf.* schemat blokowy operacyjny (*przetwarzania danych*)
run down 1. wyczerpywać się (*np. o baterii, mechanizmie sprężynowym*) **2.** *roln.* zmywać glebę
rung szczebel drabiny
runnability *odl.* lejność
runner 1. ślizg; płoza; suwak **2.** kółko toczne, kółko bieżne; krążek; krążnik **3.** wirnik (*turbiny wodnej, wentylatora*) **4.** *masz.* czop grzebieniowy, grzebień oporowy, kołnierz oporowy (*wału*) **5.** prowadnica **6.** *odl.* wlew; *tw. szt.* kanał doprowadzający; kanał przetłoczny (*w formie wtryskowej*) **7.** *hutn., odl.* rynna spustowa, koryto spustowe **8.** *górn.* wozak, ciskacz **9.** *żegl.* rener (*lina przechodząca przez blok*)
runner box *odl.* nadstawka wlewowa, skrzynka zbiornika wlewowego
runner-gate *odl.* wlew główny
running fit *masz.* pasowanie obrotowe
running gate *odl.* wlew doprowadzający
running gear *kol.* podwozie, części biegowe
running-in docieranie (*silnika*)
running light *masz.* bieg jałowy, bieg luzem
running meter metr bieżący
running repair naprawa bieżąca
running sand *geol.* kurzawka
running speed *masz.* prędkość robocza
running water woda bieżąca
run-off *hydr.* spływ, odpływ (*ze zlewni*)
run-of-mine *górn.* urobek surowy; pospółka (*węglowa*)
runout 1. *masz.* bicie **2.** *odl.* przerwanie formy
run-out roll table *hutn.* samotok odprowadzający
run time *inf.* czas przebiegu, czas wykonania programu
runway 1. *lotn.* droga startowa **2.** tor jezdny (*suwnicy*); szyna jezdna podwieszona (*przenośnika podwieszonego*)
rupture 1. pęknięcie; zerwanie; przerwanie **2.** *el.* przebicie (*izolacji*)
rural development rozwój gospodarki rolnej, rozwój rolnictwa
rush-hours *pl* godziny szczytowego natężenia ruchu (*w mieście*)
rush of current *el.* nagły wzrost prądu, skok prądu, uderzenie prądu
rust rdza
rust *v* rdzewieć
rustication *arch.* rustyka; boniowanie
rustless *a* nierdzewny
rust preventive środek przeciwrdzewny
rust remover zmywacz rdzy
rust-resisting *a* nierdzewny
rusty *a* zardzewiały
ruthenium *chem.* ruten, Ru
rutherford *jedn.* rezerford: 1 Rd = 10^6 Bq

S

saber saw przenośna piła ręczna z napędem elektrycznym
saccharate *chem.* cukrzan
saccharides *pl chem.* sacharydy, cukry, węglowodany
saccharin sacharyna
sack worek
sackcloth tkanina workowa
sacking 1. workowanie, napełnianie worków **2.** *roln.* owijanie drzew workami
sacrificial protection *met.* ochrona protektorowa (*przed korozją*)

saddle 1. siodło; siodełko **2.** podpora; łoże **3.** *obr.skraw.* sanie wzdłużne (*tokarki*); suport wzdłużny (*tokarki*); sanie poprzeczne (*frezarki*) **4.** *geol.* siodło, antyklina **5.** *mat.* siodło
saddlery rymarstwo
safe kasa pancerna
safe *a* bezpieczny
safe-edge of a file *narz.* krawędź gładka pilnika
safe for handling bezpieczny przy manipulowaniu
safeguard *v* zabezpieczać, chronić
safeguards actuation *nukl.* zadziałanie systemów bezpieczeństwa
safekeeping period najdłuższy dopuszczalny okres przechowywania
safe life trwałość niezawodna (*okres działania bez usterek*)
safelight *fot.* **1.** filtr ciemniowy **2.** lampa ciemniowa
safe load obciążenie dopuszczalne
safety 1. bezpieczeństwo **2.** *US wojsk.* bezpiecznik (*w karabinie*)
safety belt pas bezpieczeństwa
safety catch zapadka zabezpieczająca; *wojsk.* bezpiecznik
safety code przepisy bezpieczeństwa
safety engineering technika bezpieczeństwa pracy
safety factor 1. *wytrz.* współczynnik bezpieczeństwa **2.** *nukl.* margines bezpieczeństwa, zapas bezpieczeństwa
safety fence *drog.* bariera ochronna
safety film *fot.* film niepalny, film bezpieczny
safety glass szkło bezpieczne, szkło bezodpryskowe
safety grade equipment *nukl.* wyposażenie odpowiedzialne, wyposażenie spełniające wymagania klas bezpieczeństwa (*jądrowego*)
safety helmet hełm ochronny
safety lamp *górn.* lampa bezpieczeństwa
safety officer *nukl.* pracownik odpowiedzialny za bezpieczeństwo (*jądrowe*)
safety of traffic bezpieczeństwo ruchu drogowego
safety pin agrafka
safety rod *nukl.* pręt awaryjny, pręt bezpieczeństwa
safety shutdown *nukl.* wyłączenie (*reaktora*) ze względów bezpieczeństwa
safety stop chwytacz, chwytnik (*dźwigu*)
safety supervisor inspektor bezpieczeństwa pracy
safety systems *pl nukl.* systemy bezpieczeństwa
safety valve zawór bezpieczeństwa
safing *wojsk.* zabezpieczanie (*broni, amunicji*)
sag zwis (*np. pasa*); ugięcie (*np. belki*); osiadanie, obniżanie się; *okr.* wygięcie (*kadłuba statku w dolinie fali*)
sag *v* zwisać; uginać się; osiadać, obniżać się; wyginać się
sail żagiel
sail *v* **1.** żeglować; iść pod żaglami **2.** odpływać; rozpoczynać rejs
sailboat łódź żaglowa, żaglówka
sailcloth płótno żaglowe
sailing gear sprzęt żeglarski
sailplane *lotn.* szybowiec (*wyczynowy*)
sal ammoniac *chem.* salmiak, techniczny chlorek amonowy
salary uposażenie; pensja
sale sprzedaż; zbyt
salient pole *el.* biegun wydatny
salina 1. *geol.* jezioro słone; błota słone **2.** warzelnia soli; żupa solna, salina
saline *a* słony; zasolony
saline solution roztwór soli
salinity zasolenie, stopień zasolenia
salinometer solomierz; areometr solankowy
saloon-car samochód osobowy zamknięty
salt 1. sól **2.** sól kuchenna, chlorek sodowy
salt bath *obr.ciepl.* kąpiel solna
salt fog test *powł.* próba w mgle solnej
salting 1. solenie **2.** osadzanie się soli, wykrystalizowanie się soli
salt mine kopalnia soli
saltpetre *chem.* saletra potasowa, saletra indyjska
salt spreader *drog.* solarka, rozsypywarka soli
salt water woda morska
salt-works warzelnia soli; żupa solna, salina
salvage 1. ratowanie sprzętu (*np. w razie katastrofy*) **2.** mienie uratowane **3.** wykorzystywanie odpadków
salvage ship statek ratowniczy
samarium *chem.* samar, Sm
sample 1. próbka (*materiału do przeprowadzenia badań*) **2.** *statyst.* próbka, próba
sample and hold *inf.* próbkowanie z pamięcią
sampler 1. próbnik, próbkozbierak; zgłębnik **2.** *aut.* urządzenie próbkujące
sample size *statyst.* liczność próbki, liczebność próbki

sampling pobieranie próbek; próbkowanie; *mat.* losowanie; *skj* badanie wyrywkowe; *aut.* próbkowanie (*pomiar chwilowych wartości wielkości zmiennych*)
sand 1. piasek **2.** *odl.* masa (*formierska lub rdzeniowa*) **3.** *wzbog.* produkt dolny (*klasyfikatora*)
sand aerator *odl.* spulchniarka
sandbag worek z piaskiem; poduszka z piaskiem (*do robót blacharskich*)
sand bed *odl.* podsypka
sandblasting piaskowanie (*oczyszczanie strumieniem piasku*)
sand conditioning *odl.* przygotowanie masy formierskiej
sand disintegrator *odl.* spulchniarka
sander 1. *drewn.* szlifierka **2.** *odl.* piaszczarka **3.** *kol.* piasecznica
sanding 1. *drewn.* szlifowanie; wygładzanie papierem ściernym **2.** *drog., kol.* piaskowanie
sand mill *odl.* mieszarka masy formierskiej
sandmix *odl.* masa formierska; masa rdzeniowa
sandpaper papier ścierny piaskowy
sand pit *górn.* piaskownia, odkrywka piasku
sand-pump *wiertn.* pompa płuczkowa
sandslinger 1. *odl.* narzucarka, formierka-narzucarka **2.** *górn.* monitor piaskowy, miotarka podsadzkowa
sandstone *petr.* piaskowiec
sand trap 1. piaskownik; łapacz piasku **2.** *papiern.* piasecznik
sandwich *v* przekładać (*układać warstwami*), okładać
sandwich construction konstrukcja przekładkowa
sandwich plate płyta wielowarstwowa; blacha wielowarstwowa
sanitary engineering inżynieria sanitarna
sanitary fittings *pl* armatura wodociągowo-kanalizacyjna, wyposażenie sanitarne
saponification *chem.* zmydlanie
sapphire *min.* szafir
sapping *geol.* podmywanie (*gruntu*)
sapwood biel, drewno bielu
sash skrzydło okienne; rama okienna
sash plane *narz.* wręgownik
satellite satelita
satellite communication łączność satelitarna
satellite computer komputer satelitarny; komputer peryferyjny (*systemu satelitarnego*)
satellite network sieć (telekomunikacyjna) satelitarna
satellite wheel *masz.* koło obiegowe, satelita (*w przekładni obiegowej*)
satin finish *obr.skraw.* wykończenie bardzo gładkie; wykończenie (*blachy*) na matowo
satisfy an equation *mat.* spełniać równanie
saturant syciwo
saturate *v* nasycać; wysycać
saturated solution roztwór nasycony
saturated vapour para nasycona
saturation 1. nasycenie **2.** nasycanie; wysycanie; *cukr.* saturacja
saturation point 1. *fiz.* temperatura rosienia, punkt rosy **2.** stężenie graniczne (*roztworu stałego*)
saturator nasycalnik; sytnik; *cukr.* saturator
save *v* **1.** ratować **2.** oszczędzać **3.** (*a program on the tape*) *inf.* zachować (*program na taśmie*)
saw piła
saw *v* ciąć piłą, piłować
saw bench 1. stół piły (*obrabiarki*) **2.** piła stołowa
saw blade brzeszczot piły
sawdust trociny
sawhorse kozioł do piłowania drewna
sawing machine *obr.skraw.* piła (*obrabiarka*); *drewn.* pilarka, piła (*obrabiarka*)
sawmill tartak
sawn timber tarcica, materiały tarte
sawtooth wave *el.* fala piłokształtna
scaffolding 1. rusztowanie **2.** *hutn.* zawisanie wsadu (*w wielkim piecu*)
scagliola *bud.* stiuk, imitacja marmuru
scalar 1. *mat.* skalar **2.** *fiz.* skalar, wielkość skalarna
scale 1. skala (*wielkości*) **2.** podziałka (*zbiór działek*) **3.** skala, podzielnia, podziałówka (*część przyrządu pomiarowego*) **4.** *rys.* przymiar rysunkowy, linijka z podziałką **5.** łuska **6.** *kotł.* kamień kotłowy; *hutn.* zgorzelina, zendra **7.** szala wagi **8.** waga
scale *v* **1.** łuszczyć się **2.** ważyć **3.** *inf.* skalować (*obraz wyświetlany na ekranie monitora*)
scale base linia podstawowa wykresu, linia zerowa wykresu
scaleboard *drewn.* fornir; okleina
scale division *metrol.* działka elementarna
scale down zmniejszać skalę (*np. rysunku*); *elektron.* przeskalować

scale drawing rysunek w skali zmniejszonej
scale mark *metrol.* kreska podziałki, wskaźnik podziałki
scale-model test próba modelu w zmniejszonej skali
scalene cylinder *geom.* walec ukośny
scalene triangle *geom.* trójkąt nierównoboczny
scale off odbijać kamień kotłowy; usuwać zgorzelinę
scale of integration *elektron.* stopień scalenia, skala integracji
scale-of-ten circuit *elektron.* przelicznik dziesiętny, licznik dekadowy
scale-of-two circuit *elektron.* przelicznik dwójkowy
scale pan szala wagi
scale platform pomost wagi
scaler 1. *elektron.* przelicznik **2.** *narz.* młotek do usuwania zgorzeliny; odbijak (*młotek kotlarski*)
scale range *metrol.* obszar podziałki, zakres podziałki
scale removal *kotł.* usuwanie kamienia kotłowego; *hutn.* usuwanie zgorzeliny
scales waga
scale up powiększać skalę
scan disk *inf.* urządzenie do wyszukiwania danych
scandium *chem.* skand, Sc
scandium (sub)group *chem.* skandowce (Sc, Y, La, Ac)
scanner 1. antena radarowa, antena przeszukująca **2.** *TV* urządzenie wybierające, wybierak **3.** *inf.* skaner **4.** *aut.* teledetektor **5.** *poligr.* skaner (*do wykonywania wyciągów barwnych*)
scanning 1. (*w radiolokacji*) przeszukiwanie **2.** *TV* wybieranie, analiza (*w nadawaniu*) **3.** *TV* składanie, synteza (*w odbiorze*) **4.** *fiz.* punktowanie obrazu (*widma*)
scarcity niedobór; niedostatek; brak
scarf 1. skos, ukos, skośne ścięcie (*krawędzi*) **2.** *drewn.* połączenie na ucios; połączenie na zamek
scarifier 1. *inż.* zrywarka, spulchniarka (*maszyna do robót ziemnych*) **2.** *roln.* skaryfikator (*rodzaj kultywatora*)
scarifying zrywanie (*w robotach ziemnych*)
scatter rozproszenie; rozrzut
scatter reading *inf.* czytanie rozproszone; odczyt rozproszony
scavenger 1. *chem.* zmiatacz (*substancja do usuwania zanieczyszczeń przez współstrącanie lub adsorpcję*) **2.** *chem.* zmiatacz rodnikowy, akceptor wolnych rodników **3.** *odl.* środek do oczyszczania kąpieli metalowej z gazów **4.** *górn.* oczyszczacz wozów
scavenging 1. *siln.* przepłukwanie, przedmuchiwanie (*silnika spalinowego*) **2.** oczyszczanie, usuwanie (*zanieczyszczeń*) **3.** *chem.* strącanie oczyszczające **4.** *chem.* zmiatanie wolnych rodników
scavenging stroke *siln.* suw wydechu
schedule plan; rozkład; harmonogram
schedule *v* planować; ustalać harmonogram; ustalać termin
scheduling *inf.* szeregowanie, wybieranie (*zasobów w systemach wieloprocesorowych*)
schematic diagram schemat ideowy
scheme schemat; plan; projekt
schist *petr.* łupek
scholarship stypendium (*szkolne*)
schooling szkolenie
schooner *okr.* szkuner
sciagraph 1. *rys.* przekrój pionowy budynku **2.** rentgenogram
science nauka, wiedza
science of materials materiałoznawstwo
scientific discovery odkrycie naukowe
scientific documentation dokumentacja naukowo-techniczna
scientific expedition wyprawa naukowa, ekspedycja naukowa
scientific management naukowa organizacja pracy
scientist naukowiec, uczony
scintillation 1. *fiz.* scyntylacja **2.** *el.* iskrzenie **3.** *rad.* drżenie (*częstotliwości*) fali nośnej
scintillation counter *nukl.* licznik scyntylacyjny
scintillator *nukl.* scyntylator, materiał scyntylacyjny
scintillometer *zob.* **scintillation counter**
scissoring *inf.* okrawanie (*obrazu*)
scissors *pl* nożyczki
sclerometer *wytrz.* twardościomierz; sklerometr
scleroscope *wytrz.* skleroskop, twardościomierz Shore'a
scoop 1. czerpak; szufla **2.** kubeł (*przenośnika*); łyżka (*koparki*) **3.** *odl.* łyżeczka formierska **4.** łopatka (*turbiny wodnej*)
scoop *v* czerpać
scoop dredger pogłębiarka czerpakowa
scooter 1. *mot.* skuter **2.** *roln.* mały pług

scope 1. zakres (*tematyczny*) 2. *elektron.* lampa oscyloskopowa; wskaźnik radarowy 3. *inf.* zasięg (*deklaracji*)
scorching 1. przypalanie 2. *gum.* podwulkanizacja, przedwczesna wuklanizacja
score nacięcie (*znak*); kreska
scoring 1. zadrapanie; porysowanie 2. zatarcie (*bieżni łożyska*) 3. powstawanie wżerów 4. *bud.* rapowanie tynku
scotch podstawka klinowa (*np. pod koła*)
scotophor *elektron.* skotofor
scotopic vision *opt.* widzenie skotopowe, widzenie nocne
scouring 1. czyszczenie, szorowanie 2. *włók.* pranie wełny 3. *skór.* mizdrowanie 4. *geol.* podmywanie (*przez wodę*) 5. *bud.* zacieranie tynku (*packą*)
scout samolot wywiadowczy
scout boring *geol.* wiercenie próbne
scragging wstępne (technologiczne) uginanie sprężyn
scram *nukl.* ręczne awaryjne wyłączenie reaktora
scramming *górn.* wybieranie ustępliwe
scram rod *nukl.* pręt awaryjny, pręt bezpieczeństwa
scrap złom; wyrób wybrakowany; *obr.plast.* wypływka, rąbek
scrap *v* przeznaczać na złom; wybrakowywać
scrap baling press *hutn.* prasa do paczkowania złomu, paczkarka złomu
scrape *v* skrobać; zgarniać; *drewn.* cyklinować
scraper 1. *narz.* skrobak; skrobaczka; zgarniacz 2. *drewn.* gładzica, cyklina 3. *masz.* zgarniarka, koparka zgarniakowa 4. zgarniak (*zgarniarki*)
scraper conveyor przenośnik zgarniakowy
scraper ring *siln.* pierścień tłokowy zgarniający
scrap paper makulatura
scrap yard składowisko złomu
scratch zadrapanie; rysa; zarysowanie
scratch *v* 1. zadrapać, zarysować 2. ryskować (*nanosić ryski*) 3. *bud.* rapować (*tynk*)
scratch coat *bud.* obrzutka (*pierwsza warstwa tynku*)
scratch pad store *inf.* pamięć notatnikowa
screen 1. przesiewacz; sito 2. ekran; osłona 3. *poligr.* raster
screen *v* 1. przesiewać, odsiewać 2. ekranować; osłaniać 3. wyświetlać na ekranie 4. *kin.* sfilmować
screen analysis analiza sitowa, oznaczanie ziarnistości
screen classification przesiewanie, klasyfikacja sitowa
screened cable kabel ekranowany
screen grid *elektron.* siatka ekranująca
screenings *pl* 1. pozostałość na sicie, odsiew 2. *san.* skratki; pozostałość na kracie 3. *roln.* poślad
screening table *wzbog.* stół klasyfikacyjny; przesiewacz płaski
screening test badanie sortujące
screen mesh *masz.* sito przesiewacza
screen plate płyta osłaniająca
screen printing druk sitowy, sitodruk
screen split *inf.* podzielność ekranu
screw śruba; wkręt
screw *v* wkręcać śrubę (*lub wkręt*); łączyć śrubami
screw bolt 1. sworzeń gwintowany 2. trzon śruby
screw cap nakrętka (*np. butelki*); zakrywka gwintowana
screw clamp *narz.* zwornica śrubowa
screw conveyor przenośnik śrubowy, przenośnik ślimakowy
screw cutting nacinanie gwintu
screw die narzynka (*do gwintów*)
screwdriver *narz.* wkrętak, śrubokręt
screw fastener łącznik śrubowy; śruba złączna
screw feeder zasilacz śrubowy, zasilacz ślimakowy
screw gauge sprawdzian gwintowy
screw gear mechanizm śrubowy
screw home dokręcać (*np. śrubę*)
screw in wkręcać (*np. śrubę*)
screwing machine gwinciarka, tokarka do gwintów
screw-jack dźwignik śrubowy
screw-joint połączenie gwintowe, połączenie śrubowe
screw motion *mech.* ruch śrubowy
screwnail gwóźdź nagwintowany
screw on nakręcac (*nakrętkę*)
screw out wykręcać (*np. śrubę*)
screw pitch gauge wzorzec zarysu gwintu, grzebień do gwintów
screw plug korek gwintowy, wkrętka; *el.* główka bezpiecznikowa
screw plug gauge sprawdzian trzpieniowy gwintowy
screw point koniec śruby (*lub wkrętu*)
screw press prasa śrubowa
screw propeller *okr.* śruba napędowa, pędnik śrubowy
screw pump pompa śrubowa; pompa helikoidalna

screw rivet nitośruba (*łącznik*)
screw shackle nakrętka napinająca, nakrętka rzymska, ściągacz
screw shank trzon śruby
screw spike *kol.* wkręt szynowy
screw tap *narz.* gwintownik
screw-thread gwint
screw tool nóż do nacinania gwintów
scribe *v* rysować (*rysikiem*); trasować
scriber *narz.* rysik
scribing block ryśnik traserski, znacznik traserski
scroll spirala; *arch.* woluta
scroll saw *drewn.* (piła) wyrzynarka
scrub *v* **1.** szorować **2.** przemywać gaz
scrubber 1. płuczka wieżowa (*gazu*), skruber **2.** *górn.* oczyszczacz wozów
scrub plane strug zdzierak
scuba = self-contained underwater breathing apparatus akwalung
scuba diving nurkowanie swobodne z akwalungiem
scuffing *masz.* zacieranie się; *met.* powstawanie wżerów
scum szumowiny; *szkl.* niedotopy; *odl.* kożuch żużlowy (*na powierzchni kąpieli*)
scumbling *powł.* mazerowanie, słojowanie
scupper *okr.* spływnik, ściek pokładowy
scythe *roln.* kosa
sea 1. morze **2.** stan morza, falowanie morza
sea farming uprawa morza
seagoing vessel statek pełnomorski
seal 1. uszczelnienie **2.** uszczelka **3.** *metrol.* cecha legalizacyjna **4.** pieczęć
seal *v* **1.** uszczelniać; zatapiać (*np. rurkę szklaną*) **2.** *metrol.* cechować (*narzędzia*) **3.** *metrol.* poprawiać masę odważnika **4.** pieczętować
sealant szczeliwo
sealed source *nukl.* źródło zamknięte
sea level poziom morza
seal(ing) ring *masz.* pierścień uszczelniający
sealing tape taśma uszczelniająca
sealing wax kit próżniowy, wosk próżniowy (*do połączeń próżniowych*); lak
seam 1. szew; rąbek (*połączenie blach na zakładkę*) **2.** pęknięcie powierzchniowe; rysa **3.** *geol.* pokład
seamed tube *hutn.* rura ze szwem
sea mile mila morska (= 1852 m)
seaming rąbkowanie (*łączenie blach na zakładkę*); zamykanie puszek (*konserwowych*)
seamless tube rura bez szwu
seam welding zgrzewanie liniowe
seaplane *lotn.* wodnosamolot, wodnopłat, hydroplan
search przeszukiwanie (*obszaru*); wyszukiwanie, szukanie (*danych*)
searchlight *mot.* szukacz, szperacz, reflektor poszukiwawczy
search word *inf.* podstawowe słowo kluczowe, wejściowe słowo kluczowe
seasoning 1. *ferm.* leżakowanie **2.** *skór.* apreturowanie **3.** *drewn.* suszenie naturalne, sezonowanie **4.** *el.* dojrzewanie (*żarówek*)
seat 1. siedzenie **2.** *masz.* gniazdo **3.** siedziba (*np. instytucji*)
seat *v masz.* osadzać (*np. w gnieździe*)
seating capacity liczba miejsc siedzących (*w pojeździe*)
seawall *inż.* wał nadmorski; opaska brzegowa; falochron
seaway droga morska, szlak morski
seaworthy *a* **1.** zdatny do żeglugi (*o statku*) **2.** odpowiedni do transportu morzem (*np. o rodzaju opakowania*)
secant *mat.* **1.** secans **2.** sieczna
second *jedn.* **1.** sekunda (*czasu*) **2.** sekunda (*kątowa*)
secondary *a* wtórny; drugorzędny; *chem.* drugorzędowy
secondary battery *el.* bateria akumulatorowa
secondary breaking system *mot.* pomocniczy układ hamulcowy
secondary circuit *el.* obwód wtórny
secondary clock zegar (elektryczny) wtórny
secondary coolant circuit *nukl.* obieg wtórny chłodzenia reaktora
secondary emission *fiz.* emisja wtórna (*elektronów*)
secondary gear *masz.* przekładnia bierna, przekładnia napędzana
secondary store *inf.* pamięć pomocnicza
secondary winding *el.* uzwojenie wtórne (*transformatora*)
second gear *mot.* przekładnia drugiego biegu; drugi bieg
second-generation computer komputer drugiej generacji
second law of motion *fiz.* druga zasada Newtona, druga zasada dynamiki
seconds hand *zeg.* wskazówka sekundowa, sekundnik
second triad *chem.* triada rutenu, rutenowce, platynowce lekkie (Ru, Rh, Pd)

section 1. przekrój **2.** odcinek; sekcja **3.** *geom.* podziałka (*odcinka*) **4.** *mat.* obcięcie (*funkcji*) **5.** *met.* szlif, zgład **6.** *hutn.* kształtownik, profil (*półwyrób walcowany*)
sectional *a* dzielony, składany
sectionalization podział na odcinki; *el.* sekcjonowanie
sectional radiography badanie rentgenowskie warstwowe, tomografia
sectional shading *rys.* kreskowanie przekroju
sectional view *rys.* przekrój
sectioning 1. dzielenie na odcinki **2.** *rys.* kreskowanie przekroju
section iron kształtowniki stalowe
section mill *hutn.* walcownia kształtowników
section modulus *wytrz.* wskaźnik przekroju, wskaźnik wytrzymałości
section rolling *hutn.* walcowanie kształtowników
section steel kształtowniki stalowe
sector 1. sektor **2.** *geom.* sektor, wycinek koła
secular equilibrium *nukl.* równowaga (promieniotwórcza) trwała, równowaga wiekowa
secure *v* zabezpieczać; zamocować
security bezpieczeństwo; zabezpieczenie; rękojmia; wadium
security area teren strzeżony
security rod *nukl.* pręt awaryjny, pręt bezpieczeństwa
sedan *mot.* sedan (*nadwozie czterodrzwiowe*)
sediment osad
sedimentary rock *geol.* skała osadowa
sedimentation osiadanie; osadzanie się, sedymentacja
sedimentation basin odstojnik, osadnik, zbiornik sedymentacyjny
seed 1. nasienie **2.** *szkl.* piana, drobne pęcherzyki (*wada*) **3.** *nukl.* obszar paliwa wysokowzbogaconego (*przy powielaniu*)
seed drill *roln.* siewnik rzędowy
seeder *roln.* siewnik
seed-grain *roln.* ziarno siewne
seeding 1. *roln.* siew **2.** *fiz.* zaszczepianie (*np. krystalizacji*); posiew
seedling *roln.* rozsada
seed pickling *roln.* zaprawianie nasion, bejcowanie
seed production *roln.* nasiennictwo
seek *v inf.* odszukiwać (*informacje*)
seeker *wojsk.* pocisk samonaprowadzający się na cel, pocisk samokierowany
seepage przesączanie się, przeciek, wyciek
Seger cone stożek (pirometryczny) Segera
segment *geom.* odcinek; segment
segmentation segmentowanie; podział na odcinki; *inf.* segmentacja (*programu*)
segment register *inf.* rejestr segmentowy
Segner's mill *hydr.* młynek Segnera, turbina Segnera
segregation 1. segregacja, rozdzielanie **2.** *met.* segregacja (*niejednorodność stopów*)
seignette-electric ferroelektryk, materiał ferroelektryczny
seine *ryb.* niewód; okrężnica
seismic belt *geofiz.* strefa sejsmiczna
seismograph sejsmograf
seize *v* **1.** *masz.* zacierać się; zakleszczać się **2.** wiązać, związywać na okrętkę
select *v* wybierać
selection wybór; dobór; selekcja
selection rules *pl fiz.* reguły wyboru
selective *a* wybiorczy, selektywny
selective hardening *obr.ciepl.* hartowanie miejscowe, hartowanie częściowe
selective solvent rozpuszczalnik selektywny
selector wybierak; selektor
selector channel *inf.* kanał selektorowy (*wybierający*)
selector switch *el.* przełącznik wybierakowy, wybierak
selector valve *masz.* zawór rozdzielczy
selenium *chem.* selen, Se
selenology selenologia
selenonaut selenonauta, lunonauta
self-absorption *nukl.* samopochłanianie, autoabsorpcja
self-acting *a* samoczynny, automatyczny
self-actor mule *włók.* przędzarka wózkowa, selfaktor
self-actuated controller *aut.* regulator bezpośredni, regulator bezpośredniego działania
self-adapting control system *aut.* adaptacyjny układ sterowania
self-adaptive *a* samodostosowujący się, dostosowujący się samoczynnie
self-adjusting *a* samonastawny
self-advancing supports *pl górn.* obudowa krocząca
self-aligning *elektron.* samocentrowanie (*w technologii układów scalonych*)
self-aligning *a* samonastawny, wahliwy
self-alignment of bearing samonastawność łożyska, wahliwość łożyska
self-centring *a masz.* samocentrujący
self-change gearbox *mot.* samoczynna skrzynka biegów

self-checking code *inf.* kod korekcyjny, kod samokorekcyjny
self-cleaning filter filtr samooczyszczający się
self-contained *a* niezależny, samodzielny, samoistny (*o urządzeniach*)
self-control *nukl.* samoregulacja (*reaktora jądrowego*)
self-diffusion *fiz.* samodyfuzja, autodyfuzja, dyfuzja własna
self-dumping car *górn.* wóz (kopalniany) samowyładowczy
self-energy *fiz.* energia własna
self-excited generator *el.* prądnica samowzbudna
self-ignition samozapłon, zapłon samoczynny
self-induced vibration drgania samowzbudne
self-inductance *el.* indukcyjność własna
self-induction *el.* indukcja własna, samoindukcja
self-loading *a transp.* samoładujący
self-loading program *inf.* program samoładujący
self-loading weapon broń samopowtarzalna
self-locking nut nakrętka samozabezpieczająca się, nakrętka samozakleszczająca się
self-locking worm *masz.* ślimak samohamowny
self-organizing system *aut.* system samoporządkujący
self-oxidation *chem.* samoutlenianie, utlenianie samorzutne
self-propelled *a* samobieżny; samojezdny; z własnym napędem
self-regulation *aut.* samoregulacja
self-restoring *a* samopowrotny; samoregenerujący się
self-supporting *a* samonośny
self-synchronous repeater *aut.* selsyn
self-tapping screw wkręt samogwintujący
self-timer *fot.* samowyzwalacz
self-tipping *a transp.* samowyładowczy
self-winding watch zegarek z naciągiem samoczynnym
Sellers' thread gwint Sellersa, znormalizowany gwint amerykański
selling *ek.* sprzedaż; zbyt
selsyn *aut.* selsyn
selsyn motor selsyn odbiorczy
selsyn transmitter selsyn nadawczy
selvage *włók.* krajka tkaniny; brzeg wzmocniony (*tkaniny, siatki*); *powł.* warstwa przypowierzchniowa
semantic code *inf.* kod semantyczny
semaphore semafor; *inf.* semafor
semi-automatic 1. *obr.skraw.* półautomat obróbkowy, obrabiarka półautomatyczna **2.** *wojsk.* karabin samopowtarzalny
semi-automatic *a* półautomatyczny
semi-automatic welding spawanie półautomatyczne
semi-axis (*pl* **semi-axes**) *geom.* półoś
semicircle półkole; półokrąg
semicircular *a* półkolisty; półokrężny
semicircumference półokrąg
semi-coke półkoks, koks wytlewny
semiconducting crystal półprzewodnik krystaliczny, kryształ półprzewodnika
semiconduction półprzewodnictwo
semiconductor półprzewodnik
semiconductor diode dioda półprzewodnikowa
semiconductor impurity domieszka półprzewodnika
semiconductor junction złącze półprzewodnikowe
semi-container ship *okr.* semikontenerowiec, półpojemnikowiec
semicontinuous casting *hutn.* odlewanie półciągłe
semi-finished product półwyrób, półfabrykat
semi-finishing mill *hutn.* **1.** walcownia półwyrobów **2.** walcarka wstępna
semi-fluid friction tarcie półpłynne
semi-killed steel stal półuspokojona
semi-metal pierwiastek półmetaliczny, półmetal
semi-period półokres
semi-permanent storage *inf.* pamięć półtrwała
semi-permeable *a* półprzepuszczalny
semi-polar bond *chem.* wiązanie semipolarne, wiązanie koordynacyjne, wiązanie półbiegunowe
semirigid container opakowanie półsztywne
semi-rimming steel stal półuspokojona
semi-rotary pump pompa skrzydełkowa (*o obrotowo-zwrotnym ruchu tłoka*)
semis *pl* półwyroby
semi-skilled worker robotnik przyuczony
semitone *akust.* półton
semitrailer *mot.* naczepa
semitransparent photocathode *elektron.* fotokatoda półprzezroczysta
send *v* wysyłać
sender *el.* nadajnik

sending-end impedance *el.* impedancja w punkcie zasilania (*linii*)
sending-receiving *a el.* nadawczo--odbiorczy
sense of a vector *mat.* zwrot wektora
sense of rotation *mech.* skręt, kierunek obrotu
sensible *a* **1.** wyczuwalny **2.** czuły; wrażliwy
sensible heat *fiz.* ciepło jawne, ciepło odczuwalne
sensible horizon *geod.* horyzont widoczny; *żegl.* horyzont nawigacyjny
sensing 1. *aut.* wyczuwanie (*wielkości przez czujnik*) **2.** *inf.* odczyt fizyczny
sensing device *aut.* czujnik
sensing station *inf.* zespół odczytu
sensitive *a* czuły; wrażliwy
sensitive volume *nukl.* objętość czynna (*licznika promieniowania*)
sensitivity czułość, wrażliwość; *el.* skuteczność (*przetwornika*)
sensitivity analysis *aut.* analiza wrażliwości, analiza czułości (*układu sterowania*)
sensitize *v* uczulać, zwiększać czułość, sensybilizować
sensitizer uczulacz, sensybilizator (*substancja uczulająca*)
sensitometer *fot.* sensytometr
sensor czujnik pomiarowy
sentential calculus *mat.* rachunek zdań
sentinel *inf.* (*symbol początku lub końca pewnego elementu informacji*)
separable *a* rozdzielny; rozłączny
separate *v* oddzielać; rozdzielać
separated milk mleko odtłuszczone, mleko odciągane (*wirówką*)
separate excitation *el.* wzbudzenie obce
separation of boundary layer *mech.pł.* oderwanie warstwy przyściennej
separation plant *nukl.* zakłady separacji izotopów; instalacja rozdzielcza
separator 1. *masz.* oddzielacz, separator **2.** przekładka; rozpórka **3.** *inf.* znak rozdzielający, separator
septic tank *san.* dół gnilny; komora fermentacyjna
sequence 1. kolejność, następstwo; sekwencja **2.** *mat.* ciąg
sequencer *inf.* sekwenser, układ sekwencyjny adresujący
sequential access *inf.* dostęp sekwencyjny
serial number numer seryjny; numer kolejny
serial operation *inf.* operacja szeregowa
series 1. szereg; seria **2.** *mat.* szereg **3.** wydawnictwo seryjne, seria wydawnicza
series connection *el.* połączenie szeregowe
series expansion *mat.* rozwinięcie w szereg
series motor *el.* silnik szeregowy
series of spectral lines *fiz.* seria widmowa
series-parallel connection *el.* połączenie szeregowo-równoległe
series production produkcja seryjna
series resonance *el.* rezonans szeregowy, rezonans napięć
series winding *el.* uzwojenie faliste; uzwojenie szeregowe
serrate *v* ząbkować, nacinać ząbki
serrated shaft *masz.* wałek wielokarbowy
serration fitting *masz.* połączenie wielokarbowe
serration roll *narz.* radełko, molet
server *inf.* (*komputer o wyspecjalizowanych funkcjach, server*)
service 1. służba **2.** obsługa **3.** usługi
serviceable *a* zdatny do użytku
service ammunition amunicja bojowa, amunicja ostra
service area *rad.* obszar zasięgu
service brake hamulec główny (*np. nożny hamulec w samochodzie*)
service circuit *telef.* łącze służbowe
service computing centre ośrodek obliczeniowy usługowy
service conditions *pl* warunki pracy (*urządzenia*), warunki eksploatacji
service instructions *pl* instrukcja obsługi
service life okres użytkowania, trwałość użytkowa
service load obciążenie eksploatacyjne
service pipe *bud.* połączenie (wodociągowe) domowe, rura doprowadzająca
service road droga dojazdowa (*np. do placu budowy*); droga lokalna
service routine *inf.* program usługowy
service station *mot.* stacja obsługi
service stress *wytrz.* naprężenie robocze
service test próba eksploatacyjna
service workshop warsztat usługowy, punkt usługowy
servicing obsługa techniczna
serving *el.* obwój, owój (*kabla*)
servo brake *mot.* serwohamulec, hamulec ze wspomaganiem
servo control *aut.* serwosterowanie
servo(mechanism) *aut.* serwomechanizm
servo(motor) *aut.* serwomotor, siłownik
servo tab *lotn.* klapka sterownicza
servovalve *aut.* serwozawór

set 1. zespół; zestaw; komplet; zbiór 2. *mat.* zbiór 3. *wytrz.* odkształcenie trwałe, odkształcenie plastyczne 4. *narz.* rozwarcie zębów piły 5. *narz.* przecinak kowalski 6. *inż.* wpęd pala (*na jedno uderzenie młota*) 7. *roln.* sadzeniak 8. kierunek (*np. prądu morskiego, wiatru*)
set *v* 1. nastawiać; ustawiać 2. zestalać się; tężeć, zastygać; wiązać (*o cemencie*) 3. utrwalać (*barwnik*) 4. *mat.* zbierać 5. *astr.* zachodzić (*o ciele niebieskim*) 6. *poligr.* składać
set a window *bud.* wprawiać szybę
set-back 1. *masz.* osadzenie 2. *bud.* cofnięcie w linii zabudowania 3. cofnięcie się, ruch wstecz
set-block ustawiak narzędzia (*na obrabiarce*)
set copper miedź nieodtleniona
set forward (*ruch bezwładnościowy do przodu przy nagłym zahamowaniu pojazdu, pocisku itp.*)
set hammer gładzik kowalski
set in motion wprawić w ruch, uruchomić (*maszynę*)
set of contacts *el.* zestyk, styki
set of drawing instruments zestaw rysunkowy, przybornik
set-off *bud.* odsadzka, uskok (*w murze*)
set of holes *górn.* obwiert
set quad *poligr.* firet
set screw wkręt dociskowy; śruba dociskowa; śruba ustalająca
set square *rys.* trójkąt rysunkowy, ekierka
set theory *mat.* teoria mnogości
setting angle *narz.* kąt ustawienia noża
setting coat *bud.* gładź (*wierzchnia warstwa tynku*)
setting knob *el.* gałka nastawcza
setting mechanism *zeg.* mechanizm nastawczy
setting out 1. *geod.* tyczenie, wytyczanie 2. *skór.* wyżymanie, wygładzanie
setting time 1. *aut.* czas regulacji, czas ustalania się 2. *tw.szt.* czas twardnienia
settle *v* osiadać; osadzać się
settlement 1. osiadanie (*np. fundamentu*) 2. *ek.* umowa, kontrakt
settlement of accounts *ek.* rozliczenie, rozrachunek
settlings *pl* osad
settling tank odstojnik, osadnik
set to zero *metrol.* nastawić na zero, zerować
set type *poligr.* składać
setup 1. układ; struktura (*organizacyjna*) 2. *obr.skraw.* ustawienie, nastawienie (*obrabiarki i oprzyrządowania*)
set up 1. ustawiac, nastawiać (*przyrząd, obrabiarkę*) 2. utwardzać się, twardnieć
setup time 1. *obr.skraw.* czas przygotowawczy 2. *inf.* czas przygotowawczo-zakończeniowy 3. *inf.* czas wyprzedzenia informacji (*na wejściach synchronicznych bloków sekwencyjnych*) 4. czas twardnienia
set value *aut.* wartość zadana, wartość nastawiona
sever *v* odcinać; oddzielać
severe accident analysis *nukl.* analiza groźnych awarii
severe duty ciężkie warunki pracy (*urządzenia*)
sew *v* szyć
sewage ścieki (*kanalizacyjne*)
sewage pipe rura kanalizacyjna
sewage treatment oczyszczanie ścieków
sewage-treatment plant oczyszczalnia ścieków, stacja oczyszczania ścieków
sewer kanał ściekowy; ściek
sewer *v* kanalizować
sewerage (system) instalacja kanalizacyjna; system kanalizacji
sewer trap syfon kanalizacyjny
sewing machine maszyna do szycia
sexadecimal number system system (liczbowy) szesnastkowy
sexivalent *a chem.* sześciowartościowy
sextant *nawig.* sekstans
sferics *pl rad.* atmosferyki, zakłócenia atmosferyczne
shackle łącznik (kabłąkowy); klamra; jarzmo; strzemię
shade 1. odcień 2. zasłona (*od światła*)
shading 1. *rys.* kreskowanie; cieniowanie 2. *włók.* podbarwianie, cieniowanie 3. zasłanianie (*światła*); *akust.* przysłanianie
shadow cień
shaft 1. *masz.* wał; wałek 2. *arch.* trzon (*kolumny*) 3. *narz.* trzonek 4. dyszel 5. szyb
shaft bottom *górn.* podszybie
shaft furnace piec szybowy
shaft hoist wyciąg szybowy
shaft horsepower moc na wale
shafting 1. *masz.* linia wału; zespół wałów; pędnia 2. *zob.* **shaft sinking**
shaft sinking *górn.* głębienie szybu
shaft station *górn.* stacja na podszybiu; podszybie

shaft top *górn.* nadszybie
shake **1.** wstrząs **2.** *masz.* luz **3.** *drewn.* pęknięcie (*wada drewna*)
shakeout *odl.* **1.** urządzenie do wybijania (*form i rdzeni*); wytrząsak **2.** wybijanie (*form i rdzeni*)
shakeproof *a* wstrząsoodporny
shaker *masz.* wstrząsarka; wibrator
shaker conveyor przenośnik wstrząsowy
shale *petr.* łupek
shale oil olej łupkowy
shallow *a* płytki
shank trzon, trzonek, chwyt (*narzędzia*)
shank (ladle) *odl.* łyżka odlewnicza; kadź ręczna
shape **1.** kształt **2.** *obr.plast.* kształtownik; wyrób kształtowy
shaped chill *odl.* **1.** kokila kształtowa **2.** ochładzalnik kształtowy
shaped die *obr.plast.* **1.** ciągadło profilowe, ciągadło kształtowe **2.** kowadło kształtowe
shape elasticity sprężystość postaciowa
shapeless *a* bezkształtny
shaper **1.** *obr.skraw.* strugarka poprzeczna **2.** *drewn.* frezarka do drewna **3.** *rad.* kształtownik fali, modelizator
shape rolling *obr.plast.* walcowanie kształtowe
shaping **1.** kształtowanie, formowanie **2.** *obr.skraw.* struganie poprzeczne
share **1.** *roln.* lemiesz **2.** *ek.* udział, akcja
shared control unit *inf.* wspólna jednostka sterująca
sharp *a* **1.** ostry **2.** przenikliwy (*zapach*)
sharpen *v* ostrzyć
sharpening machine *obr.skraw.* ostrzarka narzędziowa, szlifierko-ostrzarka narzędziowa
sharpening stone osełka do ostrzenia
sharpness ostrość (*np. obrazu, rezonansu*)
sharp turn *drog.* ostry zakręt
shatter *v* **1.** rozbijać **2.** rozpadać się
shatterproof glass szkło bezodpryskowe, szkło bezpieczne
shaving **1.** *obr.skraw.* wiórkowanie (*kół zębatych*) **2.** *obr.plast.* wygładzanie (*na wykrojnikach*) **3.** *drewn.* skrobanie
shavings *pl* wióry (*przy obróbce drewna*)
sheaf binder *roln.* snopowiązałka
sheaf of planes *mat.* wiązka płaszczyzn
shear **1.** *wytrz.* ścinanie **2.** *obr.plast.* nożyca; nożyce **3.** *górn.* wrąb; wcios
shearing **1.** *wytrz.* ścinanie **2.** ścinanie (*np. nitów*); cięcie (*nożycami*) **3.** *włók.* postrzyganie (*tkanin*)
shearing force **1.** *wytrz.* siła tnąca, siła poprzeczna **2.** *obr.skraw.* siła ścinania
shear(ing) stress *wytrz.* naprężenie styczne, naprężenie ścinające
shear machine *hutn.* nożyca (*mechaniczna*)
shear modulus *wytrz.* moduł sprężystości poprzecznej, moduł sprężystości postaciowej, współczynnik sprężystości poprzecznej, moduł Kirchhoffa
shear plane płaszczyzna ścinania
shears *pl* **1.** *narz.* nożyce; *masz.* nożyce **2.** *obr.skraw.* prowadnice tokarki **3.** dźwig nożycowy **4.** *wiertn.* świece wieżowe
shear strength wytrzymałość na ścinanie
sheath osłona; pochwa; *el.* powłoka (*przewodu, kabla*)
sheathing obicie; poszycie
sheave *masz.* koło pasowe klinowe; koło pasowe rowkowe; krążek linowy
sheet **1.** arkusz **2.** blacha cienka **3.** *geol.* warstwa; pokład
sheet bar *hutn.* blachówka
sheet copper blacha miedziana cienka
sheet gauge **1.** przymiar do blach **2.** grubość blachy
sheeting **1.** *inż.* deskowanie; ścianka szczelna **2.** formowanie arkuszy **3.** *bud.* płytowanie (*kamienia*) **4.** *geol.* eksfoliacja, łuszczenie się (*skał*)
sheet metal blacha cienka
sheet-metal shop blacharnia
sheet-metal working tłoczenie blach; tłocznictwo
sheet mill *hutn.* **1.** walcownia blach cienkich **2.** walcarka blach cienkich
sheet piling *inż.* ścianka szczelna
sheet steel blacha stalowa cienka
shelf **1.** półka **2.** *geol.* szelf (*kontynentalny*)
shelf life przechowalność, dopuszczalny okres magazynowania
shell **1.** skorupa; łupina; muszla **2.** *wytrz.* powłoka **3.** *fiz.* powłoka, warstwa (*elektronowa*) **4.** *inf.* powłoka (*w systemie operacyjnym Unix*) **5.** *wojsk.* pocisk (*artyleryjski*) **6.** *hutn.* rozprysk metalu (*wada wlewka*); łuska (*wada walcownicza*)
shell *v* **1.** łuskać **2.** łuszczyć się
shellac szelak (*żywica naturalna*)
shell casting **1.** odlewanie skorupowe **2.** odlew skorupowy
sheller *masz.* łuszczarka
shell head *wojsk.* głowica pocisku (*artyleryjskiego*)
shell model *fiz.* model powłokowy (*jądra*)
shell of building budynek w stanie surowym

shell plating *okr.* poszycie kadłuba
shell roof *bud.* dach łupinowy
shelter schron
shelter belt *roln.* pas wiatrochronny (*z drzew lub krzewów*)
sherardizing *powł.* szerardyzacja, cynkowanie dyfuzyjne (*stali*)
SHF = superhigh frequency pasmo częstotliwości 3000–30 000 MHz
shield 1. tarcza; osłona; ekran **2.** *inż.* ekran
shield *v* osłaniać; ekranować
shielded arc welding *spaw.* spawanie łukiem osłoniętym
shielded electrode *spaw.* elektroda otulona
shield grid *elektron.* siatka osłaniająca
shift 1. przesunięcie, przemieszczenie **2.** *odl.* przestawienie (*wada odlewu*) **3.** zmiana (*robocza*) **4.** brygada zmianowa
shift *v* przesuwać, przemieszczać
shift instruction *inf.* rozkaz przesunięcia
shift register *inf.* rejestr przesuwny
shim *masz.* podkładka regulacyjna; podkładka ustalająca
shimming 1. *masz.* (*regulowanie wzajemnego położenia części za pomocą podkładek*) **2.** *nukl.* kompensacja (*korygowanie długotrwałych zmian reaktywności reaktora*)
shimmy trzepotanie, chybotanie, shimmy (*kół samonastawnych*)
shim rod *nukl.* pręt kompensacyjny, pręt regulacji zgrubnej
shingle 1. gont; płytka dachowa (*kamienna*) **2.** żwir gruby
ship statek; okręt
shipbuilder budowniczy okrętów; stoczniowiec
shipbuilding budowa okrętów, budownictwo okrętowe
shipbuilding yard stocznia
shipchandler dostawca okrętowy, szypczendler
shipment 1. załadowanie na statek, zaokrętowanie **2.** wysyłka towaru; ekspedycja **3.** partia wysyłanego towaru; ładunek
shipment cask *nukl.* pojemnik transportowy
shipowner armator
shipping 1. flota handlowa **2.** załadowanie na statek, zaokrętowanie **3.** wysyłka towaru; ekspedycja **4.** żegluga handlowa, przewozy morskie
shipping container kontener, pojemnik transportowy
shipping ton *żegl.* tona frachtowa
ship plate blacha (stalowa) okrętowa
ship salvaging ratownictwo okrętowe
ship's side burta statku
shipway pochylnia (*stoczniowa*)
shipwreck rozbicie się statku
shipyard stocznia
shoal *żegl.* mielizna, płycizna
shock 1. wstrząs; uderzenie; udar **2.** *aero.* fala uderzeniowa
shock absorber amortyzator
shock front *aero.* czoło fali uderzeniowej
Shockley diode *elektron.* dioda Shockleya, dioda czterowarstwowa
shockproof *a* wstrząsoodporny, odporny na wstrząsy; odporny na obciążenia dynamiczne
shock wave *aero.* fala uderzeniowa
shoe 1. *masz.* ślizgacz, ślizg; klocek cierny **2.** *bud.* stopa ubijająca (*ubijaka*)
shoe brake hamulec klockowy
shoot ślizg, zsuwnia
shoot *v* **1.** strzelać **2.** *fot.* wykonywać zdjęcia; filmować **3.** *drewn.* strugać krawędź deski
shoot the well *wiertn.* torpedować odwiert (*naftowy*)
shop 1. sklep **2.** warsztat; wydział (*fabryki*)
shop drawing rysunek warsztatowy
shop weld *spaw.* spoina warsztatowa
shore 1. brzeg (*morski*) **2.** *bud.* podpora; stempel; zastrzał
shore *v bud.* podpierać; stemplować
short *a* **1.** krótki **2.** kruchy
short-circuit *el.* zwarcie
short-circuit *v el.* zwierać, powodować zwarcie
short-circuiting switch *el.* zwiernik, zwieracz, łącznik zwarciowy
shorthand stenografia
shorting *el.* zwarcie
short-lived *a fiz.* krótkożyciowy, o krótkim okresie połowicznego zaniku
shortness kruchość
short-range missile *wojsk.* pocisk bliskiego zasięgu
short run casting *odl.* niedolew
short-run production produkcja małoseryjna
shorts *pl* **1.** nadziarno, produkt nadsitowy **2.** *drewn.* króciaki (*sortyment tarcicy*)
short-time rating *el.* **1.** warunki znamionowe przy pracy dorywczej (*urządzenia*) **2.** moc dorywcza
short ton *jedn.* tona amerykańska (= 907,18 kg)
shortwall *górn.* zabierka

shortwall working *górn.* wybieranie zabierkami
short-wave radiation promieniowanie krótkofalowe
short-waves *pl rad.* krótkie fale, fale dekametrowe
shot 1. *wojsk.* pocisk jednolity **2.** śrut **3.** strzał (*z broni palnej*); wystrzelenie rakiety **4.** *fot.* zdjęcie
shot blasting *hutn., odl.* śrutowanie, oczyszczanie strumieniem śrutu
shotcrete *bud.* torkret, beton natryskiwany
shot-hole *górn.* otwór strzałowy
shot noise *elektron.* szumy śrubowe
shot peening kuleczkowanie, śrutowanie (*utwardzanie powierzchniowe śrutem*)
shoulder 1. występ; próg; zgrubienie; *drewn.* występ wzmacniający; opór, pierś (*czopa*) **2.** pobocze (*drogi*)
shovel *masz.* **1.** łopata; szufla **2.** koparka (*jednoczerpakowa*)
shoveldozer *bud.* spycharka łyżkowa
shovelling ładowanie łopatą; przerzucanie łopatą
shovelling machine *bud.* łopata mechaniczna
show *v* **1.** pokazywać; przedstawiać (*na rysunku*) **2.** wystawiać (*na wystawie*)
shower 1. *fiz.* ulewa (*cząstek*) **2.** natrysk, prysznic
show-room salon pokazowy, salon wystawowy
shred *v* strzępić
shrink *v* kurczyć się
shrinkage cavity *odl.* jama skurczowa, jama usadowa
shrinkage rule *odl.* miara skurczowa, skurczówka
shrink on wciskać na gorąco, łączyć skurczowo
shrinkproof *a włók.* niekurczliwy
shrivel *v* zsychać się; marszczyć się
shroud *masz.* tarcza wzmacniająca (*np. wirnika sprężarki odśrodkowej, koła zębatego*); *el. bhp* izolacyjna nakładka ochronna; *nukl.* powłoka (*kasety*)
shrouded propeller 1. *okr.* dysza napędowa, dysza Korta, zespół dysza--śruba **2.** *lotn.* śmigło obudowane
shunt *el.* bocznik
shunt *v* **1.** *el.* bocznikować **2.** *kol.* przetaczać (*wagony*), manewrować
shunting yard *kol.* stacja rozrządowa
shunt motor *el.* silnik bocznikowy
shut *v* zamknąć
shut-down zamknięcie (*zakładu*); *nukl.* wyłączenie (*reaktora*); wstrzymanie (*produkcji*); przestój
shut-down reactivity *nukl.* reaktywność szczątkowa (*po wyłączeniu reaktora*)
shut-down rod *nukl.* pręt awaryjny, pręt bezpieczeństwa
shute ślizg, zsuwnia; koryto, rynna
shut off odciąć (*dopływ*)
shut-off valve zawór odcinający, zawór zamykający
shutter 1. okiennica; żaluzja **2.** *fot.* migawka **3.** *el.* przegroda ruchoma
shuttering *bud.* szalowanie; deskowanie
shutter release *fot.* wyzwalacz migawki, spust migawki
shuttle 1. *włók.* czółenko (*tkackie*) **2.** *nukl.* królik
shuttle conveyor przenośnik zwrotny
shuttle traffic ruch (drogowy) wahadłowy
shutup *inf.* zakończenie pracy
SI = Système International (d'Unites) międzynarodowy układ jednostek miar, układ SI
siccative *powł.* sykatywa, suszka
side 1. strona; bok (*figury*) **2.** *okr.* burta
sideband *rad.* wstęga boczna
side blown converter *hutn.* konwertor z dmuchem bocznym, konwertor Tropenasa
side car przyczepa motocyklowa boczna
side drift *górn.* sztolnia
side-effect efekt uboczny
side-lamp *mot.* światło pozycyjne (*postojowe*)
side of polyhedron *geom.* krawędź wielościanu
side of thread *masz.* powierzchnia nośna gwintu, nośnia gwintu
side of triangle *geom.* bok trójkąta
side play *masz.* luz boczny, luz promieniowy
side port *okr.* furta boczna
side rabbet plane *narz.* (strug) bocznik
side rail *kol.* szyna ochronna; odbojnica
siderite *min.* syderyt, szpat żelazny
side shearing *hutn.* obcinanie krawędzi blach
sidethrow *mot.* kołysanie boczne
side thrust *masz.* nacisk poprzeczny, nacisk boczny
side track *kol.* tor boczny, bocznica
side valve engine silnik (spalinowy) dolnozaworowy, silnik bocznozaworowy
sidewalk chodnik, trotuar; ścieżka dla pieszych (*na poboczu drogi*)
siding 1. *kol.* bocznica, tor boczny **2.** *górn.* wyrobisko boczne **3.** *bud.* deskowanie ścian zewnętrznych; oblicówka

siemens simens, S (*jednostka przewodności elektrycznej – odwrotność oma*)
Siemens(–Martin) process *hutn.* proces martenowski (*wytapiania stali*)
Siemens-Martin steel stal martenowska
sieve 1. sito **2.** *mat.* rzeszoto
sieve *v* przesiewać
sieve analysis analiza sitowa
sieve mesh 1. oczko sita **2.** numer sita
sieve residue nadziarno, produkt nadsitowy
sievert siwert: 1 Sv = 1 $J \cdot Kg^{-1}$ (*jednostka dawki pochłoniętej*)
shifter przesiewacz
sight 1. celownik **2.** *geod.* (linia) celowa **3.** *górn.* cecha
sight *v* **1.** celować **2.** oglądać; obserwować
sight hole wziernik
sight-line *wojsk.* linia celowania; *geod.* (linia) celowa
sight rule *geod.* alidada
sight vane *opt.* przeziernik
sign znak; *mat.* symbol
signal 1. sygnał **2.** urządzenie sygnalizacyjne, sygnalizator
signal-box *kol.* nastawnia
signal light sygnalizator świetlny, światło sygnałowe
signalling sygnalizacja
signal rocket rakieta sygnalizacyjna, raca sygnalizacyjna
sign digit *inf.* cyfra znaku
significant figure *mat.* cyfra znacząca
sign-magnitude notation *inf.* zapis znak-moduł
sign off *inf.* wyrejestrowanie się (*z systemu*)
sign on *inf.* zarejestrowanie się (*w systemie*)
sign position *inf.* pozycja znaku
signpost drogowskaz
sign reverser *aut.* inwertor, układ zmieniający znak funkcji
silage *roln.* **1.** pasza kiszona, kiszonka **2.** zakiszanie pasz, silosowanie
silanes *pl chem.* silany, krzemowodory
silencer tłumik dźwięków
silent *a* cichy; cichobieżny
silentblock *masz.* przegub bezcierny, przegub cichy; łącznik gumowy
silent film film niemy
silent (-running) *a* cichobieżny
silent zone *rad.* strefa ciszy, strefa milczenia
silhouette sylwetka
silica *chem.* krzemionka, dwutlenek krzemu
silica brick cegła silikatowa, cegła wapienno-krzemowa
silica glass szkło kwarcowe
silicate *chem.* krzemian
silicified wood skamieniałość drzewna
silicon *chem.* krzem, Si
silicon carbide *chem.* węglik krzemu, karborund
silicon-controlled rectifier *elektron.* krzemowy prostownik sterowany, tyrystor
silicon dioxide *chem.* dwutlenek krzemu, krzemionka
silicone *chem.* silikon, polimer krzemoorganiczny
silicon-gate transistor tranzystor polowy o bramce krzemowej
silk jedwab (*naturalny*)
silk-screen printing *poligr.* druk sitowy, sitodruk
silkworm *zool.* jedwabnik
sill 1. *bud.* podwalina; ramiak dolny; próg **2.** *górn.* spągnica **3.** *geol.* sil(l), żyła pokładowa (*zgodna z uwarstwieniem*)
silo 1. silos **2.** *wojsk.* podziemna wyrzutnia rakietowa
silt muł; ił; nanos, napływ
silting 1. zamulenie (*przewodów*) **2.** *górn.* podsadzka płynna **3.** *inż.* namywanie budowli ziemnych, refulowanie
silting-up *inż.* kolmatacja, namulanie
silver *chem.* srebro, Ag
silver plating srebrzenie, posrebrzanie
silvics ekologia lasu
similar figures *pl geom.* figury podobne
similarity number *fiz.* liczba podobieństwa, liczba znamienna, kryterium podobieństwa
similitude 1. podobieństwo **2.** *mat.* jednokładność, homotetia
simple *a* prosty, nieskomplikowany; niezłożony; zwykły; pojedynczy
simple compound *chem.* związek prosty
simple fraction *mat.* ułamek zwykły
simple lens *opt.* monokl, obiektyw jednosoczewkowy
simple machine *mech.* maszyna prosta
simple pendulum *mech.* wahadło matematyczne, wahadło proste
simple stress *wytrz.* naprężenie jednokierunkowe
simple sugars *pl chem.* cukry proste, monosacharydy, jednocukry, monozy
simple tone *akust.* ton, dźwięk prosty
simplex channel *inf.* kanał simpleksowy
simplexing *aut.* praca jednokierunkowa
simplicity prostota

simplification uproszczenie; typizacja
simplified fraction *mat.* ułamek nieskracalny
simulate *v* naśladować; imitować; *inf.* symulować
simulation language *inf.* język symulacyjny, język modelowania
simulator *aut.* symulator
simulator program *inf.* program symulujący, symulator
simultaneity jednoczesność
simultaneous *a* jednoczesny
simultaneous processing *inf.* przetwarzanie równoczesne
sine *mat.* sinus
sine curve *mat.* sinusoida
singe *v* opalać; osmalać
single *a* pojedynczy
single-address instruction *inf.* rozkaz jednoadresowy
single-arm lever dźwignia jednoramienna
single board *inf.* pakiet (*pojedynczy*), płytka
single bond *chem.* wiązanie pojedyncze, wiązanie proste
single chip microcomputer *inf.* mikrokomputer jednostrukturowy, mikrokomputer jednoukładowy
single-core cable kabel jednożyłowy
single crystal kryształ pojedynczy, monokryształ
single density *inf.* pojedyncza gęstość (*zapisu na dyskietce*)
single failure *nukl.* uszkodzenie pojedyncze
single-pass weld *spaw.* spoina jednowarstwowa
single-phase motor *el.* silnik jednofazowy
single-purpose register *inf.* rejestr specjalizowany
single-sideband modulation *tel.* modulacja jednowstęgowa
single-spot welding zgrzewanie jednopunktowe
single-stage compressor sprężarka jednostopniowa
single-stage pump pompa jednostopniowa
single-stand mill *hutn.* walcownia jednoklatkowa
single(-start) thread gwint pojedynczy, gwint jednokrotny, gwint jednozwojny
single-turn coil *el.* zezwój jednozwojny
single-U butt weld spoina czołowa na U, spoina kielichowa (*jednostronna*)
single-U groove *spaw.* rowek na U
single-wire circuit *el.* obwód jednoprzewodowy
singular *a mat.* **1.** osobliwy, singularny **2.** pojedynczy
sink 1. zlew; zlewozmywak **2.** *górn.* rząpie **3.** *geol.* zapadlisko krasowe **4.** *hydr.* upust, źródło ujemne **5.** *odl.* obciąganie (*wada odlewu*)
sink *v* **1.** tonąć **2.** zanurzać się; zagłębiać się; opadać **3.** zatapiać, zanurzać; zagłębiać, *zob. też* **sinking**
sink head *hutn.* nadstawka wlewnicy; nadlew wlewka
sinking 1. *górn.* głębienie (*szybów*) **2.** *hutn.* swobodne ciągnienie rur (*bez użycia trzpienia*) **3.** *drewn.* wybieranie wpustów
sinking in *powł.* zanikanie połysku (*wada*)
sink(ing) mill *hutn.* walcarka redukująca, reduktor do rur bez szwu
sinter 1. *hutn.* spiek **2.** żużel **3.** *geol.* nawar
sintered carbides *pl* węgliki spiekane, spiek węglikowy
sinter(ing) plant *hutn.* spiekalnia
sinusoid *mat.* sinusoida
sinusoidal wave fala sinusoidalna
SIP = single in-line package *elektron.* płaska obudowa jednorzędowa
siphon *hydr.* lewar
siphon ladle *hutn., odl.* kadź syfonowa, kadź czajnikowa
siren syrena (*sygnalizacyjna*)
sisal *włók.* sizal
site 1. teren (*zagospodarowany*), plac **2.** *biol.* siedlisko
site assembly *bud.* montaż (prefabrykatów) na budowie
SI units system międzynarodowy układ jednostek miar, układ SI
size 1. wymiar, wielkość; rozmiar **2.** *mat.* liczność, liczebność
size analysis 1. analiza sitowa **2.** skład ziarnowy; uziarnienie
size grade *górn.* sortyment, klasa ziarnowa
size limit *metrol.* granica wymiarowa, wymiar graniczny
size of weld wymiar znamionowy spoiny
sizer 1. *masz.* sortownik (*sortujący wg wymiarów*); *górn.* klasyfikator **2.** *hutn.* walcarka kalibrująca (*do rur*)
sizing 1. sortowanie wg wymiarów **2.** *obr.plast.* dotłaczanie; kalibrowanie **3.** *papiern., włók.* zaklejanie
skein *włók.* **1.** motek **2.** pasmo (*przędzy*)
skeleton szkielet (*konstrukcji*)
skeleton construction konstrukcja szkieletowa
skeleton key klucz uniwersalny; wytrych

skelp *obr.plast.* wstęga na rury
sketch szkic
skew *a* skośny, ukośny
skewing zukosowanie (*nierównoległe ustawienie*); zwichrowanie
skew lines *pl geom.* linie skośne
skiagram rentgenogram, zdjęcie rentgenowskie
skid 1. płoza; podstawka **2.** *bud.* podkładka drewniana **3.** *mot.* poślizg; zarzucenie
skid chains *pl mot.* łańcuchy przeciwpoślizgowe
skidding 1. *mot.* poślizg; zarzucenie **2.** *leśn.* zrywka (*dłużyc*)
skill umiejętność; zręczność, wprawa
silled worker robotnik wykwalifikowany
skim *v* **1.** szumować; zgarniać (*z powierzchni*); *odl., hutn.* odżużlać **2.** odpędzać lotne składniki
skim coat *bud.* gładź (*wierzchnia warstwa tynku*)
skimmer 1. *odl.* odgarniak żużla, odgarc **2.** *hutn.* przelew syfonowy, przewał (*do oddzielania żużla*)
skimming boat *okr.* ślizg, ślizgacz
skin 1. skóra **2** *hutn., odl.* naskórek (*wlewka, odlewu*) **3.** pokrycie; poszycie
skin diver płetwonurek
skin drying suszenie powierzchniowe; *odl.* podsuszanie (*form*)
skin effect *el.* naskórkowość, zjawisko naskórkowości, zjawisko Kelvina
skin erythema dose *nukl.* dawka rumieniowa (*promieniowania jonizującego*)
skin lamination *hutn.* łuszczenie się naskórka (*wyrobów walcowanych*)
skinning 1. *obr.skraw.* skórowanie; łuszczenie **2.** *el.* zdejmowanie izolacji (*z przewodów*)
skin-pass mill *obr.plast.* walcarka wygładzająca
skip 1. *masz.* przeskok; szybki ruch jałowy **2.** kubeł wyciągu pochyłego, kubeł skipowy **3.** *inf.* przeskok
skip hoist wyciąg pochyły, skip
skipper *żegl.* kapitan (*statku*), szyper
skip weld szew spawany, spoina przerywana
skip zone *rad.* strefa ciszy, strefa milczenia
skull cracker (*kula stalowa zawieszona na żurawiu, stosowana przy robotach rozbiórkowych, do rozbijania złomu itp.*)
sky 1. *astr.* nieboskłon, niebo **2.** *tw.szt.* skaj (*sztuczna skóra*)
skylight *bud.* świetlik
skyscraper wieżowiec, drapacz chmur
skywalk *kosm.* spacer w przestrzeni kosmicznej
slab 1. płyta (*kamienna, betonowa*) **2.** *hutn.* kęsisko płaskie **3.** *drewn.* deska okorkowa, okorek **4.** sztaba (*mydła*)
slabbing 1. *drewn.* obrzynanie tarcicy **2.** *hutn.* walcowanie kęsisk płaskich **3.** *górn.* odspajanie płytowe skały **4.** *górn.* opinka
slab(bing) mill 1. *hutn.* zgniatacz kęsisk płaskich; walcownia-slabing **2.** *obr.skraw.* frez walcowy
slab foundation *bud.* płyta fundamentowa
slab milling *obr.skraw.* frezowanie płaszczyzn
slack 1. luz; rozluźnienie; zwis (*cięgna*) **2.** *górn.* węgiel odpadowy; drobny węgiel
slacken *v* luzować; rozluźniać; rozluźniać się
slack wax gacz parafinowy
slag żużel
slag concrete *bud.* żużlobeton
slagging 1. tworzenie się żużla; *kotł.* zażużlanie **2.** odżużlanie, ściąganie żużla; spust żużla
slag inclusion *met.* wtrącenie żużlowe, zażużlenie
slag pot *hutn.* kadź żużlowa, misa żużlowa
slag (processing) plant zakład przerobu żużla
slag sand żużel rozdrobniony (*stosowany jako kruszywo*)
slag spout *hutn.* rynna żużlowa (*wielkiego pieca*)
slag wool wełna żużlowa, wata żużlowa
slake *v* gasić, lasować (*wapno*)
slaked lime wapno gaszone
slant 1. pochyłość, pochylenie, nachylenie **2.** *górn.* upadowa; pochylnia; wyrobisko pochyłe
slant *a* pochyły, nachylony, ukośny, skośny
slat 1. listwa **2.** *lotn.* skrzele, slot
slate *petr.* łupek
slaughterhouse rzeźnia
slave 1. *aut.* urządzenie podporządkowane (*w stosunku do głównego* – **master**) **2.** *inf.* proces podległy
slave clock zegar (elektryczny) wtórny
slave computer *inf.* komputer podległy
sled sanie; sanki
sledge ciężkie sanie transportowe
sledge-hammer *narz.* młot (kowalski) dwuręczny
sleek(er) *odl.* gładzik kształtowy

sleeper 1. *kol.* wagon sypialny **2.** podkład kolejowy **3.** *bud.* podwalina, podkład, legar
sleeper cab *mot.* kabina sypialna (*samochodu ciężarowego*)
sleeping car *kol.* wagon sypialny
sleeve *masz.* tuleja; *narz.* osłona izolująca (*wkrętaka*)
sleeve antenna *rad.* antena mankietowa, antena koncentryczna
sleeve bearing łożysko tulejowe
sleeve coupling 1. sprzęgło **2.** połączenie (rurowe) nasuwkowe, połączenie (rurowe) tulejowe
sleeve valve zawór tulejowy, suwak tulejowy
slender body *aero.* ciało smukłe
slewing crane żuraw obrotowy
slew rate *elektron.* szybkość narastania napięcia wyjściowego (*wzmacniacza operacyjnego*)
slice 1. plaster **2.** *inf.* wycinek (*tablicy, napisu*)
slicing 1. rozcinanie na warstwy; krajanie (*na plastry*) **2.** *górn.* wybieranie warstwami
slicing machine *masz.* krajalnica; krajarka
slide 1. *masz.* suwak; wodzik; prowadnik; ślizgacz; kamień (*łęku lub jarzma*); *obr.skraw.* sanie (*obrabiarki*); suport **2.** slajd, przezrocze, diapozytyw **3.** *geol.* obsunięcie, zsuw
slide *v* ślizgać się; suwać się
slide bearing łożysko ślizgowe; podparcie ślizgowe; prowadnica
slide caliper *metrol.* suwmiarka; przymiar przesuwkowy, suwak pomiarowy
slide projector rzutnik, diaskop (*do slajdów*)
slider 1. *masz.* suwak; wodzik; prowadnik; ślizgacz; kamień (*łęku lub jarzma*) **2.** *el.* styk ślizgowy
slide rule suwak logarytmiczny
slide valve zawór suwakowy, suwak (*płaski*)
slide viewer przeglądarka (do) slajdów
slideway *masz.* prowadnica (*obrabiarki*)
sliding ślizganie się; poślizg; *obr.skraw.* toczenie wzdłużne
sliding contact *el.* styk ślizgowy
sliding door drzwi przesuwne
sliding fit *masz.* pasowanie suwliwe
sliding friction tarcie ślizgowe, tarcie posuwiste, tarcie suwne
sliding gear koło zębate przesuwne
sliding head *metrol.* głowica suwakowa, suwak (*przyrządu pomiarowego*)
sliding pair *mech.* para przesuwna, para postępowa
sliding surface powierzchnia ślizgowa, gładź
sliding ways *pl okr.* płozy wodowaniowe
slime szlam; muł
sling strop, zawiesie (*do podnoszenia ciężarów*)
slip 1. poślizg **2.** *okr.* pochylnia okrętowa **3.** listewka; pasek (*papieru*) **4.** *ceram.* masa ciekła, masa lejna, gęstwa **5.** *odl.* czernidło **6.** *geol.* zsuw; ślizg (*uskoku*); przesunięcie
slip casting *ceram.* odlewanie z gęstwy
slip feather *drewn.* wkładka, obce pióro
slip flow *mech.pł.* przepływ poślizgowy
slip joint połączenie przesuwne
slippage poślizg; ślizganie się
slipper wodzik; ślizgacz; szczęka ślizgowa (*sprzęgła*)
slipping poślizg; ślizganie się; *geol.* obsunięcie się
slip(ping) clutch *masz.* sprzęgło poślizgowe
slip-ring *el.* pierścień ślizgowy
slip-ring motor *el.* silnik pierścieniowy
slipstream *lotn.* strumień zaśmigłowy
slipway *okr.* **1.** wyciąg (*statków*), slip **2.** pochylnia okrętowa
slit szczelina; przecięcie
slit shutter *fot.* migawka szczelinowa
slitting *obr.plast.* **1.** cięcie wzdłużne (*taśm*) **2.** nadcinanie
sliver *v* rozszczepiać się
slope 1. stok; zbocze; skarpa **2.** nachylenie, pochylenie **3.** *geom.* nachylenie, tangens kąta nachylenia **4.** *geod.* spadek niwelacyjny
slope level *geod.* pochylnik, klinometr, eklimetr; *górn.* upadomierz, stratymetr
sloping *a* nachylony, pochyły
sloping letters *pl* pismo pochyłe
slot szczelina; rowek, żłobek
slot-machine automat (*sprzedający*)
slotted lever *masz.* jarzmo; łęk, kulisa
slotting *obr.skraw.* dłutowanie, struganie pionowe
slotting machine *obr.skraw.* dłutownica, strugarka pionowa
slow death of a transistor powolna zmiana charakterystyki tranzystora (*wskutek zmian zachodzących w materiale*)
slowing-down 1. zwalnianie, zmniejszanie prędkości **2.** *nukl.* spowalnianie, moderacja
slow reactor *nukl.* reaktor powolny, reaktor na neutrony powolne
slow running *siln.* bieg jałowy, bieg luzem

slow-speed engine silnik wolnobieżny
sludge szlam; muł; *wiertn.* łyżkowiny; *san.* osad kanalizacyjny
sludger 1. odmulacz, szlamownik **2.** *wiertn.* pompa płuczkowa **3.** *wiertn.* łyżka wiertnicza
slug 1. kawałek metalu; bryłka metalu (*o kształcie regularnym*) **2.** *obr.plast.* przedkuwka, odkuwka wstępna **3.** (*techniczna jednostka masy* ≈ 14,594 kg) **4.** *nukl.* pręt paliwowy elementarny **5.** *poligr.* wiersz linotypowy **6.** *el.* tuleja opóźniająca
slug tuner *rad.* wkładka strojeniowa (*falowodu*)
slug-type resistor *elektron.* rezystor lity, rezystor objętościowy, rezystor masowy
sluice 1. *hydr.* śluza; upust **2.** *górn.* koryto do przemywania
sluice gate wrota śluzy; zamknięcie śluzy
sluice valve zawór zasuwowy, zasuwa
slurry 1. szlam; zawiesina **2.** *bud.* zaczyn (*cementowy lub gliniany*) **3.** *wzbog.* muł płuczkowy
small arms *pl* broń strzelecka
small calorie *jedn.* kaloria: 1 cal = 0,41868 · 10 J
small capitals *pl poligr.* kapitaliki
small letters *pl poligr.* minuskuły
small-lot production produkcja małoseryjna
small offset printing mała poligrafia
smalls *pl* węgiel drobny, miał węglowy
small-scale integration *elektron.* mały stopień scalenia
smart terminal *inf.* terminal inteligentny
smash *v* rozbijać
smaze (= smoke + haze) *meteo.* zamglenia przemysłowe
smear *v* smarować; mazać
smelt *v hutn.* wytapiać (*metal z rudy*)
smelter *hutn.* **1.** piec do wytapiania **2.** wytapiacz (*pracownik*)
smith kowal
smith forging 1. kucie swobodne; kucie ręczne **2.** odkuwka swobodna; odkuwka ręczna
smog (= smoke + fog) *meteo.* mgła przemysłowa
smoke 1. dym **2.** *szkl.* smugi barwne (*wada*)
smoke *v* **1.** dymić; kopcić **2.** *spoż.* wędzić
smoke curing *spoż.* wędzenie
smoke screen zasłona dymna
smokestack komin (*fabryczny, lokomotywy*)
smooth *v* wygładzać
smooth *a* gładki; wygładzony; równy; *mat.* gładki
smooth body *mech.* ciało (doskonale) gładkie
smoothing filter *el.* filtr wygładzający
smooth running *siln.* praca spokojna, bieg spokojny
smoulder *v* tlić się; wytlewać
snagging *obr.skraw.* zdzieranie (*ściernicą*)
snap 1. zatrzask **2.** zatrzaśnięcie, szybki przerzut
snap (die) *narz.* nagłówniak, zakuwnik, zakownik (*do nitowania*)
snap fastener zatrzask
snap gauge *metrol.* sprawdzian szczękowy
snapshot 1. *fot.* zdjęcie migawkowe **2.** *inf.* migawka (*drukowanie chwilowych danych z pamięci maszyny cyfrowej*)
snapshot dump *inf.* zrzut migawkowy
snap switch *el.* łącznik migowy
snip skrawek; obcinek
snip *v* ciąć nożycami (*ręcznymi*)
snips nożyce ręczne (*do blach*)
snorkel *okr.* chrapy (*okrętu podwodnego*)
snow 1. śnieg **2.** *TV* śnieg (*zakłócenie*)
snow blower *drog.* dmuchawa śniegowa (*do odśnieżania*)
snow cover okrywa śnieżna
snowdrift zaspa śnieżna
snow load *bud.* obciążenie śniegiem
snowmobile pojazd śniegowy, śniegołaz
snowplough pług odśnieżający, pług do odśnieżania
snow removal odśnieżanie
soaker *zob.* **soaking pit**
soaking 1. moczenie **2.** nasiąkanie **3.** *obr.ciepl.* wygrzewanie
soaking pit *hutn.* piec wgłębny (*do nagrzewania wsadu walcowniczego*)
soap mydło
soar *v lotn.* szybować
socket 1. *masz.* gniazdo; oprawka; *el.* gniazdo (*do wtyczki*) **2.** kielich rury
socket contact *el.* tuleja stykowa; gniazdo wtyczkowe
socket-head screw wkręt z łbem gniazdowym
socket pipe rura kielichowa
socket wrench klucz nasadowy
socle 1. *arch.* cokół **2.** *el.* szczudło (*słupa linii nadziemnej*)
sod darń, darnina
soda soda, techniczny węglan sodowy
soda crystals *pl* soda krystaliczna, soda do prania
soda lye *chem.* ług sodowy

sodium *chem.* sód, Na
sodium carbonate *chem.* węglan sodowy, soda kalcynowana
sodium chloride *chem.* chlorek sodowy
sodium discharge lamp *el.* lampa sodowa, sodówka
sodium hydroxide *chem.* wodorotlenek sodowy, soda kaustyczna, soda żrąca
soffit *bud.* podsufitka
soft *a* **1.** miękki **2.** *nukl.* miękki, niskoenergetyczny
soft annealing *obr.ciepl.* wyżarzanie zmiękczające, zmiękczanie
soften *v* zmiękczać; mięknąć
softener *zob.* **softening agent**
softening agent zmiękczacz, środek zmiękczający; plastyfikator
soft-focus image *fot.* obraz miękki, obraz nieostry
soft landing *kosm.* miękkie lądowanie
soft magnetic steel stal magnetycznie miękka
soft radiation *fiz.* promieniowanie miękkie
soft sheen połysk matowy
soft soap mydło potasowe, szare mydło
soft solder lut miękki (*cynowo-ołowiowy*)
software *inf.* oprogramowanie
software compatibility *inf.* wymienność oprogramowania, kompatybilność oprogramowania
software-module *inf.* pakiet programowy
soft water woda miękka
soil **1.** grunt; gleba **2.** brud; zabrudzenie
soil miller *roln.* glebogryzarka
soil pipe *bud.* przewód (kanalizacyjny) spustowy, pion spustowy
sol *chem.* zol, roztwór koloidalny
solar *a* słoneczny
solar battery bateria słoneczna
solar cell ogniwo słoneczne, element baterii słonecznej
solarization *fot.* solaryzacja
solar power station elektrownia słoneczna, helioelektrownia
solar system układ słoneczny
solar time czas słoneczny
solar wind *astr.* wiatr słoneczny
solder lut, lutowanie, stop lutowniczy
solder *v* lutować
soldering gun lutownica pistoletowa
soldering iron lutownica, kolba lutownicza
sole **1.** *bud.* podwalina; ramiak okienny dolny **2.** *górn.* spąg (*pokładu*); spodek wyrobiska
solenoid *el.* solenoid, cewka cylindryczna
soleplate **1.** *bud.* podwalina **2.** *siln.* podstawa silnika, fundament silnika **3.** *kol.* podkładka pod szyny **4.** *okr.* zwalniacz wodowaniowy płytowy
solid **1.** *geom.* bryła **2.** *fiz.* ciało stałe **3.** *górn.* calizna
solid *a* **1.** *fiz.* stały **2.** pełny, lity; masywny **3.** *poligr.* bez interlinii
solid angle *geom.* kąt przestrzenny
solid carbon dioxide *chem.* stały dwutlenek węgla, suchy lód
solid coupling *masz.* sprzęgło sztywne
solid friction tarcie suche
solid fuel paliwo stałe
solid geometry stereometria, geometria przestrzenna
solidification krzepnięcie; zestalanie się
solid logic technology *elektron.* technika układów logicznych monolitycznych
solid measure miara objętościowa
solid of revolution *geom.* bryła obrotowa
solid phase *fiz.* faza stała
solid-phase welding zgrzewanie zgniotowe w stanie stałym; zgrzewanie natryskowe
solid propellant rocket rakieta na paliwo stałe
solid residue sucha pozostałość (*po odparowaniu*)
solid solution *fiz.* roztwór stały
solid state *fiz.* stan (skupienia) stały
solid-state circuit *elektron.* układ scalony monolityczny
solid-state device *elektron.* (*przyrząd półprzewodnikowy lub ferrytowy*)
solid-state electronics elektronika półprzewodników
solid-state physics fizyka ciała stałego
solid-state welding zgrzewanie dyfuzyjne
solid steel stal uspokojona
solidus *fiz.* solidus, krzywa solidusu
solion *elektron.* solion, dioda elektrochemiczna
solstice *astr.* przesilenie, solstycjum
solubility rozpuszczalność
solubilize *v* roztwarzać; rozpuszczać
soluble *a* rozpuszczalny
solute substancja rozpuszczona
solution **1.** *mat.* rozwiązanie **2.** *chem.* roztwór **3.** rozpuszczanie
solvable *a mat.* rozwiązalny
solvate *chem.* solwat
solvation *chem.* solwatacja
solve *v mat.* rozwiązywać
solvency **1.** *chem.* zdolność rozpuszczania **2.** *ek.* wypłacalność, zdolność płatnicza

solvent rozpuszczalnik
solvent extraction ekstrakcja rozpuszczalnikowa, ekstrakcja w układzie ciecz-ciecz
solvent naphtha solwent-nafta
sonar (= sound navigation and ranging) *żegl.* sonar, hydrolokator
sonde sonda
sone *jedn.* son (*jednostka głośności*)
sonic *a fiz.* dźwiękowy
sonic barrier *lotn.* bariera dźwięku
sonic depth finder *żegl.* echosonda, sonda akustyczna
sonic velocity prędkość dźwięku
sonobuoy pława radiohydroakustyczna
soot sadza
sorption *fiz.* sorpcja (*adsorpcja lub absorpcja*)
sort rodzaj; gatunek
sort *v* sortować
sorter 1. sortownik **2.** sorter (*maszyna licząco-analityczna*) **3.** sortowacz (*pracownik*)
sorting key *inf.* klucz sortowania, klucz informacyjny
SOS = silicon-on-sapphire (system) *elektron.* struktura warstwowa krzem na szafirze
sound dźwięk
sound *v* **1.** dźwięczeć, brzmieć **2.** sondować
sound absorption 1. pochłanianie dźwięku **2.** dźwiękochłonność (*zdolność materiału*)
sound amplification *elakust.* nadźwiękowienie, fonizacja
sound barrier *lotn.* bariera dźwięku
sound box głowica akustyczna (*gramofonu*), główka gramofonu
sound carrier *akust.* fala nośna dźwięku; *TV* nośna fonii
sound channel *tel.* kanał akustyczny; *TV* tor foniczny
sound column *rad.* kolumna głośnikowa
sound film film dźwiękowy
sounding sondowanie
sounding balloon *meteo.* balon-sonda
sound insulation izolacja dźwiękowa, izolacja akustyczna
sound intensity natężenie dźwięku
sound level *akust.* poziom głośności
sound library fonoteka
sound proofing wyciszanie, asonoryzacja, oddźwiękowienie, izolowanie akustyczne
sound recording 1. zapisywanie dźwięku, nagrywanie dźwięku **2.** zapis dźwięku; nagranie; fonogram
sound reproducing head *elakust.* głowica odczytująca
sound reproduction odtwarzanie dźwięku, odczytywanie dźwięku
sound signalling sygnalizacja dźwiękowa
sound track ścieżka dźwiękowa; ślad dźwiękowy (*na nośniku*)
sound volume głośność, intensywność dźwięku
sour *v* zakwaszać; kwasić
source źródło
source data *pl* dane źródłowe
source language 1. *inf.* język źródłowy (*którym posługuje się programista*) **2.** język wyjściowy (*w słowniku*) **3.** język tekstu tłumaczonego
source program *inf.* program źródłowy, program pierwotny (*w języku źródłowym*)
south *geogr.* południe
South Pole biegun południowy geograficzny
south pole 1. biegun południowy magnetyczny Ziemi **2.** biegun południowy igły magnetycznej
sow *hutn.* **1.** narost, skrzep, wilk (*w piecu lub w kadzi*) **2.** gęś surówki
sow *v roln.* siać; wysiewać
sower *roln.* siewnik
space 1. przestrzeń; obszar; przestrzeń kosmiczna **2.** *mat.* przestrzeń (*np. topologiczna*) **3.** *mat.* przestrzeń, odległość **4.** *inf.* spacja **5.** *inf.* przestrzeń **6.** *poligr.* spacja, odstęp
space *v* rozstawiać, rozmieszczać
space capsule *kosm.* kabina statku kosmicznego
space centre *kosm.* ośrodek kontroli lotów kosmicznych
space character *inf.* spacja
space charge *el.* ładunek przestrzenny
space coordinates *pl mat.* współrzędne przestrzenne
spacecraft statek kosmiczny
space flight lot kosmiczny
space lattice *kryst.* sieć przestrzenna
spaceman astronauta, kosmonauta
spaceport kosmodrom
space probe sonda kosmiczna
spacer część odległościowa; rozpórka; przekładka; *nukl.* siatka dystansująca
spacer washer *masz.* podkładka odległościowa
spaceship statek kosmiczny
space shuttle prom kosmiczny, wahadłowiec
space station stacja kosmiczna
space suit skafander kosmiczny

space-time (continuum) *fiz.* czasoprzestrzeń
space travel podróż kosmiczna
space walk *kosm.* spacer w przestrzeni kosmicznej
spacing rozstawienie, rozmieszczenie; odstęp; *poligr.* spacjowanie
spacious *a* obszerny, przestronny
spacistor *elektron.* spacystor
spackling *bud.* uzupełnienie tynku, łatanie tynku
spade łopata
spade drill wiertło piórkowe
spallation *nukl.* kruszenie (*jądra atomowego*), spalacja
spalling łuszczenie się; odłupywanie się, wykruszanie się; odpryskiwanie; *masz.* wgłębienia hartownicze (*zużywanie się przekładni zębatych*)
span 1. rozpiętość **2.** przęsło
spanner *narz.* klucz (*maszynowy*)
spar 1. *lotn.* dźwigar (*płata*) **2.** *żegl.* drzewce **3.** *min.* szpat
spare parts *pl* części zamienne, części zapasowe
spare wheel *mot.* koło (jezdne) zapasowe
sparger urządzenie zraszające; urządzenie rozpryskujące
spark iskra
spark arrester 1. chwytacz iskier; *kol.* odiskrownik, iskrochron **2.** *el.* gasik
spark discharge *el.* wyładowanie iskrowe
spark (erosion) machine drążarka elektroiskrowa
spark gap *el.* **1.** przerwa iskrowa **2.** iskiernik
spark ignition *siln.* zapłon iskrowy
sparking iskrzenie
sparking plug *siln.* świeca zapłonowa
spark lead *siln.* wyprzedzenie zapłonu
spark machining obróbka elektroiskrowa, drążenie elektroiskrowe
spark-over *el.* przeskok (*iskry*)
spark suppressor *el.* gasik
spathic iron (ore) *min.* syderyt, szpat żelazny
spatial *a* przestrzenny
spatter *spaw.* rozprysk
spatula łopatka; szpachla; gładzik płaski
speaker głośnik; megafon
speaking clock zegarynka
speaking tube telefon tubowy; *lotn.* awiofon; *okr.* rura głosowa
spear ostrze; iglica
specialist specjalista
speciality specjalność
specialization specjalizacja
special-purpose computer komputer specjalizowany
specification wyszczególnienie; wykaz; specyfikacja
specific charge *fiz.* ładunek właściwy
specific conductance *el.* konduktywność, przewodność właściwa
specific fuel consumption *siln.* jednostkowe zużycie paliwa
specific gravity gęstość względna
specific heat ciepło właściwe
specific impulse *rak.* impuls właściwy, impuls jednostkowy
specific inductive capacity *el.* przenikalność elektryczna względna, stała dielektryczna
specific power *nukl.* moc właściwa (*paliwa w reaktorze*)
specific reluctance *fiz.* reluktywność (*odwrotność przenikalności magnetycznej*)
specific resistance *el.* rezystywność, opór właściwy
specific speed *masz.* wyróżnik szybkobieżności
specific volume objętość właściwa
specific weight 1. *fiz.* ciężar właściwy **2.** *siln.* ciężar jednostkowy
specimen próbka
spectacles *pl* okulary
spectral *a* widmowy, spektralny
spectral analysis analiza widmowa, analiza spektralna, analiza spektroskopowa
spectral line linia widmowa, linia spektralna
spectral series seria widmowa
spectrograph spektrograf
spectrometer spektrometr
spectrophotometric analysis *chem.* analiza spektrofotometryczna, spektrofotometria
spectroscope spektroskop
spectroscopy spektroskopia
spectrum (*pl* **spectra**) **1.** *fiz.* widmo (*promieniowania*) **2.** *mat.* widmo, spektrum
spectrum analysis analiza widmowa, analiza spektralna, analiza spektroskopowa
speech level meter *el.* wolumetr
speed 1. szybkość; prędkość **2.** *fot.* światłoczułość
speedball pen *rys.* redisówka
speedboat ślizgacz (*łódź motorowa*)
speed changer mechanizm zmiany biegów, zmieniacz biegów

speedflash lampa błyskowa elektronowa
speed governor regulator prędkości obrotowej, regulator obrotów
speed indicator 1. tachometr, obrotomierz, licznik obrotów **2.** prędkościomierz; szybkościomierz
speedlamp lampa błyskowa elektronowa
speed limit największa dopuszczalna prędkość (*pojazdu*)
speed of lens *fot.* jasność obiektywu
speed of light prędkość światła
speed of travel *spaw.* prędkość posuwu
speedometer prędkościomierz; szybkościomierz
speed reducer *masz.* reduktor prędkości, przekładnia redukcyjna
speed up przyspieszać
speedway 1. autostrada **2.** tor wyścigowy motocyklowy
spelter *met.* **1.** cynk handlowy (*w bloczkach*) **2.** lut twardy, mosiądz lutowniczy
spent *a* zużyty; wyczerpany
spent fuel *nukl.* paliwo (jądrowe) wypalone
spent oil olej przepracowany
sphalerite *min.* sfaleryt, blenda cynkowa
sphere *geom.* **1.** kula **2.** sfera, powierzchnia kuli
spherical *a* kulisty, sferyczny
spherical bearing podpora kulista; łożysko kuliste
spherical cone *geom.* wycinek kulisty
spherical head *masz.* łeb kulisty zwykły (*wkrętu, nitu*)
spherical mirror *opt.* zwierciadło sferyczne
spherical pendulum wahadło kuliste, wahadło sferyczne
spherical sector *geom.* wycinek kulisty
spherical segment *geom.* odcinek kulisty
spherical surface *geom.* sfera, powierzchnia kuli
spherical triangle *geom.* trójkąt sferyczny, trójkąt kulisty
spherical trigonometry trygonometria sferyczna
spherical wave *fiz.* fala kulista
sphericity kulistość, sferyczność
spherics 1. sferyka, geometria sferyczna **2.** *rad.* atmosferyki, zakłócenia atmosferyczne
spheroid *geom.* sferoida, elipsoida obrotowa
spheroidal *a* kulisty, sferoidalny
spheroidizing *obr.ciepl.* sferoidyzacja (*cementytu*)
spherometer sferometr (*przyrząd do pomiaru krzywizny powierzchni kulistych*)
spider *masz.* (*część konstrukcyjna o kształcie gwiaździstym*); *el.* koło wirnikowe (*twornika, magneśnicy*); krzyżak, jarzmo (*w przekładni obiegowej*)
spiegel(eisen) *hutn.* surówka zwierciadlista
spigot 1. czop **2.** kurek czerpalny
spike 1. ostrze; kolec **2.** duży gwóźdź **3.** *kol.* hak szynowy, szyniak **4.** *el.* krótki impuls; wyskok (*impulsu*)
spike antenna *rad.* unipol (*antena niesymetryczna*)
spile 1. kołek drewniany; czop **2.** pal drewniany
spill 1. *hutn.* łuska (*wada walcownicza*) **2.** *nukl.* przeciek substancji radioaktywnych
spill *v* rozlewać; przelewać się; rozpływać się (*o farbie*)
spin 1. ruch wirowy; zawirowanie **2.** *fiz.* spin, moment spinowy **3.** *lotn.* korkociąg
spin *v* **1.** wirować **2.** *włók.* prząść **3.** *obr.plast.* wyoblać
spindle 1. *masz.* wrzeciono, trzpień obrotowy **2.** *włók.* wrzeciono
spin-drier suszarka wirówkowa, wirówka odwadniająca
spinner 1. wyoblarka, tokarka-wyoblarka **2.** wyoblarz (*pracownik*) **3.** *lotn.* kołpak śmigła **4.** *włók.* przędzarka
spinneret *włók.* dysza przędzalnicza, filiera, włośnica
spinning 1. *włók.* przędzenie; przędzalnictwo **2.** wirowanie **3.** *obr.plast.* wyoblanie **4.** *odl.* odlewanie odśrodkowe **5.** *lotn.* wykonywanie korkociągu
spinning lathe wyoblarka, tokarka-wyoblarka
spinning machine 1. *włók.* przędzarka **2.** wyoblarka, tokarka-wyoblarka
spinning nozzle *włók.* dysza przędzalnicza, filiera, włośnica
spinor 1. *mat.* spinor **2.** *fiz.* spinor, cząstka spinorowa
spin up rozkręcać, przyspieszać ruch obrotowy
spin welding zgrzewanie tarciowe
spiral 1. *mat.* spirala **2.** *el.* spirala, skrętka
spiral *a* spiralny
spiral bevel gear 1. koło zębate stożkowe o zębach krzywoliniowych **2.** przekładnia kątowa z kołami o zębach krzywoliniowych
spiral chute ślizg spiralny, zsuwnia spiralna, przenośnik ślizgowy spiralny

spiral spring sprężyna spiralna
spirit spirytus
spirit level poziomnica alkoholowa
splash *v* pryskać; bryzgać; rozbryzgiwać się
splashdown *kosm.* (*wodowanie kabiny kosmicznej po powrocie z lotu*)
splashguard osłona przeciwbryzgowa (*np. na obrabiarce*)
splash lubrication smarowanie rozbryzgowe
splice bar łubek, nakładka stykowa
splicing 1. splatanie, zaplatanie (*np. liny*); *el.* łączenie (*przewodów*) przez splatanie **2.** *drewn.* łączenie na długość **3.** *fot.* sklejanie (*taśmy filmowej*)
splicing tape taśma do sklejania (*np. taśmy filmowej, magnetycznej*)
spline 1. *masz.* wypust **2.** *masz.* otwór wielorowkowy **3.** *rys.* krzywik nastawny **4.** *mat.* krzywa składana
splines *pl masz.* wielowypust, wieloklin
spline shaft wałek wielowypustowy
splineway *masz.* rowek wypustowy
splinter 1. odłamek; odprysk; drzazga **2.** *nukl.* odłamek (*jądra*), fragment
split *v* rozszczepiać (się); łupać, rozłupywać
split bearing *masz.* łożysko dzielone
split die *obr.plast.* matryca dzielona
split flap *lotn.* klapa krokodylowa, krokodyl
split pin *masz.* zawleczka
split ring *masz.* pierścień rozcięty
splitting of spectral lines *fiz.* rozszczepienie linii widmowych
split wheel koło (*pasowe*) dzielone, koło (*pasowe*) dwuczęściowe
spoil 1. *inż.* odkład gruntu, odwał **2.** *wzbog.* odpady; skała płonna; hałda kamienna **3.** *inż.* urobek (*pogłębiarki*)
spoil *v* **1.** zepsuć **2.** psuć się **3.** *górn.* wywozić na hałdę
spoilage 1. braki (*w produkcji*) **2.** psucie się
spoke 1. ramię koła; szprycha **2.** szczebel drabiny
sponge 1. gąbka **2.** *powł.* powłoka galwaniczna gąbczasta
sponge iron żelazo gąbczaste
spongy *a* gąbczasty
spontaneous *a* samorzutny; spontaniczny
spontaneous fission *nukl.* rozszczepienie samorzutne
spontaneous ignition 1. *siln.* samozapłon, zapłon samoczynny **2.** samozapalenie się (*materiałów, odpadków*)
spontaneous magnetization namagnesowanie spontaniczne
spontaneous radioactivity *nukl.* promieniotwórczość smorzutna, promieniotwórczość naturalna
spool 1. *włók.* szpula; cewka **2.** *el.* korpus cewki
spooler *masz.* nawijarka cewkowa; *hutn.* szpularka
spooling *włók.* cewienie
spoon 1. łyżka **2.** *wiertn.* łyżka wiertnicza
spoon sample *hutn.* próbka (*stali*) pobrana z pieca
sports car samochód sportowy
spot plama; plamka; skaza; cętka
spot *v* wyśledzić; znaleźć; zlokalizować
spot cleaning *włók.* wywabianie plam
spot drilling *obr.skraw.* nawiercenie wstępne (*punktu dla wiertła*)
spot facing *obr.skraw.* pogłębianie czołowe
spot hovering *lotn.* lot wiszący, zawis
spot jamming *rad.* zagłuszanie na określonej częstotliwości
spot-light reflektor punktowy, reflektor wąskostrumieniowy
spot lighting oświetlenie punktowe
spot punch dziurkarka ręczna
spot tacking *spaw.* sczepianie zgrzeinami punktowymi
spotter *obr.skraw.* wiertło do nawiercania, nawiertak
spot test *chem.* analiza kroplowa
spotting 1. *powł.* plamistość **2.** skrobanie na tusz **3.** kostkowanie, mazerowanie (*powierzchni*)
spot welding zgrzewanie punktowe
spout 1. dziobek (*naczynia*) **2.** *hutn.* rynna spustowa **3.** *arch.* gargulec, rzygacz
spout of ladle *hutn.* dziób kadzi
sprag 1. *górn.* kołek do hamowania wozów **2.** rozpora, klin (*drewniany*)
spray *v* rozpylać; rozpryskiwać; natryskiwać; zraszać
spray chamber komora natryskowa
spray cooling chłodzenie natryskowe; chłodzenie rozpyłowe
spray drier suszarka rozpryskowa
sprayed metal *spaw.* metal natryskowy
sprayer rozpylacz
spray gun 1. pistolet natryskowy **2.** *roln.* krótka lanca opryskiwacza
spraying 1. rozpylanie, pulweryzacja; natryskiwanie; zraszanie **2.** *powł.* malowanie natryskowe, natrysk
spraying system *nukl.* układ zraszania
spray irrigation *roln.* nawadnianie deszczowniane, deszczowanie

spray lubrication *masz.* smarowanie natryskowe
spray nozzle dysza rozpylająca, rozpylacz; *hutn.* dysza natryskowa (*do chłodzenia*)
spray painting malowanie natryskowe
spray quenching *obr.ciepl.* hartowanie natryskowe
spray tower wieża (chłodnicza) natryskowa
spread 1. rozrzut; rozsiew; rozszerzanie się **2.** *obr.plast.* rozszerzanie, roztłaczanie (*przy walcowaniu*) **3.** *statyst.* rozsiew, rozrzut
spread *v* **1.** rozściełać; rozpościerać (się) **2.** *obr.plast.* rozszerzać, roztłaczać **3.** powlekać, nakładać powłokę **4.** *powł.* rozpływać się
spreader 1. rozpórka **2.** *gum., tw.szt.* powlekarka **3.** *masz.drog.* rozkładarka, rozścielarka, układarka (*masy betonowej*) **4.** *ryb.* orczyk, komulec
spreader beam *transp.* zawiesie belkowe
spreader stoker *kotł.* ruszt (mechaniczny) narzutowy
spreader factor *obr.plast.* współczynnik poszerzenia (*przy walcowaniu*)
spreader footing *bud.* szeroka podstawa fundamentowa
spreading mill *hutn.* klatka poszerzająca
spreadsheet *inf.* arkusz elektroniczny
spread the load rozkładać obciążenie
spring 1. gwóźdź bez główki **2.** *odl.* szpilka formierska
spring 1. sprężyna; resor **2.** sprężynowanie, uginanie się sprężyste **3.** *geol.* źródło
spring *v* **1.** sprężynować, uginać się sprężyście **2.** zawieszać na sprężynach; resorować
spring-back sprężynowanie ; odskok sprężysty
spring-board odskocznia; trampolina
spring-borne *a* wsparty na sprężynach, uresorowany
spring clip 1. zacisk sprężynowy; zatrzask (*łańcucha rolkowego*) **2.** opaska resoru
spring clock zegar sprężynowy
spring coil zwój sprężyny
spring collet *masz.* tuleja zaciskowa sprężynująca
spring contact *el.* styk sprężynowy
spring coupling *masz.* sprzęgło sprężynowe
spring hammer młot (maszynowy) sprężynowy
spring hook hak zatrzaskowy; karabińczyk
spring leaf pióro resoru
spring-loaded *a* obciążony sprężyną; pod napięciem sprężyny, sprężynowy
spring of rolls *hutn.* skok walców
spring-operated *a* uruchomiany sprężyną
spring pin 1. kołek sprężynujący **2.** sworzeń resoru
spring ring *masz.* pierścień sprężysty
spring scale waga sprężynowa
spring steel stal sprężynowa
spring suspension zawieszenie sprężynowe, uresorowanie
sprinkle *v* skrapiać, zraszać
sprinkler 1. instalacja tryskaczowa (*przeciwpożarowa*) **2.** *odl.* skrapiacz **3.** *roln.* zraszacz (*w deszczowni*) **4.** *masz.drog.* skrapiarka
sprinkling (irrigation) *roln.* nawadnianie deszczowniane, deszczowanie
sprinkling machine *roln.* deszczownia, urządzenie zraszające
sprocket 1. ząb koła łańcuchowego **2.** *bud.* przypustnica, przysuwnica
sprocket chain łańcuch drabinkowy (*współpracujący z kołem łańcuchowym*)
sprocket holes *pl* dziurki prowadzące (*taśmy dziurkowanej, filmowej*)
sprocket wheel koło łańcuchowe drabinkowe
sprue 1. *odl.* wlew główny **2.** *obr.plast.* łącznik (*wycięcie łączące wykroje matrycy wielokrotnej*) **3.** *tw.szt.* nadlew wtryskowy
spruing *odl.* obcinanie nadlewów
sprung weight ciężar uresorowany (*pojazdu*)
spud *inż.* szczudło pogłębiarki, słup kotwiczny pogłębiarki; rydel; szpadel
spun concrete *bud.* beton wirowany
spun glass przędza szklana, włókno szklane
spun yarn *włók.* nitka wyczeskowa
spur 1. *bud.* rozpórka **2.** *inż.* falochron-ostroga **3.** *chem.* gniazdo **4.** *mat.* ślad
spur gear 1. koło zębate walcowe o zębach prostych, koło zębate czołowe **2.** przekładnia zębata walcowa o zębach prostych, przekładnia zębata czołowa
spurious radiation *nukl.* promieniowanie pasożytnicze
spur wheel *masz.* koło zębate czołowe, koło zębate walcowe o zębach prostych
sputtering *elektron.* rozpylanie jonowe, rozpylanie katodowe, napylanie katodowe
squad brygada (*robotników*)
squall *meteo.* szkwał

square 1. *geom.* kwadrat **2.** *mat.* kwadrat (*liczby*) **3.** *metrol.* kątownik, węgielnica **4.** *hutn.* pręt (walcowany) kwadratowy **5.** plac; skwer
square *v* **1.** *mat.* podnosić do kwadratu **2.** ustawiać prostopadle **3.** nadawać kształt prostokątny **4.** obliczać powierzchnię
square *a* **1.** kwadratowy **2.** prostopadły
square bracket nawias kwadratowy
squared paper papier kratkowany
square engine silnik kwadratowy (*o stosunku skoku tłoka do średnicy cylindra zbliżonym do* 1)
square foot *jedn.* stopa kwadratowa (= 9,29 dcm^2)
square-head bolt śruba z łbem kwadratowym
square inch *jedn.* cal kwadratowy (= 6,4516 cm^2)
square-law detector *rad.* detektor o charakterystyce kwadratowej, detektor kwadratowy
square metre *jedn.* metr kwadratowy
squareness ratio *el.* współczynnik prostokątności
square root *mat.* pierwiastek kwadratowy, pierwiastek drugiego stopnia
square-wave oscillator *el.* generator przebiegu prostokątnego
squaring the circle *mat.* kwadratura koła
squash *v* zgniatać; miażdżyć
squealing *rad.* gwizd interferencyjny
squeegee 1. wałek gumowy **2.** *włók., poligr.* rakiel
squeeze *v* **1.** zgniatać; ściskać; wyciskać **2.** *górn.* osiadać (*o stropie*) **3.** *górn.* pęcznieć (*np. o spągu*)
squeeze moulding machine *odl.* formierka prasująca
squeezer 1. prasa do wyciskania; wytłaczarka **2.** *włók.* wyżymarka; *spoż.* wyżymaczka
squeeze riveter *narz.* nitownik
squeeze roller walec wyciskający; wałek wyciskający; walec wyżymający
squegging *el.* samowygaszanie (*oscylatora*)
squelch *rad.* wyciszanie
squint 1. *bud.* cegła kształtowa do naroży nieprostokątnych **2.** *rad.* odchylenie kątowe (*promieniowania anteny*)
squint quoin *bud.* naroże nieprostokątne
squirrel cage *masz.el.* klatka (*wirnika*)
squirrel-cage motor *el.* silnik klatkowy
squirt 1. wytrysk **2.** *narz.* strzykawka
squirt-can oiler smarowniczka ręczna wtryskowa
squirt welder półautomat spawalniczy, spawarka półautomatyczna
stability stateczność; stabilność; stałość, trwałość
stability test 1. *okr.* próba przechyłu, próba stateczności **2.** *wybuch.* próba trwałości, próba stałości
stabilization 1. stabilizacja **2.** *obr.ciepl.* wyżarzanie stabilizujące, stabilizowanie
stabilize *v* stabilizować; utrwalać
stabilized gasoline *US* benzyna stabilizowana
stabilizer 1. stabilizator (*urządzenie stabilizujące*) **2.** *lotn.* statecznik **3.** *chem.* kolumna stabilizacyjna **4.** *chem.* stabilizator, środek stabilizujący
stabilizing heat treatment *obr.ciepl.* wyżarzanie stabilizujące, stabilizowanie
stabistor *elektron.* stabistor (*dioda półprzewodnikowa do stabilizacji napięcia*)
stable *a* stateczny; stabilny; trwały
stable element *masz.* stabilizator
stable equilibrium równowaga stała, równowaga stateczna
stable nucleus *nukl.* jądro trwałe
stable orbit *nukl.* orbita ustalona, orbita stabilna, orbita stała
stable platform *lotn., kosm.* platforma stabilizowana
stack 1. stos, sterta; *roln.* stóg **2.** komin (*żelazny*) **3.** *inf.* stos
stack *v* układać w stosy, stertować; spiętrzać
stack casting *odl.* odlewanie piętrowe, odlewanie w stos
stack cutting *spaw.* cięcie pakietami
stacked antenna array *rad.* układ antenowy piętrowy
stack effect ciąg kominowy
stack emission emisja z komina
stacker 1. *roln.* stertnik **2.** *hutn.* zwałowarka **3.** *hutn.* układarka (*do blach*)
stack of blast furnace *hutn.* szyb wielkiego pieca
stack partition *bud.* ściana kominowa
stack pointer *inf.* wskaźnik stosu
stack welding spawanie (punktowe) pakietu blach
stadia *geod.* dalmierz
stadia rod *geod.* łata tachymetryczna
stadium stadion
staff 1. *geod.* łata miernicza **2.** personel, kadry **3.** *wojsk.* sztab **4.** *zeg.* oś **5.** *okr.* drzewce flagowe, flagsztok **6.** *obr.plast.* trzon uchwytowy

stage 1. scena; podium; pomost **2.** *masz.* stopień (*pompy, sprężarki*) **3.** *geol.* piętro (*utworów skalnych*) **4.** *geol.* stadium (*rozwoju rzeźby*) **5.** *hydr.* poziom wód (*rzeki*) **6.** stadium, etap
stage of a rocket stopień rakiety; człon rakiety
stagger układ schodkowy
staggered riveting nitowanie przestawne, nitowanie w zakosy
stagnation zastój, stagnacja
stagnation point *mech.pł.* punkt zastoju, punkt stagnacji
stain 1. plama **2.** *drewn.* bejca **3.** barwnik; farba ceramiczna (*do barwienia szkliwa*)
stain *v* **1.** plamić **2.** *drewn.* gruntować; bejcować **3.** barwić; *szkl.* lazurować
stained glass window okno witrażowe
stainless steel stal nierdzewna
stain remover środek do wywabiania plam
stair stopień schodów
staircase klatka schodowa
stairs *pl* schody
stake 1. kołek; palik; pal **2.** *narz.* kowadełko (*blacharskie*); klepadło; zaginadło; dwuróg
staking 1. palikowanie; wytyczanie palikami **2.** *obr.plast.* spęczanie końców (*prętów*); łączenie części za pomocą obróbki plastycznej **3.** *skór.* międlenie, zmiękczanie
stalactite *geol.* stalaktyt
stalagmite *geol.* stalagmit
stale *a* stęchły; zleżały; zwietrzały
stalk 1. komin fabryczny **2.** *odl.* szkielet rdzenia **3.** *tw.szt.* nadlew wtryskowy
stall 1. *siln.* zgaśnięcie silnika (*wskutek przeciążenia*); *siln.el.* utknięcie silnika, utyk silnika **2.** *górn.* ubierka komorowa **3.** *lotn.* przeciągnięcie **4.** przegroda w stajni; stajnia
stamp 1. stempel; znacznik; pieczęć **2.** odcisk stempla; cecha **3.** *obr.plast.* młot **4.** *wzbog.* tłuczek, stępor
stamper 1. *hutn.* stemplownica, znakownica **2.** *obr.plast.* kowal, młotowy **3.** *elakust.* matryca (*płyty gramofonowej*)
stamping 1. stemplowanie; cechowanie (*narzędzi pomiarowych*); pieczętowanie **2.** *obr.plast.* tłoczenie; kucie, matrycowanie (*jednowykrojowe*) **3.** *obr.plast.* wytłoczka, wypraska; odkuwka matrycowa (*prosta*) **4.** *wzbog.* rozkruszanie, tłuczenie
stamping mill kruszarka stęporowa; tłuczarka
stamping press prasa do tłoczenia
stanchion słupek; kolumienka; kłonica
stand 1. stanowisko; stoisko **2.** stojak; statyw **3.** *leśn.* drzewostan
stand-alone machine *inf.* komputer wolnostojący
standard 1. wzorzec; etalon **2.** norma; normatyw **3.** kolumna; stojak
standard *a* znormalizowany; normalny; wzorcowy; standardowy
standard alternation nowelizacja normy
standard atmosphere 1. atmosfera wzorcowa **2.** *jedn.* atmosfera fizyczna, atmosfera normalna: 1 atm = $1{,}01325 \cdot 10^{-1}$ MPa
standard cable *el.* kabel wzorcowy
standard cell *elchem.* ogniwo normalne, ogniwo wzorcowe
standard clock zegar wzorcowy
standard conditions *pl fiz.* warunki normalne
standard-frequency signal *rad.* sygnał częstotliwości wzorcowej
standard fuel paliwo wzorcowe (*do badania własności antydetonacyjnych*)
standard gauge 1. znormalizowana skala grubości (*drutu, blachy*) **2.** *kol.* normalna szerokość toru
standard hardness block wzorcowa płytka twardości, wzorzec twardości
standard interface *inf.* sprzęg standardowy
standardization 1. normalizacja, standaryzacja **2.** *chem.* nastawienie miana
standardized product wyrób znormalizowany, wyrób zgodny z normą
standard lens *opt.* obiektyw normalny, obiektyw standardowy
standard nuclear power plant *nukl.* znormalizowana elektrownia jądrowa
standard of living *ek.* stopa życiowa
standard pressure *fiz.* ciśnienie normalne (p = 1 atm)
standard rating wartość znamionowa znormalizowana
standard sample próbka wzorcowa; *chem.* wzorzec analityczny, normalka
standard scale integration *elektron.* integracja standardowa, standardowy stopień scalenia
standards engineer normalizator
standard solution *chem.* roztwór mianowany, roztwór wzorcowy
standard specification norma przedmiotowa
standard state *fiz.* stan normalny, stan podstawowy (*atomu*)

standard time 1. czas urzędowy **2.** *org.* norma czasu
standby pogotowie, stan pogotowia
standby computer komputer rezerwowy
standby generating plant elektrownia rezerwowa
standby power system *nukl.* układ niezawodnego zasilania elektrycznego
standing time *masz.* czas przestoju; *kol.* czas postoju
standing wave *fiz.* fala stojąca
standing ways *pl okr.* tory wodowaniowe
stand-off insulator *el.* izolator wsporczy
stand on *nawig.* utrzymywać kurs
standpipe kolumna wodna, rura ciśnień; stojak hydrantowy
standstill stan spoczynku; bezruch; postój
stanniol folia cynowa, cynfolia, staniol
staple 1. skobel; klamra **2.** *włók.* stapel **3.** *górn.* szybik ślepy
staple fibres *pl włók.* włókna staplowe (*odcinkowe*)
staple industries *pl* podstawowe gałęzie przemysłu
stapler zszywacz biurowy
stapling spinanie klamrami; zszywanie (*zszywkami*)
stapling machine *poligr.* zszywarka introligatorska, blokówka
star 1. gwiazda **2.** *geom.* gwiazda
starboard prawa burta (*statku*); prawa strona (*samolotu*)
starch skrobia, krochmal
star connection *el.* połączenie gwiazdowe, połączenie w gwiazdę
star-delta starter *el.* rozrusznik gwiazda-trójkąt
starship *kosm.* statek międzygwiezdny
star-star connection *el.* połączenie w podwójną gwiazdę, (*układ połączeń*) gwiazda-gwiazda
start 1. początek **2.** rozruch; uruchomienie
start *v* **1.** zapoczątkować **2.** uruchamiać, wprawiać w ruch **3.** ruszać z miejsca
start bit *inf.* bit rozpoczęcia transmisji
starter 1. rozrusznik **2.** *el.* elektroda zapłonowa, starter **3.** *el.* zapłonnik (*lampowy*)
starting current *el.* prąd rozruchowy; prąd włączenia
starting friction tarcie przy rozruchu
starting motor silnik rozruchowy
starting switch *el.* **1.** łącznik rozruchowy **2.** zapłonnik (*lampowy*)
starting test *siln.* próba rozruchu
startover *inf.* rozkaz ponownego uruchomienia komputera
start the engine uruchomić silnik, zapuścić silnik
start the welding arc zajarzać łuk spawalniczy, zapalać łuk spawalniczy
start-up rozruch; uruchomienie; *inf.* rozpoczęcie pracy
starvation 1. *biol.* głód; wygłodzenie **2.** *inf.* trwałe zablokowanie
star wars *pl wojsk.* wojny gwiezdne
state stan
state enterprise *ek.* przedsiębiorstwo państwowe
statement 1. stwierdzenie; oświadczenie **2.** zestawienie; wykaz **3.** *inf.* instrukcja **4.** *inf.* zadanie **5.** *mat.* twierdzenie; temat **6.** *mat.* zdanie
state of matter *fiz.* stan (skupienia) materii
state of strain *wytrz.* stan odkształcenia
state of stress *wytrz.* stan naprężenia
state of the art (*aktualny stan rozwoju jakiejś dziedziny wiedzy i umiejętności*)
state of the sea *ocean.* stan morza
state of the sky *meteo.* stan nieba, zachmurzenie
state parameter *term.* parametr stanu, zmienna stanu, parametr termodynamiczny
state variable 1. *zob.* state parameter **2.** *aut.* zmienna stanu
static *rad.* zakłócenia atmosferyczne
static(al) *a* statyczny
static balance wyważenie statyczne
static breeze *el.* wiatr elektryczny, efluwacja
static charge ładunek elektrostatyczny
static electricity elektryczność statyczna
static friction tarcie statyczne, tarcie spoczynkowe
static grizzly *wzbog.* przesiewacz rusztowy nieruchomy
static load *mech.* obciążenie stałe, obciążenie statyczne
static machine maszyna elektrostatyczna
static magnetism magnetostatyka
static memory *inf.* pamięć statyczna
statics *mech.* statyka
static seal *masz.* uszczelnienie spoczynkowe
static sensitivity *el.* czułość statyczna (*przyrządu fotoelektrycznego*)
station 1. stacja **2.** stanowisko **3.** *tel.* placówka
stationary *a* **1.** nieruchomy **2.** nieprzenośny **3.** niezmienny, ustalony
stationary axle *mot.* oś nośna (*samochodu*)
stationary engine silnik stały; silnik przemysłowy

stationary satellite *kosm.* satelita stacjonarny
stationary state *fiz.* stan ustalony, stan stacjonarny
stationary wave *fiz.* fala stojąca, fala stacjonarna
stationery materiały piśmienne
stationmaster *kol.* zawiadowca stacji; naczelnik stacji
station pole *geod.* pikieta
station roof wiata, dach na słupach (*np. nad peronem*)
station wagon samochód osobowo--bagażowy, kombi
statistical *a* statystyczny
statistical quality control statystyczna kontrola jakości; statystyczne sterowanie jakością
statistics statystyka
stator 1. *el.* stojan; twornik **2.** kierownica (*maszyny przepływowej*)
status register *inf.* rejestr stanu
statute mile *jedn.* mila lądowa (= 1609,3 m)
stay 1. odciąg; *żegl.* sztag **2.** rozpórka; zespórka **3.** *bud.* tężnik; stężenie; zastrzał **4.** *masz.* kotew, podpora (*żurawia*)
stay rope lina odciągowa, odciąg linowy
steady *a* ustalony, niezmienny
steady-load conditions *pl* warunki pracy (*urządzenia*) przy stałym obciążeniu
steady pin *masz.* kołek ustalający
steady (rest) *obr.skraw.* podtrzymka stała, podtrzymka nieprzesuwna
steady state *fiz.* stan ustalony, stan stacjonarny
steady-state creep *wytrz.* pełzanie ustalone, drugie stadium pełzania
steady-state current *el.* prąd ustalony
steam para wodna
steam bending gięcie (*drewna*) w parze
steam boiler kocioł parowy
steam condenser skraplacz par, kondensator
steam distillation *chem.* destylacja z parą wodną
steam distribution *siln.* rozrząd pary
steam drier 1. suszarka parowa (*z ogrzewaniem parą*) **2.** *kotł.* osuszacz pary, odwadniacz
steam drive napęd parowy
steam-driven *a* o napędzie parowym, napędzany parą, parowy
steam ejector ejektor parowy, pompa strumieniowa parowa ssąca
steam-electric generating set zespół parowo-prądnicowy
steam engine silnik parowy tłokowy, maszyna parowa; silnik parowy
steamer 1. parowiec, statek parowy **2.** *roln.* parnik (*do pasz*)
steam gauge manometr kotłowy
steam generating system *nukl.* układ wytwarzania pary
steam hammer młot parowy
steam heating ogrzewanie parowe
steaming parowanie, poddawanie działaniu pary, obróbka parą
steam injector iniektor parowy, strumieniowa pompa parowa tłocząca
steam jet strumień pary
steam locomotive parowóz
steam point *term.* punkt normalny wrzenia wody, punkt pary
steamship parowiec, statek parowy
steam superheater przegrzewacz pary
steam turbine turbina parowa
stearin(e) stearyna
steel stal
steel bar pręt stalowy
steel fixer *bud.* zbrojarz
steel industry hutnictwo żelaza
steelmaker 1. stalownik **2.** producent stali
steelmaking stalownictwo; proces stalowniczy; wytapianie stali
steel(making) converter *hutn.* konwertor stalowniczy, konwertor do wytapiania stali
steel(making) furnace piec stalowniczy
steelmaking practice technologia wytapiania stali
steel mill 1. stalownia **2.** huta żelaza
steel plate blacha stalowa gruba
steel section kształtownik stalowy
steel sheet blacha stalowa cienka
steel strip *hutn.* taśma stalowa, stal taśmowa
steelwork konstrukcja stalowa
steelworks 1. stalownia **2.** huta żelaza
steelyard *metrol.* **1.** waga przesuwnikowa prosta, bezmian **2.** dźwignia główna przsuwnikowa (*wagi*), wagowskaz
steening *inż.* obudowywanie (*np. wykopu, studni*)
steep *a* stromy, spadzisty
steeping moczenie; rozmiękczanie
steeple head łeb stożkowy (*nitu*)
steer *v* kierować; sterować
steerability sterowność; kierowalność (*pojazdu*)
steering gear 1. *okr.* urządzenie sterowe **2.** *mot.* kierownica; przekładnia kierownicy; mechanizm kierownicy
steering play *mot.* luz kierownicy

steering rod *mot.* drążek kierowniczy
steering system *mot.* układ kierowniczy
steering wheel 1. *okr.* koło sterowe **2.** *mot.* koło kierownicy
steersman *żegl.* sternik
stellar *a* gwiezdny; gwiazdowy
stellite *met.* stellit (*twardy stop narzędziowy*)
stem 1. pień; łodyga **2.** trzon; trzonek **3.** *okr.* dziobnica, stewa dziobowa
stem *v* **1.** zatykać (*np. szczeliwem*) **2.** powstrzymywać, hamować **3.** *żegl.* iść pod prąd
stemming 1. przybitka **2.** ubijanie przybitki
stencil 1. wzornik pisma **2.** matryca do powielacza
stencil *v* znakować wzornikiem; wykonywać napisy za pomocą wzornika
step 1. stopień (*np. schodów*) **2.** *inf.* krok operacyjny
step-and-repeat camera *fot.* kamera powielająca
step bearing *masz.* łożysko wzdłużne dolne, łożysko stopowe
step-by-step procedure postępowanie stopniowe, kolejne wykonywanie przewidzianych czynności
step change zmiana skokowa
step counter *inf.* licznik kroków (*programu*)
step down zmniejszać stopniowo; obniżać (*np. napięcie, ciśnienie*)
step-down transformer *el.* transformator obniżający napięcie
stepladder drabina składana o płaskich szczeblach
stepless *a* bezstopniowy
stepped *a* stopniowany, stopniowy; schodkowy
stepped gear wheel koło zębate stopniowe (*o wieńcu schodkowym*)
stepper motor *el.* silnik skokowy, silnik krokowy
stepping 1. stopniowanie **2.** *górn.* wybieranie ustępliwe, wybieranie schodkowe
stepping motor *zob.* **stepper motor**
stepping relay *el.* wybierak obrotowy skokowy
step power increase *nukl.* skokowy wzrost mocy
step pulley koło pasowe stopniowe, koło pasowe schodkowe
step response *aut.* odpowiedź skokowa; charakterystyka skokowa
step up zwiększać stopniowo; podwyższać (*np. napięcie, ciśnienie*)
step-up gear przekładnia zwiększająca, przekładnia przyspieszająca; *mot.* nadbieg
step-up transformer *el.* transformator podwyższający napięcie
step working *górn.* wybieranie ustępliwe, wybieranie schodkowe
steradian *jedn.* steradian, sr
steradiancy *fiz.* luminancja energetyczna, gęstość powierzchniowa natężenia promieniowania
stereo 1. *poligr.* stereotyp (*kopia formy drukarskiej*) **2.** stereofonia
stereoformula *chem.* wzór przestrzenny
stereoisomerism *chem.* stereoizomeria, izomeria przestrzenna
stereometry *mat.* stereometria, geometria przestrzenna
stereophonic *a* stereofoniczny
stereophonic sound system stereofonia
stereophotography fotografia stereoskopowa, fotografia przestrzenna, stereofotografia
stereoscope *opt.* stereoskop
stereo(scopic) camera *fot.* aparat stereoskopowy
stereoscopic photography *zob.* **stereophotography**
stereo sound system stereofonia
stereotype *poligr.* stereotyp (*kopia formy drukarskiej*)
steric effect *chem.* efekt przestrzenny, efekt steryczny
sterile *a* jałowy, sterylny, aseptyczny
sterilization wyjałowienie, sterylizacja
sterilizer sterylizator (*aparat*)
stern *okr.* rufa
stern frame *okr.* tylnica, stewa tylna
stethoscope *med.* stetoskop, słuchawka lekarska
stevedoring *żegl.* sztauowanie, sztauerka; przeładunek w portach
stewardess stewardessa
sthène *jedn.* sten: 1 sn = 10^3 N
stibium *chem.* antymon, Sb
stibnite *min.* antymonit, stybnit
stick drążek; pałeczka
stickiness lepkość
sticking 1. przylepianie (się); przywieranie; zakleszczanie się **2.** *drewn.* profilowanie
stick on nalepić; dokleić
sticky *a* lepki
stiction *mech.* tarcie spoczynkowe, tarcie statyczne

stiff *a* sztywny
stiffen *v* **1.** usztywniać **2.** sztywnieć
stiffener 1. usztywniacz, element (konstrukcyjny) usztywniający **2.** *gum.* przeciwzmiękczacz
stiffness sztywność
stilb *jedn.* stilb: 1 sb = 1 cd/cm^2
stile *bud.* ramiak pionowy
still 1. *chem.* aparat destylacyjny **2.** *kin.* obraz statyczny
stillage 1. stojak; podstawka; regały **2.** *spoż.* wywar gorzelniczy
stilling basin *inż.* zbiornik (wodny) wyrównawczy
stimulator of corrosion stymulator korozji (*substancja zwiększająca agresywność korozyjną środowiska*)
stimulus (*pl* **stimuli**) bodziec, podnieta
stir *v* mieszać
stirrer *masz.* mieszadło
stirrup 1. strzemię **2.** wieszak (*wagi*)
stirrup bolt zacisk śrubowy, obejma śrubowa
stitch *włók.* ścieg
stitching zszywanie; broszurowanie; *włók.* igłowanie
stochastic process *mat.* proces stochastyczny
stock 1. podstawa; oprawa (*np. narzędzia*) **2.** materiał obrabiany; produkt wyjściowy; *hutn.* wsad **3.** zapas materiałów (*na składzie*) **4.** inwentarz **5.** *ek.* kapitał zakładowy
stockade palisada
stock exchange *ek.* giełda
stock farming hodowla bydła
stock house *hutn.* hala zasobników (*surowców wielkopiecowych*)
stock indicator *hutn.* sonda wielkopiecowa
stock line *hutn.* poziom zasypu (*w wielkim piecu*)
stockpiles *pl* stosy (*zmagazynowanego towaru*); zasoby awaryjne
stock-taking 1. inwentaryzacja; remanent **2.** przegląd stanu prac nad jakimś zagadnieniem
stockyard składowisko
stoichiometric mixture *paliw.* mieszanka stechiometryczna, mieszanka teoretyczna, mieszanka doskonała
stoker *kotł.* **1.** palacz **2.** ruszt mechaniczny, stoker
stoke(s) *jedn.* stokes: 1 St = 1 cm^2/s
STOL aircraft (= short take-off and landing) samolot krótkiego startu i lądowania
stone 1. kamień **2.** (*jednostka masy* = 6,35 kg)
stone *v bud.* wykładać kamieniem
stone debris gruz skalny
stone dressing obróbka kamienia
stone dust miał kamienny, pył kamienny
stone mason kamieniarz
stone red *powł.* czerwień żelazowa, minia żelazowa
stoneware kamionka; wyroby kamionkowe
stonework *bud.* **1.** roboty kamieniarskie **2.** element kamienny; kamieniarka; konstrukcja kamienna
stoning 1. *bud.* wykładanie kamieniem; obudowa kamienna **2.** *spoż.* odpestczanie
stop 1. *masz.* zderzak; ogranicznik; opora **2.** przystanek **3.** *opt.* otwór obiektywu
stop *v* **1.** zatrzymać (się) **2.** zatkać; zaszpachlować
stop a leak zatrzymać przeciekanie, usunąć nieszczelność
stop bit *inf.* bit zakończenia transmisji
stop cock kurek odcinający
stop collar *masz.* pierścień oporowy
stop down *fot.* przysłaniać
stope *górn.* przodek ustępliwy; przodek wybierakowy (*w kopalniach rudy*)
stop gland *masz.* uszczelnienie zamykające
stop light *mot.* światło hamowania, światło stop
stopper 1. korek; zatyczka **2.** masa uszczelniająca, kit szpachlowy **3.** *okr.* stoper, hamulec (*łańcucha kotwicznego*)
stopper ladle *odl.* kadź zatyczkowa, kadź dolnospustowa
stopping distance droga zatrzymania (*pojazdu*)
stopping off 1. *odl.* kasowanie (*usuwanie odcisków dodatkowych elementów modelu lub rdzenia*) **2.** *powł.* (*nanoszenie pokrycia ochronnego przed powlekaniem galwanicznym*)
stopping power *nukl.* zdolność hamowania
stop screw wkręt ograniczający
stop valve zawór odcinający, zawór zamykający
stop watch sekundomierz, stoper
storage 1. magazynowanie, składowanie, przechowywanie; gromadzenie **2.** skład; magazyn **3.** opłata składowa, magazynowe **4.** *inf.* pamięć
storage area 1. składowisko **2.** *inf.* obszar pamięci
storage battery *el.* bateria akumulatorowa
storage bin zasobnik; silos
storage capacity 1. pojemność magazynowa **2.** *inf.* pojemność pamięci

storage cell 1. *el.* akumulator, ogniwo galwaniczne wtórne 2. *inf.* komórka pamięci
storage cycle *inf.* cykl pamięciowy, cykl pracy pamięci
storage dump *inf.* wyciąg z pamięci, zrzut (*zawartości*) pamięci
storage element *inf.* element pamięci, jednostka pamięci
storage life dopuszczalny okres magazynowania, przechowalność
storage print-out *inf.* wydruk zawartości pamięci
storage protection *inf.* ochrona pamięci
storage register *inf.* rejestr pamięciowy
storage reservoir zbiornik (wodny) zasobnikowy, zbiornik retencyjny
storage ring *nukl.* pierścień akumulujący (*cząstki przyspieszone*)
storage tube *elektron.* lampa pamięciowa
storage-type camera tube *elektron.* ikonoskop
storage yard składowisko
store 1. magazyn, skład 2. sklep 3. zapas 4. *inf.* pamięć, *zob.też* **storage**
store *v* 1. magazynować, składować; gromadzić 2. *inf.* wprowadzać do pamięci, zapamiętywać; przechowywać w pamięci, pamiętać
stored energy energia nagromadzona, energia zakumulowana
stored-program control *aut.* sterowanie zaprogramowane w pamięci
storehouse magazyn (*budynek*)
storekeeper magazynier
store-room magazyn, skład (*pomieszczenie*)
storetrieval system *inf.* system przechowywania i wyszukiwania danych
storey piętro; kondygnacja
storm *meteo.* gwałtowna wichura; burza
storm door *bud.* skrzydła zewnętrzne drzwi podwójnych
storm drain *inż.* kanał burzowy, burzowiec
story *zob.* **storey**
stove 1. piec (*grzewczy, suszarniczy*) 2. nagrzewnica
stove coal węgiel opałowy
stoving suszenie w podwyższonej temperaturze; suszenie piecowe
stowage 1. *żegl.* sztauowanie, rozmieszczanie ładunku 2. *górn.* podsadzka
straight *a geom.* prostoliniowy, prosty
straight angle *geom.* kąt półpełny
straight bevel gear *masz.* 1. koło stożkowe proste, koło zębate stożkowe o zębach prostych 2. przekładnia stożkowa prosta, przekładnia stożkowa o zębach prostych
straightedge 1. *metrol.* liniał mierniczy 2. *narz.odl.* zgarniak
straighten *v* prostować
straightener 1. *obr.plast.* prostownica, maszyna do prostowania 2. *narz.* przyrząd do prostowania 3. element prostujący
straight line *geom.* (linia) prosta
straight-line mechanism mechanizm prostowodowy, prostowód
straight-line motion ruch prostoliniowy
straight-line production produkcja przepływowa, produkcja potokowa
straight-run gasoline benzyna pierwszej destylacji
straight-run valve zawór przelotowy, zawór przepływowy
straight turning *obr.skraw.* tłoczenie wzdłużne
straightway pump pompa przepływowa
strain *wytrz.* odkształcenie
strain *v* 1. naprężać, napinać 2. filtrować, cedzić, sączyć
strain energy *wytrz.* energia odkształcenia
strainer filtr (siatkowy), sitko; cedzidło; kosz ssawny, smok (*pompy*)
strain gauge czujnik tensometryczny
strain hardening *wytrz.* umocnienie przez zgniot, umocnienie zgniotowe
straining pulley koło pasowe napinające, naprężacz pasa
strain insulator *el.* izolator naciągowy
strain rosette *wytrz.* rozeta tensometryczna
strake 1. pas; pasmo 2. *wzbog.* stół płuczkowy
strand 1. splotka, skrętka (*liny*); żyła (*kabla*) 2. *masz.* cięgno (*przekładni pasowej*)
strand casting *hutn.* odlewanie ciągłe
stranded conductor *el.* przewód linkowy
stranding machine 1. *włók.* skręcarka 2. splotarka (*lin stalowych*); skręcarka kabli
strangeness *nukl.* dziwność
strange particle *nukl.* cząstka dziwna
strangle *v* dławić (*przepływ*)
strap 1. pasek (*skórzany*) 2. taśma metalowa (*wzmacniająca np. skrzynię*) 3. nakładka
strap hammer *masz.* młot pasowy
strapping 1. taśmowanie, wiązanie taśmą (*przy pakowaniu*) 2. *elektron.* połączenie wyrównawcze

strategic (nuclear) weapon *wojsk.* broń strategiczna
stratification uwarstwienie; *geol.* warstwowanie; ułożenie warstw
stratigraphy 1. *geol.* stratygrafia **2.** badanie rentgenowskie warstwowe, tomografia
stratosphere *meteo.* stratosfera
stratum (*pl* **strata**) *geol.* warstwa; pokład
straw słoma
straw cutter *roln.* sieczkarnia
stray currents *pl el.* prądy błądzące
strays *pl rad.* trzaski atmosferyczne
streak 1. pręga; smuga **2.** *geol.* żyła, żyłka
stream channel *geol.* koryto rzeki
streamline *mech. pł.* linia prądu
streamline *v* nadawać kształt opływowy
streamway *geol.* koryto rzeki
streamwise *adv* współprądowo, w kierunku przepływu
street ulica
streetcar *US* tramwaj
street elbow łuk (rurowy) jednowkrętny
street refuge wysepka na jezdni (*dla pieszych*)
street traffic volume natężenie ruchu ulicznego
street watering truck polewarka, polewaczka (*ulic*)
strength 1. *mech.* wytrzymałość **2.** moc; siła **3.** *chem.* stężenie (*roztworu*)
strengthen *v* wzmacniać
strength of materials wytrzymałość materiałów (*dział mechaniki*)
stress *wytrz.* naprężenie
stress *v* naprężać
stress concentration spiętrzenie naprężeń
stress corrosion *met.* korozja naprężeniowa
stress crack pęknięcie naprężeniowe
stressed-skin construction *lotn.* konstrukcja skorupowa
stress engineer inżynier wytrzymałościowiec
stress relaxation *wytrz.* zluźnienie, relaksacja naprężeń
stress relief annealing wyżarzanie odprężające, odprężanie
stress trajectories *pl wytrz.* trajektorie naprężeń głównych, linie izostatyczne, izostaty
stretch 1. rozciągnięcie; wyprężenie **2.** rozciągłość
stretch *v* rozciągać; *obr.plast.* obciągać; wyprężać, prostować przez rozciąganie
stretcher 1. *obr. plast.* obciągarka **2.** *bud.* (cegła) wozówka **3** *bhp* nosze
stretcher levelling *obr.plast.* prostowanie przez rozciąganie, wyprężanie
stretch forming *obr.plast.* obciąganie uchwytami
striae *pl* **1.** prążki; *szkl.* smugi barwne (*wada*) **2.** *geol.* rysy; szczeliny
strickle *v odl.* formować wzornikiem, wzornikować
strike 1. listwa zgarniająca, strychulec **2.** kąpiel wstępna (*w galwanotechnice*) **3.** powłoka wstępna (*w galwanotechnice*) **4.** *geol* bieg; rozciągłość (*pokładu*) **5.** *ek.* strajk
strike *v* **1.** uderzać **2.** *obr.plast.* wybijać **3.** *szkl.* wyjawiać barwę (*pod wpływem ciepła*) **4.** *ek.* strajkować
strike arc *el.* wzniecać łuk; *spaw.* zajarzać łuk
striker fuse *el.* bezpiecznik wybijakowy
striking gear 1. mechanizm włączający (*przekładni*) **2.** *zeg.* mechanizm bicia
striking velocity prędkość uderzenia
striking voltage *el.* napięcie zapłonowe; *spaw.* napięcie zajarzenia (*łuku*)
string 1. sznurek; struna **2.** *bud.* belka policzkowa (*biegu schodów*), wanga **3.** *geol.* drobna żyła **4.** *inf.* ciąg znaków, znakociąg, napis
string bead *spaw.* ścieg prosty
stringer 1. element (konstrukcyjny) wzdłużny usztywniający; *okr.* wzdłużnik; *lotn.* podłużnica; *górn.* spągnica **2.** *bud.* belka policzkowa (*biegu schodów*), wanga **3.** *spaw.* warstwa graniowa, ścieg graniowy **4.** *geol.* drobna żyła
string galvanometer *el.* galwanometr strunowy
string milling *obr.skraw.* frezowanie szeregowe
strip 1. pas; pasmo **2.** taśma (*produkt walcowany*) **3.** *powł.* kąpiel do usuwania powłoki galwanicznej
strip *v* **1.** rozbierać; demontować; usuwać, zdejmować; zdzierać (*np. izolację*) **2.** *górn.* usuwać nadkład, prowadzić roboty odkrywkowe **3.** *chem.* odpędzać (*rozpuszczalnik*)
strip casting *hutn.* odlewanie taśm; walcowanie taśm z ciekłego metalu
strip cropping *roln.* uprawa wstęgowa
strip mill *hutn.* **1.** walcownia taśm **2.** walcarka do taśm
strip mine *górn.* kopalnia odkrywkowa; odkrywka
stripper punch *odl.* stempel wypychający
stripper tongs *pl hutn.* kleszcze do wyciągania wlewków (*z wlewnic*)

stripping agent *włók.* środek odbarwiający
stripping reaction *nukl.* reakcja zdarcia, stripping
stripping shovel koparka do robót odkrywkowych
strip pit *górn.* kopalnia odkrywkowa; odkrywka
strip splitting *hutn.* cięcie wzdłużne taśm, rozcinanie taśm (*na węższe taśmy*)
strip steel stal taśmowa, taśmy stalowe
strip transmission line *el.* linia przesyłowa paskowa
strobe *inf.* strob
stroboscope stroboskop
strobotron *elektron.* strobotron
stroke 1. uderzenie, udar **2.** *masz.* suw; skok
stroke-bore ratio *mot.* skokowość silnika
strong acid *chem.* mocny kwas
strong interaction *nukl.* oddziaływanie silne, oddziaływanie jądrowe
strontium *chem.* stront, Sr
structural *a* konstrukcyjny; strukturalny
structural clay tile *bud.* cegła pustakowa, pustak ceramiczny
structural constituent *met.* faza, składnik strukturalny
structural engineering inżynieria budowlana, technika budowlana
structural formula *chem.* wzór strukturalny, wzór budowy, wzór kreskowy
structural mechanics mechanika budowli
structural member element konstrukcyjny, człon konstrukcji
structural shape kształtownik (stalowy) konstrukcyjny
structural shape mill *hutn.* **1.** walcownia kształtowników **2.** walcarka kształtowników
structural steel stal konstrukcyjna
structural tile *bud.* cegła pustakowa, pustak ceramiczny
structure struktura; budowa; konstrukcja
strut pręt ściskany; rozpórka; zastrzał
stub 1. karcz; pniak (*drzewa*) **2.** *rad.* strojnik, pętla dostrajająca **3.** *inf.* namiastka (*programu*)
stub axle *mot.* zwrotnica (*osi przedniej*)
stub pipe króciec rurowy
stub shaft *masz.* wał krótki
stucco *bud.* tynk szlachetny
stud 1. *bud.* stojak; słup; słupek; kołek **2.** *masz.* śruba dwustronna; kołek gwintowany **3.** *odl.* podpórka rdzeniowa
studded tyre obręcz okołkowana (*np. koła ciągnika*); opona okolcowana
studio studio; atelier
stud rivet nitokołek
stud welding zgrzewanie kołkowe
study 1. studiowanie, badanie **2.** gabinet, pracownia
study *v* studiować, badać
stuff materiał; tworzywo
stuffing 1. szczeliwo; uszczelnienie **2.** wyściółka (*tapicerska*) **3.** *skór.* natłuszczanie skór
stuffing-box 1. dławnica **2.** komora dławikowa, komora dławnicy
stump 1. karcz; pniak (*drzewa*) **2.** *górn.* noga węglowa; płot węglowy
stumper *leśn.* karczownik, karczownica
style 1. styl **2.** *narz.* rylec
stylus rylec; igła (*np. gramofonowa*); *obr.skraw.* palec prowadzący, macka prowadząca (*do kopiowania*); *inf.* pióro
styrene *chem.* styren, winylobenzen
subaqueous mining wydobywanie rud z dna oceanu
subassembly *masz.* podzespół
subatomic particle *nukl.* cząstka subatomowa, cząstka elementarna atomu
subboundary structure *met.* struktura subkrystaliczna
subcontractor *ek.* podwykonawca
subcooled water *nukl., hydr.* woda przechłodzona
subcritical *a nukl.* podkrytyczny
subcrop *geol., górn.* wychodnia przykryta (*nadkładem*)
subcrust *drog.* podsypka, warstwa wyrównawcza
subdivision 1. podział, dział niższego rzędu **2.** dalszy podział (*na mniejsze części*) **3.** *mat.* podpodział
subfloor *bud.* podłoga ślepa; podłoże (*pod podłogą lub posadzką*)
subgrade *drog.* podłoże; *kol.* podtorze
subgrain *met.* podziarno
subgroup 1. *mat.* podgrupa **2.** *chem.* grupa poboczna, podgrupa (*układu okresowego pierwiastków*)
subharmonic *fiz.* (składowa) podharmoniczna
subirrigation *roln.* nawadnianie podglebia
subject area zakres tematyczny, tematyka
subject of a standard przedmiot normy
subject to test poddać próbom
sublethal dose *radiol.* dawka subletalna, dawka poniżej śmiertelnej
sublevel 1. *fiz.* podpoziom **2.** *górn.* poziom niższy, podpoziom
sublimation *fiz.* sublimacja

sublime *v* sublimować
submachine gun pistolet maszynowy
submarine okręt podwodny, łódź podwodna
submarine *a* podmorski; podwodny
submarine cable kabel morski
submarine camera kamera podwodna (*do zdjęć pod wodą*)
submerge *v* zanurzać (się); zatapiać
submerged-arc welding spawanie łukiem krytym
submersible *a* zanurzalny
submersion zanurzenie; zatopienie
submicroscopic particle cząstka submikroskopowa, submikron
submillimeter wave *fiz.* fala (elektromagnetyczna) submilimetrowa
subminiature tube *el.* lampa elektronowa subminiaturowa
submit *v* przedłożyć (*dokument*)
submultiple *mat.* podwielokrotność
subnetwork *el.* podsieć, część sieci
subordinate podwładny
subordinate series *fiz.* seria poboczna (*widma*)
subquenching *obr.ciepl.* obróbka podzerowa, wymrażanie
subroutine *inf.* podprogram
subscriber *telef.*, *inf.* abonent
subscriber's line łącze abonenckie
subscript wskaźnik dolny, indeks dolny
subscription 1. subskrypcja; przedpłata **2.** abonament; prenumerata
subsequent *a* następny, kolejny
subset 1. *mat.* podzbiór **2.** *telef.* aparat abonencki
subshell *fiz.* podwarstwa (*elektronowa*)
subside *v* osiadać (*np. o gruncie*); obniżać się (*np. o temperaturze*)
subsidy *ek.* subwencja, subsydium
subsoil podłoże; grunt rodzimy; *gleb.* podglebie
subsoil water woda zaskórna
subsonic *a* **1.** *aero.* poddźwiękowy **2.** *akust.* infradźwiękowy, podsłyszalny
substance 1. substancja **2.** *papiern.* gramatura
substandard *a* poniżej (wymagań) normy
substandard film taśma filmowa wąska
substation *el.* podstacja; stacja elektroenergetyczna
substituent *chem.* podstawnik
substitute 1. namiastka, surogat; materiał zastępczy **2.** zastępca
substitute *v* zastępować; podstawiać
substitution reaction *chem.* reakcja podstawienia
substrate 1. podłoże **2.** *chem.* substrat (*reakcji*)
substructure podstruktura; *inż.* podziemna część konstrukcji
subsurface *a* podpowierzchniowy
subsystem podsystem; podukład
subterranean *a* podziemny
subtraction *mat.* odejmowanie
subtractive colour process *fot.* subtraktywne mieszanie barw
subtractor *aut.* układ odejmujący
subtrahend *mat.* odjemnik
suburb przedmieście
suburban *a* podmiejski
subvention *ek.* subwencja, subsydium
subway 1. przejście podziemne (*dla pieszych*) **2.** *US* szybka kolej miejska, metro
sub-zero treatment *obr.ciepl.* obróbka podzerowa, wymrażanie
succession następstwo, kolejność
suck *v* ssać, zasysać
sucker rod *wiertn.* żerdź pompowa
sucrose sacharoza
suction ssanie, zasysanie
suction cup przyssawka
suction lift wysokość ssania (*pompy*)
suction pipe rura ssawna
suction pump pompa ssąca
suction stroke *masz.* suw ssania
sudden failure *nukl.* nagła awaria, nagłe uszkodzenie
suds *pl* mydliny; woda mydlana; *obr.skraw.* emulsja olejowa
sufficient *a* dostateczny, wystarczający
sugar cukier
sugar beet burak cukrowy
sugar cane trzcina cukrowa
sugar factory cukrownia
sugars *pl chem.* cukry, węglowodany, sacharydy
sulfamide *chem.* sulfamid
sulfate *chem.* siarczan
sulfation *elchem.* zasiarczanienie akumulatora
sulfide *chem.* siarczek
sulfite *chem.* siarczyn
sulfonation *chem.* sulfonowanie
sulfonitriding *obr.ciepl.* siarkoazotowanie, azotowanie z nasiarczaniem
sulfur *chem.* siarka, S
sulfuration *chem.* siarkowanie (*wprowadzanie siarki do związku*)
sulfur dioxide *chem.* dwutlenek siarki, bezwodnik siarkawy
sulfur group *chem.* siarkowce (S, Se, Te, Po)

sulfuric acid kwas siarkowy
sulfurizing *obr.ciepl.* nasiarczanie
sulfurous acid *chem.* kwas siarkawy
sum *mat.* suma
summand *mat.* składnik
summation *mat.* sumowanie, dodawanie
summer grade oil *mot.* olej letni
summer time czas letni
summing network *el.* układ sumujący
summit wierzchołek
sump **1.** *górn.* rząpie; rząp **2.** zbiornik ściekowy; studzienka; *siln.* miska olejowa
sun słońce
sun-and-planet gear przekładnia obiegowa, przekładnia planetarna
sunblind zasłona przeciwsłoneczna
sundial zegar słoneczny
sun exposure nasłonecznienie, insolacja
sun gear koło słoneczne, koło centralne (*przekładni obiegowej*)
sunk head łeb stożkowy (*śruby, nitu*)
sunlight światło słoneczne
sunshade zasłona przeciwsłoneczna
sunspots *pl astr.* plamy słoneczne
superalloy *met.* nadstop, superstop
supercalendering *papiern.* satynowanie
supercharged engine silnik doładowany, silnik z doładowaniem
supercharger sprężarka doładowująca
supercharging *siln.* doładowanie
superconductivity *fiz.* nadprzewodnictwo
superconductor *fiz.* nadprzewodnik
supercooling przechłodzenie
supercritical *a nukl.* nadkrytyczny
superelevation *inż.* przechyłka (*toru, drogi*)
superficial *a* powierzchniowy; powierzchowny
superfine *a* bardzo drobny
superfinish *obr.skraw.* dogładzanie (*oscylacyjne*), superfinisz
superfinisher *obr.skraw.* dogładzarka (*oscylacyjna*), szlifierka-dogładzarka
superfluidity *fiz.* nadciekłość
superfusion *met.* przechłodzenie
superheat *v* przegrzewać
superheated steam para przegrzana, para nienasycona
superheater przegrzewacz (*pary*)
superheavy element *nukl.* pierwiastek superciężki (*powyżej masy atomowej* 104)
superheterodyne receiver *rad.* odbiornik superheterodynowy, superheterodyna
superhigh frequency *rad.* pasmo częstotliwości 3000–30 000 MHz
supericonoscope *TV* superikonoskop, ikonoskop obrazowy, emitron
superimpose *v* nakładać
superimposed section *rys.* kład miejscowy
superimposed strata *pl geol.* warstwy nadległe
superior przełożony, zwierzchnik
supernumerary *a* nadliczbowy
superphosphate *chem.* superfosfat
superplasticity *met.* nadplastyczność
superposition **1.** nakładanie (się), superpozycja **2.** *geol.* nadległe ułożenie warstw **3.** *mat.* złożenie, superpozycja (*funkcji*)
super quality (SQ) najwyższa jakość (*znak międzynarodowy*)
supersaturated vapour para przesycona, para przechłodzona
supersaturation *fiz.* przesycenie
superscript **1.** indeks górny, wskaźnik górny **2.** *mat.* wykładnik
supersonic *a* **1.** *aero.* naddźwiękowy, supersoniczny **2.** ultradźwiękowy, nadsłyszalny
supersonic aircraft samolot naddźwiękowy
superstructure **1.** nadbudowa; nadbudówka **2.** *kryst.* nadstruktura
supervision nadzór, dozór
supervisory control *aut.* sterowanie nadzorcze, nadzór zdalny
supervisory program *inf.* program nadzorczy
supervoltage *el.* przepięcie
supple *a* giętki
supplement **1.** uzupełnienie **2.** *zob.* **supplementary angle**
supplementary angle *geom.* kąt dopełniający
supplier dostawca
supply **1.** zasilanie **2.** zaopatrzenie; dostawa **3.** zapas, zasób **4.** *ek.* podaż
supply *v* **1.** zasilać **2.** zaopatrywać; dostarczać
supply current *el.* prąd zasilania
supply failure *nukl.* awaria zasilania, uszkodzenie zasilania
supply pipe rura zasilająca, rura doprowadzająca
support **1.** podpora; oparcie **2.** *górn.* obudowa **3.** *mat.* nośnik (*funkcji*)
support *v* podpierać, podtrzymywać
support(ing) roll *hutn.* walec oporowy (*walcarki*)
supporting surface *lotn.* płat nośny, powierzchnia nośna
support processor *inf.* procesor wspomagający
suppress *v* tłumić; wygasić
suppressed-carrier transmission *rad.* transmisja z tłumioną falą nośną

suppressed-zero scale *metrol.* podziałka bezzerowa
suppressor *rad.* tłumik, eliminator
supremum (*pl* **suprema**) *mat.* kres górny (*zbioru*), supremum
surcharge 1. dodatkowe obciążenie; przeciążenie **2.** *inż.* naziom **3.** opłata dodatkowa
surd *a mat.* niewymierny
surf *ocean.* przybój, fala przybojowa
surface powierzchnia
surface acoustic wave *elektron.* akustyczna fala powierzchniowa, AFP
surface-active agent *chem.* środek powierzchniowo-czynny
surface analyser *metrol.* profilograf, gładkościomierz
surface charge *el.* ładunek powierzchniowy
surface conditioning *hutn.* usuwanie wad powierzchniowych, oczyszczanie powierzchni (*np. wlewków*)
surface effect ship duży poduszkowiec, statek (*morski*) na poduszce powietrznej
surface film błonka powierzchniowa
surface finish wykończenie powierzchni; *obr.skraw.* gładkość powierzchni, jakość powierzchni
surface flaw skaza powierzchniowa, uszkodzenie powierzchni
surface gauge ryśnik traserski, znacznik traserski
surface hardening *obr.ciepl.* utwardzanie powierzchniowe; hartowanie powierzchniowe
surface of revolution *geom.* powierzchnia obrotowa
surface plate *metrol.* płyta pomiarowa; płyta traserska
surface soil *roln.* warstwa uprawna; warstwa orna (*gleby*)
surface tension *fiz.* napięcie powierzchniowe
surface-to-surface missile *wojsk.* pocisk (klasy) ziemia-ziemia
surface water *hydr.* wody powierzchniowe
surfacing 1. obróbka powierzchni; *obr.skraw.* obróbka płaszczyzny **2.** *spaw.* natapianie; napawanie **3.** *drog.* układanie nawierzchni
surfacing lathe *obr.skraw.* tokarka tarczowa, tarczówka
surfactant *chem.* środek powierzchniowo czynny
surfusion *fiz.* przechłodzenie
surge gwałtowna fala; *el.* udar
surge current *el.* prąd udarowy
surplus nadwyżka; nadmiar
surplus power *siln.* nadmiar mocy
surprint *poligr.* nadruk
surroundings *pl* otoczenie; środowisko
survey 1. przegląd; badanie ankietowe **2.** *geod.* pomiar; zdjęcie pomiarowe
surveying *geod.* miernictwo
surveyor 1. mierniczy; geodeta **2.** inspektor
survival equipment sprzęt ratowniczy
susceptance *el.* susceptancja, przewodność bierna
susceptibility podatność; skłonność; wrażliwość
suspend *v* zawieszać; *inf.* zawiesić (*program, zadanie*)
suspension 1. zawieszenie; podwieszenie **2.** *chem.* zawiesina
suspension bridge most wiszący
suspension system *mot.* układ zawieszenia
sustain a stress wytrzymywać naprężenie
sustained oscillation *el.* drgania podtrzymywane
swage 1. *obr.plast.* kształtownik, narzędzie do kształtowania (*kucie ręczne*) **2.** *narz.* zgrubiak (*do pił*)
swaging 1. *obr.plast.* kucie profilowe **2.** zgrubianie zębów piły **3.** *tw.szt.* wytłaczanie wzorów
swamp bagno, moczary
swarf *obr.skraw.* drobne wióry; opiłki
swarm 1. rój (*owadów*) **2.** ławica (*ryb*) **3.** *fiz.* rój, zgrupowanie (*cząstek*)
swash plate 1. *masz.* krzywka tarczowa skośna **2.** przegroda przelewowa (*w zbiorniku*)
swaying kołysanie boczne; *żegl.* kołysanie burtowe; chwianie się
sweating 1. pocenie się (*ścian, przewodów*) **2.** *powł.* powstawanie połysku (*wada wymalowania*)
sweep 1. ruch zmiatający **2.** *elektron.* odchylenie (*wiązki elektronowej*); przeszukiwanie **3.** *elektron.* rozciąg **4.** zakrzywienie; odchylenie **5.** *odl.* wzornik **6.** *lotn.* skos płata
sweep *v* **1.** zamiatać; omiatać **2.** *żegl.* trałować **3.** *elektron.* odchylać (*wiązkę elektronową*); przeszukiwać
sweep generator *elektron.* generator odchylania; generator podstawy czasu
swell 1. spęcznienie **2.** *drog.* wysadzina **3.** *odl.* rozepchnięcie (*formy*) **4.** *hydr.* spiętrzenie **5.** *ocean.* rozkołys, fala martwa
swept capacity *masz.* pojemność skokowa
swept wing *lotn.* skrzydło skośne

swill *v* płukać, obmywać
swim-fins *pl* płetwy płetwonurka
swimming pool basen pływacki
swimming-pool reactor *nukl.* reaktor basenowy
swing *v* **1.** wahać się, kołysać się **2.** *lotn.* schodzić z kierunku (*o samolocie*)
swing bridge most obrotowy
swing door drzwi wahliwe
swing saw piła (tarczowa) wahadłowa; *drewn.* wahadłówka
swirl wir, zawirowanie
switch 1. *el.* łącznik; przełącznik; rozłącznik; wyłącznik **2.** *kol.* zwrotnica **3.** *inf.* zwrotnica (*miejsce w programie określające wiele możliwości działania*) **4.** *inf.* przełącznik
switch *v* **1.** przełączać; przerzucać **2.** *kol.* manewrować, przetaczać wagony **3.** *kol.* nastawiać zwrotnicę
switchboard 1. *el.* tablica rozdzielcza, rozdzielnica tablicowa **2.** *telef.* łącznica (*telefoniczna*)
switchette *el.* łącznik miniaturowy, mikrołącznik
switchgear *el.* aparatura łączeniowa; aparatura rozdzielcza
switching diode *el.* dioda przełącznikowa
switch off *el.* wyłączać
switch on *el.* włączać
switch over 1. *el.* przełączać **2.** *kol.* zmieniać tor
switch tower *US kol.* nastawnia
switch yard *kol.* stacja rozrządowa
swivel połączenie obrotowe; krętlik (*łańcuchowy*)
swivel *v* obracać się (*w połączeniu obrotowym*)
swivel table stół uchylny (*obrabiarki*)
swivel vice imadło obracalne
syllabus program nauczania
sylphon (bellows) mieszek prężny, sylfon
symbiosis *biol.* symbioza, współżycie
symbol znak (*umowny*), symbol
symbolic language *inf.* język symboliczny, język adresów symbolicznych
symbol table *inf.* tablica symboli
symetric(al) *a* symetryczny
symmetric flip-flop *elektron.* przerzutnik symetryczny
symmetry 1. symetria **2.** *fiz.* niezmienniczość
symmetry axis oś symetrii
sympathetic ink atrament sympatyczny
sync = synchronization synchronizacja
sync character *inf.* znak synchronizacyjny
synchro *aut.* selsyn
synchrocyclotron *nukl.* synchrocyklotron
synchrodyne receiver *rad.* odbiornik synchrodynowy, synchrodyna
synchro-mesh gearbox *mot.* skrzynka biegów synchronizowana
synchronization synchronizacja
synchronize *v* synchronizować
synchronizer synchronizator, układ synchronizujący
synchronizing generator *TV* generator synchronizujący, synchrogenerator
synchronous *a* synchroniczny
synchronous motor *el.* silnik synchroniczny
synchro receiver *aut.* selsyn odbiorczy
synchro system aut. łącze synchroniczne, wał elektryczny
synchro-transmitter *aut.* selsyn nadawczy
synchrotron *nukl.* synchrotron
synoptic chart *meteo.* mapa synoptyczna
syntans *pl skór.* syntany, garbniki syntetyczne
syntax analyser *inf.* analizator składni; parser
synthesis synteza; *chem.* reakcja syntezy
synthesize *v* syntezować
synthesizer *el.* syntezator
synthetic *a* syntetyczny
syringe strzykawka
sysgen = system generation *inf.* generowanie systemu operacyjnego
system 1. system; układ **2.** instalacja **3.** *geol.* formacja
systematic *a* systematyczny, uporządkowany
system engineering projektowanie systemów
system generation *inf.* generowanie systemu operacyjnego
system master tape *inf.* taśma źródłowa systemu
system of units *metrol.* układ jednostek miar
systems analysis analiza systemów

T

table 1. stół 2. tablica; tabela
table look-up *inf.* przeszukiwanie tablicy
tablet 1. tabletka 2. *inf.* rysownica
tableting tabletkowanie (*wytwarzanie tabletek przez prasowanie*)
tabling *górn.* klasyfikowanie stołowe, wzbogacanie na stołach koncentracyjnych
tabulate *v* ujmować w tablice, zestawiać w tablice, tablicować
tabulations *pl inf.* tabulogram
tabulator 1. *biur.* tabulator 2. tabulator (*maszyna licząco-analityczna*)
tachograph *metrol.* tachograf, tachometr piszący
tachometer *metrol.* 1. tachometr, obrotomierz, licznik obrotów (*miernik prędkości kątowej*) 2. stoper z podziałką tachometryczną (*do pomiaru prędkości pojazdów*)
tachymeter *geod.* tachymetr
tack 1. gwóźdź z szeroką główką 2. *żegl.* hals (*lina*) 3. hals (*położenie żaglowca w stosunku do wiatru*) 4. *żegl.* halsowanie, lawirowanie (*żeglowanie zmiennym kursem pod wiatr*) 5. przylepność; kleistość
tacking 1. sczepianie; spinanie 2. *zob.* **tack 4.**
tackle 1. *żegl.* talia, wielokrążek 2. przyrząd; przybory
tack weld *spaw.* spoina sczepna, punkt sczepny, sczepina
tack welding *spaw.* sczepianie (*szeregiem krótkich spoin*)
tacky *a* lepki; kleisty
tag 1. etykietka doczepna 2. *obr.plast.* uchwyt odkuwki 3. *inf.* oznacznik (*np. etykietka lub indeks*) 4. *inf.* bit zgodności 5. *nukl.* wskaźnik izotopowy
tag *v* zaostrzyć (*pręty, druty*)
tail 1. część końcowa, koniec 2. *lotn.* usterzenie ogonowe
tail boom *lotn.* belka ogonowa
tailgate *mot.* klapa tylna (*w nadwoziu samochodu*)
tail light światło tylne (*samochodu*); *lotn.* światło ogonowe (*samolotu*)
tailrace kanał odpływowy (*dolny*)
tail rotor *lotn.* śmigło ogonowe (*śmigłowca*)
tails *pl chem.* 1. pogon, frakcja końcowa 2 odpadki; szlam
tailstock *obr.skraw.* konik (*obrabiarki*)
take a bearing *nawig.* namierzać, dokonywać namiaru, brać namiar
take ground *żegl.* osiąść na mieliźnie
take in tow wziąć na hol
take measurements wykonywać pomiary, mierzyć
take-off 1. *lotn.* start (*samolotu*) 2. skocznia (*np. narciarska*) 3. *bud.* przedmiar robót
take-off reel szpula odwijająca (*np. taśmę magnetyczną*)
take-off run *lotn.* rozbieg (*przy starcie*)
take readings *metrol.* dokonywać odczytu, odczytywać (*wskazania przyrządu*)
take stock inwentaryzować; robić remanent
take the sea *żegl.* 1. wychodzić w morze 2. być wodowanym (*o statku*)
take to pieces rozebrać na części
take up 1. podnosić 2. wchłaniać, absorbować 3. rozpuszczać
take up production podjąć produkcję, rozpocząć produkcję
take-up reel szpula nawijająca (*np. taśmę magnetyczną*)
talc *min.* talk
tallow łój
tally 1. *masz.* tabliczka z charakterystyką maszyny 2. *górn.* znaczek (*kontrolny*)
tallyman 1. *żegl.* liczman, kontroler ilości ładunku 2. *górn.* znaczkarz, markarz
tally sheet *transp.* świadectwo liczenia (*sztuk towaru przy załadowaniu lub wyładowaniu*)
talus *geol.* osypisko, piarg
tamp *v* ubijać; utykać; zakładać przybitkę
tamper 1. *narz.* ubijak 2. *kol.* podbijarka 3. *górn.* nabijak, przybijak (*do ubijania przybitek*) 4. *nukl.* reflektor neutronów
tamperproof *a* (*zabezpieczony przed manipulacją przez osoby niepowołane*)
tamping 1. ubijanie; *kol.* podbijanie (*toru*) 2. przybitka (*naboju*)
tamping bar *górn.* nabijak, przybijak (*do ubijania przybitek*)
tan *skór.* garbnik
tandem *a* posobny
tandem mill *obr.plast.* walcownia posobna, walcownia o układzie posobnym
tandem roller *inż.* walec (drogowy) dwukołowy
tang *narz.* chwyt; trzpień
tangency *geom.* styczność
tangent 1. (prosta) styczna 2. tangens
tangent *a* styczny
tangent curve tangensoida
tangential *a* 1. styczny 2. tangensowy

tangential acceleration *mech.* przyspieszenie styczne
tangential stress *wytrz.* naprężenie styczne, naprężenie ścinające
tangential velocity *masz.* prędkość obwodowa
tangent plane (*to a surface*) *geom.* płaszczyzna styczna (*do powierzchni*)
tangent screw *geod.* leniwka
tank 1. zbiornik; cysterna **2.** *szkl.* wanna szklarska **3.** *wojsk.* czołg **4.** *el.* obwód drgań, obwód rezonansowy
tankage 1. napełnianie zbiornika **2.** pojemność zbiornika **3.** *roln.* nawóz z odpadków poubojowych
tank car *kol.* wagon-cysterna, wagon zbiornikowy
tank circuit *el.* obwód drgań, obwód rezonansowy
tanker *okr.* zbiornikowiec
tank furnace *szkl.* piec wannowy
tank scales waga zbiornikowa (*do cieczy*)
tank storage magazynowanie w zbiornikach
tank truck samochód-cysterna
tannery 1. garbarnia **2.** garbarstwo
tannic acid *zob.* **tannin 2.**
tannin *skór.* **1.** garbnik **2.** kwas garbnikowy, tanina
tanning 1. *skór.* garbowanie **2.** *włók.* obróbka wybarwień taniną **3.** *fot.* garbowanie, hartowanie (*emulsji*)
tanning agent *skór.* środek garbujący, garbnik (*produkt techniczny*)
tanning liquor *skór.* brzeczka garbująca
tantalum *chem.* tantal, Ta
tap 1. *narz.* gwintownik **2.** zawór; kurek **3.** *masz.el.* zaczep **4.** *leśn.* spała
tap *v* **1.** pobierać; czerpać; *hutn.* spuszczać (*metal z pieca*) **2.** *obr.skraw.* gwintować (*otwór*) **3.** *leśn.* spałować (*drzewa*)
tap bolt *masz.* śruba (*bez nakrętki*); wkręt
tape taśma
tape cartridge kaseta magnetofonowa
tape dump *inf.* wydruk zawartości taśmy magnetycznej
tape measure taśma geodezyjna, taśma miernicza
tape punch dziurkarka taśmy
taper 1. zbieżność; stożkowatość **2.** *narz.* stożek **3.** *el.* (*ciągła zmiana wielkości elektrycznej w funkcji innej wielkości w danym układzie*) **4.** *drog.* skos
taper *v* **1.** zwężać się, zbiegać się **2.** nadawać zbieżność; kształtować stożkowo, stożkować
taper bit *narz.* świder stożkowy (*np. do betonu*)
tape reader czytnik taśmy (*dziurkowanej*)
tape recorder magnetofon
tape recording zapis na taśmie magnetycznej
tapered joint połączenie (rurowe) stożkowe
tape reperforator *telegr.* reperforator, odbiornik dziurkujący
tapering of signal *tel.* wygładzanie ciągłe sygnału, temperowanie sygnału
taper key *masz.* klin zbieżny
taper pipe rura stożkowa, rura zbieżna
taper reamer *obr.skraw.* rozwiertak stożkowy; rozwiertak do gniazd stożkowych (*np. Morse'a*)
taper-rolling bearing łożysko (wałeczkowe) stożkowe
taper shank *narz.* chwyt stożkowy
taper thread gwint stożkowy
taper turning *obr.skraw.* toczenie powierzchni stożkowych
tapestry gobelin; obicie ścienne; tkanina dekoracyjna
tape-to-card converter *inf.* konwerter zapisu z taśmy na karty dziurkowane
tape transport 1. przesuw taśmy (*np. magnetycznej*) **2.** mechanizm przesuwu taśmy
tape unit *inf.* jednostka pamięci taśmowej
tape verifier *inf.* sprawdzarka taśmy
tape-wound core *el.* rdzeń taśmowy (*zwijany z taśmy*)
tapholder *narz.* pokrętło do gwintowników
taphole *hutn., odl.* otwór spustowy
taphole gun *hutn.* zatykarka otworu spustowego
taphole opener *hutn.* przebijarka otworu spustowego
taping 1. otaśmowywanie, owijanie taśmą **2.** *geod.* mierzenie odległości taśmą
tapped hole otwór gwintowany
tapped resistor *el.* rezystor z zaczepami
tapper 1. *narz.* pokrętło do gwintowników **2.** *masz.* gwinciarka do gwintów wewnętrznych
tappet *masz.* popychacz
tappet clearance *siln.* luz zaworowy
tappet rod *siln.* drążek popychacza zaworowego
tapping 1. pobieranie, czerpanie **2.** *hutn., odl.* spust, spuszczanie (*ciekłego metalu lub żużla*) **3.** upust pary (*np. z turbiny*) **4.** *el.* zaczep (*np. w transformatorach*); odczep (*uzwojenia*) **5.** *obr.skraw.* gwintowanie **6.** *górn.* przybieranie (*stropu, ociosu*) **7.** *leśn.* spałowanie (*drzew*)

tapping fixture *obr.skraw.* uchwyt do gwintowania (*do mocowania gwintowanych przedmiotów*)
tapping hole 1. *hutn., odl.* otwór spustowy **2.** otwór pod gwint
tapping ladle *odl.* kadź odlewnicza
tapping point 1. *el.* zaczep **2.** *masz.* upust; miejsce poboru (*np. pary*)
tapping screw *masz.* wkręt samogwintujący
tapping spout *hutn.* rynna spustowa
tapping temperature *hutn., odl.* temperatura metalu przy spuście, temperatura spustu
tap rivet śrubonit
tap screw wkręt
tap water woda wodociągowa
tar smoła; dziegieć
tare ciężar opakowania, tara
tare *v* tarować
tare of a vehicle ciężar własny pojazdu
target 1. tarcza (*do strzelania*); cel **2.** *nukl.* tarcza **3.** *elektron.* elektroda bombardowana; *radiol.* anoda, antykatoda; tarcza
target (computer) *inf.* komputer docelowy
target drone samolot-cel (*ćwiczebny, bez załogi*)
target language 1. *inf.* język wynikowy **2.** język odpowiedników (*w słowniku dwu- lub wielojęzycznym*); język na który się tłumaczy
target nucleus *nukl.* jądro tarczowe, jądro-tarcza, jądro bombardowane
target seeker pocisk samonaprowadzający się na cel
tarmac *drog.* nawierzchnia tłuczniowa smołowana
tarnish nalot (*na powierzchni*); zmatowienie
tar paper papier smołowany
tarpaulin brezent impregnowany
tarring smołowanie
tar separation odsmalanie (*gazu koksowniczego*)
tartaric acid *chem.* kwas winowy
tartrate *chem.* winian
task zadanie (*np. produkcyjne*); praca do wykonania
task rate *ek.* akord
task type *inf.* typ zadaniowy
taut *a* napięty, naprężony
tautochrone *mech.* tautochrona
tautology *mat.* tautologia
tautomerism *chem.* tautomeria
tax podatek
taxi *v lotn.* kołować
taxi(-cab) taksówka
taximeter licznik taksówkowy, taksometr
taxonomy *biol.* taksonomia, systematyka
T-bar teownik
T-beam belka teowa
T-bolt śruba młoteczkowa
T-connection 1. połączenie teowe **2.** trójnik (*łącznik rurowy*)
team zespół (*pracowników*)
team-work praca zespołowa
teapot ladle *hutn., odl.* kadź syfonowa, kadź czajnikowa
tear *v* rozrywać, rozdzierać
tear down rozbierać (*urządzenia*), rozmontowywać
tear gas gaz łzawiący, lakrymator
tearing 1. *włók.* szarpanie, rozwłóknianie **2.** *powł.* (*drobne pęknięcia na powierzchni szkliwa lub emalii*)
tearing machine *włók.* szarparka
tear strength *gum., tw.szt., papiern.* wytrzymałość na rozdarcie; odporność na przedarcie
teaseling *włók.* drapanie, zmechacanie
teaspoonful łyżka herbaciana (*jednostka objętości*)
technetium *chem.* technet, Tc
technetron *elektron.* teknetron, technetron
technical assistance pomoc techniczna
technical atmosphere *jedn.* atmosfera techniczna: 1 at = 1 kG/cm^2 = $0{,}980665 \cdot 10^{-1}$ MPa
technical characteristics *pl* opis techniczny, charakterystyka (*urządzenia*)
technical documentation dokumentacja techniczna
technical inspection dozór techniczny
technically pure *met.* technicznie czysty
technical specifications *pl* warunki techniczne (*normatywne*)
technical staff personel techniczny
technician technik
technique umiejętność, technika (*wykonania*)
technological *a* techniczny
technological education politechnizacja
technological progress postęp techniczny
technology technika; nauki techniczne
tectonics *geol.* tektonika
tedder *roln.* przetrząsacz siana
tee 1. teownik **2.** trójnik (*łącznik rurowy*)
tee joint połączenie teowe; złącze teowe; mufa T, mufa trójnikowa
teeming *hutn.* odlewanie (*stali do wlewnic*)
teeming arrest niespaw, łuska, zmarszczka (*wada wlewka*)

teeming ladle kadź odlewnicza
tee slot *masz.* rowek teowy
teeth *pl* zęby; uzębienie (*koła zębatego*)
teeth overlap *masz.* pokrycie zębów (*w przekładni zębatej*)
telecamera kamera telewizyjna
telecommunication engineering teletechnika
telecommunications telekomunikacja
telecontrol sterowanie zdalne
telegram telegram, depesza
telegraph telegraf
telegraphy telegrafia
telemechanics telemechanika
telemeter 1. *opt.* dalmierz, odległościomierz **2.** *el.* urządzenie telemetryczne (*do pomiarów zdalnych*)
telemetry telemetria, technika pomiarów zdalnych
telephone 1. telefon (*system*) **2.** aparat telefoniczny, telefon
telephone amplifier wzmacniak telefoniczny
telephone call wywołanie przez telefon; połączenie telefoniczne; rozmowa telefoniczna
telephone exchange centrala telefoniczna
telephone receiver słuchawka telefoniczna
telephone switchboard łącznica telefoniczna
telephone transmitter mikrofon telefoniczny, wkładka mikrofonowa
telephony telefonia
telephoto(graphy) telegrafia kopiowa, telegrafia faksymilowa, similografia
telephoto lens *fot.* teleobiektyw
teleplay (elektroniczna) gra telewizyjna
teleplayer *TV* gramowid
teleprinter dalekopis
teleprocessing *inf.* teleprzetwarzanie, zdalne przetwarzanie danych
teleran = television and radar navigation *lotn.* teleran, nawigacja telewizyjno--radiolokacyjna
telescope *opt.* teleskop; luneta
telescope *v* składać (się) teleskopowo
telescope joint połączenie (rurowe) teleskopowe
teletext *TV* teletekst, gazeta telewizyjna
teletypewriter dalekopis
television telewizja
television broadcasting nadawanie programów telewizyjnych
television picture tube *TV* lampa obrazowa, kineskop
television receiver telewizor, odbiornik telewizyjny
telex = teleprinter exchange teleks, telegrafia abonencka
telltale 1. urządzenie ostrzegawcze **2.** wskaźnik poziomu cieczy (*w zbiorniku*)
tellurium *chem.* tellur, Te
telpher wciągnik przejezdny elektryczny, elektrowciąg
temperature temperatura
temperature drop spadek temperatury
temperature overshoot *term.,nukl.* przekroczenie ustalonego poziomu temperatur
temperature scale skala temperatur, skala termometryczna
temperature-sensitive element czujnik temperaturowy
temperature-sensitive resistor *el.* termistor
temper brittleness *obr.ciepl.* kruchość odpuszczania
temper colours *pl obr.ciepl.* barwy nalotowe, barwy odpuszczania
tempering *obr.ciepl.* odpuszczanie (*stali*)
template 1. wzornik, kopiał, szablon **2.** *bud.* podkładka pod belkę (*w murze*)
templet *zob.* **template**
temporary *a* tymczasowy, prowizoryczny
temporary hardness twardość przemijająca (*wody*), twardość węglanowa
temporary magnet magnes nietrwały
temporary protection ochrona czasowa (*przed korozją*)
tenacity 1. *wytrz.* wytrzymałość na rozciąganie **2.** przyczepność, adhezyjność
tender 1. *kol.* tender **2.** *okr.* statek pomocniczy, tender; łódź towarzysząca **3.** *ek.* oferta **4.** pracownik dozorujący (*pracę urządzenia*)
tenon *drewn.* czop, wypust
tenoning *drewn.* **1.** obróbka czopów **2.** łączenie na czopy, czopowanie
ten's complement *inf.* uzupełnienie dziesiątkowe
tensile *a* rozciągający; rozciągliwy
tensile bar *wytrz.* próbka do próby rozciągania
tensile strength wytrzymałość na rozciąganie
tensile test próba rozciągania
tensile testing machine zrywarka, maszyna do prób rozciągania
tensiometer 1. *fiz.* tensjometr (*przyrząd do pomiaru napięcia powierzchniowego*) **2.** *hutn.* miernik naciągu (*np. taśmy*)
tension 1. *mech.* rozciąganie **2.** *el.* napięcie
tension member *mech.* cięgno

tension pulley koło pasowe napinające, naprężacz pasa
tension rolling *hutn.* walcowanie z naciągiem
tension spring sprężyna rozciągana (*pracująca na rozciąganie*); sprężyna naciągowa
tensor *mat.* tensor
tentative *a* próbny
terbium *chem.* terb, Tb
term 1. termin (*językowy*) **2.** *mat.* składnik (*wyrażenia*), człon **3.** *mat.* term (*logiczny*) **4.** *fiz.* term
term bank *inf.* bank terminologiczny
terminal 1. *el.* końcówka; zacisk; przyłącze **2.** *inf.* urządzenie końcowe, terminal **3.** *transp.* stacja końcowa
terminal *a* końcowy
terminal block *tel.* łączówka
terminal board *el.* tabliczka zaciskowa, płytka zaciskowa
terminal pair *el.* para końcówek
terminal screw *el.* śruba zaciskowa
terminal voltage *el.* napięcie na zaciskach
terminate *v* **1.** zakończyć **2.** przyłączać do zacisku
ternary system 1. *mat.* układ trójkowy **2.** *chem.* układ trójskładnikowy
terneplate *hutn.* blacha biała matowa
terpenes *pl chem.* węglowodory terpenowe, terpeny
terrace taras
terracotta *ceram.* terakota
terrain teren
terrazzo *bud.* lastryko
terrestrial *a* ziemski
terrestrial electricity *geofiz.* geoelektryka
terrestrial magnetism magnetyzm ziemski, geomagnetyzm
terrestrial pole biegun geograficzny, biegun ziemski
tesla *jedn.* tesla, T
test próba; badanie; test; *mat.* kryterium
test *v* próbować, badać
test bar 1. *met., wytrz.* próbka kwalifikacyjna podlegająca obróbce cieplnej (*badanie stali*) **2.** *metrol.* trzpień kontrolny (*do sprawdzania obrabiarek*)
test bed 1. stoisko do prób **2.** *inf.* łoże testowe
test cock kurek probierczy; kurek kontrolny
test coupon próba wycięta (*z materiału*); *wytrz.* próbka do badań kontrolnych; *odl.* wlewek próbny
test data *pl inf.* dane testowe
tester 1. przyrząd do badań, przyrząd probierczy; próbnik **2.** prowadzący próby (*laborant*)
test flying oblatywanie (*samolotów*)
testing badanie, wykonywanie prób, testowanie
testing ground teren do prób; poligon
testing machine 1. *wytrz.* maszyna wytrzymałościowa **2.** *metrol.* maszyna kontrolna (*np. do kół zębatych*)
testing reactor *nukl.* reaktor badawczy, reaktor do badań
testing site *nukl.* rejon prób (*np. z bronią jądrową*)
test link *el.* zwieracz, wtyczka zwierająca probiercza
test load obciążenie próbne
test paper *chem.* papierek wskaźnikowy, papierek odczynnikowy
test pattern *TV* obraz kontrolny, obraz testowy
test piece *met., wytrz.* próbka do badań (*badanie stali*)
test pilot *lotn.* oblatywacz
test point *el.* punkt kontrolny, punkt pomiarowy
test program *inf.* program testowy
test run 1. seria próbna (*w produkcji*) **2.** przebieg próbny, praca próbna (*urządzenia*); *inf.* przebieg testujący
test set *el.* zestaw próbny, zestaw probierczy
test specimen próbka (*do badań*)
test stand stanowisko do prób
test tube *chem.* probówka
test voltage *el.* napięcie probiercze
tetrad *inf.* tetrada (*czwórka bitów*)
tetraethyl lead *chem.* czteroetyloołów, czteroetylek ołowiu, CEO
tetragon *geom.* czworokąt
tetragonal *a geom.* czworokątny; *kryst.* tetragonalny
tetrahedral *a geom.* czworościenny; *kryst.* tetraedryczny
tetrahedron *geom.* czworościan, tetraedr; *kryst.* tetraedr, czworościan (*miarowy*)
tetrode *elektron.* tetroda, lampa czteroelektrodowa
tetroxide *chem.* czterotlenek
text tekst
textbook podręcznik
textile materiał włókienniczy
textile industry przemysł włókienniczy, włókiennictwo
text string *inf.* napis (*tekstowy*)
texture tekstura; układ włókien; *petr.* tekstura (*skały*)

thallium *chem.* tal, Tl
thalweg *geol.* linia rzeki, talweg
thawing odtajanie; rozmrażanie
theodolite *geod.* teodolit
theorem *mat.* twierdzenie
theoretical *a* teoretyczny
theory teoria
theory of games *mat.* teoria gier
theory of probability rachunek prawdopodobieństwa
theory of structures mechanika budowli
therma (*pl* **thermae**) *geol.* cieplica, terma
thermal *a* cieplny; termiczny
thermal barrier *lotn.*, *kosm.* bariera cieplna
thermal capacity *fiz.* pojemność cieplna
thermal coefficient of expansion współczynnik rozszerzalności cieplnej
thermal conduction przewodzenie ciepła
thermal conductivity przewodność cieplna, przewodnictwo cieplne właściwe, współczynnik przewodzenia ciepła
thermal conductor przewodnik ciepła
thermal converter przetwornik termoelektryczny, termogenerator
thermal cutting cięcie termiczne (*np. gazowe, łukowe*)
thermal efficiency sprawność cieplna
thermal-electric power station elektrociepłownia
thermal energy energia cieplna
thermal equivalent of work równoważnik cieplny pracy
thermal expansion rozszerzalność cieplna
thermal input (*to a furnace*) *obr.ciepl.* ciepło doprowadzone (*do pieca*), ilość doprowadzonego ciepła
thermal insulation izolacja cieplna
thermal neutron *nukl.* neutron termiczny
thermal ohm *el.* om cieplny (*jednostka oporu cieplnego*)
thermal photograph termogram, zdjęcie cieplne, zdjęcie w podczerwieni
thermal photography termografia
thermal power station elektrownia cieplna
thermal runaway *elektron.* niestabilność cieplna (*tranzystora*)
thermal shield *nukl.* osłona termiczna, osłona cieplna
thermal spike *fiz.* szczyt cieplny, szczyt temperaturowy, kolec termiczny
thermal transmission przenikanie ciepła
thermal treatment obróbka cieplna
thermic *a* cieplny, termiczny
thermion *fiz.* termojon
thermionic cathode katoda żarzona, termokatoda
thermionic current prąd termoelektronowy
thermionic emission emisja termoelektronowa, termoemisja
thermionic rectifier *elektron.* gazotron, fanotron
thermionic valve lampa elektronowa z termokatodą
thermistor *el.* termistor
thermit(e) *met.* termit
thermite process *met.* aluminotermia
thermocompression bonding 1. *masz.* połączenie skurczowe **2.** *elektron.* połączenie termokompresyjne
thermocouple *metrol.* termoelement, termoogniwo, ogniwo termoelektryczne, termopara
thermodiffusion termodyfuzja, termotransport, efekt Soreta
thermodynamic function of state funkcja termodynamiczna, funkcja stanu, wielkość termodynamiczna
thermodynamics termodynamika
thermodynamic state stan termodynamiczny, stan makro(skopowy), makrostan
thermodynamic temperature temperatura termodynamiczna
thermoelectric generator przetwornik termoelektryczny, termogenerator
thermoelectricity termoelektryczność
thermoelectric series termoelektryczny szereg napięciowy
thermoelectron *fiz.* termoelektron, termojon ujemny
thermogram termogram (*zapis wykonany przez termograf*)
thermograph 1. termograf, termometr piszący **2.** termograf (*promieniowania podczerwonego*)
thermography 1. termografia, termokopiowanie **2.** termografia (*rejestracja promieniowania podczerwonego wysyłanego przez badany obiekt*)
thermogravimetric analysis *chem.* analiza termograwimetryczna
thermohardening resins *pl* żywice termoutwardzalne
thermometer termometr
thermometric *a* termometryczny
thermometric ink farba termometryczna, farba ciepłoczuła, termokolor
thermonuclear reaction reakcja termojądrowa, reakcja termonuklearna, reakcja syntezy jądrowej
thermopile stos termoelektryczny, termostos

thermoplastic *a* termoplastyczny
thermoplastics *pl* termoplasty (*żywice lub tworzywa termoplastyczne*)
thermosetting *a* termoutwardzalny
thermosiphon termosyfon
thermostat termostat
thermostatics termodynamika klasyczna, termostatyka
thesaurus (*pl* **thesauri**) *inf.* tezaurus
thesis (*pl* **theses**) dysertacja (*praca naukowa*); *mat.* teza (*w twierdzeniu*)
thick *a* **1.** gruby **2.** gęsty; zawiesisty
thickener **1.** *powł.* zagęstnik, środek zagęszczający **2.** zagęszczacz, koncentrator (*urządzenie*)
thick-film integrated circuit *elektron.* układ scalony grubowarstwowy
thick-film technology *elektron.* technika grubowarstwowa, technologia warstw grubych
thickness **1.** grubość; *geol.* miąższość (*warstw*) **2.** gęstość
thickness gauge grubościomierz
thick nut nakrętka wysoka
thick-walled *a* grubościenny
thill **1.** dyszel **2.** *górn.* spąg
thimble **1.** nasadka **2.** sercówka (*linowa*), chomątko **3.** *chem.* gilza do ekstrakcji
thin *a* **1.** cienki **2.** rzadki (*o płynie*)
thin-film integrated circuit *elektron.* układ scalony cienkowarstwowy
thin-film storage *inf.* pamięć (magnetyczna) cienkowarstwowa
thin-film technology *elektron.* technika cienkowarstwowa, technologia warstw cienkich
thinner **1.** *chem.* rozcieńczalnik **2.** *roln.* opielacz do przecinki mechanicznej
thinning **1.** ścienianie **2.** rozcieńczanie, rozrzedzanie **3.** *roln.* przerywanie (*okopowych*) **4.** *leśn.* trzebież; trzebienie
thin-walled *a* cienkościenny
thiourea *chem.* tiomocznik, tiokarbamid
third generation computer komputer trzeciej generacji
third law of motion *zob.* **third principle of dynamics**
third principle of dynamics *mech.* trzecia zasada dynamiki, trzecia zasada Newtona, prawo akcji i reakcji
third rail *kol.* trzecia szyna, szyna prądowa
thixotropy *chem.* tiksotropia
Thomas process *hutn.* proces tomasowski, proces konwertorowy zasadowy
Thomas slag żużel Thomasa, tomasyna
thorium *chem.* tor, Th
thoroughfare *drog.* magistrala, główna arteria komunikacyjna
through penetration *spaw.* przetopienie całkowite
thread **1.** nić, nitka **2.** *masz.* gwint
thread angle kąt gwintu, kąt zarysu gwintu
thread contour zarys gwintu
thread cutter frez do gwintów
threaded code *inf.* kod nizany
threader *narz.* gwintownica
thread-forming screw wkręt samogwintujący
thread gauge sprawdzian gwintowy
threading **1.** gwintowanie, obróbka gwintu **2.** przewlekanie; nawlekanie
threading die narzynka
threading machine maszyna do nacinania gwintu; gwinciarka do gwintów zewnętrznych
thread miller frezarka do gwintów
thread plug gauge sprawdzian trzpieniowy gwintowy
thread protector ochraniacz gwintu, nakrętka ochronna
thread relief podtoczenie gwintu
thread ring gauge sprawdzian pierścieniowy gwintowy
thread roller **1.** walcarka do gwintów **2.** rolka do walcowania gwintów
three-address instruction *inf.* instrukcja trójadresowa
three-body problem *mech.* problem trzech ciał
three-dimensional *a* trójwymiarowy
three-high mill *hutn.* walcarka trio, walcarka trzywalcowa
three-lane road droga trzypasowa
three-phase current *el.* prąd trójfazowy
three-phase system *fiz.* układ trójfazowy
three-pin plug *el.* wtyczka trzypalcowa, wtyczka trzystykowa
three-shift work praca na trzy zmiany
three-start thread gwint trzykrotny, gwint trójzwojny
three-way cock kurek trójdrogowy
three-way pipe trójnik (*łącznik rurowy*)
three-way switch *el.* przełącznik trzyobwodowy
three-wire system *el.* układ trójprzewodowy
thresh *v roln.* młócić
thresher **1.** *roln.* młocarnia **2.** *papiern.* wilk-szarpak (*do szmat*)
threshold próg
threshold dose *radiol.* dawka progowa (*promieniowania*)

threshold lights *pl lotn.* światła progowe (*drogi startowej*)
threshold of audibility *akust.* próg słyszalności
threshold voltage *elektron.* napięcie progowe
throat 1. *anat.* gardło **2.** gardziel; przewężenie **3.** *bud.* łzawnik, kapinos **4.** *szkl.* podmost (*koryto ogniotrwałe, którym przepływa szkło*)
throat depth of a welding machine wysięg ramion zgrzewarki
throat of fillet weld *spaw.* grubość spoiny pachwinowej
throat platform of a blast furnace pomost gardzielowy wielkiego pieca
throttle *masz.* przepustnica; zawór dławiący
throttle *v* dławić (*przepływ*)
through podziarno, produkt podsitowy, przesiew
through cargo *transp.* ładunek bezpośredni
through hardening *obr.ciepl.* hartowanie na wskroś, hartowanie skrośne
throughput 1. przerób (*materiału*); wydajność (*produkcyjna*) **2.** *inf.* przepustowość informacyjna, zdolność przepustowa (*kanału*), szybkość przesyłania danych
through traffic 1. *drog.* ruch przelotowy; *transp.* ruch tranzytowy **2.** *tel.* łączność tranzytowa
throughway droga szybkiego ruchu
throw *v* **1.** rzucać, miotać **2.** *włók.* skręcać (*jedwab*); *tw.szt.* formować włókno **3.** *ceram.* toczyć, formować (*przez toczenie*)
throwing off an edge zaginanie obrzeża (*blachy*)
throw into gear *mot.* włączać bieg
throw out of gear *mot.* wyłączać bieg
throw over the points *kol.* przestawiać zwrotnicę
throw-over valve zawór przełączający
thrust 1. parcie; napór **2.** *lotn.* ciąg, siła ciągu
thrust bearing łożysko wzdłużne, łożysko oporowe
thrust capacity of a bearing dopuszczalne wzdłużne obciążenie łożyska
thrust collar of a bearing pierścień oporowy łożyska
thruster 1. *okr.* pędnik (okrętowy) sterujący, ster strumieniowy **2.** *kosm.* silnik rakietowy sterujący
thrust force *obr.skraw.* siła odporu (*składowa siły skrawania działająca prostopadle do obrabianej powierzchni*)
thrust horsepower 1. *lotn.* moc ciągu (*w HP*) **2.** *okr.* moc naporu śruby
thrust race of a bearing *masz.* bieżnia łożyska wzdłużnego
thrust washer *masz.* podkładka oporowa
thulium *chem.* tul, Tm
thum screw śruba radełkowana; śruba z łbem płytkowym; śruba skrzydełkowa
thumb tack pluskiewka kreślarska
thunderflash petarda
thyratron *elektron.* tyratron
thyristor *elektron.* tyrystor
tick 1. *inf.* takt zegara sieciowego (*jednostka czasu równa* 1/60 *s*) **2.** *rad.* impuls sygnału czasu
ticket-issuing machine automat biletowy
tickler *siln.* zatapiacz pływaka (*w gaźniku*)
tickler coil *elektron.* cewka reakcyjna, cewka sprzężenia zwrotnego
tidal power station zakład hydroenergetyczny pływowy (*wykorzystujący energię pływów*); elektrownia pływowa
tide *ocean.* pływ
tide gauge *ocean.* pływomierz, mareograf
tide pole *ocean.* pływowskaz
tie pręt rozciągany (*kratownicy*); cięgno; ściąg
tie-down device urządzenie do mocowania
tie plate 1. łubek, nakładka stykowa **2.** *okr.* wzdłużnica pokładowa
tier rząd; warstwa; kondygnacja; *masz.el.* piętro (*uzwojenia*)
tier *v* stertować
tie rod 1. cięgno; ściąg **2.** *mot.* drążek kierowniczy poprzeczny
tight *a* **1.** szczelny **2.** ciasny, obcisły **3.** napięty, naciągnięty
tighten *v* **1.** uszczelniać **2.** zaciskać **3.** napinać; naciągać
tightened inspection kontrola obostrzona
tightening pulley koło pasowe napinające, naprężacz pasa
tighten up a nut dokręcić nakrętkę
tight fit *masz.* pasowanie mocne wciskane
TIG welding spawanie metodą TIG (*tungsten inert gas*), spawanie elektrodą wolframową w osłonie gazu obojętnego
tile *bud.* płytka; dachówka; kafel; pustak
tiling *bud.* krycie dachówką; licowanie płytkami
tiller 1. *okr.* sterownica, rumpel **2.** *roln.* maszyna do uprawiania roli
tilt przechylenie, przechył; pochylenie, nachylenie
tilt cab *mot.* kabina pochylana, kabina odchylana (*samochodu ciężarowego*)

tilter 1. urządzenie przechyłowe 2. *hutn.* kantownik
tilting ladle *odl.* kadź przechylna, kadź dziobowa
tilting open hearth furnace piec martenowski przechylny
tilting table *masz.* stół pochylny, stół wychylny; *hutn.* stół wahadłowy
tilt-wing aircraft *lotn.* zmiennopłat (*o przestawnych skrzydłach*)
timber drewno (*konstrukcyjne i stolarskie*); budulec; belka drewniana
timber facing *bud.* okładzina drewniana
timbering 1. *bud.* odeskowanie 2. *górn.* obudowa drewniana
timber tractor ciągnik leśny
timber yard skład tarcicy; skład drewna
timbre *akust.* barwa dźwięku
time czas
time *v* odmierzać czas
time and motion study *org.* analiza ruchów
time base *elektron.* podstawa czasu; układ podstawy czasu
time between failures okres międzyawaryjny
time between overhauls okres międzynaprawczy
time card karta obecności (*zegarowa*)
time constant *el.* stała czasowa
time-consuming *a* czasochłonny
time-current characteristics *el.* charakterystyka czasowo-prądowa
time delay zwłoka; opóźnienie
time-derived channel *el.* kanał czasowy
time-division multiplexing *el.* praca (systemu) z podziałem czasowym
time effect *mech.* popęd siły, impuls siły
time element *el.* człon zwłoczny
time exposure *fot.* zdjęcie czasowe
time fuse *wybuch.* zapalnik czasowy
time keeper 1. *zeg.* zegar; czasomierz; chronometr 2. *ek.* chronometrażysta
timekeeping 1. *zeg.* konserwacja czasu, dokładne utrzymywanie czasu 2. *ek.* chronometraż
time lag 1. opóźnienie; zwłoka 2. przedział czasu (*np. między zjawiskami*)
time measurer czasomierz
time-of-flight *fiz.* czas przelotu (*cząstki*)
time of origin *tel.* czas nadania (*wiadomości*)
time of receipt *tel.* czas odebrania (*wiadomości*)
time of set czas wiązania (*np. cementu*)
time-out czas przerwy (*np. w pracy urządzenia*); (*upływ ustalonego okresu czasu*); *inf.* przeterminowanie
timer 1. *zeg.* sekundomierz, stoper 2. *aut.* regulator czasowy; przekaźnik czasowy 3. *elektron.* zegar 4. *inf.* czasomierz 5. (*w radiolokacji*) czasoster 6. *ek.* chronometrażysta
timer-distributor *siln.* aparat zapłonowy
time recorder zegar kontrolny
time releaser *fot.* samowyzwalacz
time scale harmonogram; skala czasu
time-sharing *inf.* podział czasu
time-sharing service *inf.* wielodostępna sieć komputerowa, system abonencki
time slice *inf.* kwant czasu, odcinek czasu (*w systemach operacyjnych*)
time standard wzorzec czasu
time study *ek.* chronometraż
time switch *el.* wyłącznik zegarowy
time table rozkład jazdy; rozkład zajęć
time tick impuls sygnału czasu
timing 1. *aut.* regulacja czasu; odmierzanie czasu 2. *inf.* taktowanie (*sygnałów*) 3. *siln.* ustawianie rozrządu 4. *ek.* chronometraż
timing circuit *elektron.* układ czasowy
timing clock przekaźnik czasowy; *fot.* zegar do naświetlań
timing gear *siln.* rozrząd
tin 1. *chem.* cyna, Sn 2. puszka, blaszanka
tincture *farb.* tynktura
tine ząb (*np. wideł, brony*)
tin-foil cynfolia, folia cynowa, staniol
tinge odcień, lekkie zabarwienie
tinkering majsterkowanie
tinner's rivet nit blacharski
tinner's shears nożyce blacharskie
tinning 1. *powł.* cynowanie, pobielanie 2. *spoż.* puszkowanie, konserwowanie w puszkach
tinning plant *hutn.* ocynownia (*blach*)
tin-opener otwieracz do puszek
tin pest *met.* zaraza cynowa, choroba cynowa, trąd cynowy
tinplate blacha biała, blacha (stalowa) ocynowana
tinsmith blacharz
tinsmithing blacharstwo
tint odcień, zabarwienie
tip końcówka, zakończenie; *narz.* ostrze (*wkrętaka*)
tip *v* 1. przechylać; wywracać 2. nakładać końcówkę; *narz.* nakładać płytkę z węglików spiekanych
tip circle *masz.* okrąg wierzchołków, koło wierzchołkowe, koło głów (*koła zębatego*)
tip cylinder *masz.* walec wierzchołków (*koła zębatego*)

tip easing *masz.* zaostrzenie zęba (*u wierzchołka*)
tipped tool *obr.skraw.* nóż z nakładką (*z węglików spiekanych*)
tipper-truck 1. samochód-wywrotka, wywrotka samochodowa **2.** wózek przechylny
tipple *górn.* nadszybie
tippler *transp.* wywrotnica
tip relief *masz.* modyfikacja zarysu głowy zęba
tip-to-work distance *spaw.* odstęp między końcówką dyszy (*lub końcem elektrody*) a przedmiotem spawanym
tire *kol.* obręcz koła; *mot.* opona, *zob.też* **tyre**
T-iron teowniki stalowe
tissue paper bibułka
titanium *chem.* tytan, Ti
title block *rys.* tabliczka rysunkowa
titrant *chem.* titrant, roztwór mianowany
titration *chem.* miareczkowanie
titre 1. *chem.* miano (*roztworu*) **2.** temperatura krzepnięcia kwasów tłuszczowych, miano tłuszczu **3.** *włók.* titr
T junction *tel.* rozgałęźnik T (*falowodowy*)
T lever dźwignia teowa, dźwignia kątowa podwójna
to-and-fro motion *masz.* ruch postępowo--zwrotny; ruch wahadłowy
toe-in *mot.* zbieżność kół
toe of weld *spaw.* brzeg spoiny
toe-out *mot.* rozbieżność kół
toggle 1. *masz.* dźwignia kolankowa; mechanizm kolankowy **2.** *el.* żabka (*do chwytania przewodów*)
toggle joint połączenie kolanowo--dźwigniowe; przegub nożycowy
toggle pliers szczypce kolankowe
toggle press *obr.plast.* prasa kolanowa
toggle switch *el.* przełącznik dwustabilny; przełącznik migowy przechylny
token 1. żeton **2.** *inf.* znamię
tolerance *metrol., masz.* tolerancja
tolerance of attitude *masz.* **1.** tolerancja równoległości **2.** tolerancja prostopadłości **3.** tolerancja nachylenia
tolerance of form *masz.* tolerancja kształtu
tolerance of location *masz.* **1.** tolerancja pozycji **2.** tolerancja współosiowości **3.** tolerancja symetrii
tolerance quality *masz.* ISO klasa gwintu
tolerance range *metrol.* pole tolerancji
tolerancing *rys.* tolerowanie (*wymiaru*)
toll 1. opłata drogowa **2.** *tel.* opłata za rozmowę międzymiastową
toll-bar *drog.* rogatka
toll exchange *telef.* centrala podmiejska; centrala międzymiastowa
toll expressway autostrada płatna
toluene *chem.* toluen, metylobenzen
tombac *met.* tombak
tommy bar *masz.* przetyczka przesuwna, pokrętak przesuwny
tommy-gun pistolet maszynowy
tomograph 1. rentgenogram warstwowy, tomogram **2.** aparat rentgenowski do zdjęć warstwowych, tomograf
tomography badanie rentgenowskie warstwowe, tomografia
ton *jedn.* **1.** tona brytyjska (= 1016,05 kg) **2.** tona amerykańska (= 907,185 kg) **3** tona (metryczna): 1 t = 1000 kg
tone *akust.* dźwięk prosty, ton
tone control *elakust.* regulacja barwy dźwięku
tone quality *akust.* barwa dźwięku
ton-force *jedn.* tona-siła: 1 T = 0,980655 · 10 kN
tonghold *obr.plast.* uchwyt odkuwki
tongs kleszcze; szczypce
tongue wypust, występ; *drewn.* pióro
tongue-and-groove joint 1. *masz.* sprzęgło odsuwne **2.** *drewn.* połączenie na pióro i wpust
toning *fot.* tonowanie, zabarwianie
tonnage *okr.* tonaż
tonnage oxygen tlen techniczny, tlen do celów technicznych
tonne *jedn.* tona (metryczna): 1 t = 1000 kg
tool narzędzie
tool bit *obr.skraw.* **1.** nóż oprawkowy **2.** płytka, nakładka (*na nożu*)
toolbox 1. skrzynka narzędziowa **2.** *obr.skraw.* imak nożowy (*strugarki*)
toolchanger *obr.skraw.* urządzenie do wymiany narzędzi (*na obrabiarce*)
tool chuck *obr.skraw.* uchwyt narzędziowy, oprawka narzędziowa
tool grinder szlifierka-ostrzarka narzędziowa
toolhead *obr.skraw.* głowica nożowa
tooling 1. *obr.skraw.* oprzyrządowanie (*obrabiarki*) **2.** *poligr.* wytłaczanie ręczne (*na okładkach*)
tool kit zestaw narzędzi (*w opakowaniu*)
tool life *obr.skraw.* trwałość narzędzia
toolmaker ślusarz narzędziowy, narzędziowiec
toolmaker's flat płyta traserska
toolmaker's lathe tokarka narzędziowa; tokarka uniwersalna

toolmaker's vice imadło wzorcarskie
tool point *obr.skraw.* ostrze narzędzia
tool-post grinder szlifierka suportowa
tool room warsztat narzędziowy, narzędziownia
toolset *inf.* zbiór narzędzi (*programowych*)
toolsetting *obr.skraw.* ustawianie narzędzi (*na obrabiarce*)
tool steel stal narzędziowa
tooth ząb; ostrze
tooth contact *masz.* przypór zęba (*w przekładni zębatej*)
tooth contact ratio *masz.* stopień pokrycia, liczba przyporu (*w przekładni zębatej*)
tooth depth *masz.* wysokość zęba
toothed gear 1. przekładnia zębata **2.** koło zębate
toothed wheel koło zębate
tooth engagement *masz.* wzębianie się, wchodzenie zębów w przypór
tooth point *masz.* głowa zęba (*koła zębatego*)
tooth profile *masz.* zarys zęba
tooth tip *masz.* wierzchołek zęba (*koła zębatego*)
top 1. wierzchołek, szczyt **2.** *żegl.* mars **3.** *mech.* bąk
top-and-bottom blown converter *hutn.* konwertor z górnym i dolnym dmuchem
top casting odlewanie z góry
topcoat powłoka nawierzchniowa, warstwa zewnętrzna (*np. farby*)
top dead centre *masz.* położenie zwrotne odkorbowe, położenie martwe odkorbowe (*tłoka*)
topgallant (sail) *okr.* bramżagiel, bram, bramsel
top gas *hutn.* gaz gardzielowy, gaz wielkopiecowy
top gear *mot.* bieg bezpośredni, bieg najwyższy
top grade najlepszy gatunek
top lighting *bud.* oświetlenie górne
topmast *okr.* stenga (*masztu*)
top nob *odl.* nadlew (*właściwy*)
top of stack *inf.* szczyt stosu
top of table płyta stołu, blat stołu
topography topografia; krajobraz
topology *mat.* topologia
topping 1. *górn.* przybieranie stropu **2.** *hutn.* (*odłamywanie nadlewów małych wlewków w celu sprawdzenia przełomu*) **3.** *drog.* materiał nawierzchniowy **4.** *roln.* ogławianie (*buraków*) **5.** *włók.* podcieniowywanie, podbarwianie **6.** *chem.* odpędzanie lekkich składników
topping-up 1. uzupełnianie, dopełnianie (*cieczy w naczyniu*) **2.** *żegl.* doładowywanie ładunku
top plate *bud.* oczep
top slicing *górn.* wybieranie stropowo-schodowe
top speed prędkość maksymalna; prędkość największa
top view *rys.* widok z góry, rzut główny poziomy
torch 1. *spaw.* palnik spawalniczy **2.** latarka elektryczna
toroidal *a* toroidalny; pierścieniowy
torpedo 1. *wojsk.* torpeda **2.** *wiertn.* torpeda (*do wzbudzania produkcji odwiertu*) **3.** *tw.szt.* torpeda (*wtryskarki*)
torpedo *v* torpedować
torpedo-boat *okr.* ścigacz torpedowy
torque *mech.* moment obrotowy
torque dynamometer hamulec pomiarowy, hamulec dynamometryczny
torquemeter momentometr (*do pomiaru momentu obrotowego*); torsjometr, dynamometr torsjometryczny
torque reaction reakcja momentu obrotowego
torque rod drążek skrętny; *mot.* drążek reakcyjny
torque spanner klucz dynamometryczny
torr *jedn.* tor: 1 Tr $\approx 1{,}333224 \cdot 10^2$ Pa
torsiometer torsjometr, dynamometr torsjometryczny
torsion 1. *wytrz.* skręcanie **2.** *geom.* skręcenie
torsional *a* skrętny; skręcający
torsional vibration drgania skrętne
torsion balance waga skrętna, waga torsyjna
torsion bar (spring) drążek skrętny
torsion damper tłumik drgań skrętnych
torsion test machine *wytrz.* skręcarka, maszyna do prób skręcania
torus (*pl* **tori**) *geom.* torus
total *a* całkowity; sumaryczny
total efficiency sprawność całkowita, sprawność ogólna
total hardness *san.* twardość całkowita, twardość ogólna (*wody*)
totalize *v* sumować
totalizer przyrząd sumujący; *inf.* licznik
total pressure *hydr.* **1.** ciśnienie całkowite **2.** napór
total radiation pyrometer pirometr promieniowania całkowitego, promieniomierz, ardometr
touch switch *el.* łącznik dotykowy

touch-switch keyboard *inf.* klawiatura dotykowa
touchtone unit *inf.* klawiatura z syntezatorem mowy
touch welding spawanie łukowe elektrodą stykową, spawanie kontaktowe
tough *a* **1.** mocny, odporny (*mechanicznie*) **2.** *met.* ciągliwy; odporny na obciążenia dynamiczne
toughening 1. *obr.ciepl.* ulepszanie cieplne (*stali*); uplastycznianie **2.** *szkl.* hartowanie
tour *inf.* przesunięcie (*danych*)
tow 1. holowanie **2.** zestaw holowniczy (*barek*) **3.** pakuły **4.** *włók.* kabel (*grupa ciągłych włókien bez określonego skrętu*)
tow *v* holować
towbar *mot.* drąg holowniczy, dyszel holowniczy
towboat holownik (*barek*); pchacz
tower 1. wieża; baszta; słup kratowy (*linii nadziemnej*) **2.** *chem.* wieża, kolumna
tower crane żuraw wieżowy
tower wagon samochód wieżowy (*np. do obsługi napowietrznej sieci elektrycznej*)
towing lug ucho do holowania
tow line lina holownicza
town gas gaz miejski, gaz świetlny
town planning urbanistyka, projektowanie miast
towrope *żegl.* lina holownicza, hol
toxic *a* toksyczny, trujący
T pipe trójnik (*kształtka rurowa*)
trace ślad
trace *v* **1.** *rys.* kopiować **2.** śledzić **3.** *obr.skraw.* kopiować, obrabiać według wzornika
trace element *chem.* pierwiastek śladowy, mikroelement
trace of a plane *geom.* ślad płaszczyzny
tracer analysis *chem.* analiza metodą wskaźników izotopowych
tracer (element) wskaźnik (izotopowy), pierwiastek wskaźnikowy
tracer gas 1. *siln.* gaz znakujący **2.** *el.* gaz lokalizacyjny
tracer lathe tokarka-kopiarka
tracer milling kopiowanie na frezarce
tracer milling machine frezarka-kopiarka
tracing paper *rys.* kalka kreślarska (papierowa)
tracing routine *inf.* program śledzący
track 1. ślad; tor; droga; ścieżka **2.** gąsienica (*pojazdu*) **3.** rozstaw kół (*pojazdu*) **4.** *kin., TV* jazda (*ruch kamery wzdłuż sceny*) **5.** *masz.* bieżnia (*łożyska tocznego*)
track gauge *kol.* **1.** szerokość toru, prześwit toru **2.** toromierz
tracking 1. śledzenie (*poruszającego się celu*) **2.** *rad.* zestrajanie obwodów **3.** śledzenie ścieżki (*w magnetowidach*)
tracking station *kosm.* stacja śledzenia lotu (*obiektów kosmicznych*)
track laying układanie torów
track-laying tractor ciągnik gąsienicowy
track rope lina nośna (*kolei linowej*)
track spike *kol.* hak szynowy, szyniak
track structure *kol.* nawierzchnia kolejowa
track time *hutn.* czas przewozowy (*od ukończenia odlewania wlewka do załadowania go do pieca wgłębnego*)
traction 1. *transp.* trakcja **2.** *geol.* trakcja (*rzeczna*), wleczenie materiału (*przez prąd wody po dnie*)
traction engine silnik trakcyjny
tractive force siła pociągowa
tractor ciągnik, traktor
tractor operator traktorzysta
tractrix (*pl* **tractrices**) *geom.* traktoria, traktrysa
trade 1. handel **2.** zajęcie; rzemiosło
trade-mark znak towarowy, znak fabryczny
trade school szkoła zawodowa
trade union związek zawodowy
trading vessel statek handlowy
traffic 1. ruch (*w komunikacji*) **2.** *telef.* ruch telefoniczny, trafik **3.** *ek.* handel; wymiana, obrót
trafficator *mot.* kierunkowskaz
traffic capacity przelotowość (*drogi*)
traffic census *drog.* pomiar ruchu
traffic circle *drog.* rondo
traffic indicator *mot.* kierunkowskaz
traffic jam *drog.* zator
traffic lane *drog.* pas ruchu
traffic lights *pl* sygnalizacja świetlna, światła ruchu drogowego
traffic regulations *pl* przepisy ruchu drogowego
traffic sign znak drogowy
trail smuga; ślad
trail *v* ciągnąć, wlec; spławiać (*wiosła*)
trailer przyczepa; *kol.* wagon doczepny
trailer label *inf.* etykieta końca zbioru danych
trailer-truck pociąg drogowy (*ciągnik z przyczepą*)
trailing edge 1. *aero.* krawędź spływu (*płata*) **2.** *elektron.* zbocze opadające (*impulsu*)
train 1. pociąg **2.** *masz.* zespół, układ (*zwykle posobny*) **3.** ciąg, seria (*np. impulsów, sygnałów*) **4.** *astr.* jasna smuga za meteorem; ogon komety

trainee praktykant; stażysta
training **1.** szkolenie **2.** *wojsk.* obrót działa; nakierowywanie poziome (*działa, anteny radaru*)
training wall *inż.* tama regulacyjna
trajectory *mech.* tor, trajektoria; orbita
tram-car **1.** wagon tramwajowy; tramwaj **2.** *górn.* wóz kopalniany
trammel cyrkiel drążkowy
tramp elements *pl met.* domieszki (*stopowe*) przypadkowe, domieszki niezamierzone
tramp service *żegl.* tramping, żegluga nieregularna; *mot.* przewozy nieregularne
tramway **1.** linia tramwajowa **2.** kolej linowa przemysłowa; przenośnik podwieszony
transaction file *inf.* plik transakcji
transaction processing *inf.* przetwarzanie danych w systemach cząstkowych
transadmittance *elektron.* transadmitancja, admitancja wzajemna
transceiver *rad.* nadajnik-odbiornik, nadbiornik
transcendental number *mat.* liczba przestępna
transconductance *elektron.* transkonduktancja, przewodność czynna wzajemna
transcribe *v* przepisywać; kopiować; przenosić informację
transcription *inf.* transkrypcja
transcrystalline fracture *met.* przełom śródkrystaliczny, przełom wewnątrzkrystaliczny
transducer *el.* przetwornik
transductor *el.* transduktor
transfer **1.** przenoszenie; przekazywanie **2.** *hutn.* przesuwacz (*w walcowni*) **3.** kalkomania **4.** *ek.* przelew **5.** *inf.* przekazanie (*sterowania*)
transfer function *aut.* przepustowość, funkcja przeniesienia
transfer impedance *el.* impedancja przejściowa
transfer instruction *inf.* rozkaz przesyłania
transfer machine obrabiarka przenośnikowa (*do obróbki wielostanowiskowej, z przenośnikiem*)
transfer (machining) line automatyczna linia obrabiarek zespołowych (*połączonych przenośnikiem*)
transfer moulding *tw.szt.* formowanie przetłoczne, prasowanie przetłoczne
transfer of technology (*rozpowszechnianie osiągnięć postępu naukowo--technicznego, zwłaszcza w skali międzynarodowej*)
transfer operation *inf.* przesyłanie danych
transfer pressing *obr. plast.* tłoczenie wielostopniowe
transfer printing *poligr.* kalkomania
transferred-arc welding spawanie łukiem bezpośrednim, spawanie łukiem zewnętrznym
transfer table **1.** przesuwacz (*w walcowni*) **2.** *kol.* przesuwnica
transfluxor *elektron.* transfluksor
transfocator *opt.* transfokator, obiektyw zmiennoogniskowy
transform *v mat.* transformować, przekształcać
transformation **1.** *fiz.* przemiana **2.** *mat.* przekształcenie, transformacja; odwzorowanie **3.** *el.* transformacja; przekształcenie
transformation point *met.* temperatura przemiany, punkt krytyczny
transformation ratio *el.* przekładnia transformatora
transformation series *nukl.* szereg promieniotwórczy, rodzina promieniotwórcza
transformer *el.* transformator
transformer station stacja transformatorowa, transformatornia
transformer voltage ratio przekładnia napięciowa transformatora
transient *fiz.* przebieg przejściowy, przebieg nieustalony
transient *a* przejściowy, nieustalony, nietrwały
transient analyser *el.* analizator przebiegów przejściowych
transient response *aut.* odpowiedź czasowa; odpowiedź impulsowa
transistance *elektron.* tranzystancja
transistor = transfer resistor *el.* tranzystor
transistorized *a* tranzystorowy, na tranzystorach
transistor-transistor logic *elektron.* układ logiczny tranzystorowo-tranzystorowy, układ TTL
transit **1.** *ek.* tranzyt **2.** *metrol.* teodolit z lunetą przekładaną **3.** *astr.* kulminacja (*przejście ciała niebieskiego przez płaszczyznę południka*)
transition przemiana, przejście (*w inny stan*)
transition elements *pl chem.* pierwiastki przejściowe, metale przejściowe
transition point of a circuit *el.* punkt węzłowy obwodu
transition temperature **1.** *term.* temperatura przejścia, temperatura przemiany **2.** *met.* temperatura przejścia w stan kruchości, próg kruchości

transitive *a mat.* przechodni, tranzytywny
transitory *a* przejściowy, nietrwały
transit time 1. *elektron.* czas przelotu (*cząstki naładowanej*) 2. *el.* czas przerwy przy przełączaniu
translation 1. *mech.* ruch postępowy, ruch translacyjny 2. *geom.* przesunięcie równoległe, translacja 3. tłumaczenie, przekład
translator *inf.* program tłumaczący, translator
translatory motion *mech.* ruch postępowy, ruch translacyjny
translucent *a* przeświecający, półprzezroczysty
transmission 1. przekazywanie; przesyłanie; *rad.* nadawanie, transmisja 2. *masz.* przekładnia; napęd; pędnia 3. *mot.* skrzynka biegów, skrzynka przekładniowa
transmission band *tel.* pasmo (częstotliwości) nadawania
transmission belt *masz.* pas pędniany
transmission capacity (*of a link*) zdolność przesyłowa (*linii*)
transmission electron microscope mikroskop elektronowy transmisyjny, mikroskop elektronowy prześwietleniowy
transmission line *tel.* linia przesyłowa
transmission rate *inf.* szybkość przesyłania (*informacji*)
transmission shaft 1. wał pędniany, wał transmisyjny 2. *mot.* wał napędowy
transmission tower *tel.* słup napowietrznej linii przesyłowej
transmission wires *pl telef.* przewody rozmówne
transmit *v* przekazywać; przesyłać; *rad.* nadawać, transmitować
transmit-receive switch *rad.* zwierak nadawanie-odbiór, zwierak NO
transmittance *fiz.* transmitancja
transmitter nadajnik
transmitting antenna antena nadawcza
transmutation *nukl.* transmutacja (*pierwiastków*)
transom 1. poprzecznica 2. *okr.* pawęż 3. *bud.* rygiel (*szkieletu*) 4. *bud.* naświetle drzwiowe
transonic flow *aero.* przepływ przydźwiękowy, przepływ transsoniczny
transparency 1. przezroczystość 2. przezrocze, diapozytyw; slajd
transparent *a* przezroczysty
transparent armour szyba pancerna
transplantation 1. *roln.* przesadzanie; flancowanie 2. *med.* przeszczepienie, transplantacja
transplutonium elements *pl chem.* pierwiastki transplutonowe, transplutonowce (*o liczbie atomowej* > 94)
transponder *rad.* transponder; urządzenie (radiolokacyjne) odzewowe
transport 1. transport, przewóz 2. *fiz.* transport, przenoszenie 3. *geol.* transport
transportable *a* przenośny; przewoźny
transportation 1. transport, przewóz 2. *mech.* ruch unoszenia 3. *geol.* transport
transporter 1. urządzenie transportowe 2. przenośnik, *zob. też* **conveyor**
transport ship statek transportowy, transportowiec
transport vehicle pojazd przewozowy
transposition 1. zmiana wzajemnego położenia; *mat.* przeniesienie na drugą stronę równości; *mat.* transpozycja 2. *el.* przeplatanie, transpozycja (*przewodów*)
transposition error *inf.* błąd przestawienia cyfr
transshipment przeładunek (*ze statku na statek*)
transuranic elements *pl chem.* pierwiastki transuranowe, transuranowce (*o liczbie atomowej* > 92)
transversal *geom.* linia poprzeczna
transverse *a* poprzeczny
transverse force *wytrz.* siła poprzeczna, siła ścinająca (*w prętach*)
transverse profile *masz.* zarys czołowy (*zęba*)
transverse rolling machine *hutn.* walcarka poprzeczna (*do profili specjalnych*)
transverter *el.* przetwornica; przemiennik
trap 1. pułapka 2. *san.* syfon kanalizacyjny 3. *geol.* skała magmowa wylewna, trap 4. *fiz.* pułapka, poziom pułapkowy, stan pułapkowy 5. *inf.* pułapka
trap circuit *el.* obwód zaporowy, eliminator
trapdoor klapa w podłodze; klapa denna
trapezium *geom.* 1. GB trapez 2. *US* trapezoid
trapezoid *geom.* 1. *GB* trapezoid 2. *US* trapez
trapezoidal thread gwint trapezowy
travel skok; przesunięcie, przesuw; jazda (*np. suwnicy*)

travelling bridge suwnica mostowa, mostownica
travelling crab wózek suwnicy
travelling crane żuraw przejezdny
travelling load obciążenie ruchome
travelling platform przesuwnica
travelling speed prędkość jazdy
travelling wave fala bieżąca
travelling-wave tube *elektron.* lampa o fali bieżącej, LFB
travel of a spring skok sprężyny, zakres ugięcia sprężyny
traverse 1. belka poprzeczna, poprzecznica, trawersa **2.** *obr. skraw.* przesuw; dosuw **3.** *obr.skraw.* przesuw wzdłużny (*tokarki*) **4.** *obr.skraw.* skok narzędzia **5.** *wojsk.* poziome nakierowanie działa, obrót działa **6.** *geod.* poligon; ciąg poligonowy
traverser przesuwnica
traversing 1. ruch poprzeczny **2.** *wojsk.* poziome nakierowywanie działa, obrót działa **3.** *geod.* poligonizacja
trawl *ryb.* włok
trawler *okr.* trawler
tray 1. taca; korytko; podstawka (*płaska*) **2.** *transp.* paleta
tray elevator *transp.* podnośnik (członowy) półkowy
tread 1. *mot.* bieżnik opony; *kol.* powierzchnia toczna koła, okrąg toczny **2.** *mot.* rozstaw kół **3.** *bud.* podnóżek, stopnica (*stopnia schodów*)
treadle 1. *masz.* pedał napędowy **2.** *kol.* przycisk szynowy
tread pattern rzeźba bieżnika (*opony*)
treated water *san.* woda uzdatniona
treatment 1. obróbka (*chemiczna, cieplna itp.*) **2.** *med.* leczenie, terapia **3.** *chem.* traktowanie (*np. kwasem*) **4.** *pest.* zabieg, stosowanie
treble *akust.* tony wysokie
treble *a* potrójny; trzykrotny
tree 1. drzewo **2.** *mat.* drzewo (*graf*)
trellis krata, okratowanie
trembler *el.* brzęczyk, przerywacz (*dzwonka*)
tremor *geol.* wstrząs podziemny
trench rów
trench excavator koparka do rowów, koparka wielonaczyniowa wzdłużna
trenching 1. kopanie rowów **2.** *drewn.* żłobienie, wyżłabianie
trepanning *obr.skraw.* wiercenie trepanacyjne
trestle kozioł, stojak
trestle (bridge) estakada
triac = triode ac (switch) *elektron.* triak, tyrystor symetryczny, tyrystor dwukierunkowy
triad 1. pierwiastek trójwartościowy; rodnik trójwartościowy **2.** triada (*pierwiastków*) **3.** *TV* triada (*barwna*)
trial próba
trial-and-error method metoda kolejnych prób, metoda prób i błędów
trial routine *inf.* program próbny
trial run 1. jazda próbna (*pojazdu*) **2.** seria próbna (*w produkcji*)
triangle 1. *geom.* trójkąt **2.** *rys.* trójkąt rysunkowy, trójkąt kreślarski, ekierka
triangle of error *geod.* trójkąt błędu
triangle of forces *mech.* trójkąt sił
triangular *a* trójkątny
triangulation 1. *geod.* triangulacja, trójkątowanie **2.** *mat.* triangulacja
tributary dopływ (*rzeki*)
trickle *v* kapać; ciec (*cienkim strumieniem*)
trickle charge *el.* podładowywanie akumulatorów (*ładowanie ciągłe małym prądem*)
tricycle landing gear *lotn.* podwozie trójkołowe (*z kołem przednim*)
trier próbnik, zgłębnik (*sonda do pobierania próbek*)
trieur *roln.* tryjer, sortownik nasion
trigatron *elektron.* trygatron
trigger 1. spust; język spustowy **2.** *elektron., inf.* przerzutnik, flip-flop **3.** wyzwalacz reakcji (*łańcuchowej*)
trigonometric(al) *a geom.* trygonometryczny
trigonometry trygonometria
trihedral *a geom.* trójścienny
trilling *kryst.* trojak
trillion 1. *GB* trylion (10^{18}) **2.** *US* bilion (10^{12})
trim 1. *lotn.* wyważenie (*samolotu*) **2.** *żegl.* przegłębienie (*statku*) **3.** *bud.* obramienie otworu; opaska (*drzwiowa lub okienna*)
trimmer 1. *obr.plast.* okrawarka, prasa do okrawania **2.** *obr.plast.* matryca do okrawania, okrojnik **3.** *drewn.* przycinarka **4.** *bud.* wymian **5.** *rad.* kondensator dostrojczy, trymer **6.** *żegl.* trymer (*pracownik trymujący*)
trimming 1. wyrównywanie brzegów; *obr.plast.* okrawanie (*rąbka lub wypływki*); *drewn.* przycinanie, ogławianie **2.** *lotn.* wyważenie (*samolotu*); *żegl.* trymowanie (*ładunku*); wyrównywanie przegłębienia **3.** *rad.* zestrajanie; dostrajanie **4.** *skór.* cyplowanie (*usuwanie zbędnych części*) **5.** *roln.* przycinanie gałęzi (*drzew*)

trimming moment *okr.* moment przegłębiający
trimming tab *lotn.* klapka wyważająca, trymer
trim-pot = trimming potentiometer *el.* potencjometr dostrojczy
trim size *poligr.* format po obcięciu
trinitrotoluene *chem.* trójnitrotoluen, trotyl
trinomial *a mat.* trójmienny; trzyskładnikowy
triode *elektron.* trioda
trioxide *chem.* trójtlenek
trip 1. wyłącznik samoczynny; wyzwalacz **2.** *żegl.* podróż, rejs
trip *v* wyłączać się samoczynnie; wyzwalać, zwalniać
trip-dog *masz.* zapadka zwalniająca
trip hammer młot spadowy
triple point *fiz.* punkt potrójny
triple thread gwint trzykrotny, gwint trójzwojny
triplet (state) *chem.* tryplet, stan trypletowy
triplex chain *masz.* łańcuch trzyrzędowy
triplex glass szkło klejone trójwarstwowe
tripod trójnóg, statyw trójnożny
trisect *v* dzielić na trzy (równe) części
tritium *chem.* tryt, wodór superciężki, radiowodór, T, ^{3}H
triturate *v* rozcierać na proszek, ucierać na proszek
TRL = transistor-resistor logic *elektron.* układ logiczny tranzystorowo--rezystorowy
trochoid *geom.* trochoida
trochotron *elektron.* trochotron
trolley 1. wózek **2.** *el.* odbierak (*prądu*) drążkowy
trolleybus trolejbus
trolley wire *el.* przewód jezdny
trommel *wzbog.* przesiewacz bębnowy
troop-carrier 1. samolot transportowy do przewozu wojska **2.** *okr.* transportowiec wojska **3.** transporter (*wóz bojowy*)
Tropenas converter *hutn.* konwertor Tropenasa, konwertor z bocznym dmuchem
Tropenas process *hutn.* proces (konwertorowy) Tropenasa, świeżenie powierzchniowe
tropic *geogr.* zwrotnik
tropical *włók.* tropik
tropical *a* zwrotnikowy; tropikalny
tropicalization tropikalizacja
tropopause *geofiz.* tropopauza
troposphere *geofiz.* troposfera
tropospheric duct *rad.* dukt troposferyczny, dukt radiowy
trouble *masz.* niedomagania, zakłócenia w pracy (*silnika, urządzenia*)
trouble-free *a* niezawodny; niezakłócony; bezawaryjny
troubleshooting wykrywanie i usuwanie usterek
trough 1. koryto; rynna **2.** *geol.* synklina, łęk, niecka
troughed belt conveyor przenośnik taśmowy nieckowy
trough-type magazine *obr.skraw.* podajnik korytowy (*do automatu*)
trowel 1. *bud.* kielnia; packa metalowa **2.** *odl.* gładzik formierski
trowelled plaster *bud.* tynk zatarty na gładko
troy ounce *jedn.* uncja aptekarska, uncja troy: 1 oz tr = 0,03110 kg
troy pound *jedn.* funt troy: 1 lb tr = 0,37324 kg
truck 1. samochód ciężarowy, ciężarówka **2.** wózek
truck concrete mixer *bud.* betoniarka samochodowa
truck crane żuraw samochodowy (*na podwoziu samochodowym*)
truckload ładunek samochodowy
true course *nawig.* kurs geograficzny, kurs rzeczywisty
true limiting creep stress *wytrz.* wytrzymałość trwała, rzeczywista granica pełzania
true mixture *paliw.* mieszanka stechiometryczna, mieszanka teoretyczna, mieszanka doskonała
true north *geod.* północ geograficzna
true solution *chem.* roztwór właściwy, układ o rozdrobnieniu cząsteczkowym
true statement *mat.* twierdzenie prawdziwe
true stress *wytrz.* naprężenie rzeczywiste
true time czas prawdziwy, czas słońca prawdziwego
truing nastawianie; regulowanie; nadawanie właściwego kształtu
truncate *v* obcinać; ścinać
truncated cone *geom.* stożek ścięty
truncated thread gwint przytępiony, gwint ścięty
truncation error *mat.* błąd z obcinania, błąd z odrzucania (*dalszych cyfr liczby*)
truncation of words *inf.* obcinanie słów (*skracanie do ustalonej liczby liter*)
trunk 1. pień drzewa **2.** *bud.* trzon kolumny **3.** *okr.* szyb (*na statku*) **4.** *inf.* łącze międzymiastowe; łącze dalekosiężne **5.** *inf.* magistrala

trunk call *telef.* połączenie międzymiastowe
trunk compartment bagażnik (*samochodu*)
trunk exchange *telef.* centrala międzymiastowa
trunk highway *drog.* magistrala
trunk-line 1. *kol.* linia główna, magistrala **2.** *telef.* łącze międzymiastowe, linia międzymiastowa
trunk sewer *inż.* kanał główny, kolektor
trunnion czop zawieszenia obrotowego
truss kratownica
truss member pręt kratownicy
truth of balance stałość wskazań wagi, niezmienność wskazań wagi
truth of form prawidłowość kształtu
truth table *mat.* matryca prawdziwości
try *v* próbować
trying conditions *pl* ciężkie warunki, trudne warunki
trying rod *szkl.* pobierak, pręt do pobierania próbek
T-slot rowek teowy
T-square *rys.* przykładnica
TTL = transistor-transistor logic *elektron* układ logiczny tranzystorowo--tranzystorowy, układ TTL
tub 1. kadź; wanna **2.** *górn.* wóz kopalniany
tubbing *górn.* **1.** tubing **2.** obudowa tubingami
tube 1. rura, rurka; rura cienkościenna, *zob. też* **pipe 2.** *wojsk.* lufa **3.** *wojsk.* zapłonnik **4.** tubka **5.** *US el.* lampa elektronowa, elektronówka **6.** dętka
tube bending machine giętarka do rur
tube blank *obr.plast.* tuleja (*półwyrób do walcowania rur bez szwu*)
tube coupling złączka rurowa
tube drawing machine ciągarka do rur
tube envelope bańka lampy elektronowej
tube expander *narz.* roztłaczak, walcówka (*do rozwalcowywania rur*)
tube holder *elektron.* podstawka lampowa
tubeless tyre *mot.* opona bezdętkowa
tube (making) plant *hutn.* rurownia
tube mill 1. młyn rurowy **2.** walcownia rur
tube-reducing mill *hutn.* walcarka redukcyjna do rur, reduktor do rur
tube-rolling mill *hutn.* walcownia rur; walcarka do rur
tube strip *hutn.* wstęga (stalowa) na rury
tubing 1. rury; przewody rurowe; *el.* rurkowanie **2.** *inż.* tubing, kliniec obudowy tunelu **3.** *gum.* wytłaczanie
tubular *a* rurowy
tubular axle *masz.* oś drążona, oś pusta
tubular radiator chłodnica wodnorurkowa
tubular spanner klucz nasadowy
tubular stock *hutn.* rury (*materiał wyjściowy do dalszej przeróbki*)
tubulation orurowanie
tuck fałda, zakładka
tug 1. holownik **2.** ciągnik
tumbling 1. bębnowanie, docieranie bębnowe (*rodzaj obróbki wykończającej*) **2.** *lotn., kosm.* (*obracanie się obiektu latającego w locie dookoła środka masy*) **3.** *inf.* koziołkowanie (*elementów obrazu graficznego*)
tumbling barrel bęben do oczyszczania, oczyszczarka bębnowa (*np. drobnych odlewów*)
tundish 1. *hutn.* garniec (*do odlewania wlewków*) **2.** kadź pośrednia (*do ciągłego odlewania*)
tune *v* stroić
tuned amplifier *el.* wzmacniacz rezonansowy
tuned circuit *rad.* obwód strojony
tune out *rad.* wyciszać
tuner 1. *rad.* człon strojeniowy (*odbiornika*); dostrajacz; strojnik **2.** *masz.* rezonansowy tłumik drgań skrętnych (*np. wału silnika*)
tungsten *chem.* wolfram, W
tuning condenser *rad.* kondensator strojeniowy
tuning fork kamerton, widełki stroikowe
tuning indicator *rad.* wskaźnik strojenia
tuning knob *rad.* gałka strojeniowa
tunnel tunel; sztolnia
tunnel diode *elektron.* dioda tunelowa, dioda Esakiego
tunneling 1. *inż.* drążenie tunelu; drążenie sztolni **2.** *elektron.* tunelowanie
tunoscope *rad.* optyczny wskaźnik strojenia
tup bijak, baba (*młota*)
turbid *a* mętny
turbidimetric analysis *chem.* analiza turbidymetryczna
turbine turbina
turbine casing kadłub turbiny (*parowej, spalinowej*); osłona turbiny (*wodnej*)
turbine-driven pump turbopompa
turbine engine silnik turbinowy; turbina
turbine generator *el.* prądnica turbinowa, turbogenerator
turbine propulsion napęd turbinowy (*turbiną parową lub spalinową*)
turbine room turbinownia, hala turbin

turbine wheel wirnik turbiny
turboblower 1. dmuchawa wirnikowa **2.** turbodmuchawa; turbosprężarka
turbocompressor turbosprężarka
turbofan *lotn.* silnik turbinowy dwuprzepływowy
turbogenerator 1. prądnica turbinowa, turbogenerator **2.** zespół turbinowo--prądnicowy
turbojet (engine) *lotn.* silnik odrzutowy
turbomachine maszyna wirowa, maszyna wirnikowa, maszyna przepływowa
turboprop (engine) *lotn.* silnik turbośmigłowy
turbosupercharger *siln.* turbosprężarka doładowująca, turbozespół ładujący
turbulence burzliwość, turbulencja
turbulence chamber *siln.* komora wirowa
turbulent boundary layer *aero.* warstwa przyścienna burzliwa
turbulent flow *mech.pł.* przepływ burzliwy, przepływ turbulentny
turf 1. murawa **2.** darń, darnina
turn 1. obrót; zwrot **2.** zakręt **3.** kolano (*rurowe*) **4.** zwój (*sprężyny, cewki*)
turn *v* **1.** obracać; przekręcać; pokręcać **2.** zakręcać **3.** toczyć (*na tokarce*)
turnaround (cycle) *transp.* cykl przewozowy (*czas przejazdu w obie strony, za- i wyładunku towaru oraz planowany czas na konserwację i obsługę sprzętu*)
turnaround table *hutn.* obrotnica (*w samotoku*)
turnaround time 1. *inf.* czas obrotu (*pracy w przetwarzaniu danych*) **2.** czas trwania (*przeglądu, naprawy*)
turnbuckle nakrętka napinająca, nakrętka rzymska, ściągacz
turn down 1. odwracać; zawijać; zaginać **2.** przykręcać (*np. kurek*)
turner 1. *obr.skraw.* imak prowadnikowy (*w rewolwerówkach*) **2.** tokarz (*pracownik*) **3.** *obr.plast.* kantownik walcowniczy
turnery 1. tokarnia, dział tokarski **2.** *bud.* wyroby toczone; ozdoby toczone
turning 1. obracanie (się) **2.** *obr.skraw.* toczenie **3.** *bud.* murowanie łuku
turning and boring lathe *obr.skraw.* tokarka karuzelowa, karuzelówka
turning basin *inż.* obrotnica statków
turning lathe tokarka
turning moment *masz.* moment obrotowy
turning radius *mot.* promień skrętu; *żegl.* promień cyrkulacji (*statku*)
turnings *pl* wióry (*przy toczeniu*)
turning tool nóż tokarski
turning up *obr.plast.* kantowanie (*przy walcowaniu*)
turnkey contract kontrakt „pod klucz” (*na dostarczenie obiektu gotowego do eksploatacji*)
turn of a spring zwój sprężyny
turn off zakręcić (*np. kurek*); wyłączyć (*np. prąd*)
turn-off time czas wyłączenia
turn on odkręcić (*np. kurek*); włączyć
turn-on time czas włączenia
turnout 1. *kol.* rozjazd **2.** *drog.* plac postojowy; plac do zawracania
turnover 1. przewrócenie; *lotn.* kapotaż **2.** *ek.* obrót
turnover fixture *spaw.* obrotnik spawalniczy
turnover moulding machine *odl.* formierka obrotowa
turnpike 1. rogatka **2.** autostrada płatna
turn-screw wkrętak, śrubokręt
turns ratio *el.* przekładnia zwojowa (*transformatora*)
turnstile turnikiet, kołowrót (*w przejściu*)
turnstile antenna *rad.* antena krzyżowa
turntable 1. obrotnica **2.** stół obrotowy; podstawa obrotowa; *akust.* talerz obrotowy (*w gramofonie*)
turn the engine obracać silnik, pokręcać silnik
turn through an angle of... obrócić o kąt
turn tight dokręcać (*np. nakrętkę*)
turpentine (oil) olejek terpentynowy, terpentyna
turret 1. wieżyczka **2.** *obr.skraw.* głowica rewolwerowa **3.** *tel.* nadstawka (*łącznicowa*)
turret lathe tokarka rewolwerowa, rewolwerówka
turret work obróbka na rewolwerówce
tuyère *hutn.* dysza powietrzna (*pieca*)
tuyère assembly zestaw dyszowy (*w wielkim piecu*)
tweeter *akust.* głośnik wysokotonowy
tweezers *pl* pinceta, szczypczyki
twill weave *włók.* splot skośny
twin cable *el.* kabel parowy (*o wiązkach parowych*)
twin-cable ropeway kolej dwulinowa
twin (crystal) *kryst.* kryształ bliźniaczy, bliźniak
twine szpagat
twin-flame torch *spaw.* palnik dwupłomieniowy
twin-lens camera aparat fotograficzny dwuobiektywowy

twinning 1. *kryst.* bliźniakowanie, zbliźniaczenie (*tworzenie układów bliźniaczych*) **2.** *el.* skręcanie (*kabli*) w pary **3.** *TV* parowanie się (*linii*)
twin plug *el.* wtyczka dwukołkowa
twin-unit locomotive lokomotywa dwuczłonowa
twirler *rys.* cyrkiel zerowy, zerownik
twist skręt, skręcenie; wichrowatość (*płaszczyzn*)
twist *v* skręcać; *włók.* nadawać skręt
twist drill wiertło kręte
twisted line lina stalowa jednoskrętna, lina jednozwita
twisting machine *włók.* skręcarka
twisting moment *wytrz.* moment skręcający
two-address instruction *inf.* rozkaz dwuadresowy
two-body problem *mech.* problem dwóch ciał
two-box moulding *odl.* formowanie dwuskrzynkowe, formowanie w skrzynkach parzystych
two-core cable *el.* kabel dwużyłowy
two-cycle engine silnik dwusuwowy, dwusuw
two-dimensional *a* dwuwymiarowy
two-electrode tube *electron.* lampa dwuelektrodowa
two-fluid cell *el.* ogniwo dwuroztworowe
two-hearth furnace *hutn.* piec dwutrzonowy (*do wytapiania stali*)
two-high mill *hutn.* walcarka duo, walcarka dwuwalcowa
two-lane road droga dwupasowa
two-pass surfacing *spaw.* napawanie dwuwarstwowe
two-phase system *el.* układ dwufazowy
two-point press *obr.plast.* prasa dwupunktowa, prasa dwukorbowa
two's complement *inf.* uzupełnienie dwójkowe
two-seater (*pojazd lub samolot dwuosobowy*)
two-sided *a* dwustronny; obustronny
two-stage pump pompa dwustopniowa
two-stroke engine silnik dwusuwowy, dwusuw
two-terminal network *el.* dwójnik
two-terminal-pair network *el.* czwórnik
two-throw crankshaft wał dwukorbowy
two-valued logic logika dwuwartościowa, logika klasyczna
two-view drawing rysunek w dwóch rzutach
two-wire circuit *tel.* łącze dwuprzewodowe, łącze jednotorowe
TWX machine *tel.* dalekopis; teleks
tying machine *hutn.* wiązarka (*do wiązania wyrobów w wiązki, paczki*)
type 1. typ **2.** czcionka **3.** *obr.plast.* (*wzorzec odkuwki do kalibrowania wykroju matrycy*) **4.** *mat.* typ (*powierzchni*) **5.** *mat.* rząd (*funkcji*)
type *v* pisać na maszynie; drukować
type-face *poligr.* **1.** krój pisma **2.** oczko czcionki
type metal stop czcionkowy
type of duty *el.* rodzaj pracy (*maszyny*)
typescript maszynopis
typesetter *poligr.* **1.** składacz, zecer **2.** maszyna do składania, składarka
typesetting *poligr.* składanie
type size *poligr.* stopień pisma, stopień czcionki, kegel
typewrite *v* pisać na maszynie
typewriter maszyna do pisania
typhon *akust.* buczek (*powietrzny lub parowy*)
typist maszynistka
typography drukarstwo, typografia
tyre *kol.* obręcz koła; *mot.* opona
tyre *v kol.* nakładać obręcze (*na koła*); *mot.* nakładać opony
tyre chain *mot.* łańcuch przeciwślizgowy
tyre tread bieżnik opony
tyre tube dętka

U

U-bend łuk (rurowy) 180°
U-bolt śruba w kształcie U
UHF = ultra-high-frequency *rad.* pasmo częstotliwości 300-3000 MHz
U-iron *hutn.* ceowniki stalowe
ullage rezerwa ekspansyjna zbiornika; ulaż
ultimate analysis *chem.* analiza elementarna, analiza pierwiastkowa
ultimate elongation *wytrz.* wydłużenie przy zerwaniu (*próbki*)
ultimate load *wytrz.* obciążenie niszczące
ultimate strength *mech.* wytrzymałość
ultimate vacuum próżnia końcowa
ultracentrifuge ultrawirówka
ultrafiltration *chem.* ultrafiltracja

ultra-high vacuum ultrapróżnia, próżnia ultrawysoka
ultramarine *farb.* ultramaryna, błękit ultramarynowy
ultramicron ultramikron, cząstka ultramikroskopowa
ultramicroscope *opt.* ultramikroskop
ultraphotic rays *pl* promieniowanie niewidzialne
ultrashort waves *pl rad.* fale ultrakrótkie
ultrasonic *a* ultradźwiękowy, nadsłyszalny
ultrasonic cleaning oczyszczanie ultradźwiękowe
ultrasonic flaw detection defektoskopia ultradźwiękowa
ultrasonics ultraakustyka (*nauka o ultradźwiękach*)
ultrasound ultradźwięk
ultraviolet lamp promiennik lampowy nadfioletu
ultraviolet light *zob.* **ultraviolet radiation**
ultraviolet radiation promieniowanie nadfioletowe, nadfiolet, promieniowanie ultrafioletowe, ultrafiolet, UV
umbilical tower *rak.* wieża startowa
umbrella roof wiata, dach na słupach (*np. nad peronem*)
unattended *a* (pozostawiony) bez dozoru; nie pilnowany; nie wymagający nadzoru
unavailable energy *term.* energia związana
unbalance nierównowaga, brak równowagi; niewyważenie
unbiased *a statyst.* nieobciążony
unbolt *v* odkręcać śrubę
unbounded *a* niezwiązany; nieograniczony
uncertainty niepewność
uncharged *a* nie naładowany (*o akumulatorze*); nie nabity (*o broni*); *fiz.* nienaładowany
uncoil *v* rozwijać ze zwoju (*np. drut*)
unconditional *a* bezwarunkowy
unconditional jump *inf.* skok bezwarunkowy
unconstrained movement ruch swobodny, ruch nieograniczony
uncontaminated *a nukl.* nieskażony
uncountable *a mat.* nieprzeliczalny
uncouple *v* rozłączać; rozczepiać (*np. wagony*); odprzęgać
unctuous *a* oleisty; mazisty
uncultivated *a roln.* nieuprawny
undefined *a* nieokreślony
undercarriage *lotn.* podwozie; podzespół podwozia
undercharge niedoładowanie (*akumulatora*)
undercoater farba podkładowa, podkład (*malarski*)
under construction w budowie
undercooling przechłodzenie
undercritical *a nukl.* podkrytyczny
undercrossing *drog.* przejazd dołem
undercurrent *a el.* podprądowy (*np. przyrząd*)
undercut **1.** podcięcie **2.** *spaw.* podtopienie
underdeveloped *a* gospodarczo zacofany
underdevelopment *fot.* niedowołanie (*filmu*)
underexposure *fot.* niedoświetlenie
underflow **1.** *geol.* ciek podziemny, potok gruntowy **2.** *inf.* niedomiar
undergo trials przechodzić próby
underground szybka kolej miejska podziemna, metro
underground *a* podziemny
underground burst podziemny wybuch atomowy
underground line *el.* linia podziemna (*kablowa*)
underground railway szybka kolej miejska podziemna, metro
underground water wody wgłębne, wody gruntowe
underhung *a* podwieszony
underlayer warstwa dolna; *górn.* warstwa spągowa
under licence na licencji
underlie *v* **1.** leżeć pod, znajdować się pod (*czymś*); zalegać pod (*czymś*) **2.** być podstawą; stanowić fundament (*czegoś*); tkwić u podstaw (*czegoś, np. o zasadach*)
under load pod obciążeniem
underload relay *el.* przekaźnik niedomiarowy
undermine *v* podkopywać; podmywać
undernutrition niedożywienie
underpass *drog.* przejazd dołem; przejście dołem
underpin *v bud.* podeprzeć; podbudować
underpower protection *el.* zabezpieczenie podmocowe
under pressure pod ciśnieniem
under repair w naprawie
undersaturated *a fiz.* nienasycony
undersize *a* za mały; podwymiarowy
underslung *a* podwieszony
under standard conditions w normalnych warunkach (*temperatury i ciśnienia*)
understeer(ing) podsterowność (*samochodu*)
undertaking *ek.* przedsiębiorstwo; przedsięwzięcie
undervoltage protection *el.* zabezpieczenie podnapięciowe

underwater *a* podwodny
underwater camera *fot.* kamera podwodna (*do zdjęć podwodnych*)
underwater exploration akwanautyka, badania podwodne
under way w drodze; w ruchu (*np. statek*); w trakcie realizacji, w toku (*np. prace*)
undeterminable *a* nie dający się oznaczyć, nieokreślony
undetermined *a mat.* nieokreślony
undeveloped *a* **1.** nie rozwinięty **2.** nieuprawny (*o glebie*) **3.** nie zabudowany (*teren*)
undisturbed *a* niezakłócony
undisturbed soil *inż.* calizna, grunt nienaruszony
undo *v* rozpiąć; rozwiązać
undo a nut odkręcić nakrętkę
undocking 1. *okr.* wydokowanie, wyprowadzenie z doku **2.** *kosm.* rozłączenie, odcumowanie (*na orbicie*)
undulating motion *fiz.* ruch falowy
undulation 1. falistość (*powierzchni*) **2.** falowanie
unearth *v* wykopać
unearthed system *el.* układ nieuziemiony
unemployment bezrobocie
unemployment benefit zasiłek dla bezrobotnych
unencapsulated *a elektron.* bez obudowy
unequal *a* nierówny
unequal-armed balance bezmian, waga nierównoramienna prosta
uneven *a* **1.** nieparzysty **2.** nierówny **3.** niejednolity; zmienny
unexploded bomb niewybuch bomby
unexplored territory *geogr.* teren niezbadany
unfasten *v* odmocować, zluzować
unfit *a* nie nadający się; nie pasujący
unguarded crossing przejazd niestrzeżony
unguent maść; smar
unhardenable *a met.* nie hartujący się, niehartowny
unhinge *v* zdjąć z zawias
unhook *v* odhaczyć; zdjąć z haka
unhydrated *a* nieuwodniony
unidentified flying object niezidentyfikowany obiekt latający
unidirectional *a* jednokierunkowy
unification ujednolicenie; unifikacja
unified screw thread gwint calowy zunifikowany
uniform *a* jednorodny; jednolity; jednostajny; równomierny; stały
uniform body *fiz.* ciało jednorodne
uniform corrosion korozja równomierna, korozja ogólna
uniform flow *mech.pł.* ruch równomierny cieczy, przepływ równomierny
uniform load obciążenie równomierne
uniformly accelerated motion *mech.* ruch jednostajnie przyspieszony
uniformly retarded motion *mech.* ruch jednostajnie opóźniony
uniformly variable motion *mech.* ruch jednostajnie zmienny
uniform motion *mech.* ruch jednostajny
unify *v* ujednolicać, unifikować
unijunction transistor *elektron.* tranzystor jednozłączowy
unilateral *a* jednostronny
unilateral conductivity *el.* przewodnictwo jednokierunkowe
unilaterization *elektron.* unilateryzacja
union 1. połączenie; złącze; dwuzłączka (*rurowa*) **2.** związek (*np. zawodowy*) **3.** *mat.* suma (*zbiorów*)
union (fabric) tkanina z włókien mieszanych (*np. półwełna*)
union joint dwuzłączka (*rurowa*)
union piece złączka (*rurowa*)
uniplanar *a* płaski (*leżący w jednej płaszczyźnie*)
unipolar *a* jednobiegunowy
unipolar transistor *elektron.* tranzystor unipolarny
unipole *rad.* antena izotropowa
unique *a* **1.** wyjątkowy; rzadki **2.** *mat.* jednoznaczny
unit 1. *mat.* jedność, jednostka **2.** *metrol.* jednostka (*miary*) **3.** zespół; urządzenie
unitary *a* **1.** jednolity **2.** jednostkowy
unitary system *fiz.* układ jednoskładnikowy
unit cell 1. *kryst.* komórka sieciowa elementarna, komórka jednostkowa **2.** *tw.szt.* cząsteczka podstawowa, mer
unit-construction machine maszyna zespołowa (*złożona z zespołów znormalizowanych*)
unite *v* łączyć w całość, scalać; jednoczyć
uniterm *inf.* uniterm (*rodzaj deskryptora w systemach indeksowania i wyszukiwania dokumentów*)
unit head *obr.skraw.* jednostka obróbkowa
unitized load *transp.* jednostka ładunkowa
unit load 1. ładunek jednostkowy **2.** *zob.* **unitized load**
unit of measure jednostka miary
unit power moc jednostkowa
unit pulse *tel.* bod: 1 b = 1 bit/s
unit record *inf.* dane jednostkowe
unit system 1. *metrol.* układ jednostek miar **2.** *el.* układ blokowy (*generator z transformatorem*)

unit vector *mat.* wektor jednostkowy, wersor
unity *mat.* jedność; jedynka, (liczba) jeden
universal *a* **1.** uniwersalny, wszechstronny **2.** wszechświatowy
universal coupling sprzęgło przegubowe, sprzęgło Cardana
Universal Decimal Classification Uniwersalna Klasyfikacja Dziesiętna, UKD
universal gravitation ciążenie powszechne
universal (mill) plate *hutn.* blacha uniwersalna
universal rolling mill *hutn.* walcarka uniwersalna
universal testing machine *wytrz.* uniwersalna maszyna wytrzymałościowa (*do prób rozciągania, ściskania, zginania itd.*)
universal time czas uniwersalny, czas średni południka zerowego (Greenwich)
universe wszechświat
univibrator *aut.* uniwibrator, multiwibrator monostabilny
unknown *mat.* niewiadoma
unlimited *a* nieograniczony
unload *v* **1.** wyładowywać; rozładowywać **2.** odciążać
unlock *v* **1.** odblokowywać; odbezpieczać **2.** otwierać kluczem
unmanned *a* bezzałogowy; bez obsługi
unmanned spacecraft sonda kosmiczna, próbnik kosmiczny
unorthodox design konstrukcja niekonwencjonalna
unpack *v* rozpakowywać
unplug *v el.* wyjąć wtyczkę; wyciągnąć (*korek, zatyczkę*)
unproductive *a* nieproduktywny
unproductive development *górn.* roboty górnicze przygotowawcze, roboty udostępniające
unproven area *górn.* teren nie zbadany (*pod kątem obecności kopalin użytecznych*)
unreel *v* rozwijać ze szpulki (*np. taśmę*), odwijać
unreliable *a* zawodny, niepewny
unrestricted *a* nieograniczony, wolny od ograniczeń
unsaturated compound *chem.* związek nienasycony
unscramble *v inf.* rozszyfrować
unscrew *v* wykręcać śrubę
unserviceable *a* niezdatny do użytku
unshielded electrode *spaw.* elektroda nieotulona, elektroda goła
unskilled *a* niewykwalifikowany
unsprung *a* nieresorowany (*pojazd*)
unstable *a* niestateczny, niestabilny; niestały, nietrwały
unstable equilibrium równowaga chwiejna, równowaga niestała, równowaga niestateczna
unstable isotope *chem.* izotop promieniotwórczy, radioizotop
unstable particle *fiz.* cząstka nietrwała
unsteady flow *mech.pł.* przepływ nieustalony
unstick *v* **1.** odlepiać (się) **2.** oderwać samolot od ziemi (*przy starcie*)
unsurveyed area *geogr.* teren niezbadany; biała plama na mapie
unsymmetrical *a* niesymetryczny
unwater *v* odwadniać, usuwać wodę
unwieldy *a* nieporęczny
unwind *v* odwijać; rozwijać (*np. drut ze zwoju*)
unwoven cloth włóknina; przędzina
up-date *v* aktualizować (*dane*)
upgrade wzniesienie
upgrade *v* podnosić jakość, polepszac
uphill pouring *hutn.* syfonowe odlewanie (*wlewków*)
upholster *v* obijać; wyściełać (*np. meble*)
upholstery tapicerka; obicie tapicerskie (*np. siedzeń*)
upkeep **1.** utrzymanie **2.** koszty utrzymania; koszty konserwacji
uplift pressure *inż.* wypór, parcie od dołu
up-milling *obr.skraw.* frezowanie przeciwbieżne
upper *a* górny
upper atmosphere górne warstwy atmosfery (*ponad troposferą*)
upper case *poligr.* wersaliki
upper dead centre *siln.* położenie zwrotne odkorbowe (*tłoka*), położenie martwe odkorbowe
upper limit *metrol.* górna granica; wymiar graniczny górny
upper plenum *nukl.* komora górna
uprate *v* zwiększać wydajność
upright stojak, kolumna
upright *a* pionowy; stojący; prostopadły
upset forging *zob.* **upsetting**
upset(ting) *obr.plast.* spęczanie
upsetting machine *obr.plast.* kuźniarka
upstream *adv* pod prąd; w górę rzeki
upstroke *masz.* suw w górę; *siln.* suw odkorbowy (*tłoka*)
up time czas sprawności (*urządzenia, części*), czas zdatności (*do prawidłowego działania*)

up-to-date *a* 1. aktualny, zaktualizowany 2. nowoczesny; najnowszy
up to the standard zgodnie z normą, zgodnie z wymaganiami normy
uranides *pl chem.* uranowce (U, Np, Pu, Am, Cm, Bk, Cf, Es, Fm, Md, No, Lr)
uraninite *min.* uraninit, blenda smolista, blenda uranowa
uranium *chem.* uran, U
urbanization urbanizacja, rozwój miast
urea *chem.* mocznik, karbamid
urgent *a* pilny, nie cierpiący zwłoki
usability używalność, możliwość zastosowania
usage użycie; stosowanie; praktyka
use użytek; zastosowanie
used oil olej zużyty, olej przepracowany
useful *a* użyteczny, przydatny
useful load obciążenie użytkowe; ciężar ładunku użytecznego
useful mineral kopalina użyteczna
user użytkownik; *tel.* abonent
user-friendly *a* (*wygodny i przyjemny w użyciu*)
user's manual *inf.* podręcznik użytkownika
US gallon galon amerykański (= 3,785 l)
US hundredweight cetnar amerykański (= 45,359 kg)
usual wear and tear naturalne zużycie (*części, sprzętu*)
utensil narzędzie; przybór
utility użyteczność
utility gas gaz komunalny
utility routine *inf.* program usługowy
utilization wykorzystanie, użytkowanie, utylizacja
utilize *v* wykorzystywać, użytkować
U tube rura w kształcie litery U
U-turn zakręt o 180°; zawrócenie (*na drodze*)
UV = ultraviolet radiation promieniowanie nadfioletowe, nadfiolet, promieniowanie ultrafioletowe, ultrafiolet

V

vacancy 1. wolny etat 2. *kryst.* wakans, luka (*atomowa, jonowa*)
vacuometer wakuometr, manometr próżniowy, próżniomierz
vacuous *a* próżniowy
vacuum próżnia; podciśnienie
vacuum bottle termos
vacuum casting *met.* odlewanie próżniowe; *tw.szt.* odlewanie niskociśnieniowe
vacuum cleaner odkurzacz
vacuum concrete *bud.* beton próżniowany, beton odpowietrzony
vacuum cup przyssawka
vacuum degassing *hutn.* odgazowywanie próżniowe
vacuum deposition *elektron.* naparowywanie próżniowe (*cienkich warstw*)
vacuum diode *elektron.* dioda próżniowa
vacuum flask naczynie Dewara, wkład szklany do termosu
vacuum freeze drier liofilizator, suszarka sublimacyjna
vacuum gauge próżniomierz, manometr próżniowy, wakuometr
vacuum metallurgy metalurgia próżniowa
vacuummeter *zob.* **vacuum gauge**
vacuum plating *elektron.* naparowywanie próżniowe (*cienkich warstw*)
vacuum pump pompa próżniowa
vacuum tube *el.* lampa próżniowa, elektronówka próżniowa
vagabond currents *pl el.* prądy błądzące
valence *chem.* wartościowość, walencyjność
valence band *fiz.* pasmo podstawowe, pasmo walencyjne (*w teorii pasmowej ciała stałego*)
valence electron *chem.* elektron wartościowości, elektron walencyjny
valence shell *chem.* powłoka walencyjna, warstwa walencyjna
valency *zob.* **valence**
valid *a* ważny, obowiązujący (*np. przepis*)
validation *inf.* atestacja (*oprogramowania*)
validation test sprawdzanie zgodności z normą
validity check *inf.* kontrola prawidłowości
valley 1. *geol.* dolina 2. *bud.* kosz dachu, żleb
valuation oszacowanie wartości, taksacja
value wartość; *mat.* wartość, wielkość
value engineering *ek.* analiza wartości, inżynieria wartości
valve 1. *masz.* zawór 2. *el.* lampa elektronowa, elektronówka
valve clearance *siln.* luz zaworowy
valve face przylgnia zaworu

valve gear mechanizm rozrządu zaworowego; *siln.* stawidło
valve guide prowadnica zaworu
valve head zawieradło zaworu; grzybek zaworu
valve-in-head engine silnik górnozaworowy
valve lift wznios zaworu, skok zaworu
valve overlap *siln.* przekrycie zaworów, współotwarcie zaworów
valve rocker *siln.* dźwignia zaworu
valve seat gniazdo zaworu
valve shaft wał rozrządczy
valve stem trzonek zaworu, trzpień zaworu, wrzeciono zaworu
valve train mechanizm rozrządu zaworowego
van furgon
vanadium *chem.* wanad, V
vanadium group *chem.* wanadowce (V, Nb, Ta)
Van Allen radiation belts *pl geofiz.* pasy van Allena, promieniowanie pierścieniowe
Van der Waals forces *pl fiz.* siły van der Waalsa, siły międzycząsteczkowe
vane 1. chorągiewka kierunkowa; wiatraczek **2.** łopatka (*np. sprężarki, pompy*) **3.** *wojsk.* brzechwa (*pocisku, bomby*)
vane motor silnik łopatkowy
vanishing point *rys.* punkt zbiegu (*w rysunku perspektywicznym*)
vapor *zob.* **vapour**
vaporize *v* parować; odparowywać
vaporizer odparowywacz, wyparka, aparat wyparny
vapour para; opar
vapour condenser skraplacz par
vapour deposition *elektron.* naparowywanie próżniowe (*cienkich warstw*)
vapour lock korek parowy (*w przewodzie*)
vapour pressure *fiz.* prężność pary
vapour trail *lotn.* smuga kondensacyjna
var *jedn.* war, var
varactor (diode) *elektron.* dioda pojemnościowa, dioda parametryczna, waraktor, warikap
var-hour *jedn.* warogodzina: $1\ \text{var}\cdot\text{h} = 0{,}36\cdot10^4\ \text{J}$
variable *mat.* zmienna; czynnik, parametr
variable *a* zmienny
variable-capacitance diode *zob.* **varactor (diode)**
variable capacitor *el.* kondensator nastawny, kondensator zmienny
variable-focal-length lens *fot.* obiektyw zmiennoogniskowy
variable gear przekładnia bezstopniowa, przekładnia ciągła
variable motion *mech.* ruch niejednostajny, ruch zmienny
variable of state *fiz.* parametr stanu, zmienna stanu, parametr termodynamiczny
variable resistor *el.* rezystor nastawny, reostat
variable-speed drive napęd bezstopniowy
variable-speed transmission (unit) przekładnia bezstopniowa, przekładnia ciągła
variable-voltage regulator *el.* zmiennik napięcia
variac *el.* wariak
variance 1. *statyst.* wariancja **2.** *fiz.* liczba stopni swobody (*układu*)
variate *statyst.* zmienna losowa
variation 1. zmiana; odmiana **2.** zmienność; wahania **3.** *geofiz.* deklinacja magnetyczna, zboczenie magnetyczne **4.** *mat.* wariacja
varicap *elektron.* dioda pojemnościowa, dioda parametryczna, waraktor, warikap
variety 1. odmiana **2.** rozmaitość; różnorodność
varifocal lens *fot.* obiektyw zmiennoogniskowy
variometer 1. *lotn.* wariometr (*przyrząd pokładowy wskazujący prędkość pionową samolotu*) **2.** *el.* wariometr, zmiennik indukcyjności (*ciągły*)
varistor *el.* warystor
varmeter *el.* waromierz (*miernik mocy biernej w warach*)
varnish pokost; lakier (*bezbarwny*)
varnish *v* pokostować; lakierować (*lakierem bezbarwnym*)
vary *v* zmieniać (się)
vaseline wazelina
vat kadź
vat dye *włók.* barwnik kadziowy
vatting *włók.* kadziowanie, redukcja kadziowa
vault *arch.* sklepienie
V-belt *masz.* pas (napędowy) klinowy
V-belt drive napęd pasowy klinowy
V-belt pulley koło pasowe klinowe
V-block *obr.skraw.* podstawka pryzmowa, pryzma
vector 1. *mat.* wektor **2.** *fiz.* wektor, wielkość wektorowa **3.** *med.* nosiciel zarazków
vectored interrupt *inf.* przerwanie skierowane, przerwanie wektorowe

vector field *mat., fiz.* pole wektorowe
vectorial *a* wektorowy
vectorial summation dodawanie (geometryczne) wektorów, składanie wektorów
vee-type engine silnik (dwurzędowy) widlasty
vegetable fibre włókno roślinne
vegetable oil olej roślinny
vegetation 1. roślinność **2.** wegetacja (*roślin*)
vehicle 1. pojazd **2.** nośnik; ciecz nośna
vehicular traffic ruch kołowy
vein *geol.* żyła
velocimeter (*przyrząd do pomiaru prędkości dźwięku w wodzie*)
velocity prędkość, szybkość
velocity indicator prędkościomierz, szybkościomierz
velocity modulation *el.* modulacja prędkości (*elektronów w wiązce*)
velocity of escape *kosm.* prędkość ucieczki
velocity of light *fiz.* prędkość światła
velocity of sound prędkość dźwięku
velour *włók.* welur
velvet *włók.* aksamit
velveteen *włók.* welwet
vending machine automat sprzedający
veneer *drewn.* fornir, łuszczka
veneer slicer *masz.drewn.* skrawarka obwodowa, łuszczarka
Venetian blind żaluzja o listewkach nastawnych
V-engine silnik (dwurzędowy) widlasty
vent odpowietrznik; otwór wentylacyjny; wejście, wlot; ujście, upust
vent *v* odpowietrzać
ventilate *v* wietrzyć, przewietrzać
ventilating fan przewietrznik, wywietrznik
ventilation przewietrzanie, wentylacja
vent pipe rura odpowietrzająca
venturi tube zwężka Venturiego
verdigris *met.* patyna, śniedź
verifiable *a* sprawdzalny, możliwy do sprawdzenia
verification sprawdzanie; legalizacja (*narzędzi pomiarowych*); *inf.* weryfikacja (*oprogramowania*)
verification mark *metrol.* cecha legalizacyjna
verifier *inf.* **1.** sprawdzarka (*kart lub taśmy dziurkowanej*) **2.** weryfikator (*teledacyjny*)
vermilion *farb.* cynober
vernier *metrol.* noniusz
vernier caliper suwmiarka z noniuszem
vernier engine silnik rakietowy korekcyjny
vernier plate *geod.* alidada
versatile *a* **1.** wszechstronny; uniwersalny **2.** osadzony przegubowo
verso stronica parzysta (*książki*)
versor *mat.* wersor, wektor jednostkowy
vertex (*pl* **vertices** *or* **vertexes**) **1.** *geom.* wierzchołek **2.** *astr.* zenit **3.** *US el.* węzeł (*układu, sieci*)
vertical pion; (linia) pionowa; płaszczyzna pionowa
vertical *a* pionowy
vertical angles *pl geom.* kąty wierzchołkowe
vertical boring mill *obr.skraw.* tokarka karuzelowa, karuzelówka
vertical circle *astr.* wertykał
vertical lathe *zob.* **vertical boring mill**
vertical-lift gate *inż.* zastawka (wodna) podnoszona
vertical projection *rys.* rzut pionowy
vertical redundancy check *inf.* kontrola pionowa
vertical shaper *obr.skraw.* dłutownica, strugarka pionowa
vertical turret lathe tokarka karuzelowa rewolwerowa
vertiplane *lotn.* samolot pionowego startu i lądowania, SPSL, pionowzlot
vessel 1. naczynie **2.** statek wodny, jednostka pływająca
vestibule *bud.* przedsionek
vestibule school szkoła przyzakładowa
V groove *masz.* rowek klinowy
VHF = very high frequency *rad.* bardzo wielka częstotliwość, zakres fal metrowych
viaduct wiadukt
vial fiolka
vibrate *v* **1.** drgać, wibrować **2.** wibrować (*powodować drganie*)
vibrating conveyor przenośnik wstrząsowy wibracyjny
vibrating mill młyn wibracyjny, wibrator
vibrating screen przesiewacz wibracyjny; sito wibracyjne
vibration *mech.* drganie, wibracja; oscylacja
vibration damping tłumienie drgań
vibration isolation wibroizolacja
vibration meter wibrometr
vibration pick-up *aut.* czujnik drgań, czujnik wibracyjny
vibration separation klasyfikacja wibracyjna, oddzielanie wibracyjne
vibrator 1. wibrator, wstrząsak; wstrząsarka **2.** *el.* wibrator
vibratory *a* drgający, wibracyjny

vibrograph wibrograf (*przyrząd do zapisywania drgań*)
vibrometer wibrometr
vice *narz.* imadło
vice jaws *pl* szczęki imadła
vicinal *a chem.* sąsiedni
vicious circle błędne koło (*przy definiowaniu*)
video carrier (częstotliwość) nośna wizji
videocassette wideokaseta, kaseta wizyjna
videocassette recorder magnetowid kasetowy
videodisk dysk wizyjny, wideodysk, płyta wizyjna
videodisk player gramowid, dyskowid
videodisk recorder magnetowid płytowy
video display ekran wizyjny; monitor ekranowy
video display unit *inf.* monitor ekranowy
video-game (elektroniczna) gra telewizyjna
video home system (*domowe urządzenie magnetowidowe do nagrywania i odtwarzania programów telewizyjnych*)
video processor *inf.* procesor wizyjny
video record wideogram
videorecorder magnetowid
video recording *TV* rejestracja audiowizualna
video replay (*odtwarzanie zapisu z taśmy magnetowidowej lub płyty telewizyjnej*)
video signal *TV* sygnał wizyjny
video tape taśma magnetowidowa, taśma magnetyczna audiowizualna
video tape recorder magnetowid taśmowy
video telephone wideofon
videotex(t) *inf.* wideotekst
video typewriter *inf.* ekranopis
vidicon *TV* widikon
view *rys.* widok; rzut
viewer 1. przeziernik **2.** *fot.* przeglądarka (*do przezroczy*)
viewfinder *fot.* celownik
viewing plane *rys.* płaszczyzna rzutowania
viewing tube *TV* lampa obrazowa, kineskop
viewport *inf.* wziernik
vignetting *fot.* winietowanie (*stopniowe ściemnianie obrazu ku brzegom*)
vinegar ocet
vinyl *chem.* winyl, etenyl
vinyl benzene winylobenzen, styren
violation pogwałcenie (*zasady, warunków umowy*)
virgin soil *inż.* grunt rodzimy
virgin wool wełna pierwotna (*nie regenerowana*)
virtual address *inf.* adres wirtualny
virtual image *opt.* obraz pozorny
virtual process *fiz.* proces wirtualny
virtual storage *inf.* pamięć wirtualna
virtual work *mech.* praca przygotowana, praca wirtualna
virus *biol.* wirus
viscid *a* lepki; zawiesisty
viscoelasticity lepkosprężystość
viscometer lepkościomierz, wiskozymetr
viscose *tw.szt.* wiskoza
viscosity 1. lepkość, tarcie wewnętrzne **2.** lepkość dynamiczna, współczynnik lepkości (*dynamicznej*), lepkość (*bezwzględna*)
viscosity breaking *chem.* krakowanie wstępne (*w celu zmniejszenia lepkości*)
viscous *a* lepki
viscous fluid płyn lepki
viscous lubrication *masz.* smarowanie płynne
vise *zob.* **vice**
visibility 1. widoczność; widzialność **2.** *inf.* widoczność (*obiektów języka*)
visible *a* widzialny, dostrzegalny
visible horizon widnokrąg, horyzont fizyczny, horyzont widoczny
visible radiation promieniowanie widzialne, światło
visible (region) *fiz.* zakres widzialny (*promieniowania*)
vision widzenie; wzrok
visor *mot.* osłona przeciwsłoneczna
vista perspektywa, widok perspektywiczny
visual *a* wzrokowy, wizualny
visual display unit 1. *inf.* ekranopis **2.** *el.* tablica wizualna; konsola wizualizacji
visual examination badanie wzrokowe, oględziny
visual output *inf.* wyjściowe urządzenie optyczne
visual signalling sygnalizacja optyczna
vitiate *v* zanieczyszczać; skażać
vitreous *a* szklisty; bezpostaciowy
vitreous enamel emalia szklista, polewa szklista, emalia ceramiczna
vitreous silica szkło kwarcowe
vitreous state *fiz.* stan szklisty
vitrification zeszklenie, witryfikacja
vitrified clay kamionka
vitrify *v* zeszklić (się)
VLF = very low frequency *rad.* bardzo mała częstotliwość (*poniżej* 30 kHz)
VLSI = very large scale integration *elektron.* bardzo duży stopień scalenia (*układów scalonych*)
vocabulary 1. słownictwo, zasób słów **2.** słownik

vocational training szkolenie zawodowe
vocoder *elakust.* wokoder
voice głos
voice frequency częstotliwość telefoniczna
voice input *inf.* wejście akustyczne
void pustka, pusta przestrzeń; luka
void *a* pusty; próżny; wakujący; *mat.* pusty
volatile *a* lotny (*łatwo parujący*)
volatile matter składnik lotny, substancja lotna, części lotne
volatile oil olejek eteryczny
volatile storage *inf.* pamięć nietrwała
volatility *fiz.* lotność
volatilize *v* ulatniać się; przeprowadzać w stan lotny; parować
volcano wulkan
volt *jedn.* wolt, V
voltage *el.* napięcie
voltage amplifier wzmacniacz napięciowy
voltage-dependent resistor warystor
voltage divider dzielnik napięcia
voltage drop spadek napięcia
voltage level poziom napięcia
voltage multiplier mnożnik napięcia, powielacz napięcia
voltage rating napięcie znamionowe
(voltage) reference diode *elektron.* dioda stabilizacyjna, dioda odniesienia
voltage regulator regulator napięcia; stabilizator napięcia
voltage-varying *a* zależny od napięcia
voltaic cell ogniwo elektrochemiczne, ogniwo galwaniczne
voltaic current prąd galwaniczny
voltameter *el.* woltametr, kulometr
voltammetry *chem.* woltamperometria
volt-ampere *jedn.* woltamper, VA
voltmeter *el.* woltomierz
volume 1. tom (*książki*) **2.** objętość; pojemność **3.** *geom.* objętość **4.** *inf.* wolumen **5.** ilość; masa; wielka ilość **6.** *akust.* natężenie dźwięku, głośność **7.** *el.* wolumen akustyczny, poziom głośności **8.** *ek.* wolumen (*handlu, obrotów*)
volume control *elakust.* regulacja wzmocnienia, regulacja siły głosu
volume expander *el.* poszerzacz impulsów, ekspander
volume indicator *tel.* wskaźnik wolumenu akustycznego, wolumetr
volume of production *ek.* wielkość produkcji, rozmiar produkcji
volume of wood miąższość drewna
volumetric *a* objętościowy, wolumetryczny
volumetric analysis *chem.* analiza miareczkowa
volumetric composition *chem.* skład objętościowy, skład w procentach objętościowych
volumetric efficiency *masz.* współczynnik napełnienia, sprawność objętościowa, sprawność wolumetryczna
volumetric flask *lab.* kolba pomiarowa
volumetric flow rate *mech.pł.* objętościowe natężenie przepływu
volumetric strain *wytrz.* odkształcenie objętościowe
volume velocity *akust.*prędkość objętościowa
voluminal ratio stosunek objętościowy
voluminous *a* o dużej objętości; wielkich rozmiarów
volute 1. *arch.* spirala; zwój; woluta **2.** *masz.* spirala; osłona spiralna
vortex (*pl* **vortices** *or* **vortexes**) wir
vortex motion ruch wirowy (*płynu*)
vortex street *mech.pł.* aleja wirowa, układ wirów za ciałem opływanym
V-thread gwint trójkątny
VTOL aircraft (= vertical take-off and landing) samolot pionowego startu i lądowania, SPSL, pionowzlot
V-type engine silnik (dwurzędowy) widlasty
vulcanization *gum.* wulkanizacja
vulcanizer wulkanizator, aparat wulkanizacyjny
vulcanizing shop warsztat wulkanizacyjny
vulgar fraction *mat.* ułamek zwykły
vulnerable *a* podatny na uszkodzenia

W

wadding 1. watolina **2.** *wojsk.* przybitka
wafer 1. *elektron.* płytka (*półprzewodnikowa*) **2.** *el.* segment (*łącznika obrotowego*) **3.** *farm.* opłatek do leku
wage freeze zamrożenie płac
wages *pl* płaca (*robocza*)
wag(g)on wagon towarowy; furgon
wagon tippler wywrotnica wagonowa
wainscot *bud.* boazeria

waist 1. przewężenie **2.** *hutn.* przestron (*wielkiego pieca*) **3.** *okr.* śródokręcie
waiting line kolejka (*czekających*)
waiting time *inf.* czas oczekiwania
wake *mech.pł.* strumień nadążający (*za opływanym ciałem*); *żegl.* ślad torowy, kilwater
walkie-talkie *rad.* aparatura radiokomunikacyjna przenośna, radiotelefon przenośny
walking machine pojazd kroczący
walking tractor *roln.* ciągnik jednoosiowy, ciągnik dwukołowy (*z uchwytami do prowadzenia*)
wall ściana; ścianka
wall-board płyta ścienna (*okładzinowa*)
wall chase *bud.* bruzda instalacyjna (*do przewodów*)
wall face *bud.* lico muru
wall friction tarcie (*płynu*) o ścianki (*przewodu*)
walling 1. *bud.* mur; omurowanie; *górn.* obudowa murowa **2.** *bud.* wznoszenie ścian budynku **3.** *górn.* wybieranie systemem ścianowym
wall outlet *el.* gniazdo wtyczkowe ścienne
wallpaper tapeta
wall plate *bud.* murłat, namurnica
wall pocket *bud.* gniazdo w murze (*do oparcia belki*)
wall tie *bud.* kotew ścienna, ściągacz
warehouse 1. magazyn, skład (*budynek*) **2.** dom towarowy **3.** hurtownia
war-head *wojsk.* głowica (*np. rakiety*)
warm *a* **1.** ciepły **2.** *nukl.* niskoaktywny, ciepły
warm-air heating *bud.* ogrzewanie ciepłym powietrzem
warming grzanie; ogrzewanie
warming plate 1. *bud.* płyta grzejna **2.** taca grzejna
warm stand-by gorąca rezerwa
warm time czas nagrzewania
warning ostrzeżenie
warning *a* ostrzegawczy; alarmowy
warp 1. wypaczenie; zwichrzenie **2.** *włók.* osnowa **3.** *żegl.* cuma do podciągania statku; lina trałowa **4.** *geol.* namuł
warping 1. paczenie się, krzywienie się **2.** *włók.* snucie osnów **3.** *żegl.* przeciąganie statku (*na cumach*) **4.** *roln.* kolmatacja (*użyźnianie przez namulanie gleby*)
warping mill *włók.* snowarka
warranty *ek.* gwarancja
warship okręt wojenny
wash 1. mycie; zmywanie; przemywanie; płukanie **2.** *lotn.* strumień zaśmigłowy; *żegl.* woda odrzucana (*przez śrubę*)
wash *v* myć; zmywać; przemywać; płukać
washability 1. zmywalność, łatwość zmywania (*brudu*); zdatność do prania **2.** odporność (*powłoki barwnika*) na zmywanie
washboard 1. *bud.* listwa przypodłogowa; cokół przypodłogowy **2.** *kin.* (*wada obrazu filmowego w postaci poziomych prążków*)
washboarding *drog.* sfalowanie nawierzchni
wash bottle *lab.* tryskawka, kolba tryskawkowa
wash-bowl 1. umywalka (*zwykła*) **2.** *włók.* kadź pralnicza
wash down 1. zmywać (*strumieniem wody*) **2.** ścinać brzeg (*np. deski, płyty*)
washer 1. *masz.* podkładka **2.** płuczka; przemywacz **3.** *włók.* pralnica; pralka
washer head łeb kołnierzowy (*śruby*)
washer spring podkładka sprężysta
washing agent środek piorący
washings *pl chem.* popłuczyny; *wzbog.* płuczyny
washing soda soda do prania, soda krystaliczna
wash metal *hutn.* (*ciekły metal używany do przemywania kadzi lub trzonów pieców*)
wash out 1. wymywać; wypłukiwać; *drog.* podmywać, rozmywać **2.** *elakust.* kasować (*nagranie*)
wash primer *powł.* farba reaktywna (*do gruntowania*)
wash-resistant *a farb.,włók.* odporny na pranie
washroom umywalnia
waste 1. marnotrawstwo **2.** straty **3.** odpady; odpadki
waste *v* marnotrawić, marnować
waste dump wysypisko odpadków
waste gas gazy odlotowe; spaliny
waste heat ciepło odpadkowe, ciepło odlotowe
waste-heat boiler kocioł na ciepło odpadkowe, kocioł bezpaleniskowy, kocioł odzysknicowy, kocioł utylizacyjny
waste lubrication *masz.* smarowanie knotowe
waste management gospodarka odpadkami; zagospodarowanie odpadów
waste paper makulatura
waste pipe rura ściekowa
waste products *pl* odpady produkcyjne
waster wyrób wybrakowany

waste removal usuwanie odpadków; asenizacja
waste rock *górn.* skała płonna
waste trap *bud.* syfon kanalizacyjny
waste treatment 1. oczyszczanie ścieków **2.** *nukl.* zatężenie odpadów, zmniejszanie objętości odpadów
waste water woda odpływowa; ścieki
waste-water treatment plant oczyszczalnia ścieków
watch 1. zegarek **2.** *żegl.* wachta
watchdog *inf.* układ alarmowy; program alarmowy
watchmaker zegarmistrz
watch rate chód dzienny zegara
watch timing regulowanie zegarka, wzorcowanie zegarka
water woda
water *v* podlewać; zraszać wodą; zaopatrywać w wodę; poić
water absorption 1. absorpcja wody **2.** wodochłonność, nasiąkliwość wodą
water area of harbour akwatorium, obszar wodny portu
water-base paint farba emulsyjna; farba rozcieńczana wodą
water basin zbiornik wodny (*otwarty*), basen
waterborne *a żegl.* **1.** pływający (*unoszący się na wodzie*) **2.** przewożony drogą wodną **3.** załadowany na statek (*o ładunku*)
water cart beczkowóz
water-colour farba wodna, akwarela
water column 1. słup wody **2.** *kotł.* kolumna wodowskazowa
water conditioning *san.* przygotowywanie wody, uzdatnianie wody
water conservation gospodarka zasobami wodnymi
water cooling *siln.* chłodzenie wodne; *obr. ciepl.* chłodzenie w wodzie
watercourse ciek wodny, wodociek
water cycle cykl hydrologiczny (*obieg wody w przyrodzie*)
water drive napęd wodny
waterfall wodospad
water gas gaz wodny
water gate *hydr.* zastawka wodna, stawidło
water glass szkło wodne
water hammer *hydr.* uderzenie wodne
water hardness twardość wody
water heater kocioł wodny; podgrzewacz wody
water intake ujęcie wody (*do wodociągu*)
water jacket *masz.* płaszcz wodny
water jet 1. strumień wody **2.** dysza wodna, prądownica
water level 1. poziom wody; *geol.* zwierciadło wody **2.** poziomnica wodna
waterline 1. *okr.* wodnica, linia pływania, linia wodna **2.** *kotł.* linia wodna **3.** *ocean.* linia brzegowa
waterlogged *a* namoknięty; podmokły
watermain główny przewód wodny, wodociąg główny, magistrala wodna
watermark *papiern.* znak wodny, filigran
water meter wodomierz
water-permeable *a* przemakalny, wodoprzepuszczalny
water pipe wodociąg, rurociąg wodny
water-pipe network sieć wodociągowa
water pollution zanieczyszczanie wód
water power energia wodna
water-power engineering hydroenergetyka, energetyka wodna
water-power station elektrownia wodna, hydroelektrownia
waterproof *a* wodoodporny; nieprzemakalny; wodoszczelny
water purification oczyszczanie wody; *kotł.* preparowanie wody
water purification plant oczyszczalnia wody; stacja uzdatniania wody
water-repellent *a* hydrofobowy, niezwilżalny wodą
water rise head *hydr.* wysokość spiętrzenia
water seal uszczelnienie wodne, zamknięcie wodne; *spaw.* bezpiecznik wodny
water seasoning przechowywanie (*drewna*) w wodzie
watershed *geol.* dział wodny, wododział
water softening zmiękczanie wody, demineralizacja wody
water-soluble *a* rozpuszczalny w wodzie
water solution roztwór wodny
waterspout 1. *meteo.* trąba wodna **2.** wylot wody; odpływ wody
water supply 1. *siln.* zasilanie wodą **2.** zaopatrzenie w wodę
water-supply system instalacja wodociągowa
water-thinned paint farba emulsyjna; farba rozcieńczana wodą
watertight *a* wodoszczelny
watertight concrete beton hydrotechniczny
water tower wieża ciśnień
water treatment *san.* przygotowywanie wody, uzdatnianie wody; *kotł.* preparowanie wody
water-tube boiler kocioł wodnorurowy, kocioł opłomkowy
water turbine turbina wodna

waterway 1. *żegl.* droga wodna; kanał żeglowny **2.** *okr.* ściek pokładowy
waterwheel *hydr.* koło wodne
waterworks zakład wodociągowy; wodociągi
watery *a* wodnisty
watt *jedn.* wat, W
watt-hour *jedn.* watogodzina, W·h
wattle wiklina
wattless current *el.* prąd bierny
wattmeter *el.* watomierz
watt-second *jedn.* watosekunda: 1 W · s = 1 J
wave fala; *el.* przebieg
wave antenna *rad.* antena falowa, antena Beverage'a
wave breaker *inż.* łamacz fal
wave duct *tel.* **1.** falowód zamknięty **2.** kanał falowy, dukt falowy
wave equation *fiz.* równanie falowe
wave form *fiz.* kształt fali
waveguide *tel.* falowód, prowadnica falowa
waveguide line tor (*telekomunikacyjny*) falowodowy
waveguide window okno falowodowe
wave interference interferencja fal
wavelength *fiz.* długość fali
wave-maker *hydr.* generator fal, falownica
wave mechanics mechanika kwantowa, mechanika falowa
wavemeter *rad.* miernik częstotliwości, falomierz
wave motion ruch falowy
wave soldering lutowanie falowe (*za pomocą fali ciekłego lutu*)
wave tilt *rad.* nachylenie fali
wave train *fiz.* ciąg fal
wave trap 1. *rad.* filtr antenowy, eliminator antenowy **2.** *inż.* pochłaniacz fal
wavy *a* falisty
wax wosk
wax paper papier woskowany; woskówka
way 1. droga **2.** *mech.* droga (*przebyta*); współrzędna drogi **3.** *masz.* prowadnica **4.** kanał, rowek; wycięcie
waybill 1. *transp.* list przewozowy **2.** *mot.* karta drogowa
weak *a* **1.** słaby **2.** jasny, słabo zabarwiony
weak current *el.* mały prąd, prąd o małym natężeniu
weaken *v* osłabiać
weak mixture *paliw.* mieszanka uboga
weapon *wojsk.* broń; sprzęt bojowy
wear zużycie; zużywanie się (*np. części*)
wear and tear zużycie normalne w eksploatacji
wearing course *drog.* warstwa ścieralna nawierzchni
wearing-in of a bearing docieranie łożyska
wearing out *masz.* wyrabianie się (*trących części*)
wear life odporność na zużycie, trwałość
wear resistant *a* odporny na zużycie; odporny na ścieranie
weather 1. pogoda **2.** *górn.* atmosfera kopalniana
weather boarding *bud.* deskowanie zewnętrzne ścian
weather chart *meteo.* mapa synoptyczna
weathercock wiatrowskaz, chorągiewka kierunkowa
weather conditions *pl* warunki atmosferyczne, warunki meteorologiczne
weather deck *okr.* pokład otwarty
weather forecast prognoza pogody
weathering 1. *geol.* wietrzenie (*skał*) **2.** starzenie w warunkach atmosferycznych; *drewn.* suszenie naturalne (*na powietrzu*) **3.** *żegl.* sztormowanie
weatherometer *powł.* wezerometr
weatherproof *a* odporny na wpływy atmosferyczne
weather resistance odporność na wpływy atmosferyczne
weather side strona nawietrzna; burta nawietrzna
weather station stacja meteorologiczna
weather strip taśma uszczelniająca (*okna i drzwi, szyby w samochodzie*)
weave *włók.* splot (*tkacki*)
weave bead *spaw.* ścieg zakosowy
weaving 1. *włók.* tkanie; tkactwo **2.** *spaw.* układanie ściegów zakosowych
web 1. *włók.* tkanina **2.** środnik (*np. dwuteownika*) **3.** półka usztywniająca; żebro usztywniające **4.** *masz.* ramię wykorbienia **5.** *obr.plast.* mostek metalu, denko (*przy kuciu*) **6.** *górn.* zabiór (*ściany*) **7.** *papiern.* rola, zwój
webbing 1. pas parciany; taśma tapicerska **2.** *powł.* marszczenie się wymalowania
weber *jedn.* weber, Wb
wedge klin
wedge *v* **1.** klinować **2.** zaklinować się **3.** rozbijać klinami (*np. kamienie*) **4.** *ceram.* ubijać masę
wedge belt pas (napędowy) klinowy wąski
weed chwast, zielsko
weeder *roln.* brona-chwastownik
weeding *roln.* pielenie, opielanie
weedkiller *pest.* herbicyd, środek chwastobójczy

weepage *inż.* przeciekanie wody, przesączanie wody
weephole *inż.* otwór odwadniający
weft *włók.* wątek
weft winder *włók.* cewiarka, przewijarka wątkowa
weigh *v* ważyć, odważać
weigh anchor *żegl.* podnieść kotwicę
weighbeam dźwignia główna przesuwnikowa (*wagi*); wagowskaz
weighbridge waga pomostowa
weighed amount *chem.* odważka
weighing bottle *chem.* naczynko wagowe
weighing capacity nośność wagi, udźwig wagi
weighing machine waga, urządzenie wagowe
weight 1. ciężar (*wielkość fizyczna*) **2.** odważnik; ciężar (*przedmiot*); obciążnik
weight *v* obciążać
weight by volume ciężar objętościowy
weighted average *mat.* średnia ważona
weighting 1. obciążanie (*obciążnikiem*) **2.** obciążanie (*tkaniny, przędzy, skóry*) **3.** *inż.* korygowanie (*pomiarów*)
weightlessness nieważkość
weight pan szala odważnikowa wagi
weight rate of flow *mech.pł.* ciężarowe natężenie przepływu
weight ratio stosunek ciężarowy
weir *hydr.* **1.** jaz; budowla piętrząca **2.** przelew
weld *spaw.* spoina; zgrzeina
weld *v* spawać; zgrzewać
weldability spawalność; zgrzewalność
weld bead ścieg spoiny
weld crack pęknięcie w spoinie
weld decay korozja spoin
welded joint złącze spawane; połączenie spawane
welder 1. spawacz **2.** *masz.* spawarka; zgrzewarka; zgrzewadło
welder's helmet przyłbica spawacza
weld flash rąbek spoiny (*lub zgrzeiny*)
weld gauge spoinomierz, przymiar spoinowy
welding spawanie; zgrzewanie
welding and cutting torch palnik uniwersalny (*do spawania i cięcia*)
welding arc łuk spawalniczy
welding electrode elektroda spawalnicza
welding force docisk elektrod przy zgrzewaniu
welding generator prądnica spawalnicza
welding ground przewód do masy (*łączący źródło prądu z przedmiotem spawanym*)
welding gun pistolet do zgrzewania punktowego; zgrzewadło
welding machine *masz.* spawarka; zgrzewarka; zgrzewadło
welding positioner przyrząd spawalniczy ustawczy; obrotnik spawalniczy
welding rod pałeczka do spawania; elektroda do spawania łukowego; pręt do spawania (*na elektrody*)
welding set spawarka łukowa, spawalnica
welding torch 1. palnik spawalniczy **2.** uchwyt elektrody do spawania łukowego
welding wire drut do spawania
weld line linia wtopienia (*linia styku metalu spoiny z metalem rodzimym*)
weldment złącze spawane; konstrukcja spawana
weld metal metal spoiny, stopiwo
weld penetration przetop, przetopienie (*przy spawaniu*)
weld pool jeziorko spawalnicze, jeziorko ciekłego metalu
weld reinforcement nadlew spoiny
well 1. studnia **2.** *masz.* studzienka (*ściekowa*); zagłębienie; gniazdo **3.** *fiz.* dół (*potencjału*) **4.** *ryb.* sadz
wellbore *wiertn.* odwiert
wellhead 1. *górn.* głowica odwiertu **2.** *hydr.* źródło
wellpoint *inż.* igłofiltr, filtr igłowy
well rig urządzenie wiertnicze
well shooting *górn.* torpedowanie odwiertu
well stimulation *górn.* ożywianie odwiertu, intensyfikacja wydobycia (*np. przez kwasowanie, torpedowanie*)
welt 1. obrzeże **2.** rąbek (*przy łączeniu blach*) **3.** nakładka; zakładka
west *geogr.* zachód (*kierunek*)
wet *v* zwilżać; nawilżać
wet *a* wilgotny; mokry
wet-and-dry bulb thermometer psychrometr
wet cell *elchem.* ogniwo mokre (*z ciekłym elektrolitem*)
wet classifier klasyfikator hydrauliczny
wet cleaner *chem.* skruber, mokry oczyszczalnik gazu
wet metallurgy hydrometalurgia
wet steam para wilgotna
wetted *a* zwilżony
wetting agent środek zwilżający, zwilżacz
wetwood *drewn.* plamy wodne, wodosłój
whale oil tran wielorybi
whaler (vessel) statek wielorybniczy
wharf nabrzeże
wharfage opłata przystaniowa; brzegowe

wharf crane dźwig portowy
wheel *masz.* koło
wheel arm ramię koła; szprycha
wheelbarrow taczka
wheelbase rozstaw osi (*pojazdu*)
wheel brush szczotka tarczowa
wheel camber *mot.* pochylenie kół
wheel control *lotn.* wolant, koło sterowe
wheeled crane żuraw samojezdny
wheeled vehicle pojazd kołowy
wheelhouse 1. *mot.* wnęka na koło (*w nadwoziu*) **2.** *okr.* sterówka, sterownia
wheel lathe kołówka, tokarka do zestawów kołowych
wheel load capacity *drog.* nośność nawierzchni
wheel printer *inf.* drukarka (*wierszowa*) bębnowa
wheel puller *mot.* ściągacz kół
wheel reduction gear *mot.* zwolnica
wheel rim *masz.* wieniec koła
wheel set *kol.* zestaw kołowy
wheel track rozstaw kół (*pojazdu*); *lotn.* rozstaw podwozia
whet *v* ostrzyć na osełce
whetstone 1. kamień do wyrobu osełek **2.** osełka
whipping 1. *masz.* bicie **2.** *el.* owijanie (*wiązki przewodników*)
whirl wir; zawirowanie
whirl *v* wirować
whirling arm *aero.* karuzela do badań aerodynamicznych; wirówka przyspieszeniowa
whirlpool wir wodny lejowaty, lej wodny
whirlwind *meteo.* trąba powietrzna
whistle 1. gwizdek **2.** gwizd
white 1. biel **2.** białko (*jajka*)
white body *fiz.* ciało (doskonałe) białe
white coal 1. tasmanit (*węgiel bitumiczny*) **2.** energia wodna, biały węgiel
white coat *bud.* gładź (*wierzchnia warstwa tynku*)
white collar worker pracownik biurowy
white damp *górn.* powietrze kopalniane zawierające CO
white heat biały żar; temperatura białego żaru
white-hot *a* rozżarzony do białości
white lead *powł.* biel ołowiana
white metal biały metal (*stop łożyskowy o podstawie cynowej lub ołowiowej*)
white noise *akust.* biały szum
white oil olej wazelinowy, olej biały
white space *poligr.* światło
whitewash mleko wapienne
whitewash *v bud.* bielić
whiting 1. *bud.* kreda malarska, kreda pławiona **2.** *bud.* bielenie
Whitworth thread *masz.* gwint Whitwortha, gwint calowy trójkątny
whizzer wirówka odwadniająca
wholesale hurt, sprzedaż hurtowa
wick knot
wicket 1. *bud.* furtka **2.** *inż.* wrota śluzowe
wick lubrication *masz.* smarowanie knotowe
wide *a* szeroki
wide-angle lens *fot.* obiektyw szerokokątny
wide area network *inf.* rozległa sieć komputerowa
widen *v* rozszerzać;.poszerzać
width szerokość
width across flats *masz.* wymiar pod klucz
width coding *el.* kodowanie szerokości impulsów
wild gasoline benzyna surowa, benzyna niestabilizowana
Wilson cloud chamber *fiz.* komora jonizacyjna Wilsona, komora kondensacyjna
wimble *narz.* **1.** świder ręczny **2.** korba dwuręczna do świdrów
win *v górn.* urabiać
winch 1. wciągarka **2.** *lotn.* wyciągarka (*do szybowców*)
wind wiatr; dmuch
wind *v* **1.** zwijać; nawijać **2.** *zeg.* nakręcać **3.** *górn.* ciągnąć szybem
wind-box *hutn., odl.* skrzynia powietrzna, skrzynia dmuchowa (*w konwertorze, w żeliwiaku*)
wind bracing *bud.* stężenie wiatrowe
windbreak *roln.* pas wiatrochronny; zasłona od wiatru
wind cone *meteo.* rękaw lotniskowy (*wskaźnik kierunku wiatru*)
wind-down window szyba okienna opuszczana (*np. w samochodzie*)
winder 1. *górn.* maszyna wyciągowa, wyciąg kopalniany **2.** *włók.* przewijarka **3.** zwijarka, nawijarka (*taśmy, drutu*) **4.** *bud.* stopień klinowy, stopień zabiegowy (*schodów*)
windfallen tree wiatrował, drzewo obalone przez wiatr
winding 1. zwijanie; nawijanie; *el.* uzwajanie **2.** *el.* uzwojenie; zwojnica **3.** *górn.* ciągnienie szybem
winding stairs *pl bud.* schody kręte
windlass kołowrót; *okr.* winda kotwiczna
windmill silnik wiatrowy; wiatrak

window 1. okno; okienko **2.** *rad.* prześwit przesłony falowodu **3.** *inf.* okno **4.** (*paski folii itp. wyrzucane z samolotów lub pocisków w celu wywołania zakłóceń radiolokacji*)
window frame *bud.* ościeżnica okienna, futryna okienna, oboknie
window pane szyba okienna
window sash *bud.* skrzydło okienne
window sill *bud.* podokiennik zewnętrzny; ramiak okienny dolny
window stool *bud.* podokiennik wewnętrzny; parapet
wind power energia wiatru, siła wiatru
wind power plant siłownia wiatrowa; elektrownia wiatrowa
wind rose róża wiatrów
windrow 1. *roln.* wał siana lub zboża; pokos **2.** *geol.* nasyp eoliczny (*utworzony przez wiatr*) **3.** *inż.* (*pryzma materiału drogowego usypana na poboczu drogi*); *drog.* (*of snow*) pryzma śniegu
windscreen szyba przednia (*pojazdu*); *lotn.* wiatrochron
windscreen washer *mot.* spłuczka szyby przedniej
windscreen wiper *mot.* wycieraczka szyby przedniej
windshield *zob.* **windscreen**
wind tunnel tunel aerodynamiczny
wind tunnel model model aerodynamiczny
wind-up measuring tape przymiar taśmowy zwijany, taśma miernicza zwijana
wind vane wiatrowskaz, chorągiewka kierunkowa
windward *a* nawietrzny
wine fortification alkoholizacja win
wing 1. *lotn.* skrzydło **2.** łopatka (*w silniku wiatrowym*) **3.** *bud.* skrzydło (*budynku*) **4.** *mot.* błotnik
wing dam *inż.* ostroga
wing nut nakrętka skrzydełkowa, nakrętka motylkowa
winker *mot.* kierunkowskaz migowy
winning *górn.* **1.** urabianie, wybieranie (*rudy, węgla*) **2.** urobek
winning machine *górn.* urabiarka
winnower *roln.* wialnia
winnowing *roln.* oczyszczanie ziarna
winter crops *pl* rośliny ozime, oziminy
winter grade oil *masz.* olej zimowy
winterization przystosowanie sprzętu do eksploatacji w warunkach zimowych
winter serviceability (*of a road*) *drog.* przejezdność zimowa (*drogi*)
wipe *v* wycierać, ścierać
wipe-out *akust.* **1.** kasowanie nagranego dźwięku **2.** zagłuszanie
wiper 1. wycieraczka, wycierak **2.** *elakust.* głowica kasująca (*w magnetofonie*) **3.** *telef.* szczotka wybieraka
wiping contact *el.* styk samooczyszczający się
wire drut; *el.* przewód drutowy
wire broadcasting radiofonia przewodowa
wire-broadcasting system radiowęzeł
wire cloth tkanina druciana; siatka druciana
wire-drawing *obr.plast.* ciągnienie drutu
wire-drawing machine ciągarka do drutu
wired television telewizja przewodowa
wire entanglement *el.* powikłanie przewodów
wire feed(ing) *spaw.* posuw drutu, podawanie drutu, prowadzenie drutu
wire-gauge 1.przymiar do drutu **2.** grubość drutu
wire guard osłona z drutu (*np. lampy*)
wire insulation *el.* izolacja przewodu
wireless radio
wireless *a* bezprzewodowy
wireless set odbiornik radiowy
wire line 1. lina stalowa, lina druciana **2.** *tel.* linia przewodowa
wireman monter-instalator, elektromonter
wire mesh siatka druciana
wire nail (gwóźdź) druciak
wire nippers szczypce do cięcia drutu
wire releaser *fot.* wyzwalacz wężykowy migawki, wężyk spustowy
wire rod *hutn.* walcówka
wire-rod mill walcownia walcówki
wire rope lina stalowa, lina druciana
wire stitcher zszywarka drutowa; *poligr.* blokówka, zszywarka introligatorska
wire stripping usuwanie izolacji z drutu
wireway *el.* torowisko przewodów, ciąg przewodów
wire-wound resistor *el.* rezystor drutowy
wire-wrap connection *elektron.* połączenie owijane (*elementów, podzespołów*)
wiring 1. odrutowanie; olinowanie **2.** *el.* przewody instalacji elektrycznej; oprzewodowanie; okablowanie **3.** *el.* zakładanie przewodów instalacji elektrycznej; ciągnienie sieci trakcyjnej
wiring diagram *el.* schemat (*montażowy*) połączeń
wiring harness *el.* zespół przewodów (*do danego urządzenia*)
withdraw *v* **1.** wycofywać; wyjmować **2.** *górn.* rabować (*obudowę*)
withstand *v* stawiać opór; opierać się (*działaniu*); przeciwstawiać się

withstand a load wytrzymywać obciążenie
wobble *masz.* bicie osiowe, bicie wzdłużne; trzepotanie, chybotanie (*kół pojazdu*)
wobble modulation *rad., TV* wahania częstotliwości
wobbling motion *mech.* ruch oscylująco--obrotowy
wolfram 1. *chem.* wolfram, W **2.** *min.* wolframit (*ruda wolframu*)
wood drewno
wood alcohol spirytus drzewny
wood block 1. *poligr.* klisza drewniana **2.** drzeworyt
wood-block printing drzeworytnictwo
wood chisel dłuto do drewna; dłuto stolarskie
wood coal 1. *petr.* lignit, ksylit (*odmiana węgla brunatnego*) **2.** węgiel drzewny
wood cut drzeworyt
wood cutting saw piła do drewna
wood distillation sucha destylacja drewna
wooden *a* drewniany
wood filler szpachlówka stolarska
wood flooring deszczułki posadzkowe; parkiet
wood flour mączka drzewna
wood-free paper papier bezdrzewny
wood peeling machine *masz.drewn.* skrawarka obwodowa, łuszczarka
wood preservation konserwacja drewna; impregnacja drewna
wood pulp ścier drzewny
wood screw wkręt do drewna
wood spirit spirytus drzewny
wood splitting machine łuparka mechaniczna drewna, rębarka mechaniczna drewna
woodstone skamieniałość drzewna
wood sugar *chem.* ksyloza, cukier drzewny
wood tar smoła drzewna, dziegieć
wood-tar pitch pak drzewny
wood treatment nasycanie drewna, impregnacja drewna
wood wool wełna drzewna, wolina
woodwork 1. *bud.* stolarka; roboty ciesielskie **2.** wyroby z drewna **3.** konstrukcja drewniana
woodworking obróbka drewna
woodworking shop stolarnia
woof *włók.* wątek
woofer *elakust.* głośnik niskotonowy
wool wełna
wool fat lanolina, tłuszcz z wełny
word *inf.* słowo
word format *inf.* format słowa (*maszynowego*)
word processing *inf.* przetwarzanie tekstów
word processor *inf.* procesor tekstowy
work 1. praca **2.** przedmiot obrabiany **3.** mechanizm
work *v* **1.** pracować; funkcjonować; działać **2.** obrabiać; przerabiać (*plastycznie*)
workable *a* obrabialny, nadający się do obróbki
work-bench stół warsztatowy
work centre gniazdo produkcyjne
work current *el.* prąd roboczy
workday dzień roboczy
worker pracownik; robotnik
work function 1. *term.* potencjał termodynamiczny w stałej objętości, energia swobodna, funkcja Helmholtza **2.** *fiz.* praca wyjścia (*elektronu*)
work-head *obr.skraw.* wrzeciennik obrabiarki
workholder *obr.skraw.* uchwyt przedmiotu obrabianego
working 1. praca; działanie (*maszyny*) **2.** obróbka; przeróbka (*plastyczna*) **3.** *górn.* wybieranie **4.** *górn.* wyrobisko
working *a* **1.** pracujący; znajdujący się w ruchu **2.** użytkowy; roboczy **3.** *GB masz.* toczny (*koło zębate*)
working depth *masz.* wysokość przenikania (*zębów koła zębatego*)
working floor *górn.* poziom wydobywczy, poziom roboczy
working hours *pl* godziny pracy
working medium *masz.* czynnik roboczy
working of a furnace *hutn., odl.* bieg pieca; prowadzenie pieca
working order stan gotowości do pracy (*urządzenia*)
working place 1. miejsce pracy **2.** *górn.* przodek roboczy, przodek czynny
working speed *masz.* prędkość robocza
working station *obr.skraw.* stanowisko obróbkowe
working storage *inf.* pamięć robocza
working stroke *siln.* suw rozprężenia, suw pracy, suw roboczy
working surface *masz.* powierzchnia pracująca
working time 1. trwałość, czas użytkowania **2.** czas obróbki
working voltage *el.* napięcie robocze, napięcie przy obwodzie zamkniętym
work lead *spaw.* przewód do masy (*łączący źródło prądu z przedmiotem spawanym*)
work lead *hutn.* ołów surowy
workman robotnik

workmanship jakość wykonania (*części lub wyrobu*)
work overtime pracować w godzinach nadliczbowych
workpiece *obr.skraw.* przedmiot obrabiany
work ratio *siln.* sprawność silnika
workroom pracownia
works *pl* **1.** wytwórnia, fabryka, zakład produkcyjny **2.** mechanizm (*np. zegarowy*)
work safety bezpieczeństwo pracy
workshop **1.** warsztat; wydział produkcyjny, oddział produkcyjny **2.** seminarium; sympozjum
workshop drawing rysunek wykonawczy, rysunek warsztatowy
workspace *inf.* przestrzeń robocza, obszar roboczy
workstand stanowisko pracy, stanowisko robocze
work standardizing normowanie pracy
work surface *obr.skraw.* powierzchnia obrabiana (*przewidziana do obróbki*)
work table *masz.* stół roboczy
work task zadanie do wykonania, praca wyznaczona
worktime czas pracy
worm *masz.* ślimak
worm conveyor przenośnik śrubowy, przenośnik ślimakowy
worm gear przekładnia ślimakowa
wormwheel koło ślimakowe, ślimacznica
worsted yarn *włók.* przędza czesankowa
wort brzeczka (*piwna*)
woven fabric tkanina
wrap *v* owijać; zawijać
wraparound *inf.* zawijanie (*obrazu na ekranie*)
wrap forming *obr.plast.* obciąganie
wrapped connection *elektron.* połączenie owijane (*elementów, podzespołów*)
wrapper obwoluta (*książki*)
wrapping **1.** owijanie; zawijanie **2.** *el.* obwój (*kabla*)
wrapping angle kąt opasania (*w przekładni cięgnowej*)
wrap-round window *mot.* szyba (*przednia*) panoramiczna
wreck *żegl.* wrak
wreckage szczątki (*po katastrofie*)
wrecking **1.** ratownictwo okrętowe **2.** usuwanie uszkodzonych pojazdów
wrecking ball (*kula stalowa zawieszona na żurawiu, stosowana przy robotach rozbiórkowych, do rozbijania złomu itp.*)
wrench **1.** *narz.* klucz (*maszynowy*) **2.** *mech.* skrętnik
wrench opening *masz.* rozwartość klucza, szerokość rozwarcia klucza
wring *v* **1.** wyżymać **2.** *metrol.* przywierać (*o płytkach wzorcowych*)
wringer *włók.* wyżymarka, wyżymaczka
wringing fit *masz.* pasowanie przylgowe
wrinkle zmarszczka; fałda
wrist *mech.* dźwignia teowa, dźwignia kątowa podwójna
wrist watch zegarek naręczny
write *inf.* zapis
write *v* pisać; *inf.* zapisywać (*dane*)
write enable *inf.* zezwolenie zapisu
write out *inf.* wypisać (*z pamięci*)
writing head *inf.* głowica zapisująca
wrought alloy stop przerabialny plastycznie, stop do przeróbki plastycznej
wrought iron żelazo zgrzewne
wye trójnik (*rurowy*) 45°
wye connection *el.* połączenie gwiazdowe, połączenie w gwiazdę

xanthating churn *włók.* barat, bęben do siarczkowania (*celulozy*)
X-axis *mat.* oś odciętych
xenon *chem.* ksenon, Xe
xerographic printer kserograf
xerography kserografia
XOR = EXCLUSIVE OR *inf.* nierównoważność
XOR element = EXCLUSIVE-OR element *inf.* element różnicy symetrycznej, element XOR
X radiation promieniowanie X, promieniowanie rentgenowskie, promienie Röntgena
X-ray analysis *fiz.* analiza rentgenowska
X-ray apparatus aparat rentgenowski, rentgen
X-ray diffraction *fiz.* dyfrakcja promieniowania rentgenowskiego
X-raying prześwietlanie promieniami X
X-ray machine aparat rentgenowski, rentgen

X-ray photograph rentgenogram, zdjęcie rentgenowskie
X-ray photography rentgenografia, fotografia rentgenowska
X-ray radiography radiografia rentgenowska, rentgenografia; dyfektoskopia rentgenowska
X-rays *pl* promieniowanie rentgenowskie, promieniowanie X, promienie Röntgena
X-ray therapy *med.* terapia rentgenowska, rentgenoterapia
X-ray thickness gauge *obr.plast.* grubościomierz rentgenowski (*do pomiaru grubości taśmy w czasie walcowania*)
X-ray tube lampa rentgenowska
xylene *chem.* ksylen
xyloid coal *petr.* lignit, ksylit
xylose *chem.* ksyloza, cukier drzewny
XY plotter *inf.* pisak x-y, kreślak

Y

yacht jacht
yard 1. *jedn.* jard: 1 yd = 0,9144 m **2.** podwórze; plac; *roln.* okólnik **3.** *kol.* stacja rozrządowa **4.** *żegl.* reja
yardage (*wymiar w jardach*)
yardstick przymiar jardowy
yarn *włók.* przędza
yarn breakage *włók.* zrywność przędzy
yaw 1. *lotn.* zbaczanie z kursu (*samolotu*); *żegl.* myszkowanie **2.** *lotn.* odchylenie (*obrót samolotu w locie dookoła jego osi pionowej*)
Y axis *mat.* oś rzędnych
Y bend trójnik (rurowy) łukowy
Y branch trójnik (rurowy) 45°
Y connection *el.* połączenie gwiazdowe, połączenie w gwiazdę
year rok
year-book rocznik (*np. statystyczny*)
year class rocznik (*grupa z tego samego roku*)
yeast drożdże
yeast *v* zadawać drożdżami
yeast factory drożdżownia
yellow *farb.* żółcień
yield 1. wydajność; uzysk; *roln.* plon **2.** *wytrz.* płynięcie (*metalu*); ustępowanie (*pod działaniem siły*); osiadanie (*gruntu*)
yield *v* **1.** wydawać (*z siebie*); dawać (*wyniki*); *roln.* dawać plon **2.** *wytrz.* płynąć (*o metalu*); ustępować, uginać się (*pod naciskiem*)
yield criterion *wytrz.* kryterium plastyczności; warunek plastyczności
yielding foundation *bud.* podłoże plastyczne
yield point *wytrz.* (wyraźna) granica plastyczności
Y junction *drog.* węzeł typu Y, rozwidlenie dwupoziomowe
yoke *masz.* jarzmo
yolk żółtko (*jaja*)
Young's modulus *wytrz.* moduł sprężystości wzdłużnej, współczynnik sprężystości wzdłużnej, moduł Younga
young stand *leśn.* młodnik
ytterbium *chem.* iterb, Yb
yttrium *chem.* itr, Y

Z

Z bar zetownik
zebra (crossing) zebra (*przejście uliczne dla pieszych*)
zed zetownik
Zener diode *elektron.* dioda Zenera
zenith *astr.* zenit
zeolite *min.* zeolit
zeotrope *fiz.* zeotrop, mieszanina zeotropowa
zero *mat.* zero
zero-access store *inf.* pamięć natychmiastowa, pamięć o dostępie natychmiastowym
zero-address instruction *inf.* rozkaz bezadresowy
zero adjuster *metrol.* regulator punktu zerowego, korektor zera; nastawka zerowa
zero balance stan wyzerowania (*miernika*)
zero-centre scale *metrol.* podziałka dwustronna

zero-defects (method of production) metoda produkcji bezbrakowej
zero drift *aut.* pełzanie zera
zero error *metrol.* błąd zera
zero gravity *mech.* nieważkość
zero in synchronizować (*działanie dwóch urządzeń*)
zeroing *metrol.* zerowanie, nastawianie na zero
zero line linia podstawowa, linia zerowa (*wykresu*)
zero-one system *inf.* system zerojedynkowy
zero output *aut.* brak sygnału wyjściowego
zero point *metrol.* punkt zerowy
zero point energy *fiz.* energia zerowa
zero suppression *inf.* eliminacja zer, odzerowanie
zigzag line *rys.* linia zygzakowata
zigzag riveting nitowanie przestawne, nitowanie w zakosy
zigzag rule przymiar kreskowy składany, miarka składana
zinc *chem.* cynk, Zn
zinc blende *min.* sfaleryt, blenda cynkowa
zinc bloom *min.* hydrocynkit, kwiat cynkowy
zinc bronze brąz cynowo-cynkowy, spiż
zinc coated sheet blacha ocynkowana
zinc coating 1. cynkowanie **2.** powłoka cynkowa
zinc family *chem.* cynkowce (Zn, Cd, Hg)
zinc impregnation cynkowanie dyfuzyjne, szerardyzacja
zincing *met.* odsrebrzanie (*ołowiu*) cynkiem, parkesowanie
zincite *min.* cynkit
zincograph *poligr.* płyta cynkowa
zincography *poligr.* cynkografia
zinc plating cynkowanie elektrolityczne, cynkowanie galwaniczne
zinc white *farb.* biel cynkowa
zip code *US* kod pocztowy
zip-fastener zamek błyskawiczny
zip fuel paliwo wysokoenergetyczne (*do pocisków rakietowych*)
zipper *zob.* **zip-fastener**
zircon *min.* cyrkon
zirconium *chem.* cyrkon, Zr
Z iron zetowniki stalowe
zonation *biol.,geol.* układ strefowy; podział na strefy; strefowość
zone strefa; pas; obszar
zoned lining *hutn.* wyłożenie strefowe (*np. konwertora*)
zone of a sphere *geom.* **1.** odcinek kulisty **2.** warstwa kulista
zone of contact *masz.* obszar przyporu (*w przekładni zębatej*)
zone refining *met.* oczyszczanie strefowe, rafinacja strefowa
zone time czas strefowy
zoning podział na strefy
zooming 1. *lotn.* świeca **2.** *inf.* zbliżanie (*elementów obrazu*)
zooming of a rolling mill *hutn.* przyspieszenie walcarki, przyspieszenie obrotu walców
zoom lens *fot.* obiektyw zmiennoogniskowy
Z time *astr.* czas średni (słoneczny) w Greenwich, czas uniwersalny
zymosis *biochem.* fermentacja

część

POLSKO-ANGIELSKA

A

aberracja *f* **1.** *opt.* aberration **2.** *astr.* aberration
~ **chromatyczna** *opt.* chromatic aberration, colour aberration, chromatism
~ **sferyczna** *opt.* spherical aberration
abherent *m odl., gum., tw.szt.* abherent, parting agent, release agent
ablacja *f* **1.** *geol.* ablation; washout **2.** *kosm.* ablation, ablative cooling
~ **deszczowa** *geol.* rainwash
~ **lodowcowa** *geol.* glacial ablation
ablacyjny *a* ablative
abonament *m* subscription
abonent *m telef., inf.* subscriber, user
~ **wywołujący** *telef.* calling subscriber, caller
~ **wywoływany** *telef.* called subscriber
abrazja *f geol.* abrasion, attrition
absencja *f* **chorobowa** sick absenteeism
absolutny *a* absolute
absolwent *m* (*wyższej szkoły*) graduate
absorbancja *f fiz.* absorbance
absorbat *m* absorbate
absorbent *m* absorbent
absorber *m* absorber; absorption apparatus
absorbować *v* absorb; take up
absorpcja *f* absorption
absorpcyjność *f fiz.* absorptivity, absorptive power
abstrakcyjny *a* abstract
abstrakt *m inf.* abstract
acetal *m chem.* acetal
acetaldehyd *m chem.* acetaldehyde, acetic aldehyde, ethanal
aceton *m chem.* acetone
acetyl *m chem.* acetyl
acetylen *m chem.* acetylene
acetyloceluloza *f chem.* acetylcellulose, cellulose acetate
acetylowanie *n chem.* acetylation
achromat *m opt.* achromat, achromatic lens
acydoliza *f chem.* acidolysis, acid hydrolysis
acydymetria *f chem.* acidimetry
acykliczny *a* acyclic
adaptacja *f* adaptation
adapter *m* **1.** *elakust.* pickup; disk reproducer, record player **2.** *masz.* adapter
addend *m chem.* ligand (group)
addycja *f chem.* addition
addytywny *a* additive
adekwatny *a* adequate
adhezja *f fiz.* adhesion
adiabata *f term.* adiabate, adiabatic curve
adiabatyczny *a term.* adiabatic
administracja *f* administration; management
admitancja *f el.* admittance
~ **wzajemna** transadmittance
adrema *f biur.* addressing machine, addresser, addressograph
adres *m inf.* address
~ **bazowy** base address
~ **bezpośredni** direct address
~ **bezwzględny** absolute address, actual address, machine address
~ **efektywny** effective address
~ **generowany** generated address
~ **komputera** *zob.* **adres bezwzględny**
~ **maszyny** *zob.* **adres bezwzględny**
~ **odniesienia** reference address
~ **początkowy** *zob.* **adres podstawowy**
~ **podstawowy** base address, presumptive address
~ **pośredni** indirect address, multilevel address
~ **rozkazu** instruction address

~ **rzeczywisty** *zob.* **adres bezwzględny**
~ **symboliczny** symbolic address
~ **telegraficzny** cable address
~ **wirtualny** virtual address
~ **względny** relative address
adresarka *f biur.* addressing machine, addresser, addressograph
adresowanie *n* **1.** addressing **2.** *inf.* addressing
~ **bezpośrednie** direct addressing
~ **indeksowe** indexed addressing
~ **natychmiastowe** immediate addressing
~ **niejawne** implied addressing
~ **otwarte** open addressing
~ **pośrednie** indirect addressing
~ **proste** immediate addressing
~ **wyprzedzające o 1** one-ahead addressing
adsorbat *m* adsorbate
adsorbent *m* adsorbent
adsorber *m* adsorber, adsorption apparatus
adsorbować *v* adsorb
adsorpcja *f* adsorption
~ **chemiczna** chemical adsorption, chemisorption
~ **fizyczna** physical adsorption, physisorption
~ **wymienna** exchange adsorption
adsorpcyjność *f* adsorptivity
adsorptyw *m* (*substancja adsorbowana*) adsorptive, adsorbate
adwekcja *f meteo.* advection
aerator *m* aerator
aerobus *m lotn.* airbus
aeroby *pl biol.* aerobes
aerodyna *f lotn.* aerodyne, heavier-than-air aircraft
aerodynamiczny *a* aerodynamic(al)
aerodynamika *f* aerodynamics
aeroelastyczność *f* aeroelasticity
aerofotografia *f* aerial photography, aerophotography
aerograf *m* aerograph, air-brush
aerologia *f* aerology
aeromechanika *f* aeromechanics
aeronautyka *f* aeronautics, air-navigation
aerosprężystość *f* aeroelasticity
aerostat *m lotn.* aerostat, lighter-than-air aircraft
aerostatyka *f* aerostatics
aerotermochemia *f* aerothermochemistry
aerozol *m chem.* aerosol
afelium *n astr.* aphelion
afinacja *f cukr.* affination
agar *m* agar(-agar)
agat *m min.* agate
agencja *f ek.* agency
agent *m ek.* agent, representative
aglomeracja *f* agglomeration
aglomerat *m* agglomerate
aglomerownia *f hutn.* agglomerating plant
aglutynacja *f biol.* agglutination
agrafka *f* safety-pin
agregacja *f* aggregation
agregat *m* **1.** *masz.* set; unit **2.** *inf.* aggregate **3.** *min.* aggregate
agresywność *f* **korozyjna** corrosive power, corrosion aggressiveness
agrochemia *f* agricultural chemistry
agrogeologia *f* agrogeology, agricultural geology
agrolotnictwo *n* agricultural aviation, ag--aviation
agrometeorologia *f* agricultural meteorology
agronomia *f* agronomy
agrotechnika *f* agricultural science
ajnsztajn *m* **1.** *chem.* einsteinium, Es **2.** *jedn.* einstein
akcelerator *m* **1.** *nukl.* accelerator **2.** *chem.* accelerator, accelerant **3.** *mot.* accelerator
~ **cykliczny** *nukl.* circular (particle) accelerator
~**indukcyjny** *nukl.* induction accelerator, betatron
akcelerometr *m* accelerometer
akceptor *m fiz., chem.* acceptor
~ **elektronów** electron acceptor
~ **protonów** proton acceptor, protophile
~ **wolnych rodników** free radical acceptor, scavenger
akceptować *v* accept
akcesoria *pl* accessories
akcja *f* **1.** action **2.** *ek.* share
~ **ratunkowa** rescue operation
akcjonariusz *m ek.* shareholder; stockholder
aklimatyzacja *f* acclimatization, acclimation
aklina *f geofiz.* aclinic line, magnetic equator
akomodacja *f opt.* accommodation
akord *m ek.* piece rate, task rate
akr *m jedn.* acre: 1 ac. $\approx$ 4046 m^2
akrobacja *f* **lotnicza** aerobatics
aksamit *m włók.* velvet
aksjomat *m mat.* axiom, postulate
aksoida *f mech.* axode
aksonometria *f geom.* axonometry
aksonometryczny *a* axonometric
aktualizować *v* up-date, bring up to date
aktualny *a* up-to-date; present

aktyn *m chem.* actinium, Ac
~ **D** actinium D, AcD
aktynometria *f* actinometry
aktynon *m chem.* actinium emanation, actinon, An
aktynoołów *m chem.* actinium D, AcD
aktynouran *m chem.* actinouranium, AcU
aktynowce *mpl chem.* actinide series, actinides, actinoids (Ac, Th, Pa, U, Np, Pu, Am, Cm, Bk, Cf, Es, Fm, Md, No, Lr)
aktywa *pl ek.* assets
aktywacja *f fiz., chem.* activation
~ **fotojądrowa** photoactivation
aktywator *m chem.* activator, activating agent
~ **katalizatora** catalyst promoter
aktywność *f* activity
~ **chemiczna** chemical activity
~ **ciśnieniowa** *fiz.* fugacity, volatility
~ **gamma** *fiz.* gamma (radio)activity
~ **jonowa** ionic activity
~ **optyczna** optical activity
~ **powierzchniowa** surface activity
~ **promieniotwórcza** radioactivity
~ **właściwa** *fiz.* specific activity
aktywny *a* active
aktywowanie *n* activation
akumulacja *f* accumulation; storage
akumulator *m* **1.** accumulator; *US* battery; *el.* storage cell, rechargeable cell, secondary cell **2.** *inf.* accumulator (register)
~ **kwasowy** lead-acid accumulator
~ **ołowiowy** *zob.* **akumulator kwasowy**
~ **zasadowy** alkaline accumulator
akumulatornia *f* accumulator plant, battery room
akumulować *v* accumulate; store
akustoelektronika *f* acoustoelectronics
akustooptyka *f* acoustooptics
akustyczny *a* acoustic(al)
akustyk *m* acoustician
akustyka *f* acoustics
~ **budowlana** architectural acoustics
akwaforta *f* aqua-fortis etching
akwalung *m* aqualung, scuba
akwanauta *m* aquanaut, underwater explorer
akwanautyka *f* underwater exploration
akwaplan *m* aquaplane, aquaboard
akwarela *f* water-colour, aquarel(le)
akwarium *n* aquarium
akwatinta *f poligr.* aquatint
akwatorium *n* water area of harbour
akwedukt *m* aqueduct
akwen *m* water region; sea area
akwozwiązki *mpl chem.* aquo-compounds
alabaster *m min.* alabaster
alarm *m* alarm; alert
alarmowy *a* warning
albedo *n fiz.* albedo
albumina *f biochem.* albumin
aldehyd *m chem.* aldehyde
~ **mrówkowy** formaldehyde, methanal
~ **octowy** acetic aldehyde, acetaldehyde, ethanal
aleja *f* **wirowa** *mech.pł.* vortex street, vortex trail
alfabet *m* **flagowy** *żegl.* flag alphabet
~ **Morse'a** Morse alphabet, Morse code
alfametr *m fiz.* alpha counter
alfanumeryczny *a* alphanumeric, alphameric
alfapromieniotwórczy *a* alpha radioactive, alpha emitting
alfaskop *m inf.* alphanumeric display
algebra *f* algebra
~ **abstrakcyjna** abstract algebra
~ **Boole'a** Boolean algebra
algebraiczny *a* algebraic(al)
algi *fpl* algae, seaweeds
algol *m inf.* algorithmic language, algol
algorytm *m mat.* algorithm, algorism
algorytmiczny *a* algorithmical
algorytmizacja *f inf.* algorithmization
algrafia *f poligr.* algraphy
alidada *f geod.* alidad(e), sight rule
alifatyczny *a chem.* aliphatic, acyclic
aliterowanie *n obr.ciepl.* aluminizing, calorizing
alkacymetria *f chem.* acid-base titration
alkalia *pl chem.* alkalies, alkalis
alkaliczność *f chem.* alkalinity, basicity
alkaliczny *a chem.* alkaline
alkalimetria *f chem.* alkalimetry
alkaloid *m chem.* alkaloid
alkanosulfonian *m chem.* alkane sulfonate
alkany *mpl chem.* alkanes, paraffins, paraffin hydrocarbons
alkeny *mpl chem.* alkenes, olefins, ethylenic hydrocarbons
alkil *m chem.* alkyl
alkileny *mpl zob.* **alkeny**
alkiny *mpl chem.* alkynes, acetylene hydrocarbons
alkohol *m chem.* alcohol
~ **etylowy** ethyl alcohol, ethanol
~ ~ **skażony** denatured alcohol
~ **metylowy** methyl alcohol, methanol, carbinol
alkoholan *m chem.* alcoholate, alkoxide
alkoholiza *f chem.* alcoholysis
alkoholizacja *f* **win** wine fortification

alkoholokwas *m* alcohol acid, hydroxy acid
alkoholomierz *m* alcohol(i)meter
allobar *m fiz.* allobar
allochromatyczny *a min.* allochromatic
almukantar *m astr.* almucantar, parallel of altitude, altitude circle
alniko *n met.* alnico
alotropia *f chem.* allotropy, allotropism
alpaka *f met.* alpaca, German silver, packfong, argentan
alternator *m* **1.** *mot.* automotive alternator **2.** *inf.* OR element
alternatywa *f* **1.** alternative **2.** *inf.* OR operation, Inclusive-Or operation **3.** *mat.* alternation
altymetr *m lotn.* altimeter
alumel *m met.* alumel
aluminiowanie *n obr.ciepl.* aluminizing, calorizing
~ **dyfuzyjne** alitizing, aluminium impregnation
aluminium *n met.* aluminium, aluminum
aluminografia *f poligr.* algraphy
aluminotermia *f met.* thermite process, aluminothermy
aluwialny *a geol.* alluvial
aluwium *n geol.* alluvium
ałun *m chem.* alum
amalgamacja *f met.* amalgamation
amalgamat *m met.* amalgam
amalgamowanie *n met.* amalgamation
ambulans *m* ambulance
ameryk *m chem.* americium, Am
ametyst *m min.* amethyst
amfibia *f* amphibian, amphibious vehicle
amfijon *m chem.* amphion, dual ion
amfolit *m chem.* ampholyte, amphoteric electrolyte
amfoteryczny *a chem.* amphoteric, ampholytic, amphiprotic
amid *m* **(kwasowy)** *chem.* (acid) amide
amidek *m chem.* amide
amina *f chem.* amine
aminobenzen *m chem.* aminobenzene, aniline
aminokwas *m chem.* aminoacid
aminoplasty *mpl* amino plastics, aminoplasts
aminowanie *n chem.* amination
amon *m chem.* ammonium
amoniak *m chem.* ammonia
amoniakowanie *n* ammonification
amorficzny *a* amorphous
amortyzacja *f* **1.** *masz.* shock absorption **2.** *ek.* amortization
amortyzator *m* shock absorber
~ **cierny** friction damper
~ **hydrauliczny** fluid spring, liquid spring
~ **pneumatyczny** pneumatic shock absorber, pneumatic spring, air spring
amortyzować *v* **wstrząsy** absorb shocks, cushion shocks
amper *m jedn.* ampere, A
amperogodzina *f jedn.* ampere-hour: $1\ A \cdot h = 3.6\ kC$
amperomierz *m el.* ammeter
amperozwój *m jedn.* ampere-turn, amp--turn
amplidyna *f el.* amplidyne
amplifikator *m el.* amplifier, *zob. też* **wzmacniacz**
amplitron *m elektron.* amplitron
amplituda *f mat., fiz.* amplitude
ampułka *f* amp(o)ule
amunicja *f* ammunition
~ **bojowa** live ammunition, service ammunition
~ **ćwiczebna** practice ammunition
~ **szkolna** dummy ammunition
anachromat *m opt.* anachromatic lens
anaeroby *pl biol.* anaerobes
anaforeza *f fiz.* anaphoresis
anaglif *m* **1.** *arch.* anaglyph **2.** *fot.* anaglyph
analityczny *a* **1.** (*dotyczący analizy*) analytic **2.** (*w przeciwieństwie do wykreślnego*) analytical
analityk *m* **1.** *chem.* analytical chemist **2.** *inf.* analyst
analiza *f* analysis
~ **absorpcyjna** *chem.* absorption analysis
~ **adsorpcyjna** *chem.* adsorption analysis
~ **aktywacyjna** *chem.* activation analysis
~ **chemiczna** chemical analysis
~ **chromatograficzna** *chem.* chromatographic analysis
~ **dokumentacyjna** *inf.* abstract
~ **ekonomiczna** economic analysis
~ **elementarna** *chem.* elemental analysis, elementary analysis
~ **granulometryczna** grain size analysis, sieve analysis, screen analysis
~ **grawimetryczna** *chem.* gravimetric analysis
~ **groźnych awarii** *nukl.* severe accident analysis
~ **ilościowa** *chem.* quantitative analysis
~ **izotopowa** isotopic analysis
~ **jakościowa** *chem.* qualitative analysis
~ **kroplowa** *chem.* spot test analysis
~ **maszynowa** *inf.* automatic abstract, auto-abstract, machine abstract

~ **matematyczna** calculus, advanced calculus; (mathematical) analysis
~ **miareczkowa** *chem.* titrimetric analysis, volumetric analysis
~ **numeryczna** *mat.* numerical analysis
~ **objętościowa** *zob.* **analiza miareczkowa**
~ **obrazu** *TV* image analysis
~ **przykładowa** *chem.* illustrative analysis
~ **refraktometryczna** *chem.* refractometric analysis
~ **rengenowska** X-ray analysis
~ **rozjemcza** umpire analysis
~ **ruchów** *org.* time and motion study
~ **sitowa** sieve analysis, screen analysis
~ **spektralna** *chem.* spectral analysis, spectrum analysis
~ **statystyczna** statistical analysis
~ **strukturalna** *chem.* structural analysis
~ **turbidymetryczna** *chem.* turbidimetric analysis
~ **w skali makro** *chem.* macroanalysis
~ ~ ~ **mikro** *chem.* microanalysis
~ ~ ~ **półmikro** *chem.* semi-microanalysis
~ **wagowa** *chem.* gravimetric analysis
~ **wartości** *ek.* value engineering, value analysis
~ **widmowa** *chem.* spectral analysis, spectrum analysis
~ **wskaźnikowa** *chem.* tracer analysis
analizator *m* analyser, analyzer
~ **równań matematycznych** *inf.* equation solver
~ **składni** *inf.* parser, syntax analyser
analizować *v* analyse, analyze
analog *m aut.* analog(ue)
analogia *f* analogy
analogiczny *a* analogical; analogous
anastygmat *m opt.* anastigmat, anastigmatic lens
aneks *m* appendix
anemograf *m metrol.* anemograph
anemometr *m metrol.* anemometer
aneroid *m metrol.* **1.** aneroid (barometer) **2.** aneroid capsule
angażować *v* (**do pracy**) employ
angielska uncja *f* **objętości** *jedn.* imperial fluid ounce (≈ 28.41 cm^3)
angielski koń *m* **parowy** *jedn.* horsepower: 1 hp = 745.7 W
angstrem *m jedn.* Ångström unit, angström: 1 Å = 10^{-10} m
anhydryt *m min.* anhydrite
anihilacja *f fiz.* annihilation, dematerialization
anilina *f chem.* aniline, aminobenzene
animacja *f kin.* animation
anion *m chem.* anion, negative ion
anionit *m chem.* anion exchanger
anizotropia *f fiz.* anisotropy
anizotropowy *a* anisotropic
ankieta *f* questionary
anoda *f* anode, positive electrode; plate
~ **zapłonowa** *elektron.* ignition anode
~ ~ **ignitronu** ignitor (*of an ignitron*)
anodowanie *n elchem.* anodizing, anodic treatment, Eloxal process
anodowy *a* anodic
anodówka *f rad.* anode battery
anolit *m elchem.* anolyte, anode solution
anomalia *f* anomaly
antena *f* antenna, aerial
~ **Beverage'a** *zob.* **antena falowa**
~ **bezkierunkowa** *zob.* **antena dookólna**
~ **dipolowa** dipole antenna, doublet antenna
~ **dookólna** omnidirectional antenna, nondirectional antenna
~ **falowa** wave antenna, Beverage antenna
~ **ferrytowa prętowa** ferrite-rod antenna, ferrod, loopstick antenna
~ **kierunkowa** directional antenna
~ **nadawcza** transmitting antenna
~ **odbiorcza** receiving antenna
~ **przeszukująca** scanning aerial, scanner
~ **radarowa** radar antenna
~ **samochodowa** car antenna
~ **szkieletowa** fishbone antenna
~ **tubowa** horn antenna, (electromagnetic) horn, horn radiator; *GB* flare, hoghorn antenna
~ **wnętrzowa** inside antenna, indoor aerial
~ **zbiorowa** community antenna
~ **zewnętrzna** outside antenna, outdoor aerial, open aerial
antracen *m chem.* anthracene
antracyt *m petr.* anthracite
antresola *f bud.* mezzanine, entresol
antropotechnika *f* human(-factors) engineering, ergonomics
antybiotyk *m* antibiotic
antycyklon *m meteo.* anticyclone, high-pressure area, high
antycząstka *f fiz.* antiparticle
antydetonator *m paliw.* antidetonant, antiknock (agent)
antyelektron *m fiz.* antielectron, positive electron, positron
antyferromagnetyk *m fiz.* antiferromagnet, antiferromagnetic substance
antyferromagnetyzm *m fiz.* antiferromagnetism
antyfryz *m chem.* antifreeze (additive)
antygen *m biol.* antigen
antykatalizator *m chem.* anticatalyst

antykatoda *f radiol.* anticathode, target
antyklina *f geol.* anticline, saddle
antykoincydencja *f elektron.* anticoincidence
antykwa *f poligr.* roman type
antylogarytm *m mat.* antilogarithm
antymateria *f fiz.* antimatter
antymer *m chem.* enantiomer, antimer, optical antipode
antymon *m chem.* antimony, stibium, Sb
antymonek *m chem.* antimonide
antymonit *m min.* antimonite, antimony glance
antyneutron *m fiz.* antineutron
antypody *pl geogr.* antipodes
antyproton *m fiz.* antiproton, negative proton
antyradiolokacja *f* radar countermeasures
antyrakieta *f wojsk.* antimissile (rocket) missile
antyseptyczny *a* antiseptic
antystatyk *m włók., tw.szt.* antielectrostatic agent, antistatic agent, antistat
antysymetria *f* antisymmetry
antysymetryczny *a mat.* antisymmetric
antyutleniacz *m chem.* antioxidant
antywibrator *m siln.* pendulum-type vibration damper
anulować *v* cancel; annul
aparat *m* apparatus
~ **abonencki** *telef.* subscriber's set, subset
~ **absorpcyjny** *chem.* absorption apparatus, absorber
~ **adsorpcyjny** *chem.* adsorption apparatus, adsorber
~ **ciśnieniowy** *chem.* autoclave, pressure (chemical) reactor
~ **destylacyjny** *chem.* distilling apparatus, distiller, still
~ **do napowietrzania** aerator
~ **do nawęglania 1.** *chem.* carburettor **2.** *met.* carbonizer
~ **do powiększeń** *fot.* enlarger
~ **ekstrakcyjny** *chem.* extraction apparatus, extractor
~ **filmowy** cinematograph camera, cine camera, film camera
~ **fotograficzny** (photographic) camera
~ ~ **małoobrazkowy** candid camera
~ **Kippa** *chem.* Kipp's apparatus, Kipp (gas) generator
~ **lustrzany** *fot.* reflex camera
~ **oddechowy** breathing apparatus
~ **odlewniczy** *poligr.* caster
~ **Orsata** *chem.* Orsat apparatus, Orsat analyser
~ **projekcyjny** projector
~ ~ **kinowy** film projector, motion picture projector
~ **reakcyjny** *chem.* reactor, reaction still
~ **rektyfikacyjny** *chem.* rectifying apparatus
~ **rentgenowski** X-ray apparatus, röntgen apparatus
~ **reprodukcyjny** *poligr.* process camera
~ **słuchowy** hearing aid
~ **stereoskopowy** *fot.* stereo(scopic) camera
~ **telefoniczny** telephone (set)
~ **telegraficzny** telegraph
~ **telekopiowy** facsimile transmitter
~ **tlenowy** oxygen respirator
~ **wiertniczy** drilling rig, boring rig, boring jig
~ **wulkanizacyjny** vulcanizer
~ **wylęgowy** *roln.* incubator
~ **wyparny** *chem.* evaporator
~ **zapłonowy** *siln.* timer-distributor
aparatura *f* apparatus
~ **do odtwarzania dźwięku** sound-reproducing system
~ **do zapisywania dźwięku** sound-recording system
~ **łączeniowa** *el.* switchgear
~ **pomiarowa** measuring apparatus
apartament *m* apartment, suite of rooms
apatyt *m min.* apatite
APD = automatyczne przetwarzanie danych *inf.* automatic data processing
aperiodyczny *a* aperiodic
apertura *f opt.* aperture
~ **kątowa** opening angle
~ **numeryczna** numerical aperture
~ **plamki** *TV* spot size
apertyzacja *f spoż.* appertizing
aphelium *n astr.* aphelion
aplanat *m opt.* aplanatic lens, aplanat
apochromat *m opt.* apochromatic lens, apochromat
apogeum *n astr.* apogee
apotema *f geom.* apothem
apretura *f włók.* finish
aproksymacja *f mat.* approximation
aproksymować *v mat.* approximate
apsyda *f* **1.** *arch.* apse **2.** *astr.* apsis, apse (*pl* apsides)
apteczka *f* **podręczna** first-aid kit
ar *m jedn.* are: 1 a = 100 m^2
arbitraż *m* arbitration
architekt *m* architect
architektoniczny *a* architectonic
architektura *f* architecture
~ **okrętu** naval architecture, ship architecture
archiwum *n* archive(s)

arcus sinus *m mat.* arc sine
arcus tangens *m mat.* arc tangent
areał *m roln.* area (*of land*)
areometr *m* areometer, hydrometer, densimeter
argentan *m met.* argentan, German silver, alpaca, packfong
argentyt *m min.* argentite, silver glance
argon *m chem.* argon, Ar
argument *m* **funkcji** *mat.* argument of a function, independent variable
~ **operacji** *inf.* operand
arktyczny *a* arctic
arkusz *m* sheet
~ **blachy** metal sheet
~ **drukarski** printed sheet
~ **elektroniczny** *inf.* spreadsheet
~ **kreślarski** *rys.* drawing sheet
armata *f wojsk.* gun, cannon
armator *m* shipowner
armatura *f* fittings, fixtures
~ **kotła** boiler fittings, boiler accessories, boiler mountings
~ **wodociągowa** plumbing fittings, plumbing fixtures
aromatyczny *a* aromatic
aromatyzacja *f* aromatization
~ **benzyn** hydroforming (process)
arsen *m chem.* arsenic, As
arsenek *m chem.* arsenide
arsenian *m chem.* arsenate
arsenopiryt *m min.* arsenopyrite, mispickel
arszenik *m chem.* arsenic trioxide, white arsenic
arteria *f* **komunikacyjna** arterial road, artery
~ **obwodowa** ring road
~ **przelotowa** thoroughfare
artykuły *mpl* goods
~ **deficytowe** scarce goods, articles in short supply
~ **gospodarstwa domowego** household goods
~ **jednorazowego użytku** non-durable consumer goods, non-durables
~ **konsumpcyjne** consumer goods
~ **pierwszej potrzeby** primary commodities, basic commodities, necessaries
~ **przemysłowe** manufactured goods
~ **rolne** agricultural products, farm produce
~ **spożywcze** foodstuffs, food products
~ **trwałego użytkowania** durable goods, durables
artyleria *f* artillery
~ **przeciwlotnicza** antiaircraft artillery, ack-ack
aryl *m chem.* aryl, Ar
arylowanie *n chem.* arylation
arytmetyczny *a* arithmetic(al)
arytmetyka *f* arithmetic
~ **binarna** *zob.* **arytmetyka dwójkowa**
~ **dwójkowa** binary arithmetic
~ **komputerowa** machine arithmetic
~ **stałopozycyjna** fixed-point arithmetic
~ **zmiennopozycyjna** floating-point arithmetic
arytmometr *m* **1.** arithmometer, calculator, calculating machine **2.** *inf.* arithmetic(-logic) unit, ALU, computing unit
asembler *m inf.* assembler, assembly program
asenizacja *f san.* waste removal
aseptyczny *a* aseptic
asfalt *m* asphalt, mineral pitch
asfaltobeton *m* asphaltic concrete
asfaltowanie *n* (*nawierzchni*) asphalting
askryptor *m inf.* non-descriptor, forbidden term
asocjacja *f chem.* association
asonoryzacja *f* sound proofing
asortyment *m* assortment
aspirator *m masz.* aspirator
asprężystość *f wytrz.* anelasticity
astat *m chem.* astatine, At
astatyczny *a* astatic
asteroida *f* **1.** *geom.* asteroid **2.** *astr.* asteroid, planetoid
astrobalistyka *f* astroballistics
astrobiologia *f* astrobiology, space biology
astrobusola *f lotn.* astrocompass
astrochemia *f* cosmochemistry, space chemistry
astrofizyka *f* astrophysics
astrograf *m* astrograph
astrokompas *m lotn.* astrocompass
astrokopuła *f lotn.* astrodome, astral dome, navigation dome
astrolabium *n astr.* astrolabe
astrometria *f* astrometry
astronauta *m* astronaut, cosmonaut, spaceman
astronautyka *f* astronautics, cosmonautics
astronawigacja *f* astronavigation, celestial navigation, astrogation
astronomia *f* astronomy
~ **radiowa** radio-astronomy
astygmatyzm *m opt.* astigmatism
asymetria *f* asymmetry, dissymmetry
asymetryczny *a* asymmetric(al)
asymilacja *f* assimilation
asymilować *v* assimilate
asymptota *f geom.* asymptote

asymptotyczny *a* asymptotic(al)
asynchroniczny *a* asynchronous
asystent *m* assistant
atest *m* certificate, attestation
atestacja *f* (*oprogramowania*) *inf.* validation
atlas *m* **geograficzny** geographical atlas
atłas *m* *włók.* sateen
atmometr *m* atmometer, evaporimeter, evaporation gauge
atmosfera *f* atmosphere
~ **fizyczna** (standard) atmosphere, normal atmosphere: 1 atm = $1.01325 \cdot 10^5$ Pa
~ **gazów obojętnych** inert atmosphere
~ **kopalniana** *górn.* weather (*in a mine*), mine air
~ **normalna** *zob.* **atmosfera fizyczna**
~ **obojętna** neutral atmosphere
~ **ochronna** protective atmosphere, protective gas
~ **redukująca** reducing atmosphere
~ **regulowana** controlled atmosphere, prepared atmosphere
~ **standardowa** *zob.* **atmosfera wzorcowa**
~ **techniczna** technical atmosphere: 1 at = 1 kG/cm^2 = $0.980655 \cdot 10^5$ Pa
~ **utleniająca** oxidizing atmosphere
~ **wzorcowa** international standard atmosphere, ISA
~ **ziemska** earth's atmosphere
atmosferyczny *a* atmospheric
atmosferyki *pl* *rad.* atmospherics, sferics, strays, atmospheric interference
atom *m* *fiz., chem.* atom
~ **akceptorowy** *elektron.* acceptor atom
~ **Bohra** Bohr atom
~ **donorowy** **1.** *elektron.* donor **2.** donor atom, coordinating atom
~ **gorący** hot atom, recoil atom
~ **odrzutu** *zob.* **atom gorący**
~ **wzbudzony** excited atom
~ **znaczony** labelled atom, tagged atom
atomistyka *f* atomistics
atomizacja *f* atomization
atomizator *m* atomizer
atomowy *a* atomic
atraktant *m* *roln.* attractant
atrament *m* ink
~ **magnetyczny** *inf.* magnetic ink
~ **sympatyczny** sympathetic ink
atrapa *f* dummy
atropoizomeria *f* *chem.* atropoisomerism
atrybut *m* attribute
atto- atto (*prefix representing* 10^{-18})
attyka *f* *arch.* **1.** attic **2.** parapet (wall)
audiometr *m* audiometer, acoumeter
audiometria *f* audiometry
audiowizualny *a* audiovisual
audycja *f* (*radiowa, telewizyjna*) broadcast
audytorium *n* auditorium
aukcja *f* *ek.* auction
aula *f* hall (*in schools and universities*)
aureola *f* *elektron.* halation
austenit *m* *met.* austenite
austenityzowanie *n* *obr.ciepl.* austenitizing
autoabsorpcja *f* *nukl.* self-absorption
autobus *m* (omni)bus
~ **członowy** *zob.* **autobus przegubowy**
~ **piętrowy** double-deck bus, double-decker
~ **przegubowy** articulated bus
autodyfuzja *f* *fiz.* self-diffusion
autogiro *n* *lotn.* autogiro, gyroplane
autokar *m* motor-coach
autokataliza *f* *chem.* autocatalysis
autoklaw *m* *chem.* autoclave, pressure (chemical) reactor
autoklawowanie *n* autoclaving
autokod *m* *inf.* autocode
automat *m* **1.** automaton (*pl* automatons, automata) **2.** automatic machine
~ **biletowy** ticket-issuing machine, passimeter
~ **obróbkowy** automatic (machine)
~ **spawalniczy** automatic welding machine, automative welder
~ **sprzedający** vending machine
~ **telefoniczny** automatic telephone, telephone set
~ **tokarski** automatic lathe, (full) automatic, auto-lathe
automatowy *a* (*łatwo obrabialny skrawaniem*) free-cutting, free machining
automatyczna analiza *f* **treści** *inf.* automatic abstract, auto-abstract, machine abstract
automatyczna linia *f* **obrabiarek** *obr.skraw.* automated machine line
automatyczna regulacja *f* **wzmocnienia** *rad.* automatic gain control, AGC
automatyczne czytanie *n* **pisma** *inf.* automatic character recognition
automatyczne przetwarzanie *n* **danych** *inf.* automatic data processing, ADP
automatyczny *a* (fully) automatic, self-acting
automatyka *f* automatics, automatic control engineering
~ **strumieniowa** fluidics, fluid-state technology
automatyzacja *f* automation
automatyzować *v* automate

automorfizm *m mat.* automorphism
autonomiczne przetwarzanie *n* **danych** *inf.* off-line data processing
autonomiczny *a* autonomous
autopilot *m lotn.* automatic pilot, autopilot
autorotacja *f aero.* autorotation
autostrada *f* motorway, expressway, superhighway, speedway
~ **bezpłatna** freeway
~ **płatna** toll-expressway, turnpike
autotransformator *m el.* autotransformer
autotypia *f poligr.* **1.** half-tone process, autotype **2.** half-tone block
autożyro *n lotn.* autogiro, gyroplane
awanport *m inż.* outer harbour
awaria *f* **1.** *masz.* break-down; failure **2.** *żegl.* average
~ **radiacyjna** *zob.* **awaria radiologiczna**
~ **radiologiczna** *nukl.* radiation accident
~ **stopienia reaktora** *nukl.* reactor meltdown accident
~ **utraty chłodziwa** *nukl.* loss of coolant accident, LOCA
~ **zasilania** supply failure
awaryjność *f masz.* failure frequency, mortality
awaryjny *a* emergency
awers *m* abverse (*a front side of a coin or medal*)
awiofon *m lotn.* speaking tube
awionika *f* avionics, aviation electronics
awiważ *m włók.* avivage
awizo *n ek.* letter of advice, advice notice
awometr *m el.* multimeter, volt-ohm--milliammeter
azbest *m* asbestos, mineral flax
~ **amfibolowy** amphibolite asbestos
~ **chryzotylowy** chrysotile asbestos, serpentine asbestos
azbestoza *f med.* asbestosis
azdyk *m nawig.* asdic
azeotrop *m chem.* azeotrope, azeotropic mixture
azeotropia *f chem.* azeotropy
azoksyzwiązki *mpl chem.* azoxy compounds
azot *m chem.* nitrogen, N
azotan *m chem.* nitrate
~ **amonowy** ammonium nitrate
~ **celulozy** cellulose nitrate, nitrocellulose
~ **potasowy** potassium nitrate
~ **sodowy** sodium nitrate
~ **srebra** silver nitrate, lunar caustic
~ **wapniowy** calcium nitrate, lime saltpetre
azotawy *a chem.* nitrous
azotek *m chem.* nitride
azotomierz *m chem.* nitrometer
azotowanie *n obr.ciepl.* nitriding, nitrarding, nitrogen (case) hardening
~ **gazowe** ammonia nitriding, gas nitriding
~ **jarzeniowe** ion nitriding, glow (discharge) nitriding
~ **kąpielowe** bath nitriding, wet nitriding
~ **z nasiarczaniem** sulfonitriding, sulfinuzing
azotowce *mpl chem.* nitrogen family, nitrogen group (N, P,As, Sb, Bi)
azotowy *a chem* nitric
azotyn *m chem.* nitrite
azozwiązek *m chem.* azo compound
azydek *m chem.* azide
azymut *m* azimuth
azyna *f chem.* azine
ażur *m* **1.** open-work **2.** *obr.plast.* blanking scrap
ażurowy *a* openwork

B

baba *f* **kafara** drop weight, pile hammer, monkey
babbit *m* babbitt metal
badać *v* examine; investigate; test; study; analyse; explore; inspect
~ **pod mikroskopem** examine under the microscope
badania *npl* **operacyjne** operation research, opsearch
~ **podstawowe** basic research, fundamental research
~ **podwodne** underwater exploration
~ **przestrzeni kosmicznej** space research
~ **stosowane** applied research
badanie *n* examination; investigation; testing; analysis; exploration; inspection
~ **laboratoryjne** bench test, laboratory test
~ **makroskopowe** macroscopy, macrography, macroscopic examination
~ **materiałów** materials testing
~ **mikroskopowe** microscopy, micrography, microscopic examination

~ **modelowe** model testing
~ **na zgodność z wymaganiami** (*np. normy*) qualification test
~ **naukowe** scientific research
~ **nieniszczące** non-destructive testing, NDT
~ **okresowe** routine test
~ **organoleptyczne** organoleptic test
~ **patentowe** patent examination
~ **pilotażowe** pilot study
~ **radiograficzne** radiographic examination, radiographic inspection
~ **rentgenowskie** X-ray examination
~ **wyrywkowe** *skj* sampling
~ **wzrokowe** visual examination, perusal
bagaż *m* luggage, baggage
bagażnik *m mot.* luggage boot; luggage compartment; trunk compartment
bagier *m* dredger, dredge
bagietka *f lab.* glass rod
bagnisty *a* boggy, swampy
bagno *n* bog, swamp, morass, marsh
bagrowanie *n* dredging
bagrownica *f* dredger, dredge
bainit *m met.* bainite, troosto-martensite
bajt *m inf.* byte
bak *m* **1.** *mot.* tank **2.** *okr.* forecastle deck
bakburta *f okr.* port (side)
bakelit *m tw.szt.* bakelite
baksztag *m okr.* backstay
bakterie *fpl* bacteria (*sing* bacterium); microbes
~ **beztlenowe** anaerobic bacteria
~ **nitryfikacyjne** nitrifying bacteria
~ **tlenowe** aerobic bacteria
bakteriobójczy *a* bactericidal
bal *m drewn.* balk; deal
balans *m zeg.* balance(-wheel), fly-wheel
balast *m* ballast
balistyczny *a* ballistic
balistyka *f* ballistics
balkon *m bud.* balcony
balon *m* balloon
~ **na uwięzi** captive balloon
~ **pilotowy** *meteo.* pilot balloon
~ **-sonda** *meteo.* sounding balloon, rawinsonde
~ **szklany** glass balloon
~ **wolny** free balloon
~ **zaporowy** barrage balloon
~ **żagiel** *żegl.* balloon (fore)sail, balloon
baloniarstwo *n* ballooning (sport), aerostation
balsa *f drewn.* balsa wood
balsam *m* balm, balsam
balustrada *f bud.* balustrade, railing
bambus *m* bamboo
bandaż *m* bandage; band
bandażowanie *n masz.* banding
bandera *f żegl.* flag
bank *m ek.* bank
~ **danych** *inf.* data bank
~ **terminologiczny** *inf.* term bank
banknot *m* banknote; *US* bill
bankructwo *n* bankruptcy
bańka *f* **1.** can **2.** *el.* bulb, envelope
~ **do oleju** oil can
~ **szklana** glass bulb
bar *m* **1.** *chem.* barium, Ba **2.** *jedn.* bar: 1 bar = 10^5 Pa
barak *m* barrack; hut
barat *m włók.* barratte, xanthating churn
barbotaż *m zob.* **barbotowanie**
barboter *m* bubbler
barbotowanie *n* barbotage, bubbling
bardo *n włók.* harness
bardzo drobny superfine
bardzo duży stopień *m* **scalenia** *(układów scalonych) elektron.* very large scale integration, VLSI
bardzo mała częstotliwość *f rad.* very low frequency, VLF
bardzo wielka częstotliwość *f rad.* very high frequency, VHF
bardzo wielkie napięcie *n el.* ultra-high voltage, UHV
bareter *m el.* barretter
baria *f jedn.* barye, microbar: 1 barye = 1 dyne/cm^2
bariera *f* barrier
~ **cieplna** heat barrier, thermal barrier
~ **dźwięku** *lotn.* sonic barrier, sound barrier
~ **ochronna** *drog.* safety fence; guard rail
~ **potencjału** *fiz.* potential barrier, potential hill
barion *m fiz.* baryon
barka *f* barge; lighter
~ **desantowa** landing craft, landing barge
barkentyna *f okr.* barkentine
barkowiec *m okr.* barge carrier
barn *m jedn.* barn: 1 b = 10^{-28} m^2
barograf *m* barograph; *lotn.* recording altimeter, altitude recorder
barometr *m* barometer
barostat *m* barostat
barotermograf *m lotn.* barothermograph
barwa *f* colour
~ **achromatyczna** neutral colour
~ **dźwięku** *akust.* tone quality, timbre
~ **spektralna** spectral colour
barwiarka *f włók.* dyeing machine
barwienie *n* dyeing, colouring
~ **elektrolityczne** galvanic colouring
~ **unitarne** *włók.* union dyeing

barwnik *m* dye, dyestuff, colour; stain
~ **kadziowy** *włók.* vat dye
~ **naturalny** natural dye
~ **nietrwały** fugitive dye
~ **pigmentowy** (*nierozpuszczalny w wodzie*) pigment dye
~ **rozpuszczalny w wodzie** water-soluble dye
~ **spożywczy** food colour
~ **trwały** fast colour
barwny *a* **1.** coloured **2.** colourful
barwoczułość *f fot.* colour sensitivity
barwy *fpl* **dopełniające** *opt.* complementary colours
~ **interferencyjne** *opt.* interference colours
~ **nalotowe** *obr. ciepl.* temper colours, heat colours
~ **podstawowe** *opt.* primary colours, primaries
baryłka *f* **1.** barrel; cask **2.** *jedn.* barrel
baryłkowaty *a* barrel-shaped
barysfera *f geol.* barysphere, centrosphere
baryt *m min.* barite, baryte, heavy spar
barytobeton *m nukl.* barium concrete
basen *m* basin; pool; pond
~ **doświadczalny** *okr.* experimental tank
~ **oceaniczny** *geol.* ocean basin
~ **pływacki** swimming pool
~ **portowy** harbour basin; closed basin, wet dock
bateria *f* battery; bank
~ **akumulatorowa** *el.* accumulator battery, storage battery
~ **anodowa** *rad.* anode battery
~ **kieszonkowa** flash-light battery
~ **koksownicza** bank of coke-ovens, coke oven battery
~ **słoneczna** solar battery
~ **trakcyjna** *el.* automotive battery, motive-power battery
~ **wyczerpana** run-down battery
batometr *m* bathometer
~ **seryjny** Nansen bottle, Petterson-Nansen water bottle, reversing water bottle
batymetr *m zob.* **batometr**
batysfera *f ocean.* bathysphere
batyskaf *m ocean.* bathyscaph(e)
batyst *m włók.* batiste; cambric
bawełna *f włók.* cotton
~ **kolodionowa** collodion cotton
~ **strzelnicza** guncotton, nitrocotton
baza *f* base; basis (*pl* bases)
~ **danych** *inf.* data base
~ **kontenerowa** *transp.* container terminal
~ **lotnicza** *wojsk.* air base
~ **morska** *wojsk.* naval base
~ **obróbkowa** machining datum surface
~ **surowcowa** source of raw materials, material resources
~ **wymiarowa** *rys.* reference line
bazalt *m petr.* basalt
bazowy *a mat.* basic
bączek *m żegl.* dinghy; jolly boat
bąk *m* **1.** *mech.* top **2.** *zob.* **bączek**
beczka *f* **1.** barrel; cask **2.** *jedn.* barrel **3.** *lotn.* barrel, roll
~ **walca** (*walcarki*) face of a roll, roll face
beczkowanie *n* barrelling
beczkowaty *a* barrel-shaped
beczkowóz *m* water cart
beczułka *f* barrel, keg, cask
bednarka *f* hoop iron, band iron, banding steel
bednarz *m* cooper
bejca *f* **1.** *drewn.* stain **2.** *roln.* seed pickle
bejcowanie *n* **1.** *drewn.* staining, dyeing **2.** *roln.* (seed) pickling, (seed) dressing
bekerel *m jedn.* becquerel, Bq
bel *m jedn.* bel, B
bela *f* bale
belka *f* **1.** *wytrz.* beam **2.** *bud.* beam
~ **ceowa** channel beam
~ **dwuteowa** I-beam, flanged beam
~ ~ **szerokostopowa** H-beam
~ **-igła** needle (beam)
~ **odbojowa** *okr.* fender beam, fender bar
~ **ogonowa** *lotn.* tail boom
~ **policzkowa** (*biegu schodów*) *bud.* notch-board, stringer
~ **poprzeczna** cross-beam, cross-bar, traverse
~ **stropowa** floor joist, floor beam
~ **swobodnie podparta** free-ends beam
~ **teowa** T-beam
~ **utwierdzona** constrained beam, fixed beam
~ **wagi** balance beam
~ **wspornikowa** cantilever (beam), semi-beam
~ **wzdłużna** longitudinal beam; stringer
belkowanie *n* **1.** *bud.* beams; girders (*in a structure*) **2.** *arch.* entablature
belowanie *n* baling
bełkotka *f* bubbler
bełtać *v* stir, agitate
bentonit *m petr.* bentonite
benzen *m chem.* benzene, benzol
benzol *m* **1.** *zob.* **benzen 2.** *paliw.* benzol
benzyna *f* petrol; *US* gasoline, gas
~ **ciężka** naphtha
~ **etylizowana** leaded petrol, ethyl gasoline
~ **lekka** light petrol, light gasoline
~ **naturalna** *zob.* **benzyna pierwszej destylacji**

~ **niskooktanowa** low-octane petrol
~ **pierwszej destylacji** straight-run spirit, straight-run gasoline
~ **przeciwstukowa** anti-knock petrol
~ **silnikowa** motor spirits
~ **stabilizowana** stabilized gasoline
~ **surowa** wild gasoline
~ **wysokogatunkowa** high-test gasoline
~ **wysokooktanowa** high-octane petrol
berkel *m chem.* berkelium, Bk
bertolidy *m pl chem.* bertholides, non-stoichiometric compounds
beryl *m* **1.** *chem.* beryllium, Be **2.** *min.* beryl
berylowce *mpl chem.* alkaline earth family (Be, Mg, Ca, Sr, Ba, Ra)
besemerowanie *n hutn.* bessemer process
besemerownia *f hutn.* bessemer plant
betaaktywny *a zob.* **betapromieniotwórczy**
betapromieniotwórczy *a fiz.* beta-active
betatron *m nukl.* induction accelerator, betatron
beton *m* concrete
~ **asfaltowy** asphaltic concrete
~ **barytowy** *nukl.* barium concrete
~ **cementowy** cement concrete
~ **chudy** lean concrete
~ **ciekły** poured concrete
~ **ciężki** dense concrete, heavy concrete
~ **hydrotechniczny** watertight concrete
~ **kablowy** post-tensioned prestressed concrete
~ **komórkowy** cellular concrete
~ **lany** *zob.* **beton ciekły**
~ **lekki** lightweight concrete
~ **napowietrzony** air-entrained concrete, aerated concrete
~ **natryskowy** shotcrete, gunite
~ **niezbrojony** plain concrete
~ **odpowietrzony** vacuum concrete
~ **smołowy** tar concrete
~ **sprężony** prestressed concrete
~ **strunowy** pretensioned prestressed concrete
~ **zbrojony** reinforced concrete, ferro-concrete, armoured concrete
~ **zwykły** ordinary concrete, normal concrete
betoniarka *f masz.* concrete mixer
~ **samochodowa** truck concrete mixer
betonować *v bud.* place the concrete
betonownia *f bud.* concrete-mixing plant
betonowy *a* concrete
bewatron *m nukl.* bevatron (accelerator)
bez domieszek pure, with no admixtures
bez napięcia *el.* dead
bez obciążenia (at) no-load
bez ograniczeń without restraint
bez opakowania *transp.* in bulk; unpacked
bez opłaty free of charge; gratis
bez połysku lustreless; *farb.* dead
bez powrotu do poziomu odniesienia (*zapis*, *odczyt*) *inf.* non return-to reference
bez powrotu do zera (*zapis*, *odczyt*) *inf.* non-return-to-zero
bez uszkodzeń without breakdown, failure-free, trouble-free
bez wad flawless
bez wpływu na... with no effect on...
bez względu na... irrespective of...
bez załogi unmanned; crewless
bez zapachu odour-free, odourless
bez zniekształceń distortion-free
bezawaryjny *a* failure-free, trouble-free, without breakdown
bezbarwny *a* colourless
bezbłędny *a* error-free, faultless
bezchmurny *a* cloudless, clear (*sky*)
bezcłowy *a* duty-free
bezechowy *a akust.* echo-free, anechoic
bezgotówkowy *a ek.* not involving cash
bezinercyjny *a* inertialess
bezkierunkowy *a* non-directional
bezkształtny *a* shapless
bezładny *a* chaotic
bezmian *m* steelyard, unequal-armed balance, Roman balance
bezogonowiec *m lotn.* tailless aircraft
bezpieczeństwo *n* safety; security
~ **i higiena pracy** industrial safety
~ **pożarowe** fire-safety
~ **pracy** work safety, occupational safety
~ **ruchu drogowego** safety of traffic, road safety
bezpiecznik *m* safety device; safety catch; *el.* cut-out
~ **spustu** *wojsk.* trigger lock
~ **topikowy** *el.* fuse, fusible cut-out
~ **wodny** *spaw.* waterseal, hydraulic back-pressure valve
bezpieczny *a* safe
bezpieczny przy manipulowaniu safe for handling
bezplanowy *a* planless, unplanned
bezpłatny *a* free (of charge); gratis
bezpostaciowy *a* amorphous
bezpośredni *a* direct
bezprzewodowy *a* wireless
bezrdzeniowy *a* coreless
bezrobocie *n* unemployment
bezrobotny *a* unemployed
bezruch *m* standstill
bezsilnikowy *a* engineless, motorless, unpowered

bezstopniowy *a* stepless
bezstratny *a fiz.* lossless; non-dissipative
bezszmerowy *a* noiseless
bezszynowy *a* trackless
beztarciowy *a* frictionless
beztlenowce *pl biol.* anaerobes
bezusterkowy *a* faultless, failure-free
bezużyteczny *a* useless
bezwartościowy *a* worthless, valueless
bezwarunkowy *a* unconditional
bezwirowy *a* irrotational
bezwładnik *m* **regulatora** (*odśrodkowego*) governor weight
bezwładnościowy *a* inertial
bezwładność *f* inertia
~ **cieplna** thermal inertia
~ **mas związanych** *aero.* apparent inertia, virtual inertia
bezwładny *a* inert
bezwodnik *m chem.* anhydride
~ **kwasowy** acid anhydride
~ **siarkawy** sulfurous acid anhydride, sulfur dioxide
~ **węglowy** carbonic anhydride, carbon dioxide
bezwodny *a chem.* anhydrous
bezwonny *a* odour-free, odourless, scentless
bezwymiarowy *a* dimensionless, nondimensional
bezwzględny *a* absolute
bezzałogowy *a* unmanned; crewless
bezzwłoczny *a* instantaneous, instantaneously operating
bezzwrotny *a* non-returnable
bęben *m* drum; barrel
~ **do oczyszczania** tumbling barrel, rattle barrel, cleaning drum
~ **do zwijania** reel
~ **hamulcowy** brake drum
~ **kablowy** cable drum; cable reel
~ **krzywkowy** *masz.* cam drum
~ **linowy** cable drum; rope drum
~ **magnetyczny** *inf.* magnetic drum
~ **mieszalny** mixing drum
~ **nawojowy** winding reel
bębnowanie *n* barrel finishing, tumbling, barreling, rattling
bhp = bezpieczeństwo i higiena pracy industrial safety
biaks *m inf.* biax
biała plama *f* **na mapie** *geogr.* unsurveyed area; unexplored territory
białka *npl biochem.* proteins
białko *n* **jaja** white of an egg, albumen
biały metal *m* (*stop łożyskowy*) white metal
biały szum *m akust.* white noise
biały węgiel *m* white coal
biały żar *m met.* white heat, candescence
bibliografia *f* bibliography, reference list
biblioteka *f* library
~ **programów** *inf.* program library
bibuła *f* blotting-paper, absorbent paper
~ **do sączenia** filter paper
~ **filtracyjna** *zob.* **bibuła do sączenia**
bibułka *f* tissue paper
bicie *n* **1.** striking; beating **2.** *masz.* runout, whipping **3.** *hydr.* hammering (action)
~ **poprzeczne** *masz.* radial run-out, lateral whip
~ **wzdłużne** *masz.* axial run-out, face run-out
biec *v* run
bieg *m* **1.** run, running **2.** course **3.** *mot.* gear
~ **bezpośredni** *mot.* direct gear
~ **jałowy** *masz.* idle run(ning), idling, running light
~ **luzem** *zob.* **bieg jałowy**
~ **najniższy** *mot.* bottom gear, first speed
~ **najwyższy** *mot.* top gear, high speed
~ **nierówny** *siln.* bumpy running
~ **pieca** *hutn., odl.* working of a furnace
~ **rzeki** course of the river
~ **schodowy** *bud.* flight of stairs
~ **spokojny** *siln.* quiet running, smooth running
~ **tylny** *mot.* back gear, reverse gear
~ **własny licznika** (*promieniowania*) *fiz.* background count, background counting rate
~ **wodny** *hydr.* water-course
~ **wsteczny 1.** *zob.* **bieg tylny 2.** *masz.* back running
~ **z rozpędu** coasting
biegły *m* expert
biegun *m* **1.** *mat., fiz.* pole **2.** (*w urządzeniach przechylnych*) rocker
~ **dodatni** (*magnesu*) *el.* positive end, red pole
~ **geograficzny** terrestrial pole
~ **komutacyjny** *el.* commutating pole, compole
~ **magnetyczny** magnetic pole
~ ~ **Ziemi** geomagnetic pole
~ **niebieski** *zob.* **biegun świata**
~ **południowy geograficzny** South Pole, south geographic pole
~ ~ **igły magnetycznej** south pole
~ ~ **magnetyczny Ziemi** south (geo)magnetic pole, south pole
~ **północny geograficzny** North Pole, north geographic pole

~ ~ **igły magnetycznej** north pole
~ ~ **magnetyczny Ziemi** north (geo)magnetic pole, north pole
~ **świata** *astr.* celestial pole
~ **ujemny** (*magnesu*) *el.* negative end, blue pole
~ **wydatny** *el.* salient pole, projecting pole
~ **ziemski** terrestrial pole
~ **zimna** *geogr.* cold pole
~ **zwrotny** *zob.* **biegun komutacyjny**
biegunowa *f geom.* polar line
biegunowość *f geom., fiz.* polarity
~ **dodatnia** (*elektrody*) *spaw.* electrode negative, *US* electrode positive
~ **ujemna** (*elektrody*) *spaw.* electrode positive, *US* electrode negative
biegunowy *a* polar
bieguny *mpl* **różnoimienne** *el.* opposite poles
biel *m* (*drzewa*) *bot.* sap-wood, alburnum
biel *f farb.* white
~ **cynkowa** zinc white
~ **ołowiana** white lead, Cremnitz white
bielenie *n* **1.** *włók., papiern.* bleaching **2.** *bud.* whitewashing, limewhiting **3.** *hutn.* tinning
bielidło *n* **1.** bleaching-powder **2.** *bud.* limewash **3.** *odl.* whitening
bierność *f chem.* passivity
bierny *a* **1.** *chem.* passive **2.** *el.* wattless
bieżnia *f* **1.** running track **2.** *masz.* race (way)
~ **łożyska** *masz.* bearing race(way), bearing track
~ ~ **kulkowego** ball race, ball-track
~ ~ **wałeczkowego** roller race, roller path
bieżnik *m* **opony** tyre tread
bieżnikowanie *n* (*opon*) retreading, recapping (*of tyres*)
bifilarny *a* bifilar
bifurkacja *f mat.* bifurcation
biharmoniczny *a mat.* biharmonic
bijak *m* beater; ram
~ **kafara** drop weight, beetle head (*of a pile driver*)
~ **młota** (*mechanicznego*) ram, tup (*of a power hammer*)
~ **młotka** hammer face
bilans *m* **1.** balance **2.** *ek.* balance
~ **cieplny** heat balance, thermal balance
~ **energetyczny** energy balance
~ **handlowy** *ek.* trade balance
~ **materiałowy** material balance
bilansować *v* balance
bilet *m* ticket
bilinearny *a mat.* bilinear
bilion *m* (10^{12}) *GB* billion; *US* trillion

bimetal *m* bimetal, duplex metal
bimetalowy *a* bimetallic
bimolekularny *a chem.* bimolecular
bimorf *m akust.* bimorph cell
binarny *a mat.* binary
binaryzacja *f mat.* decimal-to-binary conversion
bing-bang (*uderzenie dźwiękowe*) *lotn.* sonic bang, bing-bang
binistor *m elektron.* binistor
binoda *f fizchem.* binodal curve
binormalna *f geom.* binormal
biochemia *f* biochemistry
bioelektronika *f* bioelectronics
biofiltr *m san.* biofilter
biofizyka biophysics
biogaz biogas
biokatalizator *m chem.* biocatalyst
biokorozja *f* biocorrosion, biological corrosion
biologia *f* biology
biologiczny równoważnik *m* **rentgena** *radiol.* röntgen-equivalent-man, rem
biomasa *f* biomass
biometria *f* biometry, biometrics
bionika *f* bionics
biopotencjał *m* biopotential
biosfera *f geol.* biosphere
biosynteza *f biochem.* biosynthesis
biot *m jedn.* biot: 1 Bi = 10 A
bipolarny *a* bipolar, dipolar
bipryzmat *m opt.* biprism
biskwit *m ceram.* biscuit
bistabilny *a* bistable
bit *m inf.* **1.** bit, binary digit **2.** bit (*a unit of information content*)
~ **kontrolny** check bit
~ **na cal** (*gęstość zapisu*) *inf.* bit per inch, bpi
~ **na sekundę** (*szybkość zapisu*) *inf.* bit per second, b/s
~ **najbardziej znaczący** most significant bit, MSB
~ **najmniej znaczący** least significant bit, LSB
~ **nieparzystości** odd parity bit
~ **parzystości** even parity bit
~ **redundancyjny** redundancy bit
~ **rozpoczęcia transmisji** start bit
~ **zakończenia transmisji** stop bit
~ **zgodności** tag
bitum *m chem.* bitumen
bitumiczny *a* bituminous
bitumizacja *f* **1.** *geol.* bituminization **2.** *inż.* bituminization
bity *mpl* **równowartościowe** *inf.* isobits
biuletyn *m* bulletin; report

biureta *f lab.* buret(te)
biuro *n* office, bureau
~ **konstrukcyjne** design office
~ **numerów** *telef.* directory inquiry service
~ **patentowe** patent office
~ **podróży** travel agency
~ **pośrednictwa pracy** employment exchange, employment agency
biurowiec *m* office building
bizmut *m chem.* bismuth, Bi
bizmutyn *m min.* bismuthinite, bismuth glance
blacha *f* sheet (metal); (metal) plate
~ **biała** tinplate, tinned sheet
~ **cienka** (metal) sheet
~ **dachowa** roofing sheet
~ **falista** corrugated sheet, corrugated plate
~ **głębokotłoczna** deep-drawing sheet
~ **gruba** (metal) plate
~ **karoseryjna** car body sheet
~ **ocynkowana** galvanized iron, zinc coated sheet
~ **ocynowana** tinplate, tinned sheet
~ **pancerna** armour plate
~ **platerowana** clad plate
~ **prądnicowa** dynamo sheet, generator sheet
~ **stalowa** steel sheet, sheet iron
~ **uniwersalna** *hutn.* universal (mill) plate
~ **walcowana** rolled sheet; rolled plate
~ **wielowarstwowa** sandwich plate
blacharnia *f* sheet-metal shop
blacharstwo *n* tinsmithing
blacharz *m* tinman, tinsmith
blachownica *f* plate girder, plain girder
blachówka *f hutn.* sheet slab, sheet bar
blaknąć *v* fade
blankiet *m* form, blank
blanszowanie *n spoż.* blanching
blask *m* glare
blaszanka *f* can, tin
blaszany *a* tin
blaszka *f* plate; lamella; sheet
blat *m* **stołu** top of table, table top
blenda *f* **cynkowa** *min.* sphalerite, zinc blende
~ **smolista** *zob.* **blenda uranowa**
~ **uranowa** uraninite, pitchblende
bliźniak *m kryst.* twin (crystal)
bliźniakowanie *n kryst.* twinning
blok *m* **1.** block **2.** compound pulley **3.** *inf.* block
~ **cylindrów** *siln.* cylinder block, monoblock
~ **danych** *inf.* data block
~ **energetyczny** *el.* power unit
~ **kamienny** *bud.* stone block, gobbet
~ **kontrolny** *aut.* control block
~ **kotwiący** *inż.* deadman, anchor block
~ **książki** *poligr.* bulk of book
~ **logiczny** *inf.* logical block
~ **metalu** *hutn.* ingot
~ **mieszkalny** *bud.* block of flats; *US* apartment house
~ **pamięci** *inf.* storage block
~ **reaktora** *nukl.* reactor unit
~ **słów** (*komputerowych*) *inf.* block of words
~ **ścienny** *bud.* building block
~ **wejściowy** *inf.* input block
~ **wyjściowy** *inf.* output block
blokada *f masz.* blocking, interlocking
~ **dostępu do danych** *inf.* data interlock
~ ~ **do pamięci** *inf.* memory lockout
~ **samoczynna** *kol.* automatic block system
~ **systemu** *inf.* system deadlock
~ **szumów** *elektron.* noise suppression; muting
blokować *v masz.* block, interlock
blokówka *f poligr.* book stitcher, stapling machine
błąd *m* error; deviation
~ **bezwzględny** absolute error
~ **dopuszczalny** admissible error, permissible error
~ **drukarski** misprint
~ **gruby** blunder, gross error
~ **liczenia** miscount
~ **metodyczny** error of method
~ **narzędzia** (*pomiarowego*) instrument error
~ **nieoznaczony** indeterminate error
~ **oceny** error of estimation
~ **odczytu** misread, reading error
~ **osobisty** *zob.* **błąd subiektywny**
~ **oznaczony** determinate error
~ **parzystości** *inf.* parity error
~ **podziałki** **1.** scale error **2.** *masz.* pitch error
~ **pomiaru** measuring error
~ **poprawności wskazań** (*przyrządu pomiarowego*) bias error
~ **pozorny** apparent error
~ **propagowany** *inf.* inherited error
~ **przestawienia cyfr** *inf.* transposition error
~ **przypadkowy** accidental error; incidental error
~ **przyrządu** instrument error
~ **standardowy** *zob.* **błąd średni**
~ **subiektywny** personal error, observer's error
~ **średni** mean error
~ ~ **kwadratowy** root-mean-square error
~ **wskazania** (*przyrządu*) indication error

~ **z obcinania** (*dalszych cyfr liczby*) *mat.* truncation error
~ **zaokrąglenia** *mat.* rounding error, round-off error
~ **zera** zero error
błędne koło *n* (*przy definiowaniu*) vicious circle
błędnie obliczać *v* miscalculate; miscount
błędny *a* erroneous; incorrect
błękit *m farb.* blue
błona *f* membrane; *fot.* film
~ **barwna** *fot.* colour film
~ **czarno-biała** *fot.* black-and-white film
~ **fotograficzna** photographic film
~ **odwracalna** *fot.* reversal film, reversible film
~ **radiograficzna** radiographic film
błonka *f* film
~ **powierzchniowa** surface film
błonnik *m biochem.* cellulose
błotnik *m mot.* mudguard, wing
błoto *n* mud
błysk *m* flash; burst of light
błyskawica *f* lightning
błyszcz *m min.* glance
~ **antymonu** antimonite, antimony glance
~ **bizmutu** bismuthinite, bismuth glance
~ **kobaltu** cobaltite, cobalt glance
~ **miedzi** chalcocite, copper glance
~ **ołowiu** galena, blue lead, lead glance
~ **srebra** argentite, silver glance
~ **żelaza** h(a)ematite, iron glance
błyszczący *a* glossy; glittering; brilliant
błyszczeć *v* glitter
błyszczenie *n inf.* highlight
boazeria *f bud.* wainscot
bocianie gniazdo *n okr.* crow's nest
bocznica *f* **1.** *kol.* (railway) siding **2.** *górn.* lay-by
bocznik *m* **1.** *el.* shunt **2.** *narz.* side rabbet plane
bocznikować *v el.* shunt
boczny *a* lateral
boczny tor *m kol.* side track
boczny wiatr *m* cross-wind
bod *m tel.* baud, pulse unit: 1 bd = 1 bit/s
bodziec *m* stimulus (*pl* stimuli); incentive
bogactwa *npl* **naturalne** natural resources
bogaty *a* rich
boja *f żegl.* buoy
bojer *m* ice-boat
bojler *m bud.* boiler (*for hot water supply*)
bojowy *a wojsk.* operational, combat
bok *m* side; flank
~ **przeciwległy** *geom.* opposite side
~ **przyległy** *geom.* adjacent side
~ **trójkąta** *geom.* side of a triangle
boks *m* (*pomieszczenie*) box
bokser *m siln.* opposed-cylinder engine
boksyt *m petr.* bauxite
bolometr *m el.* bolometer
bom *m okr.* boom
bomba *f* bomb
~ **atomowa** atomic bomb, A-bomb
~ **głębinowa** depth charge
~ **jądrowa** nuclear bomb
~ ~ **brudna** dirty bomb
~ **kalorymetryczna** *fiz.* (oxygen-)bomb calorimeter, calorimetric bomb
~ **kobaltowa** **1.** cobalt bomb **2.** *med.* cobalt-therapy unit
~ **neutronowa** neutron bomb
~ **nuklearna** *zob.* **bomba jądrowa**
~ **rozszczepieniowa** fission bomb
~ **termojądrowa** thermonuclear bomb, nuclear fusion bomb
~ **wodorowa** hydrogen bomb, H-bomb
~ **zapalająca** incendiary (bomb)
bombardowanie *n* **1.** *wojsk.* bombardment; bombing **2.** *fiz.* bombardment
bombaż *m spoż.* blown can defect
bombowiec *m* bomber
bonderyzacja *f powł.* bonderizing
bonifikata *f ek.* deduction in price
boniowanie *n arch.* rustic work, rustication
bor *m chem.* boron, B
boraks *m* **rodzimy** *min.* borax, tincal
boran *m chem.* borate
borek *m chem.* boride
borowce *mpl chem.* boron family, boron group (B, Al, Ga, In, Tl)
borowodór *m chem.* borane, boron hydride
bort *m min.* bort
bosak *m* boat hook
bozon *m fiz.* boson
brać *v* **namiar** *nawig.* take a bearing
~ **udział** take part, participate, partake
brak *m* **1.** lack, deficiency; shortage; scarcity **2.** (*przedmiot wybrakowany*) reject, discard
~ **odlewniczy** *odl.* waster, faulty casting
~ **równowagi** unbalance
~ **sygnału** no signal
~ **wtopu** *spaw.* lack of fusion, incomplete fusion
brakarz *m* quality control inspector
braki *mpl* **produkcyjne** spoilage
brakoróbstwo *n* spoilage; *bud.* jerry building
brakowanie *n* (*odrzucanie jako brak*) rejection, discarding
brakujący *a* missing
bram *m okr.* topgallant (sail)

brama *f* **1.** gate **2.** *transp.* gantry **3.** *hutn.* slab ingot **4.** *inf.* port
~ **powodziowa** *inż.* flood-gate
~ **śluzy** *inż.* lock gate
bramka *f inf.* gate
bramkowanie *n* **impulsów** *el.* pulse strobing
bramownica *f* gantry crane
bramżagiel *m okr.* topgallant (sail)
branża *f ek.* branch
braunit *m* **1.** *min.* braunite **2.** *met.* braunite
brąz *m* **1.** *met.* bronze **2.** *farb.* brown (*colour*)
~ **aluminiowy** aluminium bronze
~ **bezcynowy** tin-free bronze
~ **cynowo-cynkowy** zinc bronze
~ **cynowy** tin bronze
brązal *m met.* aluminium bronze
brązowanie *n powł.* bronzing
brezent *m* canvas
~ **impregnowany** tarpaulin
brom *m chem.* bromine, Br
bromek *m chem.* bromide
~ **potasowy** potassium bromide
~ **srebrowy** silver bromide
bromian *m chem.* bromate
bromowodór *m chem.* hydrogen bromide
brona *f roln.* harrow
~ **chwastownik** weeder
~ **ciężka** heavy harrow; brake (harrow)
~ **kolczatka** rotary harrow
~ **sprężynowa** spring-tooth harrow
~ **talerzowa** disk harrow
~ **zębowa** tooth harrow, tine harrow
bronować *v* harrow
broń *f wojsk.* weapon; arms, armament
~ **artyleryjska** artillery
~ **atomowa** atomic weapon
~ **automatyczna** automatic (gun)
~ **biologiczna** biological weapon
~ **jądrowa** nuclear weapon
~ **konwencjonalna** conventional weapon
~ **małokalibrowa** small arms
~ **masowej zagłady** weapon of mass destruction
~ **maszynowa** machine gun
~ **myśliwska** shotgun
~ **palna** fire-arms; gun
~ **pancerna** armoured vehicles
~ **rakietowa** rocket weapon
~ **samoczynna** automatic (gun)
~ **samopowtarzalna** self-loading weapon
~ **strategiczna** strategic (nuclear) weapon
~ **strzelecka** small arms
~ **termojądrowa** thermonuclear weapon
~ **zaczepna** offensive weapon
broszura *f* booklet, brochure
broszurowanie *n poligr.* stitching (*of books*)
browar *m* brewery
bród *m* (*na rzece*) ford
brud *m* dirt, soil
brudny *a* dirty
bruk *m drog.* pavement
brukować *v* pave
brukowiec *m* paving stone, cobble
brulion *m* (*listu, dokumentu*) rough draft, rough copy
brunatny *a* brown
brutto *a* gross (*weight etc.*)
bruzda *f* furrow, groove, chase
~ **gwintu** *masz.* root of thread
~ **instalacyjna** (*do przewodów*) *bud.* wall chase
~ **lufy** rifle, groove of a barrel
bruzdowanie *n* (*powstawanie bruzd*) *masz.* ridging
~ **luf** *obr.skraw.* gun rifling
brygada *f* (*robotników*) gang (*of workers*), squad
~ **awaryjna** emergency squad
~ **dozorująca** maintenance gang
~ **remontowa** repair gang; repair team
~ **zmianowa** shift
brygadzista *m* chargehand, foreman, ganger
brykieciarka *f* briquetting machine
brykiet *m* briquet(te)
brykietowanie *n* briquetting
brylant *m* brilliant (*diamond of finest cut*)
bryła *f* **1.** *geom.* solid, body **2.** lump, chunk, clod
~ **foremna** *geom.* regular solid
~ **obrotowa** *geom.* solid of revolution, body of revolution
~ **węgla** cob, lump of coal
~ **ziemi** lump of earth, clod
brystol *m papiern.* Bristol (board), bristol
bryza *f meteo.* breeze
bryzgać *v* splash
brzechwa *f wojsk.* fin, vane (*of a bomb*)
brzeczka *f ferm.* wort
~ **garbarska** *skór.* tan(ning) liquor, bark liquor
~ **piwna** brewer's wort
brzeg *m* **1.** *geol.* shore; bank **2.** edge; margin **3.** *mat.* boundary
~ **figury** *geom.* periphery
~ **morski** seashore; coast
~ **rzeki** river bank
~ **spoiny** *spaw.* toe of weld
~ **tkaniny** *włók.* list(ing)
~ **wzmocniony** (*tkaniny, siatki*) selvage

brzeszczot *m narz.* blade
brzęczenie *n el.* buzz(ing)
brzęczyk *m el.* buzzer
brzmieć *v* sound
brzusiec *m* **fali** *fiz.* loop of a wave
buczek *m* hooter; howler; (*powietrzny lub parowy*) typhon
budka *f* booth; hut
~ **telefoniczna** call box, telephone booth
budowa *f* **1.** building; construction **2.** structure
~ **atomu** atomic structure
~ **chemiczna** chemical constitution
~ **cząsteczki** molecular structure
~ **dróg** road making; highway engineering
~ **komórkowa** cellular structure
~ **krystaliczna** crystal structure
~ **makroskopowa** macrostructure
~ **maszyn** machine building, mechanical engineering
~ **materii** constitution of matter
~ **mikroskopowa** microstructure
~ **okrętów** naval architecture; shipbuilding
budować *v* build; construct; erect
budowla *f* building; structure
~ **ochronna** *inż.* work of defence, work of protection
~ **piętrząca** *hydr.* dam; weir
~ **wodna** water plant
~ **ziemna** earthen structure
budowlani *mpl* building workers
budownictwo *m* building engineering; building industry
~ **lądowe i wodne** civil engineering
~ **mieszkaniowe** housing
~ **okrętowe** shipbuilding; naval architecture
~ **przemysłowe** industrial building
~ **wielkopłytowe** large-panel construction
~ **wodne** hydro-engineering
budowniczy *m* builder
~ **okrętów** shipbuilder
budulec *m* building timber, structural lumber; building materials
budynek *m* building; house
~ **biurowy** office building
~ **fabryczny** factory building
~ **mieszkalny** apartment building
~ **użyteczności publicznej** public building
~ **w stanie surowym** shell of building
~ **wielopiętrowy** multistoreyed building
~ **z elementów prefabrykowanych** prefabricated building
budzik *m* alarm clock
budżet *m ek.* budget
bufor *m* **1.** buffer, bumper **2.** *chem.* buffer, buffered solution **3.** *inf.* buffer (memory)
buldożer *m* **1.** *inż.* bulldozer **2.** *obr.plast.* bulldozer, horizontal bending machine
bulgotać *v* bubble
bunkier *m* **1.** *wojsk.* bunker; blockhouse **2.** *okr.* bunker (*ship's fuel place*) **3.** *żegl.* fuel
bunkierka *f zob.* **bunkrowiec**
bunkrowanie *n żegl.* bunkering
~ **węgla** coaling
bunkrowiec *m* fuel ship, bunkering boat
burak *m* **cukrowy** sugar beet
~ **pastewny** mangel, fodder beet
bursztyn *m* amber
burta *f okr.* ship's side
~ **nawietrzna** weather-side, weather board, windward side
~ **zawietrzna** lee side
burza *f* storm
~ **gradowa** hail-storm
~ **jonosferyczna** ionospheric storm
~ **magnetyczna** (geo)magnetic storm
~ **mózgów** (*forma narady produkcyjnej*) brainstorming
~ **piaskowa** sand-storm
~ **z piorunami** thunder-storm
burzliwość *f* turbulence (*of flow*)
burzliwy *a* **1.** turbulent **2.** *meteo.* stormy
burzowiec *m inż.* storm sewer, storm drain
burzyć *v* demolish (*old buildings*)
~ **się** effervesce
busola *f* compass
~ **deklinacyjna** declinometer
~ **geodezyjna** circumferentor
~ **inklinacyjna** dip-needle
~ **magnetyczna** magnetic compass
~ **-matka** master compass
~ **żyroskopowa** gyroscopic compass, gyrocompass
buster *m* (*urządzenie wspomagające*) booster
buszel *m jedn.* bushel, bu
butadien *m chem.* butadiene
butan *m chem.* butane
butelka *f* bottle
~ **lejdejska** *el.* Leyden jar
~ **magnetyczna** *nukl.* magnetic bottle
butelkować *v* bottle, put into bottles
butla *f* large bottle
~ **do gazu** gas cylinder
~ **Nansena** *ocean.* Nansen bottle, Patterson-Nansen bottle, reversing water bottle
~ **szklana** glass balloon
~ ~ **opleciona** carboy
~ **tlenowa** oxygen cylinder
butwieć *v* rot, decay

być *v* **w naprawie** undergo repairs
~ **w pogotowiu** stand by
~ **w ruchu** move; run
~ **wodowanym** (*o statku*) take the sea

bydło *n* cattle
bydłowiec *m okr.* cattle carrier
bystry *a* (*nurt*) rapid
bystrze *n* rapids

C

cal *m jedn.* inch: $1'' = 2.54 \cdot 10^{-2}$ m
calizna *f roln.* undisturbed soil
~ **węglowa** *górn.* body of coal, unmined coal
calówka *f* **1.** *metrol.* inch-rule **2.** *drewn.* one-inch plank
całka *f mat.* integral
~ **krzywoliniowa** curvilinear integral, contour integral
~ **nieoznaczona** indefinite integral
~ **okrężna** (*wektora*) circulation
~ **oznaczona** definite integral
~ **wielokrotna** multiple integral
całkować *v mat.* integrate
całkowalny *a mat.* integrable
całkowanie *n mat.* integration
całkowicie metalowy all-metal
całkowicie rozpuszczalny completely soluble, fully soluble
całkowicie rozpuszczalny w wodzie all-water-soluble
całkowicie spawany all-welded
całkowicie suchy completely dry, absolutely dry
całkowicie wypalony dead-burnt
całkowicie zamknięty totally enclosed
całkowicie zautomatyzowany fully automatic
całkowitość *f mat.* integrity, wholeness
całkowity *a* complete; total; overall
całkowy *a mat.* integral
całodobowy *a* round-the-clock (*service*)
całodzienny *a* full day's (*work*)
całość *f* total; whole
cech *m* guild
cecha *f* **1.** characteristic; quality; feature **2.** mark; stamp **3.** *genet.* character
~ **charakterystyczna** characteristic, specific quality
~ **jakości** quality symbol
~ **konstrukcyjna** design feature
~ **legalizacyjna** *metrol.* verification mark, verification stamp
~ **logarytmu** *mat.* characteristic of a logarithm
~ **pożądana** desired characteristic
cechowanie *n metrol.* calibration; marking; stamping

cedzić *v* strain, filter
cedzidło *n* strainer; filter
cegielnia *f* brickyard
ceglany *a* (made of) brick
ceglarka *f* brick press
cegła *f* brick
~ **dynasowa** *zob.* **cegła krzemionkowa**
~ **dziurawka** cavity brick, cellular brick
~ **krzemionkowa** silica brick, dinas brick
~ **licówka** face brick
~ **ogniotrwała** firebrick, fireclay brick
~ **pustakowa** hollow brick, structural tile
~ **surówka** green brick, adobe
~ **szamotowa** chamotte brick
cel *m* target
celka *f el.* cell
celność *f wojsk.* accuracy (*e.g. of fire*)
celny *a* **1.** *wojsk.* accurate (*shot, fire*) **2.** customs, tariff
celofan *m tw.szt.* cellophane
celon *m farb.* dope
celowa *f geod.* sight (line)
celować *v* sight; aim
celownik *m* **1.** *fot.* view-finder **2.** *wojsk.* sight
celuloid *m tw.szt.* celluloid
celuloza *f biochem.* cellulose
celulozownia *f papiern.* pulp mill
cement *m* cement
~ **ekspansywny** expanding cement
~ **hutniczy** metallurgical cement, blast-furnace cement
~ **murarski** masonry cement
~ **naturalny** natural cement, Roman cement
~ **portlandzki** Portland cement
~ **szybkowiążący** quick-setting cement
cementacja *f* **1.** *bud.* cementation; grouting **2.** *obr.ciepl.* carburizing, case-hardening
cementować *v bud.* cement
cementownia *f* cement plant
cementyt *m met.* cementite, iron carbide
~ **drugorzędowy** hypereutectoid cementite
~ **eutektoidalny** pearlitic cementite
~ **eutektyczny** eutectic cementite
~ **pierwszorzędowy** primary cementite
~ **trzeciorzędowy** tertiary cementite

cena *f ek.* price
~ **brutto** gross price, long price
~ **detaliczna** retail price
~ **hurtowa** wholesale price
~ **jednostkowa** *ek.* unit price, price per unit
~ **katalogowa** catalogue price
~ **konkurencyjna** competitive price
~ **kontrolowana** state-controlled price
~ **kosztu** cost price
~ **netto** net price, short price
~ **ostateczna** last price
~ **podaży** supply price, offering price
~ **popytu** demand price
~ **rynkowa** market price
~ **stała** fixed price; firm price
~ **światowa** world-market price
~ **umiarkowana** moderate price, reasonable price
~ **umowna** agreed price, contract price
~ **własna** cost price
~ **wolnorynkowa** free-market price
~ **wywoławcza** starting price
~ **zniżkująca** decreasing price, falling price
~ **zniżona** reduced price
~ **zwyżkująca** increasing price, rising price
~ **żądana** asked price, demanded price
cennik *m* price list
cent *m* **1.** (*jednostka reaktywności reaktora*) *nukl.* cent **2.** *akust.* cent (*jednostka interwału częstotliwości*)
centrala *f* **1.** central office, head office **2.** *telef.* exchange **3.** *okr.* control room
~ **automatyczna** *tel.* automatic exchange
~ **międzymiastowa** toll exchange, trunk exchange
~ **przedsiębiorstwa** central office, head office
centralizować *v* centralize
centralna rejestracja *f* **danych** *inf.* data logging
centralne ogrzewanie *n* central heating
centralny *a* central
centroida *f mech.* centrode
centrosfera *f geol.* centrosphere, barysphere
centrowanie *n* centring, alignment
centrum *n* **1.** centre; *US* center **2.** *geom.* centre, midpoint
~ **handlowe** commercial centre; shopping centre
~ **obróbkowe** machining centre
centy- centi- (*prefix representing* 10^{-2})
centymetr *m jedn.* centimetre: 1 cm = 10^{-2} m
cenzura *f* censorship
ceownik *m* channel, channel section, channel bar
ceowniki *mpl* **stalowe** channel iron, U-iron
cep *m roln.* **1.** *narz.* flail, beater **2.** *masz.* beater plate
cer *m chem.* cerium, Ce
ceramiczny *a* ceramic
ceramika *f* ceramics
~ **elektrotechniczna** electroceramics
~ **metali** powder metallurgy, metal ceramics
cerata *f* oilcloth
ceratka *f* **izolacyjna** *el.* cambric, varnished cloth
cerezyna *f* ceresine (wax)
cermet *m zob.* **cermetal**
cermetal *m* ceramet, cermet, metal-ceramic
certyfikacja *f* certification
certyfikat *m* certificate
cetnar *m* **amerykański** *jedn.* short hundredweight, cental, centner, quintal: 1 cwt = 45.359 kg
~ **angielski** *jedn.* imperial hundredweight, long hundredweight: 1 cwt = 50.802 kg
cetyna *f drewn.* needle-cuts
cewa *f* (*maszyny wyciągowej*) *górn.* bobbin drum (*of a hoisting machine*)
cewiarka *f włók.* weft winder
cewienie *n włók.* spooling, weft yarn winding
cewka *f* **1.** *el.* coil **2.** *włók.* spool; bobbin
~ **dławikowa** choking coil
~ **indukcyjna** induction coil, inductor
~ **magneśnicy** field coil
~ **odchylająca** *elektron.* deflector coil
~ **ogniskująca** *elektron.* focusing coil, concentration coil
~ **reakcyjna** *elektron.* tickler coil
~ **zapłonowa** *siln.* ignition coil
cez *m chem.* caesium, Cs
cęgi *pl narz.* pincers
chalkopiryt *m min.* chalcopyrite, copper pyrite
chałupnictwo *n* homework, cottage industry
charakter *m mat.* character
charakterystyczny *a* characteristic
charakterystyka *f* characteristic; characteristic curve
~ **mocowo-prądowa** *el.* power-current characteristic
~ **pracy** *masz.* performance characteristic, performance curve
~ **silnika** engine performance

chemia *f* chemistry
~ **analityczna** analytical chemistry
~ **czysta** pure chemistry
~ **doświadczalna** experimental chemistry
~ **fizyczna** physical chemistry
~ **gospodarcza** household chemistry
~ **nieorganiczna** inorganic chemistry
~ **niskich temperatur** cryochemistry
~ **ogólna** general chemistry
~ **organiczna** organic chemistry
~ **przemysłowa** industrial chemistry
~ **radiacyjna** radiation chemistry
~ **rolna** agricultural chemistry
~ **ropy naftowej** petrochemistry
~ **stosowana** applied chemistry
~ **teoretyczna** theoretical chemistry
chemiczne zapotrzebowanie *n* **tlenu** *san.* chemical oxygen demand
chemicznie bierny chemically inert
chemicznie czynny chemically active
chemicznie czysty chemically pure
chemicznie trwały chemically stable
chemiczny *a* chemical
chemigrafia *f poligr.* half-tone process, block-making
chemik *m* chemist
~ **analityk** analytical chemist
chemikalia *pl* chemicals
chemizacja *f* **rolnictwa** chemicalization of agriculture
chemochronologia *f* chemical dating
chip *m elektron.* chip
chiralność *f chem.* chirality
chiralny *a* chiral
chlewnia *f* (pig)sty, piggery
chlor *m chem.* chlorine, Cl
chloran *m chem.* chlorate
chlorator *m* **1.** *papiern.* bleaching boiler **2.** *san.* chlorinator
chlorek *m chem.* chloride
chlorofil *m biochem.* chlorophyl
chlorokauczuk *m* chlorinated rubber
chloroplast *m bot.* chloroplast
chlorowanie *n chem.* chlorination
chlorowce *mpl chem.* (*4 elements: chlorine, bromine, iodine, astatine*)
chlorowcokwas *m chem.* halogen acid, haloid acid
chlorowcopochodna *f chem.* halogen derivative
chlorowcowanie *n chem.* halogenation
chlorowodorek *m chem.* hydrochloride
chlorowodór *m chem.* hydrogen chloride
chloryn *m chem.* chlorite
chłodnia *f* **1.** *chłodn.* cold store **2.** cooler **3.** *hutn.* cooling bed, hot bed
chłodnica *f* cooler; radiator; *chem.* condenser
~ **końcowa** (*sprężarki*) aftercooler
~ **międzystopniowa** (*sprężarki*) intercooler, interstage cooler
~ **powietrzno-rurkowa** *mot.* cellular radiator, honeycomb radiator
~ **wodnorurkowa** *mot.* tubular radiator
chłodnictwo *n* refrigeration, refrigerating engineering
chłodniowiec *m okr.* refrigerated vessel, cold storage vessel
chłodzenie *n* **1.** cooling **2.** refrigeration
~ **ablacyjne** *kosm.* ablation, ablative cooling
~ **kąpielowe** *obr.ciepl.* bath cooling
~ **nadmierne** overcooling
~ **obiegowe** closed-circuit cooling
~ **wstępne** precooling, forecooling
chłodziarka *f* refrigerator; refrigerating machine
~ **absorpcyjna** absorption refrigerator
~ **domowa** household refrigerator
~ **sprężarkowa** compression refrigerator
chłodzić *v* cool; refrigerate
chłodziwo *n* coolant, cooling agent; *obr.skraw.* cutting fluid
~ **reaktorowe** *nukl.* reactor cooling medium
chłodzony powietrzem air-cooled
chłodzony wodą water-cooled
chłonąć *v* absorb; imbibe
chłonność *f* absorptivity, absorbing power
chłonny *a* absorptive; *powł.* hungry
chmura *f* cloud
~ **deszczowa** nimbus, rain-cloud
~ **elektronowa** *fiz.* electron cloud
~ **jonowa** *elchem.* ion atmosphere, ion cloud
~ **radioaktywna** radioactive cloud
chodnik *m* **1.** *drog.* sidewalk; footway **2.** *górn.* gallery; gangway
~ **eksploatacyjny** *górn.* extraction gallery, pull drift
~ **poszukiwawczy** *górn.* exploratory drift, monkey drift
~ **transportowy** *górn.* carrying gangway
~ **ucieczkowy** *górn.* escape road, escape way
~ **wentylacyjny** airway, ventilating road
cholewa *f* **1.** *hutn.* bootleg, top hat **2.** *szkl.* roller, cylinder
chomątko *n* clip; thimble
choroba *f* **cynowa** *met.* tin pest, tin disease
~ **kesonowa** caisson disease, decompression illness
~ **popromienna** radiation sickness
~ **wodorowa** *met.* hydrogen disease, hydrogen embrittlement

chowany *a masz.* retractable
chód *m* **zegara** clock rate
chrom *m chem.* chromium, Cr
chromatografia *f chem.* chromatography
chromatron *m TV* chromatron
chromatyczność *f opt.* chromaticity, chroma
chromatyzm *m opt.* chromatism, chromatic aberration, colour aberration
chromian *m chem.* chromate
chromianowanie *n powł.* chromate coating, chromating, chromate treatment
chrominancja *f TV* chrominance
chromonikielina *f met.* chrome-nickel, nichrome
chromosfera *f astr.* chromosphere
chromosom *m biol.* chromosome
chromowanie *n* **1.** *powł.* chrome plating **2.** *obr.ciepl.* chrome hardening
chromowce *mpl chem.* chromium group, chromium family (Cr, Mo, W)
chromowy *a chem.* chromic
chronić *v* safeguard, protect
chronograf *m metrol.* chronograph
chronometr *m zeg.* chronometer
chronometraż *m ek.* timekeeping, time study
chronometrażysta *m ek.* timekeeper, time-study engineer
chronometria *f* chronometry
chropowatość *f* roughness; coarseness
chropowaty *a* coarse; rough
chwast *m roln.* weed
chwastobójczy *a* herbicidal
chwiejny *a* instable
chwila *f* instant, moment
chwilowy *a* instantaneous
chwyt *m* **1.** grip; shank **2.** intake **3.** *włók.* hand, feel
chwytacz *m masz.* catcher; arrester
~ **iskier** spark arrester
~ **oleju** oil trap
~ **rdzenia** *wiertn.* core catcher
~ **tłuszczu** *san.* grease trap
chwytać *v* catch; grip; grab
chwytak *m* grab; bucket; gripping device
chwytnik *m* (*dźwigu*) safety stop, safety gear
chybić *v* miss (*the target*)
chybotanie *n* (*kół pojazdu*) *masz.* wobble; shimmy
~ **tłoka** *siln.* piston slapping
chyłomierz *m lotn.* inclinometer
ciało *n* **1.** *fiz.* body; substance **2.** *mat.* field **3.** *biol.* body; soma
~ **bezpostaciowe** amorphous body
~ **ciekłe** liquid body
~ **(doskonale) białe** *fiz.* white body
~ **(doskonale) czarne** *fiz.* blackbody, full radiator
~ **(doskonale) sprężyste** *mech.* elastic body
~ **(doskonale) sztywne** *mech.* rigid body
~ **doskonałe** *fiz.* perfect body, ideal body
~ **Hooke'a** *mech.* Hooke's body
~ **idealne** *zob.* **ciało doskonałe**
~ **jednorodne** *fiz.* homogeneous body, uniform body
~ **liczbowe** *mat.* number field, number domain
~ **niebieskie** *astr.* celestial body, heavenly body
~ **obce** foreign matter
~ **opływowe** *mech.pł.* fish-type body
~ **oporowe** *mech.pł.* blunt body
~ **plastyczne** *mech.* plastic body, plastic
~ **płynne** *mech.pł.* fluid body
~ **promieniotwórcze** radioactive substance
~ **rzeczywiste** *mech.* real body
~ **stałe** *fiz.* solid, solid body
~ **szare** *fiz.* grey body, non-selective radiator
~ **zbiorów** *mat.* field of sets
ciasny *a* tight
ciąć *v* cut
~ **na kostki** cube; dice
~ **na plastry** slice
ciąg *m* **1.** *mat.* sequence **2.** train, series **3.** draught, draft **4.** *lotn.*, *rak.* thrust **5.** *obr.plast.* draw
~ **fal** *fiz.* wave train
~ **kominowy** chimney draught, stack effect
~ **liczbowy** *mat.* sequence of numbers
~ **malejący** *mat.* decreasing sequence
~ **naturalny** natural draught
~ **ograniczony** *mat.* bounded sequence
~ **produkcyjny** production line
~ **przewodów** *el.* wireway
~ **rosnący** *mat.* increasing sequence
~ **rozporządzalny** *lotn.* available thrust
~ **rur** pipe-line
~ **skończony** *mat.* finite sequence
~ **statyczny** *lotn.* static thrust
~ **sztuczny** forced draught, induced draught
~ **zbieżny** *mat.* convergent sequence
~ **zerowy** *mat.* null sequence
ciągadło *n obr.plast.* drawing die
ciągliwość *f* ductility
ciągliwy *a* ductile
ciągłość *f* continuity
ciągły *a* continuous
ciągnąć *v* **1.** pull; haul, drag **2.** *obr.plast.* draw

ciągnienie *n* **1.** pulling; hauling, draging **2.** *obr.plast.* drawing
~ **drutu** wire-drawing
~ **prętów** bar drawing
~ **sieci** (*trakcyjnej*) *el.* wiring
~ **szybem** *górn.* winding
ciągnik *m* tractor
ciągomierz *m* draught gauge
ciągownik *m obr.plast.* drawing die
ciążenie *n* gravitation
cichobieżny *a* silent-running
cichy *a* silent, noiseless
ciecz *f* liquid
~ **chłodząca** liquid coolant
~ **chłodząco-smarująca** *obr.skraw.* cutting fluid, cutting compound
~ **ciężka** *wzbog.* heavy liquid
~ **doskonała** *mech.pł.* ideal liquid, perfect liquid
~ **hartownicza** hardening liquid, quenching fluid
~ **hydrauliczna** hydraulic fluid
~ **macierzysta** *met.* mother liquor
~ **manometryczna** *metrol.* manometer liquid, indicating liquid
~ **newtonowska** *mech.pł.* Newtonian fluid
~ **nienewtonowska** *zob.* **ciecz plastyczna**
~ **niezwilżająca** non-wetting liquid
~ **plastyczna** *mech.pł.* non-Newtonian fluid
~ **przechłodzona** supercooled liquid
~ **przegrzana** superheated liquid
~ **rzeczywista** *mech.pł.* real liquid, natural liquid
~ **wyparta** displaced liquid
~ **zwilżająca** wetting liquid
ciek *m* **podziemny** *geol.* underflow
~ **wodny** watercourse
ciekły *a* liquid
ciekły kryształ *m* liquid crystal
ciekły tlen *m* liquid oxygen, loxygen, lox
ciemnia *f el.* dark space
~ **fotograficzna** dark-room
~ **optyczna** dark chamber, camera obscura
ciemna plamka *f TV* dark-spot
ciemny *a* dark
cieniowanie *n farb.*, *rys.* shading
cienki *a* thin; light-gauge
cienko uwarstwiony *geol.* thin-bedded
cienkościenny *a* thin-walled
cienkowarstwowy *a* thin-layer; *elektron.* thin-film
cień *m* shadow
~ **cieplny** *fiz.* heat shadow
cieplarka *f zoot.* incubator
cieplarnia *f roln.* hot-house
cieplica *f geol.* therma (*pl* thermae)
cieplny *a* thermal; thermic; calorific
ciepło *n* heat
~ **atomowe** atomic heat
~ **jawne** *zob.* **ciepło odczuwalne**
~ **odczuwalne** *fiz.* sensible heat
~ **odlotowe** *zob.* **ciepło odpadowe**
~ **odpadowe** waste heat, off-heat, exhaust heat, rejected heat
~ **parowania** heat of vaporization, heat of evaporation
~ **powyłączeniowe** *nukl.* after-heat
~ **przemiany** *fiz.* heat of transition
~ **reakcji** *chem.* heat of reaction
~ ~ **jądrowej** *nukl.* Q-value, nuclear disintegration energy
~ **spalania** heat of combustion; *paliw.* calorific value
~ **topnienia** heat of fusion
~ **utajone** latent heat, heat of phase transition
~ **właściwe** specific heat
ciepłochronny *a* heat-insulating
ciepłokrwisty *a biol.* warm-blooded
ciepłownia *f* heat-generating plant
ciepłownictwo *n* heat engineering
ciepły *a* **1.** warm **2.** *nukl.* warm
cierny *a* frictional
ciesielstwo *n* carpentry
cieśla *m* carpenter
~ **górniczy** timberer
~ **okrętowy** shipwright
cieślica *f drewn.* adze
cieśnina *f geogr.* strait(s)
cięcie *n* cutting; *leśn.* felling
~ **acetylenowo-tlenowe** *spaw.* oxy--acetylene cutting
~ **gazowe** *spaw.* flame cutting, gas cutting
~ **lancą tlenową** *spaw.* lance cutting, lancing
~ **laserowe** cutting by laser
~ **łukowe** *spaw.* arc cutting
~ **maszynowe** machine cutting
~ **metali piłką ręczną** hacksawing
~ **na kłody** *drewn.* logging
~ **na kostki** cubing, cutting into cubes
~ **nożycami** shearing
~ **pakietowe** stack cutting, piled-plate cutting
~ **piłą** sawing
~ **plazmowe** plasma (arc) cutting
~ **poprzeczne** *drewn.* cross-cutting
~ **termiczne** thermal cutting
~ **tlenowe** *spaw.* oxygen cutting, oxycutting
~ **wzdłużne** *drewn.* ripping
cięciwa *f geom.* chord

cięgło *n mech.* pull rod
cięgno *n mech.* string, tension member
~ **hamulca** *mot.* brake rod
~ **napędowe** wrapping connector
ciężar *m* weight
~ **atomowy** atomic mass, atomic weight
~ **brutto** gross weight
~ **całkowity** total weight; all-up weight
~ **cząsteczkowy** molecular mass, molecular weight
~ **holowany** *transp.* tow weight; towed load
~ **jednostkowy** *siln.* specific weight
~ **ładunku** *transp.* payload
~ **nadmierny** excessive weight, excess of weight
~ **nasypowy** (*proszków*) bulk density; apparent powder density
~ **netto** net weight
~ **opakowania** tare
~ **pozorny** *hydr.* apparent weight
~ **silnika suchego** dry weight of an engine
~ **służbowy** *kol.* weight in working order
~ **użyteczny** *transp.* payload
~ **własny** deadweight
~ **właściwy** specific weight
ciężarek *m* weight, bob
~ **pionu** plumb, plumb bob
ciężarowskaz *m wiertn.* drillometer
ciężarówka *f* motor truck, lorry
ciężka benzyna *f* naphtha
ciężka praca *f* hard work
ciężka woda *f* heavy water, deuterium oxide
ciężki *a* heavy
ciężki ciągnik *m* **terenowy** land locomotive
ciężki wodór *m* heavy hydrogen, deuterium, D
ciężkie warunki *mpl* **pracy urządzenia** severe duty
ciężkość *f* gravity, earth pull
cios *m* **1.** *bud.* cut stone, ashlar **2.** *geol.* joint, jointing
ciosać *v* hew; adze
ciskacz *m górn.* car pusher, putter
cisza *f* **1.** silence **2.** *meteo.* calm
~ **radiowa** radio silence
ciśnienie *n* pressure, unit pressure
~ **absolutne** absolute pressure
~ **atmosferyczne** atmospheric pressure, barometric pressure
~ **całkowite** *hydr.* total pressure
~ **górotworu** *geol.* rock pressure, geostatic pressure
~ **indykowane** *siln.* indicated pressure
~ **krytyczne** critical pressure
~ **ładowania** *siln.* boost, boost pressure
~ **manometryczne** gauge pressure, manometric pressure
~ **niskie** low pressure
~ **normalne** *fiz.* normal pressure (p = 1 atm)
~ **otoczenia** ambient pressure
~ **powierzchniowe** surface pressure
~ **robocze** working pressure
~ **spalania** *siln.spal.* peak firing pressure
~ **sprężania** compression pressure
~ **użyteczne** effective pressure
~ **wlotowe** *siln.* admission pressure, inlet pressure
~ **wsteczne** back pressure
~ **wylotowe** *siln.* exhaust pressure
~ **wysokie** high pressure
~ **znamionowe** pressure rating
ciśnieniomierz *m* manometer, pressure gauge
cło *n* customs, customs duty
cmentarzysko *n* (*odpadów radioaktywnych*) *nukl.* burial ground, graveyard
codzienny *a* daily
cofać *v* retract
~ **się** *mot.* reverse; withdraw; retreat
cofnięcie *n* **się płomienia** *spaw.* flashback
cokół *m bud.* pedestal
~ **lampy** *elektron.* base of an electron tube
~ **przypodłogowy** *bud.* washboard
continuum *n* **1.** *mat.* continuum **2.** *fiz.* continuum
~ **materialne** *fiz.* continuous medium, material continuity, substantial continuity
cosecans *m mat.* cosecant, cosec
cosinus *m mat.* cosine, cos
cosinusoida *f mat.* cosine curve
cotangens *m mat.* cotangent, ctg
cotangensoida *f mat.* cotangent curve
cukier *m* **1.** *chem.* sugar **2.** *spoż.* sugar
cukrownia *f* sugar factory
cukrownictwo *n* sugar industry
cukry *mpl chem.* sugars, saccharides, carbohydrates
cuma *f okr.* mooring line
cumowanie *n* **1.** *żegl.* mooring **2.** *kosm.* docking
cybernetyka *f* cybernetics
cycero *n poligr.* **1.** *jedn.* pica **2.** (*stopień pisma*) pica
cyfra *f mat.* digit, figure, numeral, cipher
~ **bardziej znacząca** *inf.* high-order digit
~ **dwójkowa** binary digit, bit
~ **dziesiętna** decimal(-coded) digit
~ **kontrolna** check number
~ **mniej znacząca** *inf.* low-order digit

~ **po przecinku** fractional digit
~ **przeniesienia** carry digit
~ **znacząca** significant digit
cyfronika *f* digital-circuit engineering, digital electronics
cyfrowa płyta *f* **dźwiękowa** *elakust.* compact disk
cyfrowy *a* digital; numeric(al)
cyfry *fpl* **arabskie** arabic numerals
~ **rzymskie** roman numerals
cyjanek *m chem.* cyanide
cyjanowanie *n obr.ciepl.* cyanide hardening, cyaniding
~ **gazowe** gas cyaniding, carbonitriding, nitrocarburizing
~ **kąpielowe** liquid cyaniding, liquid carbonitriding
cyjanowodór *m chem.* hydrogen cyanide
cykl *m* cycle
~ **hydrologiczny** hydrologic cycle
~ **maszynowy** *inf.* machine cycle
~ **neutronowy** *nukl.* neutron cycle
~ **paliwowy** *nukl.* fuel cycle
~ **pamięci** *inf.* memory cycle
~ **produkcyjny** production cycle, manufacturing cycle
~ **protonowo-protonowy** *nukl.* proton-proton chain, deuterium cycle
~ **remontowy** overhaul life
~ **roboczy** work cycle; duty cycle
~ **rozkazowy** *inf.* instruction cycle
~ **termodynamiczny** thermodynamic cycle
~ **węglowo-azotowy** *nukl.* carbon-nitrogen cycle
cyklicznie *adv* in cycles
cykliczny *a* cyclic
cyklina *f drewn.* scraper
cyklinować *v drewn.* scrape
cyklizacja *f chem.* cyclization, ring formation
cykloida *f geom.* cycloid
cyklon *m* **1.** *masz.* cyclone **2.** *meteo.* cyclone
cyklotron *m nukl.* cyclotron (accelerator)
cylinder *m masz.* cylinder
~ **hydrauliczny** hydraulic cylinder
~ **miarowy** *lab.* graduated cylinder, measuring cylinder
~ **piętrzący** *hydr.* impact cylinder
~ **pneumatyczny** air powered cylinder
~ **przeszlifowany** *siln.* reground cylinder
cylindry *mpl* **przeciwległe** *siln.* opposed cylinders
~ **w układzie rzędowym** *siln.* in-line cylinders
cylindryczny *a* cylindrical
cyna *f chem.* tin, Sn
cynfolia *f* tin-foil, stanniol
cynk *m chem.* zinc, Zn
~ **handlowy** *met.* spelter, commercial zinc
cynkal *m met.* mazak, zamak, durak
cynki *mpl* **antykorozyjne** zinc protectors, zincs
cynkit *m min.* zincite, red zinc ore
cynkografia *f poligr.* zincography, halftone process
cynkowanie *n powł.* galvanizing, zinc plating, zinc coating
~ **dyfuzyjne** sherardizing
~ **elektrolityczne** electrolytic zinc coating, electro-galvanizing, wet galvanizing, cold galvanizing
~ **ogniowe** hot galvanizing
~ **z przeżarzaniem** galvannealing
cynkowce *mpl chem.* zinc family, zinc group (Zn, Cd, Hg)
cynober *m min.* cinnabar, natural vermilion
cynowanie *n powł.* tinning, tin plating
cynowy *a* **1.** *chem.* stannic **2.** (made of) tin
cyplowanie *n skór.* trimming
cyrkiel *m* compass(es)
~ **drążkowy** beam compasses, trammel
~ **eliptyczny** ellipsograph, elliptic trammel
~ **pomiarowy** dividers
~ **redukcyjny** proportional dividers
~ **warsztatowy** dividers
~ **zerowy** drop compasses, rotating compasses
cyrkon *m chem.* zirconium, Zr
cyrkulacja *f* **1.** circulation **2.** *mat.* circulation
cyrkulator *m* **1.** *masz.* circulator **2.** *el.* circulator
cysterna *f* cistern, tank
cytrok *m skór.* paddle vat
czad *m* carbon monoxide
czadnica *f* gas generator, gas producer, gasifier
czarna dziura *f astr.* black hole
czarna skrzynka *f cybern.* black box; *lotn.* flight recorder; crash recorder
czarnoziem *m gleb.* black-earth, chernozem
czarny rynek *m ek.* black market
czarter *m ek.* charter
czas *m* time
~ **cyklu** (*pamięci*) *inf.* cycle time
~ **dostępu** *inf.* access time
~ **ekspozycji** *fot.* exposure time
~ **gwiazdowy** sidereal time
~ **hamowania** *mot.* braking time
~ **jałowy** dead time, idle time

~ **maszynowy 1.** *ek.* machine time **2.** *inf.* machine (available) time
~ **miejscowy** local time
~ **między awariami** time between failures
~ **narastania** *aut.* rise time
~ **oczekiwania** *inf.* waiting time
~ **połowicznego zaniku** *nukl.* half-life, half-period
~ **postoju** *kol.* standing time; *żegl.* lay time, lay days
~ **pracy** worktime
~ **przestoju** *masz* standing time; idle time
~ **regeneracji** *nukl.* recovery time
~ **regulacji** *aut.* setting time
~ **ręczny** (*w technologii mechanicznej*) manual time, hand time
~ **składowania** storage life
~ **słoneczny** solar time
~ ~ **prawdziwy** true solar time
~ **słowa** *inf.* word time, word period
~ **strefowy** zone time
~ **środkowoeuropejski** central European time
~ **trwania** duration
~ **uniwersalny** universal time, Greenwich mean time
~ **utajenia** *nukl.* latency time, latent period
~ **wiązania** (*np. cementu*) time of set
~ **życia 1.** *nukl.* lifetime **2.** *farb.*, *tw.szt.* working life
czasochłonny *a* time-consuming
czasomierz *m* time measurer; *inf.* timer
czasopismo *n* periodical; journal
czasoprzestrzeń *f fiz.* space-time (continuum)
czasoster *m* (*w radiolokacji*) timer
czasowanie *n* timing
czasowy *a* temporal; temporary
czasza *f* bowl
~ **dzwonka** bell gong
~ **spadochronu** *lotn.* parachute canopy
cząsteczka *f chem.* molecule
~ **aktywowana** activated molecule, active molecule
~ **wzbudzona** excited molecule
~ **znaczona** labelled molecule, tagged molecule
cząsteczkowy *a* molecular
cząstka *f fiz.* particle
~ **alfa** alpha particle
~ **beta** beta particle
~ **Bosego** boson
~ **dziwna** strange particle
~ **elementarna** elementary particle
~ **Fermiego** Fermi particle, fermion
~ **materialna** material particle
~ **mikroskopowa** amicron
~ **naładowana** charged particle
~ **ultramikroskopowa** ultramicron
cząstkowy *a* partial
czcionka *f poligr.* type
~ **obca** bastard, bastard type
czek *m ek.* cheque, *US* check
czeladnik *m* apprentice
czernidło *n odl.* blackwash, blacking, slip
czernienie *n powł.* blackening; blueing
czerń *f farb.* black
~ **głęboka** full black
czerpać *v* bail, scoop
czerpadło *n wiertn.* bailer, bail
czerpak *m* scoop, bucket; bailer
~ **pogłębiarki** dredge, mud bucket
czerparka *f masz.* digger, excavator
czerwony żar *m* red heat
czesalnia *f włók.* combing mill; hackling room
czesanie *n* combing; hackling
czesarka *f włók.* combing machine, comber; hackling machine
częstościomierz *m* frequency meter
częstość *f* frequency
częstotliwość *f* frequency
~ **krytyczna** critical frequency
~ **mała** *tel.* low frequency
~ **przemysłowa** *el.* power frequency, mains frequency
~ **radiowa** radio frequency
~ **rezonansowa** resonance frequency
~ **sieciowa** *el.* power frequency, mains frequency
~ **słyszalna** audio frequency
~ **wielka** *tel.* high frequency
~ **zegarowa** *elektron.* clock frequency
części *fpl* parts, elements
~ **lotne** volatile matter
~ **maszyn** machine parts
~ **organiczne** organic matter
~ **toczne** *masz.* rolling elements
~ **wirujące** *masz.* rotating parts
~ **współpracujące** *masz.* co-acting parts
częściowy *a* partial
część *f* **1.** part; portion **2.** part, piece, element
~ **kadłuba dziobowa** *okr.* forebody
~ ~ **nadwodna** deadwork, above-water body
~ ~ **podwodna** quickwork, underwater body
~ ~ **rufowa** afterbody
~ **objętościowa** part by volume
~ **operacyjna** (*rozkazu*) *inf.* operation part (*of an instruction*)

~ **prowadząca** pilot, guide
~ **rzeczywista liczby zespolonej** *mat.* real part of a complex number
~ **składowa** component, constituent
~ **urojona liczby zespolonej** *mat.* imaginary part of a complex number
~ **wagowa** part by weight
~ **zamienna** replaceable part
~ **zapasowa** spare part, spare
człon *m* **1.** *mech.* link; member **2.** *aut.* element, unit **3.** *mat.* term
~ **bierny** *masz.* follower
~ **czynny** *masz.* driver, moving link
~ **korekcyjny** *aut.* equalizer
~ **napędzający** *masz.* driver, moving link
~ **napędzany** *masz.* follower
~ **operacyjny** *inf.* executive device
~ **pomiarowy** *aut.* measuring unit
~ **rakiety** stage of a rocket
~ **równania** *mat.* term of an equation
~ **sterujący** *aut.* control, control unit
członek *m* **stowarzyszenia** associate
~ **towarzystwa naukowego** fellow
~ **załogi** crewman, crew member
~ **zarządu** executive
~ **związku zawodowego** trade-unionist
czołg *m wojsk.* tank
czoło *n* front
~ **fali** wave front
~ **impulsu** *elektron.* pulse leading edge
~ **łuku** *arch.* face of arch
~ **przodku** *górn.* working face
~ **wyrobiska** *górn.* head
~ **zęba** (*koła zębatego*) *masz.* end face of tooth
czołownica *f* (*wagonu*) *kol.* end sill, buffer beam
czołowy *a* frontal
czop *m* **1.** *masz.* pin; journal; pivot; gudgeon **2.** *drewn.* tenon
~ **beczki** bung, spigot
~ **korbowy** *masz.* crankpin
~ **osiowy** *masz.* pivot
~ **poprzeczny** *masz.* journal
~ **promieniowy** *zob.* **czop poprzeczny**
~ **wału** *masz.* shaft neck
~ **wzdłużny** *masz.* pivot
~ **zawiasy** pintle
~ **zawieszenia obrotowego** trunnion
~ **zwrotnicy** *kol.* steering spindle
czopiarka *f drewn.* tenoning machine, tenon-cutting machine, tenoner
czopnica *f narz.* tenon saw
czopowanie *n drewn.* tenoning
czopuch *m kotł.* flue, smoke conduit
czółenko *n włók.* shuttle
czterosuw *m* four-stroke engine
czujnik *m* **1.** *aut.* sensor, sensing element **2.** *metrol.* indicator, gauge
~ **ciepła** heat sensor, thermal sensor
~ **elektryczny** electrolimit gauge
~ **fotoelektryczny** photosensor
~ **mechaniczny** mechanical indicator
~ **optyczny** optimeter
~ **przeciwpożarowy** fire-warning sensor, fire detector
~ **temperatury** heat sensor, temperature probe
~ **zegarowy** dial indicator, dial gauge
czułość *f* sensitivity
~ **błony** *fot.* film speed
~ **wagi** balance sensitivity
czwartego stopnia *mat.* quartic
czwarty wymiar *m* fourth dimension
czworoboczny *a geom.* quadrilateral
czworobok *m geom.* quadrilateral
~ **przegubowy** *mech.* four-bar linkage
czworokąt *m geom.* quadrangle, quadrilateral, tetragon
czworokątny *a geom.* quadrangular, tetragonal
czworomian *m mat.* quadrinomial
czworościan *m geom.* tetrahedron
czworościenny *a geom.* tetrahedral
czwórka *f* (*w kablu*) *el.* quad
czwórkowy *a* **1.** quaternary **2.** *el.* quadded **3.** *mat.* quadruple
czwórnik *m el.* four-terminal network
~ **rurowy** pipe cross, four-way piece
czynnik *m* **1.** *mat.* factor **2.** *fiz.*, *chem.*, *biol.* agent
~ **chłodniczy** refrigerant, refrigerating medium
~ **chłodzący** coolant, cooling agent
~ **grzejny** heating medium
~ **hamujący** inhibitor
~ **klimatyczny** climatic factor
~ **korozyjny** corrosion factor, corrosive
~ **ludzki** human factor
~ **ograniczający** limiting factor
~ **roboczy** *masz.* working medium
~ **szkodliwy** noxious agent
~ **środowiskowy** environmental factor
czynnościowy *a* functional
czynność *f* activity, action
czynny *a* active; operative; live
czysta wełna *f* pure wool
czystopis *m* clean copy
czystość *f* cleanness; *chem.* purity; *met.* fineness
czysty *a* clean; clear; *chem.* pure; *met.* fine
czysty do analizy analytically pure

czysty zysk *m ek.* net profit
czyszczenie *n* cleaning, clearing; cleansing
~ **na sucho** dry cleaning
~ **szczotką** brushing
~ **ziarna** winnowing
czytanie *n* **rozproszone** *inf.* scatter reading
~ **wsteczne** *inf.* reverse reading
czytelnia *f* reading room
czytelność *f* readability
czytnik *m inf.* reading apparatus, reader
~ **-dziurkarka kart** card reader/punch
~ **optyczny** optical reader

Ć

ćwiartka *f mat.* quarter
~ **koła** *geom.* quadrant
ćwiartkować *v* quarter
ćwiczyć *v* practise
ćwiek *m* tack; clout nail

D

dach *m bud.* roof
~ **na słupach** (*np. nad peronem*) island station roof, umbrella roof
~ **odsuwany** *mot.* sunshine roof, sliding roof
~ **opuszczany** *mot.* convertible top, drophead
dachówka *f* roof(ing) tile
dalekiego zasięgu long-range
dalekobieżny *a* long-distance
dalekomorski *a* seagoing, oceangoing (*ship*); deep-sea, deep-water (*fishing*)
dalekopis *m* teleprinter
dalmierz *m opt.* range-finder, telemeter; *geod.* stadia
~ **laserowy** colidar, ladar, laser radar
dalocelownik *m wojsk.* director
dalszy ciąg *m* continuation
dalszy podział *m* (*na mniejsze części*) subdivision
dalton *m zob.* **jednostka masy atomowej**
danaida *f hydr.* danaide, orifice gauging tank
dane *pl* data
~ **bezużyteczne** *inf.* garbage
~ **cyfrowe** digital data
~ **eksperymentalne** evidence
~ **eksploatacyjne** operating data
~ **jednostkowe** *inf.* unit record
~ **personalne** personal details
~ **pierwotne** *inf.* initial data, raw data, source data
~ **techniczne** technical data
~ **wejściowe** *inf.* input data, data-in
~ **wyjściowe** output data, data-out
~ **źródłowe** *inf.* initial data, raw data, source data
daraf *m* (*jednostka elastancji – odwrotność farada*) *el.* daraf
daszek *m bud.* canopy; awning
data *f* date
~ **ważności** expiration date
datafon *m inf.* dataphone
datować *v* date
datowanie *n* dating, age determination
~ **promieniotwórcze** radioactive dating, nuclear age determination; carbon dating
datownik *m biur.* dating machine; date stamp, dater
dawka *f* dose, dosage
~ **absorbowana** absorbed dose
~ **całkowita** integral dose, total dose
~ **dopuszczalna** permissible dose
~ **ekspozycyjna** exposure dose
~ **indywidualna** individual dose
~ **jednorazowa** single dose
~ **pochłonięta** absorbed dose
~ **progowa** threshold dose
~ **promieniowania** radiation dose
~ **śmiertelna** lethal dose, fatal dose
dawkomierz *m radiol.* dosimeter, dosemeter
~ **osobisty** *radiol.* personal dosimeter, badge meter
dawkować *v* **1.** dose, batch **2.** ration (*food etc.*)
dawkownik *m* batchmeter, batcher, dosage device
dążyć *v* **do zera** *mat.* approach zero
debaj *m jedn.* debye, Debye unit: $1D = 3.33 \cdot 10^{-30}$ C·m

decy- deci- (*prefix representing* 10^{-1})
decybel *m jedn.* decibel
decyklizacja *f chem.* ring opening, ring cleavage
decymetr *m jedn.* decimetre: 1 dm = 10^{-1} m
decyzja *f* decision
~ **błędna** wrong decision
~ **optymalna** optimum decision
defekt *m* defect; failure; flaw
~ **masy** *fiz.* mass defect
~ **sieciowy** *kryst.* lattice defect, lattice imperfection, crystal defect
defektoskop *m* defectoscope, flaw detector
defektoskopia *f* flaw detection
~ **magnetyczna** magnetic inspection
~ **rentgenowska** X-ray radiography
~ **ultradźwiękowa** ultrasonic flaw detection
deficyt *m* deficiency
definicja *f* definition
~ **obrazu** *opt.* picture definition
~ **problemu** *inf.* problem definition
deflacja *f geol.* deflation
deflagracja *f chem.* deflagration
deflegmacja *f chem.* dephlegmation
deflektor *m masz.* deflector, deflection plate, baffle
deformacja *f* deformation; distortion
deg *m jedn.* degree Kelvin
degeneracja *f* **1.** *fiz.* degeneracy, degenaration **2.** *biol.* degeneration
deglomeracja *f* deglomeration
degradacja *f chem.* degradation
dehydratacja *f chem.* dehydration
dehydrogenacja *f chem.* dehydrogenation
dejonizacja *f el.* deionization
deka- deca- (*prefix representing* 10)
dekada *f fiz.* decade
dekagram *m jedn.* decagram: 1 dag = 10^{-2} kg
dekalescencja *f met.* decalescence
dekalkomania *f poligr.* transfer printing, decalcomania
dekantacja *f* decantation
dekanter *m* decanter, clarifier
dekarbonizacja *f chem.* decarbonization, decarbonizing
dekatron *m elektron.* decade counter tube, decatron
dekatyzowanie *n włók.* decat(iz)ing
deklaracja *f* declaration
deklinacja *f astr.* declination
~ **magnetyczna** *geofiz.* magnetic declination
deklinator *m geod.* declinometer
dekoder *m inf.* decoder
dekodowanie *n* **informacji** *inf.* information decoding
dekompresja *f* decompression, pressure relief
dekompresor *m siln. spal.* decompressor
dekontaminacja *f nukl.* decontamination
dekoracja *f* decoration
dekrement *m mat.* decrement
dekstryna *f chem.* dextrin
delegacja *f* **1.** business trip **2.** delegation
delta *f* (*rzeki*) *geol.* delta
deltoid *m geom.* deltoid
dematerializacja *f fiz.* dematerialization, annihilation
demineralizacja *f* **wody** water demineralizing, water softening
demodulacja *f el.* demodulation
demodulator *m el.* demodulator
demonstrować *v* demonstrate; show; display
demontaż *m* disassembly, dismantling
demontować *v* disassemble, dismantle
demulgator *m chem.* demulsifier, emulsion breaker
demulgowanie *n chem.* demulsification, emulsion breaking
demultiplekser *m inf.* demultiplexer
denaturacja *f chem.* denaturation
denaturant *m* denaturant
denaturat *m* denatured alcohol
dendrologia *f leśn.* dendrology
dendrometria *f leśn.* dendrometry
dendryt *m kryst.* dendrite, dendritic crystal
denier *m jedn. włók.* denier
denitryfikacja *f gleb.* denitrification
denko *n* **1.** bottom **2.** *obr. plast.* web
~ **tłoka** *siln.* piston crown, piston head
dennica *f* **konwertora** *hutn.* converter bottom
dennik *m okr.* floor
densymetr *m* densimeter
densytometr *m fot.* densitometer
denudacja *f geol.* denudation
depesza *f* telegram, cable
depolaryzacja *f el.* depolarization
depolimeryzacja *f chem.* depolymerization
depozyt *m ek.* deposit
depresja *f geofiz.* depression
deratyzacja *f* deratization, deratting
derma *f tw. szt.* leather substitute
dermatoid *m* artificial leather, imitation leather
desensybilizacja *f fot.* desensitization
deseń *m* design, pattern
deska *f* board
~ **kreślarska** drawing board
~ **podłogowa** floor board
deskowanie *n bud.* **1.** boarding; planking **2.** shuttering, forms, formwork

deskryptor *m inf.* descriptor, keyword
desorpcja *f chem.* desorption
destabilizacja *f met.* destabilization
destrukcyjny *a* destructive
destylacja *f chem.* distillation
~ **sucha drewna** destructive wood distillation
destylarka *f* **wody** water still
destylarnia *f* distillery
destylat *m* distillate
destylator *m* distiller, distilling apparatus, still
desykant *m pest.* dessicant
deszcz *m* **radioaktywny** radioactive rain
deszczomierz *m meteo.* rain-gauge, ombrometer, pluviometer
deszczowanie *n roln.* spray irrigation, sprinkling (irrigation)
deszczownia *f roln.* sprinkling machine
deszczułki *fpl* **posadzkowe** wood flooring
detal *m* **1.** detail **2.** *ek.* retail (trade)
detaliczny *a ek.* retail
detekcja *f* **1.** *nukl.* detection **2.** *rad.* detection
detektor *m* detector
detergent *m chem.* detergent
detonacja *f* detonation
detonator *m wybuch.* detonator; exploder
deuter *m chem.* deuterium, heavy hydrogen, D
deuteron *m fiz.* deuteron
deuterowanie *n chem.* deuteration, deuterium exchange
dewastacja *f* devastation
dewiacja *f* deviation
dewiator *m mat.* deviator
dewizy *pl ek.* foreign exchange
dezaktywacja *f* **1.** *chem.* deactivation **2.** *nukl.* cooling (down)
dezodorant *m* deodorant, deodorizer
dezynfekcja *f* desinfection
dezynsekcja *f* disinsectization
dezyntegrator *m masz.* disintegrator, disintegrating mill
dętka *f* inner tube
diada *f mat.* dyad
diafragma *f* **1.** *opt.* diaphragm **2.** *hydr.* diaphragm
diagnostyka *f* diagnosis
diagram *m* **1.** scheme; schedule **2.** *mat.* diagram; graph
dializa *f chem.* dialysis
dializator *m chem.* dialyzer
dialog *m* **użytkownik-komputer** *inf.* conversational processing
diamagnetyczny *a* diamagnetic
diamagnetyk *m* diamagnetic substance
diament *m* **1.** *min.* diamond **2.** *poligr.* diamond (*type size*)
~ **szklarski** glazier's diamond, glass diamond
diamentowanie *n obr.skraw.* diamond boring
diapozytyw *m fot.* diapositive, film slide, transparency
diaskop *m opt.* slide projector
diatomit *m petr.* diatomite, diatom earth
dichroizm *m opt.* dichroism
dielektryczny *a el.* dielectric
dielektryk *m el.* dielectric
dieny *mpl chem.* dienes
dieselizacja *f* **trakcji** *kol.* dieselization
dioda *f elektron.* diode
~ **barritt** barritt diode, barrier injection transit-time diode
~ **detekcyjna** *rad.* detection diode
~ **elektrochemiczna** solion
~ **elektroluminescencyjna** light-emitting diode, LED
~ **fotoelektryczna** photodiode
~ **impatt** impatt diode, impact avalanche transit-time diode
~ **lawinowa** avalanche diode
~ **lsa** lsa diode, limited space-charge accumulation diode
~ **p-i-n** pin-diode
~ **podwójna** duodiode
~ **pojemnościowa** varactor (diode), variable-capacitance diode, varicap
~ **próżniowa** vacuum diode
~ **Shockleya** Shockley diode, four-layer diode
~ **trapatt** trapatt diode, trapped plasma avalanche transit-time diode
~ **tunelowa** tunnel diode, Esaki diode
~ **Zenera** Zener diode, breakdown diode
dioptria *f jedn.* diopter, dioptre, D
diplekser *m rad.* diplexer
diplet *m fiz.* diplet
dipol *m* **1.** *fiz.* dipole, doublet **2.** *rad.* dipole (antenna) **3.** *hydr.* double source
~ **elektryczny** electric doublet, electric dipole
~ **elementarny** infinitesimal dipole
~ **magnetyczny** magnetic dipole
dipolowy *a* dipolar
dit *m inf.* decit, decimal digit
dławić *v* choke, throttle
dławienie *n* **się silnika** *siln.* engine spluttering
dławik *m* **1.** *masz.* packing gland, gland seal **2.** *el.* choke, choking coil
dławnica *f* stuffing-box
dług *m ek.* debt
długofalowy *a* **1.** long-wave **2.** long-term

długopis *m* ball(-point) pen
długość *f* length
~ **drogi mieszania** *mech. pł.* mixing length
~ **działki elementarnej** *metrol.* scale interval size, scale interval width, scale spacing
~ **ekliptyczna** *astr.* celestial longitude, ecliptic longitude
~ **elektryczna** electrical length
~ **fali** wavelength
~ **geograficzna** longitude
~ **łuku** *geom.* arc length
~ **słowa** *inf.* word length, word size
~ **spowalniania** *nukl.* slowing-down length, length of moderation
~ **swobodna pręta** *wytrz.* reduced buckling length
~ ~ **sprężyny** free length of a spring, open length of a spring
~ **wektora** *mat.* absolute value of a vector
~ **wiązania** *chem.* bond length
~ **zęba** *masz.* facewidth of tooth
~ **życia przeciętna** life expectancy
długożyciowy *a nukl.* long-lived
dłutak *m obr. skraw.* gear-shaper cutter, pinion cutter
dłutarka *f drewn.* mortiser
dłuto *n obr. skraw.* chisel
~ **wklęsłe** gouge
dłutowanie *n* **1.** *obr. skraw.* chiselling; slotting **2.** *drewn.* mortising
dłutownica *f* **1.** *obr. skraw.* slotting machine, slotter **2.** *drewn.* mortiser
dłużnik *m ek.* debtor
dłużyca *f drewn.* log
dmuch *m* blast; wind
dmuchać *v* blow; blast
dmuchawa *f* blower; blast machine
~ **wirnikowa** turboblower
dniówka *f* daily wages
dno *n* bottom
~ **tłoka** *siln.* piston head, piston crown
do oporu home
do przodu forwards
do tyłu backwards
do wewnątrz inwards
dobieg *m lotn.* landing run
dobijanie *n* **wątku** *włók.* beating-up
dobniak *m narz.* beetle, mall
dobór *m* selection; choice
dobra *npl* **inwestycyjne** investment goods, capital goods
~ **konsumpcyjne** consumer goods
dobroć *f el.* quality factor, Q factor
~ **próżni** (*lampy*) *elektron.* hardness
dobry urodzaj *m roln.* heavy crop
dobudówka *f bud.* annex(e), outbuilding
dochładzanie *n* aftercooling; *chłodn.* subcooling
dochód *m ek.* income, return, profit
~ **brutto** gross income
~ **netto** net income, net profit
dociągać *v* **śruby** tighten the screws
docierać *v* (*współpracujące części*) grind in
docierak *m narz.* lap, lapping tool
docieranie *n* **1.** *obr. skraw.* lapping **2.** grinding-in **3.** *siln.* running-in
docierarka *f masz.* lapper, lapping machine
docisk *m* **1.** pressure; holding down **2.** *obr. skraw.* clamp
dociskacz *m obr.plast.* blankholder
~ **do nitów** *narz.* rivet snap
dociskać *v* **1.** press down; hold down **2.** *obr.skraw.* clamp
doczepiać *v* attach
dodatek *m* **1.** addition, additive **2.** (*w książce*) supplement; appendix
~ **do paliw ciężkich** *paliw.* ignition control additive
~ **przeciwstukowy** *paliw.* antiknock agent
~ **stopowy** *met.* alloy addition
~ **uszlachetniający** improver
dodatkowy *a* additional; accessory
dodatni *a* **1.** *mat.* positive, plus **2.** favourable
dodawać *v* add
dodawanie *n mat.* addition, summation
~ **(geometryczne) wektorów** vectorial summation
~ **niszczące** *inf.* destructive addition
~ **wymazujące** *zob.* **dodawanie niszczące**
~ **zbiorów** *mat.* union of sets
dogładzanie *n obr.skraw.* superfinish
dogładzarka *f obr.skraw.* superfinisher
dogłos *m akust.* growth of sound
dogniatak *m narz.* burnisher, burnishing tool
dogniatanie *n* burnish(ing)
dogodny *a* convenient
dojarka *f* **mechaniczna** *zoot.* milking machine, milker
dojazd *m* access (*by road*)
dojrzały *a* mature; ripe
dojrzewanie *n* ripening; maturing
~ **betonu** *bud.* curing of concrete
dok *m okr.* dock
~ **budowlany** building dock
~ **pływający** floating dock, pontoon dock
~ **remontowy** graving dock
~ **samodokujący** selfdocking dock
~ **suchy** dry dock

doker *m GB* docker, pierman; *US* longshoreman
dokładność *f* accuracy; precision; exactitude
~ **odczytu** accuracy of reading
~ **pasowania** goodness of fit
~ **pomiaru** measuring accuracy
dokładny *a* accurate; precise; exact
dokować *v okr.* dock
dokręcać *v* (*kurek*, *nakrętkę*) turn tight, tighten up
~ **śrubę** screw home
dokręcony mechanicznie powertight
dokręcony ręcznie handtight
dokształcanie *n* additional training
doktorant *m* candidate for doctor's degree
doktorat *m* doctor's degree, doctorate
dokumentacja *f* **naukowa** scientific documentation
~ **techniczna** technical documentation
dolar *m nukl.* dollar (*unit of reactivity*)
dolewać *v* add (*liquid*)
~ **kroplami** add dropwise
dolina *f* **1.** *geol.* valley **2.** *el.* (*okres poza szczytem*) off-peak period
~ **fali** wave trough
dolnopłat *m lotn.* low-wing monoplane
dolnoprzepustowy *a el.* low-pass (*filter*)
dolnozaworowy *a siln.* side-valve (*engine*)
dolny zwrotny punkt *m siln.* bottom dead centre, outer dead centre
dolomit *m min.* dolomite
doładowanie *n siln.* supercharging, pressure charging
~ **ładunku** *żegl.* topping-up
~ **wyrównawcze** (*akumulatora*) *el.* equalizing charge
dołowanie *n* **1.** *astr.* lower culmination **2.** *roln.* pitting
dom *m* house
~ **dwurodzinny** duplex house
~ **mieszkalny** apartment house
~ **towarowy** department store, warehouse
~ **wolno stojący** detached house
domena *f fiz.* domain
domiar *m ek.* surtax, supertax
domieszać *v* admix
domieszka *f* **1.** admixture **2.** *elektron.* impurity
domieszkowanie *n elektron.* doping (*semiconductors*)
dominant *m genet.* dominant
dominanta *f mat.* modal value, mode
domknięcie *n mat.* closure
domknięty *a mat.* closed
domofon *m telef.* interphone, domestic telephone set
domowej roboty homemade
domowy *a* domestic
donica *f* **szklarska** *szkl.* pot, crucible
donor *m* **1.** *elektron.* donor **2.** *chem.* donor
~ **elektronów** electron donor
~ **protonów** proton donor
donośność *f* range
dopalanie *n lotn.* afterburning
dopasowywać *v* match, fit; check in
dopasowywanie *n* **wzorca** *inf.* pattern matching
dopełniacz *m* **wywoływacza** *fot.* replenisher solution
dopełniać *v* complete; fill up
~ **do kreski** make up to the mark
dopełniający *a mat.* complementary
dopełnienie *n mat.* complement
~ **algebraiczne** *mat.* algebraic complement, cofactor
~ **zbioru** *mat.* complement of a set
dopisany *a geom.* escribed
dopłata *f ek.* extra charge; after-payment
dopływ *m* inflow, influx
~ **rzeki** tributary
doprowadnik *m* **prądu** *el.* lead-in wire
doprowadzać *v* feed; supply; conduct; deliver
~ **do stanu równowagi** balance
~ **do wrzenia** bring to boiling
doprowadzenie *n* **1.** *el.* lead **2.** feed; supply; delivery
~ **antenowe** *rad.* antenna lead
~ **ciepła** heat input
~ **mocy** power feed
~ **paliwa** fuel feed
dopuszczalny *a* permissible, admissible, allowable
dopuszczalny okres *m* **magazynowania** storage life, shelf life
doradca *m* adviser, consultant
doroczny *a* annual
dorzecze *n* river basin
doskonalić *v* perfect, improve
doskonały *a* perfect, ideal
dostarczać *v* supply, deliver
dostateczny *a* sufficient
dostawa *f* delivery, supply
dostawca *m* supplier
~ **okrętowy** shipchandler
dostęp *m* access
~ **bezpośredni** *inf.* direct memory access
~ **natychmiastowy** *inf.* immediate access
~ **sekwencyjny** *inf.* sequential access
~ **szybki** *inf.* quick access
dostępność *f* accessibility
dostępny *a* accessible

dostępny dla publiczności open to the public
dostępny na rynku commercially available
dostosować *v* accommodate; readjust
dostosowujący się samoczynnie self--adaptive
dostrajacz *m rad.* tuner
dostrajanie *n rad.* tuning
dostrzegalny *a* apparent; perceptible; visible
dosuszanie *n* forced drying, second drying, drying up
dosuw *m obr.skraw.* traverse
doszczelniak *m* caulking tool, caulking chisel
doszczelnianie *n* **szwów nitowych** caulking
doszlifowywać *v* **współpracujące części** grind-in
dośrodkowy *a mech.* centripetal
doświadczalny *a* experimental; empirical
doświadczenie *n* **1.** experiment **2.** experience
~ **krytyczne** *nukl.* critical experiment
~ **pozareaktorowe** *nukl.* out-of-pile experiment
~ **wewnątrz reaktora** *nukl.* in-pile experiment
doświadczony *a* experienced
dotacja *f ek.* subsidy, subvention
dotłaczanie *n obr.plast.* sizing, restriking
dowierzchnia *f górn.* raise, rise gallery
dowodzić *v mat.* prove (*a theorem*)
dowód *m mat.* proof; evidence
dowtherm *m chem.* dowtherm
dowulkanizacja *f gum.* aftercure
doza *f* dose; batch
dozator *m zob.* **dozownik**
dozorować *v* supervise; inspect
dozowanie *n* batching; metering; proportioning
dozownik *m* batcher, batchmeter; proportioner
dozór *m* supervision; inspection
~ **dźwigów** elevator inspection
~ **techniczny** technical inspection
dozwolony *a* allowed; permitted
dozymetr *m nukl.* dosimeter, dosemeter
~ **indywidualny** personal monitor, personal dosimeter
dozymetria *f nukl.* dosimetry
dół *m* pit
~ **garbarski** *skór.* pit
~ **gnilny** *san.* septic tank
~ **odlewniczy** casting pit; pouring pit, teeming pit
~ **potencjału** *fiz.* potential well, potential trough

drabina *f* ladder
~ **składana o płaskich szczeblach** stepladder
~ **strażacka** fire ladder
~ **wysuwana** extension ladder
drabinka *f* **kablowa** *el.* cable rack
~ **sznurowa** rope-ladder
draga *f ryb.* dredge, scooper, drag net
drapacz *m* **chmur** skyscraper
draparka *f włók.* teaseling machine, raising machine
drażnienie *n odl.* poling
drąg *m* pole, rod
drągowina *f drewn.* pole wood
drążarka *f* **elektroiskrowa** spark (erosion) machine
drążek *m* **1.** stick, rod, bar **2.** *inf.* joystick
~ **hamulca** *mot.* brake rod
~ **holowniczy** *mot.* tow bar
~ **izolacyjny** *el.* operating pole, insulating pole
~ **kanalizacyjny** *el.* sweep's rod
~ **kierowniczy** *mot.* steering rod
~ **odbieraka prądu** *el.* trolley-pole
~ **popychacza zaworowego** *siln.* tappet rod, valve rod
~ **prowadzący** *masz.* guide rod
~ **reakcyjny** *mot.* control rod
~ **skrętny** torsion bar, torque rod
~ **sterowy** *lotn.* control stick
~ **suwakowy** *siln.* slide-valve rod
drążenie *n* **1.** hollowing; drifting **2.** *górn.* driving
~ **elektrochemiczne** electrochemical machining, electrolytic machining
~ **elektroiskrowe** spark machining
~ **przekopu** *górn.* drifting, cross-cutting
~ **tunelu** *inż.* tunneling
drążkarka *f drewn.* dowelling machine
drążyć *v* **1.** hollow **2.** *górn.* drive; drift
dren *m* **1.** *melior.* drain tile, drain pipe **2.** *elektron.* drain
drenaż *m* **rynku** *ek.* drain of the market
drenowanie *n melior.* **1.** drainage **2.** draining system
drewniany *a* wooden
drewnienie *n bot.* lignification
drewno *n* wood; timber, lumber
~ **bielu** sapwood, alburnum
~ **budowlane** building timber
~ **impregnowane** pretreated wood, impregnated wood
~ **konstrukcyjne** structural lumber
~ **kopalniane** mine timber, pit timber
~ **korowane** barked wood
~ **miękkie** softwood
~ **na pniu** standing timber

~ **obrobione** dressed timber
~ **opałowe** fire wood, fuel wood
~ **późne** summer wood, late wood
~ **prasowane** compressed wood, densified wood
~ **stolarskie** small timber
~ **świeże** green wood
~ **twarde** hardwood
~ **twardzieli** heart-wood, true wood, duramen
~ **utwardzone** *zob.* **drewno prasowane**
~ **warstwowe** laminated wood
~ **wczesne** spring wood, early wood
~ **zdrowe** sound wood
drewnowiec *m okr.* timber carrier
drezyna *f kol.* go-devil, doodlebug
drgać *v mech.* vibrate; oscillate
drgający *a* vibratory; oscillating
drgania *npl* **1.** *mech.* vibration; *el.* oscillation **2.** *masz.* charring, chatter
~ **akustyczne** acoustic vibration
~ **cieplne** thermal vibration
~ **cierne** *masz.* stick-slip motion
~ **cyklotronowe plazmy** cyclotron oscillation of plasma, magnetostatic plasma oscillation
~ **dynatronowe** dynatron oscillation
~ **elektryczne** electric oscillation
~ **gasnące** damped vibration
~ **giętne** *zob.* **drgania poprzeczne**
~ **główne** *mech.* normal vibration
~ **harmoniczne** harmonic vibration, sinusoidal vibration
~ **liniowe** linear vibration
~ **okresowe** periodic vibration
~ **periodyczne** *zob.* **drgania okresowe**
~ **podłużne** longitudinal vibration
~ **podstawowe** fundamental vibration
~ **poprzeczne** transverse vibration
~ **relaksacyjne** relaxation oscillation
~ **samowzbudne** self-induced vibration, self excited vibration
~ **sinusoidalne** *zob.* **drgania harmoniczne**
~ **składowe fourierowskie** harmonic components, Fourier components
~ **skrętne** torsional vibration
~ **swobodne** *zob.* **drgania własne**
~ **własne** free vibration, proper vibration
~ **wymuszone** forced vibration
~ **zanikające** *zob.* **drgania gasnące**
drganie *n* **1.** *mech.* vibration; *el.* oscillation **2.** *masz.* chatter
drobina *f chem.* molecule, *zob. też* **cząsteczka**
drobnica *f transp.* general cargo, package freight
drobnicowiec *m okr.* general cargo vessel
drobnokrystaliczny *a* fine-crystalline
drobnoustroje *mpl biol.* microorganisms; microbes
drobnoziarnisty *a* fine-grained
drobny *a* fine, minute
droga *f* **1.** road; way; track **2.** *fiz.* path **3.** *geom.* path
~ **dojazdowa** access road
~ **dwupasowa** two-lane road
~ **główna** arterial road, highway
~ **hamowania** *mot.* braking distance
~ **jednokierunkowa** one-way road
~ **lokalna** local road; service road
~ **lotnicza** airway
~ **magnetyczna** *fiz.* magnetic path
~ **Mleczna** *astr.* Milky Way
~ **morska** seaway
~ **przelotowa** arterial road
~ **przeskoku** *el.* arcing distance
~ **reakcji** *chem.* reaction path
~ **służbowa** line of authority
~ **startowa** *lotn.* runway
~ **swobodna** *fiz.* free path
~ **szybkiego ruchu** throughway
~ **wielopasowa** multilane road
~ **wodna** *żegl.* waterway
~ **zatrzymania** (*pojazdu*) *mot.* stopping distance
drogą lotniczą *transp.* by air
drogą morską *transp.* by sea
drogownictwo *n* highway engineering
drogowskaz *m* signpost, guidepost
drożdże *pl* yeast
druga potęga *f mat.* second power, square
druga prędkość *f* **kosmiczna** *kosm.* (Earth's) escape velocity, velocity of escape
druga zasada *f* **dynamiki** *fiz.* second principle of dynamics, Newton's second law, second law of motion
druga zasada *f* **termodynamiki** second law of thermodynamics
drugi bieg *m mot.* second gear
drugie stadium *n* **pełzania** *wytrz.* secondary creep, steady-state creep
drugiego stopnia *mat.* quadratic
drugorzędny *a* secondary
drugorzędowy *a chem.* secondary
druk *m* print; printing
~ **anilinowy** flexographic printing, aniline printing, flexography
~ **barwny** colour printing
~ **offsetowy** offset printing
~ **rotacyjny** rotary printing
~ **sitowy** *poligr.*, *włók.* silk-screen printing
~ **typograficzny** letterpress printing, typographical printing

~ **wklęsły** intaglio printing, gravure printing
~ **wypukły** relief printing
drukarka *f poligr.* printing machine; printer; *inf.* printer
~ **bezkontaktowa** *inf.* projection printer
~ **kontrolna** *inf.* monitor printer
~ **laserowa** *inf.* laser printer
~ **łańcuchowa** *inf.* chain printer
~ **mozaikowa** *inf.* matrix printer
~ **strumieniowa** *inf.* ink-jet printer
~ **uderzeniowa** *inf.* impact printer
~ **wieloprzebiegowa** *inf.* multipass printer
~ **wierszowa** *inf.* line-at-a-time printer
~ ~ **bębnowa** *inf.* wheel printer
~ **z wirującą głowicą** *inf.* daisy-wheel printer
~ **znakowa** *inf.* character-at-a-time printer
drukarnia *f* printing house
drukarstwo *n* typography, printing
drukarz *m* printer
drukować *v* print; type
drut *m* wire
~ **bezpiecznikowy** *el.* fuse wire
~ **goły** *el.* bare wire
~ **grzejny** heater wire
~ **izolowany** insulated wire
~ **kolczasty** barbed wire
~ **magnetyczny** magnetic wire
~ **miękki** mild wire
~ **nawojowy** *el.* coil wire
~ **sprężynowy** spring wire
~ **wiązałkowy** binding wire, tie wire
drutówka *f* **opony** *gum.* bead wire
drużyna *f* **ratownicza** rescue brigade
drwal *m* feller, lumberman
dryf *m żegl.* drift, leeway
drzazga *f* splinter
drzewce *n żegl.* spar
drzewnik *m* lignin
drzewo *n* **1.** *bot.* tree **2.** *mat.* tree
~ **iglaste** coniferous tree
~ **kodowe** *inf.* code tree
~ **liściaste** deciduous tree
drzeworyt *m poligr.* wood cut, wood block
drzewostan *m leśn.* forest stand
drzwi *pl* door
~ **bezpieczeństwa** emergency door
~ **dwuskrzydłowe** double door
~ **harmonijkowe** accordion door
~ **obrotowe** revolving door
~ **płycinowe** panelled door
~ **przesuwne** sliding door
~ **składane** folding door
~ **tylne** *mot.* tailgate
~ **wahadłowe** swing door
~ **wentylacyjne** *górn.* air door, air trap
drzwiczki *pl* **denne** *odl.* drop bottom, drop door
~ **kontrolne** access door
~ **paleniskowe** *kotł.* furnace door
~ **wsadowe** *odl.* charging door
drżenie *n* **(częstotliwości) fali nośnej** *rad.* scintillation
~ **dźwięku** *akust.* flutter
~ **impulsu** *el.* pusle jitter
duant *m nukl.* dee, duant
dubbing *m kin.* dubbing
dublet *m fiz.* doublet, duplet, dipole
dublować *v* double; duplicate
dudnienie *n akust.* beat
dukt *m* **falowy** wave duct
duktor *m poligr.* duct roller
dulka *f żegl.* rowlock, oarlock
duodioda *f elektron.* duodiode, double diode
duplikat *m* duplicate; counterpart
duraluminium *n met.* duralumin
duroplasty *mpl tw.szt.* hardening plastics
dusza *f* **liny** rope core
duża ilość *f* large quantity, bulk
duża lepkość *f powł.* heavy body
duża prędkość *f* high speed
duża wydajność *f* high capacity
duża wyrazistość *f TV* high definition
duże litery *fpl* capital letters, capitals; *poligr.* upper case
duże powiększenie *m opt.* high magnification; *fot.* blow-up
duży system *m* **komputerowy** *inf.* mainframe computer
dwoistość *f* duality
dwojarka *f skór.* splitting machine
dworzec *m* **kolejowy** railway station
~ **lotniczy** (*miejski*) air terminal
dwójkowo-dziesiętny *a inf.* binary-decimal
dwójkowy *a mat.* binary
dwójłomność *f opt.* birefringence, double refraction
dwójnik *m el.* two-terminal network
dwuatomowy *a chem.* diatomic, biatomic
dwubarwność *f opt.* dichroism
dwubiegun *m* **1.** *el.* dipole, doublet **2.** *hydr.* dipole, double source, doublet
dwubiegunowy *a* dipolar, bipolar
dwucząsteczkowy *a chem.* bimolecular
dwudrogowy *a* (*np. zawór*) two-way
dwudziestościan *m geom.* icosahedron
dwufazowy *a el.* diphase
dwugaz *m* carburetted water gas
dwukierunkowy *a el.* two-way; bidirectional
dwukołowy *a* two-wheeled
dwukwadratowy *a mat.* biquadratic

dwuletni *a* biennial
dwuliniowy *a mat.* bilinear
dwumian *m mat.* binomial
dwunastkowy *a mat.* duodecimal
dwunastościan *m geom.* dodecahedron
dwunitkowy *a* bifilar
dwunormalna *f mat.* binormal
dwuobiektywowy *a opt.* binocular
dwuobwodowy *a el.* two-way
dwuogniskowy *a opt.* bifocal
dwuosiowy *a mat.* biaxial
dwupiątkowy *a inf.* biquinary
dwupierścieniowy *a chem.* bicyclic
dwupłat *m lotn.* biplane
dwupłytka *f* **piezoelektryczna** *akust.* bimorph cell
dwupodstawiony *a chem.* disubstituted
dwupostaciowy *a kryst.* dimorphous
dwuróg *m narz.* beak iron, stake
dwusieczna *f* (*kąta*) *geom.* bisector
dwuskładnikowy *a* two-component, binary
dwuskrętka *f el.* double spiral
dwuster *m lotn.* dual controls
dwustopniowy *a* two-stage
dwustronnie wklęsły biconcave, concavo-concave
dwustronnie wypukły biconvex, convexo-convex
dwustronny *a* two-sided, double-sided, bilateral
dwusuw *m siln.* two-stroke engine, two-cycle engine
dwuścian *m geom.* dihedral, dihedron
dwutaktowy przerzutnik *m* **JK** *aut.* master-slave
dwuteownik *m* I-section, I-bar, double-tee bar
~ **stalowy** I-iron
~ **szerokostopowy** H-section, H-bar, broad-flange beam
dwutlenek *m chem.* dioxide
~ **azotu** nitrogen dioxide, nitrogen peroxide
~ **krzemu** silicon dioxide, silica
~ **węgla** carbon dioxide
~ ~ **stały** solidified carbon dioxide, dry ice
dwutygodnik *m* bimonthly
dwuwartościowy *a chem.* divalent, bivalent
dwuwymiarowy *a* two-dimensional
dwuzasadowy *a chem.* dibasic
dwuzłączka *f* (*rurowa*) pipe union (joint)
dyferencjał *m mot.* differential gear, balanced gear
dyfrakcja *f fiz.* diffraction
dyfundować *v* diffuse
dyfuzja *f fiz.* diffusion
~ **do wnętrza** (*półprzewodnika*) *elektron.* in-diffusion
~ **własna** self-diffusion
dyfuzor *m* **1.** *spoż.* diffuser **2.** *hydr.* diffuser, diverging cone
dym *m* smoke; fume
dymić *v* smoke
dymnica *f kotł.* smoke-box
dyna *f jedn.* dyne: 1 dyn = 10^{-5} N
dynamiczny *a* dynamic(al)
dynamika *f mech.* dynamics
~ **cieczy** hydrodynamics
~ ~ **doskonałej** dynamics of a perfect liquid, classical hydrodynamics
~ **gazów** gas dynamics
~ **plazmy** plasma dynamics
dynamit *m* dynamite
dynamometr *m* dynamometer
~ **torsjometryczny** torquemeter, torsiometer
dynatron *m elektron.* dynatron, negatron
dynistor *m elektron.* binistor
dynoda *f elektron.* dynode
dyplom *m* diploma; certificate (*of proficiency*)
dyplomowany *a* qualified
dyrekcja *f* **1.** board of directors; managers **2.** head office
dyrektor *m* director, manager
dysertacja *f* (*praca naukowa*) thesis (*pl* theses)
dysk *m* disk
~ **elastyczny** *inf.* floppy disk
~ **magnetyczny** *inf.* magnetic disk
~ **optyczny** *inf.* optical disk
~ **wizyjny** videodisk
dyskietka *f inf.* floppy disk
dyskretny *a* (*nieciągły*) discrete
dyskryminator *m el.* discriminator
dyslokacja *f* **1.** *kryst.* dislocation, line defect **2.** *geol.* dislocation
dysocjacja *f* **elektrolityczna** electrolytic dissociation
~ **fotochemiczna** photochemical dissociation, photodissociation
~ **termiczna** thermal dissociation
dysonans *m akust.* dissonance
dyspergowanie *n chem.* dispergation
dyspersja *f fiz., chem.* dispersion
dyspozycyjność *f* availability
dyspozytor *m* dispatcher
dyspozytornia *f* dispatch office
dysproz *m chem.* dysprosium, Dy
dystorsja *f opt.* distortion
dystrybucja *f* **1.** *mat.* distribution, generalized function **2.** *ek.* distribution
dysza *f* nozzle; jet
~ **Korta** *okr.* Kort nozzle, shrouded propeller

~ **naddźwiękowa** *aero.* superacoustic nozzle, supersonic nozzle
~ **paliwowa** *siln.* fuel jet, fuel nozzle
~ **poddźwiękowa** *aero.* subacoustic nozzle, subsonic nozzle
~ **pomiarowa** measuring nozzle, flow nozzle
~ **przędzalnicza** *włók.* spinneret, spinning nozzle
~ **rozpylająca** spray nozzle
~ **wielkopiecowa** blast-furnace tuyère
~ **wtryskiwacza paliwa** *siln.* fuel injection nozzle, injection sprayer
~ **wylotowa** exhaust nozzle
dyszak *m hutn.* blowpipe, belly pipe
dyszel *m* **holowniczy** *mot.* towbar
dywergencja *f mat.* divergence
dział *m* department
~ **niższego rzędu** (*w klasyfikacji*) subdivision
~ **wodny** *geol.* watershed
działać *v* act; function; work; operate
działalność *f* activity
~ **gospodarcza** economic activity
~ **handlowa** commercial activity
~ **zawodowa** professional activity
działanie *n* **1.** action; functioning; working; operation; performance **2.** *mat.* operation
~ **bezusterkowe** no-failure operation
~ **brzegu** *żegl.* bank effect
~ **dźwigni** leverage
~ **ekranujące** *el.* screening effect
~ **karbu** *wytrz.* notch effect
~ **następcze** after-effect
~ **ochronne** protective action
~ **odwrotne** *mat.* inverse operation
~ **opóźnione** delayed action; lag
~ **sterów** *lotn.* response to controls
~ **wadliwe** malfunction, malperformance
~ **wsteczne** back action
~ **wzajemne** interaction
działka *f* **1.** *metrol.* graduation **2.** lot, plot
~ **budowlana** building site, building lot
~ **elementarna** *metrol.* scale division, scale interval, minimum graduation
działko *n* **cementowe** *bud.* cement gun, concrete gun
~ **lotnicze** aircraft gun
działo *n wojsk.* cannon, gun
dzianie *n włók.* knitting
dzianina *f włók.* knitted fabric
dziedziczność *f genet.* heredity, inheritance
~ **żeliwa** heredity of cast iron
dziedzina *f* **1.** field, domain **2.** *mat.* domain
~ **działalności** field of activity, line of activity
~ **wiedzy** field of knowledge
dziegieć *m* wood tar
dzielenie *n mat.* division
~ **bez reszty** *mat.* exact division
~ **lewostronne** *mat.* predivision
~ **prawostronne** *mat.* postdivision
dzielić *v* divide; part
~ **na ćwiartki** quarter
~ **na dwie części** divide in two
~ **na odcinki** section, segment
~ **na połowy** bisect; halve
~ **na trzy równe części** trisect
~ **się** divide; split, break up (*into parts*)
dzielna *f mat.* dividend
dzielnica *f* (*miasta*) quarter; district
dzielnik *m* **1.** *mat.* divisor **2.** *el.* divider
~ **częstotliwości** *el.* frequency divider
~ **napięcia** *el.* voltage divider, voltbox
~ **zera** *mat.* zero divisor
dziennie *adv* daily, every day
dziennik *m* **1.** (*gazeta*) daily (paper) **2.** daily record; diary
~ **okrętowy** log-book, sea log
~ **pokładowy** *okr.* deck log
~ **wierceń** *wiertn.* boring log, drill log
dzienny *a* daily, diurnal
dzień *m* day
~ **kalendarzowy** *astr.* civil day
~ **roboczy** workday, working day
~ **roku przestępnego** *astr.* intercalary day
~ **wolny od pracy** day-off
~ **wypłaty** pay-day
dzierżawa *f* tenancy, lease
dziesięciokąt *m geom.* decagon
dziesięciościan *m geom.* decahedron
dziesięciotysięcznik *m okr.* 10 000 DWT ship
dziesiętny *a* decimal
dziewiarka *f włók.* knitting machine, knitter
dziewiarstwo *n włók.* knitting; hosiery
dziewięciokąt *m geom.* nonagon
dziobak *m* **1.** *spaw.* chipping hammer, slag hammer **2.** *drewn.* bevel-edge chisel
dziobek *m* **zlewki** *lab.* beaker lip
dziobnica *f okr.* stem
dziobnik *m okr.* bowsprit
dziobówka *f okr.* topgallant forecastle
dziób *m* **kadzi** *hutn.* spout of ladle
~ **palnika** *spaw.* blowpipe nozzle, blowpipe tip, welding tip
~ **statku** *okr.* bow
dziura *f* hole
~ **elektronowa** *fiz.* electron hole

~ **magnetyczna** (*na taśmie*) dropout
~ **po sęku** *drewn.* knothole
~ **powietrzna** *lotn.* air pocket
~ **szybka** (*w półprzewodniku*) *elektron.* hot hole
dziurawka *f bud.* cellular brick, hollow brick
dziurka *f* **informacyjna** (*taśmy*) data hole
~ **od klucza** keyhole
dziurkacz *m biur.* perforator
dziurkarka *f* **1.** perforator; punch **2.** *obr.plast.* perforating press; punch press
~ **kart** card punch
~ **ręczna** *inf.* spot punch, unipunch
~ **taśmy** tape punch
dziurki *f pl* **prowadzące** (*taśmy dziurkowanej, filmowej*) sprocket holes
dziurkować *v* perforate; punch; pierce
dziurkowanie *n* **przesunięte** *inf.* off-punch
dziurkowany *a* perforated
dziurkownik *m obr.plast.* piercing die
dziurownica *f* **kowalska** *narz.* swage block
dziwność *f fiz.* strangeness
dzwon *m* bell
~ **kolumny rektyfikacyjnej** *chem.* bubble cap
~ **nurkowy** diving bell, bell caisson
~ **ratowniczy** *okr.* rescue diving bell
dzwonek *m* bell; *telef.* ringer
~ **drzwiowy** doorbell
~ **prądu zmiennego** *el.* magneto bell, ringer
dzwonić *v* ring the bell, ring
dzwono *n* **płaszcza kotła** boiler shell ring
dźwięczeć *v* sound
dźwięczność *f* sonorousness
dźwięk *m* sound
~ **prosty** pure sound, simple tone
~ **rozproszony** diffuse sound
~ **słyszalny** audible sound
~ **złożony** complex tone
dźwiękochłonny *a* sound absorbing
dźwiękoszczelny *a* soundproof
dźwiękowy *a* sonic
dźwig *m* crane; lift; elevator
~ **jezdny** travelling crane
~ **okrężny** paternoster
~ **osobowy** passenger lift
~ **pływający** pontoon crane
~ **portowy** harbour crane, wharf crane
~ **towarowy** goods lift, freight lift
dźwigać *v* hoist
dźwigar *m* girder; spar
~ **kratowy** lattice girder, truss girder
~ **mostowy** bridge girder
dźwignia *f* lever
~ **główna przesuwnikowa** (*wagi*) weighbeam
~ **hamulca** brake lever
~ **jednoramienna** single-arm lever
~ **kątowa** angle lever, knee lever, bell-crank lever
~ **nierównoramienna** uneven-arm lever, multiplying lever
~ **nożna** foot-lever, pedal
~ **obciążnikowa** weighing arm
~ **popychacza zaworu** *siln.* valve arm
~ **prosta** simple lever
~ **ręczna** hand lever
~ **równoramienna** even-arm lever
~ **sterująca** control lever, operating lever
~ **wagi** balance lever, balance beam
~ **zaworu** *siln.* valve rocker
~ **zmiany biegów** *mot.* gear change lever
dźwignica *f* crane
~ **linomostowa** cableway
dźwignik *m* jack, hoist
~ **hydrauliczny** hydraulic jack
~ **ładowniczy** *żegl.* cargo jack
~ **pneumatyczny** air hoist
~ **śrubowy** screw-jack, bottle jack
dźwigowe *n* (*opłata*) cranage
dźwigowy *m* (*pracownik*) craneman, crane operator, hoistman
dżul *m jedn.* joule, J

E

ebonit *m* ebonite, hard rubber
ebuliometria *f chem.* ebulliometry
echo *n* echo
~ **radiolokacyjne** radar echo, radar return
echosonda *f żegl.* echo sounder, echo depth finder, sonic depth finder
edytor *m inf.* editor (program)
efekt *m* effect, *zob. też* **zjawisko**
~ **cieplny** *fiz.* thermal effect, heat effect
~ **następczy** *radiol.* aftereffect, post-effect
~ **popromienny** *zob.* **efekt następczy**
efektor *m inf.* effector
efekty *mpl* **dźwiękowe** *rad.* sound effects
efektywność *f* efficiency; performance

efektywny *a* effective, efficient
efemerydy *fpl astr.* ephemerides
efluwacja *f el.* convective discharge, electric wind, static breeze
efuzja *f* (*gazów*) *fiz.* effusion
egalizacja *f* equalization (*e.g. in dyeing process*)
egzamin *m* **konkursowy** competitive examination
~ **wstępny** entrance examination
egzekutor *m inf.* executive program
egzemplarz *m* copy; piece; specimen
egzoenergetyczny *a fiz.* exoenergic, exoergic
egzosfera *f geofiz.* exosphere, region of escape
egzotermiczny *a fiz.* exothermic
einstein *m* **1.** *chem.* einsteinium, Es **2.** *jedn.* einstein
ejektor *m* ejector
eka-pierwiastki *mpl chem.* eka-elements
ekierka *f rys.* triangle; set-square
ekipa *f* crew
eklimetr *m geod.* (in)clinometer, slope level
ekliptyka *f astr.* ecliptic
ekologia *f* ecology
ekonometria *f* econometrics
ekonomia *f* economy
ekonomiczny *a* **1.** (*gospodarczy*) economic **2.** (*oszczędny*) economical
ekonomika *f* economics
ekonomizer *m kotł.* (fuel) economizer
ekosystem *m* ecosystem, ecological system
ekran *m* **1.** screen, shield **2.** *inż,* shield
~ **ciemny** *zob.* **ekran tenebrescencyjny**
~ **luminescencyjny** luminescent screen
~ **panoramiczny** *kin.* panoramic screen
~ **projekcyjny** *kin.* projection screen
~ **radiacyjny** *bhp* radiation shield
~ **telewizyjny** kinescope screen, television screen, telescreen
~ **tenebrescencyjny** *elektron.* dark-trace screen
~ **wodny** *kotł.* waterwall
ekranopis *m inf.* display, display unit, CRT display
~ **alfanumeryczny** *inf.* alphanumeric display
~ **graficzny** *inf.* graphic display
ekranować *v* screen, shield
ekscyton *m fiz.* exciton
ekscytron *m elektron.* excitron
ekshaustor *m* exhauster, exhaust fan, suction fan
ekspander *m* **1.** *aut.* expander circuit **2.** *gum.* expander
ekspansja *f* expansion
ekspediować *v* ship; dispatch (*goods*)
ekspedycja *f* **1.** shipment; dispatch **2.** shipping department
~ **naukowa** scientific expedition
ekspert *m* expert
ekspertyza *f* expertise, expert opinion
eksperyment *m* experiment
eksperymentalny *a* experimental
eksperymentować *v* experiment
eksploatacja *f* operating, using (*machines, equipment*)
~ **górnicza** mining; exploitation
~ **naziemna** *górn.* open-cast mining, strip mining, surface mining
~ **odkrywkowa** *zob.* **eksploatacja naziemna**
~ **podziemna** *górn.* underground mining
eksploatować *v* exploit; operate; *górn.* mine
eksplodować *v* explode, blow up
eksplozja *f* explosion
eksponat *m* exhibit
eksport *m* export
eksportować *v* export
ekspozycja *f* **1.** *radiol.* exposure dose **2.** *fot.* exposure **3.** exhibition
ekstensywny *a* extensive
ekstrahent *m chem.* extraction solvent, extractant
ekstrahować *v chem.* extract
ekstrakcja *f chem.* extraction
ekstrakt *m chem.* extract
ekstraktor *m* **1.** *chem.* extractor, extraction apparatus **2.** *inf.* extractor
ekstrapolacja *f mat.* extrapolation
ekstremalny *a mat.* extreme
ekstremum *n mat.* extremum (*pl* extrema), extreme
ekstynkcja *f fiz.* extinction
eksykator *m lab.* desiccator, exsiccator
ekwinokcjum *n astr.* equinox, equinoctial point
ekwipartycja *f* **energii** *fiz.* equipartition of energy
ekwipotencjalny *a fiz.* equipotential
elastancja *f el.* elastance
elastomer *m tw.szt.* elastomer
elastooptyka *f wytrz.* photo-elasticity
elastoplasty *mpl tw.szt.* elastoplastics
elastoplastyczność *f wytrz.* elastoplasticity
elastyczność *f* **1.** flexibility **2.** *wytrz.* elasticity
~ **biegu silnika** engine response
elastyczny *a* **1.** flexible **2.** *wytrz.* elastic
elektret *m fiz.* electret
elektroakustyka *f* electroacoustics
elektrochemia *f* electrochemistry

elektrochemiczny *a* electrochemical
elektrociepłownia *f* thermal-electric power station
elektroda *f* electrode; plate
~ **dodatnia** positive electrode, anode
~ **gorąca** *spaw.* hot electrode
~ **kondensatora** plate of a capacitor
~ **nieotulona** *spaw.* bare electrode, unshielded electrode
~ **nietopliwa** *spaw.* nonconsumable electrode
~ **odchylająca** *elektron.* deflecting electrode
~ **odniesienia** *zob.* **elektroda porównawcza**
~ **opóźniająca** *elektron.* decelerating electrode
~ **otulona** *spaw.* covered electrode, coated electrode, shielded electrode
~ **pieca łukowego** arc-furnace electrode
~ **porównawcza** *elchem.* reference electrode
~ **przyspieszająca** *elektron.* accelerating electrode
~ **rtęciowa** mercury electrode
~ **spawalnicza** welding electrode
~ **sterująca** *elektron.* control electrode
~ **świecy zapłonowej** sparking plug point
~ **topliwa** *spaw.* consumable electrode
~ **ujemna** negative electrode, cathode
~ **węglowa** carbon electrode
~ **zapłonowa** *elektron.* starter, starting electrode
~ **zgrzewarki punktowej** contact point of a spot welder
~ **zimna** *elektron.* cold electrode
elektrodializa *f fiz.* electrodialysis
elektrodializer *m* electrodialyser
elektrododatni *a* electropositive
elektrodyfuzja *f met.* electrodiffusion, electromigration, electrotransport
elektrodynamika *f* electrodynamics
elektroenergetyka *f* electrical power engineering
elektrofiltr *m* electrofilter, electrostatic precipitator
elektrofonia *f* electroacoustics
elektrofor *m* electrophorus
elektroforeza *f* electrophoresis
elektrofotografia *f* electrophotography
elektrografia *f* **1.** electrography, electrographic printing **2.** *chem.* electrographic analysis
elektrografit *m* electrographite
elektrokapilarność *f* electrocapillarity
elektrokinetyka *f* electrokinetics
elektrolit *m* electrolyte
~ **amfoteryczny** amphoteric electrolyte, ampholyte
elektrolityczny *a* electrolytic
elektroliza *f* electrolysis
elektrolizer *m* electrolyser, electrolytic tank, electrolysis cell
elektroluminescencja *f* electroluminescence
elektromagnes *m* electromagnet
elektromagnetyzm *m* electromagnetism
elektrometalurgia *f* electrometallurgy
elektrometr *m* electrometer
elektromonter *m* wireman
elektromotoryczny *a* electromotive
elektron *m* **1.** *fiz.* electron **2.** *met.* elektron, electron, dowmetal
~ **Augera** Auger electron
~ **bombardujący** bombarding electron; incident electron
~ **dodatni** positive electron, positron, antielectron
~ **optyczny** optical electron, optically active electron, luminous electron
~ **powolny** slow electron
~ **prędki** high-speed electron, fast electron
~ **przewodnictwa** conduction electron
~ **sparowany** paired electron
~ **spułapkowany** trapped electron
~ **swobodny** free electron
~ **świetlny** *zob.* **elektron optyczny**
~ **ujemny** negative electron, negatron
~ **walencyjny** valence electron, outer (-shell) electron
~ **wartościowości** *zob.* **elektron walencyjny**
~ **wewnętrzny** inner(-shell) electron
~ **wiążący** bonding electron
~ **zewnętrzny** *zob.* **elektron walencyjny**
~ **związany** bound electron
elektroniczna gra *f* **telewizyjna** video-game, teleplay
elektroniczne przetwarzanie *n* **danych** electronic data processing, EDP
elektroniczy *a* electronic
elektronik *m* electronic engineer
elektronika *f* electronics, electronic engineering
~ **energetyczna** power engineering electronics
~ **jądrowa** nuclear electronics
~ **kwantowa** quantum electronics
~ **półprzewodnikowa** semiconductor electronics
~ **próżniowa** vacuum electronics
~ **zintegrowana** integrated electronics
elektronobiorca *m* electron acceptor
elektronodawca *m* electron donor
elektronoluminescencja *f* electroluminescence, cathodoluminescence
elektronowolt *m jedn.* electron volt, eV

elektronowy *a* electronic
elektronowy rezonans *m* **(para)magnetyczny** *fiz.* electron paramagnetic resonance, EPR
elektronówka *f elektron.* electron valve, electron tube
elektroosadzanie *n* electrodeposition
elektroosmoza *f* electroosmosis
elektroskop *m el.* electroscope
elektrostalownia *f* electric steel works, electric steel-melting shop
elektrostatyczny *a* electrostatic
elektrostatyka *f* electrostatics
elektrostrykcja *f* electrostriction
elektrosurówka *f hutn.* electric furnance pig iron
elektrotechnika *f* electrical engineering, electrotechnics, electrotechnology
elektrotermia *f* **1.** electric heating engineering **2.** electrothermics
elektrotransport *m met.* electrodiffusion, electromigration, electrotransport
elektroujemny *a* electronegative
elektrowartościowość *f chem.* electrovalence, electrovalency
elektrowciąg *m* telpher
elektrowiert *m wiertn.* electric well-drilling unit
elektrownia *f* electric power station, power plant, generating station, central station
~ **cieplna** thermal power station
~ **jądrowa** nuclear power plant, atomic power station
~ **pompowa** pumped-storage power station
~ **wodna** hydroelectric power station, water-power plant
elektrowozownia *f* electric locomotive shed, depot
elektrowóz *m* electric locomotive
elektryczność *f* electricity
~ **atmosferyczna** atmospheric electricity
~ **dodatnia** positive electricity
~ **ujemna** negative electricity
elektryczny *a* electric(al)
elektryfikacja *f* electrification
elektryk *m* electrician
elektryzacja *f* electrification
element *m* element
~ **bierny** *el.* passive element
~ **budowlany** structural element, building unit
~ **cyfrowy** *inf.* digital element
~ **czynny** *el.* active element
~ **danych** *inf.* data element; data item, datum
~ **decyzyjny** *inf.* decision element
~ **fikcyjny** *inf.* dummy element
~ **funkcjonalny** *aut.* functional element
~ **grzejny** *el.* heating element, heating resistor, heater
~ **I** *inf.* AND element
~ **konstrukcyjny** structural component, structural member
~ **logiczny** *inf.* logic element, functor
~ **LUB** *inf.* OR element
~ **maszyny** machine element
~ **NIE** *inf.* NOT element
~ **NIE-I** *inf.* NOT-AND element, NAND element
~ **NIE-LUB** *inf.* NOT-OR element, NOR element
~ **nośny** *masz.* bearing element, bearer
~ **obrazu** *TV* picture element, pixel
~ **obrotowy** (*sztywny*) *mech.* rotator, rigid rotating body
~ **opóźniający** *aut.* delay element
~ **pamięci** *inf.* storage element
~ **półprzewodnikowy** *elektron.* semiconductor element
~ **prefabrykowany** *bud.* prefabricated unit, precast (concrete) unit
~ **rozstawczy** *masz.* spacer
~ **różnicy symetrycznej** *inf.* EXCLUSIVE--OR element, XOR element
~ **sterowany** *aut.* controlled member
~ **sterowniczy** *aut.* control member, control element
~ **toczny** (*łożyska*) *masz.* rolling element (*of a bearing*)
~ **topikowy** *el.* fuse element, fuse link
~ **ustalający** **1.** *masz.* retainer **2.** *obr.skraw.* location, locator
~ **usztywniający** stiffener
~ **zapasowy** backup element
~ **zbioru** *mat.* element of a set, member of a set
~ **złączny** *masz.* fastener
elementarny *a* elementary; *mat.* infinitesimal
elewacja *f* **1.** *arch.* façade **2.** *geod.* elevation
elewator *m* **1.** *transp.* elevator **2.** *roln.* (corn) elevator
eliminacja *f* elimination
~ **zer** *inf.* zero suppression
eliminator *m rad.* suppressor, trap circuit
elipsa *f geom.* ellipse
~ **bezwładności** (*figury płaskiej*) *mech.* ellipse of inertia
elipsograf *m* ellipsograph, elliptic trammel
elipsoida *f geom.* ellipsoid
~ **bezwładności** (*Poinsota*) *mech.* inertia ellipsoid, Poinsot ellipsoid
~ **obrotowa** *geom.* ellipsoid of revolution, spheroid

eliptyczny *a* elliptic(al)
eloksalowanie *n elchem.* anodizing, anodic treatment, Eloxal process
emalia *f* enamel
~ **ceramiczna** vitreous enamel
~ **piecowa** baking enamel, stoving enamel
emanacja *f fizchem.* emanation
~ **aktynowa** actinium emanation, actinon, An
~ **radowa** radium emanation, radon, Rn
~ **torowa** thorium emanation, thoron, Tn
emisja *f fiz.* emission; *ochr.środ.* emission (*of pollutants*)
~ **autoelektronowa** *zob.* **emisja polowa**
~ **elektronowa** electron emission
~ **fotoelektronowa** photoemission, external photoelectric effect
~ **pierwotna** primary emission (*of electrons*)
~ **polowa** field emission (*of electrons*)
~ **spontaniczna** spontaneous emission (*of radiation*)
~ **termoelektronowa** thermionic emission
~ **wtórna** secondary emission (*of electrons*)
~ **wymuszona** stimulated emission, induced emission (*of radiation*)
emisyjność *f fiz.* emissivity
emitancja *f fiz.* emittance, emissive power, radiating power
~ **świetlna** luminous emittance
emiter *m* **1.** (*źródło promieniowania*) emitter **2.** (*w tranzystorze*) emitter
emitować *v* emit
emitron *m TV* emitron, image iconoscope
empiryczny *a* empirical
emulacja *f inf.* emulation
emulator *m inf.* emulator
emulgator *m chem.* emulsifier, emulsifying agent
emulgowanie *n chem.* emulsification
emulsja *f* emulsion
~ **fotograficzna** photographic emulsion
enancjomery *mpl chem.* enantiomers, antimers, optical antipodes
endoenergetyczny *a fiz.* endoenergic, endoergic
endotermiczny *a chem.* endothermic
energetyka *f* power engineering; power industry
~ **jądrowa** nuclear power engineering
energia *f* energy
~ **aktywacji** *fiz., chem.* activation energy
~ **chemiczna** chemical energy
~ **cieplna** thermal energy, heat energy
~ **dysocjacji** *chem.* dissociation energy
~ **elektryczna** electric energy
~ **Fermiego** *fiz.* Fermi characteristic--energy level
~ **jądrowa** nuclear energy, atomic energy
~ **kinetyczna** kinetic energy, velocity energy
~ **mechaniczna** mechanical energy
~ **nagromadzona** stored energy
~ **odkształcenia** *wytrz.* strain energy, energy of deformation
~ **pobrana** energy input
~ **potencjalna** potential energy
~ **promieniowania** radiation energy
~ **promienista** *fiz.* radiant energy
~ **rozszczepienia** *fiz.* fission energy
~ **spoczynkowa** *fiz.* rest energy
~ **sprężysta** *wytrz.* elastic strain energy
~ **swobodna (Helmholtza)** *term.* (Helmholtz) free energy, Helmholtz function, work function
~ **wewnętrzna** internal energy, inner energy
~ **wiązania 1.** *fiz.* binding energy, BE **2.** *chem.* bond energy
~ **wodna** water power, water energy, hydro-power
~ **wzbudzenia** *fiz.* excitation energy
~ **zerowa** *fiz.* zero-point energy, zero--temperature energy
~ **związana** *fiz.* bound energy; unavailable energy
energochłonny *a* energy-consuming
energoelektronika *f* power engineering electronics
entalpia *f term.* enthalpy, heat content, total heat
entropia *f* **1.** *term.* entropy **2.** *inf.* entropy, information rate
enzym *m biochem.* enzyme, ferment
epicentrum *n* (*trzęsienia ziemi*) *geofiz.* epicentre
epicykloida *f geom.* epicycloid
epidiaskop *m opt.* epidiascope
episkop *m opt.* episcope
epitaksja *f kryst.* epitaxy
epitrochoida *f geom.* epitrochoid
epoksydacja *f chem.* epoxidation
epsomit *m min.* epsomite, epsom salt
erb *m chem.* erbium, Er
erg *m jedn.* erg: 1 erg = 10^{-7} J
ergonomia *f* ergonomics, human(-factors) engineering
erozja *f* erosion
errata *f poligr.* errata
ersted *m jedn.* oersted: 1 Oe ≈ 79.5775 A/m
erupcja *f geol.* eruption; *wiertn.* blow-out
esencja *f* essence
eskortowiec *m okr.* escort vessel
estakada *f inż.* trestle (bridge)

ester *m chem.* ester
estymator *m mat.* estimator
etalon *m metrol.* etalon; standard
etan *m chem.* ethane
etanol *m chem.* ethanol, ethyl alcohol
etap *m* stage
etat *m ek.* post; regular employment
eten *m chem.* ethene, ethylene
etenyl *m chem.* ethenyl, vinyl (group)
eter *m chem.* **1.** ether **2.** ethyl ether
eternit *m bud.* eternit, asbestos-cement roofing material
etykieta *f* **1.** label **2.** *inf.* label
etykietowanie *n* **1.** labelling **2.** *inf.* labelling
etylen *m chem.* ethylene, ethene
etylina *f paliw.* leaded petrol, ethyl gasoline
europ *m chem.* europium, Eu
eutektoid *m met.* eutectoid (mixture)
eutektyka *f met.* eutectic (mixture)
ewaporometr *m* evaporimeter, evaporation gauge, atmometer
ewentualność *f inf.* choice
ewolucja *f* **1.** *biol.* evolution **2.** *lotn.* acrobatic manoeuvre
ewoluta *f geom.* evolute
ewolwenta *f geom.* involute, evolvent

F

fabrycznie nowy brand-new
fabryczny *a* of a factory, manufacturing
fabryka *f* factory, plant, works
~ **domów** precast building units plant
~ **konserw w puszkach** cannery
~ **papieru** paper-mill
~ **samochodów** motor-car factory
fabrykat *m* manufactured product
fabrykować *v* manufacture, produce
fachowiec *m* specialist
faktura *f* **1.** surface quality **2.** *ek.* bill; invoice
fakturowanie *n ek.* invoicing
fala *f* wave
~ **akustyczna** acoustic wave, sonic wave, sound wave
~ **bieżąca** progressive wave, moving wave, travelling wave
~ **ciągła** continuous wave
~ **ciepła** *meteo.* heat wave
~ **de Broglie'a** de Broglie wave
~ **detonacyjna** detonation wave
~ **długa** *rad.* long wave
~ **drgająca** oscillatory wave
~ **elektromagnetyczna** electromagnetic wave
~ **elektronowa** electron wave
~ **elementarna** elementary wave, partial wave
~ **harmoniczna** harmonic wave
~ **krótka** *rad.* short wave
~ **martwa** *ocean.* swell
~ **materii** de Broglie wave
~ **nośna** carrier (wave)
~ **odbita** reflected wave
~ **padająca** incident wave
~ **płaska** plane wave, two-dimensional wave
~ **pływu** *ocean.* tidal wave
~ **podłużna** longitudinal wave
~ **poprzeczna** transverse wave
~ **powrotna** return wave, backward wave
~ **przybojowa** *ocean.* surf, breakers
~ **radiowa** radio wave
~ **sejsmiczna** *ocean.* seismic sea wave
~ **stojąca** standing wave, stationary wave
~ **średnia** *rad.* medium wave
~ **świetlna** light wave
~ **udarowa** *el.* impulse wave
~ **uderzeniowa** *aero.* shock wave
~ **ugięta** diffracted wave
~ **ultrakrótka** *rad.* ultra-short wave
~ **wędrowna** progressive wave, moving wave, travelling wave
~ **załamana** refracted wave
falcówka *f poligr.* folder, folding machine
falisty *a* wavy, undulated
falochron *m inż.* breakwater
falomierz *m rad.* wavemeter
falowanie *n* **papieru** waviness of a paper (*defect*)
~ **zwojów sprężyny** *masz.* spring surge
falownik *m el.* inverter
falowód *m el.* waveguide
falsyfikat *m* forgery; counterfeit
fałd *m geol.* fold
fałda *f* fold, crease, plait
fałszywy *a* false; counterfeit
fanotron *m elektron.* phanotron, thermionic rectifier
fantastron *m elektron.* phantastron
fantastyka *f* **naukowa** science-fiction
farad *m jedn.* farad, F
faraday *m elchem.* faraday, Faraday constant

faradomierz *m el.* faradmeter, capacitance meter
farba *f* paint; colour; ink
~ **ciepłoczuła** thermometric paint
~ **drukarska** *poligr.* (printer's) ink; *włók.* printing paste
~ **emulsyjna** emulsion paint
~ **klejowa** size colour, glue colour
~ **kryjąca** body colour
~ **ochronna** protective paint
~ **olejna** oil paint
~ **podkładowa** priming paint, primer; undercoater
~ **szybkoschnąca** quick-drying paint
~ **wapienna** limewash
~ **wodna** water-colour
~ **ziemna** mineral colour
farbiarka *f włók.* dyeing machine
farbiarstwo *n* dyeing
farbować *v* dye, colour
farmaceuta *m* chemist
farmacja *f* pharmacy
fartuch *m* apron
~ **błotnika** *mot.* mud flap
faza *f* **1.** phase **2.** *chem.* structural constituent **3.** *el.* phase winding **4.** *bud.* chamfer
fazomierz *m el.* phase meter
fazor *m mat.* phasor
fazowanie *n* **1.** *el.* phasing **2.** *bud.* chamfering, bevelling
fazy *fpl* **rozrządu** *siln.* timing angles
fazytron *m elektron.* phasitron
fenol *m chem.* **1.** phenol **2.** benzophenol, carbolic acid
fenyl *m chem.* phenyl
ferm *m chem.* fermium, Fm
ferma *f roln.* farm
ferment *m biochem.* ferment, enzyme
fermentacja *f biochem.* fermentation; *san.* digestion
fermi *jedn.* fermi: 1 fm = 10^{-15} m
fermion *m fiz.* fermion
ferrimagnetyk *m* ferrimagnetic (substance)
ferrimagnetyzm *m* ferrimagnetism
ferroelektryczność *f* ferroelectricity
ferroelektryk *m* ferroelectric (substance), seignette-electric
ferromagnetyk *m* ferromagnetic (substance)
ferromagnetyzm *m* ferromagnetism
ferroskop *m elektron.* hysteresiscope
ferryt *m met.* ferrite
figura *f* **geometryczna** geometrical figure
~ **płaska** *geom.* plane figure, linear figure
figury *fpl* **podobne** *geom.* similar figures
~ **przystające** congruent figures
filar *m* **1.** *bud.* pillar; pier **2.** *górn.* pillar; leg
filc *m* felt
filia *f ek.* branch office
filiera *f włók.* spinneret, spinning nozzle
film *m* **1.** *fot.* film **2.** *kin.* film; movie
~ **barwny** colour film
~ **czarno-biały** black-and-white film
~ **dokumentalny** documentary film
~ **fabularny** feature film
~ **negatywowy** negative film
~ **odwracalny** reversible film
~ **pełnometrażowy** full-length film
~ **pozytywowy** positive film
~ **rysunkowy** cartoon (film), animated cartoon
~ **telewizyjny** telefilm
filtr *m* filter; strainer
~ **akustyczny** acoustic filter
~ **barwny** *fot.* colour filter
~ **biologiczny** *san.* biofilter
~ **ciemniowy** *fot.* safe-light
~ **cyfrowy** *elektron.* digital filter
~ **dokładnego oczyszczania** fine filter, secondary filter
~ **elektrostatyczny** electrofilter, electrostatic precipitator
~ **elektryczny** wave filter
~ **grawitacyjny** gravity filter
~ **korekcyjny** *fot.* printing filter, correction filter
~ **mikrofalowy** microwave filter
~ **odżużlający** *odl.* strainer core, filter core
~ **oleju** *siln.* oil filter, oil strainer
~ **optyczny** optical filter
~ **promieniotwórczy** *nukl.* hot filter
~ **szary** *opt.* neutral filter, non-selective absorber
~ **świetlny** optical filter
~ **wlewowy** *odl.* strainer core, filter core
~ **workowy** bag filter, sack filter
filtrować *v* filter, filtrate; strain
finansowy *a ek.* financial, fiscal
firma *f ek.* firm, house
~ **handlowa** commercial firm, merchant house
fizyczny *a* physical
fizyk *m* physicist
fizyka *f* physics
~ **atomowa** atomic physics
~ **chemiczna** chemical physics
~ **ciała stałego** solid-state physics
~ **cząstek elementarnych** particle physics
~ **doświadczalna** experimental physics
~ **elektronowa** electron physics
~ **jądrowa** nuclear physics, nucleonics
~ **niskich temperatur** low-temperature physics

~ **stosowana** applied physics
~ **teoretyczna** theoretical physics
~ **wielkich energii** high-energy physics
fizykochemia *f* physical chemistry
fizysorpcja *f* physisorption, physical adsorption
flegma *f chem.* reflux, phlegm
fleksografia *f* flexography, flexographic printing, aniline printing
flesz *m fot.* (photo)flash lamp
flip-flop *m elektron., inf.* flip-flop, trigger
flokulacja *f chem.* flocculation
flota *f żegl.* fleet
~ **handlowa** merchant navy, shipping
~ **rybacka** fishing fleet
~ **wojenna** navy
flotacja *f wzbog.* floatation
fluidyzacja *f chem.* fluidization
fluktuacja *f* fluctuation
fluor *m chem.* fluorine, F
fluorek *m chem.* fluoride
fluorescencja *f fiz.* fluorescence
fluorowanie *n* **wody** *san.* water fluorination
fluorowce *mpl chem.* halogen group, halogens (F, Cl, Br, I, At)
fluorowodór *m chem.* hydrogen fluoride
folia *f* foil; leaf; *tw.szt.* film
~ **metalowa** metal leaf
~ **termokurczliwa** heat-shrinkable film
~ **złota** gold-leaf
fon *m jedn.* phon
fonia *f akust.* sound
fonizacja *f akust.* sound amplification
fonon *m fiz.* phonon
fononika *f* acoustoelectronics
fonoteka *f* sound library
foremnik *m obr.plast.* swage, swedge
foremny *a geom.* regular
forma *f* **1.** form, shape **2.** *odl.* mould **3.** *tw.szt.* mould
~ **drukowa** *poligr.* forme
~ **fałszywa** *odl.* pattern match, oddside
~ **gruntowa** *odl.* floor mould
~ **kwadratowa** *mat.* quadratic form, quadric
~ **lana** *tw.szt.* cast profile
~ **metalowa** *odl.* metal mould, chill
~ **odlewnicza** casting mould, foundry mould
~ **prasownicza** *tw.szt.* press mould
~ **trwała** *odl.* permanent mould
~ **wtryskowa** *tw.szt.* injection mould
formacja *f geol.* formation, system
formaldehyd *m chem.* formaldehyde, methanal
format *m* **1.** format, size **2.** *inf.* (data) format
formater *m inf.* formatter
formatyzator *m inf.* format effector
formierka *f* **1.** *odl.* moulding machine **2.** forming machine, former
formiernia *f odl.* moulding shop
formierz *m odl.* moulder
formowanie *n* **1.** forming, shaping **2.** *odl.* moulding **3.** *tw.szt.* moulding
formularz *m* form
formuła *f mat.* formula
fornir *m drewn.* veneer
foronomia *f hydr.* geometry of flow
fortran *m inf.* Fortran (*problem oriented computer language*)
fosfor *m chem.* phosphorus, P
~ **32** *chem.* radiophosphorus, phosphorus-32
fosforan *m chem.* phosphate
fosforek *m chem.* phosphide
fosforescencja *f fiz.* phosphorescence
fosforyt *m min.* phosphorite
fot *m jedn.* phot: 1 ph = 10^4 lx
fotodioda *f elektron.* photodiode
fotoelektron *m* photoelectron
fotoelektryczność *f* photoelectricity
fotoelement *m* photoelement, photovoltaic cell
fotoemisja *f* photoemission, external photoelectric effect
fotografia *f* photography
~ **lotnicza** aerial photography, aerophotography
~ **stereoskopowa** stereophotography
~ **w podczerwieni** infrared photography
fotografować *v* photograph, take photographs
fotogrametria *f geod.* photogrammetry
fotokatoda *f elektron.* photocathode, photoelectric cathode
fotokolorymetr *m* photocolorimeter, photoelectric colorimeter
fotokomórka *f* photocell, photoelectric cell
fotokopia *f* photocopy, photographic print
fotomaska *f elektron.* photomask, photo-etch resist
fotometr *m opt.* photometer; foot-candle meter
fotometria *f opt.* photometry
fotomontaż *m* photo-montage
foton *m fiz.* photon, light quantum
fotoneutron *m fiz.* photoneutron
fotonówka *f el.* photoemissive cell
fotoprzewodnictwo *n* photoconduction
fotoprzewodnik *m* photoconductor
fotorezystor *m* photoresistor, photoconductive cell

fotorozkład *m chem.* photodissociation
fotorozpad *m nukl.* photodisintegration
~ **jądrowy** photonuclear reaction
fotorozszczepienie *n nukl.* photofission
fotoskład *m poligr.* photocomposition, photo(type) setting, cold-type composition
fotosynteza *f chem.* photosynthesis
fototranzystor *m elektron.* phototransistor
fototyrystor *m elektron.* photothyristor
fracht *m żegl.* freight
frachtowiec *m okr.* freighter, cargo carrier
fragment *m* fragment
fragmentacja *f* **jądra** *nukl.* spallation
~ **pamięci** *inf.* store fragmentation
frakcja *f* fraction
~ **ciężka** *chem.* heavy ends
~ **końcowa** *chem.* tail fraction, tails
~ **lekka** *chem.* light ends
~ **macierzysta** *nukl.* parent fraction
~ **pochodna** *nukl.* daughter fraction
~ **szczytowa** *chem.* top-product, tops
frans *m chem.* francium, Fr
freon *m chłodn.* Freon
frez *m obr.skraw.* milling cutter
~ **czołowy** face cutter
~ **kształtowy** formed cutter
~ **obwiedniowy** hob, hobbing cutter
~ **zataczany** relieved cutter
frezarka *f* **1.** *obr.skraw.* milling machine, miller **2.** *drewn.* moulding machine, moulder, shaper
~ **bramowa** planer mill, milling planer
~ **-kopiarka** tracer milling machine
~ **wspornikowa** knee-type milling machine
frezer *m* machinist miller
frezowanie *n obr.skraw.* milling
~ **czołowe** face milling
~ **kopiowe** tracer milling
~ **kształtowe** profile milling
~ **obwiedniowe** hobbing
~ **przeciwbieżne** out-cut milling
~ **współbieżne** in-cut milling
front *m* **1.** *bud.* front **2.** *meteo.* front
fuga *f bud.* joint (*of brickwork*)
fundament *m* foundation
~ **maszyny** machine foundation
~ **silnika** *okr.* engine bed
fundamentowanie *n* foundation engineering, foundation work
fundusz *m* fund
~ **inwestycyjny** investment fund
~ **płac** wages fund
~ **rozwojowy** development fund
fungicyd *m pest.* fungicide
funkcja *f mat.* function
~ **błędu** error function, erf
~ **całkowalna** integrable function
~ **ciągła** continuous function
~ **Hamiltona** Hamiltonian function
~ **harmoniczna** harmonic function
~ **jawna** explicit function
~ **Lagrange'a** Lagrangian (function)
~ **logiczna** logical function
~ **malejąca** *mat.* decreasing function
~ **odwrotna** inverse function
~ **pierwotna 1.** primitive (*in logic*) **2.** antiderivative of a function, primitive (*in analysis*)
~ **podcałkowa** integrand
~ **prawdopodobieństwa** probability function
~ **rozkładu** distribution function
~ **uwikłana** implicit function
~ **własna** eigenfunction
funkcje *fpl* **sprzężone** conjugate functions
~ **trygonometryczne** trigonometric functions
funkcjonalny *a* **1.** functional **2.** *mat.* functional
funkcjonować *v* function, work, operate
funktor *m* **1.** *inf.* functor **2.** *mat.* functor
~ **I** *inf.* AND
~ **LUB** *inf.* OR
~ **NIE-I** *inf.* NAND (= NOT-AND)
~ **NOR** *inf.* NOR (= NOT-OR)
funt *m jedn.* **1.** pound, pound avoirdupois: 1 lb = 0.453592 kg **2.** (*jednostka monetarna*) pound
~ **handlowy** *zob.* **funt 1.**
~ **masy** *zob.* **funt 1.**
~ **-siła** pound, pound-force: 1 lb = 4.44822 N
~ **troy** troy pound: 1 lb = 0.37324 kg
furgon *m* van, waggon
furta *f* **ładunkowa** *okr.* cargo port
furtka *f bud.* wicket
fusy *pl* dregs; lees
futerał *m* case
futryna *f* **drzwiowa** door frame
~ **okienna** window frame
fuzja *f* **1.** *nukl.* nuclear fusion **2.** *ek.* fusion, merger
fuzle *pl ferm.* fusel oil

G

gabaryt *m* overall dimensions; limiting outline
gabinet *m* study
gablota *f* show-case, display case
gabro *n petr.* gabbro
gacz *m* **parafinowy** *paliw.* slack wax
gadolin *m chem.* gadolinium, Gd
gagat *m min.* gagate
gal *m* **1.** *chem.* gallium, Ga **2.** *jedn.* galileo: 1 Gal = 10^{-2} m/s^2
galaktyka *f astr.* galaxy
galalit *m tw.szt.* galalith, artificial horn
galareta *f* jelly
galaretowacieć *v* gelatinize
galaretowaty *a* gelatinous, jelly-like, jellied
galena *f zob.* **galenit**
galenit *m min.* galena, blue lead, lead glance
galeria *f arch.* gallery
galon *m jedn.* gallon
~ **amerykański** *US* gallon (= 3.785 dm^3)
~ **angielski** imperial gallon (= 4.546 dm^3)
galwanealing *powł.* galvannealing
galwaniczny *a* galvanic, voltaic
galwanizacja *f* electroplating
galwanizernia *f* galvanizing plant, electroplating plant
galwanochromia *f* galvanic colouring
galwanometr *m* galvanometer
galwanoplastyka *f* galvanoplastics, electroforming
galwanoskop *m* galvanoscope
galwanostegia *f* galvanostegy
galwanotechnika *f* electroplating
galwanotyp *m poligr.* electrotype
galwanotypia *f poligr.* electro-typing
gałąź *f* branch; arm; leg
gałka *f* knob
~ **nastawcza** adjusting knob, setting knob
~ **strojeniowa** *rad.* tuning knob
gamma *f* **1.** *TV* gamma **2.** *jedn.* gamma: 1 gamma = 0.00001 Oe
gammagrafia *f* gammagraphy, gamma radiography
gamma-promieniotwórczy *a fiz.* gamma (radio)active
gar *m* **wielkiego pieca** crucible of a blast furnace, hearth of a blast furnace
garaż *m* garage
garb *m* lobe, projection
~ **krzywki** *masz.* cam lobe, cam nose
garbarnia *f* tannery
garbarstwo *n* tanning (industry), leather manufacture
garbnik *m skór.* tanning agent; tannin
~ **syntetyczny** syntan, synthetic tannin
garbnikowanie *n* (*żagli, sieci*) *żegl.* barking
garbowanie *n skór.* tanning
~ **roślinne** barking, bark tanning, vegetable tanning
~ **zamszowe** chamoising, oil tanning
gardziel *f* throat; choke
~ **dyszy** nozzle throat
~ **gaźnika** carburettor choke
~ **konwertora** *hutn.* converter mouth, converter nose, converter neck
~ **rowka** *spaw.* root of joint
~ **szybu** *górn.* fore-shaft
~ **wielkiego pieca** blast furnace throat, blast furnace top
~ **włoka** *ryb.* belly of a trawl net
garncarstwo *n* pottery
garnek *m* pot
garniec *m* (*do odlewania wlewków*) *hutn.* tundish
garnitur *m* **czcionek** *poligr.* fount
gasić *v* extinguish; quench
gasik *m el.* spark arrester, spark killer
gasiwo *n el.* arc-quenching medium
gaslift *m wiertn.* gas lift
gaszenie *n* extinguishing; quenching
~ **koksu** quenching of coke
~ **łuku** *el.* arc interruption, arc suppression
~ **pożaru** fire suppression, firefighting
~ **wapna** slaking, slacking
gaśnica *f* fire extinguisher
~ **pianowa** foam extinguisher
~ **płynowa** fluid extinguisher
~ **proszkowa** dry-chemical extinguisher, dry powder extinguisher
~ **śniegowa** carbon-dioxide extinguisher
~ **tetrowa** carbon-tetrachloride extinguisher
gatunek *m* brand; sort; grade; *biol.* species
gaus *m jedn.* gauss: 1 Gs = 10^{-4} T
gausomierz *m el.* gaussmeter
gausotron *m el.* gausitron
gaz *m* gas
~ **biologiczny** biogas
~ **błotny** marsh gas
~ **czadnicowy** generator gas, producer gas

~ **doskonały** perfect gas, ideal gas
~ **drzewny** wood (distillation) gas
~ **dwuwymiarowy** *fiz.* gaseous film
~ **elektronowy** *fiz.* electron gas
~ **generatorowy** generator gas, producer gas
~ **gnilny** digester gas
~ **koksowniczy** coke-oven gas
~ **kopalniany** *górn.* fire damp, mine gas
~ **lokalizacyjny** *el.* tracer gas
~ **miejski** town gas, city gas, illuminating gas
~ **napędowy** *paliw.* power gas
~ **obojętny** inert gas, noble gas
~ **obserwacyjny** *el.* supervisory gas
~ **płynny** *paliw.* liquefied petroleum gas, LPG; bottled gas, bugas
~ **rzeczywisty** real gas, actual gas, imperfect gas
~ **szlachetny** inert gas, noble gas
~ **świetlny** town gas, city gas, illuminating gas
~ **wielkopiecowy** blast-furnace gas, top gas
~ **ziemny** natural gas, rock gas
gaza *f włók.* gauze
gazeta *f* **telewizyjna** broadcast videotext, teletext
gazobeton *m* aerated concrete, gas concrete
gazociąg *m* gas piping
gazogenerator *m* gas generator, gas producer, gasifier
gazohol *m* (*mieszanka benzyny i alkoholu etylowego*) gasohol
gazol *m paliw.* liquefied petroleum gas, LPG; bottled gas, bugas
gazometr *m* gasometer
gazomierz *m* gas (flow) meter
gazoprzepuszczalny *a* gas permeable
gazoszczelny *a* gasproof, gas-tight
gazotron *m elektron.* thermionic rectifier, phanotron
gazowanie *n* gassing
gazowiec *m okr.* gas carrier
gazownia *f* gas-works
gazownica *f* motor gas producer
gazownictwo *n* gas engineering
gazowy *a* gassy
gazozol *m* aerosol
gazożel *m* aerogel
gazy *mpl* **bojowe** gas warfare agents
~ **przemysłowe** industrial gases
~ **spalinowe** combustion gas, exhaust gas
gazyfikacja *f* gasification
gaźnik *m siln.* carburettor
~ **bezpływakowy** floatless carburettor
~ **bocznossący** side-intake carburettor
~ **dolnossący** downdraft carburettor
~ **górnossący** updraft carburettor
~ **pływakowy** float-type carburettor
gąbczasty *a* spongy
gąbka *f* sponge
gąsienica *f* (*pojazdu*) caterpillar, crawler chain, track chain
gąsior *m* (*butla*) carboy
gąska *f hutn.* pig sow
gen *m biol.* gene
generacja *f* **komputerów** computer generation
~ **neutronów** *nukl.* generation of neutrons
generator *m* **1.** generator **2.** *inf.* generating program, generator
~ **akustyczny** acoustic generator, audio-frequency generator
~ **drgań** oscillator
~ **elektryczny** *zob.* **generator prądu**
~ **fal** *hydr.* wave-maker, wave generator
~ **gazu** gas generator, gas producer, gasifier
~ ~ **napędowego** motor gas producer
~ **Halla** *elektron.* Hall generator
~ **klistronowy** klystron oscillator
~ **kodu** *inf.* code generator
~ **prądu** dynamo, (electrical) generator
~ ~ **stałego** direct-current generator, dc generator
~ **programów** *inf.* program generator
~ **synchronizujący** *TV* synchronizing generator, sync generator
~ **wielkiej częstotliwości** high-frequency generator
~ **wzbudzający** exciter
generować *v* generate
generowanie *n* **systemu operacyjnego** *inf.* system generation, sysgen
genetyka *f* genetics
genotyp *m biol.* genotype
geochemia *f* geochemistry, geological chemistry
geodeta *m* land surveyor, geodesist
geodezja *f* geodesy
~ **górnicza** mine surveying, underground surveying
~ **niższa** land surveying
~ **wyższa** higher geodesy
geodezyjny *a* geodesic, geodetic
geodynamika *f* geodynamics
geoelektryka *f* geoelectricity, terrestrial electricity
geofizyka *f* geophysics
geografia *f* geography
geologia *f* geology
~ **dynamiczna** geodynamics
~ **inżynierska** engineering geology

~ **rolnicza** agrogeology, agricultural geology
geomagnetyzm *m* geomagnetism, terrestrial magnetism
geometria *f* geometry
~ **analityczna** analytic geometry
~ **euklidesowa** euclidean geometry
~ **hiperboliczna** *zob.* **geometria Łobaczewskiego**
~ **Łobaczewskiego** Lobachevski geometry, hyperbolic geometry
~ **mas** *mech.* mass geometry
~ **ostrza narzędzia** *obr.skraw.* tool contour and angles
~ **płaska** planimetry, plane geometry
~ **przestrzenna** geometry of solids, stereometry
~ **Riemanna** Riemannian geometry
~ **różniczkowa** differential geometry
~ **ruchu** *hydr.* geometry of flow
~ **rzutowa** projective geometry
~ **sferyczna** spherics
~ **wykreślna** descriptive geometry
geometryczny *a* geometric(al)
geomorfologia *f* geomorphology
geosfera *f* geosphere
geotechnologia *f* geotechnology
german *m chem.* germanium, Ge
geter *m elektron.* degasser, getter
gęstnieć *v* thicken
gęstościomierz *m hydr.* areometer, hydrometer
gęstość *f* **1.** density, thickness **2.** *fiz.* mass density
~ **elektronowa** free-electron density
~ **ładunku** *el.* charge density
~ **nasypowa** bulk density
~ **neutronów** neutron density
~ **nośników ładunku** *elektron.* carrier density
~ **optyczna** optical density
~ **prądu** *el.* current density
~ **spinowa** *fiz.* spin density
~ **stanów** *fiz.* density of states
~ **upakowania** *elektron.* packing density
~ **uzwojenia** *el.* closeness of winding
~ **widmowa** *opt.* spectral concentration
~ **zaczernienia** *fot.* photographic density
~ **zaludnienia** population density
~ **zapisu informacji** *inf.* packing density
gęstwa *f ceram.* slip, slurry
gęsty *a* dense; thick
gęś *f* **surówki** *hutn.* pig, sow
giąć *v* bend, flex
giełda *f ek.* stock exchange
gięcie *n* bending
giętarka *f obr.plast.* bender, bending machine
~ **kuźnicza** (*pozioma*) bulldozer
giętki *a* flexible, pliant, supple
giętkość *f* flexibility, pliability
giętny *a* flexural
giga- giga- (*prefix representing* 10^9)
gigantofon *m* street loudspeaker
gilbert *m jedn.* gilbert: 1 Gb = 0.795775 A
gilotyna *f papiern.* paper cutter
gilza *f* **do ekstrakcji** *chem.* thimble
~ **nawojowa** *papiern.* core, centre
gips *m min.* gypsum
~ **bezwodny** anhydrite, anhydrous calcium sulfate
~ **modelarski** plaster of Paris
giro- gyro-, *zob. też.* **żyro-**
glazura *f ceram.* **1.** glaze **2.** tiles
glazurowanie *n* **1.** *ceram.* glazing **2.** *chłodn.* glazing
gleba *f* soil
~ **bielicowa** podsol, podzol
~ **brunatna** brown soil
~ **ciężka** heavy soil
~ **darniowa** grassland soil
~ **gliniasta** loamy soil
~ **jałowa** barren soil
~ **kwaśna** sour soil
~ **lekka** light soil
~ **lessowa** loessial soil
~ **marglowa** marly soil
~ **piaszczysta** sandy soil
~ **próchnicza** humous soil
~ **torfowa** peat soil
~ **uboga** hungry soil
~ **wyjałowiona** exhausted soil
~ **zasolona** saline soil
~ **zmeliorowana** reclaimed soil
~ **żyzna** rich soil, fat soil
glebogryzarka *f roln.* soil miller, rototiller
glebostan *m roln.* nature of soil
gleboznawstwo *n* soil science, pedology
glejta *f* **ołowiowa** *chem.* litharge, massicot
glin *m chem.* aluminium, aluminum, Al
glina *f* clay
~ **formierska** *odl.* moulder's loam
~ **garncarska** pottery clay
~ **kaolinitowa** kaolinite clay
~ **ogniotrwała** fireclay, refractory clay
glinian *m chem.* aluminate
gliniany *a* (made of) clay
gliniasty *a* argillaceous, clayey
glinka *f* **biała** argilla, white clay, China clay, kaolin
glinokrzem *m met.* alsifer
glinokrzemian *m chem.* aluminosilicate
glinowanie *n obr.ciepl.* aluminizing, calorizing

glinowce *mpl chem.* boron family
glob *m* **ziemski** terrestrial globe
globalny *a* global
globina *f biochem.* globin
globularny *a* globular
globulina *f biochem.* globulin
globus *m* globe (*spherical chart*)
glon *m* alga (*pl* algae)
glukoza *f chem.* glucose, dextrose, grape sugar
gładki *a* smooth, even
gładkościomierz *m metrol.* surface analyser
gładkość *f* smoothness
~ **powierzchni** *obr.skraw.* surface finish
gładzak *m obr.skraw.* honing tool
gładzarka *f obr.skraw.* honing machine
gładzenie *n* **1.** smoothing **2.** *obr.skraw.* honing **3.** *włók.* calendering; beetling **4.** *papiern.* calendering
gładziarka *f masz.* calender
gładzica *f drewn.* scraper
gładzik *m* **blacharski** *narz.* planisher, planishing hammer
~ **formierski** *odl.* trowel
~ **kowalski** set hammer
~ **kształtowy** *odl.* sleeker, slicker
~ **płaski** spatula
gładź *f* sliding surface
~ **cylindra** cylinder bearing surface
~ **kowadła** anvil face
~ **tynku** *bud.* finishing coat, setting coat, skim coat, white coat
głaz *m* boulder
głębia *f* **1.** depth **2.** *ocean.* deep water
~ **ostrości** *fot.* (*przedmiotu*) depth of field; (*tolerancja odległości błony od obiektywu*) depth of focus
głębienie *n* **szybu** *górn.* shaft sinking, shafting
głębina *f* deep water; abyss
głębinowy *a* abyssal
głęboka czerń *f* dead-black
głęboki *a* deep
głęboki poziom *m* (*energetyczny*) *fiz.*, *elektron.* deep level
głębokie mrożenie *n chłodn.* deep-freezing
głębokie tłoczenie *n obr.plast.* deep drawing
głębokościomierz *m* **1.** *narz.* depth gauge **2.** *żegl.* draught gauge
~ **drążkowy** depth rod
głębokość *f* depth
~ **geometryczna gwintu** angular depth of a screw-thread
~ **nośna gwintu** *masz.* depth of engagement of a screw-thread
~ **posadowienia** *bud.* depth of foundation
~ **skrawania** depth of cut
~ **zanurzenia** (*ciała pływającego*) draught (*of a floating body*)
głębokotłoczny *a obr.plast.* deep drawing
głos *m* voice
głosowy *a* vocal
głośnik *m* loudspeaker
~ **niskotonowy** woofer
~ **podwodny** hydrophone, subaqueous loudspeaker
~ **tubowy** horn (loudspeaker)
~ **wysokotonowy** tweeter
głośność *f akust.* loudness; sound volume
głośny *a* loud; noisy
głowa *f anat.* head
~ **pala** *inż.* butt-end of a pile
~ **wlewka** *hutn.* crop end of an ingot, ingot head
~ **zęba** (*koła zębatego*) *masz.* tooth point, addendum (*of a toothed wheel*)
głowica *f masz.* head
~ **adaptera** *el.* pick-up
~ **akustyczna** (*gramofonu*) sound box
~ **bojowa** (*pocisku*) war-head (*of a missile*)
~ **cylindra** *siln.* cylinder head
~ **do gładzenia** *obr.skraw.* honing tool
~ **frezowa** *obr.skraw.* face milling cutter, face mill; *drewn.* cutterblock, cutterhead
~ **gwinciarska** *obr.skraw.* diehead
~ **jądrowa** nuclear war-head (*of a missile*)
~ **kablowa** *el.* cable head
~ **kasująca** *elakust.* erasing head, wiper
~ **kolumny** **1.** *arch.* cap, capital **2.** *chem.* column head
~ **odczytu-zapisu** *inf.* read-write head
~ **odczytująca** *elakust.* sound reproducing head; *metrol.* reading head
~ **odwiertu** *górn.* wellhead
~ **pieca martenowskiego** open-hearth furnace block
~ **pocisku** (*artyleryjskiego*) *wojsk.* shell head
~ **podziałowa** *obr.skraw.* index head, dividing head
~ **pomiarowa** *obr.skraw.* measuring head, gauge head
~ **pompowa** *wiertn.* casinghead
~ **prasy** *obr.plast.* crown of a press
~ **rewolwerowa** *obr.skraw.* turret, capstan head
~ **rurowa** *wiertn.* casinghead, tubing head
~ **spawalnicza** welding head
~ **suwakowa** *metrol.* sliding head
~ **szybu** *wiertn.* shaft collar
~ **uniwersalna** *inf.* combined (read/write) head

~ **wiertarska** *obr.skraw.* drill(ing) head
~ **wiertnicza** boring head
~ **wirnika** (*śmigłowca*) rotor head (*of a helicopter*)
~ **wydobywcza** *wiertn.* Christmas tree
~ **zapisująca** *inf., elakust.* recording head
~ **zezwoju** *el.* nose of a coil
głód *m biol.* starvation
~ **tlenowy** oxygen want
główka *f* head
~ **cegły** end face of brick
~ **czcionki** head of type
~ **gwoździa** nailhead
~ **korbowodu** *siln.* small end of a connecting rod
~ **szyny** rail head
~ **tłoka** *siln.* piston head
główny *a* principal, main; *mat.* cardinal
główny inżynier *m* chief engineer
główny przewód *m* **doprowadzający** delivery main
główny układ *m* **sterowania** *aut.* master control
główny wykonawca *m* prime contractor
głuchy *a* (*ton*) *akust.* dead
gmach *m* edifice
gniazdko *n* **wtyczkowe** *el.* plug-in socket
gniazdo *n masz.* seat; socket
~ **czopa** *drewn.* mortise
~ **łożyska** bearing mounting, bearing seat(ing)
~ **zaworu** valve seat
gnicie *n* decay, putrefaction; *san.* digestion
gniot *m hutn.* draft, rolling reduction
gniotownik *m* crusher, crushing mill
gnój *m* dung, manure
gobelin *m* tapestry
godzina *f jedn.* hour: 1 h = 3600 s
godziny *fpl* **nadliczbowe** overtime
~ **największego ruchu 1.** *drog.* rush-hours **2.** *tel.* busy hours
~ **pracy** working hours
~ **urzędowania** office hours
gofrowanie *n włók.* embossing
golizna *f skór.* lime pelt
gołym okiem by the unaided eye
gon *m jedn.* grade, gon: $1^g = \pi/200$ rad
goniec *m* (*pracownik*) messenger; runner
goniometr *m metrol.* goniometer
gorąca rezerwa *f nukl.* hot standby
gorący *a* **1.** hot **2.** *nukl.* highly active, hot
gorszy gatunek *m* inferior quality, cheaper brand
gorzelnictwo *n* distilling of alcohol
gospodarczo zacofany underdeveloped
gospodarczy *a* economic
gospodarka *f* **1.** economy **2.** management, administration
~ **energetyczna** energy management
~ **hodowlana** livestock farming, animal husbandry
~ **leśna** forestry
~ **materiałowa** materials management
~ **narodowa** national economy
~ **narzędziowa** tooling service
~ **paliwowa** fuel policy
~ **planowa** planned economy
~ **rolna** agricultural economy; farming
~ **uspołeczniona** socialized economy
~ **wodna** water economics; *ochr.środ.* water conservation; *biol.* water balance
~ **wolnorynkowa** free market economy
~ **zacofana** backward economy
~ **zła** mismanagement
gospodarstwo *n* **domowe** household, house keeping
~ **hodowlane** animal farm, stock farm
~ **rolne** farmstead
~ ~ **uspołecznione** collective farm
~ **wielokierunkowe** diversified farm
gotować *v* boil; cook
~ **się** boil
gotowy *a* ready; off-the-shelf
gotowy do spożycia *spoż.* ready-to-serve
gotówka *f ek.* cash
góra *f* **lodowa** iceberg
górnictwo *n* mining
~ **naftowe** oil mining
~ **odkrywkowe** surface mining
~ **podziemne** underground mining
~ **rudne** ore mining
~ **węglowe** coal-mining
górniczy *a* mining
górnik *m* miner
~ **przodkowy** coal digger
~ **strzałowy** charger
~ **szybowy** shaftsman
~ **węglowy** coal-miner, collier
górnopłat *m lotn.* high-wing monoplane
górny *a* upper
górny zwrotny punkt *m siln.* top dead centre, inner dead centre
górotwór *m geol.* rock mass, ground
gra *f* **barw** *opt.* play of colour
~ **telewizyjna** video-game, teleplay
grabie *pl roln.* rake
graca *f roln.* hoe
grad *m* **1.** *meteo.* hail **2.** *jedn.* grade, gon: $1^g = \pi/200$ rad
gradacja *f* gradation
gradient *m mat., fiz.* gradient
gradobicie *n meteo.* hailstorm
graf *m mat.* graph

graficzny *a* graphic(al)
grafika *f* graphic art
~ **komputerowa** computer graphics
grafion *m rys.* drawing pen, ruling pen
~ **cyrkla** ink point (*of compasses*)
grafit *m min.* graphite
grafityzacja *f met.* graphitization
grafityzator *m met.* graphite-forming element, graphitizer
grafon *m inf.* grapheme
grafoskop *m inf.* graphic display
gram *m jedn.* gram(me): 1 g = 10^{-3} kg
~ **-siła** gram-force, pond: 1 G = 1 p = 0.980665 · 10^{-2} N
gramatura *f papiern.* paper substance, basis weight
gramoatom *m chem.* gram-atom
gramocząsteczka *f chem.* gram-molecule, mole
gramofon *m* gramophone
~ **cyfrowy** compact-disk player
gramojon *m chem.* gram-ion
gramorównoważnik *m chem.* gram--equivalent
gramowid *m TV* teleplayer, videodisk player
gran *m jedn.* grain: 1 gr = 0.0648 g
graniastosłup *m geom.* prism
graniasty *a* prismatic; angular
granica *f* limit; boundary; border
~ **dolna** lower limit
~ **faz** *fiz.* interface, phase boundary
~ **funkcji** *mat.* limit of a function
~ **górna** upper limit
~ **nieprzekraczalna** deadline
~ **pełzania** *wytrz.* creep limit
~ **plastyczności** *wytrz.* yield point
~ **sprężystości** *wytrz.* elastic limit
~ **wymiarowa** *metrol.* size limit
~ **(zmiany) daty** date line, calendar line
granit *m petr.* granite
granulacja *f* granulation
granulat *m* granulated product
granulka *f* granule
granulować *v* granulate
grań *f* **spoiny** *spaw.* root of weld
grawerować *v* engrave, chase
grawimetria *f geofiz.* gravimetry, gravimetric analysis
grawitacja *f* gravitation
grej *m radiol.* gray, Gy (*jednostka dawki pochłoniętej*)
zgręplarka *f włók.* carding machine, card
grobla *f* dike
grodza *f inż.* bulkhead, cofferdam
gromadzenie *n* accumulation, collection
~ **danych** *inf.* data acquisition
gromadzić *v* accumulate, collect
~ **zapasy** stock
grono *n fiz.* cluster
gródź *f okr.* bulkhead
~ **reaktora** *nukl.* core barrel
grubizna *f drewn.* large timber
grubościenny *a* thick-walled, heavy walled
grubościomierz *m* thickness gauge
grubość *f* thickness; (*blachy, drutu*) gauge
~ **spoiny pachwinowej** *spaw.* throat of fillet weld
~ **ziarna** grain coarseness
gruboziarnisty *a* coarse-grained
gruby *a* **1.** thick **2.** coarse **3.** heavy-gauge
gruda *f* clod, lump
grudka *f* pellet
grudkowanie *n hutn.* pelletizing, balling
grunt *m* **1.** ground, soil **2.** *powł.* priming paint, ground colour
~ **nasypowy** *inż.* made ground
~ **odlewni** foundry floor
~ **rodzimy** *inż.* virgin soil, subsoil
gruntować *v* **1.** *powł.* ground **2.** *drewn.* stain
grunty *mpl* **orne** arable land
grupa *f* group
~ **czwórna** *tel.* supermastergroup
~ **dodatkowa** *chem.* odd series, B family, sub-group
~ **fal** *fiz.* wave group
~ **funkcyjna** *chem.* functional group
~ **główna** *chem.* main group, even series, family A
~ **krwi** *med.* blood group
~ **kwasowa** *chem.* acidic group
~ **poboczna** *chem.* sub-group, odd series, B family
~ **trójna** *tel.* master group
~ **układu okresowego** *chem.* periodic group
~ **wodorotlenowa** *chem.* hydroxyl (group)
~ **zabezpieczająca** *chem.* protecting group, blocking group, covering group
grupować *v* group
grupowanie *n* **danych** *inf.* grouping of data
~ **programów we wsady** *inf.* batching of programs
gruszka *f hutn.* converter
gruz *m* debris; rubble
gruzobeton *m* crushed-brick concrete
grynszpan *m met.* verdigris
grys *m bud.* grit
grysik *m* **1.** *bud.* grit **2.** *górn.* pearls
gryzoń *m zool.* rodent
grzać *v* heat; warm
grzałka *f* heater
~ **nurkowa** immersion heater

grzbiet *m* **1.** back **2.** ridge
~ **dachu** *bud.* roof ridge
~ **fali** crest of wave
~ **gwintu** crest of screw-thread
grzbietnica *f drewn.* backsaw, tenon saw
grzebień *m* **1.** comb **2.** *inf.* extractor
~ **do gwintów** *metrol.* screw pitch gauge
~ **oporowy** (*wału*) *masz.* runner (*of a shaft*)
grzechotka *f* (*wiertarka ręczna*) *narz.* ratchet drill
grzejnictwo *n* **domowe** domestic heating
~ **przemysłowe** industrial heating
grzejnik *m* heater; radiator
~ **elektryczny** electric heater
~ **lutowniczy** blow lamp, brazing lamp
grzyb *m* fungus
grzybek *m* **narostowy** (*w akumulatorze*) *el.* moss
~ **zaworu** *masz.* valve head
grzybobójczy *a* fungicidal
grzywna *f* fine
guma *f* rubber
~ **arabska** arabic gum, acacia gum, senegal gum
~ **do wycierania** eraser, cleaning rubber
~ **ołowiowa** lead rubber
~ **przewodząca** conductive rubber
gumiguta *f* gamboge
gumować *v* rubberize
gumożywica *f* gum resin
gutaperka *f* gutta-percha
guzik *m* **przyciskowy** push-button
gwarancja *f ek.* guaranty, guarantee
gwiazda *f* **1.** star **2.** *geom.* star
~ **cylindrów** *siln.* bank of cylinders
~ **polarna** *astr.* North Star, Pole Star
gwiazdozbiór *m astr.* constellation
gwiezdny *a* stellar, sidereal
gwinciarka *f* screwing machine
~ **do gwintów wewnętrznych** tapper, tapping machine
~ **do gwintów zewnętrznych** threading machine
gwint *m* screw thread, thread
~ **bardzo drobnozwojny** extra-fine thread
~ **calowy zunifikowany** unified screw thread
~ **drobnozwojny** fine thread
~ **grubozwojny** coarse thread
~ **jednozwojny** single(-start) thread
~ **lewy** left-hand thread
~ **metryczny normalny** International Standard thread
~ **niepełny** imperfect thread
~ **pełny** perfect thread
~ **prawy** right-hand thread
~ **rurowy** pipe thread
~ ~ **drobnozwojny** gas thread
~ **Sellersa** Sellers' thread, United States Standard thread
~ **stożkowy** taper thread
~ **trójzwojny** triple thread, three-start thread
~ **wewnętrzny** internal thread, female thread
~ **wielozwojny** multiple thread
~ **zewnętrzny** external thread, male thread
gwintować *v obr.skraw.* thread
~ **otwór** tap
gwintownica *f narz.* chaser diestock, threader
gwintownik *m narz.* screw tap
gwizd *m elakust.* howl
gwizdek *m* whistle
gwoździarka *f* nail press
gwoździowanie *n* nailing
gwóźdź *m* nail
~ **bez główki** sprig, brad nail
~ **nagwintowany** screwnail
~ **papowy** roofing nail
~ **z główką naciętą** drive nail
gzyms *m bud.* cornice

H

haczyk *m* hook
hafn *m chem.* hafnium, Hf
hahn *m chem.* element 105
hak *m* hook
~ **cięgłowy** *kol.* drag-bar, drag-hook, coupler
~ **do formy** *odl.* dabber, gagger
~ **do podnoszenia** hoisting hook
~ **dźwigowy** crane hook
~ **holowniczy** tow hook
~ **ratunkowy** *wiertn.* fishing hook
~ **szynowy** rail spike, track spike
hala *f* hall
~ **maszyn** engine room, engine house
~ **montażowa** assembly room, assembly shop
~ **odlewnicza** *hutn.* teeming bay, pouring bay
~ **pieców** *hutn.* furnace aisle, furnace bay
~ **targowa** market hall

halit *m min.* rock salt, halite
hall *m* hall; lounge
hallotron *m elektron.* Hall generator
halo *n* **1.** *el.* halation **2.** *meteo.* halo **3.** *fot.* halo
halogeny *mpl chem.* halogen group, halogens (F, Cl, Br, I, At)
halsowanie *n żegl.* tack, tacking
hałas *m* noise
hałda *f* dump, heap
hamiltonian *m mech.* **1.** Hamiltonian function **2.** energy operator, Hamiltonian operator
hamować *v* **1.** brake **2.** hamper; check **3.** *chem.* inhibit **4.** *nukl.* moderate, slow--down
hamowanie *n* **odzyskowe** *el.* regenerative braking
~ **oporowe** *el.* resistance braking
~ **przeciwprądowe** *el.* plugging
~ **silnika** engine testing
hamownia *f* **silników** **1.** engine test house **2.** engine test bench
hamulcowy *m* brake operator, brakesman
hamulec *m* brake
~ **aerodynamiczny** air brake
~ **bezpieczeństwa** emergency brake
~ **bębnowy** drum brake
~ **dynamometryczny** torque dynamometer
~ **główny** *mot.* service brake
~ **hydrauliczny** hydraulic brake
~ **klockowy** shoe brake, block brake
~ **łańcucha kotwicznego** *okr.* stopper
~ **nożny** *mot.* foot brake
~ **pneumatyczny** air brake
~ **pomiarowy** torque dynamometer
~ **postojowy** *mot.* parking brake
~ **ręczny** hand brake
~ **szczękowy** expansion brake
~ **tarczowy** disk brake
~ **taśmowy** band brake, strap brake
~ **torowy** *kol.* wagon retarder
~ **wiroprądowy** *el.* eddy-current brake
~ **wylotowy** *wojsk.* muzzle brake
~ **ze wspomaganiem** *mot.* power brake
handel *m ek.* trade, commerce
~ **detaliczny** retail (trade)
~ **hurtowy** wholesale (trade)
~ **krajowy** home trade
~ **wymienny** *ek.* barter
~ **zagraniczny** foreign trade
handlowy *a* commercial
hangar *m lotn.* hangar
harmoniczna *f* (*składowa*) *fiz.* harmonic
harmoniczny *a* harmonic
harmonijka *f* bellows
harmonogram *m* graphic schedule, time scale
hartowanie *n* **1.** *obr.ciepl.* hardening, quenching **2.** *fot.* hardening, tanning of negatives **3.** *szkl.* toughening
~ **indukcyjne** induction hardening, high--frequency hardening
~ **izotermiczne** isothermal quenching, austempering
~ **kąpielowe** liquid quenching
~ **na wskroś** through hardening, full hardening
~ **płomieniowe** flame hardening, shorter process, shorterizing, torch hardening
~ **powierzchniowe** surface hardening
~ **przerywane** interrupted hardening, time quenching
~ **stopniowe** graduated hardening, step quenching, hot quenching, martempering
hartowany *a* hardened, quenched
hartowność *f met.* hardenability, hardening capacity
hasło *n inf.* password
heksoda *f elektron.* hexode
hektar *m jedn.* hectare: 1 ha = 10^4 m^2
hekto- hecto- (*prefix representing* 10^2)
hel *m chem.* helium, He
helikoida *f geom.* helicoid
helikopter *m lotn.* helicopter
helioelektrownia *f* solar power station
helion *m fiz.* helium nucleus
helisa *f geom.* helix (*pl* helices *or* helixes)
helowce *mpl chem.* helium-group gases, rare gases, noble gases (He, Ne, Ar, Kr, Xe, Rn)
hełm *m* helmet
~ **ochronny** safety helmet
hematyt *m min.* h(a)ematite, iron glance
henr *m jedn.* henry, H
heptoda *f elektron.* heptode, pentagrid
herbicyd *m pest.* herbicide, weedkiller
herc *m jedn.* hertz, Hz
hermetyczny *a* airproof, air-tight
hermetyzacja *f elektron.* encapsulation (*of microelements*)
heterocykliczny *a chem.* heterocyclic
heterodyna *f rad.* heterodyne
heterogeniczny *a* heterogenous
heteroliza *f chem.* heterolysis, heterolytic dissociation
heteromorficzny *a kryst.* heteromorphic
heteropolarny *a* heteropolar
heterotroficzny *a biol.* heterotrophic
heterozłącze *n elektron.* heterojunction
higiena *f* **pracy** occupational hygiene
higrometr *m* hygrometer
higrometria *f* hygrometry
higroskopijny *a* hygroscopic
higrostat *m* humidistat, hydrostat

hiperbola *f geom.* hyperbola (*pl* hyperbolae *or* hyperbolas)
hiperboliczny *a* hyperbolic
hiperboloida *f geom.* hyperboloid
hiperfragment *m fiz.* hyperfragment
hipergol *m* (*paliwo rakietowe*) hypergolic bipropellant
hiperkoniugacja *f fiz.* hyperconjugation
hiperładunek *m fiz.* hypercharge
hiperon *m fiz.* hyperon
hiperpłaszczyzna *f geom.* hyperplane, hypersurface
hipersensybilizacja *f fot.* hypersensitization
hipersoniczny *a* hypersonic
hiperstatyczny *a mech.* hyperstatic
hipertoniczny *a chem.* hypertonic
hipocentrum *n geofiz.* focus of an earthquake
hipocykloida *f geom.* hypocycloid
hipotetyczny *a* hypothetical
hipoteza *f* hypothesis
~ **alternatywna** alternative hypothesis
~ **statystyczna** statistical hypothesis
hipotrochoida *f geom.* hypotrochoid
hipsometria *f geod.* hypsometry
hipsotermometr *m* hypsometer
histereza *f fiz.* hysteresis
histogram *m mat.* bar chart, histogram
hodować *v roln.* rear, breed
hodowla *f zoot.* breeding; *biol.* culture
hol *m* **1.** towrope, towline **2.** *bud.* lounge; hall
holender *m papiern.* beater, hollander
holm *m chem.* holmium, Ho
holoedryczny *a kryst.* holohedral
holografia *f* holography
hologram *m* hologram
holomorficzny *a kryst.* holomorphic
holować *v* tow, haul
holownik *m okr.* towboat, tug(boat)
homeomorficzny *a* homeomorphic
homeopolarny *a* homeopolar
homeostat *m cybern.* homeostat
homogeniczny *a* homogenous
homogenizacja *f* **1.** *chem.* homogenization **2.** *obr.ciepl.* homogenizing
homogenizator *m chem.* homogenizer, emulsifier
homoliza *f chem.* homolysis, homolytic dissociation
homolog *m* homologue
homologacja *f* homologation
~ **procesu** certification of process
homologiczny *a* homologous
homomorfizm *m mat.* homeomorphism
hon *m obr.skraw.* honing tool
honowanie *n obr.skraw.* honing (process)
hormon *m biochem.* hormone
horyzont *m* horizon, skyline
~ **astronomiczny** celestial horizon, rational horizon
~ **nawigacyjny** *żegl.* sensible horizon, apparent horizon
~ **radiowy** radio horizon
~ **widoczny** visible horizon, observer's horizon
hotel *m* **robotniczy** worker's hostel, bunkhouse
humidostat *m* humidistat, hydrostat
humifikacja *f roln.* humification
humus *m gleb.* humus
huragan *m meteo.* hurricane
hurt *m* wholesale
hurtownia *f* warehouse
huta *f* metallurgical works
~ **stali** steel mill, steel plant, ironworks
~ **szkła** glass house, glass works
~ **żelaza** *zob.* **huta stali**
hutnictwo *n* metallurgy, metallurgical engineering
~ **metali nieżelaznych** non-ferrous metallurgy
~ **żelaza** ferrous metallurgy, iron and steel industry
hutnik *m* metallurgist
hybryd *m* **1.** *fiz.* hybrid, hybridized orbital **2.** *genet.* hybrid
hybryda *f inf.* hybrid computer
hybrydyzacja *f* **orbitali** *fiz.* hybridization of orbitals
hydrant *m* hydrant
hydrat *m chem.* hydrate
hydratacja *f chem.* hydration
hydratoceluloza *f* hydrocellulose
hydrauliczny *a* hydraulic
hydraulik *m* plumber, pipefitter
hydraulika *f* applied hydraulics
hydroakustyka *f* hydroacoustics
hydrobiologia *f* hydrobiology
hydrocynkit *m min.* zinc bloom
hydrodynamiczny *a* hydrodynamic
hydrodynamika *f* hydrodynamics
~ **klasyczna** classical hydrodynamics, dynamics of a perfect liquid
hydroelektrownia *f* hydro-electric generating station, hydro-electric power plant
hydroenergetyka *f* water-power engineering
hydrofilowy *a* hydrophilic
hydrofobowy *a* hydrophobic, water--repellent
hydrofon *m akust.* hydrophone
hydrofor *m* hydrophore

hydroformowanie *n chem.* hydroforming (process)
hydrogenerator *m el.* hydro-generator
hydrogenizacja *f chem.* hydrogenation
hydrogenoliza *f chem.* hydrogenolysis
hydrogeologia *f* hydrogeology
hydrograf *m* nautical surveyor, hydrographer
hydrografia *f* hydrography
hydrokinetyka *f* hydrokinetics, kinetics of fluids
hydrokompleks *m chem.* aquo-complex
hydrokrakowanie *n paliw.* hydrocracking
hydroksykwas *m chem.* hydroxy acid, alcohol acid
hydroksyl *m chem.* hydroxyl (group)
hydroliza *f chem.* hydrolysis
hydrologia *f* hydrology
hydrolokacja *f nawig.* echo ranging
hydrolokator *m żegl.* sonar (= sound navigation and ranging)
hydromechanika *f* hydromechanics
~ **techniczna** hydraulics
hydromechanizacja *f górn.* hydraulic mining
hydrometalurgia *f hutn.* hydrometallurgy, wet metallurgy
hydrometria *f* hydrometry, hydraulic measurements
hydromonitor *m górn.* hydraulic monitor, hydraulic giant
hydroplan *m lotn.* hydroplane, seaplane
hydropłat *m* hydrofoil
hydropneumatyczny *a* hydropneumatic
hydroponika *f roln.* aquaculture, hydroponics
hydrorafinacja *f paliw.* hydrofining
hydrostatyczny *a* hydrostatic
hydrostatyka *f* hydrostatics
hydrotechnika *f* hydraulic engineering, hydro-engineering, hydrotechnics
hydrowęzeł *m* hydrotechnical system
hydrozol *m chem.* hydrosol, aquasol
hydrożel *m chem.* hydrogel

I

ichtioskop *m ryb.* fish finder
idealny *a* perfect, ideal
ideał *m mat.* ideal
identyczność *f* identity
identyczny *a* identical
identyfikacja *f* identification, identifying
identyfikator *m inf.* identyfier
idiomorficzny *a kryst.* idiomorphic
iglica *f* **1.** needle; spear **2.** *wojsk.* firing pin; striker **3.** *bud.* spire
~ **zwrotnicowa** *kol.* switch point, switch blade
igliwie *n* **techniczne** *drewn.* needle-cuts
igła *f* needle
~ **busoli** compass needle
~ **gramofonowa** playing needle, stylus
~ **magnetyczna** magnetic needle
igłofiltr *m inż.* wellpoint
igniter *m elektron.* ignitor
ignitron *m elektron.* ignitron
ikona *f inf.* icon
ikonoskop *m TV* iconoscope, storage-type camera tube, storage camera
~ **obrazowy** image iconoscope, emitron, supericonoscope
iloczyn *m mat.* product
~ **kartezjański** cartesian product
~ **logiczny** logical product; *inf.* AND operation
~ **skalarny** scalar product, dot product, inner product
~ **wektorowy** vector product, cross product
~ **zanegowany** *inf.* NAND operation
~ **zbiorów** product of sets
iloraz *m mat.* quotient
~ **postępu geometrycznego** common ratio
ilości *fpl* **chemicznie równoważne** chemically equivalent quantities
ilościowy *a* quantitative
ilość *f* quantity, amount
~ **informacji** *cybern.* information content, quantity of information
~ **substancji** *fiz.* amount of substance
iluminator *m okr.* porthole, air port
ilustracja *f* illustration
iluwium *n gleb.* illuvium
ił *m* clay; silt
imadło *n narz.* vice, vise
~ **obracalne** swivel vice
~ **ręczne** hand vice, filer's vice
~ **warsztatowe** bench vice
imak *m obr.skraw.* gripper; holder
~ **nożowy** cutter holder, tool holder; tool block
~ **wielonożowy** gang tool (post), multiple tool post
imitować *v* simulate

immersja *f* immersion
immitancja *f el.* immittance
immunologia *f* immunology
impedancja *f fiz.* impedance
implementacja *f* **(programu)** *inf.* implementation
implikacja *f mat.* implication
implozja *f* implosion, inward collapse
import *m ek.* import
impregnacja *f* impregnation, proofing
~ **drewna** wood preservation, wood treatment
impregnat *m* impregnant
impregnować *v* impregnate, proof; (*przez zanurzanie*) steep
impuls *m* impulse; pulse
~ **siły** *mech.* impulse of force, time effect
~ **właściwy** *rak.* specific impulse
impulsator *m el.* pulse generator, pulser
impulsowanie *n el.* impulsing; jogging
ind *m chem.* indium, In
indeks *m* **1.** (*spis*) index **2.** (*wskaźnik*) index
~ **dolny** subscript
~ **górny** superscript
~ **permutacyjny** *inf.* permutational index
indeksowanie *n* **1.** (*sporządzanie indeksu*) indexing **2.** *inf.* indexing
indukcja *f* **1.** *fiz.* induction **2.** *mat.* induction
~ **dielektryczna** *zob.* **indukcja elektryczna**
~ **elektromagnetyczna** electromagnetic induction
~ **elektrostatyczna** electrostatic induction
~ **elektryczna** electric flux density, electric induction, electric displacement
~ **magnetyczna** magnetic flux density, magnetic induction
~ ~ **szczątkowa** residual flux density, remanence, residual magnetism
~ **własna** self-induction
indukcyjność *f el.* inductance
~ **własna** self-inductance
~ **wzajemna** mutual inductance
indukcyjny *a* inductive
indukować *v* induce
induktancja *f el.* inductive reactance
induktor *m* **1.** *el.* coil **2.** *el.* magneto **3.** *chem.* inductor
industrializacja *f* industrialization
indygo *n farb.* indigo
indykator *m* **1.** *siln.* indicator **2.** *chem.* indicator; indicating medium
indykatrysa *f geom.* indicatrix
indywiduum *n* **chemiczne** chemical individual, (pure) substance
inercja *f* inertia
inercyjny *a* inertial
inertancja *f mech.* inertance
infiltracja *f* infiltration
infimum *n mat.* infimum, greatest lower bound
influencja *f* **elektrostatyczna** electrostatic induction
informacja *f* **1.** information **2.** enquiry service
informator *m* **1.** (*osoba*) informant **2.** guide (book), directory, reference book
informatyk *m* computer scientist, information scientist
informatyka *f* computer science, computer theory; information science, informatics
informować *v* inform
infradźwięk *m* infrasound
infradźwiękowy *a* infrasonic, subsonic
infralokacja *f* infra-red range and direction detection
infrastruktura *f* infrastructure
inhibitor *m chem.* inhibitor, negative catalyst
inicjalizacja *f inf.* initialization
inicjator *m chem., wybuch.* initiator
inicjowanie *n* **1.** *chem., wybuch.* initiation **2.** *inf.* initialization
~ **łańcucha reakcji** *chem.* chain initiation
iniekcja *f* **nośników** *elektron.* injection of carriers
iniektor *m* injector
inkandescencja *f* incandescence
inklinacja *f* **magnetyczna** *geofiz.* magnetic inclination, magnetic dip
inklinometr *m* (magnetic) inclinometer
inkluzja *f* **1.** *kryst.* inclusion **2.** *petr.* inclusion
inkrement *m mat.* increment
inkrementacja *f inf.* incrementing
inkrustacja *f* incrustation; inlay
inkubacja *f roln., biol.* incubation
inkubator *m roln., biol.* incubator
innowacja *f* innovation
insektycyd *m pest.* insecticide, insect exterminant
insolacja *f* insolation, sun exposure
inspekcja *f* supervision
inspekt *m roln.* frame
inspektor *m* inspector; surveyor; supervisor; *górn.* examiner
instalacja *f* system, installation
~ **centralnego ogrzewania** central heating system
~ **elektryczna** wiring system
~ **kanalizacyjna** sewerage (system)

~ **klimatyzacyjna** air conditioning system
~ **oświetleniowa** *el.* lighting installation
~ **wodociągowa** water-supply system
instalator *m* (*urządzeń wodociągowych i kanalizacyjnych*) plumber, pipefitter
instalować *v* install
instant *a spoż.* instant
instrukcja *f* instruction; *inf.* statement
~ **obsługi** service instructions; service manual
~ **programu** *inf.* program statement
~ **pusta** *inf.* null statement
~ **sterująca** *inf.* control statement
~ **użytkowania** instruction for use
~ **wywołania procedury** *inf.* procedure statement
instruktaż *m* instruction; vocational guidance
instruktor *m* instructor
instrument *m* instrument
instrumentacja *f wiertn.* fishing
instruować *v* instruct, teach
instytut *m* institute
~ **badawczy** research institute
integracja *f* **standardowa** *elektron.* small scale integration, standard scale integration, SSI
~ **średnioskalowa** *elektron.* medium scale integration, MSI
~ **wielkoskalowa** *elektron.* large scale integration, LSI
integralny *a* integral
integrator *m* integrator, integrating unit
intensyfikacja *f* intensification
~ **wydobycia** (*np. przez kwasowanie, torpedowanie*) *górn.* well stimulation
intensywność *f* intensity
~ **ruchu drogowego** amount of traffic
intensywny *a* intense, intensive; *farb.* full, rich
interfejs *m inf.* interface
interferencja *f* **fal** *fiz.* wave interference
~ **międzyprocesorowa** *inf.* interprocessor interference
interferometr *m metrol.* interferometer, interference comparator
interfon *m tel.* interphone
interpolacja *f mat.* interpolation
interpolator *m aut.* interpolator (unit)
interpreter *m inf.* interpreter
interpretować *v inf.* interpret
interskan *m rad.* interscan
interwał *m* interval
introligatorstwo *n* bookbinding
intruzja *f geol.* intrusion
inwariant *m mat.* invariant
inwentaryzacja *f* stock-taking, making inventory
inwentarz *m* stock, inventory
~ **hodowlany** breeding stock
~ **żywy** *roln.* live-stock
inwersja *f* inversion
~ **półprzewodnika** *elektron.* inversion of semiconductor
inwertor *m aut.* inverter, sign reverser
inwestor *m* investor
inwestycja *f* investment; capital construction
inżynier *m* engineer
~ **budownictwa lądowego i wodnego** civil engineer
~ **elektronik** electronic engineer
~ **elektryk** electrical engineer
~ **energetyk** *el.* power engineer
~ **górnik** mining engineer
~ **mechanik** mechanical engineer
~ **technolog** production engineer
~ **wytrzymałościowiec** stress engineer, stressman
inżynieria *f* engineering
~ **budowlana** construction engineering, structural engineering, building engineering
~ **chemiczna** chemical engineering
~ **genetyczna** genetic engineering
~ **jądrowa** nuclear engineering
~ **lądowa i wodna** civil engineering
~ **materiałowa** materials technology, materials engineering
~ **sanitarna** sanitary engineering
~ **środowiska** environmental engineering, environmental science and technology
~ **wojskowa** military engineering
ipsofon *m tel.* teleboy
iraser *m fiz.* infrared maser, iraser
iryd *m chem.* iridium, Ir
iskiernik *m el.* spark gap
~ **ochronny** protective spark gap
~ **pomiarowy** measuring spark gap
iskra *f* spark
~ **zapłonowa** *siln.* ignition spark
iskrochron *m* spark arrester
iskrownik *m siln.* magneto
~ **rozruchowy** impulse starter
iskrzenie *n el.* sparking, scintillation
iteracja *f mat.* iteration
iterb *m chem.* ytterbium, Yb
itr *m chem.* yttrium, Y
izba *f* room
~ **handlowa** chamber of commerce
~ **mieszkalna** habitable room
izbica *f inż.* ice-apron, ice-breaker, starling
izentalpa *f fiz.* isenthalpe
izentropa *f fiz.* isentrope

izobara *f fiz.* isobar, isobaric line; pressure contour
izobary *pl nukl.* isobaric isotopes, isobar(e)s
izobata *f geol.* bathymetrical contour, depth curve, isobath
izochora *f term.* isochor(e)
izochroniczny *a* isochronous
izochronizm *m* isochronism
izocząsteczki *fpl chem.* isomolecules
izodiafer *m nukl.* isodiaphere
izodoza *f nukl.* isodose (curve)
izodynama *f geofiz.* isodynamic line
izoelektronowy *a* isoelectronic
izoelektryczny *a* isoelectric
izofona *f akust.* equal loudness contour
izogona *f* isogonic (line)
izohipsa *f geod.* contour line, isohypse
izoklina *f* **1.** *geofiz.* isoclinic line, isoclinal **2.** *wytrz.* isoclinic line
izolacja *f* insulation
~ **akustyczna** sound insulation
~ **cieplna** thermal insulation
~ **ciepłochronna** heat insulation, lagging, cleading
~ **elektryczna** electric insulation
~ **przeciwwilgociowa** damp insulation
~ **przewodu** wire insulation
~ **termiczna** *zob.* **izolacja cieplna**
izolacyjność *f el.* insulating power
izolacyjny *a* insulating
izolator *m* **1.** *fiz.* non-conductor **2.** *el.* insulator
~ **optyczny** *elektron.* optically coupled isolator, photocoupler, transoptor, optoisolator
izolować *v* **1.** insulate **2.** isolate
izolowanie *n* **akustyczne** sound proofing
~ **cieplne** lagging, cleading
izoluksa *f opt.* isolux, isophot
izomer *m* **1.** *chem.* isomer **2.** *nukl.* isomer
izomeria *f* **1.** *chem.* isomerism **2.** *nukl.* isomerism
~ **optyczna** *chem.* optical isomerism
~ **przestrzenna** *chem.* space isomerism, stereoisomerism
izomery *mpl* **zwierciadlane** *chem.* antimers, enantiomers, optical antipodes
izometria *f mat.* isometry
izomorfizm *m* **1.** *kryst.* isomorphism **2.** *mat.* isomorphism
izooktan *m chem.* isooctane
izopren *m chem.* isoprene
izospin *m nukl.* isospin, isotopic spin, isobaric spin
izostata *f wytrz.* isostatic, stress trajectory
izotacha *f* line of equal velocity
izoterma *f fiz.* isotherm, isothermal line
izotermiczny *a* isothermal
izoton *m fiz.* isotone
izotop *m fiz.* isotope
~ **długotrwały** long-lived isotope
~ **krótkotrwały** short-lived isotope
~ **promieniotwórczy** radioactive isotope, radioisotope, unstable isotope
~ **trwały** stable isotope
izotopią *f* isotopy
izotopowy *a* isotopic
izotropia *f* isotropy
izotropowy *a fiz.* isotropic
izotypia *f kryst.* isotypism

J

jacht *m* yacht
jadalny *a* edible, eatable
jajko *n* egg
jakościowy *a* qualitative
jakość *f* quality
~ **dopuszczalna** acceptable quality level
~ **niska** bad quality, poor quality
~ **optymalna** economic quality
~ **powierzchni** *obr.skraw.* surface finish
~ **użytkowa** functional quality
~ **wykonania** (*wyrobu*) workmanship
~ **wymagana** required quality
jałowy *a* **1.** aseptic, sterile **2.** *masz.* idle **3.** *roln.* barren, hungry (*land*)
jama *f* cavity; pit; hole
~ **potencjału** *fiz.* potential well, potential trough
~ **skurczowa** *odl.* contraction cavity, shrinkage cavity, pipe
~ **usadowa** *zob.* **jama skurczowa**
jar *m geol.* ravine; canyon
jard *m jedn.* yard: 1 yd = 0.9144 m
jarzenie *n* glowing
~ **łuku** *el.* arcing, arc burning
jarzeniówka *f el.* glow-discharge tube, gas-discharge tube
jarzmo *n masz.* yoke, shackle; slotted lever

~ **krzyżowe (przegubu)** cross, star-piece
~ **masztu** *okr.* mast clamp, mast yoke
~ **przekładni obiegowej** cage of a planetary gear, planetary cage
jarzyć *v* **się** glow
jaskinia *f geol.* cave
jaskółczy ogon *m* (*połączenie*) dovetail
jaskrawość *f opt.* brightness
jaskrawy *a* **1.** brilliant; glaring (*light*) **2.** bright (*colour*)
jasność *f* **obiektywu** *fot.* speed of lens
jasny *a* light; bright; *farb.* weak
jastrych *m bud.* jointless floor
jaz *m hydr.* weir
~ **ruchomy** movable weir
~ **stały** solid weir
jazda *f* travelling, running, going
~ **próbna** (*pojazdu*) trial run, trial trip
~ **w dół** (*dźwigu*) descending (*of a lift*), going down
~ **w górę** (*dźwigu*) ascending (*of a lift*), going up
jądro *n* **atomowe** atomic nucleus
~ **bombardowane** target nucleus
~ **komórkowe** *biol.* nucleus
~ **macierzyste** parent nucleus, original nucleus
~ **magiczne** magic(-number) nucleus
~ **nieparzysto-nieparzyste** *fiz.* odd-odd nucleus
~ **nieparzysto-parzyste** odd-even nucleus
~ **nietrwałe** unstable nucleus
~ **płomienia (gazowego)** *spaw.* inner cone of welding flame
~ **pochodne** daughter nucleus
~ **przejściowe** intermediate nucleus
~ **systemu** *inf.* nucleus, kernel
~ **tarczowe** target nucleus
~ **trwałe** stable nucleus
~ **wirowe** *mech.pł.* vortex core, whirl core
~ **Ziemi** *geol.* centrosphere, barysphere
jądrowy *a fiz.* nuclear
jądrowy rezonans *m* **magnetyczny** nuclear magnetic resonance, NMR
jechać *v* **rowerem** ride a bicycle
~ **samochodem** go by car; drive a car
~ **tyłem** *mot.* reverse
jednakobiegunowy *a* homopolar
jednakowo odległy equidistant
jednoatomowy *a chem.* monoatomic
jednobarwny *a* monochromatic, one-coloured
jednobiegunowy *a* unipolar
jednocukry *mpl chem.* monosaccharides, simple sugars
jednocząsteczkowy *a chem.* monomolecular, unimolecular
jednoczesność *f* simultaneity; synchronism
jednoczesny *a* simultaneous; synchronous
jednoczyć *v* unite
jednofazowy *a* single-phase, monophase
jednokierunkowy *a* unidirectional
jednokładność *f geom.* homothety, similitude
jednokładny *a geom.* homothetic
jednokwasowy *a chem.* monoacid
jednolity *a* uniform
jednometaliczny *a chem.* monometallic
jednomian *m mat.* monomial
jednonormalny *a* (*roztwór*) *chem.* normal
jednoobwodowy *a el.* one-way
jednoogniskowy *a opt.* unifocal
jednopłat *m lotn.* monoplane
jednorazowy *a* single
jednorodność *f* homogeneity
jednorodny *a* homogeneous
jednoskładnikowy *a* unary
jednostajny *a* uniform
jednostka *f* unit
~ **arytmetyczno-logiczna** arithmetic-logic unit, ALU
~ **astronomiczna długości** astronomical unit, AU
~ **centralna (komputera)** *inf.* central processing unit, CPU, central processor
~ **główna** *metrol.* principal unit
~ **gospodarcza** economic unit
~ **ilości informacji** information unit
~ **konstrukcyjna** *masz.* building-block unit
~ **ładunkowa** *transp.* unit load, unitized load
~ **masy** mass unit
~ ~ **atomowej** atomic mass unit, dalton: 1 amu = $1.66032 \cdot 10^{-27}$ kg
~ **metryczna** metric unit
~ **miary** unit of measure
~ **obróbkowa** *obr.skraw.* unit head
~ **pamięci** *inf.* memory unit, storage unit
~ **pływająca** vessel; (water) craft
~ **pochodna** *metrol.* derived unit
~ **pociągowa** *kol.* motive power unit, train unit, articulated train
~ **podstawowa** *metrol.* basic unit, fundamental unit
~ **pokarmowa** *zoot.* feed unit
~ **sterująca** *aut.* control unit
~ **urojona** *mat.* imaginary unit, complex unit
~ **uzupełniająca** *metrol.* supplementary unit
~ **wejścia/wyjścia** *inf.* input/output unit
~ **wtórna** *metrol.* secondary unit
jednostkowy *a* unitary; elementary

jednostopniowy *a* single-stage
jednostronny *a* unilateral
jedność *f mat.* unit, unity
jednośladowy *a* (*pojazd*) one-track (*vehicle*)
jednotlenek *m chem.* monoxide
jednowartościowy *a* **1.** *mat.* single-valued **2.** *chem.* monovalent, univalent
jedwab *m* (*naturalny*) silk
~ **sztuczny** artificial silk, rayon
jedwabnictwo *n* sericulture
jedwabnik *m zool.* silkworm
jełczeć *v* become rancid
jezdnia *f* roadway
jeziorko *n* **metalu** *spaw.* welding puddle, molten pool, weld pool
jezioro *n* lake
jęczmień *m* barley
język *m* **1.** *anat.* tongue **2.** language
~ **adresów symbolicznych** *inf.* assembly language, symbolic language
~ **algorytmiczny** *inf.* algorithmic language
~ **asemblerowy** *zob.* **język adresów symbolicznych**
~ **autokodowy** *inf.* autocode
~ **automatycznego programowania** *zob.* **język autokodowy**
~ **bezpośredniego dostępu** *zob.* **język konwersacyjny**
~ **ekonomiczny** *inf.* business-oriented language
~ **formalny** *inf.* formal language
~ **graficzny** *inf.* graphics programming language
~ **imperatywny** *inf.* imperative language
~ **indeksowania** *zob.* **język informacyjno-wyszukiwawczy**
~ **informacyjno-wyszukiwawczy** *inf.* indexing language, information retrieval language
~ **komputera** computer language, machine language, computerese
~ **konwersacyjny** *inf.* interactive language, conversational language
~ **maszynowy** *zob.* **język komputera**
~ **modelowania** *inf.* simulation language
~ **na który się tłumaczy** target language
~ **naturalny** natural language
~ **niezależny od komputera** computer independent language
~ **ojczysty** mother tongue
~ **problemowy** *inf.* problem-oriented language
~ **proceduralny** *inf.* procedure-oriented language
~ **programowania** *inf.* program language
~ **spustowy** trigger
~ **symboliczny** *zob.* **język adresów symbolicznych**
~ **symulacyjny** *zob.* **język modelowania**
~ **ukierunkowany maszynowo** *inf.* computer-oriented language
~ **wejściowy** *zob.* **język zewnętrzny**
~ **wyjściowy** *inf.* source language
~ **wynikowy** *inf.* object language, target language
~ **wysokiego poziomu** *inf.* high-level language
~ **z którego się tłumaczy** source language
~ **wewnętrzny** *zob.* **język komputera**
~ **zewnętrzny** *inf.* input language
~ **źródłowy** *inf.* source language
jod *m chem.* iodine, I
jodan *m chem.* iodate
jodek *m chem.* iodide
jodyna *f chem.* iodine tincture
jon *m chem.* **1.** ion **2.** ionium, Io, ^{230}Th
~ **dodatni** positive ion, cation
~ **ujemny** negative ion, anion
jonika *f* ionics
jonit *m* ion exchanger, ionite
jonizacja *f chem.* ionization
jonizować *v* ionize
jonoforeza *f chem.* ionophoresis
jonogen *m chem.* ionogen
jonosfera *f geofiz.* ionosphere
jonowy *a* ionic
judasz *m bud.* eyehole
justowanie *n* **1.** *poligr.* justification **2.** *opt.* aligning, alignment
justunek *m poligr.* blank material, spacing material
juta *f włók.* jute

K

kabel *m* **1.** *el.* cable **2.** *jedn.* cable(-length): 1 cable = 185.2 m **3.** *włók.* tow
~ **czwórkowy** quadded cable
~ **dwużyłowy** two-core cable, twin cable
~ **ekranowany** screened cable
~ **(elektro)energetyczny** power cable
~ **jednożyłowy** single-core cable, single cable
~ **koncentryczny** *zob.* **kabel współosiowy**
~ **morski** submarine cable
~ **nadziemny** overground cable, aerial cable

~ **opancerzony** armoured cable
~ **pod napięciem** live cable
~ **światłowodowy** light cable
~ **telefoniczny** telephone cable
~ **telekomunikacyjny** telecommunication cable
~ **w izolacji gumowej** rubber-coated cable
~ **wielożyłowy** multicore cable, polycore cable, multi-conductor cable
~ **współosiowy** coaxial cable, concentric cable, coax
~ **ziemny** underground cable, buried cable
kabestan *m okr.* capstan
kabina *f* cabin; cab
~ **ciśnieniowa** *lotn.* pressurized cabin
~ **kierowcy** (*samochodu*) driver's cab
~ **operatora** (*np. dźwigu*) driver's cage
~ **pasażerska** *lotn.* passenger cabin
~ **pilota** *lotn.* cockpit
~ **statku kosmicznego** space capsule
kablobeton *m* post-tensioned prestressed concrete
kablowiec *m okr.* cable ship, cable layer
kabłąk *m* bow; bail
kabotaż *m żegl.* cabotage, coasting
kabotażowiec *m okr.* coasting vessel, coaster
kabriolet *m mot.* cabriolet, convertible coupe
kadłub *m masz.* body, frame
~ **martwy** *okr.* upperworks, above-water body
~ **nadwozia** *mot.* body shell
~ **samolotu** *lotn.* fuselage of an aeroplane
~ **silnika** *siln.* engine frame
~ **statku** *okr.* hull of a ship
~ **żywy** *okr.* underwater hull, underwater body
kadm *m chem.* cadmium, Cd
kadmowanie *n* cadmium plating
kadr *m kin.* frame
kadry *pl* staff, personnel
kadziowanie *n włók.* vatting
kadź *f* **1.** *hutn., odl.* ladle **2.** *chem.* vat; tub; back
~ **farbiarska** *włók.* dying vat, quetch
~ **hartownicza** *obr.ciepl.* quenching tank, cooling tank
~ **mieszalnikowa** *hutn.* mixing ladle, mixer-type car
~ **odlewnicza** *odl.* casting ladle, pouring ladle; *hutn.* teeming ladle, tapping ladle
~ **pośrednia** *hutn.* tundish, trolley ladle, intermediate ladle
~ **pralnicza** *włók.* wash-bowl; scouring bowl
kafar *m inż.* pile-driver
kafel *m bud.* tile
kajak *m* canoe
kajuta *f okr.* cabin
kalafonia *f* rosin, calophony
kalander *m masz.* calender
kalandrowanie *n* calendering
kalcynacja *f* calcination; roasting
kalcynator *m hutn.* calciner, calcining furnace
kalcyt *m min.* (sparry) calcite, calcspar
kalenica *f bud.* roof ridge
kaliber *m* calibre; bore
kalibrowanie *n* **1.** *metrol.* calibration **2.** *obr.plast.* sizing, restriking **3.** (*w kuźnictwie*) burnishing
~ **walców** (*walcarki*) roll pass design
kaliforn *m chem.* californium, Cf
kalka *f* **kreślarska** tracing paper
~ **maszynowa** typing carbon paper
kalkomania *f poligr.* transfer (printing), decalcomania, decal
kalkulacja *f* calculation
kalkulator *m* calculator, calculating machine
kaloria *f jedn.* calorie, cal
~ **duża** kilocalorie, kilogram-calorie, large calorie
~ **mała** *zob.* **kaloria piętnastostopniowa**
~ **międzynarodowa** international table calorie, IT calorie: 1 cal_{IT} = $0.41868 \cdot 10$ J
~ **piętnastostopniowa** fifteen-degrees calorie, gram-calorie, small calorie: 1 $cal_{15} = 0.41855 \cdot 10$ J
~ **termochemiczna** thermochemical calorie = $0.4184 \cdot 10$ J
kaloryczność *f spoż.* calorific value
kaloryczny *a* calorific
kaloryfer *m* radiator (*central heating*)
kalorymetr *m metrol.* calorimeter
kalorymetria *f fiz.* calorimetry
kaloryzowanie *n obr.ciepl.* aluminizing, calorizing
kałamarz *m poligr.* duct; ink carrier
kamera *f fot., kin.* camera
~ **celownicza** *fot.* viewing camera
~ **do zdjęć lotniczych** aerial camera, aerocamera
~ **dźwiękowa** *kin.* film sound recorder
~ **filmowa** *zob.* **kamera zdjęciowa**
~ **fotograficzna** (photographic) camera
~ **podwodna** (*do zdjęć podwodnych*) underwater camera
~ **telewizyjna** telecamera, television camera
~ **zdjęciowa** cinematograph camera, cine-camera, film camera

kamerton *m* tuning fork
kamerzysta *m kin., TV* cameraman
kamfora *f chem.* camphor
kamieniarz *m* (stone) mason
kamieniołom *m* quarry
kamień *m* **1.** stone **2.** *zeg.* jewel **3.** *masz.* slide (block), slider; tumbling block **4.** *hutn.* matte
~ **budowlany** building stone
~ **ciosany** *bud.* cut stone, ashlar
~ **do ostrzenia** grindstone, whetstone
~ **drogowy** road stone
~ **kotłowy** boiler scale
~ **polny** cobble, cobble-stone
~ **szlachetny** gem stone, jewel, precious stone
~ **wapienny** limestone
~ **węgielny** *bud.* foundation stone
kamionka *f* stoneware; vitrified clay
kamizelka *f* **ratunkowa** *lotn., żegl.* life jacket
kampania *f* **produkcyjna** (*np. w cukrownictwie*) campaign
kamuflaż *m wojsk.* camouflage
kanalizacja *f san.* sewage system, sewerage
~ **rzek** canalization of rivers
kanalizować *v* **1.** (*dom*) sewer **2.** (*rzekę*) canalize
kanał *m* **1.** channel; canal; waterway **2.** duct; conduit; passage
~ **częstotliwościowy** *tel.* frequency channel
~ **dopływowy** *hydr.* inlet channel
~ **doświadczalny** *nukl.* experimental hole, test hole
~ **dyskretny** *inf.* discrete channel
~ **informacyjny** *inf.* information channel, data link, data channel
~ **kablowy** *el.* cable duct, cable passage
~ **nawadniający** irrigation canal
~ **odpływowy** *hydr.* discharge channel
~ **odwadniający** drain, lode
~ **paliwowy** *nukl.* fuel channel
~ **pomiarowy** *hydr.* measuring flume
~ ~ **zwężkowy** throated measuring flume, Venturi flume, hydrometric flume
~ **powietrzny** air-duct
~ **radiofoniczny** broadcasting channel
~ **reaktora** *nukl.* reactor channel
~ **rewizyjny** *mot., kol.* inspection pit
~ **sztuczny** *hydr.* artificial channel, flume
~ **ściekowy** drain; sewer; gutter; gully
~ **telekomunikacyjny** communication channel
~ **telewizyjny** television channel
~ **Venturiego** *zob.* **kanał pomiarowy zwężkowy**
~ **wejścia/wyjścia** *inf.* input/output channel
~ **wentylacyjny** ventilating duct; *okr.* air trunk, ventilating trunk
~ **wspólny** *el.* co-channel
~ **żeglowny** waterway, navigable channel
kanciasty *a* angular
kandela *f jedn.* candela, new candle, cd
kanister *m* canister
kanonierka *f wojsk.* gun boat
kantowanie *n obr.plast.* ingot turning, turning up
kantownik *m obr.plast.* ingot turning machine, turner
kaolin *m petr.* kaolin, China clay
kaon *m fiz.* kaon, K meson
kapacytancja *f el.* capacitance, capacitive reactance
kapać *v* drip, drop
kapilara *f* capillary (tube)
kapilarność *f fiz.* capillarity
kapilarny *a* capillary
kapinos *m bud.* drip, throating, gorge
kapitaliki *mpl poligr.* small capitals
kapitał *m ek.* capital; fund
kapitan *m* **portu** harbour master
~ **statku 1.** *lotn.* captain **2.** *żegl.* master
~ ~ **rybackiego** skipper
kapotaż *m lotn.* turnover
kapsla *f* crown-cap
kapsuła *f* **ratownicza** *lotn.* jettisoned emergency capsule
kapsułka *f* capsule
kaptaż *m geol.* river capture
karabin *m wojsk.* rifle
~ **maszynowy** machine-gun
karabinek *m wojsk.* carbine
karabińczyk *m* clip hook, snap hook, spring hook
karat *m jedn.* carat
karb *m* notch, indentation, nick, dent
karbamid *m chem.* carbamide, urea
karbid *m chem.* calcium carbide, acetylenogen
karboksyl *m chem.* carboxyl (group)
karboksylowanie *n chem.* carboxylation
karbonizacja *f chem.* carbonization
karbonyl *n chem.* carbonyl
karborund *m chem.* carborundum, silicon carbide
karbowanie *n* crimping, goffering
karburator *m siln.* carburettor
karburyzator *m obr.ciepl.* carburizer, carburizing medium
karcinotron *m elektron.* carcinotron, backwardwave oscillator
karczować *v* stub, stump
karczownik *m* stump puller, rooter
kardan *m masz.* universal joint, universal coupling

kardioida *f geom.* cardioid
kardynalny *a mat.* cardinal
karetka *f* **1.** ambulance **2.** *masz.* carriage
karma *f zoot.* feed, fodder, forage
karmienie *n* feeding
karmnik *m zoot.* animal feeder
karoseria *f mot.* motor-car body
karpina *f drewn.* rootwood, stumpwood
karta *f* **1.** card **2.** leaf (*of book etc.*)
~ **drogowa** *mot.* waybill
~ **dziurkowana** *inf.* punched card, perforated card
~ **gwarancyjna** guarantee certificate
~ **kontrolna** inspection card, control chart
~ **magnetyczna** *inf.* magnetic card
~ **pracy** operation card, job card
~ **programu** *inf.* program card
~ **przewodnia** *inf.* control card, parameter card
~ **przezierna** *inf.* peep-hole card, peekaboo card
~ **sterująca** *zob.* **karta przewodnia**
~ **technologiczna** operation sheet
~ **zegarowa** clock card
karter *m siln.* crankcase
kartografia *f* cartography
karton *m* cardboard, board; carton
kartoteka *f* card file, card index
~ **aktualizująca** *inf.* change file
~ **główna** *inf.* master file
kartotekować *v* file
karuzela *f aero.* whirling arm
karuzelówka *f obr.skraw.* turning and boring lathe, vertical lathe, vertical boring mill
karzeł *m astr.* dwarf star
kasa *f* **biletowa** booking-office
~ **pancerna** safe
~ **rejestrująca** (*np. sklepowa*) cash register
kasacja *f* withdrawal from use (*of technical equipment*)
kaseta *f* cassette; case; *fot.* film holder; *inf.* card cage, cardage
~ **wizyjna** videocassette
kask *m* protective helmet, safety helmet
kaskada *f* cascade
kasowanie *n* elimination; erasing: *inf.* clearing
kasownik *m* **1.** *biur.* clearing lever **2.** automatic ticket-puncher (*e.g. in a bus*)
kaszt *m górn.* crib, chock, cog
kaszta *f poligr.* case
kaszyca *f inż.* crib, cribwork
kataforeza *f fiz.* cataphoresis
kataliza *f chem.* catalysis
katalizator *m chem.* catalyst, catalytic agent
katalog *m* catalogue
katamaran *m okr.* catamaran
katapulta *f lotn.* catapult
katastrofa *f* crash; disaster
kategoria *f* category, class
kation *m chem.* cation, positive ion
kationit *m chem.* cation exchanger
katoda *f el.* cathode
~ **aktywowana** activated cathode
~ **zimna** cold cathode
~ **żarzona** thermionic cathode, hot cathode
katodoluminescencja *f el.* cathodoluminescence, electroluminescence
katolit *m elchem.* catholyte
kauczuk *m* caoutchouc; rubber
~ **naturalny** natural rubber, India rubber
~ **syntetyczny** synthetic rubber
kaustyka *f geom., opt.* caustic
kawałek *m* piece; slug; chunk
kawitacja *f hydr.* cavitation
kazeina *f chem.* casein
kąpiel *f* bath
~ **barwiąca** *włók.* dyebath, dye liquor
~ **chłodząca** *obr.ciepl.* cooling bath
~ **elektrolityczna** *zob.* **kąpiel galwaniczna**
~ **farbiarska** *zob.* **kąpiel barwiąca**
~ **galwaniczna** electroplating bath, electrolytic bath
~ **hartownicza** *obr.ciepl.* quenching solution, quenching bath
~ **metalowa** *hutn.* metal bath, melt
~ **utrwalająca** *włók., fot.* fixing bath
~ **wywołująca** *włók., fot.* developing bath
kąt *m geom.* angle
~ **bryłowy** solid angle
~ **brzegowy** *zob.* **kąt przylegania**
~ **dopełniający** complement of an angle, complementary angle
~ **drogi** *lotn.* track angle
~ **dryfu** *żegl.* drift angle
~ **dwuścienny** dihedral angle, dihedron
~ **elongacji** *zob.* **kąt odchylenia**
~ **fazowy** *el.* phase angle
~ **godzinny** *astr.* hour angle, meridian angle
~ **kursowy** *nawig.* heading angle, course angle
~ **nachylenia** angle of inclination
~ **natarcia** **1.** *aero.* angle of attack, angle of incidence **2.** *narz.* tool rake (angle) **3.** *mot.* angle of approach
~ **obrazu obiektywu** *fot.* angle of lens
~ **obrotu** *mech.* angle of rotation
~ **odbicia** (*promieni*) *fiz.* angle of reflection
~ **odchylenia** (*wahadła matematycznego*) angular displacement (*of a pendulum*)

~ **ostry** acute angle
~ **padania** (*promieni*) *fiz.* angle of incidence
~ **pełny** round angle, angle 360°, perigon
~ **płaski** plane angle, flat angle
~ **pochylenia** angle of inclination
~ **półpełny** straight angle
~ **prosty** right angle
~ **przeciwległy** opposite angle
~ **przestrzenny** solid angle
~ **przylegania** *hydr.* angle of capillarity, boundary angle, rim angle
~ **przyległy** adjacent angle
~ **przy podstawie** base angle
~ **rozwarty** obtuse angle
~ **skierowany** directed angle
~ **skrawania** *narz. obr.skraw.* cutting angle
~ **środkowy** (*okręgu*) central angle
~ **tarcia** *mech.* friction angle
~ **wewnętrzny** (*wielokąta*) interior angle
~ **widzenia** *opt.* angle of view, sight angle
~ **wielościenny** polyhedral angle
~ **wklęsły** (*wielokąta*) reflex angle
~ **wpisany** inscribed angle
~ **wypukły** (*wielokąta*) salient angle
~ **wzniesienia** *geod.* angle of elevation
~ **załamania** (*promieni*) *fiz.* angle of refraction
~ **zawarty** included angle
~ **zerowy** zero angle
~ **zewnętrzny** (*wielokąta*) exterior angle
kątomierz *m metrol.* protractor
~ **uniwersalny** universal bevel protractor
kątownik *m* **1.** square **2.** angle (section), angle bar
kątowy *a* angular
kąty *mpl* **naprzemianległe** *geom.* alternate angles
~ **odpowiadające** corresponding angles, exterior-interior angles
~ **wierzchołkowe** vertical angles
kelwin *m jedn.* kelvin, K
kenotron *m el.* kenotron
keson *m* **1.** *inż.* caisson **2.** *lotn.* torque box, torsion box
keton *m chem.* ketone
kęs *m hutn.* billet
kęsisko *n* **kwadratowe** *hutn.* bloom
~ **płaskie** *hutn.* slab
kielich *m* **rury** pipe bell, pipe socket, faucet
kielnia *f bud.* trowel
kieł *m masz.* centre (*of a lathe etc.*)
kiełkować *v roln.* germinate, sprout
kierat *m roln.* horse gear
kierować *v* **1.** steer; guide; direct **2.** manage; control; operate
kierowalność *f* (*pojazdu*) steerability
kierowanie *n* **na cel** homing (*of missiles*)
~ **z ziemi** ground control (*of aircraft, missiles*)
~ **zdalne pociskami** missile guidance
kierowca *m* driver
kierownica *f* **1.** *mat.* directrix **2.** *mot.* steering gear **3.** handle-bar (*of a bicycle or motorcycle*) **4.** *masz.* guide ring, stator **5.** *inż.* lead-in pier
kierownictwo *n* management; administration
kierownik *m* manager; head (*of department*)
kierunek *m* direction
~ **obrotu** sense of rotation, hand of rotation
kierunkowskaz *m mot.* traffic indicator, trafficator
~ **migowy** winker direction indicator
~ **świetlny** direction indicator lamp
kierunkowy *a* directional
kieszeń *f* pocket
kil *m okr.* keel
kilo- kilo- (*prefix representing* 10^3)
kilof *m narz.* pick, pickaxe
kilogram *m jedn.* kilogram(me), kg
~ **-siła** *jedn.* kilogram-force: 1 kG = 0.980665 · 10 N
kilogramometr *m jedn.* **1.** metre-kilogram, metre kilogram-force: 1 kG · m (*pracy*) = 9.80665 J **2.** metre-kilogram, kilogram-metre: 1 kG · m (*momentu*) = 9.80665 N · m
kilokaloria *f jedn.* kilocalorie, kilogram-calorie, large calorie
kilometr *m jedn.* kilometre: 1 km = 1000 m
kilotona *f jedn.* kiloton, kt
kilowat *m jedn.* kilowatt, kW
kilowatogodzina *f jedn.* kilowatt-hour: 1 kW · h = $0.36 \cdot 10^7$ J
kilwater *m żegl.* wake
kinematografia *f* cinematography
kinematyka *f mech.* kinematics
kineskop *m TV* (television) picture tube, kinescope, image tube
~ **biało-czarny** black-and-white kinescope
~ **kolorowy** colour picture tube
kinetyczny *a mech.* kinetic
kinetyka *f mech.* kinetics
~ **chemiczna** chemical kinetics, reaction kinetics
~ **cieczy** hydrokinetics, kinetics of fluids
kino *n* cinema
kiosk *m* **1.** kiosk **2.** *okr.* conning-tower
kiszonka *f roln.* ensilage, silage

kit *m* putty; lute; cement
kitować *v* lute; putty
kiur *m* **1.** *chem.* curium, Cm **2.** *jedn.* curie: 1 Ci = $0.37 \cdot 10^{11}$ Bq
kiurowce *pl chem.* curoids (Cm, Bk, Cf, Es, Fm, Md, No, Lr)
klakson *m mot.* horn (signal)
klamka *f* door handle
klamra *f* clamp, clasp; shackle; staple
klapa *f* **1.** flap; hatch; gate **2.** (*zawór klapowy*) flap valve, clack valve **3.** *lotn.* landing flap
klapka *f* **1.** small flap **2.** *lotn.* tab (*on a control surface*)
~ **odciążająca** *lotn.* balance tab
~ **sterownicza** *lotn.* servo tab
~ **wyważająca** *lotn.* trimming tab
klaps *m kin.* clap sticks
klark *m* **1.** *żegl.* clerk **2.** *geol.* clarke, crustal abundance
klarowanie *n* clarifying, clarification (*of liquor*)
~ **statku** *żegl.* clearing of ship
klarowny *a* clear, limpid, pellucid
klasa *f* class; grade
~ **szkolna** classroom
~ **węgla** *geol.* rank of coal
klaster *m fiz.* cluster
klasyfikacja *f* classification; grading
~ **dziesiętna uniwersalna** (universal) decimal classification
~ **gruntów** *roln.* land classification
~ **hydrauliczna** hydraulic classification, wet classification
~ **pneumatyczna** pneumatic classification, air separation
~ **sitowa** screen classification
klasyfikator *m wzbog.* classifier, sizing apparatus
klasyfikować *v* classify; grade
klatka *f* **1.** cage **2.** (*opakowanie*) crate
~ **Faradaya** *el.* Faraday cage
~ **filmowa** *kin.* frame
~ **robocza** (*walcarki*) *zob.* **klatka walcownicza**
~ **schodowa** *bud.* staircase, stairway
~ **szybowa** *górn.* mine cage, pit-cage
~ **walcownicza** *hutn.* roll(ing) stand, mill stand
~ **wirnika** *el.* squirrel-cage
klawiatura *f* keyboard
~ **dotykowa** *inf.* touch-switch keyboard
~ **z syntezatorem mowy** *inf.* touchtone unit
klawisz *m* key; key button
kleić *v* glue, cement
klej *m* glue, cement; adhesive
~ **do drewna** wood adhesive
~ **do metali** metal-bonding adhesive
~ **do papieru** paper adhesive
~ **introligatorski** bookbinding glue
~ **kauczukowy** rubber cement
~ **roślinny** vegetable glue
~ **stolarski** carpenter's glue, joiner's glue
~ **termoplastyczny** thermoplastic adhesive
~ **termoutwardzalny** thermosetting adhesive
~ **topliwy** hot-melt adhesive
~ **uniwersalny** all-purpose adhesive
~ **wodny** aqueous adhesive
klejarka *f* **1.** *drewn.* glue spreader **2.** *poligr.* gluing machine, gluer **3.** *włók.* dressing machine; slasher
klejenie *n* **1.** gluing; cementing **2.** *papiern.* sizing **3.** *włók.* dressing; slashing
klepać *v* beat (*with hammer*); dress (*sheet metal*)
klepadło *n* **blacharskie** stake, tinsmith's anvil, dolly block
klepak *m* (tinsmith's) chasing hammer
klepka *f* (*beczki*) stave
~ **posadzkowa** parquet flooring block
kleszcze *pl narz.* tongs; pliers
~ **izolacyjne** *el.* insulated tongs
~ **kowalskie** forge tongs
~ **nitownicze** rivet tongs
~ **podnoszące** *transp.* lifting tongs, pick-up tongs
klient *m* customer
klimat *m* climate
klimatyzacja *f* air conditioning
~ **bytowa** comfort air conditioning
~ **przemysłowa** industrial air conditioning
klimatyzator *m* air conditioner
klimatyzowany *a bud.* air conditioned
klin *m* **1.** wedge **2.** *lotn.* vee formation
~ **optyczny** *opt.* wedge filter
~ **poprzeczny** *masz.* cotter
~ **smarowy** *masz.* oil wedge, convergent lubricating film
~ **wzdłużny** *masz.* machine key
~ **zbieżny** *masz.* taper key
~ **zwykły** *masz.* plain key
klinkier *m ceram.* clinker
klinometr *m geod.* clinometer, inclinometer, slope level
klinować *v* wedge
klinowanie *n* **kamieni** *bud.* stoping
klistron *m elektron.* klystron
klisza *f* **drukarska** *poligr.* printing block, printing plate
~ **fotograficzna** photographic plate
~ **kreskowa** *poligr.* line block
~ **siatkowa** *poligr.* half-tone block
klocek *m* block
~ **hamulcowy** brake shoe, brake block

klotoida *f mat.* clothoid, Cornu's spiral
klucz *m* **1.** key **2.** *masz.* spanner, wrench **3.** *lotn.* vee formation
~ **do rur** pipe spanner, pipe wrench
~ **do zatrzasku** latch-key
~ **dwustronny** double-ended spanner, double-head wrench
~ **dynamometryczny** torque spanner, torque wrench
~ **fajkowy** bent spanner
~ **informacyjny** *zob.* **klucz sortowania**
~ **jednostronny** single-ended spanner, single-head wrench
~ **maszynowy** constructional spanner, engineer's wrench
~ **montażowy** structural wrench
~ **Morse'a** *telegr.* Morse key
~ **nasadowy** tubular spanner, socket wrench
~ **nastawny** adjustable spanner, shifting spanner
~ **oczkowy** box spanner, box wrench
~ **płaski** open ended spanner, flat wrench
~ **sortowania** *inf.* sorting key
~ **uniwersalny** pass-key, skeleton key, master key
~ **zabezpieczenia pamięci** *inf.* protection key
kluczowanie *n el.* keying
kluczyk *m* **zapłonu** *mot.* ignition key
kluza *f* **kotwiczna** *okr.* hawse-pipe, chain pipe, naval pipe
kłaczkowanie *n* flocculation
kłaść *v* lay
~ **stępkę** *okr.* lay the keel
kłębek *m włók.* ball
kłoda *f drewn.* log
kłonica *f* stanchion, stake
kłódka *f* padlock
knaga *f okr.* belaying cleat, deck cleat
knot *m* wick
koagulacja *f chem.* coagulation
koagulant *m chem.* coagulant, coagulating agent
koagulat *m chem.* coagulum
koalescencja *f fiz.* coalescence
kobalt *m chem.* cobalt, Co
~ **-60** cobalt-60, radioactive cobalt, radiocobalt, ^{60}Co
kobaltowce *mpl chem.* cobalt group (Co, Rh, Ir)
kobaltyn *m min.* cobaltite, cobalt glance
kocioł *m* boiler; pot; kettle
~ **destylacyjny** still, distillation pot
~ **grzejny** hot water boiler
~ **odzysknicowy** *zob.* **kocioł utylizacyjny**
~ **opłomkowy** *zob.* **kocioł wodnorurowy**
~ **parowy** steam boiler
~ **płomieniówkowy** fire-tube boiler
~ **przepływowy** once-through boiler, monotube boiler
~ **utylizacyjny** waste-heat boiler
~ **warzelny** heat boiler, boiling pot
~ **właściwy** boiler proper
~ **wodnorurowy** water-tube boiler
~ **wodny** water heater
~ **wysokoprężny** high-pressure boiler
kociołek *m* pot; kettle
kod *m* code; cipher
~ **alfanumeryczny** alphanumeric code
~ **binarny** *zob.* **kod dwuwartościowy**
~ **detekcyjny** *inf.* error detecting code
~ **dwuwartościowy** *inf.* binary code
~ **genetyczny** *biol.* genetic code
~ **komputera** *inf.* machine (instruction) code, computer code
~ **kreskowy** *inf.* bar code
~ **liczbowy** numerical code
~ **łańcuchowy** *inf.* chain code
~ **maszynowy** *zob.* **kod komputera**
~ **morsowski** Morse code
~ **operacji** *inf.* operation code, opcode
~ **pocztowy** postal code, zip code
~ **prosty** *inf.* direct code
~ **rozkazów** *inf.* instruction code
~ **(samo)korekcyjny** *inf.* error correcting code, self checking code
~ **wewnętrzny** *zob.* **kod komputera**
~ **wynikowy** *inf.* object code
~ **zewnętrzny** *inf.* pseudocode
kodeks *m* **drogowy** highway code
koder *m inf.* encoder; coder, coding device
kodopis *m inf.* flexowriter
kodować *v* code; encode; encipher
kodowanie *n* **automatyczne** *inf.* automatic coding, automatic programming
~ **informacji** information encoding
koercja *f fiz.* coercive force
kofeina *f chem.* coffeine
koferdam *m okr.* cofferdam
koherencja *f* coherence
kohezja *f fiz.* cohesion
koincydencja *f fiz.* coincidence
koja *f okr.* bunk, berth
kokaina *f chem.* cocaine
kokila *f odl.* permanent mould, metal mould, chill (mould)
kokilarka *f odl.* permanent mould casting machine
kokpit *m żegl.* cockpit
koks *m* coke
~ **gazowniczy** *zob.* **koks pogazowy**
~ **opałowy** domestic coke
~ **pogazowy** gas coke, retort coke
~ **wielkopiecowy** blast-furnace coke

koksiak *m* fire-basket, brazier
koksochemia *f* chemistry of coke
koksowanie *n* coking, high temperature carbonization
koksownia *f* coking plant, cokery
kolanko *n* (*rurowe*) elbow (connection), ell, knee
kolator *m inf.* collator, interpolator
kolba *f lab.* flask; bulb
~ **destylacyjna** *lab.* distillation flask
~ **Erlenmeyera** *lab.* Erlenmeyer flask, conical flask
~ **karabinu** butt of a rifle
~ **lutownicza** soldering tool, soldering bit
~ **miarowa** *lab.* measuring flask
koleba *f transp.* jubilee wagon; *górn.* rocker dump car
kolec *m* spike; barb
~ **przeciwślizgowy** *mot.* tyre stud
~ **termiczny** *fiz.* thermal spike
koleina *f* rut, wheel track
kolej *f* railway, railroad
~ **dwutorowa** double-track railway
~ **jednoszynowa** monorail
~ **linowa** cable railway
~ ~ **napowietrzna** aerial cable railway, aerial ropeway
~ ~ **naziemna** funicular railway
~ **nadziemna** overhead railway
~ **normalnotorowa** standard-gauge railway
~ **podziemna** underground; *US* subway
~ **wąskotorowa** narrow-gauge railway
~ **zębata** (*górska*) rack railway, cog railway
kolejka *f* **1.** narrow-gauge railway **2.** queue, waiting line
kolejkowanie *n inf.* queuing
kolejnictwo *n* railway system; railroad engineering, railway engineering
kolejność *f* sequence, order
kolejny *a* following; consecutive; successive
kolektor *m* **1.** collector; collecting pipe; main drain **2.** *wzbog.* collector, floatation reagent **3.** *chem.* carrier
~ **dolotowy** *siln.* suction manifold
~ **kanalizacyjny** *san.* interceptor, intercepting sewer, trunk sewer
~ **spalin** *zob.* **kolektor wylotowy**
~ **ssący** *zob.* **kolektor dolotowy**
~ **wylotowy** *siln.* exhaust manifold
koleopter *m lotn.* coleopter
kolidar *m opt.* colidar, ladar, laser radar
kolimacja *f opt.* collimation
kolimator *m opt.* collimator
kolizja *f* collision
kolmatacja *f melior.* silting-up; warping of land
kologarytm *m mat.* cologarithm, colog
koloid *m chem.* colloid, colloidal system
kolor *m* colour, color
kolorymetr *m* **1.** *opt.* colorimeter **2.** *chem.* colorimeter, chromometer
~ **fotoelektryczny** photocolorimeter, photoelectric colorimeter
kolorymetria *f* **1.** *opt.* colorimetry **2.** *chem.* colorimetry, colorimetric analysis
kolumna *f* **1.** column; pillar; standard **2.** *chem.* tower; column **3.** *lotn.* line astern (*formation*)
~ **druku** *poligr.* type page
~ **głośnikowa** *akust.* column loudspeaker; sound column
~ **kierownicy** *mot.* steering column
~ **rektyfikacyjna** rectifying column
kolumnada *f arch.* colonnade
koła *npl* **jezdne bliźniacze** *mot.* dual wheels, twin wheels
kołek *m* peg; pin; stud
~ **gwintowany** *masz.* stud-bolt
~ **prowadzący** *masz.* guide pin, pilot
~ **ustalający** *masz.* dowel (pin), locating pin, steady pin
~ **zabezpieczający** *masz.* locking pin
kołnierz *m masz.* flange; collar
~ **rurowy** pipe flange
koło *n* **1.** *geom.* circle **2.** *masz.* wheel
~ **biegowe** *zob.* **koło jezdne**
~ **bierne** *zob.* **koło napędzane**
~ **czynne** *zob.* **koło napędzające**
~ **deklinacyjne** *astr.* circle of equal declination
~ **długości** *astr.* circle of longitude
~ **dopisane** *geom.* escribed circle
~ **godzinne** *astr.* hour circle, circle of right ascension
~ **jezdne** *mot.* road wheel
~ **kierownicy** *mot.* steering wheel
~ **linowe** rope pulley, grooved pulley; cable wheel
~ **łańcuchowe** chain wheel; sprocket wheel
~ **łopatkowe** paddle wheel
~ **małe** (*kuli*) *geom.* small circle
~ **napędzające** *masz.* driving wheel
~ **napędzane** *masz.* driven wheel
~ **obiegowe** *masz.* planet (wheel), satellite wheel
~ **odtaczane** *geom.* epicycle
~ **ogonowe** *lotn.* tailwheel
~ **opisane** *geom.* circumscribed circle
~ **pasowe** *masz.* (belt) pulley
~ **podbiegunowe** *geogr.* Polar Circle
~ ~ **południowe** Antarctic Circle
~ ~ **północne** Arctic Circle
~ **podwozia** *lotn.* landing wheel

~ **podziałowe** *masz.* pitch circle
~ **przednie** 1. *mot.* front wheel 2. *lotn.* nose wheel
~ **ramieniowe** spoke wheel
~ **ratunkowe** *żegl.* life buoy
~ **samonastawne** castoring wheel
~ **słoneczne** (*przekładni obiegowej*) *masz.* solar wheel, sun wheel, sun gear, central gear
~ **sterowe** 1. *okr.* steering wheel 2. *lotn.* control wheel
~ **szerokości** *astr.* circle of latitude
~ **ślimakowe** *masz.* wormwheel
~ **tarczowe** disk wheel; plate wheel
~ **toczne** *narz.* generating circle
~ **tylne** *lotn.* tailwheel
~ **wielkie** *geom.* great circle
~ **wirnikowe** 1. rotor disk, rotor wheel (*in turbine*) 2. *masz.el.* spider
~ **wodne** waterwheel
~ **wpisane** *geom.* inscribed circle
~ **zamachowe** flywheel
~ **zapadkowe** ratchet-wheel
~ **zapasowe** *mot.* spare wheel
~ **zasadnicze** *masz.* base circle
~ **zębate** *masz.* gear (wheel), toothed wheel
~ ~ **daszkowe** chevron gear, double helical gear, herringbone gear
~ ~ **koronowe** face gear, contrate gear, crown gear
~ ~ **pośredniczące** idle wheel, intermediate wheel
~ ~ **przesuwne** sliding gear
~ ~ **stożkowe** bevel gear
~ ~ **śrubowe** helicoidal involute gear, helical gear, helical tooth wheel
~ ~ **trzpieniowe** pinion
~ ~ **walcowe** cylindrical gear
~ ~ **wewnętrzne** internal gear, annular gear
~ ~ **współpracujące** (inter)mating wheel
~ ~ **zewnętrzne** external gear
kołogniot *m* pan grinding mill, chaser (mill), edge runner
kołować *v lotn.* taxi
kołowrót *m* windlass, gin
kołowy *a* circular
kołówka *f obr.skraw.* axle(-turning) lathe, wheel lathe
kołpak *m* cap, hood
~ **parowy** *kotł.* steam dome
~ **śmigła** *lotn.* airscrew spinner
kołysanie *n* swinging; rocking; swaying; rolling
~ **boczne** *mot.* side-throw, side-sway; *żegl.* roll, sway
~ **dźwięku** *elakust.* wow
~ **pionowe** *żegl.* heaving
kołyska *f masz.* cradle
koma *f opt.* coma (*aberration*)
kombajn *m* **buraczany** (sugar) beet harvester
~ **chodnikowy** *górn.* heading machine
~ **górniczy** *górn.* combined cutter loader, mechanical (coal) miner
~ **zbożowy** combine-harvester, reaper-thresher
~ **ziemniaczany** potato harvester
kombajnista *m górn.* cutter-loaderman; *roln.* combine-harvester operator
kombi *n mot.* estate car, station wagon
kombinacja *f mat.* combination
kombinat *m* **przemysłowy** industrial complex
kombinatoryka *f mat.* combinatorics
kombinerki *pl* combination pliers, engineer's side-cutting pliers
kombinezon *m* **lotniczy** flying suit
~ **roboczy** overalls
komentarz *m inf.* comment
kometa *f astr.* comet
komin *m* chimney; funnel; chimney stack; smokestack
~ **fabryczny** factory chimney
kominek *m bud.* fireplace
komisja *f* commission, board
komora *f* chamber
~ **akceleracyjna** *zob.* **komora przyspieszeń**
~ **akustyczna** sound chamber
~ **bezechowa** *akust.* anechoic chamber, dead room
~ **chłodnicza** *chłodn.* cold room
~ **ciśnieniowa** pressure chamber
~ **dekompresyjna** (*dla nurków*) decompression chamber, recompression chamber
~ **gorąca** *nukl.* hot cell
~ **iskrowa** spark chamber
~ **jonizacyjna** *nukl.* ionization chamber
~ ~ **Wilsona** Wilson cloud chamber, expansion chamber
~ **klimatyzacyjna** air washer
~ **nabojowa** *wojsk.* cartridge chamber
~ **niskich ciśnień** low pressure test chamber
~ **paleniskowa** *kotł.* furnace chamber, combustion chamber
~ **pęcherzykowa** *nukl.* bubble chamber
~ **pogłosowa** *akust.* echo room, reverberation chamber
~ **pomiarowa** *aero.* test chamber; *hydr.* measuring chamber
~ **próżniowa** vacuum chamber

~ **przyspieszeń** *nukl.* accelerating chamber
~ **radiacyjna** *nukl.* irradiation chamber
~ **rozprężeniowa** *zob.* **komora jonizacyjna Wilsona**
~ **rozszczepieniowa** *nukl.* fission chamber
~ **spalania** combustion chamber; blast chamber, combustor (*in jet engines*)
~ **sprężania** *siln.* compression chamber
~ **śladowa** *nukl.* cloud chamber, fog track chamber
~ **wirowa** *siln.* turbulence chamber
~ **wstępna** *siln.* precombustion chamber, antechamber
~ **wyrównawcza** *hydr.* surge chamber, surge tank
komórka *f* **elementarna** (*sieci przestrzennej*) *kryst.* unit, cell, elementary cell
~ **fotoelektryczna** photocell, photoelectric cell
~ **fotowoltaiczna** photoelement, photovoltaic cell
~ **Kerra** *el.* Kerr cell
~ **pamięci** *inf.* storage cell, memory cell, storage location
~ **reaktora** *nukl.* reactor cell
kompandor *m tel.* compandor
kompansja *f tel.* companding (*of a signal*)
komparator *m* **1.** *metrol.* comparator **2.** *chem.* comparator **3.** *inf.* comparator
kompas *m* compass
kompatybilność *f elektron.*, *TV* compatibility
~ **oprogramowania** *inf.* software compatibility
kompensacja *f* compensation; balancing; *nukl.* shimming
kompensator *m* compensator
~ **rurowy** expansion pipe joint, tube compensating piece
kompensować *v* compensate; balance
kompilacja *f inf.* compilation
kompilator *m inf.* compiler
kompleks *m* **1.** complex **2.** *chem.* complex (compound)
kompleksometria *f chem.* complexometry, complexometric titration
kompleksowy *a* complex
komplet *m* set; kit
~ **czcionek** *poligr.* font
~ **modelowy** *odl.* pattern equipment
~ **narzędzi** tool kit
kompletny *a* complete
kompletny obiekt *m* **przemysłowy** complete factory installation; industrial plant
komponent *m chem.* component
kompost *m roln.* compost
kompozyt *m* (*materiał złożony*) composite (material)
kompresja *f* compression
kompresor *m* **1.** compressor **2.** *tel.* compression amplifier
komputer *m* computer
~ **analogowo-cyfrowy** *zob.* **komputer hybrydowy**
~ **analogowy** analog computer
~ **asynchroniczny** asynchronous computer
~ **cyfrowy** digital computer
~ **docelowy** target computer
~ **drugiej generacji** second-generation computer
~ **elektroniczny** electronic computer
~ **główny** host computer
~ **hybrydowy** hybrid computer, analog-digital computer
~ **komunikacyjny** interface-message computer
~ **nadrzędny** master computer
~ **osobisty** personal computer
~ **podległy** slave computer
~ **przyrostowy** incremental computer
~ **rezerwowy** standby computer
~ **równoległy** parallel computer
~ **satelitarny** satellite computer
~ **sekwencyjny** sequential computer, consecutive computer
~ **specjalizowany** special-purpose computer; dedicated computer
~ **stołowy** desktop computer
~ **synchroniczny** synchronous computer
~ **szeregowy** serial computer
~ **trzeciej generacji** third-generation computer
~ **uniwersalny** general-purpose computer
~ **w trybie bezpośrednim** on-line computer
~ **wielodostępny** multi-access computer
~ **wieloprocesorowy** multiprocessor computer
~ **wolnostojący** stand-alone computer
~ **wynikowy** object computer
komputeryzacja *f* computerization
komunikacja *f* communication
komunikat *m* announcement; *inf.* message
komutacja *f el.* commutation
~ **pakietów** *inf.* packet switching
komutator *m el.* commutator
koncentracja *f* concentration
~ **masy** *fiz.* mass concentration
~ **naprężeń** *wytrz.* stress concentration
koncentrat *m* concentrate
koncentrator *m* **1.** concentrator, thickener **2.** *el.* concentrator **3.** *wzbog.* concentrating plant

koncentrować *v* concentrate
koncentryczny *a* concentric
koncern *m ek.* concern
koncesja *f ek.* licence
kondensacja *f* **1.** *fiz.* condensation (*of vapour*) **2.** *chem.* condensation
~ **frakcyjna** fractional condensation
~ **kapilarna** capillary condensation, condensation in pores
kondensat *m* condensate, condensation water
kondensator *m* **1.** *el.* condenser, capacitor **2.** *siln.* steam condenser
~ **blokujący** *el.* blocking capacitor
~ **dostrojczy** *rad.* trimmer, trimming condenser
~ **nastawny** *el.* variable capacitor
~ **płytkowy** *el.* plate capacitor
~ **rozruchowy** *el.* starting capacitor
~ **stały** *el.* fixed capacitor
~ **strojeniowy** *rad.* tuning capacitor
~ **zmienny** *zob.* **kondensator nastawny**
kondensor *m opt.* condenser (lens)
konduktancja *f el.* conductance
konduktometr *m elchem.* conductometer
konduktywność *f el.* conductivity, electrical conductivity, specific conductance
kondycjonowanie *n* conditioning
kondygnacja *f bud.* storey, story
konfiguracja *f* configuration
~ **elektronowa** electron configuration, arrangement of electrons
konformacja *f chem.* conformation
konfuzor *m mech.pł.* confusor, converging cone, convergent pipe
konglomerat *m* **1.** *petr.* conglomerate **2.** *chem.* conglomerate, racemic mixture
kongruencja *f mat.* congruence
koniec *m* end
~ **transmisji** *inf.* end of transmission, EOT
~ **zapisu** *inf.* end of record, EOR
~ **zbioru danych** *inf.* end of file, EOF
konik *m* **obrabiarki** *obr.skraw.* tailstock, loose headstock, footstock, dead head
~ **wagi** rider (weight), jockey weight
koniogodzina *f jedn.* horsepower-hour: $1\ \mathrm{kM \cdot h} = 2.647795 \cdot 10^6\ \mathrm{J}$
koniunkcja *f* **1.** *astr.* conjunction **2.** *inf.* conjunction, AND operation
koniunktor *m inf.* AND element, AND gate
konkatenacja *f mat.* concatenation
konkurencja *f ek.* competition
konkurencyjny *a* competitive
konoda *f fiz.* conode
konoida *f geom.* conoid
konosament *m ek.* bill of lading
konserwacja *f* **1.** *masz.* maintenance **2.** preservation, conservation
konserwator *m* (*urządzeń*) maintenance technician
konserwować *v* **1.** maintain (*equipment*) **2.** conserve; preserve (*food etc.*)
konserwy *pl spoż.* preserves
konsola *f* **1.** bracket **2.** console; control desk
konsolidacja *f* **gruntu** *inż.* consolidation of soil
konsonans *m akust.* consonance
konspekt *m* draft
konstantan *m met.* constantan
konstelacja *f astr.* constellation
konstrukcja *f* **1.** design; construction **2.** structure
~ **ażurowa** *bud.* openwork
~ **budowlana** building structure
~ **całkowicie metalowa** all-metal construction
~ **drewniana** wooden construction; woodwork
~ **konwencjonalna** orthodox design
~ **łupinowa** *bud.* shell construction
~ **mieszana** *bud.* mixed construction, composite construction
~ **modularna** modular structure; modular design
~ **niekonwencjonalna** unorthodox design
~ **nośna** supporting structure, load-bearing structure
~ **przekładkowa** sandwich construction
~ **stalowa** steel construction; steelwork
~ **szkieletowa** frame construction; skeleton construction
~ **wielkopłytowa** *bud.* large-panel construction
konstrukcyjny *a* constructional; structural
konstruktor *m* designer, design engineer; constructor
konstruować *v* design; construct
konsultant *m* consultant; adviser
konsument *m ek.* consumer
konsumpcja *f ek.* consumption
konsystencja *f* consistence
kontakt *m* **1.** contact **2.** *chem.* contact (agent), solid catalyst
kontaktron *m el.* reed relay
kontaminacja *f* contamination
kontaminant *m* (*substancja skażająca*) contaminant
kontener *m* container
kontenerowiec *m okr.* container ship
konteneryzacja *f transp.* containerization
konto *n ek.* account

kontrakt *m ek.* contract
kontrast *m opt.* contrast
kontrola *f* inspection; control; check; monitoring
~ **arytmetyczna** *inf.* arithmetic check
~ **bierna** *skj* remedial control
~ **bieżąca** *skj* current control
~ **błędów** *inf.* error check
~ **całkowita** *skj* 100% inspection, detailed inspection
~ **czynna** preventive control
~ **dozymetryczna** *radiol.* dosimetry
~ **działania** functional inspection
~ **ilościowa** quantity inspection
~ **jakości** quality inspection
~ **kodu** *inf.* code check
~ **nadmiarowa** *inf.* redundancy check
~ **odbiorcza** acceptance inspection
~ **parzystości** *inf.* parity check, odd-even check
~ **prawidłowości** *inf.* validity check
~ **programowa** *inf.* programmed check
~ **ruchu drogowego** road traffic control
~ **statystyczna** statistical control
~ **techniczna** product quality control, production control
~ **układowa** (*wewnętrzna*) *inf.* built-in check
~ **wyrywkowa** *skj* sampling inspection
kontroler *m* inspector, controller; supervisor
~ **lotu** flight control system
kontrolować *v* inspect; control; check
kontur *m* outline, contour
konwekcja *f fiz.* convection (*of heat*)
~ **swobodna** natural convection
~ **wymuszona** forced convection
konwektor *m* convector
konwencjonalny *a* **1.** conventional (*sign*) **2.** traditional, classical (*design etc.*)
konwergencja *f mat.* convergence
konwersacja *f* (*dialog użytkownik--komputer*) *inf.* conversational processing
konwersja *f* **1.** *fiz., chem.* conversion **2.** *inf.* conversion
~ **analogowo-cyfrowa** *inf.* analog-to-digital conversion
~ **cyfrowo-analogowa** *inf.* digital-to-analog conversion
~ **dwójkowo-dziesiętna** *inf.* binary-to--decimal conversion
~ **dziesiętno-dwójkowa** *inf.* decimal-to--binary conversion
konwerter *m inf.* (language) converter
~ **analogowo-cyfrowy** analog-to-digital converter, adc, digitizer
~ **cyfrowo-analogowy** digital-to-analog converter, dac
konwertor *m* **1.** *hutn.* converter **2.** *chem.* converter **3.** *el.* frequency converter, frequency changer
~ **Bessemera** *hutn.* Bessemer converter
~ **odlewniczy** side blown converter, Tropenas converter
~ **stalowniczy** *hutn.* steel making converter
~ **tomasowski** *hutn.* basic Bessemer converter
konwertorownia *f hutn.* converter house, converter bay
konwój *m* convoy
koń *m* **mechaniczny** *jedn.* metric horsepower: 1 KM = 0.73549 kW
~ **parowy angielski** *jedn.* horsepower: 1 hp = 0.74569 kW
końcowy *a* final; terminal
końcówka *f* tip; end; terminal
~ **montażowa** *el.* assembly terminal, contact terminal
~ **pomiarowa** gauging point, contact tip, feeler, tester
kończyć *v* finish
kooperacja *f* co-operation
kooperant *m* co-operating party
koordynacja *f* coordination
kopacz *m* (*robotnik*) digger, navvy
kopaczka *f* **ziemniaków** *roln.* potato digger
kopać *v* dig; excavate
kopalina *f* **użyteczna** useful mineral
kopalnia *f górn.* mine, pit
~ **odkrywkowa** strip mine, strip pit, open pit
~ **soli** salt mine, salina
~ **węgla** coal-mine, colliery
kopalniaki *mpl* mine timber, pit timber, pitwood
koparka *f masz.* excavator, digger
~ **chwytakowa** clamshell excavator
~ **do rowów** trench excavator, trencher, ditcher
~ **jednonaczyniowa** power shovel, single--bucket excavator
~ **podsiębierna** pull shovel, hoe shovel, backacter, backhoe, backdigger
~ **przedsiębierna** push shovel, high shovel
~ **wielonaczyniowa** bucket ladder excavator, dredger excavator
~ ~ **kołowa** bucket-wheel excavator, rotary excavator
~ ~ **łańcuchowa** chain-and-bucket type excavator
~ **zgarniakowa** dragline excavator
koperta *f* envelope
kopia *f* copy; *rys.* tracing; *fot.* print

kopiał *m* template, templet
kopiarka *f* **1.** *rys.* copying frame **2.** *fot.* printer, printing machine **3.** *poligr.* copying machine **4.** *obr.skraw.* tracing machine
kopiowanie *n* **1.** copying **2.** *rys.* tracing **3.** *fot.* printing **4.** *obr.skraw.* tracing
~ **na frezarce** tracer milling
~ **optyczne** *fot.* projection printing, optical printing
~ **stykowe** *fot.* contact printing
kopolimer *m chem.* copolymer
kopolimeryzacja *f chem.* copolymerization
koprocesor *m inf.* coprocessor
kopuła *f arch.* dome, cupola
kora *f drewn.* bark
korba *f* crank
~ **do świdrów** *narz.* brace, crank-brace, bit-stock
~ **ręczna** crank handle, hand-crank, crank lever
korbowód *m masz.* connecting-rod
kord *m włók.* cord
korek *m* **1.** cork **2.** *masz.* plug; stopper; bung
~ **gwintowy** screw plug
~ **parowy** (*w przewodzie*) vapour-lock
~ **powietrzny** (*w przewodzie*) air-lock; gas trap
~ **spustowy** drain plug; bottom plug
~ **zaślepiający** blank(ing) plug
korekcja *f* correction; *aut.*, *el.* equalization
koreks *m fot.* developing box, developing tank
korekta *f poligr.* proof reading
korektor *m* **1.** *el.* equalizer; corrector **2.** *poligr.* proof-reader
korelacja *f mat.* correlation
korelator *m elektron.* correlator
korespondencja *f* correspondence
korkociąg *m* **1.** corkscrew **2.** *lotn.* spin
korodować *v* corrode
korona *f* **drogi** road crown
~ **drzewa** head of tree
koronka *f* **wiertnicza** drill bit
korowanie *n drewn.* barking, decortication
korowarka *f drewn.* barker, barking machine
~ **ręczna** bark spud
korozja *f* corrosion
~ **atmosferyczna** atmospheric corrosion, climatic corrosion
~ **biologiczna** biological corrosion, biocorrosion
~ **elektrochemiczna** electrochemical corrosion
~ **miejscowa** localized corrosion
~ **ogólna** general corrosion, uniform corrosion
~ **punktowa** point corrosion
~ **warstwowa** layer corrosion
~ **wżerowa** pitting (corrosion)
korozyjny *a* corrosive
korpus *m masz.* body, frame
~ **cewki** *el.* spool, bobbin
korpuskularny *a fiz.* corpuscular
korpuskuła *f fiz.* corpuscle
korund *m min.* corundum, alumina
korygować *v* correct
korytarz *m* corridor
~ **powietrzny** *lotn.* airway
koryto *n* trough; *hydr.* flume, open channel
~ **drogi** road trench, road bed
~ **rzeki** river-bed, stream channel, streamway
~ **spustowe** *hutn.* runner
~ **wsadowe** *hutn.* charging box, charging pan
kosa *f roln.* scythe
kosiarka *f roln.* mower, mowing machine
kosić *v roln.* mow, cut
kosmiczny *a* cosmic
kosmochemia *f* cosmochemistry, space chemistry
kosmodrom *m* spaceport, space ship base
kosmologia *f* cosmology
kosmonauta *m* cosmonaut, astronaut, spaceman
kosmonautyka *f* cosmonautics, astronautics
kosmos *m* universe
kostka *f* **1.** block; cube **2.** *górn.* cobble (*size of coal*)
~ **prasowana** briquet(te)
kosz *m* basket
~ **dachu** *bud.* valley
~ **samowyładowczy** hopper
~ **ssawny** suction rose, strainer (*of a pump*)
~ **zasypowy** charging hopper
koszary *pl wojsk.* barracks
kosztorys *m* estimate, cost calculation
koszty *mpl* costs
~ **eksploatacji** operating costs, running costs
~ **inwestycyjne** capital costs
~ **materiałowe** material costs
~ **ogólne** general costs; overheads
~ **produkcji** costs of production
~ **przewozu** transport charges, freight
~ **robocizny** labour costs
~ **utrzymania 1.** (*np. urządzenia*) maintenance costs, upkeep **2.** costs of living

koszulka *f* **1.** *masz.* jacket **2.** *nukl.* can; cladding
koszyczek *m* **łożyska** *masz.* bearing cage, bearing spacer
kotew *f bud.* anchor, tie
kotłownia *f* boiler-room; boiler-house; *okr.* stokehold
kotwica *f okr.* anchor
kotwiczyć *v żegl.* anchor
kotwić *v bud.* anchor, brace
kowadło *n* anvil
kowal *m* smith, blacksmith
~ maszynowy forger, forgeman
kowalny *a* malleable, forgeable
kowarka *f obr.plast.* swaging machine
kozioł *m* trestle; horse
koziołkowanie *n* (*elementów obrazu graficznego*) *inf.* tumbling
kółko *n* wheel; roller
~ ręczne *masz.* handwheel
~ samonastawne castoring wheel, castor
~ toczne runner
kra *f* ice float
krajać *v* cut
~ na plastry slice
krajarka *f* cutter; slicer
krajobraz *m* landscape; topography
kraking *m zob.* **krakowanie**
krakowanie *n chem.* cracking
kran *m* cock
krarupizacja *f* **toru** (*przewodowego*) *tel.* continuous loading, Krarup loading
krata *f* grid; grate; grille; trellis
krater *m geol.* crater
kratka *f* **wentylacyjna** *bud.* air grate
kratownica *f* truss, framework, lattice-work
~ płaska plane truss
~ przestrzenna space truss, space frame
kratowy *a* latticed
krawędziak *m* **1.** *drewn.* square-sawn timber **2.** *petr.* angular boulder
krawędziarka *f* **1.** *obr.plast.* (bending) brake, folding brake, folder **2.** *drewn.* edger
krawędź *f* edge
~ natarcia *aero.* edge of attack
~ skrawająca *narz.* cutting edge
~ spływu *aero.* trailing edge
krawężnik *m* kerb, curb
krąg *m* circle
~ drutu coil of wire
krążek *m* roller; pulley
~ linowy rope sheave, rope pulley
krążenie *n* **1.** circulation **2.** circling
krążkowanie *n obr.plast.* surface rolling, roller finishing, roller burnishing
krążownik *m okr.* cruiser
krążyć *v* **1.** (*w obwodzie*) circulate **2.** (*zataczać kręgi*) circle
~ po orbicie orbit
krążyna *f bud.* centre, centring
kreda *f* chalk
kredowanie *n* **1.** *powł.* chalking, powdering **2.** *papiern.* white pigment coating
kredyt *m ek.* credit
krepa *f* **1.** *włók.* crêpe **2.** crêpe (rubber)
kres *m mat.* bound(ary)
~ dolny *mat.* greatest lower bound, infimum
~ górny *mat.* least upper bound, supremum
kreska *f* dash; score
~ podziałki graduation, scale mark
kreskowanie *n rys.* lining; shading; hatching
~ przekroju sectioning, section lining, sectional shading, cross-hatching
kreskownica *f rys.* parallel rule(r)
kreślak *m inf.* coordinate plotter, XY plotter
kreślarnia *f* drawing office, drafting room
kreślarz *m* draughtsman, draftsman
kreślenie *n* drawing, drafting
kręcić *v* **(się)** rotate, turn
kręt *m mech.* moment of momentum, angular momentum
kręty *a* sinuous, tortuous
kriogenika *f* cryogenics, cryogenic engineering
kriometr *m* cryometer, frigorimeter, low-temperature thermometer
kriostat *m* cryostat
kriotron *m elektron.* cryotron
krochmal *m* starch
krok *m* **operacyjny** *inf.* step
krokiew *f bud.* rafter
kron *m opt.* crown (glass)
kropka *f* dot; point
kropla *f* drop
kroplomierz *m* dropper
krosno *n włók.* loom
krotnik *m elektron.* multiplier
krotność *f* multiplication factor
króciec *m* **rurowy** stub pipe; connector pipe
krój *m* **pisma** *poligr.* type-face, type style
~ pługa *roln.* coulter
krótki *a* short
krótkie spięcie *n el.* short-circuit, shorting
krótkofalówka *f rad.* short-wave transmitter
krótkotrwały *a* momentary, of short duration

kruchość *f* brittleness; embrittlement
kruchy *a* brittle, short, fragile, friable
kruszarka *f* crusher, crushing mill; breaker
~ **-kołogniot** pan grinding mill, chaser (mill), edge runner
kruszec *m min.* ore
kruszenie *n* **jądra atomowego** *nukl.* spallation
kruszyć *v* crush; crumble; spall
kruszywo *n bud.* aggregate; ballast
krycie *n powł.* covering power, hiding power
~ **dachu** roofing, roofwork
krypton *m chem.* krypton, Kr
krystaliczny *a* crystalline
krystalit *m* crystallite; crystal grain
krystalizacja *f* crystallization
krystalizator *m* **1.** *chem.* crystallizer **2.** *hutn.* continuous casting mould
krystalizować *v* crystallize
krystalografia *f* crystallography
kryształ *m* crystal
~ **atomowy** atomic crystal, covalent crystal
~ **bliźniaczy** twin (crystal), crystal twin
~ **ciekły** liquid crystal, mesomorphic phase
~ **dendrytyczny** dendrite, dendritic crystal
~ **doskonały** perfect crystal
~ **górski** *min.* mountain crystal, rock crystal
~ **idealny** *zob.* **kryształ doskonały**
~ **kowalencyjny** *zob.* **kryształ atomowy**
~ **pojedynczy** monocrystal, single crystal
kryterium *n* criterion (*pl* criteria)
~ **podobieństwa** *mech.* similarity number, criterion of similarity
krytyczny *a* critical
kryza *f hydr.* orifice, diaphragm
~ **pomiarowa** measuring orifice plate
kryzys *m ek.* crisis
krzem *m chem.* silicon, Si
krzemian *m chem.* silicate
krzemień *m petr.* flint, fire-stone
krzemionka *f chem.* silica, silicon dioxide
krzemowanie *n obr.ciepl.* siliconizing
krzemowodory *mpl chem.* silicon hydrides, silanes
krzepnąć *v* solidify
krzepnięcie *n* solidification
krzesło *n* chair
krzywa *f geom.* curve
~ **adiabatyczna** *term.* adiabate, adiabatic curve
~ **algebraiczna** algebraic curve
~ **balistyczna** *mech.* ballistic curve
~ **drugiego stopnia** second-degree curve, conic
~ **płaska** plane curve
~ **przestrzenna** space curve
~ **spodkowa** pedal curve
~ **sznurowa** *mech.* funicular curve
~ **zamknięta** closed curve
krzywak *m* **rurowy** pipe bend
krzywić *v* **się** warp
krzywik *m rys.* French curve, drawing curve
krzywizna *f geom.* curvature
krzywka *f masz.* cam
krzywoliniowy *a* curvilinear
krzywomierz *m* curvometer, rotameter
krzyż *m* **maltański** *mech.* Maltese cross, Geneva wheel
~ **nitek** *opt.* cross-hairs
krzyżak *m* **1.** *masz.* cross, star-piece **2.** *wiertn.* X-bit
krzyżownica *f kol.* frog
krzyżowy *a* (*w kształcie krzyża*) cruciform
krzyżulec *m* **1.** cross-brace (*of truss*) **2.** *siln.* crosshead
ksenon *m chem.* xenon, Xe
kserograf *m* xerographic printer
kserografia *f* xerography
książka *f* book
księżyc *m* satellite; moon
księżycowy *a* lunar
ksylen *m chem.* xylene
ksylit *m petr.* xyloid coal, wood coal
ksyloza *f chem.* xylose, wood sugar
kształt *m* shape, form
~ **opływowy** streamline shape
kształtka *f* **rurowa** pipe fitting
kształtowanie *n* forming, shaping
kształtownik *m obr.plast.* section, shape
kubatura *f* cubage, cubature, cubic capacity
kubeł *m* bucket; pail; scoop
~ **dennozsypny** bottom-dump bucket
~ **wywracalny** tilting bucket, tipping bucket
kucie *n obr.plast.* forging
~ **matrycowe** die forging, drop forging; stamping
~ **na kuźniarkach** machine forging, upsetter forging
~ **na młotach** hammer forging
~ **na prasach** press forging
~ **ręczne** hand-forging
~ **swobodne** smith forging, flat die forging
~ **w foremnikach** swaging
~ **wstępne** blocking, preparing
kuć *v obr.plast.* forge
kujny *a* forgeable
kula *f* **1.** *geom.* sphere **2.** ball; globe **3.** *wojsk.* shot

~ **ziemska** terrestrial globe
kuleczka *f* globule, nodule
kuleczkowanie *n obr.plast.* shot peening
kulisa *f masz.* slotted lever
kulisty *a* spherical, globular, ball-shaped
kulka *f* globule, nodule
kulkowy *a* globular, nodular
kulminacja *f astr.* culmination, transit
kulomb *m jedn.* coulomb: 1 C = 1 A · 1s
kulometr *m el.* coulometer, voltameter
kulometria *f chem.* coulometry
kuloodporny *a* bullet-proof
kultura *f* **wodna** *roln.* aquaculture, aquiculture, hydroponics
kultywator *m roln.* cultivator
kumulacyjny *a* cumulative
kupelacja *f met.* cupellation
kupno *n* purchase
kupryt *m min.* cuprite, red copper ore
kurczatow *m chem.* element 104
kurczliwy *a* shrinkable
kurczyć *v* **się** shrink, contract
kurek *m* **1.** *masz.* cock; tap **2.** *wojsk.* cock; cocking piece
~ **czerpalny** bib-cock, bib-valve, faucet, spigot
~ **spustowy** drain cock, emptying cock; *kotł.* blow-off cock
kurs *m* **1.** *nawig.* course **2.** *ek.* rate (*of exchange*) **3.** course (*of lectures*)
kursograf *m nawig.* course recorder
kursor *m inf.* cursor
kursywa *f poligr.* italics
kurz *m* dust
kurzawka *f geol.* quicksand, running sand, sandwater
kuter *m* **1.** *okr.* cutter **2.** *spoż.* cutter
kuty *a* forged
kuweta *f fot.* developing disk, developing tray
kuźnia *f* forge, forging shop; smithy
kuźniarka *f obr.plast.* horizontal forging machine, upsetting machine
kuźnictwo *n obr.plast.* forging
kwadra *f* (*księżyca*) *astr.* quarter
kwadrant *m* **1.** *mat.* quadrant **2.** *masz.* quadrant
kwadrat *m* **1.** *geom.* square **2.** *mat.* second power **3.** *poligr.* canon (*size of type*)
kwadratowy *a* **1.** square **2.** quadratic
kwadratura *f* **1.** *mat.* quadrature **2.** *el.* quadrature
~ **koła** squaring the circle
kwadrofonia *f* four-channel stereo sound system
kwadryka *f geom.* quadric (surface)
kwalifikacje *pl* **zawodowe** professional qualifications
kwant *m fiz.* quantum
~ **czasu** (*w systemach operacyjnych*) *inf.* time slice
~ **działania** elementary quantum, Planck constant
~ **energii** energy quantum
~ **światła** light quantum, photon
kwantowanie *n fiz.* quantization
kwantyfikator *m* quantifier
kwarc *m min.* quartz
kwarcyt *m min.* quartzite
kwark *m fiz.* quark
kwas *m chem.* acid
~ **azotowy** nitric acid
~ **beztlenowy** hydracid, binary acid
~ **dezoksyrybonukleinowy** *biochem.* deoxyribonucleic acid, DNA
~ **fosforowy** phosphoric acid
~ **garbnikowy** tannin, tannic acid
~ **karboksylowy** carboxylic acid
~ **mineralny** mineral acid
~ **mocny** strong acid
~ **octowy** acetic acid, ethanoic acid
~ **pruski** prussic acid, hydrocyanic acid
~ **rozcieńczony** dilute acid
~ **rybonukleinowy** *biochem.* ribonucleic acid, RNA
~ **siarkawy** sulfurous acid
~ **siarkowy** sulfuric acid
~ ~ **dymiący** oleum, fuming sulfuric acid, Nordhausen (sulfuric) acid
~ **słaby** weak acid
~ **solny** hydrochloric acid, muriatic acid
~ **stężony** concentrated acid
~ **tlenowy** oxy-acid
~ **tłuszczowy** fatty acid
~ **węglowy** carbonic acid
kwasić *v* **1.** *chem.* acidify **2.** *spoż.* sour
kwasomierz *m chem.* acidimeter
kwasoodporny *a* acid-proof, acid-resisting
kwasotwórczy *a chem.* acid-forming
kwasowość *f chem.* acidity
kwasowy *a chem.* acidic
kwaśnieć *v* acidify; become sour
kwaśny *a* **1.** acid **2.** sour
kwaśny siarczan *m chem.* bisulfate, acid sulfate, hydrogen sulfate
kwaśny węglan *m chem.* bicarbonate, hydrogen carbonate, acid carbonate
kwazar *m astr.* quasar, quasi-star, quasi-stellar object
kwerenda *f inf.* query
kwestionariusz *m* questionary
kwintal *m jedn.* quintal: 1 q = 100 kg
kwit *m* receipt
kwota *f* amount; quota

L

laborant *m* laboratory assistant
laboratorium *n* laboratory
~ **naukowo-badawcze** research laboratory
lać *v* pour
lada *f* **chłodnicza** refrigerated counter
lagrangian *m mech.* Lagrangian (function)
lak *m* **1.** sealing wax **2.** *farb.* lake
lakier *m* lacquer; varnish
~ **asfaltowy** bituminous lacquer, black varnish
~ **bezbarwny** varnish, transparent lacquer
~ **piecowy** stoving lacquer, baking varnish
~ **samochodowy** automotive lacquer
~ **wlewnicowy** *hutn.* ingot mould dressing
lakiernia *f* paint shop
lakiernictwo *n* varnish manufacture
lakierować *v* lacquer, varnish
lakmus *m chem.* litmus, lacmus, lichen blue
laktometr *m spoż.* lactometer
lalka *f el.* dolly (*of a dry cell*)
lambert *m jedn.* lambert: 1 L = 0.3183 sb
laminarny *a* laminar
laminat *m* laminate
laminowanie *n* laminating, lamination
lampa *f* lamp; light
~ **acetylenowa** acetylene lamp
~ **analizująca** *TV* pick-up tube, camera tube
~ **bakteriobójcza** sterilamp
~ **bezpieczeństwa** *górn.* Davy's safety lamp
~ **błyskowa** *fot.* flash-lamp
~ **ciemniowa** *fot.* dark-room lamp; safelight
~ **elektronopromieniowa** cathode-ray tube
~ **elektronowa** electron valve, electron tube
~ ~ **licząca** counter tube, counting tube
~ **fluorescencyjna** fluorescent lamp
~ **fotoelektronowa** phototube, photoelectric tube
~ **górnicza** miner's lamp
~ **jajczarska** *spoż.* eggtester
~ **jarzeniowa** gas-discharge tube
~ **karbidowa** acetylene lamp
~ **kwarcowa** quartz lamp, ultraviolet lamp
~ **lutownicza** blow lamp, brazing lamp, blow torch
~ **łukowa** arc lamp
~ **nahełmna** *górn.* cap lamp
~ **neonowa** neon discharge tube, neon lamp
~ **obrazowa** *TV* picture tube, image tube, kinescope
~ **pamięciowa** *elektron.* storage tube
~ **prostownicza** rectifying tube
~ **rentgenowska** X-ray tube
~ **stop** *mot.* stop lamp, stop light
~ **wskaźnikowa benzynowa** *górn.* Davy's safety lamp
lampownia *f górn.* lamp room
lanca *f* **tlenowa** *spaw.* oxygen lance
lanolina *f* lanolin, wool fat
lantan *m chem.* lanthanum, La
lantanowce *mpl chem.* lanthanide elements, lanthanide series, lanthanides, rare-earth elements
lany *a odl.* cast
laplasjan *m mat.* Laplace operator, laplacian
lapowanie *n obr.skraw.* lapping
lapownica *f obr.skraw.* lapper, lapping machine
laser *m fiz.* laser
laserowanie *n* lasing
lasować *v* (*wapno*) slake, slacken
lastryko *n bud.* terrazzo
latać *v* fly
latający talerz *m* flying saucer
latarka *f* **elektryczna** electric torch
latarnia *f* lantern; *nawig.* beacon
~ **kierunkowa** *nawig.* directional beacon
~ **morska** lighthouse
~ **uliczna** street lantern
lateks *m gum.* latex
lawina *f* avalanche
~ **elektronów** *fiz.* electron avalanche
lazurowanie *n szkl.* staining
ląd *m* land
lądolód *m geol.* continental glacier
lądotwórczość *f geol.* epirogeny
lądowanie *n lotn.* landing
~ **awaryjne** crash landing
~ **miękkie** *kosm.* soft landing
~ **przymusowe** emergency landing, forced landing
~ **twarde** *kosm.* hard landing
~ **według przyrządów** instrument landing
~ **ze schowanym podwoziem** wheels-up landing, belly landing
lądownik *m kosm.* lander
leczenie *n med.* treatment, therapy
~ **promieniowaniem** radiotherapy, radiation therapy

legalizacja *f* **narzędzia pomiarowego** verification of measuring instrument
legalizować *v* legalize, attest; *metrol.* verify
legalny *a* legal
legar *m* ground beam, sleeper
~ **podłogowy** joist
legenda *f rys.* legend
leizna *f* **kamienna** cast rock, rock casting
lej *m* funnel
~ **samowyładowczy** hopper
~ **wirowy** *hydr.* whirlpool
~ **zasypowy** dumping hopper
lejek *m* funnel
lejność *f odl.* castability, running quality, fluidity
lek *m* medicine, drug
lekki *a* lightweight, light
lekkiej konstrukcji lightweight
lekko zabarwiony tinged
lektor *m* **1.** reading apparatus, optical reader **2.** reader (*at a university*)
lemiesz *m* **pługa** *roln.* share
~ **spycharki** bulldozer blade
len *m bot.* flax
leniwka *f geod.* tangent screw
lepiszcze *n* binder, binding agent
lepki *a* **1.** viscid, viscous **2.** sticky, adhesive, tacky
lepkosprężystość *f* viscoelasticity
lepkościomierz *m* viscometer, viscosimeter
lepkość *f* viscosity
~ **oleju** oil body
lepton *m fiz.* lepton
~ μ lepton μ , muon
less *m petr.* loess
leśnictwo *n* forestry
letarg *m nukl.* lethargy (*of neutrons*)
lewa burta *f okr.* port side
lewa strona *f* left(-hand) side; *lotn.* port (side) (*of an aircraft*)
lewar *m* **1.** *hydr.* siphon **2.** (lifting) jack, hoist
leworęczny *a* left-handed
lewoskrętność *f opt.* laevorotation
lewoskrętny *a* **1.** *opt.* laevorotatory, laevogyrous 2. *bot.* sinistrorse, sinistrorsal
lewostronny *a* left-sided
lewy *a* left(-hand)
leżakowanie *n ferm.* seasoning, cellar treatment
leżanka *f* **monterska** *mot.* fitter's couch, cradle
leżący w jednej płaszczyźnie *geom.* uniplanar, coplanar
leżący w płaszczyźnie *geom.* planar
libella *f metrol.* level
lica *f el.* litz wire
licencja *f ek.* licence
licencjobiorca *m ek.* licensee
licencjodawca *m ek.* licensor
lichtuga *f okr.* lighter, coasting barge
lico *n* face; front; *skór.* grain
~ **muru** *bud.* wall face
~ **spoiny** *spaw.* face of weld
licować *v bud.* face
~ **płytkami** *bud.* tile
licówka *f* face brick; face tile
licytacja *f ek.* auction
licytant *m ek.* bidder
liczba *f* number, numeral
~ **algebraiczna** algebraic number
~ **atomowa** atomic number
~ **Avogadry** *chem.* Avogadro's number, Avogadro's constant
~ **binarna** binary number
~ **całkowita** *mat.* integer, integral number
~ **cetanowa** *paliw.* cetane number
~ **dodatnia** positive number
~ **doskonała** *mat.* perfect number
~ **dwójkowa** binary number
~ **dziesiętna** decimal, decimal number
~ ~ **kodowana dwójkowo** *inf.* binary-coded decimal
~ **e** *mat.* Napierian base
~ **falowa** *fiz.* wave number
~ **Faradaya** *el.* faraday, Faraday's constant
~ **izotopowa** isotopic number, difference number
~ **kardynalna** *mat.* cardinal number, power of a set
~ **kwantowa** *fiz.* quantum number
~ **kwasowa** *chem.* acid number, acid value
~ **Macha** *aero.* Mach number
~ **mianowana** *mat.* denominate number
~ **mieszana** *mat.* mixed number
~ **modelowa** *inf.* model number
~ **naturalna** *mat.* natural number
~ **nieparzysta** *mat.* odd number
~ **niewymierna** *mat.* irrational number
~ **obrotów** *masz.* number of revolutions
~ ~ **silnika** engine speed
~ **oderwana** *mat.* abstract number, absolute number
~ **oktanowa** *paliw.* octane number
~ **parzysta** *mat.* even number
~ **pierwsza** *mat.* prime, prime number
~ **Ply Rating** *mot.* Ply Rating, P.R.
~ **podobieństwa** *mech.* similarity number, criterion of similarity
~ **porządkowa** *mat.* ordinal, ordinal number
~ ~ **(pierwiastka)** atomic number
~ **potęgowana** *mat.* base of a power

~ **poza zakresem** *inf.* overflow number
~ **przestępna** *mat.* transcendental number
~ **przyporu** (*w przekładni zębatej*) *masz.* tooth contact ratio, engagement factor
~ **Reynoldsa** *mech.pł.* Reynolds number
~ **Rogi** *zob.* **liczba spiekania**
~ **rzeczywista** *mat.* real number
~ **spiekania** *chem.* Roga index
~ **sprzężona** *mat.* conjugate number
~ **stopni swobody** (*układu*) *fiz.* variance
~ **tętnieniowa** *el.* pulse number
~ **ujemna** negative number
~ **urojona** *mat.* imaginary number
~ **utlenienia** oxidation number
~ **wartościowości** *chem.* valence number
~ **wielocyfrowa** multiplace number
~ **wymiarowa** *rys.* dimension figure
~ **wymierna** *mat.* rational number
~ **zaokrąglona** *mat.* round-off number
~ **zespolona** *mat.* complex number
~ **ziarnistości** (*dla ciał sypkich*) grain number
~ **złota** *chem.* gold number
~ **złożona** *mat.* composite number
~ **znamienna** *mech.* similarity number, criterion of similarity
liczbowy *a* numerical
liczby *fpl* **losowe** *mat.* random numbers
~ **magiczne** *nukl.* magic numbers
~ **normalne** preferred numbers (*in standardization*)
liczenie *n* counting; computing; calculating
licznik *m* counter; meter; *inf.* totalizer
~ **abonencki** *telef.* subscriber's meter
~ **dekadowy** *elektron.* decade counter, decade scaler, scale-of-ten circuit
~ **elektryczny** electricity meter
~ **gazu** gas-meter
~ **Geigera-Müllera** Geiger-Müller counter
~ **kroków** (*programu*) *inf.* step counter
~ **modulo N** *inf.* modulo-N counter
~ **następnikowy** (*zliczający „w przód"*) *inf.* countup counter
~ **obrotów** tachometer, revolution counter, rev-counter
~ **parkingowy** parking meter
~ **poprzednikowy** (*zliczający „w tył"*) *inf.* countdown counter
~ **promieniowania** *nukl.* radiation counter
~ **rozkazów** *inf.* instruction counter
~ **samoinkasujący** *el.* prepayment meter, slot meter
~ **scyntylacyjny** *nukl.* scintillation counter, scintillometer
~ **taksówkowy** taximeter, fare register
~ **ułamka** *mat.* numerator
~ **zdjęć** *fot.* frame counter
liczność *f* **partii** (*wyrobów*) *skj* batch quantity, lot size
~ **próbki** *statyst.* sample
liczyć *v* calculate; compute; count
liczydło *n* counter
lidar *m opt.* lidar (= *laser infrared radar*)
ligand *m chem.* ligand
lignina *f* **1.** *chem.* lignin **2.** (*wata celulozowa*) cellucotton.
lignit *m petr.* lignite, wood coal
lignoston *m* compressed wood, densified wood
likwacja *f met.* liquation
likwidacja *f* disposal; removal
likwidus *m fiz.* liquidus (curve), freezing-point curve
limbus *m geod.* limb
limit *m ek.* limit
limitować *v* limit, set a limit
limitowany *a ek.* limited
limonit *m min.* limonite, brown iron ore
lina *f* rope; cable; hawser
~ **bez końca** closed rope, endless rope
~ **cumownicza** mooring line
~ **holownicza** tow line, towing rope
~ **jednozwita** twisted line
~ **kotwiczna** anchor line
~ **lewozwita** left-lay rope, left-handed rope, backhanded rope
~ **nośna** carrier cable, carrying rope
~ ~ **dźwigu** hoisting cable, lifting rope
~ ~ **kolei linowej** carrying rope, track rope, ropeway
~ ~ **sieci trakcyjnej** catenary (wire)
~ **odciągowa** stay rope, guy-rope
~ **prawozwita** right-lay rope, right-handed rope, plain-laid rope
~ **przeciwzwita** ordinary-lay rope, regular-lay rope
~ **trójzwita** cable-laid rope
~ **współzwita** long-lay rope
~ **zamknięta** closed rope, endless rope
linearny *a mat.* linear, lineal
linia *f* line
~ **atomowa** *fiz.* atom line, arc line
~ **automatyczna obrabiarek zespołowych** transfer (machining) line
~ **celowa** *geod.* sight-line
~ **ciągła** *rys.* full line
~ **cienka** *rys.* light line
~ **do rysowania** *rys.* ruler
~ **działania siły** *mech.* line of force
~ **dźwięku** *aero.* sonic line
~ **elektroenergetyczna** *el.* power line
~ **falowa** *fiz.* wave line
~ **geodezyjna** geodesic (line)

~ **gruba** *rys.* heavy line
~ **kolejowa** railway line
~ **komunikacyjna** communication line
~ **kreskowa** *rys.* dashed line
~ **krytyczna** deadline
~ **łamana** *mat.* open polygon, broken line
~ **łańcuchowa** *mat.* catenary
~ **montażowa** assembly line
~ **napowietrzna** overhead line
~ **obrabiarkowa** machine production line
~ **obrysu** *rys.* contour line
~ **odniesienia** reference line; datum line
~ **pionowa** vertical (line), perpendicular
~ **pod napięciem** *el.* live line, energized line
~ **podstawowa** (*wykresu*) base line, zero line
~ **podwójna** *rys.* double line
~ **poprzeczna** *geom.* transversal (line)
~ **pozioma** horizontal (line)
~ **prądu** *mech.pł.* streamline
~ **produkcyjna** production line
~ **prosta** *geom.* straight line; *rys.* ruled line
~ **prostopadła** *geom.* perpendicular
~ **przerywana** *rys.* broken line
~ **przesyłowa** *el.* transmission line
~ **przyporu** (*w przekładni zębatej*) *masz.* contact line, engagement line, line of action
~ **punktowa** *rys.* dotted line
~ **radiowa** radio link
~ **sił** *mech.* line of force
~ **środkowa** centre line
~ **śrubowa** *geom.* helix (*pl* helices *or* helixes)
~ **technologiczna** processing line
~ **tramwajowa** tramway
~ **tworząca** *mat.* generating line
~ **ukośna** *geom.* skew line
~ **walcarek** *hutn.* train of roll stands, roll line
~ **wału** *masz.* shafting
~ **widmowa** *fiz.* spectral line
~ **wirowa** *hydr.* vortex line
~ **wodna** **1.** *kotł.* waterline **2.** *okr.* waterline
~ **zarysu** *rys.* contour line
~ **zazębienia** (*w przekładni zębatej*) *masz.* contact line, engagement line, line of action
~ **zelektryfikowana** electrified line
~ **zerowa** (*wykresu*) base line, zero line
~ **zęba** (*koła zębatego*) flank pitch line
~ **zmiany daty** calendar line, date line
~ **zorientowana** *mat.* directed line
liniał *m* **mierniczy** *metrol.* straight-edge, rule
~ **sinusowy** sine bar
linie *fpl* **Macha** *aero.* Mach lines
~ **ostatnie** (*pierwiastka w widmie*) *chem.* ultimate lines, persistent lines
~ **płynięcia** *met.* flow lines, Lüders' lines, Hartmann lines
linijka *f* **z podziałką** *rys.* scale
liniować *v rys.* rule
liniowiec *m okr.* liner
liniowość *f mat.* linearity
liniowy *a* linear; lineal
linka *f* cable; cord
linotyp *m poligr.* linotype
linters *m włók.* linters
liofilizacja *f chłodn.* lyophilization, freeze-drying
lisica *f drewn.* fret-saw, compass saw
list *m* letter; bill; note
~ **dworcowy** railway letter
~ **gwarancyjny** letter of indemnity, letter of guarantee
~ **polecający** letter of recommendation
~ **polecony** registered letter
~ **potwierdzający** letter of acknowledgement
~ **przewodni** accompanying letter
~ **przewozowy** waybill; *US* bill of lading
~ **załączony** enclosed letter
lista *f* list; *inf.* report
~ **dwukierunkowa** *inf.* list with two-way pointers
~ **jednokierunkowa** *inf.* list with one-way pointers
~ **kodu** *inf.* code set
~ **oczekujących** waiting list
~ **pasażerów** passenger list
~ **płacy** *ek.* payroll
~ **rozkazów** *inf.* instruction set
listek *m el.* lobe
listewka *f* slip; strip
listowanie *n* **programu** *inf.* program listing
listownie *adv* by letter
listwa *f drewn.* batten, lath
~ **kierunkowa** (*przy tynkowaniu*) *bud.* screed
~ **mrozowa** *drewn.* frost-rib
~ **odbojowa** *okr.* guard rail
~ **prowadząca** *obr.skraw.* work-rest blade
~ **przyścienna** *bud.* washboard, skirting board
~ **ślizgowa** *kol.el.* pantograph pan
liść *m bot.* leaf
lit *m chem.* lithium, Li
litera *f* letter
literał *m inf.* literal
literatura *f* **fachowa** professional literature
~ **fantastyczno-naukowa** science fiction literature

~ **naukowa** scientific literature
~ **popularnonaukowa** popular science literature
liternictwo *n* lettering
literowo-cyfrowy *a* alpha(nu)meric
literowy *a* literal
literówka *f* (*błąd drukarski*) *poligr.* literal
litografia *f poligr.* lithography
litosfera *f geol.* lithosphere, crust of the Earth
litowce *mpl chem.* alkali metals
litr *m jedn.* litre: 1 l = 1 dm^3
litraż *m* litre capacity
litroatmosfera *f jedn.* litre-atmosphere (= 101.325 J)
lity *a* solid; monolithic
locja *f* (*książka*) *żegl.* coast pilot, sailing directions
lodołam *m inż.* ice-apron, ice-breaker
lodołamacz *m okr.* ice-breaker
lodowanie *n chłodn.* icing
lodowaty *a* icy, ice-cold
lodowcowy *a geol.* glacial
lodowiec *m geol.* glacier
lodownik *m chłodn.* ice generator
lodowy *a* icy, glacial
lodówka *f* **1.** ice box, ice refrigerator **2.** household refrigerator, domestic refrigerator
log *m żegl.* log, distance recorder
logarytm *m mat.* logarithm
~ **Briggsa** *zob.* **logarytm dziesiętny**
~ **dziesiętny** *mat.* common logarithm, Brigg's logarithm
~ **naturalny** Napierian logarithm, natural logarithm
logarytmiczny *a* logarithmic
logarytmowanie *n* finding the logarithm
loggia *f arch.* loggia
logika *f* logic
~ **formalna** mathematical logic, logistics
~ **klasyczna** two-valued logic, classic logic
logometr *m el.* ratio meter, quotient meter
lokacja *f* location, position finding
lokal *m* premises
~ **biurowy** business premises
~ **mieszkalny** dwelling
~ **publiczny** public place
~ **sklepowy** shop premises
lokalizacja *f* location, localization, siting
~ **uszkodzeń** fault location
lokalizować *v* localize, locate
lokalny *a* local
lokata *f* **kapitału** *ek.* investment of capital
lokator *m* **laserowy** *opt.* colidar, ladar, laser radar
lokomotywa *f* locomotive, (railway) engine
~ **dwuczłonowa** twin-unit locomotive
~ **elektryczna** electric locomotive
~ **manewrowa** shunting locomotive, switching locomotive, shunter
~ **parowa** steam locomotive
~ **spalinowa** diesel locomotive
~ **spalinowo-elektryczna** diesel-electric locomotive
loksodroma *f nawig.* loxodrome, rhumb-line
lont *m* fuse, match
~ **górniczy** reed
~ **prochowy** blasting fuse, safety fuse
~ **wybuchowy** detonating fuse
~ **zapalający** igniting fuse
lora *f kol.* platform car
loran *m nawig.* loran (= *long-range navigation*)
lorens *m chem.* lawrencium, Lw
lornetka *f* binocular
~ **polowa** field-glasses
losowanie *n mat.* sampling
losowość *f statyst.* randomness, chance variation
losowy *a* random
lot *m* flight
~ **beznapędowy** (*pocisku*) coasting flight
~ **bezzałogowy** unmanned flight
~ **czarterowy** charter flight
~ **holowany** (*szybowca*) aero-tow
~ **holujący** towing flight
~ **kontrolny** check flight
~ **kosmiczny** space flight
~ **międzyplanetarny** interplanetary flight
~ **na uwięzi** captive flight
~ **nurkowy** dive, diving
~ **po orbicie wokółziemskiej** orbiting the earth
~ **próbny odbiorczy** acceptance flight
~ **rozkładowy** scheduled flight
~ **ślizgowy** glide
~ **w szyku** formation flight
~ **według przyrządów** instrument flight
~ **wiszący** hovering
~ **załogowy** manned flight
lotnia *f lotn.* paraglider, hang-glider
lotnictwo *n* aviation, aeronautics
~ **cywilne** civil aviation
~ **rolnicze** agricultural aviation
~ **wojskowe** air force
lotnik *m* airman
lotnisko *n* aerodrome; airfield
lotniskowiec *m okr.* aircraft carrier
lotność *f fiz.* volatility, fugacity
lotny *a* volatile
lód *m* ice
~ **stały** *ocean.* fast-ice

lśniący *a* glossy
LUB wykluczające *inf.* EXCLUSIVE OR
lufa *f wojsk.* barrel; tube
lugier *m okr.* lugger, drifter, drift netter
lugrotrawler *m okr.* trawler-drifter
luk *m okr.* hatch(way)
~ **ładowni** cargo hatch
~ **maszynowy** engine hatch
luka *f* **1.** void; gap **2.** *kryst.* lattice defect, vacancy
luks *m jedn.* lux, metre-candle, lx
luksfer *m bud.* luxfer tile
luksomierz *m opt.* foot-candle meter, luxmeter, illumination meter
luksosekunda *f jedn.* lux second
lumen *m jedn.* lumen, lm
lumenosekunda *f jedn.* lumen-second
luminancja *f opt.* luminance, brilliance
~ **energetyczna** *fiz.* radiance, steradiancy
luminescencja *f fiz.* luminescence
luminofor *m* luminophor(e), luminescent material, phosphor
lunacja *f astr.* synodic month, lunar month, lunation
luneta *f opt.* telescope
lunonauta *m* selenonaut
lupa *f opt.* magnifying glass, magnifier
lusterko *n* **wsteczne** *mot., lotn.* rear-view mirror
lustro *n* mirror
lustrzanka *f fot.* reflex camera
lut *m* solder
~ **miękki** soft solder
~ **twardy** brazing solder, hard solder, spelter solder
lutet *m chem.* lutetium, Lu
lutnia *f* **wentylacyjna** *górn.* air duct, ventilation pipe
lutospawanie *n* braze welding
lutować *v* solder
lutowanie *n* soldering
~ **miękkie** soft soldering
~ **twarde** brazing, hard soldering
lutowie *n* solder
lutowina *f* soldered joint
~ **twarda** braze
lutownica *f* soldering iron, soldering tool
~ **pistoletowa** soldering gun
luz *m masz.* clearance, backlash; play
~ **kierownicy** *mot.* steering play
~ **obwodowy** backlash, pitch play (*in toothed gear*)
~ **osiowy** *masz.* axial clearance, axial play, end play
~ **poprzeczny** radial clearance
~ **ujemny** *masz.* interference, negative allowance
~ **wierzchołkowy** tip clearance (*in toothed gear*)
~ **wzdłużny** *zob.* **luz osiowy**
~ **zaworowy** *siln.* tappet clearance, valve clearance
luzem *adv transp.* in bulk
luzować *v* loosen; slacken
~ **linę** pay out a rope
luźny *a* loose; slack

Ł

ładowacz *m* loader (*worker*)
~ **wozów** *górn.* car filler
ładować *v* load; charge
ładowanie *n* loading; charging
~ **akumulatora** *el.* charging a battery
~ **broni** gun loading
~ **danych** (*do pamięci wewnętrznej*) *inf.* loading
~ **do samolotu** emplaning
~ **luzem** *transp.* loading in bulk
~ **mechaniczne** power loading
~ **na statek** embarkation
~ **paliwa** *żegl.* bunkering
~ **pieca** *hutn.* furnace charging
~ **ponowne** reloading, recharging
ładowarka *f masz.* loader; loading machine
~ **łopatowa** shovel loader
~ **mechaniczna** power loader
ładownia *f okr.* hold
~ **akumulatorów** *el.* charging room
~ **chłodzona** refrigerated hold
ładownica *f el.* regulator switch (*for battery charging*)
ładownik *m wojsk.* charger clip, cartridge clip, cartridge holder
ładowność *f* load capacity, carrying capacity
ładunek *m* **1.** load **2.** charge **3.** *transp.* cargo; freight
~ **dodatni** *el.* positive charge
~ **drobnicowy** general cargo, break-bulk cargo
~ **elektronu** electron charge
~ **elektrostatyczny** static charge
~ **elektryczny** electric charge

~ **elementarny** *fiz.* elementary charge
~ **jądra atomowego** nuclear charge
~ **jednostkowy** unit load
~ **kontenerowy** container load
~ **luzem** *zob.* **ładunek masowy**
~ **łatwopalny** inflammable cargo
~ **masowy** *żegl.* bulk cargo
~ **miotający** *wojsk.* propellant charge
~ **nadmierny** overcharge
~ **powierzchniowy** *el.* surface charge
~ **prochowy** powder charge
~ **przestrzenny 1.** *żegl.* light cargo, measurement cargo **2.** *el.* space charge
~ **samochodowy** truckload
~ **toczny** *transp.* roll-on/roll-off cargo
~ **ujemny** *el.* negative charge
~ **właściwy cząstki** fiz. charge-mass ratio, specific charge
~ **wybuchowy** blowing charge
~ **zapłonowy** *wybuch.* igniting primer
łagodzić *v* attenuate; mitigate
~ **wstrząsy** cushion shocks, absorb shocks
łamacz *m* **1.** *masz.* breaker; crusher **2.** *poligr.* clicker, maker-up
~ **fal** *inż.* wave breaker
~ **szczękowy** jaw breaker
łamać *v* **1.** break, fracture **2.** *poligr.* make up (*pages*)
łamana *f geom.* broken line
łamliwość *f* brittleness, fragility
łamliwy *a* breakable, brittle, fragile
łańcuch *m* chain
~ **boczny** *chem.* side chain, lateral chain, branch
~ **cumowniczy** *żegl.* mooring chain
~ **drabinkowy** pitch chain, sprocket chain
~ **gąsienicowy** caterpillar chain, crawler chain
~ **główny** *chem.* main chain, backbone chain, trunk chain
~ **kinematyczny** *mech.* kinematic chain
~ **kinetyczny** *zob.* **łańcuch reakcji**
~ **kotwiczny** *okr.* anchor cable, anchor chain, chain cable
~ **napędowy** *masz.* driving chain, power chain
~ **normalny** *zob.* **łańcuch prosty**
~ **pierścieniowy** coil chain, plain link chain
~ **płytkowy** plate link chain
~ **prosty** *chem.* normal chain, linear chain, straight chain
~ **przeciwślizgowy** *mot.* tyre chain, non-skid chain
~ **reakcji** *chem.* chain of reactions
~ **rozgałęziony** *chem.* branched chain
~ **rozpadu promieniotwórczego** *fiz.* radioactive decay chain
~ **(sworzniowy) tulejkowy** roller chain
~ **węglowy** *chem.* carbon chain
~ **zębaty** toothed chain
łańcuchowa *f mat.* catenary
łańcuchowy *a* **1.** *mat.* catenary **2.** *mech.* chain **3.** *chem.* aliphatic, acyclic
łapa *f masz.* lug; arm
~ **laboratoryjna** clamp
łapacz *m masz.* catcher
łata *f* **1.** patch **2.** *drewn.* latch, batten
~ **miernicza** *geod.* measuring staff, measuring rod
~ **murarska** *bud.* traversing rule
łatać *v* patch
łatwo dostępny 1. easily accessible **2.** readily available
łatwo psujący się perishable
łatwo rozpuszczalny readily soluble, freely soluble
łatwopalny *a* inflammable, flammable
łatwość *f* facility, ease
~ **konserwacji** maintainability
~ **obsługi** servicing facility; operating comfort
łatwotopliwy *a* fusible
łatwy w obsłudze easy-to-operate
ława *f* **1.** bench **2.** *hutn.* guide plate, fore plate (*of a rolling stand*)
~ **fundamentowa** *bud.* continuous footing; combined footing
~ **optyczna** optical bench
~ **ziemna** *inż.* berm, bench
ławica *f geol.* bank, shoal
~ **piaszczysta** sandbank
~ **ryb** fish shoal, swarm
łazik *m mot.* jeep
łaźnia *f* bath
łącze *n tel.* link; connection
~ **abonenckie** *telef.* exchange line, subscriber's line
~ **międzymiastowe** *telef.* trunk circuit, trunk line, long-distance line
~ **radiowe** radio link
~ **selsynowe** *aut.* selsyn system, synchro-tie, synchro-system
~ **służbowe** *telef.* order wire, service circuit
~ **telefoniczne** *tel.* two-way channel
łączenie *n* joining; connecting; linking; bonding; *el.* switching, *zob. też* **łączyć**
~ **na orbicie** (*statków kosmicznych lub ich członów*) docking
~ **przedsiębiorstw** *ek.* merger, fusion
~ **się atomów** *chem.* binding of atoms
~ **w bloki** *inf.* blocking
~ **warstw** plying up
łączna wartość *f* total value, aggregate value
łącznica *f* **1.** *telef.* switchboard, board **2.** *kol.* (railway) siding

łącznik *m* **1.** connector; connecting link **2.** fastener **3.** coupler, coupling **4.** *el.* switch
~ **cięgnowy** *masz.* wrapping-connector, band
~ **dotykowy** *el.* touch switch
~ **gumowy** *masz.* silentblock
~ **gwintowy** threaded fastener
~ **migowy** *el.* snap switch, quick-make switch
~ **miniaturowy** *el.* micro-switch, switchette
~ **pokrętny** *el.* rotary switch
~ **przyciskowy** *el.* button switch, push-button
~ **rurowy** pipe fitting, pipe connection
~ **szynowy** *el.* rail bond
~ **śrubowy** screw fastener, screw-and-nut
~ **wtykowy** *el.* plug-in connector, plug-and-socket
~ **wybiorczy** *el.* selector
łączność *f* communication
~ **radiowa** radio-communication
~ **satelitarna** satellite communication
łączówka *f el.* connecting block, terminal block, junction block
łączyć *v* join; connect; link; bond; couple
~ **części składowe** (*w zespoły*) compound; combine
~ **gwoździami** nail together
~ **końce liny** splice the rope ends
~ **na czopy** *drewn.* tenon, mortise
~ **na pióro i wpust** *drewn.* tongue
~ **na styk** butt
~ **na zakładkę** lap
~ **parami** pair
~ **przegubowo** articulate
~ **skurczowo** shrink on
~ **śrubami** bolt, screw together
~ **w całość** integrate; unite; unitize
~ **wzajemnie** interconnect
~ **z masą** *el.* connect to frame
łeb *m masz.* head
~ **korbowy korbowodu** big-end of connecting-rod
~ **nitu** rivet head
~ **śruby** bolt head
~ **tłokowy korbowodu** small-end of connecting-rod
łęk *m* **1.** *geol.* syncline, trough **2.** *bud.* arch **3.** *masz.* slotted lever
łom *m* crowbar; jemmy
łopata *f* spade, shovel
~ **mechaniczna** *bud.* shovelling machine
~ **śmigła** *aero.* airscrew blade, propeller blade
łopatka *f* **1.** *masz.* blade; vane **2.** *narz.* paddle; spatula
~ **kierownicza** stator blade; guide vane
~ **laboratoryjna** spatula
~ **odchylająca** deflecting vane
~ **wirnika** rotor blade
łopotanie *n aero.* flutter
łowić *v ryb.* catch; fish
łowisko *n ryb.* fishery, fishing ground
łoże *n masz.* bed; cradle
~ **działa** gun carriage, gun mount
~ **karabinu** rifle stock
~ **obrabiarki** bed of a machine tool
~ **silnikowe** *lotn.* engine mount, engine cradle
~ **testowe** *inf.* test bed
~ **tokarki** lathe bed
~ **wodowaniowe** *okr.* packing
łożysko *n* **1.** *masz.* bearing **2.** *hydr.* bed
~ **dzielone** split bearing, plummer-block
~ **igiełkowe** needle bearing
~ **kołnierzowe** collar bearing
~ **kulkowe** ball bearing
~ **niedzielone** bearing block; solid pedestal
~ **oporowe** *zob.* **łożysko wzdłużne**
~ **poprzeczne** radial bearing, journal bearing
~ **poprzeczno-wzdłużne** *zob.* **łożysko skośne**
~ **rzeki** *geol.* river-bed
~ **samonastawne** *zob.* **łożysko wahliwe**
~ **samosmarujące** self-lubricating bearing
~ **skośne** angular bearing, angle bearing, double-purpose bearing
~ **stojące** pedestal bearing
~ **stopowe** footstep bearing, step bearing
~ **stożkowe** cone bearing
~ **swobodne** floating bearing
~ **ślizgowe** slide bearing; plain bearing
~ **toczne** rolling bearing
~ **tulejowe** sleeve bearing
~ **wahliwe** self-aligning bearing
~ **wałeczkowe** roller bearing
~ **wzdłużne** thrust bearing, axial bearing
łódeczka *f* **do odważania** *lab.* weighing boat
~ **do spalań** *lab.* combustion boat
łódka *f* boat
~ **nabojowa** *wojsk.* cartridge holder, charger clip, cartridge clip
~ **ratunkowa nadmuchiwana** inflatable dinghy
łódź *f* boat
~ **latająca** *lotn.* flying boat
~ **modelowa** (*do badań hydrodynamicznych*) model boat
~ **motorowa** motor-boat
~ **niewywrotna** self-righting boat
~ **podwodna** submarine

~ **ratownicza** rescue boat, salvage boat
~ **ratunkowa** life-boat
~ **rybacka** fishing boat
~ **składana** folding boat, collapsible boat
~ **towarzysząca** tender
~ **wiosłowa** rowboat, rowing-boat
~ **żaglowa** sailboat
łój *m* tallow
łubek *m* fish-plate, fish-bar, splice bar, shin
~ **kątowy** angle fish-plate, angle splice bar
~ **płaski** shallow fish-plate
ług *m chem.* lye; liquor
~ **potasowy** potash lye
~ **sodowy** soda lye
~ **warzelny** boiling lye; *włók.* buck; *papiern.* digesting liquor
~ **żrący** caustic liquor, alkali lye
ługoodporny *a* lyeproof, alkali-resistant
ługowanie *n chem.* leaching; lixiviation; extraction
łuk *m* **1.** *geom.* arc **2.** *bud.* arch
~ **elektryczny** electric arc
~ **mały** *geom.* minor arc
~ **rurowy** pipe bend, long radius elbow
~ **spawalniczy** welding arc
~ **termoelektronowy** *el.* thermionic arc
~ **wielki** *geom.* major arc
łupać *v* cleave, split
łupanie *n* **kamieni klinami** *bud.* stoping
łuparka *f* **mechaniczna** *drewn.* wood splitting machine
łupek *m petr.* shale; slate; schist
~ **dachowy** roof slate
~ **ilasty** clump, clunch, mudstone
~ **kwarcytowy** quartz schist
~ **polerski** rotten-stone, tripoli
~ **węglowy** carbonaceous shale, bass
łupina *f* shell; hull; rind
~ **chwytaka** bucket shell
~ **cienkościenna** *bud.* thin shell
~ **izolacyjna** (*izolacji cieplnej*) insulating lag
łupkowy *a petr.* shaly
łupliwość *f petr.* cleavage
łupliwy *a* cleavable, fissile
łuska *f* **1.** scale; flake; shell; hull **2.** *hutn.* teeming arrest; teeming lap (*casting defect*)
~ **naboju** cartridge case
łuskać *v* shell; peel
łuskowaty *a* flaky; scaly
łuszczarka *f masz.* **1.** huller, hulling machine; sheller; peeler **2.** *drewn.* wood peeling machine, veneer slicer
~ **(do) prętów** *obr.skraw.* bar turning machine, bar turner
łuszczenie *n spoż.* hulling; decortication
~ **prętów** *obr.skraw.* bar turning
~ **się** scaling; spalling; flaking; exfoliation; peeling
łuszczka *f drewn.* veneer
łyszczyk *m min.* mica
łyżka *f* spoon
~ **czerpakowa** *odl.* pouring cup, socket cup
~ **do opon** tyre lever, tyre iron
~ **herbaciana** (*jednostka objętości*) teaspoonful
~ **koparki** (excavator) bucket, scoop
~ **odlewnicza** *odl.* shank ladle, hand shank
~ **stołowa** (*jednostka objętości*) tablespoonful
~ **wiertnicza** *wiertn.* bailer, sludger
łyżkować *v wiertn.* bail
łyżkowiny *pl wiertn.* bailings, sludge
łyżwa *f* **odbieraka prądu** *el.* collector pan
łza *f powł.* bead

M

macierz *f mat.* matrix
~ **diagonalna** diagonal matrix
~ **jednostkowa** identity matrix, unit matrix
~ **kwadratowa** square matrix
~ **nieosobliwa** nonsingular matrix
~ **osobliwa** singular matrix
~ **zerowa** null matrix
macki *fpl metrol.* calipers
maczać *v* dip
mada *f gleb.* fen soil
magazyn *m* store; storehouse
magazynier *m* storekeeper
magazynowanie *n* storage; store
magiczne liczby *fpl nukl.* magic numbers
magiczne T *rad.* magic tee
magisterium *n* master's degree
magistrala *f* **1.** *drog.* thoroughfare **2.** *kol.* trunk line, main line **3.** main (conduit) **4.** *el.* bus-bars **5.** *inf.* highway, trunk
magma *f geol.* magma

magnes *m* magnet
magnesowanie *n* magnetization
magnesyn *m aut.* magnesyn
magneśnica *f masz. el.* field magnet
magneto *n siln.* magneto, permanent magnet machine
magnetodynamika *f* **cieczy** magnetohydrodynamics
~ **gazów** magnetogas dynamics
magnetoelektryczność *f* magnetoelectricity
magnetofluidodynamika *f* magnetofluid dynamics
magnetofon *m* tape recorder; magnetophone
~ **kasetowy** cassette recorder
magnetogazodynamika *f* magnetogas dynamics
magnetohydrodynamika *f* magnetohydrodynamics
magnetometr *m* magnetometer
magnetometria *f* **poszukiwawcza** magnetic prospecting
magneton *m* **Bohra** *fiz.* Bohr magneton
~ **elektronowy** *zob.* **magneton Bohra**
~ **jądrowy** nuclear magneton
magnetooptyka *f* magnetooptics
magnetosfera *f geofiz.* magnetosphere
magnetostatyka *f* magnetostatics, static magnetism
magnetostrykcja *f* magnetostriction
magnetowid *m* video recorder
~ **kasetowy** video cassette recorder
~ **płytowy** video disk recorder
~ **taśmowy** video tape recorder
magnetowód *m el.* magnetic core
magnetron *m elektron.* magnetron
~ **odwrócony** inverted magnetron
~ **palcowy** interdigital magnetron
~ **przestrajalny** tunable magnetron
~ **wielownękowy** multi-resonator magnetron
~ **wnękowy** cavity magnetron
magnetyczna liczba *f* **kwantowa** *fiz.* magnetic quantum number
magnetyczny *a* magnetic
magnetyk *m* magnetic material
magnetyt *m min.* magnetite, lodestone, black iron ore
magnetyzacja *f* magnetization
magnetyzm *m fiz.* magnetism
~ **szczątkowy** residual magnetism, residual flux density, remanence
~ **ziemski** *geofiz.* geomagnetism, terrestrial magnetism
magnez *m chem.* magnesium, Mg
magnezja *f chem.* magnesia
majątek *m* **narodowy** national property
~ **nieruchomy** real assets, immovables
~ **ruchomy** movable assets, movables
majster *m* master, foreman
majsterkowanie *n* tinkering
majuskuły *fpl poligr.* capitals, capital letters
makieta *f* mock-up; dummy
makler *m ek.* broker, agent
makroanaliza *f chem.* macroanalysis
makrobudowa *f* macrostructure
makrocząsteczka *f chem.* macromolecule
makrodefinicja *f inf.* macrodefinition
makroelement *m biochem.* macroelement, major element, macronutrient
makrogenerator *m inf.* macroprocessor
makroklimat *m* macroclimate
makrokrystaliczny *a* macrocrystalline
makronierówności *fpl* macrodeviations
makroparametr *m inf.* macroparameter
makroporowatość *f* macroporosity
makropory *mpl* macropores
makroprocesor *m inf.* macroprocessor
makroprogramowanie *n inf.* macroprogramming
makrorozkaz *m inf.* macroinstruction
makrosegregacja *f met.* macrosegregation, major segregation
makroskładnik *m chem.* macro--component
makroskopia *f* macroscopy
makroskopowy *a* macroscopic
makrostan *m chem.* macrostate, macroscopic state
makrostruktura *f* macrostructure
maksimum *n mat.* maximum
makswell *m jedn.* maxwell: 1 Mx = 10^{-8} Wb
maksymalizacja *f mat.* maximization
maksymalny *a* maximal
makuch *m roln.* oil (seed) cake
makulatura *f* waste paper, old paper
maleć *v* diminish, decrease
malowanie *n* painting
~ **natryskowe** spraying
~ **ochronne 1.** protective painting **2.** camouflage painting
~ **pędzlem** brushing
~ **wałkiem** roller painting
~ **zanurzeniowe** dip painting, dipping
mała częstotliwość *f el.* low frequency
mała poligrafia *f* small-offset printing
małe powiększenie *n opt.* low magnification
małokalibrowy *a* small-calibre, small-bore
manekin *m* manikin; dummy man
manewrowanie *n* manoeuvring; *kol.* switching, shunting
mangan *m chem.* manganese, Mn

manganian *m chem.* manganate
manganonikiel *m met.* nickel-manganese
manganowce *mpl chem.* manganese group (Mn, Tc, Re)
manila *f włók.* Manilla (hemp), abaca
manipulator *m* **1.** *masz.* manipulator **2.** *lab.* manipulator
~ **drążkowy** *inf.* joystick
~ **odtwórczy** *nukl.* master-slave manipulator
manipulować *v* handle; manipulate
manko *n ek.* shortage
manometr *m* manometer, pressure gauge
~ **cieczowy** liquid-column gauge
~ **dzwonowy** bell-type manometer
~ **hydrostatyczny** hydrostatic pressure gauge
~ **mieszkowy** bellows pressure gauge
~ **próżniowy** vacuum gauge, vacuummeter
~ **przeponowy** diaphragm pressure gauge
~ **rurkowy Bourdona** tube pressure gauge, Bourdon pressure gauge
~ **tłokowy** piston pressure gauge
manometria *f* manometry
mantysa *f mat.* mantissa
mapa *f* map, chart
~ **geologiczna** geologic map
~ **Mercatora** *nawig.* mercator map
~ **morska** nautical chart
~ **samochodowa** motoring map
~ **synoptyczna** *meteo.* weather chart
~ **topograficzna** topographic map
mareograf *m ocean.* mareograph, tide gauge
margiel *m petr.* marl, malm
margines *m* margin
marka *f* **1.** brand, mark, make **2.** *górn.* control tally
~ **fabryczna** manufacturer's brand, trade mark
~ **samochodu** make of a car
marker *m* **1.** *inf.* marker **2.** *lotn.* marker, marker beacon
marketing *m ek.* marketing
marmur *m petr.* marblé
marmurowy *a* (made of) marble, marbly
marnotrawić *v* waste
marnotrawstwo *n* waste, wastage
mars *m żegl.* top
marszczenie *n* **się wymalowania** *powł.* webbing
marszczyć *v* crease; goffer
~ **się** wrinkle; shrivel
martenzyt *m met.* martensite
martwa przestrzeń *f* **gazowa** (*w instalacji*) gas pocket
martwy *a biol.* dead
martwy punkt *m mech.* dead centre
martwy zezwój *m el.* dummy coil
marynarka *f* **handlowa** merchant navy
~ **wojenna** navy
marynarz *m* seaman
marynaty *fpl spoż.* pickles
marynowanie *n spoż.* pickling; marinating
marznąć *v* freeze
marża *f ek.* margin
masa *f* **1.** *fiz.* mass **2.** bulk
~ **akustyczna** acoustic inertance, acoustic mass
~ **atomowa** atomic weight, relative atomic mass
~ **betonowa** concrete mix
~ **cząsteczkowa (względna)** relative molecular mass, molecular weight
~ **czynna** (*akumulatora*) *el.* active material
~ **dźwiękochłonna** *mot.* sound deadener, deadening mixture
~ **formierska** *odl.* moulding sand, sandmix
~ **krytyczna** *nukl.* critical mass, crit
~ **molowa** *chem.* molar mass
~ **nadkrytyczna** *nukl.* supercritical mass
~ **papiernicza** paper-pulp
~ **plastyczna** **1.** modelling paste **2.** plastic
~ **podkrytyczna** *nukl.* subcritical mass
~ **rdzeniowa** *odl.* core sand, core compound
~ **spoczynkowa** *fiz.* rest mass
~ **sucha** *spoż.* dry substance, dry matter
~ **uszczelniająca** sealing compound; stopper
~ **właściwa** mass density
~ **wtryskowa** *tw.szt.* moulding compound, moulding composition
~ **złoża** *geol.* bed mass
~ **zredukowana** *mech.* reduced mass
~ **związana** *mech.pł.* virtual mass, apparent mass
maser *m fiz.* maser
maska *f* **1.** *elektron.* mask **2.** *inf.* mask, extractor **3.** *powł.* resist
~ **fotolitograficzna** *elektron.* photo-etch resist, photomask
~ **płetwonurka** swim mask
~ **przeciwgazowa** gas-mask
~ **silnika** *mot.* bonnet; *US* hood
~ **tlenowa** oxygen mask
~ **wzorcowa** *elektron.* master mask
maskon *m astr.* mascon, mass concentration
maskowanie *n* **1.** *elektron.* masking, extraction **2.** *fot.* masking **3.** *akust.* masking **4.** *wojsk.* camouflage
maskownica *f fot.* masking frame

masowiec *m okr.* bulk cargo ship, bulk carrier
masówka *f żegl.* bulk cargo
mastyka *f* mastic gum, mastix
mastykacja *f gum. tw.szt.* mastication, mechanical plasticization
masyw *m gum.* solid tyre
masywny *a* massive, solid
maszt *m* boom
~ **antenowy** *rad.* aerial mast
~ **ładunkowy** *okr.* cargo mast
~ **wiertniczy** headstock
maszyna *f* machine, engine
~ **asynchroniczna** *el.* asynchronous machine
~ **biurowa** business machine
~ **cieplna** heat engine
~ **do szycia** sewing machine
~ **drukarska** *poligr.* printing machine, printer
~ **dydaktyczna** teaching machine
~ **elektrostatyczna** electrostatic generator, static machine
~ **elektryczna** electric machine
~ **flotacyjna** *wzbog.* flotation machine
~ **formierska** *odl.* moulding machine
~ **górnicza** mining machine
~ **indukcyjna** *el.* induction machine
~ **księgująca** *biur.* accounting machine, bookkeeping machine
~ **kuźnicza** *obr.plast.* forging machine, upsetting machine
~ **licząca** calculating machine, calculator
~ **liczącо-analityczna** *inf.* perforated card machine
~ **magnetoelektryczna** *el.* permanent-magnet machine, magneto
~ **matematyczna** computer
~ **papiernicza** paper-making machine
~ **parowa** steam engine
~ **płaska** *poligr.* platen press
~ **prosta** *mech.* simple machine, mechanical power
~ **przepływowa** turbomachine, fluid-flow machine
~ **rolnicza** farm machine, agricultural machine
~ **rotacyjna** *poligr.* rotary, rotary press, rotary machine
~ **rotograwiurowa** *poligr.* gravure rotary
~ **rozlewnicza** *hutn.* pig casting machine
~ **samowzbudna** *el.* self-excited machine
~ **sterowa** *okr.* steering engine
~ **synchroniczna** *el.* synchronous machine
~ **tłokowa** piston machine; piston engine
~ **Turinga** *inf.* Turing machine
~ **typograficzna** letterpress printing machine
~ **ucząca** teaching machine
~ **ucząca się** learning machine
~ **wyciągowa** *górn.* hoisting machine, winding machine
~ **wytrzymałościowa** *wytrz.* testing machine
~ **zespołowa** (*złożona z zespołów znormalizowanych*) building-block machine, unit-construction machine
maszynista *m* machine operator; machinist; *kol.* driver
maszynistka *f* typist
maszynogodzina *f* machine-hour
maszynopis *m* typescript, typewriting
maszynownia *f* engine room
maszynowo *adv* by machine
maszynoznawstwo *n* theory of machines
maszyny *fpl* machinery, machines
mat *m powł.* flat
mata *f* mat
matematyczny *a* mathematical
matematyk *m* mathematician
matematyka *f* mathematics
~ **stosowana** applied mathematics
~ **teoretyczna** pure mathematics
~ **wyższa** higher mathematics
materac *m* mattress
~ **faszynowy** *inż.* fascine mattress
~ **nadmuchiwany** air-mattress
materia *f* matter
materialny *a* material
materiał *m* material; stuff, *zob. też* **materiały**
~ **badany** material under investigation
~ **ceramiczny** ceramic
~ **ciepłochronny** heat insulating material
~ **doświadczalny** experimental material
~ **dźwiękochłonny** sound deadener
~ **ilustracyjny** *poligr.* art(work)
~ **izolacyjny** insulating material, insulant
~ **paliworodny** *nukl.* breeding material
~ **palny** combustible material
~ **promieniotwórczy** radioactive material
~ **przewodzący** *el.* conducting material
~ **reaktorowy** *nukl.* reactor material
~ **siewny** *roln.* sowable material
~ **surowy** raw material
~ **wybuchowy** explosive; blasting material
~ **wyjściowy** blank; stock; preform
~ **wypełniający** filling, filler
~ **zastępczy** substitute
~ **zecerski** *poligr.* typographical material
materiałochłonność *f* material consumption index
materiałochłonny *a* material-consuming
materiałoznawstwo *n* materials science, science of materials

materiały *mpl* materials, *zob. też* **materiał**
~ **budowlane** building materials
~ **formierskie** *odl.* moulding materials
~ **konstrukcyjne** construction materials
~ **kreślarskie** drawing-office materials
~ **ogniotrwałe** refractories
~ **pędne** engine fuels and lubricants
~ **piśmienne** stationery
~ **sztauerskie** *żegl* dunnage
~ **wsadowe** *odl.* charge materials
~ **wysokoogniotrwałe** high-temperature refractories, super-refractories
matowy *a* mat, dull, flat; lustreless
matówka *f fot.* focusing screen
matryca *f* **1.** *obr.plast.* die; *tw.szt.* matrix; *poligr.* matrix **2.** *chem.* matrix **3.** *elektron.* matrix
~ **dolna** *obr.plast.* bottom tool, anvil tool
~ **dzielona** *obr.plast.* split die, segment die
~ **górna** *obr.plast.* top tool, punch die
~ **kuźnicza** drop forging die
~ **otwarta** *obr.plast.* half die
~ **pamięciowa** *elektron.* magnetic-memory plate
matrycowanie *n* **1.** *obr.plast.* die forging **2.** *poligr.* matrix-moulding
mazerowanie *n* **1.** spotting **2.** *powł.* scumbling, graining
mazut *m paliw.* mazout
maźnica *f kol.* axle box, journal box
mączka *f* flour, meal
mąka *f* flour; meal
meble *mpl* furniture; fitments
meblowóz *m mot.* furniture van
mechaniczny *a* mechanical
mechaniczny równoważnik *m* **ciepła** *fiz.* mechanical equivalent of heat, Joule equivalent
mechanik *m* mechanic; mechanician
mechanika *f* mechanics
~ **budowli** structural mechanics, theory of structures
~ **cieczy** hydromechanics
~ **falowa** *zob.* **mechanika kwantowa**
~ **gruntów** soil mechanics
~ **klasyczna** classical mechanics, Newtonian mechanics
~ **kwantowa** quantum mechanics, wave mechanics
~ **lotu** flight mechanics
~ **newtonowska** *zob.* **mechanika klasyczna**
~ **nieba** *astr.* celestial mechanics
~ **ogólna** theoretical mechanics
~ **płynów** fluid mechanics
~ **precyzyjna** fine mechanics, precision engineering
~ **relatywistyczna** relativistic mechanics, theory of relativity
mechanizacja *f* mechanization
~ **pełna** comprehensive mechanization
~ **rolnictwa** agricultural engineering
mechanizm *m* mechanism; gear; motion; movement
~ **blokujący** interlocking mechanism
~ **dźwigniowy** link mechanism, bar linkage
~ **kierowniczy** *mot.* steering mechanism, steering gear
~ **krzywkowy** cam mechanism
~ **maltański** Maltese cross mechanism
~ **napędowy** driving gear; motion work
~ **nawrotny** reversing mechanism, reversing gear
~ **podnoszący** hoisting gear, lifting gear
~ **prostowodowy** straight-line mechanism, straight-line motion
~ **przegubowy** *zob.* **mechanizm dźwigniowy**
~ **reakcji chemicznej** mechanism of chemical process
~ **rozrządu zaworowego** valve gear, valve train
~ **równoległowodowy** parallel mechanism, parallelogram linkage
~ **różnicowy** *mot.* ballanced gear, differential gear
~ **sterowania** control gear
~ **śrubowy** screw gear
~ **wolnego koła** free wheel, coasting device
~ **wspomagający** servomechanism
~ **wyłączający** *masz.* stop-motion
~ **zapadkowy** ratchet mechanism, ratchet gear, ratchet-and-pawl
~ **zegarowy** clock-work
~ **zębatkowy** rack-and-pinion
~ **zmiany biegów** gear shift mechanism, speed changer
mechanizmy *mpl* **okrętowe** ship's machinery
~ **pokładowe** *okr.* deck machinery
mechanizować *v* mechanize
medycyna *f* **kosmiczna** space medicine
~ **lotnicza** aviation medicine, aeromedicine
~ **sądowa** forensic medicine
mega- mega- (*prefix representing* 10^6)
megafon *m* megaphone, loudspeaker
megaherc *m jedn.* megahertz
megatona *f jedn. nukl.* megaton
megawat *m jedn.* megawatt
megawatorok *m el.* megawatt-year
megawolt *m jedn.* megavolt
megomierz *m el.* megohm-meter
melas *m cukr.* molasses
melioracja *f* land improvement, land betterment, reclamation

membrana *f* membrane; diaphragm
memistor *m el.* memistor
mendelew *m chem.* mendelevium, Md
menisk *m* **1.** *hydr.* meniscus **2.** *opt.* meniscus lens
menzurka *f lab.* graduated cylinder, measuring cylinder
mer *m chem.* **1.** mer, constitutional unit **2.** monomeric unit
merceryzacja *f włók.* mercerizing, steeping treatment
metabolizm *m biol.* metabolism
metacentrum *n hydr.* metacentre
metadyna *f el.* metadyne, amplidyne
metal *m* metal, metallic element, *zob. też* **metale**
~ **dodatkowy** *spaw.* added metal
~ **rodzimy 1.** *min.* native metal **2.** *spaw.* base metal, parent metal
~ **-tlenek-półprzewodnik** *elektron.* metal-oxide-semiconductor, MOS
metale *mpl* metals, metallic elements, *zob. też* **metal**
~ **alkaliczne** alkali metals
~ **ciężkie** heavy metals
~ **kolorowe** *zob.* **metale nieżelazne**
~ **lekkie** light metals
~ **nieżelazne** non-ferrous metals
~ **pospolite** common metals, base metals
~ **przejściowe** transition metals, transition elements
~ **szlachetne** noble metals, precious metals
~ **wewnątrzprzejściowe** inner transition elements
~ **ziem alkalicznych** alkaline earth metals
~ **ziem rzadkich** lantanide series, lantanides, rare-earth elements
metaliczny *a* metallic
metalizacja *f* metal coating, metallization
~ **samolotu** *el.* bonding of an aircraft
metalografia *f* metallography
metalograficzny *a* metallographic
metaloid *m chem* metalloid, semi-metal
metalonośny *a* metalliferous
metaloplastyka *f* hammered metalwork, artistic metalwork
metalowiec *m* metalworker
metalowy *a* (made of) metal, metallic
metaloznawstwo *n* physical metallurgy, metal science
metalurgia *f* metallurgy, metallurgical engineering
~ **mokra** hydrometallurgy
~ **ogniowa** pyrometallurgy
~ **proszków** powder metallurgy, metal ceramics
~ **próżniowa** vacuum metallurgy
~ **włókien** fibre metallurgy
metalurgiczny *a* metallurgical
metamagnetyki *mpl fiz.* metamagnetic substances
metamagnetyzm *m fiz.* metamagnetism
metametria *f chem.* metamerism, functional group isomerism
metamorficzny *a petr.* metamorphic
metamorfizm *m petr.* metamorphism
metan *m chem.* methane
metaniarz *m górn.* gasman
metanizacja *f chem.* methanation
metanol *m chem.* methanol, methyl alcohol, carbinol
metanometr *m górn.* methane detector
metaplik *m inf.* metafile
metastabilny *a chem.* metastable
metastatyczny *a chem.* metastatic
metastaza *f fiz* metastasis
metatektyka *f met.* metatectic
meteor *m astr.* meteor
meteorologia *f* meteorology
meteoryt *m astr.* meteorite
metoda *f* method
~ **^{14}C** *zob.* **metoda radiowęglowa**
~ **doświadczalna** experimental method
~ **kolejnych przybliżeń** *mat.* method of successive approximations
~ **komorowa** (*otrzymywania H_2SO_4*) *chem.* lead chamber process
~ **kontaktowa** (*otrzymywania H_2SO_4*) *chem.* contact process
~ **laboratoryjna** laboratory method
~ **Monte Carlo** *mat.* Monte Carlo method
~ **nordhauzeńska** (*otrzymywania H_2SO_4*) *chem.* Nordhausen process
~ **obracanego kryształu** *radiol.* rotating crystal method
~ **okrężna** *inf.* round robin technique
~ **pierścienia i kuli** *fiz.* ball-and-ring method
~ **porównawcza** comparative method
~ **produkcji bezbrakowej** zero-defects method
~ **prób i błędów** trial-and-error method
~ **radiowęglowa** *nukl.* radiocarbon dating
~ **reprezentacyjna** *skj* representative method
~ **wskaźnikowa** *nukl.* tracer method, labelled atoms method
~ **wykreślna** graphical method
~ **zerowa** null method, balance method
metodologia *f* methodology
metody *fpl* **numeryczne** *mat.* numerical methods
metr *m jedn.* metre, m
~ **bieżący** running metre

~ **kwadratowy** square metre
~ **sześcienny** cubic metre, stere
metrampaż *m poligr.* maker-up, clicker
metraż *m* metric area
metro *n* underground railway; *US* subway
metrologia *f* metrology
metryczny *a* metric
metryka *f mat.* metric
~ **maszyny** machine card
metyl *m chem.* methyl
metylen *m chem.* methylene
metylowanie *n chem.* methylation
mezoatom *m fiz.* mesic atom, mesonic atom
mezomeryczny *a chem.* mesomeric
mezomorficzny *a chem.* mesomorphic
mezon *m fiz.* meson
mezopauza *f geofiz.* mesopause
mezosfera *f geofiz.* **1.** mesosphere **2.** mesosphere, lower mantle
mezotor *m chem.* mesothorium, MsTh
mętny *a* turbid, dull, opaque
męty *pl spoż.* foots
~ **flotacyjne** *wzbog.* floatation pulp
mgła *f* fog; mist
~ **przemysłowa** smog, smoke fog
mgławica *f astr.* nebula
miał *m* fines
~ **kamienny** rock dust, stone dust
~ **koksowy** coke breeze
~ **rudny** small ore, ore fines
~ **węglowy** fine coal, small coal
miałki *a* fine, powdered
miano *n chem.* titre
mianownictwo *n* nomenclature
mianownik *m mat.* denominator
miara *f* measure
~ **addytywna** *mat.* additive measure
~ **długości** linear measure
~ **jakości** quality measure
~ **kątowa** angular measure
~ **łukowa** arc measure
~ **objętości** cubic measure, solid measure; *geom.* volume measure
~ ~ **ciał sypkich** dry measure
~ ~ **cieczy** liquid measure
~ **powierzchni** square measure
~ **przestrzenna** *drewn.* stacked cubic measure
~ **rozrzutu** *mat.* measure of dispersion
~ **skurczowa** *odl.* pattern-maker's rule, contraction rule, moulder's rule
~ **wadliwości** *skj* measure of fraction defective
miareczkowanie *n chem.* titration
miarka *f metrol.* rule
~ **drukarska** *poligr.* em scale, type scale
~ **składana** folding rule
~ **taśmowa** measuring tape
miazga *f* **drzewna** *papiern.* wood pulp, groundwood (pulp)
~ **twórcza** (*drzewa*) *bot.* cambium
miażdżyć *v* crush, squash
miąższość *f* **drewna** volume of wood, log volume
~ **nadkładu** *górn.* depth of cover
~ **pokładu** *górn.* seam thickness
~ **warstw** *geol.* thickness of strata, depth of strata
miech *m* bellows
miecz *m* (*łodzi żaglowej*) *żegl.* drop keel, sliding keel, centreboard
miedzianka *f fabr.* verdigris
miedziany *a* (made of) copper
miedziawy *a chem.* cuprous
miedzionośny *a geol.* cupriferous
miedzioryt *m poligr.* copperplate engraving
miedziowanie *n powł.* copperizing, copper plating
miedziowce *mpl chem.* copper family, copper group (Cu, Ag, Au)
miedziowy *a chem.* cupric
miedź *f chem.* copper, Cu
~ **anodowa** anode copper
~ **elektrolityczna** electrolytic copper, cathode copper, electrocopper
~ **katodowa** *zob.* **miedź elektrolityczna**
~ **nieodtleniona** dry copper, set copper
~ **przewodowa** high-conductivity copper
~ **surowa** black copper
miejsca *npl* **niedogrzane** *hutn.* cold spots, skid marks
miejsce *n* place
~ **geometryczne** (*punktów*) *geom.* geometric locus
~ **leżące** *kol.* berth
~ **odgałęzienia 1.** (*przewodu*) branch point **2.** (*toru*) *kol.* point of switch
~ **pożaru** seat of fire
~ **pracy** workplace
~ **przeznaczenia** *transp.* point of destination
~ **puste** *kryst.* vacancy, discontinuity
~ **siedzące** *mot.* seat
~ **sypialne** *kol.* berth
~ **wysokoaktywne** *nukl.* hot-spot
miejscowy *a* local
miejski *a* urban
mielenie *n* grinding, milling; *papiern.* beating
mielizna *f żegl.* shoal
miernictwo *n* **1.** metrology **2.** *geod.* land surveying

mierniczy *m* land surveyor
miernik *m* meter, measuring instrument
~ **częstotliwości** *rad.* frequency meter, wavemeter
~ **dobroci** *el.* Q-meter
~ **głośności** audiometer
~ **indukcyjności** *el.* inductometer
~ **promieniowania** *fiz.* radiometer; bolometer
~ **przenikalności magnetycznej** *el.* permeameter
~ ~ **promieniowania** *fiz.* penetrometer
~ **przesłuchu** *telef.* crosstalk meter
~ **uniwersalny** *el.* multimeter, volt-ohm-milliammeter
~ **wskazówkowy** indicating instrument, indicator
mierzalny *a* measurable
mierzyć *v* measure, take measurements
mieszać *v* mix; stir, agitate
mieszadło *n* mixer; agitator, stirrer
mieszalnik *m* mixer; agitator
mieszalność *f* miscibility
mieszanie *n* **dźwięku** *rad., TV* mixing
~ **kąpieli metalowej** *odl.hutn.* rabbling
~ **składników** *chem.* compounding
mieszanina *f* mixture
~ **doskonała** ideal mixture, ideal solution
~ **dwuskładnikowa** binary mixture
~ **nitrująca** *chem.* nitrating acid, mixed acid
~ **piorunująca** detonating gas
~ **racemiczna** *chem.* racemic mixture, conglomerate
~ **trójskładnikowa** ternary mixture
~ **wieloskładnikowa** multicomponent mixture
~ **wybuchowa** explosive mixture
~ **zamrażająca** freezing mixture, cryogen
mieszanka *f* mixture, composition; blend
~ **benzynowo-olejowa** (*do silników dwusuwowych*) *paliw.* petroil
~ **betonowa** *bud.* concrete mix
~ **bitumiczna** (*do nawierzchni*) *inż.* blacktop
~ **bogata** *paliw.* rich mixture
~ **doskonała** *paliw.* stoichiometric mixture, perfect mixture
~ **oszczędna** *paliw.* economical mixture
~ **paliwowa** fuel blend
~ **paliwowo-powietrzna** air-fuel mixture
~ **uboga** *paliw.* weak mixture, poor mixture
mieszarka *f* mixer
~ **bębnowa** drum mixer, barrel mixer
~ **krążnikowa** edge runner mixer, roll mixer
~ **łopatkowa** paddle mixer
~ **spiralna** ribbon mixer
mieszek *m* bellows
~ **sprężysty** sylphon, sylphon bellows
mieszkanie *n* apartment; flat; dwelling
międlarka *f* **1.** *włók.* breaker, breaking machine **2.** *skór.* staking machine
międlenie *n* **1.** *włók.* breaking **2.** *skór.* staking
międzyatomowy *a* interatomic
międzycząsteczkowy *a* intermolecular
międzyfazowy *a* interfacial
międzyjądrowy *a* internuclear
międzykrystaliczny *a* intercrystalline
międzylądowanie *n lotn.* intermediate landing
międzynarodowa granica *f* **daty** calendar line, international date line
międzynarodowa klasyfikacja *f* **dziesiętna** universal decimal classification
międzynarodowy układ *m* **jednostek miar** SI units system, international system of units
międzyplanetarny *a* interplanetary
międzystopniowy *a* interstage
międzywarstwa *f* interlayer
międzywęzłowy *a kryst.* interstitial
międzyziarnowy *a kryst.* intergranular
miękki *a* **1.** soft **2.** *nukl.* soft
miękkie lądowanie *n kosm.* soft landing
migacz *m* blinker
migać *v* blink; flicker
migawka *f* **1.** *fot.* shutter **2.** *inf.* snapshot
migotanie *n* **1.** flickering **2.** *inf.* blinking
migracja *f* migration
mijać *v* (*na drodze*) pass
mijanka *f kol.* passing siding; *drog.* pass-by
mika *f min.* mica
mikro- micro-
mikroamperomierz *m el.* microammeter
mikroanaliza *f chem.* microanalysis
mikrobar *m jedn.* microbar, barye: 1 barye = 1 dyne/cm^2
mikrobiologia *f* microbiology
mikrobudowa *f* microstructure
mikrobus *m* minibus
mikroby *mpl biol.* microbes, microorganisms
mikrocząstki *fpl* elementary particles
mikroelektronika *f* microelectronics
mikroelement *m biochem.* micronutrient, trace element, minor element
mikrofale *fpl rad.* microwaves
mikrofilm *m* microfilm
mikrofon *m elakust.* microphone
mikrokarta *f inf.* microcard
mikrokator *m metrol.* microkator

mikroklimat *m* microclimate
mikrokomputer *m inf.* microcomputer
mikrokrystaliczny *a* microcrystalline
mikrolinia *f elektron.* microstrip
mikrołącznik *m el.* switchette, micro--switch
mikrometr *m* **1.** *jedn.* micrometer, micron: 1 μ = 10^{-6} m **2.** micrometer, micrometer gauge
~ **czujnikowy** indicating micrometer
~ **zewnętrzny** outside micrometer caliper
mikrominiaturyzacja *f elektron.* microminiaturization
mikromoduł *m elektron.* micromodule
mikromontaż *m* **struktury** *elektron.* chip bonding
~ **układów scalonych** *elektron.* IC bonding
mikron *m jedn.* micron: 1 μ = 10^{-6} m
mikronaprężenia *npl wytrz.* microscopic stresses
mikronawóz *m roln.* minor nutrient, trace nutrient
mikroobróbka *f* micro-machining
mikrooperacja *f inf.* microoperation
mikropołączenie *n elektron.* microbonding
mikroporowatość *f* microporosity
mikroprocesor *m inf.* microprocessor
mikroprogram *m inf.* microprogram
mikroprogramowanie *n inf.* microprogramming
mikrorozkaz *m inf.* microinstruction
mikrosegregacja *f met.* microsegregation, minor segregation
mikroskładnik *m chem.* micro-component
mikroskop *m* microscope
~ **elektronowy** electron microscope
~ **pomiarowy** measuring microscope
~ **projekcyjny** projection microscope
~ **rentgenowski** X-ray microscope
~ **warsztatowy** toolmaker's microscope
mikroskopia *f* microscopy
mikroskopijny *a* (*bardzo mały*) microscopic
mikroskopowy *a* microscopic
mikrostan *m chem.* microscopic state, microstate
mikrostruktura *f* microstructure
mikrotwardość *f wytrz.* microhardness
mikser *m* **1.** *elakust.* mixer (*device*) **2.** *elakust.* mixer (*worker*) **3.** *poligr.* mixer
mila *f* **lądowa** *jedn.* land mile: 1 mi = 1609.344 m
~ **morska** nautical mile: 1 nautical mi = 1852 m
mili- milli- (*prefix representing* 10^{-3})
miliard *m GB* milliard (10^9); *US* billion (10^9)
miligram *m jedn.* milligram
milimas *m nukl.* milli-mass unit (= 0.001 *of an atomic mass unit*)
milimetr *m jedn.* millimetre
~ **słupa rtęci** *jedn.* millimetre of mercury: 1 mm Hg = 133.322 Pa
~ ~ **wody** millimetre of water: 1 mm H_2O = 9.80665 Pa
milimikro nano (*prefix representing* 10^{-9})
milion *m* million
milionowiec *m okr.* mega-ship (1 000 000 DWT)
mimezja *f kryst.* pseudosymmetry
mimoosiowy *a opt.* abaxial
mimośrodowość *f* eccentricity
mimośrodowy *a* eccentric, off-centre
mimośród *m masz.* eccentric, circular cam
mineralizacja *f* mineralization
mineralny *a* mineral
mineralogia *f* mineralogy
minerał *m* mineral
~ **skałotwórczy** rock-forming mineral
minia *f* **ołowiana** *powł.* minium, red lead
miniaturyzacja *f* miniaturization
minidyskietka *f inf.* mini-floppy (disk)
minikomputer *m inf.* minicomputer
minimalizacja *f mat.* minimalization
minimalny *a* minimal
minimum *n mat.* minimum
minus *m mat.* minus, negative sign
minuskuły *fpl poligr.* small letters
minuta *f jedn.* minute
~ **kątowa** *geom.* minute (of arc)
mion *m fiz.* muon, mu-meson
miotarka *f* **podsadzkowa** *górn.* sandslinger, slinging machine
mired *m fiz.* mired, micro-reciprocal degree
miria- myria- (*prefix representing* 10^4)
misa *f* pan; bowl
~ **grudkująca** *wzbog.* disk pelletizer, pelletizing pan
~ **żużlowa** *hutn.* slag pot, cinder pot
miseczka *f obr.plast.* cup
miseczkowanie *n obr.plast.* cupping, dishing
miska *f* **1.** pan; basin; dish **2.** *obr.plast.* cup
~ **olejowa** **1.** *siln.* oil sump **2.** *masz.* drip pan
mispikiel *m min.* arsenopyrite, mispickel
mistrz *m* foreman, master
mizdra *f skór.* flesh side
mizdrowanie *n skór.* fleshing, scouring
mleczarnia *f* dairy
mleczarstwo *n* dairy industry
mleczko *n* **kauczukowe** *gum.* latex

mleć *v* grind
mleko *n* **1.** *spoż.* milk **2.** *chem.* milk
~ **cementowe** cement wash
~ **odtłuszczone** separated milk
~ **pełnotłuste** whole milk, full fat milk
~ **siarkowe** milk of sulfur
~ **w proszku** milk powder, dry milk
~ **wapienne** milk of lime, whitewash
~ **wzbogacone** fortified milk
~ **zgęszczone** condensed milk
mlewnik *m spoż.* roller mill
młocarnia *f roln.* thresher, grain separator
młodnik *m leśn.* young stand
młot *m obr.plast.* hammer; stamp
~ **drewniany** maul, beetle
~ **kafarowy** drop weight, pile hammer, monkey
~ **kowalski** smith hammer
~ **kuźniczy** forging hammer
~ **matrycowy** drop forging hammer, die forging hammer
~ **mechaniczny** power hammer
~ **spadowy** gravity drop hammer
młoteczek *m* **dzwonka** bell hammer
młotek *m narz.* hammer
~ **blacharski** tinman's hammer
~ **drewniany** mallet
~ **gładzik** planisher, planishing hammer
~ **Poldi** *wytrz.* Poldi hardness tester
~ **równiak** face hammer
~ **ślusarski** engineer's hammer, fitter's hammer
młotkowanie *n* hammering; peening
młotowanie *n* hammering
młotowina *f* hammer scale, forge scale
młotownia *f obr.plast.* hammer forge
młotowy *m obr.plast.* hammer-smith; stamper
młócić *v roln.* thresh
młyn *m* grinding mill; grinder
~ **bębnowy** tumbling mill
~ **kulowy** ball-and-race type pulverizer, ball-bearing pulverizer; ball mill
~ **młotkowy** beater mill
~ **palcowy** disintegrating mill, disintegrator
~ **prętowy** rod mill
~ **rozbijający** *papiern.* refiner
~ **strumieniowy** jet mill
~ **walcowy** roller mill
~ **węglowy** coal pulverizer
~ **wibracyjny** vibrating mill
~ **zbożowy** corn mill, grain mill, flour mill
~ **żarnowy** buhr(stone) mill
młynek *m* mill
młynownia *f kotł.* coal-milling plant
mnich *m inż.* monk
mnogość *f mat.* set
mnożenie *n* **1.** *mat.* multiplication **2.** *nukl.* multiplication
~ **lewostronne** premultiplication
~ **prawostronne** postmultiplication
mnożna *f mat.* multiplicand
mnożnik *m mat.* multiplier
~ **poprawkowy** *metrol.* correction factor
mnożyć *v mat.* multiply
moc *f* **1.** *mech.* power; horse-power; power rating **2.** *chem.* strength
~ **bierna** *el.* wattless power, reactive power
~ **ciągła** *el.* continuous power
~ **cieplna** thermal power
~ **czynna** *el.* active power, real power
~ **dawki** *radiol.* dose rate
~ **ekonomiczna** *siln.* weak-mixture rating
~ **elektryczna** electric power
~ **grzejna** heating power
~ **indykowana** *siln.* indicated power
~ **jednostkowa** unit power
~ **kermy** *fiz.* kerma rate
~ **kwasu** *chem.* acid strength
~ **maksymalna** maximum power, maximum rating
~ **mechaniczna** mechanical power
~ **na wale** shaft power
~ **oddawana** power output, output power
~ **optyczna** (*soczewki*) refracting power, focal power
~ **pobierana** power input, input power
~ **pociągowa** *kol.* traction output
~ **reaktora** *nukl.* reactor power
~ **szczytowa** *el.* peak power
~ **trwała** *siln.* continuous power
~ **uciągu** *roln.* drawbar horsepower
~ **użyteczna** power output, effective power; brake horse-power
~ **wiązania** *chem.* bond strength
~ **właściwa** *nukl.* specific power
~ **wytwarzana** *el.* generated power, produced power
~ **zasady** *chem.* basic strength
~ **zbioru** *mat.* power of a set, cardinal number
mocno-szczelny *a* pressure tight
mocny *a* **1.** strong; tough, firm; robust **2.** *farb.* rich, full
mocny kwas *m chem.* strong acid
mocować *v* fix; fasten; *obr.skraw.* clamp
~ **śrubą fundamentową** anchor
~ **w uchwycie** *obr.skraw.* chuck
~ **w zwornicy** *drewn.* cramp
~ **zawiasowo** hinge
moczenie *n włók.* soaking, steeping; retting
mocznik *m chem.* carbamide, urea
moda *f mat.* modal value, mode

model *m* **1.** model **2.** *odl.* pattern
~ **aerodynamiczny** *aero.* wind tunnel model
~ **dzielony** *odl.* split pattern
~ **latający** *lotn.* flying model
~ **matematyczny** mathematical model
~ **-matka** *odl.* master-pattern, double-contraction pattern
~ **naturalnej wielkości** full-scale model
~ **planetarny atomu** Bohr atom
~ **wielodziałowy** *odl.* multiple-part pattern
modelarnia *f odl.* pattern-shop
modelarstwo *n* model-making; *odl.* pattern-making
modelarz *m* model-maker; *odl.* pattern-maker
modelowanie *n* modelling
modem *m inf.* data set, modem
moderacja *f nukl.* moderation, slowing down
moderator *m nukl.* moderator
modernizacja *f* modernization; rebuilding
moderować *v nukl.* moderate, slow down
modulacja *f el.* modulation
modularny *a* modular
modulator *m el.* modulator
moduł *m* **1.** *bud.* module **2.** *mat.* modulus **3.** *inf.* module **4.** *elektron.* module
~ **Helmholtza** *wytrz.* bulk modulus of elasticity, volumetric modulus of elasticity
~ **Kirchhoffa** *wytrz.* shear modulus, modulus of rigidity
~ **koloru** *opt.* tristimulus valve
~ **koła zębatego** *masz.* module pitch
~ **pamięci** *inf.* memory unit
~ **Younga** *wytrz.* elastic modulus, Young's modulus, longitudinal modulus of elasticity
modyfikacja *f* modification
modyfikator *m* **1.** modifier; modifying agent; *odl.* inoculant **2.** *inf.* index word, modifier
mogilnik *m nukl.* burial ground, graveyard, radioactive cemetery
mokry *a* wet
mol *m chem.* **1.** mole **2.** mole, gram-molecule
molalność *f chem.* molal concentration, molality
molalny *a chem.* molal
molarność *f chem.* molar concentration, molarity
molarny *a chem.* molar
molekularny *a chem.* molecular
molekuła *f chem.* molecule
moletowanie *n* knurling, milling
molibden *m chem.* molybdenum, Mo
molo *n inż.* pier; jetty; mole
molowość *f chem.* molar concentration, molarity
moment *m* **1.** *mech.* moment **2.** moment
~ **bezwładności** *mech.* moment of inertia
~ **hamujący** *siln.* braking torque, braking couple
~ **ilości ruchu** *zob.* **moment pędu**
~ **napędowy** driving moment, driving torque
~ **niszczący** *wytrz.* breaking moment
~ **obrotowy** *masz.* turning moment, torque
~ **odśrodkowy** *mech.* moment of deviation, centrifugal moment
~ **orbitalny** *fiz.* orbital moment
~ **pary sił** *mech.* moment of a couple of forces
~ **pędu** *mech.* moment of momentum, angular momentum
~ **przeginający** *okr.* hogging moment
~ **przegłębiający** *okr.* trimming moment
~ **rozruchowy** *siln.* breakaway torque; starting torque
~ **siły** *mech.* moment of force
~ **skręcający** *wytrz.* torque moment, twisting moment
~ **spinowy** *fiz.* spin moment
~ **stateczności** *okr.* righting moment
~ **statyczny** *wytrz.* static moment
~ **synchronizujący** *el.* pull-in torque
~ **tarcia** *mech.* moment of friction
~ **utyku** *el.* pull-out torque
~ **wyginający** *okr.* sagging moment
~ **zginający** *wytrz.* bending moment
momentometr *m* torquemeter
monel *m met.* Monel metal, monel
monergol *m rak.* monopropellant
moneta *f* coin
monitor *m* **1.** *nukl.* monitor **2.** *TV, inf.* monitor
~ **ekranowy** *inf.* monitor, computer display, video display unit
~ **hydrauliczny** *górn.* monitor, hydraulic giant
~ **piaskowy** *górn.* sandslinger
~ **rastrowy** *inf.* raster scan display
~ **skażenia promieniotwórczego** *nukl.* contamination monitor
~ **wizyjny** *TV* picture monitor
monochromatyczny *a* monochromatic
monohydrat *m chem.* monohydrate
monokryształ *m* monocrystal, single crystal
monokultura *f roln.* monoculture
monolit *m geol.* monolith
monomolekularny *a chem.* monomolecular

monomorfizm *m mat.* monomorphism
monosacharydy *mpl chem.* monosaccharides, simple sugars
monoskop *m elektron.* monoscope, monotron, phasmajector
monotyp *m poligr.* monotype
monotypia *f poligr.* monotype
monozy *fpl chem.* simple sugars, monosaccharides
montaż *m* **1.** assembly; erection; fitting **2.** *kin.* editing (*of a film*)
~ **blokowy** *bud.* gang mounting
~ **formy** *odl.* mould assembly
~ **ponowny** reassembly
~ **zapisu dźwięku** *kin.* dubbing
montażysta *m kin.* editor
monter *m* assembler; erector; fitter
~ **-instalator** *el.* wireman
montować *v* assemble; erect; fit
montownia *f* assembly room, assembly shop
morena *f geol.* moraine
morfologia *f* morphology
morski *a* marine; nautical; naval; sea-borne
morze *n* sea
mosiądz *m met.* brass
~ **lutowniczy** brazing brass, brazing solder, hard solder
~ **medalierski** medal metal
~ **odlewniczy** cast brass
~ **okrętowy** naval brass, Admiralty brass
~ **wysokoniklowy** nickel silver, German silver, nickel brass
mosiądzowanie *n* brass plating, brassing
mosiężny *a* brazen
most *m* bridge
~ **belkowy** girder bridge
~ **łukowy** arch bridge
~ **napędowy** *mot.* driving axle, live axle
~ **podnoszony** drawbridge
~ **pontonowy** pontoon bridge
~ **powietrzny** *transp.* air-bridge
~ **przedni** *mot.* front axle
~ **tylny** *mot.* rear axle, back axle
~ **wentylacyjny** *górn.* air crossing
~ **wiszący** suspension bridge
~ **wspornikowy** cantilever bridge
mostek *m* bridge
~ **biegunowy** (*akumulatora*) *el.* pole bridge
~ **cieplny** *chłodn.* heat leakage bridge
~ **kapitański** *okr.* captain's bridge
~ **metalu** *obr.plast.* web, flash land
~ **pomiarowy** *el.* measuring bridge
~ **wodorowy** *chem.* hydrogen bond
mostownica *f inż.* bridge sleeper, bridge tie
moszcz *m ferm.* must
motarka *f włók.* reeling machine, reel
motek *m włók.* hank; skein
motocykl *m* motorcycle
motopompa *f* fire-engine
motor *m* motor; engine, *zob. też* **silnik**
motoreduktor *m el.* motoreducer, gear-motor, motorized speed reducer
motorniczy *m* motorman
motorower *m* motor-bicycle
motorowiec *m* motorship
motorówka *f* motor-boat
motoryzacja *f* motorization
motoszybowiec *m lotn.* motor glider, powered glider
motowidło *n włók.* reel
motyka *f roln.* hoe; mattock
mozaika *f* **1.** *arch.* mosaic **2.** *TV* mosaic
moździerz *m* **1.** *wojsk.* mortar **2.** *lab.* mortar
możliwość *f* **realizacji** realizability
~ **zastosowania** usability
możliwy do sprawdzenia verifiable
możność *f* **przystosowania** adaptability
mównik *m* **mikrofonu** *telef.* mouthpiece
mrozić *v* freeze
mrozoodporność *f* freeze resistance, resistance to frost
mrozoodporny *a* freezeproof, frostproof
mroźnia *f* **domowa** *chłodn.* household freezer
mrożenie *n chłodn.* freezing
mrożonki *fpl spoż.* frozen food
mrożony *a* chilled; frozen
mróz *m* frost
mufa *f masz.* muff; sleeve
~ **kablowa** *el.* cable box
~ **rozdzielcza** *el.* branching box, bifurcating box
~ **trójnikowa** tee joint
mufla *f* (*pieca*) muffle
multimetr *m el.* multimeter, volt-ohm-milliammeter
multipleks *m telegr.* multiplex
multiplet *m* **izospinowy** *nukl.* isomultiplet, isospin multiplet, particle multiplet
~ **ładunkowy** *zob.* **multiplet izospinowy**
multiwibrator *m el.* multivibrator
muł *m* slime, sludge, silt, mud
~ **płuczkowy** *wzbog.* slurry
~ **wiertniczy** bore mud
mułowiec *m petr.* mudstone
muon *m fiz.* mu-meson, muon
mur *m bud.* masonry; brickwork; walling
~ **ogniowy** fire-wall, fire partition
~ **oporowy** retaining wall
~ **podwójny** cavity wall
~ **suchy** dry wall

murarstwo *m* masonry; brickwork
murarz *m* mason, bricklayer
~ **dołowy** *górn.* waller
murowanie *n* bricklaying
murowany *a* (made of) brick
mursz *m drewn.* rot, decay
musować *v* effervesce
musowanie *n* effervescence
muszka *f* **1.** *wojsk.* foresight, muzzle sight **2.** *odl.* thickness piece
myć *v* wash
mydliny *fpl* suds
mydło *n* soap
~ **metaliczne** metallic soap
~ **naftenowe** naphthenic soap
~ **przetłuszczone** superfatted soap
~ **rdzeniowe** curd soap, grain soap
~ **wapniowe** calcium soap, lime soap
~ **żywiczne** rosin soap
myjnia *f* washing stand
myszkowanie *n lotn.* snaking; *żegl.* yawing
myśliwiec *m lotn.* fighter

N

na biegu *mot.* in gear
na godzinę per hour, hourly
na holu in tow
na jednostkę per unit
na kant (*ułożony*) on end; edgewise, edgeways
na licencji under licence
na małych obrotach at idling speed
na orbicie *kosm.* in orbit
na osi odciętych *mat.* on the axis of abscissae
na osi rzędnych *mat.* on the axis of ordinates
na pełnych obrotach at full speed
na płask flatwise
na podstawie... on the basis of...
na poduszce powietrznej *lotn.* cushion-borne
na pokładzie aboard, on board
na poziomie morza at sea level
na poziomie ziemi *inż.* on grade
na prąd sieciowy *el.* mains-operated
na raty *ek.* by instalments
na stałych obrotach at constant speed
na statku *żegl.* aboard, on board
na styk butt (joint)
na tle... against a background of...
na tranzystorach transistorized
na wielką skalę on a large scale
na wlocie at the intake
na własnym rozrachunku financially self-supporting
na wolnym powietrzu outdoors, out-of-doors
na wylocie at the outlet
na zakładkę lap (*joint*)
na zamówienie against order
na zewnątrz reaktora *nukl.* out-of-pile
na zlecenie under contract
na żądanie on request, on demand
na żywo *rad., TV* live (*broadcast*)
nabiegunnik *m el.* pole shoe, pole piece
nabierać *v* **prędkości** gain speed, gather speed, accelerate
~ **wysokości** *lotn.* gain height, climb
nabijać *v* (*broń*) load, charge
nabijak *m górn.* tamper, tamping bar, stemmer, stemming rod
nabla *f mat.* nabla, del
nabojnica *f górn.* blaster
nabój *m* **1.** cartridge; round of ammunition **2.** (*materiału wybuchowego*) charge **3.** *hutn., odl.* charge
~ **ostry** *wojsk.* live round
~ **ślepy** *wojsk.* blank cartridge, dummy round
nabór *m* (*np. pracowników*) recruitment
nabrzeże *n inż.* quay, wharf
nabywać *v* **1.** purchase, buy **2.** acquire (*experience*)
nabywca *m* purchaser, buyer
nachylenie *n* inclination, slope; batter; tilt; pitch, gradient
~ **krzywej** *geom.* slope of a curve
~ **magnetyczne** *geofiz.* magnetic inclination, magnetic dip
nachylony *a* inclined, sloping
naciąg *m* pull; tension
~ **migawki** *fot.* shutter spring drive
naciągać *v* **1.** stretch; strain; tighten **2.** pull over **3.** *zeg.* rewind
nacięcie *n* incision, indentation, nick; notch
nacinak *m obr.plast.* slitting die
nacinanie *n obr.plast.* slitting (*stamping operation*)
~ **gwintu** *obr.skraw.* screw cutting
~ **karbów** *obr.skraw.* notching
~ **rowków** *obr.skraw.* chasing

nacisk *m* pressure; thrust
~ **jednostkowy** pressure per unit area, unit pressure
naciskać *v* press; thrust
~ **guzik** press a button
~ **hamulce** apply brakes
naczepa *f mot.* semi-trailer, articulated trailer
naczynia *npl* **połączone** *hydr.* communicating vessels, connected vessels
naczynie *n* vessel
~ **ciśnieniowe** pressure vessel
~ **Dewara** vacuum flask, Dewar flask
~ **miarowe** *lab.* measuring vessel, calibrated measure
~ **Ponceleta** *hydr.* danaide
naczynko *n* **wagowe** *lab.* weighing bottle
nad poziomem morza above sea level
nadający się do obróbki workable
nadający się do przetwarzania automatycznego *inf.* machine-readable, machinable
nadający się do użytku usable, fit for use; serviceable
nadający się do wielokrotnego użycia reusable
nadajnik *m el.* transmitter, sender
~ **-odbiornik** *rad.* transceiver
~ **radiowy** radio transmitter
~ **telewizyjny** television transmitter
nadawać *v* send (*signal*, *message*); *rad.* transmit
~ **kształt** shape, form
~ ~ **opływowy** streamline
~ ~ **prostokątny** square
~ **połysk** polish
~ **program telewizyjny** broadcast television program
~ **przez radio** broadcast, transmit, be on the air
~ **ruch** impart motion, impart movement
~ **zbieżność** taper
nadawanie *n rad.* transmission
nadawca *m* sender
nadawczo-odbiorczy *a el.* sending-receiving
nadążny *a aut.* follow-up
nadbieg *m mot.* overdrive, step-up gear
nadbiornik *m rad.* transceiver
nadbudowa *f* superstructure
nadbudówka *f okr.* superstructure
nadburcie *n okr.* bulwark
nadchloran *m chem.* perchlorate
nadciecz *f fiz.* superfluid
nadciekłość *f fiz.* superfluidity
nadcinak *m obr.plast.* slitting die
nadcinanie *n obr.plast.* slitting (*stamping operation*)
nadciśnienie *n* positive gauge pressure, pressure above atmospheric; overpressure
nadczulenie *n fot.* hypersensitization
naddatek *m* (*materiału*) allowance (*excess material*)
~ **na obróbkę skrawaniem** machining allowance
naddźwiękowy *a aero.* ultrasonic, supersonic
nadfiolet *m fiz.* ultraviolet (radiation), UV
nadir *m astr.* nadir
nadkład *m górn.* overlay, overburden, baring, top, cover
nadkrytyczny *a nukl.* supercritical
nadlew *m* **1.** *odl.* riser head, top nob, sinkhead, feedhead, feeder **2.** *masz.* lug, boss
~ **spoiny** weld reinforcement
~ **wlewka** *hutn.* sinkhead of an ingot
nadliczbowy *a* supernumerary
nadmanganian *m chem.* permanganate
~ **potasowy** potassium permanganate
nadmiar *m* excess, surplus; *inf.* overflow
~ **mocy** *siln.* excess power, surplus power
~ **neutronów** *nukl.* neutron excess
~ **powietrza** (*przy spalaniu paliw*) excess air
nadmierność *f* (*jako środek zwiększania niezawodności systemu*) redundancy
nadmierny *a* excessive, superfluous
nadmuchiwanie *n* inflation; blowing
nadmuchiwarka *f* **rdzeni** *odl.* core blower, core-blowing machine
nadnapięcie *n* overvoltage, overpotential
nadobroty *mpl siln.* overspeeding
nadplastyczność *f met.* superplasticity
nadpłynność *f fiz.* superfluidity
nadpotencjał *m* overpotential, overvoltage
nadprądowy *a* (*przyrząd*) *el.* overcurrent
nadprodukcja *f ek.* overproduction
nadproże *n bud.* lintel; head, header
nadprzewodnictwo *n fiz.* superconductivity
nadprzewodnik *m fiz.* superconductor
nadprzewodzący *a fiz.* superconductive
nadruk *m poligr.* surprint, overprint
nadrzędny-podległy *a inf.* master-slave
nadsiarczan *m chem.* persulfate
nadsięwłom *m górn.* rising heading, rise drift, riser
nadsłyszalny *a aero.* ultrasonic, supersonic
nadsprzężenie *n fiz.* hyperconjugation
nadsterowność *f* (*samochodu*) *mot.* oversteering
nadstop *m met.* superalloy
nadstruktura *f kryst.* superlattice, superstructure

nadszybie *n górn.* shaft top, (pit) bank, pit-brow
nadtlenek *m chem.* peroxide
~ **wodoru** hydrogen peroxide, hydrogen dioxide
nadwaga *f* overweight, excessive weight, surplus of weight
nadwodzie *n* **1.** *okr.* upperworks, above--water body **2.** *ocean.* backshore (beach), back beach
nadwozie *n* body; bodywork
~ **samochodu** motor-car body
~ **samoniosące** *mot.* integral body, monobuilt body
~ **samowyładowcze** dump body (*of a truck*)
~ **wagonu** *kol.* rail-car body
nadwoziownia *f* body shop
nadwymiarowy *a* oversize
nadwyżka *f* surplus, excess
~ **ciężaru** overweight, excessive weight, surplus of weight
nadziarno *n* mesh fraction, plus mesh, plus sieve, shorts; oversize particles (*in powder*); *wzbog.* overmatter
nadzieja *f* **matematyczna** *mat.* mathematical expectation, expected value, EV
nadziemny *a* above-ground, overground
nadzorować *v* supervise, oversee, exercise control (over...)
nadzór *m* supervision; attendance
~ **techniczny** engineering supervision
nadżerka *f met.* pit; speck
naelektryzować *v* electrify
naelektryzowany *a* electrified
nafta *f* kerosene, kerosine, lamp oil
naftalen *m chem.* naphthalene
nafteny *mpl chem.* naphthenes, cycloparaffins
nagar *m siln.* carbon deposit
naglinowywanie *n obr.ciepl.* aluminizing, calorizing, alitizing
nagła awaria *f* sudden failure
nagła potrzeba *f* emergency
nagłaśnianie *n elakust.* sound amplification
nagłe obniżenie *n* **napięcia** *el.* voltage dip
nagłówek *m* heading, caption, headline
nagłówniak *m narz.* rivet set, rivet header
nagły *a* abrupt, sudden
nagły wzrost *m* **ciśnienia** pressure surge
nagły wzrost *m* **prądu** *el.* current rush, rush of current
nagniatak *m narz.* burnishing tool, burnisher
nagniatanie *n* (*obróbka wykończająca*) burnish(ing)
nagodzina *f nukl.* inhour, inverse hour
nagranie *n* **dźwiękowe** sound recording
nagromadzenie *n* accumulation; piling-up
nagrywanie *n* **dźwięku** sound recording
nagrzany do czerwonego żaru red-hot
nagrzewać *v* heat
~ **do temperatury...** bring up to a temperature of..., heat to a temperature of...
~ **się** become heated
nagrzewanie *n* heating
~ **elektryczne** electric heating, electroheat
~ **indukcyjne** induction heating, eddy--current heating
~ **miejscowe** local heating, selective heating
~ **oporowe** resistance heating
~ **pojemnościowe** capacity current heating, dielectric heating
~ **prądami wielkiej częstotliwości** high--frequency heating, radio-heating
~ **promiennikowe** infrared heating
~ **silnika** engine warm-up, heating-up the engine
nagrzewarka *f hutn.* electric heating unit
nagrzewnica *f* heater
~ **dmuchu** *hutn.* hot-blast stove, blast--furnace stove
najlepszy gatunek *m* top grade
najmniejsza wspólna wielokrotność *f mat.* least common multiple, lcm
najmniejszy wspólny mianownik *m mat.* least common denominator, lcd
najniższy bieg *m mot.* bottom gear, first speed
największa dopuszczalna prędkość *f* (*pojazdu*) speed limit
największy wspólny dzielnik *m mat.* highest common factor, hcf, greatest common divisor, gcd
najwyższa jakość *f* (*znak międzynarodowy*) super quality, SQ
najwyższe napięcie *n el.* extra-high voltage, ehv; extra-high tension, eht
najwyższy bieg *m mot.* top gear, high speed
nakiełek *m obr.skraw.* centre hole
nakiełkowanie *n obr.skraw.* centring
naklejać *v* glue, stick on
naklejka *f* label
nakład *m* **1.** input; *ek.* outlay **2.** *poligr.* impression **3.** *poligr.* stock (*of printed matter*); run
nakładać *v* put on; superimpose; overlay
~ **opony** *mot.* tyre
~ **powłokę** coat, apply a coating
nakładka *f* **1.** cover plate; strap; welt **2.** *narz.* bit

~ **programu** *inf.* overlay
~ **stykowa** **1.** fish plate, tie plate, shin **2.** *el.* contact tip
nakłady *mpl* **inwestycyjne** *ek.* capital expenditure, investment outlay
nakłuwacz *m* **cyrkla** *rys.* divider point, needle point of compasses
nakłuwać *v* prick
nakolanniki *mpl* knee pads
nakręcać *v* **nakrętkę** screw on a nut
~ **zegar** wind a clock
nakrętka *f* **1.** *masz.* nut **2.** screw cap
~ **czworokątna** square nut
~ **kapturkowa** acorn nut, cap nut, blind nut
~ **koronowa** castellated nut
~ **łącząca** union nut
~ **mocująca** clamp nut
~ **motylkowa** *zob.* **nakrętka skrzydełkowa**
~ **napinająca** turnbuckle, right-and-left nut, screw shackle
~ **okrągła** round nut
~ **radełkowana** knurled nut, thumb nut
~ **rzymska** *zob.* **nakrętka napinająca**
~ **skrzydełkowa** wing-nut, butterfly nut
~ **sześciokątna** hexagon nut
~ **uwięziona** captive nut
~ **wciskana** push-on nut
~ **wieńcowa** collar nut, ring nut, flanged nut
~ **zabezpieczająca** securing nut, lock-nut, retaining nut
~ **zabezpieczona** locked nut
nakrój *m* (*np. gwintownika*) *narz.* chamfer
nakrywka *f* cap; cover
nalewać *v* **1.** pour **2.** infuse
~ **do pełna** top up, full up
należność *f* *ek.* charge, dues
nalot *m* **1.** *lotn.* air raid; target run **2.** tarnish; bloom (*on the surface*) **3.** *leśn.* wilding
naładowany *a* charged; loaded
namagnesowanie *n* *fiz.* magnetization
namiar *m* **1.** *nawig.* bearing **2.** *hutn.* burden; foundry mixture
~ **radiowy** *nawig.* radio bearing
namiarowanie *n* (*proporcji składników wsadu*) *hutn.* (blast-furnace) burdening
namiastka *f* substitute, surrogate
namiernik *m* *nawig.* direction-finder
namierzać *v* *nawig.* take a bearing, take bearings
namiot *m* tent
namoknięty *a* waterlogged
namulanie *n* *geol.* aggradation; *inż.* silting-up
namuł *m* *geol.* aggradate mud, warp
namurnica *f* *bud.* wall plate, rafter plate
nano- nano- (*prefix representing* 10^{-9})
nanosić *v* *geol.* drift
~ **na mapę** map, plot
~ **poprawki** correct, make corrections
napalm *m* *wybuch.* napalm
naparowywanie *n* **próżniowe** (*cienkich warstw*) *elektron.* vacuum evaporation technique, vapour deposition, vacuum plating
naparzać *v* **1.** infuse **2.** *włók.* steam
napawanie *n* **1.** *włók.* padding **2.** *spaw.* (sur)facing by welding, padding, pad welding
napełniacz *m* *tw.szt., gum.* filler, extender
napełniać *v* fill
napełnianie *n* **beczek** barrelling
~ **butelek** bottling
~ **ponowne** refilling, replenishing
~ **worków** sacking
~ **zbiornika** tankage
napęd *m* **1.** *masz.* drive; power transmission; power feed **2.** propulsion
~ **akumulatorowy** battery drive
~ **bezpośredni** direct drive
~ **bezstopniowy** variable-speed drive, infinitely variable drive
~ **elektryczny** electric drive
~ **grupowy** group drive
~ **hydrauliczny** fluid drive
~ **indywidualny** individual drive
~ **jądrowy** nuclear propulsion
~ **łańcuchowy** chain drive
~ **mechaniczny** power drive
~ **na cztery koła** *mot.* four-wheel drive
~ **na przednie koła** *mot.* front-wheel drive
~ **na tylne koła** *mot.* rear drive
~ **nuklearny** nuclear propulsion
~ **odrzutowy** jet propulsion, reaction propulsion
~ **parowy** steam propulsion, steam drive
~ **pasowy** belt drive
~ **rakietowy** rocket propulsion
~ **ręczny** hand operation
~ **silnikowy elektryczny** motor drive
~ **strugowodny** *okr.* hydraulic jet propulsion
~ **śmigłowy** airscrew propulsion
~ **turbinowy** turbine propulsion
~ **wielopasowy** multiple-belt drive
~ **wodny** water drive
napędowy *a* driving, motive
napędzać *v* **1.** drive **2.** propel
napędzany mechanicznie power-driven
napięcie *n* **1.** tension **2.** *el.* voltage
~ **doprowadzone** applied voltage, impressed voltage

~ **elektryczne** voltage
~ **fazowe** phase voltage
~ **jałowe** off-load voltage, open-circuit voltage
~ **międzyfazowe** phase-to-phase voltage, voltage between phases
~ **na zaciskach** terminal voltage
~ **nadmierne** excess voltage
~ **najwyższe** extra-high voltage, ehv; extra-high tension, eht
~ **nieustalone** transient voltage
~ **niskie** low voltage; low tension
~ **obniżone** reduced voltage
~ **powierzchniowe** *hydr.* surface tension
~ **probiercze** test voltage, proof voltage
~ **przebicia** breakdown voltage, puncture voltage
~ **przeskoku iskry** sparking voltage, flashover voltage
~ **przy obwodzie otwartym** *zob.* **napięcie jałowe**
~ ~ ~ **zamkniętym** *zob.* **napięcie robocze**
~ **przyłożone** *zob.* **napięcie doprowadzone**
~ **robocze** closed-circuit voltage, on-load voltage, working voltage
~ **sieci przemysłowej** power voltage
~ **skuteczne** effective voltage, rms (*root-mean-square*) voltage
~ **sterujące** control voltage, driving potential
~ **stykowe** contact potential difference
~ **szczytowe** peak voltage, crest voltage
~ **udarowe** impulse voltage
~ **ustalone** steady voltage
~ **użytkowe** utilization voltage
~ **wejściowe** input voltage
~ **wyjściowe** output voltage
~ **wysokie** high voltage; high tension, H.T.
~ **wytrzymywane** withstand voltage
~ **znamionowe** voltage rating, rated voltage
napięty *a* tight, tense
napinacz *m* **pasa** (*pędnianego*) *masz.* belt stretcher, belt tightener, straining pulley
napinać *v* tighten; stretch; strain; stress
napis *m* (*tekstowy*) *inf.* text string
napływowy *a geol.* alluvial
napoina *f spaw.* padding weld
napowietrzanie *n* aeration, air admission
napowietrzny *a* aerial; overhead
napór *m* (total) pressure; thrust; *hydr.* total pressure head
~ **hydrodynamiczny** hydrodynamic thrust
~ **hydrostatyczny** hydrostatic thrust
naprawa *f* repair
~ **bieżąca** running repair
~ **doraźna** emergency repair, damage repair
~ **drobna** minor repair, small repair
~ **główna** major repair, general overhaul
~ **okresowa** routine repair
naprawiać *v* repair; make good; rectify
naprawialny *a* reparable
naprężacz *m* **pasa** (*pędnianego*) *masz.* belt stretcher, belt tightener, straining pulley
naprężać *v* stress; tighten; strain; stretch
naprężenia *npl mech.* stresses, *zob. też* **naprężenie**
~ **cieplne** temperature stresses, thermal stresses
~ **mikroskopowe** microscopic stresses, microstresses, textural stresses
~ **składowe** components of stress
~ **własne** internal stresses
naprężenie *n mech.* stress, intensity of stress, *zob.też* **naprężenia**.
~ **bezpieczne** *zob.* **naprężenie dopuszczalne**
~ **dopuszczalne** allowable stress, permissible stress
~ **główne** principal stress
~ **krytyczne** buckling stress, critical compressive stress
~ **niszczące** crippling stress, breaking stress
~ **normalne** normal stress
~ **rozciągające** tensile stress, negative stress
~ **rzeczywiste** actual stress, true stress, effective stress
~ **skręcające** torsional stress
~ **sprowadzone** *zob.* **naprężenie zastępcze**
~ **styczne** shear(ing) stress, tangential stress
~ **ścinające** *zob.* **naprężenie styczne**
~ **ściskające** compressive stress, positive stress
~ **udarowe** impact stress
~ **zastępcze** reduced stress
~ **zginające** bending stress
~ **zmęczeniowe** fatigue stress
~ **zredukowane** *zob.* **naprężenie zastępcze**
napromieniać *v radiol.* irradiate
napromieniowanie *n* **zawodowe** *radiol.* occupational exposure
naprowadzanie *n* **pocisku na cel** missile homing guidance
naprzemianległy *a* alternate; alternating
naprzemienny *a* alternate
napylać *v* dust, sprinkle with powder
napylanie *n* **katodowe** *elektron.* (cathode) sputtering, deposition of thin films by sputtering
narastanie *n* accretion, buildup
narażenie *n* **klimatyczne** climatic stress, climatological hazard
~ **korozyjne** corrosion hazard, corrosion danger

narost *m* accretion, buildup; *hutn.* bear, sow
naroże *n bud.* corner, quoin
~ **dachu** roof hip
narożnik *m* **1.** *bud.* corner, quoin **2.** side outlet (pipe) fitting, side outlet elbow
nartowiec *m* hydroski vehicle, hydroski craft
naruszyć *v* **równowagę** unbalance, upset (the balance)
narzędzie *n* tool; instrument; implement; utensil
~ **pomiarowe** gauge; measuring instrument
~ **ratunkowe** *wiertn.* fishing tool
~ **ręczne** hand tool
~ ~ **o napędzie mechanicznym** power tool
~ **skrawające** cutting tool
~ **wiertnicze** boring tool, drilling tool
narzędziowiec *m* toolmaker
narzędziownia *f* tool-room, tool(-maker's) shop
narzucarka *f odl.* sand-slinger
narzut *m* **1.** *bud.* floating (coat) **2.** *drog.* fill, rip-rap **3.** *inf.* overhead **4.** *ek.* overheads
~ **kamienny** *inż.* rock filling, rubble bed
narzynka *f obr.skraw.* threading die, screw(ing) die, die nut
~ **dzielona** sectional screw die, sectoral screw die
~ **niedzielona** solid screw die
nasada *f* **budowli** (*np. pirsu, tamy*) *inż.* root
nasadka *f* cap, thimble, attachment
~ **metalowa** ferrule
~ **zmiękczająca** *fot.* diffusion disk, diffuser, softening screen
nasiarczanie *n obr.ciepl.* sulfurizing, sulfiding
nasiąkać *v* soak, imbibe
nasiąkliwość *f* absorbability
nasiennictwo *n roln.* seed production
nasilenie *n* intensity
~ **ruchu** traffic density
nasiona *npl* **oleiste** oil seeds
naskórek *m met.* skin
naskórkowość *f* (*prądu elektrycznego*) *el.* (Kelvin) skin effect
nasłonecznienie *n* insolation, sun exposure
naspawanie *n spaw.* (sur)facing by welding, padding, pad welding
naspoina *f spaw.* overlay weld
nastawa *f* (*np. regulatora*) setting
nastawiać *v* adjust; set; *obr.skraw.* set up
~ **miano** *chem.* standardize
~ **na ostrość** *fot.* focus, focalize
~ **na zero** *metrol.* set to zero
~ **zwrotnicę** *kol.* switch
nastawnia *f* control station, control room; *kol.* signal box, signal tower; *US* switch tower
nastawnik *m aut.* controller, regulating unit
nastawny *a* adjustable
następny *a* following; successive; consecutive
następstwo *n* succession, sequence, order
nasuwać *v* slide over; *geol.* thrust
nasuwka *f masz.* sleeve, muff
nasycać *v* saturate; imbue; soak; impregnate
nasycanie *n chem.* saturation; impregnation
~ **drewna** wood treatment
nasycenie *n* **barwy** *opt.* chromaticity, colour saturation
~ **magnetyczne** magnetic saturation
nasycony *a* saturated; impregnated
nasyp *m* embankment, bank
~ **kolejowy** railway embankment
naśladować *v* simulate
naśladownik *m aut.* simulator
naświetlacz *m* flood-light
naświetlać *v fot.* expose
naświetlanie *n fot.* exposure
naświetle *n* **drzwiowe** *bud.* transom
naświetlenie *n fot.* **1.** exposure, quantity of illumination **2.** shot
natapianie *n spaw.* surfacing, building-up
~ **twardymi stopami** hard surfacing, hard--facing
natężenie *n* intensity
~ **dźwięku** sound intensity, volume
~ **napromienienia** irradiance, radiant flux density
~ **oświetlenia** *opt.* illumination, illuminance, luminous flux density
~ **pola** *fiz.* field intensity, field strength
~ **prądu** *el.* current intensity, current strength
~ **promieniowania** *fiz.* radiation intensity
~ **przepływu** *mech.pł.* rate of flow, intensity of flow
~ ~ **ciężarowe** weight rate of flow
~ ~ **masowe** mass rate of flow, mass flow
~ ~ **objętościowe** volumetric flow rate, volume flow
~ **ruchu ulicznego** street traffic volume
~ **światła** *opt.* luminous intensity, light intensity
natleniać *v chem.* oxygenate
natłuszczać *v* oil; grease
natryskiwać *v* spray
natryskiwanie *n powł.* spraying
~ **elektrostatyczne** electrostatic spraying
~ **płomieniowe** flame spraying

naturalnej wielkości full-size
natychmiastowy *a* instantaneous, immediate, prompt
nauczanie *n* education, teaching
nauka *f* **1.** science **2.** (*w rzemiośle*) apprenticeship
~ **o ochronie środowiska** environmental science
nauki *fpl* **przyrodnicze** natural sciences
~ **stosowane** applied sciences
~ **ścisłe** exact sciences
~ **techniczne** technology; technical sciences
naukowa organizacja *f* **pracy** scientific management
naukowiec *m* scientist
naukowy *a* scientific
nawa *f* **hali fabrycznej** bay in a factory
nawadnianie *n roln.* irrigation, watering
~ **deszczujące** sprinkling (irrigation)
nawalcowywanie *n* **gwintu** thread rolling
nawanianie *n* **gazu** *chem.* gas odorizing
nawapnianie *n roln.* liming
nawarstwiać *v* **się** build up; pile up
nawęglanie *n* **1.** *obr.ciepl.* carburization, carburizing **2.** coaling (*of ships and steam locomotives*)
nawiasy *mpl* brackets
~ **klamrowe** braces, curly brackets
~ **kwadratowe** square brackets
~ **okrągłe** parentheses, round brackets
~ **ostre** angle brackets, broken brackets
nawiercanie *n obr.skraw.* spot drilling, spotting
nawiertak *m narz.* spotting drill, spotter
nawierzchnia *f* **drogi** road surface, pavement
~ **kolejowa** *kol.* track structure, permanent way
~ **tłuczniowa** macadam
nawietrzanie *n* aeration
nawietrzny *a* windward (*direction*); weatherly (*ship*)
nawiewnik *m okr.* (intake) ventilator
nawigacja *f* navigation
nawigator *m* navigator
~ **automatyczny** autonavigator
nawijać *v* wind; coil
~ **na bęben** reel
nawijarka *f masz.* winder; reeler; wind--up reel; winding reel
nawilżacz *m* moistener, humidifier, damper
nawilżać *v* moisten, humidify, damp, wet
nawilżarka *f włók.* damping machine, damper, dewing machine
nawlekać *v* thread
nawozić *v roln.* fertilize; manure
nawóz *m* **naturalny** *roln.* manure; dressing
~ **sztuczny** (chemical) fertilizer, artificial manure
nawracać *v* reverse, turn back
nawrotnik *m el.* reversing switch, reverser
nawrotny *a* reversible
nawrót *m masz.* reverse, reversal
naziom *m inż.* surcharge, overburden
nazwa *f* name
~ **firmowa** brand name; trade-mark
negacja *f* **1.** *inf.* negation, NOT function, NOT-operation **2.** *mat.* denial, negation
negaton *m fiz.* negatron, negative electron
negator *m inf.* NOT element
negatron *m zob.* **negaton**
negatyw *m fot.* negative
negatywny *a* negative
neodym *m chem.* neodymium, Nd
neon *m* **1.** *chem.* neon, Ne **2.** neon display
neonówka *f* neon lamp, neon discharge tube
neopren *m gum.* neoprene
neper *m jedn.* neper, napier, Np
neptun *m chem.* neptunium, Np
netto *a* net (*weight*)
neuristor *m elektron.* neuristor
neutralizacja *f* neutralization
neutralizować *v* **1.** *chem.* neutralize **2.** *el.* neutralize
neutralny *a* neutral
neutretto *n fiz.* neutretto
neutrino *n fiz.* neutrino
neutron *m fiz.* neutron
neutrosfera *f geofiz.* neutrosphere
nibygwiazda *f astr.* quasar, quasi-stellar object
nichrom *m met.* nichrome, chrome-nickel
niciarka *f* **1.** riveting machine, riveter; riveting press **2.** *włók.* ply-twister **3.** *poligr.* book sewer, sewing machine
niciarz *m* riveter, rivet driver (*worker*)
nicielnica *f włók.* harness
nić *f* thread
nie-liczba *inf.* not-a-number
nie przepuszczający światła lightproof
nie przepuszczający wody waterproof
nieaktywny *a* inactive
niebezpieczeństwo *n* danger; hazard; distress
~ **dla zdrowia** health hazard
~ **pożaru** fire hazard, fire risk
~ **radiacyjne** radiation hazard
niebezpieczny *a* dangerous; hazardous
niebiegunowy *a* non-polar
niebo *n astr.* sky

niecia̧gły *a* discontinuous; discrete; intermittent
niecka *f* **1.** trough **2.** *geol.* trough; basin
nieczuły *a* insensitive; insensible (*instrument*)
nieczynny *a* **1.** idle; out of action, out of operation; out of blast (*of a furnace*) **2.** *chem.* inert, inactive
niedobór *m* deficiency; defect; shortage; scarcity
~ **elektronowy** electron deficiency
~ **masy** *fiz.* mass defect
niedojrzały *a* green; immature; unripe
niedokładny *a* inaccurate; inexact
niedolew *m odl.* misrun (casting), short run casting
niedoładowanie *n* underloading; undercharge
niedomaganie *n* malfunctioning; trouble; defect (*in operation*)
~ **silnika** engine trouble
niedomiar *m inf.* underflow
niedopasowanie *n* misfit, mismatch
niedoprzęd *m włók.* roving
niedopuszczalny *a* inadmissible
niedoskonały *a* imperfect
niedostateczny *a* insufficient; inadequate
niedostatek *m* shortage, scarcity, lack
niedostępny *a* inaccessible
niedostrojenie *n rad.* mistuning
niedostrzegalny *a* imperceptible; invisible
niedoświetlenie *n fot.* under-exposure
niedotarty *a mot.* running-in
niedoważenie *n* deficiency of weight, short weight, underweight
niedowołanie *n fot.* under-development
niedrożny *a* choked (*pipe*, *duct*)
nieelektrolit *m* non-electrolyte
niegniotliwy *a włók.* crease resistant, uncreasable, creaseproof
niehartowny *a obr.ciepl.* non-hardenable, unhardenable
nieizolowany *a* bare, not insulated
niejednorodny *a* heterogeneous, non-homogeneous
niejednostajny *a* non-uniform
niekoksujący *a* non-coking
niekompatybilność *f* incompatibility
niekontrolowany *a* out of control
niekorodujący *a* non-corrosive, non-corrodible
niekurczliwy *a włók.* shrinkproof, unshrinkable
nielepki *a* inviscid
nieliniowy *a* nonlinear
nielotny *a chem.* non-volatile; fixed
niełamliwy *a* unbreakable
niemagnetyczny *a* non-magnetic
niemetal *m* non-metal, non-metallic element, metalloid
niemetaliczny *a* non-metallic
niemierzalny *a* non-measurable
niemieszalny *a* immiscible
niemnący *a włók.* creaseproof, crease resistant, uncreasable
nienasycony *a* non-saturated, unsaturated, undersaturated
nienormalny *a* abnormal; anomalous
nieobecność *f* absence
nieobrobiony *a* rough
nieoczyszczony *a* crude; unrefined
nieodwracalny *a* irreversible, non-reversible
nieograniczony *a* unlimited; unbounded; unrestricted
nieokrągły *a* out-of-round
nieokresowy *a* aperiodic
nieokreślony *a* indeterminate, undeterminate, indefinite
nieopakowany *a* unpacked; loose
nieopłacalny *a* unprofitable, profitless, unremunerative
nieorganiczny *a* inorganic
nieosiągalny *a* inaccessible; unobtainable
nieosłonięty *a* uncovered, bare, naked
nieostrość *f* **obrazu** *TV* image blurring
nieostrożne obchodzenie się careless handling
nieostry *a* (*obraz*) *fot.* out of focus; *TV* blurred
nieoznaczalny *a* indeterminable, undeterminable
nieoznaczony *a* indeterminate, undeterminate
niepalny *a* incombustible, non-combustible, non-flammable
nieparzystość *f inf.* odd parity
nieparzysty *a mat.* odd, uneven
niepewny *a* unreliable; uncertain
niepłaski *a* out-of-flat; *geom.* non-planar
niepodzielny *a* indivisible
niepoprawność *f* **wskazań** (*przyrządu pomiarowego*) *metrol.* bias error
niepoprawny *a* incorrect
nieporęczny *a narz.* unwieldy
nieprawidłowość *f* abnormality, anomaly; irregularity
nieprawidłowy *a* abnormal, anomalous; irregular
nieproduktywny *a* unproductive
nieproporcjonalny *a* out-of-proportion
nieprostoliniowość *f* misalignment
nieprzechodni *a mat.* nontransitive, intransitive

nieprzeciekający *a* leakproof
nieprzeliczalny *a mat.* uncountable, non--enumerable
nieprzemakalny *a* waterproof
nieprzenikalny *a* impenetrable; impervious
nieprzenośny *a* stationary
nieprzepuszczający promieniowania radiopaque
nieprzepuszczalny *a* impermeable, impervious
nieprzerobiony *a* raw, unprocessed; crude
nieprzerwany *a* continuous, perpetual; non-stop
nieprzewodnik *m fiz.* non-conductor, insulator
nieprzewodzący *a* non-conducting
nieprzezroczysty *a* opaque
nieprzywiedlny *a mat.* irreducible
niepusty *a mat.* non-void, non-empty
nierdzewny *a* rustless, stainless, rust-proof, non-rusting
nieregularny *a* irregular
nieresorowany *a* unsprung
nierozciągliwy *a* inextensible
nierozdzielny *a* inseparable; integral
nierozkładający się *chem.* indecomposable, undecomposable
nierozkładalny *a mat.* irreducible, indecomposable
nierozpuszczalny *a* insoluble
nierozpuszczony *a* undissolved
nierozszczepialny *a nukl.* non-fissionable
nierównoboczny *a geom.* scalene
nierównoległy *a* out-of-parallel
nierównomierny *a* non-uniform
nierówność *f* **1.** *mat.* inequality **2.** roughness, unevenness; irregularity of surface
nierównowaga *f* unbalance
nierówny *a* **1.** unequal **2.** uneven
nieruchomy *a* immovable, motionless; immobile, stationary, fixed
nieskażony *a nukl.* uncontaminated
nieskomplikowany *a* simple
nieskończenie mały *mat.* infinitesimal, infinitely small
nieskończoność *f mat.* infinity
nieskończony *a mat.* infinite
niespaw *m odl.* cold shut, cold lap; teeming arrest
niespójny *a* incoherent; disconnected
niesprawny *a* inefficient; unserviceable; out of order; non-operational
niesprężysty *a* inelastic
niesprzeczność *f mat.* consistency
niestabilny *a* unstable, labile
niestateczność *f* instability, unstability
niestrzeżony *a* unwatched
niesymetryczny *a* asymmetric(al), dissymetric(al), unsymmetric(al)
nieszczelność *f* leak, leakage
nieszczelny *a* leaky; untight
nieszczęśliwy wypadek *m* accident
nieszkodliwy *a* harmless
nieścieralny *a* indelible
nieściśliwy *a* incompressible
nieść *v* carry
nietoksyczny *a* atoxic
nietopliwy *a* infusible
nietrwały *a* unstable, labile; perishable; undurable
nietypowy *a* atypical
nieumyślny *a* unintentional
nieuporządkowany *a* disordered; random
nieuprawny *a roln.* uncultivated
nieurodzaj *m roln.* crop failure, bad crops
nieurodzajny *a roln.* barren, infertile
nieustalony *a* transient (*state*, *value*)
nieusuwalny *a* non-removable, unremovable; indelible
nieuwodniony *a chem.* unhydrated
nieużytki *mpl roln.* waste land, barren land, idle land
nieważki *a* weightless, agravic
nieważkość *f* weightlessness, zero gravity
niewiadoma *f mat.* unknown
niewidzialny *a* invisible
niewirowy *a fiz.* irrotational
niewłaściwe zastosowanie *n* misuse, misapplication
niewłaściwie umieszczony misplaced, out of position
niewłaściwy *a mat.* improper
niewód *m ryb.* seine (net)
niewrażliwy *a* insensitive
niewspółmierny *a mat.* incommensurable
niewspółosiowość *f* misalignment
niewspółosiowy *a* out-of-line, out of alignment.
niewspółśrodkowość *f* eccentricity
niewspółśrodkowy *a* eccentric
niewybuch *m* (*pocisku*) blind, dud, unexploded shell
niewyczuwalny *a* insensible
niewydajny *a* inefficient; unproductive
niewygodny *a* uncomfortable; inconvenient
niewykończony *a* unfinished
niewykwalifikowany *a* unskilled
niewymierny *a mat.* irrational, surd
niewypał *m* misfire; *górn.* missed hole, failed hole
niewyrównoważony *a* unbalanced, out-of--balance

niewystarczający *a* insufficient; unsatisfactory; inadequate
niewysychający *a farb.* non-drying
niewywrotny *a* stable; *żegl.* uncapsizable; self-righting
niewyznaczalny *a mat.* indeterminable
niezakłócony *a* undisturbed; trouble-free; free from interference
niezależny *a* independent; self-contained; autonomous
niezależny od czasu time independent
niezależny od kierunku non-directional
niezależny od temperatury temperature invariant
niezawodny *a* reliable, dependable
niezbędny *a* necessary; essential
niezdatny do użytku unserviceable
niezdolność *f* **do pracy** disability to work
niezgodność *f* **1.** discrepancy (*of results*); incompatibility **2.** *geol.* unconformity, disconformity (*of strata*)
niezgodny *a* inconsistent
niezidentyfikowany obiekt *m* **latający** unidentified flying object, UFO
niezłożony *a* simple
niezmienniczość *f mat., fiz.* invariance
niezmienność *f* **wskazań** (*przyrządu pomiarowego*) indication stability
niezmienny *a* invariable, steady, stationary
nieznaczny *a* insignificant; negligible
niezniszczalność *f* **materii** *fiz.* indestructibility of matter
niezniszczalny *a* indestructible
nieznormalizowany *a* nonstandard
niezupełny *a* incomplete; imperfect
niezwiązany *a* unbounded
niezwilżalny wodą water-repellent
nieżelazny *a* non-ferrous
nikiel *m chem.* nickel, Ni
niklowanie *n* nickel plating
niklowce *mpl chem.* nickel group (Ni, Pd, Pt)
nikol *m opt.* Nicol prism, nicol
niob *m chem.* niobium, Nb
niska jakość *f* poor quality, bad quality
niskie napięcie *n* low voltage; low tension
niskoaktywny *a nukl.* warm
niskostopowy *a met.* low-alloyed
niskotemperaturowy *a* low-temperature
niskotopliwy *a* fusible, low-melting
niskowartościowy *a* low-grade, low-class
niszczący *a* destructive
niszczyciel *m okr.* destroyer
niszczyć *v* devastate; destroy
nit *m* **1.** rivet **2.** *jedn.* nit: 1 nt = 1 cd/m^2 **3.** *inf.* natural unit, nit, nepit
~ **wpuszczany** countersunk rivet
nitka *f* thread
nitokołek *m* rivet pin
nitośruba *f* (*łącznik*) screw rivet
nitowanie *n* riveting
~ **maszynowe** machine riveting
~ **nakładkowe** butt riveting
~ **przestawne** diagonal riveting, staggered riveting, zigzag riveting
~ **wpuszczane** flush riveting
~ **zakładkowe** lap riveting
nitowkręt *m* clinch bolt, barbed stud
nitownica *f* riveting machine, riveter; riveting press
nitownik *m narz.* squeeze riveter
nitracja *f chem.* nitration
nitrobenzen *m chem.* nitrobenzene
nitroceluloza *f chem.* cellulose nitrate, nitrocellulose
nitrogliceryna *f wybuch.* nitroglycerine
nitronawęglanie *n obr.ciepl.* dry cyaniding, carbonitriding, ni-carbing
nitrowanie *n chem.* nitration
nitryfikacja *f chem.* nitrification
nitryl *m chem.* nitrile
niuton *m jedn.* newton, N
niutonometr *m jedn.* newton-meter of torque, N-m
niwelacja *f geod.* levelling
niwelator *m geod.* levelling instrument, surveyor's level
niweleta *f geod.* formation line; grade line
niwelować *v* level
niż *m* **1.** *meteo.* low, depression **2.** *geol.* depression
n-krotny *a mat.* n-tuple, n-fold
nobel *m chem.* nobelium, No
noktowizja *f* noctovision, night vision
noktowizor *m elektron.* infrared telescope, night vision device, noctovisor
nomenklatura *f* nomenclature
nominalny *a* nominal, rated
nomogram *m mat.* nomograph, nomogram, abac
nondeskryptor *m inf.* non-descriptor, forbidden term
noniusz *m metrol.* vernier; nonius
norma *f* standard
~ **czasu pracy** standard work time
~ **czynnościowa** standard practice instruction, code of practice
~ **jakościowa** standard of quality
~ **macierzy** *mat.* norm of a matrix
~ **międzynarodowa** international standard
~ **obowiązująca** mandatory standard, obligatory standard
~ **państwowa** national standard
~ **przedmiotowa** standard specification

~ **techniczna pracy** worktime standard
~ **technologiczna** process standard
~ **zakładowa** internal standard, company standard
normalizacja *f* standardization, standards engineering
normalizowanie *n* **1.** standardizing **2.** *obr.ciepl.* normalizing, normalization
normalna *f geom.* normal
normalność *f chem.* normality of solution, normal concentration
normalny *a* **1.** normal; standard **2.** *mat.* normal
normatyw *m* standard; standard value
normowanie *n* **pracy** (*techniczne*) work-study; time estimating
nos *m* **samolotu** nose of an aircraft
nosek *m* nose; nib
~ **młotka** hammer peen, hammer pane
nosiłki *pl bud.* hand barrow
nosiwo *n* material handled (*mechanically*)
nosze *pl bhp* stretcher
nośna *f* **fonii** *TV* sound carrier
~ **wizji** *TV* video carrier
nośnia *f masz.* bearing surface
nośnik *m* carrier; vehicle
~ **ciepła** heat carrier, heat-carring agent, heat-transfer medium
~ **danych** *inf.* data carrier, data medium
~ **ładunku** *fiz.* charge carrier
~ **mniejszościowy** *elektron.* minority carrier
~ **struktury** *elektron.* chip carrier
~ **większościowy** *elektron.* majority carrier
nośniki *mpl* **bliskie** material handling equipment
nośność *f* load (carrying) capacity
~ **dźwigu** hoisting capacity, lifting capacity
~ **łożyska** bearing capacity, bearing strength
~ **nawierzchni** *drog.* wheel load capacity
~ **statku** *okr.* deadweight (capacity), deadweight tonnage
~ **użyteczna** useful load
~ **wagi** weighing capacity, carrying power of the scales
nośny *a bud.* carrying
notacja *f mat.* notation
~ **dwójkowa** binary notation
~ **dziesiętna** decimal notation
~ **pozycyjna** positional notation
nowator *m* innovator
nowatorstwo *n* innovation
nowe srebro *n met.* argentan, alpaca, German silver
nowe wydanie *n* (*książki*) revised edition
nowelizacja *f* **normy** standard alternation, revision of a standard
nowoczesny *a* modern
nowolaki *mpl tw.szt.* novolaks
nożny *a* foot-operated
nożyca *f zob.* **nożyce 2.**
nożyce *pl* **1.** shear; shears **2.** *obr.plast.* shearing machine **3.** *wiertn.* jars; fall apparatus
~ **blacharskie** tinman's shears, tinner's shears
~ **dźwigniowe** alligator shears, crocodile shears; lever shear
~ **gilotynowe** guillotine (shear), gate shear
~ **krążkowe** rotary slitter, rotary cutter
~ **latające** flying shear
~ **mechaniczne** shearing machine
~ **ogrodnicze** pruning scissors, pruning shears, garden pruner
~ **ręczne do blach** snips
~ **wahadłowe** rocking shear, pendulum shear
~ **wibracyjne** (*do blachy*) nibbling machine, nibbler
~ **wielokrążkowe** gang slitter, gang slitting machine
~ **złomowe** scrap shear
nożyczki *pl* scissors
nóż *m* **1.** knife **2.** *obr.skraw.* cutting tool; cutter
~ **dłutowniczy** *obr.skraw.* hook tool
~ **do struga** *drewn.* plane iron, cutting iron, bit
~ **Fellowsa** *obr.skraw.* gear-shaper cutter, pinion cutter
~ **kablowy** *el.* hack knife, chipping knife
~ **krążkowy** *obr.skraw.* circular tool
~ **kształtowy** *obr.skraw.* form tool
~ **oprawkowy** *obr.skraw.* bit tool
~ **składany** (*kieszonkowy*) jack-knife
~ **strugarski** *obr.skraw.* planing tool, shaper tool; *drewn.* planer knife
~ **tokarski** turning tool, lathe tool
~ **z nakładką** (*z węglików spiekanych*) *obr.skraw.* tipped tool
nóżka *f* **cyrkla** leg of compasses
nóżki *fpl* (*lampy elektronowej*) pins, stems (*of an electronic valve*)
nukleacja *f kryst.* nucleation
nuklearny *a fiz.* nuclear
nukleon *m fiz.* nucleon, nuclear particle
nukleonika *f fiz.* nucleonics
nuklid *m fiz.* nuclide
~ **macierzysty** parent nuclide, nuclear parent
~ **pochodny** daughter nuclide
~ **promieniotwórczy** radioactive nuclide, radionuclide
nulka *f rys.* drop compasses, rotating compasses, twirler

numer *m* number
~ **kierunkowy centrali** *tel.* exchange code
~ **kodowy** code number
~ **kontrolny** check number
~ **rejestracyjny** *mot.* registration number
~ **seryjny** serial number
~ **sita** mesh number, count, sieve mesh
~ **telefonu** telephone number
~ **wewnętrzny** *telef.* extension number
numeracja *f* numeration, enumeration
~ **stron** pagination
numerator *m* number stamp, numbering machine
numerować *v* number
numeryczny *a inf.* numeric
nurek *m* diver
nurkowanie *n* **1.** *żegl.* dive, diving **2.** *lotn.* dive, diving
nurnik *m masz.* plunger
nurt *m* (*rzeki*) midstream, main stream
nutacja *f mech.* nutation

O

obca czcionka *f poligr.* bastard (type)
obcążki *pl narz.* pincers
obce ciało *n* foreign body, foreign matter
obce pióro *n drewn.* slip feather, slip tongue, loose tongue
obcęgi *pl narz.* pincers
obchodzić *v* by-pass
~ **się** handle
~ ~ **niewłaściwie** mishandle
~ ~ **ostrożnie** handle with care
obchód *m* (*kontrolny*) round
obciągacz *m obr.skraw.* honing tool
obciąganie *n* **1.** *obr.skraw.* honing (process) **2.** *obr.plast.* stretch drawing, stretch-draw forming, wrap forming
~ **obrotowe** *obr.plast.* rotary extrusion
~ **ściernic** dressing of grinding wheels, truing of grinding wheels
~ **uchwytami** *obr.plast.* stretch forming
obciągarka *f obr.plast.* stretch-forming machine, stretcher
obciągnięcie *n odl.* shrinkage depression, sink (*casting defect*)
obciążacz *m farb.* extender
obciążać *v* **1.** (apply a) load; weight **2.** *siln.* put under load
obciążalność *f* load(-carrying) capacity, load-carrying ability
~ **dopuszczalna bezpiecznika** *el.* fuse rating
~ **wejściowa** (*bramki logicznej*) *inf.* fan-in
~ **wyjściowa** (*bramki logicznej*) *inf.* fan-out
obciążanie *n* loading; weighting
obciążenie *n* **1.** load(ing); burden, ballast **2.** *masz.* duty
~ **całkowite** total load
~ **ciągłe** continuous load
~ **dopuszczalne** permissible load, safe load
~ **dynamiczne** dynamic load
~ **eksploatacyjne** service load
~ **impedancyjne** *el.* inductive load, lagging load
~ **indukcyjne** *zob.* **obciążenie impedancyjne**
~ **jednostkowe** *wytrz.* load intensity
~ **maksymalne** maximum load
~ **na oponę** *mot.* load per tyre
~ **na oś** *kol., mot.* axle load, weight per axle
~ **nadmierne** excessive load, overload
~ **niedostateczne** underloading
~ **niszczące** breaking load, crippling load, failure load
~ **odbiorcze** proof load
~ **pełne** full load
~ **podstawowe** *el.* base load
~ **próbne** test load, trial load, proof load
~ **robocze** working load
~ **równomierne** uniform load
~ **ruchome** moving load, live load, travelling load
~ **skupione** concentrated load, point load
~ **stałe** fixed load, steady load, static load, dead load
~ **statyczne** *zob.* **obciążenie stałe**
~ **szczytowe** *el.* peak load
~ **sztuczne** *el.* dummy load, artificial load
~ **teoretyczne** design load
~ **trwałe** permanent load
~ **udarowe** shock load, impact load
~ **użytkowe** useful load; operational load
~ **wstępne** initial load, preload
~ **zginające** bending load
~ **znamionowe** rated load
obciążnik *m* (dead) weight; bob
obciążony *a* loaded; weighted
obcięcie *n* (*funkcji*) *mat.* section
obcinacz *m elektron.* clipper
obcinać *v* cutt off; clip; crop; *mat.* truncate
obcinak *m* cutter; *obr.skraw.* cutt-off tool, parting tool
obcinanie *n elektron.* clipping
~ **brzegów** trimming
~ **krawędzi blach** *hutn.* side shearing

~ **nadlewów** *odl.* spruing
~ **słów** (*skracanie do ustalonej liczby liter*) *inf.* truncation of words
obcinki *mpl* (*metalowe*) clippings, snips, scissel; *obr.plast.* crops
obciskanie *n obr.plast.* reducing, necking; crimping
obcisły *a* tight
obejma *f* clamping ring; clasp
obejmować *v* **1.** enclose; clasp; grasp **2.** incorporate; include
obejmowany *a* (*o części wchodzącej w inną część*) *masz.* male
obejmujący *a* (*o części obejmującej inną część*) *masz.* female
obejście *n* by-pass
obicie *n* sheath(ing)
~ **ścienne** tapestry
~ **tapicerskie** (*np. siedzeń*) upholstery
obieg *m* circulation; cycle; *nukl.* circuit
~ **azotu** (*w przyrodzie*) nitrogen cycle
~ **Carnota** *term.* Carnot cycle
~ **chłodniczy** refrigerating cycle
~ **cieplny** thermal cycle
~ **naturalny** gravity circulation, natural circulation
~ **otwarty** *term.* open cycle
~ **powietrzny** *term.* air cycle
~ **teoretyczny** *term.* ideal cycle
~ **termodynamiczny** thermodynamic cycle, heat cycle
~ ~ **silnika** engine cycle
~ **węgla** (*w przyrodzie*) carbon cycle
~ **zamknięty** *term.* closed cycle
obiegać *v* circulate; orbit
obiegowy *a* circulating
obiekt *m* object
obiektyw *m opt.* objective, object glass, object lens
~ **imersyjny** immersion objective, immersion lens
~ **jednosoczewkowy** simple lens
~ **szerokokątny** wide-angle lens
~ **zmiennoogniskowy** variable-focal-length lens, varifocal lens, zoom (lens), transfocator
obijanie *n* **modelu** *odl.* rapping the pattern
objaśnienie *n* explanation; commentary
objazd *m drog.* by-pass (road), diversion; detour
objętościomierz *m* (*do gazów*) volumeter
objętościowo *adv* by volume
objętościowy *a* **1.** volumetric **2.** bulky
objętość *f* volume
~ **atomowa** atomic volume
~ **ciała stałego** solid volume
~ **cieczy** liquid volume
~ **cząsteczkowa** molecular volume
~ **czynna** (*licznika promieniowania*) *nukl.* sensitive volume
~ **molowa** molar volume, molal volume, mole volume
~ **nasypowa** apparent volume (*of powder*)
~ **płynna** *hydr.* fluid volume
~ **samoistna** *hydr.* independent volume
~ **substancjalna** *zob.* **objętość płynna**
~ **właściwa** specific volume
~ **złoża** *geol.* bed volume
oblatywacz *m lotn.* test pilot
oblatywanie *n* **(samolotów)** test flying
oblicówka *f bud.* facing
obliczać *v* calculate, compute
~ **objętość** cube
~ **powierzchnię** square
~ **przeciętną** average
obliczalny *a* computable
obliczenie *n* calculation, computation
~ **błędne** miscalculation
obliczeniowy *a* analytic(al); computational
obligacja *f ek.* bond
oblodzenie *n* **1.** icing **2.** ice accretion
oblodzony *a* icy
obluzować *v* **się** work loose; slacken
obło *n okr.* (turn of) bilge
obłuskiwacz *m spoż.* hulling machine; huller
obłuskiwanie *n spoż.* hulling, husking; decortication
obły *a* rounded
obmiar *m* (*robót*) *bud.* quantity survey
obmurze *n* **kotła** (boiler) brickwork, boiler setting
obmywać *v* swill, rinse
obniżać *v* lower; depress; reduce; step down
obniżenie *n* fall; decrease; depression
~ **jakości** deterioration of quality
~ **wartości** depreciation, reduction of value
obniżka *f ek.* reduction
obojętny *a* neutral; *chem.* inactive, inert
oboknie *n bud.* window frame
obora *f* cow shed, byre
obornik *m roln.* manure, dung
obowiązujący *a* (*np. przepis*) compulsory; obligatory; valid
obrabiać *v* work; treat
~ **skrawaniem** machine
obrabialność *f* workability
~ **skrawaniem** machinability
obrabialny *a* workable
obrabiarka *f* machine tool
~ **automatyczna** automatic (machine)

~ **elektronowa** electron-beam machine
~ **-kopiarka** tracer machine
~ **półautomatyczna** semi-automatic (machine)
~ **przenośnikowa** transfer machine
~ **(skrawająca) wielooperacyjna** machining centre
~ **zespołowa** unit-construction machine, building-block machine
obracać *v* **(się)** turn; rotate, revolve; (*w połączeniu obrotowym*) swivel
~ **silnik** turn the engine; crank the engine
obramowanie *n* framing; fringe
~ **rysunku** border (*of a drawing*)
obraz *m* picture; *opt.* image; *mat.* image; *mat.* range
~ **elektronowy** electron image
~ **fotograficzny** picture; image
~ **kontrolny** *TV* test pattern
~ **miękki** *fot.* soft-focus image
~ **negatywowy** *fot.* negative image
~ **nieostry** *zob.* **obraz miękki**
~ **pozorny** virtual image
~ **punktu** *mat.* image of a point
~ **radarowy** radar presentation, radar image
~ **rentgenowski** X-ray shadow, X-ray pattern
~ **rzeczywisty** real image, true image
~ **testowy** *TV* test pattern
obrazowód *m* (*pęczek światłowodów*) *opt.* fibrescope
obrączkowanie *n* **1.** *roln.* girdling, ring-barking **2.** *zoot.* ringing, banding
obrębianie *n włók.* hemming
obręcz *f* hoop
~ **koła** *kol.* ring of wheel; tyre
~ **wzmacniająca** (*konstrukcję*) bandage
obrobiony *a* machined; dressed
obrobiony z jednego kawałka machined from the solid
obrona *f* **cywilna** civil defence
~ **przeciwatomowa** atomic defence
~ **radiologiczna** radiological defence
obrotnica *f kol.* turntable
~ **statków** *inż.* turning basin
~ **w samotoku** *hutn.* turnaround table
obrotnik *m* **spawalniczy** welding positioner, welding manipulator, turnover fixture
obrotomierz *m metrol.* revolution counter, rev-counter, tachometer
obrotowy *a* rotational, rotary; *mat.* rotational
obroty *mpl* **na minutę** *jedn.* revolutions per minute, r.p.m.
obróbka *f* working; machining; treatment; processing; dressing
~ **bezwiórowa** chipless forming
~ **chemiczna** chemical treatment
~ **cieplna** heat treatment, thermal treatment
~ **cieplno-chemiczna** thermochemical treatment
~ **cieplno-magnetyczna** thermo-magnetic treatment, magnetic annealing
~ **cieplno-mechaniczna** thermo-mechanical treatment, hot-cold working
~ **drewna** woodworking
~ **elektrochemiczna** electrochemical machining, chem-milling
~ **elektroerozyjna** electrolytic machining, electromachining
~ **elektroiskrowa** (electric) spark machining, electron discharge machining, electrodischarge machining
~ **elektronowa** electron-beam machining
~ **filmu** *fot.* processing of a film
~ **gwintu** threading
~ **kamienia** stone dressing
~ **krawędzi** edging
~ **kształtowa** *obr.skraw.* profiling
~ **łukiem elektrycznym** arc machining
~ **mechaniczna** mechanical working
~ **metali** metalworking
~ **następcza** after-treatment
~ **obwiedniowa** *obr.skraw.* generation
~ **plastyczna** plastic working, plastic forming
~ **płaszczyzn** *obr.skraw.* surfacing
~ **podzerowa** *obr.ciepl.* sub-zero treatment, subquenching, cold treatment
~ **ponowna** retreating
~ **skrawaniem** machining
~ **ścierna** abrasive machining
~ **ultradźwiękowa** ultrasonic machining
~ **wielonarzędziowa** *obr.skraw.* multitooling, multiple tool cutting
~ **wstępna** pretreatment
~ **wykończająca** finishing; after-machining
~ **zgrubna** *obr.skraw.* roughing
obrót *m* **1.** turn, revolution **2.** rotation **3.** *geom.* rotation, revolution **4.** *ek.* turnover, traffic
~ **na minutę** revolution per minute
obrys *m* outline, contour
obrywka *f górn.* ripping, tapping, breaking down
obrywkarz *m górn.* ripper
obrzeże *n* periphery; rim; border
obrzutka *f* (*pierwsza warstwa tynku*) *bud.* rendering (coat), rough coat
obrzynanie *n* **tarcicy** *drewn.* edging, slabbing
obrzynarka *f drewn.* edger, edge saw

obrzynki *mpl* trimmings
obsada *f* **1.** holder; mounting **2.** personnel, crew
obserwacja *f* observation
obserwacyjny *a* observational
obserwatorium *n* observatory
~ astronomiczne astronomical observatory
obserwować *v* observe; watch; sight
obsługa *f* **1.** service, servicing; maintenance **2.** servicing personnel
~ konserwacyjna maintenance service
obsypnik *m roln.* ridging plough, furrow plough
obszar *m* **1.** region; zone; range; area **2.** *mat.* domain; field; range
~ graniczny boundary
~ kontrolowany *lotn.* control zone
~ krytyczny *skj* critical region
~ napromieniony irradiated region
~ niebezpieczny *bhp* hazardous area
~ pamięci *inf.* storage area
~ podziałki *metrol.* scale range
~ przyporu (*w przekładni zębatej*) *masz.* zone of contact
~ roboczy *inf.* workspace
~ skażony *nukl.* contaminated area
~ spawania welding area
~ styku surface of contact, contact area
~ zabezpieczony protected zone, protection area
~ zasięgu *rad.* service area
obszerny *a* extensive, spacious, roomy
obtaczanie *n* (*na walcarce skośnej*) **1.** *obr. plast.* reeling **2.** *szkl.* marvering
obuch *m* **młotka** hammer face
obudowa *f* **1.** *masz.* casing; housing **2.** *elektron.* encapsulation **3.** *górn.* lining, support
~ bezpieczeństwa (*reaktora*) *nukl.* containment
~ czterorzędowa (*układu scalonego*) *elektron.* quad-in-line package
~ drewniana *górn.* timbering, timber lining
~ dwurzędowa (*układu scalonego*) *elektron.* dual-in-line package
~ kamienna *bud.* stoning
~ kasety *nukl.* canister
~ krocząca *górn.* self-advancing supports
~ mostu *mot.* axle casing, axle housing
~ murowa (szybu) *górn.* (brick) walling, brick lining, inwall, (shaft) walling
~ wtórna *górn.* relining
~ wewnętrzna fitting, fitments
~ wykopu *inż.* steening, steining
obudowany *a* cased, encased
obudowywać *v* (*zamykać w obudowie*) encase
obustronny *a* bilateral; double-sided, two--sided
obuwie *n* **ochronne** *bhp* protective shoes, safety boots
obwałowanie *n inż.* embankment
obwiednia *f mat.* envelope
obwiert *m górn.* set of holes, round of holes
obwodnica *f drog.* ring road
obwodowy *a* **1.** circumferential **2.** *el.* circuital
obwoluta *f* **(książki)** book jacket, wrapper
obwód *m* **1.** *el.* circuit; network **2.** *geom.* circumference; *mat.* circuit
~ drukowany *el.* printed circuit
~ elektroenergetyczny power circuit
~ elektryczny electric circuit
~ hydrauliczny hydraulic circuit
~ logiczny *inf.* logic circuit
~ łącznikowy *tel.* connecting circuit
~ magnetyczny magnetic circuit
~ otwarty *el.* open circuit
~ pierwotny *el.* primary circuit
~ rozmówny *telef.* conversational circuit, talking circuit
~ równoległy *el.* parallel circuit
~ torowy *kol.* track circuit
~ uziemiony *el.* earth circuit
~ wtórny *el.* secondary circuit
~ wyrównawczy *el.* equalizer (circuit)
~ zamknięty *el.* closed loop, mesh
obwój *m* **(kabla)** *el.* lapping, wrapping, cable covering
ocean *m* ocean
oceanografia *f* oceanography
ocena *f* evaluation, estimation; assessment; appraisal
~ działania systemu *inf.* performance evaluation
ocet *m* vinegar
ochładzacz *m chłodn.* cooler
ochładzalnik *m odl.* chill, densener
ochraniacz *m* protector; guard; fender
~ gwintu thread protector
ochraniać *v* protect; guard
ochrona *f* **1.** protection; safeguard **2.** *włók.* resist
~ czasowa (*przed korozją*) temporary protection
~ danych *inf.* data security
~ elektrochemiczna (*przed korozją*) *met.* electrochemical protection
~ pamięci *inf.* storage protection
~ protektorowa (*przed korozją*) *met.* sacrificial protection, galvanic cathodic protection
~ przed błędami *inf.* error protection
~ przed korozją corrosion protection

~ **przed promieniowaniem** *zob.* **ochrona radiologiczna**
~ **przyrody** conservation of nature
~ **radiologiczna** radiation protection
~ **środowiska** environment protection
~ **środowiskowa** environmental protection
~ **zasobów** *inf.* resource protection
~ **zdrowia** health protection
ochronnik *m el.* protector
ochronny *a* protective
ocios *m górn.* side wall
octan *m chem.* acetate
~ **celulozy** cellulose acetate, acetylcellulose
octowanie *n ferm.* acetification
ocynkownia *f hutn.* galvanizing line, galvanizing shop
ocynownia *f* (*blach*) *hutn.* tinning plant, tinhouse
oczep *m bud.* top plate, girt
oczko *n* **1.** mesh **2.** *masz.* eye(let) **3.** *włók.* stitch
~ **sieci** **1.** net mesh **2.** *el.* closed loop **3.** *mat.* mesh
oczyszczacz *m* **1.** purifier; cleaner **2.** *odl.* fettler
oczyszczać *v* clean; purify
oczyszczalnia *f* **ścieków** sewage-treatment plant, waste-water treatment plant
~ **wody** water purification plant, water treatment plant
oczyszczalnik *m* purifier; cleaner
oczyszczanie *n* **1.** cleaning; purifying, purification **2.** *nukl.* purge
~ **biologiczne** (*ścieków*) *san.* biological treatment, bio-aeration
~ **chemiczne** chemical purification
~ **elektrolityczne** *met.* electrochemical cleaning
~ **gazu** gas cleaning; gas purification
~ **hydrauliczne** *odl.* hydroblasting
~ **mechaniczne** mechanical cleaning; mechanical refining
~ **odlewów** fettling, dressing of castings, cleaning of castings
~ **ogniowe** *zob.* **oczyszczanie płomieniowe**
~ **płomieniowe** *hutn.* flame desurfacing, flame blasting; (*przed malowaniem*) flame priming; flame cleaning
~ **strumieniowo-ścierne** abrasive cleaning, grit blasting, impact cleaning
~ **ścieków** *san.* sewage treatment, waste treatment, sewage purification
~ **wody** water purification, water treatment
oczyszczarka *f* **1.** *odl.* casting cleaning plant, fettling plant **2.** *skór.* scudding machine **3.** *masz.* cleaner
oczywisty *a* evident, obvious; *mat.* trivial
odbarwiacz *m* decolourant, decolourizer, decolourizing agent
odbarwianie *n* **1.** decolourization **2.** (*paliw*) deblooming **3.** *włók.* stripping; bleaching
odbicie *n* **1.** *fiz.* reflection; *mat.* reflection **2.** rebound
~ **kierunkowe** *zob.* **odbicie zwierciadlane**
~ **zwierciadlane** *opt.* mirror reflection, specular reflection, direct reflection, regular reflection
odbielanie *n fot.* bleaching
odbierak *n* **prądu** *el.* (current) collector
odbieralnik *m* (*zbiornik*) receiver, receptacle
odbijać *v* **1.** *fiz.* reflect; reverberate **2.** knock off **3.** *poligr.* print
odbijak *m* **1.** *narz.* scaler, (boiler) scaling hammer **2.** *bud.* lump hammer **3.** *szkl.* knocker-off
odbiorca *m* (*towaru*) *ek.* consignee; buyer
~ **informacji** information receiver
odbiornik *m* receiver
~ **bateryjny** battery receiver
~ **dziurkujący** *telegr.* reperforator
~ **informacji** information receiver
~ **kontrolny** monitoring receiver
~ **morsowski** *telegr.* inker
~ **podczerwieni** infrared receiver, nancy receiver
~ **radiowy** radio (receiver), wireless (set)
~ **sieciowy** mains(-operated) receiver
~ **telewizyjny** television receiver, television set, TV set
odbiór *m* **1.** *rad.* reception **2.** *ek.* acceptance; receipt
odbitka *f* **1.** copy **2.** *fot.* print **3.** impression, imprint
odblask *m* **1.** reflection; gleam **2.** *fot.* halo
odblaskowy *a* reflective
odblokowywać *v masz.* unlock
odbłyśnik *m* reflector
odbojnica *f* **1.** *kol.* side rail, rail guard **2.** *hutn.* stop-measuring gear **3.** *bud.* fender beam, guard timber
odbojność *f gum.* (impact) resilience, shock elasticity
odbój *m inż.* fender; bumping post
odbudowa *f* rebuilding, reconstruction
odchylać *v* deflect; divert; *elektron.* sweep
odchylenie *n* **1.** *fiz.* aberration **2.** deflection; diversion; *metrol.* deviation **3.** *mat.* deviation
~ **magnetyczne** *geofiz.* magnetic declination
odchyłka *f metrol.* deviation

odciąć *v* (*dopływ*) shutt off
odciąg *m* **1.** guy, stay **2.** *cukr.* draught, draft
odciągać *v* pull off; pull back; draw off
odciąganie *n obr.plast.* broaching; fullering
odciążać *v* lighten; discharge; relieve; unload
odciążenie *n* lightening; discharge; relief; unloading
odciążnik *m* mass-balance weight; counterweight
odciek *m* **1.** *chem.* eluate; reflux **2.** *cukr.* machine syrup, run-off syrup
odcień *m* shade, hue, tinge, tint
odcięcie *n* **1.** cutt-off **2.** pinch-off
odcięta *f mat.* abscissa
odcinać *v* cut off; cut away; clip
odcinak *m obr.plast.* cutoff; cutting-off die; shearing die
odcinanie *n obr.plast.* parting (off), shearing
odcinek *m* **1.** *geom.* segment; *mat.* interval **2.** section; sector
~ **czasu** (*w systemach operacyjnych*) *inf.* time slice
~ **fabrykacyjny kabla** *el.* cable length
~ **koła** *geom.* segment of a circle
~ **kulisty** *geom.* spherical segment
~ **pomiarowy** measuring length, traversing length
~ **prostej** *geom.* line segment
~ **przyporu** (*w przekładni zębatej*) *masz.* path of contact, drive length (*in a toothed gear*)
~ **torowy** *kol.* track section
odcisk *m* impression; imprint; indentation (*in hardness testing*)
~ **stempla** stamp
odcumowanie *n* **1.** *żegl.* unmooring **2.** *kosm.* undocking
odczep *m el.* branch; tap(ping)
odczyn *m* (*roztworu*) *chem.* reaction
~ **alkaliczny** alkaline reaction
~ **kwaśny** acid reaction
odczynnik *m chem.* reagent
~ **(czysty) do analizy** analytical reagent, analytically pure reagent
odczyt *m* **1.** *inf.* readout **2.** lecture
~ **nieniszczący** *inf.* nondestructive readout
~ **niszczący** *inf.* destructive readout
~ **wskazań przyrządu** instrument reading
odczytywać *v* (*wskazania przyrządu*) *metrol.* take readings, read off
odczytywanie *n* (*zapisu informacji*) reading; scanning; sensing
~ **dźwięku** *elakust.* sound reproduction, playback
~ **optyczne pisma** *inf.* optical character recognition
oddalony *a* remote, distant
oddział *m* **1.** department; division **2.** *geol.* series **3.** (*szpitalny*) ward
~ **produkcyjny** production department, workshop
~ **przedsiębiorstwa** *ek.* branch office
oddziaływanie *n* **1.** *mech.* reaction **2.** *fiz.* interaction **3.** influence
oddzielacz *m masz.* separator
~ **powietrzny** air separator
oddzielać *v* separate; isolate
oddzielny *a* separate; discrete
oddźwiękowienie *n* sound proofing
odejmować *v* **1.** *mat.* subtract, deduct **2.** detach, demount
odejmowanie *n mat.* subtraction
oderwanie *n* **elektronu** electron abstraction
~ **się** breakaway; separation, detachment
odeskowanie *n bud.* timbering, boarding, planking
odetkać *v* unstop
odgałęzienie *n* branch; leg
odgarc *m zob.* **odgarniak żużla**
odgarniak *m* **żużla** *odl.* skimmer, skimming bar
odgazowanie *n* degassing, outgassing
~ **pola naftowego** *wiertn.* gas freeing
~ **węgla** coal carbonization
odgraniczony *a mat.* bounded
odgroda *f* **(akustyczna)** acoustic baffle, baffle board
odgromnik *m el.* lightning protector, lightning arrester
odhaczyć *v* unhook
odjemna *f mat.* minuend
odjemnik *m mat.* subtrahend
odkażanie *n* disinfection; decontamination
odklejanie *n* **1.** deglutination **2.** *włók.* desizing
odkład *m* **1.** *inż.* spoil, dump (*in earthwork*) **2.** *roln.* (air) layer
odkręcać *v* **kurek** turn on a tap
~ **nakrętkę** undo a nut
~ **śrubę** unscrew a bolt, unbolt; back off
odkrycie *n* (*naukowe*) discovery
odkrywka *f górn.* strip mine, strip pit, opencast
odkształcalność *f* deformability, deformation ability; *obr.plast.* formability
odkształcenie *n* **1.** *wytrz.* strain **2.** deformation; distortion
~ **cieplne** thermal deformation
~ **liniowe** linear strain
~ **objętościowe** volumetric strain, dilatational strain

~ **plastyczne** (permanent) set, plastic deformation, plastic strain
~ **sprężyste** elastic strain
~ **trwałe** *zob.* **odkształcenie plastyczne**
~ **wstępne** prestrain
odkurzacz *m* vacuum cleaner
odkuwka *f obr.plast.* forging
~ **matrycowa** (impression) die forging, drop forging
~ **prasowana** press forging
~ **ręczna** hand-forging, smith forging
~ **swobodna** *zob.* **odkuwka ręczna**
~ **wstępna** blank, slug, biscuit
~ **zgrubna** chunk
odległościomierz *m opt.* range finder, telemeter
odległościowy *a* remote, distant
odległość *f* distance, space
~ **kątowa** angular distance, angle distance
~ **ogniskowa** *opt.* focal length, focal distance
~ **w linii prostej** (*w terenie*) crow-fly distance
odległy *a* remote, distant
odlepiać *v* **(się)** unstick
odlew *m hutn.* cast(ing)
~ **ciśnieniowy** pressure casting, die-casting
~ **kokilowy** chill casting, permanent-mould casting, die-casting
~ **odśrodkowy** centrifugal casting
~ **skorupowy** shell casting
~ **wykonany metodą traconego wosku** investment casting
~ **zdrowy** sound casting
odlewać *v* cast, found; pour; teem
odlewanie *n odl.* cast(ing), founding; pouring; *hutn.* teeming
~ **ciągłe** continuous casting, strand casting
~ **ciśnieniowe** (pressure) die-casting
~ **elektrożużlowe** electroslag casting
~ **grawitacyjne** gravity casting, non-pressure casting
~ **kokilowe** permanent-mould casting, (gravity) die-casting, chill casting
~ **metodą traconego wosku** lost-wax process, investment casting
~ **niskociśnieniowe** *tw.szt.* vacuum casting
~ **odśrodkowe** spinning, centrifugal casting
~ **próżniowe** vacuum casting, suction casting
~ **skorupowe** shell casting
~ **syfonowe** bottom casting, uphill casting, uphill pouring
~ **z dołu** *zob.* **odlewanie syfonowe**
~ **z góry** top casting, down-hill casting
odlewarka *f poligr.* caster, casting machine, casting box
odlewnia *f* foundry; casting house
odlewnictwo *n* founding, foundry (practice), foundry engineering
odliczanie *n* **wsteczne** countdown
odlot *m lotn.* departure (*of an aircraft*)
odłamek *m* fragment; splinter; chip
odłączać *v* detach; disconnect
odłączalny *a* detachable
odłącznik *m el.* isolating switch, isolator, disconnecting switch, cut-out
odmagnesowywanie *n* demagnetization
odmiana *f* variety; variation; modification
~ **alotropowa** (*pierwiastka*) *chem.* allotropic form, allotrope
~ **polimorficzna** *kryst.* polymorphic modification, polymorph
~ **racemiczna** *chem.* racemic modification, racemate
odmiareczkowywanie *n* **nadmiaru** *chem.* back titration
odmierzacz *m rys.* fine adjustment dividers, hair compasses
odmierzać *v* measure; meter, batch
~ **czas** time
odmocowywanie *n* unclamping, unfastening
odmowa *f* refusal
odmrażanie *n* defrosting
odmulacz *m* **(wody)** *san.* desilter, sludger, mud trap
odmulanie *n* desludging; elutriation
odnawiać *v* renew, renovate; recondition
odnoga *f* branch, leg
odpadki *mpl* refuse; waste(s); offal; garbage
odpady *mpl* **1.** *hutn.* scrap material, waste material, discards **2.** *wzbog.* tailing; spoil; debris **3.** *górn.* strippings
~ **produkcyjne** waste products
~ **promieniotwórcze** radioactive waste, A-waste
odparowanie *n* evaporation, vaporization
odparownik *m kotł.* boiler proper
odparowywacz *m* vaporizer; evaporator
odpestczanie *n spoż.* stoning
odpędzanie *n chem.* expelling; repelling
odpis *m* **uwierzytelniony** *ek.* certified copy, true copy
odpływ *m ocean.* ebb (tide), falling tide, low tide
odpopielanie *n kotł.* ash removal, ash disposal
odporność *f* resistance; fastness; *biol.* immunity
~ **chemiczna** chemical durability, chemical resistance
~ **cieplna** thermal resistance, heat stability
~ **korozyjna** corrosion resistance

~ **na czynniki atmosferyczne** resistance to weather
~ **na pełzanie** *wytrz.* creep-resistance
~ **na pękanie** crack resistance
~ **na przeciążenia** overload capacity
~ **na przedarcie** tear strength, tear resistance
~ **na uderzenia** impact resistance, impact strength, impact value
~ **na wstrząsy** shock resistance
~ **na zużycie** wear life, wear resistance, wearing quality, wearability
odporny *a* resistant, fast, -proof
odpowiedni *a* adequate; corresponding
odpowiedniość *f mat.* correspondence, homology
~ **prosta** *TV* compatibility
odpowiedzialność *f* responsibility; liability
odpowiedź *f aut.* response (function)
odpowietrzać *v* vent, deaerate
odpowietrzanie *n* venting, deaeration
odpowietrznik *m* vent; air-escape
odprawa *f* **celna** (custom) clearance
odprężanie *n* **1.** *obr.ciepl.* (stress) relief annealing, stress relieving, lonealing **2.** unstressing, destressing
odprężarka *f szkl.* annealing furnace
odprowadzać *v* (*ciecz, gaz, ciepło*) carry off, carry away
odprowadzenie *n* (*przewód*) offtake
~ **anteny** *rad.* antenna (down)lead
odprysk *m* splinter; chip, spall
odpryskiwanie *n* chipping; spalling; cissing (*of enamel*)
odpuszczanie *n obr.ciepl.* draw(ing), tempering
odpychanie *n fiz.* repulsion
odpylacz *m* duster, deduster, dust collector, dust extractor
~ **cyklonowy** *masz.* cyclone (separator)
~ **elektrostatyczny** electrostatic (dust) precipitator, electrofilter
~ **próżniowy** vacuum cleaner
odpylanie *n* dust extraction, dust removal, dedusting
odrdzewianie *n* derusting, rust removal
odrutowanie *n* wiring
odrzut *m* **1.** *fiz.* recoil **2.** reaction (*of jet*) **3.** *wojsk.* recoil, reaction
odrzutnik *m masz.* thrower, slinger
odrzutowiec *m lotn.* jet(-propelled) aircraft
odrzwia *pl bud.* door frame; *górn.* (*obudowy*) double timber
odsadzanie *n obr.plast.* offsetting (*forging operation*)
odsadzka *f* **1.** *bud.* set-off, offset **2.** offset pipe, offset bend **3.** *narz.* fuller
odsetki *fpl* interest
odsiew *m* mesh fraction, plus mesh, shorts, screenings
odskok *m* rebound
odsmalanie *n* (*gazu koksowniczego*) tar separation, tar removal, detarring
odstęp *m* interval, space, spacing; *poligr.* space
~ **izolacyjny** *el.* (isolating) clearance, isolating gap
odstojnik *m* decanter, clarifier; *san.* settling tank, sedimentation basin; mud box
odsysać *v* suck off
odszczepiać *v* split off
odszkodowanie *n ek.* compensation, damages, indemnity
odszraniacz *m* (*szyb*) defroster
odszukiwać *v inf.* seek
odśnieżanie *n* snow removal
odśrodkowy *a* centrifugal
odświeżać *v* refresh; freshen
odtajanie *n chłodn.* thawing, defrosting
odtlenianie *n chem.* reduction, deoxidation
odtłuszczać *v* degrease
odtrutka *f* detoxicant; antidote
odtwarzacz *m* **(dźwięku)** *akust.* (sound) reproducer
odtwarzać *v* reproduce
odtwarzanie *n* reproduction
odwadniacz *m* **1.** *kotł.* steam drier, steam trap **2.** dewaterer; dehydrator **3.** *spaw.* condenser
odwadnianie *n* **1.** dewatering, water removal; dehydration **2.** drainage
odwał *m inż.* spoil, dump
odwaniacz *m* deodorizer
odwapnianie *n skór.* decalcification, deliming
odważać *v* weigh
odważka *f chem.* weighed amount, weighed sample
odważnik *m metrol.* weight
~ **handlowy** commercial weight, trade weight
~ **legalny** authorized weight
odwęglanie *n met.* decarbonizing, decarburization
odwiert *m wiertn.* bore(-hole), wellbore
~ **gazowy** gas well, gasser
~ **naftowy** oil well
~ **suchy** (*nieproduktywny*) dry hole
odwijanie *n* uncoiling; unwinding; unreeling; unwrapping; unrolling
odwijarka *f papiern.* rewinder, rewinding machine
odwilżanie *n* dehumidification

odwirowywanie *n* (*na wirówce*) centrifuging
odwracacz *m* **fazy** *el.* phase inverter
odwracać *v* invert; reverse
odwracalny *a* reversible, convertible; *mat.* invertible
odwrotna strona *f* **Księżyca** far side of the Moon, lunar far side
odwrotnie proporcjonalny *mat.* inversely proportional
odwrotność *f mat.* inverse, converse, reverse, reciprocal
~ **godziny** (*jednostka reaktywności reaktora jądrowego*) *nukl.* inhour, inverse hour
odwrotny *a* reciprocal; inverse; reverse; converse
odwrócenie *n* inversion; reversal
odwzorowanie *n mat.* transformation, map(ping); *mat.* representation
~ **kartograficzne** *geod.* map projection
~ **odwrotne** *geom.* inversion
odymianie *n* fumigation
odzerowanie *n inf.* zero suppression
odzież *f* clothing, clothes
odzyskiwanie *n* recovery, recuperation; regeneration; retrieval
odzysknica *f* **(ciepła)** recuperator, waste-gas heater
odżelazianie *n* **(wody)** *san.* iron removal, deironing
odżużlanie *n odl., hutn.* (de)slagging, skimming
odżywianie *n* alimentation; nutrition, nourishment
oferta *f ek.* offer, tender
offset *m poligr.* **1.** offset printing, offset process **2.** offset press
ogień *m* fire
oględziny *pl* visual examination, visual inspection
ogławianie *n roln.* topping, heading
ogłoszenie *n* advertisement, advert
ognioodporny *a* fireproof, fire-resisting
ogniotrwały *a* refractory
ognisko *n* **1.** *mat.* focus **2.** *fiz.* focus
ogniskowa *f opt.* focal length, focal distance
ogniskowanie *n opt.* focalizing, focusing
ogniskowy *a* **1.** *mat.* focal **2.** *opt.* focal
ogniwo *n* **1.** *el.* cell, element **2.** *mech.* link, element
~ **akumulatora** battery cell
~ **elektrochemiczne** voltaic cell, galvanic cell
~ **elektrolityczne** electrolytic cell
~ **fotoelektryczne** photo-voltaic cell, photoelement
~ **galwaniczne** *zob.* **ogniwo elektrochemiczne**
~ **łańcuchowe** chain link
~ **mokre** wet cell
~ **normalne** *zob.* **ogniwo wzorcowe**
~ **słoneczne** solar cell
~ **suche** dry cell
~ **termoelektryczne** thermocouple, thermoelement
~ **wzorcowe** standard cell
ogólnego zastosowania general-purpose
ogólny *a* general; overall
ogradzać *v* fence
ograniczać *v* limit; restrict; restrain
ograniczenie *n* limitation; restriction; *mat.* bound
ogranicznik *m* stop; limiter
~ **prędkości** *masz.* snub(ber), speed limiter
~ **szumów** noise limiter; noise suppressor
ograniczony *a* limited; restrained; *mat.* bounded
ogrodnictwo *n* horticulture, gardening
ogrodzenie *n* fence, fencing
ogród *m* garden
ogrzewacz *m* heater
ogrzewanie *n* heating
~ **centralne** central heating
~ **ciepłym powietrzem** warm-air heating
~ **parowe** steam heating
~ **podczerwienią** *zob.* **ogrzewanie promiennikowe**
~ **pośrednie** indirect heating
~ **promiennikowe** radiant heating
~ **przeponowe** *zob.* **ogrzewanie pośrednie**
ogumienie *n* **pneumatyczne** *mot.* pneumatic (tyre)
okablowanie *n el.* cabling; wiring (system)
okap *m bud.* eaves; hood
okienko *n* window
~ **kontrolne** sight glass
okiennica *f* (window) shutter
okleina *f drewn.* veneer
okładanie *n* facing; cladding
okładka *f* **(książki)** *poligr.* (book) cover
okładzina *f* facing; lining; cladding
~ **szczęk hamulca** brake lining
okno *n* **1.** window; light **2.** *siln.* port **3.** *inf.* window
~ **ślepe** *bud.* blind window
~ **wsadowe** *hutn.* furnace door
oko *n masz.* eye
okopowe *pl roln.* root crops
okopywać *v roln.* hill; earth up, ridge
okorek *m drewn.* slab
okorowywać *v drewn.* bark, decorticate
okólnik *m* **1.** *roln.* yard **2.** (*pismo okólne*) circular letter

okratowanie *n* grill, grating
okrawanie *n* **1.** *obr.plast.* clipping; trimming **2.** *inf.* (*obrazu*) scissoring
okrawarka *f obr.plast.* trimmer, trimming machine; clipping press
okrąg *m* circle
~ **dopisany** *geom.* excircle
~ **opisany** *geom.* circumscribed circle, circumcircle
~ **toczny koła** tread of a wheel
~ **wpisany** *geom.* incircle, inscribed circle
okrąglak *m drewn.* round (timber)
okrągły *a* round, circular
okrążać *v* encircle
okrążenie *n* circle; *lotn.* circuit
okres *m* period
~ **dmuchu** (*w procesie konwertorowym*) *hutn.* blow
~ **drgania** vibration period
~ **funkcji** *mat.* period of a function
~ **gwarancyjny** period of warranty
~ **karencji** *roln.* waiting period
~ **międzyawaryjny** time between failures
~ **międzyimpulsowy** *elektron.* interimpulse period
~ **międzynaprawczy** time between overhauls
~ **obiegu satelity** *astr.* period of a satellite, satellite period
~ **połowicznego zaniku** *nukl.* radioactive half-life, half-life (period)
~ **półrozpadu** *zob.* **okres połowicznego zaniku**
~ **przemiany promieniotwórczej** *zob.* **okres rozpadu promieniotwórczego**
~ **przyporu zęba** *masz.* cycle of tooth contact, tooth cycle (*in a gear*)
~ **rozpadu promieniotwórczego** *nukl.* decay time
~ **szczytowy** (*obciążenia*) *el.* peak period
~ **średni międzyawaryjny** mean time between failures
~ **trwania** duration; *fiz.* life(-period), lifetime
~ **ułamka** *mat.* repetend
~ **warunkowy** *mat.* conditional
~ **ważności** validity period
okresowość *f* periodicity
okresowy *a* periodic(al)
określać *v* define; determine
określenie *n* definition; determination
określony *a* definite, determinate
okręg *m* district; region
okręt *m* ship, vessel
~ **-baza** depot-ship
~ **podwodny** submarine
~ **wojenny** warship, man-of-war
okrężnica *f ryb.* (purse) seine, purse net, ring net
okrężny *a* circumferential, circular
okrojnica *f obr.plast.* trimming press tool
okrojnik *m obr.plast.* trimmer, trimming die
okrywa *f* **śnieżna** snow cover, snow mantle
okrywać *v* cover
oksydowanie *n powł.* oxidizing, blackening, blueing, browning
oktan *m chem.* octane
oktet *m fiz.* octet
oktoda *f elektron.* octode, eight-electrode tube
okucia *npl* **meblowe** cabinet hardware
okucie *n* ferrule
okular *m* **1.** *opt.* eyepiece, ocular **2.** *obr.skraw.* rest
okulary *pl* glasses, (pair of) spectacles
~ **spawalnicze** welding goggles
okurzać *v* **1.** dust, clear of dust **2.** *odl.* dust, powder
olefiny *fpl chem.* olefins, alkenes, ethylenic hydrocarbons
oleić *v* oil, lubricate (with oil)
olej *m* oil
~ **ciężki** heavy oil, dead oil
~ **fuzlowy** fusel oil; grain oil; potato spirit
~ **gazowy** *zob.* **olej napędowy**
~ **jadalny** edible oil
~ **lekki** light oil
~ **letni** summer grade oil
~ **mieszany** compounded oil
~ **mineralny** mineral oil
~ **napędowy** gas oil, diesel oil, diesel fuel
~ **niebieski** blue oil
~ **opałowy** (*do pieców przemysłowych*) furnace oil; boiler fuel, heater oil
~ **parafinowy** paraffin oil, liquid paraffin
~ **przekładniowy** gear oil
~ **przepracowany** used oil
~ **rafinowany** refined oil
~ **rącznikowy** ricinus oil, castor oil
~ **regenerowany** reclaimed oil, recovered oil
~ **rycynowy** *zob.* **olej rącznikowy**
~ **silnikowy** (*smarowy*) engine oil, motor oil, engine lubricant
~ ~ **uniwersalny** (*zimowo-letni*) multigrade motor oil
~ **smarowy** grease oil, lubricating oil
~ **solarowy** solar oil
~ **sulfonowany** sulfonated oil
~ **talowy** tall oil, tallol
~ **zielony** green oil
~ **zimowy** winter grade oil
olejarka *f* oiler

olejarnia *f* oil mill
olejarstwo *n* oil manufacture, oil milling
olejek *m* **eteryczny** volatile oil; essential oil; perfume oil
oleożywice *fpl* oleoresins
olinkowanie *n lotn.* bracing cables, bracing wires
olinowanie *n okr.* rigging
oliwa *f* olive oil, sweet oil
ołowianka *f* (*ciężarek pionu*) plumb bob, plummet
ołowiowanie *n* leading, lead plating, lead coating
ołów *m chem.* lead, Pb
ołówek *m* pencil
ołównik *m rys.* pencil, pencil point
om *m jedn.* ohm, Ω
~ **akustyczny** acoustical ohm
~ **cieplny** *el.* thermal ohm, fourier
omasztowanie *n okr.* masting
ombrometr *m meteo.* ombrometer, pluviometer, rain-gauge
omegatron *m elektron.* omegatron
omijać *v* by-pass
omometr *m jedn.* metre-ohm, Ω·m
omomierz *m el.* ohmmeter
omyłka *f* mistake; error
opad *m* **atmosferyczny** *meteo.* precipitation
~ **promieniotwórczy** (radioactive) fall-out
~ **radioaktywny** *zob.* **opad promieniotwórczy**
opadać *v* fall; drop; descend
opadanie *n* falling; (*osadu na dno*) settling; (*mas powietrza*) subsidence
opakowanie *n* package; packing
~ **jednostkowe** consumer package, unit package
~ **zbiorcze** *transp.* bulk container; omnibus package
opalanie *n* **1.** *kotł.* firing **2.** *włók.* singeing
opalescencja *f opt.* opalescence
opalizacja *f zob.* **opalescencja**
opancerzenie *n* armour
opar *m* vapo(u)r, fume
oparcie *n* support; rest; bolster
opas *m zoot.* fattening
opaska *f* **1.** band **2.** *bud.* finish casing, trim
~ **brzegowa** *inż.* seawall, sea bank
~ **resoru** spring hoop, spring clip
~ **zaciskowa** band clip
operacja *f* **1.** (*technologicza*) operation **2.** *mat., inf.* operation **3.** *ek.* operation; transaction
~ **ciągła** non-batch operation
~ **logiczna** *inf.* logical operation
operator *m* **1.** (*pl* **operatory**) *mat.* operator **2.** (*pl* **operatorzy**) operator, machinist
~ **dźwigu** lift operator
~ **Hamiltona** *mech.* energy operator, Hamiltonian operator
~ **kamery** *kin., TV* cameraman
~ **Laplace'a** *mat.* Laplacian, Laplace operator
~ **nabla** *mat.* del, nabla
opękanie *n szkl.* crack(ing)-off
opielacz *m roln.* hoe
opielanie *n roln.* weeding
opiłki *mpl* filings, file dust, swarf
opinka *f górn.* lagging; slabbing
opis *m* description
~ **bibliograficzny** bibliographic description
~ **techniczny** (*urządzenia*) technical characteristics; specification
opisywacz *m* (punched card) interpreter
opisywać *v* **1.** describe **2.** *geom.* circumscribe
oplot *m* braid, plait
opłata *f ek.* charge; fee
~ **celna** customs duty
~ **drogowa** toll
~ **ładunkowa** *żegl.* wharfage
~ **manipulacyjna** handling charge
~ **pocztowa** postage, postal charge
~ **przewozowa** cartage, truckage
~ **rejestracyjna** registration fee
~ **ryczałtowa** bulk rate
~ **składowa** storage
opłaty *fpl* dues
opływ *m* flow round; *mech.pł.* flow
opływowy *a* streamline(d)
opona *f mot.* tyre, *US* tire
~ **balonowa** (full) balloon tyre, low-pressure tyre
~ **bezdętkowa** tubeless tyre
~ **diagonalna** diagonal tyre, bias-ply tyre
~ **opasana** belted-bias-ply tyre
~ **pełna** solid tyre
~ **radialna** radial(-ply) tyre
opończa *f* canvas cover; *mot.* collapsible hood
opora *f* abutment; stop
opornica *f kol.* switch-point saver, stock rail
opornik *m el.* resistor, *zob. też* **rezystor**
oporność *f zob.* **opór elektryczny**
opór *m fiz.* resistance; *mech.pł.* drag; refusal (*np. wkręcanej śruby*)
~ **aerodynamiczny** aerodynamic drag
~ **bierny** *zob.* **reaktancja**
~ **czynny** *zob.* **rezystancja**
~ **elektryczny** electric resistance
~ **hydrauliczny** hydraulic resistance
~ **magnetyczny** *zob.* **reluktancja**

~ **odkształcenia** *mech.* deformation resistance
~ **pozorny** *zob.* **impedancja**
~ **tarcia** frictional resistance; frictional drag
~ **toczenia się** rolling resistance, rolling friction
~ **ujemny** *el.* negative resistance
~ **użyteczny** *mech.* useful resistance
~ **właściwy** *zob.* **rezystywność**
~ **zespolony** *zob.* **impedancja**
opóźniacz *m chem.* retarder, retardant, retarding agent
opóźnienie *n* **1.** *mech.* deceleration, negative acceleration, retardation **2.** (time) lag; delay
~ **dielektryczne** dielectric viscosity
~ **fazowe** *el.* phase lag
~ **magnetyczne** magnetic viscosity, magnetic creep
~ **zapłonu** *siln.* ignition delay, ignition lag
opóźnieniomierz *m* decelerometer
oprawa *f* **1.** *masz.* mount(ing); stock **2.** *poligr.* bind(ing)
~ **łożyska** *masz.* bearing housing
~ **oświetleniowa** electric-light fitting, lighting fitting
oprawiać *v* **książki** *poligr.* bind books
oprawka *f* holder; adapter; socket
~ **lampowa** *el.* lampholder, lamp socket
~ ~ **bagnetowa** bayonet cap lampholder
~ **narzędziowa** *obr.skraw.* tool chuck, tool holder
oprogramowanie *n inf.* software
~ **sprzętowe** firmware
~ **użytkowe** application software
opróżniać *v* empty; evacuate
opryskiwacz *m roln.* spraying machine
oprzewodowanie *n el.* wiring (system)
oprzyrządowanie *n* instrumentation
~ **obrabiarki** tooling (*of a machine tool*)
~ **reaktora** reactor instrumentation
optimetr *m metrol.* optimeter
optoelektronika *f* optoelectronics
optoizolator *m elektron.* optoisolator, photoisolator, photocoupler
optyczny *a* optical
optyka *f* **1.** optics **2.** optical system
~ **elektronowa** electron optics
~ **kryształów** optical crystallography
optymalizacja optimization
opuszczać *v* **1.** lower; sink **2.** abandon
opylacz *m roln.* duster, dusting machine
opylać *v* dust, sprinkle with dust
orać *v* plough
orbita *f* **1.** orbit; trajectory **2.** *mat.* orbit
~ **elektronowa** electronic orbit
~ **okołoksiężycowa** circumlunar orbit
~ **okołosłoneczna** heliocentric orbit, circumsolar orbit
~ **okołoziemska** circumearth orbit
~ **stała** *nukl.* stable orbit, equilibrium orbit
~ **ustalona** *zob.* **orbita stała**
~ **ziemska** earth orbit
orbital *m fiz.* orbital
~ **atomowy** atomic orbital
~ **molekularny** molecular orbital
orczyk *m* **1.** *lotn.* rudder bar **2.** *el.* strain yoke **3.** *roln.* equalizing bar, equalizer **4.** *odl.* ladle bar, ladle whiffletree
organ *m masz.* organ
~ **wykonawczy** *aut.* actuator
organiczny *a* organic
organizm *m biol.* organism
organoleptyczny *a* organoleptic
organozol *m chem.* organosol
organożel *m chem.* organogel
orientacja *f* orientation; *mat.* orientation; *fiz.* arrangement, array; (*w przestrzeni*) attitude
orosienie *n chem.* reflux, phlegm
ortęć *f met.* amalgam
ortikon *m TV* orthicon, cathode--potential-stabilized tube
~ **obrazowy** image orthicon
ortocentrum *n mat.* orthocentre
ortodroma *f nawig.* orthodrome, great circle
orurowanie *n* tubulation; *wiertn.* casing (string)
orzech *m* **1.** *bot.* nut **2.** (*sortyment węgla*) nut coal, bean coal
osad *m* sediment; deposit; settlings, precipitate; *geol.* drift
~ **elektrolityczny** electrodeposit
~ **kanalizacyjny** *san.* sludge
~ **ściekowy** *zob.* **osad kanalizacyjny**
~ **węglowy** *siln.* carbon deposit
osadnik *m* decanter, clarifier; *san.* settling tank, settling pond, sedimentation basin
osadzać *v* **1.** mount; seat; embed; encase; set **2.** *obr.plast.* edge (*in rolling*)
osadzanie *n* **elektrolityczne** electrolytic deposition
~ **reotaksjalne** *elektron.* rheotaxial growth
~ **się** sedimentation, settling; deposition
osadzarka *f górn.* jig(ger)
oscylacja *f* oscillation
oscylator *m el.* oscillator
~ **blokujący** *elektron.* blocking oscillator
~ **dudnieniowy** *rad.* beat-frequency oscillator

~ **samodławny** *zob.* **oscylator blokujący**
oscylograf *m el., metrol.* oscillograph
oscylogram *m* (*zapis drgań*) oscillogram, oscillograph record
oscyloskop *m el.* oscilloscope
oscylować *v* oscillate
osełka *f* whetstone, hone(stone), abrasive stick
osełkowanie *n obr.skraw.* honing (process)
osiadać *v* settle; subside; sediment; *szkl.* sag
osiągalny *a* accessible; attainable
osiągi *mpl masz.* performance
osie *fpl mat.* axes, *zob. też* **oś**
osiowanie *n* alignment
osiowy *a* axial
oskard *m narz.* pick(axe); hack
osłabiacz *m fot.* reducer
osłabiać *v* weaken; attenuate; abate
osłabianie *n* **1.** abatement; weakening; attenuation **2.** *fot.* reducing
osłaniać *v* shield; screen; guard
osłona *f* shield; screen; guard; casing; housing
~ **biologiczna** *nukl.* biological shield
~ **cieplna** *nukl.* thermal shield, heat shield
~ **elektryczna** electric screen
~ **gazowa** *hutn.* gas shroud; gaseous envelope
~ **kabiny pilota** *lotn.* (cockpit) canopy
~ **kablowa** cable duct, cable tube
~ **łożyska** *masz.* bearing housing
~ **magnetyczna** magnetic screen
~ **oczu** *bhp* eye-shield
~ **pasa napędowego** *masz.* belt guard
~ **powietrzna** air curtain
~ **silnika** cowling, engine casing
~ **uszu** *bhp* ear muff
osm *m chem.* osmium, Os
osmoiryd *m met.* osmiridium
osmowce *mpl chem.* heavy platinum metals, third triad (Os, Ir, Pt)
osmoza *f fiz.* osmosis
osnowa *f* **1.** *włók.* warp **2.** *met.* matrix
osobliwość *f mat.* singularity
osobliwy *a mat.* singular
osobokilometr *m transp.* passenger--kilometer
osoborem *m nukl.* man-rem
osprzęt *m* fittings; fixtures; accessories
ostatni *a* last; final
ostro zakończony pointed
ostroga *f inż.* groin, groyne; repelling spur, wing dam
~ **przeciwślizgowa** (*np. ciągnika*) cleat, grouser
ostrosłup *m geom.* pyramid
ostrość *f* sharpness; keenness; acuity
~ **obrazu** *opt.* image sharpness; *TV* high definition
ostry *a* **1.** sharp; keen; *geom.* acute **2.** pungent, acrid, tart (*taste, smell*)
ostry zakręt *m drog.* sharp turn, sharp bend
ostrzarka *f* **narzędziowa** *obr.skraw.* sharpening machine, sharpener
ostrze *n* **1.** *narz.* blade; (cutting) edge **2.** point; spike **3.** *geom.* cusp
~ **impulsu** *el.* pulse overshoot
~ **narzędzia** *obr.skraw.* tool point
~ **noża** knife-edge
ostrzeganie *n* monitoring; warning
ostrzegawczy *a* warning; cautionary; monitory
ostrzenie *n* sharpening
~ **ściernic** dressing of grinding wheels
ostrzeżenie *n* warning; notice
ostrzyć *v* sharpen
osuszacz *m* **1.** drier; liquid separator; dehumidifier **2.** dessicant, drying agent
osuszanie *n* drying; dehumidification; drainage
osuwisko *n geol.* landslip; landslide
osypisko *n geol.* talus
oszacowanie *n* evaluation; estimation
oszczędnościowy *a* economical
oszczędność *f* economy; saving
oszczędzacz *m siln.* economizer (*in a carburettor*)
oszczędzać *v* economize; save
oś *f* **1.** *mat.* axis **2.** *masz.* axle; arbor
~ **belki** *wytrz.* centre line of a beam
~ **jednolita** *mot.* solid axle
~ **krystalograficzna** crystallographic axis
~ **liczb rzeczywistych** *mat.* real axis
~ ~ **urojonych** imaginary axis
~ **magnetyczna** magnetic axis
~ **napędowa** *mot.* driving axle, live axle
~ **nośna** *mot.* dead axle, stationary axle
~ **obrotu** *geom.* axis of rotation, axis of revolution
~ **odciętych** *mat.* axis of abscissae, X-axis
~ **optyczna** optic axis
~ **przegubu** *masz.* pivot
~ **pusta** *masz.* tubular axle
~ **rzędnych** *mat.* axis of ordinates, Y-axis
~ **swobodna** *mech.* free axis
~ **symetrii** *geom.* axis of symmetry, symmetry axis
~ **świata** *astr.* axis of heavens
~ **współrzędnych** *mat.* coordinate axis
~ **ziemska** axis of earth
ościeże *n bud.* reveal
ościeżnica *f bud.* casing

ośmiokąt *m geom.* octagon
ośmiościan *m geom.* octahedron
ośnik *m drewn.* (spoke)shave, drawknife
ośrodek *m* **1.** *fiz.* medium **2.** centre, center
~ **badawczo-rozwojowy** research and development centre
~ **ciągły** *fiz.* continuous medium, (physical) continuum
~ **chłodzący** *obr.ciepl.* cooling medium, quenchant
~ **ETO** *zob.* **ośrodek obliczeniowy**
~ **obliczeniowy** *inf.* computer centre, electronic data-processing centre
~ ~ **niedostępny** closed shop
~ ~ **usługowy** service computing centre
~ ~ **z maszyną dostępną** open shop
~ **płynny** *fiz.* fluid medium
~ **przemysłowy** industrial centre
~ **szkoleniowy** training centre
oświadczenie *n* statement
oświetlać *v* lighten; illuminate
oświetlenie *n* lighting; illumination
otaczać *v* surround; enclose
otaczający *a* ambient, surrounding
otoczak *m* boulder, cobble
otoczenie *n* **1.** environment; surroundings **2.** *mat.* neighbourhood
otoczka *f* envelope
otręby *pl roln.* bran
otulina *f* **1.** lag(ging), cleading, heat insulation **2.** packing material
~ **elektrody** *spaw.* covering of an electrode, coating of an electrode
otwarcie *n* opening
otwarte morze *n żegl.* open sea, high sea(s)
otwarty *a* open
otwieracz *m* opener
~ **puszek** can-opener, tin-opener
otwierać *v* open
otwornica *f drewn.* compass saw, fret saw
otworzyć *v* **nawiasy** *mat.* remove parentheses
~ **obwód** *el.* open a circuit
otwór *m* hole; opening; orifice; aperture
~ **gwintowany** tapped hole
~ **kalibrowany** calibrated orifice
~ **napowietrzający** aerator, aeration vent
~ **nieprzelotowy** *zob.* **otwór ślepy**
~ **obiektywu** *fot.* lens aperture, stop
~ **odpowietrzający** vent hole, air vent
~ **poszukiwawczy** *wiertn.* exploratory bore(-hole); exploratory well, test well, prospect hole
~ **prowadzący** *masz.* lead hole
~ **przelotowy** port
~ **smarowy** grease hole, oil hole
~ **spustowy** *masz.* drain (hole); bottom outlet (*in a tank*)
~ ~ **surówki** *hutn., odl.* taphole, tapping hole (*in a blast-furnace*)
~ **strzałowy** *górn.* blast-hole, shot-hole
~ **ślepy** dead hole; blind hole
~ **wentylacyjny** ventilating hole, vent
~ **wiertniczy** *wiertn.* bore(-hole), drill-hole
~ **wlotowy** inlet
~ **włazowy** manhole
~ **wylotowy** outlet; mouth; escape hole
~ **względny obiektywu** *opt.* f-number, focal ratio
~ **załadowczy** charging hole
owal *m* **1.** *geom.* oval **2.** (*wykrój owalny*) *obr.plast.* oval
owalny *a* oval
owijać *v* wrap
owijka *f* (*w oponie*) bead cover (*in a tyre*)
owój *m* **(kabla)** *el.* lapping, wrapping, cable covering
ozdabiać *v* ornament, decorate
oziębianie *n* cooling down; *obr.ciepl.* quenching, rapid cooling
oziminy *fpl roln.* winter crops
oznaczanie *n* **1.** notation, marking **2.** *chem.* assay; determination
~ **liczby oktanowej** *paliw.* fuel rating
~ **pH** *chem.* pH-metry
~ **próby metalu** assay of a metal
~ **wieku** *nukl.* age determination, dating
oznacznik *m* (*np. etykietka lub indeks*) *inf.* tag
ozokeryt *m min.* ozocerite, ozokerite, mineral wax, earth wax
ozon *m chem.* ozone, O_3
ozonosfera *f geofiz.* ozonosphere
ożaglowanie *n* sails
ożywianie *n* **1.** *włók.szt.* avivage **2.** *med.* reanimation, resuscitation
~ **odwiertu** *górn.* (oil-)well stimulation

Ó

ósemka *f mat.* octant
ósemkowy *a mat.* octal

P

pachołek *m żegl.* bollard, bitt
~ drogowy road guard, guide post
packa *f bud.* (*drewniana*) float; (*metalowa*) trowel
paczka *f* parcel; package
~ złomu *hutn.* bale of scrap
paczkarka *f* **złomu** *hutn.* scrap baling press, scrap baler
paczkowanie *n* parcelling
~ złomu *hutn.* baling of scrap, compaction of scrap
paczyć się warp
padanie *n* (*promieni*) *fiz.* incidence
paginacja *f* pagination
pak *m* pitch
~ drzewny wood-tar pitch
~ lodowy *ocean.* ice pack
~ węglowy coal-tar pitch
pakiet *m* pack, bunch
~ blach *obr.plast.* sheet pack (*for rolling*)
~ dyskowy *inf.* disk pack
~ falowy *fiz.* wave packet
~ programowy *inf.* software package, software module
pakietowanie *n transp.* packeting; parcelling
pakować *v* pack
pakowanie *n* **1.** packing; packaging **2.** *inf.* packing (*of data*)
~ próżniowe vacuum packing
~ w papier wrapping in paper
~ w pudełka boxing; cartoning
~ w puszki tinning; canning
~ w worki sacking, bagging
pakowarka *f* pack(ag)ing machine, packer
pakuły *pl* tow; oakum; hards
pakunek *m* **1.** package **2.** packing; seal
pal *m inż.* pile
~ cumowniczy *żegl.* mooring pile, mooring post
~ drewniany timber pile, spile
palacz *m kotł.* stoker, fireman
palec *m masz.* finger, pin
palenisko *n* **kotła** boiler furnace
~ kowalskie forge hearth, smithy forge
~ kuchenne (kitchen) range
~ rusztowe grate furnace
paleta *f* **1.** *transp.* pallet, tray **2.** *zeg.* pallet (jewel)
paletyzacja *f transp.* palletization
palić (się) burn
palik *m* peg; stake
palikować *v geod.* peg; *bud.* stake out
palisada *f* palisade; stockade
~ pomiarowa *hydr.* measuring palisade, measuring grid
paliwo *n* fuel
~ ciekłe liquid fuel, liquid propellant
~ do silników gaźnikowych carburettor fuel
~ ~ ~ wysokoprężnych Diesel fuel
~ gazowe gaseous fuel, fuel gas
~ jądrowe nuclear fuel, atomic fuel
~ lotnicze aviation fuel, aircraft fuel
~ olejowe oil fuel, fuel oil
~ przeciwstukowe anti-knock fuel
~ rakietowe rocket propellant
~ silnikowe engine fuel, motor fuel
~ stałe solid fuel
~ wzorcowe (*do badania własności antydetonacyjnych*) standard fuel, reference fuel
~ zastępcze alternative fuel; substitute fuel
paliwomierz *m* fuel gauge, fuel indicator
paliworodny *a nukl.* fertile
pallad *m chem.* palladium, Pd
palnik *m* **1.** burner **2.** *spaw.* blowpipe; torch
~ acetylenowo-tlenowy oxy-acetylene blowpipe
~ do cięcia *spaw.* cutting blowpipe
~ do spawania welding blowpipe, welding torch
~ gazowy gas burner
~ plazmowy plasma burner, plasma torch; plasmatron
~ spawalniczy *zob.* **palnik do spawania**
~ uniwersalny welding and cutting torch
palny *a* combustible, (in)flammable
pałąk *m* bail; bow
pałeczka *f* **do spawania** welding rod, filler rod
pamięć *f inf.* memory, store, storage
~ adresowa address memory
~ asocjacyjna associative memory, content addressed storage
~ autonomiczna off-line store
~ buforowa buffer (memory)
~ dynamiczna dynamic storage
~ dyskietkowa floppy disk store
~ główna main memory
~ holograficzna holographic memory

~ **integralna** on-line storage
~ **kasowalna** erasable memory
~ **laserowa** laser memory
~ **magnetyczna** magnetic memory, magnetic storage
~ ~ **bębnowa** magnetic drum memory, drum storage
~ ~ **cienkowarstwowa** (magnetic) thin-film storage
~ ~ **domenowa** magnetic domain store, bubble memory
~ ~ **drutowa** (magnetic) wire store, wire-plated storage
~ ~ **dyskowa** magnetic disk store
~ ~ **ferrytowa** (ferrite) core memory, (magnetic) core store
~ ~ **kartowa** magnetic card store
~ ~ **paskowa** magnetic strip memory, strip storage
~ ~ **pęcherzykowa** *zob.* **pamięć magnetyczna domenowa**
~ ~ **rdzeniowa** *zob.* **pamięć magnetyczna ferrytowa**
~ ~ **taśmowa** magnetic tape storage
~ **masowa** mass storage, bulk storage
~ **niekasowalna** non-erasable memory
~ **nietrwała** volatile memory
~ **o dostępie bezpośrednim** *zob.* **pamięć o dostępie swobodnym**
~ **o dostępie natychmiastowym** zero-access memory
~ **o dostępie sekwencyjnym** sequential memory
~ **o dostępie swobodnym** random access memory, RAM
~ **o odczycie niszczącym** destructive read-out memory
~ **operacyjna** operating store, internal memory
~ **pomocnicza** auxiliary store, backing store, secondary store
~ **półprzewodnikowa** semiconductor memory
~ **programowalna** programmable memory
~ **programu** program storage
~ **reprogramowalna** reprogrammable memory
~ **robocza** working storage
~ **skojarzeniowa** *zob.* **pamięć asocjacyjna**
~ **stała** read-only memory, ROM
~ **statyczna** static memory
~ **szybka** high-speed memory, fast memory, quick access memory
~ **trwała** permanent storage
~ **wewnętrzna** *zob.* **pamięć operacyjna**
~ **wirtualna** virtual storage
~ **zewnętrzna** external store, external memory

pamiętanie *n inf.* storage
pancerny *a* armoured
pancerz *m* armour
panchromatyczność *f fot.* colour sensitivity
panchromatyczny *a fot.* panchromatic
panew *f masz.* bearing bush(ing), bearing shell
~ **połówkowa** half-sleeve of a bearing, bearing brass, bearing half-shell
panewka *f zob.* **panew**
panoramiczny *a* panoramic (*screen*, *film*)
pantograf *m* pantograph
papa *f* building paper; tar board
papier *m* paper
~ **bezdrzewny** wood-free paper, all-rag paper
~ **bromosrebrowy** *fot.* bromide paper
~ **czerpany** hand-made paper, vat paper
~ **drukowy** printing paper
~ **drzewny** wood pulp paper
~ **dziełowy** book paper
~ **fotograficzny** photographic paper
~ **gazetowy** newsprint
~ **ilustracyjny** half-tone paper, art paper
~ **milimetrowy** graph paper, plotting paper
~ **pakowy** packing paper, wrapping paper
~ **pergaminowy** parchment paper
~ **rysunkowy** drawing paper
~ **ścierny** abrasive paper
~ **światłoczuły** *fot.* light-sensitive paper, photocopying paper
papierek *m* **lakmusowy** *chem.* litmus paper
~ **wskaźnikowy** *chem.* indicator paper, test-paper
papiernia *f* paper-mill
papiernica *f* papermaking machine
papierówka *f papiern.* pulpwood
papka *f* pulp
para *f* **1.** pair; *mech.* couple **2.** steam; vapour
~ **dolotowa** *siln.* incoming steam
~ **elektronów** electron pair, electron doublet
~ **grzejna** heating steam
~ **kinematyczna** *mech.* kinematic pair
~ **końcówek** *el.* terminal pair
~ **nasycona** saturated vapour
~ **nienasycona** superheated steam
~ **obrotów** *mech.* couple of rotations
~ **odlotowa** *siln.* waste steam, exhaust steam
~ **przesycona** supersaturated vapour
~ **sił** *mech.* couple of forces
~ **technologiczna** process steam
~ **uporządkowana** *mat.* ordered pair
~ **wilgotna** wet steam
~ **wodna** steam, water vapour

parabola *f mat.* parabola
paraboliczny *a* parabolic
paraboloida *f mat.* paraboloid
~ **eliptyczna** elliptical paraboloid
~ **hiperboliczna** hyperbolic paraboloid
~ **obrotowa** paraboloid of revolution
parachora *f fiz.* parachor
paradoks *m* **hydrostatyczny** *hydr.* hydrostatic paradox, Stevin theorem
parafina *f* paraffin (wax)
parafiny *fpl chem.* paraffins, alkanes, paraffin hydrocarbons
parageneza *f min.* paragenesis, mineral association; mineral sequence
paralaksa *f astr., fiz.* parallax
paramagnetyk *m* paramagnetic material
paramagnetyzm *m* paramagnetism
parametr *m mat.* parameter
~ **stanu** *term.* state parameter, state variable, thermodynamic function of state
parametron *m el.* parametron
parapet *m bud.* **1.** parapet wall **2.** window sill; window stool
parawodór *m chem.* para-hydrogen
parazwarty *a mat.* paracompact
parcie *n* pressure; thrust
~ **gruntu** *inż.* earth pressure
park *m* **1.** park **2.** fleet (*of motor vehicles*)
parkiet *m* parquet (floor); wood flooring
parking *m mot.* car-park, parking space
parkometr *m* (*licznik parkingowy*) parking meter
parkowanie *n mot.* parking
parnik *m* steamer; steaming plant; cooker
parować *v* **1.** evaporate, vaporize **2.** steam (*treat with steam*)
parowanie *n* **1.** evaporation, vaporization **2.** steaming, steam treatment
parowiec *m żegl.* steamship, steamer
parownik *m* **1.** *chłodn.* evaporator, boiler **2.** *kotł.* boiler proper **3.** *roln.* steamer **4.** *włók.* ager
parowozownia *f kol.* locomotive shed, engine house, roundhouse
parowóz *m* steam locomotive, engine
parowy *a* steam-driven
parsek *m jedn.* parsec (≈ 3.26 *light years*)
parser *m inf.* parser, syntax analyser
parter *m* ground floor; *US* first floor
partia *f* (*produktu*) batch; lot (*of product*)
paryta *f inf.* even parity bit
parzystość *f* evenness; parity
parzysty *a* even (*number*)
pas *m* **1.** belt; strip **2.** (*strefa*) zone
~ **bez końca** *masz.* endless belt
~ **bezpieczeństwa** safety belt, seat belt
~ **drogowy** roadway
~ **klinowy** (*napędowy*) V-belt, wedge belt
~ **kulisty** *geom.* spherical zone, zone of a sphere
~ **napędowy** *masz.* driving belt
~ **parciany** webbing
~ **ratunkowy** life-belt
~ **ruchu** *drog.* traffic lane
~ **startowy** *lotn.* airstrip
~ **transmisyjny** *masz.* transmission belt
~ **wiatrochronny** *roln.* windbreak, shelter belt
pasaż *m bud.* passage, arcade
pasażer *m* passenger
pasek *m* **skórzany** leather strap
pasieka *f roln.* apiary; *US* bee yard
paskal *m jedn.* pascal: 1 Pa = 1 N/m^2
pasmo *n* band; strip
~ **częstotliwości** *fiz.* frequency band
~ **dozwolone** *fiz.* allowed (energy) band
~ **energetyczne** *fiz.* energy band
~ **podstawowe** **1.** (*w spektroskopii*) fundamental band **2.** (*w teorii pasmowej ciała stałego*) ground (energy) band, normal band **3.** (*linii radiowej*) baseband
~ **przepustowe** *el.* pass band
~ **przewodnictwa** *fiz.* conduction (energy) band
~ **wzbronione** *fiz.* forbidden energy band, energy gap
pasować *v masz.* fit
pasowanie *n masz.* fit
~ **mieszane** transition fit
~ **obrotowe** running fit
~ **ruchowe** clearance fit
~ **spoczynkowe** interference fit
~ **swobodne** free fit
~ **wtłaczane** drive fit, force fit; press fit
pasta *f* paste
~ **akumulatorowa** active paste of an accumulator
~ **głusząca** *mot.* sound deadener, deadening mixture
~ **lutownicza** soldering paste
~ **polerska** abrasive compound, buffing compound
pasteryzacja *f spoż.* pasteurization
pastować *v* paste
pastwisko *n roln.* pasture, grazing land
pasy *mpl* **bezpieczeństwa** *lotn., mot.* safety belts, seat belts
~ **van Allena** *geofiz.* Van Allen radiation belts
pasywność *f chem.* passivity
pasywny *a chem.* passive

pasza *f zoot.* feed; fodder
~ **granulowana** pellets
~ **kiszona** ensilage, silage
~ **objętościowa** bulky feed; *US* roughage
~ **treściwa** nutritive fodder
patent *m* patent
patentowanie *n obr.ciepl.* patenting
patryca *f* **1.** *obr.plast.* hob, hub **2.** *poligr.* counter
patyna *f met.* patina, verdigris
pawilon *m* **wystawowy** exhibition pavilion, exhibition hall
pazur *m masz.* claw, fang
pchacz *m okr.* pusher-tug, pushboat, pusher
pchać *v* push
pedał *m* pedal, foot-lever
~ **gazu** *mot.* accelerator (pedal)
~ **napędowy** *masz.* treadle
~ **przyspieszenia** *zob.* **pedał gazu**
peleng *m nawig.* bearing
pelengator *m nawig.* bearing finder, direction-finder
pełna moc *f siln.* full power
pełne morze *n* open sea, high seas
pełne obciążenie *n* full load
pełnokontenerowiec *m okr.* full container ship
pełny *a* full; solid; *mat.* complete
pełzanie *n* **1.** (*materiału*) *wytrz.* creep **2.** *masz. el.* crawling
~ **zera** *aut.* zero drift
penetracja *f* penetration
penetrometr *m* **1.** *radiol.* penetrometer **2.** (*twardościomierz iglicowy*) penetrometer
pensja *f* salary
pentoda *f elektron.* pentode, five-electrode tube
perceptron *m inf.* perceptron
perforacja *f* perforation
perforator *m* perforator; puncher
perforować *v* perforate
pergamin *m* parchment; parchment paper
perigeum *n astr.* perigee
perihelium *n astr.* perihelion
periodyczny *a* periodic
perkolacja *f chem.* percolation
perlit *m* **1.** *met.* pearlite **2.** *min.* pe(a)rlite, pearlstone
permatron *m elektron.* permatron
permeametr *m el.* permeameter
permeancja *f el.* permeance
permutacja *f mat.* permutation
peron *m kol.* platform
perpetuum mobile perpetual motion (machine)
persistor *m elektron.* persistor
personel *m* personnel, staff
perspektywa *f rys.* perspective; vista
perspektywiczny *a* perspective
peryskop *m opt.* **1.** periscope **2.** *fot.* anachromatic symmetrical lens
pestycyd *m* pesticide
petarda *f* squib, thunderflash
petrochemia *f* petrochemistry, petroleum chemistry
petrografia *f* petrography
pewnik *m mat.* axiom
pewność *f* **działania** *masz.* reliability, dependability
pewny *a* reliable, dependable
pęcherz *m powł.* blister
~ **gazowy** *odl.* blowhole; gas cavity
pęcherzyk *m* bubble
pęcherzyki *mpl* **magnetyczne** *fiz.* magnetic bubbles, bubble domains
pęczek *m* bunch
pęcznienie *n* swelling; expanding, bulging; bulking
pęd *m mech.* momentum
pędnia *f masz.* overhead transmission, line shafting
pędnik *m okr.* propeller
pędzel *m* brush
pęk *m* **1.** *geom.* pencil (*of lines, planes*) **2.** *opt.* pencil (*of rays*)
pękać *v* crack; fracture; burst; check; craze
pęknięcie *n* crack; fracture; rupture; burst; fissure; cleft
pętla *f* **1.** loop **2.** *lotn.* loop **3.** (lifting) sling **4.** kink, hitch (*on a rope*) **5.** *inf.* loop
~ **histerezy** *fiz.* hysteresis loop
~ **nieskończona** *inf.* endless loop
~ **sprzęgająca** *el.* coupling loop
~ **zamknięta** *inf.* closed loop
pętlowanie *n hutn.* looping
pH (*wykładnik jonów wodorowych*) *chem.* pH, hydrogen ion exponent
pH-metr *m chem.* pH-meter, hydrogen ion concentration meter
piana *f* froth, foam, spume
pianobeton *m bud.* foamed concrete
piasek *m* sand
~ **formierski** *odl.* moulding sand
piaskowanie *n* **1.** sand-blast cleaning, sand blasting **2.** *drog., kol.* sanding **3.** *roln.* sand application
piaskowiec *m petr.* sandstone
piaskownia *f górn.* sand pit
piasta *f masz.* hub, boss, nave
piec *m* furnace; oven; kiln; stove
~ **do pracy ciągłej** continuous furnace
~ **do pracy okresowej** batch furnace
~ **do wypalania cegły** brick kiln

~ **do wytapiania** *hutn.* smelting furnace, smelter
~ **do wyżarzania** *obr.ciepl.* annealing furnace, annealer
~ **elektrodowy** electrode furnace
~ **elektryczny** electric furnace
~ **gazowy** gas(-fired) furnace; gas stove
~ **grzewczy 1.** heating stove **2.** *hutn.* heat furnace, reheater
~ **hartowniczy** hardening furnace
~ **hutniczy** metallurgical furnace
~ **indukcyjny** *el.* induction furnace
~ **kąpielowy** *hutn.* bath furnace
~ **komorowy** box(-type) furnace, chamber furnace
~ **kuchenny** kitchen stove
~ **kuźniczy** forging furnace
~ **łukowy** *el.* arc furnace
~ **martenowski** *hutn.* open-hearth furnace, O.H. furnace
~ **nieprzelotowy** batch furnace
~ **obrotowy** rotary furnace; rotary kiln
~ **odlewniczy** foundry furnace
~ **oporowy** *el.* resistance furnace
~ **piekarski** baking oven
~ **płomienny** *hutn.* air furnace, reverberatory furnace
~ **prażalniczy** *hutn.* roasting furnace, roaster
~ **przelotowy** continuous furnace
~ **przemysłowy** industrial furnace
~ **redukcyjny** *hutn.* reduction furnace
~ **stalowniczy** *hutn.* steelmaking furnace
~ **suszarniczy** drying stove, drying kiln
~ **szklarski** glass-furnace
~ **szybowy** shaft furnace
~ **trzonowy** hearth furnace, pool furnace
~ **tunelowy** tunnel furnace
~ **tyglowy** crucible furnace
~ **wannowy 1.** *obr. ciepl.* pot furnace; bath furnace **2.** *szkl.* tank furnace
~ **węglowy** coal-fired furnace
~ **wgłębny** (*do nagrzewania wsadu walcowniczego*) *hutn.* soaking pit, pit furnace, soaker
~ **wielkiej częstotliwości** high-frequency induction furnace
piecyk *m* **gazowy 1.** gas water-heater **2.** gas fire
pielenie *n roln.* weeding; hoeing
pielgrzymowanie *n obr. plast.* pilger process
pienić się froth, foam
pień *m* **drzewa** trunk, bole
pierścieniopłat *m lotn.* coleopter
pierścieniowy *a* ring-shaped, annular, toroidal; *chem.* cyclic
pierścień *m* **1.** ring **2.** *chem.* ring; nucleus **3.** *mat.* ring; annulus
~ **benzenowy** *chem.* benzene ring
~ **łożyskowy** bearing ring
~ **okrągły** *mech.* circular ring
~ **oporowy** *masz.* stopper ring, stop collar
~ **rozstawny** *masz.* distance ring, spacer ring
~ **ślizgowy** *masz. el.* slip-ring; collector ring; sliding ring
~ **tłokowy** *siln.* piston ring
~ ~ **uszczelniający** piston gas ring, piston packing ring, compression ring
~ ~ **zgarniający** piston scraper ring, piston oil ring, oil control ring
~ **ustalający** *masz.* retainer ring, retaining ring
~ **uszczelniający** *masz.* packing ring, seal(ing) ring, ring packing
~ **zębaty** *masz.* toothed ring, ring gear, annular gear
pierwiastek *m* **1.** *mat.* radical; root; radix **2.** *chem.* (chemical) element, *zob. też* **pierwiastki**
~ **arytmetyczny** *mat.* principal root
~ **kwadratowy** *mat.* square root
~ **równania** *mat.* root of an equation
~ **sześcienny** *mat.* cube root
pierwiastki *mpl* **amfoteryczne** *chem.* amphoteric elements
~ **cisuranowe** (*five elements: francium, radium, actinium, thorium, protactinium*)
~ **czyste** *chem.* pure elements, simple elements
~ **główne** *zob.* **pierwiastki reprezentatywne**
~ **izotopowe** *chem.* isotopic elements
~ **metaliczne** metallic elements, metals
~ **mieszane** *chem.* mixed elements
~ **nieizotopowe** *zob.* **pierwiastki czyste**
~ **niemetaliczne** non-metallic elements, non-metals, metalloids
~ **promieniotwórcze** *chem.* radioactive elements, radioelements
~ **proste** *zob.* **pierwiastki czyste**
~ **przejściowe** *chem.* transition elements
~ **reprezentatywne** *chem.* representative elements
~ **rozszczepialne** *chem.* fissionable elements
~ **śladowe** *chem.* trace elements, microelements, minor elements
~ **transplutonowe** (*o liczbie atomowej* $>$ 94) *chem.* transplutonium elements
~ **transuranowe** (*o liczbie atomowej* $>$ 92) *chem.* transuranic elements
~ **typowe** *zob.* **pierwiastki reprezentatywne**

~ **ziem rzadkich** *chem.* rare-earth elements, lanthanide series, lanthanides
pierwiastkowanie *n mat.* extracting a root of a number
pierwiastkowy *a* **1.** elemental **2.** *mat.* radical
pierwotny *a* original; primary; *mat.* prime
pierwowzór *m* prototype; archetype
pierwsza pomoc *f bhp* first aid
pierwsza zasada *f* **dynamiki** *mech.* Newton's first law, first law of motion
pierwszeństwo *n* priority
pierwszy bieg *m mot.* bottom gear, first gear, first speed
pieza *f jedn.* pieze: 1 pz = 10^3 Pa
piezoelektryczność *f fiz.* piezoelectricity
piezoelektryczny *a* piezoelectric
piezometr *m metrol.* piezometer
pięciokąt *m geom.* pentagon
pięciościan *m geom.* pentahedron
pięciotlenek *m chem.* pentoxide
pięta *f* **młotka** hammer face
piętnastokąt *m geom.* pentadecagon
piętro *n* **1.** storey, story, floor **2.** *geol.* stage **3.** *masz. el.* plane, tier (*of a winding*)
pigment *m* pigment; colour; colorant
pik *m fiz.* peak
piknometr *m* pycnometer, specific gravity bottle, density bottle
piko- pico- (*prefix representing* 10^{-12})
pilarka *f drewn.* sawing machine
~ **ramowa** frame sawing machine, frame saw, gang saw
~ **tarczowa** circular sawing machine, circular saw
~ **taśmowa** band sawing machine, band saw
pilnik *m narz.* file
~ **gładzik** smooth file
~ **maszynowy** machine file
~ **równiak** bastard(-cut) file
~ **ścierny** abrasive stick
~ **zdzierak** course file, rough file
pilnikarka *f* filing machine
pilnikowanie *n* filing
pilot 1. *lotn., żegl.* pilot **2.** *masz.* guide pin; aligning pin; pilot
~ **automatyczny** *lotn.* automatic pilot, autopilot, gyro-pilot
pilotaż *m* pilotage
pilotówka *f żegl.* pilot vessel, pilot boat
piła *f* **1.** saw **2.** (*obrabiarka do cięcia piłą*) sawing machine
~ **do drewna** woodworking saw, wood cutting saw
~ **do metali** metal cutting saw; metal sawing machine
~ **dwuchwytowa** two-handled saw
~ **jednochwytowa** single-handled saw, one--man saw
~ **maszynowa** power saw, sawing machine
~ **ogrodnicza** pruning saw
~ **ramowa** frame saw
~ **ręczna** (*jednochwytowa*) hand saw
~ **tarczowa 1.** circular saw, circular sawing machine **2.** circular saw blade
~ **taśmowa 1.** band saw, band sawing machine **2.** band saw blade
~ **wyrzynarka** *drewn.* jigger saw, scroll saw
piłka *f* **do metali** hack-saw
piłowanie *n* sawing
~ **pilnikiem** filing
pinceta *f* tweezers, forceps
pinch *m* (*plazmy*) *fiz.* pinch (effect), magnetic pinch, rheostriction
pion *m* **1.** plumb-line; perpendicular **2.** riser (*pipe, conduit*) **3.** *fiz.* pi-meson, pion
pionowanie *n bud.* plumbing
pionowy *a* vertical, plumb
pionowzlot *m lotn.* vertical take-off and landing aircraft, VTOL aircraft, vertiplane
piorun *m meteo.* thunderbolt, lightning discharge
piorunochron *m* lightning rod, lightning conductor
pióro *n* **1.** pen **2.** *drewn.* tongue, feather
~ **resoru** spring leaf, spring plate
~ **świetlne** *inf.* light pen
pipeta *f lab.* pipette
piractwo *n* **komputerowe** *inf.* hacking
piramida *f geom.* pyramid
piroelektryczność *f kryst.* pyroelectricity
pirofory *mpl* pyrophoric substances
piroliza *f chem.* pyrolysis, thermal decomposition
pirometalurgia *f* pyrometallurgy
pirometr *m* pyrometer, high-temperature thermometer
~ **promieniowania całkowitego** total radiation pyrometer
~ ~ **częściowego** partial radiation pyrometer
~ **radiacyjny** radiation pyrometer
pirotechnika *f* pyrotechnics
pirs *m inż.* pier; jetty
piryt *m min.* pyrite
pisać na maszynie type(write)
pisak *m* pen
~ **x-y** *inf.* XY plotter, coordinate plotter

pistolet *m* pistol; (hand)gun
~ **do zgrzewania punktowego** gun welder, welding gun
~ **maszynowy** *wojsk.* machine pistol, submachine gun, tommy-gun
~ **metalizacyjny** metal spray gun, metallizing gun, metal spraying pistol
~ **natryskowy** spray gun, air gun
pitting *m* **1.** *powł.* pitting (corrosion) **2.** *masz.* pitting
pixel *m* (*element obrazu*) *TV* pixel, picture element
plac *m* **1.** square (*in a town*) **2.** site; yard
~ **budowy** building site, building ground, construction site
~ **składowy** stacking yard, store place
placówka *f* **telekomunikacyjna** station; office
plafoniera *f* ceiling light fitting
plama *f* spot; stain; smudge
plamka *f* spot, fleck, speck
~ **świetlna** *elektron.* light spot, luminous spot
plamy *fpl* **słoneczne** *astr.* sunspots
plan *m* plan; project; schedule; scheme
~ **gospodarczy** economic plan
~ **inwestycyjny** investment plan
~ **orientacyjny** *bud.* key plan
~ **sił Cremony** *mech.* Cremona's polygon of forces
~ **sytuacyjny** *bud.* location plan, site plan
~ **zagospodarowania przestrzennego** *bud.* development plan
planarny *a geom.* planar
plandeka *f mot.* canvas cover; collapsible hood
planeta *f astr.* planet
planetarium *n* planetarium
planetoida *f astr.* planetoid, asteroid
planimetr *m metrol.* planimeter, area integrator
planimetria *f* plane geometry, planimetry
plankton *m* plankton
planowanie *n* **1.** *ek.* planning **2.** *obr.skraw.* facing
planowy *a* planned; scheduled
plantowanie *n inż.* levelling; surfacing
plastelina *f* plasticine; modelling paste
plastomery *mpl tw.szt.* plastomers
plastyczność *f* plasticity
plastyczny *a* plastic
plastyfikacja *f tw.szt., gum.* plasticization, plastifying
plastyfikator *m tw.szt., gum.* flexibilizer, plasticizer; softener, softening agent
plastyki *mpl* plastic materials
platerowanie *n met.* plating, cladding
platerowany *a met.* plated, clad
platforma *f* platform
~ **wiertnicza** drilling platform
platformowanie *n* (*benzyn*) platforming
platyna *f chem.* platinum, Pt
platynowanie *n* platinization, platinating
platynowce *mpl chem.* platinum metals, platinum family
~ **ciężkie** heavy platinum metals, third triad (Os, Ir, Pt)
~ **lekkie** light platinum metals, second triad (Ru, Rh, Pd)
plazma *f fiz.* plasma
plazmotron *m elektron.* plasmatron
pleochroizm *m min.* pleochroism
plik *m inf.* file
~ **główny** master file, main file
~ **programów** program file
~ **transakcji** transaction file, detail file
plon *m roln.* yield, crop
pluton *m chem.* plutonium, Pu
pluwiometr *m meteo.* pluviometer, rain gauge
płaca *f ek.* wages, pay
płaski *a* flat; *geom.* planar, plane, flat, two-dimensional
płaskownik *m* flat (bar)
płasko-wklęsły *a* plano-concave
płasko-wypukły *a* plano-convex
płaszcz *m masz.* jacket; mantle; casing
~ **chłodzący** cooling jacket
~ **grzejny** heating jacket
~ **izolacyjny** mantle
~ **parowy** steam jacket
~ **pieca** furnace shell, furnace mantle
~ **reaktora** *nukl.* reactor blanket
~ **tłoka** *siln.* piston skirt
~ **wodny** water jacket
~ **Ziemi** *geol.* mantle of the Earth
płaszczyzna *f geom.* plane
~ **odbicia** *fiz.* reflection plane
~ **ogniskowa** *opt.* focal plane
~ **padania** *fiz.* incidence plane
~ **pionowa** *geom.* vertical plane
~ **podziału** parting plane
~ **polaryzacji** *fiz.* polarization plane
~ **poślizgu** *kryst.* slip plane; *obr.skraw.* plane of shear
~ **pozioma** *geom.* horizontal plane
~ **przekroju** *rys.* cutting plane
~ **ruchu** *mech.* plane of motion
~ **rzutowa** *geom.* projective plane
~ **sieciowa** *kryst.* crystal plane, lattice plane
~ **styczna** *geom.* tangential plane, tangent plane
~ **styku** plane of contact

~ symetrii *geom.* plane of symmetry, symmetry plane
~ ścinania *obr.skraw.* plane of shear
~ zespolona *geom.* complex plane
płat *m* **1.** *aero.* aerofoil, airfoil, plane **2.** *rad.* lobe (*of an antenna*)
~ pamięci *inf.* magnetic-memory plate
~ poszycia nadwozia *mot.* body panel
~ wodny hydrofoil
płatew *f bud.* purlin, bidding rafter
płatowiec *m lotn.* airframe
pława *f żegl.* buoy; floating beacon
płetwonurek *m* frogman, skin-diver
płocha *f włók.* reed
płodozmian *m roln.* crop rotation
płody *mpl* **rolne** farm produce, agricultural products; crops
płomieniak *m hutn.* air furnace, reverberatory furnace
płomienica *f* **1.** *kotł.* furnace tube, flue tube **2.** flame-tube (*in gas turbines*)
płomieniówka *f kotł.* smoke tube; combustion tube
płomień *m* flame
płoza *f* skid; runner
płozy *fpl* **wodowaniowe** *okr.* sliding ways, bilge ways
płótno *n* linen; cloth
~ ścierne abrasive cloth
~ workowe sack cloth
~ żaglowe sail-cloth
płuczka *f* washer; washing machine
~ gazowa gas washer, scrubber
~ wiertnicza drilling fluid, flush(ing), drilling mud
pług *m* plough, plow
~ ciągnikowy tractor plough
~ jednoskibowy single-furrow plough
~ odśnieżny snow-plough
~ wieloskibowy gang plough, multiple (-furrow) plough
płukać *v* rinse; swill; wash
płyn *m* fluid; liquor
~ doskonały ideal fluid, perfect fluid
~ hamulcowy brake fluid
~ lepki viscous fluid
~ obróbkowy *obr.skraw.* cutting fluid, cutting-tool lubricant
~ przeciw zamarzaniu anti-freeze
~ rzeczywisty real fluid
płynąć *v* **1.** flow **2.** *wytrz.* flow; yield **3.** *żegl.* sail
płynięcie *n* (*materiału*) flow
płynność *f* fluidity
~ plastyczna plastic fluidity
płynny *a* fluid
płyta *f* plate; panel; board; slab
~ akumulatorowa *el.* accumulator plate
~ długogrająca long-playing record
~ dociskowa *masz.* platen, pressure plate
~ fotograficzna photographic plate
~ fundamentowa *bud.* foundation plate; slab foundation; *masz.* bed plate, base plate
~ gramofonowa gramophone record
~ grzejna *bud.* heating panel; warming plate
~ izolacyjna insulating board, insulating plate
~ kompaktowa *elakust.* compact disk
~ lotniskowa apron
~ matrycowa *obr.plast.* die block, bolster (plate)
~ modelowa *odl.* pattern plate, match plate
~ pancerna **1.** armour plate **2.** *el.* iron-clad (accumulator) plate
~ pilśniowa *bud.* fibreboard, millboard
~ podstawowa *masz.* bed plate, base plate
~ pomiarowa surface plate, platen
~ stołu top of table
~ stropowa *bud.* floor slab
~ ścienna (*okładzinowa*) *bud.* wall board
~ traserska bench plate, toolmaker's flat
~ wiórowa *bud.* chipboard
~ wizyjna *TV* videodisk
płytka *f* **1.** plate; tile **2.** lamina, lamella
~ półprzewodnikowa *elektron.* die (*pl* dice); chip
~ wzorcowa *metrol.* gauge block, size block
~ zaciskowa *el.* terminal board
płytki *a* shallow
pływ *m ocean.* tide
pływać *v* **1.** float **2.** swim **3.** *żegl.* navigate
pływak *m* float
pływalność *f okr.* buoyancy
pływanie *n hydr.* floatation
pływomierz *m ocean.* tide gauge
pływowskaz *m ocean.* tide pole
pneumatyczny *a* pneumatic, air-operated
pneumatyka *f* pneumatics
pobielanie *n powł.* tinning, tin plating
pobierać energię consume energy; absorb power; draw power
pobieranie *n* tapping, drawing
~ próbek sampling, drawing of samples
pobocze *n* (*drogi*) shoulder
pobór *m* **mocy** *el.* power consumption; power input
pobudzać *v* excite; activate; actuate; stimulate

pobudzanie *n* excitation; activation; stimulation
pochłaniacz *m* **1.** absorber (*apparatus*) **2.** absorbent (*substance*)
~ **fal 1.** *el.* surge absorber **2.** *inż.* wave absorber, wave trap, wave-catch
~ **gazów** *elektron.* getter
pochłaniać *v* absorb
pochłanialność *f* absorbing power, absorptivity
pochłanianie *n* absorption
pochodna *f* **1.** *mat.* derivative, differential coefficient **2.** *chem.* derivative
~ **cząstkowa** *mat.* partial derivative
~ **funkcji wielu zmiennych** *mat.* total derivative
~ **kierunkowa** *mat.* directional derivative
~ **zbioru** *mat.* derivative of a set, derived set
pochodzenia naturalnego naturally occurring
pochodzenie *n* origin
pochylenie *n* inclination; slope; gradient; rake; batter; tilt
~ **drogi** road grade
~ **kół** *mot.* wheel camber
pochylnia *f* **1.** ramp, inclined plane **2.** *górn.* inclined drift **3.** *okr.* slipway, shipway, building slip, building ways
pochylnik *m zob.* **pochyłomierz**
pochyłomierz *m geod.* (in)clinometer, slope level
pochyłość *f* slope, declivity, downgrade
pochyły *a* sloping, inclined, slant
pociąg *m* **1.** train **2.** *górn.* string of cars
~ **drogowy** (*ciągnik z przyczepą*) trailer-truck
~ **holowniczy** *żegl.* barge train, towing train
~ **na poduszce powietrznej** aerotrain
~ **osobowy** passenger train
~ **podmiejski** suburban train
~ **pospieszny** express (train), fast train
~ **towarowy** goods train, freight train
pocisk *m wojsk.* missile; projectile
~ **artyleryjski** artillery shell
~ **balistyczny** ballistic missile
~ **bliskiego zasięgu** short-range missile
~ **bojowy** (*z głowicą bojową*) live missile
~ **dalekiego zasięgu** long-range missile
~ **do broni strzeleckiej** bullet
~ **globalny** (*o zasięgu globalnym*) global missile
~ **kierowany** guided missile
~ **nieuzbrojony** plugged shell
~ **nuklearny** (*z głowicą nuklearną*) nuclear projectile; nuclear missile
~ **odrzutowy** missile
~ **przeciwpancerny** armour-piercing shell
~ **rakietowy** rocket (missile)
~ **samokierowany** homing missile; (target) seeker
~ **uzbrojony** fused projectile
początek *m* start; beginning; origin
~ **układu współrzędnych** *mat.* coordinate origin, origin of coordinates
~ **wektora** *mat.* origin of a vector
początkowy *a* initial
poczerwienienie *n* **galaktyk** *astr.* (nebular) red shift
poczta *f* post, mail; post office
~ **pneumatyczna** pneumatic conveyor, air conveyor; pneumatic transfer system
poczwórny *a* quadruple; quaternary
pod ciśnieniem under pressure
pod kątem... at an angle of...
pod kątem prostym at right angle
pod kontrolą under control
pod napięciem *el.* live
pod obciążeniem under load
pod ochroną under protection
pod prąd upstream
pod stałym ciśnieniem at constant pressure
pod światło against the light
pod własnym ciężarem by gravity
pod wpływem under the influence of, by the action of, under the action of
podajnik *m* feeder, feed (mechanism), feeding device; magazine
~ **automatyczny** (*w obrabiarce*) loader, automatic loading unit
~ **kart** *inf.* card feed
~ **śrubowy** feeding screw
podalgebra *f mat.* subalgebra
podatek *m* tax
podatność *f* **1.** flexibility **2.** susceptibility
~ **akustyczna** acoustic compliance
~ **elektryczna** electric susceptibility
~ **magnetyczna** magnetic susceptibility
~ **na obróbkę** workability
~ **na odkształcenie** deformability
podatny *a* **1.** flexible **2.** susceptible
podatny na uszkodzenia vulnerable, damageable
podawanie *n* feed, feeding
podawarka *f górn.* loading elevator
podaż *f ek.* supply
podbijanie *n* (*toru*) *kol.* tamping
podbijarka *f kol.* tamper, tamping machine
podbudowa *f* substructure
~ **drogi** road foundation; base course
~ **statku** (*na pochylni*) blocking, cribbing
podchloryn *m chem.* hypochlorite
podchodzić do lądowania *lotn.* approach to land

~ **do nabrzeża** *żegl.* come alongside
podciąg *m mat.* subsequence
podciągać *v* pull up; *żegl.* bring home (*an anchor, a ship*)
podcięcie *n* undercut(ting); relief
podcinać *v* undercut
podcinka *f narz.* anvil cutter, anvil chisel
podciśnienie *n* pressure below atmospheric, (partial) vacuum
podczerwień *f fiz.* infrared (radiation)
podczerwony *a fiz.* infrared
poddawać działaniu pary steam
~ **elektrolizie** electrolyze
~ **próbie** put on test, subject to a test, test
poddział *m* subdivision
poddźwięk *m fiz.* infrasound
poddźwiękowy *a aero.* subsonic
podejście *n* approach
~ **do lądowania** *lotn.* landing approach
podera *f geom.* pedal curve
podest *m bud.* foot-pace; platform; landing
podgląd *m TV* monitoring
podglebie *n gleb.* subsoil, undersoil
podgrupa *f* **1.** *mat.* subgroup **2.** *chem.* subgroup, odd series, B family (*of periodic system*)
podgrzewacz *m* **1.** heater; preheater **2.** *siln.* heater plug, glow plug
~ **powietrza** air-heater
~ **wody** *kotł.* fuel economizer, (feed)water heater; feedheater
podgrzewanie *n* preheating, heating up, warming up
podharmoniczna *f fiz.* subharmonic
podjąć *v* **badanie** undertake a study
~ **produkcję** take up production
~ **środki** take measures, take steps
podkład *m* **1.** *powł.* prime coat, primer, priming **2.** *bud.* ground beam, sleeper **3.** backing
~ **bieżnika opony** undertread
~ **kolejowy** sleeper, cross-tie, cross-sill; *US* railway tie
~ **magnetyczny** *elakust.* magnetic bias
podkładanie *n* **dźwięku** *kin.* dubbing
podkładka *f masz.* washer
~ **miękka** cushion, pad
~ **odległościowa** spacer washer
~ **oporowa** thrust washer
~ **spoiny** *spaw.* backing; backing strip
~ **sprężysta** spring washer; cushion
~ **uszczelniająca** packing washer
~ **zabezpieczająca** lock-washer
podkreślać *v* **1.** underline **2.** stress, emphasize
podkrytyczny *a nukl.* subcritical, undercritical
podkuwanie *n obr.plast.* blocking, preparing
podlewać *v roln.* water (*plants*)
podładowanie *n* (*akumulatora*) *el.* boost charge, quick charge
podłączyć *v* **do źródła prądu** connect to a power source
podłoga *f* floor
podłoże *n* **1.** base; foundation; substrate **2.** *inż.* subsoil **3.** *odl.* mould bed **4.** *papiern.* base paper, raw stock
~ **drogowe** subgrade
podłużnica *f bud.* stringer
podłużny *a* **1.** oblong **2.** longitudinal, lengthwise
podmiejski *a* suburban
podmokły *a* waterlogged
podmorski *a* submarine
podmuch *m* **1.** *wybuch.* blast **2.** *kotł.* blast draught, blast air
podmywać *v* underscour, undermine; sap; wash out
podniesienie *n* lift; rise
podnormalna *f* (*krzywej*) *geom.* subnormal
podnosić *v* **1.** raise; lift; hoist; elevate; heave (up) **2.** pick up (*from the ground*)
~ **do kwadratu** *mat.* square
~ **do potęgi** *mat.* raise to a power
~ **do sześcianu** *mat.* cube
~ **dźwignikiem** jack up
~ **jakość** upgrade
~ **kotwicę** *żegl.* weigh anchor
~ **wydajność pracy** raise the productivity of labour, increase the productivity
podnośnik *m* elevator; hoist; lift; jack
~ **powietrzny cieczy** air lift pump, mammoth pump
podobieństwo *n* similarity; analogy; similitude; affinity
podobny *a* similar; *geom.* homothetic
podpalać *v* light; fire; kindle; set fire to; set on fire
podparcie *n* support; bearing
~ **obrotowe** fulcrum; pivot
podpierać *v* support; bear; prop; shore
podpodział *m mat.* subdivision
podpora *f* support; bearing; bearer; prop; shore
podpowierzchniowy *a* subsurface
podpowłoka *f* **elektronowa** (*atomu*) *fiz.* electronic subshell
podpoziom *m* **1.** *fiz.* subshell, sublevel **2.** *górn.* sublevel
podpórka *f* support; prop
~ **do nitowania** hold-on, dolly bar (*for riveting*)

~ **rdzeniowa** *odl.* chaplet
podprądowy *a* (*np. przyrząd*) *el.* undercurrent
podprogram *m inf.* subroutine
~ **otwarty** open subroutine
~ **zamknięty** closed subroutine
podręcznik *m* textbook; handbook, manual
~ **użytkownika** *inf.* user's manual
podróż *f* **kosmiczna** space travel
~ **morska** voyage
podsadzanie *n* (*wyrobisk*) *górn.* backfilling, mine filling, stowing, gobbing, packing
~ **hydrauliczne** (*podsadzką płynną*) hydraulic filling, slushing, flushing
podsadzarka *f górn.* backfilling machine, stowing machine, stower
podsadzka *f górn.* **1.** filling, packing, stowing (material) **2.** *zob.* **podsadzanie**
~ **płynna** hydraulic filling, slushing, flushing
podsłyszalny *a* infrasonic, subsonic, infra-acoustic
podstacja *f el.* substation
podstawa *f* **1.** base; basis (*pl* bases) **2.** mount; pedestal; footing
~ **czasu** *elektron.* time base
~ **fundamentu** *bud.* foundation footing
~ **logarytmu** *mat.* radix (*pl* radices), base of a logarithm
~ **mechanizmu** *mech.* fixed link, frame of a mechanism
~ **montażowa** *elektron.* chassis
~ **obliczeń** basis of calculation
~ **obróbkowa** machining datum surface
~ **potęgi** *mat.* base of a power
~ **stopu** *met.* base of an alloy
~ **systemu liczenia** *mat.* radix (*pl* radices), base of a number system
~ **tłocznika** *obr.plast.* die holder, die shoe
~ **trójkąta** *geom.* base of a triangle
~ **wymiarowa** *rys.* reference line
podstawiać *v mat.*, *chem.* substitute, replace
podstawienie *n mat.*, *chem.* substitution, replacement
podstawka *f* stand; stillage
~ **klinowa** (*np. pod koła*) chock, scotch
~ **lampowa** *elektron.* tube holder, tube retainer, valve holder
~ **pryzmowa** *metrol.* vee block, V-block; vee location
podstawnik *m chem.* substituent; ligand, substituent group
podstawowe gałęzie *fpl* **przemysłu** staple industries
podstawowy *a* basic; primary; fundamental
podstemplowywać *v bud.* (under)prop; rack
podsterowność *f* (*samochodu*) understeer(ing)
podstruktura *f* substructure
podstyczna *f* (*krzywej*) *geom.* subtangent
podsufitka *f bud.* soffit (counter) ceiling, false ceiling
podsypka *f kol.* ballast; *odl.* sand bed; *drog.* sub-crust
~ **kamienna** *inż.* rubble bed
podsystem *m* subsystem
podszybie *n górn.* pit bottom, shaft bottom, shaft station
podtlenek *m chem.* suboxide
podtoczenie *n obr. skraw.* neck
podtopienie *n spaw.* undercut
podtorze *n kol.* subgrade, roadbed
podtrzymka *f* (*tokarki*) *obr. skraw.* rest, steady
~ **ruchoma** follow rest, following steady
~ **stała** back rest, backstay
podtrzymywać *v* support; carry; hold up; *obr.skraw.* rest, steady
podukład *m* subsystem; *elektron.* integrated circuit component
poduszka *f* cushion; pad
~ **powietrzna** **1.** *masz.* air cushion; pneumatic spring **2.** *lotn.* ground effect
~ **smarująca** *masz.* lubricating pad
poduszkowiec *m lotn.* ground-effect machine, cushioncraft, hovercraft, air cushion vehicle
podwajać *v* double
podwalina *f bud.* ground sill, ground beam, sleeper, sole-plate
podwarstwa *f* **elektronowa** (*atomu*) *fiz.* electronic subshell
podważać *v* prize, lever
podwielokrotność *f mat.* submultiple
podwieszać *v* undersling
podwieszenie *n* suspension
podwieszony *a* underslung
podwodny *a* underwater, submarine; subaqueous
podwodzie *n okr.* underwater hull, underwater body
podwozie *n* **1.** *mot.* chassis **2.** *lotn.* undercarriage, landing gear **3.** *kol.* running gear
~ **chowane** retractable undercarriage
~ **stałe** fixed undercarriage
~ **trójkołowe** tricycle landing gear
podwójny *a* dual; duplex; binary; dyadic
podwymiarowy *a* undersize
podwyżka *f ek.* rise, increase
podwyższać *v* increase the height, highten; raise; step up
podzbiór *m mat.* subset
~ **znaków** *inf.* character subset

podzespół *m masz.* sub-assembly
podział *m* division; partition; section; fission
~ **czasu** *inf.* time-sharing
~ **dychotomiczny** dichotomic division, dichotomy
~ **na odcinki** sectionalization, segmentation
~ **na pół** bisection
~ **na strefy** zoning, zonation
podziałka *f* **1.** *metrol.* scale, graduation **2.** *masz.*, *narz.* pitch
~ **1:1** full-size scale
~ **1:2** half-size scale
~ **gwintu** *masz.* pitch of thread
~ **logarytmiczna** logarithmic scale
~ **noniusza** vernier scale
~ **zasadnicza** (*koła zębatego*) *masz.* base pitch
podziarno *n* minus mesh, fines, through
podzielnia *f metrol.* scale; reading face; indicating dial
podzielnica *f masz.* dividing head, index head
podzielnik *m mat.* common factor
podzielność *f mat.* divisibility
podzielny *a* divisible
podziemie *n bud.* basement
podziemny *a* underground; subterranean
pofałdowany *a* corrugated
pogarszać *v* impair
~ **się** deteriorate, get worse
pogłębiacz *m* **1.** *obr.skraw.* counterbore; countersink **2.** *roln.* subsoiler, subsoil plough
pogłębiać *v* deepen; dredge
pogłębiarka *f* dredger, dredge
~ **chwytakowa** clamshell dredger, grab-dredger
~ **czerpakowa** bucket dredger, scoop dredger
~ **łyżkowa** dipper dredger
~ **nasiębierna** hopper dredger
~ **ssąca** sand pump dredger, suction dredger
~ **wieloczerpakowa** bucket-ladder dredger, elevator dredger
pogłos *m akust.* reverberation, after-sound
pogoda *f* weather
pogotowie *n* stand-by
pogrążanie *n* **pali** *inż.* pile driving
pogrubiać *v* thicken
pojazd *m* vehicle
~ **drogowy** road vehicle
~ **gąsienicowy** tracklaying vehicle, crawler
~ **kołowy** wheeled vehicle
~ **mechaniczny** motor vehicle
~ **samochodowy** automotive vehicle, self-propelled vehicle
~ **szynowy** rail vehicle
~ **terenowy** cross-country vehicle
pojazdowiec *m okr.* roll on/roll off (system) ship, ro-ro carrier, trailer ship
pojedynczo *adv* one-by-one, one at a time
pojedynczy *a* single; singular; simple; individual
pojemnik *m* container
~ **chłodniczy** reefer
~ **transportowy** shipping container; *nukl.* coffin, casket
pojemnikowiec *m okr.* container ship
pojemnościomierz *m el.* faradmeter, capacitance meter
pojemnościowy *a el.* capacitive
pojemność *f* (cubic) capacity, content
~ **brutto** *okr.* gross (register) tonnage
~ **cieplna** *fiz.* heat (storage) capacity, calorific capacity, thermal capacity
~ **elektryczna** capacitance; ampere-hour capacity
~ **informacyjna** information capacity
~ **ładunkowa** *okr.* cargo capacity
~ **magazynowa** storage capacity
~ **netto** *okr.* net (register) tonnage
~ **pamięci** *inf.* storage capacity
~ **skokowa** *masz.* swept capacity, swept volume
~ ~ **silnika** engine (cubic) capacity, engine (piston) displacement
~ **w litrach** litre capacity
~ **zbiornika** tank capacity, tankage
pojemny *a* capacious; voluminous
pokaz *m* display, show; demonstration
pokład *m* **1.** *okr.*, *lotn.* deck **2.** *geol.* stratum (*pl* strata), bed, ledge
~ **dolny** *okr.* lower deck, under-deck
~ **główny** *okr.* upper deck
~ **węgla** *górn.* coal bed
pokost *m* oil varnish, boiled oil
pokostowanie *n* varnishing, oil finish
pokój *m* **kontrolny** *rad.* control room
pokrewieństwo *n fiz.*, *chem.* affinity
pokręcać *v* **silnik** turn the engine, crank the engine
pokrętło *n* handwheel
~ **do gwintowników** *narz.* tapholder, tapper, tap wrench
pokrowiec *m* (protective) cover
pokrój *m* **kryształu** *kryst.* crystal habit
pokrycie *n* coat; covering; coverage; facing
~ **dachu** *bud.* roofing
~ **nadwozia** *mot.* panelling
pokrywa *f* cover; cap; bonnet; lid
~ **lodowa** ice-cover; ice cap

~ **włazu** manhole cover, hatch
pokrywać *v* cover; coat; face; plate
~ **się 1.** overlap **2.** coincide
pokwitowanie *n* receipt
polarność *f* **wiązania** *chem.* polarity of bond
polarny *a* polar
polarograf *m chem.* polarograph
polarografia *f chem.* polarography
polarymetr *m chem.* polarimeter
polaryzacja *f fiz.* polarization; *elektron.* bias
~ **dielektryczna** dielectric polarization
~ **elektrolityczna** electrolytic polarization
~ **magnetyczna** magnetic polarization
~ **światła** polarization of light
polaryzator *m fiz.* polarizer
polaryzować *v fiz.* polarize
pole *n* **1.** *geom.* area **2.** *fiz.* field **3.** *roln.* field
~ **akustyczne** sound field
~ **elektromagnetyczne** electromagnetic field
~ **elektrostatyczne** electrostatic field
~ **elektryczne** electric field
~ **geomagnetyczne** *geofiz.* geomagnetic field
~ **grawitacyjne** *fiz.* field of gravitation, gravitational field
~ **magnetyczne** magnetic field
~ **naftowe** *wiertn.* oil field
~ **sił** *mech.* field of force
~ **skalarne** *mat.* scalar field
~ **tolerancji** *metrol.* tolerance range, tolerance zone
~ **wektorowe** *mat.* vector field
polecenie *n inf.* command
polepa *f bud.* pugging
polepszać *v* upgrade; improve
polerka *f masz.* polishing machine, polishing lathe, polisher, buffing lathe
polerowanie *n* polishing
polewa *f ceram.* glaze, glazing
polewarka *f* **(drogowa)** street watering truck, street sprinkler
poli- *chem.* poly-
poliamid *m chem.* polyamide
polichlorek *m* **winylu** *tw.szt.* polyvinyl chloride, PCV
poliester *m chem.* polyester
polietylen *m tw.szt.* polyethylene, polythene
poligon *m* **1.** *wojsk.* range, firing ground, testing ground **2.** *geod.* traverse
~ **rakietowy** rocket range
poligrafia *f* **1.** typography **2.** printing industry
polikwas *m chem.* polyacid
polimer *m chem.* polymer
polimeryzacja *f chem.* polymerization
polimorf *m kryst.* polymorph
polimorfizm *m kryst.* polymorphism
poliozy *fpl zob.* **polisacharydy**
polisacharydy *mpl chem.* polysaccharides, polyoses
polistyren *m tw.szt.* polystyrene
politechniczny *a* polytechnic
politechnika *f* technical university
politechnizacja *f* technological education
politura *f* varnish; French polish
polon *m chem.* polonium, Po
polutanty *mpl* (*substancje zanieczyszczające środowisko*) pollutants
połączenie *n* **1.** connection; joint; fastening; coupling; union; junction; link **2.** *ek.* amalgamation, merger **3.** *telef.* call
~ **bagnetowe** bayonet joint
~ **chemiczne** chemical combination
~ **gwiazdowe** *el.* star connection, Y-connection
~ **gwintowe** screw joint
~ **klejowe** glue joint
~ **kolejowe** railway connection
~ **łubkowe** fished joint
~ **na czopy** *drewn.* mortise-and-tenon joint
~ **na gwoździe** nailed joint
~ **na pióro i wpust** *drewn.* tongue-and--groove joint, feather joint
~ **na wrąb** *drewn.* notched joint
~ **na zakład** *drewn.* half-lap joint, halving (joint)
~ **nierozłączne** permanent joint, permanent fastening
~ **nitowe** riveted joint
~ **przeciwsobne** *el.* anti-parallel coupling
~ **przegubowe** articulated joint, articulation; pivotal joint
~ **radiowe** radio communication
~ **rozłączne** temporary fastening
~ **równoległe** parallel connection
~ **rurowe** pipe joint, pipe connection
~ **spawane** welded joint
~ **stykowe** butt joint
~ **sworzniowe** *masz.* knuckle joint, pin joint, spigot joint
~ **szeregowe** series connection
~ **szeregowo-równoległe** series-parallel connection
~ **śrubowe** screw joint
~ **telefoniczne** telephone call
~ **teowe** tee joint; T-connection
~ **termokompresyjne** *elektron.* thermocompression bonding

~ **trójkątowe** *el.* delta connection
~ **wielokątowe** *el.* mesh connection
~ **wielowypustowe** *masz.* splined coupling, splined connection
~ **wzajemne** interconnection
~ **zakładkowe** lap joint
~ **zawiasowe** hinged joint
połączony *a* connected; joint; combined
połączony równolegle connected in parallel
połączony szeregowo connected in series
połączyć *v* connect; join; *telef.* put through; *inf.* interface
połowa *f* half
~ **kąta** *geom.* half-angle
położenie *n* position; orientation; aspect; attitude
~ **martwe** *masz.* dead position; dead point
~ **robocze** *el.* on-position; service position
~ **równowagi** state of equilibrium; balance point
~ **spoczynkowe** *el.* off-position
~ **środkowe** midposition
~ **zwrotne** *masz.* dead centre
~ ~ **kukorbowe** outer dead centre, bottom dead centre
~ ~ **odkorbowe** inner dead centre, top dead centre
połów *m* fishing, fishery
południe *n* **1.** *astr.* noon **2.** *geogr.* south
południk *m* meridian
~ **zerowy** Greenwich meridian, prime meridian
połysk *m* lustre, polish, sheen, gloss
pomiar *m* **1.** measurement **2.** *geod.* survey
pomieszczenie *n* accommodation; compartment; room
pomoc *f* aid, help, assistance
pomocniczy *a* auxiliary, ancillary
pomocnik *m* assistant; helper; handy-man
pomost *m* platform; stage; landing; bridge
~ **nawigacyjny** *okr.* navigating bridge
~ **roboczy** working platform; catwalk; *bud.* staging; *hutn.* operating floor
~ **wagi** scale bridge, scale platform, weight-table
~ **wsadowy** *hutn.* charging platform, charging floor
~ **wyładowczy** unloading platform
~ **załadowczy** loading platform; *hutn.* charging platform, charging floor
pompa *f* pump
~ **cieplna** heat pump
~ **cyrkulacyjna** circulating pump
~ **głębinowa** deep-well pump, borehole pump
~ **hamulcowa** *mot.* brake master cylinder
~ **Mamut** air lift pump, mammoth pump
~ **odśrodkowa** centrifugal pump
~ **odwadniająca** drainage pump, dewatering pump
~ **olejowa** oil pump
~ **paliwowa** *siln.* fuel pump
~ **pożarnicza** fire pump
~ **próżniowa** vacuum pump
~ **rotacyjna** rotary pump
~ **rotodynamiczna** impeller pump, rotodynamic pump
~ **skrzydełkowa** vane pump, semi-rotary pump
~ **ssąca** suction pump
~ **strumieniowa** jet pump
~ **tłokowa** piston pump
~ **wirowa** turbine-driven pump
~ **wtryskowa** *siln.* injection pump, jerk pump
~ **wyporowa** positive-displacement pump
~ **zębata** gear pump
pompować *v* pump
pompowanie *n* **magnetyczne** magnetic pumping
pompownia *f* pump house, pumping station, pumping plant
pompowtryskiwacz *m siln.* injection unit
ponadtlenek *m chem.* superoxide
pond *m jedn.* gram-force: $1\ G = 1\ p = 0.980665 \cdot 10^{-2}\ N$
poniżej zera below zero
popęd *m* **siły** *mech.* impulse of force, time effect
popielnik *m* ash pit; ash box; ash pan
popiół *m* ash; *hutn.* cinders
poprawiać *v* correct; improve; rectify
poprawka *f* correction; allowance; amendment
poprawność *f* correctness
poprawny *a* correct
poprowadzić *v* **linię** draw a line
poprzeczka *f* crosspiece; cross-bar
poprzecznica *f* **1.** cross-bar; traverse; transom **2.** *narz.* cross-cut saw
poprzeczny *a* transverse, lateral, crosswise
populacja *f mat.* population
popychacz *m masz.* pusher, push rod; tappet; cam follower
popyt *m ek.* demand
poradnik *m* (*książka*) handbook, reference book, guide-book
porażenie *n* **prądem elektrycznym** electric shock
~ **promieniowaniem** radiation injury
porcelana *f* porcelain; china, china-ware
porcelit *m* semi-vitreous China-ware
porcja *f* batch; ration

poręcz *f* hand-rail; railing; balustrade
poręczny *a* handy
porofor *m gum., tw.szt.* porophor, blowing agent, expanding agent
porowatość *f* porosity
porowaty *a* porous
porównać *v* compare, make a comparison
porównanie *n* comparison
porównawczy *a* comparative
porównywalny *a* comparable
port *m* **1.** port; harbour **2.** (*wejściowo-wyjściowy*) *inf.* port
~ **lotniczy** airport
~ **macierzysty** port of registry, home port
~ **wolnocłowy** free port
poruszać *v* move; actuate, stir
~ **się ruchem postępowo-zwrotnym** reciprocate
porysować *v* (*powierzchnię*) score, scratch
porządek *m* order
porządkowanie *n* ordering, putting in order; arranging
posadzka *f* floor
~ **deszczułkowa** parquet (floor)
poskok *m* **uzwojenia** *el.* winding pitch
posobnie *adv* in series, in tandem
posobnik *m el.* series regulator
posobny *a* tandem
pospółka *f* **1.** *bud.* all-in aggregate **2.** *górn.* mine run, run-of-mine
posrebrzanie *n* silvering, silver plating
postać *f* **kanoniczna** *mat.* canonical form
~ **kryształu** crystal habit
~ **wykładnicza** *mat.* exponential form
postęp *m* **1.** progress, advance **2.** *mat.* progression
~ **arytmetyczny** arithmetic(al) progression
~ **geometryczny** geometric(al) progression
~ **techniczny** technological progress
postępowanie *n* procedure, proceeding
postępowy *a* progressive
postój *m masz.* standstill
~ **pojazdów** *mot.* parking
postprocesor *m inf.* postprocessor
postulat *m mat.* postulate
posuw *m* advance; *obr.skraw.* feed, rate of feed
posuwać *v* **(się)** advance, move forward
posuwisto-zwrotny *a mech.* reciprocating
poszerzanie *n* widening; broadening; enlarging
poszukiwania *npl górn.* prospecting, exploring
poszukiwanie *n* seek; search
poszycie *n* skin; sheathing
~ **kadłuba** *okr.* shell plating, skin plating
~ **kotła** boiler casing
~ **nadwozia** *mot.* body panelling
poślizg *m* slip, slide, skid; *masz.* lost motion
pośredni *a* intermediate; indirect
poświata *f* phosphorescence, afterglow
~ **anodowa** *el.* anode glow
~ **ekranu** *elektron.* afterglow, persistence
~ **katodowa** *el.* cathode glow, negative glow
potas *m chem.* potassium, K
potasowce *mpl chem.* (*four elements*: *potassium*, *rubidium*, *caesium*, *francium*)
potaż *m chem.* potash
potencjalny *a* potential
potencjał *m* **1.** *fiz.* potential **2.** *mat.* potential
~ **elektryczny** electric potential
~ **gospodarczy** economic potential
~ **grawitacyjny** Newtonian potential, potential of gravitation
~ **jądrowy** nuclear potential
~ **magnetyczny** magnetic potential
potencjometr *m el.* potentiometer, pot
potencjometria *f el.* potentiometry
potęga *f mat.* power
potęgowanie *n mat.* raising to a power
potok *m* stream; rivulet
potrajać *v* triplicate, treble
potrójny *a* triple; ternary
potwierdzenie *n* acknowledgement
powab *m fiz.* charm
powielacz *m* **1.** *biur.* duplicating machine, duplicator, copier **2.** *elektron.* multiplier **3.** (*kart lub taśm dziurkowanych*) *inf.* reproducer
powielanie *n* **1.** duplication (*of documents*) **2.** *elektron.* multiplication **3.** *nukl.* breeding
powierzchnia *f* surface
~ **boczna** flank, lateral surface
~ **czołowa** face, end face
~ **drugiego stopnia** *mat.* quadric (surface), conicoid
~ **falowa** wave surface
~ **grzejna** heating surface
~ **kuli** *mat.* spherical surface, sphere
~ **międzyfazowa** interface, interfacial area, interfacial surface
~ **nieciągłości** *mech.pł.* surface of discontinuity
~ **nośna 1.** bearing surface **2.** *lotn.* lifting surface, supporting surface
~ **obrabiana** *obr.skraw.* work surface
~ **obrobiona** *obr.skraw.* cut surface, machined surface
~ **obrotowa** *mat.* surface of revolution

~ **odbicia** reflecting surface
~ **odniesienia** datum surface, reference surface
~ **oporowa** bearing area
~ **podziałowa** *masz.* pitch surface (*in a toothed gear*)
~ **podziału** parting face
~ **pracująca** *masz.* working surface
~ **prostoliniowa** *mat.* ruled surface
~ **przylgowa** *masz.* faying surface, faying face
~ **rozwijalna** *mat.* developable surface
~ **spływu** *geol.* gathering ground, catchment area; drainage area, drainage basin
~ **stożkowa** *mat.* conical surface
~ **styku** contact area
~ **swobodna cieczy** free surface of liquid
~ **śrubowa** *mat.* helical surface, helicoid
~ **tarcia** friction face
~ **toczna koła** *mot.* wheel tread
~ **uprawna** *roln.* cultivated area, arable area
~ **uszczelniająca** *masz.* sealing face, packing surface
~ **użytkowa** *bud.* usable floor area
powierzchniowo czynny *chem.* surface-active
powierzchniowy *a* superficial
powietrze *n* air
~ **atmosferyczne** free air, atmospheric air
~ **klimatyzowane** conditioned air
~ **kopalniane** *górn.* mine air
~ **normalne** standard air, normal air
~ **otaczające** ambient air
~ **skroplone** liquid air
~ **sprężone** compressed air
~ **zanieczyszczone** vitiated air
powietrzny *a* **1.** pneumatic **2.** aerial
powiększać *v* **1.** *opt.* magnify **2.** *fot.* enlarge
powiększalnik *m fot.* enlarger
powiększenie *n* **1.** *opt.* magnification, magnifying power **2.** *fot.* enlargement; blow-up
powinowactwo *n mat.* affinity
~ **chemiczne** chemical affinity
~ **elektronowe** electron affinity
powlekanie *n* coating; plating
~ **elektrolityczne** *zob.* **powlekanie galwaniczne**
~ **galwaniczne** (electro)plating, electrolytic plating, electrolytic coating, electrodeposition
powłoka *f* **1.** coat, coating **2.** envelope
~ **dyfuzyjna** diffusion coating
~ **elektrolityczna** *zob.* **powłoka galwaniczna**
~ **elektronowa** (*atomu*) electron shell
~ **galwaniczna** electrolytic coating, electroplated coating, electrodeposit
~ **gruntowa** prime coat, primer, priming
~ **kablowa** *el.* cable covering
~ **katodowa** cathodic coating
~ **malarska** paint coat(ing)
~ **metalowa** metallic coating
~ **ochronna** protective coating
~ **tlenkowa** oxide film (*on metal*)
~ **walencyjna** *chem.* valence shell
~ **zanurzeniowa** dip coating
~ **zdzieralna ochronna** strippable coating, peelable coating
powodować *v* cause, bring about
powrót *m* **1.** return **2.** *elektron.* flyback, return trace **3.** *chem.* reflux, phlegm
~ **do atmosfery** *kosm.* reentry
~ **do normalnego stanu** recovery
~ **elastyczny** elastic recovery; spring-back
powstający *a* nascent; forming
powstawanie *n* formation
powszechnie używany in common use
powtarzać *v* repeat
powtarzający się repeated, iterative; *mat.* recurrent
powtarzalność *f* repeatability
powtarzalny *a* reproducible
powtarzanie *n* **1.** repetition **2.** replication
pozaziemski *a astr.* extraterrestrial
poziom *m* **1.** level **2.** *geol.* horizon
~ **akceptorowy** *fiz.* acceptor level, acceptor state
~ **bieli** *TV* white level
~ **czerni** *TV* black level
~ **donorowy** *fiz.* donor level, donor state
~ **dźwięku** *akust.* sound level
~ **energetyczny** *fiz.* energy level
~ **Fermiego** *fiz.* Fermi characteristic-energy level
~ **morza** sea level
~ **napięcia** *el.* voltage level
~ **odniesienia** datum level; reference level
~ **podstawowy** *fiz.* ground level
~ **pułapkowy** *fiz.* trapping state, trap
~ **rozwoju** level of development, state of development
~ **techniki** state of technology
~ **transportowy** *górn.* tramming level
~ **wody** water level
~ **wód (rzeki)** *hydr.* (river) stage
~ **wydobywczy** *górn.* drawing level, production level, mining floor, working floor
~ **wygaszania** *TV* blanking level
~ **wzbudzony** *fiz.* excitation level
poziomica *f geod.* isohypse, contour line

poziomnica *f metrol.* level
poziomować *v* level
poziomowskaz *m* level indicator, level gauge
poziomy *a* horizontal, level
pozorny *a* apparent
pozostałość *f* residue, residuum; remainder, rest
~ **magnetyczna** *el.* residual flux density, residual magnetism, remanence
pozostały *a* residual
pozwolenie *n* permission; permit; licence
pozycja *f* **1.** position; *nawig.* fix **2.** item (*on a list*); entry
~ **kodowa** *inf.* code position
~ **znaku** *inf.* sign position
pozycjonowanie *n inf.* positioning
pozyt *m fiz.* positronium
pozytron *m fiz.* positron, positive electron, antielectron
pozytonium *n zob.* **pozyt**
pozytyw *m fot.* positive
pożar *m* fire
~ **kopalniany** coal mine fire, underground fire
pożyczka *f* (*przy odejmowaniu*) *inf.* borrow
półautomat *m* **obróbkowy** *obr.skraw.* semi-automatic (lathe)
półautomatyczny *a* semi-automatic
półbajt *m inf.* half-byte
półfabrykat *m* semi-finished product
półfala *f fiz.* half-wave
półgrupa *f mat.* semi-group
półka *f* shelf; ledge
~ **kolumny** *chem.* column plate
półkoks *m* semi-coke, low-temperature coke
półkole *n* semicircle
półkolisty *a* semicircular
półkontenerowiec *m okr.* part container ship, semicontainer ship
półkula *f* hemisphere
półkulisty *a* hemispherical
półmat *m powł.* semigloss, eggshell gloss
półmetal *m* semi-metal, metalloid
północ *f* **1.** *astr.* midnight **2.** north
półobrobiony *a* semi-finished
półobrót *m* half-turn
półogniwo *n el.* half-cell, half-element
półokrąg *m* semicircle
półokrągły *a* half-round
półokres *m* half-period, semi-period
~ **trwania** *nukl.* (radioactive) half-life
półokrężny *a* semicircular
półoś *f* **1.** *geom.* semi-axis (*pl* semi-axes) **2.** *mot.* axle shaft, half-shaft
półpanew *f masz.* half-sleeve of a bearing, bearing brass, bearing half-shell
półpiętro *n bud.* mezzanine (floor), entresol
półpłaszczyzna *f geom.* half-plane
półpłynny *a* semi-liquid
półpojemnikowiec *m okr.* part container ship, semicontainer ship
półprodukt *m* intermediate product
półprosta *f geom.* half-line, ray
półprzepuszczalny *a* semi-permeable
półprzewodnictwo *n fiz.* semiconduction
półprzewodnik *m fiz.* semiconductor
~ **domieszkowy** impurity semiconductor, doped semiconductor
~ **dziurowy** *zob.* **półprzewodnik niedomiarowy**
~ **elektronowy** *zob.* **półprzewodnik nadmiarowy**
~ **nadmiarowy** electron-excess semiconductor, n-type semiconductor
~ **niedomiarowy** electron-defect semiconductor, p-type semiconductor
~ **niesamoistny** extrinsic semiconductor
~ **samoistny** intrinsic semiconductor
~ **typu n** *zob.* **półprzewodnik nadmiarowy**
~ **typu p** *zob.* **półprzewodnik niedomiarowy**
półprzezroczysty *a* translucent
półstały *a* semi-solid
półsumator *m inf.* half-adder
półton *m akust.* semitone, half tone
półwyrób *m* semi-finished product; semi-manufacture; blank
praca *f* **1.** *mech.* work **2.** *masz.* run(ning); operation **3.** *inf.* job **4.** *ek.* work, job, labour, *zob. też* **prace**
~ **akordowa** *ek.* piecework
~ **bez obciążenia** *masz.* no-load operation, running light
~ **ciągła** *el.* continuous running; continuous duty
~ **dorywcza** *el.* short-time duty
~ **dwukierunkowa** *aut.* duplexing
~ **elementarna** *mech.* elementary work
~ **indykowana** *siln.* indicated work
~ **jednokierunkowa** *aut.* simplexing
~ **magisterska** master's thesis
~ **na trzy zmiany** three-shift work
~ **odkształcenia** *mech.* work of deformation
~ **okresowa** *el.* periodic duty
~ **pod obciążeniem** *masz.* load running
~ **próbna** (*urządzenia*) test run
~ **przygotowana** *mech.* virtual work
~ **ręczna** manual work, handiwork
~ **użyteczna** *mech.* effective work, useful work
~ **wirtualna** *zob.* **praca przygotowana**
~ **wyjścia** *elektron.* electronic work function, thermionic work function

~ **z podziałem czasowym** *inf.* time-sharing
~ **zespołowa** team work
~ **zmechanizowana** mechanized work
prace *fpl* **doświadczalne** experimental work
~ **naukowo-badawcze** research work
~ **poszukiwawcze** *geol.* exploration work, prospecting
~ **przygotowawcze** preliminary work, preparatory work
~ **rozwojowe** development work
pracochłonny *a* labour-consuming
pracodawca *m* employer
pracować *v* work; run; operate; be in operation
pracownia *f* laboratory; workroom; study
pracownik *m* worker; employee
~ **biurowy** office worker, clerk
~ **nadzorujący** attendant, tender
~ **naukowy** scientific worker; research worker, researcher
pracujący *a* (*będący w ruchu*) working, running
pragaz *m* low-temperature oven gas
praktyczny *a* practical
praktyka *f* practice; apprenticeship; training; usage
praktykant *m* apprentice; trainee
pralka *f* washing machine; washer
pranie *n* laundering; washing; scouring
prasa *f* press
~ **ciągowa** *obr. plast.* drawing press, draw press
~ **do tłoczenia** *obr. plast.* stamping press
~ **drukarska** *poligr.* printing press, letterpress
~ **filtracyjna** filter-press
~ **hydrauliczna** hydraulic press
~ **korbowa** crank (operated) press
~ **kuźnicza** forging press
~ **mechaniczna** power press
~ **nitownicza** riveting press, riveter
~ **śrubowa** screw press
prasmoła *f* primary tar, low-temperature tar
prasowanie *n* **1.** pressing; ironing **2.** *tw. szt.* press moulding
~ **wypływowe** *obr. plast.* extrusion
~ **złomu** *hutn.* compaction of scrap, consolidation of scrap, scrap baling
prasownia *f obr. plast.* press shop, stamping plant
prasówka *f* (powder) compact
prawa burta *f okr.* starboard
prawa strona *f* right side; *lotn.* starboard (*of an aircraft*)
prawdopodobieństwo *n mat.* probability
prawdopodobny *a* probable
prawdziwy *a* true; genuine
prawidłowy *a* right; correct; regular
prawo *n* **1.** law **2.** right; licence
~ **akcji i reakcji** *mech.* Newton's third law, law of action and reaction, third law of motion, third principle of dynamics
~ **Archimedesa** Archemedes' principle
~ **autorskie** copyright
~ **Avogadry** *fiz.* Avogadro's law, Avogadro's hypothesis
~ **Boyle'a i Mariotte'a** *fiz.* Boyle's law
~ **ciśnień cząstkowych** *zob.* **prawo Daltona**
~ **Coulomba** *el.* Coulomb's law, law of electrostatic attraction
~ **Daltona** *fiz.* Dalton's law, law of partial pressures
~ **działania mas** *chem.* law of mass action
~ **Einsteina** *fiz.* Einstein mass-energy equivalence law
~ **Faradaya** (Faraday's) law of electromagnetic induction
~ **Gay-Lussaca** law of combining volumes, Gay-Lussac's law
~ **grawitacji** law of universal gravitation
~ **Hooke'a** *wytrz.* Hooke's law
~ **jazdy** driving licence
~ **Joule'a** *term.* Joule's law
~ **Kirchhoffa** *el.* Kirchhoff's law
~ **łączności mnożenia** *mat.* associative law of multiplication
~ **małych liczb** *mat.* law of small numbers
~ **Ohma** *el.* Ohm's law
~ **Pascala** *mech. pł.* Pascal's law
~ **patentowe** patent law
~ **pierwszeństwa przejazdu** *drog.* right-of--way
~ **podaży i popytu** *ek.* law of supply and demand
~ **powszechnego ciążenia** *zob.* **prawo grawitacji**
~ **przemienności** *mat.* commutative law
~ **rozdzielności mnożenia względem dodawania** *mat.* distributive law of multiplication
~ **równowagi chemicznej** *zob.* **prawo działania mas**
~ **równoważności masy i energii** *zob.* **prawo Einsteina**
~ **stałości składu** *zob.* **prawo stosunków stałych**
~ **stosunków objętościowych** *chem.* law of combining volumes
~ ~ **równoważnikowych** law of equivalent proportions
~ ~ **stałych** law of constant proportions
~ ~ **wielokrotnych** law of multiple proportions

~ **wielkich liczb** *mat.* law of large numbers
~ **zachowania energii** *fiz.* law of conservation of energy
~ ~ **masy** law of conservation of mass
~ ~ **pędu** momentum conservation law
prawoskrętność *f opt.* dextrorotation
prawoskrętny *a* **1.** *opt.* dextrorotatory **2.** *bot.* dextrorse, dextrorsal
prawostronny *a* right-sided
prawy *a* right(-hand)
prazeodym *m chem.* praseodymium, Pr
prażak *m hutn.* roasting furnace, roaster
prażenie *n* **rudy** *hutn.* ore roasting
prąd *m* current
~ **bierny** *el.* reactive current, wattless current, idle current, quadrature current
~ **czynny** *el.* active current
~ **elektronowy** electron current
~ **elektryczny** electric current
~ **emisyjny** *el.* emission current, saturation current
~ **fotoelektryczny** photo-electric current
~ **jałowy** *el.* no-load current
~ **jednokierunkowy** *el.* unidirectional current
~ **jonowy** *el.* ion current
~ **morski** sea current
~ **nasycenia** *zob.* **prąd emisyjny**
~ **powietrza** air current
~ **przemienny** *el.* alternating current, a.c.
~ **przesunięcia** *el.* displacement current
~ **przewodzenia** *el.* forward current, conduction current
~ **roboczy** *el.* work current
~ **sinusoidalny** *el.* simple harmonic current, sinusoidal current
~ **skuteczny** *el.* root-mean-square current, rms current, effective current
~ **stały** *el.* direct current, d.c.
~ **szczytowy** *el.* peak current
~ **tętniący** *el.* pulsating current
~ **trójfazowy** *el.* three-phase current
~ **udarowy** *el.* surge current, impulse current
~ **upływowy** *el.* leakage current
~ **ustalony** *el.* steady-state current
~ **wejściowy** *el.* input current
~ **włączalny** *el.* (rated) making current
~ **wsteczny** *el.* inverse current, reverse current
~ **wyjściowy** *el.* output current
~ **wyładowczy** *el.* discharge current
~ **wyłączalny** *el.* (rated) breaking current, (rated) interrupting current
~ **zasilania** *el.* supply current, feed current
~ **zmienny** *el.* **1.** variable current **2.** alternating current, a.c.
~ **znamionowy** *el.* rated current
~ **zwarciowy** *el.* short-circuit current, fault current
~ **żarzenia** *elektron.* filament current, heater current
prądnica *f el.* dynamo, (electrical) generator
~ **bocznikowa** shunt generator
~ **obcowzbudna** separately excited generator
~ **prądu przemiennego** alternating current generator, a.c. generator
~ ~ **stałego** direct current generator, d.c. generator
~ **samowzbudna** self-excited generator
~ **spawalnicza** (arc-)welding generator
~ **szeregowa** series generator
~ **szeregowo-bocznikowa** compound generator
~ **turbinowa** turbine generator, turbogenerator
~ **wieloprądowa** multiple-current generator
~ **wyrównawcza prądu stałego** direct--current balancer
prądownica *f* fire-hose nozzle; water jet
prądy *mpl* **błądzące** *el.* stray currents, vagabond currents
~ **Foucaulta** *zob.* **prądy wirowe**
~ **telluryczne** *geofiz.* earth currents, telluric currents
~ **wirowe** *el.* eddy currents, Foucault currents
prążki *mpl opt.* striae
precesja *f mech.* precession
precyzja *f* precision
~ **wielokrotna** *inf.* multiple precision
precyzyjny *a* precise
prefabrykacja *f* prefabrication
prefabrykat *m* prefabricated product
prefabrykowany *a* prefabricated
premia *f* bonus, premium
prenumerata *f* subscription
preparat *m chem.* preparation, formulation
preparowanie *n* preparation
~ **wody** *san.* water purification, water treatment
preselekcja *f* preselection
preselektor *m* preselector
presostat *m* barostat; pressure control
prędkościomierz *m* speedometer, speed indicator; velocity meter; tachometer
prędkość *f* speed; velocity
~ **dźwięku** speed of sound, acoustic velocity

~ **ekonomiczna** economical speed; *lotn.*, *żegl.* cruising speed
~ **fazowa** phase velocity
~ **jazdy** travelling speed; rate of travel
~ **kątowa** angular velocity, angular speed
~ **kołowa** *kosm.* circular velocity, earth satellite velocity
~ **końcowa** terminal velocity
~ **liniowa** linear velocity
~ **lotu** *lotn.* air speed, flying speed
~ **maksymalna** top speed, maximum velocity
~ **na biegu jałowym** idling speed
~ **naddźwiękowa** supersonic speed
~ **obrotowa** rotational speed
~ **obwodowa** peripheral speed; *masz.* tangential velocity
~ **paraboliczna** *kosm.* parabolic velocity
~ **początkowa** initial velocity
~ **poddźwiękowa** subsonic speed
~ **podróżna** *mot.* cruising speed; *lotn.* ground speed
~ **posuwu** *masz.* rate of travel, speed of travel
~ **przelotowa** *lotn.* cruising speed
~ **przepływu** *mech. pł.* velocity of flow, flow velocity
~ **przydźwiękowa** transonic speed
~ **robocza** *masz.* operating speed; working speed; running speed
~ **subsoniczna** *zob.* **prędkość poddźwiękowa**
~ **supersoniczna** *zob.* **prędkość naddźwiękowa**
~ **średnia** average velocity
~ **światła** speed of light
~ **ucieczki** *kosm.* velocity of escape
~ **znamionowa** rated velocity
pręt *m* bar; rod
~ **awaryjny** *nukl.* (emergency) shut-off rod, safety rod, security rod, scram rod
~ **grafitowy** *rys.* black-lead
~ **kompensacyjny** *nukl.* shim rod
~ **kratownicy** truss member
~ **paliwowy** *nukl.* fuel rod
~ **regulacyjny** *nukl.* control rod, regulating rod
~ **rozciągany** (*kratownicy*) tension member, tie (bar)
~ **stalowy** steel bar
~ **ściskany** (*kratownicy*) strut
~ **zbrojeniowy** *bud.* reinforcement bar, reinforcement rod
prężność *f* **pary** *fiz.* vapour pressure
priorytet *m* priority
probabilistyka *f mat.* calculus of probability
probierczy *a* test
problem *m* **n-ciał** *mech.* n-body problem, many-body problem
probówka *f chem.* test tube
procedura *f* procedure; *inf.* routine
procent *m* **1.** per cent **2.** percentage
proces *m* process
~ **adiabatyczny** *zob.* **przemiana adiabatyczna**
~ **besemerowski** *hutn.* acid Bessemer process, pneumatic process
~ **chemiczny** chemical process
~ **ciągły** continuous process; flow process
~ **cykliczny** *zob.* **przemiana cykliczna**
~ **elementarny** *zob.* **przemiana elementarna**
~ **izentropowy** *zob.* **przemiana izentropowa**
~ **izobaryczny** *zob.* **przemiana izobaryczna**
~ **izochoryczny** *zob.* **przemiana izochoryczna**
~ **izotermiczny** *zob.* **przemiana izotermiczna**
~ **katalityczny** catalytic process
~ **konwertorowy** *hutn.* Bessemer process, converting
~ **martenowski** *hutn.* open-hearth process, Siemens-Martin process
~ **nieodwracalny** irreversible process
~ **odwracalny** reversible process
~ **okresowy** batch process
~ **produkcyjny** manufacturing process
~ **stalowniczy** steelmaking (process)
~ **stochastyczny** *mat.* stochastic process, random process
~ **technologiczny** manufacturing process; processing
~ **termodynamiczny** *zob.* **przemiana termodynamiczna**
~ **tomasowski** *hutn.* basic Bessemer process, Thomas process
~ **wielkopiecowy** *hutn.* blast-furnace process
~ **zimnej rdzennicy** *odl.* cold-box process (*of coremaking*)
procesor *m* (*komputera*) *inf.* processor; central processing unit, CPU
proch *m* powder, gunpowder; low explosive
producent *m* producer; manufacturer
produkcja *f* production; manufacture
~ **eksportowa** production for export
~ **małoseryjna** small-lot production, small batch production, short-run production
~ **masowa** mass production
~ **na licencji** manufacture under licence, licence manufacture
~ **podstawowa** basic production, primary production

~ **ponadplanowa** overplanned production
~ **potokowa** direct-line production, straight-line production
~ **rolna** agricultural production, farm production
~ **roślinna** *roln.* plant production
~ **seryjna** lot production, series production
~ **taśmowa** belt-system production
~ **wielkoseryjna** large-lot production, long-run production, big-lot production
~ **zwierzęca** *zoot.* animal production
produkcyjny *a* productive
produkować *v* produce, manufacture
produkt *m* product; produce, *zob. też* **produkty**
~ **finalny** *zob.* **produkt końcowy**
~ **końcowy** final product, end product, end item
~ **nadsitowy** plus mesh, shorts
~ **podsitowy** minus mesh, fines
~ **przejściowy** intermediate product
~ **reakcji** *chem.* reaction product
~ **rozpadu** *nukl.* decay product
~ **rozszczepienia** *nukl.* fission product
~ **uboczny** by-product
produkty *mpl* **gotowe** finished goods
~ **naftowe** petroleum products
~ **rolne** agricultural products, farm produce
~ **smołowe** tar products
~ **węglopochodne** coal chemicals
~ **żywnościowe** food products, food, foodstuffs
produktyka *f* computer-integrated manufacturing
produktywność *f* productivity
profil *m* **1.** profile **2.** (rolled) section, shape
~ **lotniczy** aerofoil section, aerofoil profile
profilaktyczny *a* preventive, prophylactic
profilarka *f drewn.* moulding machine
profilograf *m metrol.* profilograph, surface analyser
profilowanie *n* **1.** *obr.plast.* roll forming **2.** *drewn.* moulding; sticking **3.** *inż.* grading **4.** *geofiz.* prospecting, survey
prognoza *f* **pogody** weather forecast
prognozowanie *n* forecasting
program *m* program(me)
~ **badawczy** research project
~ **biblioteczny** *inf.* library routine
~ **diagnostyczny** *inf.* diagnostic routine, diagnostic program
~ **dyrygent** *inf.* supervisory program, supervisor, executive program
~ **generujący** *inf.* (program) generator, generating program, generating routine
~ **główny** *inf.* master program
~ **heurystyczny** *inf.* heuristic program
~ **interpretujący** *inf.* interpreter, interpretive program
~ **kompilujący** *inf.* compiler, compiling program
~ **komputera** computer program
~ **korekcyjny** *inf.* error routine
~ **maszyny** *zob.* **program komputera**
~ **nadzorczy** *zob.* **program dyrygent**
~ **nauczania** curriculum, syllabus
~ **obsługi** *inf.* handler
~ **ogólny** *inf.* generalized routine
~ **organizacyjny** *inf.* primary control program, housekeeping routine
~ **planujący** *zob.* **program szeregujący**
~ **post-mortem** *inf.* postmortem program
~ **redagujący** *inf.* editor (program)
~ **sortowania** *inf.* sorting program
~ **standardowy** *inf.* routine
~ **sterujący** *zob.* **program organizacyjny**
~ **symulujący** *inf.* simulator (program)
~ **szeregujący** *inf.* scheduler
~ **testujący** *inf.* checking program, trial routine
~ **tłumaczący** *inf.* (language) translator, translating program
~ **uniwersalny** *zob.* **program ogólny**
~ **usługowy** *inf.* service routine, utility routine
~ **użytkowy** *inf.* processing program
~ **wewnętrzny** *inf.* computer program
~ **wprowadzający** *inf.* (program) loader, loading program
~ **wynikowy** *inf.* object program
~ **zarządzający** *zob.* **program dyrygent**
~ **źródłowy** *inf.* source program
programista *m inf.* programmer
programowanie *n aut., inf.* programming
~ **automatyczne** *inf.* automatic programming, automatic coding
projekcja *f opt.* projection
projekt *m* project; design; draft; plan; scheme
projektant *m* designer, design engineer
projektor *m opt.* projector
~ **filmowy** film projector
projektować *v* design; plan; project
prom *m* ferry, ferry-boat
~ **kosmiczny** space shuttle
promet *m chem.* promethium, Pm
promienie *mpl fiz.* rays; radiation, *zob. też* **promień, promieniowanie**
promienioczuły *a* radiosensitive; actinosensitive
promieniomierz *m* **1.** radius gauge **2.** total radiation pyrometer

promieniodporność *f* radioresistance
promieniotwórczość *f* radioactivity
~ **naturalna** natural radioactivity, spontaneous radioactivity
~ **sztuczna** artificial radioactivity, induced radioactivity
promieniotwórczy *a* radioactive
promieniować *v* radiate
promieniowanie *n fiz.* radiation, rays
~ **cieplne** heat radiation, thermal radiation
~ **elektromagnetyczne** electromagnetic radiation
~ **gamma** gamma radiation, gamma rays
~ **hamowania** bremsstrahlung, braking radiation
~ **jądrowe** nuclear radiation
~ **jonizujące** ionizing radiation
~ **kanalikowe** canal rays
~ **katodowe** cathode rays
~ **korpuskularne** corpuscular radiation, particle radiation
~ **kosmiczne** cosmic radiation, cosmic rays
~ **miękkie** soft radiation
~ **monochromatyczne** monochromatic radiation, homogeneous radiation
~ **nadfioletowe** ultraviolet radiation, UV
~ **niewidzialne** ultraphotic rays
~ **pierścieniowe** *geofiz.* trapped radiation; Van Allen radiation belts
~ **podczerwone** infrared radiation
~ **rentgenowskie** X-rays, Röntgen rays, X-radiation
~ **tła** background radiation
~ **twarde** hard radiation, penetrating radiation
~ **widzialne** visible radiation, light
~ **X** *zob.* **promieniowanie rentgenowskie**
promieniowy *a* radial
promienisty *a* radiant
promiennik *m* radiator
~ **lampowy nadfioletu** ultraviolet lamp
~ ~ **podczerwieni** infrared lamp
~ **nieselektywny** *fiz.* grey body
~ **zupełny** *fiz.* blackbody, full radiator
promienność *f fiz.* emittance
promień *m* **1.** *geom.* radius (*pl* radii); ray **2.** *fiz.* ray
~ **bezwładności** *mech.* radius of gyration
~ **krzywizny** *geom.* radius of curvature
~ **okręgu** *geom.* radius of a circle
~ ~ **dopisanego** exradius
~ ~ **opisanego** circumradius, long radius
~ ~ **wpisanego** inradius, short radius
~ **padający** incident ray
~ **wodzący** *geom.* radius vector (*pl* radii vectores *or* radius vectors)
promil *m* per mille
promowiec *m okr.* roll on/roll off system (ship), ro-ro ship, trailer ship
propagacja *f* **fal** propagation of waves
propan *m chem.* propane
propergol *m rak.* (rocket) propellant
proporcja *f mat.* proportion, ratio
proporcjonalność *f* proportionality
proporcjonalny *a* proportional
prosta *f* straight line
~ **prostopadła** perpendicular (line)
~ **równoległa** parallel (line)
~ **styczna** tangent (line)
proste *fpl* **skośne** *geom.* skew lines
prostokąt *m geom.* rectangle
prostokątny *a* rectangular, right
prostoliniowy *a* rectilinear, rectilineal, straight
prostopadła *f geom.* perpendicular (line)
prostopadłościan *m geom.* rectangular prism, cubicoid
prostopadły *a* perpendicular
prostować *v* **1.** straighten **2.** *el.* rectify (*alternating current*)
prostownica *f obr.plast.* straightener, straightening machine, leveller, levelling machine; flattener
prostownik *m el.* rectifier
~ **krzemowy sterowany** silicon-controlled rectifier, thyristor
prostowód *m mech.* straight-line mechanism
prosty *a* **1.** straight; *geom.* right (*angle*); *geom.* straight (*line*); *mat.* prime (*ideal*) **2.** simple; plain
proszek *m* powder
proszkować *v* pulverize, powder, comminute
prot *m chem.* protium, light hydrogen
protaktyn *m chem.* prot(o)actinium, Pa
protektor *m* **1.** protector (*in anticorrosion protection*) **2.** *mot.* tyre tread **3.** *tel.* protector
protoliza *f chem.* protolysis, protolytic reaction
proton *m fiz.* proton
protonobiorca *m fiz.* proton acceptor, protophile
protonodawca *m fiz.* proton donor, protophobe
prototyp *m* prototype
prowadnica *f masz.* guide; way, slideway; slide bearing
~ **falowa** *tel.* wave-guide
prowadnik *m masz.* guide; guide shoe; pilot; slide
prowadzić *v* **1.** guide; lead; pilot **2.** operate; run

~ **badania** make investigations, make studies, conduct research
~ **samochód** drive a car
prowizoryczny *a* provisional, temporary
próba *f* **1.** test; trial **2.** sample **3.** *met.* fineness (*of precious metals*)
~ **broni jądrowej** nuclear test, N-test
~ **drogowa** (*pojazdu*) *mot.* driving test, road test
~ **eksploatacyjna** performance test, service test
~ **nieniszcząca** non-destructive test
~ **niszcząca** destructive test
~ **obciążenia** load test
~ **rozciągania** *wytrz.* tensile test, tension test
~ **silnika** engine test, proof run of an engine
~ **twardości** hardness test
~ **udarnościowa** *wytrz.* impact test
~ **wytrzymałościowa** strength test
~ **zginania** *wytrz.* bend test
~ **zmęczeniowa** *wytrz.* fatigue test, endurance test
próbka *f* sample; specimen; *wytrz.* test piece, test bar
~ **losowa** *statyst.* random sample
próbkowanie *n* **1.** sampling **2.** *aut., inf.* sampling
próbnik *m* **1.** sampler, trier **2.** *el.* testing set, tester **3.** probe
~ **kosmiczny** cosmic probe, unmanned spacecraft
próbny *a* experimental; tentative
próbować *v* test; try
~ **silnik na dużych obrotach** run the engine up, rev up the engine
próg *m* threshold; sill; *fiz.* barrier
~ **słyszalności** *akust.* threshold of audibility, hearing threshold
próżnia *f* vacuum
próżniomierz *m* vacuum gauge, vacuummeter
próżniowy *a fiz.* vacuous
pryzma *f* **1.** *obr.skraw.* vee block, V-block **2.** *drewn.* flitch **3.** pile; heap
pryzmat *m opt.* prism
pryzmatoid *m geom.* prismatoid
pryzmatyczny *a* prismatic
prząść *v włók.* spin
przebicie *n* puncture; *el.* breakdown; punchthrough
przebić *v* **1.** puncture; pierce; punch **2.** *el.* break down
przebieg *m* **1.** course; run **2.** *mot.* mileage
~ **międzynaprawczy** mileage between repairs
~ **nośny** *el.* carrier wave
~ **ponowny** *inf.* rollback, rerun
~ **reakcji** *chem.* course of reaction
~ **testujący** *inf.* test run
przebijak *m* **1.** punch (*hand tool*) **2.** *obr.plast.* piercing mandrel
przebijanie *n* **otworów** *obr.plast.* punching; piercing; broaching
przebitka *f* **1.** copy(ing) paper **2.** *górn.* countershaft
przebudowa *f* rebuilding, reconstruction, redevelopment
przechłodzenie *n* **1.** over-cooling, super--cooling **2.** *met.* superfusion, surfusion
przechłodzony *a* over-cooled, super-cooled
przechodni *a mat.* transitive
przechodzić *v* **na układ metryczny** metricate, change over to the metric system
~ **próby** undergo trials
~ **ze stanu stałego w stan ciekły** pass from the solid to the liquid state
przechowalnik *m* (*materiałów radioaktywnych*) *nukl.* bunker
przechowalność *f* shelf life, storage life; *spoż.* keeping capacity
przechowywać *v* store
przechowywanie *n* storage, storing
~ **w chłodni** cold storage
~ **w pamięci** *inf.* storage
przechwyt *m* (*elektrody*) *elektron.* penetration factor
przechwytywać *v lotn.* intercept
przechylać *v* tilt; cant; bank; tip
przechylny *a* tilting
przechył *m* tilt; cant; *lotn.* bank; *żegl.* heel
przeciągacz *m narz.* pull broach
przeciąganie *n* **1.** *obr.skraw.* pull broaching **2.** *transp.* overhauling
~ **wewnętrzne** (*powierzchni wewnętrznych*) *obr.skraw.* hole broaching
~ **zewnętrzne** (*powierzchni zewnętrznych*) *obr.skraw.* surface broaching, external broaching
przeciągarka *f obr.skraw.* broaching machine
przeciągnięcie *n lotn.* stall
~ **rzeki** *geol.* river capture, (stream) piracy
przeciążać *v* overload; overstress (*a structure*)
przeciążalność *f* overload capacity
przeciążenie *n* overload, excessive load; overcharging; *lotn.* gravity load; *inf.* overloading
przeciek *m* leakage, leak
~ **substancji radioaktywnych** *nukl.* spill of radioactive material, radioactive release

przeciekać *v* leak; dribble; seep; bleed
przecięcie *n* **1.** cut; cross-cut; slit; slot **2.** *geom.* intersection
przeciętna *f* average
przeciętny *a* average
przecinać *v* cut, cut through; slit; cross
~ **się** *geom.* intersect
przecinak *m* **gazowy** *spaw.* cutting blowpipe
~ **kowalski** sett, set, sate
~ **ślusarski** cold chisel
~ **tokarski** *obr.skraw.* cut-off-tool, parting--off tool
przecinanie *n obr.skraw.* **1.** parting off, cutting-off **2.** slitting
przecinarka *f obr.skraw.* cutting-off machine
przecinka *f górn.* cross-cut, cross heading, cut-through, break-through
przeciwciąg *m obr.plast.* back tension, back pull
przeciwcierny *a* antifriction
przeciwciężar *m* counterweight, counter--balance, balance weight
przeciwciśnienie *n* counterpressure, back pressure
przeciwcząstka *f fiz.* antiparticle
przeciwdziałać *v* counteract
przeciwdziałanie *n* counteraction
przeciwdziedzina *f mat.* range
przeciwkorozyjny *a* anticorrosive
przeciwległy *a geom.* opposite
przeciwlotniczy *a* antiaircraft
przeciwnakrętka *f* lock-nut, check nut
przeciwnie do kierunku ruchu wskazówek zegara counterclockwise, anticlockwise
przeciwny *a* reverse; contrary; opposite
przeciwobraz *m mat.* inverse image
przeciwogniwo *n el.* counter--electromotive cell, counter-cell
przeciwpancerny *a* armour-piercing, antitank
przeciwpocisk *m* **(rakietowy)** *wojsk.* antimissile (rocket) missile
przeciwpoślizgowy *a* antislip, non-skid
przeciwprąd *m* counter-current
przeciwprostokątna *f geom.* hypotenuse
przeciwradiolokacja *f* radar countermeasures
przeciwrdzewny *a* antirust
przeciwreflektor *m rad.* subdish, auxiliary reflector
przeciwsobny *a* (*układ*) *el.* push-pull
przeciwsprawdzian *m metrol.* master gauge, reference gauge
przeciwstawiać się resist; withstand
przeciwstukowy *a paliw.* antiknock
przeciwutleniacz *m* antioxidant
przeciwwaga *f* counterweight, counter--balance, balance weight
~ **anteny** *rad.* (antenna) counterpoise, earth screen
przeciwwskaźnik *m metrol.* index mark
przeciwwybuchowy *a* explosion-proof
przecznica *f górn.* cross-cut, cross heading; stone drift
przedkuwka *f obr.plast.* slug (forging), (forging) preform
przedłużacz *m* extension rod, lengthening bar; *el.* extension cord; *inf.* extender
przedłużać *v* lengthen; extend; prolong
przedłużenie *n* lengthening; extension; prolongation; continuation
przedmiar *m* **robót** *bud.* take-off
przedmieście *n* suburb
przedmiot *m* object
~ **obrabiany** *obr.skraw.* workpiece, work, job
przedmuchiwać *v* blow through
przedmuchiwanie *n* (*kotła, zbiornika*) blow-off, blowdown; *siln.* scavenging
przedruk *m poligr.* reprint
przedsiębiorca *m* undertaker; contractor
przedsiębiorstwo *n ek.* enterprise; undertaking
~ **państwowe** state enterprise
~ **prywatne** private enterprise
przedstawiać *v* (*np. na rysunku*) show; represent; illustrate; (*np. wyniki badań*) present
przedstawiciel *m* agent; representative
przedstawicielstwo *n ek.* agency
przedstawienie *n* representation; presentation; display
przedział *m* **1.** interval; range **2.** compartment
~ **całkowania** *mat.* integration range, interval of integration
~ **czasu** (*np. między zjawiskami*) time lag, time interval
~ **ochronny** *okr.* cofferdam
przedziurawić *v* puncture; pierce
przegięcie *n* **1.** *geom.* inflexion **2.** *wytrz.* contraflexure
przegląd *m* survey; inspection; overhaul
przeglądarka *f* **(do przezroczy)** *fot.* (slide) viewer
przegłębienie *n żegl.* trim (*of a ship*)
przegroda *f* partition; bulkhead; barrier; baffle
przegrupowanie *n* regrouping; rearrangement
przegrzanie *n fiz.* superheating; overheating

przegrzewacz *m* **pary** steam superheater
przegrzewać *v* superheat; overheat
przegub *m* articulated joint, articulation
~ **Cardana** Cardan joint
~ **uniwersalny** universal joint, universal coupling
przegubowy *a masz.* articulated, jointed; hinged
przejazd *m* **dołem** *drog.* undercrossing, underpass
~ **górą** overcrossing, overpass
~ **kolejowy** railway crossing
~ **niestrzeżony** unguarded crossing
~ **strzeżony** guarded crossing
przejście *n* **1.** passage; gangway **2.** transition
~ **dla pieszych** pedestrian crossing, crosswalk; zebra crossing; (*podziemne*) pedestrian subway, underpass
~ **dozwolone** *fiz.* allowed transition
~ **fazowe** *term.* phase transition, phase change
~ **narzędzia** *obr.skraw.* pass; cut
~ **wzbronione** *fiz.* forbidden transition
przejściowy *a* transitory; transient
przekazać *v* **do eksploatacji** commission (*a plant etc.*)
przekazywać *v* transmit; transfer; relay
przekazywanie *n* transmission; transfer; relaying
~ **energii** energy transfer, imparting of energy
przekaźnik *m aut.* relay; transmitter
~ **bezzwłoczny** instantaneous relay
~ **czasowy** time relay
~ **hermetyczny** reed relay
~ **zwłoczny** delay relay
przekątna *f geom.* diagonal
przekładać *v* (*warstwami*) interleave, sandwich
przekładka *f* separator; spacer; divider
przekładnia *f masz.* transmission (gear)
~ **bezstopniowa** variable-speed transmission (unit), variable gear
~ **cierna** friction gear
~ **drugiego biegu** *mot.* second gear
~ **kierownicy** *mot.* steering gear
~ **łańcuchowa** chain transmission
~ **napięciowa** (*transformatora*) *el.* transformer voltage ratio, ratio of transformation
~ **obiegowa** planetary gear, epicyclic gear, sun-and-planet gear
~ **pasowa** belt transmission
~ **pierwszego biegu** *mot.* first gear
~ **planetarna** *zob.* **przekładnia obiegowa**
~ **prądowa** (*transformatora*) el. current ratio
~ **prędkości** speed transmission
~ **przyspieszająca** multiplying gear, increase gear, step-up gear; *mot.* overdrive
~ **redukcyjna** reduction gear, speed reducer
~ **różnicowa** differential (gear)
~ **zębata** (toothed) gear, gear transmission, (change-)gear train
~ **zwojowa** (*transformatora*) *el.* turns ratio, ratio of transformer
~ **ślimakowa** worm gear
przekładnik *m el.* measuring transformer
przekonstruować *v* redesign
przekręcać *v* turn
przekroczyć *v* **dopuszczalną prędkość** exceed the speed limit
przekrój *m* intersection, cut; section
~ **całkowity** *rys.* full section
~ **ceowy** channel section
~ **cząstkowy** *rys.* broken-out section, part section
~ **czynny** *nukl.* cross-section
~ **dwuteowy** I-section
~ **glebowy** soil profile
~ **łamany** *rys.* offset section
~ **poprzeczny** cross-section
~ **stożkowy** *geom.* conic section
~ **teowy** T-section
przekrycie *n* **1.** *bud.* cover; roof **2.** *masz.* overlap
przekształcać *v* convert; transform
przekształcalny *a* convertible; transformable
przekształcenie *n* conversion; transformation
~ **rzutowe** *geom.* projective transformation
przekształtnik *m el.* converter; inverter
przelew *m* **1.** *hydr.* overfall, weir, notch **2.** overflow **3.** *odl.* flow-off, pop-off **4.** *ek.* transfer
przelewać się flow over, overflow
przeliczalny *a* numerable, countable
przelicznik *m* **1.** *aut.* resolver; scaler; (specialized) computer **2.** conversion factor
przelot *m* **1.** *lotn.* cross-country flight **2.** *masz.* passage
przelotność *f* (*drogi*, *linii kolejowej*) traffic capacity; road capacity
przelotowość *f zob.* **przelotność**
przeładować *v* **1.** reload; transship **2.** overload **3.** *el.* overcharge
przeładunek *m* reloading; transshipment
przełam *m min.* fracture
przełączenie *n* switch-over; change-over
przełącznik *m* **1.** *el.* switch, change-over switch **2.** *inf.* switch

~ **elektroniczny** electronic switch
~ **kanałów** *rad.*, *TV* channel selector
~ **nadawanie-odbiór** *rad.* transmit-receive switch
~ **przyciskowy** button switch, push-button
~ **wybierakowy** selector switch
przełączyć *v* switch (over); change over
przełom *m met.* fracture
przełożenie *n* **dźwigni** leverage, purchase, prize
~ **przekładni** *masz.* transmission ratio
przemakalny *a* water-permeable
przemiana *f fiz.* transformation; conversion; change
~ **adiabatyczna** *term.* adiabatic process, adiabatic change
~ **alotropowa** *met.* allotropic change, allotropic transformation
~ **cykliczna** *term.* cyclic process
~ **częstotliwości** *el.* frequency translation, frequency conversion
~ **egzotermiczna** *fiz.*, *chem.* exothermic process
~ **elementarna** *term.* infinitesimal process
~ **endotermiczna** *fiz.*, *chem.* endothermic process
~ **energii** *fiz.* energy conversion
~ **fazowa** *term.* phase transition, phase change
~ **izentropowa** *term.* isentropic process, isentropic change
~ **izobaryczna** *term.* isobaric process, constant pressure cycle
~ **izochoryczna** *term.* isochoric process, constant volume cycle
~ **izotermiczna** *term.* isothermal process, isothermal transformation
~ **magnetyczna** *met.* magnetic change, magnetic transformation
~ **nieodwracalna** *term.* irreversible process
~ **odwracalna** *term.* reversible process
~ **promieniotwórcza** radioactive transformation, nuclear transformation
~ **termodynamiczna** thermodynamic process
przemieniać *v* transform; convert; change
przemiennik *m* converter; inverter; changer
~ **częstotliwości** *el.* frequency converter, frequency changer
przemienność *f mat.* commutation
przemienny *a* **1.** *mat.* commutative **2.** alternating **3.** convertible
przemieszczać *v* displace; shift; relocate
przemieszczenie *n* displacement; shift; relocation
przemysł *m* industry
~ **ciężki** heavy industry
~ **drobny** small-scale industry
~ **elektrotechniczny** electrical industry
~ **energetyczny** power industry
~ **górniczy** mining industry
~ **hutniczy** iron and steel industry, metals producing industry, metallurgical industry
~ **kluczowy** key industry
~ **lekki** light industry, consumer goods industry
~ **maszynowy** machine-building industry, engineering industry
~ **motoryzacyjny** automotive industry
~ **okrętowy** shipbuilding industry
~ **poligraficzny** printing industry
~ **przetwórczy** processing industry
~ **spożywczy** food industry
~ **włókienniczy** textile industry
~ **wydobywczy** extractive industry
~ **wytwórczy** manufacturing industry
~ **zbrojeniowy** armaments industry
przemysłowy *a* industrial
przemywać *v* wash, rinse
przeniesienie *n* **1.** transfer **2.** *inf.* carry
~ **kaskadowe** *inf.* cascaded carry
przenik *m tel.* crosstalk
przenikać *v* penetrate; permeate; pervade; infiltrate
przenikalność *f fiz.* permeability
~ **elektryczna względna** dielectric constant, relative permittivity, specific inductive capacity
przenikalny *a* penetrable; permeable; pervious
przenikanie *n* penetration; infiltration
~ **ciepła** thermal transmission, heat transmission; heat penetration
~ **powierzchni** *geom.* intersection of surfaces
przenikliwość *f* penetrating power
~ **promieniowania** radiation hardness
przenikliwy *a* penetrating; *radiol.* hard
przenosić *v* transfer; transmit; convey; carry over
~ **na drugą stronę równania** *mat.* transpose, carry over
~ **ruch** transmit a motion
przenoszenie *n* **1.** transfer: transmission; conveyance **2.** *fiz.* transport
~ **energii** energy transfer
~ **mocy** power transmission
przenośnik *m* **1.** conveyor, transporter; elevator **2.** *rys.* dividers
~ **członowy** link-belt conveyor
~ **grawitacyjny** gravity conveyor

~ **hydrauliczny** hydraulic conveyor
~ **kubełkowy** bucket conveyor
~ **pneumatyczny** pneumatic conveyor
~ **podwieszony** monorail conveyor, overhead conveyor
~ **śrubowy** helical conveyor, screw conveyor, worm conveyor
~ **taśmowy** band conveyor, belt conveyor
~ **wałkowy** roller conveyor, roller runway
~ **wstrząsowy** oscillating conveyor, shaker conveyor, jigging conveyor
~ **zgarniakowy** drag conveyor; scraper conveyor
przenośny *a* portable; transportable
przepalenie się *n* **żarówki** *el.* burnout of an electric bulb
przepał *m* (*nadmierne zużycie paliwa*) excessive fuel consumption
przepełnienie *n* (*w komputerze*) *inf.* overflow
przepięcie *n el.* overtension, overvoltage, supervoltage
przepisy *mpl* regulations; rules; code
~ **bezpieczeństwa** safety rules; safety code
~ **ruchu drogowego** traffic regulations, highway code
~ **techniczne** (standard) code of practice
przeplatać *v* interleave, interlace
przepłukiwanie *n* **1.** flushing (*with liquid*) **2.** *siln.* scavenging
przepływ *m mech.pł.* flow
~ **barotropowy** barotropic flow, classical flow
~ **burzliwy** turbulent flow
~ **klasyczny** *zob.* **przepływ barotropowy**
~ **krytyczny** critical flow
~ **laminarny** *zob.* **przepływ uwarstwiony**
~ **nieustalony** unsteady flow, variable flow
~ **płynu** fluid flow
~ **powietrza** airflow
~ **prądu** *el.* passage of current
~ **równomierny** uniform flow
~ **swobodny** unrestricted flow
~ **turbulentny** *zob.* **przepływ burzliwy**
~ **ustalony** stationary flow
~ **uwarstwiony** laminar flow, streamline flow
~ **wsteczny** reverse flow; backflow
~ **wymuszony** forced flow
przepływać *v* flow (through)
przepływność *f hydr.* flowability, quality of flow
~ **turbiny wodnej** capacity of a water turbine, discharge of a water turbine
przepływomierz *m* flow-meter, rate-of-flow meter, fluid meter
~ **pływakowy** float flow-meter
~ **zwężkowy** constriction flow-meter
przepołowić *v geom.* bisect; halve
przepompownia *f* intermediate pumping station
przepompowywanie *n* pumping over
przepona *f* diaphragm, membrane
przeprowadzać *v* **doświadczenie** carry out an experiment, run an experiment, experiment
~ **dowód** *mat.* prove (a theorem)
~ **próbę** carry out a test, conduct a test
~ **remont** overhaul
~ **w stan ciekły** liquefy
~ **w stan lotny** volatilize
przepust *m* **1.** *obr.plast.* roll pass **2.** *inż.* culvert
~ **izolatorowy** *el.* bushing
przepustnica *f* **1.** *siln.* throttling valve; choke (valve) **2.** *obr.plast.* entry guide
przepustowość *f* **1.** (flow) capacity **2.** *aut.* transfer function
~ **drogi** traffic capacity, road capacity
~ **informacyjna** *inf.* throughput
~ **kanału** *tel.* channel capacity
przepuszczać *v* (let) pass; *fiz.* transmit
przepuszczalność *f* permeability
~ **światła** light transmittance
przepuszczalny *a* permeable, pervious
przepychacz *m obr.skraw.* push broach
przepychanie *n* **1.** forcing through **2.** *obr. skraw.* push broaching
przerabiać *v* **1.** remake; rework; modify **2.** process
przeregulowanie *n* **1.** readjustment **2.** *aut.* over-regulation, overshoot
przerób *m* working; processing, *zob. też* **przeróbka**
przeróbka *f* **1.** working; processing **2.** modification
~ **mechaniczna rud** ore dressing
~ **plastyczna** *hutn.* plastic working (*of metals*), mechanical working
~ ~ **na gorąco** hot working, hot processing
~ ~ **na zimno** cold working
przerwa *f* interruption; stoppage; pause; break; gap
~ **iskrowa** *el.* spark gap
~ **międzyrekordowa** *inf.* interrecord gap
~ **stykowa** contact gap, contact clearance
~ **zasilania w sieci energetycznej** power stoppage, power failure
przerwać *v* interrupt; break; stop; discontinue
~ **dopływ prądu** shut off the power, cut off (electric) current
~ **obwód elektryczny** break electric circuit, open electric circuit

przerwanie *n* **1.** interruption; stoppage; break; rupture **2.** *rys.* break **3.** *inf.* interrupt
~ **formy** *odl.* (metal) break-out, run-out
~ **łączności** *tel.* communications failure
przerysować *v* redraw; trace
przerywacz *m* **1.** *masz.* disconnector; breaker **2.** *el.* circuit breaker, contact breaker, interrupter **3.** *fot.* stopping agent
przerywać *v* **1.** interrupt; break **2.** *siln.* miss, misfire
przerywany *a* intermittent; discontinuous
przerzutnik *m elektron., inf.* flip-flop, bistable multivibrator
przesadzanie *n* **1.** *obr.plast.* joggling **2.** *roln.* transplantation, transplanting; replanting
przesączać *v* filter; percolate
~ **się** ooze, trickle, seep; infiltrate
przesączalny *a* filt(e)rable
przesiąkac *v* percolate
przesiew *m* minus mesh, through, fines
przesiewacz *m* screen, sifter; bolter
~ **klasyfikacyjny** classifying screen, grading screen
~ **obrotowy** drum screen, rotary screen, revolving screen, trommel (screen)
~ **rusztowy** bar screen, grizzly (grate)
~ **wibracyjny** vibrating screen, shaking screen
przesiewać *v* screen; sieve; sift; bolt
przesilenie *n astr.* solstice
przeskok *m* jump; *inf.* skip
~ **iskry** *el.* sparkover, flashover
przesłona *f opt.* diaphragm, *zob. też* **przysłona**
przesłuch *m tel.* crosstalk, overhearing
przestarzały *a* obsolete; antiquated; outdated
przestawiać *v* transpose, shift; reset
przestępny *a mat.* transcendental
przestój *m masz.* shut-down; outage; down-time; *transp.* demurrage
przestrajać *v rad.* retune
przestron *m* (*wielkiego pieca*) *hutn.* waist, belly
przestronny *a* spacious, roomy
przestrzenny *a* spatial, spacial, three--dimensional
przestrzeń *f* space
~ **barw** colour space
~ **euklidesowa** *mat.* Euclidean space
~ **fazowa** *fiz.* phase space
~ **funkcyjna** *mat.* function space
~ **kosmiczna** cosmic space, outer space
~ **liniowa** *mat.* linear space, vector space
~ **metryczna** *mat.* metric space
~ **międzyplanetarna** interplanetary space
~ **powietrzna** *lotn.* airspace, aerospace
~ **pusta** empty space; void, pocket
~ **robocza** working space; *inf.* work area, workspace
~ **topologiczna** *mat.* topological space
~ **wektorowa** *zob.* **przestrzeń liniowa**
przestylizować *v* restyle
przesunięcie *n* displacement; shift; travel; offset; translation; slip
~ **arytmetyczne** *inf.* arithmetic shift
~ **cykliczne** *inf.* cyclic shift, circular shift
~ **fazowe** *el.* phase shift, phase displacement
~ **logiczne** *inf.* logical shift
~ **równoległe** *geom.* translation
przesuw *m masz.* travel(ling); shift
~ **taśmy** (*np. magnetycznej*) tape feed, tape transport
przesuwać *v* shift; displace
przesuwalność *f* **programów** *inf.* program relocatibility
przesuwnica *f kol.* transfer table, traverser
przesuwnik *m* **fazowy** *el.* phase shifter
przesuwny *a* slidable
przesycanie *n* **1.** supersaturation; impregnation **2.** *obr.ciepl.* solution heat treatment, hyperquenching
przesycony *a* supersaturated; impregnated
przesyłać *v* send; transmit; transfer
przesyłanie *n* **blokowe** (*danych*) *inf.* block transfer
~ **danych** *inf.* data transfer
~ **szeregowe** (*danych*) *inf.* serial transfer
przesyłka *f* consignment, shipment (*of goods*)
przeszkoda *f* obstacle, obstruction
przeszlifowywanie *n obr.skraw.* regrinding
przesztywniony *a wytrz.* over-rigid
przeszukiwanie *n* **danych** *inf.* data search
~ **radiolokacyjne** radar scan(ning)
prześwietlenie *n fot.* overexposure
~ **promieniami X** X-raying, röntgenoscopy
prześwit *m* **1.** clearance **2.** *TV* crosstalk
przetaczanie *n* **cylindrów** *obr.skraw.* reboring of cylinders
~ **wagonów** *kol.* switching, shunting, car handling
przetapiać *v* remelt
przetężenie *n el.* overcurrent
przetłaczanie *n* **1.** forcing through **2.** *obr.plast.* redrawing
przetłaczarka *f* montejus
przetop *m spaw.* joint penetration, weld penetration, depth of fusion
przetwarzać *v* process; convert

przetwarzanie *n* processing; conversion
~ **danych** *inf.* data processing
~ ~ **bezpośrednie** on-line data processing
~ ~ **na bieżąco** real-time data processing
~ ~ **partiowe** batch data processing
~ ~ **równoczesne** parallel data processing
~ ~ **swobodne** in-line data processing, demand data processing
~ ~ **zdalne** teleprocessing
~ ~ **zintegrowane** integrated data processing
~ **energii elektrycznej** conversion of electrical energy
przetwornica *f el.* converter
~ **częstotliwości** frequency converter, frequency changer
przetwornik *m el.* converter; transducer
~ **a/c** *zob.* **przetwornik analogowo-cyfrowy**
~ **analogowo-cyfrowy** *inf.* analog-to-digital converter, a/d converter, adc
~ **bierny** passive transducer
~ **c/a** *zob.* **przetwornik cyfrowo-analogowy**
~ **cyfrowo-analogowy** *inf.* digital-to-analog converter, d/a converter, dac
~ **czynny** active transducer
~ **elektroakustyczny** electro-acoustic transducer
~ **elektromechaniczny** electromechanical transducer
~ **elektronooptyczny** electroopical converter tube
~ **noktowizyjny** infrared sensitive image tube, infrared image converter
~ **obrazowy** *TV* image-converter tube, image converter
~ **odwracalny** *elektron.* reciprocal transducer; reversible transducer
~ **termoelektryczny** thermal converter, thermoelectric generator
przetwórstwo *n* processing
przetyczka *f* pin
przeważać *v* **1.** overbalance, outbalance, outweigh **2.** predominate, prevail
przewężenie *n* contraction; necking (down); narrowing
przewietrzanie *n* ventilation; venting
przewietrznik *m* ventilator, ventilating fan
przewijać *v* rewind
przewijanie *n obr.plast.* reverse drawing, reversing
przewijarka *f* **1.** *włók.* winder, winding machine **2.** *kin.* winder, winding bench **3.** *papiern.* re-reeling machine, rewinding machine, rewinder **4.** *hutn.* recoiler, rewind reel
przewlekanie *n* threading; reeving
przewodnictwo *n fiz.* conductivity; conduction; conductance
~ **cieplne** heat conduction; thermal conduction
~ ~ **właściwe** heat conductivity, thermal conductivity
~ **dziurowe** *elektron.* hole conduction, defect (electron) conduction, *p*-type conduction
~ **elektronowe** electron conduction, *n*-type conduction
~ **elektryczne** electric conduction
~ **jednokierunkowe** *el.* unilateral conductivity
~ **jonowe** ionic conductance
~ **nadmiarowe** *zob.* **przewodnictwo elektronowe**
~ **niedomiarowe** *zob.* **przewodnictwo dziurowe**
~ **niesamoistne** extrinsic conduction
~ **typu n** *zob.* **przewodnictwo elektronowe**
~ **typu p** *zob.* **przewodnictwo dziurowe**
przewodnik *m* **1.** *fiz.* conductor **2.** guide book; directory
~ **ciepła** thermal conductor
~ **elektronowy** electronic conductor, metallic conductor
~ **jonowy** ionic conductor, electrolytic conductor
przewodność *f fiz.* conductivity; conductance
~ **bierna** *el.* susceptance
~ **cieplna** thermal conductivity, heat conductivity
~ **czynna** *el.* conductance
~ ~ **wzajemna** mutual conductance, transconductance
~ **magnetyczna** *el.* permeance
~ **pozorna** *el.* admittance
~ ~ **wzajemna** transadmittance
~ **rzeczywista** *zob.* **przewodność czynna**
~ **właściwa** *el.* conductivity, electrical conductivity, specific conductance
~ **zespolona** *zob.* **przewodność pozorna**
przewody *mpl* **instalacji elektrycznej** electric wiring
~ **rozmówne** *telef.* transmission wires
~ **rurowe** pipes, tubing
przewodzący *a* conductive, conducting
przewodzenie *n fiz.* conduction, *zob. też* **przewodnictwo**
~ **ciepła** heat conduction, thermal conduction
~ **elektryczności** electric conduction
przewodzić *v* conduct, carry (*heat*, *electric current*); convey (*liquids*, *gases*)
przewołanie *n fot.* overdevelopment
przewozić *v* transport, carry, convey, haul

przewoźnik *m transp.* carrier
przewoźny *a* transportable, mobile
przewód *m* conduit, duct
~ **ciśnieniowy** pressure conduit
~ **do masy** *el.* earth conductor, earth lead; *spaw.* work lead, welding ground
~ **elektryczny** conductor, lead
~ **giętki** *el.* flexible conductor, flexible cord
~ **główny** main conduit
~ **izolowany** *el.* insulated conductor
~ **jezdny** *el.* trolley wire, contact wire
~ **kanalizacyjny** sewer
~ **napowietrzny** overhead conductor; open wire (conductor), aerial conductor
~ **nieizolowany** *el.* bare conductor
~ **obejściowy** by-pass conduit
~ **odgromowy** *el.* ground wire, static wire
~ **paliwa** *siln.* fuel pipe
~ **pod napięciem** *el.* live conductor
~ **powietrzny** air conduit; air pipe
~ **przyłączeniowy** *el.* terminal, connector; cord
~ **rurowy** pipe (line), piping; tubing
~ ~ **giętki** hose
~ ~ **rozgałęziony** manifold
~ **szynowy** *el.* busway
~ **uziemiający** *el.* earth conductor, earth lead
~ **wentylacyjny** ventilation duct
~ **wiązkowy** *el.* multiple conductor, bundle conductor
~ **wlotowy** *siln.* induction pipe, inlet pipe
~ **wodociągowy** water conduit
~ **wylotowy** outlet pipe; tail pipe
~ **zapłonowy** *siln.* ignition cable
~ **zasilający** *el.* power lead, feeder
~ **zerowy** *el.* neutral (conductor), zero lead
przewóz *m* transport; haul(age); conveyance
przewrócić się overturn, upset; (*o statku, łodzi*) capsize
przewymiarowanie *n rys.* redimensioning
przewyższać *v* exceed
przeziernik *m opt.* sight vane
przezrocze *n fot.* diapositive, (film) slide, transparency
przezroczystość *f* transparency
przezroczysty *a* transparent
przezwajać *v el.* rewind
przędza *f włók.* yarn
~ **czesankowa** worsted yarn
~ **zgrzebna** carded yarn
przędzalnia *f włók.* spinning mill
przędzalnictwo *n włók.* spinning
przędzarka *f włók.* spinning frame
przędzenie *n włók.* spinning
przędzina *f włók.* bonded cloth, unwoven cloth
przędziwo *n włók.* spinning material
przęsło *n* span; bay
~ **mostu** bridge span
przodek *m górn.* face, forehead, forefield
przodowy *m górn.* face foreman
przód *m* front
przybierka *f górn.* ripping, tapping
przybijać *v* (*gwoździami*) nail
~ **do nabrzeża** *żegl.* come alongside
~ **nabój** (*w robotach strzałowych*) tamp; stem
przybitka *f* (*w robotach strzałowych*) tamping, stemming, wadding
przybliżenie *n mat.* approximation
przybliżony *a* approximate
przybornik *m rys.* set of drawing instruments; set of compasses
przybory *pl* instruments; tackle
~ **rysunkowe** drawing instruments
przybór *m* **wody** flood, water rise
przybrzeżny *a* coastal; offshore
przybudówka *f bud.* annex(e), outhouse, outbuilding
przyciąganie *n fiz.* attraction
~ **elektrostatyczne** *el.* electrostatic attraction, Coulomb attraction
~ **międzycząsteczkowe** molecular attraction
~ **ziemskie** terrestrial gravitation, earthpull
przyciągarka *f transp.* capstan
przycinak *m obr.plast.* notching die
przycinanie *n* **1.** *obr.plast.* notching **2.** *drewn.* trimming
przycinarka *f drewn.* trim saw, trimmer
przycisk *m* push-button; push; key
przyciskać *v* press
przyczepa *f* trailer
~ **kempingowa** caravan, house trailer
~ **-wywrotka** dump trailer, tipper trailer
przyczepność *f* adhesion, adherence
~ **nawierzchni** *mot.* road adhesion
przyczepny *a* adhesive
przyczółek *m* **mostowy** *inż.* bridge head, bridge abutment
przyczyna *f* cause
przydatność *f* suitability; usability
przydatny *a* suitable; useful
przydział *m* **pamięci** *inf.* storage allocation
przydzielać *v* allocate; assign
przydźwięk *m* **sieciowy** *rad.* hum
przydźwiękowy *a aero.* transsonic, nearsonic
przygotowawczy *a* preparatory
przygotowywanie *n* preparation
przyjąć *v* **do pracy** engage (*a worker*)
~ **kształt** take the shape, take the form

przykleić *v* stick; glue
przykład *m* example
przykładnica *f rys.* T-square
przykręcać *v* turn down; screw down
przykrycie *n* cover(ing)
przykrywa *f* cover; lid
przykrywać *v* cover
przylegać *v* adhere; adjoin; abut
przylegający *a* adherent; adjacent; contiguous; abutting
przyleganie *n fiz.* adhesion
przylga *f drewn.* rebate
przylgnia *f masz.* faying surface, faying face
przyłączać *v* attach; connect
~ **do zacisku** *el.* terminate
przyłącze *n el.* terminal; service line
przyłączenie *n chem.* addition
przyłbica *f* **spawacza** welder's helmet, helmet shield, head-gear
przyłożyć *v* **siłę** *mech.* apply a force
przymiar *m metrol.* gauge; rule
~ **końcowy** end measuring rod
~ **kreskowy** graduated rule, measuring rule
~ ~ **metryczny** metre rule
~ ~ **składany** folding rule
~ **przesuwkowy** slide caliper
~ **taśmowy** measuring tape
~ ~ **zwijany** wind-up measuring tape
przymocować *v* fasten; fix; secure
przymusowy *a* **1.** compulsory **2.** *masz.* forced; positive (*drive*)
przymykać *v* **przepustnicę** *siln.* throttle back
przypadek *m* case; incident; occurrence
przypadkowy *a* random; incidental
przypalać *v* burn; scorch
przypływ *m ocean.* flood tide, rising tide, high tide
przypora *f inż.* buttress
przyporządkować *v* assign
przypór *m* **nitowniczy** riveting anvil, holder-on
przyprostokątna *f geom.* leg (*of a right-angled triangle*)
przyroda *f* nature
przyrost *m* increment; increase; rise; accretion; growth
przyrównywać *v mat.* equate
przyrząd *m* instrument; device; *masz.* attachment
~ **całkujący** integrator
~ **elektronowy** electron device
~ **ilorazowy** *el.* quotient meter, ratio meter
~ **kontrolny** monitor; control device; check apparatus
~ **montażowy** assembly jig
~ **obróbkowy** (production) jig
~ **piszący** pen recorder, graphic instrument, grapher
~ **pomiarowy** measuring instrument, meter, gauge
~ **półprzewodnikowy** *elektron.* semiconductor device
~ **precyzyjny** precision instrument
~ **probierczy** tester
~ **rejestrujący** recorder, recording instrument
~ **ręczny z napędem mechanicznym** power-operated tool
~ **wskazujący** indicator, indicating instrument
przyrządy *mpl* **nawigacyjne** nautical instruments
~ **pokładowe** *lotn.* board instruments
przysłona *f opt.* diaphragm
~ **irysowa** *opt.* iris diaphragm
~ **tęczówkowa** *zob.* **przysłona irysowa**
przyspawać *v* weld on
przyspieszacz *m* **1.** *chem.* accelerant, accelerating agent **2.** *nukl.* accelerator
przyspieszać *v* accelerate, speed up, hasten
przyspieszenie *n mech.* acceleration
~ **Coriolisa** Coriolis acceleration
~ **dośrodkowe** centripetal acceleration
~ **kątowe** angular acceleration
~ **normalne** normal acceleration
~ **styczne** tangential acceleration
~ **ujemne** negative acceleration
~ **ziemskie** acceleration of gravity
przyspieszeniomierz *m* accelerometer
przyspiesznik *m mot.* accelerator (pedal)
przyssawka *f narz.* suction cup, vacuum cup
przystający *a mat.* congruent
przystanek *m masz.* stop
przystań *f* inland harbour
przystawanie *n mat.* congruence
przystosować *v* adapt
przyswajać *v* assimilate
przyswajanie *n* assimilation
przyśrubować *v* screw down, fasten with screw
przytrzymywacz *m masz.* keeper; retainer; holder
przytrzymywać *v* hold down
przytwierdzać *v* affix; fasten
przywiązać *v* tie, bind
przywierać *v* adhere; stick
przywracać *v* restore
przyziemie *n bud.* basement
przyziemienie *n lotn.* touch-down
pseudokod *m inf.* pseudocode

pseudorozkaz *m inf.* pseudoinstruction, quasi-instruction
pseudostop *m met.* pseudoalloy
psofometr *m el.* psophometer, noise-meter
psuć się deteriorate; spoil; get worse
psychrometr *m* psychrometer, wet-and--dry bulb thermometer
pszczelarstwo *n* beekeeping, apiculture
pszenica *f* wheat
puaz *m jedn.* poise: $1 P = 10^{-1}$ Pa·s
publikować *v* publish
pudełko *n* box
~ **kartonowe** carton, paperboard box
puder *m* powder
pudło *n* box
~ **wagonu** *kol.* wagon body, car body
pulpit *m* **operatora** (*komputera*) *inf.* console
~ **sterowniczy** control desk, console
pulsacja *f* **1.** *el.* pulsation **2.** *mech.* angular frequency
pulsar *m astr.* pulsar
pulsator *m elektron.* pulser
pulsatron *m elektron.* pulsatron
pulweryzacja *f* pulverization; atomization
pulweryzator *m* pulverizer; atomizer
pułap *m* ceiling
~ **chmur** *meteo.* cloud ceiling
~ **napięcia** *el.* ceiling voltage
pułapka *f* **1.** *fiz.* trap **2.** *inf.* trap
~ **magnetyczna** *fiz.* magnetic trap, magnetic bottle
pumeks *m min.* pumice(-stone)
punkt *m* point
~ **Curie** *met.* Curie point, magnetic transformation point
~ **kontrolny** control point; *inf.* checkpoint (*in a program*); *el.* test point
~ **krytyczny** *fiz.* critical point, change point
~ **lodu** *fiz.* ice point
~ **materialny** *mech.* material particle
~ **metacentryczny** *hydr.* metacentre
~ **neutralny** *zob.* **punkt zerowy**
~ **nieciągłości** *mat.* point of discontinuity
~ **niwelacyjny** *geod.* bench mark
~ **normalny wrzenia wody** *zob.* **punkt pary**
~ **odniesienia** reference point; datum point
~ **odsłoneczny** *astr.* aphelion
~ **odziemny** *astr.* apogee
~ **orientacyjny w terenie** landmark
~ **osobliwy** *mat.* singularity, singular point
~ **pary** *fiz.* steam point
~ **podparcia** *mech.* point of support, fulcrum
~ **pomiarowy** measuring point; *el.* test point
~ **potrójny** *fiz.* triple point
~ **przecięcia** point of intersection, intersection point
~ **przegięcia** *geom.* point of inflexion, inflexion point
~ **przejścia** (*przepływu uwarstwionego w burzliwy*) *mech.pł.* burble point
~ **przerwania** *inf.* break-point (*in a program*)
~ **przyłożenia siły** *mech.* point of application of force
~ **przyporu** *masz.* contact point, point of action
~ **przysłoneczny** *astr.* perihelion
~ **przyziemny** *astr.* perigee
~ **rosy** *fiz.* dew-point, saturation point
~ **rozgałęzienia 1.** *inf.* branch point (*in a program*) **2.** *mat.* branch point, ramification point
~ **równonocy** *astr.* equinoctial point, equinox
~ **sprzężenia** *inf.* interface point
~ **styczności** *geom.* point of tangency, point of contact
~ **szczytowy** *el.* peak point
~ **środkowy** midpoint, centre
~ **świetlny** *bud.* lighting point, lighting outlet
~ **topnienia lodu** *zob.* **punkt lodu**
~ **triangulacyjny** *geod.* triangulation point
~ **typograficzny** *poligr.* typographical point
~ **usługowy** service workshop; repairing shop
~ **węzłowy** *fiz.* nodal point, node
~ **wrzenia** *fiz.* boiling point
~ **wyjściowy** starting point, origin
~ **wznowienia** *inf.* restart point (*of a program*)
~ **zawieszenia** point of suspension
~ **zbiegu** (*w rysunku perspektywicznym*) *rys.* vanishing point
~ **zerowy** zero point; *el.* neutral (point)
~ **zetknięcia** contact point
~ **zwrotny** *masz.* dead centre
punktak *m narz.* centre punch
punktować *v* punch, prick
punkty *mpl* **podstawowe skali** *metrol.* fiducial points
~ **współliniowe** *geom.* collinear points
~ **współpłaszczyznowe** *geom.* coplanar points
pupinizacja *f* (*kabla*) *tel.* coil loading
pustak *m bud.* hollow brick, hollow tile
pustka *f* void
pusty *a* empty, hollow; *mat.* null, void, empty

puszka *f* tin, can; canister
~ **Faradaya** *el.* Faraday cage
~ **połączeniowa** *el.* junction box
~ **rozgałęźna** *el.* distribution box
puszkowanie *n spoż.* canning, tinning
pylica *f* (*płuc*) pneumoconiosis
~ **azbestowa** asbestosis
~ **węglowa** anthracosis, blacklung
pył *m* dust
~ **węglowy** coal dust
pyłoszczelny *a* dustproof, dusttight
pytanie *n* **informacyjne** *inf.* query

Q

Q-metr *m el.* Q-meter
quasi-cząstka *f fiz.* quasi-particle

R

rabat *m ek.* rebate, discount; allowance
rabowanie *n* **obudowy** *górn.* drawing off, withdrawing
rabowarka *f* **obudowy** *górn.* prop puller, prop withdrawer
racemat *m chem.* racemate, racemic compound
rachować *v* calculate; compute; count; reckon
rachunek *m* **1.** *mat.* calculus (*pl* calculi *or* calculuses) **2.** *mat.* calculation; computation **3.** *ek.* account **4.** bill
~ **bankowy** *ek.* bank account
~ **całkowy** integral calculus
~ **funkcyjny** *zob.* **rachunek kwantyfikatorów**
~ **kwantyfikatorów** functional calculus
~ **operatorowy** operational calculus
~ **prawdopodobieństwa** calculus of probability, theory of probability
~ **predykatów** *zob.* **rachunek kwantyfikatorów**
~ **różniczkowy** differential calculus, infinitesimal calculus
~ **tensorowy** tensor calculus
~ **wektorowy** calculus of vectors
~ **zdań** sentential calculus, propositional calculus
rachunkowość *f* accountancy
rachunkowy *a mat.* computational; counting
racjonalizacja *f* rationalization, improvement (*of production methods*)
rad *m* **1.** *chem.* radium, Ra **2.** *jedn.* rad, radium absorbed dose: 1 rd = 0.01 Gy
radar *m* **1.** radar **2.** radiolocation
~ **doplerowski** Doppler radar
~ **impulsowy** pulsed radar
~ **kontroli lotniska** aerodrome control radar, aerodrome surface-movement indicator
~ **optyczny** ladar, laser-radar, colidar
~ **pokładowy** airborne radar
~ **świetlny** opdar
radełko *n narz.* knurl, knurling wheel, serration roll
radełkowanie *n* knurling, milling
radian *m jedn.* radian, rad
radiator *m elektron.* radiator
radio *n* radio, wireless
radioaktywność *f* radioactivity, *zob. też* **promieniotwórczość**
radioaktywny *a* radioactive
radiochemia *f* radiochemistry
radiochronologia *f* radioactive dating, radiometric dating, carbon dating
radiodatowanie *n zob.* **radiochronologia**
radioelektryka *f* radio engineering
radiofonia *f* (radio) broadcasting
~ **monofoniczna** monophony
~ **przewodowa** line broadcasting, wire broadcasting
~ **stereofoniczna** stereophony
radiogeniczny *a* (*pochodzący z rozpadu promieniotwórczego*) radiogenic
radiografia *f* radiography
~ **małoobrazkowa** miniature radiography
~ **rentgenowska** X-ray radiography, röntgenography
radiogram *m* radiograph, radiogram; X-ray photograph
radiokompas *m nawig.* automatic direction finder, radio compass
radiokomunikacja *f* radio communication
radiolatarnia *f nawig.* radio beacon, radiophare

radioliza *f* (*rozkład pod wpływem promieniowania*) *fizchem.* radiolysis
radiologia *f* radiology
radiolokacja *f* radiolocation
radiolokator *m* radar, *zob. też* **radar**
radiomagnetofon *m* radio cassette recorder
radiometria *f* radiometry
radionadajnik *m* radiotransmitter
radionamiar *m* radio bearing, wireless bearing
radionamiernik *m nawig.* radio direction--finder, radiogoniometer
radioodbiornik *m* radio receiver
radiooperator *m* radio operator, wireless operator
radiopierwiastek *m* radioelement, radioactive element
radiosonda *f meteo.* radiosonde, radiometeorograph
radiostacja *f* radio station
~ **nadawcza** transmitting radio station
~ **odbiorcza** receiving radio station
radiotechnika *f* radio engineering
radiotelefon *m* radio-telephone
~ **przenośny** walkie-talkie
radiotelefonia *f* radio-telephony
radioterapia *f med.* radiotherapy, radium therapy, radiation therapy
radiowęzeł *m* wire broadcasting system, radio relay centre
radiowodór *m chem.* tritium, T, $^3_1$H
radioźródło *m astr.* radio source
radło *n roln.* shovel plough
radon *m chem.* radon, radium emanation, Rn
rafa *f geol.* reef
rafinacja *f* refining
rafinada *f cukr.* refined sugar
rafinat *m chem.* raffinate
rafineria *f* refinery
~ **cukru** sugar refinery
~ **ropy** petroleum refinery
rafinowanie *n* refining
raki *mpl* (*słupołazy*) climbers, creepers
rakiel *m włók., poligr.* squeegee
rakieta *f* rocket
~ **jądrowa** nuclear rocket
~ **kosmiczna** space rocket
~ **międzyplanetarna** interplanetary rocket
~ **nośna** carrier rocket; launch-vehicle
~ **oświetlająca** light rocket, flare
~ **sygnalizacyjna** signal rocket
rakietnica *f* signal pistol, flare pistol
rama *f* frame
~ **okienna** *bud.* sash
~ **podwozia** *mot.* chassis frame
~ **silnika** engine bed; engine frame
ramię *n* arm; rocker
~ **bezwładności** *mech.* radius of gyration
~ **dźwigni** lever arm
~ **kąta** *geom.* arm of an angle
~ **kątownika** leg of an angle
~ **koła** wheel arm, spoke
~ **korby** *masz.* crank web, crank arm
~ **pary sił** *mech.* arm of the couple of forces
~ **siły** *fiz.* arm of a force
~ **wagi** balance arm
ramka *f* **1.** frame **2.** *inf.* frame
rampa *f transp.* ramp, loading platform
raport *m* report; account
rapowanie *n* **tynku** *bud.* scoring
raster *m* **1.** *poligr.* (half-tone) screen **2.** *TV* raster
rata *f ek.* instalment
ratować *v* **1.** rescue, save **2.** *wiertn.* fish
ratownictwo *n* **okrętowe** ship salvaging, wrecking
rąb *m* **młotka** *narz.* (hammer) peen, hammer pane
rąbać *v* chop; hew
rąbek *m* **1.** (*przy łączeniu blach*) seam, welt **2.** *obr.plast.* burr; fin; flash
~ **spoiny** (*lub zgrzeiny*) weld flash
rąbkowanie *n* (*łączenie blach na zakładkę*) seaming
rączka *f* handle, *zob. też* **rękojeść**
rdza *f* rust
rdzeniarka *f odl.* coremaking machine
~ **nadmuchiwarka** *odl.* core blower, core-blowing machine
rdzeniarnia *f odl.* core shop
rdzeniówka *f wiertn.* core barrel
rdzennica *f odl.* core box
rdzennik *m* **1.** *odl.* core print **2.** *górn.* upper prop
rdzeń *m* core
~ **atomowy** atomic core, atomic kernel
~ **drzewa** pith
~ **elektrody** *spaw.* core wire, core of an electrode
~ **elektromagnesu** magnet core
~ **ferrytowy** *inf.* ferrite (storage) core
~ **kabla** *el.* central quad of cable
~ **liny** hearth of a rope, rope core, rope centre
~ **magnetyczny** *el.* magnetic core
~ **pamięciowy** *inf.* storage core
~ **reaktora** *nukl.* reactor core
rdzewieć *v* rust
reagent *m chem.* reacting substance
reagowanie *n* reacting; response
reakcja *f* **1.** *mech.* reaction **2.** *chem.* reaction **3.** *cybern.* reaction, response

~ **analizy** *chem.* decomposition (reaction)
~ **chemiczna** chemical reaction, chemical change
~ **egzotermiczna** exothermic reaction
~ **elektrodowa** *elchem.* electrode reaction
~ **elementarna** *chem.* elementary reaction
~ **endotermiczna** endothermic reaction
~ **fotochemiczna** photochemical reaction, photoreaction
~ **fotojądrowa** *nukl.* photonuclear reaction
~ **jądrowa** *nukl.* nuclear reaction
~ **łańcuchowa** chain reaction
~ **nieodwracalna** irreversible reaction
~ **odwracalna** reversible reaction, balanced reaction
~ **podstawienia** *chem.* substitution (reaction), displacement reaction
~ **podwójnej wymiany** *chem.* double displacement, metathesis
~ **potencjałotwórcza** *elchem.* electrode reaction
~ **prosta** *chem.* elementary reaction
~ **przyłączenia** *chem.* addition reaction
~ **redoks** *elchem.* redox reaction, oxidation-reduction reaction
~ **rozkładu** *chem.* decomposition (reaction)
~ **rozszczepienia** *nukl.* fission reaction
~ **syntezy** *chem.* synthesis
~ ~ **jądrowej** *nukl.* nuclear fusion reaction, thermonuclear reaction
~ **termojądrowa** *zob.* **reakcja syntezy jądrowej**
~ **utleniania-redukcji** *elchem.* redox reaction, oxidation-reduction reaction
~ **wymiany 1.** *chem.* replacement reaction, exchange reaction **2.** *nukl.* exchange reaction
~ **złożona** (*wielostopniowa*) *chem.* complex reaction, composite reaction
reakcje *fpl* **sprzężone** *chem.* coupled reactions
reaktancja *f el.* reactance
~ **indukcyjna** inductive reactance
~ **pojemnościowa** capacitive reactance, capacitance
reaktor *m* **1.** *chem.* reactor, reaction still **2.** *nukl.* reactor, pile
~ **atomowy** *nukl.* nuclear reactor, atomic reactor, atomic pile
~ **badawczy** *nukl.* research reactor
~ **ciśnieniowo-wodny** *nukl.* pressurized-water reactor
~ **ciśnieniowy** *chem.* autoclave; pressure reactor
~ **czysty** *nukl.* clean reactor
~ **doświadczalny** *nukl.* research reactor
~ **energetyczny** *nukl.* power reactor, atomic energy reactor
~ **grafitowy** *nukl.* graphite(-moderated) reactor
~ **jądrowy** nuclear reactor, atomic reactor, atomic pile
~ **mocy** *nukl.* power reactor, atomic energy reactor
~ **nagi** *nukl.* bare reactor, naked reactor
~ **napędowy** *nukl.* propulsion reactor
~ **powielający** *nukl.* breeder (reactor), regenerative reactor
~ **powolny** *nukl.* slow reactor
~ **prędki** *nukl.* fast reactor
~ **przemysłowy** *nukl.* engineering reactor
~ **szkoleniowy** *nukl.* training reactor
~ **termojądrowy** *nukl.* thermonuclear reactor, fusion reactor
~ **zimny** *nukl.* cold reactor
reaktywność *f* **1.** *nukl.* reactivity **2.** *chem.* reactivity
realizacja *f* realization
reanimacja *f med.* resuscitation; reanimation
recepta *f med.* prescription; recipe; formula
receptor *m cybern.* receptor
recyrkulacja *f* recirculation
reda *f żegl.* roads, roadstead
redagowanie *n* **wstępne** *inf.* preediting
~ **następcze** *inf.* postediting
redaktor *m* editor
redisówka *f rys.* speedball pen
redlica *f* **(siewnika)** *roln.* coulter, drill opener
redlina *f roln.* ridge
redukcja *f* **1.** *chem.* reduction **2.** *mat.* cancellation; reduction **3.** reduction; lowering; diminishing
~ **danych** *inf.* data reduction
~ **(układu) sił** *mech.* composition of forces
redukować *v* reduce; lower; diminish; cancel
reduktometria *f chem.* reductometry
reduktor *m* **1.** *masz.* reducer; reduction gear **2.** *chem.* reducing agent, reducer, reductant
~ **ciśnienia** reducing valve; pressure regulator; gas regulator
~ **prędkości** *masz.* speed reducer, reduction gear
redundancja *f* **1.** *inf.* redundancy **2.** (*jako środek zwiększenia niezawodności systemu*) redundancy
referat *m* paper
reflektografia *f poligr.* reflectography
reflektometr *m* **1.** *opt.* reflectometer **2.** *rad.* reflectometer
reflektor *m* **1.** reflector **2.** projector; *mot.* head-light **3.** reflecting telescope

~ **neutronów** *nukl.* neutron reflector, neutron mirror, tamper
~ **(przeciw)mgłowy** *mot.* fog light, fog lamp
~ **punktowy** spot-light
refmaszynka *f okr.* reefing gear
reformowanie *n paliw.* reforming (process)
refrakcja *f* **(fal)** *fiz.* refraction
refraktometr *m fiz.* refractometer
refraktor *m opt.* refractor, refracting telescope
refulacja *f inż.* silting (method)
refuler *m* **pogłębiarki** dredger cutter
regał *m* (*zecerski*) *poligr.* cabinet, frame
regały *mpl* stillage, rack; shelving
regeneracja *f* regeneration; reclamation; recuperation; recovery
regenerator *m* regenerator
~ **ciepła** heat regenerator
reglamentacja *f ek.* control, regulation
regresja *f* **1.** regression **2.** *mat.* regression
regulacja *f* control; governing; regulation; adjustment
~ **automatyczna** automatic control
~ **czasu** *aut.* timing
~ **dwupołożeniowa** *aut.* on-off control
~ **dwustawna** *zob.* **regulacja dwupołożeniowa**
~ **ilościowa** *siln.* quantity governing
~ **jakościowa** *siln.* quality governing
~ **ręczna** manual control
~ **rzeki** river regulation, river engineering
~ **zdalna** remote control
regulamin *m* regulations
regularność *f* regularity
regularny *a* **1.** regular **2.** *kryst.* cubic(al), isometric
regulator *m* controller; control (unit); governor; regulator; adjustment
~ **astatyczny** astatic controller, isochronous governor
~ **bezpieczeństwa** emergency governor, safety governor
~ **bezpośredni** self-actuated controller, self-operated regulator, direct acting governor
~ **bezwładnościowy** inertia governor
~ **ciśnienia** pressure-regulating governor; pressure regulator
~ **czasowy** timer
~ **dwupołożeniowy** on-off controller
~ **flotacji** *wzbog.* floatation agent
~ **napięcia** voltage regulator
~ **nastawny** adjustable regulator
~ **odśrodkowy** centrifugal governor
~ **pozycyjny** fixed-position regulator
~ **prędkości obrotowej** speed governor
~ **proporcji** (*dozowania*) ratio controller
~ **punktu zerowego** *metrol.* zero adjuster
~ **rozpędowy** inertia governor
~ **statyczny** static controller
~ **temperatury** thermoregulator; temperature controller
~ **zasilany** servo-operated regulator
regulować *v* control; regulate; adjust; align
regulowany *a* controllable; adjustable; regulated
reguła *f* rule
~ **korkociągu** *el.* corkscrew rule
~ **le Chateliera i Brauna** *zob.* **reguła przekory 1.**
~ **Lenza** *zob.* **reguła przekory 2.**
~ **lewej ręki** *el.* left-hand rule
~ **prawej ręki** *el.* right-hand rule
~ **przekory 1.** *fiz.* le Chatelier-Braun's principle, principle of mobile equilibrium **2.** *el.* Lenz's law
~ **trzech** *mat.* rule of three
reja *f okr.* yard
rejestr *m* record; register
~ **A** *inf.* A-register, arithmetic register
~ **adresowy pamięci** *inf.* memory address register
~ **B** *inf.* B-register, B-box, index register, modifier register
~ **indeksowy** *zob.* **rejestr B**
~ **L** *inf.* instruction counter
~ **liczący** *inf.* counter register
~ **modyfikacji** *inf.* B-register, B-box, index register, modifier register
~ **pamięci** *inf.* memory register
~ **R** *inf.* instruction register
~ **rozkazów** *zob.* **rejestr R**
~ **stanu** *inf.* status register
~ **statków** *żegl.* register of shipping
~ **uniwersalny** *inf.* multipurpose register
~ **zliczający** *inf.* counter register
rejestracja *f* registration; recording
~ **danych** *inf.* logging
rejestrator *m* **1.** recorder; register **2.** *inf.* logger
rejon *m inf.* region
rejs *m żegl.* trip, voyage; *lotn.* flight
reklama *f* **1.** advertising, publicity **2.** advertisement
rekombinacja *f fiz., chem.* recombination
rekompensata *f ek.* compensation
rekonfiguracja *f* (*systemu*) *inf.* reconfiguration
rekonstrukcja *f* reconstruction
rekord *m inf.* record
~ **główny** master record
~ **kontrolny** control record
~ **odniesienia** home record
~ **zmian** change record

rekrystalizacja *f* **1.** recrystallization **2.** *obr.ciepl.* recrystallization, recrystallizing, commercial annealing
rektascencja *f astr.* right ascension
rektyfikacja *f chem.* rectification, fractional distillation
rektyfikat *m* rectified spirit
rektyfikator *m chłodn.* rectifier
rekultywacja *f roln.* land reclamation
rekuperacja *f* recuperation
~ **ciepła** heat recovery
rekuperator *m* recuperator
relacja *f* **1.** report, statement, account **2.** *mat.* relation
~ **dwuargumentowa** binary relation, dyadic relation
relaksacja *f fiz.* relaxation
relatywistyczny *a* (*odnoszący się do teorii względności*) relativistic
relewancja *f inf.* relevance
relief *m arch.* relief
reling *m okr.* (bulwark) rail
relokować *v inf.* relocate
reluktancja *f el.* reluctance
reluktywność *f* (*odwrotność przenikalności magnetycznej*) *fiz.* (magnetic) reluctivity
rem *m radiol.* rem, röntgen-equivalent--man
remanencja *f* **magnetyczna** *el.* residual flux density, residual magnetism, remanence
remanent *m* inventory, stock-taking
remiza *f* depôt
remont *m* repair; overhaul
~ **kapitalny** major repair, heavy repair, general overhaul
~ **okresowy** routine repair
ren *m chem.* rhenium, Re
renta *f* pension; annuity
rentgen *m* **1.** X-ray apparatus, röntgen apparatus **2.** *jedn.* röntgen, Röntgen unit: 1 R = $0.258 \cdot 10^{-3}$ C/kg
rentgenografia *f* X-ray radiography, X-ray photography, röntgenography
rentgenogram *m* X-ray photograph, röntgenogram, radiograph
~ **warstwowy** tomograph, laminograph
rentgenologia *f* röntgenology, radiology
rentgenometr *m* röntgen meter
rentgenoskopia *f* röntgenoscopy, fluoroscopy
rentgenoterapia *f med.* X-ray therapy
reologia *f mech.* rheology
reorganizacja *f* reorganization
reostat *m el.* rheostat, variable resistor
reostrykcja *f el.* rheostriction, pinch effect, magnetic pinch
reotaksja *f* (*w technologii półprzewodników*) *elektron.* rheotaxial growth
rep *m radiol.* rep, röntgen-equivalent--physical : 1 rep = 1 Gy
repelent *m pest.* repellent
reper *m geod.* bench mark, datum point
reperacja *f* repair
reperforator *m telegr.* (tape) reperforator
repertuar *m* **rozkazów** *inf.* instruction repertoire, instruction set
reprezentacja *f mat.* representation
~ **danych** *inf.* representation of data
reproducer *m* **1.** *biur.* document originating machine **2.** reproducing machine, card reproducer, card punch
reprodukcja *f* reproduction
reproduktor *m zoot.* getter
residuum *n* **1.** *mat.* residuum **2.** *geol.* residue, residuum; eluvium
resor *m* (carriage) spring, suspension spring
~ **piórowy** leaf spring, laminated spring
resorowanie *n* springing; *kol.* spring rigging
resorpcja *f* resorption
respirator *m bhp* respirator
restaurować *v* restore, renovate
restrykcja *f ek.* restriction, restraint
reszta *f* **1.** rest; remainder **2.** residue, residuum
~ **kwasowa** *chem.* acid radical
resztkowy *a* residual
retencja *f* retention
retorta *f* retort
retransmisja *f rad.* retransmission
retusz *m fot.* retouching
rewerberacja *f akust.* reverberation
rewers *m* **1.** reverse **2.** receipt; lending form, call card (*in a library*)
rewident *m ek.* auditor; examiner
rewizja *f* **1.** revision **2.** *bud.* access eye, cleanout **3.** *poligr.* clean proof
rewolwerówka *f obr.skraw.* turret lathe
rezerford *m jedn.* rutherford : 1 Rd = = 10^6 Bq
rezerwa *f* **1.** reserve; stand-by **2.** redundancy.(*structural*) **3.** *włók.* resist
~ **chłodna** (*w teorii niezawodności*) cold reserve, unloaded reserve
~ **gorąca** (*w teorii niezawodności*) hot reserve, loaded reserve
rezerwacja *f* booking, reservation
rezerwowanie *n* (*jako środek zwiększania niezawodności systemu*) redundancy
rezonans *m fiz.* resonance
~ **elektryczny** electrical resonance

~ **napięć** *el.* series resonance, voltage resonance
~ **(para)magnetyczny elektronowy** electron paramagnetic resonance, electron spin resonance
~ ~ **jądrowy** nuclear magnetic resonance
~ **optyczny** optical resonance
~ **szeregowy** *el.* series resonance, voltage resonance
rezonansowy *a* resonant
rezonator *m* resonator
~ **akustyczny** acoustic resonator
~ **echa** *rad.* echo box
~ **wnękowy** *el.* cavity resonator, resonant cavity, tuned cavity
rezonatron *m elektron.* resnatron
rezultat *m* result
rezystancja *f el.* (effective) resistance, ohmic resistance
rezystor *m el.* resistor
~ **fotoelektryczny** photoresistor, photoresistive cell, photoconductive cell
~ **napięcia polaryzacji** bias resistor
~ **nastawny** rheostat, variable resistor
rezystywność *f el.* resistivity, specific resistance
reżysernia *f rad., TV* (master) control room
rębacz *m górn.* coal digger, (coal) getter, cutter
rębak *m zob.* **rębarka**
rębarka *f drewn.* chopper, chipper, wood splitting machine
rębnia *f leśn.* forest cutting
ręcznie *adv* by hand, manually
ręcznie wykonany hand-made
ręczny *a* manual; hand-operated
rękawice *fpl* gloves
~ **ochronne** protective gloves, gauntlets
rękodzieło *n* handicraft
rękojeść *f* handle; grip; helve
~ **korby** crank handle
~ **piły** *drewn.* saw tiller
roadster *m mot.* convertible, roadster
robocizna *f* **1.** labour **2.** labour costs
roboczogodzina *f* man-hour
roboczy *a* working
robot *m aut.* robot
robotnik *m* worker, workman, hand; labourer
~ **drogowy** roadman
~ **niewykwalifikowany** unskilled worker; labourer; (*na obrabiarce*) machinist's helper
~ **portowy** docker; *US* longshoreman
~ **przyuczony** semi-skilled worker; (*na obrabiarce*) machine hand
~ **wykwalifikowany** skilled worker; (*na obrabiarkach*) specialized machinist
~ **ziemny** navvy, digger
roboty *fpl* **budowlane** construction work
~ **ciesielskie** *bud.* woodwork, carpentry
~ **drogowe** road work
~ **instalacyjne** *bud.* plumbing
~ **kamieniarskie** *bud.* stonework
~ **montażowe** assembly, assembling
~ **murowe** bricklayer's work, brickwork
~ **poszukiwacze** *górn.* prospecting, exploration work
~ **stolarskie** *bud.* joinery
~ **torowe** *kol.* track work
~ **ziemne** earthwork; diggings
robotyka *f* robotics
roczny *a* annual
rod *m chem.* rhodium, Rh
rodnik *m chem.* radical
rodzaj *m* kind; sort; type; *biol.* genus (*pl* genera)
rodzimy *a met.* native
rodzina *f* family; series
~ **komputerów** computer family
~ **pierwiastków** *chem.* family of elements
~ **promieniotwórcza** *nukl.* radioactive series, decay series
~ **układów scalonych** *elektron.* integrated circuit family, IC family
~ **zbiorów** *mat.* family of sets
rogatka *f* toll gate, toll-bar, turnpike
rok *m* year
~ **kalendarzowy** calendar year, civil year
~ **przestępny** leap year
~ **świetlny** *jedn.astr.* light-year ($= 9.461 \cdot 10^{12}$ km)
rola *f* **1.** *gleb.* ploughland **2.** *papiern.* web, reel
roleta *f* roller blind, roller shade
rolka *f* roller, roll; reel
~ **prowadząca** guide roll
rolkowanie *n obr.plast.* finish rolling, roller burnishing
rolnictwo *n* agriculture
rolnik *m* farmer
romb *m geom.* rhomb(us)
romboedr *m* **1.** *geom.* rhombohedron **2.** *kryst.* rhombohedron, rhomb
rondo *n drog.* roundabout, traffic circle
ropa *f* **naftowa** petroleum, crude oil, (rock) oil
ropociąg *m* oil pipeline
ropomasowiec *m okr.* oil-bulk carrier
roponośny *a geol.* oil-bearing
roporudomasowiec *m okr.* ore-bulk-oil carrier
roporudowiec *m okr.* oil-ore carrier

rorowiec *m okr.* ro-ro carrier, roll on/roll off (system) ship
rosa *f* dew
rosnący *a mat.* ascending
rosnąć *v* grow
roszarnia *f włók.* rettery
roślina *f* plant
roślinność *f* vegetation, flora
roślinny *a* vegetable
rośliny *fpl* **iglaste** conifers
~ **jare** spring crops
~ **liściaste** deciduous plants
~ **okopowe** root crops, roots
~ **oleiste** oil plants
~ **ozime** winter crops
~ **pastewne** fodder plants
~ **przemysłowe** economic plants
~ **spożywcze** food crops
~ **strączkowe** leguminous plants, legumes
~ **uprawne** cultivated plants
~ **włókniste** fibre crops
~ **zbożowe** grain crops, cereals
rotacja *f* **1.** *mat.* curl, rotation (*of vector field*) **2.** *poligr.* rotary (press), rotary machine
rotacyjny *a mat.* rotational; rotary
rotametr *m hydr.* rotameter, cone-and--float meter
rotator *m fiz.* rotator
rotograwiura *f poligr.* rotogravure
rotor *m* **1.** *masz.* rotor **2.** *hutn.* rotary converter, rotor furnace
routing *m* (*uniwersalna maszyna do obróbki klisz*) *poligr.* routing machine, router
rowek *m* groove; chase
~ **dźwiękowy** acoustic groove
~ **klinowy** *masz.* keyseat, key-slot, key--way
~ **smarowy** *masz.* oil groove, grease groove
~ **spawalniczy** weld groove
~ **wiórowy** *narz.* chip space, chip clearance
~ **wpustowy** *masz.* splineway
rower *m* cycle; bicycle
rowkowanie *n* grooving; fluting
rozbicie *n* **jądra atomowego** *nukl.* fragmentation
rozbić *v* break; smash; shatter
~ **się** crash; *żegl.* wreck
rozbieganie *n* **się** (*np. silnika*) *masz.* racing, overspeeding
rozbierać *v* dismantle; disassemble; strip; take to pieces
rozbieralny *a* sectional; collapsible; demountable
rozbłysk *m* flare (up); scintillation
rozbrajać *v* **1.** disarm (*ammunition*) **2.** *żegl.* unrig; unbend (*a mast etc.*)
rozbudowa *f* development; expansion
rozchodzić się propagate
~ ~ **promieniowo** radiate
rozchód *m ek.* expenditure
rozciąć *v* cut (in two), dissect
rozciąganie *n* **1.** *mech.* tension; stretching **2.** *obr.plast.* bumping; blocking out
~ **pasma** *rad.* band spreading
rozciągliwość *f* extensibility
rozciągliwy *a* tensile; extendible, extensible; stretchy
rozciągłość *f* extent; stretch; expansion
rozcieńczacz *m powł.* diluent
rozcieńczać *v* dilute, thin
rozcieńczalnik *m* thinner; diluent; reducer
rozcieńczenie *n* dilution
~ **graniczne** dilution limit
~ **nieskończenie wielkie** infinite dilution
rozcierać *v* grind; triturate; pulp
rozcinanie *n obr.plast.* parting; shearing
rozczepiać *v* (*np. wagony*) uncouple
rozdrabnianie *n* comminution, breaking up, disintegration
rozdrabniarka *f masz.* crusher; disintegrator
rozdział *m* **1.** distribution; division; separation **2.** (*w książce*) chapter
rozdzielacz *m* distributor; divider
~ **laboratoryjny** *chem.* separatory funnel, tap-funnel
~ **zapłonu** *siln.* ignition distributor
rozdzielanie *n* **1.** separation; resolution; distribution **2.** *tw.szt.* segregation (*defect*)
rozdzielczość *f opt.* resolving power, resolution
rozdzielczy *a* distributive; distributing
rozdzielnia *f* switching station
rozdzielnica *f el.* switchgear
rozdzielny *a* separable
rozebrać *v* **na części** take to pieces
rozerwanie *n* tear; rent; disruption; breakage
~ **łańcucha** *chem.* chain scission, chain splitting
~ **pierścienia** *chem.* ring cleavage, ring opening
~ **się** bursting, burst; blow-out
~ **wiązania** *chem.* bond cleavage
rozeta *f arch.* rosette, rosace, rose window
rozgałęzienie *n* branch(ing), furcation, fork; *bot.* ramification
rozgałęźnik *m el.* branch(-joint); cluster; (*w technice mikrofalowej*) junction

rozgłośnia *f* **radiowa** broadcasting station, broadcasting centre
rozgniatać *v* crush
rozgrzewać *v* heat up, warm up
rozhermetyzować *v* depressurize; unseal
rozjaśniacz *m włók.* brightening agent
rozjazd *m kol.* turnout
rozkaz *m inf.* instruction; command; order
~ **adresowy** address instruction
~ **arytmetyczny** arithmetic instruction
~ **bezadresowy** zero-address instruction, no-address instruction
~ **czekania** wait(ing) instruction
~ **komputera** computer instruction, machine instruction
~ **logiczny** logical instruction
~ **pełny** absolute instruction, complete instruction
~ **przesunięcia** shift instruction
~ **przesyłania** transfer instruction
~ **pusty** dummy instruction
~ **rozgałęzienia** branch instruction
~ **skoku** jump instruction
~ **sterujący** *aut.* control command; *inf.* control instruction
~ **stopu** halt instruction
~ **warunkowy** conditional instruction
~ **wieloadresowy** multiaddress instruction
~ **wprowadzenia** input instruction
~ **wyprowadzenia** output instruction
~ **z odwołaniem do pamięci** memory--reference instruction
rozklepywanie *n* (*blachy*) *obr. plast.* bumping, blocking out
rozkład *m* **1.** distribution **2.** decomposition; decay; break-down **3.** *mat.* decomposition **4.** schedule
~ **biologiczny** biodegradation
~ **chemiczny** chemical decomposition
~ **ciśnienia 1.** pressure distribution **2.** *meteo.* pressure pattern
~ **dnia** daily routine
~ **jazdy** time table
~ **koncentracji domieszki** (*w przekroju płytki półprzewodnikowej*) *elektron.* impurity concentration profile
~ **lotów** flight schedule
~ **na czynniki** *mat.* factoring, factorization
~ **naprężeń** *wytrz.* stress pattern
~ **obciążeń** load distribution
~ **prawdopodobieństwa** *statyst.* statistical distribution, probability distribution
~ **prędkości** velocity distribution
~ **roztworu** unmixing
~ **statystyczny częstości** frequency distribution
~ **termiczny** thermal decomposition
~ **twardości** *met.* hardness penetration pattern
~ **wektora** (*na składowe*) resolution of a vector
~ **zajęć** time table
rozkładać *v* **1.** distribute **2.** decompose
rozkładarka *f masz.drog.* spreader
rozkręcać *v* **śruby** unbolt
rozkuwanie *n obr.plast.* becking (*a ring or tube*)
rozlew *m* **spoiny** *spaw.* weld overlap
rozlewać *v* spill; pour
rozlewarka *f* **1.** bottling machine, bottle filler **2.** *hutn.* ingot casting machine, pig casting machine
rozlewnia *f* bottling plant
rozliczenie *n ek.* settlement of accounts
rozluźniać *v* **1.** slacken; loosen **2.** *włók.* open
~ **się** slacken; get loose; *masz.* work loose
rozładowanie *n* unloading; discharge
rozłączenie *n* disconnection; uncoupling; *kosm.* undocking
rozłączny *a* **1.** separable **2.** *mat.* disjoint
rozłożenie *n* **1.** decomposition **2.** distribution
rozłożyć *v* **na części** take apart
~ **obciążenie** distribute a load
~ **siłę** (*na składowe*) resolve a force (*into components*)
rozmagnesowywać *v* demagnetize
rozmaitość *f* **1.** variety **2.** *mat.* manifold
rozmazać *v* **1.** smear over **2.** blur
rozmiar *m* size; magnitude
~ **produkcji** *ek.* volume of production
~ **strat** extent of losses
rozmieszczać *v* space; arrange (*in space*); dispose
rozmieszczenie *n* spacing; lay-out; arrangement
~ **elektronów** electronic configuration
rozmiękczać *v* soften; steep
rozmoczyć *v* soak; steep; sodden
rozmontować *v* disassemble, dismantle
rozmowa *f* **telefoniczna** telephone call
rozmównica *f* **telefoniczna** *telef.* (public) call office
rozmrażalnia *f chłodn.* defrosting room
rozmrażanie *n* defrosting; thawing
rozmycie *n* **1.** *odl.* cuts, washes, erosion scab (*casting defect*) **2.** *drog.* washout, scour
roznitowywać *v* unrivet
rozpad *m* decomposition; disintegration; decay
~ **bakterii** bacteriolysis
~ **heterolityczny** *chem.* heterolysis, heterolytic dissociation

~ **homolityczny** *chem.* homolysis, homolytic dissociation
~ **jądra atomowego** *fiz.* nuclear disintegration
~ **promieniotwórczy** *nukl.* radioactive disintegration, radioactive decay
~ **samorzutny** *chem.* autodecomposition, autodestruction
~ **wiązania** *chem.* cleavage of bond
rozpadać się disintegrate, crumble; dilapidate; decay
rozpadlina *f geol.* crack; cleft
rozpakować *v* unpack; unwrap (*a parcel*)
rozpakowywanie *n* **danych** *inf.* unpacking of data
rozpalać *v* kindle; light up
rozpęczanie *n obr.plast.* expanding, bulging, bulge forming
rozpęd *m* impetus; swing; momentum
rozpędzać *v* accelerate, bring up to speed
~ **się** accelerate, gather speed, gain speed
~ **silnik** run up the engine
rozpieracz *m* **hydrauliczny** (*szczęk hamulca*) *mot.* wheel cylinder
~ **mechaniczny** (*szczęk hamulca*) *mot.* mechanical expander; expander cam
rozpierać *v* strut; space; *górn.* sprag
rozpiętość *f* span
rozplanowanie *n* **pamięci** *inf.* storage schedule, storage planning
rozpłaszczanie *n* beating, dressing (*of sheet metal*)
rozpoczęcie *n* **pracy** *inf.* start-up
rozpora *f bud.* strut; counter-tie; *górn.* sprag; stretcher bar
rozporządzenie *n* order
rozpowszechniać *v* disseminate
rozpoznawanie *n cybern.* recognition
~ **obrazów** *inf.* pattern recognition
~ **znaków** *inf.* character recognition
rozpórka *f* strut; spur; spacer
rozpraszacz *m fiz.* diffuser; scatterer
rozpraszać *v* dissipate; disperse; diffuse; scatter
rozpraszanie *n fiz.* dissipation; diffusion; scattering
~ **Bragga** ordered scattering
~ **cząstek** scattering of particles
~ **energii** dissipation of energy
~ **klasyczne** Rayleigh scattering
~ **promieniowania** scattering of radiation
~ **rayleighowskie** *zob.* **rozpraszanie klasyczne**
~ **światła** light diffusion
~ **wsteczne** backscatter(ing)
rozprężać się expand
rozprężanie *n* expansion
rozprężarka *f chłodn.* expander, expansion engine
rozproszenie *n fiz.* dissipation; diffusion; scattering
rozprowadzanie *n* **mieszanki** *siln.* mixture distribution
rozprysk *m* spatter, splatter, splutter
rozpryskiwacz *m* spinkler
rozpryskiwać *v* sprinkle; spray; spatter; splash
rozprzestrzenianie *n* **się** propagation
rozpuszczać (się) dissolve, solubilize
rozpuszczalnik *m* (dis)solvent
~ **amfiprotonowy** amphiprotic solvent, amphoteric solvent
~ **amfoteryczny** *zob.* **rozpuszczalnik amfiprotonowy**
~ **aprotonowy** aprotic solvent, indifferent solvent
~ **kwaśny** *zob.* **rozpuszczalnik protonodonorowy**
~ **obojętny** *zob.* **rozpuszczalnik aprotonowy**
~ **protonoakceptorowy** proton acceptor solvent, protophilic solvent, basic solvent
~ **protonodonorowy** proton donor solvent, protogenic solvent, acidic solvent
~ **protonofilowy** *zob.* **rozpuszczalnik protonoakceptorowy**
~ **protonogenowy** *zob.* **rozpuszczalnik protonodonorowy**
~ **zasadowy** *zob.* **rozpuszczalnik protonoakceptorowy**
rozpuszczalność *f* solubility
~ **graniczna** solubility limit
rozpuszczalny *a* soluble
rozpuszczalny w alkaliach alkali-soluble
rozpuszczalny w kwasach acid-soluble
rozpuszczalny w wodzie water-soluble
rozpuszczanie *n* **1.** *obr.ciepl.* quench annealing **2.** *chem.* solution
rozpuszczony *a* dissolved
rozpylacz *m* sprayer, atomizer, pulverizer; spraying nozzle, atomizing nozzle
rozpylanie *n* spraying, atomization, pulverization
~ **jonowe** *elektron.* ion sputtering
~ **katodowe** *elektron.* cathode sputtering
rozrachunek *m ek.* settlement of accounts
~ **bezgotówkowy** clearing
~ **gospodarczy** economic accountability
rozrastać się grow; develop
rozregulować *v* put out of adjustment; put out of order
rozregulowanie *n* maladjustment
rozróżnialność *f* discrimination, resolution
rozruch *m* starting; start-up

rozrusznik *m* starter
~ **lotniskowy** ground starter
~ **nożny** (*motocyklowy*) kick-starter
rozrywać *v* tear; disrupt
rozrząd *m* **1.** *siln.* timing gear **2.** *kol.* switching
~ **pary** *siln.* steam distribution
rozrzedzać *v* rarefy; dilute, thin, weaken; *farb.* cut back
rozrzedzenie *n* rarefaction; dilution; tenuity
rozrzut *m* scatter, spread, dispersion
rozsada *f roln.* seedling
rozsadnik *m roln.* nursery bed, seed-plot
rozsadzać *v* **1.** burst; blow out **2.** *roln.* bed out
rozsprzęgać *v* uncouple
rozstaw *m* spacing
~ **kłów** centre distance (*in a lathe*)
~ **kół** *mot.* tread, wheel track
~ **osi** *mot.* axle base, wheel base
rozstęp *m* range
rozstrojenie *n rad.* mistuning, detuning
rozstrzygalność *f mat.* decidability
rozsypywać *v* scatter; spread
rozszczelniać *v* unseal
rozszczepiać (się) split; cleave; sliver; splinter
rozszczepialność *f nukl.* fissility
rozszczepialny *a nukl.* fissile, fissionable
rozszczepienie *n* split(ting); cleavage; *nukl.* fission
~ **jądra atomowego** nuclear fission
~ **samorzutne** *nukl.* spontaneous fission
~ **światła** dispersion of light
~ **wzbudzone** *nukl.* induced fission
rozszerzacz *m wiertn.* broach, broaching bit, enlarging bit
rozszerzać się widen; extend; enlarge; expand; spread
rozszerzalność *f* dilatability; expansion
~ **cieplna** thermal expansion
~ **liniowa** linear expansion
~ **objętościowa** cubical expansion
rozszerzanie *n* **1.** expansion; extension **2.** *obr.plast.* spreading
~ **języka** *inf.* language extension
~ **otworu** *wiertn.* reaming, broaching
rozszerzenie *n* widening; dilatation; extension; broadening; *mat.* extension
rozszyfrowywać *v inf.* unscramble, decipher; break the code
roztaczanie *n obr.skraw.* boring; chambering
roztłaczak *m* (*do rozwalcowywania rur*) *narz.* tube expander
roztłaczanie *n obr.plast.* expanding, bulging, bulge forming; spreading
~ **rur** tube expanding
roztopiony *a* fused, molten
roztwarzanie *n chem.* digestion; *papiern.* pulping; *obr.ciepl.* quench annealing
roztwór *m chem.* solution
~ **buforowy** buffer(ed) solution
~ **doskonały** ideal solution, ideal mixture
~ **idealny** *zob.* **roztwór doskonały**
~ **koloidalny** sol, colloidal solution
~ **macierzysty** mother liquor
~ **matka** *nukl.* pregnant solution
~ **mianowany** standard solution, titrant
~ **nasycony** saturated solution
~ **niedoskonały** non-ideal solution
~ **nienasycony** unsaturated solution
~ **normalny** normal solution
~ **obojętny** neutral solution
~ **podstawowy** stock solution
~ **porównawczy** reference solution
~ **przesycony** supersaturated solution
~ **rozcieńczony** dilute solution
~ **rzeczywisty** non-ideal solution
~ **stały** solid solution, mixed crystal
~ **stężony** concentrated solution
~ **właściwy** true solution, molecular solution
~ **wodny** aqueous solution, water solution
~ **wymywający** eluent
~ **wzorcowy** standard solution
rozwarcie *n* **dyszy** nozzle divergence
~ **zębów piły** saw set
rozwarstwienie *n* (de)lamination; stratification; ply separation; foliation
rozwartość *f* **klucza** *masz.* wrench opening
~ **optyczna** *opt.* aperture
rozwarty *a* (*kąt*) *geom.* obtuse
rozwiązać *v* **1.** untie; undo **2.** solve
rozwiązalny *a mat.* solvable
rozwiązanie *n mat.* solution
~ **równania** solution of an equation
~ **trójkąta** solution of triangle
rozwiązywać *v mat.* solve
rozwidlenie *n* (bi)furcation, fork, branching
~ **dróg** road fork
rozwieracz *m* **opon** *narz.* tyre spreader
rozwiercanie *n* **1.** *obr. skraw.* reaming; boring **2.** *wiertn.* broaching, enlarging, expanding
rozwiertak *m* **1.** *obr. skraw.* reamer, enlarging drill **2.** *wiertn.* broach, broaching bit, enlarging bit
rozwijać *v* develop; evolve
~ **ze szpuli** (*np. taśmę*) unreel
~ **ze zwoju** (*np. drut*) uncoil, unwind
rozwijająca *f* (*krzywej*) *mat.* evolvent, involute

rozwijanie *n* development; evolution, evolving
~ **programu** *inf.* bootstrap
rozwijarka *f masz.* uncoiler; *hutn.* decoiler, pay-off reel
rozwinięcie *n* **1.** development **2.** *rys.* developed view **3.** *mat.* expansion (*in a series*); *mat.* development (*of a surface*)
rozwinięta *f* (*krzywej*) *mat.* evolute
rozwlekłość *f inf.* redundancy
rozwłóknianie *n papiern., włók.* defibering
rozwój *m* development; evolution; expansion; advancement
~ **gospodarczy** economic development
rozżarzony *a* incandescent
rozżarzony do białości white-hot
róg *m* **1.** horn; *zool.* horn **2.** corner
~ **kowadła** *obr.plast.* anvil horn, anvil beak
rój *m* **1.** *pszczel.* swarm **2.** *fiz.* cluster
~ **meteorów** *astr.* meteor shower, meteor stream
rów *m* trench; ditch; dike
~ **drenażowy** *zob.* **rów odwadniający**
~ **odwadniający** drainage ditch
~ **tektoniczny** *geol.* rift valley, fault trough
równać *v* even; level; flatten; grade
równanie *n* **1.** *mat.* equation **2.** evening; levelling; flattening; grading
~ **algebraiczne** algebraic equation, polynomial equation
~ **Bernoulliego** *mech.pł.* Bernoulli theorem, Bernoulli equation
~ **całkowe** integral equation
~ **chemiczne** chemical equation
~ **ciągłości** *mech.pł.* equation of continuity
~ **czasu** equation of time
~ **drugiego stopnia** quadratic (equation)
~ **funkcyjne** functional equation
~ **kinetyczne** *chem.* rate equation, kinetic equation
~ **krytyczne** *nukl.* critical equation
~ **kwadratowe** quadratic (equation)
~ **liniowe** linear equation
~ **reakcji** chemical equation
~ **różniczkowe** differential equation
~ **stanu** *fiz.* equation of state
~ **stechiometryczne** *chem.* stoichiometric equation
~ **szybkości reakcji** *chem.* rate equation, kinetic equation
równia *f* **pochyła** *mech.* inclined plane
równiak *m* (*młotek*) face hammer
równik *m* equator
~ **astronomiczny** *zob.* **równik niebieski**
~ **magnetyczny** magnetic equator, aclinic line
~ **niebieski** celestial equator, equinoctial
równina *f* plain
równoboczny *a geom.* equilateral
równocząsteczkowy *a chem.* equimolecular
równoczesny *a* concurrent
równokątny *a geom.* equiangular, isogonal
równokierunkowość *f* isotropy
równolegle *adv* in parallel
równoległa *f geom.* parallel
równoległobok *m geom.* parallelogram
~ **prędkości** *mech.* parallelogram of velocities
~ **sił** *mech.* parallelogram of forces
równoległościan *m geom.* parallelepiped
równoległość *f* parallelism
równoległowód *m mech.* parallel mechanism, parallel motion, parallelogram (linkage)
równoległy *a* parallel
równoleżnik *m* parallel (of latitude)
~ **wysokości** *astr.* almucantar, almacantar, parallel of altitude
równoliczny *a mat.* equipotent, equinumerous
równomiernie *adv* uniformly, at a uniform rate
równonoc *f astr.* equinox, equinoctial point
równoodległy *a* equidistant
równoosiowy *a kryst.* equiaxial, equiaxed
równopostaciowość *f kryst.* isomorphism
równoramienny *a geom.* isosceles; even--armed
równorzędny *a* equivalent
równość *f mat.* equality
równowaga *f* equilibrium
~ **biologiczna** biological balance
~ **chemiczna** chemical equilibrium, reaction equilibrium
~ **chwiejna** unstable equilibrium, labile equilibrium
~ **fazowa** phase equilibrium, transfer equilibrium
~ **niestała** *zob.* **równowaga chwiejna**
~ **obojętna** neutral equilibrium, indifferent equilibrium; neutral stability
~ **promieniotwórcza** radioactive equilibrium
~ **reakcji** chemical equilibrium, reaction equilibrium
~ **sił** equilibrium of forces
~ **stała** stable equilibrium
~ **termodynamiczna** thermodynamic equilibrium
równowartość *f* equivalence, equal value
równoważnik *m* **1.** equivalent **2.** *tel.* balancing network

~ **chemiczny** chemical equivalent
~ **cieplny pracy** thermal equivalent of work
~ **dawki** *radiol.* dose equivalent
~ **elektrochemiczny** electrochemical equivalent
~ **elektryczny ciepła** electrical equivalent of heat
~ **mechaniczny ciepła** mechanical equivalent of heat, Joule's equivalent
równoważność *f* equivalence
równoważny *a* equivalent; equipollent
równoważyć *v* counterbalance, counterpoise; equilibrate; compensate
równy *a* **1.** even **2.** equal
róż *m* **polerski** (*tlenek żelazowy*) rouge, (polishing) crocus
różnica *f* difference
~ **postępu arytmetycznego** *mat.* common difference
~ **potencjałów** *el.* potential difference
~ **zbiorów A i B** *mat.* complement of B in A
różnicowy *a* differential
różniczka *f mat.* differential
różniczkowanie *n mat.* differentiation
różniczkowo-całkowy *a mat.* integro-differential
różniczkowy *a mat.* differential
różnić się differ
różnobiegunowy *a* heteropolar
różnokierunkowość *f* anisotropy
różnokierunkowy *a* anisotropic
różnopostaciowy *a* heteromorphic
różnorodność *f* variety
różnorodny *a* various, miscellaneous
rtęciówka *f el.* mercury-discharge lamp
rtęć *f chem.* mercury, quicksilver, Hg
rubid *m chem.* rubidium, Rb
rubin *m min.* ruby
ruch *m* **1.** *mech.* motion, movement, *zob. też* **ruchy** **2.** *transp.* traffic
~ **bezwładnościowy** inertial motion
~ **bezwzględny** absolute motion
~ **drgający** oscillating motion, vibration
~ **drogowy** road traffic
~ **falowy** undulating motion, wave motion
~ **główny** **1.** *obr.skraw.* primary motion **2.** *mech.pł.* principal motion
~ **harmoniczny (prosty)** (simple) harmonic motion
~ **jałowy** *masz.* dead movement, lost motion; *aut.* pretravel
~ **jednostajnie opóźniony** uniformly retarded motion
~ ~ **przyspieszony** uniformly accelerated motion
~ ~ **zmienny** uniformly variable motion
~ **jednostajny** uniform motion
~ **kołowy** **1.** *mech.* circular motion **2.** *transp.* vehicular traffic
~ **krzywoliniowy** curvilinear traffic
~ **molekularny** *mech.pł.* molecular motion
~ **niejednostajny** variable motion
~ **nieswobodny** constrained motion, forced motion
~ **niewirowy** *mech.pł.* irrotational flow
~ **obiegowy Ziemi** *astr.* earth revolution
~ **obrotowy** rotation, rotary motion, angular motion
~ ~ **Ziemi** *astr.* earth rotation
~ **okresowy** periodic motion
~ **opóźniony** retarded motion
~ **oscylująco-obrotowy** gyroscopic motion, wobbling motion
~ **periodyczny** periodic motion
~ **postępowo-zwrotny** to-and-fro motion
~ **postępowy** translatory motion, translation
~ **potencjalny** *mech.pł.* irrotational flow
~ **powrotny** (*wiązki elektronowej, plamki na ekranie*) *elektron.* flyback, return trace, retrace
~ **prostoliniowy** straight-line motion, rectilinear motion
~ **przyspieszony** accelerated motion
~ **równomierny cieczy** *mech.pł.* uniform flow
~ **składowy** component motion
~ **swobodny** free motion; unconstrained movement
~ **telefoniczny** telephone traffic, traffic density
~ **translacyjny** translatory motion, translation
~ **unoszenia** transportation
~ **wirowy** *mech.pł.* eddy motion, rotational motion, vortex motion
~ **wsteczny** backward motion
~ **wymuszony** constrained motion, forced motion
~ **wypadkowy** resultant motion
~ **względny** relative motion
~ **zmienny** variable motion
ruchliwość *f* mobility
~ **nośników ładunku** *el.* carrier mobility; *elektron.* drift mobility
~ **płynu** (*odwrotność współczynnika lepkości kinematycznej*) mobility of liquid
ruchomości *fpl ek.* movables
ruchomy *a* mobile; movable
ruchy *mpl* movements, *zob. też* **ruch**
~ **Browna** *fiz.* Brown(ian) movement

~ **górotworu** *geol.* earth movements
~ **podstawowe** *obr.skraw.* cutting motions
~ **pomocnicze** *obr.skraw.* non-cutting motions
~ **Ziemi** (*wirowy i obiegowy*) *astr.* earth movements
ruda *f* ore
~ **bogata** high-grade ore, rich ore
~ **niskoprocentowa** lean ore, low-grade ore
~ **polimetaliczna** complex ore
~ **prażona** roasted ore
~ **spieczona** agglomerate
~ **surowa** crude ore
~ **uboga** lean ore, low-grade ore
~ **wysokoprocentowa** high-grade ore, rich ore
~ **wzbogacona** finished ore
rudonośny *a geol.* ore-bearing
rudowęglowiec *m okr.* coal-ore carrier, ore-and-coal carrier
rudowiec *m okr.* ore vessel, ore carrier
rufa *f okr.* stern
ruleta *f mat.* roulette
ruletka *f* measuring tape, tape measure
rulon *m* roll (*of paper*)
rumb *m jedn.* rhumb
rumbatron *m elektron.* rhumbatron
rumowisko *n* **skalne** *geol.* rubble, scree
rumpel *m okr.* rudder crosshead, (rudder) filler
rura *f* pipe, tube
~ **akceleracyjna** *nukl.* accelerating tube
~ **ciśnień** standpipe
~ **do spalań** *lab.* combustion tube
~ **dolotowa** *siln.* intake manifold; inlet pipe
~ **doprowadzająca** supply pipe, delivery pipe; *siln.* induction pipe
~ **gładka** (*bez żebrowania*) smooth pipe
~ **jarzeniowa** *el.* gas discharge tube, glow-tube lamp
~ **kablowa** *el.* conduit (pipe)
~ **kanalizacyjna** sewage pipe
~ **kielichowa** flared tube; socket pipe; spigot tube
~ **kołnierzowa** flanged pipe, collar tube
~ **kształtowa** profiled tube
~ **łącząca** connecting pipe
~ **odpowietrzająca** vent pipe
~ **odprowadzająca** outlet pipe
~ **płomienna** *kotł.* furnace flue
~ **płuczkowa** *wiertn.* drill pipe
~ **przelewowa** overflow pipe, spill pipe
~ **przewodowa** line pipe
~ **przyspieszająca** *nukl.* accelerating tube
~ **rdzeniowa** *wiertn.* core barrel, calyx
~ **rozgałęźna** manifold header
~ **spustowa 1.** *bud.* downpipe, fall pipe, downcomer, conductor **2.** *kotł.* blowdown pipe, blow-off pipe
~ **ssawna** suction pipe
~ **ssąca** (*turbiny wodnej*) suction pipe
~ **ściekowa** drain pipe, waste pipe
~ **tłoczna** delivery pipe
~ **wiertnicza** drill pipe
~ **wlotowa** inlet pipe; induction pipe
~ **wodociągowa** water-main pipe
~ **wydechowa** *siln.* exhaust pipe
~ **wylotowa** outlet pipe; escape pipe; *siln.* exhaust pipe
~ ~ **silnika odrzutowego** jet pipe, tail pipe
~ **wznośna** riser (tube), ascent tube
~ **z odgałęzieniami** branch pipe
~ **zasilająca** supply pipe, delivery pipe; feed pipe
~ **zbiorcza** collector, collecting pipe
~ **żebrowa** finned pipe, gilled pipe, ribbed pipe
rurka *f* pipe, tube
~ **aerodynamiczna** Pitot head, Pitot (impact-pressure) tube
~ **Bourdona** Bourdon (pressure) gauge, Bourdon tube, C-tube
~ **izolacyjna** *el.* conduit
~ **kapilarna** capillary (tube)
~ **manometryczna** *zob.* **rurka Bourdona**
~ **piętrząca** impact (pressure) tube
~ ~ **Darcy'ego** Darcy (impact-pressure) tube
~ ~ **Pitota** Pitot head, Pitot (impact-pressure) tube
~ **sprężynująca** *zob.* **rurka Bourdona**
~ **włoskowata** capillary (tube)
~ **wodowskazowa** gauge glass
rurkowanie *n el.* conduit pipe
rurociąg *m* pipeline
~ **gazowy** gas piping
~ **kablowy** *el.* cable duct
~ **naftowy** oil pipeline
rurowanie *n wiertn.* casing
rurownia *f hutn.* tube works, pipe works, tube (making) plant
rurowy *a* tubular
rusznikarz *m* gunsmith, armourer
ruszt *m* grate; grid; *spoż.* grill
~ **do chłodzenia** *hutn.* hotbed, cooling bed
~ **fundamentowy** *bud.* foundation framework, grillage foundation
~ **mechaniczny** *kotł.* automatic stoker, mechanical stoker
~ **sortowniczy** bar screen, grizzly
rusztowanie *n bud.* scaffold(ing)
ruten *m chem.* ruthenium, Ru

rutenowce *mpl chem.* light platinum metals, second triad (Ru, Rh, Pd)
rutyl *m* (*ruda tytanu*) *min.* rutile, titania
ryba *f* fish
rybak *m* fisherman
rybołówstwo *n* fishery, fishing
~ **dalekomorskie** open-sea fishery, deep sea fisheries
ryczałt *m ek.* lump sum
rydlowanie *n bud.* rodding, poking
rygiel *m* **1.** *masz.* lock; bolt **2.** *bud.* spandrel beam, nogging-piece, transom
ryglowanie *n masz.* (inter)locking
rylec *m narz.* burin, style, graver
rymarstwo *n* saddlery
rynek *m ek.* market
~ **krajowy** home market
~ **towarowy** commodity market
~ **wewnętrzny** *zob.* **rynek krajowy**
~ **zagraniczny** foreign market
~ **zbytu** outlet, ready market
rynna *f* gutter; trough; gully; chute
~ **dachowa** roof gutter
~ **przenośnika** conveyor trough
~ **spustowa** *hutn.* tapping spout, pouring spout, tapping runner
~ **zsypowa** chute
~ **żużlowa** (*wielkiego pieca*) *hutn.* slag spout, slag runner, cinder runner
rynsztok *m* gutter, street gully
rysa *f* scratch
rysik *m narz.* marking point, scriber, draw point; scratch awl
ryski *fpl* hair cracks, hairlines, hair seams
ryskować *v* (*nanosić ryski*) scratch
rysowanie *n* drawing
rysownica *f* **1.** drawing board **2.** *inf.* tablet
rysunek *m* **1.** drawing **2.** figure
~ **aksonometryczny** isometric drawing
~ **perspektywiczny** perspective drawing
~ **pomocniczy** appendant drawing
~ **schematyczny** diagrammatic drawing
~ **techniczny maszynowy** engineering drawing
~ **w jednym rzucie** one-view drawing
~ **w kilku rzutach** multi-view drawing
~ **w skali** drawing to scale
~ **warsztatowy** (work)shop drawing
~ **złożeniowy** assembly drawing
ryśnik *m* **traserski** surface gauge, scribing block
rytować *v* engrave
ryza *f papiern.* ream
rzadki *a* **1.** rare; unique **2.** thin (*of a fluid*)
rzadkopłynny *a* highly fluid
rzaz *m drewn.* kerf, saw cut
rząd *m* **1.** *mat.* grade; dimensionality; rank; type; order **2.** row; tier
~ **kodowy** *inf.* code symbol position
~ **macierzy** *mat.* rank of a matrix
~ **reakcji (chemicznej)** order of (chemical) reaction, reaction order
~ **wiązania** *chem.* bond order
~ **wielkości** *mat.* order of magnitude
rząpie *n górn.* sink, (shaft) sump, receiving pit, standage
rzeczny *a* fluvial
rzeczoznawca *m* expert
rzeczywiste ramię *n* **dźwigni** effective lever arm, moment arm of a lever
rzeczywisty *a* **1.** *fiz.* actual, true **2.** *mat.* real
rzeka *f* river
rzemieślnik *m* (handi)craftsman, artisan
rzemiosło *n* (handi)craft
rzeszoto *n* **1.** riddle **2.** *mat.* sieve
rzetelność *f* (*np. wyników badań*) reliability
rzeźba *f* **bieżnika (opony)** (tyre) tread pattern
~ **terenu** *geol.* relief
rzeźnia *f* slaughterhouse, abbatoir
rzędna *f mat.* ordinate
rzucać *v* **1.** throw; fling **2.** project
~ **kotwicę** *żegl.* anchor
rzut *m* **1.** throw **2.** *geom.* projection **3.** *rys.* projection; view **4.** *cukr.* crop
~ **aksonometryczny** *rys.* axonometric projection
~ **boczny** *rys.* end elevation, end view
~ **centralny** *geom.* central projection
~ **cząstkowy** *rys.* local view
~ **główny** *rys.* main view, principal view
~ **kartograficzny** map projection
~ **pionowy** *rys.* vertical projection, elevation
~ **poziomy** *rys.* horizontal projection, floor projection
~ **prostokątny** *zob.* **rzut prostopadły**
~ **prostopadły** *geom.* orthogonal projection
~ **równoległy** *geom.* parallel projection
~ **środkowy** *geom.* central projection
rzutka *f okr.* handling line, heaving line
rzutnia *f geom.* projection plane
rzutnik *m opt.* (slide) projector, projection lantern, still projector
rzutować *v geom., rys.* project
rzutowanie *n geom., opt.* projection

S

sacharoza *f chem.* saccharose, sucrose
sacharydy *mpl chem.* saccharides, sugars, carbohydrates
sacharyna *f chem.* saccharin, benzosulfimide, gluside
sad *m* orchard
sadownictwo *n* pomiculture, fruit culture, orcharding
sadza *f* soot, (carbon) black
sadzarka *f roln.* planter
sadzeniak *m roln.* set, seed-potato
sadzić *v roln.* plant
sadzonka *f roln.* cutting
sala *f* **lekcyjna** classroom, schoolroom
saldo *n ek.* balance
saletra *f chem.* saltpetre
salina *f* salina, saltern; salt-works
salmiak *m chem.* salammoniac, ammonium chloride
salon *m* **wystawowy** show-room, exhibition room
samar *m chem.* samarium, Sm
samobieżny *a* self-propelled, mobile
samocentrujący *a* self-centring
samochodowiec *m okr.* car carrier
samochodowy *a* automotive
samochód *m* motor-car, car
~ **chłodnia** refrigerated truck, reefer
~ **ciężarowy** (motor) truck, lorry
~ **cysterna** tank truck, road tanker
~ **dostawczy** delivery truck, delivery van
~ **osobowo-ciężarowy** estate car, station wagon
~ **osobowy** motor-car, car, automobile
~ **pancerny** armoured car
~ **pływający** amphibious vehicle, amphibian
~ **pożarniczy** fire tender, fire-fighting truck
~ **półciężarowy** light truck, pick-up truck
~ **sportowy** sports car
~ **-śmieciarka** refuse collection truck
~ **terenowy** cross-country vehicle; all-terrain vehicle; (*mały*) utility cart
~ **wieżowy** (*np. do obsługi napowietrznej sieci elektrycznej*) tower wagon
~ **-wywrotka** dump truck, tipper (truck)
~ **z dachem składanym** convertible
samoczynny *a* self-acting, automatic
samodyfuzja *f fiz.* self-diffusion
samodzielny *a* independent; self-contained; individual
samohamowny *a masz.* self-locking
samohartowny *a met.* self-hardening
samoindukcja *f el.* self-induction
samojezdny *a* self-propelled
samolot *m* aeroplane, plane, aircraft
~ **bezpilotowy** pilotless aircraft
~ **bliskiego zasięgu** short-range aircraft
~ **bombowy** bomber
~ **-cel** target aircraft; target drone
~ **dalekiego zasięgu** long-range aircraft
~ **komunikacyjny** communication aircraft, airliner
~ **krótkiego startu i lądowania** short-take-off and landing aircraft, STOL aircraft
~ **myśliwski** fighter (aircraft)
~ **naddźwiękowy** supersonic aircraft
~ **odrzutowy** jet (aircraft)
~ **pasażerski** passenger aircraft
~ **pilotowany** piloted aircraft
~ **pionowego startu i lądowania** vertical-take-off and landing aircraft, VTOL aircraft, vertiplane
~ **-pocisk** flying bomb, missile plane
~ **rakietowy** rocket aircraft
~ **rolniczy** agricultural aircraft, ag-plane
~ **rozpoznawczy** reconnaissance aircraft, recce plane
~ **sanitarny** ambulance aeroplane
~ **szkolny** training aircraft, trainer
~ **śmigłowy** propeller-driven aeroplane, airscrew propelled aircraft
~ **towarowy** freighter
~ **transportowy** transport aircraft
~ **wodno-lądowy** amphibian (aircraft)
~ **wodny** seaplane, hydroplane
samolotostatek *m* aerofoil ship
samoładujący *a transp.* self-loading
samonaprowadzanie *n* (*pocisków*) target-homing, homing (guidance)
samonastawny *a* self-adjusting; self-aligning; autosetting
samonośny *a bud.* self-supporting
samoobrót *m aero.* autorotation
samoobsługa *f* self-service
samopis *m* recorder, autographic apparatus
samopochłanianie *n nukl.* self-absorption
samopowrotny *a* automatically reset; self-restoring
samoregulacja *f aut.* self-regulation; inherent regulation; *nukl.* (*reaktora jądrowego*) self-control

samorodek *m min.* nugget
samorzutny *a* spontaneous
samotok *m hutn.* roller table, roller-track, rolling table, rollway
samoutlenianie *n chem.* self-oxidation, autoxidation
samowyładowanie *n* **1.** (*akumulatora*) self-discharge **2.** *transp.* self-dumping
samowyładowczy *a transp.* self-dumping
samowyrównywanie *n aut.* inherent regulation
samowystarczalny *a* self-sufficient; self-supporting
samowyzwalacz *m fot.* time releaser, self-timer
samowzbudzenie *n fiz.* self-excitation
samozapalenie *n* (*materiałów, odpadków*) spontaneous ignition
samozapłon *m siln.* spontaneous ignition, self-ignition
samozryw *m włók.* breaking length
sanie *pl* **1.** sleigh; sledge; sled **2.** slide, saddle (*in machine tools*); slide base (*of an electric motor*)
satelita *m* **1.** *astr., kosm.* satellite **2.** *masz.* planet (wheel), satellite wheel
~ **meteorologiczny** meteorological satellite
~ **stacjonarny** stationary satellite
~ **telekomunikacyjny** communications satellite
saturacja *f chem.* saturation; *cukr.* carbonatation
saturator *m chem.* saturator; *cukr.* carbonator, carbonatation tank
satynowanie *n papiern.* glazing, supercalendering
sączek *m* **1.** *lab.* filter **2.** *inż.* drain (tile)
sączyć *v* filter, strain
~ **się** dribble; ooze
sąsiedni *a* adjacent; adjoining; next; *chem.* vicinal, vic
scalać *v* unite, unitize; bond; agglomerate; integrate
schemat *m* diagram; scheme
~ **blokowy** block diagram
~ **działania programu** *inf.* flow chart
~ **funkcjonalny** functional diagram
~ **ideowy** schematic diagram
~ **logiczny** *inf.* logic diagram
~ **montażowy** *bud.* erection drawing; *masz.* assembly diagram
~ **operacyjny** *inf.* run diagram
~ **poglądowy** pictorial diagram
~ **połączeń** *el.* connection diagram, circuit diagram, wiring diagram
schematyczny *a* diagrammatic
schładzacz *m kotł.* attemperator, desuperheater
schładzanie *n* **1.** *chłodn.* precooling **2.** *nukl.* cooling (down)
schnąć *v* dry
schodnia *f* **1.** *okr.* gangway; gangboard **2.** *bud.* gang boarding
schody *pl* **1.** *bud.* stairs, stair **2.** *lotn.* echelon (formation)
~ **kręte** spiral stairs, winding stairs
~ **ruchome** escalator, moving stairway
schodzić *v* come down; descent
~ **z kierunku** *lotn.* swing
~ **z kursu** *żegl.* sheer
schron *m* shelter
~ **bojowy betonowy** *wojsk.* bunker, blockhouse
~ **przeciwatomowy** atomic shelter
~ **przeciwlotniczy** air raid shelter
~ **schładzania paliwa** *nukl.* fuel cooling tank
scyntylacja *f fiz.* scintillation
scyntylator *m fiz.* scintillator
scyzoryk *m* pocket-knife, jack-knife, pen-knife
sczepianie *n* **1.** tacking **2.** *spaw.* tack welding
sczepina *f spaw.* positional weld, tack weld
seans *m* **łączności** *rad.* communication session
secans *m mat.* secant, sec
sedymentacja *f* sedimentation, settling
segment *m* **1.** *geom.* segment **2.** *inf.* segment
segmentacja *f* (*programu*) *inf.* segmentation
segregacja *f* segregation
segregator *m biur.* (box) file; binder
sejsmiczny *a* seismic
sejsmograf *m geofiz.* seismograph
sekator *m roln.* pruning scissors, pruning shears, garden pruner
sekcja *f* section
sekcjonowanie *n el.* sectionalization
sekstans *m nawig.* sextant
sektor *m* sector
~ **migawki** *fot.* shutter leaf
sekunda *f jedn.* second
sekundnik *m zeg.* second hand
sekundomierz *m* stop watch; chronograph
sekwencja *f* **wywołująca** *inf.* calling sequence
selekcja *f* selection
selektor *m* selector
selektywność *f* selectivity
selektywny *a* selective
selen *m chem.* selenium, Se
selenologia *f* selenology, lunar science
selenonauta *m* selenonaut

selsyn *m aut.* selsyn, autosyn, synchro, self-synchronous repeater
~ **nadawczy** synchrotransmitter, selsyn transmitter, synchro generator
~ **odbiorczy** selsyn motor, synchro motor, synchro receiver
~ **transformatorowy** selsyn control transformer, synchro-control transformer
semafor *m* semaphore
semikontenerowiec *m okr.* part container ship, semicontainer ship
sensybilizator *m chem.* sensitizer
~ **optyczny** optical sensitizer, photosensitizer
sensybilizować *v* sensitize
sensytometr *m fot.* sensitometer
separator *m* **1.** separator; classifier **2.** *rad.* buffer amplifier **3.** *inf.* separator, separating character
seria *f* **1.** series **2.** run, lot, batch (*in production*)
~ **impulsów** *el.* pulse train
~ **próbna** (*w produkcji*) test run, trial run
~ **widmowa** *fiz.* spectral series, series of spectral lines
sernik *m chem.* casein
serwohamulec *m mot.* servo brake, power brake
serwomechanizm *m aut.* servo(-mechanism)
serwomotor *m aut.* servo-motor, servo--operator
serwosterowanie *n* servo-operation; power-assisted control
serwozawór *m aut.* servovalve
seryjny *a* serial
sezonowanie *n* **1.** *obr. ciepl.* stabilizing, seasoning **2.** *drewn.* weathering, seasoning
sęk *m drewn.* knot; knag
sękaty *a* knotty
sfaleryt *m min.* sphalerite, zinc blende
sfera *f geom.* spherical surface, sphere
~ **niebieska** *astr.* celestial sphere
sferoida *f geom.* spheroid
sferoidyzacja *f met.* spheroidizing, spheroidization, balling
sferoidyzowanie *n obr. ciepl.* spheroidizing annealing
sferolit *m met.* spherulite
sferometr *m* spherometer
sferyczny *a* spherical
sformułować *v* formulate
siać *v roln.* sow
siano *n* hay
sianokosy *pl roln.* haysel, hay-making
siarczan *m chem.* sulfate
~ **amonowy** ammonium sulfate
~ **kwaśny** acid sulfate, bisulfate
~ **miedziowy** copper sulfate
~ ~ **pięciowodny** blue vitriol, blue copperas, bluestone
~ **sodowy** sodium sulfate
siarczek *m chem.* sulfide
~ **sodowy** sodium sulfide
siarczyn *m chem.* sulfite
~ **sodowy** sodium sulfite
siarka *f chem.* sulfur, sulphur, S
siarkawy *a chem.* sulfurous
siarkowanie *n chem.* **1.** sulfuration, sulfurization **2.** sulfur fumigation
siarkowce *mpl chem.* sulfur group (S, Se, Te, Po)
siarkowodór *m chem.* hydrogen sulfide, sulfuretted hydrogen
siarkowy *a chem.* sulfuric
siatka *f* net; network; grid
~ **druciana** wire net, wire mesh; wire cloth, wire gauze
~ **dyfrakcyjna** *opt.* diffraction grating
~ **kartograficzna** map graticule
~ **lampy elektronowej** grid
~ **nitek** *opt.* cross-hairs, graticule, reticule
~ **reaktora** *nukl.* reactor lattice
~ **współrzędnych** grid of coordinates
~ **zbrojeniowa** *bud.* reinforcing fabric
siatkowy *a* netlike, reticular, reticulated
sieczka *f roln.* chaff
sieczkarnia *f roln.* chaff cutter, straw cutter
sieczna *f geom.* secant
sieć *f* net; network; grid
~ **cieplna** heat distribution network
~ **elektroenergetyczna** power net
~ **gazowa** gas grid
~ **jednostronnie zasilana** *el.* radial network
~ **jezdna** *el.* contact system, contact line
~ ~ **górna** *el.* overhead contact system
~ **kanalizacyjna** sewerage (system)
~ **komputerowa** computer network
~ ~ **wielodostępna** time-sharing service, time-sharing system
~ **komunikacyjna** communication network
~ **krystaliczna** crystal lattice
~ **napowietrzna** *el.* overhead network
~ **przestrzenna kryształu** *zob.* **sieć krystaliczna**
~ **radiolokacyjna** radar (warning) net
~ **rozdzielcza** distribution network
~ **równoległa** *el.* parallel system of distribution
~ **rybacka** fishing net
~ **szeregowa** *el.* series system of distribution

~ **telekomunikacyjna** communications network
~ **trakcyjna** *zob.* **sieć jezdna**
~ **transmisji danych** teletransmission network
~ **wieloprzetwarzania** *inf.* multiprocessing system
~ **wodociągowa** water-pipe network
~ **wysokiego napięcia** *el.* high-tension system
~ **zasilająca** *el.* mains, supply network
siedmiokąt *m geom.* heptagon
siedzenie *n* seat
siekać *v* chop, hack
siekiera *f* ax(e)
sierść *f* hair
siew *m roln.* sowing, seeding
~ **rzędowy** drilling
~ **rzutowy** broadcasting
siewnik *m roln.* seeder, sower
~ **rzędowy** *roln.* drill (seeder)
~ **rzutowy** broadcast sower, broadcaster
silan *m chem.* mono silane, silicomethane
silany *mpl chem.* silanes, silicon hydrides
silikon *m chem.* silicone
silnia *f mat.* factorial
silnie promieniotwórczy *nukl.* highly radioactive, hot
silnik *m* engine; motor
~ **asynchroniczny** *el.* asynchronous motor
~ **benzynowy** petrol engine
~ **cieplny** heat engine
~ **czterosuwowy** four-stroke engine
~ **czterotaktowy** *zob.* **silnik czterosuwowy**
~ **Diesla** *zob.* **silnik wysokoprężny**
~ **dolnozaworowy** L head engine, side-valve engine
~ **dużej mocy** high-power engine
~ **dwusuwowy** two-stroke engine, two-cycle engine
~**dwutaktowy** *zob.* **silnik dwusuwowy**
~**elektryczny** electric motor, electromotor
~ **gaźnikowy** carburettor engine
~ **górnozaworowy** overhead-valve engine, valve-in-head engine
~ **indukcyjny** *el.* induction motor
~ **jądrowy** nuclear engine
~ **klatkowy** *el.* squirrel-cage motor
~ **liniowy** *el.* linear induction motor
~ **lotniczy** aero-engine, aircraft engine
~ **małej mocy** low-power engine
~ **napędowy** propulsion motor, driving motor
~ **niskoprężny** low compression engine
~ **odrzutowy** reaction engine, reaction motor
~ ~ **przelotowy** jet (engine), jet-propulsion motor
~ **okrętowy** marine engine
~ **parowy tłokowy** steam engine
~ **pneumatyczny** compressed-air engine
~ **prądu przemiennego** *el.* alternating-current motor, a.c. motor
~ ~ **stałego** direct-current motor, d.c. motor
~ **przekładniowy** *el.* motoreducer, motorized speed reducer
~ **rakietowy** rocket (motor)
~ **reluktancyjny** *el.* reluctance motor
~ **rozruchowy** starting motor
~ **rzędowy** in-line engine
~ **samochodowy** motor-car engine
~ **skokowy** stepper motor, stepping motor
~ **spalinowy** internal combustion engine, I.C. engine
~ **sprężarkowy** air-injection engine
~ **stały** stationary engine
~ **synchroniczny** *el.* synchronous motor
~ **szeregowy** **1.** *el.* series motor **2.** *zob.* **silnik rzędowy**
~ **szybkobieżny** high-speed engine
~ **tłokowy** piston engine
~ **trakcyjny** traction engine; railway motor
~ **turbinowy** turbine (engine)
~ **turboodrzutowy** *lotn.* jet turbine engine, turbo-jet
~ **turbośmigłowy** *lotn.* propeller turbine engine, turboprop (engine), propjet
~ **Wankla** Wankel rotary piston engine
~ **wiatrowy** windmotor, windmill, wind turbine
~ **wielobiegowy** *el.* multiple-speed motor, change-speed motor
~ **wolnobieżny** slow-speed engine
~ **wysokoprężny** diesel, diesel engine, compression-ignition engine
silny *a* powerful; strong
silos *m* silo; storage bin
silosowanie *n roln.* silage, ensilage
siła *f mech.* force
~ **adhezyjna** adhesive force, adhesive attraction
~ **aerodynamiczna** aerodynamic force
~ **bezwładności** force of inertia, inertia force
~ **bierna** reaction
~ **centralna** *zob.* **siła środkowa**
~ **czynna** effort, active force, applied force, effective force
~ **dośrodkowa** centripetal force
~ **elektromotoryczna** electromotive force, electromotance
~ **grawitacyjna** gravitational force
~ **kulombowska** *el.* Coulomb force
~ **lepkości** *mech. pł.* force of internal friction

~ **magnetomotoryczna** magnetomotive force, magnetomotance
~ **materiału wybuchowego** explosive power
~ **napędowa** driving force, propulsive effort; propelling force
~ **normalna** (*w prętach*) axial force
~ **nośna** aerodynamic lift
~ **odpychająca** repulsive force, repelling force
~ **odśrodkowa** centrifugal force
~ **oporu** resisting force; *aero.* drag
~ **osiowa** *zob.* **siła normalna**
~ **pociągowa** tractive force, tractive effort
~ **przeciwelektromotoryczna** counter--electromotive force, counter voltage
~ **przyciągania** attractive force
~ **robocza** *ek.* manpower, labour force
~ **rozciągająca** tensile force
~ **składowa** component of force
~ **ściskająca** compressive force
~ **środkowa** central force
~ **światła obiektywu** *fot.* rapidity of lens, speed of lens
~ **tarcia** friction force
~ **tnąca** shearing force, transverse force
~ **uderzenia** impact force, force of percussion
~ **wewnętrzna** internal force
~ **wiatru** wind power, wind energy
~ **wiązania** *chem.* bonding power, bond energy
~ **wypadkowa** resultant force
~ **wyporu** *mech. pł.* buoyant force
~ **zewnętrzna** external force
siłomierz *m* dynamometer
siłownia *f* power plant, power station
~ **okrętowa** marine power plant
~ **skojarzona** thermal-electric power station, heat and power generating plant
~ **wodna** water power plant, hydro-plant
siłownik *m aut.* servo (motor), motor operator
siły *fpl* **międzycząsteczkowe** *chem.* molecular forces, van der Waals forces
~ **niezachowawcze** (*rozpraszające energię*) *mech.* dissipative forces
~ **zachowawcze** *mech.* conservative forces
simens *m jedn.* siemens, reciprocal ohm, S
sinus *m mat.* sine, sin
sinusoida *f mat.* sinusoid, sine curve
sinusoidalny *a* sinusoidal
siny kamień *m chem.* blue vitriol, blue copperas, bluestone
siodło *n* saddle
sitko *n* strainer
sito *n* sieve; screen
~ **druciane** wire screen
~ **gęste** fine sieve
~ **grube** coarse sieve
~ **wibracyjne** vibrating screen
sitodruk *m* screen process (printing), (silk-) screen printing
skafander *m* **ciśnieniowy** *lotn.* pressure suit
~ **kosmiczny** space suit
~ **nurka** diving dress
skaj *m tw. szt.* sky (*artificial leather*)
skala *f metrol.* scale
~ **barw** *zob.* **skala kolorymetryczna**
~ **Beauforta** Beaufort wind scale
~ **Celsjusza** Celsius (temperature) scale, centigrade scale
~ **Fahrenheita** Fahrenheit temperature scale
~ **Kelvina** Kelvin temperature scale
~ **kolorymetryczna** colour scale
~ **przemysłowa produkcji** commercial scale of production
~ **Richtera** *geofiz.* Richter scale
~ **stustopniowa temperatury** *zob.* **skala Celsjusza**
~ **termodynamiczna temperatury** *zob.* **skala Kelvina**
~ **termometryczna** temperature scale, thermometric scale
skalar *m mat., fiz.* scalar
skalarny *a* scalar
skaleń *m min.* feldspar
skaliwo *n odl.* cast rock, rock casting
skalowanie *n metrol.* graduation, scaling
skała *f* rock
~ **płonna** *górn.* gangue, deads, waste rock
~ **twarda** cohesive rock, solid rock, hard rock
skamielina *f zob.* **skamieniałość**
skamieniałość *f geol.* fossil
~ **drzewna** silicified wood, woodstone
skanalizowany *a bud.* sewered
skand *m chem.* scandium, Sc
skandowce *mpl chem.* scandium (sub)group (Sc, Y, La, Ac)
skaner *m* **1.** *poligr.* scanner **2.** *inf.* scanner
skarpa *f* slope, batter, scarp
skaza *f* defect, flaw, fault, blemish
skazić *v* contaminate, pollute
skażenie *n* contamination; pollution
~ **promieniotwórcze** radioactive contamination, radiocontamination
~ **środowiska** environmental contamination
skiatron *m elektron.* dark-trace tube, skiatron

skierować *v* direct; point
skip *m* **1.** (*wyciąg pochyły*) skip hoist **2.** skip car
sklejać *v* glue
sklejka *f* plywood
sklep *m* shop, store
~ **wielobranżowy** department store
~ **wzorcowy** model shop
sklepienie *n bud.* vault, vaulting
~ **pieca** *hutn.* roof of a furnace, furnace roof
skład *m* **1.** composition, constitution **2.** store (house); depot; dump **3.** *poligr.* type-matter; typesetting, composition **4.** *kol.* draft (*of cars*)
~ **chemiczny** chemical composition, chemical constitution
~ **drewna** timber yard, wood yard
~ **fotograficzny** *poligr.* photocomposition, photo(type) setting, cold-type composition
~ **granulometryczny** grain composition, size distribution
~ **komputerowy** *poligr.* computer typesetting
~ **mieszanki** mixture ratio
~ **objętościowy** volumetric composition, composition by volume
~ **procentowy** percentage
~ **wagowy** composition by weight
~ **zimny** *zob.* **skład fotograficzny**
składacz *m poligr.* compositor, typesetter
składać *v* **1.** assemble; compose; put together **2.** *poligr.* compose, set(type) **3.** fold
~ **się z** consist of...; be composed of...
składanie *n poligr.* composing, typesetting
~ **formy** *odl.* mould assembly
~ **sił** *mech.* composition of forces
składany *a* **1.** folding; collapsible **2.** built-up
składarka *f poligr.* typesetter, type-setting machine, composing machine
~ **fotograficzna** photo(type)setter, photocomposer
składnica *f* depot
składnik *m* component; constituent; ingredient
~ **pokarmowy** nutrient
~ **stopowy** *met.* alloy-forming element, alloying constituent, alloying component
~ **strukturalny** *met.* structural constituent, micro-constituent
~ **sumy** *mat.* addend, summand; augend
składopis *m poligr.* justifying typewriter
składowa *f mat.* component (*of a vector*); component, constituent (*of a set*)
~ **bierna** (*prądu*) *el.* reactive component, quadrature component, wattless component
~ **czynna prądu** *el.* active component, in-phase component, power component
~ **harmoniczna** *fiz.* harmonic
~ **siły** *mech.* component of force
składować *v* store
składowanie *n* **1.** storage **2.** (*zawartości pamięci*) *inf.* dumping
składowisko *n* storage yard, stockyard
~ **odpadów promieniotwórczych** radioactive cemetery
~ **złomu** scrap yard
składowy *a* constituent
skok *m* **1.** jump; leap **2.** *masz.* stroke; travel **3.** *masz.* pitch; lead **4.** (*w programie*) *inf.* jump
~ **ciśnienia** *meteo.* pressure jump
~ **gwintu** *masz.* pitch of thread, lead of thread
~ **linii śrubowej** *mat.* spiral lead
~ **mocy reaktora** *nukl.* reactor runaway, power excursion
~ **prądu** *el.* current rush
~ **spadochronowy** parachute jump; bale-out, bailout
~ **tłoka** piston stroke, piston travel
~ **walców** *hutn.* roll spring, mill spring
~ **zaworu** valve lift, valve travel
skomplikowany *a* complicated
skomputeryzowany *a* computerized, computer based
skondensowany *a* condensed
skończony *a* **1.** finished **2.** *mat.* finite
skorowidz *m* **1.** index **2.** *inf.* reference record
skorupa *f* **ziemska** *geol.* lithosphere, crust of the earth
skos *m* bevel, chamfer, scarf, cant
skośnica *f metrol.* sine bar
skośnie *adv* askew
skośny *a* skew; oblique
skóra *f* leather; skin; hide
skórowanie *n obr.skraw.* skinning, scalping
skracać *v* **1.** shorten **2.** *mat.* reduce **3.** abridge, contract
skrajnia *f kol.* (clearance) gauge, limiting outline
skrajnie mała częstotliwość *f* (*poniżej* 300 Hz) *rad.* extremely low frequency, ELF
skrajnie wielka częstotliwość *f* (30000–300000 MHz) *rad.* extremely high frequency, EHF
skrajny *a* extreme; terminal
skrapiać *v* sprinkle

skrapiarka *f masz.drog.* sprinkler
skraplacz *m* condenser; liquefier
skraplanie *n* condensation (*of steam*); liquefaction (*of gas*)
skrawalny *a* machinable
skrawanie *n* (machine) cutting; machining
skrawki *mpl* cuttings, clippings, scissel, snips
skręcać *v* **1.** twist; strand **2.** turn
skręcanie *n* **1.** *mech.* torsion **2.** *włók.* twisting **3.** *mot.* turning; cornering
skręcarka *f* **1.** *wytrz.* torsion test machine **2.** *włók.* twisting machine, twister
skręcenie *n* twist; torsional deflexion; torsion
skręt *m* **1.** twist **2.** turn **3.** sense of rotation
skrętka *f* **1.** strand (*of rope*) **2.** *el.* spiral
skrętny *a* torsional
skrobać *v* scrape; *drewn.* shave
skrobak *m narz.* scraper
skrobia *f* starch
skropliny *pl* condensate; drip
skroplony *a* condensed; liquefied
skrócenie *n* shortening; contraction
~ **ułamka** *mat.* reduction of a fraction
skruber *m chem.* scrubber, wet cleaner, wet collector
skrzele *n lotn.* slat
skrzep *m hutn.* skull, bear, sow
skrzydło *n* wing
~ **budynku** wing of a building
~ **drzwiowe** *bud.* door leaf
~ **okienne** *bud.* window sash; casement
~ **śruby** (*napędowej*) *okr.* propeller blade
skrzynia *f* box; case; chest; bin
~ **korbowa** *siln.* crankcase
~ **ładunkowa** (*samochodu ciężarowego*) open load-carrying body
~ **ogniowa** *kotł.* fire-box
~ **powietrzna** *hutn., odl.* air-box, blast box, wind-box
skrzynka *f* box, chest
~ **akumulatorowa** accumulator box
~ **bezpiecznikowa** *el.* fuse-box
~ **biegów** *mot.* gearbox; transmission
~ ~ **automatyczna** automatic gearbox, self-change gearbox
~ **formierska** *odl.* (moulding) flask, moulding box
~ **kablowa** *el.* cable box
~ **narzędziowa** toolbox
~ **pocztowa** letter-box
~ **połączeniowa** *el.* junction box; link-box
~ **posuwowa** feed box, feed unit (*of a machine tool*)
~ **przekładniowa** gearbox; transmission; wheel case
~ **przyłączeniowa** *el.* feeder box
~ **rozdzielcza** *el.* connecting box; distributor box
~ **rozgałęźna** *el.* distribution box
~ **zaciskowa** *el.* terminal box
skrzywiony *a* twisted; bent
skrzyżowanie *n* crossing; *elektron.* crossover; crossunder (*of conductive paths*)
~ **dróg** intersection of roads, cross-roads
~ ~ **bezkolizyjne** two-level crossing, grade separation
~ ~ **jednopoziomowe** level crossing
skumulowany *a* cumulated, cumulative
skupiać *v* concentrate; focus; converge; agglomerate
skupienie *n* **1.** concentration; agglomeration; pile-up **2.** *min.* aggregate
skupisko *n* cluster
skurcz *m* shrinkage, contraction
~ **liniowy** linear contraction
~ **magnetyczny** (*plazmy*) *fiz.* pinch (effect), magnetic pinch, rheostriction
~ **objętościowy** contraction in volume
~ **odlewniczy** *odl.* casting shrinkage
skuteczność *f* effectiveness; *elakust.* response; sensitivity; efficiency
skuteczny *a* effective
skutek *m* effect
skuter *m mot.* scooter
skwantowany *a fiz.* quantized
slabing *m hutn.* slab mill
slajd *m* (film) slide, lantern slide, transparency
slip *m okr.* marine railway, slipway
slot *m lotn.* slat
słaba widoczność *f meteo.* poor visibility
słabnąć *v* weaken; abate; diminish
słabo promieniotwórczy *nukl.* cold
słabo rozpuszczalny slightly soluble
słaby *a* weak
słoma *f* straw
słoneczny *a* solar
słony *a* salty, saline
słońce *n* sun
słownik *m* dictionary; vocabulary; glossary
słowo *n inf.* word
~ **indeksowe** modifier, index word
~ **kluczowe** keyword
~ **komputerowe** computer word, machine word
~ **rozkazowe** instruction word
~ **zabezpieczające** password
~ **zastrzeżone** reserved word
słód *m* malt
słój *m* (*naczynie*) jar
~ **roczny** *drewn.* annual ring, growth ring

słuchacz *m rad.* listener
słuchawka *f el.* earphone, receiver
~ **nagłowna** (head)phone, head receiver
~ **telefoniczna** telephone receiver
słup *m* post, pole; pillar; column
~ **cieczy** column of liquid
~ **latarniowy** lamp-post
~ **telefoniczny** telegraph pole
~ **wieżowy** *el.* tower (*of an overhead line*)
słupek *m* post; stanchion, stake
~ **rtęci** mercury thread, mercury column (*in thermometer*)
słupołazy *pl* climbers, creepers
służba *f* service
~ **meteorologiczna** weather service, meteorological service
~ **radiokomunikacyjna** radiocommunication service
słyszalność *f* audibility
słyszalny *a* audible
smar *m* lubricant; grease
~ **antykorozyjny** corrosion preventing grease
~ **ciekły** liquid lubricant; lubricating oil
~ **maszynowy** machine grease
~ **przekładniowy** gear lubricant, transmission grease
~ **stały** grease, solid oil
smarność *f* lubricating ability, lubricity; oiliness
smarować *v* lubricate; smear
smarowanie *n* lubrication; oiling
~ **ciśnieniowe** pressure lubrication, forced lubrication
~ **kąpielowe** oil bath lubrication
~ **natryskowe** spray lubrication
~ **obiegowe** circulating lubrication
~ **płynne** fluent lubrication, full fluid lubrication, viscous lubrication
~ **rozbryzgowe** splash lubrication
~ **rozpyleniowe** oil-mist lubrication, atomized lubrication
~ **smarem stałym** greasing, grease lubrication
~ **smarownicą** cup oiling
smarownica *f masz.* lubricator; greaser; oiler, oil feeder
smarowniczka *f masz.* (grease) nipple, lubricating nipple
~ **olejowa ręczna** oil can
smarowność *f* lubricating ability, lubricity; oiliness
smoczek *m* injector; ejector
smok *m* **pompy** strainer of a pump; suction rose
smoła *f* tar; pitch
smuga *f* streak
~ **kondensacyjna** condensation trail, contrail, vapour trail
~ **radioaktywna** (*wydostająca się po awarii*) *nukl.* effluent plume
smukły *a* slender
snop *m roln.* sheaf
snopienie *n el.* brush discharge, corona brush
snopowiązałka *f roln.* (sheaf-)binder, sheafer
snowarka *f włók.* warping machine, warping mill
snucie *n* (*osnów*) *włók.* warping
soczewka *f opt.* lens
~ **dodatnia** *zob.* **soczewka skupiająca**
~ **dwuwklęsła** biconcave lens, double--concave lens
~ **dwuwypukła** biconvex lens, double--convex lens
~ **elektronowa** electron lens
~ **elektrostatyczna** electrostatic lens
~ **magnetyczna** *fiz.* magnetic lens
~ **nasadkowa** *fot.* supplementary lens
~ **obiektywu** *fot.* component lens, lens element
~ **płasko-wklęsła** plano-concave lens
~ **płasko-wypukła** plano-convex lens
~ **rozpraszająca** divergent lens, negative lens
~ **skupiająca** convergent lens, focusing lens, positive lens
~ **ujemna** *zob.* **soczewka rozpraszająca**
~ **wklęsło-wypukła** meniscus, concavo--convex lens
~ **wypukło-wklęsła** convexo-concave lens
soda *f* soda
~ **kalcynowana** soda ash, calcined soda
~ **kaustyczna** caustic (soda)
~ **krystaliczna** sal soda, washing soda
~ **naturalna** natron
~ **oczyszczona** baking soda
sok *m* juice
solanka *f* brine
solarka *f drog.* salt spreader
solaryzacja *f fot.* solarization, sunning down
solenoid *m el.* solenoid
solidny *a* solid; robust
solidus *m fiz.* solidus (curve)
solion *m elektron.* solion
solomierz *m* salinometer; brinometer, brine gauge
solstycjum *n astr.* solstice
solwat *m chem.* solvate
solwatacja *f chem.* solvation
son *m* (*jednostka głośności*) sone

sonar *m żegl.* sonar, sound navigation and ranging
sonda *f* probe; sounder; depth finder
~ **akustyczna** sonic sounder, echo sounder
~ **kosmiczna** space probe, cosmic probe, unmanned spacecraft
~ **radiowa** *meteo.* radiosonde, radiometeorograph
~ **ręczna** *żegl.* sounding lead, hand lead
~ **wielkopiecowa** *hutn.* stock line indicator, burden level indicator
sondowanie *n* sounding; probing
sonochemia *f* sonochemistry, phonochemistry
sorbat *m chem.* sorbate
sorbent *m chem.* sorbent, sorbing agent
sorpcja *f fiz.* sorption
sorter *m* (card) sorter
sortować *v* sort, grade, classify; screen
sortownik *m* sorting machine, grading machine, sorter, classifier
~ **nasion** *roln.* trieur
sortyment *m* assortment; *górn.* size grade, coal size
sozologia *f* environmental science
sód *m chem.* sodium, natrium, Na
sól *f* salt
~ **kamienna** rock-salt
~ **kuchenna** table salt, domestic salt
spacer *m* **w przestrzeni kosmicznej** space walk
spacja *f* **1.** *inf.* space character, blank character **2.** *poligr.* space
spacystor *m elektron.* spacistor
spad *m hydr.* head, difference of levels
spadać *v* **1.** fall, drop **2.** decrease, diminish
spadek *m* **1.** fall, drop **2.** drop, decrease **3.** decline, declivity, downgrade
~ **ciśnienia** pressure drop
~ **napięcia** *el.* voltage drop
~ **produkcji** production decline
~ **swobodny** *mech.* free fall
~ **temperatury** temperature drop, drop in temperature
spadki *mpl* **1.** (*wielkiego pieca*) *hutn.* bosh(es) (*of a blast furnace*) **2.** *roln.* windfalls
spadochron *m lotn.* parachute
spadochroniarz *m* parachutist; *wojsk.* paratrooper
spadzisty *a* steep
spajać *v* cement; bond
spajanie *n* **metali na zimno** cold pressure welding
spalacja *f nukl.* spallation
spalać *v* **(się)** burn
spalanie *n* combustion; burning
spalinowóz *m kol.* diesel locomotive
spaliny *pl* combustion gas, waste gas; *siln.* exhaust gas; *kotł.* flue gas, furnace gas
spalność *f paliw.* combustibility
spała *f leśn.* tap
spałowanie *n* (*drzew*) *leśn.* tapping
spawacz *m* welder
spawać *v* weld
spawadełko *n* electric hand welder
spawalnica *f* welding set, arc welder
spawalnictwo *n* welding technology
spawalność *f* weldability
spawanie *n* welding
~ **atomowe** atomic-hydrogen welding
~ **automatyczne** automatic welding
~ **elektrogazowe** electrogas welding, gas--arc welding
~ **elektronowe** electron beam welding, EB welding
~ **(elektro)żużlowe** electroslag welding, electroslag process
~ **elektryczne** electrical welding
~ **gazowe** gas welding, autogenous welding
~ **laserowe** laser-beam fusion welding
~ **łukiem krytym** submerged-arc welding, sub-arc welding
~ ~ **nieosłoniętym** open-arc welding
~ ~ **osłoniętym** shielded arc welding
~ **łukowe** arc welding
~ **odlewnicze** liquid metal welding, cast welding
~ **oporowe** *tw.szt.* high frequency welding, radio frequency welding
~ **plazmowe** plasma-arc welding
~ **ręczne** manual welding, hand welding
~ **termitowe** thermit welding
spawarka *f* welder, welding machine
spąg *m górn.* floor, thill, sole
specjalista *m* specialist
specjalizacja *f* specialization
specjalność *f* speciality
specyfikacja *f* specification
spedycja *f* forwarding, dispatching
spedytor *m* forwarder, forwarding agent
spektralny *a fiz.* spectral
spektrofotometria *f* spectrophotometry
spektrograf *m* spectrograph
~ **mas(owy)** mass spectrograph
spektrometr *m opt.* spectrometer
spektrometria *f* spectrometry
spektroskop *m fiz.* spectroscope
spektroskopia *f fiz.* spectroscopy
spektrum *n* spectrum (*pl* spectra)
spełniać *v* **funkcję** perform a function, serve a function, fulfil a purpose
~ **równanie** *mat.* satisfy an equation
~ **wymagania** meet requirements, satisfy requirements

spęczanie *n obr.plast.* upsetting, upset forging, upend forging
spichlerz *m* (*zbożowy*) granary
spiek *m hutn.* sinter; agglomerate
~ **ceramiczno-metalowy** cermet, ceramet
~ **ceramiczny** ceramal, ceramic metal
~ **węglikowy** sintered carbides, cemented carbides
spiekalnia *f* (*rudy*) *hutn.* sinter(ing) plant; agglomerating plant
spiekanie *n hutn.* sintering; agglomeration
spiętrzenie *n* **1.** *hydr.* swell(ing); backwater **2.** *aero.* ram effect
~ **naprężeń** *wytrz.* stress concentration
spilśnianie *n włók.* felting; fulling; milling
spin *m fiz.* spin
spinacz *m* clip; clamp
spinać *v* tack; clip; clamp; lace
spirala *f* **1.** *mat.* spiral; helix **2.** *lotn.* spiral glide, falling spiral
~ **Archimedesa** Archimedean spiral
~ **Cornu** Cornu's spiral, clothoid
~ **grzejna** *el.* heating coil, helical heating element
~ **logarytmiczna** *mat.* logarithmic spiral
spiralny *a* spiral, helical
spirytus *m* spirit(s)
~ **drzewny** wood alcohol
~ **skażony** denatured alcohol
spis *m* list
~ **treści** contents (*of a book*)
spiż *m met.* zinc bronze, red bronze
splatanie *n* splicing (*of ropes etc.*); stranding
splot *m włók.* weave; plait; splice
~ **liny** rope lay
spłaszczać *v* flatten
spłaszczenie *n* **(kuli) na biegunach** oblateness
spław *m* **drewna** floating of timber, rafting
spławny *a* navigable (*river*)
spłonka *f wybuch.* primer, detonator
spłuczka *f* **szyby przedniej** *mot.* windscreen washer
spłukiwać *v* flush; wash away
spływać *v* flow off; drift
spocznik *m* (*schodowy*) *bud.* landing, foot--pace
spoczynek *m mech.* rest
spodek *m* **prostopadłej** *geom.* foot of a perpendicular
~ **wyrobiska** *górn.* bottom, sole
spoina *f* **1.** *spaw.* (fusion) weld **2.** *bud.* (mortar) joint
~ **brzeżna** flange weld
~ **czołowa** butt weld; butt joint; groove weld
~ **graniowa** back weld
~ **montażowa** field weld
~ **pachwinowa** fillet weld
~ **sczepna** positional weld, tack weld
~ **termoelementu** junction of a thermocouple, thermojunction
~ **warsztatowa** shop weld
~ **zakładkowa** overlapping weld
spoinomierz *m* weld gauge
spoinowanie *n bud.* pointing
spoistość *f* cohesion
spoisty *a* coherent
spoiwo *n* binder, binding material; *spaw.* filler (metal)
spontaniczny *a* spontaneous
sporządzać *v* **abstrakt** *inf.* abstract
~ **wykres** plot a graph
spotkanie *n* (*w powietrzu, na orbicie*) *lotn., kosm.* rendezvous
spowalniacz *m nukl.* moderator
spowalnianie *n nukl.* moderation, slowing down
spożycie *n el.* consumption
spód *m* bottom; undersurface
spójnik *m* **zdaniowy** *mat.* connective
spójność *f* coherence; cohesion
spójny *a* **1.** coherent **2.** *mat.* connected (*set*)
sprawdzać *v* check; verify; *mat.* prove
sprawdzarka *f* (*kart lub taśmy dziurkowanej*) *inf.* verifier
sprawdzenie *n inf.* check, proof
sprawdzian *m metrol.* gauge
~ **czujnikowy** dial gauge
~ **dwugraniczny** double limit gauge, go--not-go gauge
~ **graniczny** limit gauge
~ **gwintowy** thread gauge, screw gauge
~ **nieprzechodni** not-go gauge
~ **pierścieniowy** ring gauge
~ **przechodni** go gauge
~ **roboczy** working gauge, workshop gauge
~ **szczękowy** caliper gauge, snap gauge
~ **średnicówkowy** rod gauge, bar gauge
~ **trzpieniowy** plug gauge
~ **wymiarów** size gauge
sprawność *f mech.* efficiency
~ **cieplna** thermal efficiency
~ **indykowana** *siln.* indicated efficiency
~ **maszyny** efficiency of a machine
~ **mechaniczna** mechanical efficiency
~ **ogólna** total efficiency, overall efficiency
~ **(źródła) promieniowania** radiant efficiency
sprawny *a* efficient
sprawozdanie *n* report; account
spręż *m masz.* compression ratio

sprężanie *n* **1.** compression (*of gas*) **2.** *bud.* prestressing, tensioning (*of concrete*)
sprężarka *f* compressor
~ **chłodnicza** refrigerating compressor
~ **doładowująca** *siln.* supercharger
~ **jednostopniowa** single-stage compressor
~ **osiowa** axial(-flow) compressor
~ **tłokowa** piston compressor, reciprocating compressor
~ **wielostopniowa** multi-stage compressor
~ **wyporowa** positive-displacement compressor
sprężony *a* **1.** compressed (*gas*) **2.** *bud.* prestressed (*construction*)
sprężyna *f* spring
~ **krążkowa** disk spring
~ **naciągowa** pull spring, tension spring, draw spring
~ **nośna** (carriage) spring, suspension spring
~ **pierścieniowa** garter spring, ring spring
~ **płytkowa** leaf spring, flat spring, plate spring
~ **spiralna** spiral spring
~ **śrubowa** coil spring, helical spring
~ **wielopłytkowa** laminated spring, multiple-plate spring
sprężynica *f masz.* elastic element
sprężynowanie *n* springing; spring-back, spring action
sprężynowy *a* spring-actuated; spring--loaded
sprężystość *f wytrz.* elasticity
~ **objętościowa** elasticity of volume, elasticity of bulk
~ **opóźniona** anelasticity, delayed elasticity
~ **postaciowa** shape elasticity
~ **powrotna** resilience
sprężysty *a* elastic
sproszkowany *a* powdered
sprowadzać *v* **do wspólnego mianownika** *mat.* bring (fractions) to a common denominator, reduce to a common denominator
~ **do zera** reduce to zero, null
spryskiwać *v* sprinkle
sprzeczny *a* contradictory
sprzedaż *f ek.* sale
~ **detaliczna** retail
~ **hurtowa** wholesale
sprzęg *m* **1.** *kol.* coupler; drawbar **2.** *inf.* interface
~ **standardowy** *inf.* standard interface
sprzęgacz *m rad.* coupler
sprzęgać *v* couple; interconnect; engage; *inf.* interface
sprzęgło *n masz.* coupling; clutch
~ **bezpieczeństwa** *zob.* **sprzęgło przeciążeniowe**
~ **bezpoślizgowe** *zob.* **sprzęgło przymusowe**
~ **Cardana** *zob.* **sprzęgło przegubowe**
~ **cierne** friction clutch
~ **hydrauliczne** fluid coupling, hydraulic coupling
~ **indukcyjne** *el.* eddy-current clutch
~ **kłowe** claw coupling, claw clutch, dog clutch
~ **nierozłączne** *zob.* **sprzęgło stałe**
~ **podatne** flexible coupling
~ **poślizgowe** slip(ping) clutch
~ **przeciążeniowe** overload(-release) coupling, safety coupling
~ **przegubowe** universal coupling, Hooke's coupling
~ **przymusowe** positive (engagement) clutch
~ **rozłączne** disengaging coupling
~ **sprężynowe** spring coupling
~ **sprężyste** *zob.* **sprzęgło podatne**
~ **stałe** permanent coupling
~ **sztywne** rigid coupling
~ **tarczowe** disk clutch, plate clutch
~ **tulejowe** box coupling, muff coupling, sleeve coupling
~ **wielotarczowe** multiple-disk clutch
~ **wyprzedzeniowe** free-wheeling clutch, free wheel
~ **wysuwne** *masz.* expansion coupling
~ **zębate** gear clutch
sprzęgnik *m el.* plug-and-socket (connector)
sprzęt *m* **1.** equipment **2.** (*zbieranie plonów*) *roln.* harvest; gathering
~ **komputerowy** *inf.* hardware
~ **lotniczy** aircraft fleet
~ **łączeniowy** *el.* switchgear
~ **pożarniczy** fire-fighting equipment
~ **radionawigacyjny** radio aids to navigation
~ **ratowniczy** rescue equipment, life-saving equipment
~ **transportowy** transport equipment
~ **wojskowy** military hardware
~ **żeglarski** sailing gear
sprzężenie *n* coupling
~ **zwrotne** *aut.* feedback
~ ~ **dodatnie** positive feedback
~ ~ **ujemne** negative feedback
sprzężony *a* **1.** coupled **2.** *mat.* conjugate, adjoint
spulchniacz *m roln.* opener, ripper
spulchniarka *f* **1.** *odl.* (sand) disintegrator **2.** *inż.* scarifier

spust *m* **1.** release (mechanism), trigger; *wojsk.* firing lock **2.** drain, bottom outlet **3.** *hutn., odl.* tapping; heat melt
~ **liny** lay of rope
~ **migawki** *fot.* shutter release
spuszczać *v hutn., odl.* tap (*metal*)
~ **prostopadłą** *geom.* drop a perpendicular
spychacz *m zob.* **spycharka**
spycharka *f inż.* (bull)dozer
srebrny *a* argentine, silver
srebro *n chem.* silver, Ag
srebrzenie *n* silver plating
ssanie *n siln.* suction
ssawa *f* exhaust fan, exhauster, suction fan
stabilizacja *f* stabilization, stabilizing
~ **gruntu** *bud.* soil stabilization
stabilizator *m* **1.** *aut.* stabilizer; stable element **2.** *chem.* stabilizing agent, stabilizer
~ **napięcia** *el.* constant-voltage regulator
~ **(poprzeczny) samochodu** *mot.* anti-roll bar
stabilizować *v* stabilize
stabilizowanie *n* **1.** stabilization, stabilizing **2.** *obr.ciepl.* stabilizing, seasoning
stabilność *f* stability
stabilny *a* stable
stacja *f* station
~ **benzynowa** *mot.* petrol station, filling station
~ **filtrów** *san.* filter plant
~ **kolejowa** railway station
~ **końcowa** terminus
~ **kosmiczna** space station
~ **meteorologiczna** weather station
~ **obsługi** *mot.* service station
~ **orbitalna** *kosm.* orbiting (space) station, orbital station
~ **pomp** pumping station, pumping plant
~ **prób** testing station
~ **przekaźnikowa** relay station
~ **przeładunkowa** *kol.* transfer station
~ **radiofoniczna** broadcasting station
~ **radiolokacyjna** radar station
~ **radiowa** radio station
~ **rozrządowa** *kol.* marshalling yard, shunting yard, switch yard
~ **śledzenia lotu** (*obiektów kosmicznych*) tracking station
~ **towarowa** *kol.* goods station
~ **uzdatniania wody** water purification plant
~ **węzłowa** *kol.* junction station
stacjonarny *a* stationary
stacyjka *f mot.* ignition switch
stadium *n* stage
stado *n zoot.* herd; flock
stagnacja *f* stagnation
stal *f* steel
~ **automatowa** free-cutting steel, free-machining steel
~ **besemerowska** Bessemer steel
~ **hartowana** quenched steel, hardened steel
~ **jakościowa** quality steel
~ **konstrukcyjna** construction steel
~ ~ **budowlana** structural steel
~ ~ **maszynowa** machinery steel, machine-steel
~ **lana** cast steel
~ **martenowska** open-hearth steel
~ **miękka** mild steel, soft steel
~ **narzędziowa** tool steel
~ **nierdzewna** stainless steel, rust-resisting steel, rustless steel
~ **nieuspokojona** effervescing steel, rimming steel, open(-poured) steel
~ **niklowo-chromowa** nickel-chromium steel
~ **niskostopowa** low-alloy steel
~ **niskowęglowa** low-carbon steel
~ **półuspokojona** semi-killed steel, semi-rimming steel, balanced steel
~ **stopowa** alloy steel
~ **szybkotnąca** high-speed steel, rapid tool steel
~ **średniowęglowa** medium-carbon steel
~ **uspokojona** killed steel, dead steel, solid steel
~ **węglowa** carbon steel, ordinary steel, common steel, nonalloyed steel
~ **wysokogatunkowa** extra-fine steel
~ **wysokostopowa** high-alloy steel
~ **wysokowęglowa** high-carbon steel
~ **zbrojeniowa** *bud.* reinforcing steel, concrete steel
~ **żaroodporna** heat-resisting steel
stalagmit *m geol.* stalagmite
stalaktyt *m geol.* stalactite
staliwo *n* cast steel
stalownia *f* steelworks, steel(making) plant, steel melting shop
~ **konwertorowo-tlenowa** basic oxygen steel(making) plant, BOS plant, basic oxygen process shop
~ **martenowska** open-hearth steelmaking plant, open-hearth (furnace) plant
stalownictwo *n* steel-making
stalownik *m* steel-maker
stalowy *a* steel
stała *f* constant
~ **Avogadra** *chem.* Avogadro's number, Avogadro's constant

~ **czasowa** *aut.* time constant
~ **dielektryczna** *el.* dielectric constant, relative permittivity, specific inductive capacity
~ **Faradaya** *elchem.* faraday, Faraday constant
~ **grawitacyjna** gravitational constant, constant of gravitation
~ **Plancka** *fiz.* Planck's constant
~ **powszechnego ciążenia** *zob.* **stała grawitacyjna**
stałe *fpl* **uniwersalne** *fiz.* universal constants, absolute constants, fundamental constants
stałość *f* stability
stały *a* **1.** constant; permanent; stable **2.** stationary; immovable **3.** *fiz.* solid **4.** *mat.* uniform, constant
stan *m* state, condition
~ **ciekły** *fiz.* liquid state
~ **energetyczny** *fiz.* energy state, quantum state
~ **gazowy** *fiz.* gaseous state
~ **gotowości** readiness, stand-by
~ **krytyczny 1.** *fiz.* critical state **2.** *nukl.* criticality (*of a nuclear reactor*)
~ **makro(skopowy)** macroscopic state, macrostate, thermodynamic state
~ **metaliczny** *fiz.* metallic state
~ **mikro(skopowy)** microscopic state, microstate
~ **morza** *ocean.* state of the sea
~ **naprężenia** *wytrz.* state of stress, stress
~ **niestacjonarny** *fiz.* transient (state)
~ **nieustalony** *zob.* **stan niestacjonarny**
~ **nieważkości** state of weightlessness
~ **normalny** *fiz.* ground state
~ **obojętny** *el.* neutral state
~ **odkształcenia** *wytrz.* state of strain, strain (state)
~ **plastyczny** plastic state
~ **podstawowy** *zob.* **stan normalny**
~ **pracy** *masz.* operating conditions
~ **pułapkowy** *fiz.* trap
~ **równowagi** state of equilibrium
~ **skupienia materii** *fiz.* state of matter
~ **stacjonarny** *fiz.* steady state, stationary state
~ **stały** *fiz.* solid state
~ **szklisty** *fiz.* vitreous state, glassy state
~ **termodynamiczny** *zob.* **stan makroskopowy**
~ **ustalony** *zob.* **stan stacjonarny**
~ **wody** water level
~ **wolny** (*pierwiastka*) *chem.* elemental state
~ **wzbudzony** *fiz.* excited state
~ **związany** (*pierwiastka*) *chem.* combined state
standard *m* standard
standardyzacja *f* standardization
staniol *m met.* tin-foil, stanniol, tin leaf
stanowisko *n* stand; post; station
~ **kontrolne** control stand, inspection station
~ **obróbkowe** machining station
~ **pracy** work station, work-stand, work--place
stapianie *n* **(się)** fusion; colliquation
starodrzew *m leśn.* mature forest
start *m lotn.* take-off (*of a plane*); launch, lift-off (*of a rocket*)
starter *m elektron.* starter, starting electrode
startować *v lotn.* take off
starzenie *n obr.ciepl.* ageing
statecznik *m* stabilizer
~ **kierunkowy** *lotn.* fin
~ **wysokości** *lotn.* tail plane
stateczność *f* stability
stateczny *a* stable
statek *m* ship; vessel; craft
~ **atomowy** nuclear ship
~ **badawczy głębinowy** bathyvessel
~ **-baza** *ryb.* (fishing) mother-ship
~ **baza-przetwórnia** *ryb.* factory mother--ship
~ **-chłodnia** refrigerated ship, cold storage vessel, reefer
~ **drobnicowy** general cargo ship
~ **dwukadłubowy** catamaran
~ **handlowy** merchant ship, trading vessel, trader
~ **hydrograficzny** hydrographic ship, surveying vessel
~ **kabotażowy** coasting vessel, coaster
~ **kosmiczny** spaceship, spacecraft
~ **motorowy** motorship, motor vessel
~ **na poduszce powietrznej** cushioncraft, hovercraft, air cushion vehicle
~ **niezatapialny** unsinkable ship
~ **parowy** steam ship, steamer
~ **pasażerski** passenger vessel, passenger liner
~ **pełnomorski** ocean-going ship, sea-going ship
~ **podwodny** submersible, submarine
~ **powietrzny** aircraft
~ **ratowniczy** rescue vessel; salvage ship
~ **rybacki** fishing boat, fishing craft, fisherman, netter
~ **rzeczny** river boat, river vessel
~ **szkolny** training ship, school vessel
~ **towarowy** cargo ship, cargo carrier, freighter

~ **wypornościowy** displacement craft
stator *m el.* stator
statyczny *a* static(al)
statyka *f mech.* statics
~ **budowli** structural analysis
~ **cieczy** hydrostatics
statystyczna kontrola *f* **jakości** statistical quality control
statystyczny *a* statistic(al)
statystyka *f* statistics
statyw *m* stand; tripod
staw *m* pond
stawa *f żegl.* beacon
stawiać *v* **opór** resist; withstand
stawidło *n* **1.** *siln.* valve gear **2.** *hydr.* (water) gate
stawka *f ek.* rate
staż *m* period of service; professional experience
stażysta *m* trainee
stearyna *f chem.* stearin(e)
stechiometria *f chem.* stoichiometry
stempel *m* **1.** *obr.plast.* punch **2.** stamp **3.** *bud.* shore
stemplować *v* **1.** stamp **2.** *bud.* shore
stenga *f* (*masztu*) *okr.* topmast
stenografia *f* shorthand, stenography
ster *m* **1.** *okr.* rudder **2.** *lotn.* control surface
~ **kierunkowy** *lotn.* rudder
~ **wysokości** *lotn.* elevator
steradian *m jedn.* steradian, Sr
stereochemia *f* stereochemistry
stereofonia *f* stereophony, stereophonics; stereo (*sound system*)
stereofoniczny *a* stereophonic
stereofotografia *f* stereophotography
stereometria *f* geometry of solids, stereometry
stereoskop *m opt.* stereoscope
stereoskopia *f opt.* stereoscopy
stereotyp *m poligr.* stereo(type)
sternik *m żegl.* steersman, helmsman
~ **automatyczny** automatic pilot, autopilot, gyro-pilot
sterolotka *f lotn.* elevon, ailavator
sterować *v* control; steer; operate
sterowanie *n* control; steering; operation
~ **automatyczne** automatic control
~ **jakością** quality control
~ **komputerowe** computer control
~ **nadążne** follow-up control
~ **numeryczne** numerical control
~ **programowe** program control
~ **ręczne** manual control
~ **zdalne** remote control, telecontrol
sterowiec *m lotn.* airship, dirigible
sterownia *f okr.* wheelhouse, pilothouse
sterownik *m* **1.** *el.* controller **2.** *aut.* programmer
sterowny *a* steerable; *lotn.* manoeuvrable
sterówka *f zob.* **sterownia**
sterta *f* **1.** *roln.* stack; rick **2.** pile
stertnik *m roln.* stacker; ricker
stertować *v* stack; pile; tier
stertownik *m* stacker; piler; tiering machine
sterylizacja *f* sterilization
sterylizator *m* sterilizer
sterylny *a* sterile
stewa *f* **dziobowa** *okr.* stem
~ **rufowa** *okr.* stern frame, stern post
stewardessa *f* stewardess; *lotn.* air hostess
stępiać *v* blunt, dull
stępka *f okr.* keel
stężenie *n* **1.** *chem.* concentration; strength **2.** *bud.* bracing, strutting
~ **mieszanki** *paliw.* mixture richness
~ **molalne** *chem.* molal concentration, molality
~ **molarne** *chem.* molar concentration, molarity
~ **roztworu** concentration of solution
stilb *m jedn.* stilb: $1\ sb = 1\ cd/cm^2$
stiuk *m bud.* artificial marble, scagliola
stłuczka *f* breakage
stochastyczny *a* stochastic; random
stocznia *f* shipyard, shipbuilding yard; dockyard
~ **montażowa** multiple shipyard
~ **remontowa** repair (ship)yard, repair dock
stoczniowiec *m* shipbuilder, dockyard worker
stodoła *f roln.* barn
stoisko *n* stand
stojak *m* **1.** stand; column; pillar; upright; pedestal; *górn.* prop **2.** trestle; rack; stillage
stojan *m el.* stator
stok *m* slope, declivity
stokes *m jedn.* stoke(s): $1\ St = 1\ cm^2/s$
stolarz *m* joiner
stolik *m* **przedmiotowy mikroskopu** stage of a microscope, object stage
stop *m* **1.** *met.* alloy **2.** *inf.* halt
~ **czcionkowy** *poligr.* type metal
~ **dwuskładnikowy** binary alloy, two-component alloy
~ **lekki** light alloy
~ **lutowniczy** solder, soldering alloy
~ **łożyskowy** bearing alloy, antifriction metal
~ **magnetycznie miękki** magnetically soft alloy

~ **nieżelazny** nonferrous alloy
~ **oporowy** resistor alloy, (electrical) resistance alloy
~ **trudnotopliwy** high-melting alloy, refractory alloy
~ **twardy** hard metal
~ **żelaza** ferroalloy, ferrous alloy, ferrous metal
~ **żalazo-węgiel** iron-carbon alloy
stopa *f jedn.* foot: 1 ft = 0.3048 m
~ **inflacji** *ek.* inflation rate, rate of inflation
~ **korbowodu** *siln.* big-end of connecting--rod
~ **procentowa** *ek.* interest rate, rate of interest
~ **życiowa** *ek.* standard of living
stoper *m* **1.** *zeg.* stop-watch; chronograph **2.** *okr.* stopper, controller
stopić *v* **(się)** fuse, melt
stopienie *n* fusion
~ **bezpiecznika** *el.* fuse blow-out
~ **rdzenia** *nukl.* core melt-down
stopień *m* **1.** step; foot-plate (*in vehicles*) **2.** *metrol.* degree **3.** *mat.* grade, degree **4.** *masz.* stage (*in turbines etc.*) **5.** grade; rate
~ **asocjacji** *chem.* degree of association
~ **Celsjusza** *jedn.* degree Celsius, degree centigrade: 1°C = 1K
~ **czcionki** *poligr.* type size, point size
~ **dokładności** degree of accuracy, order of accuracy
~ **dysocjacji** *elchem.* degree of dissociation
~ **Fahrenheita** *jedn.* degree Fahrenheit: 1°F = 5/9 K
~ **funkcji** *mat.* order of a function
~ **Kelvina** *jedn.* degree Kelvin, kelvin, K
~ **naukowy** academic degree, university degree
~ **pierwiastka** *mat.* index of a radical
~ **pokrycia** (*w przekładni zębatej*) contact ratio, drive ratio, engagement factor
~ **rakiety** stage of a rocket
~ **Rankine'a** *jedn.* degree Rankine: 1°R = 9/5 K
~ **(równania) krzywej** *mat.* degree of a curve
~ **scalenia** *elektron.* scale of integration
~ **schodów** stair, step
~ **segregacji** *met.* segregation ratio, index of segregation
~ **sprężania** *siln.* compression ratio
~ **sprężarki** stage of a compressor
~ **swobody** *mech.* degree of freedom
~ **wielomianu** *mat.* degree of a polynomial
~ **wodny** *hydr.* stage of fall
stopiony *a* fused, molten
stopiwo *n spaw.* deposited metal, weld metal, weld deposit
stopnica *f* (*stopnia schodów*) *bud.* stair tread
stopniowanie *n* stepping; grading; gradation
stopniowany *a* stepped; graduated; graded
stopniowo *adv* gradually, by steps, by stages
stopniowy *a* gradual; graded; progressive
stopoświeca *f jedn.* foot-candle: 1 fc = 10.764 lx
stos *m* **1.** pile; stock-pile; stock; heap **2.** *inf.* stack, push-down storage **3.** *górn.* crib, chock, cog
stosować *v* apply; use; employ
stosowanie *n* application; usage; use
stosowany *a* applied
stosunek *m mat.* ratio, proportion, quotient
~ **objętościowy** voluminal ratio
~ **wagowy** weight ratio
stożek *m* **1.** *geom.* cone **2.** *narz.* taper
~ **obrotowy** *geom.* cone of revolution
~ **pirometryczny** pyrometric cone, pyrocone
~ **Segera** Seger (pyrometric) cone
~ **ścięty** *geom.* frustum of a cone, truncated cone
~ **tarcia** *mech.* cone of static friction
~ **wulkaniczny** *geol.* volcanic cone
stożkowa *f geom.* conic (section)
stożkować *v* cone; taper
stożkowość *f* conicity; taper
stożkowy *a* conic(al); tapered
stóg *m roln.* stack; rick
stół *m* table, bench
~ **koncentracyjny** *wzbog.* concentrating table
~ **kreślarski** drawing desk
~ **laboratoryjny** *chem.* laboratory bench, chemistry table
~ **obrotowy** turntable
~ **pochylny** *masz.* tilting table, inclinable table
~ **roboczy** *masz.* work-table; platen
~ **warsztatowy** bench, work-bench
strajk *m ek.* strike
strata *f* loss, *zob.też* **straty**
~ **ciśnienia** loss of pressure
~ **mocy** loss of power, power loss
~ **na wadze** loss of weight, loss in weight
~ **wartości** *ek.* depreciation
strategia *f* strategy
stratosfera *f meteo.* stratosphere
stratosferyczny *a* stratospheric

stratowizja *f TV* stratovision
straty *fpl* losses; waste, *zob. też* **strata**
~ **cieplne** heat losses, heat waste
~ **dielektryczne** dielectric loss
~ **do otoczenia** *siln.* radiation heat losses
~ **energetyczne** loss of energy
~ **korozyjne** corrosion losses
~ **mechaniczne** *zob.* **straty oporów ruchu**
~ **oporowe** *el.* ohmic loss, resistance loss
~ **oporów ruchu** mechanical losses
~ **w łuku** *el.* arc-drop loss
~ **w żelazie** *el.* iron loss, core loss
stratygrafia *f geol.* stratigraphy
straż *f* **pożarna** fire-brigade
strażak *m* fireman
strącanie *n* **(się)** *chem.* precipitation
strefa *f* zone
~ **bezpieczeństwa** protected zone, protection area
~ **ciszy** *rad.* silent zone, skip zone, zone of silence
~ **godzinna** *astr.* time zone
~ **klimatyczna** climatic zone
~ **kontrolowana lotniska** control terminal area
~ **obojętna** *masz.el.* neutral zone
~ **podchodzenia** *lotn.* approach zone
~ **podzwrotnikowa** tropics
~ **ruchu** *lotn.* movement area
~ **sejsmiczna** *geofiz.* seismic belt; earthquake zone
~ **zagrożenia** danger area
~ **zakazana** prohibited area, exclusion area
strefowy *a* zonal
streszczenie *n* abstract; synopsis
stroboskop *m* stroboscope
stroik *m* **(widełkowy)** tuning fork
strojenie *n rad.* tuning
strojnik *m rad.* tuner
stromy *a* steep
strona *f* **1.** side **2.** (*w książce*) page
~ **nawietrzna** windward side, weather side
~ **równania** *mat.* member, side (*of an equation*)
~ **tłoczna** (*pompy, dmuchawy*) delivery side
~ **tytułowa** *poligr.* title page
~ **wewnętrzna** inside
~ **zawietrzna** lee side
~ **zewnętrzna** outside
stronica *f* page
stronicowanie *n* (*pamięci*) *inf.* paging
stront *m chem.* strontium, Sr
strony *fpl* **świata** cardinal points of the compass
strop *m* **1.** *bud.* floor; ceiling **2.** *górn.* roof
stropnica *f górn.* roof-bar, cross-bar, roof--timber
strug *m narz.* plane
~ **węglowy** *górn.* coal plough, coal planer, wedgehead
struga *f* stream
struganie *n* **1.** *obr.skraw.* planing; shaping **2.** *drewn.* planing; dressing **3.** *skór.* shaving
~ **pionowe** *obr.skraw.* slotting
~ **poprzeczne** *obr.skraw.* shaping
~ **wzdłużne** *obr.skraw.* planing
strugarka *f* **1.** *obr.skraw.* planing machine, planer **2.** *drewn.* planing machine, planer **3.** *skór.* shaving machine
~ **pionowa** *obr.skraw.* slotting machine, slotter, vertical shaper
~ **poprzeczna** *obr.skraw.* shaper, shaping machine
~ **-wyrówniarka** *drewn.* surfacer, jointer
~ **wzdłużna** *obr.skraw.* planer, planing machine
strugoszczelny *a* (*w obudowie zabezpieczającej od strumieni wody*) *masz.el.* hose-proof
struktura *f* **1.** structure; texture **2.** *mat.* lattice, structure
~ **danych** *inf.* data format
~ **drobnoziarnista** close-grained structure
~ **gruboziarnista** coarse-grained structure
~ **krystaliczna** crystal(line) structure
~ **listowa** (*danych*) *inf.* list structure
~ **mozaikowa** *met.* mosaic structure
~ **nadsubtelna** *fiz.* hyperfine structure
~ **pasemkowa** *met.* banded structure
~ **pierwotna** *met.* primary structure
~ **półprzewodnikowa** *elektron.* semiconductor chip
~ **rozkazu** *inf.* instruction format
~ **subtelna** *fiz.* fine structure
~ **warstwowa** lamellar structure; banded structure
~ ~ **krzem na szafirze** *elektron.* silicon-on--sapphire (system), SOS
~ **wtórna** *met.* secondary structure
~ **zapisu** *inf.* record layout
~ **ziarnista** granular structure
strukturalny *a* structural
strumienica *f masz.* jet pump
strumienika *f* fluidics, fluid-state technology
strumieniomierz *m* **magnetoelektryczny** *el.* maxwellmeter, fluxmeter
strumień *m* flux; stream; jet
~ **cieplny** heat flux, thermal flux
~ **cząstek** *fiz.* particle flux, particle beam
~ **elektryczny** electric flux
~ **energii** energy flux, flux of energy
~ **magnetyczny** magnetic flux

~ **nadążający** *mech.pł.* wake; *żegl.* wake (current), backwash
~ **pary** steam jet
~ **promieniowania** *fiz.* radiant flux
~ **przelewowy** *hydr.* nappe
~ **ruchu drogowego** traffic line; traffic flow
~ **swobodny cieczy** free jet of a liquid
~ **świetlny** luminous flux
~ **wektora** *mat.* flux of a vector
~ **wody** water jet
~ **wylotowy** (*spalin*) *siln.* exhaust jet, jet-stream; *rak.* backblast
~ **zaśmigłowy** *lotn.* slipstream, propeller race
struna *f* string
strunobeton *m bud.* pretensioned prestressed concrete
strużyny *fpl drewn.* shavings, abatement
strzał *m* shot
~ **w rurze wydechowej** *siln.* backflash
strzałka *f rys.* arrow
strzelanie *n* shooting; firing; blasting
strzelnica *f* shooting-range
strzemię *n masz.* stirrup; shackle; clevis
strzępić się fray
strzykawka *f* syringe; squirt
strzyżenie *n* **1.** *włók.* shearing, cropping **2.** *zoot.* clipping (*of wool*)
studio *n rad., TV, kin.* studio
studiować *v* study
studnia *f* **1.** well **2.** *meteo.* (thermal) downdraft
~ **abisyńska** Abyssinian well
~ **artezyjska** artesian well
~ **kopana** dug well, shaft well
~ **potencjału** *fiz.* potential well, potential trough
~ **rurowa** bored well, drilled well
~ **wiercona** *zob.* **studnia rurowa**
studzić *v* cool; chill
studzienka *f* well; sump
~ **ściekowa** *san.* sink basin
stukanie *n siln.* (engine) knock, combustion knock
stwardniały *a* hardened; set (*e.g. cement*)
stybnit *m min.* stibnite, antimonite, antimony glance
styczka *f el.* contact point
styczna *f* (*do krzywej*) *geom.* tangent (*to a curve*)
stycznik *m el.* contactor
styczność *f* **1.** *geom.* tangency **2.** contact
styczny *a* tangent(ial)
stygnąć *v* cool (down)
styk *m* contact
stykać *v* **(się)** contact, touch
styki *mpl el.* contacts, set of contacts
styl *m* style
stylisko *n narz.* handle, helve
stymulować *v* stimulate
stypendium *n* scholarship; bursary
styren *m chem.* styrene, vinyl benzene
styropian *m tw.szt.* foamed polystyrene
sublimacja *f fiz.* sublimation
sublimat *m chem.* mercuric chloride
sublimować *v* sublimate
submikron *m* submicron, submicroscopic particle
substancja *f* substance; matter
~ **chemiczna** (pure) substance, chemical individual
~ **lotna** volatile substance, volatile matter
~ **nielotna** non-volatile matter
~ **nieorganiczna** mineral matter
~ **obca** foreign substance
~ **organiczna** organic matter
~ **powierzchniowo czynna** surface-active substance
~ **reagująca** *chem.* reacting substance, reactant
~ **skażająca** contaminant; denaturant
~ **żrąca** caustic
substrat *m chem.* parent substance, substrate
subtraktor *m inf.* subtracter
subtraktywne mieszanie *n* **barw** *fot.* subtractive colour process
subwencja *f ek.* subsidy, subvention
sucha destylacja *f* **drewna** destructive distillation of wood
sucha destylacja *f* **węgla** coal carbonization
sucha pozostałość *f* (*po odparowaniu*) solid residue, total residue, total solids
suchy *a* dry
suchy dok *m okr.* dry dock, graving dock
suchy lód *m* dry ice, carbon dioxide snow
sufit *m* ceiling
sukno *n włók.* cloth
sulfamid *m chem.* sulfamide, sulfuryl amide
suma *f* amount; *mat.* sum
~ **algebraiczna** algebraic sum
~ **(geometryczna) wektorów** vector sum
~ **kontrolna** *inf.* check sum, proof total
~ **logiczna** logical sum, disjunction, OR operation
~ **zbiorów** *mat.* union of sets
sumaryczny *a* total; global
sumator *m inf.* adder
sumować *v* sum, totalize
sumowanie *n mat.* summation
supeł *m* kink
superfinisz *m obr.skraw.* superfinish
superfosfat *m chem.* superphosphate

superheterodyna *f rad.* superheterodyne (receiver)
superikonoskop *m TV* supericonoscope, emitron, image iconoscope
superortikon *m TV* image orthicon
superpozycja *f* **1.** (*funkcji*) *mat.* superposition **2.** (*fal*) *fiz.* superposition
supersoniczny *a aero.* supersonic
superstop *m met.* superalloy
suport *m obr.skraw.* slide, carriage, saddle
supremum *n mat.* least upper bound, supremum
surogat *m* substitute, surrogate
surowiec *m* raw material
surowy *a* raw; crude
surówka *f* **1.** *hutn.* pig iron **2.** *obr.plast.* blank
~ **besemerowska** Bessemer pig iron
~ **stopowa** alloy pig iron
~ **syntetyczna** synthetic pig iron
susceptancja *f el.* susceptance
susz *m* dried material
suszarka *f* drier, dryer
suszarnia *f* drier, drying room; drying stove
suszka *f powł.* siccative, quick-drier
suszyć *v* dry; exsiccate, desiccate; cure
suw *m masz.* stroke
~ **kukorbowy** outstroke
~ **odkorbowy** instroke
~ **pracy** *siln.* power stroke, working stroke
~ **rozprężania** expansion stroke
~ **sprężania** compression stroke
~ **ssania** suction stroke, induction stroke
~ **tłoczenia** (*pompy*) delivery stroke
~ **wydechu** *siln.* exhaust stroke
suwak *m masz.* slide, slider; slide valve
~ **logarytmiczny** slide rule
suwmiarka *f metrol.* slide caliper
suwnica *f* **bramowa** gantry crane; transporter crane
~ **pomostowa** overhead travelling crane
swobodny *a* free; unbounded
sworzeń *m masz.* pin; bolt
syciwo *n* saturant; impregnant; impregnating agent
syderyt *m min.* siderite, ironstone, spathic iron ore
syfon *m* **kanalizacyjny** drain trap, sewer trap, waste trap
sygnalizacja *f* signalling
~ **dźwiękowa** sound signalling
~ **świetlna** light signalling; *drog.* traffic lights
sygnalizator *m* signalling device; *inf.* invigilator
sygnał *m* signal
~ **alarmowy** alarm signal
~ **analogowy** analog signal
~ **cyfrowy** numerical signal
~ **dźwiękowy** sound signal, audible signal; *mot.* hooter, horn
~ **foniczny** *TV* sound signal
~ **ostrzegawczy** warning signal
~ **radiowy** radio signal
~ **sterujący** *aut.* command (signal)
~ **świetlny** light signal
~ **wejściowy** *aut.* input (signal)
~ **wizyjny** *TV* video signal
~ **wstrzymania** *inf.* break signal
~ **wyjściowy** *aut.* output (signal)
~ **zajętości-gotowości** *inf.* busy/ready signal
~ **zezwalający** *inf.* enable signal
sykatywa *f powł.* siccative, quick-drier
symbol *m* symbol
~ **chemiczny** chemical symbol
~ **kodowy** *inf.* code symbol
~ **matematyczny** mathematical symbol
symetralna *f* (*odcinka*) *geom.* bisector
symetria *f* symmetry
~ **osiowa** axial symmetry
~ **środkowa** central symmetry
~ **zwierciadlana** mirror-reflection symmetry, reflection plane symmetry
symetryczny *a* symmetric(al)
symilograf *m elektron.* facsimile transmitter
symilografia *f* telephoto(graphy), facsimile (photo)telegraphy, (tele)fax
symulacja *f inf.* simulation
symulator *m* **1.** *aut.* simulator **2.** *inf.* simulator program
synchrocyklotron *m nukl.* synchrocyclotron
synchrodyna *f rad.* synchrodyne receiver
synchrogenerator *m TV* synchronizing generator, sync generator
synchroniczny *a* synchronous
synchronizacja *f* synchronization, sync; timing
synchronizator *m* synchronizer
synchronizm *m* synchronism
synchronizować *v* synchronize; *masz.el.* pull into step; zero in
synchrotron *m nukl.* synchrotron
synfazowo *adv el.* in phase
syntetyczny *a* synthetic
synteza *f* synthesis
~ **fotochemiczna** photosynthesis
~ **jądrowa** (nuclear) fusion, thermonuclear reaction
~ **obrazu** *TV* scanning (*in reception*)

syntezator *m elakust.* synthetizer, synthesizer
sypki *a* loose (*material*)
syrena *f* siren; buzzer
system *m* **1.** system **2.** *geol.* formation
~ abonencki *inf.* time-sharing system, time-sharing service, subscriber system
~ dwójkowy *mat.* binary system
~ dziesiętny *mat.* decimal system, decimal notation
~ metryczny metric system
~ operacyjny *inf.* operating system
~ programowania *inf.* programming system
~ przechowywania i wyszukiwania danych *inf.* storetrieval system, storage and retrieval system
~ przetwarzania danych *inf.* data processing system
~ wielodostępny *inf.* multi-access system
~ wieloprocesorowy *inf.* multiprocessing system
~ zabezpieczeń reaktora *nukl.* reactor protection system
systematyczny *a* systematic
systematyka *f* systematics; *biol.* taxonomy
szablon *m* pattern; templet; mould; curve gauge
szacować *v* estimate; assess
szafa *f* cupboard; wardrobe
~ chłodnicza refrigerator
~ rozdzielcza *el.* cubicle
~ wyciągowa *lab.* fume cupboard
szafir *m min.* sapphire
szafka *f* locker; cabinet
szakla *f żegl.* shackle
szala *f* **wagi** scale pan, platter
szalowanie *n bud.* boarding; shuttering, formwork
szalupa *f* ship's boat; pinnace
szamot *m ceram.* chamotte
szare mydło *n* potash soft soap, green soap
szarpać *v* jerk; *włók.* tear
szarparka *f włók.* tearing machine
szatnia *f* cloak-room; dressing-room
szczątki *mpl* (*po katastrofie*) wreckage
szczątkowy *a* residual
szczebel *m* (*drabiny*) rung, spoke
szczegół *m* detail
szczelina *f* **1.** gap; slot; slit; interstice; crevice; fissure **2.** *siln.* port
~ dylatacyjna *bud.* expansion gap
szczelinomierz *m* feeler gauge, gap gauge, clearance gauge
szczeliwo *n* packing, stuffing, sealant
szczelny *a* tight; leakproof; air-tight; hermetic
szczęka *f masz.* jaw
~ hamulca brake shoe
szczęki *fpl* **imadła** vice jaws
szczotka *f el.* brush
szczypce *pl narz.* pliers; tongs
~ do cięcia drutu nippers, wire cutter
~ płaskie flat nose pliers
~ uniwersalne combination pliers, engineers' side-cutting pliers
szczypczyki *pl* forceps; pincette; tweezers
szczyt *m* **1.** peak; top **2.** *el.* peak load, maximum demand **3.** *bud.* gable
szelak *m* shellac
szelf *m* **kontynentalny** *geol.* continental shelf
szerardyzacja *f powł.* sherardizing, zinc impregnation
szereg *m* **1.** series **2.** row
~ geometryczny *mat.* geometric series
~ homologiczny *chem.* homologous series
~ napięciowy (*metali*) electromotive series, electrochemical series
~ nieskończony *mat.* infinite series
~ promieniotwórczy *nukl.* radioactive series, decay series, disintegration series
szeregowanie *n inf.* scheduling
szeregowo *adv* in series
szeroki *a* wide, broad
szerokość *f* width, breadth
~ geograficzna latitude
~ pasma (*częstotliwości*) *rad.* bandwidth
~ toru *kol.* rail gauge, track gauge
sześcian *m* **1.** *geom.* cube **2.** (*liczby*) cube
sześcienny *a* cubic(al)
sześciokąt *m geom.* hexagon
sześciokątny *a* hexagonal
sześciościan *m geom.* hexahedron
sześciowartościowy *a chem.* sexivalent, hexavalent
szew *m* seam
~ nitowy riveted joint
~ spawany intermittent weld, skip weld
szkic *m* sketch, draft
szkicować *v* sketch
szkielet *m* (*konstrukcji*) skeleton (*of a structure*), frame(work); carcass
~ zbrojeniowy *bud.* reinforcing cage
szkiełko *n* **przedmiotowe mikroskopu** micro(scopic) slide
~ przykrywkowe mikroskopu micro(scopic) glass
szklany *a* (made of) glass
szklarnia *f roln.* glass-house, greenhouse
szklenie *n bud.* glazing (*of windows*)
szklisty *a* glassy, glass-like, vitreous
szkliwienie *n ceram.* glazing (*covering with glaze*)

szkliwo *n ceram.* glaze
szkła *npl* **kontaktowe** *opt.* contact lenses
szkło *n* glass
~ **barwione** stained glass
~ **bezpieczne** safety glass, shatterproof glass
~ **kryształowe** lead glass, lead crystal
~ **kwarcowe** vitreous silica, quartz glass, silica glass
~ **matowe** clouded glass
~ **okienne** *bud.* window glass
~ **optyczne** optical glass, flint (glass)
~ **powiększające** magnifying glass
~ **przeciwodblaskowe** non-reflecting glass
~ **wodne** water-glass, soluble glass, liquid glass
~ **zbrojone** armoured glass, wire glass
szkodliwy *a* harmful; noxious; detrimental
szkodnik *m roln.* pest
szkody *fpl* **górnicze** mining damage
szkolenie *n* training, schooling, instruction
~ **zawodowe** vocational training
szkoła *f* **przyzakładowa** vestibule school
~ **techniczna** technical school; polytechnic
~ **zawodowa** trade school
szkółka *f* (*drzewek*) *roln.* nursery
szkuner *m okr.* schooner
szkutnictwo *n* boatbuilding
szkutnik *m* boatbuilder, shipwright
szkwał *m meteo.* squall
szlaban *m drog.* crossing gate
szlak *m* **żeglugowy** *żegl.* seaway, shipping lane, sea-lane
szlam *m* sludge; slime; mud; silt
szlif *m* **1.** *met.* microsection; metallographic specimen **2.** cut (*of a gem*)
szlifierka *f obr.skraw.* grinder, grinding machine
~ **bezkłowa** centreless grinder
~ **kłowa** centre-type grinder
~ **-ostrzarka narzędziowa** tool grinder, tool grinding machine, sharpener, sharpening machine
~ **suportowa** lathe grinder, tool-post grinder
szlifierz *m* grinder
szlifowanie *n* grinding
szmaragd *m min.* emerald
szmergiel *m min.* emery
sznur *m* cord; line
~ **przyłączeniowy** *el.* line cord, power cord
sznurek *m* string
szorować *v* scrub, scour
szorstki *a* rough, coarse
szorstkować *v* roughen, rasp
szosa *f* highroad
szot *m żegl.* sheet
szpachla *f* spatula; putty knife; stopping knife
szpachlować *v* lute; stop
szpachlówka *f* lute; putty; filler
szpagat *m* cord, twine
szpalta *f poligr.* column
szpara *f* gap; chink
szpat *m min.* spar
~ **ciężki** barite, baryte, heavy spar
~ **wapienny** (sparry) calcite, calcspar
~ **żelazny** siderite, ironstone, spathic iron ore
szpilka *f* pin
szpital *m* hospital
szprycha *f* spoke, wheel arm
szpula *f* spool; bobbin; reel
~ **nawijająca** (*np. taśmę magnetyczną*) take-up reel
~ **odwijająca** (*np. taśmę magnetyczną*) take-off reel
szron *m meteo.* hoarfrost, silver frost, rime
sztag *m żegl.* stay
sztauowanie *n żegl.* stowage, stevedoring
sztolnia *f* **1.** *górn.* (side) drift; adit **2.** *inż.* power tunnel
sztorm *m meteo.* storm
sztuczne ręce *fpl nukl.* master-slave manipulator
sztuczny *a* artificial; dummy
sztuczny jedwab *m* rayon
sztuczny satelita *m* artificial satellite
sztuka *f* piece; specimen; unit
sztukateria *f bud.* stuccowork
sztygar *m górn.* mine foreman, head miner
sztywnieć *v* stiffen, become rigid
sztywność *f mech.* rigidity, stiffness
sztywny *a* rigid, stiff
szufla *f narz.* shovel, scoop
szuflada *f* drawer
szukacz *m* **1.** *tel.* hunter, interference search device **2.** *mot.* searchlight
szukanie *n tel.* hunting; *inf.* search(ing)
szum *m* noise
szyb *m* shaft
~ **kopalniany** *górn.* pit shaft
~ **naftowy** oil well
~ **pieca** furnace shaft
~ **wentylacyjny** *górn.* ventilating shaft, air shaft
~ **wydobywczy** *górn.* drawing shaft, output shaft
szyba *f* (window) pane
~ **opuszczana** *mot.* drop window, wind-down window

~ pancerna transparent armour
~ panoramiczna *mot.* panoramic window, wrap-round window
~ przednia *mot.* windscreen; *US* windshield
szybka kolej *f* **miejska** underground; *US* subway
szybki *a* fast, quick, rapid
szybkobieżny *a* high-speed; quick-running
szybkościomierz *m* speed indicator, speedometer
szybkościowy *a* high-speed
szybkość *f* speed; rate; rapidity; celerity
~ ekonomiczna *mot.* maxmile speed
~ posuwu *obr.skraw.* feed rate
~ przesyłania danych *inf.* throughput
~ reakcji *chem.* reaction rate
~ skrawania *obr.skraw.* cutting speed
szybować *v lotn.* soar
szybowiec *m lotn.* glider; sailplane
szybowy *m górn.* shaftsman
szyć *v* sew; stitch
szyfr *m* code; cipher
szyfrator *m inf.* coder, encoder
szyfrować *v* code, encode; cipher (*a message*); *tel.* scramble
szyjka *f masz.* neck
szyk *m* array; *lotn.* formation
~ antenowy *rad.* aerial array
szyna *f* **1.** rail **2.** *inf.* bus
~ prądowa *kol.* conductor-rail, contact rail, third rail
szynoprzewód *m el.* busway
szyny *fpl* **zbiorcze** *el.* bus bars
szyper *m żegl.* skipper

Ś

ściana *f* **1.** wall **2.** *górn.* longwall
~ działowa *bud.* partition (wall), division wall
~ konstrukcyjna *zob.* **ściana nośna**
~ kryształu crystal face, facet
~ nośna *bud.* load-bearing wall, main load
~ oporowa *bud.* retaining wall
~ przeciwpożarowa *bud.* fire-wall, fire partition
~ wielościanu *geom.* face of a polyhedron
ścianka *f* wall
~ szczelna *inż.* sheet pile wall, sheet piling, sheeting
ściąć *v* truncate, cut off
ściąg *m* stay; brace; tie (rod); *bud.* bowstring
~ dachowy *bud.* roof beam
ściągacz *m* **1.** turnbuckle; right-and-left nut **2.** *narz.* puller **3.** *bud.* wall tie
ściągać *v* pull off
ścieg *m* **1.** *włók.* stitch; seam **2.** *spaw.* run; bead; (welding) sequence
~ graniowy *spaw.* root run, back-up weld
~ prosty *spaw.* string bead
~ zakosowy *spaw.* weave bead
ściek *m* **uliczny** gutter, street gully; catch basin
ściekać *v* drip; trickle
ścieki *mpl* sewage, liquid wastes
~ przemysłowe industrial wastes
ściemniacz *m el.* (light) dimmer
ściemnianie *n* **1.** (light) dimming **2.** *TV, kin.* fade-out
ścieniać się thin out
n-**ścienny** *a geom.* *n*-hedral
ścier *m papiern.* groundwood, (wood) pulp, paper pulp
ścierać *v* **1.** abrade; grind; wear off **2.** wipe
ścierak *m papiern.* pulp grinder
ścieralność *f* grindability
ścieranie *n* abrasion, abrasive action; grinding
~ się abrasive wear, attrition
ściernica *f obr.skraw.* grinding wheel
ścierniwo *n* abrasive (material), abradant
ścierny *a* abrasive
ścieżka *f* path
~ dla pieszych footpath, walkway, footway
~ dźwiękowa *elakust.* sound track
~ informacyjna information (recording) track
~ magnetyczna *elakust.* magnetic track
~ przewodząca *elektron.* conductor track, conductive path
~ zapisu *inf., elakust.* recording track
ścięcie *n* **skośne** (*krawędzi*) bevel, chamfer, scarf, cant
ścięgno *n* bracing wire, tie rod
ścięty skośnie bevelled, chamfered
ścigacz *m* **torpedowy** *okr.* motor torpedo boat
ścinać *v* cut down; hew; truncate
~ drzewa fell trees
~ się coagulate
~ skośnie bevel, chamfer
ścinanie *n wytrz.* shear(ing)
~ się *chem.* coagulation

ścinki *mpl* cuttings; chips
ściskać *v* compress; squeeze; clamp
ściskanie *n* compression; squeezing
ściski *pl narz.* clamp; hand screw
ścisłość *f* **1.** accuracy; exactness **2.** density, compactness
ścisły *a* **1.** accurate; exact **2.** dense, compact
ściśle styczny *geom.* osculatory
ściśliwość *f* compressibility
ściśliwy *a* compressible
ściśnięcie *n* compressing; squeezing; clamping
ślad *m* trace; track
~ **dźwiękowy** *elakust.* sound track
~ **magnetyczny** *elakust.* magnetic track
~ **płaszczyzny** *geom.* trace of a plane
~ **torowy** *żegl.* wake
śledzenie *n* tracing (*of a moving target*); tracking; *aut.* follow-up action
ślepa ulica *f* blind alley, cul-de-sac, dead--end street
ślepe lądowanie *n lotn.* blind landing
ślepe okno *n bud.* blind window
ślepy chodnik *m górn.* blind drift
ślepy otwór *m* blind hole
ślepy tor *m kol.* stub track
ślimacznica *f masz.* wormwheel
ślimak *m masz.* worm, perpetual screw
śliski *a* slippery
ślizg *m* **1.** *masz.* shoe, slipper **2.** chute (conveyor) **3.** *lotn.* sideslip **4.** *okr.* planing craft, skimming boat
~ **lodowy** ice-boat, ice yacht
ślizgacz *m* **1.** *masz.* shoe, slipper **2.** *okr.* planing craft, skimming boat
ślizgać się slide; glide; slip, skid
ślusarz *m* fitter; locksmith
~ **instalacji rurowych** plumber
~ **narzędziowy** toolmaker
~ **precyzyjny** *obr.skraw.* die sinker
śluza *f inż.* (canal) lock, sluice, flood-gate
~ **powietrzna** air-lock
śluzowanie *n żegl.* locking
śmieci *pl* rubbish; garbage; refuse; litter
śmieciarka *f* **samochodowa** refuse collection truck, garbage truck
śmietnik *m* **1.** dustbin **2.** *inf.* garbage
śmigło *n* airscrew, propeller
~ **ogonowe** (*śmigłowca*) tail rotor, auxiliary rotor
śmigłowiec *m lotn.* helicopter
śniedź *f met.* patina, verdigris
śnieg *m* **1.** snow **2.** *TV* snow
śniegołaz *m* snowmobile
średni *a* mean, medium, average
średnia *f mat.* mean, average
~ **arytmetyczna** arithmetic mean, arithmetic average
~ **geometryczna** geometric mean
~ **harmoniczna** harmonic mean
~ **kwadratowa** quadratic mean
średnica *f geom.* diameter
~ **otworu** inside diameter; bore
średnicowy *a* diametral
średnicówka *f metrol.* rod gauge, bar gauge
średniej wielkości middle-sized
średnio *adv* at the average, on the average
środek *m* **1.** centre; middle; midpoint **2.** agent; medium, *zob. też* **środki**
~ **aktywujący** activating agent, activator
~ **antyadhezyjny** *gum., tw.szt.* release agent, parting agent
~ **bakteriobójczy** bactericide
~ **barwiący** colouring agent
~ **bezwładności** *zob.* **środek masy**
~ **bielący** bleaching agent, bleach
~ **chemiczny** chemical agent
~ **chwastobójczy** weedkiller, herbicide
~ **chwilowy** (*obrotu*) *mech.* instantaneous centre
~ **ciężkości** *mech.* centre of gravity
~ **czyszczący** cleanser; cleaner; detergent
~ **dezynfekcyjny** disinfectant
~ **do wywabiania plam** stain remover
~ **emulgujący** *chem.* emulsifier, emulsifying agent
~ **gryzoniobójczy** rodenticide
~ **grzybobójczy** fungicide
~ **impregnujący** impregnant, impregnating agent
~ **jednokładności** *geom.* centre of similitude, centre of similarity
~ **koła dopisanego** *geom.* excentre
~ ~ **opisanego** circumcentre
~ ~ **wpisanego** orthocentre, incentre
~ **konserwujący** preservative
~ **masy** *mech.* centre of mass, centre of inertia
~ **odtleniający** deoxidizing agent, deoxidizer, deoxidant
~ **odwaniający** deodorant, deodorizer
~ **optycznie rozjaśniający** optical brightener, optical whitening agent
~ **owadobójczy** insecticide, insect exterminant
~ **piorący** washing agent; detergent
~ **powierzchniowo czynny** *chem.* surface active agent, surfactant
~ **przeciw szkodnikom** pesticide
~ **przeciwrdzewny** rust preventive
~ **przeciwstukowy** *paliw.* antiknock (agent), antidetonant

~ **przyspieszający** *chem.* accelerant
~ **redukujący** *chem.* reducer, reducing agent
~ **stabilizujący** stabilizing agent, stabilizer
~ **symetrii** centre of symmetry
~ **utleniający** *chem.* oxidizing agent, oxidant, oxidizer
~ **utrwalający** fixing agent, fixative
~ **wyporu** *mech.pł.* centre of buoyancy
~ **zagęszczający** thickener, thickening agent
~ **zastępczy** substitute, surrogate
~ **zmiękczający** softening agent, softener
~ **zobojętniający** neutralizing agent, neutralizer
środki *mpl* **1.** means; resources **2.** agents; media, *zob. też* **środek**
~ **bezpieczeństwa** safety measures, safeguards
~ **bojowe chemiczne** chemical warfare agents, CW agents
~ **łączności** means of communication
~ **masowego przekazu** mass media
~ **ochrony roślin** *roln.* (plant) pesticides, pest control products, crop protection products
~ **ostrożności** precautions
~ **produkcji** means of production
~ **programowo-sprzętowe** *inf.* middleware
~ **promieniochronne** radiation protection measures
~ **przeciwdziałające** countermeasures
~ **spożywcze** foodstuffs
~ **transportu** means of transport
~ **zapobiegawcze** preventives, preventive measures
środkowa *f geom.* median
środkowanie *n* centring, alignment
środkowiec *m narz.* centre bit
środkownik *m metrol.* centre square; centre head
środkowy *a* middle; central
środnik *m* (*np. dwuteownika*) web
środowisko *n* environment; surroundings; *fiz.* medium; *biol* habitat
~ **korozyjne** corroding medium
~ **naturalne** natural environment
~ **rozpraszające** *rad.* dispersion medium, dispersive medium
śródlądowy *a* inland
śródmieście *n* town centre, city, downtown
śródokręcie *n okr.* midship, middlebody; waist
śruba *f* screw; bolt
~ **Archimedesa** *hydr.* Archimedean screw, Archimedes' screw
~ **dociskowa** set screw; press bolt
~ **dwustronna** stud-bolt, double-nutted bolt
~ **fundamentowa** anchor bolt, anchor rod, foundation bolt
~ **lewozwojna** left-handed screw
~ **mikrometryczna** micrometer screw
~ **mocująca** clamp(ing) screw, holding-down bolt
~ **montażowa** erection bolt; tackbolt
~ **napędowa 1.** *masz.* power screw **2.** *okr.* screw propeller
~ **nastawcza** adjusting screw
~ **oczkowa** eye bolt
~ **pasowana** fitted screw
~ **pociągowa** *obr.skraw.* lead-screw, feed screw, guide screw
~ **prawozwojna** right-handed screw
~ **radełkowana** thumb screw
~ **skrzydełkowa** butterfly screw
~ **ustalająca** set screw, fixing bolt
~ **z łbem sześciokątnym** hexagon bolt
~ **zaciskowa** clamp(ing) screw; *el.* terminal screw
~ **złączna** coupling bolt; screw fastener
śrubokręt *m* screwdriver
śrubunek *m* pipe union (joint)
śrut *m* shot
śrutowanie *n* **1.** shot peening **2.** *hutn., odl.* shot blasting, blast cleaning **3.** *roln.* grinding
świadectwo *n* certificate; attestation
~ **odprawy celnej** clearance certificate
~ **pochodzenia** (*towaru*) certificate of origin
światła *npl* lights, *zob. też* **światło**
~ **drogi startowej** *lotn.* flare-path
~ **drogowe** *mot.* driving lights, road lights, driving beam
~ **hamowania** *mot.* stop lights
~ **mijania** *mot.* passing lights, anti-dazzle lights, passing beam
~ **nawigacyjne** *lotn., żegl.* navigation lights
~ **postojowe** *mot.* parking lights
~ **przeciwmgłowe** *mot.* fog lights
~ **ruchu drogowego** traffic lights
światło *n* **1.** light; visible radiation, light radiation, *zob. też* **światła 2.** inside diameter **3.** *poligr.* blank space
~ **błyskowe** flashlight
~ **dzienne** daylight
~ **migowe** blinker light
~ **odbite** reflected light
~ **przerywane** intermittent light
~ **słoneczne** sunlight
~ **spolaryzowane** polarized light
~ **spójne** coherent light
~ **stałe** fixed light
~ **tylne** *mot.* rear light, tail light

~ **uprzywilejowania** (*z obracającym się odbłyśnikiem*) *mot.* rotating flashing lamp
światłoczułość *f fot.* sensitivity to light, photosensitivity; *fot.* speed
światłoczuły *a* light-sensitive, photosensitive
światłodruk *m poligr.* phototype
światłokopia *f fot.* print; blueprint
światłomierz *m fot.* exposure meter, light meter
światłoodporny *a* light-resistant, photostable
światłopis *m inf.* light pen
światłoszczelny *a* lightproof
światłość *f opt.* luminous intensity, light intensity
światłowód *m* light pipe, optical waveguide
świder *m* bit; *górn.* drill
~ **rdzeniowy** *wiertn.* core barrel
~ **ręczny** (*z uchwytem*) *drewn.* gimlet
~ **ziemny** earth drill
świeca *f* candle
~ **dymna** smoke candle
~ **zapłonowa** *siln.* sparking plug, ignition plug
~ **żarowa** *siln.* heater plug, glow plug
świecący *a* luminous
świetlenie *n* (*w gazach*) *el.* glow discharge, glowing
świetlik *m bud.* skylight
świetlówka *f* fluorescent lamp
świeżenie *n* **stali** *hutn.* steel refining
świeży *a* fresh

T

tabela *f* table, chart
tabletka *f* tablet; *tw.szt.* preform, pellet, biscuit
tabletkarka *f* tableting machine; *tw.szt.* pelleter, pelleting machine, preforming press
tablica *f* **1.** board; panel **2.** table, chart **3.** *inf.* array
~ **decyzyjna** *inf.* decision table
~ **do pisania** blackboard
~ **dwudzielna** *statyst.* four-fold table
~ **funkcji** *inf.* look-up table
~ **kontrolna 1.** *el.* control board **2.** *TV* test pattern, resolution chart
~ **połączeń** *el.* plugboard, patch board
~ **programowania** *inf.* plugboard, patchpanel, problem board
~ **przeglądowa** *inf.* look-up table
~ **przeliczeniowa** conversion table
~ **rejestracyjna** *mot.* number plate, licence plate
~ **rozdzielcza 1.** *el.* switchboard; distribution board **2.** *mot.* dashboard
~ **symboli** *inf.* symbol table
~ **szkolna** blackboard
~ **wskaźników** instrument panel; *mot.* dashboard
tablice *fpl* **logarytmiczne** *mat.* logarithmic tables
tablicować *v* tabulate
tabliczka *f* **identyfikacyjna** identification plate, tally
~ **rysunkowa** *rys.* title block
~ **znamionowa** *masz.* rating plate, data plate
tabor *m* (*kolejowy, samochodowy*) rolling stock
tabulator *m* **1.** *biur.* tabulator **2.** *inf.* tabulating machine, tabulator
tabulogram *m inf.* report
taca *f* tray
tachograf *m metrol.* tachograph
tachometr *m* tachometer, revolution counter, rev-counter
tachymetr *m geod.* tachymeter, tacheometer
taczka *f* wheelbarrow
tafla *f* panel; pane
tajanie *n* thawing
takielunek *m okr.* rigging
taksacja *f* appraisal; valuation
taksometr *m* taximeter, fare register
taksówka *f* taxi, (taxi-)cab
takt *m masz.* stroke
~ **zegara sieciowego** (*jednostka czasu równa* 1/60 *s*) *inf.* tick
taktomierz *m* metronome
taktowanie *n* (*sygnałów*) *inf.* timing
tal *m chem.* thallium, Tl
talerz *m* plate; *masz.* dished disk
~ **obrotowy** (*w gramofonie*) *akust.* turntable
talia *f żegl.* purchase, tackle
talk *m min.* talc
talweg *m geol.* thalweg, valley line
tama *f inż.* dam; bulkhead; cofferdam; *górn.* stopping; brattice
~ **bezpieczeństwa** *górn.* emergency stopping

~ **regulacyjna 1.** *inż.* training wall **2.** *górn.* gauge door
tandem *m* **1.** arrangement in series **2.** tandem
tangens *m mat.* tangent
tangensoida *f mat.* tangent curve
tanina *f chem.* tannin, tannic acid
tankowanie *n* refuelling
tankowiec *m okr.* tanker
tantal *m chem.* tantalum, Ta
tapeta *f* wallpaper
tapicerka *f* upholstery
tara *f* tare (weight)
taran *m* **hydrauliczny** hydraulic ram
taras *m* **1.** *bud.* terrace **2.** *inż.* berm, bench **3.** *geol.* bench; terrace
tarasowanie *n inż.* benching
tarcica *f* sawn timber, sawn wood
tarcie *n* friction
~ **kinetyczne** kinetic friction, friction of motion
~ **posuwiste** sliding friction
~ **potoczyste** *zob.* **tarcie toczne**
~ **ruchowe** *zob.* **tarcie kinetyczne**
~ **spoczynkowe** static friction, stiction, friction of rest
~ **statyczne** *zob.* **tarcie spoczynkowe**
~ **suwne** sliding friction
~ **ślizgowe** *zob.* **tarcie suwne**
~ **toczne** rolling friction, rolling resistance
~ **wewnętrzne** viscosity, internal friction
tarciowy *a* frictional
tarcza *f* **1.** shield; disk **2.** *nukl.* target
~ **hamulcowa** brake disk
~ **koła** wheel disk; *kol.* web of a wheel, wheel plate
~ **numerowa** *telef.* dial
~ **pędna** *górn.* Koepe pulley
~ **polerska** polishing wheel, buffing wheel, buff
~ **spawacza** welder's handshield, face shield
~ **sprzęgła** clutch plate
~ **szlifierska** disk-type grinding wheel, abrasive disk; *szkl.* nog plate
~ **ścierna** *zob.* **tarcza szlifierska**
~ **z podziałką** *metrol.* indicating dial
~ **zegara** dial-plate of a clock
tarczownica *f bud.* folded plate structure
tarczówka *f* **1.** *obr.skraw.* surfacing lathe, face lathe **2.** *drewn.* circular saw, buzz saw
targarka *f* **(bel)** *włók.* bale breaker, breaking machine
targi *mpl ek.* fair
tarka *f* rasp; rasping machine
tarnik *m narz.* rasp (file)
tarować *v* tare
tarownik *m* **wagi** balance weight, balance ball
tartak *m* sawmill
taryfa *f* tariff; rate
tasmanit *m* (*węgiel bitumiczny*) tasmanite, white coal
taster *m poligr.* keyboard (*in monotype*)
taśma *f* tape; band; strip; *włók.* sliver
~ **błędów** *inf.* error tape
~ **czysta** *inf.* blank tape
~ **dziurkowana** perforated tape, punch(ed) tape
~ **filmowa** (cinematograph) film, ciné-film, film stock
~ **geodezyjna** tape measure, measuring tape
~ **klejąca** adhesive tape
~ **magnetofonowa** sound recording magnetic tape
~ **magnetowidowa** video tape
~ **magnetyczna** magnetic tape
~ **miernicza** *zob.* **taśma geodezyjna**
~ **montażowa** assembly belt
~ **perforowana** perforated tape, punch(ed) tape
~ **przenośnika** conveyor belt
~ **samoprzylepna** pressure-sensitive adhesive tape
~ **tapicerska** webbing
~ **źródłowa systemu** *inf.* system master tape
taśmociąg *m* belt conveyor flight
taśmoteka *f* library of tapes
taśmówka *f drewn.* bandsawing machine, band-saw
tautochrona *f mech.* tautochrone
tautologia *f mat.* tautology
tautomeria *f chem.* tautomerism, dynamic isomerism
tąpnięcie *n górn.* crump, bounce, bump
technet *m chem.* technetium, Tc
techniczna metryczna jednostka *f* **masy** metric-technical unit of mass, hyl, metric slug: 1 TME = 9.80665 kg
technicznie czysty *chem.* technically pure, commercially pure
techniczny *a* technological; technical
techniczny węglan *m* **potasowy** *chem.* potash
techniczny węglan *m* **sodowy** *chem.* soda, sodium carbonate
technik *m* technician, engineer
technika *f* **1.** engineering; technology **2.** technique
~ **analogowa** analog technique

~ **budowlana** structural engineering, architectural engineering, construction engineering
~ **cyfrowa** digital-circuit engineering, digital electronics
~ **hybrydowa** hybrid technique
~ **impulsowa** impulse technique, pulse electronics
~ **jądrowa** nuclear engineering
~ **mikrofalowa** microwave technique
~ **mikroprocesorowa** microprocessor engineering
~ **obliczeniowa** calculation technique, computing technique
~ **oświetleniowa** lighting engineering
~ **pomiarowa** measuring technique
~ **programowania** software engineering
~ **rakietowa** rocketry, rocket engineering
~ **sanitarna** sanitary engineering
~ **wojskowa** military technology
technikum *n* technical school
technolog *m* process engineer, production engineer
technologia *f* product(ion) engineering, process engineering, production technology
~ **budowy maszyn** mechanical engineering, tool engineering, workshop practice
~ **chemiczna** chemical technology
~ **elektronowa** electron-beam technology
~ **mechaniczna** product engineering
~ **procesu wielkopiecowego** blast-furnace practice
~ **warstw cienkich** *elektron.* thin-film technology
~ ~ **grubych** thick-film technology
~ **żywienia** nutrition engineering
~ **żywności** food engineering, food technology
technologiczność *f* (*konstrukcji*) producibility
teczka *f* **1.** briefcase **2.** folder; binder
teina *f chem.* theine, caffeine
teks *m jedn. włók.* tex: 1 tex = 10^{-6} kg/m
tekst *m* text
tekstura *f* **1.** *kryst.* texture, preferred orientation **2.** *petr.* texture
tekstylia *pl włók.* textiles
tektonika *f geol.* tectonics
tektura *f papiern.* (card)board; paperboard
teleautomatyka *f* remote control engineering
teledacja *f inf.* data transmission
teledator *m inf.* data transmission unit
teledetektor *m aut.* scanner
teleelektryka *f* telecommunication engineering
telefon *m* **1.** telephone (set) **2.** telephone (system)
~ **wewnętrzny 1.** extension telephone **2.** interphone, domestic telephone
telefonia *f* telephony
telegraf *m* telegraph
telegrafia *f* telegraphy
~ **abonencka** telex, teleprinter exchange
~ **faksymilowa** telephoto(graphy), facsimile (photo)telegraphy, (tele)fax
~ **kopiowa** *zob.* **telegrafia faksymilowa**
telegraficznie *adv* by wire
telegrafista *m* telegraph operator
telegrafować *v* telegraph; cable
telegram *m* telegram; cablegram
teleinformatyka *f inf.* data communications
telekomunikacja *f* telecommunications
teleks *m* telex, teleprinter exchange
telemechanika *f* telemechanics, remote--control engineering
telemetria *f* telemetry, remote measurements
teleobiektyw *m fot.* telephoto lens
teleprzetwarzanie *n inf.* teleprocessing
teleran *m nawig., lotn.* teleran (= television and radar navigation)
teleskop *m opt.* telescope
~ **na podczerwień** infrared telescope
~ **zwierciadlany** reflecting telescope
telesterowanie *n* telecontrol, remote control
teletechnika *f* telecommunication engineering
teletekst *m TV* teletext
telewizja *f* television
~ **czarno-biała** black-and-white television, monochrome television
~ **kablowa** *zob.* **telewizja przewodowa**
~ **kolorowa** colour television
~ **monochromatyczna** *zob.* **telewizja czarno-biała**
~ **przemysłowa** industrial television
~ **przewodowa** community aerial television, cable television
~ **użytkowa** closed-circuit television
telewizor *m* television receiver, television set, TV set
tellur *m chem.* tellurium, Te
temat *m mat.* statement
temperatura *f* temperature
~ **absolutna** *zob.* **temperatura bezwzględna**
~ **bezwzględna** absolute temperature
~ **Curie** *met.* Curie temperature, Curie point, magnetic transformation point
~ **fuzji** *nukl.* fusion temperature
~ **kondensacji** condensation point

~ **krytyczna** critical temperature, critical point
~ **krzepnięcia** freezing temperature, freezing point, solidification point
~ **nadmierna** overtemperature
~ **normalna** normal temperature (273.15 K)
~ **odniesienia** fiducial temperature
~ **otoczenia** ambient temperature
~ **parowania** evaporation temperature
~ **podwyższona** elevated temperature
~ **pokojowa** room temperature
~ **pracy** working temperature
~ **przemiany** *met.* critical temperature, critical point, transformation point, transition point
~ **rosy** dew-point, saturation point
~ **rozkładu** breakdown point
~ **samozapłonu** autoignition point, spontaneous ignition temperature
~ **skraplania** condensation point
~ **spalania** combustion temperature
~ **sublimacji** sublimation temperature, snow point
~ **syntezy jądrowej** *nukl.* fusion temperature
~ **termodynamiczna** thermodynamic temperature
~ **topnienia** melting point; fusion temperature
~ **wrzenia** boiling point, bubble point
~ **zamarzania** freezing temperature, freezing point, solidification point
~ **zapłonu** ignition temperature, flash-point
tempo *n* rate, speed
tender *m* **1.** *kol.* tender **2.** *okr.* tender (ship)
tensjometr *m* (*przyrząd do pomiaru napięcia powierzchniowego*) *fiz.* tensiometer
tensometr *m wytrz.* extensometer; strain gauge
tensor *m mat.* tensor
tent *m okr.* awning
teodolit *m geod.* theodolite, altometer
teoretyczny *a* theoretical
teoria *f* theory
~ **automatów** automata theory
~ **ewolucji** evolution theory
~ **gier** *mat.* game theory, theory of games
~ **grafów** *mat.* graph theory
~ **informacji** information theory
~ **kolejek** *zob.* **teoria masowej obsługi**
~ **kwantów** quantum theory
~ **liczb** *mat.* number theory
~ **masowej obsługi** queuing theory
~ **mnogości** *mat.* set theory
~ **prawdopodobieństwa** probability mathematics, theory of probability
~ **wielkiego wybuchu** *astr.* big bang theory, superdense theory
~ **względności** *fiz.* relativity theory
teownik *m* tee bar, T-bar
teowniki *mpl* **stalowe** tee iron, T-iron
terakota *f ceram.* terracotta
terb *m chem.* terbium, Tb
teren *m* terrain; site; ground
~ **budowy** building ground
~ **doświadczalny** experimental area
~ **skażony** contaminated area, contaminated ground
~ **uzbrojony** developed area
term *m fiz.* term
terma *f* **1.** *geol.* therma (*pl* thermae), thermal spring **2.** water heater
termiczny *a* thermal
termin *m* **1.** time-limit; fixed date **2.** *jęz.* term
~ **dostawy** time of delivery, delivery date
~ **ostateczny** deadline
~ **ważności** expiration date
terminal *m* **1.** *inf.* terminal **2.** *transp.* terminal (station)
~ **inteligentny** *inf.* intelligent terminal, smart terminal
terminator *m* **1.** apprentice **2.** *astr.* terminator, circle of illumination
termistor *m elektron.* thermistor, temperature-sensitive resistor
termit *m met.* thermit(e)
termochemia *f* thermochemistry
termodyfuzja *f* thermal diffusion, thermodiffusion
termodynamiczny *a* thermodynamic
termodynamika *f* thermodynamics
~ **klasyczna** thermostatics, classical thermodynamics
termoelektroda *f* thermocouple wire
termoelektrolizer *m* electrolytic furnace
termoelektron *m fiz.* thermion, thermoelectron
termoelektryczność *f* thermoelectricity
termoelement *m* thermocouple, thermoelement
termoemisja *f* thermionic emission
termogenerator *m* thermoelectric generator, thermal converter
termograf *m* thermograph, recording thermometer, temperature recorder
termografia *f* thermography, infrared photography, thermal photography
termogram *m* (*zapis wykonany przez termograf*) thermogram, thermal image, infrared photograph

termojądrowy *a fiz.* thermonuclear
termojon *m fiz.* thermion
~ **ujemny** thermoelectron
termokatoda *f el.* thermionic cathode, hot cathode
termokolor *m* thermometric ink, thermometric paint
termolokacja *f* infra-red range and direction detection
termoluminescencja *f* thermoluminescence
termometr *m* thermometer
~ **cieczowy** liquid thermometer
~ **dylatacyjny** expansion thermometer
~ **elektryczny** electric thermometer, electrothermometer
~ **gazowy** gas thermometer
~ **manometryczny** pressure (spring) thermometer
~ **optyczny** optical pyrometer
~ **piszący** thermograph, recording thermometer, temperature recorder
~ **rozszerzalnościowy** expansion thermometer
~ **rtęciowy** mercurial thermometer
termometryczny *a* thermometric
termoogniwo *n* thermocouple, thermoelement
termopara *f zob.* **termoogniwo**
termoplasty *mpl* (*żywice lub tworzywa termoutwardzalne*) thermoplastics
termoplastyczny *a* thermoplastic
termos *m* vacuum bottle, vacuum flask
termosfera *f geofiz.* thermosphere
termostat *m* thermostat
termostatyka *f* thermostatics, classical thermodynamics
termoutwardzalny *a* thermosetting, thermohardening, heat-hardening
termowizja *f* thermovision
termowizor *m* infrared receiver, nancy receiver
terpentyna *f* turpentine (oil), spirits of turpentine, turps
terpeny *mpl chem.* terpenes
tesla *f jedn.* tesla, T
test *m* **1.** test **2.** *inf.* trial routine
~ **kontrolny** *inf.* checkout
~ **przeskokowy** *inf.* leapfrog test
~ **statystyczny** *mat.* criterion (*pl* criteria)
testowanie *n* **programu** *inf.* program testing
tetra *f chem.* carbon tetrachloride, tetrachloromethane
tetrada *f* (*czwórka bitów*) *inf.* tetrad
tetraedr *m* **1.** *geom.* tetrahedron **2.** *kryst.* tetrahedron
tetragonalny *a kryst.* tetragonal
tetroda *f elektron.* tetrode, four-electrode tube
tex *m jedn. włók.* tex: 1 tex = 10^{-6} kg/m
teza *f* argument; thesis (*pl* theses)
tezaurus *m inf.* thesaurus (*pl* thesauri), indexing vocabulary
tępy *a* blunt; dull; obtuse
tętnienie *n fiz.* pulsation
~ **prądu** *el.* ripple
tężeć *v* stiffen; solidify
tężnik *m bud.* brace, stay
tiksotropia *f chem.* tixotropy; *farb.* false body
tiokarbamid *m zob.* **tiomocznik**
tiomocznik *m chem.* thiourea, thiocarbamide
tiosiarczan *m chem.* hyposulfite, thiosulfate
titr *m włók.* titre
titrant *m chem.* titrant, standard solution
tkactwo *n włók.* weaving
tkalnia *f* weaving mill, weaving plant
tkanina *f* (woven) fabric; cloth
~ **azbestowa** asbestos cloth
~ **grzejna** *el.* woven resistors
~ **kordowa** cord (fabric)
tkanka *f biol.* tissue
tlen *m chem.* oxygen, O
~ **95%** low-purity oxygen
~ **99,5%** high-purity oxygen
~ **ciekły** liquid oxygen, lox
~ **ciężki** heavy oxygen, oxygen-18, ^{18}O
~ **techniczny** (*do celów technicznych*) tonnage oxygen
tlenek *m chem.* oxide
~ **deuteru** deuterium oxide, heavy water
~ **kwasowy** acid(ic) oxide
~ **magnezowy** magnesium oxide, magnesia
~ **trytu** heavy-heavy water
~ **węgla** carbon monoxide
~ **wodoru** hydrogen oxide, water
~ **zasadowy** basic oxide
tlenowce *m pl* **1.** *chem.* oxygen family, chalcogens (O, S, Se, Te, Po) **2.** *biol.* aerobes
tlenownia *f* oxygen (generating) plant
tlić się smoulder
tło *n* background
~ **licznika** (*promieniowania*) *fiz.* background count
~ **promieniowania** *fiz.* background radiation
tłoczek *m masz.* (small) piston; plunger
tłoczenie *n* **1.** *obr.plast.* stamping; press forming, pressing **2.** forcing; pumping
~ **głębokie** deep drawing
tłocznia *f* **1.** *obr.plast.* stamping press **2.** *spoż.* extractor press

tłocznictwo *n* sheet-metal working, press-forming (industry); presswork
tłocznik *m obr.plast.* (stamping) die, press-forming die, press tool
~ **gnący** bending die
~ **jednoczesny** compound die
~ **prosty** simple press tool, simple die
~ **złożony** combination press tool, combination die
tłoczność *f obr.plast.* drawability, press-formability
tłoczysko *n siln.* piston rod
tłoczywo *n tw.szt.* moulding composition, moulding compound
tłok *m masz.* piston
~ **drgający** *akust.* vibrating piston
~ **odciążający** (*maszyny przepływowej*) balance drum, balance piston
~ **wiadrowy** (*w pompach*) pump bucket
~ **zaworowy** *zob.* **tłok wiadrowy**
tłuczarka *f* stamp(ing) mill
tłuczek *m* beater; pestle; stamp
tłuczeń *m drog.* broken stone, breakstone
tłumacz *m* translator; interpreter
tłumaczenie *n* translation; interpreting
~ **komputerowe** *zob.* **tłumaczenie maszynowe**
~ **maszynowe** *inf.* machine translation, automatic translation
tłumienie *n* attenuation; damping; suppression
~ **drgań** vibration damping
~ **sygnałów synfazowych** *elektron.* in-phase rejection, common mode rejection
~ **sygnału wspólnego** *zob.* **tłumienie sygnałów synfazowych**
tłumienność *f fiz.* attenuation
tłumik *m* **drgań** vibration damper
~ **dźwięków** silencer, muffler
~ **w rurze wydechowej** *mot.* exhaust silencer
~ **zakłóceń** *elakust.* noise suppressor
tłusty *a* **1.** fatty; oily **2.** (*druk*) bold (-faced)
tłuszcz *m* fat
~ **roślinny** vegetable fat, plant fat
~ **zwierzęcy** animal fat
tłuszczomierz *m* butyrometer
toczak *m* grindstone
toczenie *n* **1.** *obr.skraw.* turning **2.** rolling **3.** *ceram.* throwing
~ **kształtowe** *obr.skraw.* contour turning
~ **poprzeczne** *obr.skraw.* facing
~ **się** rolling (motion)
~ **wzdłużne** *obr.skraw.* sliding
toczny *a transp.* rolling
toczysko *n ryb.* roller
tokarka *f obr.skraw.* (turning) lathe
~ **automatyczna** automatic lathe, (full) automatic, auto-lathe
~ **karuzelowa** turning and boring lathe, vertical lathe, vertical boring mill
~ **kłowa** centre lathe
~ **-kopiarka** tracer-lathe, copying lathe
~ **narzędziowa** toolmaker's lathe
~ **-obcinarka** cutting-off lathe
~ **półautomatyczna** semi-automatic (lathe)
~ **rewolwerowa** turret lathe
~ **tarczowa** face lathe, surfacing lathe
~ **uniwersalna** toolmaker's lathe, engine lathe
~ **-wytaczarka** boring lathe
~ **- zataczarka** backing-off lathe, relieving lathe
~ **-zdzierarka** roughing lathe
tokarnia *f* turning shop, turnery
tokarz *m* turner, lathe hand
toksyczny *a* toxic, poisonous
tolerancja *f* tolerance; allowance
~ **ciężaru** *transp.* weight allowance
~ **kształtu** *masz.* geometrical tolerance, tolerance of form
~ **wymiaru** dimensional tolerance
tolerowanie *n* (*wymiaru*) *rys.* tolerancing (*of dimensions*)
toluen *m chem.* toluene, methylobenzene
tom *m* volume (*of a book*)
tomasyna *f* Thomas slag; basic slag phosphate
tombak *m met.* tombac, red brass
tomofan *m tw.szt.* cellophane
tomograf *m radiol.* tomograph, laminagraph, stratigraph
tomografia *f* tomography, laminagraphy, stratigraphy
tomogram *m* (*zdjęcie*) tomograph, laminagraph, stratigraph
ton *m akust.* simple tone, pure sound
tona *f jedn.* ton
~ **metryczna** *jedn.* metric ton: $1\ t = 1000\ kg$
~ **rejestrowa** *okr.* register ton, measurement ton, gross ton $(= 2.83\ m^3)$
~ **-siła** ton-force: $1\ T = 0.980655 \cdot 10\ kN$
tonaż *m okr.* tonnage
tonąć *v* sink; founder (*of a ship*), go down
tony *mpl* **niskie** *akust.* bass
~ **wysokie** treble
topienie *n* melting; fusion
topik *m el.* fuse-element, fuse-link
topliwość *f* fusibility
topnienie *n* melting

topnik *m* flux, fluxing agent, fusing agent
topnisko *n* **pieca** *hutn.* hearth
topografia *f* topography
topologia *f mat.* topology
~ **fotomaski** *elektron.* mask layout
~ **układów scalonych** *elektron.* IC layout
toporek *m* hatchet, hand-axe
topór *m* ax(e)
~ **ciesielski** adz(e)
~ **kowalski** anvil cutter
tor *m* **1.** *mech.* path, trajectory **2.** *kol.* track **3.** *el.* line; circuit; channel **4.** *chem.* thorium, Th **5.** *jedn.* torr: $1\,Tr = 1.333224 \cdot 10^2$ Pa
~ **boczny** *kol.* siding
~ **jezdny** (*suwnicy*) runway
~ **kolejowy** railway track
~ **ślepy** *kol.* stub track
~ **wąski** *kol.* narrow-gauge track
~ **wodny** *żegl.* fairway, water lane
torba *f* bag; pouch
torf *m* peat
~ **hydrauliczny** hydropeat
~ **rozmywany** *zob.* **torf hydrauliczny**
torfowisko *n* peat-bog; peat land
torkret *m bud.* gunite, shotcrete
torkretnica *f bud.* cement gun, concrete gun
toroidalny *a* toroidal
toromierz *m kol.* track gauge, rail gauge
toron *m chem.* thoron, thorium emanation, Tn
torowisko *n kol.* railway subgrade
~ **drogowe** road subgrade
~ **przewodów** *el.* raceway, wireway
torpeda *f* **1.** *wojsk.* torpedo *2. wiertn.* torpedo **3.** *tw.szt.* torpedo, pencil
torpedować *v* **odwiert** *wiertn.* shoot the well
torsja *f geom.* second curvature
torsjometr *m* torsiometer, torsion meter
torus *m geom.* torus (*pl* tori)
tory *mpl* **wodowaniowe** *okr.* ground ways, standing ways
towar *m ek.* commodity, merchandise, goods
towarowiec *m okr.* cargo carrier, cargo ship
towaroznawstwo *n* product determination, science of commodities
towarzystwo *n* **1.** *ek.* company; society **2.** *chem.* association
towot *m* cup grease
tożsamość *f mat.* identity
tracić *v* **na wadze** lose weight
~ **na wartości** lose value, fall in value
~ **połysk** lose lustre, tarnish
~ **zabarwienie** lose colour, fade
tracznica *f drewn.* cleaving saw, pit saw
trafik *m tel.* traffic (density)
trajektoria *f mech.* trajectory; path
trajektorie *fpl* **naprężeń głównych** *wytrz.* stress trajectories, stress lines, isostatics
trak *m drewn.* frame sawing machine, frame saw, gang saw
trakcja *f transp.* traction
~ **elektryczna** electric traction
~ **spalinowa** motor traction
traktor *m* tractor
traktoria *f zob.* **traktrysa**
traktorzysta *m* tractor operator, tractor driver
traktrysa *f geom.* tractrix (*pl* tractrices)
trał *m* (naval) sweep, minesweep
trałowanie *n* **1.** *ryb.* trawling, trawl fishing **2.** (*oczyszczanie z min*) minesweeping
trałowiec *m okr.* minesweeper
tramp *m okr.* tramp (ship)
tramping *m żegl.* tramping, tramp service
tramwaj *m* tram, tram-car; *US* street car
tran *m* **wielorybi** whale oil, body oil, bubbler oil
transadmitancja *f elektron.* transadmittance
transduktor *m el.* transductor
transfluksor *m elektron.* transfluxor, multi-aperture device
transfokator *m opt.* transfocator, zoom lens
transformacja *f* **1.** *mat.* transformation **2.** *el.* transformation
transformata *f mat.* transform
transformator *m el.* transformer
~ **dodawczy** booster transformer
~ **izolujący** isolating transformer
~ **miernikowy** measuring transformer
~ **mocy** power transformer
~ **obniżający napięcie** step-down transformer
~ **podwyższający napięcie** step-up transformer
~ **sieciowy** mains transformer
~ **sprzęgający** *rad.* coupling transformer
~ **sprzęgowy** (*sprzęgający szyny zbiorcze o różnych napięciach*) interbusbar transformer
~ **sprzężony** (*z innym transformatorem*) banked transformer
transformatornia *f el.* transformer room; transformer station
transformować *v* transform
transkonduktancja *f elektron.* transconductance
transkrypcja *f inf.* transcription

translacja *f* **1.** *geom.* translation **2.** *biochem.* translation **3.** *tel.* repeater
translator *m inf.* (language) translator, translating program
~ **języka symbolicznego** *inf.* assembler; assembly routine
transmisja *f* transmission; broadcast
~ **danych** *inf.* data transmission
~ **radiowa** (radio) broadcast
transmitancja *f* **1.** *fiz.* transmittance **2.** *aut.* transmittance; transfer function
transmitować *v* transmit; broadcast
transmutacja *f* (*pierwiastków*) *nukl.* transmutation
transoptor *m elektron.* optically coupled isolator, photocoupler, transoptor, optoisolator
transplantacja *f med.* transplantation
transplutonowce *mpl* (*o liczbie atomowej* >94) *chem.* transplutonium elements
transponder *m rad.* transponder
transport *m* **1.** transport, transportation, haulage **2.** *fiz.* transport **3.** *geol.* transport
~ **bliski** materials handling
~ **dalekobieżny** long-distance transport
~ **hydrauliczny** hydraulic transport; fluming
~ **nośników ładunku** *fiz.* carrier transport
~ **osobowy** passenger transport
~ **rurociągowy** piping
~ **towarowy** goods transport
transporter *m* **1.** *wojsk.* armoured personnel carrier **2.** conveyor
transportować *v* transport, convey; haul
transportowiec *m okr.* transport ship, carrier
~ **paliwa** fuel ship
transpozycja *f mat.* transposition, contraposition
transuranowce *mpl* (*o liczbie atomowej* >92) *chem.* transuranic elements
tranzystancja *f elektron.* transistance
tranzystor *m elektron.* transistor
~ **bipolarny** bipolar transistor
~ **dyfuzyjny** diffusion transistor
~ **epitaksjalny** epitaxial transistor
~ **jednozłączowy** unijunction transistor
~ **komplementarny** complementary transistor
~ **mocy** power transistor
~ **planarny** planar transistor
~ **polowy** field-effect transistor, FET
~ ~ **MOS** metal-oxide-semiconductor FET
~ **stopowo-dyfuzyjny** post alloy diffused transistor
~ **stopowy** alloyed transistor
~ **unipolarny** unipolar transistor
~ **złączowy** junction transistor
tranzystorowy *a* transistorized
tranzyt *m ek.* transit
tranzytywność *f mat.* transitivity
trap *m* (*skała magmowa wylewna*) *geol.* trap (rock)
~ **burtowy** *okr.* accommodation ladder, gangway ladder
trapez *m geom.* trapezium; *US* trapezoid
trapezoedr *m kryst.* trapezohedron
trapezoid *m geom.* trapezoid; *US* trapezium
trasa *f* route; itinerary
trasowanie *n* **1.** *masz.* laying-off, laying--out; marking-off, marking-out; lofting **2.** *inż.* route survey; location **3.** *elektron.* routing
tratwa *f* raft
trawa *f* **1.** grass; herb **2.** (*na ekranie*) hash, grass
trawers *m żegl.* beam, athwartship direction
trawersa *f bud.* traverse, cross-bar, cross--beam
trawienie *n elchem.* etching; pickling
~ **głębokie** *met.* macroetching
~ **jonowe** *elektron.* ion etching, ion beam milling
trawler *m okr.* trawler
treść *f* **informacji** *inf.* information content
triada *f* **1.** *chem.* triad **2.** *mat.* ternary
~ **barwna** *TV* colour triad
~ **osmu** *chem.* third triad, heavy platinum metals (Os, Ir, Pt)
~ **rutenu** *chem.* second triad, light platinum metals (Ru, Rh, Pd)
~ **żelaza** *chem.* first triad, ferrous metals (Fe, Co, Ni)
triak *m elektron.* triac, triode ac (switch)
triangulacja *f geod.* triangulation
trimaran *m okr.* trimaran
trioda *f elektron.* triode; three-electrode tube
~ **półprzewodnikowa** transistor
trochoida *f geom.* trochoid
trochotron *m elektron.* trochotron
trociny *pl* sawdust
trolejbus *m* trolleybus
tropik *m* **1.** *geogr.* tropic **2.** *geogr.* tropical regions, tropics **3.** *włók.* tropical
tropikalizacja *f* tropicalization, tropic--proofing
tropopauza *f geofiz.* tropopause
troposfera *f geofiz.* troposphere
trotuar *m* sidewalk

trotyl *m chem.* trinitrotoluene
trójchlorometan *m chem.* trichloromethane, chloroform
trójczłon *m kol.* triple locomotive
trójkadłubowiec *m okr.* trimaran
trójkąt *m* **1.** *geom.* triangle **2.** *rys.* triangle; set-square **3.** *el.* delta
~ **barw** *fiz.* colour triangle
~ **błędu** *geod.* triangle of error
~ **kreślarski** *rys.* triangle; set-square
~ **kulisty** *geom.* spherical triangle
~ **nierównoboczny** *geom.* scalene triangle
~ **ostrokątny** *geom.* acute triangle
~ **prostokątny** *geom.* right-angled triangle
~ **rozwartokątny** *geom.* obtuse(-angled) triangle
~ **równoboczny** *geom.* equilateral triangle
~ **równoramienny** *geom.* isosceles triangle
~ **rysunkowy** *rys.* triangle; set-square
~ **sferyczny** *geom.* spherical triangle
~ **sił** *mech.* triangle of forces
trójkątny *a* triangular
trójkątowanie *n geod.* triangulation
trójkowy *a mat.* ternary
trójmienny *a mat.* trinomial
trójnik *m* (*kształtka rurowa*) T-pipe, (pipe) tee, T-connection
trójnitrotoluen *m chem.* trinitrotoluene
trójnóg *m* (*statyw trójnożny*) tripod
trójpolówka *f roln.* three-field rotation
trójskładnikowy *a* ternary
trójścian *m geom.* trihedron
trójścienny *a geom.* trihedral
trójwymiarowy *a* three-dimensional
trucizna *f* **reaktorowa** *nukl.* reactor poison, nuclear poison
trudne warunki *mpl* rugged conditions (*of operation*); trying conditions
trudno palny slow-burning
trudno topliwy infusible, high-melting
trujący *a* toxic, poisonous
trumna *f nukl.* casket, coffin
trwałość *f* life; durability; stability; fastness
~ **narzędzia** *obr.skraw.* tool life
~ **niezawodna** (*okres działania bez usterek*) safe life
~ **przechowalnicza** keeping quality; storage life, shelf life
~ **przewidywana** expected life, predicted life
~ **średnia** mean life
~ **użytkowa** service life
trwały *a* durable; stable; fast
tryb *m* **adresowania** *inf.* addressing mode
~ **interakcyjny** *zob.* **tryb konwersacyjny**
~ **konwersacyjny** *inf.* conversational mode, interactive mode
~ **sterowania** *inf.* control mode
~ **współpracy** (*między komputerem i użytkownikiem*) *inf.* operating mode (*of a computer system*)
~ **zapytywania** *inf.* pole mode
trybologia *f* tribology
trygatron *m elektron.* trigatron
trygonometria *f* trigonometry
~ **płaska** plane trigonometry
~ **sferyczna** spherical trigonometry
trygonometryczny *a geom.* trigonometric(al)
tryjer *m* (*sortownik nasion*) *roln.* trieur
trylion *m GB* trillion (10^{18}); *US* quintillion (10^{18})
trymer *m* **1.** *lotn.* trimming tab **2.** *rad.* trimming condenser, trimmer
tryskać *v* gush; jet
tryskawka *f* **1.** *lab.* wash bottle **2.** *papiern.* spraying nozzle
tryt *m chem.* tritium, T, $^3_1$H
trzaski *mpl el.* clicks
trzcina *f bot.* reed
~ **cukrowa** sugar cane
trzebież *f leśn.* thinning
trzecia potęga *f mat.* third power, cube
trzecia prędkość *f* **kosmiczna** solar escape velocity; hyperbolic velocity
trzecia szyna *f kol.* conductor rail, third rail, contact rail
trzecia zasada *f* **dynamiki** third principle of dynamics, Newton's third law, third law of motion
trzeciego stopnia *mat.* cubic(al)
trzepak *m* **1.** beater **2.** disintegrating mill, disintegrator
trzepotanie *n* **1.** *lotn.* buffeting **2.** *masz.* flutter; wobble; shimmy
trzęsienie *n masz.* chatter, judder
~ **ziemi** *geofiz.* earthquake
trzon *m* shank; stem
~ **gwoździa** nail shank
~ **izolatorowy** *el.* insulator spindle
~ **kolumny** *arch.* shaft of a column
~ **kuchenny** (kitchen) range, kitchen stove
~ **nitu** rivet shank, rivet neck, rivet tail
~ **pieca** *hutn.* furnace bottom, furnace hearth
~ **systemu** (*operacyjnego*) *inf.* nucleus (*of a system*)
~ **tłokowy** piston rod
~ **wielkiego pieca** blast-furnace bottom
trzonek *m narz.* handle; shank; shaft; helve
~ **lampy** *el.* (lamp) cap, lamp base
~ **zaworu** *siln.* valve stem
trzonkowanie *n* **(lamp)** *el.* (lamp) capping

trzpień *m masz.* mandrel; arbor
~ **frezarski** cutter arbor, milling arbor
~ **kontrolny** (*do sprawdzania obrabiarek*) test bar
~ **pomiarowy** *metrol.* (gauge) plunger
~ **prowadzący** *masz.* pilot bar
~ **sterowniczy** *masz.* control rod
~ **szlifierski** grinding arbor
~ **tokarski** lathe mandrel, lathe arbor
~ **zaworu** *siln.* valve stem
trzymanie *n* **się drogi** *mot.* roadholding
trzyskładnikowy *a* trinomial
tuba *f* horn; flare
tubing *m górn.* tubbing
tubka *f* (collapsible) tube
tubus *m* **mikroskopu** microscope tube
tul *m chem.* thulium, Tm
tuleja *f* **1.** *masz.* sleeve; bush; quill **2.** *obr.plast.* tube blank, hollow
~ **cylindrowa** *siln.* cylinder liner, cylinder sleeve
~ **łącząca** *masz.* jointing sleeve
~ **opóźniająca** *el.* retarding sleeve
~ **rurowa** *obr.plast.* tube blank, tube shell, tube hollow
~ **stykowa** *el.* socket contact
~ **zaciskowa** *obr.skraw.* collet
tulejka *f masz.* bush; sleeve
~ **izolacyjna** *el.* insulating sleeve
~ **wiertarska** jig bush(ing), drill guide
~ **wzorcarska** toolmaker's button
tunel *m* tunnel
~ **aerodynamiczny** wind tunnel
~ **kablowy** *el.* cable duct
tunelowanie *n* **1.** *elektron.* tunneling, tunnel effect **2.** *tw.szt.* tunneling
turbina *f* turbine
~ **akcyjna** impulse turbine
~ **elektrowniana** *zob.* **turbina siłowniana**
~ **Francisa** Francis turbine
~ **gazowa** gas turbine
~ **Kaplana** Kaplan turbine, propeller-type (water) turbine
~ **napędowa** power turbine
~ **okrętowa** ship propulsion turbine
~ **parowa** steam turbine
~ **Peltona** Pelton turbine, Pelton wheel
~ **powietrzna** air turbine
~ **reakcyjna** reaction turbine, pressure turbine
~ **siłowniana** power-station turbine
~ **spalinowa** internal combustion turbine
~ **śmigłowa** *zob.* **turbina Kaplana**
~ **wiatrowa** air turbine, wind turbine, windmotor, windmill
~ **wodna** water turbine
turbinownia *f* turbine room; turbine house
turbodmuchawa *f* turboblower
turbogenerator *m el.* turbine generator, turbogenerator (set)
turbopompa *f* turbine-driven pump
turbosprężarka *f* turboblower, turbocompressor
turbozespół *m* turbine set
turbulencja *f mech.pł.* turbulence
turnikiet *m* revolving door, revolving gate
tusz *m* **kreślarski** drawing ink
tusza *f* **zwierzęca** carcass
twarda guma *f gum.* ebonite, hard rubber
twardnienie *n* hardening; setting
twardościomierz *m wytrz.* hardness tester, hardness testing machine
~ **iglicowy** penetrometer
~ **Shore'a** scleroscope
twardość *f* hardness
~ **Brinella** Brinell hardness number
~ **całkowita** (*wody*) *san.* total hardness
~ **ogólna** (*wody*) *zob.* **twardość całkowita**
~ **promieniowania** radiation hardness, penetrating power
~ **przemijająca** (*wody*) temporary hardness
~ **Rockwella** Rockwell hardness (number)
~ **Shore'a** scleroscope hardness (number), Shore hardness (number)
~ **stała** (*wody*) permanent hardness
~ **Vickersa** (diamond) pyramid hardness, Vickers hardness (number)
~ **wody** water hardness
twardy *a* hard; (*o promieniowaniu*) penetrating
twardziel *f drewn.* heart-wood, duramen
twierdzenie *n mat.* theorem; proposition; statement
~ **cosinusów** law of cosines
~ **Pitagorasa** Pythagorean theorem, Pythagorean proposition
~ **sinusów** law of sines
~ **zasadnicze algebry** fundamental theorem of algebra
twistor *m inf.* twistor
twornik *m el.* armature
tworząca *f geom.* generating line, generator, generatrix
~ **stożka** *geom.* element of a cone
tworzenie *n* generating; forming; formation
~ **bloku** *inf.* blocking
~ **emulsji** emulsification
~ **kolejnych komunikatów** *inf.* message queuing
~ **kompleksów** *chem.* complexing, complex formation
~ **łańcucha** *inf.* chaining
~ **pary** (*cząstka-antycząstka*) *fiz.* pair creation

~ porów *gum., tw.szt.* expanding
~ się formation, forming
~ ~ frontu *meteo.* frontogenesis
~ ~ kamienia kotłowego boiler scale formation
~ ~ osadu węglowego *siln.* carbon formation
~ ~ próchnicy *gleb.* humidification
~ ~ zarodków *kryst.* nucleation
~ ~ żużla slagging, clinkering
tworzywa *npl* materials; *chem.* plastics
~ **aminowe** amino plastics, aminoplasts
~ **drzewne** wood-base materials
~ **fenolowe** phenolic plastics
~ **naturalne** (*pochodzenia naturalnego*) natural plastics
~ **sztuczne** plastics
~ **termoplastyczne** thermoplastics
~ **termoutwardzalne** thermosetting plastics
~ **utwardzalne** hardening plastics
~ **warstwowe** laminated plastics, laminates
tworzywo *n* material; *chem.* plastic
tyczenie *n geod.* setting out, ranging
tyczka *f* rod; pole
tygiel *m* crucible
tyglak *m hutn.* crucible furnace
tylnica *f okr.* stern frame, stern post
tylny *a* rear; back
tył *m* back
tynk *m bud.* plaster (work)
tynkal *m min.* tincal, borax
tynkować *v bud.* plaster
tynktura *f farb.* tincture
typ *m* type
typizacja *f* typification
typografia *f* typography, printing
typowy *a* typical
tyratron *m elektron.* thyratron
tyrystor *m elektron.* thyristor, silicon controlled rectifier
~ **dwukierunkowy** bidirectional thyristor, triac, triode ac (switch)
~ **symetryczny** *zob.* **tyrystor dwukierunkowy**
tytan *m chem.* titanium, Ti
tytanowce *mpl chem.* titanium group, titanium family (Ti, Zr, Hf, Th)

U

ubezpieczenie *n el.* insurance, assurance
ubierka *f górn.* open-end
ubijak *m narz.* rammer; tamper; punner
ubijanie *n* ramming; tamping; punning; compacting
ubijarka *f bud.* compactor
ubiór *m* **ochronny** protective suit
ubity *a* compact; rammed
ubogi *a* lean (*mixture*); hungry (*soil*); low-grade (*ore*)
ubytek *m* loss; decrement; defect
~ **ciężaru** loss in weight, loss of weight
~ **masy** mass decrement
ucho *n masz.* lug; eye, ear
~ **do holowania** tower lug, towing clevis
~ **igły** eye of a needle
uchodzenie *n* **gazu** gas effusion, gas escape
~ **powietrza** air leakage, air spilling
uchwyt *m* grip; holder; handle; *obr.skraw.* chuck; fixture
~ **elektromagnetyczny 1.** *obr.skraw.* (electro)magnetic chuck **2.** lifting magnet, crane magnet
~ **frezarki** *obr.skraw.* milling fixture
~ **korby** handle grip
~ **magnetyczny** *obr.skraw.* magnetic holder, magnetic chuck
~ **manipulacyjny** *obr.plast.* porter
~ **montażowy** assembly jig
~ **narzędziowy** *obr.skraw.* tool chuck, toolholder
~ **odciągowy** *el.* anchor clamp
~ **omijający** *el.* crossby clip
~ **pneumatyczny** *obr.skraw.* air-operated fixture, air-chuck
~ **próżniowy** *obr.skraw.* vacuum chuck
~ **przedmiotu obrabianego** *obr.skraw.* workholder; work driver
~ **samocentrujący** *obr.skraw.* self-centring chuck, universal chuck, self-adjusting grip
~ **samonastawny** *obr.skraw.* equalizing fixture
~ **szczękowy** jaw chuck; *el.* alligator clip, crocodile clip
~ **szlifierski** grinding fixture
~ **tokarski** lathe chuck
~ **wiertarski** drill chuck
uchyb *m metrol.* deviation; error
~ **maksymalny** *aut.* peak error
~ **regulacji** *aut.* control error
uciąg *m transp.* towing power; draw-bar pull
ucieczka *f* **(neutronów)** *fiz.* neutron leakage, neutron escape

ucierać *v* rub
~ **na proszek** triturate, powder
ucios *m drewn.* bevel
uczeń *m* (*w przemyśle*) learner; apprentice
udar *m* stroke; surge; *el.* impulse wave
~ **napięciowy** *el.* voltage surge, voltage wave
~ **prądowy** *el.* current surge, current wave
udarność *f wytrz.* impact resistance, impact strength
udarowy *a* percussive
uderzenie *n* blow; impact; stroke; impingement
~ **(doskonale) plastyczne** *mech.* entirely plastic impact
~ **(doskonale) sprężyste** *mech.* entirely elastic impact
~ **dźwiękowe** *lotn.* sonic bang, bing-bang
~ **prądu** *el.* current surge, current wave
~ **wodne** *hydr.* water hammer
udoskonalenie *n* improvement, perfection
udowodnić *v mat.* prove mathematically
udział *m* **1.** part; portion **2.** *ek.* share; quota **3.** participation
udźwig *m* **dźwignicy** load capacity, hoisting capacity
~ **wagi** weighing capacity
ugięcie *n* **1.** deflection; sag **2.** *fiz.* diffraction
ugięciomierz *m* deflectometer, deflection indicator
uginać się deflect; sag; yield
uginanie *n* **1.** cambering **2.** diffraction
ugniatarka *f* kneader, kneading machine
ugór *m roln.* fallow, idle land
ujednolicenie *n* unification
ujednorodnianie *n obr.ciepl.* homogenizing
ujemny *a mat.* negative, minus
ujęcie *n* **wody** intake station, water intake
ujście *n* **1.** outlet; issue; escape **2.** *elektron.* drain (*in a transistor*) **3.** *hydr.* negative source
~ **danych** *inf.* data sink
~ **rzeki** estuary, river mouth
ukierunkowany *a* oriented; directed
układ *m* **1.** system **2.** arrangement; configuration, lay-out **3.** set; assembly; array **4.** agreement
~ **alarmowy** *inf.* watchdog
~ **alfabetyczny** alphabetical arrangement
~ **bezwładnościowy** *mech.* inertial system
~ **blokowy** (*generator z transformatorem*) *el.* unit system
~ **bramkujący** *elektron.* gating circuit
~ **całkujący** *aut.* integrating circuit; lead network, integral network; *inf.* integrator
~ **CGS** (*centymetr-gram-sekunda*) *metrol.* CGS system of units
~ **chłodzenia** *masz.* cooling system
~ **ciężarowy jednostek miar** *metrol.* engineer's units system
~ **czasowy** *elektron.* timing circuit
~ **danych** *inf.* (data) format
~ **dekodujący** *inf.* decoding circuit
~ **dopasowujący** *el.* matching circuit, matching assembly
~ **dyspersyjny** *chem.* disperse system, dispersoid
~ **dziesiętny** *mat.* decimal system
~ **dźwigni** compound lever, lever train, leverage
~ **elektroenergetyczny** electric power system, power-supply system
~ **Galileusza** *mech.* inertial system
~ **gwiazdowy** *tel.* star connection
~ **hamulcowy** braking system
~ **heterogeniczny** *fiz.* heterogeneous system
~ **holonomiczny** *mech.* holonomic system
~ **hydrauliczny** hydraulic system
~ **idealny** *aut.* ideal system
~ **izolowany** *fiz.* isolated system
~ **jednofazowy** *fiz.* homogeneous system
~ **jednostek miar** *metrol.* system of units, unit system
~ **kaskadowy** *el.* cascade
~ **kierowniczy** *mot.* steering system
~ **klasyczny** *fiz.* classical system, non--quantized system
~ **koloidalny** *chem.* colloidal system, colloid
~ **komórkowy** *inf.* cellular array
~ **kół zębatych** geared system, gear train
~ **liczący** *el.* counting circuit, counter circuit
~ **linii sił pola** *fiz.* pattern of field
~ **logiczny** *inf.* logic, logic circuit
~ **łopatek** (*np. turbiny*) *masz.* blading, blade system
~ **materialny** *mech.* material system
~ **mechaniczny** *zob.* **układ materialny**
~ **międzynarodowy jednostek miar** International System of Units, SI (*Système International*)
~ **MKS** (*metr-kilogram-sekunda*) *metrol.* MKS system of units
~ **monostabilny** *elektron.* monostable circuit
~ **nadążny** *aut.* follow-up system
~ **napędowy** *mot.* power transmission system
~ **niejednorodny** *fiz.* heterogeneous system
~ **nieskwantowany** *fiz.* classical system, non-quantized system

~ **odejmujący** *aut.* subtractor
~ **odniesienia** reference system; *geom.* frame of reference
~ **okresowy pierwiastków** *chem.* periodic system, periodic classification of the elements, periodic table
~ ~ ~ **Mendelejewa** Mendeleev's table, Mendeleev's classification
~ **olejowy** *masz.* lubrication system
~ **otwarty** *fiz.* open system
~ **paliwowy** fuel system
~ **pamięciowy** *inf.* memory system
~ **pasm** (*w widmie*) *fiz.* band group
~ **pasowań** *masz.* system of fits
~ **pierwiastkujący** *aut.* square rooter
~ **planetarny** *astr.* planetary system
~ **połączeń** *el.* scheme of connections
~ **porównujący** *aut.* comparator
~ **posobny** arrangement in series, tandem arrangement
~ **poziomujący** *elektron.* clamp(ing) circuit
~ **(programu) uruchomieniowy** *inf.* exerciser
~ **próbkujący** *elektron.* sampling circuit; sampled-data control system
~ **przeciwsobny** *el.* push-pull circuit
~ **przenoszący** *masz.* transmission system
~ **przestrzenny atomów** (*w cząsteczce*) atomic configuration
~ **przesyłowy** *el.* transmission system
~ **regulacji** *aut.* control system
~ **równań** *mat.* system of equations
~ **równowagi** *fiz.* equilibrium system
~ **różniczkująco-całkujący** *aut.* lead-lag network
~ **różniczkujący** *aut.* lead network; *inf.* differentiator
~ **scalony** *elektron.* integrated circuit
~ **sekwencyjny adresujący** *inf.* sequencer
~ **SI** *metrol.* International System of Units, SI (*Système International*)
~ **sił** *mech.* force system
~ **skwantowany** *fiz.* quantized system
~ **słoneczny** solar system
~ **smarowania** *masz.* lubrication system
~ **soczewek** *opt.* lens assembly
~ **sprzęgający** *inf.* interface circuit
~ **sterowania** *aut.* control system
~ **sterujący** *el.* driver
~ **sumująco-odejmujący** *inf.* adder-subtractor
~ **sumujący 1.** *inf.* adder, add(ing) circuit **2.** *el.* summing network
~ **techniczny jednostek miar** engineer's units system
~ **termodynamiczny** thermodynamic system; macroscopic system
~ **tolerancji** *masz.* limit system
~ **wlewowy** *odl.* gating system, gate assembly
~ **wlotowy** *siln.* induction system
~ **współrzędnych** *mat.* coordinate system
~ **wydechowy** *siln.* exhaust system
~ **zamknięty** *fiz.* closed system
~ **zapłonowy** *siln.* ignition system
~ **zasilania** supply system; feed system
~ **zmieniający znak funkcji** *aut.* sign reverser, inverter
układać *v* lay; set; place; arrange
układanie *n* **kabli** *el.* cabling
~ **nawierzchni** *drog.* surfacing, paving (*a road*)
~ **rurociągu** pipe-laying
układarka *f* piling machine, stacking machine; *hutn.* (*do blach*) stacker
ukop *m* **1.** borrow (pit) **2.** excavated materials, diggings
ukos *m* scarf, bevel, chamfer
ukosować *v* bevel, chamfer, scarf (*edges*); *bud.* flue, splay (*openings*)
ukośny *a* oblique, skew, slant
ukrop *m* boiling water
ukształtowanie *n* configuration; shape
ul *m roln.* (bee)hive
ulatniać się volatilize, escape (*of gas*)
ulaż *m* ullage
ulep *m cukr.* syrup
ulepszać *v* improve, ameliorate
ulepszanie *n* **cieplne** *obr.ciepl.* quenching and tempering, toughening (*of steel*)
ulepszenie *n* improvement
ulewa *f* **1.** *fiz.* (air) shower, cosmic-ray shower **2.** *meteo.* rainstorm, downpour
~ **cząstek** *fiz.* shower of particles
ulga *f ek.* abatement, allowance, reduction
ulgowy *a ek.* reduced; cheap
ulica *f* street
ulot *m el.* corona (effect), corona discharge, electric corona
ultraakustyka *f* ultrasonics
ultradźwięk *m* ultrasound
ultradźwiękowy *a* ultrasonic
ultrafiolet *m fiz.* ultraviolet light, ultraviolet radiation
ultramaryna *f farb.* ultramarine
ultramikron *m* ultramicron, ultramicroscopic particle
ultramikroskop *m opt.* ultramicroscope
ultrapróżnia *f* ultra-high vacuum
ułamek *m mat.* fraction
~ **dziesiętny** decimal (fraction)
~ ~ **nieskończony** infinite decimal, nonterminating decimal
~ **nieskracalny** simplified fraction

~ **niewłaściwy** improper fraction
~ **okresowy** repeating decimal, recurring decimal, periodic(al) fraction
~ **piętrowy** complex fraction
~ **prosty** partial fraction
~ **właściwy** proper fraction
~ **zwykły** simple fraction, vulgar fraction, common fraction
ułamki *mpl* **o tym samym mianowniku** like fractions
ułamkowy *a mat.* fractional
ułopatkowanie *n* (*np. turbiny*) *masz.* blading, blade system
umasienie *n el.* electrical bonding
umeblowanie *n* furniture
umiarkowany *a* moderate
umiejętność *f* skill; technique; know-how
umieszczać *v* locate; place; house; position
~ **w obudowie** *elektron.* encapsulate, pot
umocnienie *n* consolidation
~ **brzegu** *inż.* bank protection
~ **przez zgniot** *wytrz.* strain hardening
~ **skarpy** *inż.* revetment
umocowanie *n* fastening; fixation
~ **ładunku** *transp.* restraint of load
umocowany *a* fixed; fast
umowa *f* **1.** *ek.* contract; agreement **2.** convention
umowny *a* conventional
umywalka *f* wash-basin; *US* wash-bowl
umywalnia *f* lavatory; *US* washroom
uncja *f jedn.* ounce, oz
~ **aptekarska** apothecaries' ounce, oz apoth, troy ounce: 1 oz tr = 31.1035 g
~ **handlowa** ounce avoirdupois: 1 oz = 28.35 g
~ **troy** *zob.* **uncja aptekarska**
unicestwienie *n nukl.* annihilation
unieruchamiać *v* immobilize; fix
unieważniać *v* cancel, annul, nullify
unilateryzacja *f elektron.* unilaterization
unipol *m rad.* monopole (antenna), spike antenna
Uniwersalna Klasyfikacja *f* **Dziesiętna** Universal Decimal Classification
uniwersalny *a* universal, general-purpose; multipurpose
uniwibrator *m elektron.* univibrator, monostable multivibrator, one-shot multivibrator
unormowany *a* normalized; normed
unos *m transp.* sling load
unosić się (*na powierzchni*) float; drift
unoszenie *n fiz.* convection
upad *n górn.* decline, dip
upadek *m* fall; collapse; drop
upadomierz *m górn.* (in)clinometer, slope level
upadowa *f górn.* descending gallery
upakowanie *n* **1.** *elektron.* packing **2.** *kryst.* packing
upaństwowienie *n ek.* nationalization
upełnomocnić *v* authorize; empower
uplastycznianie *n* plasticization, plasticizing, plastifying
upłynnianie *n* **1.** *fiz.* fluidization **2.** fluxing
upływ *m* **(prądu)** *el.* current leak(age)
upływność *f el.* leakage conductance, leakance
uporządkowanie *n fiz.* arrangement, array, orientation; *mat.* arrangement, ordering
uporządkowany *a* systematic; *mat.* ordered
uposażenie *n* salary
upoważnienie *n* authority; authorization
upraszczać *v* simplify; *mat.* abridge, reduce
uprawa *f roln.* cultivation, tillage
~ **roli** soil cultivation
~ **morza** sea farming, marine farming
uprawnienie *n* right; authority; *inf.* capability
uproszczenie *n* simplification; *mat.* reduction
uprowadzenie *n* **samolotu** hijacking
uprząż *f* harness
uprzemysłowienie *n* industrialization
upust *m* **1.** *hydr.* negative source, sink **2.** *inż.* sluice **3.** *masz.* bleed(ing) **4.** *masz.* bleeder (valve); tapping point
urabialność *f górn.* gettability, workability
urabianie *n górn.* getting, mining, winning
~ **hydrauliczne** hydraulic excavation, hydraulic mining, hydroextracting
~ **mechaniczne** machine mining, mechanical mining
~ **strzelaniem** blasting
urabiarka *f górn.* mechanical miner, winning machine, getter
uran *m chem.* uranium, U
uranowce *mpl chem.* uranides (U, Np, Pu, Am, Cm, Bk, Cf, Es, Fm, Md, No, Lr)
urbanistyka *f* town planning
urbanizacja *f* town development, urbanization
uresorowanie *n* spring suspension
urobek *m górn.* winning, gotten output; *inż.* excavated material, diggings
urodzaj *m roln.* harvest, crop
urodzajny *a gleb.* fertile
urojony *a mat.* imaginary
uruchamiać *v* start; actuate; put in motion
uruchamianie *n* **programu** *inf.* debugging
U-rurka *f* U-tube
urząd *m* office
~ **celny** customs, custom-house

~ **miar** *metrol.* weights and measures office
~ **patentowy** patent office
urządzenia *npl* **pomocnicze** auxiliaries; ancillaries
~ **przeciwpożarowe** fire fighting facilities; fire extinguishing appliances
~ **sanitarne** sanitary facilities
urządzenie *n* installation; plant; system; attachment; device
~ **alarmowe** alarm (device)
~ **do ciągłego odlewania** *hutn.* continuous casting machine, continuous caster
~ **do obróbki kopiowej** *obr.skraw.* tracer attachment
~ **do podnoszenia** *transp.* hoisting gear, lifting gear
~ **dodawcze** *el.* booster
~ **główne** *aut.* master
~ **grudkujące** *hutn.* pelletizer
~ **kodujące** *inf.* encoder, coder
~ **kojarzące** (*elementy podobne*) *inf.* associator
~ **końcowe 1.** *inf.* terminal (unit) **2.** *tel.* termination, terminal
~ **mechaniczne** machinery; gear
~ **mocujące** *obr.skraw.* clamping device, clamper
~ **nastawcze** adjuster
~ **odczytujące** *inf.* read-out
~ **odzewowe** *rad.* responder, transponder, recon (*in radiolocation*)
~ **ogrzewnicze** heating system; heating plant
~ **ostrzegawcze** telltale, warning device
~ **oświetleniowe** lighting installation
~ **peryferyjne** *inf.* peripheral equipment, peripheral unit, external device
~ **podporządkowane** *aut.* slave
~ **podsłuchowe** *elektron.* bug, listening device
~ **próbkujące** *aut.* sampler
~ **przytrzymujące** holdfast, holding device
~ **rejestrujące** recording device; register
~ **rozruchowe 1.** *el.* accelerator **2.** *kotł.* starting-up equipment
~ **ryglujące** *masz.* interlock
~ **sterowe** *okr.* steering gear, helm
~ **sterujące** *aut.* control gear, controller; control system
~ **telekonferencyjne** conference system
~ **telemetryczne do pomiarów zdalnych** *metrol., el.* telemeter
~ **wejściowo-wyjściowe** *inf.* input/output unit, i/o unit, i/o device
~ **wiertnicze** drill(ing) rig, boring rig, drill jig
~ **wspomagające** (*działanie urządzenia głównego*) booster
~ **wykonawcze** *aut.* actuator
~ **wyszukiwania danych** *inf.* scan disk
~ **załadowcze 1.** charger **2.** loading device
~ **zapłonowe 1.** *kotł.* ignition system, light-up equipment **2.** flame igniter (*in gas turbines*)
~ **zapobiegawcze** preventer
~ **zewnętrzne** *inf.* peripheral equipment, peripheral unit, external device
~ **zwrotne** *inf.* input/output unit, i/o unit, i/o device
usieciowanie *n chem.* network
uskok *m* **1.** *geol.* fault, leap **2.** *bud.* set-off, offset
usługi *fpl* service
uspokajanie *n* **stali** *hutn.* steel killing
usprawnienie *n* rationalization
ustalacz *m masz.* retainer; locator; keeper
ustalać *v* **1.** fix; steady **2.** establish; determine
~ **harmonogram** schedule
~ **położenie** locate, position; *nawig.* pinpoint
~ **wartość** rate, estimate value
ustalony *a* **1.** stationary; fixed; steady **2.** established
ustawa *f* law, act (*of parliament*)
ustawiacz *m obr.skraw.* tool setter
ustawiać *v* set up; position
~ **pionowo** erect, position vertically
~ **prostopadle** square
~ **poziomo** level
~ **w linii** align, aline
ustawiak *m obr.skraw.* edge finder; set block
ustawianie *n* **na zero** *metrol.* zeroing
~ **reflektorów** *mot.* aiming the headlights
~ **rozrządu** *siln.* timing
~ **zapłonu** *siln.* ignition timing, ignition setting
ustawienie *n* setting; set-up
ustawiony pod kątem angled
usterka *f* defect, fault
usterzenie *n lotn.* control surfaces
ustnik *m* mouthpiece
usunięcie *n* removal; elimination
usuwać *v* remove; eliminate
usuwalny *a* removable
usuwanie *n* removal; disposal; elimination
~ **elektryczności statycznej** destaticizing
~ **elementów stosu** *inf.* popping
~ **gazów** degassing, outgassing
~ **izolacji z drutu** *el.* wire stripping
~ **kamienia kotłowego** *kotł.* scaling, descaling, scale removal
~ **nadkładu** *górn.* stripping
~ **naprężeń** *wytrz.* stress relief, destressing
~ **nieszczelności** stopping leaks

~ **nieznaczących zer** *inf.* zero-suppression
~ **odpadków** waste removal, waste disposal, refuse disposal
~ **odpadów promieniotwórczych** radioactive waste disposal
~ **programu** *inf.* roll-out
~ **usterek** trouble-shooting; fault clearing
~ **wad powierzchniowych** *hutn.* surface conditioning
~ **zakłóceń radiowych 1.** dejamming **2.** *elektron.* sourcing
~ **zgorzeliny** *hutn.* scale removal, descaling
usypisko *n* dump; heap; *geol.* rubble
usytuowanie *n bud.* location
uszczelka *f masz.* gasket, seal; packing
uszczelniacz *m górn.* leak stopper
uszczelniać *v* seal; pack; obturate; tighten
~ **złącza** caulk, stem, seal
uszczelnienie *n* **1.** *masz.* seal; packing; stuffing **2.** *wiertn.* plugging
~ **dławieniowe** gland
~ **poprzeczne** radial packing
~ **poprzeczno-wzdłużne** duplex packing
~ **ruchowe** dynamic packing; gland
~ **spoczynkowe** static seal; gasket
~ **stykowe** contact seal
~ **wzdłużne** axial packing
~ **zamykające** stop gland
~ **zupełne** positive seal
uszkodzenie *n* damage; defect; failure
~ **drugorzędne** minor failure
~ **główne** major failure
~ **katastroficzne** catastrophic failure
~ **losowe** random failure
~ **nieodwracalne** unremovable failure
~ **odwracalne** removable failure
~ **popromienne** *zob.* **uszkodzenie radiacyjne**
~ **postępujące** degradation failure, progressive damage
~ **poważne** extensive damage, severe damage
~ **powierzchni** surface flaw, sear
~ **przypadkowe** chance failure
~ **radiacyjne** *nukl.* radiation damage
~ **statku** damage to ship
~ **widoczne** apparent failure
~ **wskutek zużycia** degradation failure, wear-out failure
~ **zmęczeniowe** fatigue failure
uszkodzony *a* damaged; our of order
usztywniacz *m* **1.** stiffener; brace; stringer **2.** *gum.* antisoftener, stiffener
usztywnienie *n* stiffening; bracing; staying
uśpienie *n* **zadania** *inf.* hibernation
uśredniony *a mat.* averaging

utajnianie *n inf.* encryption
utajony *a biol., fiz.* latent
utknięcie *n* **silnika** *siln.el.* stall (*of a motor*)
utleniacz *m* **1.** *chem.* oxidant, oxidizer, oxidizing agent **2.** *paliw.* oxidizer (*ingredient of propellants*)
utleniać się oxidize, oxidate
utleniający *a* oxidizing
utlenianie *n chem.* oxidation
~ **anodowe** *elchem.* anodic oxidation, anodizing, Eloxal process
~ **powierzchni** oxidizing blueing, black oxide treatment
~ **samorzutne** autooxidation, self-oxidation
utonąć *v* drown
utożsamianie *n inf.* aliasing
utrata *f* **mocy** *siln.* loss of power
~ **ważności** (*np. dokumentu*) loss of validity
utrwalacz *m farb., fot.* fixing agent, fixer
utrwalanie *n farb., fot.* fixation
~ **żywności** preservation of food
utrzymanie *n* (*urządzeń*) maintenance, upkeep
~ **plazmy** (*np. przez pole magnetyczne*) *fiz.* confinement of plasma
utrzymywać *v* maintain, keep up
~ **kurs** *nawig.* stand on
~ **temperaturę** maintain a temperature
~ **w położeniu** hold in position
~ **w równowadze** hold in equilibrium; balance
utwardzacz *m* hardening agent, hardener; *tw.szt.* curing agent
utwardzać *v* harden; *tw.szt.* cure; (*tłuszcze*) hydrogenate
~ **się** (*wskutek polimeryzacji*) set up
utwardzalność *f* hardenability, hardening capacity
utwardzalny *a* hardenable
utwardzanie *n* hardening; induration; *tw.szt.* curing, cure, setting
~ **dyspersyjne** *met.* dispersion hardening
~ **na zimno** *tw.szt.* cold-hardening
~ **ostateczne** *tw.szt.* after-bake
~ **płomieniowe** *obr.ciepl.* flame hardening, Shorter process, shorterizing
~ **powierzchniowe** surface hardening, skin hardening; *obr.ciepl.* case hardening
~ **przez starzenie** *met.* age hardening, structural hardening
~ **przez zgniot** *obr.plast.* cold-work hardening
~ **tłuszczów** hydrogenation, fat hardening
~ **wstępne** *tw.szt.* pre-curing
utwierdzać *v mech.* restrain; *masz.* fasten, fix

utyk *m* **maszyny synchronicznej** *el.* falling out of step
utylizacja *f* utilization
uwarstwienie *n* lamination; *geol.* stratification, bedding
uwarstwiony *a* laminar; stratified
uwierzytelnianie *n* **narzędzia pomiarowego** metrological certification
uwodnienie *n* **1.** *chem.* hydration **2.** *spoż.* rehydration (*of frieze-dried food)*
uwodniony *a chem.* hydrated
uwodornianie *n chem.* hydrogenation
~ **destrukcyjne** *paliw.* hydrocracking
~ **tłuszczów** hydrogenation, fat hardening
uzależnianie *n masz.* interlocking
uzbrajać *v* arm; fuse
uzbrojenie *n* armament
~ **terenu** territorial development
uzdatnianie *n* **wody** *san.* water conditioning, water treatment
uzębienie *n masz.* teeth; toothing
~ **koła zębatego** gear teeth
~ **piły** saw toothing
uzgadniać *v* **1.** make agree; adjust **2.** agree upon...
uziarnienie *n* graining; grain-size distribution
uziemiać *v el.* earth, ground
uziemienie *n el.* earthing (system), earth, ground
uziemiony *a el.* earthed, grounded
uziemnik *m el.* earthing switch
uziom *m el.* earth (electrode)
uzupełniać *v* **1.** complement, supplement, complete **2.** refill, replenish; make-up; fill up
uzupełnianie *n* **paliwa** refuelling, fuel make-up
uzupełnienie *n* **1.** complement, supplement **2.** addendum, appendix **3.** *mat.* completion
~ **dwójkowe** *inf.* two's complement
~ **dziesiątkowe** *inf.* ten's complement
~ **dziewiątkowe** *inf.* nine's complement
~ **jedynkowe** *inf.* one's complement
uzwojenie *n el.* winding
~ **bezładne** random winding
~ **cewkowe** coil winding
~ **faliste** series winding, wave winding
~ **klatkowe** squirrel-cage winding
~ **mocowe** power winding
~ **pierwotne** (*transformatora*) primary winding
~ **rozłożone** distributed winding
~ **równoległe** parallel winding
~ **skupione** concentrated winding
~ **spiralne** *bud.* spiral reinforcement, helical reinforcement
~ **szeregowe** series winding, wave winding
~ **szeregowo-równoległe** series-parallel winding
~ **wtórne** (*transformatora*) *el.* secondary winding
~ **wzbudzające** excitation winding
uzysk *m* output, yield
~ **elektrody** *spaw.* electrode efficiency
uzyskać *v* get; obtain; acquire
użebrowanie *n masz.* finning; ribbing
użyteczność *f* utility; usefulness; usability
użyteczny *a* useful, usable
użytek *m* use, usage
użytki *mpl* **rolne** arable land, cropland
~ **zielone** *roln.* grassland
użytkowanie *n* utilization; consumption
~ **gruntów** *roln.* land use
użytkownik *m* user; consumer
użytkowność *f* (*jakość użytkowa wyrobu*) functional quality
używać *v* use, utilize
używalność *f* usability
używalny *a* usable
używany *a* used; second-hand
używki *fpl spoż.* stimulants
użyźniać *v roln.* fertilize

W

w eksploatacji in service, in operation
w naprawie under repair
w normalnych warunkach (*temperatury i ciśnienia*) at normal temperature and pressure, under standard conditions
w podwyższonej temperaturze at elevated temperature
w przybliżeniu approximately
w ruchu in operation, in motion
w skali to scale
w skali zmniejszonej scaled-down
w skali zwiększonej scaled-up
w temperaturze wrzenia at the boil
wachta *f żegl.* watch
wada *f* defect, fault, flaw
~ **istotna** major defect
~ **krytyczna** critical defect
~ **nieistotna** incidental defect
~ **ukryta** latent defect

wadliwość *f* defectiveness; *skj* fraction defective
~ **dopuszczalna** acceptable quality level, acceptable malfunction rate
~ **dyskwalifikująca** lot tolerance percent defective
wadliwy *a* defective, faulty
waga *f* **1.** scales; balance; weigher **2.** weight
~ **analityczna** analytical balance
~ **belkowa** beam balance, beam scales
~ **dziesiętna** decimal balance
~ **dźwigniowa** *zob.* **waga belkowa**
~ **legalizacyjna** weighmaster's beam
~ **odważnikowo-uchylna** semi-automatic indicating scales
~ **porcjowa** aggregate scales, batching scales
~ **prądowa** *el.* current balance
~ **probiercza** assay balance
~ **przesuwnikowa prosta** roman balance, steelyard
~ **sprężynowa** spring scales
~ **szalkowa** pan scales
~ **techniczna** apothecary balance, general laboratory balance
~ **uchylna** pendulum-cam scales, tangent--balance
~ **zbiornikowa do cieczy** tank scales, hopper-scales
wagon *m kol.* wagon; rail-coach; *US* car
~ **bagażowy** baggage van, luggage van
~ **-chłodnia** refrigerator car
~ **-cysterna** tank car
~ **kolejowy** railway wagon, rail(way) car
~ **osobowy** rail-coach, passenger car
~ **-platforma** platform car, flat car
~ **pocztowy** mail van, postal car
~ **samowyładowczy** dump car, dumping wagon
~ **silnikowy** power car, motor coach
~ **towarowy** goods wagon, freight car
~ **tramwajowy** tram-car; *US* street car
~ **-waga** scale car
~ **-węglarka** coal wagon; *US* gondola car
~ **-wywrotka** tip wagon, pivot dump car, jubilee wagon
~ **zbiornikowy** tank car
wagowo *adv* by weight
wagowskaz *m* steelyard, weighbeam
wagowy *a* gravimetric(al); weight-
wahacz *m masz.* rocker arm, rocking lever, balance lever; *kol.* equalizer
wahać się oscillate; swing; rock
wahadło *n* pendulum
~ **fizyczne** physical pendulum, compound pendulum
~ **kuliste** *zob.* **wahadło sferyczne**
~ **matematyczne** mathematical pendulum, simple pendulum
~ **odśrodkowe** *zob.* **wahadło stożkowe**
~ **proste** *zob.* **wahadło matematyczne**
~ **sferyczne** spherical pendulum
~ **stożkowe** centrifugal pendulum, conical pendulum
~ **złożone** *zob.* **wahadło fizyczne**
wahadłowiec *m kosm.* space shuttle
wahadłówka *f drewn.* pendulum saw, swing saw
wahania *npl* oscillation; swing(ing); fluctuation; variation; racking
~ **częstotliwości** *rad., TV* wobble modulation, wobbling; frequency swing
~ **temperatury** fluctuation of temperature
wahliwość *f* **łożyska** self-alignment of bearing
wahliwy *a masz.* self-aligning
wahnięcie *n* swing
wakans *m kryst.* vacancy
wakuometr *m* vacuometer, vacuum meter, vacuum gauge
wal *m chem.* gram-equivalent
walcarka *f obr.plast.* rolling(-mill); roll stand, mill stand
~ **blach cienkich** sheet mill
~ ~ **grubych** plate mill
~ **blokowa** (*do walcówki*) monoblock
~ **bruzdowa** shape mill
~ **czterowalcowa** four-high mill
~ **do rur** tube-rolling mill
~ **duo** two-high mill
~ **dwuwalcowa** *zob.* **walcarka duo**
~ **dziurująca** *zob.* **walcarka przebijająca**
~ **gorąca** hot(-rolling) mill
~ **krokowa** *zob.* **walcarka pielgrzymowa**
~ **kwarto** four-high mill
~ **nawrotna** reversing mill
~ **nienawrotna** non-reversing mill
~ **okresowa** periodic rolling mill, die rolling mill
~ **osadcza** edging mill
~ **pielgrzymowa** pilger mill
~ **przebijająca** piercing mill, roll piercer
~ **-rafiner** *gum.* refining mill, refiner
~ **skokowa** *zob.* **walcarka pielgrzymowa**
~ **skośna** reeling mill, skew rolling mill
~ **trio** three-high mill
~ **trzywalcowa** *zob.* **walcarka trio**
~ **uniwersalna** universal (rolling) mill
~ **wahadłowa** pendulum rolling mill, rocker mill
~ **wielowalcowa** multi-roll (rolling) mill
~ **wstępna** roughing mill, breakdown mill

~ **wydłużająca** (*do rur*) elongator, (rotary) elongating mill
~ **wygładzająca** skin-pass mill
~ **wykańczająca** finishing mill
~ **zimna** cold(-rolling) mill
walce *mpl* **ciągnące** *hutn.* pinch rolls, withdrawal rolls
~ **kuźnicze** forge rolls, roll forging machine
walcowanie *n* **1.** *obr. plast.* rolling **2.** *drog.* rolling
~ **bez końca** endless rolling
~ **bez naciągu** tension-free rolling
~ **kształtowe** shape rolling
~ **kuźnicze** forge rolling, roll forging
~ **na ciepło** warm rolling
~ **na gorąco** hot rolling
~ **na zimno** cold rolling
~ **osadcze** edge rolling, edging
~ **pielgrzymowe** pilger process
~ **poprzeczne** cross rolling, transverse rolling
~ **skośne** helical rolling, skew rolling
~ **wstępne** roughing, breakdown rolling
~ **wykańczające** finish rolling
~ **wzdłużne** longitudinal rolling
~ **z naciągiem** tension rolling
walcowina *f* rolling scale, mill scale
walcownia *f obr.plast.* rolling mill
~ **półwyrobów** semi-finishing mill
walcownictwo *n* rolling industry
walcowy *a* cylindrical
walcówka *f hutn.* blank, wire rod
walczak *m kotł.* boiler drum
walec *m* **1.** *geom.* cylinder **2.** *masz.* roll; roller
~ **bruzdowy** grooved roll, section roll, profiled roll
~ **drogowy** road roller
~ **drukarski** *włók.* printing roller
~ **eliptyczny** *geom.* cylindroid
~ **luźny nienapędzany** idle roll
~ **oporowy** (*walcarki*) support(ing) roll, backing(-up) roll
~ **podziałowy** (*w kole zębatym walcowym*) *masz.* reference cylinder
~ **profilowy** grooved roll, section roll, profiled roll
~ **roboczy** working roll
~ **toczny** *masz.* rolling cylinder
~ **ukośny** *geom.* scalene cylinder
~ **walcarki** mill roll
~ **wierzchołków** (*koła zębatego*) *masz.* tip cylinder
~ **wyciskający** squeeze roller
walencyjność *f chem.* valence, valency (number)

wał *m* **1.** *masz.* shaft **2.** *roln.* roller **3.** *inż.* embankment, bank
~ **bierny** *zob.* **wał napędzany**
~ **czynny** live shaft, drive shaft
~ **elektryczny** *aut.* synchro system, power selsyn system, synchro-tie
~ **giętki** *mech.* flexible shaft
~ **kierowniczy** *mot.* steering shaft, steering spindle
~ **korbowy** crankshaft
~ **napędowy** **1.** *mot.* drive shaft, propeller shaft **2.** *okr.* main engine shafting
~ **napędzany** driven shaft
~ **ochronny** *inż.* dyke, dike, check dam
~ **pędniany** transmission shaft, line shaft
~ **pędny** *zob.* **wał napędowy 1.**
~ **przeciwpowodziowy** *inż.* levee, river embankment, flood bank
~ **przegubowy** jointed shaft
~ **rozrządczy** distribution shaft, camshaft, valve shaft
~ **ruchomy niepracujący** idling shaft
~ **transmisyjny** *zob.* **wał pędniany**
wałeczek *m* **łożyska** *masz.* bearing roller
wałek *m* **1.** *masz.* shaft **2.** roller
~ **drukarski** *włók.* printing roller
~ **królewski** *siln.* intermediate distribution shaft, vertical bevel drive shaft
~ **maszyny do pisania** platen of a typewriter
~ **pociągowy** feed shaft (*of a lathe*)
~ **podstawowy** *metrol.* basic shaft
~ **przesuwu** (*w magnetofonach*) capstan
wałowanie *n* rolling (*of ground*)
wanad *m chem.* vanadium, V
wanadowce *mpl chem.* vanadium group (V, Nb, Ta, Hn)
wanga *f bud.* stringer, notchboard
wanienka *f* **fotograficzna** *fot.* developing dish, developing tray
wanna *f* **1.** tub; tank; vat **2.** bathtub
~ **elektrolityczna** electrolytic tank, electroplating vat, electrolyzer
~ **hartownicza** *obr.ciepl.* quenching tank, cooling tank, work tank
~ **szklarska** *szkl.* tank-furnace
wapienny *a* calcareous; calciferous
wapień *m* limestone
wapnienie *n* **1.** *petr.* calcifying **2.** *skór.* liming
wapniowce *mpl chem.* alkaline earth metals (Ca, Sr, Ba, Ra)
wapno *n* lime
~ **bielące** chlorinated lime, bleaching powder, chloride of lime
~ **chlorowane** *zob.* **wapno bielące**
~ **gaszone** slaked lime; calcium hydroxide, calcium hydrate

~ **niegaszone** *zob.* **wapno palone**
~ **palone** burnt lime, quicklime, calcium oxide
wapń *m chem.* calcium, Ca
war *m* **1.** *jedn.* var: 1 var = 1 W **2.** *cukr.* strike **3.** boil (*in soap manufacture*)
waraktor *m elektron.* varactor (diode), variable-capacitance diode, varicap
wariacja *f* **1.** *mat.* variation, fluctuation **2.** *geofiz.* variation, (magnetic) declination
wariak *m el.* variac
wariancja *f statyst.* variance
wariant *m* **projektu** alternative design
warikap *zob.* **waraktor**
wariometr *m* **1.** *lotn.* rate-of-climb indicator, variometer **2.** *el.* variometer
warnik *m* **1.** heat boiler, boiling pot **2.** *chłodn.* desorber
warogodzina *f jedn.* var-hour: $1\ \text{war} \cdot \text{h} = 0.36 \cdot 10^4$ J
waromierz *m* (*miernik mocy biernej w warach*) *el.* varmeter
warstewka *f* film, lamina, lamella
warstwa *f* layer; ply; tier; *fiz.* shell; *geol.* stratum (*pl* strata)
~ **barierowa** (*antykorozyjna*) barrier layer
~ **barwoczuła** *fot.* colour sensitive layer
~ **cegieł** (*w murze*) *bud.* course of bricks
~ **cienka** *elektron.* thin (magnetic) film
~ **domieszkowa** *elektron.* extrinsic film
~ **dyfuzyjna 1.** *obr.ciepl.* case **2.** *elchem.* diffusion layer
~ **elektronowa** *fiz.* electron shell
~ **emulsji** *fot.* emulsion layer
~ **epitaksjalna** *elektron.* epitaxial layer
~ **filtracyjna** filter layer; filter bed; *inż.* drainage blanket
~ **fizyczna** (*modelu referencyjnego ISO*) *inf.* physical layer
~ **graniczna** *mech.pł.* boundary layer
~ **inwersyjna** *elektron.* inversion layer
~ **kontaktowa** *elektron.* conductor layer (*in film circuits*)
~ **magnetyczna** *fiz.* magnetic film, magnetic coating
~ **niezapełniona** *fiz.* shell with a vacancy
~ **nośna** (*drogi*) base (course); foundation
~ **ochronna** *powł.* resist
~ **podkolektorowa** *elektron.* buried layer
~ **pośrednia 1.** *spaw.* interrun, interpass **2.** *geol.* interlayer
~ **przyścienna** *mech. pł.* boundary layer
~ **samoistna** *elektron.* intrinsic film
~ **światłoczuła** *fot.* photographic emulsion
~ **walencyjna** *fiz., chem.* valence shell
~ **wodonośna** *gleb.* aquiferous layer
~ **wzbogacona** *elektron.* enhanced layer
~ **zagrzebana** *elektron.* buried layer
~ **zapełniona** *fiz.* closed shell
~ **zaporowa** *elektron.* barrier layer, blocking layer
~ **zewnętrzna** *powł.* topcoat
~ **zubożona** *elektron.* depletion layer
warstwica *f geol.* contour line
~ **głębinowa** bathymetrical contour, depth curve, isobath
warstwowy *a* laminar
warsztat *m* workshop, shop
~ **mechaniczny** machine shop
~ **naprawczy** repair shop; service workshop
~ **narzędziowy** tool-room, tool shop, toolmakers' shop
~ **remontowy** repair shop
~ **stolarski** joinery, woodworking shop
~ **usługowy** service workshop
wartościowość *f chem.* valence, valency (number)
~ **dodatnia** positive valence
~ **drugorzędowa** *zob.* **wartościowość poboczna**
~ **elektrochemiczna** electrovalence
~ **główna** primary valence, normal valence
~ **jonowa** *zob.* **wartościowość elektrochemiczna**
~ **pierwszorzędowa** *zob.* **wartościowość główna**
~ **poboczna** secondary valence, coordinate valence
~ **ujemna** negative valence
~ **wtórna** *zob.* **wartościowość poboczna**
~ **względem wodoru** hydrogen referred valence
wartość *f* value
~ **absorpcji** *fiz.* absorbance, absorbancy
~ **antydetonacyjna** *paliw.* anti-knock value, knock rating
~ **bezwzględna** *mat.* absolute value
~ **dodatkowa** *ek.* surplus value
~ **funkcji** *mat.* dependent variable
~ **jednostkowa** per unit value
~ **liczbowa** numerical value
~ **logiczna** logical value
~ **międzyszczytowa** (*wielkości okresowej*) *el.* peak-to-peak value
~ **modalna** *mat.* modal value, mode
~ **nastawiona** *aut.* set value, setting
~ **oczekiwana** *mat.* (mathematical) expectation, expected value
~ **oktanowa** *paliw.* octane rating
~ **opałowa** *paliw.* calorific value
~ ~ **dolna** net calorific value, lower calorific value

~ ~ **górna** gross calorific value, high-heat value
~ **podziałki** *masz.* pitch length
~ **procentowa** percentage value
~ **przeciwstukowa** *paliw.* anti-knock value, knock rating
~ **rzeczywista** actual value, real value
~ **skrobiowa** *roln.* starch equivalent
~ **skuteczna** (*wielkości okresowej*) *el.* root-mean-square value
~ ~ **prądu** root-mean-square current, effective current
~ **spodziewana** *mat.* (mathematical) expectation, expected value
~ **szczytowa** peak (value)
~ ~ **prądu** peak current
~ **średnia** *mat.* mean (value), average
~ **wyprostowana** (*wielkości okresowej*) *el.* rectified value
~ **wyzwalająca** *aut.* trip point
~ **zadana** *aut.* set value, setting
~ **znamionowa** rating, rated value, nominal value
~ **żądana** *aut.* desired value, required value
wartownia *f* watch room
warunek *m* condition
~ **brzegowy** *mat.* boundary condition
~ **dostateczny** sufficient condition
~ **konieczny** necessary condition
warunki *mpl* **atmosferyczne** weather conditions
~ **eksploatacji** service conditions
~ **meteorologiczne** weather conditions
~ **normalne** **1.** *fiz.* standard conditions, NTP conditions (*normal temperature and pressure*) **2.** *ek.* usual terms
~ **pracy** **1.** (*urządzenia*) operating conditions, regime **2.** *bhp* working conditions
~ **równowagi** (*układu sił*) *mech.* conditions of equilibrium
~ **techniczne** (*normatywne*) technical specifications
warunkowy *a* conditional
warystor *m el.* varistor, variable resistor
warzelnia *f* **soli** salt-works, saltpan, saline
warzenie *n* cooking, boiling
warzonka *f* evaporated salt
wat *m jedn.* watt, W
wata *f* cotton-wool
~ **celulozowa** cellucotton
~ **drzewna** *zob.* **wata celulozowa**
~ **szklana** glass wool
~ **żużlowa** slag wool, slag hair
watolina *f włók.* wadding
watomierz *m el.* wattmeter
watosekunda *f jedn.* watt-second: 1 W·s = 1J
wazelina *f* vaseline, petroleum jelly
ważenie *n* weighing
ważkość *f fiz.* ponderability
ważny *a* **1.** valid **2.** important
ważyć *v* weigh
wąskotorowy *a kol.* narrow-gauge
wątek *m włók.* weft, woof; *US* filling
wąwóz *m* **1.** *geol.* ravine **2.** *nukl.* canyon
wąż *m* **pożarniczy** fire hose
wbijać *v* **do oporu** drive home
~ **gwoździe** drive nails, nail
wbudowany *a* inbuilt, built-in
wbudowywać *v* build in; embody; incorporate
wchłanianie *n* absorption; imbibition
wciągać *v* draw in, pull in
wciąganie *n* **1.** (*w blacharstwie*) taking in, puckering **2.** *inf.* bootstrap
wciągarka *f* hoisting winch
wciągnik *m* **1.** hoist; block **2.** *lotn.* retracting jack
~ **łańcuchowy** chain hoist, chain block
~ **przejezdny** travelling block; traversing hoist
~ ~ **elektryczny** telpher
~ **wielokrążkowy** hoisting block, block and tackle
wcięcie *n* **1.** incision, indentation, dent, nick **2.** *poligr.* indention **3.** *inf.* indentation
wcisk *m masz.* interference, negative allowance
wciskać *v* force in, drive in, push in
~ **do oporu** press home
~ **na gorąco** shrink on
wczep *m drewn.* dovetail
wczytywanie *n inf.* reading in
wdrażanie *n* implementation; practical application
weber *m jedn.* weber, Wb
wegetacja *f* (*roślin*) vegetation
wejście *n* **1.** entrance; entry; ingress **2.** *inf.* input
~ **akustyczne** *inf.* voice input
~ **danych** *inf.* data-in
~ **na orbitę** *kosm.* entering an orbit, orbit capture
~ **nieodwracające** *inf.* noninverting input
~ **odwracające** *inf.* inverting input
~ **przełączające** (*przerzutnika*) *inf.* forcing input
~ **przygotowujące** (*przerzutnika*) *inf.* preparatory input
~ **w atmosferę** *kosm.* atmospheric entry, reentry

~ **-wyjście** *inf.* input/output
wektor *m mat.* vector
~ **jednostkowy** versor, unit vector
~ **swobodny** free vector
~ **wypadkowy** resultant (vector)
~ **związany** localized vector
wektorowy *a* vectorial
welodyna *f el.* velodyne
welur *m* **1.** *włók.* velour(s) **2.** *skór.* Suede leather **3.** *papiern.* flock coated paper, velour paper
welwet *m włók.* velveteen, corduroy
wełna *f* wool
~ **czesankowa** combed wool; worsted wool
~ **drzewna** wood wool
~ **martwa** dead wool; skin wool
~ **ołowiana** (*do uszczelniania np. połączeń rurowych*) lead wool
~ **zgrzebna** carding wool
~ **żużlowa** (*materiał izolacyjny*) slag wool
~ **żywa** live wool
wentylacja *f* ventilation
~ **mechaniczna** mechanical ventilation, artificial ventilation
~ **naturalna** natural ventilation
~ **nawiewna** pressure ventilation, supply ventilation
~ **wyciągowa** exhaust ventilation
wentylator *m* fan
~ **śmigłowy** propeller fan
~ **tłoczący** pressure fan, forcing fan
~ **wyciągowy** exhauster, exhaust fan, suction fan
wersaliki *mpl poligr.* capital letters, capitals
wersor *m mat.* versor, unit vector
wertykał *m astr.* vertical circle
weryfikacja *f* revision; *inf.* verification
weryfikator *m tel., inf.* verifier
weterynaria *f* veterinary medicine
wewnątrzcząsteczkowy *a* intramolecular
wewnątrzkrystaliczny *a* intercrystalline
wewnętrzny *a* internal, inner; intrinsic; *mat.* interior
wezerometr *m powł.* weatherometer
węda *f ryb.* fishing line
wędka *f ryb.* angle; fishing rod, fishing pole
wędzenie *n* smoking; curing
węgiel *m* **1.** *chem.* carbon, C **2.** *min.* coal
~ **-14** (natural) radiocarbon, carbon-14
~ **aktywny** active carbon, activated carbon
~ **brunatny** brown coal; lignite
~ **drzewny** charcoal, wood coal
~ **energetyczny** power coal, boiler coal, steam coal
~ **gazowy 1.** (*retortowy*) gas carbon **2.** gas coal
~ **kamienny** hard coal, bituminous coal
~ **koksujący** coking coal
~ **opałowy** stove coal
~ **spiekalny** baking coal, caking coal
~ **surowy** raw coal, undressed coal, run-of--mine coal
~ **wzbogacony** dressed coal
węgielnica *f metrol.* square
węgieł *m bud.* quoin
węglan *m chem.* carbonate
~ **potasowy** potassium carbonate
~ **sodowy** sodium carbonate
węglarka *f* coal wagon; *US* gondola (car)
węglik *m chem.* carbide
~ **krzemu** silicon carbide, carborundum
~ **wapniowy** calcium carbide
~ **żelaza** iron carbide
węgliki *mpl* **spiekane** sintered carbides
węglowce *mpl chem.* carbon family, carbon group (C, Si, Ge, Sn, Pb)
węglowiec *m okr.* coal carrier, collier
węglowodany *mpl chem.* carbohydrates, saccharides, sugars
węglowodory *mpl chem.* hydrocarbons
~ **acetylenowe** acetylene hydrocarbons, alkynes
~ **alifatyczne** aliphatic hydrocarbons, acyclic hydrocarbons, chain hydrocarbons
~ **cykliczne** *zob.* **węglowodory pierścieniowe**
~ **łańcuchowe** *zob.* **węglowodory alifatyczne**
~ **nasycone** saturated hydrocarbons
~ **olefinowe** olefins, alkenes, ethylenic hydrocarbons
~ **parafinowe** paraffin hydrocarbons, alkanes, paraffins
~ **pierścieniowe** cyclic hydrocarbons, ring hydrocarbons
węglowy *a* **1.** *chem.* carbon; carbonic **2.** *min.* coaly **3.** *geol.* carbonaceous, carboniferous
węzeł *m* **1.** knot **2.** *jedn.* knot: 1 knot = 0.51444 m/s **3.** *fiz.* node **4.** *mech.* kinematic pair **5.** *mat.* knot, node
~ **cieplny** *odl.* hot-spot, thermal centre
~ **kolejowy** railway junction
~ **prądu** *el.* current node
~ **sieci** *kryst.* lattice point
~ ~ **komputerowej** *inf.* node
~ **wodny** hydrotechnical system
wężownica *f* coil (pipe)
wężyk *m* **spustowy** *fot.* cable release
wgłębienie *n* cavity; pit; recess; dimple
wgłębnik *m wytrz.* indenter, indenting tool, penetrator

~ **mikrotwardościomierza** *wytrz.* microindenter
wiadomość *f* message; *tel.* intelligence
wiadro *n* bucket
wiadukt *m* viaduct; overpass; overbridge
wialnia *f* **1.** *wzbog.* pneumatic separation plant, air classifier **2.** *roln.* dressing machine, fanning mill, winnower
wialnik *m zob.* **wialnia 1.**
wiata *f bud.* (island) station roof, umbrella roof
wiatr *m* wind
~ **elektryczny** *el.* convective discharge, electric wind, static breeze
~ **jonowy** *fiz.* ionic wind
~ **słoneczny** *astr.* solar wind
wiatraczek *m* vane
wiatrak *m* windmill
wiatrakowiec *m lotn.* autogiro, rotoplane
wiatrochron *m* **1.** *lotn.* windscreen, windshield **2.** *roln.* windbreak
wiatromierz *m* anemometer
wiatrowskaz *m* wind vane, weathercock
wiatrówka *f wojsk.* air gun, air rifle
wiązać *v* **1.** bind; tie; lash **2.** set (*of cement, etc.*) **3.** *chem.* fix
wiązałka *f roln.* binder; sheafer
wiązanie *n* **1.** *chem.* bond(ing); fixation **2.** binding; lashing **3.** setting (*of cement, etc.*) **4.** *bud.* bond (*of bricks*)
~ **atomowe** *zob.* **wiązanie kowalencyjne**
~ **cementu** *bud.* cement setting, setting of cement
~ **chemiczne** chemical bond
~ **elektrowalencyjne** *zob.* **wiązanie jonowe**
~ **jonowe** *chem.* electrovalent bond, heteropolar bond, ionic bond
~ **koordynacyjne** *chem.* semipolar bond, coordinate bond, dative bond
~ **kowalencyjne** *chem.* atomic bond, covalent bond, non-polar bond
~ **polarne** *zob.* **wiązanie jonowe**
~ **półbiegunowe** *zob.* **wiązanie koordynacyjne**
~ **semipolarne** *zob.* **wiązanie koordynacyjne**
~ **walencyjne** *chem.* valence bond
~ **wielokrotne** *chem.* multiple bond
wiązar *m* **dachowy** *bud.* roof truss
~ **lokomotywy** *kol.* coupling rod, side rod
wiązka *f* bunch; bundle; sheaf
~ **czwórkowa** (*przewodów*) *el.* quad
~ **elektronowa** *fiz.* electron beam
~ **laserowa** laser beam
~ **paliwowa** *nukl.* fuel bundle
~ **parowa** (*przewodów*) *el.* pair
~ **płaszczyzn** *mat.* sheaf of planes, bundle of planes
~ **promieniowania** *fiz.* beam (of radiation)
~ **prostych** *mat.* pencil of lines
wibracja *f mech.* vibration
wibracyjny *a* vibratory
wibrator *m* **1.** *el.* vibrator **2.** *masz.* vibrator, shaker
~ **do masy betonowej** concrete vibrator
wibrograf *m* (*przyrząd do zapisywania drgań*) vibrograph
wibroizolacja *f* vibration isolation
wibrometr *m* vibrometer, vibration meter
wibrować *v* vibrate
wichrowatość *f* (*płaszczyzn*) twist
widełki *pl masz.* fork
~ **aparatu telefonicznego** *telef.* cradle
~ **stroikowe** tuning fork
wideodysk *m* videodisk
wideofon *m* video telephone, picturephone
wideogramofon *m* teleplayer, video disk player
wideokaseta *f* videocassette
wideotekst *m inf.* videotext
widikon *m TV* vidicon, photoconductive pick-up tube
widły *pl* fork
widmo *n fiz.* spectrum (*pl* spectra); *mat.* spectrum
~ **absorpcyjne** absorption spectrum
~ **akustyczne** acoustic spectrum, sound spectrum
~ **ciągłe** continuous spectrum
~ **dyfrakcyjne** diffraction spectrum
~ **elektronowe** electronic spectrum
~ **emisyjne** emission spectrum
~ **liniowe** line spectrum
~ **pasmowe** band spectrum
~ **słoneczne** solar spectrum
widmowy *a* spectral
widnia *f* **optyczna** *opt.* camera lucida
widnokrąg *m* visible horizon
widoczność *f* **1.** field of vision **2.** visibility, sight distance **3.** (*obiektów języka*) *inf.* visibility
widoczny *a* visible; apparent
widok *m rys.* view; elevation
~ **boczny** end view, end elevation
~ **cząstkowy** local view
~ **główny** main view, principal view
~ **perspektywiczny** perspective (view)
~ **z lotu ptaka** aerial view, bird's-eye view
widzenie *n* vision
~ **stereoskopowe** stereoscopic vision
widzialność *f* visibility, sight distance
widzialny *a* visible
wiek *m* **1.** *biol.* age **2.** *geol.* age **3.** (100 lat) century
~ **geologiczny** geological age
~ **izotopu macierzystego** *nukl.* parental age

wieko *n* lid; cover
wielka częstotliwość *f* high frequency
wielki piec *m hutn.* (iron) blast furnace
wielkie koło *n geom.* great circle
wielkopiecownictwo *n* blast-furnace practice, ironmaking
wielkość *f* **1.** quantity **2.** size; magnitude
~ **bezwymiarowa** dimensionless quantity
~ **dodatnia** *mat.* plus
~ **drgająca** oscillating quantity
~ **gwiazdowa** *astr.* (stellar) magnitude
~ **liczbowa** numerical quantity
~ **miernicza wzorca** *metrol.* quantity of a measure
~ **mierzona** measurand, measured quantity
~ **odwrotna** *mat.* reciprocal
~ **podstawowa** base quantity
~ **produkcji** *ek.* volume of production, rate of production
~ **regulowana** *aut.* controlled variable, controlled condition
~ **skalarna** *mat.* scalar quantity
~ **stała** constant (quantity)
~ **sterująca** *aut.* control quantity
~ **ujemna** *mat.* minus
~ **wejściowa** *aut.* input quantity
~ **wektorowa** *mat.* vector quantity
~ **wyjściowa** *aut.* output quantity
~ **zakłócająca** *aut.* disturbance
~ **zmienna** variable (quantity)
~ **znamionowa** rated quantity
wieloatomowy *a* polyatomic
wielobarwność *f kryst.* pleochroism, pleochromation
wielobiegunowy *a* **1.** *mat.* multipolar **2.** *el.* multi-pole
wielobieżność *f inf.* reentrancy
wieloboczny *a geom.* polygonal; *kryst.* polyhedral
wielobok *m geom.* polygon, *zob.też* **wielokąt**
~ **sił** *mech.* polygon of forces, force polygon
wielocelowy *a* multipurpose; multi-role
wielociąg *m hutn.* multi-die drawing machine
wielocukry *mpl chem.* polysaccharides, polyoses
wielodostępność *f* (*systemu*) *inf.* multi-access
wielofunkcyjny *a* polyfunctional, multifunctional
wielokanałowy *a tel.* multichannel
wielokąt *m geom.* polygon
~ **foremny** regular polygon
~ **sferyczny** spherical polygon
wielokątny *a geom.* polygonal
wieloklin *m masz.* splines
wielokrążek *m* pulley block, compound pulley; purchase, tackle
~ **różnicowy** differential (pulley) block
wielokrotność *f mat.* multiple
wielokwas *m chem.* polyacid
wielomian *m mat.* polynomial, multinomial
wielonożówka *f obr. skraw.* multi-tool lathe, multi-cut lathe
wielopostaciowość *f kryst.* polymorphism
wielopostaciowy *a* multiform; *kryst.* polymorphous
wieloprogramowość *f inf.* multiprogramming
wieloprzetwarzanie *n inf.* multiprocessing
wielostopniowy *a* multi-stage
wielościan *m geom.* polyhedron (*pl* polyhedra *or* polyhedrons)
~ **opisany** circumscribed polyhedron
~ **wpisany** inscribed polyhedron
wielościenny *a geom.* polyhedral, multilateral
wieloużywalność *f* (*programów*) *inf.* reusability
wielowarstwowy *a* multi-ply, multilayer
wielowartościowość *f chem.* multivalency
wielowartościowy *a* **1.** *chem.* polyvalent, multivalent **2.** *mat.* multiple-valued, multivalent
wielowrotnik *m aut.* multiport element
wielowymiarowy *a* multidimensional
wielowypust *m masz.* splines
wielozadaniowość *f inf.* multitasking
wielozakresowy *a* multirange
wieniec *m* **koła** *masz.* wheel rim
~ **łopatkowy** blade rim, blade-ring (*of a turbine, etc.*)
wiercenie *n* drilling; boring
~ **obrotowe** *wiertn.* rotary drilling
~ **płuczkowe** *wiertn.* hydraulic drilling, wash drilling, wet drilling
~ **powtórne** *wiertn.* reboring
~ **próbne** *wiertn.* scout boring
~ **rdzeniowe** *wiertn.* core logging
~ **udarowe** *wiertn.* percussion drilling, jump drilling
wiercić *v* drill; bore
~ **studnię** drive a well
wierność *f* (*odtwarzania*) *elakust.* fidelity
wiersz *m poligr.* type line
wierszownik *m poligr.* **1.** assembler (*in composing machines*) **2.** composing stick
wiertarka *f* drill; driller; borer, drilling machine, boring machine
~ **koordynatowa** *zob.* **wiertarka współrzędnościowa**

~ **korbowa** brace and bit
~ **obrotowo-udarowa** *górn.* drifter drill
~ **pionowa** *obr.skraw.* drill press
~ **pozioma** *obr.skraw.* drill lathe
~ **rewolwerowa** *obr.skraw.* turret drill
~ **ręczna** hand drill
~ **piersiowa** breast drill
~ **silnikowa** power drill
~ **udarowa** *górn.* percussion drill, hammer drill
~ **współrzędnościowa** *obr.skraw.* jig borer, jig drilling machine
wiertarko-frezarka *f obr.skraw.* drilling boring and milling machine, horizontal boring machine
wiertarko-tokarka *f obr.skraw.* drill lathe
wiertło *n obr.skraw.* drill; *drewn.* boring bit, borer
~ **kręte** *obr.skraw.* twist drill; *drewn.* auger bit
~ **kształtowe** *narz.* multicut drill
~ **piórkowe** *obr.skraw.* spade drill, flat drill
~ **płaskie** *zob.* **wiertło piórkowe**
~ **rurowe** *obr.skraw.* pin-cutting drill, trepanning tool, trepan
~ **trepanacyjne** *zob.* **wiertło rurowe**
wiertnia *f wiertn.* oil well
wiertnica *f wiertn.* drill(ing) rig, boring rig
wiertnictwo *n* drilling
wierzchołek *m* **1.** *geom.* vertex (*pl* vertices *or* vertexes); *mat.* node (*of a network*) **2.** top, summit
~ **kąta** *geom.* vertex of an angle
~ **zęba** *(koła zębatego) masz.* tooth tip, tooth crest
wieszak *m* **1.** *masz.* hanger **2.** *bud.* suspension member, suspension rod **3.** *el.* dropper **4.** rack
~ **galwanizerski** *elchem.* plating rack
~ **wagi** scale shackle, scale pan support, stirrup
wieszar *m bud.* roof truss
wietrzenie *n geol.* weathering (*of rocks*)
wietrzyć *v* air, ventilate
wieża *f* **1.** *bud.* tower **2.** *chem.* tower, column
~ **chłodnicza** cooling tower, cooling stack
~ **ciśnień** water tower
~ **kontroli lotniska** *lotn.* (aerodrome) control tower
~ **startowa** *rak.* umbilical tower, launching tower
~ **szybowa** *górn.* headframe, hoist tower
~ **triangulacyjna** *geod.* triangulation tower
~ **wiertnicza** boring tower
~ **wyciągowa** *zob.* **wieża szybowa**
wieżowiec *m bud.* skyscraper
wieżyczka *f* turret; cupola
większość *f* majority
więzy *pl mech.* constraints
więźba *f* **dachowa** *bud.* rafter framing
wilgoć *f* moisture, damp
wilgotnościomierz *m* moisture meter, hygrometer
wilgotność *f* humidity, dampness
wilgotny *a* damp, moist, humid, wet
wilk *m hutn.* skull, bear, sow
~ **-szarpak** (*do szmat*) *papiern.* thresher
winda *f* **1.** lift, elevator **2.** *okr.* winch
~ **kotwiczna** *okr.* windlass
winietowanie *n fot.* vignetting
winyl *m chem.* vinyl (group), ethenyl
winylobenzen *m chem.* vinyl benzene, styrene
wiosło *n* oar
wiotkość *f* **1.** *masz.* whippiness **2.** *skór.* sponginess
wiórkowanie *n* **kół zębatych** *obr.skraw.* gear shaving
wióry *mpl obr.skraw.* chips; turning; *drewn.* shavings, abatement
wir *m mech.pł.* vortex (*pl* vortices *or* vortexes), whirl
wirnik *m masz.* rotor; impeller; runner
~ **napędzany** impeller (*of a pump or compressor*)
~ **(nośny) śmigłowca** helicopter rotor
~ **pomocniczy** (*stabilizacyjny*) tail rotor, auxiliary rotor (*of a helicopter*)
~ **sterujący** *lotn.* control rotor
~ **śmigłowy** propeller
wirolot *m lotn.* rotodyne, heliplane, gyrodyne
wiropłat *m lotn.* rotorcraft, rotary-wing aircraft
wirować *v* whirl, swirl, spin, gyrate
wirowość *f mat.* curl, rotation (*of a vector*)
wirowy *a mat.* rotational
wirówka *f* centrifuge, centrifugal separator
~ **do mleka** *spoż.* cream separator
~ **odwadniająca** spin-drier, hydroextractor, whizzer
~ **przyspieszeniowa** *aero.* whirling arm, centrifuge
wiskoza *f* **1.** *tw.szt.* viscose **2.** viscosity
wiskozymetr *m* viscometer, viscosimeter
wiśniowy żar *m met.* cherry-red heat
witryfikacja *f* vitrification
wizja *f TV* picture
wizjer *m* **elektronowy** (*kamery telewizyjnej*) electronic viewfinder
wizualny *a* visual

wjazd *m* drive (way)
wklęsłodruk *m poligr.* rotogravure
wklęsło-wypukły *a* concavo-convex
wklęsły *a* concave
wkład *m* **1.** input; contribution **2.** insert; cartridge
~ **filtra** filter pack, filter element
~ **książki** *poligr.* bulk (of a book)
wkładać *v* insert, put in
wkładka *f* **1.** insert; pad; liner **2.** *drewn.* slip feather, slip tongue, loose tongue **3.** inset (*in a book*)
~ **adapterowa** *elakust.* pick-up cartridge, crystal cartridge
~ **bezpiecznika** *el.* fuse-link, fuse-element
~ **mikrofonowa** telephone transmitter, transmitter inset
~ **słuchawkowa** receiver inset
~ **topikowa** *el.* fuse-link, fuse-element
wkolejnica *f kol.* rerailing ramp, rerailer
wkraplacz *m lab.* dropping funnel, dropper
wkraplać *v* drop in, instil, add drop by drop
wkręcać *v* (*np. śrubę*) screw in
wkręt *m* screw; tap bolt, tap screw
~ **bez łba** grub screw
~ **do drewna** wood screw
~ **dociskowy** set screw
~ **samogwintujący** (self-)tapping screw, drive screw, thread-forming screw
~ **z łbem gniazdowym** socket-head screw
wkrętak *m narz.* screwdriver
wkrętka *f* screw plug
wlec *v* drag
wlew *m* **1.** *odl.* runner, gate **2.** filler
~ **doprowadzający** *odl.* running gate, runner, ingate
~ **główny** *odl.* pouring-gate, down-gate, down runner, sprue
wlewać *v* pour in
wlewek *m hutn.* (cast) ingot
~ **ciągły** continuous casting, cast strand
wlewnica *f hutn.* ingot mould
wlot *m* inlet; intake; entry; ingress
~ **powietrza** air intake
~ **przewodowy** *el.* bush
własności *fpl* **chemiczne** chemical properties
~ **fizyczne** physical properties
~ **mechaniczne** mechanical properties
własność *f* **1.** property; quality **2.** *ek.* property; ownership
właściciel *m* **patentu** patentee, patent holder
właściwość *f* property; characteristic; peculiarity; feature
właz *m* manhole; hatch(way); scuttle
włączyć *v* **1.** engage; turn on; *el.* switch on **2.** include; embody, incorporate
~ **bieg** *mot.* throw into gear
~ **sprzęgło** clutch in, engage (*the clutch*)
włok *m ryb.* trawl (net), drag
włos *m* **1.** *włók.* nap **2.** *zeg.* hair-spring
włoskowatość *f fiz.* capillarity
włókiennictwo *n* textile industry
włóknina *f włók.* needled cloth; unwoven fabric, unwoven cloth
włókno *n* **1.** fibre, fiber **2.** filament **3.** *drewn.* grain **4.** *mat.* fibre
~ **mineralne** mineral fibre
~ **naturalne** natural fibre
~ **prądu** *mech.pł.* stream filament
~ **roślinne** plant fibre
~ **syntetyczne** synthetic fibre
~ **sztuczne** artificial fibre, man-made fibre
~ **zwierzęce** animal fibre
wnęka *f* cavity; recess; niche
~ **na koło** (*w nadwoziu*) *mot.* wheelhouse
woda *f* water
~ **amoniakalna** ammonia water; ammonia liquor, gas liquor
~ **bieżąca** running water, flowing water
~ **bromowa** bromine water
~ **chlorowa** chlorine water
~ **chlorowana** chlorinated water
~ **ciężka** heavy water, deuterium oxide
~ **destylowana** distilled water
~ **fenolowa** phenolated water
~ **gruntowa** underground water, subterranean water
~ **konstytucyjna** chemically combined water, constitutional water
~ **królewska** *chem.* aqua regia, nitrohydrochloric acid, chloroazotic acid
~ **lekka** light water
~ **lutownicza** soldering liquid
~ **miękka** soft water
~ **pitna** drinking water, potable water
~ **pogazowa** ammonia liquor, gas liquor
~ **przemysłowa** industrial water, process water
~ **słodka** fresh water
~ **stojąca** stagnant water, dead water, quiescent water
~ **superciężka** heavy-heavy water
~ **surowa** raw water
~ **twarda** hard water
~ **utleniona** hydrogen peroxide solution, hydrogen dioxide solution
~ **uzdatniona** *san.* treated water
~ **wodociągowa** municipal water, tap water
~ **wytlewna** phenolated water

wodnica *f okr.* waterline
wodnosamolot *m lotn.* seaplane, hydroplane
wodny *a chem.* aqueous; hydrous; water-
wodociąg *m* water pipe, water line; water supply system
wododział *m geol.* watershed, divide
wodolot *m* hydrofoil boat, hydrofoil craft, hydrofoil ship
wodomierz *m* water meter
wodomiotacz *m górn.* (hydraulic) monitor, hydraulic giant
wodoodporny *a* waterproof, water--resistant; *farb.* fast to wąter
wodorek *m chem.* hydride
wodorokwas *m chem.* hydracid
wodoroliza *f chem.* hydrogenolysis
wodorosiarczan *m chem.* bisulfate, acid sulfate, hydrogen sulfate
wodorotlenek *m chem.* hydroxide
~ **potasowy** potassium hydroxide, potassium hydrate
~ **sodowy** sodium hydroxide, sodium hydrate
~ **wapniowy** calcium hydroxide, calcium hydrate
wodorowęglan *m chem.* bicarbonate, hydrogen carbonate, acid carbonate
wodoszczelny *a* watertight; waterproof
wodowanie *n* **1.** *okr.* launching **2.** *lotn.* alighting on water
wodowskaz *m* water-level indicator, water--level gauge; *kotł.* water-gauge glass
~ **rejestrujący** limnigraph, water-level recorder
wodór *m chem.* hydrogen, H
~ **ciężki** heavy hydrogen, deuterium, D
~ **lekki** light hydrogen, protium, H
~ **superciężki** tritium, T
wodzian *m chem.* hydrate
wodzik *m* **1.** *siln.* crosshead **2.** *masz.* slide, slider, slipper, slide block
wojłok *m włók.* felt
wokoder *m elakust.* vocoder, voice coder
wolant *m lotn.* control wheel
wolfram *m chem.* tungsten, wolfram, W
wolina *f* wood wool
wolna burta *f żegl.* freeboard
wolne koło *n* free-wheel
wolnobieżny *a* slow-speed; slow-running
wolnonośny *a lotn.* cantilever
wolnostojący *a bud.* free-standing, detached
wolny *a* free
wolny od błędów error-free
wolny od cła *ek.* duty-free
wolt *m jedn.* volt, V
woltametr *m el.* voltameter, coulometer
woltoamper *m jedn.* volt-ampere
wolt(o)amperometria *f chem.* voltammetry
woltoamperomierz *m el.* voltammeter, multimeter
woltomierz *m el.* voltmeter
wolumen *m inf.* volume
~ **akustyczny** *el.* volume
wolumetr *m tel.* volume indicator, speech level meter
worek *m* sack, bag
workowanie *n* sacking, sack filling, bagging
wosk *m* wax
~ **mineralny** mineral wax
~ **pszczeli** beeswax
~ **ziemny** ozocerite, fossil wax, native paraffin
woskówka *f* stencil
wozak *m górn.* car pusher, putter, trammer
wóz *m* car; carriage; cart
~ **bojowy** *wojsk.* combat vehicle
~ **kopalniany** *górn.* mining-car, tub
~ **transmisyjny** *rad., TV* recording van
~ **zdjęciowy** *kin., TV* camera car
wózek *m* truck; car; carriage; trolley
~ **akumulatorowy** battery-electric truck
~ **jezdniowy** truck
~ ~ **paletowy** pallet-lift truck
~ ~ **widłowy** fork-lift truck
~ **podnośnikowy** lift truck
~ **przechylny** tipper-truck
~ **ręczny** hand truck
~ **samobieżny** *zob.* **wózek silnikowy**
~ **silnikowy** power bogie
~ **suwnicy** bridge trolley, (travelling) crab, jenny
~ **szynowy** industrial car, larry car
wpadać w synchronizm *masz.el.* come into step
wpęd *m* **pala** *inż.* penetration of a pile per blow, set
wpisywać *v geom.* inscribe
wpłata *f* payment
wpływ *m* influence; effect
wprawiać *v* **szyby** *bud.* glaze windows
~ **w ruch** start, put in motion, set in motion
wprost proporcjonalny directly proportional
wprowadzać *v* introduce; bring in; insert; let in
~ **dane** *inf.* load data
~ **do pamięci** *inf.* store in, feed into a computer
~ **na orbitę** (*sztucznego satelitę*) put into orbit, inject

wprowadzanie *n* **danych** *inf.* data input (process), loading
~ **programu** (*do komputera*) programming
wprowadź i wykonaj (*metoda przetwarzania*) *inf.* load-and-go
wpust *m* **1.** *masz.* key **2.** gully, inlet
wpychać *v* push in, force in
wrak *m* *żegl.* wreck
wrażliwość *f* sensitivity; susceptibility
wrażliwy *a* sensitive; susceptible
wrąb *m* cut; notch; nick; *drewn.* gain, dap
wrębiarka *f* *górn.* cutter, cutting machine
~ **ładująca** cutter loader, mechanical coal miner
~ **łańcuchowa** chain cutter
wrębienie *n* *górn.* cutting, holing
wrębik *m* (*wrębiarki*) *górn.* cutter gib, cutter bar
wrębołładowarka *f* *górn.* cutter loader, mechanical coal miner
wręg *m* **1.** *okr.* frame **2.** *drewn.* rebate, rabbet
wręga *f* *lotn.* frame; former
wrota *pl* **1.** gate **2.** *el.* port
~ **śluzy** *inż.* sluice gate
wrzeciennik *m* (*obrabiarki*) *obr.skraw.* fixed headstock, fast head(stock)
wrzeciono *n* **1.** *masz.* spindle **2.** *włók.* spindle
~ **zaworu** valve stem, valve spindle
wrzenie *n* boil(ing); ebullition
~ **błonowe** film boiling
~ **burzliwe** (*przegrzanej cieczy*) bumping
~ **pęcherzykowe** bubble boiling, nucleate boiling
wsad *m* **1.** *hutn., odl.* charge; stock **2.** *inf.* batch **3.** (*paliwowy*) *nukl.* charge
wsadzarka *f* *hutn.* charging machine, charger
wschód *m* **1.** *astr.* rise (*of a celestial body*) **2.** east (*direction*)
wskaz *m* *metrol.* indicating mark
wskazanie *n* *metrol.* indication
wskazówka *f* *metrol.* pointer; hand; indicating needle, indicator
~ **godzinowa** *zeg.* hour hand
~ **minutowa** *zeg.* minute hand
~ **sekundowa** *zeg.* seconds hand
~ **świetlna** light indicator
wskazująca *f* *geom.* indicatrix
wskazywać *v* point, indicate
wskaźnik *m* **1.** index **2.** indicator **3.** *mat.* index; superscript; subscript **4.** *inf.* pointer
~ **alkacymetryczny** *chem.* acid-base indicator
~ **ciekłokrystaliczny** liquid crystal display
~ **cyfrowy** numerical read-out, digital display
~ **dieslowy** *paliw.* diesel index
~ **dolny** *mat.* subscript, lower index
~ **elektronowy** electron-ray indicator tube
~ **górny** *mat.* superscript, upper index
~ **ilości błędów** *inf.* error rate
~ **izotopowy** isotopic tracer, tracer isotope
~ **kwasowo-zasadowy** *chem.* acid-base indicator
~ **niezawodności** reliability index
~ **obecności napięcia** voltage indicator
~ **pH** *chem.* acid-base indicator
~ **poziomu** level gauge, telltale
~ **promieniotwórczy** *nukl.* radioactive tracer, radioactive indicator, radiotracer
~ **radarowy** radar display (unit), radar indicator
~ **radiolokacyjny** *zob.* **wskaźnik radarowy**
~ **ruchomy** *metrol.* pointer
~ **stały** *metrol.* index mark
~ **stosu** *inf.* stack pointer
~ **świetlny** indicator light, light indicator
~ **uniwersalny** *chem.* universal indicator, many-coloured indicator
~ **wielobarwny** *zob.* **wskaźnik uniwersalny**
~ **zapłonności** *paliw.* diesel index
~ **zgłoszeniowy** *telef.* call(ing) indicator
wskaźniki *mpl* **więzi** *inf.* links
wspornik *m* bracket; console; cantilever; *lotn.* pylon
~ **do nitowania** dolly (bar), hold-on, riveting anvil
wspólna wielokrotność *f* *mat.* common multiple
wspólny dzielnik *m* *mat.* common divisor
wspólny mianownik *m* *mat.* common denominator
współbieżność *f* *inf.* concurrent operation, concurrency
współczynnik *m* coefficient; factor; multiplier; modulus
~ **absorpcji** absorption coefficient
~ **bezpieczeństwa** **1.** *wytrz.* factor of safety **2.** *rad.* protection ratio
~ **dobroci** *el.* quality factor, Q-factor
~ **emisji** *fiz.* emissivity
~ **impulsowania** *elektron.* pulse-duty factor
~ **jednoczesności** (*obciążenia*) *el.* coincidence factor
~ **konwersji** *nukl.* conversion coefficient, conversion ratio
~ **lepkości dynamicznej** coefficient of dynamic viscosity, coefficient of internal friction
~ ~ **kinematycznej** coefficient of kinematic viscosity

~ **magnetogiryczny** *fiz.* magnetomechanical ratio, gyromagnetic ratio
~ **mnożenia** *nukl.* multiplication factor, multiplication constant
~ **mocy** *el.* power factor, phase factor
~ **obciążenia** load factor; duty factor
~ **odbicia 1.** *fiz.* coefficient of reflection, reflection coefficient, reflectivity **2.** coefficient of restitution
~ **odkształcenia** *el.* distortion factor
~ ~ **plastycznego** *wytrz.* coefficient of deformation
~ **odpowiedniości** *inf.* pertinency factor
~ **oporu** *mech.pł.* drag coefficient; resistance coefficient
~ **pewności** *wytrz.* factor of safety
~ **pochłaniania** absorption coefficient
~ **podziału** *nukl.* distribution ratio, partition coefficient
~ **poszerzenia przy walcowaniu** *obr.plast.* spread factor, spread coefficient
~ **powielania** *nukl.* breeding ratio, breeding factor
~ **proporcjonalności** *mat.* constant of proportionality
~ **przejmowania ciepła** *term.* surface film conductance
~ **przemiany** *nukl.* conversion coefficient
~ **przenikania ciepła** overall heat-transfer coefficient
~ **przepuszczania** (*promieniowania*) *fiz.* transmittance
~ **przetwarzania** *zob.* **współczynnik przemiany**
~ **przewodzenia ciepła** *fiz.* thermal conductivity, thermal conductance
~ **refrakcji** *opt.* index of refraction, refractive index, refractivity
~ **rozszerzalności cieplnej** *fiz.* expansion coefficient, thermal coefficient of expansion
~ **sprawności** *mech.* efficiency
~ **sprężystości** *wytrz.* coefficient of elasticity, elastic constant
~ ~ **objętościowej** bulk modulus of elasticity
~ ~ **podłużnej** *zob.* **współczynnik sprężystości wzdłużnej**
~ ~ **poprzecznej** modulus of rigidity, shear modulus
~ ~ **wzdłużnej** Young's modulus, longitudinal modulus of elasticity
~ **szumów** *rad.* noise factor; noise figure
~ **tarcia** *mech.* coefficient of friction, friction factor
~ ~ **wewnętrznego** coefficient of dynamic viscosity, coefficient of internal friction
~ **temperaturowy** temperature coefficient
~ **tłumienia 1.** *el.* attenuation coefficient **2.** *mech.* damping coefficient
~ **wnikania ciepła** *zob.* **współczynnik przejmowania ciepła**
~ **wydłużenia** (*przy walcowaniu*) *obr.plast.* elongation factor
~ **wzmocnienia** *el.* amplification factor, gain coefficient
~ **załamania** *zob.* **współczynnik refrakcji**
~ **żyromagnetyczny** *fiz.* gyromagnetic ratio, magnetomechanical ratio
współdziałanie *n* co-operation
współliniowy *a* collinear
współmierność *f geom.* commensurability
współmierny *a geom.* commensurable
współogniskowy *a mat., fiz.* confocal
współosiowy *a* coax(i)al; collinear
współpłaszczyznowy *a* coplanar
współpraca *f* **części** *masz.* mating
współprogram *m inf.* coroutine
współrzędne *fpl mat.* coordinates, coordinate axes
~ **geograficzne** *nawig.* geographic coordinates, terrestrial coordinates
współstrącanie *n chem.* co-precipitation
współśrodkowość *f* concentricity
współśrodkowy *a* concentric
współużywalność *f inf.* reentrancy
współzależność *f* interdependence, interrelation, correlation
wstawiać *v* insert, put in; place
~ **program** *inf.* roll-in
wstawka *f* **do programu** *inf.* patch
wsteczny *a* reverse
wstęga *f* ribbon; band; *mat.* strip
~ **boczna** *rad.* sideband
~ **na rury** *obr.plast.* (tube) skelp, skelp iron, tube strip
wstępne pobranie *n* **rozkazu** *inf.* instruction prefetch
wstępny *a* preliminary
wstępujący *a mat.* ascending
wstrząs *m* shock, concussion
~ **podziemny** *geol.* tremor
wstrząsać *v* shake, agitate; jolt
wstrząsak *m odl.* vibrator
wstrząsarka *f* **1.** shaker; vibrator **2.** *odl.* jolter, jolt-moulding machine, jar--ramming machine
wstrząsoodporny *a* shakeproof, shockproof
wstrzeliwarka *f odl.* explosion-type core blower, core shooter
wstrzykiwać *v* inject
wstrzykiwanie *n* **nośników** *elektron.* injection of carriers

~ **zaprawy** *bud.* grouting, cement injection
wstrzymywać *v* stop; check; restrain; inhibit
wsysanie *n* aspiration; indraught
wszechstronny *a* versatile; universal; all--embracing
wszechświat *m* universe, cosmos
wszystkie prawa zastrzeżone all rights reserved
wtłaczać *v* force (in)
wtop *m spaw.* fusion (penetration)
wtórnik *m* duplicate
~ **katodowy** *el.* cathode follower, cathode loaded amplifier
wtórny *a* secondary
wtrącenia *npl met.* inclusions
wtrysk *m* injection; *tw.szt.* injection
~ **paliwa** *siln.* fuel injection
wtryskarka *f tw.szt.* injection moulding machine, injection moulding press
wtryskiwacz *m* **1.** injector **2.** *lotn.* burner (*in turbojets*)
wtryskiwanie *n tw.szt.* injection (moulding)
wtyczka *f el.* male connector, plug
~ **bananowa** banana plug
~ **dwukołkowa** twin plug
~ **przyrządowa** (*po stronie odbiornika*) inlet plug
~ **rozgałęźna** socket-outlet adapter; plug adapter
~ **sieciowa** outlet plug
wtyk *m el.* pin
wulkan *m* volcano
wulkanizacja *f gum.* vulcanization, cure, curing
wulkanizator *m* vulcanizer
wybarwienie *n farb.* dyeing
wybieg *m masz.* coasting
wybielacz *m* **optyczny** *włók.* brightening agent, optical brightener
wybielanie *n skór.* bleaching
wybierać *v* choose, select
wybierak *m* **1.** *telef.* selector; selector switch **2.** *TV* scanner
wybieranie *n* **1.** selecting, picking **2.** *TV* scanning **3.** *górn.* working; getting; exploitation; extraction
~ **chodnikowe** *górn.* breast working
~ **dwustronne** *TV* bilateral scanning
~ **filarowe** *górn.* pillar working, pillaring
~ **koincydencyjne** *inf.* coincident-current selection
~ **komorami** *górn.* block mining
~ **liniowe** *TV* line-by-line scanning
~ **międzyliniowe** *TV* interlaced scanning, line jump scanning, interlacing
~ **numeru** (*tarczą*) *telef.* dialling
~ **pola** *TV* field scan
~ **przecinkami** *górn.* working by cross-cuts
~ **ścianowe** *górn.* longwall mining, longwall working, walling
~ **ubierkami** *górn.* breast working, cut--and-fill, drift slicing
~ **zabierkami** *górn.* shortwall working, shortwalling
wybijak *m narz.* **1.** drift **2.** jumper
wybijanie *n* **1.** knocking out **2.** *obr.plast.* striking
~ **monet** coinage, coining
wybiorczy *a el.* selective
wyboczenie *n* (*pręta*) *wytrz.* (elastic) buckling
wybór *m* selection
wybrakowywać *v* reject; scrap
wybranie *n masz.* recess; relief
wybrzeże *n* (sea) coast, seashore, shoreline
wybrzuszenie *n* bulge, bulging; belly; *geol.* upward
wybuch *m* explosion; *geol.* eruption
~ **gazu** *górn.* gas explosion
~ **jądrowy** nuclear explosion
wybuchać *v* explode, blow up; erupt
wycena *f ek.* assessment; appraisal, evaluation
wychładzanie *n chłodn.* chilling, precooling
wychodnia *f górn.* outcrop(ping)
wychwyt *m* **1.** *nukl.* capture **2.** *zeg.* escapement
~ **elektronu** *nukl.* electron capture
wychylenie *n* deflection
~ **wskazówki przyrządu** *metrol.* swing of a pointer
wyciąg *m* **1.** *transp.* hoist; lift; elevator **2.** *masz.* extractor **3.** *lab.* fume cupboard; ventilating hood **4.** *chem.* extract **5.** abstract (*in documentation*)
~ **barwny** *fot.* separation negative
~ **krzesełkowy** chair-lift
~ **pochyły** skip (hoist), inclined haulage
~ **powietrzny** air extractor
~ **skipowy** *zob.* **wyciąg pochyły**
~ **szybowy** *górn.* shaft hoist; drawing engine; winding gear
~ **z pamięci** *inf.* storage dump
wyciągacz *m masz.* extractor
wyciągać *v* **1.** pull out, draw out; withdraw; extract **2.** stretch; extend
~ **pierwiastek** *mat.* extract a root
~ **(wspólny czynnik) przed nawias** *mat.* factor out
wyciąganie *n obr.plast.* **1.** fullering, drawing down (*forging*) **2.** redrawing, ironing (*stamping*)

~ **monokryształów** *elektron.* pulling of crystals
wyciągarka *f* **1.** *lotn.* (launching) winch (*for gliders*) **2.** *włók.* stretching machine
wycie *n elakust.* howl
wyciek *m* effluent
wycieraczka *f* wiper
~ **szyby przedniej** *mot.* windscreen wiper, windshield wiper
wycierać *v* wipe; *rys.* erase, rub (away)
wycinak *m obr. plast.* blanking die
wycinanie *n* **1.** cutting out **2.** *obr.plast.* blanking (*stamping operation*) **3.** *mat.* excision
wycinek *m* **1.** *geom.* sector **2.** (*tablicy, napisu*) *inf.* slice
~ **koła** circular segment
~ **kulisty** spherical cone, spherical sector
~ **mikroskopowy** microscopic section
wyciskanie *n* **1.** squeezing out **2.** *met.* extrusion
~ **przeciwbieżne** inverted extrusion, backward extrusion
~ **współbieżne** direct extrusion, forward extrusion
wyciszać *v* **1.** silence, deaden, quieten **2.** *rad.* tune out
wycofać *v* withdraw
~ **narzędzie** *obr.skraw.* back off, retrack, backtrack
~ **z eksploatacji** take out of service, phase out
~ **zamówienie** *ek.* cancel an order
wycofany z użytku out of use, out of service
wyczerpany *a* spent; used up; (*nakład*) out of print
wyczerpywać *v* **1.** (*np. zapasy*) exhaust, use up, deplete **2.** (*wodę*) bale, bail (out)
~ **się** (*np. o baterii, mechanizmie sprężynowym*) run down
wyczuwanie *n* (*wielkości przez czujnik*) *aut.* sensing
wyczynowość *f paliw.* performance number
wydajność *f* capacity; output; throughput; productivity, rate of production, yield
~ **anodowa** *elchem.* anode efficiency, plate efficiency
~ **chłodnicza** refrigerating capacity
~ **cieplna** calorific effect
~ **katody** *elchem.* cathode efficiency
~ **kotła parowego** steaming capacity of a boiler, steaming rate
~ **odwiertu** *górn.* well performance
~ **pompy** delivery of a pump
~ **pracy** productivity
~ **reakcji** *chem.* yield of reaction
~ **skrawania** *obr.skraw.* metal removal factor, metal removal rate
~ **studni** yield of well
~ **źródła** *hydr.* productiveness of source, strength of source
~ **żeliwiaka** *odl.* output of a cupola, melting rate of a cupola
wydajny *a* efficient; productive
wydalać *v* expel, purge
wydanie *n poligr.* edition, impression; issue
wydatek *m ek.* expense, outlay, disbursement
wydawnictwo *n* **1.** (*instytucja*) publishing house, publishers **2.** (*dzieło*) publication
wydech *m siln.* exhaust
wydłużać się lengthen, elongate
wydłużanie *n obr.plast.* broaching, fullering, drawing down
wydłużenie *n* **1.** elongation; extension **2.** *lotn.* aspect ratio
~ **bezwzględne** *wytrz.* elongation
~ **względne** *wytrz.* unit elongation
wydma *f geol.* (sand) dune
wydmuch *m* blow-out; *siln.* exhaust
wydobycie *n górn.* output; production
wydobywanie *n górn.* mining, winning; raising; getting; drawing out
wydrążenie *n* hollow
wydruk *m* **1.** *inf.* printed read-out, print-out, hard copy **2.** *włók.* printed cloth
~ **zawartości pamięci** *inf.* storage printout
wydział *m* department
wydzielać *v fiz.* emit; evolve; give off; liberate; release; *chem.* educe
wydzielanie *n inf.* extraction
~ **się** *chem.* evolution
~ ~ **ciepła** heat emission
~ ~ **gazu** gassing, gas evolution
wygaszać *v* extinguish, quench, put out; *TV* blank
wygaśnięcie *n* extinction; *el.* burnout
wygięcie *n* flexure, flexion; camber; bow; buckling
wyginanie *n obr.plast.* bending; flexion
wygładzanie *n* smoothing; *obr.plast.* planishing
wygniatanie *n* **1.** *obr.plast.* embossing, shallow drawing **2.** kneading
wygodny *a* comfortable; convenient; (*przy manipulacji*) handy
wygrzewanie *n obr.ciepl.* soaking
wyiskrzanie *n obr.skraw.* sparking out; *spaw.* flashing

wyjaławianie *n* sterilization
wyjątek *m* (*w programie*) *inf.* exception
wyjście *n* **1.** exit **2.** *inf.* output **3.** *mat.* sink
~ **akustyczne** *inf.* voice output
~ **awaryjne** emergency exit
~ **optyczne** *inf.* visual output
~ **pożarowe** fire escape
~ **zanegowane** *inf.* inverted output
~ **zapasowe** emergency exit
wyjściowy *a* **1.** exit (*door etc.*) **2.** initial (*data, value etc.*) **3.** *inf.* output
wykańczak *m narz.* finishing tool
wykańczalnia *f* **wyrobów walcowanych** *hutn.* finishing bank, finishing shop
wykaz *m* specification; schedule
wyklejka *f poligr.* end sheet, end paper, fly-leaf
wykluczać *v* exclude; rule out; except
wykładanie *n bud.* lining; facing
wykładniczy *a mat.* exponential
wykładnik *m mat.* exponent; superscript
~ **jonów wodorotlenowych** *chem.* power hydroxyl ions
~ ~ **wodorowych** hydrogen ion exponent, power hydrogen
~ **potęgi** *mat.* index (*pl* indices), exponent, power
wykładzina *f* lining
wykoleić się derail, leave the track
wykolejnica *f kol.* derailing ramp, derailer
wykonanie *n* **1.** carrying out, execution **2.** quality of work
wykonany maszynowo machine-made
wykonany ręcznie hand-made
wykonawca *m* (*robót*) *ek.* contractor
wykończać *v* finish; fashion
wykończalnictwo *n włók.* finishing
wykończanie *n* finishing
~ **odlewów** fettling, dressing, cleaning (*of castings*)
wykończarka *f* finishing machine
wykończenie *n* finish; trim
~ **maszynowe** machine finish
~ **matowe** satin finish; *włók.* dull finish, eggshell finish
~ **na połysk** bright finish
~ **niekurczliwe** *włók.* shrinkproof finish
~ **powierzchni** surface finish
wykop *m* excavation
~ **fundamentowy** *bud.* foundation trench
wykopać *v* dig out, unearth; excavate
wykorbienie *n masz.* (double) crank, inside crank
wykorzystywać *v* utilize; make use of...
wykrawanie *n obr.plast.* die shearing, punching
wykres *m* diagram, graph, chart
~ **dendrytyczny** tree diagram
~ **fazowy** *fiz.* phase (equilibrium) diagram, constitution(al) diagram
~ **funkcji** *mat.* graph of a function
~ **indykatorowy** *siln.* indicator diagram
~ **kolumnowy** bar chart, histogram
~ **kołowy** circle diagram
~ **równowagi faz** *fiz.* phase (equilibrium) diagram, constitution(al) diagram
wykreślny *a* graphic(al); diagrammatic
wykrojnik *m obr.plast.* blanking die, punching die
wykrój *m* **1.** *obr.plast.* impression (*of a die*) **2.** *obr.plast.* pass (*of a roll*) **3.** *bud.* reverse **4.** *bud.* batter
~ **gnący** (*w matrycy do kucia*) *obr.plast.* bender, setter
~ **kształtujący** *obr.plast.* forming pass, shape pass
~ **matrycy** *obr.plast.* die-cavity, die impression
~ **nożowy** *zob.* **wykrój rozcinający**
~ **rozcinający** *obr.plast.* cutting-in pass, knife pass, knifing pass
~ **wydłużający** **1.** (*matrycy*) finishing impression **2.** (*walców*) finishing pass
wykrywacz *m* detector; sensor
~ **metanu** *górn.* methane detector
~ **zakłóceń** *rad.* interference search device
wykrywanie *n* detection
wykrzywienie *n* twisting; distortion
wykusz *m arch.* bay, jutty
wykwit *m min.* efflorescence; *powł.* bloom
wylew *m* outflow
~ **kadziowy** *hutn.* nozzle (*of a ladle*), ladle nozzle, discharge nozzle
wyliczać *v* enumerate
wyliczenie *n mat.* evaluation
wylot *m* **1.** outlet; mouth **2.** *siln.* exhaust
~ **dyszy** nozzle mouth
~ **kanału powietrznego** air port
~ **lufy** *wojsk.* muzzle
~ **wody** waterspout
wyładowanie *n* **1.** *el.* discharge **2.** *transp.* unloading
~ **atmosferyczne** atmospheric discharge
~ **elektryczne** electrical discharge
~ **jarzeniowe** *el.* glow discharge
~ **łukowe** *el.* arc discharge, arcing
~ **nadmierne akumulatora** overdischarging, starvation of a battery
~ **samodzielne** *el.* self-maintained discharge
wyładunek *m transp.* unloading; *żegl.* landing; disembarkation
wyłaz *m bud.* roof hatch
wyłączać *v* exclude; except; *masz.* disengage; disconnect; *el.* switch off; break

~ **bieg** *mot.* throw out of gear
~ **sprzęgło** declutch, disengage a clutch
wyłączenie *n* (*wyłącznika*) *el.* trip-out
~ **awaryjne** (*reaktora*) *nukl.* emergency shut-down, scram
~ **reaktora** *nukl.* reactor shut-down
wyłącznik *m el.* (breaker) switch; circuit-breaker; cut-out
~ **awaryjny** *nukl.* scram switch; (*w dźwigach*) emergency stop switch
~ **bezpieczeństwa** safety cut-out switch
~ **samoczynny** trip, tripper; automatic cutout
~ **wydmuchowy** magnetic blow-out circuit breaker
~ **zapłonu** *mot.* ignition switch
wyłączony *a* out of action, out of operation; out of mesh, out of gear; *el.* switched off
wyłom *m* breach; *górn.* breakout
wyłożenie *n* liner; lining
wymagania *npl* **eksploatacyjne** performance requirements, operational requirements
wymazywać *v* erase; *inf.* erase; efface; delete
wymiana *f* **1.** exchange; conversion **2.** replacement: renewal
~ **ciepła** heat exchange
~ **części** *masz.* replacement of parts
~ **sprzętu** (*na nowocześniejszy*) re-equipment
~ **wzajemna** interchange
~ **zaworów** *masz.* revalving
wymiar *m* **1.** dimension; dimensionality **2.** size
~ **graniczny** *metrol.* size limit
~ ~ **dolny** lower limit
~ ~ **górny** upper limit
~ **max mat** *masz.* maximum material size
~ **min mat** *masz.* minimum material size
~ **nie objęty normą** bastard size
~ **pod klucz** *masz.* width across flats
~ **podstawowy 1.** *rys.* basic dimension **2.** *metrol.* basic size
wymiarowanie *n rys.* dimensioning
wymieniacz *m* **anionowy** anion exchanger
~ **jonowy** ion exchanger, ionite
~ **kationów** cation exchanger
wymieniać *v* **1.** exchange; interchange **2.** replace; renew **3.** list; enumerate; specify
~ **opony** *mot.* re-tyre
wymiennik *m masz.* exchanger, interchanger
~ **ciepła** heat exchanger
wymienność *f* **części** *masz.* replaceability of parts
~ **oprogramowania** *inf.* software compatibility
wymienny *a* exchangeable; replaceable; renewable
wymijać *v mot.* pass
wymrażanie *n* **1.** *obr.ciepl.* sub-zero treatment, subquenching, cold treatment **2.** *chem.* freezing out **3.** *spoż.* wintering, winterizing
wymurówka *f* **pieca** furnace lining, kiln lining
wymuszać *v* force
wymuszenie *n aut.* input (function)
wymywanie *n* **1.** washing out; erosion; *inż.* piping **2.** *chem.* leaching, elution
wynagrodzenie *n* pay; remuneration; reward
wynalazek *m* invention
wynik *m* effect, result
wynurzać się emerge
wyoblanie *n obr.plast.* spinning
wyoblarka *f obr.plast.* spinner, spinning lathe
wyodrębniać *v* isolate
wypaczenie *n* warp
wypadek *m* accident
wypadkowa *f mat.* resultant
~ **sił** *mech.* resultant force
wypadkowy *a* resultant
wypalanie *n ceram.* burning, firing; baking
~ **wapna** lime burning
wypalenie *n nukl.* burnup
wyparka *f chem.* evaporator
wyparowywać *v* evaporate
wypełniacz *m chem.* filler, filling material; extender
wypełniać *v* fill
wypełnienie *n* **1.** *bud.* fill(ing) **2.** *chem.* packing (*of column*)
wypis *m* **1.** (*w dokumentacji*) extract **2.** *inf.* write
wypisać *v* (*z pamięci*) *inf.* write out
wypłacalność *f ek.* solvency
wypłata *f* payment
wypływka *f obr.plast.* flash, fin
wyporność *f okr.* displacement
wyposażenie *n* equipment; outfit; *bud.* fittings
~ **dodatkowe** accessories
wypór *m inż.* uplift pressure
~ **hydrostatyczny** hydrostatic lift, buoyancy, upthrust
wypraska *f* **1.** *obr.plast.* die stamping **2.** *tw.szt.* moulding, moulded piece **3.** compact (*of metal powder*)
wyprawa *f* **1.** (furnace) lining **2.** *bud.* plaster **3.** leather dressing **4.** expedition

wyprężanie *n* stretching
wyprowadzanie *n* **danych** *inf.* output process, (data) output
wyprowadzenie *n* **1.** *el.* lead; terminal **2.** *mat.* derivation (*of a formula*)
wyprzedzać *v mot.* overtake
wyprzedzanie *n* **1.** *mot.* overtaking **2.** (*przy walcowaniu*) *hutn.* forward slip, forward creep, extrusion effect
wyprzedzenie *n masz.* lead; advance
~ **wtrysku** *siln.* injection advance
~ **zapłonu** *siln.* ignition advance, spark lead
wyprzęgnik *m* **sprzęgła** *mot.* clutch release mechanism
wypukłość *f* **1.** convexity; camber, crown(ing) **2.** protrusion; bulge; buckle
wypukło-wklęsły *a* convexo-concave
wypukły *a* convex; crowned
wypust *m* **1.** *masz.* spline, integral key; tongue **2.** *el.* outlet; point
wypychacz *m* pusher; ejector; *obr.plast.* knock-out; shedder (*in a blanking die*)
wypychać *v* push out; force out; eject
wyrabiać *v* make, manufacture
wyrabianie *n* **się** (*trących części*) *masz.* wearing out
wyraz *m mat.* term (*of a series*)
wyrażenie *n mat.* expression
~ **podcałkowe** element of integration, integrand
~ **podpierwiastkowe** radicand
wyrejestrowanie *n* **się** (*z systemu*) *inf.* sign off, log off
wyrobisko *n górn.* excavation, working; heading
wyroby *mpl* products; ware; goods
~ **ceramiczne** ceramics, ceramic ware
~ **gotowe** finished products, end products, finished goods
~ **kamionkowe** stoneware
~ **ogniotrwałe** refractories
~ **przemysłowe** industrial goods
~ **szklane** glassware
~ **włókiennicze** textiles
~ **wybrakowane** rejects, cast-off products
wyrób *m* **1.** manufacture, fabrication, making **2.** (manufactured) product, *zob.też.* **wyroby**
~ **wadliwy** defective product, defective (piece)
~ **znormalizowany** standardized product
wyrównanie *n* **1.** equalization; levelling; compensation **2.** *geod.* adjustment
wyrówniarka *f drewn.* edging machine
wyrównywać *v* equalize; level (out); set off; compensate; even up (*the surface*)
wyróżnik *m mat.* discriminant
wyrwa *f* breach; gap
wyrywacz *m* **lnu** flax puller
wyrywkowo *adv* at random
wyrzut *m* (*gazu lub pyłu węglowego*) *górn.* breakout
wyrzutnia *f* **elektronowa** electron gun
~ **jonowa** ion gun
~ **rakietowa** rocket launcher, launch complex
wyrzutnik *m* ejector, pusher; *obr.plast.* knock-out; shedder
wyrzynanie *n drewn.* fretting
wyrzynarka *f* (*piła*) *drewn.* fretsaw, jig-saw, scroll saw
wysadzać w powietrze blast, blow up
wysadzina *f geol.* swell
wysalanie *n chem.* salting out, graining out
wysepka *f* **1.** *geogr.* islet **2.** *elektron.* mesa
~ **na jezdni** (*dla pieszych*) street refuge, safety island
wysięg *m* reach
~ **żurawia** crane radius
wysięgnik *m masz.* extension arm; outrigger
wyskok *m* **impulsu** *el.* spike; *TV* overshoot, overswing
wysłodki *mpl* **buraczane** *cukr.* beet pulp
wysoka próżnia *f* high-vacuum
wysoka wierność *f* (*odtwarzania*) *elakust.* high fidelity
wysokie napięcie *n el.* high-tension, high voltage
wysokiej jakości high-quality
wysokokaloryczny *a* with a high caloric content
wysokoprężny *a* high-pressure
wysokostopowy *a met.* highly alloyed
wysokościomierz *m* **1.** *lotn.* altimeter **2.** *narz.* height gauge, height finder
~ **barometryczny** *zob.* **wysokościomierz ciśnieniowy**
~ **ciśnieniowy** barometric altimeter, pressure altimeter
~ **radiowy** absolute altimeter, terrain clearance indicator
wysokość *f* **1.** height **2.** *geom.* altitude **3.** (*elementu konstrukcyjnego*) depth
~ **bezwzględna** *lotn.* absolute height
~ **ciśnienia** *mech.pł.* pressure head
~ **głowy zęba** (*koła zębatego*) *masz.* addendum
~ **hydrauliczna** effective head, hydraulic head
~ **kątowa** angular height
~ **konstrukcyjna** construction depth
~ **lotu** *lotn.* flight altitude

~ **nad płaszczyzną** *geom.* elevation
~ **niwelacyjna** *hydr.* position head, geometrical head, gravity head
~ **położenia** *zob.* **wysokość niwelacyjna**
~ **pompowania** *hydr.* delivery head, lift
~ **pozorna** *astr.* apparent altitude
~ **prawdziwa** *astr.* true altitude
~ **rozporządzalna** effective head, hydraulic head
~ **słupa rtęci** head of mercury
~ **spiętrzenia** *hydr.* water rise head
~ **ssania** (*pompy*) suction lift, suction head
~ **trójkąta** *geom.* height of a triangle
~ **względna** *lotn.* true height
~ **zęba** *masz.* tooth depth
wysokotemperaturowy *a met.* high-temperature
wysokowrzący *a* high-boiling
wysokowydajny *a* high-duty, heavy duty; highly efficient
wysprzęgać *v* declutch, disengage
wystawa *f* **1.** exhibition **2.** show window, shop window
występ *m* projection, protrusion; protuberance; *obr.plast.* joggle
występujący w przyrodzie naturally occurring
wystrój *m* outfit; decorations
wysuszanie *n* dessication, exsiccation
wysuszony na powietrzu air-dried, air-dry
wysuw *m* **formularza** *inf.* form feeding
~ **strony** *zob.* **wysuw formularza**
wysycanie *n chem.* saturation
wysyłka *f* expedition; dispatching; consignment; shipment
wysypisko *n* waste dump, dumping ground
wyszczególnienie *n* specification
wyszukiwanie *n* search(ing)
~ **danych** *inf.* data retrieval
~ **informacji** *inf.* information retrieval
wyświetlanie *n* **1.** photo-copying, printing **2.** projection (*on a screen*)
wytaczak *m obr.skraw.* boring tool, boring cutter
wytaczanie *n obr.skraw.* boring
~ **wozów** *górn.* decking-off
wytaczarka *f obr.skraw.* borer, boring machine
wytapiacz *m* (*pracownik*) *hutn.* smelter
wytapianie *n* **metali** smelting
~ **stali** steelmaking, melting the steel
~ **surówki** ironmaking
wytlewanie *n* low temperature carbonization
wytłaczanie *n* **1.** *obr.plast.* drawing (*stamping operation*) **2.** *tw.szt.* extrusion; *gum.* tubing **3.** *włók.* embossing
~ **cieczą** *obr.plast.* hydraulic drawing
~ **gumą** *obr.plast.* rubber drawing
~ **hydrauliczne** *zob.* **wytłaczanie cieczą**
wytłaczarka *f tw.szt.* extruder, extruding press, extrusion machine; *gum.* tuber
wytłoczka *f obr.plast.* die stamping; drawpiece
wytłoki *pl* pomace; oil cake
wytop *m hutn.* melt, heat
wytrawialnia *f met.* pickling plant, pickle house
wytrawianie *n* **1.** *met.* pickling; etching **2.** *skór.* bating
wytrącanie *n* (**się**) *chem.* precipitation
wytrych *m* skeleton key, picklock; *US* 'pass-key
wytrzymałość *f mech.* strength; resistance
~ **cieplna 1.** heat resistance, thermal strength **2.** *tw.szt.* heat distortion point, heat distortion temperature
~ **elektryczna** electric strength
~ **konstrukcyjna** *bud.* structural strength
~ **materiałów** (*dział mechaniki*) strength of materials, mechanics of materials
~ **na przebicie** *el.* breakdown strength
~ **na rozciąganie** tensile strength
~ **na rozdarcie** *gum., tw.szt., papiern.* tear strength
~ **na skręcanie** torsional strength
~ **na ściskanie** (ultimate) compressive strength
~ **na zginanie** bending strength, flexural strength
~ **na zgniatanie** crushing strength
~ **plastyczna** *obr.plast.* yield stress, flow stress
~ **rozdzielcza** cohesive strength
~ **trwała** true limiting creep stress
~ **zmęczeniowa** fatigue strength
wytrzymały *a* resistant; tough
wytwarzanie *n* generation; production, producing; creation; manufacture; fabrication
wytwornica *f* generator, producer
~ **acetylenowa** *spaw.* acetylene generator
wytwórca *m* manufacturer, maker, producer
wytwórnia *f* factory, works; production plant
wytyczanie *n* laying out; *geod.* setting out; *bud.* staking out
wywar *m* decoction
~ **gorzelniczy** *spoż.* stillage, slops, spent wash
wyważanie *n mech.* balancing
~ **dynamiczne** dynamic balancing
~ **statyczne** static balancing

wyważarka *f* balancer, balancing machine
wyważenie *n lotn.* balance; trim
wywietrznik *m* ventilator
wywijanie *n obr.plast.* burring
wywołanie *n telef.* call
~ **procedury** *inf.* procedure call
wywoływacz *m fot., farb.* developer
wywoływać *v* **1.** produce, create; generate; induce; cause **2.** *telef.* call **3.** *fot.* develop
wywóz *m* **śmieci** garbage disposal
wywrotka *f kol.* dump car, dump wagon, tip wagon; *mot.* dump truck, tipper (truck)
wywrotnica *f transp.* tippler, dumper
~ **boczna** side (discharge) tippler
~ **czołowa** end (discharge) tippler
wywrót *m* **1.** *transp.* dump (*of a dump car*) **2.** *lotn.* bunt (*in aerobatics*)
wyzębiać *v* (*koła zębate*) *masz.* demesh, disengage
wyzębiony *a masz.* out of gear, out of mesh
wyziewy *pl* exhalation, fumes
wyznaczać *v* **1.** determinate **2.** assign
~ **pochodną** *mat.* differentiate
~ **przebieg krzywej** *geom.* curve tracing
~ **trasę** route
~ **wartość** evaluate
wyznacznik *m mat.* determinant
wyzwalacz *m masz.* release; trip
~ **migawki** *fot.* shutter release
~ **reakcji** (*łańcuchowej*) *chem.* trigger
wyzwalać *v* **1.** *masz.* release; trip **2.** *chem.* liberate
wyzwalanie *n* **energii** energy release, liberation of energy
wyż *m* (*baryczny*) *meteo.* anticyclone, high
wyżarzanie *n obr.ciepl.* annealing
~ **bez nalotu** (*w atmosferze ochronnej*) bright annealing, white annealing
~ **ciemne** (*bez atmosfery ochronnej*) black annealing, open annealing
~ **grafityzujące** graphitizing
~ **jasne** *zob.* **wyżarzanie bez nalotu**
~ **niezupełne** under-annealing
~ **normalizujące** normalizing, normalization, heat refining
~ **odprężające** stress relief annealing, stress relieving
~ **odwęglające** decarburization annealing
~ **ujednorodniające** homogenizing (treatment)
~ **zmiękczające** soft annealing, softening
~ **zupełne** full annealing, dead annealing, true annealing
wyżłabiak *m narz.* quirk-router
wyżymaczka *f* **1.** squeezer, wringer (*for household use*) **2.** *spoż.* oil press; *cukr.* pulp press
wyżymarka *f włók.* squeezer, squeezing machine, wringer; *skór.* putting-out machine
wyżyna *f geol.* upland
wzajemnie jednoznaczne *mat.* one-to-one
wzajemnie rozpuszczalny miscible
wzajemność *f geom.* correlation
wzbogacalnik *m wzbog.* concentrator, concentrating plant; separator
wzbogacanie *n* enrichment; *elektron.* enhancement
~ **mieszanki** *siln.* enrichment of fuel mixture
~ **rud** ore enrichment, ore dressing, ore concentration, beneficiation of ores
~ **żywności** *spoż.* fortification of food, food supplementation
wzbudnica *f el.* exciter, driver unit
wzbudnik *m* **1.** (*grzejny*) *el.* heating inductor, heating coil **2.** electric primer
wzbudzenie *n* excitation; induction; activation
~ **obce** *el.* separate excitation
~ **przez naświetlanie** photoactivation
~ **zderzeniowe** *fiz.* impact excitation
wzdłuż krawędzi edgewise
wzdłużnica *f okr.* buttock line
wzdłużnik *m okr.* stringer; longitudinal; girder
wzdłużny *a* longitudinal, lengthwise
wzębianie *n* **się** *masz.* tooth engagement
wzębiony *a* in gear, in mesh
względny *a* relative
wzgórze *n* hill; mount
wziąć na hol take in tow
wziernik *m* peep hole; sight-glass; inspection opening; eyehole; *inf.* viewport
wzmacniacz *m el.* amplifier; intensifier
~ **(elektro)akustyczny** audio frequency amplifier
~ **elektroniczny** electronic amplifier
~ **lampowy** *el.* electron-tube amplifier, vacuum-tube amplifier
~ **magnetyczny** *el.* magnetic amplifier
~ **mocy** *el.* power amplifier
~ **napięciowy** voltage amplifier
~ **operacyjny** *inf.* operational amplifier
~ **półprzewodnikowy** solid-state amplifier
~ **prądu** *el.* current amplifier
~ **-przerywacz** *el.* chopper amplifier, contact-modulated amplifier
~ **wizyjny** *TV* video amplifier
~ **zapisu** (*dźwięku*) recording amplifier

wzmacniać *v* **1.** strengthen; reinforce **2.** amplify; intensify
wzmacniak *m tel.* telephone amplifier; repeater
wzmocnienie *n* **1.** strengthening; reinforcement **2.** *wytrz.* strain hardening **3.** *el.* amplification; intensification; gain
~ **dziobowe lodołamacza** *okr.* ram
~ **konstrukcji** structural reinforcement
~ **negatywu** *fot.* intensification of negative
~ **prądowe** *el.* current amplification, current gain
~ **synchronizacji** *elektron.* locking gain
wzniecać łuk *el.* strike arc
wzniesienie *n* **1.** elevation; altitude **2.** acclivity, upgrade
~ **kapilarne** *zob.* **wzniesienie włoskowate**
~ **nad poziomem morza** absolute height
~ **włoskowate** *fiz.* capillary rise
wznios *m masz.* lift
~ **krzywki** lift of cam, cam lift, outstroke of cam
~ **płata dodatni** *lotn.* dihedral
~ ~ **ujemny** anhedral
~ **zaworu** valve lift, valve travel
wznosić *v bud.* erect
~ **się** rise; ascend; climb; go up
wznoszenie *n* **1.** *bud.* erection **2.** *lotn.* climb; ascent
wznowienie *n* **1.** restart **2.** (*książki*) re--issue
~ **przebiegu** (*powrót do jakiegoś miejsca w programie*) *inf.* restart
wzorcowanie *n metrol.* rating; calibration
wzorcownia *f* showroom
wzorcowy *a* model; standard
wzornica *f włók.* pattern card
wzornictwo *n* **przemysłowe** industrial design
wzornik *m* template, templet; (contour) master; pattern; mould; *odl.* strickle (board)
~ **kontrolny** master templet
~ **traserski** marking-off templet
wzorzec *m* standard; master
~ **czasu** time standard
~ **długości** end gauge
~ **dziurkowania** *inf.* punching pattern
~ **kształtu** contour master
~ **miary** measurement standard
~ **międzynarodowy** *metrol.* international standard
~ **podstawowy** *metrol.* primary standard, fundamental standard
~ **twardości** standard hardness block
~ **urzędowy** *metrol.* legal standard
wzór *m* **1.** formula **2.** pattern; design
~ **algebraiczny** algebraic formula
~ **chemiczny** chemical formula
~ **doświadczalny** empirical formula
~ **elektronowy** *chem.* electronic formula
~ **kreskowy** *zob.* **wzór strukturalny**
~ **ogólny** *chem.* generalized formula
~ **przestrzenny** *chem.* stereoformula
~ **strukturalny** *chem.* structural formula
~ **sumaryczny** *chem.* molecular formula
wzrastanie *n gum., tw.szt.* expanding
wzrokowy *a* visual
wzrost *m* increase, growth, rise; escalation
~ **kryształów** crystal growth
~ **szybkości** *mech.* acceleration
wżery *mpl met.* pitting; pinholing
~ **korozyjne** corrosion pits

Z

z napędem mechanicznym power-operated
z prędkością... at a speed of...; at a rate of...
z własnym napędem self-propelled
zabarwienie *n* colouration, colour, tint
zabezpieczać *v* protect; secure; safeguard; preserve
zabezpieczający *a* protective
zabezpieczający przed korozją anticorrosive
zabezpieczający przed rdzewieniem rust--inhibiting
zabezpieczenie *n* **1.** protection; safeguard; preservation; *wojsk.* safing **2.** safety device; safety lock **3.** *ek.* indemnity
~ **nadmocowe** *el.* overpower protection
~ **nadnapięciowe** *el.* overvoltage protection
~ **nadprądowe** *el.* overcurrent protection
~ **plików** *inf.* file protection
~ **podmocowe** *el.* underpower protection
~ **podnapięciowe** *el.* undervoltage protection
~ **podprądowe** *el.* undercurrent protection
~ **przeciwpożarowe** fire protection
~ **reaktora** *nukl.* reactor containment
~ **złącza** *masz.* locking fastener
zabieg *m* **1.** treatment **2.** *obr.skraw.* cut
zabierak *m obr.skraw.* driver, dog
~ **tokarski** lathe carrier, lathe dog

zabierka *f górn.* shortwall, jud
zablokowanie *n* locking; caging
~ **trwałe** *inf.* starvation
zabudowa *f* building (development), land development
zaburzenie *n* disturbance, perturbation; *geol.* dislocation
zachmurzenie *n meteo.* cloud cover, cloudiness
zachodzić *v* **1.** *astr.* set **2.** (*o procesie*) proceed
~ **na siebie** overlap
zachowanie *n* **energii** *fiz.* conservation of energy
~ **materii** *fiz.* conservation of matter
zachowywać równowagę maintain equilibrium
zachód *m* west (*direction*)
~ **słońca** *astr.* sunset
zaciągnąć hamulec (ręczny) *mot.* pull the (hand) brake
zacier *m ferm.* mash
zacieraczka *f* **1.** *drog.* float **2.** *bud.* float
zacieranie *n* **się** *masz.* seizing; scuffing
zacinanie *n* **się** *masz.* stoppage, jamming; *el.* cogging (*of a motor*)
zacisk *m* clamp; clip; grip; *el.* terminal
~ **bramki** *elektron.* gate terminal
~ **linowy** rope clamp, rope clip
~ **pneumatyczny** air clamp, pneumatic clamp
~ **prądowy** *el.* current terminal; feeder clamp
~ **sprężynowy** spring clip
~ **śrubowy** **1.** *narz.* cramp **2.** *el.* screw terminal **3.** stirrup bolt
~ **taśmowy** band clip
~ **uziemiający** *el.* earth clamp, earth terminal
~ **zerowy** *el.* neutral terminal
zaciskacz *m lab.* clamp
zaciskać *v* clamp; clip; grip; clench; tighten
~ **w uchwycie** *obr.skraw.* chuck
zacząć *v* start, begin
zaczep *m* **1.** *masz.* catch (pawl); dog; detent **2.** *el.* tap, tapping point
~ **ustalający** *masz.* locating lip
zaczopować *v* plug (*a hole*)
zaćmienie *n astr.* eclipse
zadanie *n* **1.** *mat.* problem **2.** *inf.* statement **3.** task; job
zadatek *m ek.* advance
zadymienie *n* **1.** smokiness **2.** *fot.* fog(ging)
zadzior *m* burr, flash
zafałszowanie *n* adulteration
zagadnienie *n* problem
zagazowany *a górn.* gassy (*mine*)
zagęstnik *m chem.* thickener, thickening agent
zagęszczacz *m* thickener (*apparatus*)
zagęszczać *v* thicken; concentrate; condense; consolidate
zagęszczanie *n* **betonu** *bud.* consolidation of concrete
~ **danych** *inf.* data compression
zagęszczenie *n* **1.** density; concentration; consolidation **2.** *mat.* refinement
zagęszczony *a* thickened; condensed; concentrated
zagięcie *n* bend
zaginarka *f obr.plast.* bar folder; flanging machine
zagłębie *n geol.* basin
~ **węglowe** coal basin, coal-field
zagłębienie *n* caving; hollow; pit
zagłuszanie *n rad.* (acoustic) jamming; *akust.* (aural) masking
zagospodarowanie *n* **odpadów** waste management, waste disposal
zagrożenie *n* **pożarowe** fire hazard
zahartowany *a met.* hardened, quenched
zajarzanie *n* **łuku** *spaw.* striking the arc, arc start, arc ignition
zajezdnia *f* **autobusowa** bus depot
zajęty *a telef.* busy, engaged
zakaz *m* **parkowania** parking ban; no parking
~ **Pauliego** *fiz.* exclusion principle
~ **wjazdu** *mot.* no entry
zakiszanie *n* (*pasz*) *roln.* ensilage
zaklejanie *n papiern., włók.* sizing
zakleszczenie *n* **1.** *masz.* seizure; jam(ming) **2.** *inf.* deadlock
zakład *m* establishment; plant
~ **hydroenergetyczny** water-power station, hydro-electric power plant
~ **produkcyjny** works, factory, production plant
~ **przemysłowy** industrial plant, industrial establishment
~ **przetwórczy** processing plant
zakładać *v* **1.** install; place **2.** overlap **3.** assume, make an assumption **4.** establish
zakładka *f* overlap, lap; welt
zakłócenia *npl rad.* interference; disturbance; noise
~ **atmosferyczne** *rad.* atmospherics, atmospheric interference, spherics
~ **elektromagnetyczne** electromagnetic interference
~ **elektrostatyczne** electrostatic interference

~ **sieciowe** *el.* line interference
~ **w pracy** (*urządzenia, silnika*) *masz.* trouble
zakłócenie *n fiz.* perturbation; disturbance
zakończenie *n* **1.** end; tip **2.** termination, finish
~ **pracy** *inf.* shutup
zakończyć *v* terminate; finish; bring to an end; conclude
zakopać *v* bury, dig in
zakownik *m narz.* rivet header, rivet set, rivet snap
zakres *m* range; scope; extension
~ **częstotliwości** frequency range
~ **działania** operating range
~ **podziałki** scale range
~ **pomiarowy** measuring range, measuring capacity
~ **prądowy licznika** *el.* (effective) current range of a meter
~ **proporcjonalności 1.** *wytrz.* range of proportionality **2.** *aut.* proportional band
~ **temperatur** temperature range
zakręcać *v* **1.** turn (*in a car etc.*) **2.** turn off (*a tap*)
zakręt *m* turn; bend
~ **o 180°** (*na drodze*) U-turn
~ **w lewo** left turn
~ **w prawo** right turn
zakrzywienie *n* curving, crooking; curvature
zakrzywiony *a* curved; crooked
zakucie *n obr.plast.* lap, lapping, overlap
zakuwać nit clench a rivet, close up a rivet
zakuwka *f* (*nitu*) formed rivet head
zakuwnik *m narz.* rivet header, rivet set, rivet snap
zakwaszać *v* **1.** *chem.* acidify **2.** *spoż.* sour
zalanie *n* **silnika** flooding the engine, overpriming, over-fuelling
zalesianie *n* afforestation
zalew *m* flood, inundation; backwater
zalewać *v* **1.** flood, drown, inundate **2.** *odl.* pour, cast
zalewanie *n* **form** *odl.* pouring (into) moulds, casting (into) moulds, running castings
~ **pompy** pump priming, fanging
zależność *f* dependence; relationship
~ **wzajemna** interdependence
zaliczka *f ek.* advance (money)
zaludnienie *n* population
załadunek *m transp.* loading; shipment
załamanie *n* **1.** *fiz.* refraction **2.** *inf.* crash
~ **podwójne** *fiz.* birefringence, double refraction
~ **się** breakdown (*under load*)
załącznik *m* enclosure; annex(e)
załoga *f* crew; personnel
założenie *n mat.* assumption
zamarzać *v* freeze; congeal
zamek *m* **1.** *masz.* lock; fastener **2.** *wojsk.* breech-block; (gun) breech mechanism **3.** *drewn.* scarf (joint)
~ **błyskawiczny** zip-fastener, zipper
~ **drzwiowy** door lock
zamiana *f* exchange
~ **zmiennych** *mat.* change of variables
zamienność *f* **części** *masz.* interchangeability of parts
zamienny *a* interchangeable
zamknąć *v* shut, close
~ **obwód** *el.* close a circuit
zamknięcie *n* **1.** closure; confinement **2.** lock
~ **pierścienia** *chem.* ring closure, ring formation, cyclization
~ **śluzy** sluice gate
zamknięty *a* closed; shut
zamocować *v* fix; attach; fasten
zamocowany *a* fixed; attached; mounted
zamówienie *n ek.* order; indent
zamrażać *v* freeze; congeal
zamrażalnia *f chłodn.* sharp freezer (room)
zamrażalnik *m chłodn.* freezer
zamrażarka *f zob.* **zamrażalnik**
zamsz *m* chamois leather
zamykać *v* close, shut
~ **nit** close up a rivet, clench a rivet
zanieczyszczać *v* pollute; vitiate; foul
zanieczyszczenie *n* impurity; fouling; pollution; contamination
zanik *m* decay; *rad* fading, fadeout
~ **absorpcyjny** *rad.* fading by absorption
~ **ciśnienia** pressure failure; pressure dissipation
~ **interferencyjny** *rad.* interference fading
~ **pola** *el.* field collapse
zanikać *v* decay; fade
zanurzać *v* dip, immerse
~ **się** submerge; sink; plunge
zanurzalny *a* submersible
zanurzenie *n* **1.** immersion; submersion **2.** *okr.* draught
zaokrąglenie *n* rounding
~ **liczby** *mat.* rounding of a number
zaokrąglony *a* rounded
zaopatrzenie *n* supply; provision; procurement
~ **materiałowe** material procurement
~ **w wodę** water supply
zaostrzać *v* sharpen; point
zaostrzony *a* pointed; sharpened

zapach *m* smell; odour; aroma
zapadka *f masz.* (catch) pawl; latch; click; dog
~ **blokująca** detent pawl, locking pawl
~ **dwukierunkowa** reversible ratchet, reversible pawl
~ **ustalająca** *zob.* **zapadka blokująca**
~ **zwalniająca** trip-dog
zapalić *v* **1.** ignite, light (up) **2.** *siln.* start, kick over
~ **łuk** *spaw.* start the (welding) arc
zapalniczka *f* lighter
zapalnik *m* **1.** *wybuch.* fuse; detonator **2.** *elektron.* igniter
zapalność *f* inflammability, ignitability
zapalny *a* inflammable, ignitable
zapałka *f* match
zapamiętywanie *n* **informacji** *inf.* information storage
zapas *m* **1.** stock; reserve **2.** margin
~ **na zużycie** wear margin
zapasowy *a* spare; emergency (*e.g. door, exit*)
zapętlenie *n* kink
zapis *m* **1.** record, recording **2.** notation **3.** entry (*in a log-book etc.*)
~ **binarny** *zob.* **zapis dwójkowy**
~ **cyfrowy** *inf.* digital recording
~ **drgań** oscillogram
~ **dwójkowy** binary notation
~ **dziesiętny** *inf.* decimal notation
~ **dźwięku** sound record(ing)
~ **magnetyczny** magnetic record
~ **na taśmie magnetycznej** tape recording
~ **oktalny** *zob.* **zapis ósemkowy**
~ **ósemkowy** *inf.* octal notation
~ **pozycyjny** *inf.* positional notation
~ **stałopozycyjny** *inf.* fixed point notation
~ **zmiennopozycyjny** *inf.* floating-point notation
zapisywacz *m* **dźwięku** *elakust.* sound recorder
zapisywać *v* write; record
zapisywanie *n* **danych** *inf.* data recording, writing of data
~ **dźwięku** sound recording
~ **wymazujące** *inf.* overwriting
zaplecze *n* **1.** (*teren*) hinterland **2.** back-up facilities
zapłon *m siln.* ignition; firing
~ **akumulatorowy** *siln.* battery ignition, coil ignition
~ **bateryjny** *zob.* **zapłon akumulatorowy**
~ **iskrownikowy** *siln.* magneto ignition
~ **opóźniony** *siln.* delayed ignition
~ **przyspieszony** *siln.* advanced ignition
~ **samoczynny** *siln.* self-ignition, spontaneous ignition
~ **wsteczny** (*w lampie prostowniczej*) *el.* backfire, arc-back
zapłonnik *m* **1.** *el.* starter, starting switch **2.** *wybuch.* primer
zapłonność *f paliw.* ignitability, ignition quality
zapobieganie *n* prevention
zapoczątkować *v* start, initiate
zapora *f inż.* dam; barrage; barrier
zapotrzebowanie *n* demand; requirement; requisition
~ **mocy** *masz.* power demand
zapraska *f tw.szt.* (mould) insert
zaprawa *f* **1.** *bud., ceram.* mortar **2.** *farb.* priming ground **3.** *odl.* master alloy, foundry alloy
~ **cementowa** cement mortar, compo
zaprawianie *n włók.* padding, mordanting
~ **nasion** *roln.* seed pickling, seed dressing
zapychanie *n* **wozów** *górn.* decking, caging, car feeding
zapytanie *n inf.* query
zaraza *f* **cynowa** *met.* tin pest, tin disease
~ **purpurowa** *elektron.* purple plague
zardzewiały *a* rusty
zarejestrowanie *n* **się** (*w systemie*) *inf.* sign on, log on
zarobek *m ek.* earning
zarodek *m* **krystalizacji** *kryst.* nucleus of crystallization, crystal nucleus
zarodkowanie *n kryst.* nucleation
zarys *m* outline; profile; contour
~ **gwintu** thread contour
~ **zęba** (*koła zębatego*) (gear) tooth form, tooth profile
zarzucenie *n mot.* skid(ding); *lotn.* ground loop
zasada *f* **1.** principle; law **2.** *chem.* base
~ **Archimedesa** *fiz.* Archimedean principle
~ **bezwładności** *mech.* Newton's first law. first principle of dynamics
~ **d'Alemberta** *mech.* d'Alembert's principle
~ **działania** (*urządzenia*) principle of operation
~ **Lagrange'a** *zob.* **zasada prac przygotowawczych**
~ **minimaks** *mat.* minimax principle
~ **mocna** *chem.* strong base
~ **niezmienności krętu** *mech.* law of conservation of angular momentum
~ **pędu i popędu** *mech.* equation of momentum and impulse
~ **prac przygotowawczych** *mech.* principle of virtual work
~ **przekory** (*Le Châteliera i Brauna*) *chem.* Le Châtelier-Braun's principle, principle of mobile equilibrium

~ **równoważności** (*w ogólnej teorii względności*) equivalence principle
~ **słaba** *chem.* weak base
~ **superpozycji** *fiz.* principle of superposition, superposition theorem
~ **względności Einsteina** *fiz.* Einstein's principle of relativity
~ ~ **Galileusza** *mech.* Galileo's principle of relativity
~ **zachowania energii** *fiz.* principle of conservation of energy, energy conservation law
~ ~ **krętu** *mech.* law of conservation of angular momentum
~ ~ **masy** *fiz.* mass conservation law
~ ~ **pędu** *mech.* principle of conservation of momentum
zasadniczy *a* principal; fundamental; essential
zasadotwórczy *a chem.* base-forming
zasadowość *f chem.* alkalinity, basicity
zasadowy *a chem.* basic
zasiarczanienie *n* **akumulatora** *elchem.* sulfation
zasięg *m* range; reach; *inf.* scope
~ **radiofoniczny** *rad.* broadcast coverage
zasilacz *m* **1.** *masz.* feeder, feed (mechanism) **2.** *odl.* feed bob, shrink bob **3.** *el.* feeder cable
zasilanie *n* feed, feeding; supply; delivery; *siln.* admission
~ **energią** power supply, energizing
~ **nadmierne** overfeeding
~ **odlewu** feeding of the casting
~ **paliwem** fuel feed, fuelling
~ **prądem** *el.* current supply
~ **taśmowe** *masz.* belt feed
zasilany z baterii *el.* battery-operated
zasiłek *m ek.* benefit
zasłona *f* screen; curtain; blind
~ **dymna** smoke screen
~ **przeciwsłoneczna** sunblind, sunshade
zasobnia *f* **paliwa** *okr.* bunker
zasobnik *m* accumulator; storage bin; bunker; magazine; dispenser
~ **kart** (*dziurkowanych*) *inf.* card hopper, card stacker
~ **ołowiany** *nukl.* lead casket
~ **węgla** coal bunker; coal bin
zasoby *mpl ek.* resources; reserves
~ **bilansowe** *geol.* recoverable reserves
~ **prawdopodobne** *geol.* possible reserves
~ **stwierdzone** *geol.* proved reserves, actual reserves
zasolenie *n* salinity
zaspa *f* **śnieżna** snowdrift
zastawka *f hydr.* gate; penstock; ward, strike (*in a lock*)
~ **elektryczna** electric lock
~ **opuszczana** *inż.* drop gate
~ **podnoszona** *inż.* vertical-lift gate
zastąpienie *n* substitution; replacement
zastosowanie *n* application; use
~ **niewłaściwe** misapplication, misuse
zastrzał *m* angle strut; angle brace; diagonal stay
zastrzeżenie *n* **patentowe** patent claim
zastrzyk *m* **cementowy** *inż.* cement injection
zastygać *v* congeal, freeze; set
zasuwa *f* **1.** bolt **2.** (slide) damper **3.** gate valve, sluice valve
~ **drzwiowa** door bolt, door latch
~ **kominowa** chimney register, chimney damper
zasuwnica *f narz.* dovetail saw, foxtail saw
zasyp *m* charge; batch (*of bulk material*); *tw.szt.* shot
zasypka *f* **1.** *inż.* (back)fill **2.** *hutn.* casting powder, mould powder
zasysacz *m* **1.** *chem.* aspirator **2.** *siln.* choke
zasysanie *n* suction; induction
zaszpachlować *v* lute
zaślepiać otwór close a hole, stop a hole, blank
zaślepka *f* hole plug; stopper
zaświadczenie *n* certificate
zataczanie *n obr.skraw.* relieving, backing-off
zataczarka *f obr.skraw.* backing-off lathe, relieving lathe
zatapianie *n* **1.** drowning; flooding **2.** sealing **3.** *szkl.* fire finishing
zatarcie *n masz.* seizing, seizure, galling
zatężanie *n chem.* concentration
zatkać *v* stop; plug; stem
zatoka *f* **1.** *geogr.* bay; gulf; bight **2.** *bud.* plaster cove **3.** *drog.* lay-by
zator *m drog.* traffic jam, traffic congestion
zatrudnienie *n* engagement; employment; job
zatrzask *m* **1.** snap fastener, catch, latch **2.** *aut.* latch
~ **drzwiowy** catch-bolt
zatrzymać *v* stop; arrest; check
zatrzymanie *n* **1.** stoppage; arrestment **2.** retention **3.** *inf.* halt
zatwierdzać *v* approve; confirm
zatyczka *f* plug, stopper, bung
zatykanie *n* **się** (*przewodów*) chocking; clogging
zatykarka *f hutn.* mud gun, taphole gun
zautomatyzowany *a* automated
zawalisko *n górn.* goaf

zawał *m górn.* breaking down, fall of roof, caving
zawartość *f* contents
~ **cieplna** *fiz.* enthalpy, heat content
~ **informacji** *inf.* information content, negentropy
~ **pamięci** *inf.* storage content
~ **procentowa** percentage
zawiadowca *m* **stacji** *kol.* station master
zawiasa *f* hinge
zawierać *v* contain; include; incorporate
zawieradło *n masz.* closing component (*of a valve*)
zawiesie *n transp.* lifting sling
zawiesina *f* suspension, suspended matter
~ **koloidowa** suspensoid
zawieszenie *n* **1.** suspension; mounting **2.** hanging **3.** suspension, stoppage
~ **niezależne** *mot.* independent suspension
~ **pneumatyczne** *mot.* pneumatic suspension, air suspension
~ **przegubowe** Cardan suspension, gimbal (mount)
~ **silnika** engine mounting
~ **wykonywania programu** *inf.* hang-up
zawietrzny *a* (*brzeg, burta*) *żegl.* leeward
zawijanie *n* **1.** wrapping **2.** (*obrazu na ekranie*) *inf.* wraparound
zawijarka *f* **1.** (*do pakowania*) wrapping machine **2.** bundling machine
zawirowanie *n* swirl, whirl, spin
zawis *m lotn.* spot hovering, hovering (flight)
zawleczka *f masz.* cotter pin, split cotter
zawór *m masz.* valve
~ **bezpieczeństwa 1.** *kotł.* safety valve **2.** explosion door (*in a furnace*)
~ **butli** (*do gazu*) cylinder valve
~ **czopowy** *zob.* **zawór kurkowy**
~ **denny** *okr.* kingston valve, sea-inlet valve
~ **dławiący** throttle
~ **grzybkowy** mushroom valve, poppet valve
~ **iglicowy** needle valve
~ **jednokierunkowy** *zob.* **zawór zwrotny**
~ **klapowy** flap valve, clack valve
~ **kulowy** ball valve, globe valve, ball cock
~ **kurkowy** plug valve, cock
~ **motylkowy** butterfly (valve)
~ **odcinający** *zob.* **zawór zaporowy**
~ **redukcyjny** pressure reducing valve; *spaw.* gas regulator
~ **regulacyjny** control valve
~ **rozdzielczy** selector valve, distribution valve
~ **skrzydełkowy** *zob.* **zawór motylkowy**
~ **ssący** suction valve
~ **wlotowy** inlet valve; induction valve
~ **wydechowy** *siln.* exhaust valve
~ **wylotowy** outlet valve; *siln.* exhaust valve
~ **wzniosowy** lift valve
~ **zamykający** *zob.* **zawór zaporowy**
~ **zaporowy** cut-off valve, shut-off valve, stop valve
~ **zasuwowy** gate valve, sluice valve
~ **zwrotny** non-return valve, check valve
zawracać *v* turn round, turn back
zawrót *m lotn.* half-roll off the loop
zazębienie *n masz.* mesh(ing)
zazębiony *a masz.* in mesh, in gear
zażużlenie *n* **1.** *kotł.* slagging, clinkering **2.** *met.* slag inclusion
ząb *m* tooth; tine; prong
~ **dodatkowy** (*w przekładni zębatej*) *masz.* hunting tooth
~ **koła łańcuchowego** sprocket
zbaczać *v* deviate (*from the course*)
zbiegać się converge; taper
zbieracz *m* **1.** *roln.* pick-up (*in a combine harvester*) **2.** collector (pipe) manifold
zbierać *v* collect; gather; accumulate; compile
zbieralnik *m* **pary** *kol.* steam dome
zbieżność *f* **1.** *mat.* convergence; concurrence **2.** *masz.* taper; *obr.plast.* draft
~ **kół** *mot.* toe-in
zbieżny *a* convergent; tapered; *mat.* concurrent; (*w czasie*) concurrent
zbiorczy *a* cumulative
zbiornik *m* tank; container; receptacle; reservoir
~ **dodatkowy** (*paliwa*) auxiliary tank
~ **gazu** gasholder, gasometer
~ **osadowy** settling tank
~ **paliwa** fuel tank
~ **pomiarowy** *hydr.* calibrating tank
~ **przeciwpowodziowy** flood control reservoir, flood pool
~ **reaktora** *nukl.* reactor vessel
~ **retencyjny** (*wodny*) storage reservoir
~ **sedymentacyjny** settling tank
~ **skroplin** *siln.* hot-well
~ **wodny** (*otwarty*) *inż.* water reservoir; water basin
~ **wyrównawczy** equalizing tank; surge tank
~ **zapasowy** spare tank, storage tank
zbiornikowiec *m okr.* tanker, tank ship
zbiorowość *f* **generalna** *mat.* general population
zbiór *m* **1.** collection **2.** *mat.* set, ensamble **3.** *roln.* crop; harvest

~ **ciągły** *mat.* continuously ordered set, continuous set
~ **danych** *inf.* data set
~ **dobrze uporządkowany** *mat.* well-ordered set
~ **dyskretny** *mat.* discrete set
~ **gęsty** *mat.* dense set
~ **liniowo uporządkowany** *mat.* chain
~ **narzędzi** (*programowych*) *inf.* toolset
~ **nieskończony** *mat.* infinite set
~ **normalny** *mat.* normal set
~ **pusty** *mat.* empty set, null set
~ **skończony** *mat.* finite set
~ **uporządkowany** *mat.* ordered set
~ **znaków** *inf.* character set
zbliżać się approach
zblocze *n* pulley block, compound pulley
zbocze *n* slope
zboczenie *n* **1.** *fiz.* deviation **2.** *astr.* declination; aberration
~ **magnetyczne** magnetic deviation
zboże *n* corn, cereals
zbożowiec *m okr.* grain carrier
zbrojarz *m bud.* steel fixer
zbrojenie *n* **betonu** *bud.* concrete reinforcement
zbrylanie *n* lumping; caking, agglomeration
zbyt *m ek.* sale, selling
zdalne sterowanie *n* remote control
zdalny *a* remotely-controlled, remotely operated; distant-reading (*instrument*)
zdanie *n mat.* statement
zdarzenie *n mat.* event; *inf.* event
~ **losowe** random event
zdatność *f* aptitude, ability
zdatny do użytku serviceable; fit for use, usable
zdatny do wielokrotnego użycia reusable
zdeformować *v* deform
zdejmować *v* take off; remove; dismount
~ **izolację** *el.* skin (*the wires*)
zdemontować *v* disassemble, dismantle
zderzak *m* buffer; bumper; fender; stop
~ **krańcowy** *masz.* end stop
zderzenie *n* collision
~ **centralne** *fiz.* central collision
~ **czołowe** head-on collision
zdjęcie *n* **1.** *fot.* photograph, shot **2.** *geod.* survey
~ **cieplne** *zob.* **zdjęcie w podczerwieni**
~ **migawkowe** snapshot
~ **rentgenowskie** röntgenogram, X-ray picture
~ **w podczerwieni** infrared photograph, IR picture, thermal photograph
zdolność *f* ability; capacity; aptitude
~ **absorpcyjna** absorbing power, absorbing capacity, absorptivity
~ **emisyjna** *fiz.* emissivity, emissive power
~ **hamowania** *nukl.* stopping power
~ **izolacyjna** insulating property
~ **krycia** *powł.* covering power
~ **mieszania się** miscibility
~ **odbijania** (*promieni*) *fiz.* reflecting power
~ **piorąca** *chem.* detergency, washing power
~ **płatnicza** *ek.* solvency
~ **prawidłowego działania** performability
~ **produkcyjna** *ek.* production capacity, productivity
~ **promieniowania** *zob.* **zdolność emisyjna**
~ **przeładunkowa** *transp.* handling capacity
~ **przenikania** *fiz.* penetrating power, penetrability
~ **przepustowa** (*kanału*) *inf.* throughput
~ **przesyłowa** (*linii*) transmission capacity (*of a link*)
~ **rozdzielcza** *opt.* resolving power
~ **rozpraszania** *fiz.* diffusive power
~ **rozpuszczania** *chem.* dissolving power, solvency
~ **utleniania** oxidizing capacity
~ **wiązania** cementing power
~ **zbierająca ośrodka** *opt.* nu value, constringence
zdrowienie *n met.* recovery
zdzierak *m narz.* **1.** coarse file, rough file **2.** *obr.skraw.* heavy-duty tool **3.** jack plane, scrub plane
zdzieranie *n obr.skraw.* roughing; (*ściernicą*) snagging
zebra *f drog.* zebra (crossing)
zecer *m poligr.* compositor, typesetter
zegar *m* clock; time-piece
~ **archeologiczny** radioactive clock
~ **atomowy** atomic clock, atomichron
~ **czasu bieżącego** *zob.* **zegar czasu rzeczywistego**
~ ~ **rzeczywistego** *inf.* real-time clock
~ **elektryczny** electric clock
~ ~ **główny** central clock, master clock, primary clock
~ ~ **wtórny** secondary clock, affiliated clock, slave clock
~ **kontrolny** time recorder
~ **kwarcowy** crystal clock, quartz clock
~ **-matka** *zob.* **zegar elektryczny główny**
~ **molekularny** molecular clock
~ **pierwotny** *zob.* **zegar elektryczny główny**
~ **słoneczny** sundial
~ **wzorcowy** standard clock, standard time transmitter, synchrometer
zegarek *m* watch
zegarmistrz *m* clockmaker, watchmaker

zegarynka *f* speaking clock
zelektryfikowany *a* electrified
zenit *m astr.* zenith
zeolit *m min.* zeolite
zeotropia *f fiz.* zeotropy
zepsuty *a* out of order; spoiled; bad
zero *n* zero, naught, nought, null
~ **bezwzględne** *fiz.* absolute zero
~ **mechaniczne** *metrol.* mechanical zero
~ **nieznaczące** *inf.* leading zero, left-hand zero
zerowanie *n* **1.** *el.* neutralization; neutral earthing, neutral grounding **2.** *inf.* clearing **3.** *metrol.* setting to zero, zeroing, zero adjustment
zerownik *m rys.* drop compasses, rotating compasses, twirler
zerwanie *n* rupture, break
zespalać *v* integrate; combine
zespolony *a* **1.** *mat.* complex **2.** *masz.* combined
zespół *m* **1.** *masz.* assembly; set; unit; gang; bank **2.** complex **3.** team, group (*of workers*)
~ **cząstek** *fiz.* ensemble (*of particles*)
~ **frezów** *obr.skraw.* gang-type cutter, milling gang
~ **kaskadowy** *masz.* cascade set
~ **miejski** conurbation, urban aggregate
~ **modularny** *masz.* building block
~ **napędowy** power unit
~ **odczytu** *inf.* sensing station
~ **prądotwórczy** *el.* generating set
~ **silnikowy** power plant
~ **soczewek** *opt.* compound lens
~ **sprężyn** grouped spring, combination spring
~ **trakcyjny** *kol.* articulated train
~ **turbinowo-prądnicowy** *el.* turbogenerator
~ **walcarek** *zob.* **zespół walcowniczy**
~ **walcowniczy** *hutn.* roll line, roll train
~ **wiertarek** gang drill press
~ **wytwórczy** *el.* generating set
zestalanie *n* consolidation; solidification
zestaw *m* **1.** set; kit **2.** *ceram., szkl.* batch
~ **części składowych nadwozia** *mot.* body set
~ ~ **zapasowych** parts kit, set of spares
~ **kołowy** *kol.* axle set, wheel set
~ **naczepowy** *mot.* tractor-semitrailer unit, articulated unit
~ **naprawczy** repair kit
~ **narzędzi** (*w opakowaniu*) tool kit
~ **pomiarowy** *el.* measuring set
~ **probierczy** *el.* test(ing) set, tester
~ **próbny** *zob.* **zestaw probierczy**
~ **przyczepowy** *mot.* tractor-trailer unit, tractive unit, road train
~ **reaktorowy** *nukl.* pile assembly
~ **składników** set of components; *ceram., szkl.* batch
zestawiać *v* set up; match; put together; compile
~ **w tablice** tabulate
zestawienie *n* setting-up; matching
zestrajanie *n* (*obwodów*) *rad.* aligning; trimming
zestyk *m el.* contact (system), set of contacts, pair of contacts
~ **dociskowy** butt contact
~ **przechodni** *zob.* **zestyk przelotowy**
~ **przelotowy** impulse contact
~ **rozwierny** break contact, normally closed contact
~ **zwierny** make contact, operating contact
zeszklenie *n* vitrification
zetknięcie *n* contact
zetownik *m* Z-bar, zed, zee
zew *m telef.* ringing
zewnętrzny *a* outer; external; extrinsic
zewnik *m telef.* ringer
zezwolenie *n* permission, permit; clearance
~ **zapisu** *inf.* write enable
zezwój *m el.* coil
zębak *m* **podłużny** *narz.* tooth axe (*for stone dressing*)
~ **poprzeczny** (stone) facing hammer
zębatka *f masz.* rack, toothed bar
~ **pierścieniowa** *masz.* crown gear
zębnik *m* pinion
zęby *mpl* (*koła zębatego*) *masz.* teeth
~ **współpracujące** intermeshing teeth
zęza *f okr.* bilge, limber
zgar *m odl.* melting loss
zgarniacz *m* **1.** *inż.* drift fender (*in hydro-electric plants*) **2.** *hutn.* sweep-off gear; kick-off gear **3.** *papiern.* doctor
zgarniak *m* **1.** scraper bucket **2.** *odl.* straightedge, strike rod
zgarniarka *f* **1.** *masz.* scraper **2.** *bud.* carryall
zgazowanie *n* **węgla** coal gasification
zgięcie *n* bend, flexure
zginać *v* bend; flex
zginanie *n wytrz.* bending
zgład *m met.* microsection; metallographic specimen, polished section
zgłębnik *m* sampler, trier, dipper; stabber; *chem.* sampling tube, thief tube
zgłoszenie *n ek.* declaration, entry; application, notice
~ **przerwania** *inf.* interrupt request
zgniatacz *m hutn.* breakdown mill, cogging mill
~ **kęsisk kwadratowych** blooming mill, bloomer

~ ~ **płaskich** slab(bing) mill
zgniatanie *n* crushing; squeezing; squashing
zgnilizna *f drewn.* decay; rot
zgniły *a* rotten, putrid
zgniot *m obr.plast.* cold work
zgodność *f mat.* compatibility; conformity; consistence
zgodny *a* compatible; conforming; consistent
zgorzelina *f hutn.* scale
zgrabiarka *f roln.* rake, go-devil
zgrubiak *m* (*do pił*) *narz.* swage, swager
zgrubienie *n masz.* boss; shoulder
zgrubny *a* rough
zgrzeblarka *f włók.* carding machine, carding engine
zgrzeina *f* (pressure) weld
zgrzewać *v* weld
zgrzewadło *n* welder
zgrzewalność *f* weldability
zgrzewanie *n* (pressure) welding; bonding
~ **czołowe** butt welding; upset welding
~ **elektryczne** electric(al) welding
~ **gazowe** pressure gas welding
~ **indukcyjne** induction welding
~ **iskrowe** flash welding
~ **kuźnicze** forge welding, blacksmith welding, hammer welding
~ **liniowe** seam welding, line welding
~ **matrycowe** die welding
~ **na zakładkę** lap welding
~ **opakowań** (*z tworzyw sztucznych*) heat sealing
~ **oporowe** resistance welding
~ **punktowe** spot welding
~ **stykowe** contact welding
~ **walcowaniem** roll welding
~ **wybuchowe** explosive welding, explosive bonding
zgrzewarka *f* **1.** *masz.* welder, welding machine **2.** (*do opakowań*) heat sealer
ziarenko *n* granule
ziarnistość *f* **1.** granularity; *fot.* graininess; grain coarseness **2.** (*wada powłoki malarskiej*) seediness
ziarnisty *a* **1.** granular; grainy **2.** discrete
ziarno *n* **1.** *bot.* grain; bean **2.** *kryst.* crystallite
~ **siewne** *roln.* seed-grain, sowable seed
zieleń *f* **1.** *farb.* green **2.** (*np. miejska*) greens
Ziemia *f astr.* Earth
ziemia *f* **1.** earth; groud **2.** *roln.* land; soil **3.** *el.* earth
~ **diatomitowa** *zob.* **ziemia okrzemkowa**
~ **okrzemkowa** diatomaceous earth, infusorial earth
~ **orna** arable land
ziemie *fpl* **rzadkie** *chem.* rare earths
ziemiopłody *pl roln.* agricultural produce, crops
ziemniak *m bot.* potato
ziemski *a* terrestrial
zimnokrwisty *a biol.* cold-blooded
zimny *a* **1.** cold **2.** *nukl.* cold
zintegrowane przetwarzanie *n* **danych** *inf.* integrated data processing
zjawisko *n* phenomenon (*pl* phenomena); effect
~ **Comptona** *fiz.* Compton effect
~ **Dopplera** *fiz.* Doppler effect
~ **fizyczne** physical phenomenon
~ **fotoelektryczne** photoelectric effect, photo-effect
~ ~ **wewnętrzne** internal photoelectric effect
~ ~ **zewnętrzne** photoemission, external photoelectric effect
~ **fotoprzewodnictwa** photoconductive effect, photoconduction
~ **fotowoltaiczne** photovoltaic effect
~ **giromagnetyczne** *zob.* **zjawisko żyromagnetyczne**
~ **Halla** *el.* Hall effect, galvanomagnetic effect
~ **Kelvina** *el.* (Kelvin) skin effect
~ **losowe** random phenomenon
~ **naskórkowości** *zob.* **zjawisko Kelvina**
~ **piezoelektryczne** piezoelectric effect, piezoelectricity
~ **Seebecka** *fiz.* Seebeck effect, thermoelectric effect
~ **termoelektryczne** *zob.* **zjawisko Seebecka**
~ **termomagnetyczne** *fiz.* thermomagnetic effect
~ **żyromagnetyczne** *fiz.* gyromagnetic effect, magnetomechanical effect
zjonizowany *a* ionized
zlecenie *n ek.* order
zlepek *m* agglutination, conglutination
zlepieniec *m petr.* conglomerate; pudding stone
zlew *m* (kitchen) sink
zlewać *v* (*ciecz*) decant
zlewka *f lab.* beaker
zlewnia *f inż.* drainage area, drainage basin
~ **rzeki** *geol.* river basin
zliczanie *n* counting; totting
zlodowacenie *n* icing; *geol.* glaciation
zluźnienie *n wytrz.* relaxation, stress decay
złamanie *n* break(age), fracture
złamywanie *n poligr.* folding
złącze *n* joint; connection; coupling; junction

~ **bezstykowe** *el.* contactless junction
~ **dyfuzyjne** *elektron.* diffused junction
~ **emiterowe** *elektron.* emitter junction (*in a transistor*)
~ **epitaksjalne** *elektron.* epitaxial joint
~ **kablowe** *el.* cable joint
~ **kolektorowe** *elektron.* collector junction (*in a transistor*)
~ **kulowe** ball-and-socket joint, ball joint
~ **lutowane** soldered joint
~ **nitowe** riveted joint
~ **n-n** *elektron.* nn junction
~ **p-i-n** *elektron.* pin junction
~ **p-n** *elektron.* pn junction
~ **półprzewodnikowe** *elektron.* semiconductor junction
~ **p-p** *elektron.* pp junction
~ **rurowe** pipe joint, pipe connection
~ **spawane** welded joint, weldment
~ **stopowe** *elektron.* alloy junction, fused junction
~ **stykowe** *el.* contact junction
~ **śrubowe** screw joint
~ **zakładkowe** overlap joint
~ **złożone** composite joint
złączka *f* **(rurowa)** tube coupling, pipe connector, union piece
~ ~ **zwężkowa** reducer, adapter
złocenie *n* gold plating, gilding
złom *m* scrap
złomowanie *n* scrapping, breaking up for scrap
złotnictwo *n* goldsmithing
złoto *n chem.* gold, Au
złoty podział *m geom.* golden section, golden cut
złoże *n* **1.** *geol.* deposit **2.** bed
~ **biologiczne** *san.* biofilter
~ **filtrujące** *san.* filter bed
~ **jonitowe** ion exchange bed
~ **roponośne** oil accumulation
~ **rudy** ore deposit, ore bed
~ **węgla** coal deposit, carbon deposit
złożenie *n* **1.** *masz.* assembly **2.** *mat.* composition, superposition
złożony *a* **1.** complex; composite; compoud; built-up **2.** folded
zmarzlina *f geol.* permafrost, frozen ground
zmatowienie *n* **powierzchni** *powł.* fogging, dulling, clouding, tarnish
zmechanizowany *a* mechanized
zmęczenie *n* (*materiału*) *wytrz.* fatigue
~ **katalizatora** *chem.* ageing of catalyst
~ **korozyjne** corrosion fatigue
zmętnienie *n* **1.** opacity; fogging **2.** *farb.* blushing (*defect of coating*)

zmiana *f* **1.** change; alteration; variation; modification **2.** (*robocza*) shift
~ **biegu** gear change, shifting the gear
~ ~ **na szybszy** gearing up
~ ~ **na wolniejszy** gearing down
~ **fazy** *el.* phase reverse
~ **kierunku ruchu** *masz.* reversal of motion
~ **organizacji systemu** *inf.* reconfiguration
~ **skali** scaling
~ **stanu skupienia** *fiz.* change of state
~ **układu** rearrangement
~ **wzajemnego położenia** transposition
~ **zamocowania** (*obrabianego przedmiotu*) *obr.skraw.* reclamping
~ **znaku** *mat.* reversal of sign
zmieniacz *m* **1.** *masz.* changer **2.** *odl.* inoculant
zmieniać (się) change; alter; vary; (*na służbie*) relieve
~ **kierunek** change the direction; *nawig.* change course
~ **znak** *mat.* reverse the sign
zmienna *f mat.* variable
~ **losowa** *statyst.* random variable, chance variable, variate
~ **niezależna** *mat.* independent variable, argument of a function
~ **stanu** *term.* state parameter
~ **wolna** *mat.* free variable
~ **zależna** *mat.* dependent variable
~ **związana** *mat.* bound variable, bondage
zmiennik *m* **1.** changer **2.** *telegr.* patching board
~ **indukcyjności** *el.* adjustable inductor
~ **napięcia** *el.* variable-voltage regulator
zmiennopłat *m lotn.* convertiplane, tilt--wing aircraft
zmienność *f mat.* variation; variability
~ **losowa** *statyst.* chance variation, randomness
zmienny *a* variable; changeable
zmiękczacz *m chem.* softening agent, softener; plasticizer
zmiękczanie *n* softening; *obr.ciepl.* soft annealing
~ **wody** water softening
zmniejszać *v* decrease; diminish; reduce
~ **ciężar** reduce weight, lighten
~ **do minimum** minimize, reduce to minimum
~ **objętość** reduce volume, contract
~ **prędkość** decelerate, slow down
~ **się** diminish; decrease; drop; fall
~ **skalę** scale down
zmniejszenie *n* diminution; decrease; reduction
~ **trwałości** loss of life

zmydlanie *n chem.* saponification
zmywacz *m* **farb** paint remover
~ **rdzy** rust remover
zmywać *v* wash down, wash away
znaczek *m* (*kontrolny*) *górn.* tally
~ **pocztowy** postage stamp
znaczenie *n* **1.** meaning; significance **2.** marking; tagging; labelling
znacznik *m narz.* marker; marking gauge; *lotn.* marker (beacon); (*na ekranie monitora*) *inf.* cursor
~ **błędu parzystości** *inf.* parity error flag
~ **kursu** *rad.* bearing cursor
~ **traserski** surface gauge, scribing block
znak *m* sign; mark, character
~ **cofania** *inf.* backspace character
~ **drogowy** road sign, traffic sign
~ **gotowości** *inf.* prompt character
~ **jakości** quality symbol, mark of quality
~ **matematyczny** mathematical symbol
~ **minus** *mat.* minus (sign)
~ **niedozwolony** *inf.* illegal character
~ **odstępu** *inf.* space character
~ **orientacyjny terenowy** landmark
~ **ostrzegawczy** caution sign
~ **Plimsolla** *zob.* **znak wolnej burty**
~ **plus** *mat.* plus (sign)
~ **pusty** *inf.* blank
~ **rozdzielający** *inf.* separator
~ **rozpoznawczy** identification mark
~ **równości** *mat.* equality sign
~ **sterujący** *inf.* control character
~ **synchronizacyjny** *inf.* sync character
~ **towarowy** trade mark, brand
~ **wodny** *papiern.* watermark
~ **wolnej burty** *żegl.* freeboard mark, Plimsoll line, Plimsoll mark
~ **wysuwu wiersza** *inf.* line feed
~ **zgodności z normą** standard certification mark, mark of conformity with standard
znakociąg *m inf.* string
znakować *v* **1.** mark; tag; brand **2.** *nukl.* label
~ **punktakiem** punch
~ **wzornikiem** stencil
znakowanie *n* **1.** marking; tagging **2.** *nukl.* labelling
znakownica *f* marking machine, marker; stamping machine, stamper; branding machine
znamię *n inf.* token
znamionowy *a* nominal, rated
zniekształcenie *n* distortion
~ **obrazu** *TV* image defect
zniszczenie *n* destruction; devastation; *wytrz.* failure
znormalizowany *a* **1.** standard **2.** *mat.* normalized
znos *m żegl.* drift, leeway
znoszenie *n nawig.* drift
zobojętnianie *n chem.* neutralization
~ **kwasu** killing the acid
zobrazowanie *n* display; presentation; *fiz.* imaging
zol *m chem.* sol, soliquid
zootechnika *f* animal husbandry, zootechny
zorientowany *a* oriented
zorza *f* **polarna** *geofiz.* aurora polaris
zraszacz *m* (*w deszczowni*) *roln.* sprinkler
zraszać *v* sprinkle, spray
zrąb *m* **1.** *leśn.* felling site **2.** *geol.* horst
~ **atomowy** *fiz.* atomic core, atomic kernel
zroby *pl górn.* hollows, abandoned workings, old works
zróżnicowany *a* diversified
zryw *m siln.* pick-up
zrywać nawierzchnię *inż.* rip up the road
zrywarka *f* **1.** (*maszyna do prób rozciągania*) *wytrz.* tensile testing machine **2.** *inż.* ripper, scarifier
zrzut *m* **1.** *lotn.* air drop; air delivery **2.** *geol.* thrust; throw
~ **migawkowy** *inf.* snapshot dump
~ **mocy** *nukl.* power drop
~ **obciążenia** *zob.* **zrzut mocy**
~ **(zawartości) pamięci** *inf.* storage dump
zsuwnia *f* chute (conveyor)
zsyp *m* chute
zszywacz *m* **biurowy** stapler, stitching machine
zszywanie *n* stitching; lacing; sewing
zszywarka *f poligr.* stitcher
zubożenie *n* impoverishment; *elektron.* depletion
zupełność *f mat.* completeness
zupełny *a* complete
zużycie *n* **1.** consumption **2.** wear
~ **materiału** material consumption
~ **naturalne** (*części, sprzętu*) usual wear and tear
zużyty *a* used; spent; worn out
zużywać *v* consume; use up
zwalniacz *m* **1.** *masz.* release **2.** *chem.* retarder
zwalniać *v* **1.** release; unclamp **2.** retard, decelerate, slow down
zwał *m* dump, heap
zwałowarka *f* dumping conveyor; *hutn.* stacker
zwarcie *n el.* short-circuit, shorting
~ **doziemne** earth (fault), ground
~ **międzyprzewodowe** line-to-line fault
~ **z masą** fault to frame

zwarty *a* **1.** (*o zwartej budowie*) compact **2.** *el.* shorted
zwęglanie *n* **1.** *chem.* carbonization; charring **2.** *geol.* coalification, carbonification, bituminization
zwężenie *n* contraction; narrowing; throat, choke
zwężka *f* **rurowa** reducer, reducing pipe, diminisher
~ **Venturiego** *metrol.* Venturi tube
związek *m* **1.** connection; relation **2.** *chem.* compound
~ **chelatowy** *chem.* chelate (complex), chelate compound
~ **chemiczny** chemical compound
~ **elektronowy** *met.* electron compound, Hume-Rothery compound
~ **kompleksowy** *chem.* complex compound, coordination compound
~ **prosty** *chem.* simple compound
~ **racemiczny** *chem.* racemic compound, racemate
~ **zawodowy** trade union
związki *mpl* **alifatyczne** *chem.* aliphatic compounds
~ **aromatyczne** *chem.* aromatic compounds, aromatics
~ **cykliczne** *chem.* cyclic compounds
~ **łańcuchowe** *chem.* open-chain compounds
~ **nasycone** *chem.* saturated compounds
~ **nienasycone** *chem.* unsaturated compounds
~ **nieorganiczne** *chem.* inorganic compounds
~ **niestechiometryczne** *chem.* non-stoichiometric compounds, bertholides
~ **optycznie czynne** optical active compounds
~ **organiczne** *chem.* organic compounds
~ **pierścieniowe** *chem.* cyclic compounds
~ **stechiometryczne** *chem.* stoichiometric compounds, daltonides
~ **wielkocząsteczkowe** *chem.* macromolecular compounds, high molecular weight compounds
~ **włączeniowe** *chem.* inclusion compounds, inclusion complex
zwichrzenie *n* warp; twist; skewing
zwielokrotnienie *n* **1.** multiplication **2.** *tel.* channelizing
zwieracz *m* **1.** *el.* short-circuiting switch **2.** *el.* test link
zwierać *v* (*powodować zwarcie*) *el.* short-circuit
zwierciadło *n* mirror
~ **elektronowe** *elektron.* electron mirror
~ **magnetyczne** *fiz.* magnetic mirror
~ **płaskie** *opt.* plane mirror
~ **półprzezroczyste** *opt.* beam splitter
~ **sferyczne** *opt.* spherical mirror
~ **wody** *geol.* water level, free surface of water
zwierciny *fpl wiertn.* borings, drillings, bore dust
zwiększać *v* increase; enlarge; augment, boost
~ **czułość** sensitize, increase sensitivity
~ **do maksimum** maximize
~ **obroty** **1.** *siln.* increase the speed, speed up **2.** *ek.* increase sales
~ **produkcję** increase the production, raise the production
~ **się** increase, grow
~ **skalę** scale up
~ **wydajność** increase the output; uprate
zwiększenie *n* increase; enlargement; augmentation; boost
zwijanie *n* coiling, winding (up), reeling
zwijarka *f* coiler, coiling machine, reeler, winder
~ **blach** circle bending rolls, sheet rolling machine
zwilżacz *m* wetting agent
zwilżać *v* wet, dampen, moisten
zwis *m* **1.** sag (*of rope*) **2.** overhang **3.** *lotn.* bank
zwitek *m* convolution; hank (*of line or cord*)
zwłoka *f* **1.** time-lag; delay **2.** *ek.* respite **3.** *inf.* latency
zwoje *mpl* **bezprądowe** (*cewki*) *el.* dead end (*of a coil*)
zwolnica *f mot.* wheel reduction gear
zwolnić *v* **1.** release; loosen, ease **2.** slow down, decelerate **3.** *ek.* exempt (*from tax etc.*)
zwolnienie *n* **1.** release **2.** slowing down, deceleration **3.** *ek.* exemption (*from tax etc.*) **4.** sick leave
zwora *f bud.* cramp
~ **magnesu** magnet keeper
zwornik *m* **1.** *arch.* keystone, closer **2.** *wiertn.* nipple, coupling piece
zwód *m el.* air terminal
zwój *m* **1.** coil; convolution **2.** *włók.* lap; hank **3.** *papiern.* roll, reel; web
~ **sprężyny** turn of a spring, spring coil
zwrot *m* **1.** *mat.* sense (*of a vector*) **2.** turn
zwrotnica *f* **1.** *kol.* switch, points **2.** *inf.* branch point switch **3.** *mot.* steering knuckle, stub axle, swivel axle
zwrotnik *m* **1.** *geogr.* tropic **2.** *kol.* switch throw, switch stand

zwrotność *f* **1.** manoeuvrability, manoeuvring quality; *żegl.* turning qualities, turning ability (*of a ship*) **2.** *mat.* reflexivity
zwrotny *a* **1.** manoeuvrable; good-turning (*ship*) **2.** returnable; repayable **3.** *mat.* reflexive
zwykły *a* ordinary; common; plain; simple
zwyżka *f ek.* rise, increase
zysk *m* gain; *ek.* profit
~ **uboczny** by-gain

Ź

źrenica *f* **1.** *opt.* pupil **2.** *elektron.* crossover
źródło *n* **1.** source **2.** *geol.* spring; wellhead
~ **błędu** source of error
~ **dodatnie** *mech.pł.* positive source
~ **dźwięku** sound source, acoustic radiator
~ **energii** source of energy
~ **informacji** information source
~ **pierwotne** *opt.* primary source
~ **prądu** *el.* current generator
~ **promieniowania** radiation source; emitter
~ **rzeki** riverhead
~ **światła** light source
~ **ujemne** *mech.pł.* negative source, sink
~ **wtórne** *opt.* secondary source

Ż

żabka *f* **1.** *narz.* adjustable pipe tongs **2.** *el.* toggle, draw vice **3.** *bud.* clip, latchet (*for sheet roofing*) **4.** *inż.* soil compactor; frog rammer
żagiel *m* sail
żaglowiec *m* sailing vessel
żaglówka *f* sailboat
żakard *m włók.* jacquard, Jacquard machine
żaluzja *f* shutter; louvers
żar *m* heat; glow
żarnik *m* **1.** *el.* filament, glower **2.** *odl.* annealing pot, annealing box
żaroodporność *f met.* heat resistance
żarowytrzymałość *f met.* creep resistance
żarówka *f el.* light bulb, incandescent lamp
~ **błyskowa** *fot.* flash bulb, photoflash
~ **miniaturowa** midget lamp, pigmy lamp
żarzak *m obr.ciepl.* annealing furnace
żarzący się glowing, incandescent
żarzyć się glow, incandescence
żądanie *n* **informacji** *inf.* inquiry
żeberko *n* **1.** *masz.* fin; rib **2.** *kol.* stub track
~ **chłodzące** cooling fin, gill
żebro *n masz.* rib; fin; web
~ **rdzeniowe** *odl.* core grid, core iron
żeglarstwo *n* yachting
żeglować *v* sail
żeglowny *a* **1.** (*o rzece, kanale*) navigable **2.** (*o statku*) seaworthy
żegluga *f* navigation
~ **kabotażowa** cabotage
~ **liniowa** liner trade, liner traffic, line traffic
~ **nieregularna** tramp service, tramping
~ **powietrzna** aeronautics
~ **przybrzeżna** coasting, inshore navigation; cabotage
~ **regularna** liner trade, liner traffic, line traffic
~ **śródlądowa** inland navigation
żel *m chem.* gel
żelatyna *f* gelatin(e)
żelazawy *a chem.* ferrous
żelazko *n* (*do prasowania*) flat iron, iron
~ **do struga** *narz.* plane iron, cutting iron
żelazo *n chem.* iron, Fe
żelazobeton *m bud.* reinforced concrete, ferroconcrete
żelazostop *m met.* ferroalloy
żelazowce *mpl chem.* **1.** iron-group (metals) (Fe, Ru, Os) **2.** ferrous metals, first triad (Fe, Co, Ni)
żelazowy *a chem.* ferric
żelbet *m bud.* reinforced concrete, ferroconcrete
żeliwiak *m odl.* cupola
żeliwo *n* cast iron
~ **białe** white cast iron
~ **ciągliwe** malleable (cast iron)
~ **martenzytyczne** martensitic cast iron

~ **niestopowe** plain cast iron
~ **połowiczne** *zob.* **żeliwo pstre**
~ **pstre** mottled cast iron
~ **stopowe** alloy cast iron
~ **szare** grey cast iron
~ **zbrojone** armoured cast iron
~ **zwykłe** plain cast iron
żerdź *f* pole, rod; perch
~ **wiertnicza** drilling rod, drill pipe, bore rod
~ **zatyczkowa** *odl.* stopper rod
żeton *m* token
żłobak *m narz.* gouge
żłobek *m* groove; flute
żłobiarka *f* **1.** *drewn.* trenching machine **2.** *obr.plast.* grooving machine, groover
żłobienie *n* **1.** gouging **2.** erosion
żłobkarka *f obr.plast.* grooving machine
żłobkowanie *n* grooving; fluting
żłób *m roln.* manger, crib
żniwa *pl roln.* harvest, reaping time
żniwiarka *f roln.* reaper, corn harvester, reaping machine
żuraw *m* (jib) crane
~ **bramowy** portal crane, gantry crane
~ **masztowy** derrick (crane)
~ **obrotowy** swing jib crane, slewing crane
~ **pływający** floating crane, derrick barge
~ **podwieszony** (*suwnicowy*) overhead underhung jib crane
~ **przejezdny** travelling crane, transit crane
~ **samochodowy** (*na podwoziu samochodowym*) truck (mounted) crane, lorry (mounted) crane
~ **samojezdny** wheeled crane, mobile crane
~ **stały** fixed crane
~ **wiertniczy** oil well derrick
~ **wieżowy** tower crane
~ **wychylny** luffing jib crane
żurawik *m okr.* davit
żużel *m* slag; cinder
~ **besemerowski** Bessemer slag
~ **hutniczy** metallurgical slag
~ **konwertorowy** *zob.* **żużel besemerowski**
~ **martenowski** open-hearth slag
~ **syntetyczny** synthetic slag
~ **Thomasa** Thomas slag; basic slag, basic cinder
~ **wielkopiecowy** blast furnace slag
żużlobeton *m bud.* slag concrete
żwir *m* gravel
~ **gruby** shingle, pebble
żwirek *m* grit
żyletka *f* razor blade
żyła *f geol.* vein
~ **bogata** *geol.* strong vein, pay-lead, pay streak
~ **kablowa** *el.* cable conductor
~ **liny** strand of a rope
~ **rudna** *górn.* lode; reef
żyłka *f ryb.* monofilament
żyrobusola *f zob.* **żyrokompas**
żyrokompas *m* gyroscopic compass, gyro-compass
żyromagnetyczny *a fiz.* gyromagnetic
żyroskop *m mech.* gyroscope, gyro
żyrostat *m* gyrostat
żywica *f* resin
żywice *fpl* **epoksydowe** epoxy resins, epoxide resins
~ **kopalne** fossil resins
~ **lakiernicze** varnish resins
~ **lane** cast resins
~ **mocznikowe** urea resins, carbamide resins
~ **naturalne** natural resins, gums
~ **obecne** *paliw.* existent gums
~ **potencjalne** *paliw.* potential gums
~ **silikonowe** silicone resins
~ **syntetyczne** synthetic resins, artificial resins
~ **sztuczne** *zob.* **żywice syntetyczne**
~ **szybkoutwardzalne** quick-setting resins
~ **termoplastyczne** thermoplastic resins
~ **utwardzalne** hardening resins
~ **utwardzone** cured resins
żywienie *n* nutrition; feeding; catering
żywność *f* food, eatables
żywotność *f* **katalizatora** catalyst life
żyzny *a gleb.* fertile, fecund

BASE UNITS OF THE INTERNATIONAL SYSTEM
JEDNOSTKI PODSTAWOWE UKŁADU SI

No	Quantity	Wielkość	Name of unit	Nazwa jednostki	Unit symbol Oznaczenie
1	length	długość	meter	metr	m
2	mass	masa	kilogram	kilogram	kg
3	time	czas	second	sekunda	s
4	electric current	prąd elektryczny	ampere	amper	A
5	temperature	temperatura	kelvin	kelwin	K
6	amount of substance	liczność materii	mole	mol	mol
7	luminous intensity	światłość	candela	kandela	cd

SUPPLEMENTARY UNITS OF THE INTERNATIONAL SYSTEM
JEDNOSTKI UZUPEŁNIAJĄCE UKŁADU SI

No	Quantity	Wielkość	Name of unit	Nazwa jednostki	Unit symbol Oznaczenie
1	plane angle	kąt płaski	radian	radian	rad
2	solid angle	kąt bryłowy	steradian	steradian	sr

POWERS OF TEN

Potęgi o podstawie dziesięć

English name Nazwa angielska	British system System brytyjski		American system System amerykański	
	Value Wartość	Polish name Nazwa polska	Value Wartość	Polish name Nazwa polska
milliard	10^{9}	miliard	—	—
billion	10^{12}	bilion	10^{9}	miliard
trillion	10^{18}	trylion	10^{12}	bilion
quadrillion	10^{24}	kwadrylion	10^{15}	biliard
quintillion	10^{30}	kwintylion	10^{18}	trylion
sextillion	10^{36}	sekstylion	10^{21}	tryliard

WYDAWNICTWA NAUKOWO-TECHNICZNE
ul. Mazowiecka 2/4, 00-048 Warszawa
tel. (022) 826 72 71 do 79
Dział Marketingu i Sprzedaży
tel. (022) 827 56 87, fax (022) 826 82 93
e-mail: marketing@wnt.com.pl

WNT. Warszawa 2003
Wydanie IV dodruk
Ark. wyd. 57,4. Ark. druk. 32,0
Symbol ESA/83823/WNT
Poznańskie Zakłady Graficzne SA w Poznaniu